H. Hofmann

Das elektromagnetische Feld

Theorie und grundlegende Anwendungen

Dritte, überarbeitete Auflage

Springer-Verlag Wien GmbH

Dr. Hellmut Hofmann
o.Professor an der Technischen Universität Wien
(University of Technology Vienna)

Ursprünglich erschienen bei Springer-Verlag Wien New York 1986
Softcover reprint of the hardcover 3rd edition 1986

Mit 284 Abbildungen

CIP-Kurztitelaufnahme der Deutschen Bibliothek

Hofmann, Hellmut:
Das elektromagnetische Feld: Theorie u. grundlegende Anwendungen / H. Hofmann. – 3., überarbeitete Aufl.

ISBN 978-3-7091-4006-2 ISBN 978-3-7091-4005-5 (eBook)
DOI 10.1007/978-3-7091-4005-5

ISBN 978-3-7091-4006-2

Vorwort zur ersten Auflage

Die Elektrodynamik stellt für alle Elektrotechniker und für einen Großteil der Physiker die Basis für ihre berufliche Fachausbildung dar. Darüber hinaus wird dieses Gebiet der Physik aber auch von Wissenschaftlern anderer Fachrichtungen wegen der Klarheit, ja der geradezu ästhetischen Gestalt seiner mathematischen Formulierung, die im besonderen Maße J. Cl. Maxwell zu danken ist, geschätzt. Von vielen Autoritäten wird heute behauptet, daß die klassische Theorie des elektromagnetischen Feldes in dem Jahrhundert, das seit Maxwells historischem Werk verstrichen ist, zu einem wissenschaftlich abgeschlossenen Gebiet geworden ist, das keine Problematik mehr birgt. Bei genauerem Studium der Literatur erweist es sich jedoch, daß dieser Ansicht nicht beigepflichtet werden kann; so gibt es zum Beispiel auf dem Gebiete des Kraftangriffes des Feldes an der Materie und bei den damit zusammenhängenden Fragen der Energie und des Impulses eine ganze Reihe offener Probleme, wobei der Verfasser hofft, einige Beiträge zu deren Klärung geliefert zu haben. Interessanterweise finden sich auch schon bei den Definitionen der so wichtigen, das Verhalten der Materie beschreibenden Vektoren der elektrischen und der magnetischen Polarisation bzw. der Magnetisierung divergierende Ansichten, und es hat sogar eine nicht sachgerechte Festlegung für den magnetischen Polarisationsvektor $\mathbf{J}$ als „innere Induktion der Materie $\mathbf{B}_i$" in der internationalen Normung Eingang gefunden; in ähnlicher Weise wird auch oftmals die elektrische Polarisation $\mathbf{P}$ fälschlich als „zusätzliche elektrische Verschiebung der Materie" definiert.

Ein wesentlicher Grund für manche Verwirrung liegt in der Tatsache begründet, daß es für den Magnetismus der Materie zwei makroskopisch gleichberechtigte Erklärungsformen gibt: zunächst die historisch ältere, aber auch heute noch bei praktisch-technischen Anwendungen sowie bei gewissen theoretischen Erörterungen von Energiefragen – etwa im Bereich des Ferromagnetismus – benützte „Mengentheorie". Sie greift bei magnetisierter Materie auf Magnetpole (auch „magnetische Mengen" oder „magnetische Ladungen" genannt) zurück und trifft somit dem Verhalten der Materie in elektrischer Hinsicht gleichartige Annahmen. Dieser Theorie zufolge kommt der magnetischen Feldstärke **H** die Bedeutung des zur elektrischen Feldstärke **E** analogen Feldvektors des magnetischen Feldes zu. Es ist bekannt, daß sich bisher Magnetpole experimentell nicht nachweisen ließen. Daher wird heute die von der Ampèreschen Hypothese der Molekularströme ausgehende, durch die modernen Erkenntnisse über den Aufbau der Atome erhärtete und durch die Elektronentheorie von H. A. Lorentz theoretisch fundierte „Elementarstromtheorie" in der physikalischen Literatur vorgezogen. Nach dieser Vorstellung, die im Magnetismus ausschließlich eine Äußerung bewegter elektrischer Ladungen sieht, kommt der quellenfreien magnetischen Induktion **B** die Bedeutung des magnetischen Feldvektors zu.

Der Autor war bemüht, diese beiden nebeneinander benützten und vielfach in unzulässiger Weise miteinander vermengten Theorien zu trennen und ihre, durch den Dualismus Quellenfeld-Wirbelfeld beherrschten Formulierungen herauszuarbeiten. Die sachgemäße Trennung der beiden Darstellungsweisen des Magnetismus stellt eine wesentliche Voraussetzung für die richtige Anwendung ihrer, auf direktem Wege nicht ineinander überführbaren Ansätze für Kraft und Drehmoment sowie für Energie und Impuls dar. War bislang die Äquivalenz der beiden Theorien hinsichtlich des außerhalb der Materie bestehenden Magnetfeldes als ein rein mathematisches Problem der Potentialtheorie, nämlich als „Äquivalenz von Wirbelring und Doppelschicht", bekannt, so sind die Arbeiten des Verfassers über den allgemeinen Nachweis der Übereinstimmung dieser Theorien hinsichtlich Kraft und Drehmoment erst jüngeren Datums. Zur Durchführung dieses Nachweises mußten allerdings über die eingehende Darstellung der beiden Auffassungen vom Magnetismus der Materie hinaus zwei weitere Probleme grundlegender Natur einer Untersuchung unterzogen werden: Einerseits die Tatsache, daß die Materie in elektromagnetischer Hinsicht – im Gegensatz zum mechanischen Kontinuum – Dipolcharakter besitzt. Dies ist für Grenzflächen zwischen verschiedenen Materiebereichen hinsichtlich der Zuordnung von Polarisationsladungen und von magnetisierenden (atomaren) Elementarströmen von wesentlicher Bedeutung und begründet unter anderem die Unsymmetrie der Spannungstensoren des elektromagnetischen Feldes. Andererseits ist der Unterschied in der physikalischen Bedeutung körperfester, an Ladungen und Strömen direkt angreifender Kräfte und der, etwa auch aus dem Prinzip der virtuellen Verschiebung ableitbaren, einen Körper bewegenden „ponderomotorischen" Kräfte von Wichtigkeit.

Eine besondere Darstellung findet schließlich auch der zur Influenz analoge Vorgang der Induktion, der immer wieder Verständnisschwierigkeiten verursacht.

Die bisherigen Erörterungen des Vorwortes mögen den Eindruck erwecken, daß der dargebotene Stoff eine ausschließlich theoretische Behandlung erfährt. Dies ist jedoch keineswegs der Fall und schon eine Durchsicht des Inhaltsverzeichnisses zeigt, daß im Anschluß an die theoretischen Grundlagen immer wieder auch praktische Anwendungen erläutert werden. Es bedarf kaum einer besonderen Erwähnung, daß in dem vorliegenden Buch konsequent das Giorgische Maßsystem mit dem von der Generalkonferenz für Maß und Gewicht verbindlich erklärten System Internationaler Einheiten verwendet wird. Den genormten Festlegungen über den Druck von Formelzeichen entsprechend werden Einheiten, Zahlen und Operatoren durch magere aufrechte, skalare Größen durch magere kursive (schräge) Lettern gekennzeichnet. Für Vektor- und Tensorgrößen wird neuerdings der halbfette Druck bevorzugt; den gegebenen drucktechnischen Möglichkeiten gemäß und um diese Größen von den Skalaren deutlicher abzuheben, wurden sie in aufrechten halbfetten Lettern gesetzt.

Der Verfasser hofft, dem Leser — und zwar sowohl dem Studierenden an einer Hochschule als auch dem in der Praxis stehenden Ingenieur und Physiker — mit diesem Buch eine Einführung in die Theorie und Anwendung des elektromagnetischen Feldes in die Hand zu geben, die ihm als Basis für weitere Spezialstudien dienen kann.

Seinen Mitarbeitern, den Herren Dr. H. Haas, Dr. G. Nentwich, Dipl.-Ing. H. Pfützner und Dipl.-Ing. M. Schückher, dankt der Autor für manche Anregung bei der Abfassung des Buches und für die Mithilfe bei den Korrekturen; in besonderer Weise gilt dieser Dank auch noch nachträglich dem leider viel zu früh verstorbenen Min. Rat. DDr. G. Poppovic, der den Entwurf mit großer Genauigkeit durchgesehen hat. Ebenso herzlich muß Frau M. Leimbeck und Frau E. Schreferl für ihre Mühewaltung bei der Niederschrift des Manuskriptes gedankt werden und nicht zuletzt dem Springer-Verlag in Wien, der den Wünschen des Verfassers in großzügiger Weise entgegengekommen ist.

Wien, im März 1974 Hellmut Hofmann

Vorwort zur zweiten Auflage

Die Herausgabe der zweiten Auflage eines Buches ermöglicht es dem Autor, gewisse Verbesserungen in der Darstellung des Stoffes durchzuführen. So konnte u.a. besondere Aufmerksamkeit auf ein klares Herausarbeiten der den Ableitungen und ihren Ergebnissen zugrunde liegenden Materialeigenschaften gelegt werden, die vom einfachsten Fall des homogenen, isotropen, linearen bis zum allgemeinsten Fall des inhomogenen, anisotropen und nichtlinearen Verhaltens reichen. Für die Richtungskennzeichnung physikalischer Größen wurden folgende Grundsätze konsequent eingehalten: Bekanntlich kann den Werten gewisser skalarer Größen, wie der elektrischen Stromstärke i, der elektrischen Spannung u, dem elektrischen Fluß ψ , dem magnetischen Fluß Φ u.a. erst dann eindeutig ein Vorzeichen gegeben werden, wenn festgelegt wird, in welcher Richtung eine solche Größe positiv gezählt wird. Diese willkürlich festlegbaren „Bezugsrichtungen" werden i.a. durch Indizes bei den Größensymbolen oder durch „Bezugspfeile" in Abbildungen angegeben. Es ist nun zu beachten, daß in diesem Buch Richtungsfestlegungen im Zusammenhang mit solchen (skalaren) Größen stets derartige Bezugsrichtungen (also in Abbildungen Bezugspfeile) bedeuten, die noch keine Aussage über eine konkrete („physikalische") Richtung eines gegebenen Falles machen. Andererseits stellen Vektorrichtungen in Abbildungen (wegen der Unabhängigkeit von Vektoren von einem Koordinatensystem) naturgemäß stets konkrete Annahmen einer physikalischen Situation dar. Es wurde nun bei Abbildungen so vorgegangen, daß im Falle der Abhängigkeit eines Vektorfeldes von einer Skalargröße das Vektorfeld immer so orientiert gezeichnet ist, wie dies – wenn nicht besonders angegeben – für einen positiven Wert der betreffenden Skalargröße zutrifft; z.B. das elektrische Feld $\mathbf{E}$ eines punktförmigen Ladungsträgers mit der Ladung $Q (> 0)$, oder das magnetische Induktionsfeld $\mathbf{B}$ eines elektrischen Stromes der Stärke i (> 0 in bezug auf die angegebene Bezugsrichtung für i). Hängt ein Vektorfeld vom Differentialquotienten einer Skalargröße ab, so ist es so orientiert gezeichnet, wie es einem positiven Wert des betreffenden Differentialquotienten entspricht, z.B. das induzierende elektrische Wirbelfeld $\mathbf{E}_W$ in einer Spule in Abhängigkeit vom Differentialquotienten der elektrischen

Stromstärke nach der Zeit $\frac{di}{dt}$ (> 0 in bezug auf die angegebene Bezugsrichtung für i).

Herrn Univ.Doz.Dr. Herbert Haas sei für manche Anregung und für die Hilfe bei den Korrekturen gedankt. Dieser Dank gilt auch allen jenen meiner Hörer, die auf Grund des Studiums des Buches Vorschläge zu Verbesserungen an mich herangetragen haben, womit ein nicht unwesentlicher Beitrag zum Gelingen dieser zweiten Auflage geleistet wurde.

Wien, im Januar 1982 H. Hofmann

Vorwort zur dritten Auflage

In der dritten Auflage wurden nun vollends — insbesondere jetzt auch im elektrischen Strömungsfeld — alle für den Gültigkeitsbereich einer Formel unnötigen Einschränkungen und Vereinfachungen, wie man sie gerne aus Gründen einer möglichst einfachen mathematischen Ableitung vornimmt, fallengelassen. Es läßt sich so zeigen, daß vielen Beziehungen der Elektrodynamik eine universellere Gültigkeit zukommt, als es die üblichen Darstellungen vermuten lassen. So gelten die allgemeinen Ausdrücke für Energie und Leistung (bzw. Energiedichte und Leitungsdichte), für Kapazität, für Widerstand, für Induktivität und Gegeninduktivität nicht nur für inhomogenes, sondern auch für anisotropes Material im Feldraum, solange sich dieses linear verhält.

Wien, im März 1986

H. Hofmann

Inhaltsverzeichnis

1. Das elektrostatische Feld

1.1. Das elektrostatische Feld im leeren Raum

1.1.1. Grundbegriffe

Körper wirken in gewissen Fällen in einer Weise aufeinander, die mit den Gesetzen der Mechanik allein nicht mehr erfaßbar ist. Bringt man etwa zwei geeignete Körper, z.B. einen Glasstab und ein Seidentuch, durch Reiben in innigen Kontakt, so erweist es sich, daß sie – obwohl sie vorher völlig inaktiv waren – nach diesem Vorgang eine anziehende Kraft aufeinander ausüben. Sie haben sich, wie man sagt, „elektrisch aufgeladen". Der Name „Elektrizität" leitet sich von der griechischen Benennung „elektron" für Bernstein ab, jenem Stoff, an welchem bereits im Altertum die elektrischen Erscheinungen festgestellt wurden. Ein Glasstab, ein Seidentuch, ein Stück Bernstein etc. gehören zur Gruppe der „elektrischen Isolatoren", das sind Stoffe, die die Elektrizität praktisch nicht weiterleiten; diese haftet an den durch innige Berührung elektrisierten Stellen des Körpers. Eine zweite Gruppe von Stoffen – zu ihnen gehören vor allem die Metalle – ist dadurch gekennzeichnet, daß sich die Elektrizität sofort über die Oberfläche eines aus solcher Materie bestehenden Körpers verteilt, sich also in ihm leicht bewegen kann. Solche Stoffe heißen „elektrische Leiter".

Untersuchungen zeigen, daß es zwei verschiedene Arten der Elektrizität gibt. Gleichartig elektrisch geladene Körper, also etwa zwei durch Reibung mit einem Seidentuch elektrisierte Glasstäbe, stoßen sich ab; ungleichartig elektrisierte Körper hingegen, wie etwa ein Glasstab und das zum Reiben benutzte Seidentuch, ziehen sich an. Man hat die beiden Arten der Elektrizität durch ein Vorzeichen gekennzeichnet und zwar willkürlich die beim Reiben eines Glasstabes mit Seide am Glasstab auftretende Ladung als „positiv" (+), die auf der Seide haftende als „negativ" (–). Wie das Experiment lehrt, wachsen die Kräfte zwischen elektrisch geladenen Körpern mit der Stärke ihrer Elektrisierung, so daß es zweckmäßig erscheint, diesen Zustand durch eine physikalische Größe mit Mengencharakter zu beschreiben, die man „elektrische Ladung" (Symbol Q) eines Körpers nennt.

Erst lange Zeit nach der Festlegung der Vorzeichen elektrischer Ladungen wurde man sich über den Aufbau der Atome und über den Mechanismus der elektrischen Strömung in Leitern klar, so daß leider auf Grund dieser einmal angenommenen und überall eingeführten Festlegung die in einem metallischen Leiter strömenden Ladungsträger, sie werden „Elektronen" genannt, negative Ladung besitzen Die Ladung eines Elektrons Q_E ist die kleinste Quantität an Elektrizität, die in der Natur vorkommt; ihr Betrag heißt „Elementarladung" e. Dieser beträgt, gemessen in der Einheit „Coulomb" (Symbol C) des Internationalen Einheitensystems (SI-System, s./1.1/),

$$|Q_E| = e = 1{,}602.10^{-19}\,\mathrm{C}\,. \tag{1.1}$$

Da Elektronen definitionsgemäß eine negative Ladung besitzen, bilden also

$\frac{10^{19}}{1{,}602}$ Elektronen eine elektrische Ladung von -1C.

Nach dem heute allgemein benützten Atommodell von Rutherford und Bohr sind Atomkerne positiv geladen und sie tragen so viele Elementarladungen, wie negativ geladene Elektronen in der Hülle eines kompletten Atoms kreisen. Da mit den normalerweise zur Verfügung stehenden Energien nur Elektronen aus der Hülle eines Atoms, nicht aber positiv geladene Teilchen aus seinem Kern (Protonen) entfernt werden können, ergibt sich die Tatsache, daß ein Körper dann positiv aufgeladen ist, wenn den Hüllen seiner Atome negative Elektronen entzogen wurden, so daß die positiven Kernladungen in Summe überwiegen (Elektronenmangel); ein Körper trägt hingegen dann eine negative Ladung, wenn ihm zusätzliche Elektronen zugeführt wurden (Elektronenüberschuß). Es kann damit der Betrag einer (positiven oder negativen) elektrischen Ladung eines Körpers nur ein ganzzahliges Vielfaches der außerordentlich kleinen Elementarladung e sein; elektrische Ladungen sind also quantisiert.

Während somit im Mikrobereich der Materie (im Bereich atomarer Größenordnung) eine diskrete Verteilung elektrischer Ladungen in Form von positiven Protonen und negativen Elektronen im leeren Raum vorliegt, rechnet man im Makrobereich zweckmäßigerweise mit kontinuierlichen Ladungsverteilungen (Kontinuumstheorie). Diese kontinuierlich verteilten Ladungen stellen dann Mittelwerte in Gebieten dar, die zwar makroskopisch im Sinne der Infinitesimalrechnung als differentiell klein anzusehen sind, mikroskopisch aber immer noch so groß gedacht werden müssen, daß sie eine zur Mittelwertsbildung genügend große Zahl n elementarer Ladungen Q_k enthalten. Bei den Limesbildungen $V \to 0$, $A \to 0$ und $s \to 0$ in den folgenden Gleichungen 1.3, 1.4 und 1.6 muß also

$$Q = \sum_{k=1}^{n} Q_k \,, \qquad n \gg 1 \tag{1.2}$$

gewahrt bleiben.

Dichten solcher, makroskopisch als kontinuierlich anzusehender Ladungsverteilungen sind zunächst die räumliche Ladungsdichte (volumenbezogene Ladung)

$$\varrho = \lim_{V \to 0} \frac{Q}{V} = \frac{dQ}{dV} \tag{1.3}$$

und die flächenhafte Ladungsdichte (flächenbezogene Ladung)

$$\sigma = \lim_{A \to 0} \frac{Q}{A} = \frac{dQ}{dA} \,. \tag{1.4}$$

Um von der räumlichen zur flächenhaften Dichte zu kommen, muß man bei der Breite b eines flachen, mit der räumlichen Ladungsdichte ϱ erfüllten Gebietes unter Konstanthaltung der Ladung $dQ = \varrho \cdot dV$ im Gebiet $dV = b \cdot dA$ den Grenzübergang $b \to 0$ machen (Abb. 1.1):

$$\sigma = \frac{dQ}{dA} = \frac{\varrho \cdot dV}{dA} = \lim_{b \to 0} \frac{\varrho b \cdot dA}{dA} = \lim_{b \to 0} b \varrho \,. \tag{1.5}$$

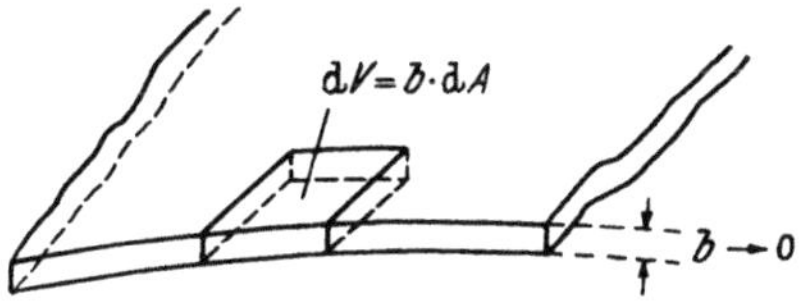

Abb. 1.1

Schließlich benützt man (z.B. bei geladenen Drähten) eine linienhafte Ladungsdichte (längenbezogene Ladung)

$$\tau = \lim_{s \to 0} \frac{Q}{s} = \frac{dQ}{ds} \,. \tag{1.6}$$

Es handelt sich hier um einen analogen Grenzübergang vom Flächenelement dA zum Linienelement ds.

Man kann also Gesamtladungen eines Bereiches je nach Art des vorliegenden Problems entweder durch ein Volumsintegral über eine räumliche Ladungsdichte

$$Q = \int_V \varrho \cdot dV \,, \tag{1.7}$$

oder durch ein Flächenintegral (mit skalarem dA) über eine flächenhafte Ladungsdichte

$$Q = \int_A \sigma \cdot dA \,, \tag{1.8}$$

oder schließlich durch ein Linienintegral (mit skalarem ds) über eine linienhafte Ladungsdichte

$$Q = \int_s \tau \cdot \mathrm{d}s \tag{1.9}$$

berechnen.

Mit der Größe „elektrische Ladung Q" tritt eine neue, aus den drei Grundgrößen der Mechanik (Länge, Zeit, Masse) nicht widerspruchsfrei ableitbare Größe auf, die zunächst die Bedeutung einer vierten Grundgröße besitzt.

In der Umgebung einer elektrischen Ladung existiert ein Kraftfeld in der Weise, daß auf andere elektrische Ladungen anziehende oder abstoßende Kräfte ausgeübt werden. (Man müßte eigentlich in diesem Fall statt Ladungen „Ladungsträger" sagen, denn Ladungen sind physikalische Größen, also meßbare physikalische Eigenschaften von Körpern, wie z.B. auch die Länge, das Volumen usw., auf die natürlich keine Kräfte ausgeübt werden können. Im folgenden soll aber mitunter auch der etwas ungenaue, allgemein übliche Sprachgebrauch, der die Benennung „Ladung" auch für das physikalische Objekt, nämlich den Ladungsträger, benützt, Verwendung finden.) Man definiert nun zur Kennzeichnung dieses elektrischen Feldes eine neue physikalische Größe, die elektrische Feldstärke **E**, durch

$$\mathbf{E} = \lim_{\substack{V \to 0 \\ Q \to 0}} \frac{\mathbf{F}}{Q} = \lim_{\substack{V \to 0 \\ Q \to 0}} \frac{\mathbf{F}}{\int_V \varrho \cdot \mathrm{d}V} = \frac{\mathrm{d}\mathbf{F}}{\mathrm{d}Q}\,, \tag{1.10}$$

also durch den Quotienten aus der Kraft **F**, die auf einen ruhenden Ladungsträger von verschwindendem Volumen ($V \to 0$, „punktförmige Ladung") und verschwindend kleiner Ladung ($Q \to 0$) ausgeübt wird, und dieser Ladung Q. Der Träger dieser „Probeladung" muß deshalb „punktförmig" sein, damit die Feldstärke in einem Punkt, nicht aber der Mittelwert der Feldstärke in einem endlich großen Gebiet, ermittelt wird. Die Probeladung Q selbst muß deshalb verschwindend klein sein, damit sie nicht beim Einbringen in das Feld durch ihr Eigenfeld Verschiebungen der auf oder in anderen Körpern befindlichen, das auszumessende Feld erzeugenden Ladungen hervorruft, wodurch dieses verändert würde (vgl. die „Influenz", Abschnitt 1.1.2, und die „Polarisation", Abschnitt 1.2). Mit einer solchen Probeladung kann man also – zumindest gedanklich – elektrische Felder ausmessen und damit die Beziehungen, die in einem elektrischen Feld Gültigkeit haben, bestimmen.

Der klassische Versuch ist das Ausmessen des elektrischen Feldes im leeren Raum, das von einer selbst ebenfalls punktförmigen, ruhenden Ladung (Q_1) hervorgerufen wird. Es ergibt sich experimentell eine Kraft auf die Probeladung (Q_2), die proportional dem Produkt der beiden Ladungen Q_1 und Q_2 und verkehrt proportional dem Quadrat des Ladungsabstandes r ist. Da bei gleichen Vorzeichen der Ladungen Abstoßung, bei ungleichen

Vorzeichen Anziehung auftritt, gilt also für die Kraft $\mathbf{F}_{21}$ auf die Ladung 2, die vom Feld der Ladung 1 herrührt,

$$\mathbf{F}_{21} = k\,\frac{Q_1 Q_2}{r^2}\,\mathrm{grad}_2 r \;, \tag{1.11}$$

mit $\mathrm{grad}_2 r$ als dem vom Ort der Ladung 1 zum Ort der Ladung 2 weisenden Einsvektor (vgl. die Erläuterungen zu Gl. 1.16 bis Gl. 1.18).

In dem heute allgemein verwendeten, nach Giorgi benannten (rationalen) Größensystem setzt man in Gl. 1.11 die von keiner anderen Größe mehr abhängige (universelle) Konstante

$$k = \frac{1}{4\pi\epsilon_0} \;. \tag{1.12}$$

Die universelle Konstante ϵ_0 in Gl. 1.12 wird „elektrische Feldkonstante" genannt. Gl. 1.11 erhält mit Gl. 1.12 die Form

$$\mathbf{F}_{21} = \frac{Q_1 Q_2}{4\pi\epsilon_0 r^2}\,\mathrm{grad}_2 r \;. \tag{1.13}$$

Die Beziehung Gl. 1.13 heißt „Coulombsches Gesetz".

Da im Falle punktförmiger Ladungsträger einerseits der in der Definition für die elektrische Feldstärke (Gl. 1.10) geforderte Grenzübergang $V \to 0$ für das von Ladung erfüllte Volumen gegeben ist, andererseits auf punktförmigen Ladungsträgern eine Verschiebung von Ladungen durch das elektrische Feld jeweils der anderen Ladung nicht erfolgen kann, ergibt sich in einem beliebigen Punkt im Raum die Feldstärke einer punktförmigen Ladung Q_1 einfacherweise als Quotient der Kraft $\mathbf{F}_{21}$ auf einen anderen, dort befindlichen, punktförmigen Ladungsträger, dividiert durch dessen Ladung Q_2:

$$\mathbf{E} = \frac{\mathbf{F}_{21}}{Q_2} = \frac{Q_1}{4\pi\epsilon_0 r^2}\,\mathrm{grad}_2 r \;. \tag{1.14}$$

Es ist üblich, den (festgehaltenen) Ort einer „felderzeugenden" Ladung „Quellpunkt" zu nennen und seine Koordinaten – die Quellpunktskoordinaten – mit ξ, η und ζ zu bezeichnen. Den beliebig wählbaren Punkt P im Raum, in dem man die Feldstärke der „felderzeugenden" Ladung bestimmt, nennt man Aufpunkt, seine Koordinaten – die Aufpunktskoordinaten – werden mit x, y und z gekennzeichnet. Gl. 1.14 bedeutet also die Feldstärke $\mathbf{E}$ in einem beliebigen Aufpunkt (x, y, z), die von einer Ladung Q im Quellpunkt (ξ, η, ζ) hervorgerufen wird:

$$\mathbf{E}(x,y,z) = \frac{Q(\xi,\eta,\zeta)}{4\pi\epsilon_0 r^2}\,\mathrm{grad}_A r \;; \tag{1.15}$$

$\mathrm{grad}_A r$, der „Aufpunktsgradient" von r, ist der vom Quellpunkt zum Aufpunkt weisende Einsvektor (s. Gl. 1.18). Beim Feld einer punktförmigen

Ladung (Gl. 1.15) handelt es sich um ein kugelsymmetrisches Vektorfeld mit einer (punktförmigen) Quelle am Ort der Ladung (Abb. 1.2), man nennt ein solches Feld „Coulombfeld" oder Feld vom „Coulombtypus".

In Gl. 1.15 bedeutet

$$r = \sqrt{(x-\xi)^2 + (y-\eta)^2 + (z-\zeta)^2} \tag{1.16}$$

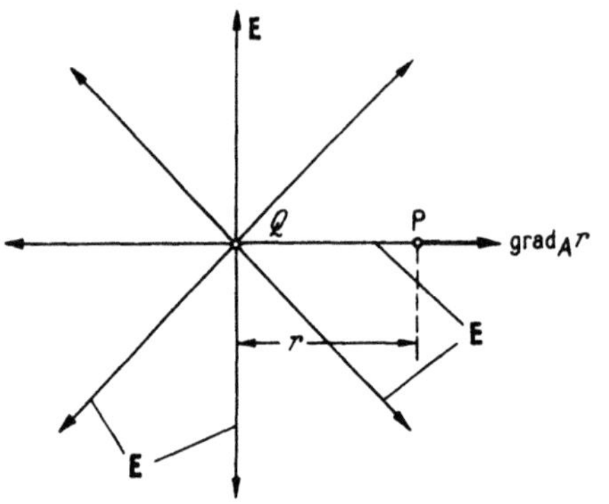

Abb. 1.2

den Abstand zwischen Quellpunkt (Q) und Aufpunkt (P) und damit den Betrag des z.B. vom Quellpunkt (als Bezugspunkt) zum Aufpunkt weisenden Abstands(Orts)vektors (Abb. 1.3, $\mathbf{r}^0$... Einsvektor in Richtung von $\mathbf{r}$)

$$\mathbf{r} = r\,\mathbf{r}^0 =: (x-\xi)\,\mathbf{i} + (y-\eta)\,\mathbf{j} + (z-\zeta)\,\mathbf{k}\,. \tag{1.17}$$

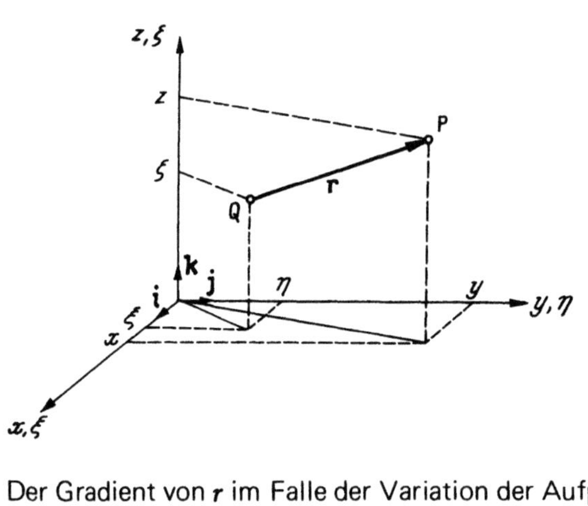

Abb. 1.3

Der Gradient von r im Falle der Variation der Aufpunktskoordinaten x, y, z (bei festgehaltenen Quellpunktskoordinaten ξ, η, ζ), also der Aufpunktsgradient von r,

$$\text{grad}_{\mathbf{A}} r = \nabla_{\mathbf{A}} r = \left(\frac{\partial}{\partial x}\,\mathbf{i} + \frac{\partial}{\partial y}\,\mathbf{j} + \frac{\partial}{\partial z}\,\mathbf{k}\right) \sqrt{(x-\xi)^2 + (y-\eta)^2 + (z-\zeta)^2} =$$

$$= \frac{(x-\xi)\,\mathbf{i} + (y-\eta)\,\mathbf{j} + (z-\zeta)\,\mathbf{k}}{\sqrt{(x-\xi)^2 + (y-\eta)^2 + (z-\zeta)^2}} = \frac{\mathbf{r}}{r} = \mathbf{r}^0 \quad , \qquad (1.18)$$

ist somit der vom Quellpunkt zum Aufpunkt weisende Einsvektor. (Bei $\text{grad}_2 r$ in Gl. 1.11, Gl. 1.13 und Gl. 1.14 ist nach den Ortskoordinaten des Ladungsträgers 2 zu differenzieren, es handelt sich also dort um den von Punkt 1 zu Punkt 2 orientierten Einsvektor.)

Die Messung der Kraft, die zwei punktförmige Ladungen im leeren Raum aufeinander ausüben, liefert u.a. auch den von den gewählten Einheiten abhängigen Erfahrungswert der universellen, von keiner anderen physikalischen Größe abhängigen Konstante ϵ_0, die „elektrische Feldkonstante" oder auch „Dielektrizitätskonstante des leeren Raumes" (vgl. Abschnitt 1.2.1) genannt wird. Ihr Wert ergibt sich unter Verwendung der Einheiten des Internationalen Einheitensystems mit

$$\epsilon_0 = 8{,}854.10^{-12}\,\frac{\text{C}^2}{\text{Nm}^2} =$$

$$= 8{,}854.10^{-12}\,\text{kg}^{-1}\,\text{m}^{-3}\,\text{s}^2\,\text{C}^2 \left(= 8{,}854.10^{-12}\,\frac{\text{As}}{\text{Vm}}\right). \qquad (1.19)$$

Wie im Abschnitt 4.4.3 bei der Besprechung der Wellengleichung, also jener, die Ausbreitung der elektromagnetischen Wellen und damit auch des Lichtes beschreibenden Differentialgleichung, gezeigt werden wird, muß zwischen der Lichtgeschwindigkeit im leeren Raum c_0, der magnetischen Feldkonstante μ_0 (siehe Abschnitt 3.1.1) und der elektrischen Feldkonstante ϵ_0 der Zusammenhang

$$\epsilon_0\,\mu_0 = \frac{1}{c_0^2} \qquad (1.20)$$

bestehen. International wurde für die magnetische Feldkonstante μ_0 der exakte Wert

$$\mu_0 = 4\pi\cdot 10^{-7}\,\text{kg m C}^{-2} \left(= 4\pi\cdot 10^{-7}\,\frac{\text{Vs}}{\text{Am}}\right) \qquad (1.21)$$

festgelegt, so daß man mit der ebenfalls durch einen exakten Wert festgelegten und damit, bei vorausgesetzter Definition der Zeiteinheit Sekunde, die Längeneinheit Meter definierenden Lichtgeschwindigkeit

$$c_0 = 2{,}997\,924\,58.10^8\,\frac{\text{m}}{\text{s}} \approx 3.10^8\,\frac{\text{m}}{\text{s}} \qquad (1.22)$$

den in Gl. 1.19 angegebenen Wert

$$\epsilon_0 = \frac{1}{\mu_0 c_0^2} = 8{,}854\cdot 10^{-12}\,\text{kg}^{-1}\,\text{m}^{-3}\,\text{s}^2\,\text{C}^2 \approx \frac{1}{36\pi\cdot 10^9}\,\text{kg}^{-1}\,\text{m}^{-3}\,\text{s}^2\,\text{C}^2 \qquad (1.23)$$

erhält.

Die zu Beginn dieses Kapitels erfolgte vorläufige Einführung der Größe „elektrische Ladung" als vierte Grundgröße und der zugehörigen Einheit Coulomb als vierte Grundeinheit mit dem Wert von $\frac{10^{19}}{1{,}602}$ Elementarladungen hatte zur Folge, daß sich ϵ_0 zunächst als eine, z.B. mit Hilfe des Coulombschen Gesetzes, experimentell bestimmbare Größe erwies (Gl. 1.19), womit wegen des Zusammenhanges Gl. 1.20 auch μ_0 eine auf empirischem Wege zu erhaltende (universelle) Konstante wäre. Da sich jedoch die Elementarladung nicht genügend genau messen läßt und daher als Naturmaß zur Festlegung der Ladungseinheit Coulomb als Grundeinheit ungeeignet ist, hat man durch Definition eines exakten Wertes für μ_0 (Gl. 1.21) den Wert von ϵ_0 über jenen der zur Definition der Längeneinheit Meter ebenfalls mit einem exakten Wert festgelegten Lichtgeschwindigkeit c_0 nach Gl. 1.20 an μ_0 angeknüpft. Dadurch wurde aber jetzt umgekehrt die Einheit der Ladung, das Coulomb, zu einer, etwa mit Hilfe des Coulombschen Gesetzes, über ϵ_0 auf die exakt definierten Werte von μ_0 und c_0 zurückgeführten Einheit.
Aus Gl. 1.20 ergibt sich mit den Einheiten von ϵ_0 ($kg^{-1}m^{-3}s^2C^2$, siehe Gl. 1.19) und c_0 (ms^{-1}) das in Gl. 1.21 angegebene Potenzprodukt $kg\,m\,C^{-2}$ für die Einheit von μ_0, das zunächst die Einheit Coulomb als vierte Grundeinheit enthält. Dieses Einheitenpotenzprodukt ist auch der Einheit Vs/Am gleich, die auf die vier, in der Elektrodynamik bevorzugt benützten Einheiten Meter (m), Sekunde (s), Volt (V) und Ampere (A) zurückgeführt ist. Da die in den Einheiten Volt und Ampere zu messenden Größen „elektrische Spannung" bzw. „elektrische Stromstärke" und ihre Zusammenhänge mit den übrigen elektrischen und mechanischen Größen noch nicht besprochen sind, kann die Identität der Einheit $kg\,m\,C^{-2}$ und Vs/Am für μ_0, aus der über Gl. 1.20 eine Identität der Einheiten $kg^{-1}m^{-3}s^2C^2$ und As/Vm für ϵ_0 folgt (s. Gl. 1.19), hier zunächst nur zur Kenntnis genommen werden. Führt man die vorläufig ebenfalls noch nicht beweisbare Beziehung für die kohärente SI-Einheit Joule (J) = Wattsekunde (Ws) = Voltamperesekunde (VAs) der Größe Arbeit in die Einheitengleichung für die erwähnten und in Gl. 1.19 angegebenen Einheiten von ϵ_0 ein

$$\frac{As}{Vm} = \frac{C^2}{Nm^2} = \frac{C^2}{Jm} = \frac{C^2}{Wsm} = \frac{C^2}{VAsm} \quad , \tag{1.24}$$

so folgt daraus in einfacher Weise

$$C = As \quad . \tag{1.25}$$

Das Coulomb ist also gleich der Amperesekunde. Auf Grund von Gl. 1.25 läßt sich bei allen abgeleiteten Einheiten, bei denen vorläufig als 4. Grundeinheit das Coulomb benützt wurde, dieses durch Ampere x Sekunde ersetzen und die Einheitenangaben können auf solche Weise auch auf die

4 Grundeinheiten des Internationalen Einheitensystems m, kg, s und A zurückgeführt werden.

Es ist zu erwarten und stimmt auch mit der Erfahrung überein, daß das Feld mehrerer punktförmiger ruhender Ladungen durch (geometrische!) Superposition der Einzelfelder dieser Ladungen entsteht. Für n Ladungen folgt demnach aus Gl. 1.15

$$\mathbf{E} = \sum_{k=1}^{n} \mathbf{E}_k = \sum_{k=1}^{n} \frac{Q_k}{4\pi\epsilon_0 r_k^2} \operatorname{grad}_A r_k \quad . \tag{1.26}$$

Schließlich kann man bei kontinuierlich im Raum verteilten Ladungen ein Ladungselement räumlich, flächen- oder linienhaft verteilter Ladungen

$$\mathrm{d}Q = \varrho \cdot \mathrm{d}V \tag{1.27}$$

bzw. $$\mathrm{d}Q = \sigma \cdot \mathrm{d}A \tag{1.28}$$

bzw. $$\mathrm{d}Q = \tau \cdot \mathrm{d}s \tag{1.29}$$

als punktförmig auffassen und das Gesamtfeld durch Integration der differentiellen Teilfelder vom Coulombtypus

(1.15) $$\mathrm{d}\mathbf{E} = \frac{\mathrm{d}Q}{4\pi\epsilon_0 r^2} \operatorname{grad}_A r \tag{1.30}$$

erhalten, also

$$\mathbf{E} = \int_Q \frac{\mathrm{d}Q}{4\pi\epsilon_0 r^2} \operatorname{grad}_A r \quad , \tag{1.31}$$

wobei über alle Ladungen zu integrieren ist. Bei räumlich verteilten Ladungen der Dichte ϱ lautet dann Gl. 1.31

(1.27) $$\mathbf{E} = \int_V \frac{\varrho \cdot \mathrm{d}V}{4\pi\epsilon_0 r^2} \operatorname{grad}_A r \quad , \tag{1.32}$$

bei flächenhaft verteilten Ladungen der Dichte σ

(1.28) $$\mathbf{E} = \int_A \frac{\sigma \cdot \mathrm{d}A}{4\pi\epsilon_0 r^2} \operatorname{grad}_A r \quad , \tag{1.33}$$

und bei linienhaft verteilten Ladungen der Dichte τ

(1.29) $$\mathbf{E} = \int_s \frac{\tau \cdot \mathrm{d}s}{4\pi\epsilon_0 r^2} \operatorname{grad}_A r \quad . \tag{1.34}$$

Die Integrale Gl. 1.31 bis Gl. 1.34 für das elektrische Feld beliebiger, kontinuierlich verteilter Ladungen stellen also eine Verallgemeinerung der für das resultierende Feld diskreter, punktförmiger Ladungen gültigen Gl. 1.26

dar. Ihre Bedeutung soll an Hand von Gl. 1.31 und Gl. 1.32 näher erläutert werden (Abb. 1.4):

$$(1.31),(1.32) \quad \mathbf{E} = \int_Q \frac{dQ}{4\pi\epsilon_0 r^2}\,\mathrm{grad}_A r = \int_V \frac{\varrho \cdot dV}{4\pi\epsilon_0 r^2}\,\mathrm{grad}_A r \ . \qquad (1.35)$$

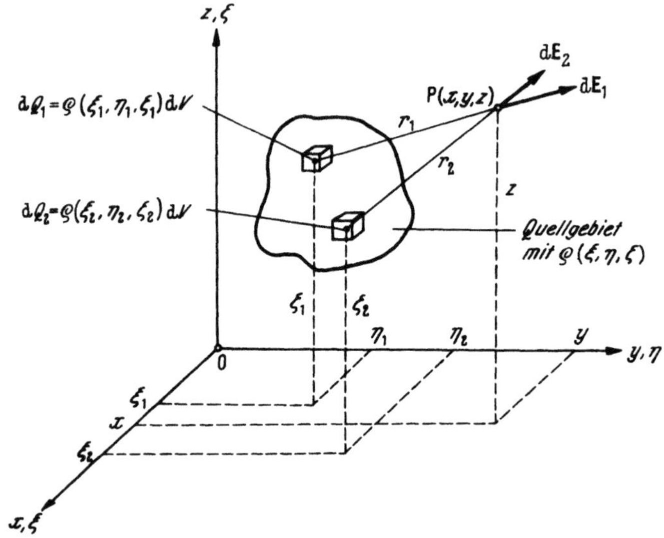

Abb. 1.4

Jedes, mit Ladung der Dichte ϱ erfüllte Volumselement dV stellt eine differentielle („punktförmige") Ladung $dQ = \varrho \cdot dV$ dar (für flächen- und linienhafte Ladungsverteilungen gilt analog Gl. 1.28 bzw. Gl. 1.29), die im Aufpunkt P einen differentiellen „Coulombschen" Feldstärkenbeitrag $d\mathbf{E}$ (Gl. 1.30) bewirkt. Das Integral Gl. 1.32 bzw. Gl. 1.35 bedeutet die (Vektor)Summe der Feldstärkenbeiträge $d\mathbf{E}$ aller im Raum verteilten „punktförmigen" Ladungselemente dQ am festgehaltenen Ort des Aufpunktes P (Aufpunktskoordinaten x,y,z, Index A). Es ist somit bei der Berechnung des Integrals über die einzelnen, mit Ladungen behafteten Volumselemente $dV = d\xi \cdot d\eta \cdot d\zeta$, also über die Quellpunktskoordinaten ξ, η und ζ (Index Q), zu integrieren:

$$(1.35) \quad \mathbf{E}(x,y,z) = \int_V \frac{\varrho(\xi,\eta,\zeta)\cdot d\xi \cdot d\eta \cdot d\zeta}{4\pi\epsilon_0 \{(x-\xi)^2 + (y-\eta)^2 + (z-\zeta)^2\}}\,\mathrm{grad}_A r =$$

$$= \int_V \frac{\varrho_Q \cdot dV_Q}{4\pi\epsilon_0 r_{Q,A}^2}\,\mathrm{grad}_A r \ . \qquad (1.36)$$

Dabei hängt der Abstand r vom Quellpunkt zum Aufpunkt gemäß Gl. 1.16 sowohl von den Quellpunkts- als auch von den Aufpunktskoordinaten ab ($r_{Q,A}$). Nach Durchführung der Integration über die Quellpunktskoordinaten ξ,η und ζ ist das Resultat, die Feldstärke im Aufpunkt P, naturgemäß eine Funktion nur noch der Aufpunktskoordinaten x,y und z.

Das aus der Erfahrung gewonnene Coulombsche Gesetz Gl. 1.13 führte, wie gezeigt wurde, bei Erweiterung auf beliebige Ladungsverteilungen im Raum zu den Gleichungen 1.32 bis 1.34. Diese Integrale für den Vektor **E** des elektrischen Feldes bei gegebener Ladungsverteilung besitzen aber nun nach der Theorie der Vektorfelder, und wie auch im folgenden im Zusammenhang mit dem elektrischen Potential gezeigt wird, gerade die Gestalt jener Integrale, aus denen sich ein wirbelfreies Vektorfeld bei gegebener Verteilung seiner räumlich, flächen- oder linienhaft verteilten Quellendichten berechnen läßt. So gilt beispielsweise für ein im gesamten, unendlichen Raum wirbelfreies Vektorfeld **E** mit räumlich verteilten Quellen der Quellendichte (Divergenz) div **E** das Integral

$$\mathbf{E} = \int_V \frac{\mathrm{div}\,\mathbf{E}\cdot \mathrm{d}V}{4\pi r^2}\,\mathrm{grad}_A r \;. \tag{1.37}$$

Damit erweist sich also das Feld ruhender Ladungen als wirbelfreies Feld, für dessen räumliche Divergenz gemäß Gl. 1.32 und Gl. 1.37

$$\mathrm{div}\,\mathbf{E} = \nabla\mathbf{E} = \frac{1}{\epsilon_0}\varrho \tag{1.38}$$

erhalten wird. Die Wirbelfreiheit des Feldes wird durch die Differentialgleichung

$$\mathrm{rot}\,\mathbf{E} = \nabla \times \mathbf{E} = 0 \tag{1.39}$$

ausgedrückt. (Über Vektorrechnung und insbesondere die Berechnung von Vektorfeldern s. z.B. /1.2/.)

Die elektrische Ladungsdichte (dividiert durch die universelle Konstante ϵ_0) besitzt also gemäß Gl. 1.38 die Bedeutung der Quellendichte, bzw. die elektrische Ladung (dividiert durch ϵ_0) die Bedeutung der Quellenstärke des elektrischen Feldes; die elektrischen Feldlinien entspringen somit bei den Ladungen.

Das ruhende, elektrische Ladungen begleitende elektrische Feld ist natürlich zeitlich unveränderlich, seine Feldstärke hängt nur vom Ort, nicht aber von der Zeit, ab. Man nennt ein solches, zeitlich unveränderliches elektrisches Feld ruhender Ladungen „elektrostatisches Feld".

Ein wirbelfreies Vektorfeld läßt sich bekanntlich als Gradientenfeld eines skalaren Potentialfeldes darstellen, wobei das elektrostatische Feld aus einem skalaren elektrischen Potential φ gemäß

$$\mathbf{E} = -\,\mathrm{grad}\,\varphi \tag{1.40}$$

abgeleitet wird.

Der Ansatz Gl. 1.40 für das elektrische Potential φ erfüllt identisch die Differentialgleichung 1.39:

$$(1.39),(1.40) \quad \operatorname{rot}\mathbf{E} = -\operatorname{rot}\operatorname{grad}\varphi = -\nabla\times\nabla\varphi \equiv 0 \quad . \tag{1.41}$$

In die Differentialgleichung Gl. 1.38 eingeführt, liefert dieser Ansatz

$$(1.38),(1.40) \quad \operatorname{div}\mathbf{E} = -\operatorname{div}\operatorname{grad}\varphi = -\nabla\nabla\varphi = -\nabla^2\varphi = -\Delta\varphi = \frac{1}{\epsilon_0}\varrho \; , \tag{1.42}$$

woraus nach Multiplikation der Gleichung mit dem Faktor −1 für das elektrische Potential des statischen Feldes die Poissonsche Differentialgleichung

$$\Delta\varphi = \frac{\partial^2\varphi}{\partial x^2} + \frac{\partial^2\varphi}{\partial y^2} + \frac{\partial^2\varphi}{\partial z^2} = -\frac{\varrho}{\epsilon_0} \tag{1.43}$$

folgt, deren allgemeine Lösung für das Potential in einem beliebigen Aufpunkt (s./1.2/, S.100)

$$\varphi = \varphi(x,y,z) = \int_V \frac{\varrho(\xi,\eta,\zeta)\cdot d\xi\cdot d\eta\cdot d\zeta}{4\pi\epsilon_0\sqrt{(x-\xi)^2+(y-\eta)^2+(z-\zeta)^2}} =$$

$$= \int_V \frac{\varrho_Q\cdot dV_Q}{4\pi\epsilon_0 r_{Q,A}} = \int_V \frac{\varrho\cdot dV}{4\pi\epsilon_0 r} \tag{1.44}$$

lautet. Die an sich noch anzuschreibende, von den Ortskoordinaten unabhängige Integrationskonstante wird bei diesem Integral, das über alle mit elektrischen Ladungen erfüllten Volumselemente des unendlichen Raumes zu erstrecken ist, gleich null gesetzt; dies bedeutet, daß das Potential einer im Endlichen befindlichen Ladungsverteilung $\varrho(\xi,\eta,\zeta)$ im Unendlichen verschwindet.

Führt man das Integral Gl. 1.44 für das skalare elektrische Potential in die Definitionsgleichung Gl. 1.40 ein, so ergibt sich für die elektrische Feldstärke einer beliebig räumlich verteilten Ladungsanordnung zunächst

$$\mathbf{E} = \mathbf{E}(x,y,z) = -\operatorname{grad}_A\varphi(x,y,z) = -\nabla_A \int_V \frac{\varrho_Q\cdot dV_Q}{4\pi\epsilon_0 r_{Q,A}} \quad . \tag{1.45}$$

Vertauscht man nun die Differentiation nach den Aufpunktskoordinaten mit der Integration nach den Quellpunktskoordinaten, so erhält man unter Berücksichtigung von

$$(1.16),(1.17),(1.18) \quad \operatorname{grad}_A\frac{1}{r} = \nabla_A\frac{1}{r} = \left(\frac{\partial}{\partial x}\mathbf{i}+\frac{\partial}{\partial y}\mathbf{j}+\frac{\partial}{\partial z}\mathbf{k}\right)\frac{1}{\sqrt{(x-\xi)^2+(y-\eta)^2+(z-\zeta)^2}} =$$

$$= -\frac{1}{2}\,\frac{2(x-\xi)\,\mathbf{i}+2(y-\eta)\,\mathbf{j}+2\,(z-\zeta)\,\mathbf{k}}{\left[\sqrt{(x-\xi)^2+(y-\eta)^2+(z-\zeta)^2}\,\right]^3} = -\frac{\mathbf{r}}{r^3} = -\frac{1}{r^2}\operatorname{grad}_A r \tag{1.46}$$

und der Tatsache, daß hinter dem Integral nur die Größe r von den Aufpunktskoordinaten abhängt,

$$\mathbf{E} = -\int_V \nabla_A \frac{\varrho_Q \cdot dV_Q}{4\pi\epsilon_0 r_{Q,A}} = -\int_V \frac{\varrho_Q \cdot dV_Q}{4\pi\epsilon_0} \nabla_A \frac{1}{r_{Q,A}} =$$

$$= \int_V \frac{\varrho_Q \cdot dV_Q}{4\pi\epsilon_0 r^2} \operatorname{grad}_A r \tag{1.47}$$

in Übereinstimmung mit den aus dem Coulombschen Gesetz auf anschauliche Weise gewonnenen Beziehungen Gl. 1.32, Gl. 1.35 und Gl. 1.36.

Das Linienintegral der elektrischen Feldstärke wird elektrische Spannung U genannt

$$U_{12} = \int_1^2 \mathbf{E} \cdot d\mathbf{s} = -\int_1^2 \operatorname{grad}\varphi \cdot d\mathbf{s} = -\int_1^2 \left(\frac{\partial\varphi}{\partial x}\mathbf{i} + \frac{\partial\varphi}{\partial y}\mathbf{j} + \frac{\partial\varphi}{\partial z}\mathbf{k}\right)(dx \cdot \mathbf{i} + dy \cdot \mathbf{j} + dz \cdot \mathbf{k}) =$$

$$= -\int_1^2 \left(\frac{\partial\varphi}{\partial x}dx + \frac{\partial\varphi}{\partial y}dy + \frac{\partial\varphi}{\partial z}dz\right) = -\int_1^2 d\varphi = \varphi_1 - \varphi_2 \quad . \tag{1.48}$$

Es ist (im zeitlich unveränderlichen Feld) vom Weg unabhängig und nur durch die Differenz von Anfangs- und Endpotential gegeben, so daß man anstelle von Spannung auch von „Potentialdifferenz" spricht. Da im Sinne der in der Mathematik und insbesondere in der Infinitesimalrechnung geltenden Festlegungen eine Differenz immer „Endwert weniger Anfangswert" ist, z.B.

$$\Delta x = x_2 - x_1 \quad , \tag{1.49}$$

müßte man die Spannung im elektrostatischen Feld (Gl. 1.48) eigentlich die negative Potentialdifferenz nennen. Der Grund hiefür liegt im negativen Vorzeichen der Definition Gl. 1.40, wonach das elektrische Potential so festgelegt wird, daß die Feldstärke in die Richtung abnehmenden Potentials weist. In der Praxis wird die Benennung „Potentialdifferenz" sehr häufig verwendet, es ist aber darunter eben der Potentialabfall (Anfangs- weniger Endpotential) zu verstehen.

Wegen der Festlegung Gl. 1.40, wonach die Feldstärke aus dem Potential durch Gradientenbildung, also durch eine Differentiation des Potentials nach den Ortskoordinaten, zu gewinnen ist, ist das Potential nur bis auf eine vom Ort unabhängige Integrationskonstante, die man frei wählen kann, bestimmt, d.h. man kann den Potentialnullpunkt beliebig festsetzen. Meist wird dem unendlich fernen Punkt (vgl. die Bemerkung zu Gl. 1.44), in der technischen Praxis vielfach auch der Erde oder der Masse, der Potentialwert null zugeordnet. Aus

(1.40) $\mathbf{E} = -\operatorname{grad} \varphi$

ergibt sich durch unbestimmte Integration (vgl. auch Gl. 1.48)

$$\int \mathbf{E} \cdot d\mathbf{s} = -\int \operatorname{grad} \varphi \cdot d\mathbf{s} = -\int d\varphi = -\varphi + K \tag{1.50}$$

und somit

$$\varphi = -\int \mathbf{E} \cdot d\mathbf{s} + K, \tag{1.51}$$

mit K als einer vom Ort (von den Ortskoordinaten) unabhängigen Konstante.

Für das Potential im Coulombfeld der punktförmigen Ladung folgt aus Gl. 1.51 und Gl. 1.15

$$\varphi = -\int \mathbf{E} \cdot d\mathbf{s} + K = -\int \frac{Q}{4\pi\epsilon_0 r^2} \operatorname{grad} r \cdot d\mathbf{s} + K = -\int \frac{Q}{4\pi\epsilon_0 r^2} \, dr + K =$$

$$= \frac{Q}{4\pi\epsilon_0 r} + K. \tag{1.52}$$

Hier wird man dem Potential im Unendlichen den Wert null geben, so daß in Gl. 1.52 $K=0$ gesetzt werden muß und somit

$$\varphi = \frac{Q}{4\pi\epsilon_0 r} \tag{1.53}$$

erhalten wird.

Von der für das Potential einer punktförmigen Ladung gültigen Beziehung Gl. 1.53 führt übrigens der gleiche anschauliche Weg wie bei der Feldstärke **E** (Gl. 1.30 bis 1.36) zum Integral für das Potential beliebiger Ladungsverteilungen: Es gilt bei räumlich verteilten Ladungen der Dichte ϱ wegen Gl. 1.27

(1.53) $$d\varphi = \frac{dQ}{4\pi\epsilon_0 r} = \frac{\varrho \cdot dV}{4\pi\epsilon_0 r}, \tag{1.54}$$

woraus sich durch Integration über alle mit Ladung erfüllten Volumselemente wieder

(1.44) $$\varphi = \int\limits_V \frac{\varrho \cdot dV}{4\pi\epsilon_0 r}$$

ergibt. Bei flächenhaften und linienhaften Ladungen treten gemäß Gl. 1.28 und Gl. 1.29 Flächen- bzw. Linienintegrale an die Stelle des Volumsintegrals Gl. 1.44.

Elektrisches Potential und Spannung (Potentialdifferenz) lassen sich sehr anschaulich deuten: Aus der Definition Gl. 1.10 für die elektrische Feldstärke folgt für die Kraft **F** auf einen im elektrischen Feld befindlichen punktförmigen Ladungsträger mit der Ladung Q

$$\mathbf{F} = Q\mathbf{E} \ . \tag{1.55}$$

Demnach ist die Arbeit, die an dem Ladungsträger vom elektrischen Feld geleistet wird, wenn man ihn vom Aufpunkt P_1 bis zum Aufpunkt P_2 verschiebt, wobei sich während der Verschiebung die Potentiale nicht ändern dürfen,

$$A_{12} = \int_1^2 \mathbf{F}\cdot d\mathbf{s} = \int_1^2 Q\mathbf{E}\cdot d\mathbf{s} = Q\int_1^2 \mathbf{E}\cdot d\mathbf{s} = QU_{12} = Q(\varphi_1-\varphi_2) \ . \tag{1.56}$$

$A>0$ bedeutet also einen Gewinn an mechanischer Arbeit aus dem elektrischen Feld, der z.B. dann auftritt, wenn $Q>0$ und $\varphi_1>\varphi_2$ ist, also eine positive Ladung von einer Stelle mit höherem zu einer mit tieferem Potential verschoben wird. Die auf die Ladung Q bezogene Arbeit ist dann

$$\frac{A_{12}}{Q} = U_{12} = \varphi_1-\varphi_2 \ . \tag{1.57}$$

Die elektrische Spannung (die Potentialdifferenz, genauer der Potentialabfall) hat demnach die Bedeutung der auf die Ladung bezogenen mechanischen Arbeit, die man bei Verschiebung einer Ladung im elektrischen Feld gewinnen kann. Bewegt man die Ladung bis ins Unendliche, so ist wegen $\varphi_2 = 0$

$$\varphi_1 = \frac{A_{1\infty}}{Q} = \frac{W}{Q} = \int_1^\infty \mathbf{E}\cdot d\mathbf{s} \ . \tag{1.58}$$

$A_{1\infty}$ ist die mechanische Arbeit, die man bei Verschiebung einer Ladung bis ins Unendliche gewinnt und daher umgekehrt auch jener Energiebetrag, der aufgewendet werden muß, um die Ladung aus dem Unendlichen bis zu dem betreffenden Aufpunkt im Feld zu bringen und der somit in Form potentieller Energie W des Ladungsträgers gespeichert ist. Nach Gl. 1.58 bedeutet demnach das Potential φ die auf die Ladung Q bezogene potentielle Energie eines im betreffenden Aufpunkt befindlichen Ladungsträgers; es ist durch das Linienintegral der elektrischen Feldstärke **E** vom Aufpunkt (auf einem beliebigen Weg!) bis ins Unendliche gegeben.

Aus

(1.56) $A = QU$

folgt die Einheitengleichung der kohärenten SI-Einheiten

$$[Q]\cdot[U] = \mathrm{C}\cdot[U] = [A] = \mathrm{J} = [F]\cdot[s] = \mathrm{Nm} = [P]\cdot[t] = \mathrm{Ws} \ , \tag{1.59}$$

(P . . . Leistung, t . . . Zeit). Daraus erhält man für die Einheit der Spannung (Potentialdifferenz) U bzw. des Potentials φ, die Volt (Symbol V) benannt wurde,

$$[U] = \mathrm{V} = \frac{\mathrm{J}}{\mathrm{C}} = \frac{\mathrm{Ws}}{\mathrm{C}} = \frac{\mathrm{Nm}}{\mathrm{C}} = \mathrm{kg\,m^2\,s^{-2}\,C^{-1}} \quad . \tag{1.60}$$

Eine Spannung (Potentialdifferenz) von 1 Volt besteht also dann zwischen zwei Aufpunkten, wenn bei Verschiebung einer Ladung von 1 Coulomb zwischen diesen Punkten eine Energie von 1 Joule (= 1 Wattsekunde = 1 Newtonmeter) umgesetzt wird. Man ist so von den als bekannt vorausgesetzten mechanischen Einheiten und mit Hilfe der (auf μ_0 zurückführbaren) elektrischen Ladungseinheit Coulomb, die vorläufig die 4. Grundeinheit darstellt, zur Einheit Volt für die elektrische Spannung bzw. für das elektrische Potential gelangt. Aus

$$(1.48) \quad U_{12} = \int_1^2 \mathbf{E} \cdot \mathrm{d}\mathbf{s}$$

folgt für die Einheit der elektrischen Feldstärke, unter Berücksichtigung auch von Gl. 1.60:

$$[E] = \frac{[U]}{[s]} = \frac{\mathrm{V}}{\mathrm{m}} = \mathrm{kg\,m\,s^{-2}\,C^{-1}} \quad . \tag{1.61}$$

Die Einheit „Volt je Meter" gewinnt man natürlich auch aus der ursprünglichen Definition der elektrischen Feldstärke als Quotient aus Kraft und Ladung (s. Gl. 1.10), wenn man berücksichtigt, daß gemäß Gl. 1.60 das Volt dem Newtonmeter je Coulomb gleich sein muß.

Auf die erste der beiden Differentialgleichungen Gl. 1.38 und Gl. 1.39 des wirbelfreien elektrostatischen Feldes läßt sich der Gaußsche Integralsatz anwenden, der in seiner allgemeinsten Form als Operatorengleichung

$$\int_V \mathrm{d}V \cdot \nabla \ldots = \oint_A \mathrm{d}\mathbf{A} \ldots \tag{1.62}$$

lautet (s./1.2/, S.339). Die im Hüllenintegral von Gl. 1.62 auftretende, geschlossene Fläche A ist die Hüllfläche jenes Volumens V, über das das Volumsintegral erstreckt wird. Durch skalare Verknüpfung der Operatoren von Gl. 1.62 mit dem elektrischen Feldvektor **E** erhält man eine Beziehung für das Hüllenintegral über **E**, also den Hüllenfluß von **E**:

$$(1.62),(1.38) \quad \int_V \mathrm{d}V \cdot \nabla \mathbf{E} = \int_V \mathrm{div}\,\mathbf{E} \cdot \mathrm{d}V = \oint_A \mathrm{d}\mathbf{A} \cdot \mathbf{E} = \oint_A \mathbf{E} \cdot \mathrm{d}\mathbf{A} =$$

$$= \frac{1}{\epsilon_0} \int_V \varrho \cdot \mathrm{d}V \; \left(= \frac{1}{\epsilon_0} \sum_{k=1}^{n} Q_k\right) \quad . \tag{1.63}$$

Der Hüllenfluß von **E** über eine beliebige geschlossene Oberfläche A ist nach Gl. 1.63 der im eingehüllten Volumen V befindlichen Gesamtladung proportional. Im Falle einzelner, punktförmiger Ladungsträger ist diese Gesamtladung die algebraische Summe der eingeschlossenen Ladungen.

Multipliziert man Gl. 1.63 mit ϵ_0 und definiert man durch

$$\mathbf{D} = \epsilon_0 \mathbf{E} \tag{1.64}$$

eine neue Vektorgröße, die „elektrische Verschiebung" genannt wird (wobei diese Definition Gl. 1.64 zunächst nur für den leeren Raum gilt), so erhält man

$$\oint_A \epsilon_0 \mathbf{E} \cdot d\mathbf{A} = \oint_A \mathbf{D} \cdot d\mathbf{A} = \int_V \varrho \cdot dV \left(= \sum_{k=1}^{n} Q_k\right) \; . \tag{1.65}$$

Das Flächenintegral über **D**

$$\psi = \int_A \mathbf{D} \cdot d\mathbf{A} \; , \tag{1.66}$$

also der Vektorfluß von **D** durch eine Fläche A, wird „elektrischer Verschiebungsfluß" oder kurz „elektrischer Fluß" ψ genannt. Nach Gl. 1.65 ist der gesamte, aus einer geschlossenen Hülle austretende elektrische Verschiebungsfluß $\mathring{\psi}$, also der Hüllenfluß von **D**, gleich der eingeschlossenen Gesamtladung („Satz vom elektrischen Hüllenfluß"):

$$\mathring{\psi} = \oint_A \mathbf{D} \cdot d\mathbf{A} = \int_V \varrho \cdot dV \left(= \sum_{k=1}^{n} Q_k\right) \; . \tag{1.67}$$

Auf Grund der Definition der elektrischen Verschiebung **D** im leeren Raum,

(1.64) $\mathbf{D} = \epsilon_0 \mathbf{E}$,

erhält man aus den Differentialgleichungen 1.38 und 1.39 für **E** durch Multiplikation mit der konstanten Größe ϵ_0 sehr einfach jene für **D**:

$$\operatorname{div} \mathbf{D} = \nabla \mathbf{D} = \varrho \; , \tag{1.68}$$

$$\operatorname{rot} \mathbf{D} = \nabla \times \mathbf{D} = 0 \; . \tag{1.69}$$

Die Quellendichte der elektrischen Verschiebung **D** ist gemäß Gl. 1.68 unmittelbar gleich der elektrischen Ladungsdichte ϱ. Diese, III. Maxwellsche Gleichung benannte Beziehung ist, wie noch später im Abschnitt 1.2 gezeigt wird, universell gültig, sie gilt auch in der Materie und ebenso im nichtstationären Feld. Die Gültigkeit der übrigen Differentialgleichungen sowohl für **E** als auch für **D** (Gl. 1.38, Gl. 1.39 und Gl. 1.69) ist jedoch auf das zeitlich unveränderliche Feld im leeren Raum eingeschränkt. Wegen der allgemeinen Gültigkeit der III. Maxwellschen Gleichung Gl. 1.68 ist auch der Satz vom Hüllenfluß Gl. 1.67, den man direkt aus der III. Maxwellschen Gleichung durch Integration über das eingeschlossene Volumen und Anwendung des Gaußschen Satzes gewinnen kann,

$$\int_V \operatorname{div} \mathbf{D} \cdot dV = \oint_A \mathbf{D} \cdot d\mathbf{A} = \mathring{\psi} = \int_V \varrho \cdot dV \; , \tag{1.70}$$

universell gültig (d.h. vor allem auch **in** Materie, s. Abschnitt 1.2). Dies ist der Grund, warum man im elektrischen Feld den Vektorfluß der Verschiebung **D** (der eben kurz auch „elektrischer Fluß" genannt wird) und nicht jenen der elektrischen Feldstärke **E** benützt.

An sich bestünde keine Notwendigkeit, im leeren Raum entsprechend Gl. 1.64 eine neue, an jeder Stelle des Raumes der Feldstärke **E** im gleichen Ausmaß über die skalare, universelle Konstante ϵ_0 proportionale Feldgröße **D** einzuführen. Das Vektorfeld **D** beschreibt das elektrische Feld im leeren Raum in gleicher Weise wie die Feldstärke **E**, überall haben die Felder **D** und **E** die gleiche Konfiguration, nur die Beträge der beiden Vektorgrößen unterscheiden sich entsprechend dem Zahlenwert von ϵ_0 an jeder Stelle um denselben Faktor. Das Feld **D** bringt also im leeren Raum physikalisch nichts Neues, es wird sich erst innerhalb von Materie in entscheidender Weise vom Feld **E** unterscheiden (s. Abschnitt 1.2).

Aus Gl. 1.70 folgt, daß das Einheitenprodukt der Verschiebungs- und der Flächeneinheit der Ladungseinheit gleich sein muß, was auf die kohärente SI-Einheit

$$[D] = \frac{\mathrm{C}}{\mathrm{m}^2} \tag{1.71}$$

(„Coulomb je Quadratmeter") für die elektrische Verschiebung **D** führt. Die elektrische Verschiebung **D** wird also in der „gleichen" Einheit gemessen, wie die von ihr artverschiedene Größe elektrische Flächenladungsdichte σ (vgl. Gl. 1.4).

1.1.1.1. Das Feld eines Dipols

Eine besondere, häufig auftretende Ladungsanordnung ist das Ladungspaar von entgegengesetztem Vorzeichen und gleichem Betrag $|Q|$ der Ladungen ($Q_1 = -Q_2$). Man nennt eine solche Anordnung einen elektrischen Dipol und kennzeichnet diesen durch eine Vektorgröße, das elektrische „Dipolmoment":

$$\mathbf{p} = |Q|\cdot\mathbf{l} \doteq |Q|\cdot|\mathbf{l}|\cdot\mathbf{l}^0 = Ql\mathbf{l}^0 = p\,\mathbf{l}^0 \ . \tag{1.72}$$

l ist der von der negativen zur positiven Ladung orientierte Abstandsvektor. Das Dipolmoment **p** enthält alle Merkmale des Dipols: $|Q|$ gibt die Stärke seiner Ladungen, $|\mathbf{l}| = l$ ihren Abstand und der Einsvektor $\mathbf{l}^0$ die Stellung des Dipols im Raum an. Es ist ersichtlich, daß das elektrische Feld eines Dipols (Abb. 1.5) in einem von ihm weiter entfernten, festgehaltenen Aufpunkt P immer schwächer wird, je näher die beiden Ladungen zusammenrücken, wenn man bedenkt, daß das Gesamtfeld durch Superposition der beiden Teilfelder dieser Ladungen entsteht. Ein Dipol mit $|Q| = \text{const}$ und $l \to 0$ erzeugt überhaupt kein Feld mehr, da ja dann

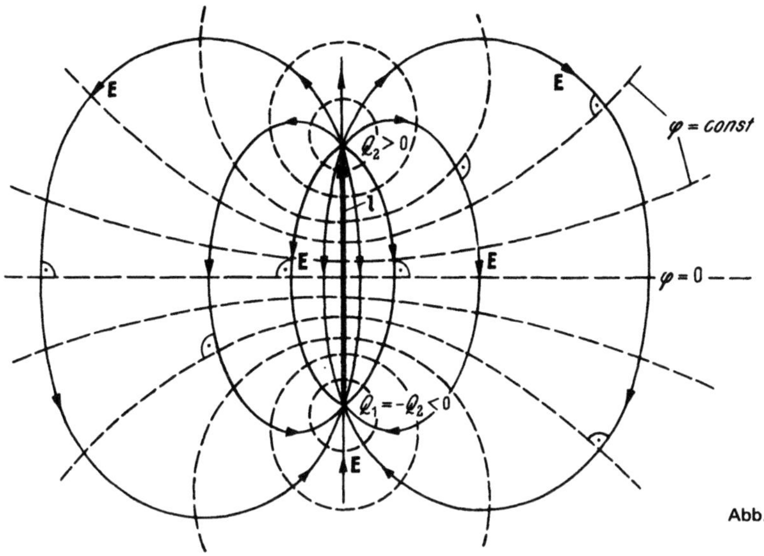

Abb. 1.5

die beiden gleich großen Ladungen von entgegengesetztem Vorzeichen zusammenfallen und sich gegenseitig kompensieren. Denkt man sich jedoch mit der Verkleinerung des Ladungsabstandes l gleichzeitig den Betrag der Ladungen im gleichen Maße erhöht, so daß das elektrische Dipolmoment konstant bleibt, so kommt man bei Übergang zur Grenze $l \to 0$ ($|Q| \to \infty$) zu einem Dipol von unendlich kleiner räumlicher Ausdehnung, jedoch endlich großem Dipolmoment **p**, man spricht von einer „Doppelquelle".

Reiht man zwei Dipole mit entgegengesetztem Dipolmoment aneinander (oder setzt sie nebeneinander) so entsteht ein Quadrupol mit einem hiefür charakteristischen Feld (Abb. 1.6 a und b). Solche Quadrupolfelder spielen in der Festkörperphysik eine bedeutende Rolle.

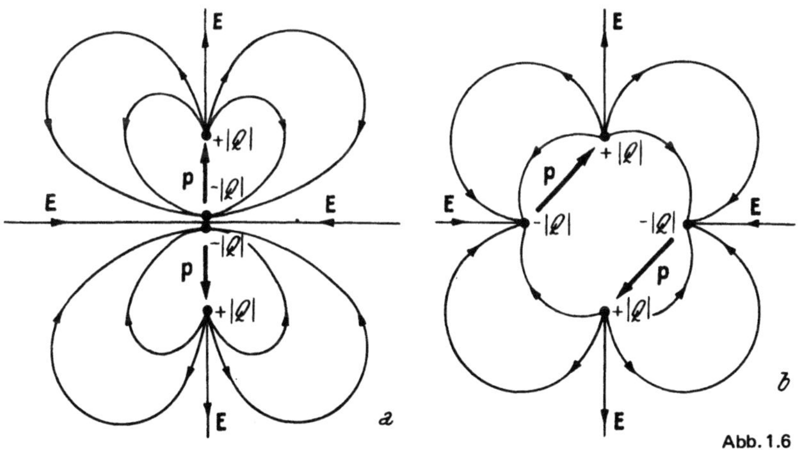

Abb. 1.6

Zur Berechnung des Potentials einer Doppelquelle soll der Dipol im Zentrum des Koordinatensystems angenommen werden (Abb. 1.7). Das Potential der beiden Ladungen $Q_2 = |Q|$ und $Q_1 = -Q_2 = -|Q|$ ist

$$\varphi = \frac{Q_2}{4\pi\epsilon_0 r_2} + \frac{Q_1}{4\pi\epsilon_0 r_1} = \frac{|Q|}{4\pi\epsilon_0}\left(\frac{1}{r_2} - \frac{1}{r_1}\right) = \frac{|Q|}{4\pi\epsilon_0} \cdot \frac{r_1 - r_2}{r_1 r_2} \,. \tag{1.73}$$

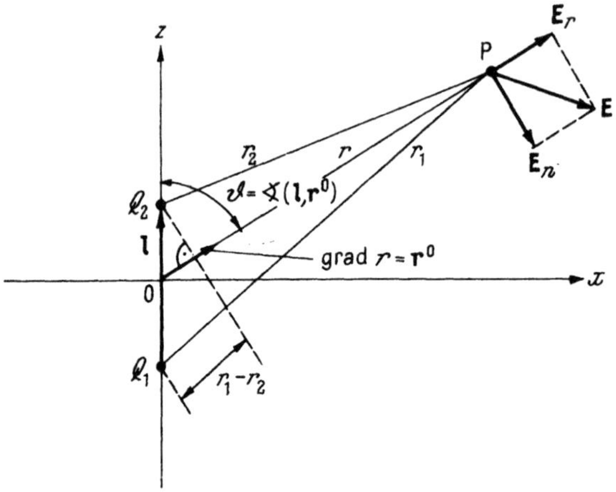

Abb. 1.7

Beim Grenzübergang $l \to 0$ und $|Q| \to \infty$ soll das Dipolmoment $\mathbf{p} = |Q| \cdot \mathbf{l}$ konstant bleiben. Für sehr kleinen Betrag l folgt

$$r_1 - r_2 = l \cdot \cos(\mathbf{l}, \operatorname{grad} r) = \mathbf{l} \cdot \operatorname{grad} r = l \cdot \cos\vartheta, \tag{1.74}$$

und es ergibt sich bei $\mathbf{p} = |Q| \cdot \mathbf{l} = \text{const}$ für das Potential der Doppelquelle

$$\varphi = \lim_{l \to 0} \frac{|Q|}{4\pi\epsilon_0} \cdot \frac{r_1 - r_2}{r_1 r_2} = \lim_{l \to 0} \frac{|Q|}{4\pi\epsilon_0} \cdot \frac{\mathbf{l} \cdot \operatorname{grad} r}{r_1 r_2} = \frac{\mathbf{p} \cdot \operatorname{grad} r}{4\pi\epsilon_0 r^2} =$$

$$= \frac{p \cdot \cos\vartheta}{4\pi\epsilon_0 r^2} \,, \tag{1.75}$$

da gleichzeitig r_1 und r_2 gegen r gehen. Das Potential einer Doppelquelle nimmt verkehrt proportional dem Quadrat des Abstandes r, also wesentlich rascher als das Potential einer einzelnen Ladung (Gl. 1.53), ab. Die Feldstärke einer Doppelquelle ist dann

$$\mathbf{E} = -\operatorname{grad}\varphi = -\operatorname{grad}\frac{\mathbf{p}_c \cdot \operatorname{grad} r}{4\pi\epsilon_0 r^2} = -\nabla\frac{\mathbf{p}_c \cdot \nabla r}{4\pi\epsilon_0 r^2} = \frac{1}{4\pi\epsilon_0}\nabla\left(\mathbf{p}_c \cdot \nabla\frac{1}{r}\right), \tag{1.76}$$

wobei die Konstanz des Dipolmomentes $\mathbf{p}$ gegenüber der Differentiation nach den Ortskoordinaten durch einen Index c gekennzeichnet und Gl. 1.46 berücksichtigt wurde. Wegen der Rotationssymmetrie des Dipolfeldes ist es günstig, bei der weiteren Rechnung die Kugelkoordinaten r

und ϑ zu benützen. Die Komponenten von **E** in Richtung $\mathbf{r}^0 = \mathrm{grad}\, r$ des Ortsvektors und in Richtung **n** normal zu diesem (Abb. 1.7 und Abb. 1.8) sind

$$\mathbf{E}_r = E_r \mathbf{r}^0 = -\mathrm{grad}_r \varphi = -\left(\frac{\partial \varphi}{\partial s}\right)_{\vartheta = \mathrm{const}} \cdot \mathbf{r}^0 = -\frac{\partial \varphi}{\partial r} \mathbf{r}^0 \tag{1.77}$$

und

$$\mathbf{E}_n = E_n \mathbf{n} = -\mathrm{grad}_n \varphi = -\left(\frac{\partial \varphi}{\partial s}\right)_{r = \mathrm{const}} \cdot \mathbf{n} = -\frac{\partial \varphi}{r \cdot \partial \vartheta} \mathbf{n} \,. \tag{1.78}$$

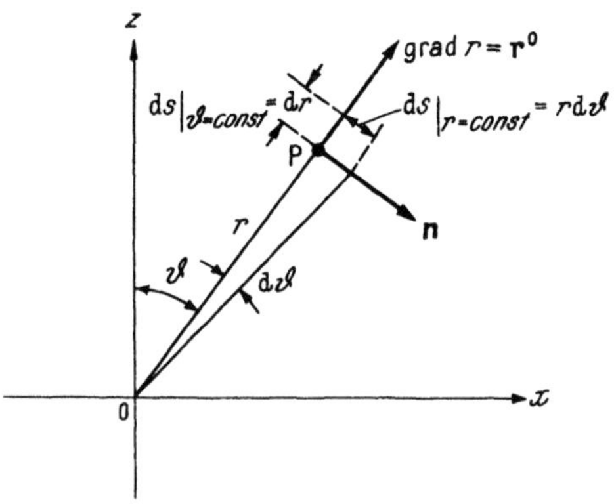

Abb. 1.8

Führt man Gl. 1.75 in die Gleichungen 1.77 und 1.78 ein, so folgt

$$\mathbf{E}_r = -\frac{\partial \varphi}{\partial r} \mathbf{r}^0 = \frac{p \cdot \cos \vartheta}{2\pi \epsilon_0 r^3} \mathbf{r}^0 , \tag{1.79}$$

$$\mathbf{E}_n = -\frac{\partial \varphi}{r \cdot \partial \vartheta} \mathbf{n} = \frac{p \cdot \sin \vartheta}{4\pi \epsilon_0 r^3} \mathbf{n} , \tag{1.80}$$

und es wird der Betrag der elektrischen Feldstärke

$$E = \sqrt{E_r^2 + E_n^2} = \frac{p}{4\pi \epsilon_0 r^3} \sqrt{4 \cos^2 \vartheta + \sin^2 \vartheta} =$$

$$= \frac{p}{4\pi \epsilon_0 r^3} \sqrt{3 \cos^2 \vartheta + 1} \,. \tag{1.81}$$

Die Feldstärke einer Doppelquelle nimmt verkehrt proportional der dritten Potenz von r ab, also wieder, wie beim Potential, mit einer um 1 höheren Potenz des Abstandes als beim Coulombfeld der punktförmigen Ladung (Gl. 1.14).

Es ist einleuchtend, daß ein Dipol mit endlichem Abstand seiner Ladungen ($l \neq 0$) in größerer Entfernung ($r \gg l$) ein Feld besitzt, das praktisch mit jenem einer Doppelquelle von gleichem Dipolmoment **p** übereinstimmt.

1.1.2. Das elektrostatische Feld bei Anwesenheit von leitfähigen Körpern

In einem elektrischen Leiter können sich Ladungen sehr leicht bewegen. Bringt man eine elektrische Ladung auf einen isoliert aufgestellten Leiter, so verteilt sie sich so, daß das elektrische Feld im Leiterinneren verschwindet (**E**=0). Solange nämlich im Leiter noch ein elektrisches Feld existiert, wirken auf die leicht beweglichen Ladungsträger (i.a. sind dies die Elektronen) gemäß

(1.55) $\mathbf{F}=Q\mathbf{E}$

Kräfte, so daß sich die Ladungsträger verschieben. Der Endzustand, in dem alle Ladungen ruhen, muß also durch die für das Leiterinnere notwendige Bedingung **E**=0 charakterisiert sein. Es können dann im Leiter auch keine Quellen des elektrischen Feldes, also keine Ladungen (siehe Gl. 1.38) vorhanden sein, die Ladungen sind gewissermaßen flächenhaft – i. a. ungleichmäßig – an der Oberfläche des Leiters verteilt (Abb. 1.9). Wenn aber das Leitervolumen feldfrei ist, so liefert dort ein Linienintegral der elektrischen Feldstärke über jeden beliebigen Weg stets den Wert null, alle Punkte eines Leiters, u.zw. sowohl in seinem Inneren als auch an seiner Oberfläche, befinden sich auf gleichem Potential (s. Gl. 1.48 und insbesondere Gl. 1.51).

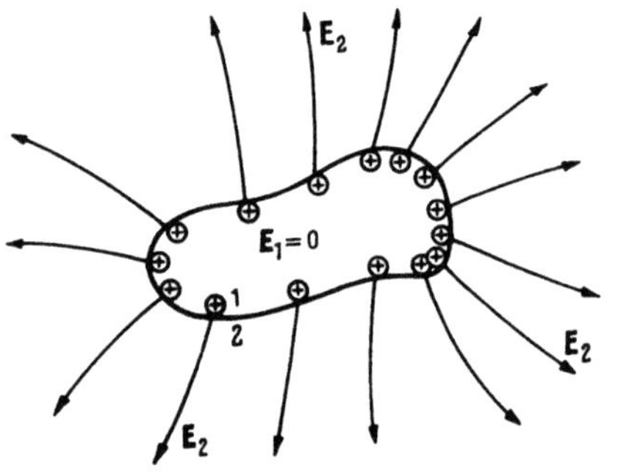

Anm.: Die (flächenhafte) Ladungsdichte und damit gemäß Gl. 1.92 auch die elektrische Feldstärke an der Oberfläche des Leiters sind an Stellen höherer Krümmung der Oberfläche größer, extrem hoch daher an Spitzen („Spitzenwirkung").

Abb. 1.9

Denkt man sich das feld- und ladungsfreie Innere des Leiters durch einen Isolator oder durch leeren Raum ersetzt, so daß nur seine Oberfläche als dünne, leitfähige, die Ladungen tragende Fläche übrigbleibt, so kann sich an den Feldverhältnissen nichts geändert haben. Daraus folgt, daß auch das Innere eines durch eine geschlossene, leitfähige Hülle umgebenen Volumens feldfrei und daher ein Raum konstanten Potentials ist.

Im Leiter ist wegen **E**=0 auch $\mathbf{D}=\epsilon_0\,\mathbf{E}=0$. Bezeichnet man die zur Leiteroberfläche normal orientierten Vektorkomponenten mit dem Index n, die Tangentialkomponenten hingegen mit t, so gilt also im Leiter (Bereich 1 der Abb. 1.9) wegen $\mathbf{E}_1 = 0$: $\quad \mathbf{E}_{1n} = 0$, (1.82) $\quad \mathbf{E}_{1t} = 0$, (1.83)

wegen $\mathbf{D}_1 = 0$: $\quad \mathbf{D}_{1n} = 0$, (1.84) $\quad \mathbf{D}_{1t} = 0$. (1.85)

Da das elektrostatische Feld wirbelfrei ist, muß auch die Flächenrotation Rot**E** verschwinden, d.h. es muß für die Leiteroberfläche als Sprungfläche des elektrischen Feldes

$$\mathrm{Rot}\,\mathbf{E} = \mathbf{n} \times (\mathbf{E}_{2t} - \mathbf{E}_{1t}) = 0 \ , \tag{1.86}$$

und somit

$$\mathbf{E}_{2t} = \mathbf{E}_{1t} \tag{1.87}$$

gelten. Die Tangentialkomponente eines wirbelfreien Vektorfeldes ist also zu beiden Seiten einer Sprungfläche gleich. Aus Gl. 1.87 folgt dann wegen Gl. 1.83

$$\mathbf{E}_{2t} = 0 \tag{1.88}$$

und somit

$$\mathbf{D}_{2t} = \epsilon_0 \mathbf{E}_{2t} = 0 \ . \tag{1.89}$$

Die elektrische Feldstärke **E** und damit auch die Verschiebung **D** besitzen an der Außenseite des Leiters keine Tangential- sondern nur eine Normalkomponente, Feldlinien treten daher aus einer Leiteroberfläche stets senkrecht aus. Die Normalprojektion von **D** läßt sich aus der III. Maxwellschen Gleichung (Gl. 1.68) berechnen, die bei Grenzübergang zu flächenhaften Ladungen der Dichte σ für Leiteroberflächen, die Sprungflächen des Feldes sind, in der entsprechenden Form mit der Flächendivergenz Div**D** zu schreiben ist:

$$\mathrm{Div}\,\mathbf{D} = (\mathbf{D}_2 - \mathbf{D}_1)\,\mathbf{n} = D_{2n} - D_{1n} = \sigma \ . \tag{1.90}$$

Hier folgt wegen Gl. 1.84 und Gl. 1.89

$$\mathbf{D}_2 = \mathbf{D}_{2n} = D_{2n}\,\mathbf{n} = \sigma\,\mathbf{n} \ . \tag{1.91}$$

Die Normalprojektion D_{2n} der elektrischen Verschiebung an der Außenseite einer Leiteroberfläche ist gleich der an der betreffenden Stelle befindlichen Ladungsdichte σ. Da aber **D** normal auf der Leiteroberfläche steht, ist der Betrag von D_{2n} gleich dem Betrag D_2 der Verschiebung an der Leiteroberfläche, es gilt also

$$|\sigma| = |D_{2n}| = D_2 \ (= \epsilon_0 E_2) \ . \tag{1.92}$$

Verlaufen die Verschiebungs- bzw. die Feldlinien von der Leiteroberfläche weg, d.h. entspringen sie in ihr ($D_{2n} = \epsilon_0 E_{2n} > 0$), so besitzt die Flächenladung an dieser Stelle positives, andernfalls besitzt sie negatives Vorzeichen.

1.1.2.1. Die Influenz

Bringt man einen ungeladenen Leiter in ein elektrisches (Fremd)Feld, z.B. in das Feld einer punktförmigen Ladung Q (Abb. 1.10), so ruft das im ungeladenen Leiter wirksame Fremdfeld eine Ladungsverschiebung hervor. Sie führt zu einer solchen Verteilung der Ladungen auf der Oberfläche des Leiters, daß sich im Endzustand des statischen Feldes wieder im gesamten Leiter $\mathbf{E} = 0$ ergibt. Der Leiter ist dann also wieder feldfrei und ein Gebiet konstanten Potentials.

Die Ladungsverteilung muß so geartet sein, daß das von der fremden Ladung allein herrührende Teilfeld $\mathbf{E}_f$ durch das zusätzliche Eigenfeld $\mathbf{E}_e$ der verschobenen Ladungen im Leiterinneren ausgelöscht wird. Dieser Vorgang wird Influenz genannt. Da sich Ladungen ungleichen Vorzeichens anziehen, solche gleichen Vorzeichens aber abstoßen, sammeln sich an der, der influenzierenden Ladung Q zugewandten Seite des Leiters Influenzladungen mit umgekehrten, an der, der influenzierenden Ladung abgewandten Seite solche des gleichen Vorzeichens wie jenem der influenzierenden Ladung. Der influenzierte Leiter wird also einem Dipol ähnlich. Da die Influenzladungen vom umgekehrten Vorzeichen der influenzierenden Ladung näher liegen als jene der gleichen Polarität, werden zwischen influenzierendem und influenziertem Leiter anziehende Kräfte wirksam sein. Abb. 1.10 zeigt: das Fremdfeld $\mathbf{E}_f$ der influenzierenden Ladung Q (Abb. 1.10a, mit strichliert angedeuteter Lage des später dorthin gebrachten influenzierten Leiters), das Eigenfeld $\mathbf{E}_e$ des influenzierten Leiters (Abb. 1.10b) und schließlich das durch Superposition der beiden Teilfelder zu erhaltende Gesamtfeld $\mathbf{E} = \mathbf{E}_f + \mathbf{E}_e$ (Abb. 1.10c). Das resultierende elektrische Feld wird gewissermaßen in den Leiter hineingezogen. War der influenzierte Leiter vor der Annäherung an die influenzierende Ladung ungeladen, so ist er es auch nachher; seine Ladungen sind nur verschoben und getrennt worden, die

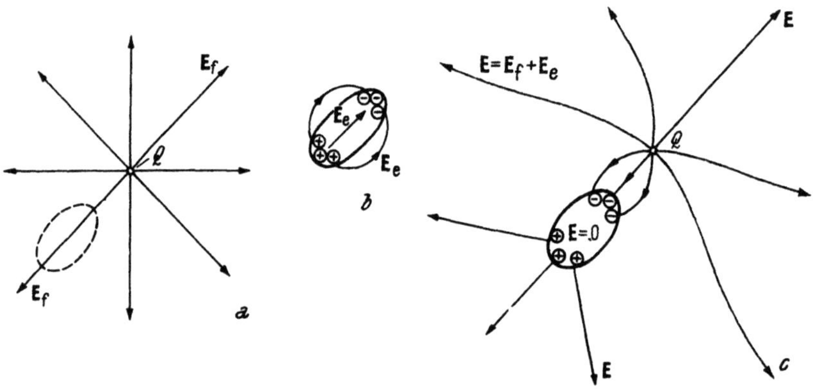

Abb. 1.10

Ladungssumme ist nach wie vor null. Demnach ist gemäß Gl. 1.67 auch der Hüllenfluß von **D** über den influenzierten Körper vor und nach seinem Einbringen in das elektrische Fremdfeld null. Besitzt der influenzierte Körper eine Eigenladung, so bleibt diese natürlich trotz Ladungsverschiebung durch die Influenz als Gesamtladung des Körpers ungeändert erhalten. Man versteht jetzt, warum man bei der Definition der elektrischen Feldstärke Gl. 1.10 im Abschnitt 1.1.1 die das Feld ausmessende „Probeladung" mit verschwindend kleiner Ladung ($Q \to 0$) annehmen mußte: Sie würde andernfalls durch ihr Eigenfeld zu einer Ladungsverschiebung in Leitern und auch in Isolierstoffen (s. Abschnitt 1.2) Anlaß geben, wodurch das ursprüngliche, auszumessende Feld, vor allem auch an der Meßstelle, an der sich die Probeladung befindet, verändert würde.

1.1.2.2. Die Messung der elektrischen Verschiebung D mit Hilfe der Influenz in einem Doppelscheibchen

Eine Anwendung der Influenz stellt die Messung der elektrischen Verschiebung **D** mit Hilfe eines Doppelscheibchens dar. Dieses besteht aus zwei kleinen, sehr dünnen leitenden Scheibchen, die auf zwei isolierten Griffen befestigt sind (Abb. 1.11) und die aneinandergepreßt in das elektrische Feld gebracht werden (Abb. 1.12). Durch Influenz werden die Ladungsträger des Doppelscheibchens getrennt, so daß eine Doppelschicht elektrischer Ladungen – also gewissermaßen eine kontinuierliche Folge von Dipolen – entsteht, wobei die positiven und negativen Ladungen jeweils eine

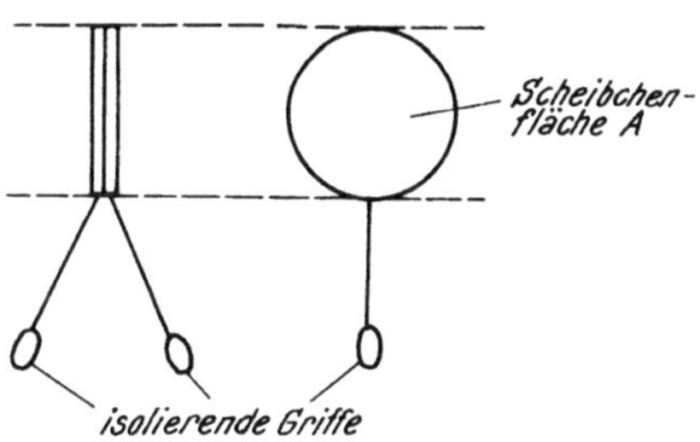

Abb. 1.11

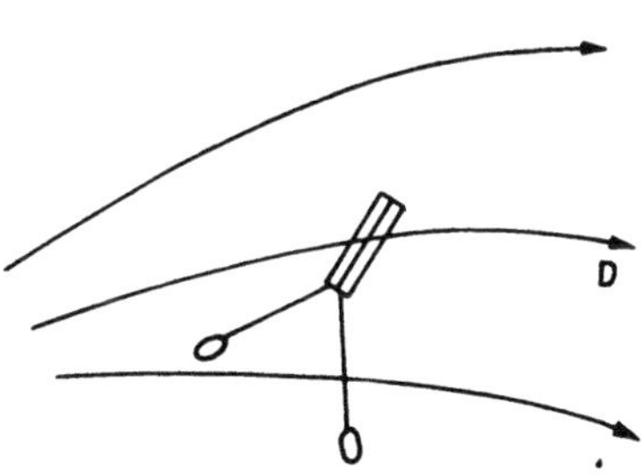

Abb. 1.12

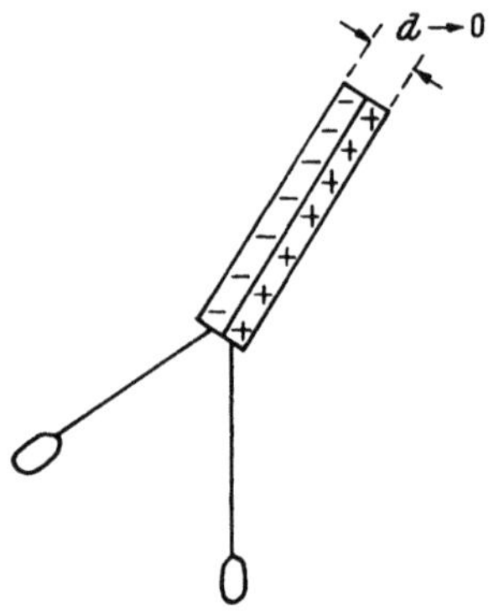

Abb. 1.13

flächenhaft verteilte Ladungsschichte bilden (Abb. 1.13). Denkt man sich das Doppelscheibchen unendlich dünn, so besitzen die Ladungsschichten keinen merkbaren Abstand mehr. Da die Influenzladungen aber ihrem Betrag nach endlich bleiben, erzeugt die Doppelschicht als Summe von Dipolen mit endlich großen Ladungen aber verschwindendem Ladungsabstand – also als Summe von Dipolen mit verschwindendem Dipolmoment – außerhalb des Doppelscheibchens kein Eigenfeld (s. Abschnitt 1.1.1.1). Das influenzierende Fremdfeld bleibt ungestört. In der Tat läßt sich aber ein unendlich dünnes Doppelscheibchen nicht realisieren; die endliche Dicke bewirkt dann ein elektrisches Eigenfeld, das in unmittelbarer Nähe der Scheibchenoberfläche das elektrische Feld so beeinflußt, daß die Bedingung des senkrechten Ein- bzw. Austretens der Feldlinien aus der Leiteroberfläche erfüllt ist (Abb. 1.14). Der Betrag $|\sigma|$ der Flächendichte der in beiden Hälften des Doppelscheibchens frei werdenden Influenzladungen ist gemäß Gl. 1.91, die aus der für flächenhafte Ladungsdichten gültigen III. Maxwellschen Gleichung (Gl. 1.90) folgt, dem Betrag D_2 der elektrischen Verschiebung unmittelbar an der Scheibchenoberfläche gleich. D_2 unmittelbar an der Metalloberfläche ist aber gleich der Projektion $D_n = D \cdot \cos(\mathbf{D},\mathbf{n})$ des ungestörten Fremdfeldes $\mathbf{D}$ auf die in Richtung von

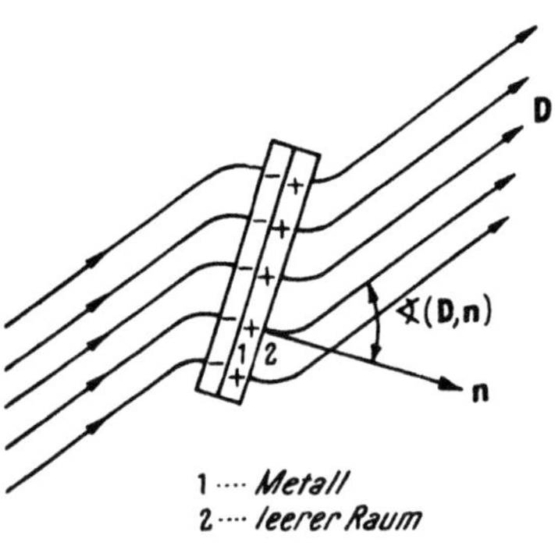

Abb. 1.14

der negativen zur positiven Influenzladung orientiert angenommene Flächennormale **n** der Scheibchenebene (Abb. 1.13), so daß man

$$|\sigma| = D_2 = D_n = D \cdot \cos(\mathbf{D},\mathbf{n}) \tag{1.93}$$

erhält. Für die Messung ist die Scheibchenfläche so klein gegenüber einer allfälligen Inhomogenität des elektrischen Fremdfeldes zu denken, daß dieses im Scheibchenbereich als homogen angesehen werden kann („Probedoppelscheibchen" nach Mie /1.3/, in Analogie zur punktförmigen „Probeladung" bei der Messung des elektrischen Feldes **E**). Trennt man im elektrischen Feld die beiden Hälften des Doppelscheibchens, so können sich die verschobenen Influenzladungen beim Herausbringen der Scheibchenteile aus dem Feld nicht mehr vereinen. Man kann dann den Betrag der beiden getrennten Influenzladungen

$$|Q| = |\sigma| \cdot A = D_n A \tag{1.94}$$

(A . . . Scheibchenfläche) mit einem geeigneten Instrument, z.B. mit einem ballistischen Galvanometer, messen und erhält so die zur Scheibchenfläche normale Projektion D_n der elektrischen Verschiebung

$$D_n = |\sigma| = \frac{|Q|}{A} \; , \tag{1.95}$$

bzw. die Normalkomponente $\mathbf{D}_n$ des Fremdfeldes in Richtung der Flächennormale **n** der Scheibchenfläche

$$\mathbf{D}_n = D_n \mathbf{n} = \frac{|Q|}{A} \mathbf{n} \; . \tag{1.96}$$

Drei Messungen mit verschiedenen Stellungen des Doppelscheibchens, so daß die Flächennormalen nicht in einer Ebene liegen, liefern drei Komponenten der elektrischen Verschiebung **D**, aus denen sich dieser Vektor dann bestimmen läßt. Man kann natürlich auch entsprechend der Festlegung eines Vektors durch Betrag und Richtung die Meßrichtung in einem Aufpunkt des Feldes solange variieren, bis der maximale Wert der Influenzladung und damit der Normalprojektion D_n von **D** zur Scheibchenebene gemessen wird. Dieser Maximalwert ist dann der Betrag $|\mathbf{D}| = D$ der elektrischen Verschiebung, die Richtung **n** der Flächennormale in dieser speziellen Lage des Doppelscheibchens gibt die Richtung von **D** an, da jetzt die Feldlinien des ungestörten Feldes normal zur Scheibchenebene orientiert sind.

Man ist so mit Hilfe der Influenz in einem Doppelscheibchen zu einer von der Messung der elektrischen Feldstärke **E** mit Hilfe der Kraft auf eine punktförmige Probeladung (Gl. 1.10) scheinbar unabhängigen Meßmethode für den elektrischen Verschiebungsvektor **D** gelangt, durch die er selbständig definiert werden könnte. Man könnte also an jeder Stelle des Feldes **D** mit dem Probedoppelscheibchen und **E** mit Hilfe einer Probeladung messen und auf diese Weise empirisch feststellen, daß die beiden Größen einander überall über den gleichen Faktor ϵ_0 proportional sind

(1.64) $\mathbf{D} = \epsilon_0 \mathbf{E}$.

Daß in der Tat die beiden Messungen von **D** und **E** nicht unabhängig voneinander sind, folgt aus der Tatsache, daß die Influenzerscheinung auf die Kraft des elektrischen Feldes **E** an den verschiebbaren Ladungen des influenzierten Leiters zurückzuführen ist, in dessen Innerem im statischen Zustand stets $\mathbf{E}=0$ gelten muß. Erhöht man das im Doppelscheibchen influenzierende Fremdfeld auf den doppelten Wert, so muß sich die Ladungsdichte der Influenzladungen verdoppeln, damit ihr Eigenfeld das Fremdfeld im Leiter wiederum kompensiert. Daraus folgt also a priori die Proportionalität von **D** und **E** im leeren Raum. Es ist also im Prinzip gleichgültig, ob man die elektrische Feldstärke mit Hilfe einer Kraftmessung und daraus die der Größe **E** notwendigerweise proportionale Größe $\mathbf{D} = \epsilon_0 \mathbf{E}$, oder ob man umgekehrt mit Hilfe der Influenz in einem Doppelscheibchen die Größe **D** und daraus die ihr proportionale Größe $\mathbf{E} = \mathbf{D}/\epsilon_0$ bestimmt.

Da die Messung der elektrischen Verschiebung **D** mit dem Doppelscheibchen eine Anwendung der III. Maxwellschen Gleichung 1.68 bzw. 1.90 darstellt und diese, wie schon im Anschluß an die Gleichungen 1.68 und 1.69 bemerkt wurde, ihre Gültigkeit auch innerhalb von Materie behält, kann die Methode der **D**-Messung mit Hilfe des Doppelscheibchens auch zur Messung dieser Größe innerhalb von Materie verwendet werden (siehe Abschnitt 1.2.5.2).

1.1.3. Die Kapazität

Zur Definition der Kapazität zweier Leiter wird von folgender Anordnung ausgegangen: Man lädt einen der beiden Leiter mit einer Ladung Q_1, den anderen mit einer gleichgroßen Ladung von umgekehrtem Vorzeichen $Q_2 = -Q_1$ auf. Man erreicht dies in der Praxis dadurch, daß man von einem der beiden, ursprünglich ungeladenen Leiter, z.B. mit Hilfe eines Akkumulators als Spannungsquelle, über eine äußere leitende Verbindung eine Ladung auf den anderen Leiter verschiebt, so daß auf dem ersten Leiter eine Ladung vom gleichen Betrag, jedoch mit umgekehrten Vorzeichen, zurückbleibt (Abb. 1.15). Entsprechend der Ladungsverteilung auf den Leitern bildet sich zwischen diesen ein elektrisches Feld aus, so daß die beiden Leiter jeweils konstantes Potential besitzen und wegen $Q_2 = \mathring{\psi}_2 = -Q_1 = -\mathring{\psi}_1$ (s. Gl. 1.67) alle, auf dem einen Leiter entspringenden Feldlinien auf dem anderen Leiter enden. Eine solche Anordnung aus zwei Leitern, die im Betrieb entgegengesetzt polarisierte Ladungen von gleichem Betrag erhalten, nennt man einen Kondensator.

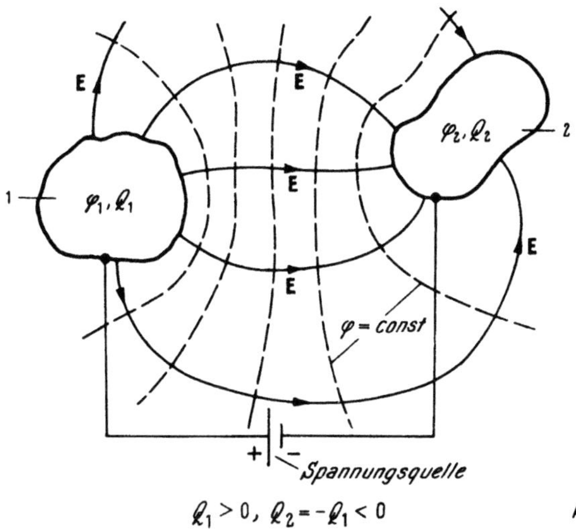

Abb. 1.15

Der Quotient aus Ladung Q des einen Leiters und Potentialdifferenz (Spannung) U dieses Leiters gegenüber dem anderen ist definitionsgemäß die Kapazität der beiden Leiter, also

$$C_{12} = \frac{Q_1}{U_{12}} = \frac{Q_1}{\varphi_1 - \varphi_2} = \frac{Q_2}{\varphi_2 - \varphi_1} = \frac{Q_2}{U_{21}} = C_{21} = C\ . \tag{1.97}$$

Da $Q_2 = -Q_1$ und $U_{21} = -U_{12}$ ist, gilt gemäß Gl. 1.97 $C_{12} = C_{21}$, es gibt zwischen zwei Leitern nur eine Kapazität. Sie ist, da z.B. bei $Q_1 > 0$ auch $U_{12} > 0$ sein muß, eine stets positive Größe. Bei Einführung der Integrale Gl. 1.67 und Gl. 1.48 für Q bzw. U erhält man

$$C = \frac{\oint_{A_1} \mathbf{D} \cdot d\mathbf{A}}{\int_1^2 \mathbf{E} \cdot d\mathbf{s}} = \frac{\oint_{A_2} \mathbf{D} \cdot d\mathbf{A}}{\int_2^1 \mathbf{E} \cdot d\mathbf{s}}\ , \tag{1.98}$$

und da im leeren Raum $\mathbf{D} = \epsilon_0 \mathbf{E}$ gilt, auch

$$C = \epsilon_0 \frac{\oint_{A_1} \mathbf{E} \cdot d\mathbf{A}}{\int_1^2 \mathbf{E} \cdot d\mathbf{s}} = \epsilon_0 \frac{\oint_{A_2} \mathbf{E} \cdot d\mathbf{A}}{\int_2^1 \mathbf{E} \cdot d\mathbf{s}}\ . \tag{1.99}$$

Wie Gl. 1.99 zeigt, geht die Berechnung der Kapazität auf eine Berechnung des (statischen) elektrischen Feldes **E** zurück. Kennt man die Feldverteilung, so kann man im Prinzip die beiden Integrale in Gl. 1.99 und damit die Kapazität berechnen.

Die kohärente Einheit der Kapazität im Internationalen Einheitensystem ist das Farad (Symbol F)

$$[C] = \text{F} = \frac{[Q]}{[U]} = \frac{\text{C}}{\text{V}} = \frac{\text{As}}{\text{V}} \quad . \tag{1.100}$$

1 Farad ist also 1 Coulomb je Volt. Es erweist sich in der Praxis als eine viel zu große Einheit, so daß man i.a. die Bruchteile μF, nF oder pF verwendet.

Die zur Feststellung der Kapazität zweier Leiter notwendigen Feldberechnungen können analytisch oder graphisch durchgeführt werden. Bei jenen Fällen, die analytisch ohne größeren mathematischen Aufwand zu behandeln sind, geht man im Prinzip folgendermaßen vor: Haben die Oberflächen der beiden Leiter geometrische Formen, die mit zwei Äquipotentialflächen eines einfach zu berechnenden Feldes einer anderen Leiter- bzw. Ladungsanordnung übereinstimmen, so berechnet man zunächst das Feld dieser anderen (gedachten) Ersatzanordnung zweier Ladungen. Dann denkt man sich die beiden Ersatzladungen auf die leitend ausgebildet gedachten Äquipotentialflächen gebracht, wodurch sich am elektrischen Feld zwischen diesen nichts ändert. Damit hat man aber jetzt die gegebene Leiteranordnung, wobei sich die beiden Potentiale der Äquipotentialflächen aus dem Feld der Ersatzladungen leicht berechnen lassen. Der Quotient aus Ladung und der so berechneten Potentialdifferenz ist dann die Kapazität *C*.

1.1.3.1. Der Kugelkondensator

Die eben beschriebene Vorgangsweise bei der Kapazitätsberechnung soll am Beispiel eines Kugelkondensators, der aus zwei konzentrischen Kugelleitern besteht, demonstriert werden. Ein leicht berechenbares Feld mit derartigen Äquipotentialflächen ist z.B. das Feld einer punktförmigen Ladung Q im Zentrum der Kugeln (Coulombfeld, Abb. 1.16). Das Potential in einem beliebigen Aufpunkt P($\boldsymbol{r}$) ist dann

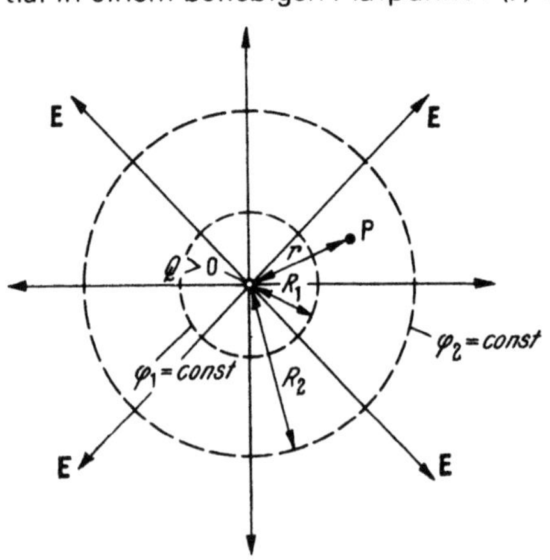

Abb. 1.16

(1.53) $\varphi = \dfrac{Q}{4\pi\epsilon_0 r}$.

Verlegt man den Aufpunkt einmal auf die Äquipotentialfläche im Abstand $r=R_1$, dann auf jene im Abstand $r=R_2$, so erhält man nach Gl. 1.53 die beiden Potentiale und daraus die Spannung (Potentialdifferenz) zwischen den Äquipotentialflächen

$$U_{12} = \varphi_1 - \varphi_2 = \frac{Q_1}{4\pi\epsilon_0}\left(\frac{1}{R_1} - \frac{1}{R_2}\right) = \frac{Q_1}{4\pi\epsilon_0} \cdot \frac{R_2 - R_1}{R_1 R_2} \quad . \tag{1.101}$$

Denkt man sich nun die Ladung Q_1 aus dem Zentrum auf die innere Leiter-(Äquipotential)Fläche gebracht, so verteilt sie sich so – und zwar hier gleichmäßig – auf der leitend ausgebildeten Fläche, daß diese eben eine Äquipotentialfläche wird und sich daher an dem Feld außerhalb nichts ändert; im Innenraum allerdings ist jetzt das Feld $\mathbf{E}=0$ (Abb. 1.17). Denkt

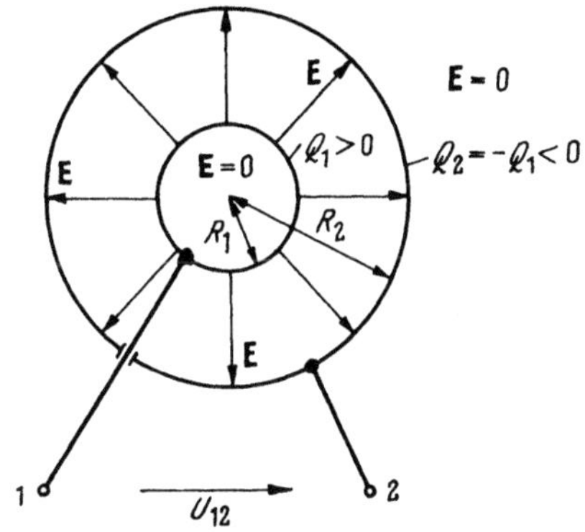

Abb. 1.17

man sich ferner die Ladung $Q_2 = -Q_1$ aus dem Unendlichen hereingeholt und auf den äußeren Kugelleiter gebracht, so ändert sich wieder an dem Feld zwischen den beiden Leitern nichts, nur ist jetzt auch außerhalb der äußeren Kugel $\mathbf{E}=0$ (Abb. 1.17). An dem Integral

$$\int_1^2 \mathbf{E} \cdot d\mathbf{s} = U_{12} = \varphi_1 - \varphi_2 \tag{1.102}$$

hat sich, da sich am Feld nichts geändert hat, ebenfalls nichts geändert, es ist also unter Berücksichtigung von Gl. 1.101 die Kapazität des Kugelkondensators

$$C = \frac{Q_1}{U_{12}} = 4\pi\epsilon_0 \frac{R_1 R_2}{R_2 - R_1} \quad . \tag{1.103}$$

Geht man mit $R_2 \to \infty$, so erhält man die Kapazität einer Kugel vom Radius $R=R_1$ gegenüber dem Unendlichen:

$$C = 4\pi\epsilon_0 R \quad . \tag{1.104}$$

1.1.3.2. Der Plattenkondensator

Ein Plattenkondensator besteht aus zwei ebenen, zueinander parallelen leitenden Platten (Abb. 1.18). Solange die linearen Abmessungen der Platten (Länge und Breite) groß gegenüber dem Plattenabstand d sind, ergibt sich aus Symmetriegründen eine gleichmäßige Ladungsverteilung von der Flächendichte σ (=const) und daher ein homogenes Feld zwischen den Platten. (Genau gilt dies nur für einen Plattenkondensator mit unendlich großen Abmessungen). Am Rand tritt das Feld aus dem zwischen den Platten liegenden Raum geringfügig aus; diese Randstreuung soll jedoch hier vernachlässigt werden.

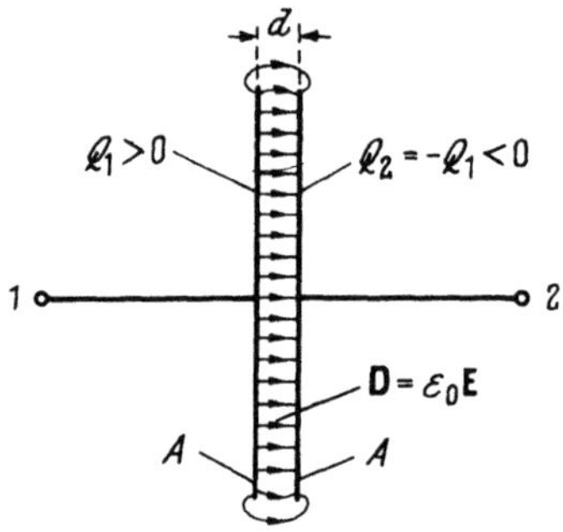

A ··· Fläche jeder der beiden Platten
d ··· Plattenabstand

Abb. 1.18

Die III. Maxwellsche Gleichung für Sprungflächen Gl. 1.90 ergibt, auf die Sprungfläche Leiter(1)-leerer Raum(2) der linken Platte (Abb. 1.19) angewendet, wegen $\mathbf{D}_2 = \mathbf{D} = D_n \mathbf{n}$, $\mathbf{D}_1 = 0$,

$$\mathrm{Div}\,\mathbf{D} = (\mathbf{D}_2 - \mathbf{D}_1)\,\mathbf{n} = D_n = \sigma_1 = \text{const} \quad , \tag{1.105}$$

also

$$\mathbf{D} = D_n \mathbf{n} = \sigma_1 \mathbf{n} = \text{const} \quad . \tag{1.106}$$

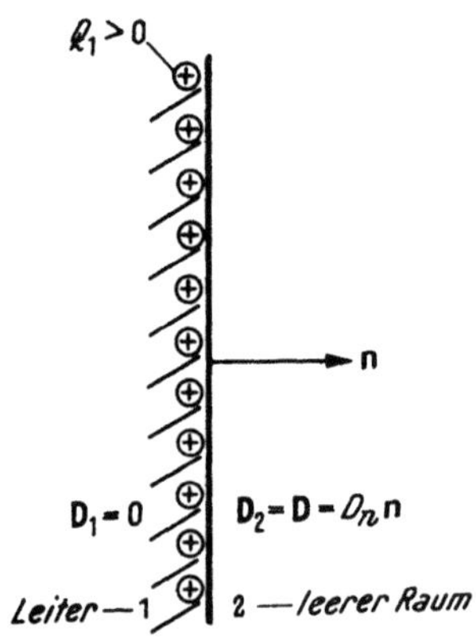

Abb. 1.19

(Eine Tangentialkomponente von **D** bzw. **E** gibt es an einer Leiteroberfläche bekanntlich nicht, die Feldlinien treten normal aus der Oberfläche aus.) Damit ist wegen $D_n = \sigma_1$ = const entlang der Plattenfläche

$$Q_1 = \sigma_1 A = D_n A = \epsilon_0 E_n A \quad , \tag{1.107}$$

und wegen der Homogenität des Feldes zwischen den Platten

$$\text{(1.48)} \quad U_{12} = \int_1^2 \mathbf{E} \cdot d\mathbf{s} = E_n d \quad . \tag{1.108}$$

Daraus ergibt sich die Kapazität

$$C = \frac{Q_1}{U_{12}} = \frac{\epsilon_0 E_n A}{E_n d} = \epsilon_0 \frac{A}{d} \quad . \tag{1.109}$$

Die Kapazität eines Plattenkondensators (ohne Berücksichtigung der Randstörungen) ist proportional der Fläche A einer Platte und verkehrt proportional dem Abstand d der beiden Platten.

1.1.3.3. Schaltungen von Kondensatoren

Technische Kondensatoren sind immer so gebaut, daß die beiden Leiterflächen zur Erzielung einer möglichst hohen Kapazität sehr nahe beieinanderliegen und das elektrische Feld auf das sehr dünne dazwischen liegende Volumen konzentriert ist (es tritt praktisch keine Randstreuung auf). Man spricht in solchen Fällen, in denen die Felder einer elektrischen Einrichtung auf einen engen Raum begrenzt sind, von einem „konzentrierten Schaltelement". Das Gegenteil liegt etwa bei den verteilten Kapazitäten zwischen langen elektrischen Leitungen vor, hier ist das elektrische Feld in sehr großen Räumen wirksam.

Im Prinzip kann man sich jeden (konzentrierten) Kondensator durch einen äquivalenten, d.h. kapazitätsgleichen Plattenkondensator ersetzt denken, man verwendet auch als allgemeines Symbol für eine Kapazität einen symbolisierten Plattenkondensator, zu dem man das Symbol C für seine Kapazität setzt (Abb. 1.20).

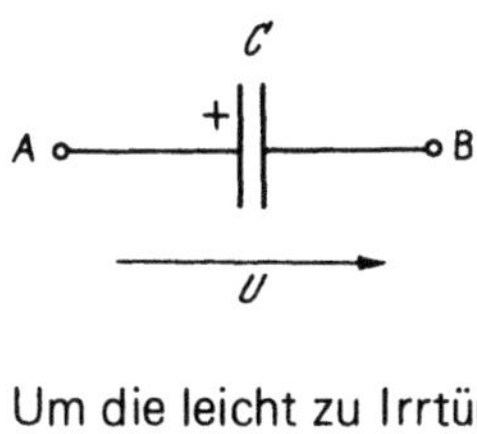

Abb. 1.20

Um die leicht zu Irrtümern Anlaß gebende, bisher verwendete Schreibweise mit Indizes (siehe z.B. Gl. 1.97) zu vermeiden, benutzt man an ihrer

Stelle Bezugskennzeichen im Schaltbild. Um zu kennzeichnen, welche der beiden Plattenladungen in der Rechnung mit dem Symbol Q (ohne Index) gemeint ist, setzt man zu der betreffenden Platte das Symbol +. Die Indexfolge beim Spannungssymbol U, die die Richtung des Integrationsweges im Linienintegral

$$(1.48) \quad U_{AB} = \int_A^B \mathbf{E} \cdot d\mathbf{s}$$

bedeutet, wird durch einen Pfeil („Bezugspfeil") ersetzt. In Abb. 1.20 bedeutet demnach $Q = Q_A$ und $U = U_{AB}$, so daß

$$C \left(= \frac{Q_A}{U_{AB}}\right) = \frac{Q}{U} \qquad (1.110)$$

zu schreiben ist. Da man in der Wahl der Bezugskennzeichnung frei ist, kann man auch beliebig anders als in Abb. 1.20 vorgehen. In Abb. 1.21 sind weitere Möglichkeiten dargestellt, die sich immer auf die in Gl. 1.97 angegebene, ursprüngliche Definition der Kapazität zurückführen lassen, wenn man berücksichtigt, daß $Q_B = -Q_A$ und $U_{BA} = -U_{AB}$ ist. Das negative Vorzeichen bei einigen Darstellungen bedeutet nicht etwa, daß die Kapazität negativ ist (sie ist stets positiv!), das negative Vorzeichen ist mathematisch durch andere Wahl entsprechender Bezugskennzeichen bedingt. Bringt man etwa auf einen Kondensator mit der Kapazität $C = 1\,\mu F = 10^{-6} F$, der durch Abb. 1.21 b dargestellt sein soll, eine Ladung von $Q = -4$ mC $= -4.10^{-3}$C auf (u. zw. gemäß dem Schaltbild auf die mit + gekennzeichnete Platte B, so daß sich auf Platte A eine Ladung von + 4 mC befinden muß!), so ist die Spannung $U = -\frac{Q}{C} = \frac{4.10^{-3} C}{10^{-6} F} = +\,4.10^3\,V = 4000\,V.$

Platte A hat also höheres, Platte B niedrigeres Potential, da mit U hier entsprechend dem gewählten Bezugspfeil in Abb. 1.21 b $U_{AB} = \varphi_A - \varphi_B$ gemeint ist. In der Folge soll vornehmlich die ursprüngliche, in Abb. 1.20 dargestellte Kombination von Bezugskennzeichen Verwendung finden.

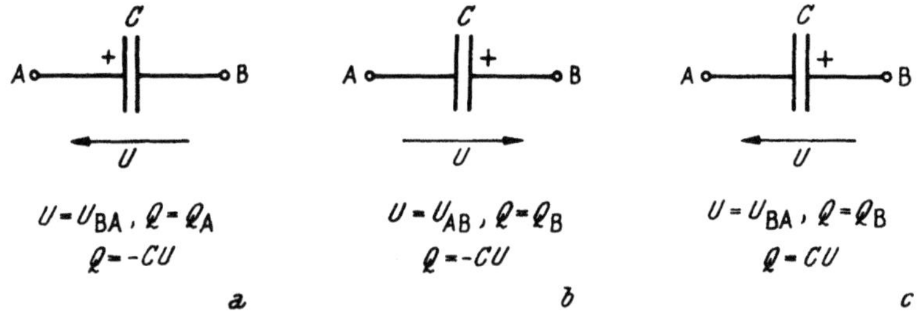

Abb. 1.21

1.1.3.3.1. ***Parallelschaltung von Kondensatoren.*** Verbindet man bei zwei Kondensatoren jeweils eine Platte des einen Kondensators mit einer des anderen durch einen elektrischen Leiter (man schließt die jeweiligen Platten „kurz"), wie dies in Abb. 1.22 dargestellt ist, so besteht zwischen den beiden Platten jedes Kondensators dieselbe Potentialdifferenz, da sich die leitend miteinander verbundenen Platten auf gleichem Potential befinden müssen. Die Gesamtkapazität C der Anordnung ist der Quotient aus der insgesamt von der Klemme B über den Außenkreis zur Klemme A verschobenen Ladung Q und der Spannung U,

$$C = \frac{Q}{U} = \frac{Q_1 + Q_2}{U} = \frac{Q_1}{U} + \frac{Q_2}{U} = C_1 + C_2 \ . \tag{1.111}$$

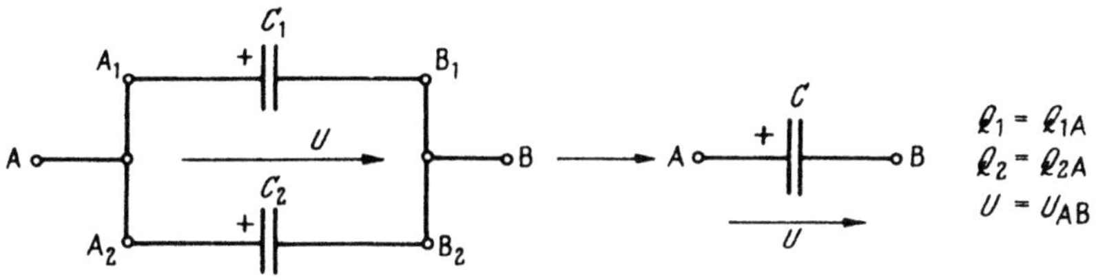

Abb. 1.22

Bei der Parallelschaltung addieren sich die Kapazitäten, die Parallelschaltung kann also ersetzt werden durch einen einzigen Kondensator mit einer Kapazität, die der Summe der Kapazitäten der parallelgeschalteten Kondensatoren entspricht (Abb. 1.22).

Allgemein gilt für n parallel geschaltete Kondensatoren

$$C = \frac{\sum_{k=1}^{n} Q_k}{U} = \sum_{k=1}^{n} C_k \ . \tag{1.112}$$

Parallelgeschaltete Kondensatoren liegen an der gleichen Spannung U, also $Q_1 = C_1 U$, $Q_2 = C_2 U$, usw.; es gilt demnach

$$Q_1 : Q_2 : Q_3 : \ldots = C_1 : C_2 : C_3 : \ldots \ . \tag{1.113}$$

Die zugeführte Ladung verteilt sich auf den Kondensatoren im Verhältnis ihrer Kapazitätswerte. Die Gesamtkapazität C parallelgeschalteter Kondensatoren ist als Summe der Einzelkapazitäten größer geworden als es die einzelnen Kapazitäten C_1, C_2, . . . für sich allein sind.

1.1.3.3.2. ***Serienschaltung von Kondensatoren.*** Verbindet man je eine Platte zweier Kondensatoren miteinander, so daß die beiden verbleibenden Anschlüsse als Anschlüsse eines neuen Kondensators aufgefaßt

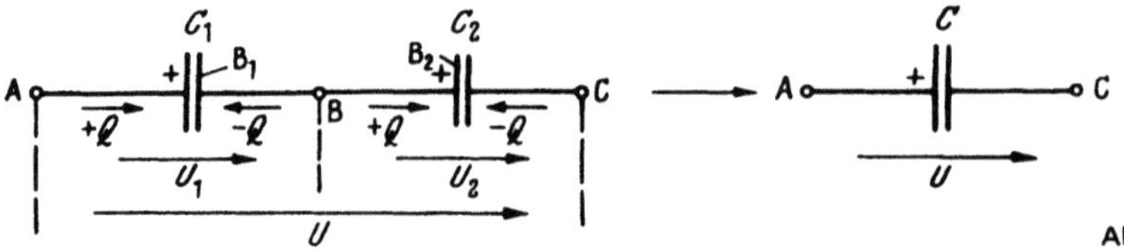

Abb. 1.23

werden können (Serien- oder auch Reihenschaltung, Abb. 1.23), so wird bei Verschiebung einer Ladung Q über den äußeren Kreis von Platte C zur Platte A, etwa mit Hilfe einer Spannungsquelle (z.B. einem Akkumulator), in dem aus den beiden verbundenen Platten bestehenden Mittelteil durch Influenz eine Ladungsverschiebung auftreten, die im Falle der Konzentration des elektrischen Feldes auf die dünnen Zwischenräume zwischen den Platten der beiden Kondensatoren das Auftreten einer Ladung $-Q$ auf Platte B_1 des Kondensators 1 und einer Ladung $+Q$ auf der Platte B_2 des Kondensators 2 bewirken. (Es müssen ja wegen der vorausgesetzten Konzentration der Felder auf die beiden schmalen Räume zwischen den Platten alle auf einer Platte entspringenden Feldlinien auf der gegenüberliegenden enden, also die influenzierten Ladungen wiederum den Betrag Q besitzen.) Nun gilt

$$U_1 = \frac{Q}{C_1}, \qquad (1.114) \qquad\qquad U_2 = \frac{Q}{C_2}, \qquad (1.115)$$

und daher

$$U = \int_A^C \mathbf{E}\cdot d\mathbf{s} = \int_A^B \mathbf{E}\cdot d\mathbf{s} + \int_B^C \mathbf{E}\cdot d\mathbf{s} = U_1 + U_2 = Q\left(\frac{1}{C_1} + \frac{1}{C_2}\right) =$$

$$= Q\,\frac{C_1 + C_2}{C_1 C_2}\,. \qquad (1.116)$$

Man definiert wieder als Gesamtkapazität der Anordnung den Quotienten aus der verschobenen Ladung Q und der Spannung U

$$C = \frac{Q}{U} = \frac{C_1 C_2}{C_1 + C_2}\,, \qquad (1.117)$$

so daß also die Serienschaltung der beiden Kondensatoren C_1 und C_2 durch einen Kondensator der Kapazität $C = \frac{C_1 C_2}{C_1 + C_2}$ ersetzt werden kann (Abb. 1.23).

Auch bei der Serienschaltung beliebig vieler Kondensatoren besitzt jeder Kondensator die gleiche Ladung, da ja bei Ladungsverschiebung über den äußeren Kreis dafür gesorgt ist, daß auf der ersten Platte des ersten Kondensators und auf der zweiten Platte des letzten Kondensators entgegengesetzt polarisierte Ladungen von gleichem Betrag aufgebracht werden. In einem solchen geschlossenen elektrischen (Strom)Kreis ist die Gesamtladung stets null, da ja nur Ladungen verschoben werden.

Für die Serienschaltung dreier Kondensatoren folgt, wie sich leicht nachweisen läßt, eine Gesamtkapazität

$$C = \frac{C_1 C_2 C_3}{C_1 C_2 + C_2 C_3 + C_3 C_1} \ . \tag{1.118}$$

Die Gesamtkapazität in Serie (in Reihe) geschalteter Kondensatoren ist kleiner als die Kapazität jedes der einzelnen Kondensatoren.

1.1.4. Die Berechnung von elektrostatischen Feldern und von Kapazitäten

Es wurde schon erwähnt, daß man bei Vorliegen gewisser Symmetrieverhältnisse zur Feldberechnung den aus der III. Maxwellschen Gleichung durch Anwendung des Gaußschen Integralsatzes zu gewinnenden Satz vom Hüllenfluß von **D** (= ϵ_0 **E** im leeren Raum) verwenden kann:

(1.70) $$\oint_A \mathbf{D}\cdot\mathrm{d}\mathbf{A} = \oint_A D_n\cdot\mathrm{d}A = \int_V \varrho\cdot\mathrm{d}V \ (= \sum_{k=1}^{n} Q_k) \ . \tag{1.119}$$

Es muß sich dabei eine geschlossene Oberfläche finden lassen, entlang der **D** parallel (oder antiparallel) zum Normalenvektor **n** der Hüllfläche und der Betrag $D = |D_n|$ auf ihr konstant ist, so daß man

$$\oint_A \mathbf{D}\cdot\mathrm{d}\mathbf{A} = \oint_A D_n\cdot\mathrm{d}A = D_n \oint_A \mathrm{d}A = D_n A = \int_V \varrho\cdot\mathrm{d}V \tag{1.120}$$

erhält, woraus

$$D_n = \frac{1}{A}\int_V \varrho\cdot\mathrm{d}V \quad (1.121) \quad \text{und} \quad \mathbf{D} = D_n\mathbf{n} = \left(\frac{1}{A}\int_V \varrho\cdot\mathrm{d}V\right)\mathbf{n} \ , \tag{1.122}$$

sowie schließlich

$$\mathbf{E} = \frac{\mathbf{D}}{\epsilon_0} = \left(\frac{1}{\epsilon_0 A}\int_V \varrho\cdot\mathrm{d}V\right)\mathbf{n} \tag{1.123}$$

folgt.

Bei beliebiger (unsymmetrischer) Ladungsverteilung im Raum muß man die elektrische Feldstärke entweder direkt aus dem allgemeinen Integral

(1.32) bzw. (1.36) $$\mathbf{E} = \int_V \frac{\varrho\cdot\mathrm{d}V}{4\pi\epsilon_0 r^2}\,\mathrm{grad}_A r \ ,$$

oder gemäß Gl. 1.40 durch Bildung des negativen Gradienten aus dem Potential

(1.44) $\varphi = \int\limits_V \frac{\varrho \cdot dV}{4\pi\epsilon_0 r}$

berechnen. Sind die Ladungen flächen- oder linienhaft verteilt, so werden aus den Volumsintegralen Gl. 1.32 und Gl. 1.44 Flächen- bzw. Linienintegrale, wobei an die Stelle von $\varrho \cdot dV$ die Ausdrücke $\sigma \cdot dA$ bzw. $\tau \cdot ds$ treten (siehe z.B. Gl. 1.33 und Gl. 1.34). Vielfach führt der Berechnungsweg über das Potential rascher zum Ziel, da bei diesem Rechengang gemäß Gl. 1.44 nur skalare Beträge, bei der direkten Berechnung der Feldstärke gemäß Gl. 1.32 hingegen vektorielle Beträge aufzusummieren sind.

1.1.4.1. Potential und Feldstärke eines an seiner Oberfläche gleichmäßig geladenen, unendlich langen Zylinders. Kapazität eines Zylinderkondensators

Wegen der vorliegenden Zylindersymmetrie ist $|\mathbf{E}|$ bzw. die Projektion E_{ϱ_A} nur von der Zylinderkoordinate ϱ_A abhängig (ϱ_A bedeutet den Abstand des Aufpunktes P von der Zylinderachse, die mit der z-Achse zusammenfallen soll) und es läßt sich daher das Problem mit Hilfe des Satzes vom Hüllenfluß berechnen (Abb. 1.24).

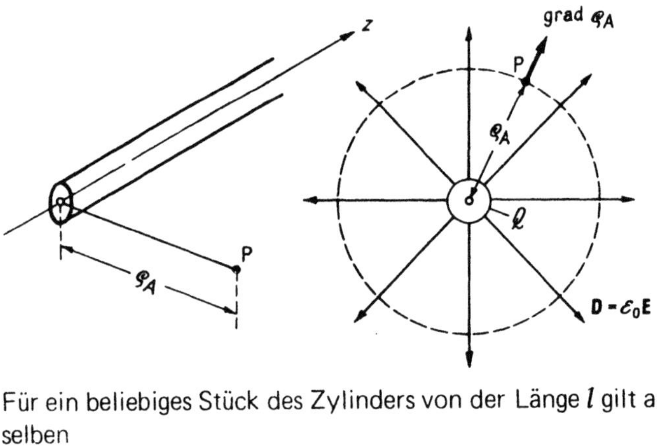

Abb. 1.24

Für ein beliebiges Stück des Zylinders von der Länge l gilt außerhalb desselben

$$\oint\limits_A \mathbf{D} \cdot d\mathbf{A} = \epsilon_0 \oint\limits_A \mathbf{E} \cdot d\mathbf{A} = \epsilon_0 E_{\varrho_A} 2\pi \varrho_A l = \int\limits_l \tau \cdot ds = \tau l \, , \tag{1.124}$$

mit $\tau = Q/l$ als der auf die Länge l bezogenen Ladung des Zylinders. Aus Gl. 1.124 folgt

$$E_{\varrho_A} = \frac{\tau}{2\pi\epsilon_0} \cdot \frac{1}{\varrho_A} \tag{1.125}$$

und schließlich

$$\mathbf{E} = E_{\varrho_A} \cdot \operatorname{grad} \varrho_A = \frac{\tau}{2\pi\epsilon_0 \varrho_A} \operatorname{grad} \varrho_A \quad . \tag{1.126}$$

Die Feldstärke ist unabhängig vom Radius des Zylinders und nimmt verkehrt proportional der 1. Potenz des Achsialabstandes ϱ_A ab. (Im Gegensatz dazu nimmt das Coulombfeld einer kugelsymmetrischen Ladungsverteilung proportional $\frac{1}{r^2}$ ab.) Nun ist

$$\frac{1}{\varrho_A} \operatorname{grad} \varrho_A = \operatorname{grad} \ln \varrho_A \quad , \tag{1.127}$$

so daß sich

$$\mathbf{E} = -\operatorname{grad} \varphi = \operatorname{grad} \frac{\tau}{2\pi\epsilon_0} \ln \varrho_A \tag{1.128}$$

und

$$\operatorname{grad} \left(\frac{\tau}{2\pi\epsilon_0} \ln \varrho_A + \varphi \right) = 0 \tag{1.129}$$

ergibt, woraus man durch Integration

$$\frac{\tau}{2\pi\epsilon_0} \ln \varrho_A + \varphi = K \tag{1.130}$$

und schließlich

$$\varphi = K - \frac{\tau}{2\pi\epsilon_0} \ln \varrho_A \tag{1.131}$$

erhält („Logarithmisches Potential"). Bei der Bildung einer Potentialdifferenz fällt die Konstante K weg:

$$U_{12} = \varphi_1 - \varphi_2 = \frac{\tau}{2\pi\epsilon_0} (\ln \varrho_{A2} - \ln \varrho_{A1}) = \frac{\tau}{2\pi\epsilon_0} \ln \frac{\varrho_{A2}}{\varrho_{A1}} \quad . \tag{1.132}$$

Wenn der Zylinder nicht unendlich lang ist, so ist das Feld an seinen beiden Enden nicht mehr von z unabhängig, es treten Randstörungen auf. In weiten Gebieten eines sehr langen zylindrischen Leiters (z.B. einer elektrischen Einfachleitung) gilt aber Gl. 1.128 sehr genau. Da der Leiterradius in Gl. 1.128 nicht vorkommt, gilt diese Beziehung für die elektrische Feldstärke für beliebig kleinen Radius R des Leiters, also auch für eine Linienladung der linienhaften Ladungsdichte τ. Dies bedeutet, daß das Feld eines geladenen Zylinders außerhalb desselben identisch ist mit jenem einer, in der Zylinderachse befindlichen, linienhaften Ersatzladung. Analoges gilt für das Feld außerhalb einer geladenen Kugel; es ist identisch mit dem Feld einer gleichgroßen, punktförmigen Ersatzladung im Kugelzentrum, da die Anwendung des Satzes vom Hüllenfluß auf das Feld außerhalb einer geladenen Kugel auf eine mit dem Feld der Punktladung Gl. 1.14 identische und daher vom Radius der Kugel unabhängige Lösung führt, wie sich sehr einfach zeigen läßt.

Die hier gemachten Aussagen gelten allerdings nur, wenn sich die Kugel bzw. der Zylinder allein im leeren Raum befinden. Befinden sich noch weitere Leiter, z.B. eine zweite Kugel oder ein zweiter Zylinder, im Raum, so wird (wenn die Kugeln oder die Zylinder nicht konzentrisch bzw. koaxial angeordnet sind) durch gegenseitige Influenz eine Ladungsverschiebung auf den Leitern auftreten, so daß die für die Rechnung gemachte Voraussetzung der gleichmäßigen Ladungs- und damit der symmetrischen Feldverteilung nicht mehr zutrifft.

Zur Berechnung der Kapazität eines Zylinderkondensators, der aus zwei, gegenüber ihren Durchmessern sehr langen, koaxialen zylindrischen Leitern der Länge l besteht, kann man allerdings vom Feld der Linienladung in der Achse der Zylinder ausgehen. Das Potential dieser Ersatzlinienladung ist, wie mit Gl. 1.131 berechnet wurde,

$$\varphi = K - \frac{\tau}{2\pi\epsilon_0} \ln \varrho_A = K - \frac{Q}{2\pi\epsilon_0 l} \ln \varrho_A . \qquad (1.133)$$

Verlegt man den Aufpunkt auf die beiden Äquipotentialflächen mit den Radien R_1 und R_2, die den Zylinderkondensator bilden, wenn sich an ihrer Stelle leitende Zylinder befinden, so erhält man als Potentialdifferenz zwischen ihnen

$$U_{12} = \varphi_1 - \varphi_2 = \frac{\tau}{2\pi\epsilon_0} \ln \frac{R_2}{R_1} = \frac{Q_1}{2\pi\epsilon_0 l} \ln \frac{R_2}{R_1} \qquad (1.134)$$

und daraus die Kapazität eines (sehr langen) Zylinderkondensators

$$C = \frac{Q_1}{U_{12}} = \frac{2\pi\epsilon_0 l}{\ln \frac{R_2}{R_1}} , \qquad (1.135)$$

oder die auf die Länge l bezogene Kapazität, auch „Kapazitätsbelag" genannt,

$$C' = \frac{C}{l} = \frac{2\pi\epsilon_0}{\ln \frac{R_2}{R_1}} . \qquad (1.136)$$

Man erkennt, daß die Kapazität – wie stets im leeren Raum – nur von geometrischen Größen, also nur von der Form und den Abmessungen der beiden Leiter, abhängig ist.

Es soll jetzt nochmals die elektrische Feldstärke des sehr langen (theoretisch unendlich langen) Zylinders, und zwar aus dem allgemeinen Integral

$$(1.34) \quad \mathbf{E} = \int_s \frac{\tau \cdot ds}{4\pi\epsilon_0 r^2} \operatorname{grad}_A r$$

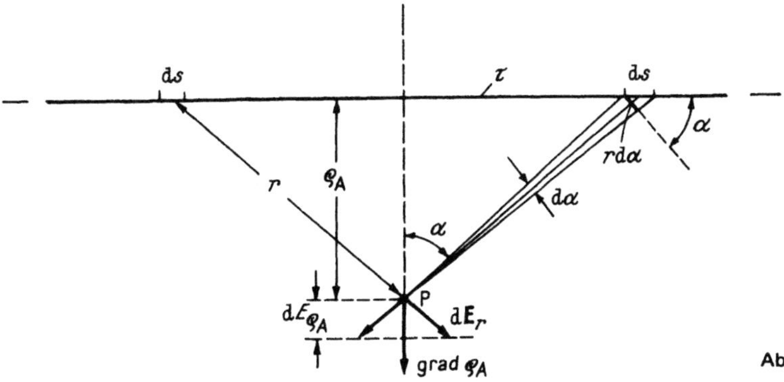

Abb. 1.25

für das Feld der in der Achse des Zylinders zu lokalisierenden Ersatzlinienladung (Abb. 1.25), berechnet werden.

Da je zwei, zum Aufpunkt symmetrisch gelegene Längenelemente ds der Linienladung Normalkomponenten von **E** zu grad ϱ_A zur Folge haben, die sich gegenseitig aufheben, muß nur die zu grad ϱ_A parallele Komponente berechnet werden. Die Projektion $\mathrm{d}E_{\varrho_A}$ des von einem Ladungselement $\mathrm{d}Q=\tau\cdot\mathrm{d}s$ im Aufpunkt P erzeugten Feldstärkenbeitrages $\mathrm{d}\mathbf{E}_r=\mathrm{d}E_r\cdot\mathrm{grad}\,r$ auf die Richtung grad ϱ_A ist wegen Gl. 1.34

$$\mathrm{d}E_{\varrho_A}=\mathrm{d}E_r\cdot\cos\alpha=\frac{\tau\cdot\mathrm{d}s}{4\pi\epsilon_0 r^2}\cos\alpha\ . \tag{1.137}$$

Mit

$$\mathrm{d}s=\frac{r\cdot\mathrm{d}\alpha}{\cos\alpha} \quad (1.138) \quad \text{und} \qquad r=\frac{\varrho_A}{\cos\alpha} \quad (1.139)$$

erhält man

$$\mathrm{d}E_{\varrho_A}=\frac{\tau r\cdot\mathrm{d}\alpha\cdot\cos\alpha}{\cos\alpha\cdot 4\pi\epsilon_0 r^2}=\frac{\tau\cdot\mathrm{d}\alpha\cdot\cos\alpha}{4\pi\epsilon_0\varrho_A}\ . \tag{1.140}$$

Da ϱ_A die bei der Integration über die Quellpunktskoordinaten der Elemente der unendlich langen Linienladung konstant zu haltende Aufpunktskoordinate ist, ergibt sich

$$E_{\varrho_A}=\int_{-\frac{\pi}{2}}^{+\frac{\pi}{2}}\frac{\tau\cdot\cos\alpha\cdot\mathrm{d}\alpha}{4\pi\epsilon_0\varrho_A}=\left.\frac{\tau\cdot\sin\alpha}{4\pi\epsilon_0\varrho_A}\right|_{-\frac{\pi}{2}}^{+\frac{\pi}{2}}=\frac{\tau}{2\pi\epsilon_0\varrho_A} \tag{1.141}$$

und somit

$$\mathbf{E}=E_{\varrho_A}\cdot\mathrm{grad}\,\varrho_A=\frac{\tau}{2\pi\epsilon_0\varrho_A}\mathrm{grad}\,\varrho_A \tag{1.142}$$

in Übereinstimmung mit dem schon vorher mit Hilfe des Satzes vom Hüllenfluß in Gl. 1.126 erhaltenen Resultat.

1.1.4.2. Potential eines gleichmäßig geladenen Stabes (Linienladung) von endlicher Länge

Zur Berechnung des Potentials φ eines gleichmäßig geladenen Stabes (Abb. 1.26) muß man vom allgemeinen Integral Gl. 1.32 bzw. Gl. 1.36 ausgehen, wobei wegen der linienhaften Ladungsverteilung $\tau\cdot ds = \tau\cdot d\zeta$ an die Stelle von $\varrho\cdot dV$ tritt (s. Gl. 1.34).

Es wird wieder bei festgehaltenen Aufpunktskoordinaten ϱ_A und z über die Quellpunktskoordinate ζ integriert,

$$\varphi = \int_{-\frac{l}{2}}^{+\frac{l}{2}} \frac{\tau\cdot d\zeta}{4\pi\epsilon_0 r} = \int_{-\frac{l}{2}}^{+\frac{l}{2}} \frac{\tau\cdot d\zeta}{4\pi\epsilon_0\sqrt{\varrho_A^2+(z-\zeta)^2}} . \tag{1.143}$$

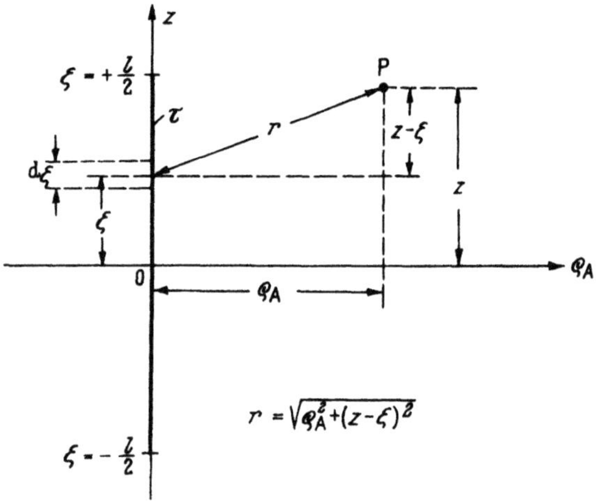

Abb. 1.26

Substituiert man

$$\frac{z-\zeta}{\varrho_A} = \lambda , \tag{1.144}$$

so folgt unter Berücksichtigung von

$$-d\zeta = \varrho_A\cdot d\lambda \tag{1.145}$$

das Resultat

$$\varphi = \frac{\tau}{4\pi\epsilon_0\varrho_A}\int_{\frac{z-\frac{l}{2}}{\varrho_A}}^{\frac{z+\frac{l}{2}}{\varrho_A}} \frac{\varrho_A\cdot d\lambda}{\sqrt{1+\lambda^2}} = \frac{\tau}{4\pi\epsilon_0}\ln\frac{z+\frac{l}{2}+\sqrt{\varrho_A^2+\left(z+\frac{l}{2}\right)^2}}{z-\frac{l}{2}+\sqrt{\varrho_A^2+\left(z-\frac{l}{2}\right)^2}} . \tag{1.146}$$

Die Äquipotentialflächen φ=const sind konfokale Rotationsellipsoide, deren Brennpunkte an den Stabenden liegen (Abb. 1.27). Je größer der Abstand ϱ_A ist, um so mehr nehmen die Äquipotentialflächen Kugelform an; der Stab erscheint aus größerer Entfernung praktisch als Punkt.

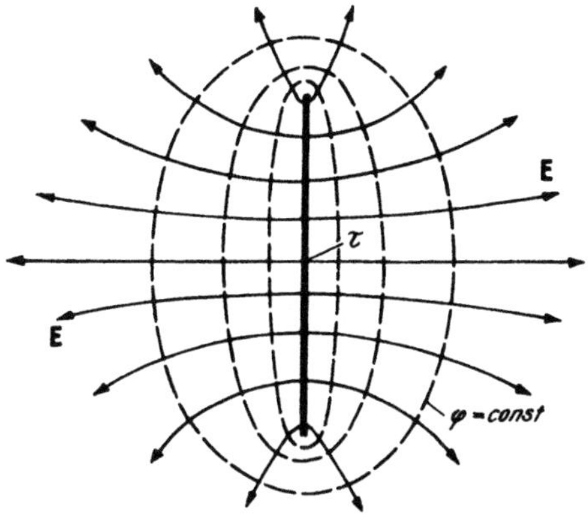

Abb. 1.27

In der unmittelbaren Umgebung des Stabes in Stabmitte ($z=0$, $\varrho_A \ll \frac{l}{2}$) müssen die Äquipotentialflächen nahezu Zylinderform besitzen, da man dort eine Feldkonfiguration wie beim ∞ langen, geraden Leiter vorfinden muß. Für $z=0$ folgt aus Gl. 1.146

$$\varphi = \frac{\tau}{4\pi\epsilon_0} \ln \frac{\frac{l}{2} + \sqrt{\varrho_A^2 + \left(\frac{l}{2}\right)^2}}{-\frac{l}{2} + \sqrt{\varrho_A^2 + \left(\frac{l}{2}\right)^2}} = \frac{\tau}{4\pi\epsilon_0} \ln \frac{\sqrt{1+\left(\frac{2\varrho_A}{l}\right)^2} + 1}{\sqrt{1+\left(\frac{2\varrho_A}{l}\right)^2} - 1} \,. \quad (1.147)$$

Entwickelt man den Wurzelausdruck in Gl. 1.147 in eine Reihe und bricht diese wegen $2\varrho_A \ll l$ nach dem 2. Glied ab,

$$\sqrt{1+\left(\frac{2\varrho_A}{l}\right)^2} = \left\{1+\left(\frac{2\varrho_A}{l}\right)^2\right\}^{\frac{1}{2}} = 1 + \frac{1}{2}\left(\frac{2\varrho_A}{l}\right)^2 + \dots, \quad (1.148)$$

so ergibt sich

$$\varphi \approx \frac{\tau}{4\pi\epsilon_0} \ln \frac{2+\frac{1}{2}\left(\frac{2\varrho_A}{l}\right)^2}{\frac{1}{2}\left(\frac{2\varrho_A}{l}\right)^2} = \frac{\tau}{4\pi\epsilon_0} \ln \left[\left(\frac{l}{\varrho_A}\right)^2 + 1\right] , \quad (1.149)$$

und schließlich wegen $\frac{l}{\varrho_A} \gg 1$

$$\varphi \approx \frac{\tau}{2\pi\epsilon_0} \ln \frac{l}{\varrho_A} = K - \frac{\tau}{2\pi\epsilon_0} \ln \varrho_A \quad (1.150)$$

in Übereinstimmung mit Gl. 1.131 für das Potential eines unendlich langen, geradlinigen Leiters.

1.1.4.3. Potential zweier unendlich langer, geradliniger, paralleler Linienladungen. Kapazität zweier nichtkoaxialer Zylinder

Für das Folgende sollen die beiden zylindrischen Leiter gleich große Ladungen von entgegengesetztem Vorzeichen tragen. Der typische, praktische Fall ist der einer elektrischen Doppelleitung. Man berechnet zunächst das Potential zweier Linienladungen vom Abstand a (Abb. 1.28). Das Potential φ im Aufpunkt P ist die algebraische Summe der Potentiale der beiden Leiter; aus Gl. 1.131 erhält man mit $\tau_1 = \tau$ und $\tau_2 = -\tau$

$$\varphi = \varphi_1 + \varphi_2 = K_1 - \frac{\tau}{2\pi\epsilon_0} \ln \varrho_{A1} + K_2 + \frac{\tau}{2\pi\epsilon_0} \ln \varrho_{A2} =$$

$$= \frac{\tau}{2\pi\epsilon_0} \ln \frac{\varrho_{A2}}{\varrho_{A1}} + K \,. \tag{1.151}$$

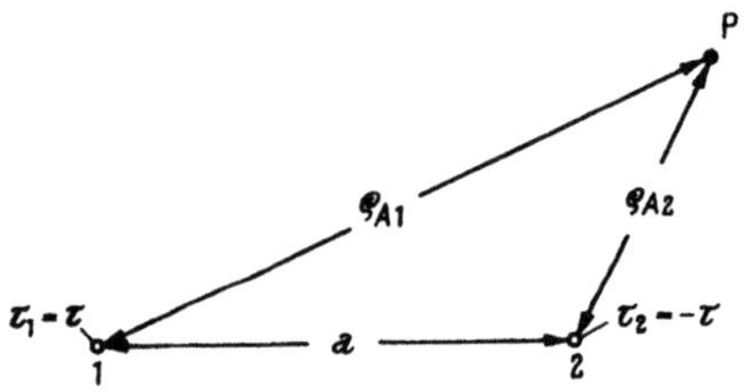

Abb. 1.28

Hier besteht wieder die Möglichkeit, $\varphi(\infty) = 0$ festzusetzen. Bewegt man nämlich den Aufpunkt seitlich von der Anordnung weg, so gilt für $\varrho_{A2} \to \infty$ und $\varrho_{A1} \to \infty$ auch $\varrho_{A2} \to \varrho_{A1}$, da der Achsenabstand a gegenüber ϱ_{A1} und ϱ_{A2} verschwindend klein wird. Damit wird

$$\lim_{\varrho_{A2} \to \infty} \varphi = \frac{\tau}{2\pi\epsilon_0} \ln 1 + K = K \,. \tag{1.152}$$

Setzt man $K = 0$, so ergibt sich

$$\varphi = \frac{\tau}{2\pi\epsilon_0} \ln \frac{\varrho_{A2}}{\varrho_{A1}} \,. \tag{1.153}$$

Um die Spuren der Äquipotentialflächen $\varphi = \text{const}$ in der Normalebene zu den beiden Leitern finden zu können, benützt man den Satz von Apollonius. Nach diesem Satz ist der geometrische Ort der Punkte einer Ebene, deren Abstandsverhältnis (hier $\varrho_{A2}/\varrho_{A1}$) von zwei festen Punkten der Ebene (hier von den Linienladungen 1 und 2) konstant ist, ein Kreis, der die Verbindungsgerade der beiden festen Punkte harmonisch teilt (Abb. 1.29). Es gilt also

$$\frac{\overline{1A}}{\overline{2A}} = \frac{\overline{1B}}{\overline{2B}} = \frac{a+b-r_0}{r_0-b} = \frac{a+b+r_0}{r_0+b} \,. \tag{1.154}$$

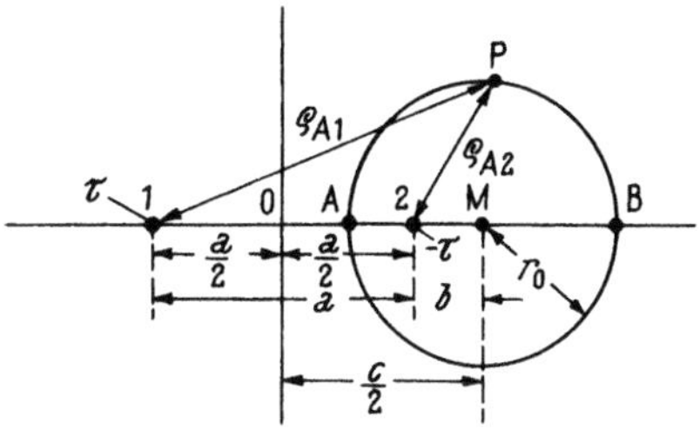

Abb. 1.29

Geht man von einer gegebenen Anordnung zweier Linienladungen aus, so ist also neben der linienhaften Ladungsdichte τ der Abstand a der Ladungen gegeben. Um die verschiedenen kreisförmigen Äquipotentiallinien (die Schnittlinien der zylindrischen Äquipotentialflächen mit der Bildebene) finden zu können, muß man zu jedem angenommenen Mittelpunkt M, d.h. zu jedem Wert b, um den M seitlich von der Linienladung liegt, den zugehörigen Radius r_0 des Äquipotentialkreises finden. Aus Gl. 1.154 erhält man

$$(a+b-r_0)(r_0+b) = (a+b+r_0)(r_0-b) \,, \tag{1.155}$$

und nach weiterer Vereinfachung den gesuchten Zusammenhang

$$r_0^2 = b^2 + ab \,. \tag{1.156}$$

Führt man die Mittelpunktskoordinate $\frac{c}{2} = \frac{a}{2} + b$ eines Äquipotentialkreises in Gl. 1.156 ein und eliminiert dabei b, so erhält man für den Raius r_0 des zugehörigen Äquipotentialkreises

$$r_0^2 = \left(\frac{c}{2}\right)^2 - \left(\frac{a}{2}\right)^2 . \tag{1.157}$$

In Abb. 1.30 sind die Äquipotentiallinien dargestellt; die diese senkrecht durchsetzenden Feldlinien besitzen ebenfalls Kreisform.

Das behandelte Problem gestattet, die Potentialverteilung und die Kapazität zweier gerader, unendlich langer, achsenparalleler Zylinder, die nebenoder ineinander liegen, zu berechnen. Denkt man sich sowohl die positive als auch die negative Ladung auf je eine entsprechende Zylinderfläche gebracht, so bleibt das Feld zwischen den beiden Zylindern ungeändert. Man sieht, daß bei zwei parallelen, nicht koaxialen Zylindern die zugehörigen Ersatzlinienladungen nicht in den Zylinderachsen, sondern exzentrisch liegen.

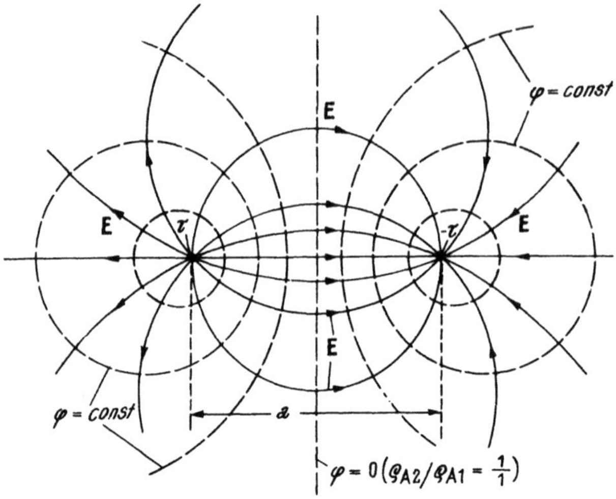

Abb. 1.30

In der Praxis liegt nun die umgekehrte Problemstellung wie vorhin bei der Berechnung der Potentialverteilung zweier Linienladungen vor: Gegeben sind der Achsenabstand c und die Radien zweier zylindrischer Leiter, gesucht ist die Potentialdifferenz zwischen beiden in Abhängigkeit von der Ladung, z.B. zwecks Berechnung der Kapazität.

Es soll der bei elektrischen Leitungen meist vorliegende Fall zweier Zylinder mit gleichen Radien r_0 (Abb. 1.31) behandelt werden (bei ungleichen Radien gestaltet sich die Rechnung ganz analog). Zunächst ist also bei gegebenem Achsenabstand c der Leiter, d.h. bei gegebenem Mittelpunktsabstand der Äquipotentialkreise, der Ort (die Koordinate $\frac{a}{2}$) der Ersatzlinienladung (1 bzw. 2) zu finden, woraus sich dann die Potentialverteilung berechnen läßt. Man verlegt hierauf den Aufpunkt P auf die beiden Äquipotentialkreise, was mit dem geringsten Rechenaufwand geschieht, wenn man P auf der x-Achse liegend annimmt. Allgemein gilt für das Potential in einem beliebigen Aufpunkt P nach Gl. 1.153

$$\varphi = \frac{\tau}{2\pi\epsilon_0} \ln \frac{\varrho_{A2}}{\varrho_{A1}} = \frac{\tau}{2\pi\epsilon_0} (\ln \varrho_{A2} - \ln \varrho_{A1}) \, . \tag{1.158}$$

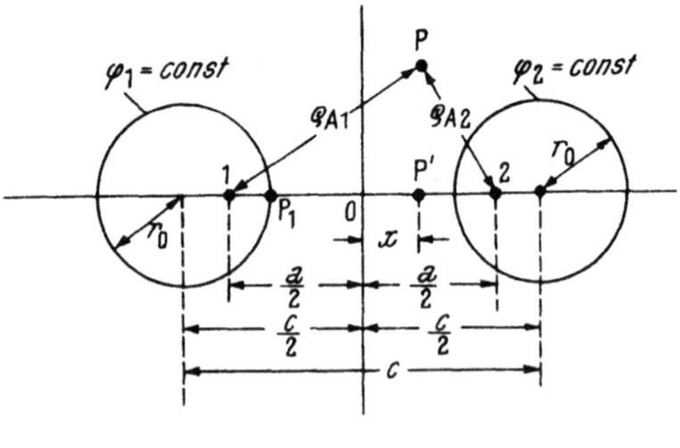

Abb. 1.31

Für einen Aufpunkt P′ auf der x-Achse (Abb. 1.31) ergibt sich

$$\varphi = \frac{\tau}{2\pi\epsilon_0}\left[\ln\left(\frac{a}{2}-x\right)-\ln\left(\frac{a}{2}+x\right)\right] \qquad (1.159)$$

und im speziellen auf der Oberfläche 1 (Aufpunkt P_1 in Abb. 1.31)

$$\varphi_1=\varphi\left(x=-\frac{c}{2}+r_0\right)=\frac{\tau}{2\pi\epsilon_0}\left[\ln\left(\frac{a}{2}+\frac{c}{2}-r_0\right)-\ln\left(\frac{a}{2}-\frac{c}{2}+r_0\right)\right] \quad . \qquad (1.160)$$

Da wegen der Symmetrie der Anordnung $\varphi_2=-\varphi_1$ sein muß, folgt

$$U_{12}=\varphi_1-\varphi_2=2\varphi_1=\frac{\tau}{\pi\epsilon_0}\ln\frac{\frac{a}{2}+\frac{c}{2}-r_0}{\frac{a}{2}-\frac{c}{2}+r_0} \quad . \qquad (1.161)$$

Zwischen den drei Größen $a/2$, $c/2$ und r_0 besteht der Zusammenhang Gl. 1.157, so daß noch die weiter nicht interessierende Größe $a/2$ eliminiert werden kann. Man gelangt so nach Einführung von $a/2$ aus Gl. 1.157 in Gl. 1.161 in einfacher Weise zu

$$U_{12}=\varphi_1-\varphi_2=\frac{\tau}{\pi\epsilon_0}\ln\left[\frac{c}{2r_0}+\sqrt{\left(\frac{c}{2r_0}\right)^2-1}\right] \quad . \qquad (1.162)$$

Hieraus folgt für die auf die Leitungslänge bezogene Kapazität (den „Kapazitätsbelag") der Doppelleitung:

$$C'=\frac{C}{l}=\frac{Q_1/l}{U_{12}}=\frac{\tau}{U_{12}}=\frac{\pi\epsilon_0}{\ln\left[\frac{c}{2r_0}+\sqrt{\left(\frac{c}{2r_0}\right)^2-1}\right]} \quad . \qquad (1.163)$$

Folgende Näherungsformel für großen Drahtabstand ergibt sich aus Gl. 1.163 unter Berücksichtigung von $\frac{c}{2}\gg r_0$ bzw. $\left(\frac{c}{2r_0}\right)^2\gg 1$:

$$C'=\frac{C}{l}=\frac{\pi\epsilon_0}{\ln\frac{c}{r_0}} \quad . \qquad (1.164)$$

Man hätte dieses Resultat auch unmittelbar aus der Potentialgleichung Gl. 1.153 für zwei Linienladungen erhalten können. Wenn nämlich r_0 sehr klein im Verhältnis zum Drahtabstand ist ($r_0\ll c$), ist die Ersatzlinienladung praktisch konzentrisch, also in der Zylinderachse gelegen, und es kann in Gl. 1.153 $\varrho_{A2}=c-r_0\approx c$ und $\varrho_{A1}\approx r_0$ gesetzt werden, wenn man sich den Aufpunkt auf der Oberfläche des Zylinders 1 (in der x-Achse) denkt. Also ist

$$U_{12}=\varphi_1-\varphi_2=2\varphi_1=\frac{\tau}{\pi\epsilon_0}\ln\frac{c}{r_0} \, , \qquad (1.165)$$

und somit ergibt sich wieder

$$(1.164)\quad C' = \frac{C}{l} = \frac{Q_1/l}{U_{12}} = \frac{\tau}{U_{12}} = \frac{\pi\epsilon_0}{\ln\frac{c}{r_0}} .$$

1.1.5. Die Spiegelbildmethode

Besteht bei Leitern eine geometrische Anordnung mit einer Symmetrieebene, wobei die zu dieser symmetrisch gelegenen Leiter gleichgroße Ladungen mit entgegengesetzten Vorzeichen tragen, so ist die Symmetrieebene Äquipotentialfläche mit dem Wert $\varphi=0$. Diese Tatsache läßt die Möglichkeit zu, die Potentialverteilung von Leitern zu berechnen, die in der Nähe einer (∞ ausgedehnten) leitfähigen Ebene liegen, wobei dieses Verfahren meist zur Berücksichtigung des Erdeinflusses benützt wird.

Ersetzt man das Gebiet jenseits der leitfähigen Ebene (der Erdoberfläche) durch eine im leeren Raum befindliche, symmetrische Ladungsanordnung von entgegengesetzter Polarität (Abb.1.32), so wird die Potentialverteilung dieser Ersatzanordnung die Bedingung $\varphi=0$ an der Symmetrieebene erfüllen. Das Feld der Ersatzanordnung unterhalb der Ebene existiert natürlich nicht, doch ist das für die Rechnung belanglos. Die Feldlinien durchsetzen die Symmetrieebene (Äquipotentialfläche $\varphi=0$), wie es sein muß, unter einem rechten Winkel. Dieses Verfahren wird „Spiegelbildmethode" genannt.

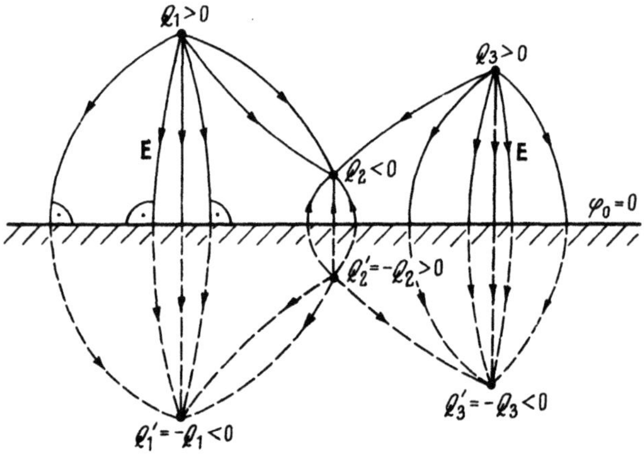

Abb. 1.32

1.1.5.1. Kapazität einer Einfachleitung gegenüber Erde

Benützt man bei einer Einfachleitung über Erde die Spiegelbildmethode, so entspricht die Ersatzanordnung wieder einer Doppelleitung, da ja das Spiegelbild ein Leiter mit gleich großer Ladung von entgegengesetztem

Vorzeichen ist (Abb. 1.33). Man kann daher für das Potential φ_1 des Leiters 1 (oberhalb der Erde) Gl. 1.160 der Doppelleitung benützen, wobei dieses Potential gleich der Potentialdifferenz des Leiters gegenüber Erde ($\varphi_0 = 0$) ist, so daß unter Verwendung des Resultates Gl. 1.162

$$\varphi_1 = \varphi_1 - \varphi_0 = U_{10} = \frac{1}{2} U_{12} = \frac{\tau}{2\pi\epsilon_0} \ln \left[\frac{c}{2r_0} + \sqrt{\left(\frac{c}{2r_0}\right)^2 - 1} \right] \tag{1.166}$$

erhalten wird. Die auf die Länge der Leitung bezogene Kapazität gegenüber Erde, also der Kapazitätsbelag C', ist demnach

$$C' = \frac{C}{l} = \frac{Q_1}{lU_{10}} = \frac{\tau}{U_{10}} = \frac{2\pi\epsilon_0}{\ln \left[\frac{c}{2r_0} + \sqrt{\left(\frac{c}{2r_0}\right)^2 - 1} \right]} \, . \tag{1.167}$$

Der Kapazitätsbelag ist natürlich doppelt so groß wie jener zwischen dem Leiter und seinem Spiegelbild (s. Gl. 1.163).

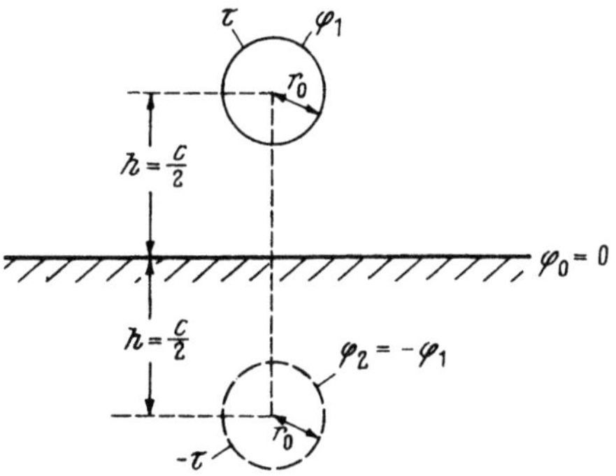

Abb. 1.33

1.1.6. Mehrleitersysteme

Besteht ein System aus mehr als zwei Leitern, so muß man den Begriff der Kapazität entsprechend erweitern. Die allgemeine Integraldarstellung Gl. 1.44 für das Potential einer beliebigen Ladungsverteilung im Raum (wobei $\mathrm{d}Q = \varrho \cdot \mathrm{d}V$ oder $\sigma \cdot \mathrm{d}A$ oder $\tau \cdot \mathrm{d}s$ sein kann)

$$\varphi = \int_Q \frac{\mathrm{d}Q}{4\pi\epsilon_0 r} \tag{1.168}$$

zeigt, daß sich die den Ladungselementen dQ direkt proportionalen Potentialanteile

$$\mathrm{d}\varphi = \frac{\mathrm{d}Q}{4\pi\epsilon_0 r} \tag{1.169}$$

algebraisch addieren (superponieren). Dies gestattet, bei der Berechnung des Potentials im Felde eines Mehrleitersystems folgendermaßen vorzugehen:

Denkt man sich alle vorhandenen Leiter bis auf Leiter 1 ungeladen, so erzeugt die Ladung Q_1 dieses Leiters in jedem Aufpunkt des Raumes ein Potential. Auf den ungeladenen, übrigen Leitern wird durch Influenz Ladungsverschiebung auftreten, so daß diese Leiter – so wie auch der ladungstragende Leiter 1 selbst – samt ihren Leiterinnenräumen konstante Potentiale besitzen, die der felderzeugenden Ladung Q_1 proportional sind:

$$\varphi_{11} = a_{11} Q_1 , \quad \varphi_{21} = a_{21} Q_1 , \quad \varphi_{31} = a_{31} Q_1 , \quad \ldots , \tag{1.170}$$

also allgemein

$$\varphi_{k1} = a_{k1} Q_1 \quad . \tag{1.171}$$

φ_{k1} ist das Potential auf dem k-ten Leiter, das von der Ladung 1 herrührt. Denkt man sich nun Leiter 2 geladen und alle übrigen Leiter ungeladen, so gilt sinngemäß

$$\varphi_{12} = a_{12} Q_2 , \quad \varphi_{22} = a_{22} Q_2 , \quad \varphi_{32} = a_{32} Q_2 , \quad \ldots , \tag{1.172}$$

also allgemein

$$\varphi_{k2} = a_{k2} Q_2 \quad . \tag{1.173}$$

Wenn die Leiter 1 und 2 gleichzeitig geladen sind, addieren (superponieren) sich die Potentiale, die von den beiden Ladungen herrühren. Dasselbe gilt für die Ladungsverteilungen auf den Oberflächen der einzelnen Leiter, sie sind an jeder Stelle der Oberfläche eines Leiters durch Überlagerung der Flächenladungsdichte σ des Falles 1 ($Q_1 \neq 0$, $Q_l = 0$, $l \neq 1$) und des Falles 2 ($Q_2 \neq 0$, $Q_l = 0$, $l \neq 2$) zu erhalten.

Man kann so der Reihe nach für alle n einzelnen Leiter vorgehen, wobei man dann die resultierenden, sich tatsächlich einstellenden Potentiale für den Fall, daß alle Leiter gleichzeitig Ladungen tragen, durch Superposition der Teilpotentiale erhält:

$$\begin{aligned}
\varphi_1 &= \sum_{l=1}^{n} \varphi_{1l} = a_{11} Q_1 + a_{12} Q_2 + \ldots + a_{1l} Q_l + \ldots + a_{1n} Q_n \; , \\
\varphi_2 &= \sum_{l=1}^{n} \varphi_{2l} = a_{21} Q_1 + a_{22} Q_2 + \ldots + a_{2l} Q_l + \ldots + a_{2n} Q_n \; , \\
&\;\;\vdots \\
\varphi_k &= \sum_{l=1}^{n} \varphi_{kl} = a_{k1} Q_1 + a_{k2} Q_2 + \ldots + a_{kl} Q_l + \ldots + a_{kn} Q_n \; , \\
&\;\;\vdots \\
\varphi_n &= \sum_{l=1}^{n} \varphi_{nl} = a_{n1} Q_1 + a_{n2} Q_2 + \ldots + a_{nl} Q_l + \ldots + a_{nn} Q_n \; .
\end{aligned} \tag{1.174}$$

Die Gesamtpotentiale φ_k ($k = 1 \ldots n$) berechnen sich aus den Gesamtladungen Q_l ($l = 1 \ldots n$) mit Hilfe des linearen Gleichungssystems 1.174, dessen Koeffizienten a_{kl} Potentialkoeffizienten genannt werden. Es läßt sich nun zeigen, daß eine Ladung Q_k auf dem Leiter k ein Potential auf dem Leiter l hervorruft, das gleich dem Potential auf dem Leiter k ist, wenn sich die gleiche Ladung Q auf dem Leiter l befindet, d.h. es muß $a_{kl} = a_{lk}$ gelten. Die Koeffizientenmatrix des Gleichungssystems 1.174

$$a_{kl} = \begin{pmatrix} a_{11} & a_{12} & \ldots & a_{1l} & \ldots & a_{1n} \\ a_{21} & a_{22} & \ldots & a_{2l} & \ldots & a_{2n} \\ \vdots & & & & & \\ a_{k1} & a_{k2} & \ldots & a_{kl} & \ldots & a_{kn} \\ \vdots & & & & & \\ a_{n1} & a_{n2} & \ldots & a_{nl} & \ldots & a_{nn} \end{pmatrix} \tag{1.175}$$

ist symmetrisch. Die Matrix ist im übrigen quadratisch, da beide Indizes k und l gleicherweise von 1 bis n laufen.

Nun ist es bei der praktischen Anwendung stets so, daß nicht die Ladungen Q_l gegeben sind, aus denen sich dann die n unbekannten Potentiale der einzelnen Leiter aus den n Gleichungen des Gleichungssystems 1.174 berechnen lassen; vielmehr sind meist die Potentiale der Leiter oder die Potentialdifferenzen zwischen den Leitern bekannt. Man muß also das Gleichungsschema 1.174 so umformen, daß die unbekannten Ladungen als Funktionen der bekannt gedachten Potentiale bzw. der Potentialdifferenzen ausgedrückt sind:

$$\begin{aligned} Q_1 &= b_{11}\varphi_1 + b_{12}\varphi_2 + \ldots + b_{1k}\varphi_k + \ldots + b_{1n}\varphi_n \;, \\ Q_2 &= b_{21}\varphi_1 + b_{22}\varphi_2 + \ldots + b_{2k}\varphi_k + \ldots + b_{2n}\varphi_n \;, \\ &\vdots \\ Q_l &= b_{l1}\varphi_1 + b_{l2}\varphi_2 + \ldots + b_{lk}\varphi_k + \ldots + b_{ln}\varphi_n \;, \\ &\vdots \\ Q_n &= b_{n1}\varphi_1 + b_{n2}\varphi_2 + \ldots + b_{nk}\varphi_k + \ldots + b_{nn}\varphi_n \;. \end{aligned} \tag{1.176}$$

Es läßt sich zeigen, daß wegen der Symmetrie der Koeffizientenmatrix Gl. 1.175 ($a_{lk} = a_{kl}$) ebenso wieder $b_{kl} = b_{lk}$ gelten muß. Man nennt die Größen b_{lk} Kapazitätskoeffizienten. Nun kann man durch einfache Umformung im Gleichungsschema 1.176 von den Potentialen auf die Potentialdifferenzen übergehen: Addiert und subtrahiert man gleichzeitig zu jeder der n Gleichungen den Ausdruck

$$q_l = \sum_{k=1}^{n} b_{lk}\varphi_l \ , \tag{1.177}$$

so läßt sich Schema 1.176 zunächst wie folgt umformen:

$$Q_1 = (b_{11}+b_{12}+\ldots+b_{1n})\cdot\varphi_1 - b_{12}(\varphi_1-\varphi_2) - \ldots - b_{1n}(\varphi_1-\varphi_n) \ ,$$

$$Q_2 = (b_{21}+b_{22}+\ldots+b_{2n})\cdot\varphi_2 - b_{21}(\varphi_2-\varphi_1) - \ldots - b_{2n}(\varphi_2-\varphi_n) \ , \tag{1.178}$$

$$\vdots$$

Da nun Ladungen immer nur zwischen den Leitern transportiert (verschoben) werden können, muß die Summe aller n Leiterladungen null sein:

$$\text{(1.176)}\quad \sum_{l=1}^{n} Q_l = \left(\sum_{l=1}^{n} b_{l1}\right)\varphi_1 + \left(\sum_{l=1}^{n} b_{l2}\right)\varphi_2 + \ldots + \left(\sum_{l=1}^{n} b_{ln}\right)\varphi_n = 0. \tag{1.179}$$

Durch geeignete Umformungen dieser Beziehung lassen sich schließlich noch die in den Gln. 1.178 auftretenden Potentiale φ_l auf die Potentialdifferenzen $\varphi_l - \varphi_k$ zurückführen und damit aus diesen Gleichungen eliminieren. Man erhält dann mit

$$C_{lk} = \frac{\sum\limits_{\mu=1}^{n} b_{l\mu} \cdot \sum\limits_{\nu=1}^{n} b_{\nu k}}{\sum\limits_{\mu=1}^{n} \sum\limits_{\nu=1}^{n} b_{\mu\nu}} - b_{lk} \tag{1.180}$$

und $\quad \varphi_l - \varphi_k = U_{lk}$ (1.181)

die Ladungen als Funktionen der Potentialdifferenzen (Spannungen):

$$Q_1 = C_{12}U_{12} + \ldots + C_{1k}U_{1k} + \ldots + C_{1n}U_{1n} = Q_{12} + \ldots + Q_{1k} + \ldots + Q_{1n} \ ,$$

$$Q_2 = C_{21}U_{21} + \ldots + C_{2k}U_{2k} + \ldots + C_{2n}U_{2n} = Q_{21} + \ldots + Q_{2k} + \ldots + Q_{2n} \ ,$$

$$\vdots \tag{1.182}$$

$$Q_l = C_{l1}U_{l1} + \ldots + C_{lk}U_{lk} + \ldots + C_{ln}U_{ln} = Q_{l1} + \ldots + Q_{lk} + \ldots + Q_{ln} \ ,$$

$$\vdots$$

$$Q_n = C_{n1}U_{n1} + \ldots + C_{nk}U_{nk} + \ldots + C_{n,n-1}U_{n,n-1} = Q_{n1} + \ldots + Q_{nk} + \ldots + Q_{n,n-1} \ .$$

Glieder mit $l=k$ treten nicht auf, da $U_{kk} = \varphi_k - \varphi_k = 0$ ist. Die auf den Leitern befindlichen Ladungen Q_l setzen sich aus einzelnen Summanden, nämlich Teilladungen Q_{lk} zusammen, die den Spannungen U_{lk} zwischen den Leitern, auf die sich die Indizes beziehen, proportional sind:

$$Q_{lk} = C_{lk} U_{lk} \quad . \tag{1.183}$$

Die Proportionalitätsfaktoren C_{lk},

$$C_{lk} = \frac{Q_{lk}}{U_{lk}} \quad , \tag{1.184}$$

die aus den Koeffizienten a_{kl} bzw. b_{lk} entstanden sind, hängen nur von den geometrischen Bedingungen (Form und Lage) der Leiter ab, aber nicht etwa auch von ihren Ladungen. Sie werden „Teilkapazitäten" genannt. Gemäß Gl. 1.180 gilt wegen $b_{kl}=b_{lk}$ auch $C_{kl}=C_{lk}$, es ist also die Teilkapazität zwischen zwei Leitern eines Mehrleitersystems von der Reihenfolge der Indizes unabhängig; sie ist übrigens gemäß Gl. 1.183 eine wesentlich positive Größe, da bei $Q_{lk}>0$ auch $U_{lk}>0$ und umgekehrt bei $Q_{lk}<0$ auch $U_{lk}<0$ sein muß.

Da in den Gln. 1.182 nur noch Potentialdifferenzen auftreten, läßt sich also der Potentialnullpunkt beliebig wählen. Meist wird er der Erde (Masse, Abschirmung) zugeordnet, die hier im Sinne der angestellten Betrachtungen einen Leiter wie jeden anderen darstellt. Da die Erde in der Praxis meist durch eine Null symbolisiert wird, sind dann die Leiter eines n-Leitersystems durch die Zahlen 0, . . . , $n-1$ zu kennzeichnen.

Man kann für diese Darstellung der Kapazitätsverhältnisse folgende anschauliche Deutung geben: Jeder Leiter besitzt an seiner Oberfläche Teilladungen, die durch Teilladungen umgekehrten Vorzeichens der übrigen, auf anderen Potentialen befindlichen Leiter gebunden sind (Gl. 1.182). Da nach dem Satz vom Hüllenfluß

$$(1.67) \quad \oint_A \mathbf{D}\cdot \mathrm{d}\mathbf{A} = \mathring{\psi} = Q$$

von der Oberfläche eines geladenen Leiters ein seiner Gesamtladung Q gleicher elektrischer (Hüllen)Fluß $\mathring{\psi}$ ausgeht, kann man jeder Teilladung Q_{lk} einen Teilfluß

$$\psi_{lk} = Q_{lk} = \int_A \sigma_{lk} \cdot \mathrm{d}A \tag{1.185}$$

zuordnen, der auf der Oberfläche des betreffenden Leiters entspringt und bei der Gegenladung Q_{kl} des jeweiligen anderen Leiters endet, wie dies in Abb. 1.34 für 3 Leiter schematisch dargestellt ist. Jener Teil der Oberfläche, auf dem sich eine Teilladung Q_{kl} befindet, bildet mit dem Teil der Oberfläche des betreffenden anderen Leiters, auf dem sich die Gegenladung Q_{lk} befindet, einen „Kondensator" der Teilkapazität $C_{kl}=C_{lk}$. Die Gesamtladung Q_1 in Abb. 1.34 beispielsweise besteht aus 2 Teilladungen

$$Q_1 = Q_{12} + Q_{13} = \int_{A_1} \sigma_{12} \cdot dA + \int_{A_1} \sigma_{13} \cdot dA =$$

$$= \int_{A_1} \mathbf{D}_{12} \cdot d\mathbf{A} + \int_{A_1} \mathbf{D}_{13} \cdot d\mathbf{A} = \psi_{12} + \psi_{13} = \mathring{\psi}_1 = \oint_{A_1} \mathbf{D} \cdot d\mathbf{A} \ , \qquad (1.186)$$

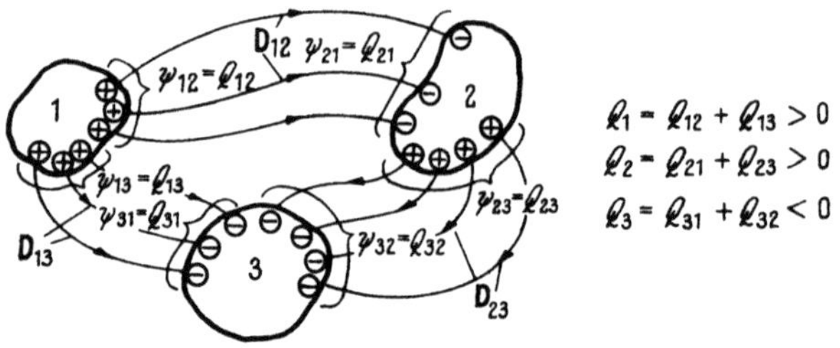

Abb. 1.34

die Teilflüssen ψ_{12} und ψ_{13} gleich sind, die vom Leiter 1 ausgehen und auf den Leitern 2 bzw. 3 enden. Man kann sich die Teilverschiebungsflüsse gebündelt und die wirksamen Flächenteile einander genähert denken (Abb. 1.35), wodurch sich ein anschauliches Ersatzschaltbild der Leiteranordnung, dargestellt durch 3 konzentrierte Kapazitäten vom Ausmaß der Teilkapazitäten, ergibt.

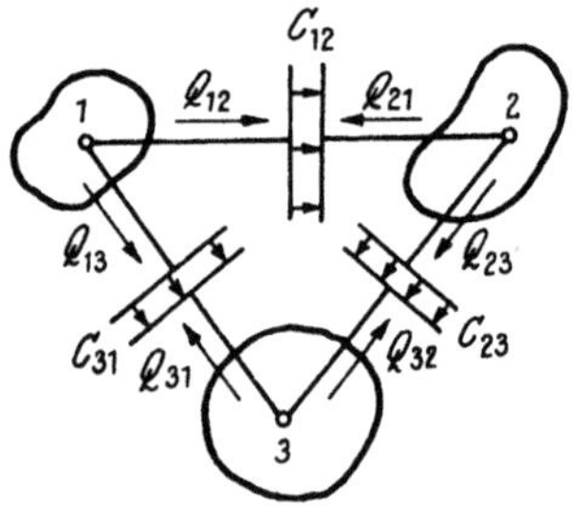

Abb. 1.35

Die tatsächlichen Verhältnisse der Teilflüsse ψ_{lk} und der Teilladungen Q_{lk} sind nicht so einfach, wie eben geschildert. Diese sind nämlich in Wirklichkeit nicht, wie in der Zeichnung dargestellt, räumlich voneinander getrennt, sondern sie überlagern sich, und zwar sowohl die Teilverschiebungsflüsse ψ_{lk} im leeren Raum, als auch die auf den Leiteroberflächen befindlichen Teilladungen Q_{lk} jedes Leiters.

1.1.6.1. Die Messung der Teilkapazitäten

Schließt man alle Leiter – in Abb. 1.36 die Leiter 2, 3 und 4 – bis auf einen – in Abb. 1.36 Leiter 1 – kurz und legt man zwischen sie und diesen einen Leiter eine elektrische Spannung U, so wird eine Ladung Q_1 auf diesen einen Leiter fließen und eine gleichgroße Ladung von entgegengesetztem Vorzeichen wird sich, entsprechend der Größe der Teilkapazitäten des

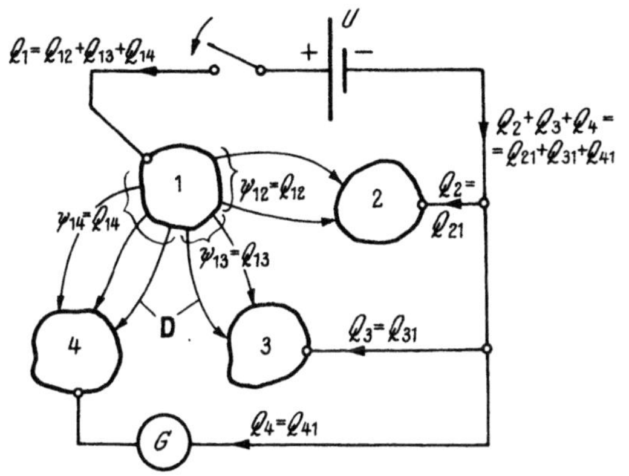

Abb. 1.36

Leiters 1 mit den übrigen Leitern 2, 3 und 4, auf diesen letzteren, miteinander kurzgeschlossenen Leitern verteilen. Da bei dieser Schaltung wegen des Kurzschlusses zwischen den Leitern 2, 3 und 4

$$U_{23} = U_{34} = U_{42} = 0 \tag{1.187}$$

ist (alle drei Leiteroberflächen einschließlich der Verbindungsleiter sind auf gleichem Potential), ist gemäß Gl. 1.183 auch

$$Q_{23} = Q_{34} = Q_{42} = 0 \tag{1.188}$$

und somit

$$Q_2 = Q_{21} = -Q_{12}, \; Q_3 = Q_{31} = -Q_{13}, \; Q_4 = Q_{41} = -Q_{14} \; . \tag{1.189}$$

Man kann diese, beim Einlegen des Schalters auf die betreffenden Leiter fließenden Ladungen messen, indem man ein ballistisches Galvanometer in die jeweilige Zuleitung einschaltet, wie dies in Abb. 1.36 für Leiter 4 gezeichnet wurde. Aus den gemessenen Teilladungen und der bekannten Spannung U der Spannungsquelle ergeben sich die Teilkapazitäten

$$C_{12} = \frac{Q_{12}}{U}, \qquad C_{13} = \frac{Q_{13}}{U}, \qquad C_{14} = \frac{Q_{14}}{U} \; . \tag{1.190}$$

Zur Messung der übrigen Teilkapazitäten muß man die Schaltung sinngemäß variieren (Leiter 1 mit Leiter 2 tauschen usw.).

1.1.6.2. Teilkapazitäten einer Doppelleitung mit Berücksichtigung des Erdeinflusses

Um das Problem rechnerisch in einigermaßen einfacher Weise lösen zu können, soll – was bei der Einfachleitung über Erde im Abschnitt 1.1.5.1 nicht notwendig war – angenommen werden, daß die Leiterradien r_{01} bzw. r_{02} sehr klein im Verhältnis zu den Abständen der Leiter, sowohl untereinander als auch zur Erde, sind. Dann kann man so rechnen, als wäre die Ladung jedes Leiters in seiner Achse vereinigt (Ersatzlinienladung in der Zylinderachse). Es ergibt sich hier, daß jeder der beiden Leiter jeweils mit seinem Spiegelbild zur Erdoberfläche, durch welches der Erdeinfluß berücksichtigt wird, gewissermaßen eine Doppelleitung darstellt, deren Potential bereits früher in Gl. 1.153 angegeben wurde. In Gl. 1.191 tritt also $\varrho_{A1'}$ an die Stelle von ϱ_{A2} von Gl. 1.153, da 1' der zu 1 gehörige zweite Leiter ist, der mit ihm eine (fiktive) Doppelleitung bildet (Abb. 1.37):

$$\varphi = \frac{\tau}{2\pi\epsilon_0} \ln \frac{\varrho_{A1'}}{\varrho_{A1}} \quad . \tag{1.191}$$

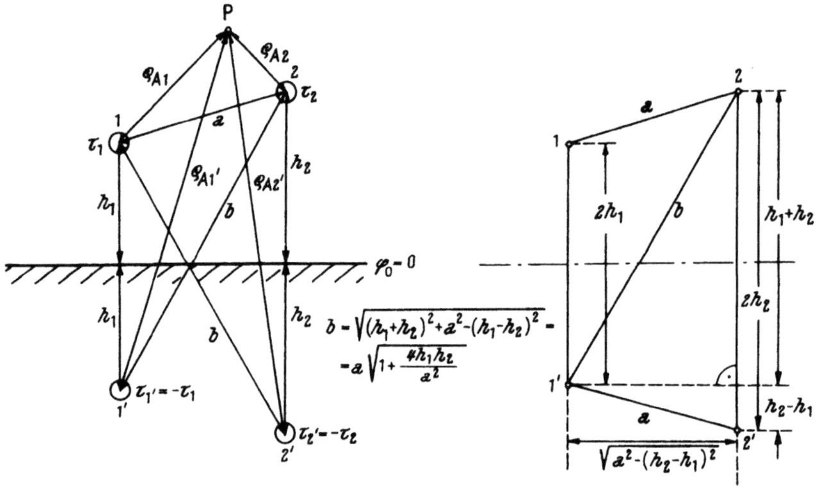

Abb. 1.37

Das von beiden (fiktiven) Doppelleitungen im Aufpunkt P hervorgerufene Potential ist dann

$$\varphi_P = \frac{1}{2\pi\epsilon_0} \left[\tau_1 \cdot \ln \frac{\varrho_{A1'}}{\varrho_{A1}} + \tau_2 \cdot \ln \frac{\varrho_{A2'}}{\varrho_{A2}} \right] \quad . \tag{1.192}$$

Verlegt man den Aufpunkt P auf die Leiteroberfläche 1, so erhält man

$$\varphi_1 = \frac{1}{2\pi\epsilon_0} \left[\tau_1 \cdot \ln \frac{2h_1}{r_{01}} + \tau_2 \cdot \ln \frac{b}{a} \right] \quad , \tag{1.193}$$

verlegt man P auf die Leiteroberfläche 2, so erhält man

$$\varphi_2 = \frac{1}{2\pi\epsilon_0} \left[\tau_1 \cdot \ln \frac{b}{a} + \tau_2 \cdot \ln \frac{2h_2}{r_{02}} \right] \quad . \tag{1.194}$$

In der Tat liegt ein 3-Leiterproblem vor, dessen Ersatzschaltbild in Abb. 1.38 dargestellt ist, wobei das Potential des dritten Leiters, der Erde,

$$\varphi_0 = 0 \tag{1.195}$$

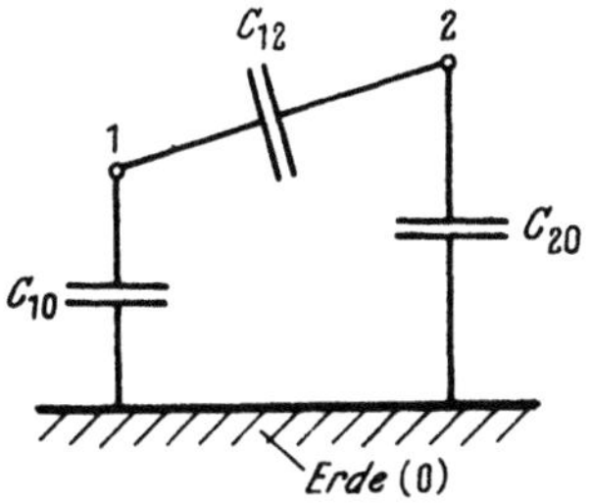

Abb. 1.38

ist. Der erste Schritt ist die Auflösung der Gleichungen 1.193 und 1.194, die die Potentiale φ_1 und φ_2 in Abhängigkeit von den auf die Länge l der Leiter bezogenen Ladungen angeben, nach diesen linienhaften Ladungsdichten τ_1 und τ_2. Man erhält mit Hilfe der Determinantenregel von Cramer

$$\tau_1 = \frac{Q_1}{l} = \frac{1}{\Delta} \begin{vmatrix} \varphi_1 & \frac{1}{2\pi\epsilon_0} \ln \frac{b}{a} \\ \varphi_2 & \frac{1}{2\pi\epsilon_0} \ln \frac{2h_2}{r_{02}} \end{vmatrix} = \frac{1}{\Delta} \cdot \frac{1}{2\pi\epsilon_0} \left(\varphi_1 \cdot \ln \frac{2h_2}{r_{02}} - \varphi_2 \cdot \ln \frac{b}{a} \right) , \tag{1.196}$$

mit

$$\Delta = \begin{vmatrix} \frac{1}{2\pi\epsilon_0} \ln \frac{2h_1}{r_{01}} & \frac{1}{2\pi\epsilon_0} \ln \frac{b}{a} \\ \frac{1}{2\pi\epsilon_0} \ln \frac{b}{a} & \frac{1}{2\pi\epsilon_0} \ln \frac{2h_2}{r_{02}} \end{vmatrix} = \frac{1}{(2\pi\epsilon_0)^2} \left(\ln \frac{2h_1}{r_{01}} \cdot \ln \frac{2h_2}{r_{02}} - \ln^2 \frac{b}{a} \right) . \tag{1.197}$$

τ_2 muß nicht getrennt berechnet werden, es ergibt sich durch Vertauschung der Indizes aus τ_1. Im zweiten Schritt wird durch Addition und gleichzeitige Subtraktion geeigneter Ausdrücke gemäß Gl. 1.177 auf die Potentialdifferenzen übergegangen:

$$\tau_1 = 2\pi\epsilon_0 \frac{\varphi_1 \cdot \ln \frac{2h_2}{r_{02}} - \varphi_2 \cdot \ln \frac{b}{a}}{\ln \frac{2h_1}{r_{01}} \cdot \ln \frac{2h_2}{r_{02}} - \ln^2 \frac{b}{a}} =$$

$$= 2\pi\epsilon_0 \frac{\varphi_1 \left(\ln \frac{2h_2}{r_{02}} - \ln \frac{b}{a} \right) + (\varphi_1 - \varphi_2) \ln \frac{b}{a}}{\ln \frac{2h_1}{r_{01}} \cdot \ln \frac{2h_2}{r_{02}} - \ln^2 \frac{b}{a}} =$$

$$= \frac{Q_1}{l} = \frac{C_{10}}{l} (\varphi_1 - \varphi_0) + \frac{C_{12}}{l} (\varphi_1 - \varphi_2) \quad . \tag{1.198}$$

Durch zyklische Vertauschung der Indizes 1 und 2, da keiner der beiden Leiter bevorzugt ist, erhält man aus Gl. 1.198 ohne weitere Rechnung

$$\tau_2 = 2\pi\epsilon_0 \frac{\varphi_2 \left(\ln \frac{2h_1}{r_{01}} - \ln \frac{b}{a}\right) + (\varphi_2 - \varphi_1) \ln \frac{b}{a}}{\ln \frac{2h_2}{r_{02}} \cdot \ln \frac{2h_1}{r_{01}} - \ln^2 \frac{b}{a}} =$$

$$= \frac{Q_2}{l} = \frac{C_{20}}{l} (\varphi_2 - \varphi_0) + \frac{C_{21}}{l} (\varphi_2 - \varphi_1) \quad . \tag{1.199}$$

Die mit den Potentialdifferenzen verknüpften Koeffizienten in den Gleichungen 1.198 und 1.199 sind die auf die Länge l der Leitung bezogenen Teilkapazitäten, also die Kapazitätsbeläge

$$C_{12}' = \frac{C_{12}}{l} = \frac{2\pi\epsilon_0 \cdot \ln \frac{b}{a}}{\ln \frac{2h_1}{r_{01}} \cdot \ln \frac{2h_2}{r_{02}} - \ln^2 \frac{b}{a}} = \frac{C_{21}}{l} = C_{21}' \quad , \tag{1.200}$$

$$C_{10}' = \frac{C_{10}}{l} = \frac{2\pi\epsilon_0 \left(\ln \frac{2h_2}{r_{02}} - \ln \frac{b}{a}\right)}{\ln \frac{2h_1}{r_{01}} \cdot \ln \frac{2h_2}{r_{02}} - \ln^2 \frac{b}{a}} \quad , \tag{1.201}$$

$$C_{20}' = \frac{C_{20}}{l} = \frac{2\pi\epsilon_0 \left(\ln \frac{2h_1}{r_{01}} - \ln \frac{b}{a}\right)}{\ln \frac{2h_1}{r_{01}} \cdot \ln \frac{2h_2}{r_{02}} - \ln^2 \frac{b}{a}} \quad , \tag{1.202}$$

wobei gemäß Abb. 1.37

$$\frac{b}{a} = \sqrt{1 + \frac{4h_1 h_2}{a^2}} \tag{1.203}$$

gilt.

Wesentlich für die Berechnung der Teilkapazitäten ist, daß man die Ladungsverteilungen τ_1 und τ_2 auf den Leitern 1 und 2 offen läßt (es muß nicht $\tau_2 = -\tau_1$ sein), die Teilkapazitäten gelten ja unabhängig von einer speziellen Ladungsverteilung. Für den 3. Leiter, die Erde, gilt i.a. $\tau_0 = -(\tau_1 + \tau_2)$, s. Gl. 1.179.

1.1.6.3. Betriebskapazität

Betreibt man das Mehrleitersystem in einer bestimmten Schaltung als

Zweipol, so besitzt die Schaltung nur zwei von außen zugängliche Klemmen (A, B), also eine Zu- und eine Ableitung, zwischen die man eine Spannungsquelle schaltet, so daß der einen Klemme eine positive, der anderen eine gleichgroße negative Ladung zugeführt wird.

Das zu einem Zweipol zusammengeschaltete Mehrleitersystem besitzt eine für die Art der Schaltung charakteristische Gesamtkapazität, die man Betriebskapazität dieser Schaltung nennt.

Sind beispielsweise die beiden Leiter einer Doppelleitung von Erde isoliert, so kann man aus den Teilkapazitäten die Betriebskapazität dieser

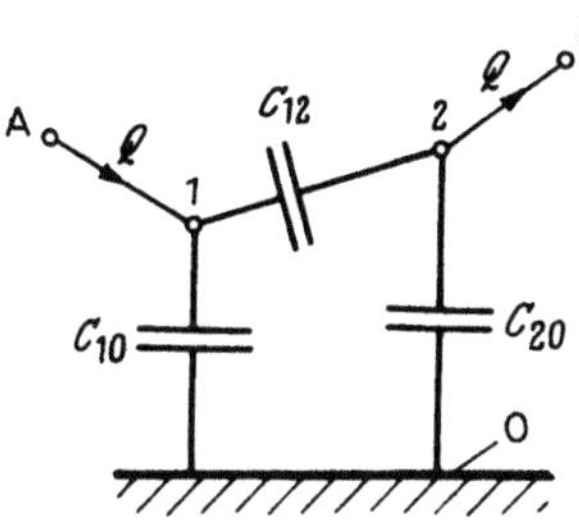

$$\ell_A = \ell = \ell_1 = \ell_{12} + \ell_{10}$$
$$\ell_B = -\ell = \ell_2 = \ell_{21} + \ell_{20}$$
$$\ell_{12} = -\ell_{21}$$
$$\ell_{10} = -\ell_{01} = \ell_{02} = -\ell_{20}$$
$$\ell_0 = \ell_{01} + \ell_{02} = 0$$

Abb. 1.39

Schaltung (Abb. 1.39) wie folgt berechnen: Zwischen Klemme A und Klemme B liegen zwei Kapazitäten in Parallelschaltung (Abb. 1.40), und zwar einerseits C_{12} und andererseits die Serienschaltung von C_{10} und C_{20}, also die Kapazität $\frac{C_{10}C_{20}}{C_{10}+C_{20}}$.

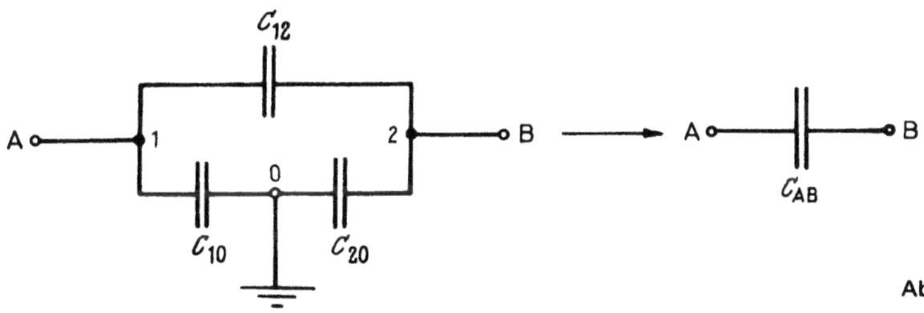

Abb. 1.40

Die Betriebskapazität ist demnach durch die Summe

$$C_{AB} = C_{12} + \frac{C_{10}C_{20}}{C_{10}+C_{20}} \tag{1.204}$$

gegeben und ersetzt die kapazitive Schaltung durch eine Kapazität C_{AB} gleicher Wirkung. Setzt man die Teilkapazitäten nach Gl. 1.200 bis Gl. 1.202 ein, so erhält man

$$C_{AB} = \frac{2\pi\epsilon_0 l}{\ln\frac{2h_1}{r_{01}}\cdot\ln\frac{2h_2}{r_{02}} - \ln^2\frac{b}{a}}\left\{\ln\frac{b}{a} + \frac{\left(\ln\frac{2h_2}{r_{02}} - \ln\frac{b}{a}\right)\left(\ln\frac{2h_1}{r_{01}} - \ln\frac{b}{a}\right)}{\ln\frac{2h_2}{r_{02}} + \ln\frac{2h_1}{r_{01}} - 2\ln\frac{b}{a}}\right\} =$$

$$= \frac{2\pi\epsilon_0 l}{\ln\frac{4h_1h_2a^2}{r_{01}r_{02}b^2}} \,. \tag{1.205}$$

Ist einer der beiden Leiter, z.B. Leiter 2, geerdet (Abb. 1.41), so ist die Teilkapazität C_{20} überbrückt (kurzgeschlossen). Die Betriebskapazität C_{AB} ist jetzt

$$C_{AB} = C_{12} + C_{10} \,. \tag{1.206}$$

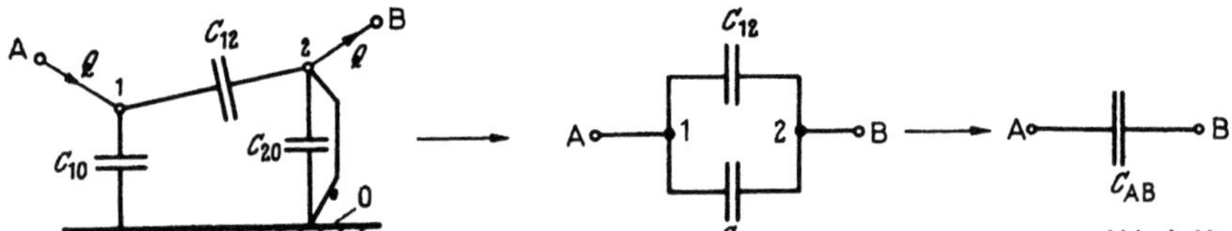

Abb. 1.41

Man beachte, daß die Betriebskapazität bei einem Zweipol durch den Quotienten aus der Gesamtladung Q_A, die über die Zuleitung der Klemme A zugeführt wurde, und der Potentialdifferenz (Spannung) U_{AB} zwischen den Klemmen A und B definiert ist,

$$C_{AB} = \frac{Q_A}{U_{AB}} \quad \left(= \frac{Q_1}{U_{12}} = \frac{Q_{12}+Q_{10}}{U_{12}}\right) \,. \tag{1.207}$$

Die Teilkapazität zwischen Leiter 1 und Leiter 2 hingegen ist der Quotient jener Teilladung Q_{12}, die durch eine gleichgroße Teilladung mit entgegengesetzem Vorzeichen $Q_{21} = -Q_{12}$ vom Leiter 2 her gebunden ist, und der Spannung U_{12}:

$$C_{12} = \frac{Q_{12}}{U_{12}} \,. \tag{1.208}$$

Während zur Berechnung der von der Ladungsverteilung unabhängigen Teilkapazitäten keine konkreten Beziehungen zwischen den Ladungen vorauszusetzen sind, sondern nur die allgemein bezeichneten Ladungen $Q_1, Q_2 \ldots Q_n$ in die Gleichungen eingehen, ist bei der Kapazität einer bestimmten Betriebsschaltung („Betriebskapazität"), bei der die Kapazitäten in festgelegter Weise zu einem Zweipol zusammengeschaltet sind, durch die Schaltung eine bestimmte Ladungsverteilung, nämlich

$$Q_B = -Q_A \, , \tag{1.209}$$

festgelegt. Geht man mit dieser Bedingung in die Gleichungen für die Potentiale ein, so kann man ohne Umweg über die Teilkapazitäten die Betriebskapazität dieser speziellen Schaltung direkt berechnen. Die beiden Gleichungen waren in diesem Fall

$$(1.193) \quad \varphi_1 = \frac{1}{2\pi\epsilon_0}\left[\tau_1 \cdot \ln\frac{2h_1}{r_{01}} + \tau_2 \cdot \ln\frac{b}{a}\right] \, ,$$

$$(1.194) \quad \varphi_2 = \frac{1}{2\pi\epsilon_0}\left[\tau_1 \cdot \ln\frac{b}{a} + \tau_2 \cdot \ln\frac{2h_2}{r_{02}}\right] \, .$$

Wenn Leiter 1 die Zuleitung, also die eine Klemme, und Leiter 2 die Ableitung, also die andere Klemme des Zweipols ist, und wenn beide Leiter von Erde isoliert sind, muß

$$\tau_2 = -\tau_1 \tag{1.210}$$

gelten und es folgt aus Gl. 1.193 und Gl. 1.194

$$\varphi_1 = \frac{\tau_1}{2\pi\epsilon_0} \ln \frac{2h_1 a}{r_{01} b} \, , \tag{1.211}$$

bzw.

$$\varphi_2 = \frac{\tau_1}{2\pi\epsilon_0} \ln \frac{r_{02} b}{2h_2 a} \, , \tag{1.212}$$

also

$$U_{AB} = U_{12} = \varphi_1 - \varphi_2 = \frac{\tau_1}{2\pi\epsilon_0} \ln \frac{4h_1 h_2 a^2}{r_{01} r_{02} b^2} \, . \tag{1.213}$$

Aus Gl. 1.213 erhält man direkt die Betriebskapazität für diesen Schaltungsfall der beiden von Erde isolierten Leiter,

$$C_{AB} = \frac{Q_A}{U_{AB}} = \frac{Q_1}{U_{12}} = \frac{\tau_1 l}{U_{12}} = \frac{2\pi\epsilon_0 l}{\ln \dfrac{4h_1 h_2 a^2}{r_{01} r_{02} b^2}} \, , \tag{1.214}$$

in Übereinstimmung mit dem früher aus den Teilkapazitäten erhaltenen Resultat Gl. 1.205.

1.2. Das elektrostatische Feld bei Anwesenheit dielektrischer Materie

Im Abschnitt 1.1 wurde das elektrostatische Feld im leeren Raum besprochen, im folgenden soll es nun bei Anwesenheit elektrisch nicht leitender (isolierender) Materie behandelt werden. Für einen praktisch nicht leitenden, aber trotzdem elektrisch polarisierbaren Stoff ist auch die Benennung „Dielektrikum" gebräuchlich. Die Definition der elektrischen Feldstärke

$$(1.10)\quad \mathbf{E} = \lim_{\substack{V\to 0\\ Q\to 0}} \frac{\mathbf{F}}{Q} = \frac{d\mathbf{F}}{dQ}$$

als Quotient der Kraft auf einen (räumlich sehr wenig ausgedehnten) Ladungsträger und seiner (sehr kleinen) Ladung bleibe weiterhin aufrecht erhalten. Die direkte Messung von **E** auf Grund dieser Definition ist allerdings nur denkbar, wenn es sich um ein elektrostatisches Feld in einem flüssigen oder gasförmigen Dielektrikum handelt, doch gelten die dort gewonnenen prinzipiellen Ergebnisse über die Eigenschaften des elektrostatischen Feldes erfahrungsgemäß auch in festen Nichtleitern. Untersucht man nun mit einer Probeladung das elektrostatische Feld, so wird man feststellen, daß es auch bei Anwesenheit dielektrischer Materie keine geschlossenen Feldlinien besitzt, also nach wie vor wirbelfrei ist. Es gilt somit auch im Dielektrikum

$$(1.39)\quad \operatorname{rot}\mathbf{E} = 0,$$

und natürlich ebenso

$$(1.86)\quad \operatorname{Rot}\mathbf{E} = \mathbf{n} \times (\mathbf{E}_{2t} - \mathbf{E}_{1t}) = 0 \quad .$$

Die dielektrische Materie beeinflußt jedoch die Feldverteilung, und zwar in ähnlicher Weise wie im Falle der Influenz leitfähiger Körper (s. Abschnitt 1.1.2.1). Die Feldlinien werden auch von isolierenden Körpern – mehr oder weniger stark – „angesaugt". Während also etwa das Coulombfeld einer im leeren Raum befindlichen punktförmigen Ladung kugelsymmetrisch verteilt ist (Abb. 1.42a), verändert sich das Feld nach dem Einbringen eines isolierenden Körpers in der in Abb. 1.42b dargestellten Weise, die auf ein Auftreten elektrischer Ladungen an der Oberfläche des isolierenden Körpers schließen läßt, u.zw. treten an der, einer positiven, felderzeugenden Ladung zugewandten Seite negative, an der abgewandten Seite positive Ladungen auf. Der Isolator ist elektrisch „polarisiert" worden.

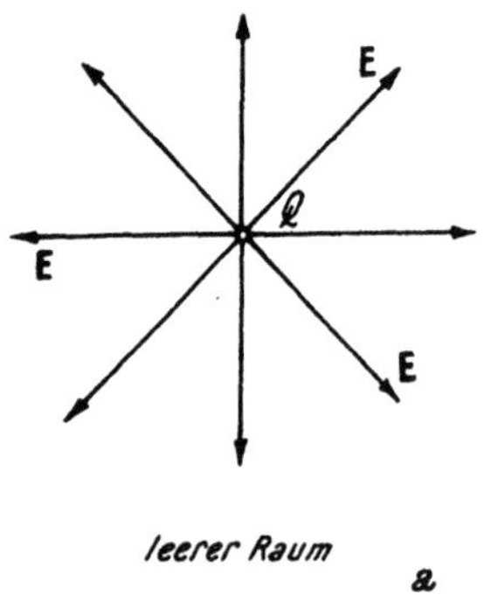

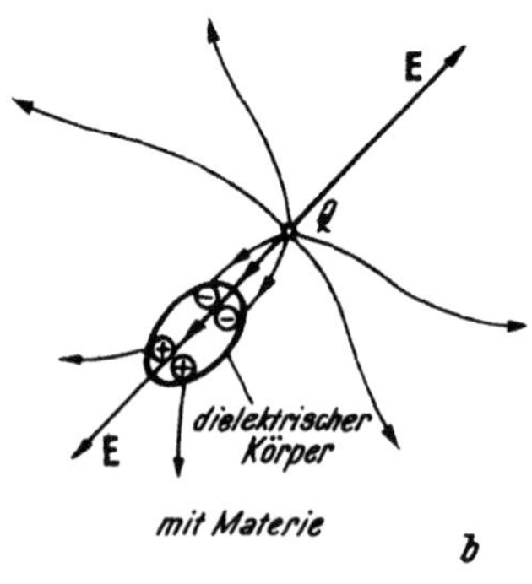

Abb. 1.42

Es bestehen jedoch wesentliche Unterschiede zur Influenz in einem leitenden Körper: Während dort die Influenzladungen durch Verschiebung frei beweglicher Ladungsträger entstanden sind, so daß die beiden, die Influenzladungen tragenden Teile des influenzierten Körpers nach einer allfälligen Trennung mit Ladungen behaftet bleiben (siehe etwa Abschnitt 1.1.2.2 über das Doppelscheibchen), erhält man nach einem Teilen des elektrisch polarisierten Isolators wieder zwei elektrisch polarisierte Körper, deren elektrische Gesamtladung gleich null ist, wobei es sich auch als unmöglich erweist, die an der Oberfläche des Dielektrikums auftretenden, „Polarisationsladungen" genannten Ladungen durch Berühren mit einem elektrischen Leiter abzuleiten. Sie sind also an den Isolator gebunden.
Da die der felderzeugenden Ladung näher gelegenen Polarisationsladungen entgegengesetztes Vorzeichen besitzen, wird ein elektrischer Isolator – so wie auch ein influenzierter Leiter – von einem elektrisch geladenen Körper stets angezogen. Der Betrag der auftretenden Polarisationsladungen ist im übrigen immer kleiner als jener der Influenzladungen eines an der gleichen Stelle des Feldes gedachten Leiters von gleicher Konfiguration; ein Isolator wird demnach weniger stark angezogen als ein Leiter und er ist auch in seinem Inneren nicht feldfrei, so wie ein influenzierter Leiter, da das Feld seiner Polarisationsladungen das polarisierende Fremdfeld im Inneren des dielektrischen Körpers nicht völlig zu kompensieren vermag. Wenn aber im Inneren des Dielektrikums ein elektrisches Feld existiert, bestehen zwischen Aufpunkten im Dielektrikum im allgemeinen Potentialunterschiede. Der vom dielektrischen Körper erfüllte Raum (einschließlich seiner Oberfläche) ist daher kein Gebiet konstanten Potentials wie dies bei einem im elektrostatischen Feld befindlichen Leiter der Fall ist.
Ein Mechanismus der Polarisation eines Isolators – Verschiebungspolarisation genannt – ist etwa folgender: Während ein elektrischer Leiter über Ladungsträger verfügt (im Metall Elektronen, im Elektrolyten auch Ionen), die sich in seinem Inneren sehr leicht verschieben lassen, sind die elektrischen Ladungen eines Isolators quasi elastisch an die Materie gebunden und lassen sich durch ein elektrisches Fremdfeld nur um eine außerordentlich geringe Strecke verschieben. Positive Polarisationsladungen werden natürlich in Richtung von **E**, negative entgegen der Richtung von **E** verschoben (Abb. 1.43. Es gibt noch einen zweiten Mechanismus der Polarisation – Orientierungspolarisation genannt /1.12/ – bei dem die Moleküle des Isolators bereits ohne Fremdfeld Dipole sind, die sich bei Einwirken eines solchen verdrehen und mehr oder weniger stark ausrichten, doch ist der makroskopische Effekt praktisch der gleiche). Im Isolator entstehen viele kleine Dipole, und zwar wird jedes einzelne Atom zu einem elektrischen Dipol. Während im feld-

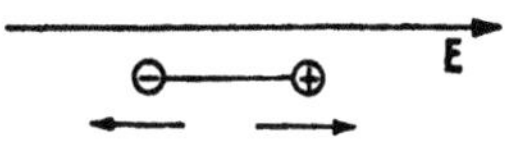

Abb. 1.43

freien Raum die Ladungsschwerpunkte des positiv geladenen Atomkerns und der negativ geladenen Atomhülle (Elektronenhülle) zusammenfallen, werden die Ladungsschwerpunkte durch ein Fremdfeld auseinandergeschoben; jedes Atom besitzt dann ein elektrisches Dipolmoment. Ist die Materie homogen, d.h. überall gleichartig polarisierbar, so reihen sich kontinuierlich Dipole aneinander, so daß – pauschal gesehen – im Inneren des Dielektrikums kein Überschuß an Polarisationsladungen auftritt. Am Rande des Körpers aber (an gewissen Stellen seiner Oberfläche) werden Polarisationsladungen auftreten, da es im angrenzenden leeren Raum keine Ladungen gibt, die die letzte Schicht der Polarisationsladungen der Materie kompensieren könnten (Abb. 1.44). Die Ladungsschwerpunkte der positiven und negativen Ladungen eines Atoms können sich nur im begrenzten Umfang auseinanderbewegen, bis die elektrostatische Anziehung der verschobenen Polarisationsladungen mit der trennenden Kraft des Fremdfeldes im Gleichgewicht ist. Bei Verschwinden des Fremdfeldes bewegen sich die quasi elastisch aneinander gebundenen Polarisationsladungen wieder zusammen, die Ladungsschwerpunkte der Ladungen verschiedenen Vorzeichens decken sich in jedem Atom wieder, der Dipolcharakter der Atome (ihr Dipolmoment) ist wieder verschwunden und damit sind es auch die an der Oberfläche des Isolators aufgetretenen überschüssigen (unkompensierten) Polarisationsladungen.

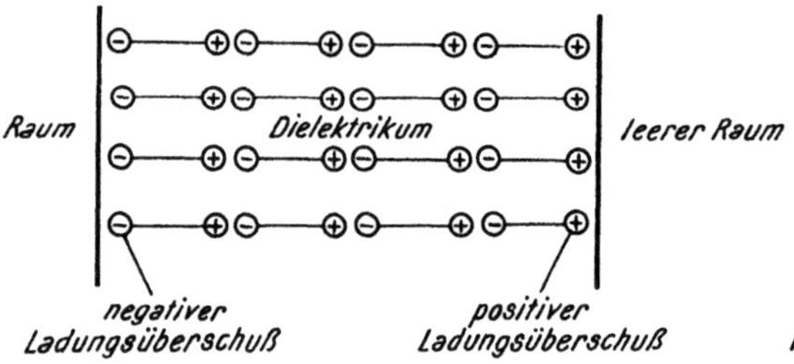

Abb. 1.44

Es soll nun eine zur Beschreibung des Zustandes elektrisch polarisierter Stoffe geeignete physikalische Größe definiert werden: Man denke sich ein sehr kleines Volumen dV, das zwar makroskopisch im Sinne der Infinitesimalrechnung als differentiell klein angesehen werden darf, mikroskopisch aber immer noch so groß ist, daß es eine für eine Mittelwertsbildung genügend große Zahl von Atomen besitzt. Die elektrischen Momente

$$\mathbf{p}_k = |Q_k| \cdot \mathbf{l}_k \tag{1.215}$$

aller, durch ein Fremdfeld polarisierten Atome dieses kleinen Volumens ergeben in Summe das elektrische Dipolmoment $d\mathbf{p}$ des Volumselementes, wobei die einzelnen Dipolmomente wegen ihres Vektorcharakters geometrisch zu addieren sind (Abb. 1.45):

$$d\mathbf{p} = \sum_{k=1}^{n} \mathbf{p}_k = \sum_{k=1}^{n} |Q_k| \cdot \mathbf{l}_k \quad . \tag{1.216}$$

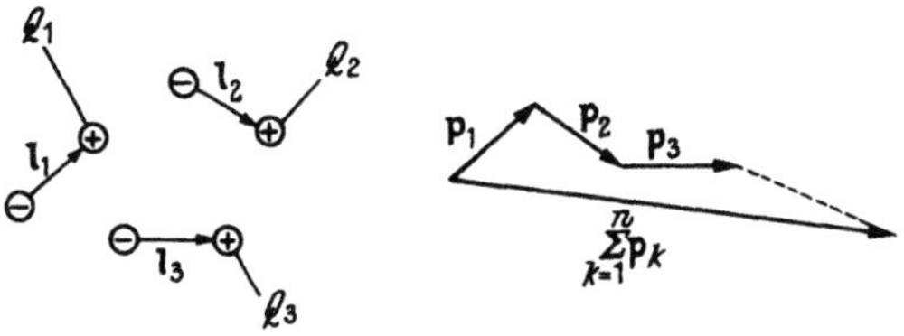

Abb. 1.45

Bezieht man diese Momentsumme auf das (sehr kleine) Volumen, so erhält man definitionsgemäß die elektrische Polarisation

$$\mathbf{P} = \lim_{V \to 0} \frac{1}{V} \sum_{k=1}^{n} \mathbf{p}_k = \frac{d\mathbf{p}}{dV} \quad . \tag{1.217}$$

Der mathematische Grenzübergang $V \to 0$ gilt im Sinne der vorhin über das Ausmaß des sehr kleinen Volumens gemachten Bemerkung nur makroskopisch, d.h. solange die Materie als Kontinuum angesehen werden kann. Die elektrische Polarisation **P** ist also das auf das Volumen bezogene elektrische Moment polarisierter, dielektrischer Materie. Ist der Polarisationsvektor **P** in einem Medium bei jeder beliebigen Richtung des polarisierend wirkenden Feldes **E** diesem parallel orientiert (Abb. 1.46a), so nennt man das Medium isotrop. Weicht hingegen die Richtung von **P** in einem Medium i.a. von jener der Feldstärke **E** ab, verschieben sich also in solcher Materie die Polarisationsladungen i.a. in einer zu **E** und damit zur einwirkenden Kraft divergierenden Richtung, so nennt man ein solches Material anisotrop (Abb. 1.46b). Körper aus derartigen Stoffen sind durch eine oder mehrere Richtungen gekennzeichnet, in denen sich die Polarisationsladungen leichter als in davon abweichenden verschieben lassen. Man nennt diese Richtungen „Vorzugsrichtungen". (Wenn das elektrische Feld im speziellen parallel zu einer Vorzugsrichtung orientiert ist, wird sich auch hier natürlich **P** parallel zum Feld **E** einstellen.) Solche in ihrem elektrischen Verhalten richtungsabhängige Körper sind vor allem die Kristalle.

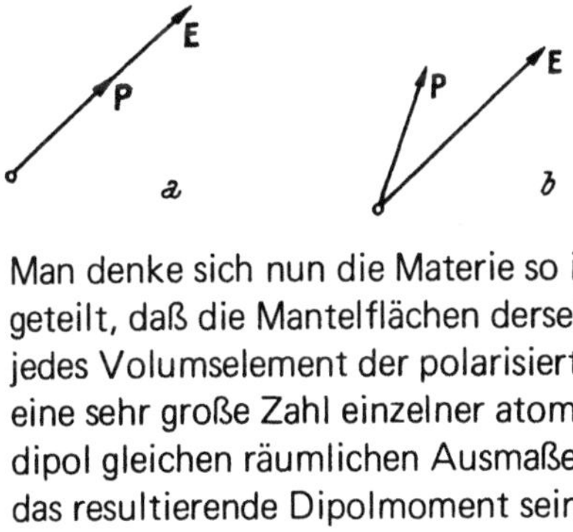

Abb. 1.46

Man denke sich nun die Materie so in makroskopische Volumselemente aufgeteilt, daß die Mantelflächen derselben von **P**-Linien begrenzt sind. Nun wird jedes Volumselement der polarisierten Materie (Abb. 1.47a), das immer noch eine sehr große Zahl einzelner atomarer Dipole enthält, durch einen Einzeldipol gleichen räumlichen Ausmaßes und von gleichem Dipolmoment d**p** wie das resultierende Dipolmoment seiner einzelnen Atome ersetzt (Abb. 1.47b).

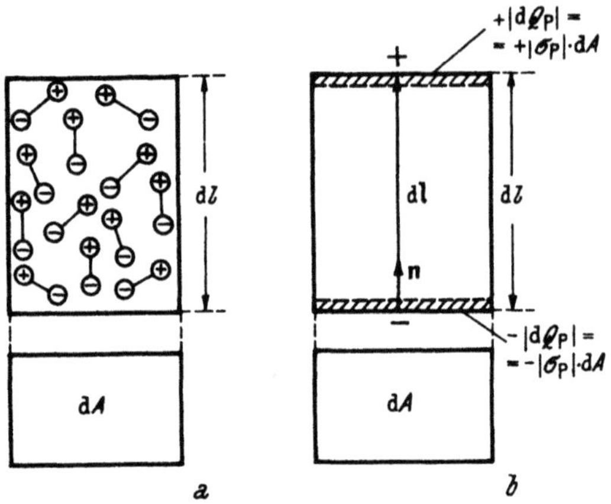

Abb. 1.47

Die an den Deckflächen der Elementarzelle flächenhaft verteilten Polarisationsladungen

$$\mathrm{d}Q_P = \sigma_P \cdot \mathrm{d}A \tag{1.218}$$

besitzen dann voneinander den Abstand $\mathrm{d}l$, so daß das Dipolmoment

$$\mathrm{d}\mathbf{p} = |\mathrm{d}Q_P| \cdot \mathrm{d}\mathbf{l} = |\sigma_P| \cdot \mathrm{d}A \cdot \mathrm{d}l \cdot \mathbf{n} = |\sigma_P| \cdot \mathrm{d}V \cdot \mathbf{n} \tag{1.219}$$

ist ($\mathbf{n}$ . . . Einsvektor in Richtung von der negativen zur positiven Polarisationsladung). Durch Gl. 1.219 ist das Ausmaß der der Kontinuumstheorie entsprechenden Polarisationsladungen $+|\mathrm{d}Q_P|$ und $-|\mathrm{d}Q_P|$ festgelegt. Für die elektrische Polarisation $\mathbf{P}$ folgt aus den Gleichungen 1.217 und 1.219

$$\mathbf{P} = P\mathbf{n} = \frac{\mathrm{d}\mathbf{p}}{\mathrm{d}V} = |\sigma_P| \cdot \mathbf{n} \quad . \tag{1.220}$$

Ihr Betrag P ist gleich dem Betrag der flächenhaften Polarisationsladungsdichte, die in der normal zu $\mathbf{P}$ orientierten Begrenzungsfläche des Volumselementes auftritt. Diese Ladungsdichte im Inneren eines homogenen Körpers aus dielektrischem Material ist vom Standpunkt der Kontinuumstheorie aus jedoch nur latent vorhanden, sie wird durch die Polarisationsladungsdichte umgekehrten Vorzeichens des jeweils angrenzenden Volumselementes kompensiert. Abb. 1.48 stellt einen gleichförmig (homogen) polarisierten dielektrischen Stab dar, und man sieht, daß hier (makrosko-

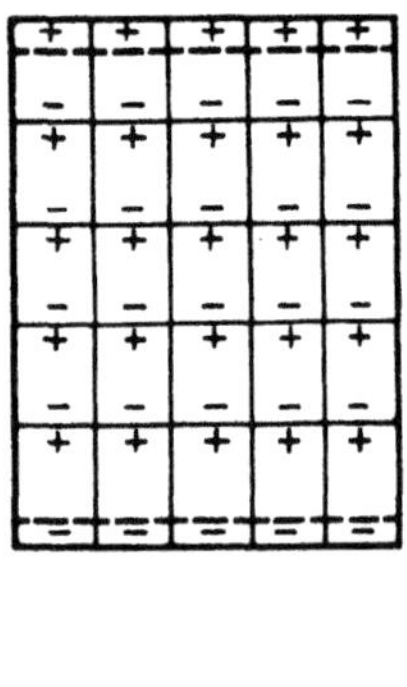

Abb. 1.48

pisch) nur an den Deckflächen des Stabes Polarisationsladungen, und zwar wieder flächenhaft verteilt, in Erscheinung treten.

Die Existenz der im Inneren des Materials befindlichen, sich kompensierenden Polarisationsladungen läßt sich jedoch sofort dadurch nachweisen, daß man das Materiestück auseinanderschneidet (Abb. 1.49). Da man ja immer zwischen den elementaren Dipolen durchschneidet (jedes Materiestück muß ganze Atome, also ganze Dipole enthalten) erhält man, wie schon eingangs erwähnt wurde, wieder zwei polarisierte Teile: die beiden in der Schnittfläche befindlichen, sich vorher gegenseitig kompensierenden Polarisationsladungsschichten sind getrennt und makroskopisch feststellbar geworden. Polarisationsladungen eines Vorzeichens allein lassen sich von einem Körper natürlich nicht abtrennen, denn dies würde das Zerschneiden von Dipolen, also von Atomen, bedeuten.

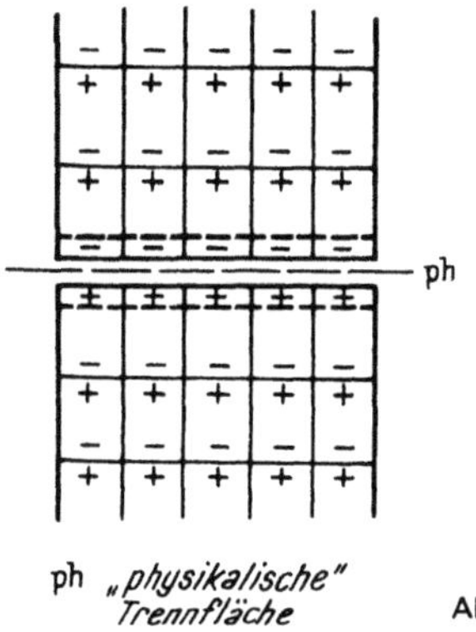

Abb. 1.49

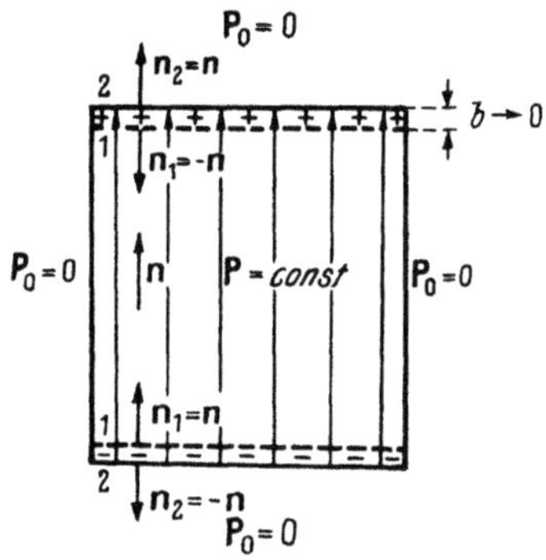

Abb. 1.50

Beim homogen polarisierten Körper (Abb. 1.48) ist jedem seiner Volumselemente der gleiche Vektor **P** der Polarisation zuzuordnen, der entsprechend seiner Definition (Gl. 1.220) aus dem Dipolmoment d**p** (Gl. 1.219) des Volumselementes dV in Richtung von dessen negativer zu dessen positiver Polarisationsladung orientiert ist (Abb. 1.47b). Die Polarisation **P** ist somit ein in diesem Fall homogenes Vektorfeld, dessen Feldlinien an der unteren Deckfläche des Körpers, dem Sitz der überschüssigen und makroskopisch in Erscheinung tretenden negativen Polarisationsladungen, entspringen und die an der oberen Deckfläche, dem Sitz der überschüssigen positiven Polarisationsladungen, wieder verschwinden (Abb. 1.50). Bei den negativen Polarisationsladungen liegen also die Quellen, bei den positiven die Senken des Vektorfeldes **P**. Außerhalb des polarisierten Körpers, im leeren Raum, existiert naturgemäß keine Polarisation, dort ist

$$\mathbf{P}_0 = 0 \quad . \tag{1.221}$$

Man kann nun einen Zusammenhang zwischen der Quellendichte (Divergenz) von **P** und der Polarisationsladungsdichte herstellen. An der oberen Deckfläche des polarisierten Körpers, dem Sitz der makroskopisch in Erscheinung tretenden positiven Polarisationsladung der Flächendichte σ_P tritt ein Sprung der Normalkomponente von **P** auf. An der Außenseite der Sprungfläche (im leeren Raum) gilt $\mathbf{P}_2 = \mathbf{P}_0 = 0$, an der Innenseite (im Material) gilt $\mathbf{P}_1 = \mathbf{P}$. Da mit **n** der von der negativen zur positiven Polarisationsladung, also in Richtung von **P**, orientierte Einsvektor bezeichnet wurde ($\mathbf{n}_2 = \mathbf{n}$, $\mathbf{n}_1 = -\mathbf{n}$), erhält man unter Benützung von Gl. 1.220

$$\mathrm{Div}\,\mathbf{P} = \mathbf{P}_2\mathbf{n} - \mathbf{P}_1\mathbf{n} = \mathbf{P}_0\mathbf{n} - \mathbf{P}\mathbf{n} = -\mathbf{P}\mathbf{n} = -|\mathbf{P}| = -|\sigma_P| = -\sigma_P \quad , \qquad (1.222)$$

wenn man überdies berücksichtigt, daß an dieser Sprungfläche die positiven Polarisationsladungen auftreten, also dort $\sigma_P = |\sigma_P|$ ist. Gl. 1.222 ergibt sich natürlich in gleicher Weise an der unteren Deckfläche in Abb. 1.50, aber ebenso an jeder anderen, schräg zu **P** verlaufenden Grenz(Sprung)fläche; sie gibt also einen allgemein gültigen Zusammenhang an. Denkt man sich die in Abb. 1.49 dargestellten Körperteile gemäß Abb. 1.48 wieder zusammengefügt, so erkennt man, daß die in Gl. 1.222 enthaltene Beziehung

$$\mathbf{P}\mathbf{n} = \sigma_P \qquad (1.223)$$

ebenso die im polarisierbaren Material zu beiden Seiten einer gedachten, allenfalls auch schräg zu **P** verlaufenden, Grenzfläche liegenden, sich kompensierenden und daher makroskopisch nicht in Erscheinung tretenden, flächenhaften Polarisationsladungsdichten beschreibt. Dabei bedeutet **n** den vom jeweiligen Gebiet wegweisenden Normalenvektor der Grenzfläche.

Es gibt auch Fälle, bei denen nicht nur an den Grenzflächen eines Dielektrikums sondern auch in seinem Inneren überschüssige Polarisationsladungen auftreten, und zwar räumlich mit einer Dichte ϱ_P verteilt, so daß dort eine räumliche Quellendichte von **P** existiert, für die analog zu Gl. 1.222

$$\mathrm{div}\,\mathbf{P} = -\varrho_P \qquad (1.224)$$

gilt. Ein solcher Fall liegt zum Beispiel dann vor, wenn zwar die einzelnen elementaren Dipole des Materials parallel zueinander orientiert sind, die Zahl der Dipole im Raumelement jedoch örtlich variiert. In Abb. 1.51 ist ein Fall dargestellt, bei dem die Zahl der elementaren Dipole von links

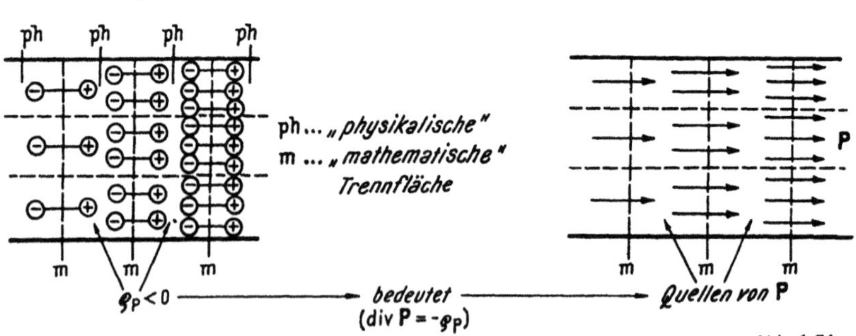

Abb. 1.51

nach rechts ansteigt, der Betrag von **P** wächst damit ebenfalls von links nach rechts. Es treten hier Quellen von **P** im Materialinneren auf, wobei der auf das Volumen bezogene Überschuß an Polarisationsladungen die räumliche Polarisationsladungsdichte ϱ_P darstellt.

Es sei an dieser Stelle darauf verwiesen, daß man bei der Behandlung polarisierter Materie offenbar zwei verschiedene Arten der Bereichsabgrenzung benötigt und benützt: Will man zwei Materiebereiche physikalisch richtig voneinander trennen, so wie dies etwa beim Auseinanderschneiden eines Körpers der Fall ist, so hat man die Trennfläche zwischen den einzelnen Dipolen (den polarisierten Atomen) so durchzulegen, daß kein Dipol (Atom) zerschnitten wird und jeder der beiden getrennten Körper (Materiebereiche) wiederum nur aus ganzen Atomen (Dipolen) besteht. Diese Art der körperlichen Trennung – es soll in Hinkunft von „physikalischer" Trenn- oder Begrenzungsfläche (Kennzeichnung „ph") gesprochen werden – wurde in den Abbildungen 1.47 bis 1.50 benützt. Ist jedoch etwa der Mittelwert an überschüssigen, im Inneren eines inhomogenen, polarisierten Körpers auftretenden Polarisationsladungen zu berechnen, wie dies z.B. aus mathematischen Gründen bei der Bestimmung der räumlichen Polarisationsladungsdichte ϱ_P nötig ist, so ist, ungeachtet der Zugehörigkeit der Polarisationsladungen zu den einzelnen Atomen, eine mathematische Schnittfläche (Kennzeichnung „m") zu legen, die Dipole (Atome) prinzipiell durchschneiden muß, wie dies in Abb. 1.51 dargestellt ist. Nur ein durch eine solche „mathematische" Begrenzungsfläche abgegrenztes Volumselement wird den Polarisationsladungsüberschuß im Inneren inhomogener Materie richtig wiedergegeben, da „physikalisch" begrenzte (körperliche) Volumselemente nur ganze Dipole und daher in Summe stets eine Polarisations-Gesamtladung null enthalten. Dies ist leicht einzusehen, wenn man sich in Abb. 1.51 die angedeuteten physikalischen Begrenzungsflächen zwischen den Dipolen durchgezogen denkt.

Eine besondere Bedeutung wird die Unterscheidung dieser beiden Begrenzungsarten dann besitzen, wenn Probleme behandelt werden, bei denen es auf die physikalisch richtige Trennung der Körper ankommt, wie etwa bei der Berechnung der resultierenden Kraft, die auf einen Körper einwirkt, der von anderer Materie umgeben ist (s. Abschnitt 1.3.2). Eine ausführliche Erörterung der beiden Begrenzungsarten findet sich bei /1.4/.

Während man bei den Quellen von **P** einen Zusammenhang mit der Polarisationsladungsdichte ϱ_P herstellen kann (Gl. 1.224), gelingt etwas Ähnliches bei den Wirbeln von **P** nicht. Man erkennt, daß an der Mantelfläche des homogen polarisierten Körpers Abb. 1.50 ein Sprung der Tangentialkomponente von **P** auftritt (Abb. 1.52) und daher dort (flächenhafte) Wirbel von **P** liegen. An diesen Stellen treten jedoch keine Polarisationsladungen auf. Die Wirbel von **P** sind rein geometrisch bedingt, an der Mantelfläche endet der Körper und es beginnt der leere Raum, wo $\mathbf{P}_0 = 0$ ist.

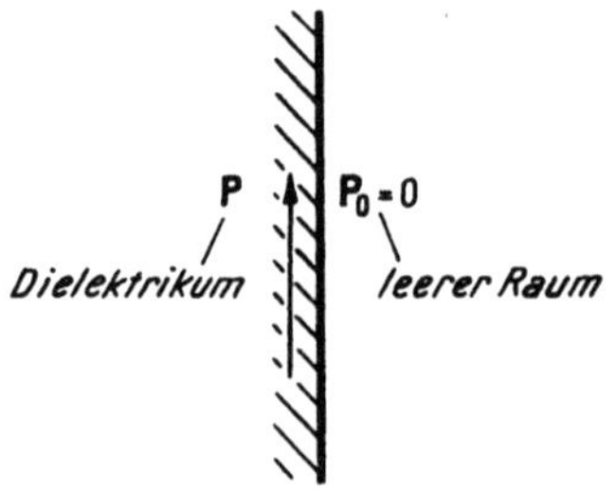

Abb. 1.52

Wenn der Polarisationszustand eines Körpers, also der Polarisationsvektor **P**, in jedem Punkt bekannt ist, so kennt man damit auch die Quellen und Wirbel von **P**.

Ein elektrisch polarisierter Körper erzeugt natürlich wegen seiner makroskopisch in Erscheinung tretenden Polarisationsladungen ein elektrisches Feld. Solange diese Ladungen ruhen, ist es ein elektrostatisches Feld, genau so wie jenes der auf Leitern befindlichen Ladungen, das im Abschnitt 1.1 behandelt wurde, wobei also polarisierte Materie, elektrisch gesehen, lediglich eine besondere Anordnung von Ladungen im leeren Raum darstellt. Die in Leitern leicht beweglichen, diesen zu- und abführbaren und daher einfach zu messenden Ladungen sollen zur Unterscheidung von den nicht isolierbaren, an das Dielektrikum gebundenen und somit auch nicht unmittelbar meßbaren Polarisationsladungen in der Folge „wahre" Ladungen genannt werden.

Die Differentialgleichungen eines ausschließlich von polarisierter, dielektrischer Materie hervorgerufenen elektrostatischen Feldes $\mathbf{E}_{Mat}$ sind dann gemäß Gl. 1.38 und Gl. 1.39

$$\operatorname{div} \mathbf{E}_{Mat} = \frac{1}{\epsilon_0} \varrho_P \quad , \tag{1.225}$$

$$\operatorname{rot} \mathbf{E}_{Mat} = 0 \quad . \tag{1.226}$$

Sind gleichzeitig wahre Ladungen und polarisierte Nichtleiter vorhanden, so superponieren sich die beiden Felder $\mathbf{E}_{wa}$ der wahren Ladungen geladener Leiter und $\mathbf{E}_{Mat}$ der polarisierten Materie zum Gesamtfeld

$$\mathbf{E} = \mathbf{E}_{wa} + \mathbf{E}_{Mat} \quad . \tag{1.227}$$

Für dieses gelten wegen Gl. 1.38 und Gl. 1.39 bzw. Gl. 1.225 mit Gl. 1.224 und Gl. 1.226 die Differentialgleichungen

$$\operatorname{div} \mathbf{E}_{wa} + \operatorname{div} \mathbf{E}_{Mat} = \operatorname{div} (\mathbf{E}_{wa} + \mathbf{E}_{Mat}) = \operatorname{div} \mathbf{E} =$$

$$= \frac{1}{\epsilon_0} (\varrho_{wa} + \varrho_P) = \frac{1}{\epsilon_0} \varrho' = \frac{1}{\epsilon_0} (\varrho_{wa} - \operatorname{div} \mathbf{P}) \tag{1.228}$$

und

$$\operatorname{rot} \mathbf{E}_{wa} + \operatorname{rot} \mathbf{E}_{Mat} = \operatorname{rot} (\mathbf{E}_{wa} + \mathbf{E}_{Mat}) = \operatorname{rot} \mathbf{E} = 0 \quad , \tag{1.229}$$

wobei man die algebraische Summe aus wahrer Ladungsdichte ϱ_{wa} und Polarisationsladungsdichte $\varrho_P = -\operatorname{div} \mathbf{P}$ auch „freie" Ladungsdichte ϱ' nennt.

Man sieht, daß man zur vollständigen Beschreibung der Verhältnisse des elektrischen Feldes bei Anwesenheit dielektrischer Materie zwei Vektorgrößen benötigt:

Die Vektorgröße **E** stellt die Feldstärke des elektrischen Feldes aller Ladungen dar, gleichgültig, ob es sich um wahre Ladungen auf Leitern oder um Polarisationsladungen polarisierter Nichtleiter handelt. Dieses Feld ist im statischen Fall wirbelfrei (Gl. 1.229), seine Quellendichte ist der resultierenden („freien") Ladungsdichte aller elektrischen Ladungen proportional (Gl. 1.228).

Die elektrische Polarisation **P** als das auf das Volumen bezogene Dipolmoment dielektrischer Materie beschreibt den Polarisationszustand des Dielektrikums.

Kennt man die Verteilung $\varrho_{wa}(x, y, z)$ der auf Leitern befindlichen wahren Ladungen sowie den Polarisationszustand der Materie, also das Feld $\mathbf{P}(x, y, z)$ und damit gemäß Gl. 1.224 die Verteilung der Polarisationsladungen, so kann man das elektrische Feld **E** aus seinen beiden Differentialgleichungen

$$\operatorname{div} \mathbf{E} = \frac{1}{\epsilon_0} \varrho' = \frac{1}{\epsilon_0} (\varrho_{wa} + \varrho_P) = \frac{1}{\epsilon_0} (\varrho_{wa} - \operatorname{div} \mathbf{P}) \tag{1.228}$$

und

$$\operatorname{rot} \mathbf{E} = 0 \tag{1.229}$$

berechnen. Man erhält als Lösung dieses wirbelfreien Feldes gemäß Gl. 1.37

$$\mathbf{E} = \int_V \frac{\operatorname{div} \mathbf{E} \cdot dV}{4\pi r^2} \operatorname{grad}_A r = \int_V \frac{\varrho' \cdot dV}{4\pi \epsilon_0 r^2} \operatorname{grad}_A r = \int_V \frac{(\varrho_{wa} - \operatorname{div} \mathbf{P}) \, dV}{4\pi \epsilon_0 r^2} \operatorname{grad}_A r \; . \tag{1.230}$$

Gl. 1.230 hat natürlich die gleiche Gestalt wie die Lösung Gl. 1.35 für das elektrostatische Feld wahrer Ladungen im leeren Raum, nur tritt jetzt an die Stelle der im Abschnitt 1.1 allein behandelten wahren Ladungsdichte ϱ_{wa} (sie mußte dort noch nicht durch den Index „wa" besonders gekennzeichnet werden) die resultierende freie Ladungsdichte $\varrho' = \varrho_{wa} + \varrho_P$ der wahren und der Polarisationsladungen.

Aus Gl. 1.228 ergibt sich in einfacher Weise der Zusammenhang

$$\operatorname{div} (\epsilon_0 \mathbf{E} + \mathbf{P}) = \varrho_{wa} \; . \tag{1.231}$$

Es liegt nahe, für den Klammerausdruck als Abkürzung

$$\mathbf{D} = \epsilon_0 \mathbf{E} + \mathbf{P} \tag{1.232}$$

einzuführen und diese Beziehung als allgemeine Definition des elektrischen Verschiebungsvektors **D** in Materie aufzufassen. Es bleibt damit die III. Maxwellsche Gleichung Gl. 1.68 des leeren Raumes unverändert auch in Materie gültig,

$$\text{(1.68)} \qquad \operatorname{div} \mathbf{D} = \varrho_{wa} \quad , \qquad (1.233)$$

da in Gl. 1.68 mit ϱ die bei Leitern im leeren Raum allein auftretende wahre Ladungsdichte gemeint war. Die Quellen der elektrischen Verschiebung **D** sind demnach, auch bei Anwesenheit polarisierbarer Materie mit ihren Polarisationsladungen, ausschließlich die wahren Ladungen, während die Quellen der elektrischen Feldstärke **E** gemäß Gl. 1.228 durch alle Ladungen, d.h. durch wahre und durch Polarisationsladungen, bestimmt sind.

Gl. 1.232 verknüpft die drei Vektoren **D**, **E** und **P** des elektrischen Feldes miteinander, sie wird deshalb auch „Verknüpfungsbeziehung" der elektrischen Feldvektoren genannt. Sie führt im leeren Raum wegen $\mathbf{P}_0 = 0$ auf die dort gegebene Definition von **D** (Gl. 1.64) zurück. Die elektrische Verschiebung $\mathbf{D} = \epsilon_0 \mathbf{E} + \mathbf{P}$ ist als lineare Kombination zweier physikalisch verständlicher, ihrem Wesen nach jedoch vollkommen verschiedener Vektorgrößen selbst eine an sich physikalisch vollkommen unanschauliche Größe.

Bisher wurden nur die Quellen des Vektors **D** betrachtet, seine Wirbel ergeben sich durch Anwendung der Operation rot auf die Definitionsgleichung

$$\text{(1.232)} \qquad \mathbf{D} = \epsilon_0 \mathbf{E} + \mathbf{P} \ .$$

Man erhält im elektrostatischen Feld wegen $\operatorname{rot} \mathbf{E} = 0$ bzw. $\operatorname{Rot} \mathbf{E} = 0$

$$\operatorname{rot} \mathbf{D} = \operatorname{rot} \mathbf{P} \qquad (1.234)$$

bzw.

$$\operatorname{Rot} \mathbf{D} = \operatorname{Rot} \mathbf{P} \ . \qquad (1.235)$$

Verschiebung **D** und Polarisation **P** haben hier die gleichen Wirbel. Sie befinden sich beim homogen polarisierten Körper Abb. 1.50 am Mantel desselben (s. auch Abb. 1.52).

Die Verknüpfungsbeziehung Gl. 1.232 zwischen **D**, **E** und **P** bewirkt, daß man auch ein anderes Vektorpaar zur Beschreibung des elektrischen Feldes in Materie benützen kann, also statt **E** und **P** auch **D** und **E** oder **D** und **P**. Bei praktischen Anwendungen wird das Paar **D** und **E** bevorzugt, da sich beide Größen bei isotropem Material in einer Kondensatoranordnung leicht messen lassen, während die Polarisation unmittelbar nicht erfaßbar ist und nur mit Hilfe der Verknüpfungsbeziehung Gl. 1.232 aus den gemessenen Größen **D** und **E** bestimmt werden kann. Die Bedeutung der Verschiebung **D** liegt ferner darin, daß man auch bei Anwesenheit von dielektrischer Materie in symmetrischen Feldern unter Umständen bei gegebener Verteilung der wahren Ladungen zunächst diesen Vektor **D** bestimmen kann, indem man den aus der III. Maxwellschen Gleichung folgenden Satz vom Hüllenfluß, der natürlich ebenso wie die III. Maxwellsche Gleichung 1.233 in Materie seine Gültigkeit behält, anwendet, wie dies im Abschnitt 1.1.4 gezeigt wurde. Vom Vektor **D** gelangt man dann bei Kenntnis der Eigenschaften homogenen, isotropen Materials (siehe die anschließend eingeführte Größe „Dielektrizitätskonstante") leicht zur Feldstärke **E** (und mit Hilfe der Verknüpfungsgleichung zur Polarisation **P**).

Aus der Verknüpfungsgleichung Gl. 1.232 einerseits und aus Gl. 1.220 andererseits folgt, daß die elektrische Verschiebung **D**, die elektrische Polarisation **P** und die Flächenladungsdichte σ in der „gleichen" Einheit, nämlich in C/m^2 (s. Gl. 1.71) gemessen werden.

1.2.1. Eigenschaften dielektrischer Stoffe

Isotrope Materie polarisiert sich, wie schon früher erwähnt wurde (Abb. 1.46a), in Richtung des elektrischen Feldes **E**. Es ist hier also $\mathbf{P}\uparrow\uparrow\mathbf{E}$ (mitunter auch $\mathbf{P}\uparrow\downarrow\mathbf{E}$) und man kann daher bei solcher Materie die beiden Größen Polarisation **P** und Feldstärke **E** über eine skalare Größe einander proportional setzen:

$$\mathbf{P} = \epsilon_0 \chi \mathbf{E} \quad . \tag{1.236}$$

Die Größe χ wird (elektrische) Suszeptibilität genannt. Es hat historische Gründe und hängt mit der Entwicklung der Maßsysteme zusammen, daß neben χ noch die universelle Konstante ϵ_0 gesetzt wird; diese Vorgangsweise bewirkt, daß χ dimensionslos ist. Wenn aber bei isotroper Materie **P** und **E** parallel sind, dann ist entsprechend der Verknüpfungsbeziehung

(1.232) $\quad \mathbf{D} = \epsilon_0 \mathbf{E} + \mathbf{P}$

auch **D** zu diesen beiden Vektoren parallel, es gilt in isotropem Material wegen Gl. 1.232 und der Proportionalität Gl. 1.236

$$\mathbf{D} = \epsilon_0 \mathbf{E} + \epsilon_0 \chi \mathbf{E} = \epsilon_0 (1 + \chi) \mathbf{E} = \epsilon_0 \epsilon_r \mathbf{E} = \epsilon \mathbf{E} \quad . \tag{1.237}$$

Die Größe

$$\epsilon = \epsilon_0 \epsilon_r = \epsilon_0 (1 + \chi) \tag{1.238}$$

heißt Dielektrizitätskonstante des Materials. Im leeren Raum ist gemäß Gl. 1.236 $\chi = 0$, da $\mathbf{P}_0 = 0$ ist; es wird in diesem Fall $\epsilon = \epsilon_0$ und damit $\epsilon_r = 1$. Die Größe ϵ_0, ursprünglich unter dem Namen „elektrische Feldkonstante" als universelle Konstante bei der Verknüpfung der elektrischen mit den mechanischen Größen eingeführt (Gl. 1.12), hat also auch die Bedeutung der „Dielektrizitätskonstante des leeren Raumes". Der Relativwert

$$\epsilon_r = \frac{\epsilon}{\epsilon_0} = 1 + \chi \qquad (1.239)$$

heißt „Dielektrizitätszahl" oder auch „relative Dielektrizitätskonstante", er gibt an, um welchen Faktor die Dielektrizitätskonstante des betreffenden Materials größer ist als jene des leeren Raumes. Aus Gl. 1.239 folgt

$$\chi = \epsilon_r - 1 \ . \qquad (1.240)$$

Man erkennt, daß bei Stoffen mit hoher Dielektrizitätszahl die Größen ϵ_r und χ praktisch gleich sind. In physikalischen Tabellen wird vielfach noch das alte cgs-System verwendet. Dabei ist zu beachten, daß in diesem System andere Definitionen, vor allem auch für die Materialgrößen ϵ und χ, gelten. Im cgs-System wird

$$\epsilon_{0,\,cgs} = 1 \qquad (1.241)$$

gesetzt, es gilt dann der Zusammenhang

$$\epsilon_{cgs} = \epsilon_{r,cgs} = \epsilon_r \qquad (1.242)$$

zwischen den Größen des cgs- und des heute international eingeführten und hier konsequent benützten Giorgi-Systems. (Eine Größe ohne einen, auf ein Maßsystem hinweisenden Index ist hier stets eine Größe des Giorgi-Systems.) Die Dielektrizitätskonstante ϵ_{cgs} des cgs-Systems ist also identisch mit der Dielektrizitätszahl ϵ_r des Giorgi-Systems. Ferner gilt

$$\chi_{cgs} = \frac{\chi}{4\pi} = \frac{\epsilon_r - 1}{4\pi} \ . \qquad (1.243)$$

Die meisten gebräuchlichen Isolierstoffe besitzen eine Dielektrizitätszahl in der Größenordnung von 2 . . . 6, für Luft gilt $\epsilon_r = 1{,}0006 \approx 1$; es gibt jedoch Stoffe mit extremen Werten, wie etwa Barium-Titanat, mit $\epsilon_r = 10^3 \ldots 10^4$.

Während ϵ_r und χ dimensionslose Größen sind, die in der Einheit 1 gemessen werden, besitzt die Dielektrizitätskonstante ϵ gemäß Gl. 1.238 die gleiche, von 1 verschiedene Dimension wie die elektrische Feldkonstante ϵ_0. Ihre Einheit folgt aus Gl. 1.237:

$$[\epsilon] = [\epsilon_0] = \frac{[D]}{[E]} = \frac{\mathrm{C/m^2}}{\mathrm{V/m}} = \frac{\mathrm{C}}{\mathrm{Vm}} = \frac{\mathrm{As}}{\mathrm{Vm}} = \frac{\mathrm{F}}{\mathrm{m}} \ . \qquad (1.244)$$

Der Zusammenhang zwischen dem Polarisationszustand eines Materials, gekennzeichnet durch die elektrische Polarisation **P**, und der im Material herrschenden Feldstärke **E** kann i.a. nicht direkt sondern nur mit Hilfe der Verknüpfungsgleichung 1.232 aus der Beziehung zwischen der Verschiebung **D** und der Feldstärke **E** bestimmt werden. Diese letztere Abhängigkeit kann, wie schon erwähnt wurde, bei isotropen Stoffen am einfachsten mit einem Plattenkondensator gemessen werden, zwischen dessen Platten sich das zu untersuchende Material in homogener Verteilung befindet. Das elektrische Feld im Dielektrikum ist dann homogen und man erhält wegen der Gültigkeit der III. Maxwellschen Gleichung auch in Materie (Gl. 1.233), die für Sprungflächen

$$\mathrm{Div}\,\mathbf{D} = \sigma_{\mathrm{wa}} \tag{1.245}$$

lautet, so wie beim Plattenkondensator ohne Dielektrikum (Abschnitt 1.1.3.2) entsprechend Gl. 1.107, die Projektion der elektrischen Verschiebung normal zur Plattenfläche

$$D_n = D = \sigma_1 = \frac{Q_1}{A} \tag{1.246}$$

aus der dem Kondensator zugeflossenen, z.B. mit einem Galvanometer zu messenden (wahren) Ladung Q_1 der Platte 1 und deren Fläche A. In den Gleichungen 1.246 bis 1.252 und in den Abbildungen 1.53 bis 1.55 bedeuten die ohne Index geschriebenen Größen D, E und P die Projektionen der betreffenden Vektoren auf die Flächennormale $\mathbf{n}$ der Plattenfläche des Kondensators und nicht ihre Beträge. Die elektrische Feldstärke folgt in elementarer Weise aus der mit einem Spannungsmesser (Voltmeter) zu messenden Spannung U_{12} zwischen den beiden Platten und deren Abstand d:

$$E_n = E = \frac{U_{12}}{d} \quad . \tag{1.247}$$

Bei Material, das sich linear verhält, ist D proportional E, es ergibt sich also ein durch eine Ursprungsgerade dargestellter Kurvenverlauf $D = D(E)$ (Abb. 1.53) mit einer, entsprechend der gewählten Maßstäbe über einen Faktor k dem Tangens des Neigungswinkels α proportionalen, feldunabhängigen Dielektrizitätskonstante ϵ:

$$\epsilon = \frac{D}{E} = k \cdot \tan\alpha \quad . \tag{1.248}$$

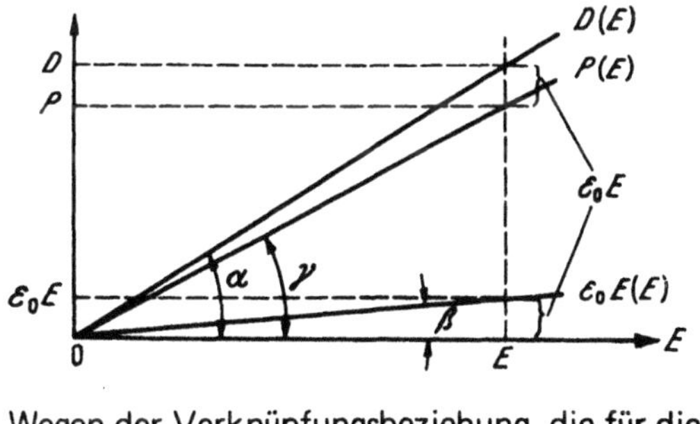

Abb. 1.53

Wegen der Verknüpfungsbeziehung, die für die Projektionen der hier normal zur Plattenfläche des Meßkondensators orientierten Vektoren

$$D = \epsilon_0 E + P \tag{1.249}$$

lautet, ergibt sich aus dem ermittelten Zusammenhang $D(E)$ in einfacher Weise durch Subtraktion des jeweiligen Wertes $\epsilon_0 E$, der der Geraden $\epsilon_0 E(E)$ entnommen werden kann (Abb. 1.53), vom Wert D der zugehörige Wert von P. Für den Neigungswinkel β dieser Geraden gilt der folgende Zusammenhang mit ϵ_0:

$$\epsilon_0 = \frac{\epsilon_0 E}{E} = k \cdot \tan\beta \quad . \tag{1.250}$$

Die Funktion $P(E)$ ist natürlich wieder eine Gerade, u.zw. gilt für ihre Steigung unter Berücksichtigung der Gleichungen 1.236 bis 1.238 der folgende Zusammenhang mit der Suszeptibilität

$$\epsilon_0 \chi = \frac{P}{E} = \frac{D - \epsilon_0 E}{E} = \epsilon - \epsilon_0 = \epsilon_0(\epsilon_r - 1) = k \cdot \tan\gamma \quad . \tag{1.251}$$

Diese Ermittlung des Kurvenverlaufes $P(E)$ aus $D(E)$ über die Gerade $\epsilon_0 E(E)$ nennt man „Scherung". Die aus $D(E)$ über die Gerade $\epsilon_0 E(E)$ gescherte Kurve $P(E)$ ist flacher geworden.

Bei vielen Werkstoffen verläuft der mit Hilfe eines Plattenkondensators bestimmbare Zusammenhang $D(E)$ nichtlinear, es ergibt sich demgemäß auch eine nichtlineare Kurve $P(E)$, die man wieder aus ersterer durch Scherung an der Geraden $\epsilon_0 E(E)$ erhält (Abb. 1.54). Die gescherte Kurve $P(E)$ ist natürlich wieder flacher (gestreckter) als die Kurve $D(E)$. Bei einer, i.a. außerordentlich hohen und wegen des meist vorher eintretenden elektrischen Durchschlages des Dielektrikums nur bei sehr wenigen Isolierstoffen erreichbaren Feldstärke E_s tritt eine weitere Erhöhung der Polarisation nicht mehr auf, dieser Wert heißt Sättigungspolarisation P_s, die zugehörige elektrische Feldstärke wird Sättigungsfeldstärke E_s genannt. Für Material in der Sättigung ist die Kurve $D(E)$ wegen P_s = const eine Gerade,

$$D = P_s + \epsilon_0 E \quad , \tag{1.252}$$

mit einer zu ϵ_0 proportionalen Tangente ihres Neigungswinkels β (Abb. 1.54).

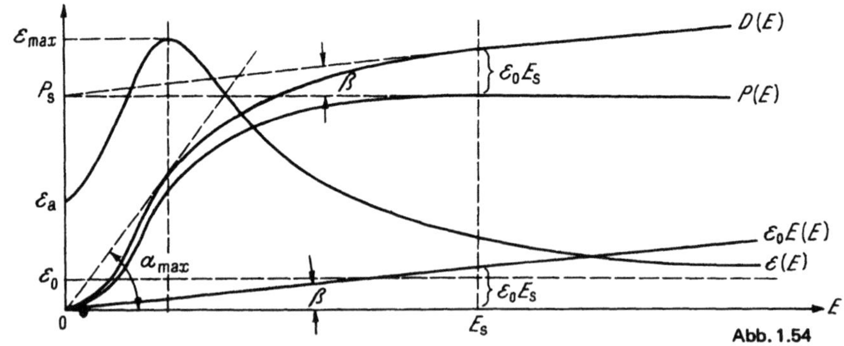

Abb. 1.54

Bei nichtlinearem Werkstoffverhalten sind die Materialkenngrößen $\epsilon = D/E$, $\epsilon_r = D/(\epsilon_0 E)$ und $\chi = P/(\epsilon_0 E)$ keine Konstanten sondern Funktionen der Feldstärke E. In Abb. 1.54 ist u.a. auch die Funktion $\epsilon(E)$ dargestellt. Die Dielektrizitätskonstante steigt, beginnend mit einem Anfangswert ϵ_a, bis zu einem Maximalwert ϵ_{max}, der bei jener Feldstärke auftritt, bei der sich der größte Neigungswinkel α_{max} ergibt (d.i. also jene Stelle, bei der die Tangente vom Ursprung an die Kurve $D(E)$ diese Kurve berührt), um dann wieder abzunehmen und in der Sättigung gegen den Wert ϵ_0 zu streben.

Derartige Stoffe mit ausgeprägter Nichtlinearität ihrer Beziehung $D(E)$ und damit der Zusammenhänge $P(E)$, $\epsilon(E)$ usw., werden wegen ihres zu ferromagnetischen Materialien analogen Verhaltens „ferroelektrische" Stoffe genannt. Die schon bei relativ kleinen Feldstärken erreichbaren großen Polarisationswerte dieser Stoffe, und damit zusammenhängend die hohen Suszeptibilitäten bzw. Dielektrizitätszahlen, finden in der Tatsache Begründung, daß bei solchen Werkstoffen die Ladungsschwerpunkte der Atome bzw. Moleküle auch ohne Einwirkung eines Feldes nicht zusammenfallen. Schon der pauschal unpolarisierte ferroelektrische Körper besteht aus elementaren Dipolen, deren Momente sich jedoch, über größere Bereiche gemittelt, gegenseitig kompensieren. Die bei Einwirken eines elektrischen Feldes entstehende makroskopische Polarisation kommt dann nicht wie bei der „Verschiebungspolarisation" durch Verschiebung der Ladungsschwerpunkte der Atome, sondern in erster Linie durch Parallelstellen bereits vorhandener molekularer Dipole zustande („Orientierungspolarisation", s. Abschn. 1.2). Wegen des vorhin erwähnten analogen Verhaltens zu ferromagnetischen Körpern soll hier von einer ausführlichen Darstellung der zuerst bei diesen Stoffen entdeckten Erscheinungen, wie Domänenstruktur, Wandverschiebungen, Curietemperatur usw. abgesehen werden und es wird auf die Erläuterung des Ferromagnetismus im Kapitel 3 verwiesen. Auf eine dieser typischen Erscheinungen, die Hysterese genannt wird, sei jedoch noch kurz eingegangen: Es zeigt sich, daß bei ferroelektrischen Stoffen ein ausgeprägtes „Nachhinken" der Polarisation P und damit der Verschiebung D gegenüber der Feldstärke E auftritt, was zu nicht mehr eindeutigen Zusammenhängen $P(E)$ bzw. $D(E)$ führt. Hat man ein ursprünglich nicht polarisiertes Material entlang der sogenannten „Neukurve" z.B. bis in die Sättigung polarisiert (Abb. 1.55) und verringert man wieder die Feldstärke E, so fällt der weitere Verlauf der Kurve $D(E)$, oder der über die Gerade $\epsilon_0 E(E)$ gescherten Kurve $P(E)$, nicht mehr mit der betreffenden Neukurve zusammen. Die Polarisation P, und damit die Verschiebung D, verringert sich bei abnehmender Feldstärke langsamer als sie bei wachsender Feldstärke gestiegen ist. Bei völligem Verschwinden des elektrischen Feldes (der Meßkondensator mit dem untersuchten Material als Dielektrikum ist jetzt bei $E=0$ spannungslos) ist immer noch eine Polarisation P und damit wegen $E=0$ in diesem Fall gemäß Gl. 1.249 eine mit P

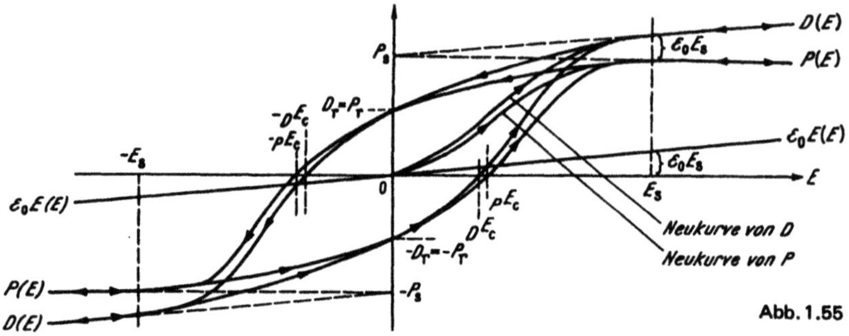

Abb. 1.55

gleich große Verschiebung D (und somit wahre Ladung auf den Platten des Meßkondensators) vorhanden. Man nennt diesen Wert „Remanenz" der Polarisation (P_r) bzw. der Verschiebung (D_r). Ein ferroelektrischer Körper bleibt also nach der Einwirkung eines Fremdfeldes auch nach dessen Verschwinden polarisiert, man nennt ihn dann in Analogie zu einem Magneten ein „Elektret". Durchläuft die Feldstärke einen Zyklus, etwa vom positiven Sättigungswert E_s bis zum negativen und wieder zurück, so ergibt sich eine schleifenförmige Kurve $D(E)$ bzw. $P(E)$, die Hystereseschleife genannt wird. Das Material ist dabei in jenem Zustand völlig entpolarisiert, in dem eine Feldstärke $\pm_P E_c$ auftritt, deren Betrag $_P E_c = |\pm_P E_c|$ Koerzitivfeldstärke der Polarisation genannt wird. Diese Feldstärke und somit die Spannung am Kondensator rühren wegen $P=0$ und damit $\sigma_P = -\,\mathrm{Div}\mathbf{P} = 0$ (Gl. 1.222) ausschließlich von den der Größe D gemäß Gl. 1.246 proportionalen (wahren) Ladungen des Meßkondensators her. Bei der Koerzitivfeldstärke $\pm_D E_c$ der Verschiebung D besitzt die Verschiebung den Wert null, die Platten des Kondensators tragen in diesem Fall – obwohl an ihnen eine Spannung liegt – keine (wahren) Ladungen. Das elektrische Feld der Stärke $\pm_D E_c$ und damit die Spannung am Kondensator werden jetzt ausschließlich durch die Polarisationsladungen des (geringfügig) polarisierten Dielektrikums ($P \neq 0$) bewirkt.

Die Erscheinungen der Ferroelektrizität treten vor allem dann besonders ausgeprägt in Erscheinung, wenn es sich um ferroelektrische Kristalle handelt. Solche Kristalle zeigen nun eine Anisotropie, d.h. die Vektoren **D**, **E** und **P** sind i.a. nicht mehr parallel zueinander orientiert (vgl. Abb. 1.46b). In den Zusammenhängen zwischen **D** und **E** und zwischen **P** und **E** sind, wenn man sie in den gewohnten Formen

(1.237) $\mathbf{D} = \epsilon \mathbf{E}$

und

(1.236) $\mathbf{P} = \epsilon_0 \chi \mathbf{E}$

darstellen will, die Materialgrößen ϵ und χ keine Skalare, sondern sie besitzen Matrixcharakter und man erhält, z.B. entsprechend Gl. 1.237, in kartesischen Koordinaten ein Gleichungssystem der Gestalt

$$D_x = \epsilon_{xx} E_x + \epsilon_{xy} E_y + \epsilon_{xz} E_z \quad ,$$
$$D_y = \epsilon_{yx} E_x + \epsilon_{yy} E_y + \epsilon_{yz} E_z \quad , \qquad (1.253)$$
$$D_z = \epsilon_{zx} E_x + \epsilon_{zy} E_y + \epsilon_{zz} E_z$$

für die drei Koordinaten von **D**. Die Größe ϵ läßt sich jetzt durch die Matrix

$$\epsilon = \begin{pmatrix} \epsilon_{xx} & \epsilon_{xy} & \epsilon_{xz} \\ \epsilon_{yx} & \epsilon_{yy} & \epsilon_{yz} \\ \epsilon_{zx} & \epsilon_{zy} & \epsilon_{zz} \end{pmatrix} \qquad (1.254)$$

darstellen, deren Matrixelemente ϵ_{kl} ($k=x,y,z,\ l=x,y,z$) jedoch wegen der Nichtlinearität feldabhängig und wegen der Hysterese mehrdeutig, also Funktionen der Vektoren **D** und **E** sind:

$$\epsilon_{kl} = \epsilon_{kl}(\mathbf{D},\mathbf{E}) = \epsilon_{kl}(D_x, D_y, D_z, E_x, E_y, E_z) \quad . \qquad (1.255)$$

Gleichartige Überlegungen gelten für die Suszeptibilität χ von Kristallen. Verhält sich ein Kristall linear (ϵ_{kl} bzw. χ_{kl} feldunabhängig), so beschreibt die ϵ-Matrix Gl. 1.254 (bzw. die χ-Matrix) einen Tensor 2. Stufe, der im übrigen symmetrisch ist.

Schließlich sei erwähnt, daß bei ferroelektrischen Kristallen Polarisation auch bei Einwirkung mechanischer Spannungen auftritt („piezoelektrischer Effekt"), und umgekehrt sind mit der Polarisation eines Kristalls Längenänderungen verknüpft („Elektrostriktion"). Diese Effekte werden technisch für elektromechanische und elektroakustische Wandler ausgenützt, so z.B. bei Tonabnehmerkristallen, die sich, in Schwingungen versetzt, wegen der dabei auftretenden mechanischen Spannungen auf Grund des piezoelektrischen Effektes im Rhythmus der Schwingungen elektrisch polarisieren und damit die Schwingungen in elektrische Spannungen umsetzen; oder bei Quarzuhren und Ultraschallgebern, bei denen ferroelektrische Kristalle durch elektrische Wechselfelder wegen ihrer Elektrostriktion zu rhythmischen Längenänderungen, also zu elastischen Schwingungen, angeregt werden.

1.2.2. Der homogen polarisierte Körper

Bereits im Abschnitt 1.2 wurde auf den homogen polarisierten Körper verwiesen. Es soll nun näher auf die Feldverhältnisse eines solchen Körpers, z.B. eines gepreßten Quarzkristalles oder etwa auch eines Bariumtitanatstabes, der nach Einwirkung eines Fremdfeldes eine entsprechende Polarisation zurückbehält und daher als Elektret zu bezeichnen ist, eingegangen werden. Bei homogener Polarisation ist also **P** im Stabinneren ein homogenes Vektorfeld (Abb. 1.50). Da außerhalb des Stabes im leeren Raum $\mathbf{P}_0 = 0$ gilt, hat das Vektorfeld **P** an den Deckflächen des Stabes, an denen ein Sprung der Normalkomponente auftritt, flächenhaft verteilte Quellen bzw. Senken, und am Mantel des Stabes, an dem ein Sprung der Tangentialkomponente auftritt, flächenhaft verteilte Wirbel. (Im Inneren des Körpers ist das örtlich konstante Feld **P** quellen- und wirbelfrei, es sind ja dort wegen $\mathbf{P}=\text{const}$ die Bedingungen $\text{div}\mathbf{P}=\nabla\mathbf{P}=0$ und $\text{rot}\mathbf{P}=\nabla\times\mathbf{P}=0$ erfüllt.)

Für die Flächendivergenz an den Deckflächen gilt

(1.222) $\text{Div}\mathbf{P}=-\sigma_P$,

womit die Verteilung der (wegen Abwesenheit wahrer Ladungen allein auftretenden) Polarisationsladungen gegeben ist. Aus dieser Ladungsverteilung läßt sich das elektrische Feld $\mathbf{E}_{Mat}$ der polarisierten Materie mit Hilfe der, den Beziehungen für die räumlichen Quellen- und Wirbeldichten Gl. 1.225 und Gl. 1.226 analogen Differentialgleichungen

$$\text{Div}\,\mathbf{E}_{Mat}=\frac{1}{\epsilon_0}\sigma_P=-\frac{1}{\epsilon_0}\text{Div}\mathbf{P} \qquad (1.256)$$

und

$$\text{Rot}\,\mathbf{E}_{Mat}=0 \qquad (1.257)$$

berechnen, aus denen die allgemeine Lösung

$$\mathbf{E}_{Mat}=\int_A\frac{\text{Div}\,\mathbf{E}_{Mat}\cdot dA}{4\pi r^2}\,\text{grad}_A r=\int_A\frac{\sigma_P\cdot dA}{4\pi\epsilon_0 r^2}\,\text{grad}_A r \qquad (1.258)$$

folgt (vgl. Gl. 1.33). Bei der hier vorliegenden Quellenverteilung dieses wirbelfreien Feldes erhält man aus Gl. 1.258 die in Abb. 1.56a dargestellte Feldverteilung. Das elektrische Feld dieses polarisierten Stabes hat eine gewisse Ähnlichkeit mit dem Feld zweier entgegengesetzt geladener Platten, also eines Plattenkondensators mit Randstreufeld (mit Feldverzerrung).

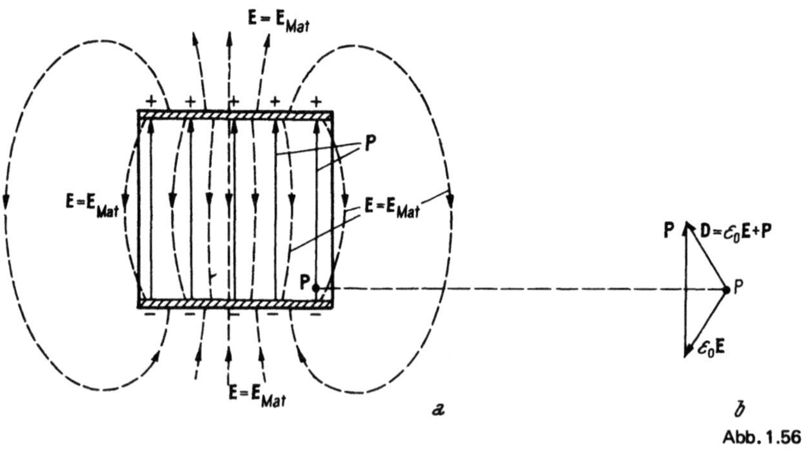

Abb. 1.56

Beim Feld der wahren Ladungen eines Kondensators sind aber die leitenden Platten Äquipotentialflächen, die mit Polarisationsladungen belegten Deckflächen des Elektrets besitzen hingegen kein konstantes Potential. Man erkennt, daß in der Symmetrieachse des polarisierten Stabes (Abb. 1.56a) die größte Feldstärke (größte Feldliniendichte von **E**) und damit zwischen den beiden Punkten, in denen die Symmetrieachse die Deckflächen durchsetzt, die höchste Potentialdifferenz zwischen den Deckflächen auftritt. Homogene Ladungsverteilung ($\sigma_P = \text{const}$) an den Deckflächen bedeutet also, daß diese keine Äquipotentialflächen sein können ($\varphi \neq \text{const}$); umgekehrt können die mit wahren Ladungen geladenen Platten eines Plattenkondensators mit merkbarer Feldverzerrung, da sie Flächen konstanten Potentials sind ($\varphi = \text{const}$), keine exakt homogene Ladungsverteilung besitzen ($\sigma_{wa} \neq \text{const}$).

Konstruiert man in jedem Aufpunkt P des Feldes gemäß der Verknüpfungsbeziehung

(1.232) $\mathbf{D} = \epsilon_0 \mathbf{E} + \mathbf{P}$

aus den Feldern **P** und **E** das Feld der elektrischen Verschiebung **D** (Abb. 1.56b), so erhält man den in Abb. 1.57 dargestellten Feldverlauf dieses Vektors. Die Verschiebungslinien durchsetzen die Deckflächen, an denen sich die Polarisationsladungen befinden, ungestört und sie sind in sich geschlossen, sie haben also nirgends Quellen bzw. Senken. Gemäß der III. Maxwellschen Gleichung

(1.233) $\operatorname{div} \mathbf{D} = \varrho_{wa}$ bzw. (1.245) $\operatorname{Div} \mathbf{D} = \sigma_{wa}$

gilt ja hier wegen der Abwesenheit „wahrer" Ladungen für das nur von polarisierter Materie erzeugte Verschiebungsfeld

$\operatorname{div} \mathbf{D}_{Mat} = 0$ (1.259) bzw. $\operatorname{Div} \mathbf{D}_{Mat} = 0$. (1.260)

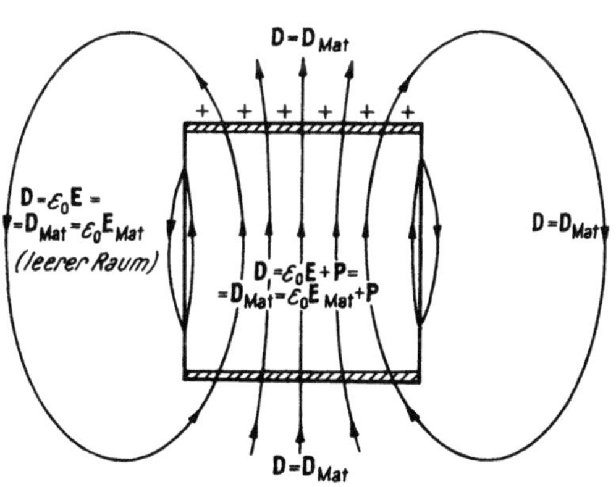

Abb. 1.57

Das Verschiebungsfeld $\mathbf{D}_{Mat}$ polarisierter Materie ist ein quellenfreies Feld.

An der Mantelfläche des Elektrets knicken die **D**-Linien um, es tritt dort also ein Sprung der Tangentialkomponente von **D** auf. In der Mantelfläche, in der ja die Wirbel von **P** liegen (Abb. 1.52), liegen somit auch die Wirbel von **D**. Es handelt sich im übrigen um gleich große Wirbel beider Vektoren, worauf schon im Zusammenhang mit Gl. 1.234 bzw. Gl. 1.235 hingewiesen wurde.

Es hat sich gezeigt, daß bei einem homogen polarisierten Stab die Feldbilder der drei Vektoren $\mathbf{E} = \mathbf{E}_{Mat}$, $\mathbf{D} = \mathbf{D}_{Mat}$ und **P** völlig verschieden voneinander sind, nur außerhalb der Materie im leeren Raum, wo $\mathbf{P}_0 = 0$ und daher $\mathbf{D} = \epsilon_0 \mathbf{E}$ gilt, haben die beiden Felder **D** und **E** wegen ihrer direkten Proportionalität über die universelle Konstante ϵ_0 den gleichen Verlauf. Wie in Abb. 1.56b dargestellt ist, besitzen im Inneren des Stabes die drei Vektoren vor allem auch verschiedene Richtungen, ein homogen polarisiertes Elektret ist also ein anisotroper Körper.

1.2.3. Die Differentialgleichungen der Felder bei polarisierter Materie

Die Verschiedenheit der Materiefelder $\mathbf{E}_{Mat}$, $\mathbf{D}_{Mat}$ und **P** spiegelt sich in den Differentialgleichungen wieder, die für ihre räumlichen Quellen- und Wirbeldichten

(1.225), (1.224) $$\operatorname{div}\mathbf{E}_{Mat} = \frac{1}{\epsilon_0}\varrho_P = -\frac{1}{\epsilon_0}\operatorname{div}\mathbf{P} \ , \qquad (1.261)$$

(1.226) $$\operatorname{rot}\mathbf{E}_{Mat} = 0 \ ,$$

(1.259) $$\operatorname{div}\mathbf{D}_{Mat} = 0 \ ,$$

(1.69), (1.234) $$\operatorname{rot}\mathbf{D}_{Mat} = \operatorname{rot}\mathbf{P} \ , \qquad (1.262)$$

und dementsprechend für ihre flächenhaften Quellen- und Wirbeldichten

(1.256) $$\operatorname{Div}\mathbf{E}_{Mat} = \frac{1}{\epsilon_0}\sigma_P = -\frac{1}{\epsilon_0}\operatorname{Div}\mathbf{P} \ ,$$

(1.257) $$\operatorname{Rot}\mathbf{E}_{Mat} = 0 \ ,$$

(1.260) $$\operatorname{Div}\mathbf{D}_{Mat} = 0$$

und $$\operatorname{Rot}\mathbf{D}_{Mat} = \operatorname{Rot}\mathbf{P} \qquad (1.263)$$

lauten.

Ist der Polarisationszustand und damit **P** in jedem Punkt der Materie bekannt, dann sind also Quellen und Wirbel von **P** gegeben und es lassen sich sowohl $\mathbf{E}_{Mat}$ als auch $\mathbf{D}_{Mat}$ berechnen: Gemäß Gl. 1.261 bzw. Gl. 1.256

bestimmen die Quellen von **P** die Polarisationsladungsverteilung und damit die Quellen des wirbelfreien Feldes $\mathbf{E}_{Mat}$, gemäß Gl. 1.262 bzw. Gl. 1.263 bestimmen die Wirbel von **P** die Wirbel des quellenfreien Feldes $\mathbf{D}_{Mat}$.

Es soll abschließend besonders vermerkt werden, daß die allgemeine Definition von **D** mit Hilfe der Verknüpfungsgleichung 1.232 zur Folge hat, daß im Gegensatz zu dem im Abschnitt 1.1 in Gl. 1.64 für das ausschließlich von wahren Ladungen erzeugte Feld im leeren Raum eingeführten, einfachen Zusammenhang der beiden elektrischen Feldvektoren, die dort die Teilfelder wahrer Ladungen darstellen,

$$\mathbf{D}_{wa} = \epsilon_0 \mathbf{E}_{wa} \tag{1.264}$$

für die Materiefelder die Beziehung

$$\begin{aligned} \mathbf{D}_{Mat} &= \mathbf{D} - \mathbf{D}_{wa} = \epsilon_0 \mathbf{E} + \mathbf{P} - \epsilon_0 \mathbf{E}_{wa} = \epsilon_0 (\mathbf{E} - \mathbf{E}_{wa}) + \mathbf{P} = \\ &= \epsilon_0 \mathbf{E}_{Mat} + \mathbf{P} \neq \epsilon_0 \mathbf{E}_{Mat} \end{aligned} \tag{1.265}$$

gilt.

1.2.4. Der mit homogener, isotroper, linearer Materie erfüllte Feldraum

Zunächst seien die folgenden, für Vektorfelder ganz allgemein gültigen Überlegungen angestellt: Erhöht man bei einem Vektorfeld **F**, das durch seine Quellen- und Wirbeldichte festgelegt ist,

$$\operatorname{div} \mathbf{F} = q(x,y,z) \quad , \tag{1.266}$$

$$\operatorname{rot} \mathbf{F} = \mathbf{w}(x,y,z) \quad , \tag{1.267}$$

Quellen- und Wirbeldichte an jeder Stelle im selben Ausmaß auf das k-fache,

$$\operatorname{div} \mathbf{F}^* = kq\,(x,y,z) \quad , \tag{1.268}$$

$$\operatorname{rot} \mathbf{F}^* = k\mathbf{w}(x,y,z) \quad , \tag{1.269}$$

so daß die Verteilung (Konfiguration) der Quellen und Wirbel ungeändert bleibt und nur ihr Ausmaß überall um einen konstanten (d.h. ortsunabhängigen) skalaren Faktor k erhöht wird, so muß trivialerweise

$$\mathbf{F}^* = k\mathbf{F} \tag{1.270}$$

gelten, wie man sich durch Einsetzen der Bedingung Gl. 1.270 in die Differentialgleichungen 1.268 und 1.269 leicht überzeugen kann. (Die beiden Felder könnten sich noch um einen ortsunabhängigen, also im gesamten unendlichen Raum konstanten Vektor unterscheiden, doch hat ein solcher keine physikalische Bedeutung.) Das neue Vektorfeld $\mathbf{F}^*$ hat an jeder

Stelle des Raumes dieselbe Richtung wie das ursprüngliche Feld **F**, sein Betrag ist an jeder Stelle um den gleichen Faktor k angewachsen. Mit anderen Worten: Bei Beibehaltung der Konfiguration der Quellen und Wirbel eines Vektorfeldes bleibt auch die Konfiguration des Feldes selbst ungeändert, nur die Feldliniendichte (der Betrag der Feldstärke) erhöht sich an jeder Stelle um den gleichen Faktor k, um den Quellen- und Wirbeldichte (an jeder Stelle) erhöht wurden. Die angestellten Überlegungen gelten natürlich in gleicher Weise auch für flächenhafte Quellen- und Wirbelverteilungen. Bei wirbelfreien (reinen) Quellenfeldern gelten sie naturgemäß, wenn sich allein die Quellendichte, bei quellenfreien (reinen) Wirbelfeldern, wenn sich allein die Wirbeldichte um den betreffenden (skalaren, ortsunabhängigen) Faktor k verändert. Diese Überlegungen sollen nun im folgenden auf das elektrostatische Feld angewendet werden.

Denkt man sich elektrische Ladungen in einem homogenen, isotropen Medium verteilt, dessen Materialeigenschaften von der Stärke des elektrischen Feldes unabhängig sind (das Material soll sich also „linear" verhalten, s.Abschnitt 1.2.1), so sind die (skalaren) Größen Dielektrizitätskonstante ϵ, Dielektrizitätszahl $\epsilon_r = \epsilon/\epsilon_0$ und Suszeptibilität $\chi = \epsilon_r - 1 = (\epsilon/\epsilon_0) - 1$ ortsunabhängige, konstante Größen. Wenn sich die Ladungen auf Leitern befinden, so daß nur außerhalb derselben ein elektrisches Feld existiert, dann genügt es für die folgenden Überlegungen, wenn der gesamte Raum außerhalb der Leiter, das ist jener Raum, in dem sich ein elektrisches Feld ausbildet (der „Feldraum"), mit dem homogenen, isotropen, linearen Dielektrikum erfüllt ist. (Die wichtigste technische Anwendung stellt der Kondensator mit beliebiger geometrischer Form aber mit homogenem, isotropem, linearem Dielektrikum dar.)

Wegen der vorausgesetzten örtlichen Konstanz der Materialgrößen ϵ und χ folgt, daß die Konfiguration der Felder

(1.237) $\mathbf{D} = \epsilon \mathbf{E}$

und (1.236) $\mathbf{P} = \epsilon_0 \chi \mathbf{E}$

mit jener des elektrischen Feldes **E** übereinstimmt. Es sind dabei wegen

(1.229) $\operatorname{rot} \mathbf{E} = 0$

in diesem Spezialfall auch die beiden anderen Felder **D** und **P** wirbelfrei,

$$\operatorname{rot} \mathbf{D} = \operatorname{rot} \epsilon \mathbf{E} = \epsilon \cdot \operatorname{rot} \mathbf{E} = 0 \quad , \tag{1.271}$$

$$\operatorname{rot} \mathbf{P} = \operatorname{rot} \epsilon_0 \chi \mathbf{E} = \epsilon_0 \chi \cdot \operatorname{rot} \mathbf{E} = 0 \quad , \tag{1.272}$$

und somit alle drei Felder — bei Anwesenheit polarisierter Materie aber nur in diesem Spezialfall — ausschließlich durch ihre Quellen, d.h. durch die ihnen zugeordneten Ladungen bestimmt, wobei zwischen den Quellendichten, wie zu Anfang dieses Abschnittes im Zusammenhang mit den Gleichungen 1.266, 1.268 und 1.270 ausgeführt wurde, die gleiche Proportionalität bestehen muß, wie zwischen den Feldern selbst. Da sich die wahren Ladungen praktisch flächenhaft verteilt auf den Leiteroberflächen befinden, kommen hier in erster Linie die Flächendivergenzen der Felder in Frage. Geht man von der elektrischen Feldstärke aus, so gilt entsprechend Gl. 1.228

$$\mathrm{Div}\,\mathbf{E} = \frac{1}{\epsilon_0}\sigma' = \frac{1}{\epsilon_0}(\sigma_{wa}+\sigma_P) = \frac{1}{\epsilon_0}(\sigma_{wa} - \mathrm{Div}\,\mathbf{P}) \quad . \tag{1.273}$$

Die III. Maxwellsche Gleichung 1.245 liefert hier für konstantes ϵ mit Gl. 1.237 und Gl. 1.273

$$\mathrm{Div}\,\mathbf{D} = \sigma_{wa} = \mathrm{Div}\,\epsilon\mathbf{E} = \epsilon\cdot\mathrm{Div}\,\mathbf{E} = \frac{\epsilon}{\epsilon_0}\sigma' = \epsilon_r\sigma' \quad , \tag{1.274}$$

also

$$\sigma_{wa}(x,y,z) \doteq \epsilon_r\cdot\sigma'(x,y,z) \quad . \tag{1.275}$$

Gl. 1.222 ergibt wegen der Konstanz von χ (und ϵ_0) mit Gl. 1.236 und Gl. 1.273

$$\mathrm{Div}\,\mathbf{P} \doteq -\sigma_P = \mathrm{Div}\,\epsilon_0\,\chi\mathbf{E} = \epsilon_0\,\chi\cdot\mathrm{Div}\,\mathbf{E} = \chi\sigma' \tag{1.276}$$

und somit

$$\sigma_P(x,y,z) = -\chi\cdot\sigma'(x,y,z) \quad , \tag{1.277}$$

was mit Gl. 1.275 und Gl. 1.240 auf

$$\sigma_P(x,y,z) = -\frac{\chi}{\epsilon_r}\sigma_{wa}(x,y,z) = -\left(1-\frac{1}{\epsilon_r}\right)\sigma_{wa}(x,y,z) \tag{1.278}$$

führt. Gl. 1.278 besagt, daß an jeder Stelle des Raumes (an jedem Flächenelement einer Leiteroberfläche), an der sich wahre Ladung der Flächendichte σ_{wa} befindet, gleichzeitig Polarisationsladung von umgekehrter Polarität und von einem im Ausmaß $\chi/\epsilon_r = 1-(1/\epsilon_r)$ kleinerem Betrag auftritt. Das an einen geladenen Leiter angrenzende Dielektrikum ist polarisiert und unmittelbar an der Grenzfläche Leiter-Dielektrikum wird flächenhaft verteilte Polarisationsladung frei, deren Flächendichte σ_P nach Gl. 1.278 an jeder Stelle im selben Verhältnis zur wahren Ladungsdichte σ_{wa} steht (Abb. 1.58). Dadurch werden in diesem technisch sehr wichtigen Fall alle drei (wirbelfreien) Felder **E**, **D** und **P** ausschließlich durch die Verteilung der wahren Ladungen bestimmt. So läßt sich unmittelbar **D** aus der wahren Ladungsdichte σ_{wa} mit Hilfe der Differentialgleichungen

(1.271) $\quad \mathrm{Rot}\,\mathbf{D} = 0$

und (1.245) $\mathrm{Div}\,\mathbf{D} = \sigma_{wa}$

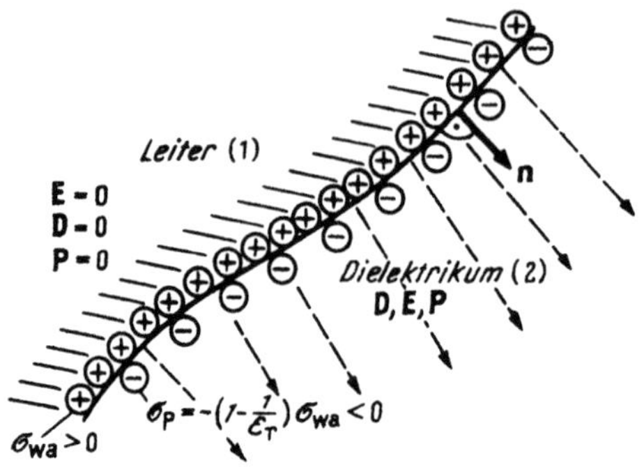

Abb. 1.58

berechnen, deren allgemeine Lösung (vgl. Gl. 1.258)

$$\mathbf{D} = \int_A \frac{\mathrm{Div}\,\mathbf{D}\cdot dA}{4\pi r^2}\,\mathrm{grad}_A r = \int_A \frac{\sigma_{wa}\cdot dA}{4\pi r^2}\,\mathrm{grad}_A r \tag{1.279}$$

ist. Aus **D** folgt dann gemäß Gl. 1.237 für ortsunabhängiges ϵ

$$\mathbf{E} = \frac{\mathbf{D}}{\epsilon} = \int_A \frac{\sigma_{wa}\cdot dA}{4\pi\epsilon r^2}\,\mathrm{grad}_A r \quad , \tag{1.280}$$

und schließlich aus Gl. 1.280 gemäß Gl. 1.236 für ortsunabhängiges $\chi = \epsilon_r - 1$

$$\mathbf{P} = \epsilon_0\,\chi\,\mathbf{E} = \int_A \frac{\chi\sigma_{wa}\cdot dA}{4\pi\epsilon_r r^2}\,\mathrm{grad}_A r \quad . \tag{1.281}$$

Wie schon erwähnt, sind im Falle des völlig von homogener, isotroper, linearer Materie erfüllten Feldraumes alle drei Felder **E**, **D** und **P** wirbelfrei. Die Teilfelder $\mathbf{E}_{wa}$ und $\mathbf{D}_{wa} = \epsilon_0\,\mathbf{E}_{wa}$ der wahren Ladungen allein sind für sich, wie bereits im Abschnitt 1.1 für das elektrostatische Feld im leeren Raum besprochen wurde, wirbelfrei. Es sind damit auch die Teilfelder $\mathbf{E}_{Mat}$ und $\mathbf{D}_{Mat} = \epsilon_0\,\mathbf{E}_{Mat} + \mathbf{P}$ wirbelfrei, was für $\mathbf{E}_{Mat}$ als elektrostatisches Feld von Polarisationsladungen für jede beliebige Materieverteilung erfüllt sein muß. Daß hier in dem besprochenen Spezialfall aber auch das Verschiebungsfeld der polarisierten Materie $\mathbf{D}_{Mat}$ wirbelfrei ist, bedeutet, daß dieses Teilfeld, das mangels wahrer Ladungen auch keine Quellen hat (Gl. 1.259 bzw. Gl. 1.260), überhaupt nicht existieren kann:

$$\mathbf{D}_{Mat} = 0 \quad . \tag{1.282}$$

Obwohl polarisierte Materie vorhanden ist, bewirkt sie in diesem Fall zum Verschiebungsfeld $\mathbf{D}_{wa}$ der wahren Ladungen kein zusätzliches Verschiebungsfeld $\mathbf{D}_{Mat}$. Darin liegt die schon erwähnte technische Bedeutung dieses Spezialfalles: Die Verteilung der wahren Ladungen der Leiter läßt sich i.a. mit Meßgeräten bestimmen und damit kann eben zunächst das

Verschiebungsfeld $\mathbf{D} = \mathbf{D}_{wa}$ nach Gl. 1.279 berechnet werden, aus dem dann entsprechend den Gleichungen 1.280 und 1.281 die Felder **E** und **P** folgen.

Vergleicht man schließlich den hier vorliegenden Fall mit jenem des elektrischen Feldes im leeren Raum (Abschnitt 1.1), so erkennt man:
Für die elektrische Verschiebung $\mathbf{D} = \mathbf{D}_{wa}$ gelten hier die gleichen Differentialgleichungen wie im leeren Raum, da ein Zusatzfeld $\mathbf{D}_{Mat}$ der Materie nicht auftritt. Für die elektrische Feldstärke gelten hier die Differentialgleichungen

(1.273), (1.278) $$\mathrm{Div}\,\mathbf{E} = \frac{1}{\epsilon_0}\sigma' = \frac{1}{\epsilon_0}(\sigma_{wa} + \sigma_P) = \frac{1}{\epsilon_0}\left[\sigma_{wa} - \left(1 - \frac{1}{\epsilon_r}\right)\sigma_{wa}\right] =$$

$$= \frac{1}{\epsilon_0\epsilon_r}\sigma_{wa} = \frac{1}{\epsilon}\sigma_{wa} \qquad (1.283)$$

und entsprechend Gl. 1.229

$$\mathrm{Rot}\,\mathbf{E} = 0 \quad , \qquad (1.284)$$

bzw. für räumliche Quellen- und Wirbeldichten

$$\mathrm{div}\,\mathbf{E} = \frac{1}{\epsilon}\varrho_{wa} \qquad (1.285)$$

und

(1.229) $\mathrm{rot}\,\mathbf{E} = 0$.

Gegenüber den Gleichungen 1.38 und 1.39 des elektrischen Feldes im leeren Raum tritt jetzt lediglich an die Stelle der Dielektrizitätskonstanten des leeren Raumes (ϵ_0) die ebenfalls ortsunabhängige Dielektrizitätskonstante ϵ des Materials. Diese formale Übereinstimmung der Differentialgleichungen für **D** und **E** im leeren und im homogen materialerfüllten Raum bedeutet, daß alle Gesetze des leeren Raumes auf den vollkommen mit homogener, isotroper, linearer Materie erfüllten Feldraum in der Weise übertragen werden können, daß man die Materialgröße ϵ an die Stelle von ϵ_0 setzt (wobei als Ladungsdichte wiederum nur die Dichte ϱ_{wa} der „wahren" Ladungen in Rechnung zu setzen ist).
So ist dann z.B. die Feldstärke des Coulombfeldes einer punkt- oder kugelförmigen (wahren) Ladung Q in homogener, isotroper, linearer Materie analog zu Gl. 1.14 des leeren Raumes

$$\mathbf{E} = \frac{Q}{4\pi\epsilon r^2}\,\mathrm{grad}_A r = \frac{Q}{4\pi\epsilon_0\epsilon_r r^2}\,\mathrm{grad}_A r = \frac{1}{\epsilon_r}\mathbf{E}_{wa} \quad . \qquad (1.286)$$

Das elektrostatische (Gesamt)Feld $\mathbf{E} = \mathbf{E}_{wa} + \mathbf{E}_{Mat}$ in einem Dielektrikum ist bei gleicher wahrer Ladung $Q (= Q_{wa})$ um den Faktor $1/\epsilon_r$ kleiner als das Feld $\mathbf{E}_{wa}$ der wahren Ladungen allein, das man ohne Dielektrikum im leeren Raum messen würde. Die Feldschwächung kommt durch das Freiwerden von Polarisationsladungen umgekehrten Vorzeichens des Dielektrikums zustande (Abb. 1.59a und b). Demnach lautet das Coulombsche Gesetz Gl. 1.13 hier in homogener, isotroper, linearer Materie

$$\mathbf{F}_{21} = \frac{Q_1 Q_2}{4\pi\epsilon r^2}\,\mathrm{grad}_2 r = \frac{1}{\epsilon_r}\cdot\frac{Q_1 Q_2}{4\pi\epsilon_0 r^2}\,\mathrm{grad}_2 r = \frac{1}{\epsilon_r}\,\mathbf{F}_{21,0}\quad . \tag{1.287}$$

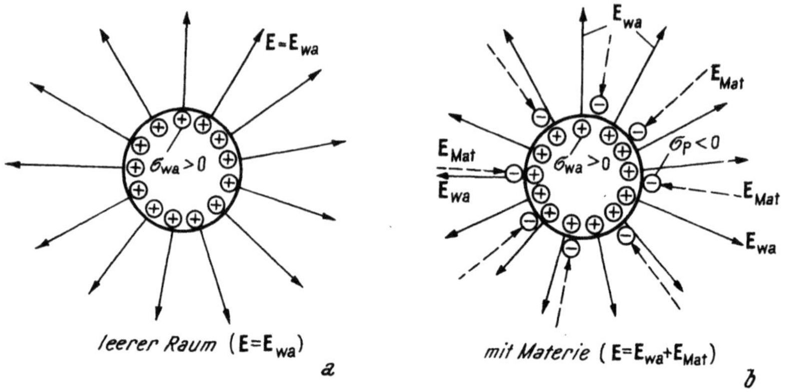

Abb. 1.59

Die Kraft zweier punktförmiger (wahrer) Ladungen aufeinander ist im Dielektrikum um den Faktor $1/\epsilon_r$ kleiner als im leeren Raum.

Für die Kapazität zweier Leiter, die im leeren Raum der Größe ϵ_0 proportional ist (Gl. 1.99), tritt bei Ausfüllen des Feldraumes mit einem Dielektrikum bei sonst gleichen Formeln an die Stelle von ϵ_0 die Größe $\epsilon = \epsilon_0\epsilon_r$, d.h. die Kapazität ist mit einem Dielektrikum zwischen den Leitern ϵ_r-mal größer als im leeren Raum.

Es soll abschließend nochmals ausdrücklich darauf hingewiesen werden, daß dieser einfache Sachverhalt des Austausches von ϵ_0 gegen $\epsilon = \epsilon_0\epsilon_r$ nur unter der genannten Voraussetzung gilt, daß der Feldraum vollkommen mit homogenem, isotropem, linearem Dielektrikum erfüllt ist, dessen Materialgröße ϵ also vom Feld **E** nicht abhängt, da nur in diesem Fall die Konfiguration des elektrischen Feldes (nicht aber i.a. sein Betrag) im Vergleich zu jener im leeren Raum erhalten bleibt.

1.2.4.1. Der Fall konstanter (wahrer) Ladungen

Denkt man sich auf die einzelnen Leiter (wahre) Ladungen gebracht, indem man etwa zwischen die Leiter Spannungsquellen schaltet, und den Feldraum zunächst noch leer, also frei von Dielektrikum, so entsteht im leeren Raum (Kennzeichnung der Größen in diesem Fall durch den Index o) ein ausschließlich von wahren Ladungen herrührendes Feld:

$$\mathbf{D}_0 = \mathbf{D}_{wa,0} = \epsilon_0 \mathbf{E}_0 = \epsilon_0 \mathbf{E}_{wa,0} \quad , \tag{1.288}$$

wobei natürlich $\mathbf{P}_0 = 0$ ist. Trennt man die Leiter von den Spannungsquellen, so daß sich ihre (wahren) Ladungen nicht mehr ändern können und erfüllt man anschließend den gesamten Feldraum mit homogenem, isotropem, linearem Medium – es gilt also $\epsilon(x,y,z) = \text{const}$ – so verändert sich die Konfiguration der elektrischen Feldgrößen **D** und **E** nicht, und damit kann sich auch die Konfiguration ihrer Quellen, also der wahren und der freien Ladungen, nicht ändern. (Größen ohne den Index $_0$ gelten für den Fall der Anwesenheit von Dielektrikum.) Da aber durch das Trennen der Leiter von den Spannungsquellen die (wahren) Gesamtladungen Q_k der Leiter, also die einzelnen Flächenintegrale der wahren Ladungsdichte σ_{wa}, ungeändert bleiben, ist die wahre Ladungsdichte σ_{wa} selbst nicht nur der Konfiguration sondern auch dem Betrag nach an jeder Stelle unverändert geblieben,

$$\sigma_{wa} = \sigma_{wa,0} \quad . \tag{1.289}$$

Damit gilt in diesem Fall wegen Gl. 1.279 auch

$$\mathbf{D} = \mathbf{D}_0 \quad ; \tag{1.290}$$

das Feld der elektrischen Verschiebung **D** ist nach dem Einbringen des Dielektrikums gegenüber dem Feld $\mathbf{D}_0$ im leeren Raum gleich geblieben. Dies bedeutet aber, daß die elektrische Feldstärke

$$(1.280),\ (1.290) \quad \mathbf{E} = \frac{\mathbf{D}}{\epsilon} = \frac{\mathbf{D}_0}{\epsilon} = \frac{\mathbf{D}_0}{\epsilon_r \epsilon_0} = \frac{\mathbf{E}_0}{\epsilon_r} \tag{1.291}$$

in jedem Aufpunkt auf den Bruchteil $1/\epsilon_r$ der vorher im leeren Raum vorhandenen Feldstärke $\mathbf{E}_0$ gesunken ist. Damit haben sich auch alle Spannungen zwischen den Leitern im selben Ausmaß vermindert. Der Grund ist in den frei gewordenen Polarisationsladungen der Dichte

$$(1.222),\ (1.278) \quad \sigma_P = -\operatorname{Div}\mathbf{P} = -\frac{\chi}{\epsilon_r}\sigma_{wa} = -\frac{\chi}{\epsilon_r}\sigma_{wa,0} \tag{1.292}$$

zu suchen, wodurch sich die freie Ladungsdichte σ', die gemäß Gl. 1.273 die Quellen des elektrischen Feldes **E** bestimmt, an jeder Stelle im selben Ausmaß wie das Feld **E** selbst auf den Wert

$$\sigma' = \sigma_{wa} + \sigma_P = \sigma_{wa}\left(1 - \frac{\chi}{\epsilon_r}\right) = \frac{\sigma_{wa}}{\epsilon_r} = \frac{\sigma_{wa,0}}{\epsilon_r} = \frac{\sigma_0'}{\epsilon_r} \quad , \tag{1.293}$$

also den Bruchteil $1/\epsilon_r$ der ursprünglichen, ohne Dielektrikum vorhandenen und allein durch die wahre Ladungsdichte $\sigma_{wa,0}$ gegebenen freien Ladungsdichte $\sigma_0' = \sigma_{wa,0}$, vermindert hat.

Im leeren Raum sind die Felder ausschließlich Felder wahrer Ladungen (Abschnitt 1.1):

$$\mathbf{D}_0 = \mathbf{D}_{wa,0} \quad , \qquad (1.294) \qquad\qquad \mathbf{E}_0 = \mathbf{E}_{wa,0} \quad . \qquad (1.295)$$

Nach Einbringen des Dielektrikums existiert gemäß Gl. 1.282 prinzipiell kein Feld $\mathbf{D}_{Mat}$ der polarisierten Materie, was hier beim Fall konstanter wahrer Ladungen wegen des unveränderten Feldes $\mathbf{D}_{wa} = \mathbf{D}_{wa,0}$ eben auch unverändertes Gesamtfeld $\mathbf{D} = \mathbf{D}_0$ bedeutet. Hingegen entsteht ein Zusatzfeld $\mathbf{E}_{Mat}$ der polarisierten Materie. Es ist wegen der Konstanz der wahren Ladungen und damit der Konstanz ihres elektrischen Feldes

$$\mathbf{E}_{wa} = \frac{\mathbf{D}}{\epsilon_0} = \frac{\mathbf{D}_{wa,0}}{\epsilon_0} = \mathbf{E}_{wa,0} \qquad (1.296)$$

durch die aus den Gleichungen 1.227, 1.232, 1.290, 1.288 und 1.296 folgende Beziehung

$$\begin{aligned}\mathbf{E}_{Mat} &= \mathbf{E} - \mathbf{E}_{wa} = \frac{1}{\epsilon_0}(\mathbf{D} - \mathbf{P}) - \mathbf{E}_{wa} = \frac{1}{\epsilon_0}\mathbf{D}_0 - \frac{1}{\epsilon_0}\mathbf{P} - \mathbf{E}_{wa} = \\ &= \mathbf{E}_{wa,0} - \frac{1}{\epsilon_0}\mathbf{P} - \mathbf{E}_{wa} = -\frac{1}{\epsilon_0}\mathbf{P} = -\frac{\epsilon_0 \chi \mathbf{E}}{\epsilon_0} = -\chi \mathbf{E} \qquad (1.297)\end{aligned}$$

mit der Polarisation $\mathbf{P}$ bzw. mit der Gesamtfeldstärke $\mathbf{E}$ verknüpft, woraus sich, im Hinblick auf das negative Vorzeichen des letzten Terms in Gl. 1.297, ebenfalls die Verminderung der Feldstärke $\mathbf{E}$ nach Einbringen des Dielektrikums ablesen läßt.

1.2.4.2. Der Fall konstanter Potentiale

Man denke sich wiederum zwischen die einzelnen Leiter Spannungsquellen eingeschaltet, wodurch sich die Leiter aufladen, und anschließend den zu Anfang leeren Feldraum mit einem homogenen, isotropen, linearen Dielektrikum angefüllt $[\epsilon(x,y,z) = \text{const}]$. Die Leiter sollen jetzt jedoch nicht von den Spannungsquellen getrennt werden, so daß die Potentialdifferenzen zwischen den Leitern bzw. deren Potentiale gegenüber einem beliebigen Potentialnullpunkt aufrechterhalten bleiben; auch in diesem Fall wird sich an der Konfiguration des elektrischen Feldes nichts ändern. Dies bedeutet aber bei festgehaltenen Potentialdifferenzen, die ja Linienintegrale der elektrischen Feldstärke $\mathbf{E}$ sind, daß die elektrische Feldstärke $\mathbf{E}$ nachher im Dielektrikum und jene vorher im leeren Raum ($\mathbf{E}_0$) an jeder beliebigen Stelle gleich sein müssen:

$$\mathbf{E} = \mathbf{E}_0 \quad . \qquad (1.298)$$

Damit sind auch überall die freien Ladungen, die gemäß Gl. 1.273 die Quellen des elektrischen Feldes festlegen, unverändert geblieben, wobei die Dichte σ' der freien Ladungen im Falle des leeren Feldraumes (Größen mit Index o) durch die wahre Ladungsdichte $\sigma_{wa,0}$ allein, im Falle des mit Dielektrikum gefüllten Feldraumes (Größen ohne Index o) durch die Summe aus wahrer und Polarisationsladungsdichte gegeben ist:

$$\sigma_0' = \sigma_{wa,0} = \sigma' = \sigma_{wa} + \sigma_P \quad . \tag{1.299}$$

Die Konstanz der elektrischen Feldstärke (Gl. 1.298) bedeutet aber, daß das Verschiebungsfeld

$$\mathbf{D} = \epsilon\mathbf{E} = \epsilon_r\epsilon_0\,\mathbf{E} = \epsilon_r\epsilon_0\,\mathbf{E}_0 = \epsilon_r\mathbf{D}_0 \tag{1.300}$$

nach dem Einbringen des Dielektrikums an jeder Stelle des Raumes auf den ϵ_r-fachen Betrag seines ursprünglichen Wertes angestiegen ist. Nun ist nach der Verknüpfungsbeziehung Gl. 1.232 einerseits und wegen der hier gültigen Konstanz der elektrischen Feldstärke Gl. 1.298 andererseits

$$\mathbf{D} = \mathbf{D}_0 + \Delta\mathbf{D} = \epsilon_0\,\mathbf{E} + \mathbf{P} = \epsilon_0\,\mathbf{E}_0 + \mathbf{P} = \mathbf{D}_0 + \mathbf{P} \quad , \tag{1.301}$$

also

$$\Delta\mathbf{D} = \mathbf{P} = \epsilon_0\chi\,\mathbf{E} = \chi\epsilon_0\,\mathbf{E}_0 = \chi\,\mathbf{D}_0 \quad . \tag{1.302}$$

Die Verschiebung ist gerade um einen Betrag $\Delta\mathbf{D}$ angewachsen, der der elektrischen Polarisation $\mathbf{P}$ des eingefüllten Dielektrikums und dem χ-fachen des ursprünglichen Verschiebungswertes $\mathbf{D}_0$ gleich ist. Der Erhöhung $\Delta\mathbf{D}$ der Verschiebung vom Wert $\mathbf{D}_0$ auf den Wert $\mathbf{D}$ muß eine analoge Erhöhung der wahren Ladungsdichte σ_{wa} auf den Leitern entsprechen. Die Spannungsquellen haben also beim Einbringen des Dielektrikums den Leitern (wahre) Ladungen nachgeliefert, so daß beim Konstanthalten der Spannungen und damit der Feldstärke $\mathbf{E}$ die dieses Feld bestimmende resultierende, freie Ladungsdichte σ' unverändert geblieben ist (Gl. 1.299). Es muß also jedem Leiter so viel wahre Ladung nachgeliefert worden sein, wie Polarisationsladung umgekehrten Vorzeichens des polarisierten Dielektrikums an seiner Leiteroberfläche entstanden ist. Dies folgt auch in der Tat aus Gl. 1.301, wonach

$$\mathrm{Div}\,\mathbf{D} = \sigma_{wa} = \mathrm{Div}\,\mathbf{D}_0 + \mathrm{Div}\,\mathbf{P} = \sigma_{wa,0} - \sigma_P \quad , \tag{1.303}$$

und somit der Zuwachs an wahrer Ladungsdichte

$$\Delta\sigma_{wa} = \sigma_{wa} - \sigma_{wa,0} = -\sigma_P \tag{1.304}$$

sein muß. Dieser Zuwachs ist analog zu Gl. 1.302

$$\begin{aligned}\Delta\sigma_{wa} &= -\sigma_P = \mathrm{Div}\,\mathbf{P} = \mathrm{Div}\,\epsilon_0\,\chi\,\mathbf{E} = \chi\cdot\mathrm{Div}\,\epsilon_0\,\mathbf{E} = \\ &= \chi\cdot\mathrm{Div}\,\epsilon_0\,\mathbf{E}_0 = \chi\cdot\mathrm{Div}\,\mathbf{D}_0 = \chi\sigma_{wa,0} = (\epsilon_r - 1)\,\sigma_{wa,0} \quad ,\end{aligned} \tag{1.305}$$

also gleich dem χ-fachen der ursprünglich beim leeren Feldraum vorhandenen wahren Ladungsdichte.

Es sei an dieser Stelle ausdrücklich auf folgenden wichtigen Umstand hingewiesen: Nach Gl. 1.282 gibt es im Falle des mit homogenem, isotropem, linearem Dielektrikum erfüllten Feldraumes kein zusätzliches Verschiebungsfeld der Materie ($\mathbf{D}_{Mat} = 0$). Ein Zuwachs von **D**, wie er beispielsweise hier im Falle konstant gehaltener Potentiale beim Anfüllen des Raumes mit Materie auftritt, kann daher nur von einer Erhöhung der wahren Ladungen auf den Leitern und nicht etwa von der polarisierten Materie herrühren! Die in der Literatur manchmal zu findende Interpretation der allgemein gültigen Verknüpfungsgleichung

(1.232) $\mathbf{D} = \epsilon_0 \mathbf{E} + \mathbf{P}$,

wonach $\epsilon_0 \mathbf{E}$ die Verschiebung im leeren Raum und **P** die zusätzliche Verschiebung der polarisierten Materie sein soll, ist sowohl im allgemeinen Fall beliebiger Materieverteilung als auch in dem hier behandelten Spezialfall unrichtig. Im allgemeinen, bei beliebiger Materieverteilung, ist $\epsilon_0 \mathbf{E}$ die mit ϵ_0 multiplizierte elektrische Feldstärke **E** in der Materie und völlig verschieden von der Verschiebung $\mathbf{D}_0 = \epsilon_0 \mathbf{E}_0$, wenn an derselben Stelle keine Materie vorhanden wäre, da ja im allgemeinen $\mathbf{E} \neq \mathbf{E}_0$ ist! Die Polarisation **P** wiederum kann schon deshalb im allgemeinen Fall bei beliebiger Verteilung des Dielektrikums nicht mit dem Verschiebungsfeld $\mathbf{D}_{Mat}$ der polarisierten Materie identisch sein, da $\operatorname{div} \mathbf{P} \neq 0$ ist, aber stets $\operatorname{div} \mathbf{D}_{Mat} = 0$ gelten muß (s. Gleichungen 1.224 und 1.259). Nur die Wirbel dieser beiden Felder sind gleich (Gl. 1.234), was aber für eine Gleichheit der beiden Vektorfelder i.a. nicht ausreicht. In dem hier behandelten Spezialfall homogener Materieverteilung und konstanter Potentiale ist zwar **E** im Dielektrikum gerade gleich $\mathbf{E}_0$ ohne Dielektrikum, so daß die Beziehung

$$\mathbf{D} = \mathbf{D}_0 + \Delta\mathbf{D} = \epsilon_0 \mathbf{E}_0 + \Delta\mathbf{D} = \epsilon_0 \mathbf{E} + \Delta\mathbf{D} \qquad (1.306)$$

gilt, woraus wegen der Verknüpfungsgleichung

(1.232) $\mathbf{D} = \epsilon_0 \mathbf{E} + \mathbf{P}$

hier (zufällig!) die schon in Gl. 1.302 angegebene Gleichheit von $\Delta\mathbf{D}$ und **P** folgt. Sie besagt aber nicht, daß im Fall konstanter Potentiale die Polarisation **P** ein zusätzliches Verschiebungsfeld $\mathbf{D}_{Mat}$ der polarisierten Materie ist, sondern nur, daß das Anwachsen $\Delta\mathbf{D}$ des durch Nachlieferung wahrer Ladungen sich erhöhenden Verschiebungsfeldes in diesem (und nur in diesem!) Spezialfall gerade das Ausmaß **P** der Polarisation im Dielektrikum ausmacht. Ein zusätzliches Verschiebungsfeld $\mathbf{D}_{Mat}$ existiert ja gerade hier wegen des mit homogener, isotroper, linearer Materie erfüllten Feldraumes überhaupt nicht (Gl. 1.282).

1.2.5. Der mit inhomogener, isotroper Materie erfüllte Feldraum

Der häufigste Fall der Inhomogenität wird durch das Aneinandergrenzen zweier verschiedener Medien gegeben sein, so daß deren Grenzfläche zu einer Sprungfläche des elektrischen Feldes wird. Grenzflächen zum leeren Raum bzw. zur Luft werden in der Technik besonders oft vorkommen. Es ist jedoch auch möglich, daß durch inhomogene Materialmischungen u.ä. örtlich kontinuierlich veränderliche Materialwerte auftreten. Die mathematische Behandlung solcher Fälle ist naturgemäß meist sehr kompliziert.

1.2.5.1. Grenzflächen zwischen isotropen, dielektrischen Medien

Es soll vorausgesetzt werden, daß sich in der Trennfläche der beiden Medien keine wahren Ladungen befinden, was im Bereich der Elektrostatik i.a. zutrifft. [Ein Fall mit wahren Ladungen in der Grenzfläche wäre ein oberflächlich mit Reibungs(Kontakt)-Elektrizität behafteter Isolator. Seine Oberfläche ist Grenzfläche zum leeren Raum, der ebenfalls einen Isolator darstellt.]

An der Grenzschicht werden Sprünge der Felder **E**, **P** und **D** auftreten, da sich i.a. die Materialgröße ϵ (bzw. χ) sprunghaft ändert. Wenn sich, wie vorausgesetzt, in der Grenzfläche (Sprungfläche) keine wahren Ladungen befinden, gilt

$$(1.245) \quad \mathrm{Div}\,\mathbf{D} = D_{2n} - D_{1n} = 0 \;, \qquad (1.307)$$

woraus

$$D_{2n} = D_{1n} \quad (1.308) \quad \text{bzw.} \quad \mathbf{D}_{2n} = D_{2n}\mathbf{n} = D_{1n}\mathbf{n} = \mathbf{D}_{1n} \qquad (1.309)$$

folgt. Die Normalprojektion und damit die Normalkomponente des in der Sprungfläche quellenfreien Feldes **D** durchsetzen die Sprungfläche stetig (Abb. 1.60). Andererseits gilt im elektrostatischen Feld

$$(1.86) \quad \mathrm{Rot}\,\mathbf{E} = \mathbf{n} \times (\mathbf{E}_{2t} - \mathbf{E}_{1t}) = 0,$$

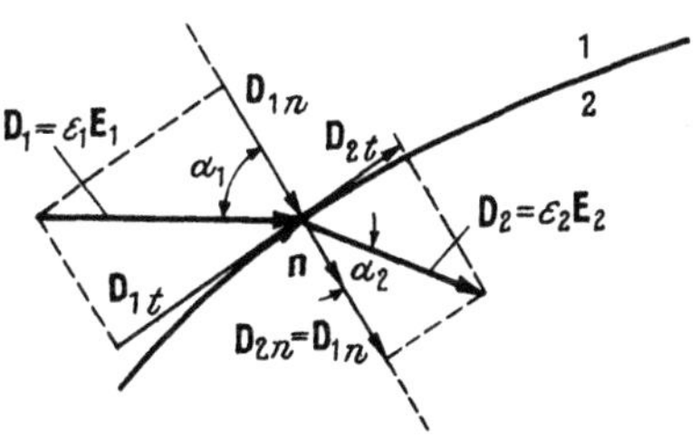

$\varepsilon_2 < \varepsilon_1$
n ··· *Einsvektor in Richtung von* 1 *nach* 2

Abb. 1.60

also

$$(1.87) \qquad \mathbf{E}_{2t} = E_{2t}\mathbf{t} = E_{1t}\mathbf{t} = \mathbf{E}_{1t} \quad \text{bzw.} \quad E_{2t} = E_{1t} \quad . \qquad (1.310)$$

Die Tangentialkomponente bzw. die Tangentialprojektion des wirbelfreien Feldes **E** durchsetzt die Sprungfläche stetig. Aus Gl. 1.310 folgt einerseits

$$\frac{D_{2t}}{D_{1t}} = \frac{\epsilon_2 E_{2t}}{\epsilon_1 E_{1t}} = \frac{\epsilon_2}{\epsilon_1} = \frac{\epsilon_{r2}\epsilon_0}{\epsilon_{r1}\epsilon_0} = \frac{\epsilon_{r2}}{\epsilon_{r1}} \quad , \qquad (1.311)$$

es verhalten sich also die Projektionen von **D** tangential zur Sprungfläche wie die Dielektrizitätszahlen der betreffenden Medien. Andererseits folgt aus Gl. 1.308

$$\frac{E_{2n}}{E_{1n}} = \frac{D_{2n}}{\epsilon_2} \cdot \frac{\epsilon_1}{D_{1n}} = \frac{\epsilon_1}{\epsilon_2} = \frac{\epsilon_{r1}}{\epsilon_{r2}} \quad ; \qquad (1.312)$$

die Projektionen von **E** normal zur Sprungfläche verhalten sich umgekehrt wie die Dielektrizitätszahlen der betreffenden Medien. Die Feldlinien werden also an der Sprungfläche gebrochen, und zwar die Feldlinien aller drei Felder **E**, **P** und **D** in gleicher Weise, da die drei Feldvektoren in isotropen Medien zueinander parallel sind. Bezeichnet man die zum Lot gemessenen Winkel der Feldlinien mit α_1 bzw. α_2, so gilt

$$\frac{\tan\alpha_2}{\tan\alpha_1} = \frac{D_{2t}}{D_{2n}} \cdot \frac{D_{1n}}{D_{1t}} = \frac{\epsilon_2 E_{2t}}{\epsilon_1 E_{1t}} = \frac{\epsilon_2}{\epsilon_1} = \frac{\epsilon_{r2}}{\epsilon_{r1}} \quad . \qquad (1.313)$$

Die Tangenten der Neigungswinkel verhalten sich also wie die Dielektrizitätszahlen der betreffenden Medien, d.h. die elektrischen Feldlinien werden beim Übertritt vom Medium mit der größeren Dielektrizitätszahl zu jenem mit der kleineren zum Lot gebrochen. Gl. 1.313 wird in Analogie zum Brechungsgesetz der Lichtstrahlen auch „Brechungsgesetz der elektrischen Feldlinien" genannt.

1.2.5.1.1. ***Der Mehrschichtkondensator.*** Es soll ein Plattenkondensator mit einer Isolation betrachtet werden, die aus zwei verschiedenen homogenen, isotropen Medien besteht (Abb. 1.61). An der Grenzfläche der beiden Medien muß bei Abwesenheit wahrer Ladungen (solche können ja bei vorausgesetzter idealer Isolierfähigkeit der Medien gar nicht in ihr Inneres gelangen) gemäß Gl. 1.308

$$D_{1n} = D_{2n} = D_1 = D_2 \quad , \qquad (1.314)$$

und daher wegen

$$E_{1n} = E_1 = \frac{D_1}{\epsilon_1} \quad (1.315) \qquad \text{bzw.} \quad E_{2n} = E_2 = \frac{D_2}{\epsilon_2} \quad , \qquad (1.316)$$

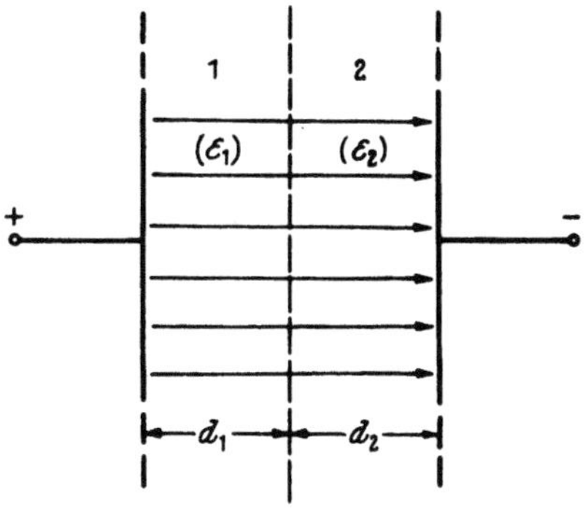

Abb. 1.61

die Beziehung

$$\frac{E_1}{E_2} = \frac{\epsilon_2}{\epsilon_1} = \frac{\epsilon_{r2}}{\epsilon_{r1}} \tag{1.317}$$

gelten. Die Beträge der Feldstärken verhalten sich umgekehrt wie die Dielektrizitätskonstanten bzw. -zahlen. Die Schicht mit der kleineren Dielektrizitätszahl ist mit einer höheren Feldstärke beansprucht.

Diese Tatsache wirkt sich für Kondensatoren nachteilig aus, wenn dünne Luftschichten ($\epsilon = \epsilon_0$) zwischen den Kondensatorplatten und der Isolation (dem Dielektrikum) auftreten. Da man eine hohe Dielektrizitätskonstante des Isolators zwecks Erzielung einer möglichst hohen Kapazität wünscht, ist die dünne Luftschicht mit einer großen elektrischen Feldstärke beansprucht; Ionen werden dort beschleunigt, Elektronen aus dem Metall herausgerissen, es kann zum „Glimmen" und in der weiteren Folge zum Durchschlag kommen. Auch jeder Lunker (Lufteinschluß im Isolator) kann Keimzelle für einen Durchschlag werden! Deshalb füllt man das Kondensatorgehäuse mit Öl, Paraffin o.ä., so daß tunlichst die Hohlräume beseitigt sind.

Die Kapazität eines Zweischichtplattenkondensators ergibt sich aus

(1.97) $C = \dfrac{Q}{U}$.

Mit

(1.107) $Q = DA$

und

$$U = \int_s \mathbf{E} \cdot d\mathbf{s} = E_1 d_1 + E_2 d_2 \tag{1.318}$$

erhält man unter Berücksichtigung von $D_1 = D_2 = D$ (Gl. 1.308)

$$C = \frac{Q}{U} = \frac{DA}{E_1 d_1 + E_2 d_2} = \frac{A}{\dfrac{d_1}{\epsilon_1} + \dfrac{d_2}{\epsilon_2}} \ . \tag{1.319}$$

In analoger Weise lassen sich auch Mehrschichtkondensatoren mit einer größeren Anzahl von Isolierschichten berechnen.

Bei Kugel- und Zylinder-Mehrschicht-Kondensatoren muß man die Spannung durch entsprechende Auswertung der Linienintegrale über die elektrische Feldstärke in den einzelnen Schichten berechnen. So ist beispielsweise bei einem Koaxialkabel, das ein zweischichtiges, isotropes, lineares Dielektrikum besitzt (Abb. 1.62), wie folgt vorzugehen: Man berechnet, wie im letzten Absatz vom Abschnitt 1.2 erwähnt wurde, zunächst die elektrische Verschiebung $D = D_n$ im beliebigen Abstand ϱ_A von der Achse mit Hilfe des Satzes vom elektrischen Hüllenfluß, wobei diese Beziehung

$$\mathring{\psi} = \oint_A \mathbf{D} \cdot \mathrm{d}\mathbf{A} = D 2 \varrho_A \pi l = Q = \tau l \qquad (1.320)$$

in beiden Gebieten der Isolation Gültigkeit besitzt (l . . . Länge des Kabels). Aus Gl. 1.320 folgt für die elektrische Verschiebung

$$D = \frac{Q}{2\varrho_A \pi l} = \frac{\tau}{2\varrho_A \pi} \qquad (1.321)$$

und aus ihr für die elektrische Feldstärke in den beiden Bereichen

$$E_1 = \frac{D}{\epsilon_1} = \frac{\tau}{2\varrho_A \pi \epsilon_1} \qquad (1.322) \qquad \text{bzw.} \; E_2 = \frac{D}{\epsilon_2} = \frac{\tau}{2\varrho_A \pi \epsilon_2} \; . \qquad (1.323)$$

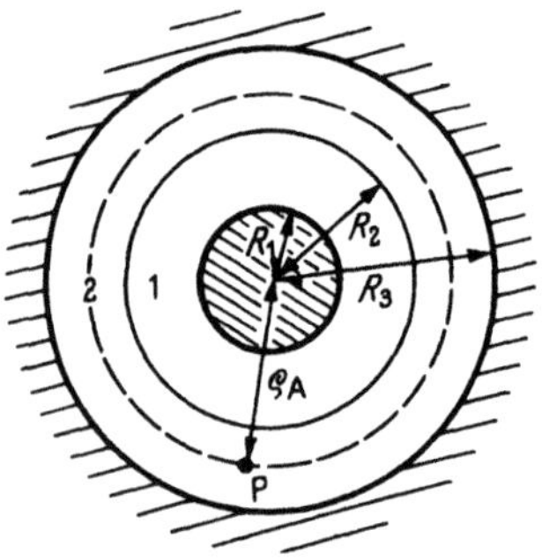

Abb. 1.62

Man kann nun die Spannung zwischen Innen- und Außenleiter berechnen:

$$U = \int_{R_1}^{R_2} \mathbf{E}_1 \cdot \mathrm{d}\mathbf{s} + \int_{R_2}^{R_3} \mathbf{E}_2 \cdot \mathrm{d}\mathbf{s} = \frac{\tau}{2\pi} \left\{ \frac{1}{\epsilon_1} \int_{R_1}^{R_2} \frac{\mathrm{d}\varrho_A}{\varrho_A} + \frac{1}{\epsilon_2} \int_{R_2}^{R_3} \frac{\mathrm{d}\varrho_A}{\varrho_A} \right\} =$$

$$= \frac{\tau}{2\pi} \left\{ \frac{1}{\epsilon_1} \ln \frac{R_2}{R_1} + \frac{1}{\epsilon_2} \ln \frac{R_3}{R_2} \right\} \; . \qquad (1.324)$$

Daraus ergibt sich eine Kapazität

$$C = \frac{Q}{U} = \frac{\tau l}{U} = \frac{2\pi l}{\dfrac{1}{\epsilon_1} \ln \dfrac{R_2}{R_1} + \dfrac{1}{\epsilon_2} \ln \dfrac{R_3}{R_2}} \; , \qquad (1.325)$$

bzw. ein Kapazitätsbelag

$$C' = \frac{C}{l} = \frac{2\pi}{\frac{1}{\epsilon_1}\ln\frac{R_2}{R_1} + \frac{1}{\epsilon_2}\ln\frac{R_3}{R_2}} \quad . \tag{1.326}$$

1.2.5.2. Die Messung von E und D in festen Medien auf Grund der Bedingungen für Sprungflächen

Um in einem festen Medium die Feldgrößen **E** und **D** messen zu können, kann man, zumindest in Gedanken, folgendermaßen vorgehen: Denkt man sich im Aufpunkt P, in dem man das Feld **E** bzw. **D** im Medium messen will, ein diskusförmiges Volumen, aus dem man das Dielektrikum entfernt hat und dessen Dicke d sehr viel kleiner ist als sein Durchmesser D, der seinerseits wieder viel kleiner als die räumlichen Abmessungen ist, in denen sich die Inhomogenität des Feldes noch bemerkbar macht, so werden an den Grenzflächen Polarisationsladungen in Erscheinung treten, die eine Doppelschicht mit endlicher Ladung aber praktisch unendlich kleinem Abstand d darstellen (Abb. 1.63). Eine solche Doppelschicht erzeugt praktisch kein äußeres Feld, so daß das ursprünglich vorhandene und auszumessende Feld im Medium nicht gestört wird. Im Inneren des von Materie freien, sehr flachen Diskusvolumens wird jedoch das elektrische Feld durch das zur Diskusebene normal orientierte Eigenfeld $\mathbf{E}_{Mat}$ der Polarisationsladungen in Richtung der Flächennormale der Diskusebene sehr verstärkt, während die Feldkomponente parallel zur Diskusebene ungeändert bleibt.

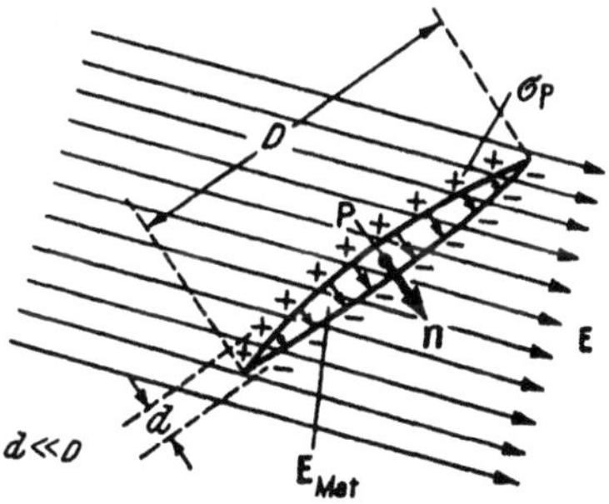

Abb. 1.63

Denkt man sich nun im gewünschten Aufpunkt P im Inneren des Diskus, also im leeren Raum, die elektrische Feldstärke gemäß ihrer Definition

$$(1.10) \quad \mathbf{E} = \lim_{\substack{Q\to 0 \\ V\to 0}} \frac{\mathbf{F}}{Q}$$

mit Hilfe einer (punktförmigen) Probeladung gemessen, so muß auf Grund der Grenzbedingungen an Sprungflächen einerseits die Tangentialkomponente $\mathbf{E}_t$ zur Diskusebene der Komponente von **E** in dieser Richtung im Medium gleich sein (Gl. 1.87; das Zusatzfeld der Polarisationsladungen ist, wie erwähnt, normal zur Diskusebene orientiert und verändert daher $\mathbf{E}_t$ nicht). Die Komponente von **E** normal zur Diskusebene im Inneren des Diskus ergibt andererseits, mit ϵ_0 multipliziert, die Normalkomponente von **D** im Inneren des Diskus. Sie muß nach Gl. 1.309 der Normalkomponente von **D** im Medium gleich sein. Drei solche Messungen mit Stellungen des Diskus, so daß seine Normalenvektoren nicht in einer Ebene liegen, liefern je drei Komponenten der Vektoren **E** und **D**, aus denen sich diese Größen in einfacher Weise berechnen lassen.

Anstelle der Messung von **E** mit der Probeladung könnte man sich natürlich auch im Zentrum des von Materie freien Diskus die Verschiebung **D** mit einem Doppelscheibchen, das wiederum viel kleiner als der Durchmesser D des Diskus ist, gemessen denken (Abschnitt 1.1.2.2). Dann ergibt sich umgekehrt $\mathbf{E} = \mathbf{D}/\epsilon_0$, da ja das Diskusvolumen von Materie frei ist. Die Messungen mit der Probeladung und mit dem (Probe)Doppelscheibchen führen naturgemäß zum gleichen Resultat.

Man kann auch folgende Überlegungen anstellen: Man denke sich an der Stelle P des festen Mediums, an der man die elektrische Feldstärke **E** bestimmen will, einen dünnen, von Materie freien Kanal (etwa von der Form einer Stricknadel), dessen Dicke d sehr klein ist gegenüber seiner Länge l, die selbst wiederum gegenüber den räumlichen Abmessungen sehr klein ist, in denen sich die Inhomogenität des Feldes noch bemerkbar macht (Abb. 1.64). Mißt man in dem Kanal mit einer Probeladung die elektrische Feldstärke **E** (oder mit dem Doppelscheibchen die elektrische Verschiebung **D**, wobei ja im leeren Kanal $\mathbf{E} = \mathbf{D}/\epsilon_0$ gilt), bildet man dann die zur Kanalachse parallele Komponente von **E** und sucht jene Stellung des Kanals, in der diese Komponente ein Maximum wird, so ist dieses Maximum wegen der Stetigkeit der Tangentialkomponente von **E** die elektrische Feldstärke im Medium unmittelbar neben dem Kanal bzw. wegen $d \to 0$ auch an derselben Stelle, wenn der Kanal vom Medium erfüllt wäre. Der

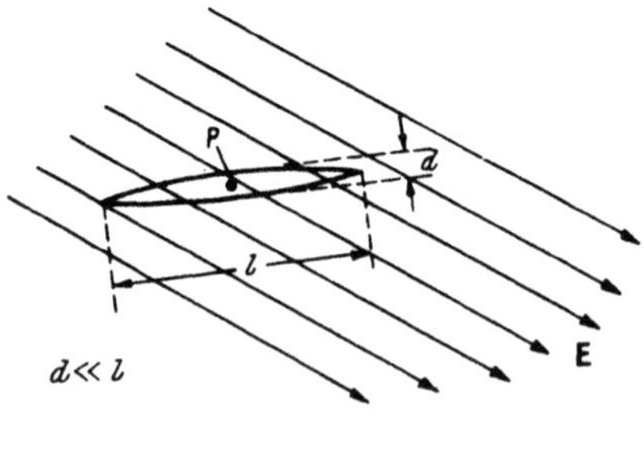

Abb. 1.64

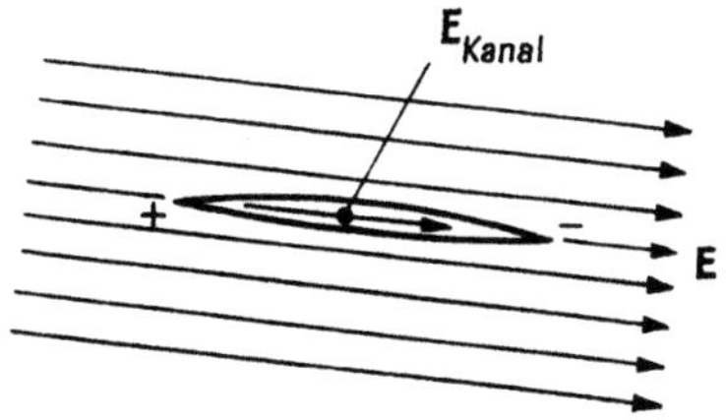

Abb. 1.65

Kanal steht jetzt zur Feldrichtung von **E** parallel (Abb. 1.65), man spricht von „Längskanal". In der Tat entsteht kein Zusatzfeld $\mathbf{E}_{Mat}$ der polarisierten Materie, da nur sehr kleine, sehr weit entfernte Polarisationsladungen an den Kanalenden existieren, die bei $d \to 0$ dem Betrag nach gegen null gehen und daher keine Wirkung mehr zeigen. Es ergibt sich also, daß eine Messung im leeren Längskanal auf die elektrische Feldstärke **E** im Medium führt.

Man kann sich auch wieder die schon erwähnte, diskusförmige Ausnehmung in der Materie denken und jene Lage dieser Ausnehmung suchen, in der in ihrem Inneren das Maximum der Normalkomponente der elektrischen Feldstärke **E** zur Diskusebene mit einer Probeladung oder die maximale Verschiebung **D** mit einem zur Diskusebene parallel orientierten Doppelscheibchen gemessen wird. In dieser Lage steht die Diskusebene normal bzw. ihre Flächennormale parallel zum Feld **D** im Dielektrikum (Abb. 1.66). Dann ist die im Diskus in dieser Stellung gemessene elektrische Feldstärke **E**, multipliziert mit ϵ_0, bzw. die mit dem Doppelscheibchen direkt gemessene Verschiebung **D** im Diskus gleich der Verschiebung im Medium unmittelbar neben dem Diskus bzw. wegen $d \to 0$ auch an derselben Stelle, wenn der Diskus mit dem Medium ausgefüllt wäre. Ein Diskus in dieser Stellung quer zum Feld **D** wird (unendlich dünner) „Querschlitz" genannt. Es ergibt sich also, daß eine Messung im (leeren) Querschlitz auf die elektrische Verschiebung **D** im Medium führt.

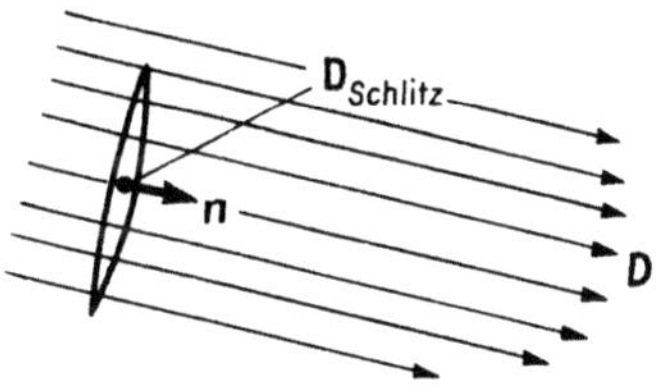

Abb. 1.66

Weder der unendlich dünne Längskanal noch der unendlich dünne Querschlitz beeinflussen (verändern) das zu messende Feld, da sie außerhalb ihres Volumens kein merkbares Zusatzfeld erzeugen.

Da die für die Messung von **E** und **D** mit Hilfe des dünnen, nadelförmigen oder des flachen, diskusförmigen, von Materie freien Volumens benützten Grenzbedingungen an Sprungflächen auf den für beliebige Materie gültigen

Maxwellschen Gleichungen des elektrostatischen Feldes fußen (im Gegensatz zu Abschnitt 1.2.5.1 wurde hier die nur für isotrope Materie gültige skalare Materialgröße ϵ nicht benötigt), gelten diese Meßmethoden, die man zur Definition der Größen **E** und **D** benützen kann, auch in anisotroper und allenfalls auch nichtlinearer Materie. Dabei ist ersichtlich, daß die Proportionalität $\mathbf{D} = \epsilon_0 \mathbf{E}$ für den leeren Raum bereits Voraussetzung ist, nämlich für die Messungen im Inneren des nadelförmigen Kanals oder des diskusförmigen Schlitzes.

1.2.5.3. Isotropes, lineares Medium mit räumlich kontinuierlich veränderlichen Materialwerten

Bei dem hier zu behandelnden Fall soll eine, vor allem für die mathematische Behandlung sehr wichtige Voraussetzung gemacht werden: Die Materialgröße ϵ (und damit auch die Größe χ) soll von der Feldstärke **E** selbst nicht abhängen, d.h. das (isotrope) Material kann zwar räumlich kontinuierlich inhomogen verteilt sein, aber es soll sich linear verhalten (s. Abschnitt 1.2.1). Damit ist die Dielektrizitätskonstante eine nur von den Ortskoordinaten abhängige Größe

$$\epsilon = \epsilon\,(x,y,z) \quad , \tag{1.327}$$

die im folgenden als bekannt betrachtet werden soll. Die Voraussetzung, daß sich das Material linear verhält, also ϵ feldunabhängig ist, bewirkt, daß die Differentialgleichungen des elektrischen Feldes auch in diesem Fall linear sind. So folgt aus der III. Maxwellschen Gleichung 1.233 unter Berücksichtigung der Produktregel der Differentialrechnung

$$\operatorname{div}\mathbf{D} = \operatorname{div}\epsilon\mathbf{E} = \nabla\epsilon\mathbf{E} = \epsilon\cdot\nabla\mathbf{E} + \mathbf{E}\cdot\nabla\epsilon = \varrho_{wa} \quad , \tag{1.328}$$

was auf die lineare (partielle) Differentialgleichung

$$\operatorname{div}\mathbf{E} + \frac{1}{\epsilon}\mathbf{E}\cdot\operatorname{grad}\epsilon = \frac{\varrho_{wa}}{\epsilon} \tag{1.329}$$

für die elektrische Feldstärke **E**, und bei Benützung des Ansatzes

(1.40) $\mathbf{E} = -\operatorname{grad}\varphi$

auf

$$-\operatorname{div}\operatorname{grad}\varphi - \frac{1}{\epsilon}\operatorname{grad}\varphi\cdot\operatorname{grad}\epsilon = \frac{\varrho_{wa}}{\epsilon} \tag{1.330}$$

und somit auf die lineare (partielle) Differentialgleichung

$$\Delta\varphi + \frac{1}{\epsilon}\operatorname{grad}\varphi\cdot\operatorname{grad}\epsilon = -\frac{\varrho_{wa}}{\epsilon} \tag{1.331}$$

für das elektrische Potential φ führt. Die Differentialgleichungen 1.329 und 1.331 bestimmen bei vorgegebenen Eigenschaften $\epsilon(x,y,z)$ des Dielektrikums und bei bekannter Verteilung $\varrho_{wa}(x,y,z)$ der wahren Ladungen die elektrische Feldstärke $\mathbf{E}$ bzw. das elektrische Potential φ.

Für örtlich konstantes ϵ führen die Gleichungen 1.329 und 1.331 wegen $\operatorname{grad}\epsilon = 0$ auf die speziellen Formen

$$\operatorname{div}\mathbf{E} = \frac{\varrho_{wa}}{\epsilon} \tag{1.332}$$

und

$$\Delta\varphi = -\frac{\varrho_{wa}}{\epsilon}\;, \tag{1.333}$$

die mit jenen des leeren Raumes (Gl. 1.38 und Gl. 1.43) formal übereinstimmen und bei denen lediglich die örtlich konstante Dielektrizitätskonstante ϵ des Mediums an die Stelle der Dielektrizitätskonstante ϵ_0 des leeren Raumes getreten ist. In diesem Fall bestimmt, so wie im leeren Raum, bereits die Verteilung der wahren Ladungen allein die Feldverhältnisse; ein Fall, der im Abschnitt 1.2.4 ausreichend diskutiert wurde.

Da hier bei inhomogener Materialverteilung die Differentialgleichung z.B. für das Potential nicht mehr, wie im leeren oder im homogen mit Materie erfüllten Raum die Gestalt der Poissonschen Differentialgleichung 1.43 bzw. 1.333 besitzt, ist jetzt nicht mehr deren allgemeine Lösung der Gestalt Gl. 1.44 gültig, d.h. die einzelnen Potential- und Feldanteile haben nicht mehr die dem Coulombfeld entsprechenden Formen (vgl. Abschnitt 1.1.1, Gl. 1.30 bis 1.34, Gl. 1.54 und Gl. 1.44). Jeder Feldanteil $d\mathbf{E}$ eines wahren Ladungselementes $\varrho_{wa}\cdot dV$ wird ja wegen der inhomogenen Verteilung des Dielektrikums und des damit verbundenen Auftretens von Polarisationsladungen im Isolator gegenüber dem symmetrischen Coulombfeld verzerrt sein.

Trotzdem muß auch hier die Bedingung erfüllt sein, daß die resultierende, freie Ladungsdichte $\varrho' = \varrho_{wa} + \varrho_P$ die Quellen des elektrischen Feldes bestimmt (Gl. 1.228). Nur hängt die Polarisationsladungsdichte ϱ_P einerseits von der Materialverteilung und andererseits von der Feldstärke $\mathbf{E}$ selbst ab, so daß sie eben nicht unmittelbar angegeben werden kann. Es ist ja nach Gl. 1.224 und Gl. 1.236

$$\begin{aligned}\varrho_P &= -\operatorname{div}\mathbf{P} = -\operatorname{div}\epsilon_0\chi\mathbf{E} = -\epsilon_0\chi\operatorname{div}\mathbf{E} - \epsilon_0\mathbf{E}\cdot\operatorname{grad}\chi = \\ &= -\epsilon_0(\epsilon_r - 1)\operatorname{div}\mathbf{E} - \epsilon_0\mathbf{E}\cdot\operatorname{grad}(\epsilon_r - 1)\end{aligned} \tag{1.334}$$

und wegen $\operatorname{grad} 1 = 0$ und $\epsilon = \epsilon_r\epsilon_0$

$$\varrho_P = -(\epsilon - \epsilon_0)\operatorname{div}\mathbf{E} - \mathbf{E}\cdot\operatorname{grad}\epsilon\;. \tag{1.335}$$

Führt man Gl. 1.335 in Gl. 1.329 ein, so erhält man

$$\operatorname{div}\mathbf{E} = \frac{\varrho_{wa}}{\epsilon} - \frac{1}{\epsilon}\mathbf{E}\cdot\operatorname{grad}\epsilon = \frac{\varrho_{wa}}{\epsilon} + \frac{1}{\epsilon}\{\varrho_P + (\epsilon-\epsilon_0)\operatorname{div}\mathbf{E}\} =$$

$$= \frac{\varrho_{wa}}{\epsilon} + \frac{\varrho_P}{\epsilon} + \operatorname{div}\mathbf{E} - \frac{\epsilon_0}{\epsilon}\operatorname{div}\mathbf{E} \quad , \qquad (1.336)$$

woraus nach einfacher Umformung

$$(1.228) \quad \operatorname{div}\mathbf{E} = \frac{1}{\epsilon_0}(\varrho_{wa} + \varrho_P) = \frac{1}{\epsilon_0}\varrho'$$

folgt, was zu beweisen war.

Die Linearität der Differentialgleichungen 1.329 und 1.331 bewirkt, daß ihre Lösungen (für den gesamten, unendlichen Raum) auch bei örtlich variabler Dielektrizitätskonstante ϵ eine Gestalt besitzen müssen, so daß Proportionalität zwischen jedem beliebigen, auch beliebig kleinen Anteil an wahrer Ladung und dem von ihm bewirkten Feld- bzw. Potentialanteil bestehen muß. Erzeugt die Ladungsverteilung $\varrho_{wa}(x,y,z)$ eines Gebietes gemäß den Differentialgleichungen 1.329 bzw. 1.331 ein Feld $\mathbf{E}$ bzw. ein Potential φ, so muß eine k-fache Ladungsverteilung $\varrho^*_{wa} = k\varrho_{wa}$ ein k-faches Feld $\mathbf{E}^* = k\mathbf{E}$ bzw. ein k-faches Potential $\varphi^* = k\varphi$ erzeugen. Dies läßt sich in elementarer Weise zeigen, indem man die Differentialgleichungen 1.329 und 1.331 mit k multipliziert und diesen konstanten Faktor hinter die entsprechenden Differentialoperatoren schiebt:

$$(1.329) \quad \operatorname{div}k\mathbf{E} + \frac{1}{\epsilon}k\mathbf{E}\cdot\operatorname{grad}\epsilon = \operatorname{div}\mathbf{E}^* + \frac{1}{\epsilon}\mathbf{E}^*\cdot\operatorname{grad}\epsilon = k\,\frac{\varrho_{wa}}{\epsilon} = \frac{\varrho^*_{wa}}{\epsilon}, \quad (1.337)$$

$$(1.331) \quad \Delta k\varphi + \frac{1}{\epsilon}\operatorname{grad}k\varphi\cdot\operatorname{grad}\epsilon = \Delta\varphi^* + \frac{1}{\epsilon}\operatorname{grad}\varphi^*\cdot\operatorname{grad}\epsilon =$$

$$= -k\,\frac{\varrho_{wa}}{\epsilon} = -\frac{\varrho^*_{wa}}{\epsilon} \quad . \qquad (1.338)$$

Die Linearität der Differentialgleichungen bewirkt aber ferner auch, daß sich Feld- bzw. Potentialanteile mehrerer, in verschiedenen (auch beliebig kleinen) Gebieten lokalisierter wahrer Ladungen superponieren (Superpositionsprinzip). Bewirkt eine Ladungsverteilung ϱ_{wa1} im Gebiet 1 für sich allein im unendlichen Raum ein Feld $\mathbf{E}_1$ bzw. ein Potential φ_1, (es muß der Differentialgleichung 1.329 bzw. 1.331 genügen) und ebenso eine Ladungsverteilung ϱ_{wa2} eines anderen Gebietes 2 für sich allein im unendlichen Raum ein Feld $\mathbf{E}_2$ bzw. ein Potential φ_2, so genügt bei gleichzeitiger Anwesenheit beider Ladungsverteilungen $\varrho_{wa} = \varrho_{wa1} + \varrho_{wa2}$ die Summe $\mathbf{E} = \mathbf{E}_1 + \mathbf{E}_2$ bzw. $\varphi = \varphi_1 + \varphi_2$ wiederum der zugehörigen Differentialgleichung, wie sich ebenfalls durch Einsetzen leicht nachweisen läßt.

Man kann in bekannter Weise von der räumlichen Verteilung wahrer Ladungen zu flächenhaften Verteilungen auf Leiteroberflächen übergehen und es gilt hier natürlich ebenso, daß jede (wahre) Teilladung auf einem Leiter an jeder Raumstelle ein ihr zugehöriges Teilfeld bzw. Teilpotential zur Folge hat, das dieser Teilladung proportional ist, und das Gesamtfeld bzw. Gesamtpotential wird durch Superposition (geometrische Addition der Teilfelder bzw. algebraische Addition der skalaren Potentialbeiträge) in jedem Aufpunkt erhalten. Die einzelnen Leiteroberflächen müssen dabei Äquipotentialflächen sein, was durch entsprechende Ladungsverschiebung (Influenz) bewirkt wird. Die Linearität der Differentialgleichungen ist also der Grund dafür, daß Superposition der Teilfelder bzw. Teilpotentiale gestattet ist und damit sind die im Abschnitt 1.1.6 über Mehrleitersysteme im leeren Raum angestellten Überlegungen auch im Falle des mit inhomogener, sich linear verhaltender Materie erfüllten Feldraumes gültig; es sind die zwischen den einzelnen Leitern auftretenden Teilkapazitäten auch in diesem Fall vom Feld bzw. vom Potential unabhängige, konstante Größen.

Beschränkt man sich auf ein Zweileitersystem, so besitzen also die beiden Leiter, auch wenn der Feldraum mit inhomogen verteilter Materie erfüllt ist, eine, natürlich von der Verteilung des Dielektrikums abhängige aber im übrigen konstante Kapazität C. Ladung und Spannung zwischen den Leitern sind auch hier einander proportional (s. Gl. 1.97):

$$Q = CU \ . \tag{1.339}$$

Ein solcher, sehr einfacher Fall (mit allerdings sprunghafter örtlicher Veränderung von ϵ) war der des Zweischichtkondensators (Abschnitt 1.2.5.1.1). Als Beispiel sei hier der Feldverlauf und die Kapazität eines Plattenkondensators (ohne Randstreuung) berechnet, dessen Dielektrizitätskonstante in der Richtung normal zur Plattenebene (x-Richtung) den Verlauf

$$\epsilon = \epsilon_0 (1 + kx) \tag{1.340}$$

nimmt.

Das Problem ist in diesem Fall eindimensional, es gibt nur Änderungen in der x-Richtung ($\partial/\partial y = 0$, $\partial/\partial z = 0$). Somit folgt für das von wahren Ladungen freie Dielektrikum aus Gl. 1.329

$$\operatorname{div} \mathbf{E} + \frac{1}{\epsilon} \mathbf{E} \cdot \operatorname{grad} \epsilon = \frac{\partial E_x}{\partial x} + \frac{1}{\epsilon_0 (1 + kx)} E_x \frac{\partial \epsilon}{\partial x} = 0 \ . \tag{1.341}$$

Da nur die eine Variable x auftritt, können gewöhnliche Differentialquotienten geschrieben werden und mit der aus Gl. 1.340 zu gewinnenden Beziehung

$$\frac{d\epsilon}{dx} = \epsilon_0 k \tag{1.342}$$

folgt aus Gl. 1.341

$$\frac{\mathrm{d}E_x}{\mathrm{d}x}+\frac{E_x}{\epsilon_0(1+kx)}\,\epsilon_0 k=0\,. \tag{1.343}$$

Es lassen sich die Variablen $E_x = E$ und x trennen und man kann unbestimmt integrieren:

$$\int\frac{\mathrm{d}E}{E}=-\int\frac{k\cdot\mathrm{d}x}{1+kx}\quad. \tag{1.344}$$

Man erhält

$$\ln E=-\ln(1+kx)+\ln K=\ln\frac{K}{1+kx}\;, \tag{1.345}$$

wobei man hier die Integrationskonstante zweckmäßigerweise $\ln K$ setzt. Entlogarithmieren liefert schließlich

$$E=\frac{K}{1+kx}\quad. \tag{1.346}$$

Die Integrationskonstante K ergibt sich aus der „Randbedingung", wonach E an der Stelle $x=0$ (an der Oberfläche der linken Platte), wo $\epsilon=\epsilon_0$ ist und gemäß Gl. 1.90 bzw. Gl. 1.91 $D=\sigma_{\mathrm{wa}}$ gilt, den Wert

$$E(x=0)=K=\frac{D}{\epsilon_0}=\frac{\sigma_{\mathrm{wa}}}{\epsilon_0}=\frac{Q_{\mathrm{wa}}}{\epsilon_0 A} \tag{1.347}$$

besitzen muß (A ... Fläche der Kondensatorplatte). Daraus folgt als Lösung

$$E=\frac{D}{\epsilon_0(1+kx)}=\frac{Q_{\mathrm{wa}}}{A\epsilon_0(1+kx)}\quad. \tag{1.348}$$

Diese durch Integration der Differentialgleichung 1.329 für das Teilgebiet des von wahren Ladungen freien Dielektrikums bei Berücksichtigung der Randbedingung an der Stelle $x=0$ erhaltene Lösung für E hätte man natürlich sofort auf elementare Weise gewinnen können: Da die Verschiebung **D** im Dielektrikum keine Quellen hat, durchsetzt dieser Vektor das Dielektrikum ohne Änderung, d.h. hier beim Plattenkondensator ist aus Symmetriegründen (ϵ hängt nur von x ab!)

$$D_x=D=\mathrm{const}\quad. \tag{1.349}$$

Daraus erhält man aber sofort mit der Angabe Gl. 1.340

$$E=\frac{D}{\epsilon}=\frac{D}{\epsilon_0(1+kx)}=\frac{Q_{\mathrm{wa}}}{A\epsilon_0(1+kx)} \tag{1.350}$$

in Übereinstimmung mit Gl. 1.348.

Die Spannung zwischen den Platten (d . . . Plattenabstand) ist

$$U = \int_0^d E \cdot dx = \frac{Q_{wa}}{A\epsilon_0} \int_0^d \frac{dx}{1+kx} = \frac{Q_{wa}}{A\epsilon_0 k} \{\ln(1+kd) - \ln 1\} =$$

$$= \frac{Q_{wa}}{A\epsilon_0 k} \ln(1+kd) \qquad (1.351)$$

und demnach die Kapazität des Kondensators, wenn man berücksichtigt, daß mit der Ladung Q stets die seinen Platten zugeführte wahre Ladung Q_{wa} gemeint ist,

$$C = \frac{Q}{U} = \frac{Q_{wa}}{U} = \frac{\epsilon_0 A k}{\ln(1+kd)} \quad . \qquad (1.352)$$

1.3. Energie und Kräfte im elektrostatischen Feld

1.3.1. Die Energie im elektrostatischen Feld

Die Einführung des elektrischen Potentials als Quotient aus potentieller Energie W eines (punktförmigen) Ladungsträgers und seiner Ladung Q (vgl. Gl. 1.58), entsprach den Vorstellungen der „Fernwirkungstheorie". Sie deutet die Kräfte zwischen elektrischen Ladungsträgern als Kräfte, die über den leeren Raum hinweg in die Ferne wirken und unmittelbar an den Ladungsträgern selbst angreifen. Die Ladungsträger sind dann in diesem Sinne auch der Sitz der Energie der betreffenden elektrischen Ladungsanordnung.

Der Energieinhalt eines Systems ist aber nun nicht einfach gleich der Summe $\sum_k Q_k \varphi_k$, also dem über alle Ladungen summierten Produkt aus Potential und Ladung, wie man vermuten könnte. Befinden sich nämlich alle betrachteten Ladungen zunächst im Unendlichen, so ist im Endlichen überhaupt kein Potential vorhanden, es baut sich erst ein Feld und damit ein Potential auf, wenn die erste Ladung aus dem Unendlichen an ihren betreffenden Aufpunkt befördert wird und mit jeder weiteren Ladung verändert sich das Potential an allen Raumstellen.

Im folgenden soll der Energieinhalt eines Zweileitersystems (Abb. 1.67) berechnet werden, die gewonnenen Resultate lassen sich jedoch ohne

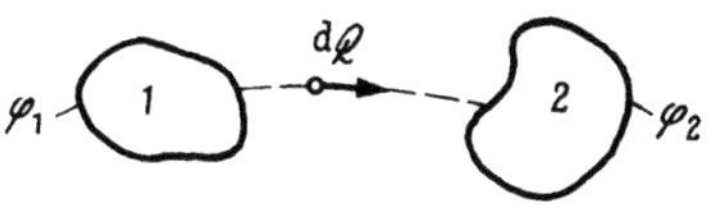

Abb. 1.67

weiteres verallgemeinern. Zwischen beiden Leitern bestehe die konstante Kapazität C. Der Raum zwischen ihnen sei also mit beliebig verteilter, allenfalls auch anisotroper, sich aber linear verhaltender Materie (s. Abschnitt 1.2.1) erfüllt – er kann natürlich auch leer sein. Im Anfangszustand seien die beiden Leiter ungeladen, es existiere also zunächst kein elektrisches Feld. Wird jedoch Ladung vom Körper 1 zum Körper 2 transportiert – es bleibt dann auf dem Körper 1 die jeweils gleich große Ladung des umgekehrten Vorzeichens zurück – so baut sich ein elektrisches Feld auf. Die beim Transport einer differentiellen (wahren) Ladung dQ vom Leiter 1 mit dem Potential φ_1 zum Leiter 2 mit dem Potential φ_2 gegen die elektrischen Feldkräfte aufgewendete (verbrauchte) mechanische Arbeit $-\mathrm{d}A$ wird als potentielle Energie $\mathrm{d}W^{\mathrm{el}}$ des Ladungsträgers gespeichert. Sie beträgt gemäß Gl. 1.56

$$\mathrm{d}W^{\mathrm{el}} = -\mathrm{d}A = \mathrm{d}Q(\varphi_2 - \varphi_1) = \mathrm{d}Q \cdot U_{21} = \mathrm{d}Q \cdot U \quad . \tag{1.353}$$

Nun ist dQ der Zuwachs der Ladung $Q = Q_2$ auf dem Leiter 2, wobei diese Ladung gemäß Gl. 1.97 der Spannung $U = U_{21} = \varphi_2 - \varphi_1$ proportional ist:

$$Q = CU \quad . \tag{1.354}$$

Wegen der Konstanz der Kapazität C gilt

$$\mathrm{d}Q = C \cdot \mathrm{d}U \tag{1.355}$$

und es folgt aus Gl. 1.353 für die beim Transport einer endlichen Ladung Q im System gespeicherte potentielle Energie

$$W^{\mathrm{el}} = \int_0^Q U \cdot \mathrm{d}Q = C \int_0^U U \cdot \mathrm{d}U = \frac{CU^2}{2} = \frac{QU}{2} = \frac{Q^2}{2C} \quad . \tag{1.356}$$

Wegen $Q = Q_2 = -Q_1$ und $U = \varphi_2 - \varphi_1$ läßt sich Gl. 1.356 in

$$W^{\mathrm{el}} = \frac{QU}{2} = \frac{Q_2(\varphi_2 - \varphi_1)}{2} = \frac{Q_1\varphi_1}{2} + \frac{Q_2\varphi_2}{2} = \sum_k \frac{Q_k\varphi_k}{2} \tag{1.356a}$$

umformen, wobei man zeigen kann, daß diese Summe auch für den Fall beliebig vieler Leiter mit den Ladungen Q_k, die sich auf den Potentialen φ_k befinden, gültig ist. Es ist also, wie schon am Beginn dieses Abschnittes angedeutet wurde, der Energieinhalt einer Ladungsanordnung nicht durch die Summe $\sum_k Q_k\varphi_k$ gegeben, sondern es tritt in Gl. 1.356a ein von der Integration herrührender Faktor 1/2 auf, der der Tatsache gerecht wird, daß mit dem Verschieben jeder einzelnen Ladung im Feld die Potentiale an den Orten der einzelnen Ladungen geändert werden.

Nach Faraday und Maxwell ist nun das Feld zwischen den Leitern nicht nur eine gedankliche Konstruktion zur graphischen Veranschaulichung etwa der Kraftwirkungen von Ladungen, sondern ein existentes Medium mit Eigenschaften ähnlich einer elastischen Substanz, die Kräfte über Entfernungen zu übertragen und Energie (Spannungsenergie) zu speichern vermag. Die Kraft auf einen Ladungsträger kommt dann durch den Spannungszustand des Feldes in der Umgebung des Ladungsträgers zustande und wird unmittelbar aus der Nähe auf die Oberfläche des Ladungsträgers ausgeübt („Nahewirkungstheorie"). In diesem Sinne ist dann das Feld der Sitz der Energie, und diese Vorstellung fand eine große Stütze durch die Entdeckung der elektromagnetischen Wellen. Hier kommt es bekanntlich zur Energieabgabe von Ladungsträgern, wobei diese Energie, bevor sie noch von anderen Ladungsträgern übernommen worden ist, im Raum zwischen dem energieabgebenden System (dem Sender) und dem energieaufnehmenden System (dem Empfänger), also im Feld, lokalisiert werden muß.

Um zu einer der Nahewirkungstheorie gemäßen Formulierung für die elektrische Energie zu gelangen, muß man den der Fernwirkungstheorie entsprechenden Ausdruck

$$W^{\mathrm{el}} = \frac{QU}{2} \tag{1.356}$$

so umformen, daß man ein Volumsintegral über den gesamten unendlichen Feldraum erhält,

$$W^{\mathrm{el}} = \int_V w^{\mathrm{el}} \cdot \mathrm{d}V \ , \tag{1.357}$$

in dem dann der Integrand w^{el} die Bedeutung einer, jedem Volumselement des Feldes zuzuordnenden Energiedichte

$$w^{\mathrm{el}} = \frac{\mathrm{d}W^{\mathrm{el}}}{\mathrm{d}V} \tag{1.358}$$

besitzt.

Für diese Umformung soll zunächst der Begriff der „Feldröhre" eingeführt werden: Eine Feldröhre ist ein röhrenförmiges Gebiet, dessen Mantelfläche durch Feldlinien gebildet wird. Stücke von Feldröhren des Feldes **E** werden zweckmäßigerweise so abgeteilt, daß die Deckflächen durch Teile von Äquipotentialflächen gebildet werden (Abb. 1.68).

Wendet man hier den aus der III. Maxwellschen Gleichung (Gl. 1.68) folgenden Satz vom elektrischen Hüllenfluß Gl. 1.70 an, der wegen der allgemeinen Gültigkeit der III. Maxwellschen Gleichung auch dann benützt werden darf, wenn sich dielektrische Materie in beliebiger Verteilung im Feldraum befindet, so ist das Hüllenintegral von **D** über jede, die Ladung

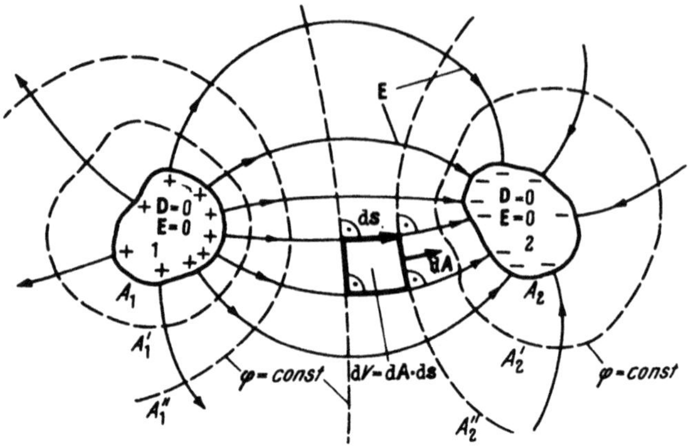

Abb. 1.68

Q_1 einschließende Äquipotentialfläche ($A_1, A_1', A_1'', \ldots$) konstant und gleich Q_1:

$$\oint_{A_1} \mathbf{D}\cdot d\mathbf{A} = \oint_{A_1'} \mathbf{D}\cdot d\mathbf{A} = \ldots = Q_1 \quad . \tag{1.359}$$

Für die rechts liegenden, nicht mehr die Ladung Q_1 sondern die Ladung Q_2 einschließenden Hüllflächen (Äquipotentialflächen $A_2, A_2', A_2'', \ldots$) gilt das gleiche Resultat, da dort der von 1 nach 2 orientierte Flächenvektor d**A** in das Innere des eingehüllten Gebietes weist, was zunächst einen Vorzeichenwechsel im Hüllenintegral zur Folge hat. Da aber jetzt die Ladung Q_2 eingehüllt wird und $Q_2 = -Q_1$ gilt, liefert das geschlossene Oberflächenintegral auch hier denselben Wert, nämlich $+Q_1$.

In der Beziehung für die Energie Gl. 1.356, die für die Anordnung Abb. 1.68

$$W^{el} = \frac{Q_1 U_{12}}{2} \left(= \frac{Q_2 U_{21}}{2}\right) = \frac{\oint_{A_1} \mathbf{D}\cdot d\mathbf{A}\cdot \int_1^2 \mathbf{E}\cdot d\mathbf{s}}{2} \tag{1.360}$$

lautet, lassen sich die beiden voneinander unabhängigen Integrationen über eine geschlossene Äquipotentialfläche und über den Weg vom Leiter 1 zum Leiter 2 entlang einer Feldröhre zu einem Volumsintegral über den gesamten, unendlich großen Feldraum zusammenfassen,

$$W^{el} = \frac{1}{2} \oint_{A_1} \int_1^2 (\mathbf{D}\cdot d\mathbf{A})\,(\mathbf{E}\cdot d\mathbf{s}) = \frac{1}{2} \oint_{A_1} \int_1^2 (\mathbf{DE})\,(d\mathbf{A}\cdot d\mathbf{s}) =$$

$$= \int_V \frac{\mathbf{DE}}{2}\, dV = \int_V w^{el}\cdot dV \quad , \tag{1.361}$$

wenn man berücksichtigt, daß die Vektoren **E** und d**A** zueinander parallel sind und daher in einem mehrfachen Produkt untereinander ausgetauscht werden können und ferner $dV = d\mathbf{A} \cdot d\mathbf{s}$ das Volumen eines differentiellen Feldröhrenstückes (Abb. 1.68) bedeutet. Man erhält also als Energiedichte des elektrostatischen Feldes den Ausdruck

$$w^{el} = \frac{dW^{el}}{dV} = \frac{1}{2}\mathbf{DE}\,, \tag{1.362}$$

der auch bei beliebig vielen Leitern und erfahrungsgemäß auch im nichtstationären Feld seine Bedeutung beibehält; er besitzt also universelle Gültigkeit, solange es sich um lineare Materie handelt, wie dies bei der Ableitung ausdrücklich vorausgesetzt wurde. Da bei der Umformung in Gl. 1.361 nur Parallelität von **E** und d**A**, nicht aber von **D** und **E** Voraussetzung ist, gilt das Resultat Gl. 1.362 auch für anisotropes Material, wenn es sich linear verhält. Auf eine Behandlung der Energiedichte bei dielektrischer Materie, die sich nichtlinear verhält, sei hier verzichtet; sie wird im Kapitel 4 über das nichtstationäre Feld besprochen. Dort wird auch – nach einer allgemeinen Erörterung der Energieverhältnisse im Abschnitt 4.4.2 – auf die bei Hysterese (s. Abschnitt 1.2.1) auftretenden Energieumwandlungen näher eingegangen (Abschnitt 4.4.2.1).

1.3.1.1. Die Berechnung der Kapazität mit Hilfe der Energie

Der Zusammenhang der Kapazität mit der elektrischen Energie Gl. 1.356 ergibt die Möglichkeit, zunächst durch Auswertung von Gl. 1.361, also durch Integration der Energiedichte w^{el}, die elektrische Energie W^{el} und aus ihr die Kapazität C zu berechnen:

$$(1.356),(1.361)\quad C = \frac{Q^2}{2W^{el}} = \frac{Q^2}{2\int\limits_V \frac{\mathbf{DE}}{2}\,dV} = \frac{Q^2}{\int\limits_V \mathbf{DE}\cdot dV}\,. \tag{1.363}$$

Bei dem am Ende vom Abschnitt 1.2.5.1.1 behandelten Koaxialkabel mit zweischichtigem, isotropem, linearem Dielektrikum gestaltet sich die Berechnung der Kapazität mit Hilfe der Energie wie folgt: Aus dem Satz vom elektrischen Hüllenfluß erhält man die elektrische Verschiebung

$$(1.321)\quad D = \frac{Q}{2\pi\varrho_A l} = \frac{\tau}{2\pi\varrho_A}\,,$$

und aus ihr die Feldstärken in den beiden Bereichen der Isolation

$$(1.322)\quad E_1 = \frac{D}{\epsilon_1} = \frac{\tau}{2\pi\varrho_A\epsilon_1} \quad \text{und (1.323)}\quad E_2 = \frac{D}{\epsilon_2} = \frac{\tau}{2\pi\varrho_A\epsilon_2}\,.$$

Die elektrische Energie im Kabel (zwischen Innen- und Außenleiter) ist somit

$$W^{el} = \int_V \frac{1}{2}\mathbf{DE}\cdot dV = \int_{R_1}^{R_2} \frac{1}{2} DE_1 2\pi \varrho_A l \cdot d\varrho_A + \int_{R_2}^{R_3} \frac{1}{2} DE_2 2\pi \varrho_A l \cdot d\varrho_A =$$

$$= \int_{R_1}^{R_2} \frac{\tau^2 l}{4\pi \varrho_A \epsilon_1} d\varrho_A + \int_{R_2}^{R_3} \frac{\tau^2 l}{4\pi \varrho_A \epsilon_2} d\varrho_A =$$

$$= \frac{\tau^2 l}{4\pi} \left\{ \frac{1}{\epsilon_1} \ln \frac{R_2}{R_1} + \frac{1}{\epsilon_2} \ln \frac{R_3}{R_2} \right\} . \tag{1.364}$$

Aus Gl. 1.363 erhält man mit Gl. 1.364 für die Kapazität

$$C = \frac{Q^2}{2W^{el}} = \frac{\tau^2 l^2}{2W^{el}} = \frac{2\pi l}{\frac{1}{\epsilon_1} \ln \frac{R_2}{R_1} + \frac{1}{\epsilon_2} \ln \frac{R_3}{R_2}} \tag{1.365}$$

in Übereinstimmung mit Gl. 1.325.

1.3.2. Kraft und Drehmoment im elektrostatischen Feld

In der Literatur werden im elektromagnetischen Feld häufig Ansätze für die Kraft und das Drehmoment benützt, die verschiedene Gestalt besitzen, ohne daß die Autoren Begründungen für diese Unterschiede geben können (s. z.B./1.5/). Es soll daher im folgenden das Problem des Kraftangriffes des elektromagnetischen Feldes – hier zunächst des elektrostatischen – ausführlich untersucht und dargestellt werden. (Eine noch weiter ins Detail gehende Behandlung s./1.6/.)

Zu den Berechnungen in den folgenden Abschnitten sei bemerkt, daß sich praktisch sprunghafte Änderungen von Material- und Feldwerten an der Grenzfläche zweier Körper oder eines Körpers gegenüber dem leeren Raum mathematisch als sehr steile, jedoch stetige Veränderungen dieser Werte in sehr schmalen Gebieten behandeln lassen. Soll etwa die Kraft auf einen festen Körper, der sich in einer Flüssigkeit befindet, berechnet werden, so läßt sich zeigen, daß das Resultat unabhängig davon ist, ob man die schmale Übergangsschicht mit den sehr steilen Änderungen der Material- und Feldwerte zur Gänze dem festen Körper (Fall 1) oder zur Gänze der Flüssigkeit (Fall 2) zuordnet oder aber ob man sich zwischen festem Körper und Flüssigkeit eine sehr dünne Schicht leeren Raumes vorstellt, so daß sich in den angrenzenden Schichten sowohl des festen Körpers als auch der Flüssigkeit die Material- und Feldwerte von jenen der Materie zu jenen des leeren Raumes ändern (Fall 3).

Die Methode des Falles 1 ist mathematisch am einfachsten zu behandeln und sie wird deshalb im Abschnitt 1.3.2.4 benützt. Sie wird auch durch das Prinzip der virtuellen Verschiebung nahegelegt und begründet, denn bei der Verschiebung eines festen Körpers in einer Flüssigkeit verschiebt sich die gesamte Übergangszone (die Sprungfläche) mit dem festen Körper mit /1.6/.

1.3.2.1. Kräfte auf elektrisch geladene Körper im leeren Raum

Von der Kraft auf einen punktförmigen Ladungsträger mit der (wahren) Ladung Q

(1.55) $\mathbf{F} = Q\mathbf{E}$

kann man zur differentiellen Kraft $\mathrm{d}\mathbf{F}$ auf eine differentielle Ladung $\mathrm{d}Q$

$$\mathrm{d}\mathbf{F} = \mathrm{d}Q\cdot\mathbf{E} \tag{1.366}$$

übergehen. Bei einer räumlich mit der Dichte ϱ verteilten (wahren) Ladung erhält man aus Gl. 1.366 mit Gl. 1.27

$$\mathrm{d}\mathbf{F} = \varrho\cdot\mathrm{d}V\cdot\mathbf{E} = \varrho\mathbf{E}\cdot\mathrm{d}V = \mathbf{f}\cdot\mathrm{d}V \ , \tag{1.367}$$

und die Gesamtkraft auf einen mit elektrischer Ladung erfüllten Körper wird

$$\mathbf{F} = \int\limits_V \mathbf{f}\cdot\mathrm{d}V = \int\limits_V \varrho\mathbf{E}\cdot\mathrm{d}V \ , \tag{1.368}$$

mit der Kraftdichte (Volumskraft)

$$\mathbf{f} = \frac{\mathrm{d}\mathbf{F}}{\mathrm{d}V} = \varrho\mathbf{E} \ . \tag{1.369}$$

Bei geladenen Leitern ist jedoch die Ladung nicht räumlich, sondern praktisch flächenhaft mit der (wahren) Ladungsdichte σ an der Oberfläche verteilt. Im Gegensatz zu Problemen, bei denen das Potential eine wesentliche Rolle spielt (z.B. bei Energiefragen, s. Abschnitt 1.3.1) und bei denen sich stets der Wert des Potentials, auf dem sich die betreffende Leiteroberfläche und damit die Ladung befindet, eindeutig angeben läßt, ist der Wert der elektrischen Feldstärke **E** am Ort einer flächenhaften Ladung zunächst unbestimmt. An der Innenseite der Leiteroberfläche, die eine Sprungfläche des elektrischen Feldes ist, gilt $\mathbf{E} = 0$ und $\mathbf{D} = 0$, an der Außenseite, im leeren Raum, ist gemäß Gl. 1.91

$$\mathbf{D} = \mathbf{D}_0 = \epsilon_0\mathbf{E}_0 = D_0\mathbf{n} = \sigma\mathbf{n} \ . \tag{1.370}$$

Der Übergang von der Kraft auf eine räumliche Ladungsverteilung Gl. 1.368 zur Kraft auf eine flächenhafte kann nun folgendermaßen durchgeführt werden: Man nimmt an, daß sich die Ladung an der beliebig geformten Oberfläche in einer zwar sehr dünnen, aber doch endlich dicken Schicht von der Breite b befindet (Abb. 1.69), so daß die Feldstärke $\mathbf{E}$ in dieser Schicht vom Wert null zum Wert $\mathbf{E}_0$ anwächst, ihr Mittelwert ist also $\bar{\mathbf{E}} = \mathbf{E}_0/2$. An einem endlich großen, sehr dünnen und mit hoher räumlicher Ladungsdichte ϱ erfüllten Volumen greift die Kraft

$$\text{(1.368)} \quad \mathbf{F} = \lim_{b\to 0} \int_V \varrho \, \mathbf{E} \cdot dV = \lim_{b\to 0} \int_A \left\{ \int_0^b \varrho \, \mathbf{E} \cdot ds \right\} dA =$$

$$= \int_A \left\{ \lim_{b\to 0} \int_0^b \varrho \, \mathbf{E} \cdot ds \right\} dA = \int_A \mathbf{p} \cdot dA \qquad (1.371)$$

an, aus der sich die auf die Fläche bezogene Kraft, also die an der Leiteroberfläche angreifende Spannung (Flächenkraft) $\mathbf{p}$, berechnen läßt:

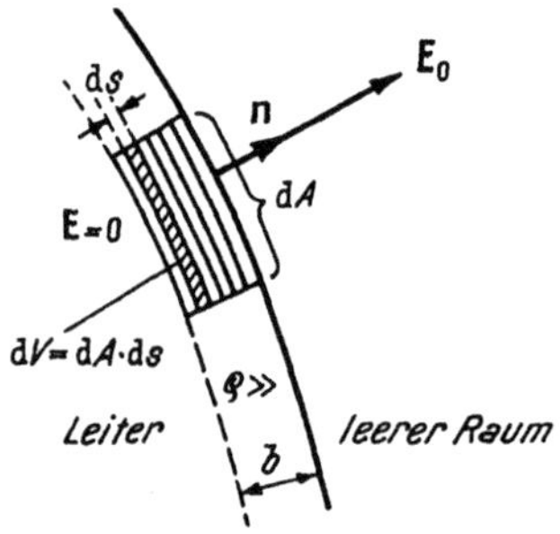

n ···*Einsvektor der Flächennormale bzw. in Feldrichtung*

Abb. 1.69

$$\mathbf{p} = \frac{d\mathbf{F}}{dA} = \lim_{b\to 0} \int_0^b \varrho \, \mathbf{E} \cdot ds = \bar{\mathbf{E}} \cdot \lim_{b\to 0} \int_0^b \varrho \cdot ds =$$

$$= \bar{\mathbf{E}} \cdot \lim_{b\to 0} \varrho \int_0^b ds = \bar{\mathbf{E}} \cdot \lim_{b\to 0} \varrho b \ . \qquad (1.372)$$

In Gl. 1.372 ließen sich der Mittelwert $\bar{\mathbf{E}}$ und die Ladungsdichte ϱ wegen c Limes $b \to 0$ und der in diesem Falle zulässigen Annahme, daß die Ladungsdichte ϱ in der sehr dünnen Ladungsschicht in Richtung normal zur Oberfläche gleichmäßig verteilt sei, vor das Integral ziehen. Nach Gl. 1.5 ist aber der in Gl. 1.372 mit $\bar{\mathbf{E}}$ multiplizierte Ausdruck die Flächenladungsdicht σ, so daß man unter Benützung von Gl. 1.370 und wegen $\mathbf{D}_0 \uparrow\uparrow \mathbf{E}_0 \uparrow\uparrow \mathbf{n}$ für die an der Leiteroberfläche angreifende Spannung

$$\mathbf{p} = \bar{\mathbf{E}} \cdot \lim_{b\to 0} b\varrho = \bar{\mathbf{E}}\sigma = \sigma \frac{\mathbf{E}_0}{2} = \frac{1}{2}(\mathbf{D}_0\mathbf{n})\,\mathbf{E}_0 = \frac{1}{2}(\mathbf{D}_0\mathbf{E}_0)\,\mathbf{n} = p\mathbf{n} \ , \qquad (1.373)$$

mit dem Betrag

$$\text{(1.373), (1.362)} \quad p = \frac{\mathbf{D}_0\mathbf{E}_0}{2} = w^{el} \qquad (1.374)$$

~rhält. Das Resultat Gl. 1.373 ist einleuchtend: Auf die flächenhaft ver- ~ Ladung wirkt eine Flächenkraft (S...

dukt aus der Flächenladungsdichte σ und dem Mittelwert $\bar{\mathbf{E}} = \mathbf{E}_0/2$ der Feldstärke zu beiden Seiten der Flächenladung ist. Der Betrag dieser normal zur Leiteroberfläche, also in Feldrichtung wirkenden Zugspannung ist im übrigen nach Gl. 1.374 gleich der an der betreffenden Stelle der Leiteroberfläche vorhandenen Energiedichte w^{el} des elektrischen Feldes.

In der Beziehung für die Kraft auf eine räumliche Ladungsverteilung Gl. 1.368 und daher auch in jener für die an Leiteroberflächen angreifenden Spannung Gl. 1.373 ist mit der Feldstärke **E** jedenfalls die am Ort des betreffenden, zunächst räumlich ausgedehnt gedachten Ladungselementes vorhandene (Gesamt)Feldstärke gemeint, die von allen Ladungen, also auch den eigenen des betrachteten Leiters (Körpers), an dem die Kräfte angreifen, hervorgerufen wird. Jede elektrische Ladung unterliegt natürlich der Kraft des Gesamtfeldes – im Rahmen der Kontinuumstheorie also des Makrofeldes – gleichgültig, von welchen Ladungen dieses Gesamtfeld im einzelnen herrührt. In vielen Fällen wird aber folgende Überlegung mathematisch rascher zum Ziel führen: Es kann offensichtlich das Feld der eigenen Ladungen eines Körpers keine resultierende, ihn bewegende (beschleunigende) Kraft erzeugen. Das Gesamtfeld **E** besteht nun aus diesem Eigenfeld $\mathbf{E}_e$ der eigenen Ladungen und dem Fremdfeld $\mathbf{E}_f$ aller übrigen Ladungen:

$$\mathbf{E} = \mathbf{E}_e + \mathbf{E}_f \quad . \tag{1.375}$$

Jedes der beiden Felder ist also ein Teilfeld, das auf Grund der betreffenden Ladungen (der eigenen bzw. der fremden) in der gegenwärtigen Verteilung für sich allein im leeren Raum vorhanden wäre. Es muß nun die Resultierende der Eigenkräfte

$$\mathbf{F}_e = \int_V \varrho\, \mathbf{E}_e \cdot \mathrm{d}V = 0 \tag{1.376}$$

verschwinden, da eine, auch in beliebiger Verteilung gedachte Eigenladung den Körper im leeren Raum nicht von selbst bewegen (beschleunigen) kann. Auch das Eigenfeld bewirkt natürlich an den eigenen Ladungen Kräfte, die z.B. zu Verzerrungen des Körpers führen können, wenn er nicht ideal starr sondern elastisch ist, die Summe aller Eigenkräfte, also das Integral Gl. 1.376, muß aber den Wert null liefern. Damit wird

$$\mathbf{F} = \int_V \varrho\, \mathbf{E} \cdot \mathrm{d}V = \int_V \varrho\, (\mathbf{E}_e + \mathbf{E}_f)\, \mathrm{d}V = \int_V \varrho\, \mathbf{E}_f \cdot \mathrm{d}V \quad . \tag{1.377}$$

Die resultierende Kraft auf einen Körper läßt sich also auch aus dem Fremdfeld aller übrigen Ladungen allein berechnen.

Als einfaches Beispiel soll die Flächenkraft (Spannung) berechnet werden, die auf eine der ebenen Elektroden eines Plattenkondensators einwirkt. Die Feldverzerrung am Rande der Platten bleibe unberücksichtigt. In Abb.

1.70a und b sind die beiden Teilfelder der positiv und der negativ geladenen Kondensatorplatte dargestellt. Man erkennt, daß sich im Zwischenraum zwischen den Kondensatorplatten die beiden, dem Betrag nach gleich großen Teilfelder ($\mathbf{E}_+ = \mathbf{E}_-$) zum Gesamtfeld

$$\mathbf{E} = \mathbf{E}_+ + \mathbf{E}_- = E_+\mathbf{n} + E_-\mathbf{n} = 2E_+\mathbf{n} = 2\mathbf{E}_+ \tag{1.378}$$

ergänzen, woraus für die Teilfelder im Kondensatorinneren

$$\mathbf{E}_+ = \mathbf{E}_- = \frac{\mathbf{E}}{2} = \frac{E}{2}\mathbf{n} \tag{1.379}$$

folgt. Links bzw. rechts außerhalb des Kondensators heben sich die beiden jeweils entgegengesetzt orientierten Teilfelder ($\mathbf{E}_+ = -\mathbf{E}_-$) auf, außerhalb des Kondensators existiert kein (Gesamt)Feld. Auf die flächenhaft verteilte Ladung einer Platte, z.B. der linken, positiv geladenen, die im homogenen Fremdfeld

$$\mathbf{E}_- = E_-\mathbf{n} = \frac{E}{2}\mathbf{n} = \text{const} \tag{1.380}$$

der negativen Platte liegt, wirkt daher eine (mechanische) Spannung

$$\mathbf{p} = \frac{d\mathbf{F}}{dA} = \frac{d}{dA}\int_V \varrho\,\mathbf{E}_f \cdot dV = \mathbf{E}_f\,\frac{d}{dA}\int_V \varrho \cdot dV = \mathbf{E}_f\,\frac{dQ}{dA} =$$

$$= \sigma\mathbf{E}_f = \sigma E_- \cdot \mathbf{n} = \sigma\frac{E}{2}\mathbf{n} = \frac{1}{2}(\mathbf{D}\mathbf{n})\,E\mathbf{n} = \frac{1}{2}(\mathbf{D}\mathbf{E})\mathbf{n} = w^{el}\mathbf{n} \tag{1.381}$$

in Übereinstimmung mit der direkt aus dem Gesamtfeld **E** gewonnenen Beziehung Gl. 1.373 mit Gl. 1.374.

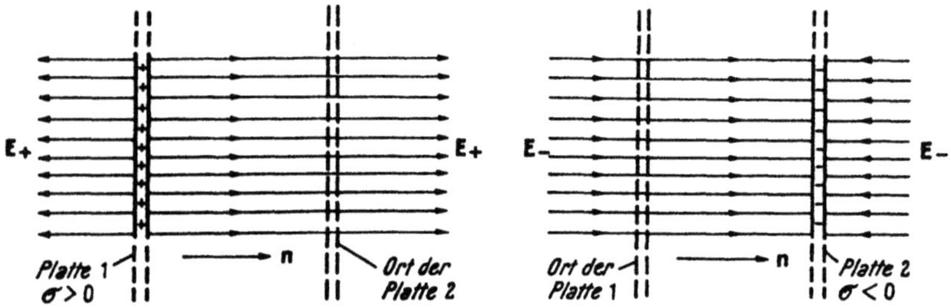

Abb. 1.70

Bei der Berechnung der Kraft (und des Drehmomentes) auf Ladungen und Dipole differentieller Größe spielt der Unterschied zwischen „Gesamfeld **E**" und „Fremdfeld $\mathbf{E}_f$ (aller übrigen Ladungen)" keine Rolle, da der Unterschied wegen der differentiellen Kleinheit des Eigenfeldes verschwindet. In solchen Fällen (z.B. Gl. 1.366 bis Gl. 1.373, Gl. 1.385 bis Gl. 1.387, Abschn. 1.3.2.3 ff) wird daher beim Kraftangriff an Volumenselementen der Materie mit **E** stets das Gesamtfeld am Ort des Volumenselementes zu verstehen sein.

1.3.2.2. Kraft und Drehmoment auf einen Dipol

In einem homogenen elektrischen Fremdfeld $\mathbf{E}_f$ wird auf einen Dipol (Abb.1.71) keine resultierende Kraft ausgeübt, da die Resultierende der beiden gleich großen, entgegengesetzt orientierten Einzelkräfte ($\mathbf{F}_2 = -\mathbf{F}_1$) auf die beiden Ladungen verschwindet. Hingegen tritt wegen des Kräftepaares ein Drehmoment

$$\mathbf{T} = \mathbf{r}'_1 \times \mathbf{F}_1 + \mathbf{r}'_2 \times \mathbf{F}_2 = \mathbf{r}_1 \times \mathbf{F}_1 + \mathbf{r}_2 \times \mathbf{F}_2 = (\mathbf{r}_2 - \mathbf{r}_1) \times \mathbf{F}_2 =$$

$$= \mathbf{l} \times \mathbf{F}_2 = \mathbf{l} \times |Q| \cdot \mathbf{E}_f = |Q| \cdot \mathbf{l} \times \mathbf{E}_f \doteq \mathbf{p}^{el} \times \mathbf{E}_f \qquad (1.382)$$

auf, das bekanntlich von der Lage des gewählten Poles, z.B. 0 oder 0', unabhängig ist und daher auch auf den Pol 0'' am Ort der negativen Ladung bezogen werden kann (Abb.1.71). Es erweist sich als Vektorprodukt aus dem elektrischen Moment $\mathbf{p}^{el}$ des Dipols und der elektrischen Feldstärke $\mathbf{E}_f$ und versucht also den Dipol zum Feld $\mathbf{E}_f$ parallel zu stellen.

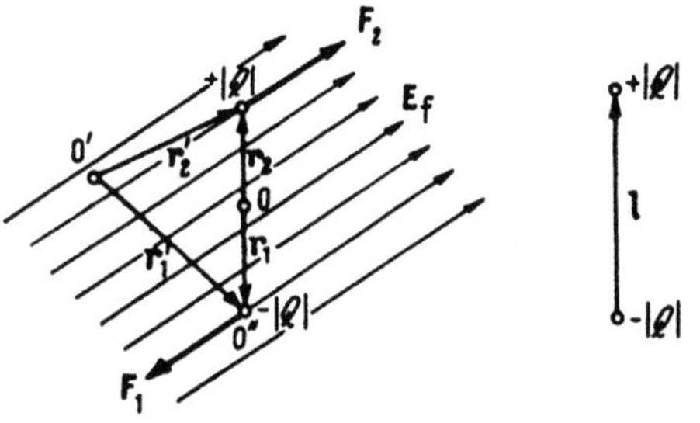

Abb. 1.71

In einem inhomogenen Fremdfeld tritt allerdings auch eine resultierende K auf den Dipol auf, da die beiden gleichgroßen Ladungen i.a. an Stellen verschiedener Feldstärke liegen (Abb.1.72):

$$\mathbf{F} = \mathbf{F}_1 + \mathbf{F}_2 = -|Q| \cdot \mathbf{E}_{1f} + |Q| \cdot \mathbf{E}_{2f} = |Q|(\mathbf{E}_{2f} - \mathbf{E}_{1f}) \ . \qquad (1.383)$$

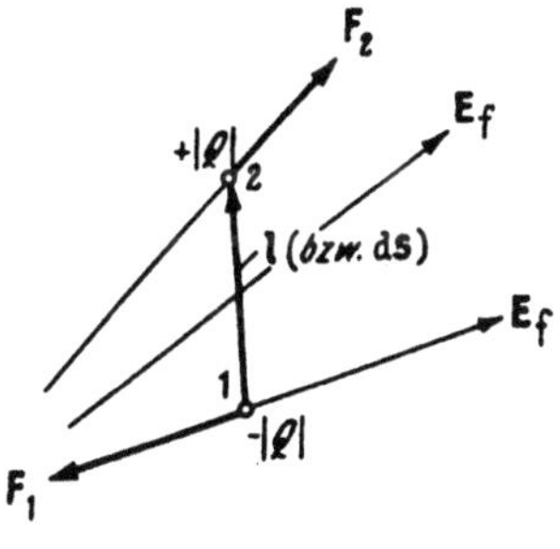

Abb.1.72

Bei einem Dipol mit differentiellem Ladungsbetrag und differentiellem Lad abstand, also differentiellem Dipolmoment

$$d\mathbf{p}^{el} = |dQ| \cdot d\mathbf{s} \qquad (1.384)$$

wird die Kraft d**F** wegen

$$\mathbf{E}_2 = \mathbf{E}_1 + \mathrm{d}\mathbf{E} = \mathbf{E}_1 + \frac{\partial \mathbf{E}}{\partial x}\mathrm{d}x + \frac{\partial \mathbf{E}}{\partial y}\mathrm{d}y + \frac{\partial \mathbf{E}}{\partial z}\mathrm{d}z = \mathbf{E}_1 + (\mathrm{d}\mathbf{s}\nabla)\,\mathbf{E} \qquad (1.385)$$

durch

$$\mathrm{d}\mathbf{F} = \mathbf{F}_1 + \mathbf{F}_2 = |\mathrm{d}Q|(\mathbf{E}_2 - \mathbf{E}_1) = |\mathrm{d}Q|\cdot \mathrm{d}\mathbf{E} = |\mathrm{d}Q|\,(\mathrm{d}\mathbf{s}\nabla)\,\mathbf{E} = (\mathrm{d}\mathbf{p}^{\mathrm{el}}\nabla)\,\mathbf{E} \qquad (1.386)$$

gegeben sein. Die Kraft ist bei einem Dipol, der sich zum Feld **E** parallel gestellt hat, in Richtung des Anstieges von $|\mathbf{E}|$ orientiert; der Dipol wird also in das Feld hineingezogen.

Im inhomogenen Feld tritt beim Drehmoment auf einen differentiellen Dipol zum Drehmoment des Kräftepaares gemäß Gl. 1.382 noch jenes der resultierenden Kraft Gl. 1.386 bezüglich des gewählten Poles 0 hinzu, so daß sich

$$\mathrm{d}\mathbf{T} = \mathrm{d}\mathbf{p}^{\mathrm{el}} \times \mathbf{E} + \mathbf{r} \times \mathrm{d}\mathbf{F} = \mathrm{d}\mathbf{p}^{\mathrm{el}} \times \mathbf{E} + \mathbf{r} \times (\mathrm{d}\mathbf{p}^{\mathrm{el}}\nabla)\,\mathbf{E} \qquad (1.387)$$

mit **r** als Ortsvektor vom Ort des Poles zum Ort des Dipols, ergibt. Der Index f bei der Feldstärke **E** kann in den Gln. 1.385 bis 1.387 entfallen (s. die Erörterungen am Ende von Abschn. 1.3.2.1).

1.3.2.3. Kraft und Drehmoment auf elektrisch geladene und polarisierte Körper im leeren Raum

Bei der Berechnung der Kraft auf einen im leeren Raum befindlichen polarisierten Körper, auf dessen Polarisationsladungen das elektrische Feld in gleicher Weise wie auf die in den vorangegangenen Abschnitten 1.3.2.1 und 1.3.2.2 besprochenen wahren Ladungen einwirkt, kann man zunächst zwei Wege beschreiten. Es sollen dabei der Einfachheit halber sprunghafte Feld- und Materialänderungen durch sehr schmale Gebiete mit sehr steilen aber stetigen Änderungen ersetzt werden, die man gegebenenfalls mathematisch durch einen Grenzübergang (Breite $b \to 0$) noch weiter behandeln kann (s. /1.7/). Es kommen dann im folgenden (makroskopisch) nur räumlich verteilte Polarisationsladungen der Dichte

(1.224) $\varrho_P = -\mathrm{div}\,\mathbf{P}$

vor. Trägt der betrachtete Körper auch noch wahre Ladungen — es kommen auf Grund der Annahme stetiger Feldänderungen nur solche der räumlichen Dichte

(1.233) $\varrho_{wa} = \mathrm{div}\,\mathbf{D}$

in Frage — so greift das elektrische Feld insgesamt an der Summe aller Ladungen, also an der freien Ladungsdichte

(1.228) $\varrho' = \varrho_{wa} + \varrho_P = \mathrm{div}(\mathbf{D} - \mathbf{P}) = \epsilon_0 \cdot \mathrm{div}\,\mathbf{E}$, (1.388)

in Erweiterung der Beziehung Gl. 1.369 also mit einer Kraftdichte

$$\mathbf{f}_m = \varrho'\mathbf{E} = (\varrho_{wa} + \varrho_P)\,\mathbf{E} = \epsilon_0\,\mathbf{E}\cdot\operatorname{div}\mathbf{E} = \epsilon_0\,\mathbf{E}\,(\nabla\mathbf{E}) \tag{1.389}$$

an, die über den Körper integriert eine resultierende Kraft

$$\mathbf{F}_m = \int_V \mathbf{f}_m \cdot dV = \int_V \varrho'\mathbf{E}\cdot dV = \epsilon_0 \int_V \mathbf{E}\,(\nabla\mathbf{E})\,dV \tag{1.390}$$

ergibt. Der Index „m" bei $\mathbf{f}_m$ in Gl. 1.389 bzw. bei $\mathbf{F}_m$ in Gl. 1.390 soll darauf hinweisen, daß die in Rechnung gesetzte Polarisationsladungsdichte ϱ_P dadurch zustande kommt, daß man die Volumselemente eines Körpers „mathematisch" begrenzt, so daß stets Dipole (Atome) auseinandergeschnitten werden (s. Abb. 1.51). Da man aber über das gesamte Volumen des im leeren Raum befindlichen Körpers integriert, erfaßt man auf diese Weise jedenfalls auch alle zu ihm gehörenden Polarisationsladungen.

Man kann aber auch alle Polarisationsladungen dadurch richtig erfassen, daß man die Volumselemente „physikalisch" begrenzt, wie dies in Abb. 1.48 und in Abb. 1.49 dargestellt ist, es ist dann also jedes Volumselement dV ein elementarer Dipol mit einem elektrischen Dipolmoment nach Gl. 1.217

$$d\mathbf{p}^{el} = \mathbf{P}\cdot dV \quad . \tag{1.391}$$

Die Kraft auf einen solchen elementaren Dipol ist nach Gl. 1.386 und mit Gl. 1.391

$$d\mathbf{F} = (d\mathbf{p}^{el}\nabla)\,\mathbf{E} = (\mathbf{P}\nabla)\,\mathbf{E}\cdot dV \quad . \tag{1.392}$$

Polarisierte Materie erleidet also eine Kraft in Richtung wachsender Feldstärke **E**. Wenn ein Körper auch noch wahre Ladung trägt, so ergibt sich auf jedes seiner polarisierten und mit wahren Ladungen behafteten, physikalisch begrenzten (Index „ph") Volumselemente eine Kraft

$$d\mathbf{F}_{ph} = \varrho_{wa}\mathbf{E}\cdot dV + (\mathbf{P}\nabla)\,\mathbf{E}\cdot dV = \{\varrho_{wa}\mathbf{E} + (\mathbf{P}\nabla)\,\mathbf{E}\}\,dV = \mathbf{f}_{ph}\cdot dV \quad . \tag{1.393}$$

Es wirkt also auf den Körper eine Kraftdichte

$$\mathbf{f}_{ph} = \varrho_{wa}\mathbf{E} + (\mathbf{P}\nabla)\,\mathbf{E} \quad , \tag{1.394}$$

bzw. eine resultierende Gesamtkraft

$$\mathbf{F}_{ph} = \int_V \mathbf{f}_{ph}\cdot dV = \int_V \{\varrho_{wa}\mathbf{E} + (\mathbf{P}\nabla)\,\mathbf{E}\}\,dV =$$

$$= \int_V \{\mathbf{E}\,(\nabla\mathbf{D}) + (\mathbf{P}\nabla)\,\mathbf{E}\}\,dV \quad . \tag{1.395}$$

Die beiden verschiedenen Arten der Abgrenzung, also der Zuteilung der Polarisationsladungen zu den Volumselementen, dürfen bei einem Körper, der sich im leeren Raum befindet, keinesfalls zu verschiedenen Resultaten für die resultierende Kraft führen, wenn man über den gesamten Körper, also über alle seine Ladungen integriert. Die Übereinstimmung der Resultate aus Gl. 1.390 und Gl. 1.395 läßt sich am einfachsten in der Weise mathematisch nachweisen, daß man die beiden Volumsintegrale in Oberflächenintegrale umformt. Es sei an dieser Stelle darauf hingewiesen, daß beim Rechnen mit dem Differentialoperator Nabla die Übereinkunft bestehen soll, daß dieser Operator – ungeachtet allfälliger Klammern – bei mehrfachen Produkten auf alle hinter ihm stehenden Größen anzuwenden ist, soferne nicht durch einen Index c bei einer Größe ausdrücklich angegeben wird, daß diese Größe hinsichtlich Nabla konstant zu halten ist.

Aus Gl. 1.390 erhält man unter Berücksichtigung der im elektrostatischen Feld gültigen Bedingung

$$(1.39)\quad \operatorname{rot}\mathbf{E} = \nabla \times \mathbf{E} = 0\ ,$$

aus der

$$\mathbf{E}\times\operatorname{rot}\mathbf{E} = \mathbf{E}\times(\nabla\times\mathbf{E}) = \nabla(\mathbf{E}\mathbf{E}_c) - (\mathbf{E}\nabla)\,\mathbf{E} = \nabla\frac{\mathbf{E}^2}{2} - (\mathbf{E}\nabla)\,\mathbf{E} = 0 \qquad (1.396)$$

und daher

$$(\mathbf{E}\nabla)\,\mathbf{E} = \nabla\frac{\mathbf{E}^2}{2} \qquad (1.397)$$

folgt, das Resultat

$$\mathbf{F}_m = \int_V \varrho'\mathbf{E}\cdot dV = \epsilon_0\int_V \mathbf{E}(\nabla\mathbf{E})\,dV = \epsilon_0\int_V \{\mathbf{E}(\nabla\mathbf{E}) + (\mathbf{E}\nabla)\,\mathbf{E} - \frac{1}{2}\nabla\mathbf{E}^2\}\,dV =$$

$$= \epsilon_0\int_V (\nabla\mathbf{E})\,\mathbf{E}\cdot dV - \frac{\epsilon_0}{2}\int_V \nabla\mathbf{E}^2\cdot dV =$$

$$= \int_V \{(dV\cdot\nabla)\,\mathbf{E}\}\,\epsilon_0\mathbf{E} - \int_V (dV\cdot\nabla)\,\frac{\epsilon_0}{2}\,\mathbf{E}^2\ . \qquad (1.398)$$

In der letzten Form von Gl. 1.398 sind jeweils alle hinter Nabla stehenden Größen zu differenzieren, man kann also mit Hilfe des Gaußschen Integralsatzes, der in Operatorenform

$$(1.62)\quad \int_V dV\cdot\nabla\ldots = \oint_A d\mathbf{A}\ldots$$

lautet, in Oberflächenintegrale umwandeln:

$$\mathbf{F}_m = \int_V \{(dV\cdot\nabla)\mathbf{E}\}\epsilon_0\mathbf{E} - \int_V (dV\cdot\nabla)\frac{\epsilon_0}{2}\mathbf{E}^2 = \oint_A (d\mathbf{A}\cdot\mathbf{E})\epsilon_0\mathbf{E} - \oint_A d\mathbf{A}\frac{\epsilon_0}{2}\mathbf{E}^2 =$$
$$= \oint_A \epsilon_0\mathbf{E}(\mathbf{E}\cdot d\mathbf{A}) - \oint_A \frac{\epsilon_0}{2}\mathbf{E}^2\cdot d\mathbf{A} = \oint_A \{\epsilon_0\mathbf{E}(\mathbf{E}\mathbf{n}) - \frac{1}{2}\epsilon_0\mathbf{E}^2\mathbf{n}\}\,dA =$$
$$= \oint_A \mathbf{p}_m\cdot dA \quad . \tag{1.399}$$

Man sieht, daß man das Integral Gl. 1.390 über die im Inneren des Körpers an den „mathematisch" begrenzten Volumselementen angreifenden Volumskräfte Gl. 1.389 durch eine mathematische Umformung mit Hilfe des Gaußschen Integralsatzes in eine Form bringen kann, in der die resultierende Kraft durch ein Oberflächenintegral über (scheinbar!) an der Oberfläche angreifende Spannungen

$$\mathbf{p}_m = \epsilon_0\mathbf{E}(\mathbf{E}\mathbf{n}) - \frac{1}{2}\epsilon_0\mathbf{E}^2\mathbf{n} \tag{1.400}$$

ausgedrückt ist. Diese Spannungen stellen allerdings lediglich ein System von Ersatzkräften dar, das bei Integration über die Oberfläche des Körpers zu dem gleichen Resultat führt, das man durch Integration der tatsächlich im Inneren des Körpers an jedem seiner Volumselemente angreifenden Kraftdichte Gl. 1.389 erhält.

Auch die andere Form der resultierenden Kraft, also Gl. 1.395, läßt sich in ein Oberflächenintegral umwandeln, wenn man wieder die Beziehung Gl. 1.397 benützt:

$$\mathbf{F}_{ph} = \int_V \{\mathbf{E}(\nabla\mathbf{D}) + (\mathbf{P}\nabla)\mathbf{E}\}\,dV = \int_V \{\mathbf{E}(\nabla\mathbf{D}) + [(\mathbf{D}-\epsilon_0\mathbf{E})\nabla]\mathbf{E}\}\,dV =$$
$$= \int_V \{\mathbf{E}(\nabla\mathbf{D}) + (\mathbf{D}\nabla)\mathbf{E} - \epsilon_0(\mathbf{E}\nabla)\mathbf{E}\}\,dV = \int_V \{(\nabla\mathbf{D})\mathbf{E} - \nabla\frac{\epsilon_0}{2}\mathbf{E}^2\}\,dV =$$
$$= \int_V (dV\cdot\nabla\mathbf{D})\mathbf{E} - \int_V dV\cdot\nabla\frac{\epsilon_0}{2}\mathbf{E}^2 \quad . \tag{1.401}$$

Wieder sind im letzten Ausdruck von Gl. 1.401 alle hinter Nabla stehenden Größen zu differenzieren und man kann den Gaußschen Integralsatz Gl. 1.62 anwenden:

$$\mathbf{F}_{ph} = \oint_A (d\mathbf{A}\cdot\mathbf{D})\mathbf{E} - \oint_A d\mathbf{A}\frac{\epsilon_0}{2}\mathbf{E}^2 = \oint_A \{(\mathbf{n}\mathbf{D})\mathbf{E} - \mathbf{n}\frac{\epsilon_0}{2}\mathbf{E}^2\}\,dA =$$
$$= \oint_A \{\mathbf{E}(\mathbf{D}\mathbf{n}) - \frac{\epsilon_0}{2}\mathbf{E}^2\mathbf{n}\}\,dA = \oint_A \mathbf{p}_{ph}\cdot dA \quad . \tag{1.402}$$

Die Gesamtkraft erscheint jetzt in der Form eines Oberflächenintegrals über die (scheinbaren) Spannungen

$$\mathbf{p}_{ph} = \mathbf{E}(\mathbf{D}\mathbf{n}) - \frac{\epsilon_0}{2}\mathbf{E}^2\mathbf{n} \ . \tag{1.403}$$

Da der betrachtete Körper von leerem Raum umgeben sein soll, und daher an der Außenseite seiner Oberfläche, über die die Integrale Gl. 1.399 und Gl. 1.402 zu erstrecken sind, die Beziehung

$$\text{(1.64)} \quad \mathbf{D}_0 = \epsilon_0 \mathbf{E}_0 \tag{1.404}$$

gilt, werden die (fiktiven) Spannungen Gl. 1.400 und Gl. 1.403 gleich,

$$\mathbf{p}_{m,0} = \epsilon_0(\mathbf{E}_0\mathbf{n})\,\mathbf{E}_0 - \frac{\epsilon_0}{2}\mathbf{E}_0^2\mathbf{n} = (\mathbf{D}_0\mathbf{n})\,\mathbf{E}_0 - \frac{\epsilon_0}{2}\mathbf{E}_0^2\mathbf{n} = \mathbf{p}_{ph,0} \ , \tag{1.405}$$

und damit auch die resultierenden Kräfte,

$$\mathbf{F}_{m,0} = \oint_A \mathbf{p}_{m,0} \cdot \mathrm{d}A = \oint_A \mathbf{p}_{ph,0} \cdot \mathrm{d}A = \mathbf{F}_{ph,0} \ , \tag{1.406}$$

was nachzuweisen war.

Das Drehmoment auf einen polarisierten und mit wahren Ladungen behafteten Körper lautet bei „mathematischer" Bereichsabgrenzung gemäß Gl. 1.389 mit $\mathbf{r}$ als dem vom Pol zum Volumselement $\mathrm{d}V$ der Materie weisenden Radiusvektor

$$\mathbf{T}_m = \int_V \mathbf{r} \times \mathrm{d}\mathbf{F}_m = \int_V \mathbf{r} \times \mathbf{f}_m \cdot \mathrm{d}V = \int_V \mathbf{r} \times \varrho' \mathbf{E} \cdot \mathrm{d}V = \int_V \mathbf{r} \times (\varrho_{wa} + \varrho_P)\,\mathbf{E} \cdot \mathrm{d}V =$$

$$= \int_V \mathbf{r} \times \epsilon_0 \mathbf{E}(\nabla \mathbf{E})\,\mathrm{d}V \ . \tag{1.407}$$

Da „mathematisch" begrenzte Volumselemente – im Gegensatz zu „physikalisch" begrenzten – in sich nicht polarisiert sind, ist das resultierende Drehmoment auf einen Körper einfacherweise durch die Summe der Drehmomente der an den Volumselementen angreifenden Kräfte $\mathrm{d}\mathbf{F}_m = \mathbf{f}_m \cdot \mathrm{d}V$ gegeben.

„Physikalisch" begrenzte Volumselemente sind in sich polarisiert. Die an einem solchen Volumselement angreifende Kraft

$$\text{(1.393)} \quad \mathrm{d}\mathbf{F}_{ph} = \{\varrho_{wa}\mathbf{E} + (\mathbf{P}\nabla)\,\mathbf{E}\}\,\mathrm{d}V$$

stellt hinsichtlich des zweiten Summanden bereits eine Resultierende aus zwei Einzelkräften, nämlich den an den beiden Polarisationsladungen des Volumselementes angreifenden Kräften, dar, wie sich aus der Ableitung dieses Summanden Gl. 1.392 aus Gl. 1.386 ergibt. Das Drehmoment auf ein Volumselement ist demnach nicht einfach das Moment der resultierenden Kraft auf das Volumselement sondern das resultierende Moment der an dem Volumselement angreifenden Einzelkräfte, wie dies bei der Berechnung des Drehmomentes auf einen (differentiellen) Dipol in Gl. 1.387 gehandhabt wurde. Es ergibt sich daher für das Drehmoment auf ein mit wahren Ladungen behaftetes, in sich polarisiertes Volumselement hier bei „physikalischer" Abgrenzung unter Benützung der Beziehungen Gl. 1.387 und Gl. 1.391

$$d\mathbf{T}_{ph} = \{\mathbf{r} \times [\varrho_{wa}\mathbf{E} + (\mathbf{P}\nabla)\,\mathbf{E}] + \mathbf{P} \times \mathbf{E}\}\,dV = \mathbf{r} \times \mathbf{f}_{ph} \cdot dV + \mathbf{P} \cdot dV \times \mathbf{E} \quad . \ (1.408)$$

Hieraus folgt für das Drehmoment auf einen endlich großen Körper

$$\mathbf{T}_{ph} = \int_V \{\mathbf{r} \times [\varrho_{wa}\mathbf{E} + (\mathbf{P}\nabla)\,\mathbf{E}] + \mathbf{P} \times \mathbf{E}\}\,dV = \int_V \{\mathbf{r} \times \mathbf{f}_{ph} + \mathbf{P} \times \mathbf{E}\}\,dV \, . \ (1.409)$$

Beim Drehmoment im Falle „physikalisch" begrenzter Volumselemente tritt zum Moment der – hier bereits resultierenden – Kraft $d\mathbf{F}_{ph} = \mathbf{f}_{ph} \cdot dV$ auf jedes Volumselement naturgemäß das vom Pol unabhängige Moment $\mathbf{P} \cdot dV \times \mathbf{E}$ des Kräftepaares, das auf die in sich polarisierten Volumselemente einwirkt und das zur (resultierenden) Kraft $d\mathbf{F}_{ph}$ keinen Beitrag leistet.

Es läßt sich die Übereinstimmung der beiden Integrale Gl. 1.407 und Gl. 1.409 für den Fall des im leeren Raum befindlichen Körpers wiederum – so wie bei den resultierenden Kräften – durch Umwandlung in Oberflächenintegrale nachweisen, doch sei hier auf diesen Nachweis verzichtet, da dieses Problem im Abschnitt 1.3.2.7 über das Drehmoment auf Körper, die von anderer Materie umgeben sind, noch ausführlich und in allgemeinster Form diskutiert wird.

1.3.2.4. Kräfte auf Körper in polarisierbaren Flüssigkeiten und Gasen. Die ponderomotorische Kraft

Werden elektrisch geladene und polarisierte Körper von anderen Körpern umgeben, wobei für letztere praktisch nur flüssige oder gasförmige Stoffe in Frage kommen, so bewirkt das elektrische Feld zunächst an allen Ladungen des betrachteten Körpers, also unmittelbar in seinem Volumen, die in den vorangegangenen Abschnitten besprochenen Kräfte, die man auch „körperfeste" Kräfte (Index „kf") nennt. Dazu treten aber jetzt noch Kräfte der umgebenden Materie, die ihrerseits der Krafteinwirkung des elektrischen Feldes unterliegt und sich dadurch in einem mechanischen Spannungszustand befindet, so daß sie auf die Oberfläche des betrachteten Körpers hydro- bzw. aerostatische Druckkräfte überträgt, die im analogen Fall des Gravitationsfeldes bei einem in einer Flüssigkeit oder in einem Gas befindlichen Körper „Auftriebskräfte" (Index „A") genannt werden. Die resultierende, den Körper bewegende (wägbare, beschleunigende) Kraft – sie wird „ponderomotorische" Kraft (Index „pond") genannt – besteht demnach aus zwei Anteilen (s. auch /1.8/):

$$\mathbf{F}_{\text{pond}} = \mathbf{F}_{\text{kf}} + \mathbf{F}_{\text{A}} = \int_V \mathbf{f}_{\text{kf}} \cdot \mathrm{d}V + \oint_A \mathbf{p}_{\text{A}} \cdot \mathrm{d}\mathbf{A} \quad . \tag{1.410}$$

Von den beiden, im Abschnitt 1.3.2.3 behandelten Formen $\mathbf{F}_m$ und $\mathbf{F}_{ph}$ der körperfesten Kraft eignet sich der erste Ausdruck, das Integral Gl. 1.390 über die an den freien Ladungen angreifende Kraftdichte Gl. 1.389, zur Berechnung der ponderomotorischen Kraft deshalb nicht, weil in diesem Fall wegen der „mathematischen" Bereichsabgrenzung an der Grenze fester Körper-Flüssigkeit keine richtige Zuteilung der Polarisationsladungen zu den beiden Materiebereichen erfolgt. (Anstelle einer Flüssigkeit kann hier und im folgenden stets auch ein Gas gemeint sein.) So erfaßt eine „mathematische" Trennfläche an der Grenze fester Körper-Flüssigkeit entweder die letzte Schicht an Polarisationsladungen des festen Körpers nicht mehr, oder, wenn man um eine Schicht von Dipolen weiterrückt, erfaßt die Trennfläche bereits die erste Schicht von Polarisationsladungen der angrenzenden Flüssigkeit mit (vgl. Abb. 1.51). Hingegen gibt der Ausdruck für „physikalische" Abgrenzung

$$\text{(1.395)} \quad \mathbf{F}_{ph} = \int_V \mathbf{f}_{ph} \cdot \mathrm{d}V = \int_V \{\varrho_{wa}\mathbf{E} + (\mathbf{P}\nabla)\,\mathbf{E}\}\mathrm{d}V$$

auch bei Anwesenheit umgebender Materie die körperfeste Kraft richtig wieder, da er von den in sich polarisierten Volumselementen ausgeht und daher keine Dipole (Atome) auseinandergeschnitten werden (vgl. Abb. 1.48 und insbesondere Abb. 1.49); die das Volumen einhüllende Grenzfläche verläuft richtig zwischen den Dipolen (Atomen) des festen Körpers und jenen der Flüssigkeit hindurch (/1.4/). Die ponderomotorische Kraft im elektrostatischen Feld ist also zunächst durch

$$\mathbf{F}_{\text{pond}} = \mathbf{F}_{ph} + \mathbf{F}_{\text{A}} = \int_V \{\varrho_{wa}\mathbf{E} + (\mathbf{P}\nabla)\,\mathbf{E}\}\mathrm{d}V + \oint_A \mathbf{p}_{\text{A}} \cdot \mathrm{d}\mathbf{A} \tag{1.411}$$

gegeben.

Relativ einfach läßt sich diese Kraft für den Fall einer homogenen, ladungsfreien Flüssigkeit ($\epsilon = \text{const}$ bzw. $\chi = \text{const}$, $\varrho_{wa} = 0$) berechnen. An der von wahren Ladungen freien Flüssigkeit greift das Feld direkt (körperfest) mit einer Kraftdichte

$$\text{(1.394)} \quad \mathbf{f} = (\mathbf{P}\nabla)\,\mathbf{E}$$

an. Wegen $\chi = \text{const}$ und unter Berücksichtigung von Gl. 1.236 und Gl. 1.397 erhält man

$$\mathbf{f} = (\mathbf{P}\nabla)\,\mathbf{E} = \epsilon_0\chi\,(\mathbf{E}\nabla)\,\mathbf{E} = \epsilon_0\chi\nabla\,\frac{\mathbf{E}^2}{2} = \nabla\,\frac{\epsilon_0\chi\,\mathbf{E}^2}{2} = \nabla\,\frac{\mathbf{P}\mathbf{E}}{2} = \operatorname{grad}\frac{\mathbf{P}\mathbf{E}}{2} =$$

$$= \operatorname{grad} p \quad . \tag{1.412}$$

Die an der Flüssigkeit angreifende Volumskraft läßt sich also als Gradient einer skalaren Größe ausdrücken, die nach den Gesetzen der Mechanik die Bedeutung des nach allen Richtungen in gleicher Weise wirkenden hydrostatischen Druckes besitzt und für die man aus Gl. 1.412 durch Integration

$$p = \frac{\mathbf{PE}}{2} \tag{1.413}$$

erhält. Eine allfällige ortsunabhängige Integrationskonstante fällt hier weg, da es sich allein um den vom elektrischen Feld herrührenden hydrostatischen Druck handelt, der an feldfreien Stellen den Wert null haben muß.

Der Wert des hydrostatischen Druckes Gl. 1.413 ist im übrigen gleich jenem Anteil an Energiedichte, der in der polarisierten Flüssigkeit in Form „elastischer" Energie gespeichert ist (s. Abschnitt 4.4.2).

Der hydrostatische Druck der Flüssigkeit ruft Spannungen normal auf die Oberfläche des festen Körpers hervor, u.zw. als Druck entgegengesetzt zur Richtung der nach außen orientierten Oberflächennormale **n** des festen Körpers,

$$\mathbf{p}_A = -p\mathbf{n} = -\frac{\mathbf{PE}}{2}\mathbf{n}\ , \tag{1.414}$$

so daß die ponderomotorische Kraft Gl. 1.411 mit Gl. 1.233

$$\mathbf{F}_{pond} = \mathbf{F}_{ph} + \mathbf{F}_A = \int_V \mathbf{f}_{ph} \cdot dV + \oint_A \mathbf{p}_A \cdot dA = \int_V \{\varrho_{wa}\mathbf{E} + (\mathbf{P}\nabla)\,\mathbf{E}\}\, dV - \oint_A \frac{\mathbf{PE}}{2}\mathbf{n} \cdot dA =$$

$$= \int_V \{\mathbf{E}(\nabla\mathbf{D}) + (\mathbf{P}\nabla)\,\mathbf{E}\}\, dV - \oint_A \frac{\mathbf{PE}}{2}\, d\mathbf{A} \tag{1.415}$$

lautet.

Nun läßt sich bei der ponderomotorischen Kraft mit Hilfe des Gaußschen Satzes sowohl der erste Anteil, nämlich die durch ein Volumsintegral gegebene körperfeste Kraft, in ein Oberflächenintegral umwandeln, wie dies im Abschnitt 1.3.2.3 gezeigt wurde, als auch umgekehrt der zweite Anteil, das Oberflächenintegral des Auftriebs, in ein Volumsintegral umformen. Man kann somit die ponderomotorische Kraft entweder allein durch ein Volumsintegral über (fiktive) ponderomotorische Volumskräfte oder allein durch ein Oberflächenintegral über (fiktive) ponderomotorische Oberflächenkräfte (Spannungen) darstellen. In der Mechanik wird meist der erste Weg gewählt, daß man die Oberflächenkräfte des Auftriebs auf das Volumen des festen Körpers „überwälzt", wodurch man z.B. zu dem bekannten Resultat gelangt, daß ein homogener fester Körper in einer homogenen Flüssigkeit eine scheinbare Dichte besitzt, die der Differenz seiner wahren Dichte und der der umgebenden Flüssigkeit entspricht, bzw. daß der Körper ein scheinbares Gewicht besitzt, das durch die Differenz seines wahren Gewichtes (im leeren Raum) und dem Gewicht der verdrängten Flüssigkeit gegeben ist /1.8/.

Im elektromagnetischen Feld führt man die ponderomotorische Kraft meist in ein Oberflächenintegral über (fiktive) ponderomotorische Spannungen $\mathbf{p}_{pond}$ über, die „Maxwellsche Spannungen" genannt werden. Im elektrostatischen Feld erhält man aus Gl. 1.415 und Gl. 1.402

$$\mathbf{F}_{pond} = \mathbf{F}_{ph}+\mathbf{F}_{A} = \oint_A (\mathbf{p}_{ph}+\mathbf{p}_{A})\,dA = \oint_A \{(\mathbf{Dn})\,\mathbf{E}-\frac{1}{2}(\epsilon_0 \mathbf{E}^2+\mathbf{PE})\,\mathbf{n}\}\,dA =$$

$$= \oint_A \{\mathbf{E}(\mathbf{Dn})-\frac{1}{2}(\mathbf{DE})\mathbf{n}\}\,dA = \oint_A \mathbf{p}_{pond}\cdot dA \ , \qquad (1.416)$$

mit den Maxwellschen Spannungen

$$\mathbf{p}_{pond} = \mathbf{p}_{ph}+\mathbf{p}_{A} = \mathbf{E}(\mathbf{Dn})-\frac{1}{2}(\mathbf{DE})\,\mathbf{n} \ . \qquad (1.417)$$

Während der bisher beschriebene Weg zur Berechnung der ponderomotorischen Spannungen gezeigt hat, daß ein solches System von Spannungen im Sinne einer korpuskularen Theorie der Materie durch Überwälzen der körperfesten, im Volumen direkt angreifenden Feldkräfte auf seine Oberfläche entstanden ist und daher ein fiktives, nicht richtig lokalisiertes Kraftsystem darstellt, das jedoch zur richtigen, den Körper bewegenden (beschleunigenden, oder auch wägbaren) Kraft führt, stellte sich Maxwell, der die ponderomotorischen Kräfte unmittelbar mit Hilfe des Prinzips der virtuellen Verschiebung berechnete (/1.9/, s. auch Abschnitt 1.3.2.5), entsprechend der Nahewirkungstheorie vor, daß sich die Kräfte über das „elastische Feldmedium" fortpflanzen und in diesem Sinne tatsächlich solche Spannungen an den Oberflächen der Körper angreifen.

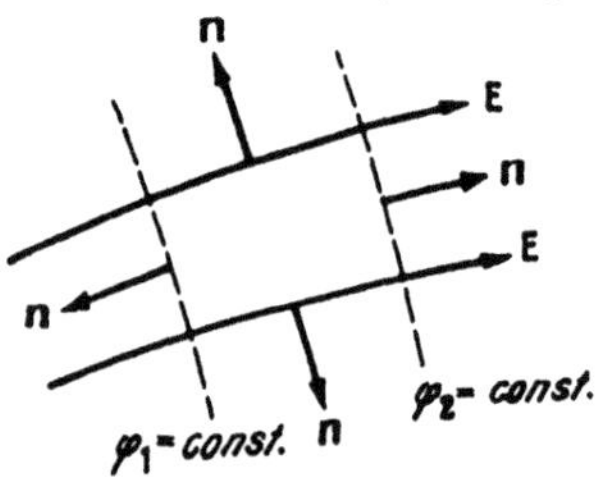

Abb. 1.73

Ein Feldröhrenstück des elektrischen Feldes **E** pflanzt dann die Kräfte wie folgt fort (Abb. 1.73): Es greifen an den Deckflächen des Feldröhrenstückes, die durch Äquipotentialflächen gegeben sind, (und damit auch an allen Leiteroberflächen) nach Gl. 1.417 Spannungen an, die wegen $\mathbf{E}\uparrow\uparrow\mathbf{n}$ bzw. $\mathbf{E}\uparrow\downarrow\mathbf{n}$ durch

$$\mathbf{p}_{pond} = \mathbf{E}(\mathbf{Dn})-\frac{1}{2}(\mathbf{DE})\,\mathbf{n} = (\mathbf{DE})\,\mathbf{n}-\frac{1}{2}(\mathbf{DE})\,\mathbf{n} = \frac{1}{2}(\mathbf{DE})\,\mathbf{n} =$$

$$= w^{el}\mathbf{n} \qquad (1.418)$$

gegeben sind, also die Feldröhre in ihrer Längsrichtung zu dehnen versuchen und somit Zugkräfte in Feldrichtung darstellen; ihr Betrag ist durch die elektrische Energiedichte w^{el} gegeben. Am Mantel einer Feldröhre erhält man bei isotroper Materie ($\mathbf{D}\uparrow\uparrow\mathbf{E}$) wegen $\mathbf{D}\perp\mathbf{n}$ und daher $\mathbf{Dn} = 0$

$$\mathbf{p}_{\text{pond}} = \mathbf{E}(\mathbf{Dn}) - \frac{1}{2}(\mathbf{DE})\mathbf{n} = -\frac{1}{2}(\mathbf{DE})\mathbf{n} = -w^{\text{el}}\mathbf{n} \ , \tag{1.419}$$

also Druckspannungen vom Betrag der Energiedichte w^{el}, die die Feldröhre normal zur Feldrichtung zusammenzupressen versuchen.
Bei anisotroper Materie ($\mathbf{D} \not\uparrow\!\uparrow \mathbf{E}$ bzw. $\mathbf{D} \not\perp \mathbf{n}$) verschwindet der 1. Term in Gl. 1.419 nicht. Er beschreibt am Mantel der Feldröhre zusätzlich auftretende Schubspannungen, die das Feldröhrenelement zu drehen versuchen. Wegen $\mathbf{n} \perp \mathbf{E}$ ergibt sich

(1.212), (1.223) $$\mathbf{E}(\mathbf{Dn}) = \mathbf{E}(\mathbf{Pn}) = \pm\, \mathbf{E} \cdot |\sigma_P| \, . \tag{1.419a}$$

Diese auf eine Normalkomponente von **P** zu **E** zurückgehenden Schubspannungen lassen sich also als Kräfte auf die dort liegenden Polarisationsladungen deuten (s.a. Gl. 1.408, letzter Term).

Wenn sich im Sinne der Nahewirkungstheorie, die zumindest bisher die ponderomotorischen Kräfte mathematisch richtig wiederzugeben im Stande war, die Kräfte über das Feld fortpflanzen, dann muß die ponderomotorische Kraft auf einen (festen) Körper auch durch Integration der Maxwellschen Spannungen über eine beliebige, den Körper einhüllende Oberfläche zu berechnen sein, was tatsächlich gelingt.

Eine derartige Berechnung wird mathematisch am einfachsten sein, wenn man über eine Äquipotentialfläche integriert, die den betrachteten Körper einschließt, da dort die Maxwellschen Spannungen gemäß

(1.418) $$\mathbf{p}_{\text{pond}} = \frac{1}{2}(\mathbf{DE})\mathbf{n} = w^{\text{el}}\mathbf{n}$$

normal auf der Äquipotentialfläche stehen und durch einen verhältnismäßig einfachen Ausdruck gegeben sind.

Als Beispiel soll die Kraft zweier gleich großer, ungleichnamiger, räumlich sehr kleiner (punktförmiger), in einer homogenen Flüssigkeit ($\epsilon = \text{const}$) befindlichen Ladungen durch Integration der Maxwellschen Spannungen über die Symmetrieebene (Äquipotentialfläche $\varphi = 0$) berechnet werden (Abb. 1.74), wobei als Resultat natürlich das des Coulombschen Gesetzes

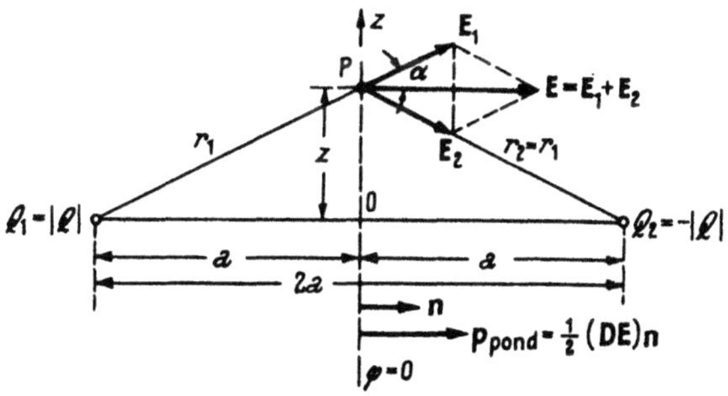

Abb. 1.74

erhalten werden muß. Durch die Äquipotentialfläche $\varphi = 0$ gehen alle von der einen Ladung ausgehenden Feldröhren hindurch zur zweiten Ladung;

man kann sich die Fläche auch im Unendlichen geschlossenen denken, doch trägt dieser Flächenteil keinen Beitrag zum Integral bei, da das Feld im Unendlichen verschwindet. In der Symmetrieebene $\varphi = 0$ gilt nun gemäß Gl. 1.26

$$\mathbf{E} = \mathbf{E}_x = \mathbf{E}_1 + \mathbf{E}_2 = 2 \cdot |\mathbf{E}_1| \cdot \cos\alpha \cdot \mathbf{n} = 2 \cdot |\mathbf{E}_1| \frac{a}{r} \mathbf{n} = \frac{Q_1 a}{2\pi\epsilon r^3} \mathbf{n} \ . \tag{1.420}$$

Daraus folgt für die ponderomotorische Spannung

$$\mathbf{p}_{\text{pond}} = \frac{1}{2} (\mathbf{D}\mathbf{E}) \mathbf{n} = \frac{1}{2} \epsilon \mathbf{E}^2 \mathbf{n} = \frac{Q_1^2 a^2}{8\pi^2 \epsilon r^6} \mathbf{n} \ . \tag{1.421}$$

Aus Symmetriegründen kann über Flächenelemente der Äquipotentialfläche $\varphi = 0$ in Form von Kreisringen mit dem Flächeninhalt $dA = 2\pi z \cdot dz$ integriert werden und man erhält, wenn man im Integral $a^2 + z^2 = \mu$ substituiert,

$$\mathbf{F}_{\text{pond}} = \int_A \mathbf{p}_{\text{pond}} \cdot dA = \frac{Q_1^2 a^2 2\pi}{8\pi^2 \epsilon} \mathbf{n} \int_0^\infty \frac{z \cdot dz}{r^6} = \frac{Q_1^2 a^2}{4\pi\epsilon} \mathbf{n} \int_0^\infty \frac{z \cdot dz}{(a^2 + z^2)^3} =$$

$$= \frac{Q_1^2 a^2}{4\pi\epsilon} \mathbf{n} \int_{\mu = a^2}^\infty \frac{d\mu}{2\mu^3} = -\frac{Q_1^2 a^2}{8\pi\epsilon} \mathbf{n} \frac{1}{2\mu^2} \Bigg|_{a^2}^\infty = \frac{Q_1^2}{4\pi\epsilon (2a)^2} \mathbf{n} \ . \tag{1.422}$$

In der Tat ergibt sich das gleiche Resultat wie aus dem Coulombschen Gesetz Gl. 1.287, da ja die Größe $2a$ den Abstand der beiden Ladungen bedeutet und hier die Kraft $\mathbf{F}_{12} (= -\mathbf{F}_{21})$ auf die Ladung Q_1 berechnet wurde ($Q_2 = -Q_1$, $\mathbf{n} = \text{grad}\, x$).

Abschließend sei erwähnt, daß bei einem vom leeren Raum umgebenen Körper Auftriebskräfte natürlich wegfallen, so daß körperfeste und ponderomotorische Kraft gleich sind. Dies erweist sich sofort durch Vergleich der beiden Kräfte in den Darstellungen als Oberflächenintegrale, wenn man berücksichtigt, daß die den Körper einhüllende Oberfläche im leeren Raum verläuft, wo

(1.404) $\mathbf{D}_0 = \epsilon_0 \mathbf{E}_0$

gilt:

(1.416), (1.402) $\mathbf{F}_{\text{pond},0} = \oint_A \{(\mathbf{D}_0 \mathbf{n}) \mathbf{E}_0 - \frac{1}{2} (\mathbf{D}_0 \mathbf{E}_0) \mathbf{n}\} dA =$

$$= \oint_A \{(\mathbf{D}_0 \mathbf{n}) \mathbf{E}_0 - \frac{1}{2} \epsilon_0 \mathbf{E}_0^2 \mathbf{n}\} dA = \mathbf{F}_{\text{ph},0} (= \mathbf{F}_{\text{m},0}) \ . \tag{1.423}$$

In diesem Sinne können die mechanischen Spannungen, die an der Oberfläche eines geladenen, an den leeren Raum angrenzenden Leiters angreifen und die im Abschnitt 1.3.2.1 aus den direkt an seinen Ladungen wirkenden (körperfesten) Kräften abgeleitet wurden (an der Leiteroberfläche gilt $\mathbf{D}_0 \uparrow\uparrow \mathbf{E}_0 \uparrow\uparrow \mathbf{n}$),

(1.373), (1.374) $$\mathbf{p}_{kf,0} = \sigma \frac{\mathbf{E}_0}{2} = \frac{1}{2}(\mathbf{D}_0\mathbf{n})\,\mathbf{E}_0 = \frac{1}{2}(\mathbf{D}_0\mathbf{E}_0)\,\mathbf{n} = w^{el}\mathbf{n} \qquad (1.424)$$

auch als Maxwellsche Spannungen gedeutet werden, da letztere hier natürlich unmittelbar dasselbe Resultat liefern müssen:

(1.418) bzw. (1.419) $$\mathbf{p}_{pond,0} = (\mathbf{D}_0\mathbf{n})\,\mathbf{E}_0 - \frac{1}{2}(\mathbf{D}_0\mathbf{E}_0)\,\mathbf{n} = $$

$$= (\mathbf{D}_0\mathbf{E}_0)\,\mathbf{n} - \frac{1}{2}(\mathbf{D}_0\mathbf{E}_0)\,\mathbf{n} = \frac{1}{2}(\mathbf{D}_0\mathbf{E}_0)\,\mathbf{n} = w^{el}\mathbf{n}\ . \qquad (1.425)$$

Wie schon erwähnt wurde, kann man die ponderomotorische Kraft durch „Überwälzen" des „Auftriebes" mit Hilfe des Gaußschen Integralsatzes auf das Volumen des Körpers auch allein durch ein Volumsintegral über (fiktive) ponderomotorische Volumskräfte darstellen:

(1.415) $$\mathbf{F}_{pond} = \mathbf{F}_{ph} + \mathbf{F}_A = \int_V \{\varrho_{wa}\mathbf{E} + (\mathbf{P}\nabla)\,\mathbf{E}\}\,dV - \oint_A \frac{1}{2}(\mathbf{PE})\,d\mathbf{A} =$$

$$= \int_V \left\{\varrho_{wa}\mathbf{E} + (\mathbf{P}\nabla)\,\mathbf{E} - \nabla\frac{\mathbf{PE}}{2}\right\} dV = \int_V \{\mathbf{f}_{ph} + \mathbf{f}_A\}\,dV =$$

$$= \int_V \mathbf{f}_{pond}\cdot dV\ . \qquad (1.426)$$

Die ponderomotorischen Volumskräfte lauten somit

$$\mathbf{f}_{pond} = \mathbf{f}_{ph} + \mathbf{f}_A = \varrho_{wa}\mathbf{E} + (\mathbf{P}\nabla)\,\mathbf{E} - \nabla\frac{\mathbf{PE}}{2} =$$

$$= \mathbf{E}\,(\nabla\mathbf{D}) + (\mathbf{P}\nabla)\,\mathbf{E} - \nabla\frac{\mathbf{PE}}{2}\ . \qquad (1.427)$$

Für einen aus isotroper Materie bestehenden Körper, für den

(1.236), (1.238) $$\mathbf{P} = \chi\epsilon_0\,\mathbf{E} = (\epsilon - \epsilon_0)\,\mathbf{E} \qquad (1.428)$$

gilt, folgt aus Gl. 1.427 für die ponderomotorische Volumskraft unter Berücksichtigung von Gl. 1.397 und der Beziehung grad $\epsilon_0 = \nabla\epsilon_0 = 0$

$$\mathbf{f}_{pond} = \varrho_{wa}\mathbf{E} + (\epsilon - \epsilon_0)\,(\mathbf{E}\nabla)\,\mathbf{E} - \nabla\,(\epsilon - \epsilon_0)\,\frac{\mathbf{E}^2}{2} = \varrho_{wa}\mathbf{E} + (\epsilon - \epsilon_0)\,\nabla\frac{\mathbf{E}^2}{2} -$$

$$-(\epsilon - \epsilon_0)\,\nabla\frac{\mathbf{E}^2}{2} - \frac{\mathbf{E}^2}{2}\nabla(\epsilon - \epsilon_0) = \varrho_{wa}\mathbf{E} - \frac{\mathbf{E}^2}{2}\nabla\epsilon =$$

$$= \varrho_{wa}\mathbf{E} - \frac{\mathbf{E}^2}{2}\,\mathrm{grad}\,\epsilon\ . \qquad (1.429)$$

Diese, auf isotrope Materie eingeschränkte Form der ponderomotorischen Volumskraft hat Maxwell mit Hilfe des Prinzipes der virtuellen Verschiebung auf direktem Wege abgeleitet (/1.9/).

1.3.2.5. Das Prinzip der virtuellen Verschiebung

Der im Abschnitt 1.3.2.4 eingeschlagene Weg, die ponderomotorischen Kräfte im elektromagnetischen Feld durch Summierung der vom Feld direkt am Körper angreifenden (körperfesten) und der indirekt über die umgebende Materie ausgeübten („Auftriebs") Kräfte zu berechnen, wurde erstmalig vom Autor beschritten (/1.6/, /1.8/). Bisher benützte man im elektromagnetischen Feld zur Berechnung der ponderomotorischen Kräfte, zurückgehend auf Maxwell (/1.9/), das Prinzip der virtuellen Verschiebung. Hier soll auf die allgemeine Darstellung dieses Prinzips verzichtet und im folgenden nur eine einfache Anwendung zur Berechnung der ponderomotorischen Kraft zwischen zwei geladenen Leitern besprochen werden.

Man denke sich zwei beliebig geformte Leiter (der Zwischenraum kann mit inhomogenem, jedoch linearem Material ausgefüllt sein), die mit Hilfe einer Spannungsquelle aufgeladen wurden (Abb. 1.75).

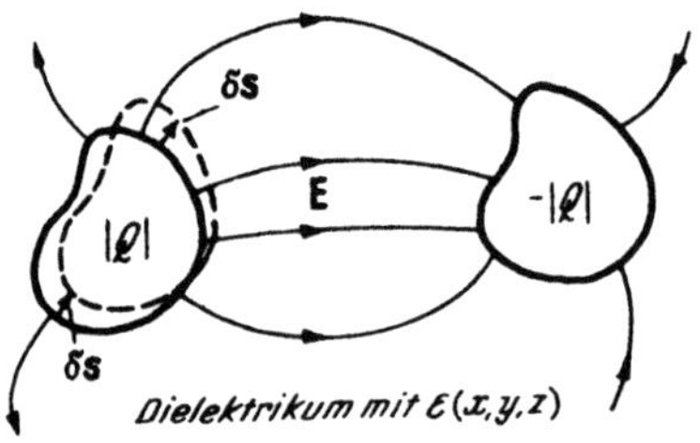

Abb. 1.75

Es werde zunächst der Fall konstanter, wahrer Ladungen behandelt, d.h. die Spannungsquelle werde nach dem Laden abgeschaltet, so daß sich die (wahre) Ladung nicht mehr ändern kann ($Q = \text{const}$). Der elektrische Energieinhalt des Systems ist

$$W^{el} = \frac{QU}{2} = \frac{Q^2}{2C} = \frac{CU^2}{2} \quad . \tag{1.356}$$

Denkt man sich nun den Körper (sehr langsam) um die sehr kleine Wegstrecke $\delta\mathbf{s}$ verschoben, so wird bei einer solchen „virtuellen" Verschiebung mechanische Arbeit von den Feldkräften geleistet, der nach dem Energiesatz eine Abnahme an elektrischer Energie entsprechen muß, da hier keine weiteren Energieumwandlungen auftreten; die Spannungsquelle ist ja abgeschaltet und kann daher keine Energie abgeben. Setzt man die gewonnene mechanische Arbeit δA als (skalares) Produkt aus Kraft und Weg (virtueller Verschiebung) $\delta\mathbf{s}$ an, so müssen in dieser gesamten, Arbeit leistenden Kraft alle am Körper angreifenden Teilkräfte, also körperfeste und Auftriebskräfte, enthalten sein, es handelt sich also um die ponderomotorische Kraft:

$$\delta A = \mathbf{F}_{\text{pond}} \cdot \delta \mathbf{s} = F_{\text{pond},s}\, \delta s = -\delta W^{\text{el}} = -\frac{\mathrm{d}W^{\text{el}}}{\mathrm{d}s}\, \delta s \ . \tag{1.430}$$

Da bei der virtuellen Verschiebung voraussetzungsgemäß wegen der konstant bleibenden Ladung lediglich die Kapazität C der beiden Leiter eine Änderung erfährt, wird nach Gl. 1.430 mit Gl. 1.356

$$F_{\text{pond},s} = -\frac{\mathrm{d}W^{\text{el}}}{\mathrm{d}s} = -\frac{\mathrm{d}W^{\text{el}}}{\mathrm{d}C} \cdot \frac{\mathrm{d}C}{\mathrm{d}s} = -\frac{\mathrm{d}}{\mathrm{d}C}\left(\frac{Q^2}{2C}\right) \frac{\mathrm{d}C}{\mathrm{d}s} =$$

$$= \frac{Q^2}{2C^2} \cdot \frac{\mathrm{d}C}{\mathrm{d}s} = \frac{U^2}{2} \cdot \frac{\mathrm{d}C}{\mathrm{d}s} \ . \tag{1.431}$$

Man sieht, daß die Projektion $F_{\text{pond},s}$ in Richtung der Verschiebung $\delta \mathbf{s}$ dann positiv ist, wenn eine Vergrößerung der Kapazität und damit eine Annäherung der Leiter stattfände. Das Ergebnis Gl. 1.431 ist z.B. für elektrostatische Meßgeräte wichtig, die die Kraft zwischen zwei aufgeladenen, an elektrischer Spannung liegenden Körpern ausnützen.

Denkt man sich die Spannungsquelle nicht abgeschaltet, so daß der Fall konstanter Potentiale (U = const) vorliegt, so wird bei einer virtuellen Verschiebung wegen der auftretenden Kapazitätsveränderung und der konstant gehaltenen Spannung von der Spannungsquelle (wahre) Ladung nachgeliefert. Die Spannungsquelle gibt dabei Energie ab und zwar beim Transport einer Ladung δQ über die (konstante!) Potentialdifferenz U der Spannungsquelle wegen $\delta Q = U \cdot \delta C$

$$\delta W_{\text{Sp-qu.}} = U \cdot \delta Q = U^2 \cdot \delta C \ . \tag{1.432}$$

Die Energiebilanz bei einer virtuellen Verschiebung lautet jetzt also

$$\delta W_{\text{Sp-qu.}} = \delta A + \delta W^{\text{el}} = U^2 \cdot \delta C = U^2 \frac{\mathrm{d}C}{\mathrm{d}s}\, \delta s \ , \tag{1.433}$$

oder

$$\delta A = \mathbf{F}_{\text{pond}} \cdot \delta \mathbf{s} = F_{\text{pond},s} \cdot \delta s = \delta W_{\text{Sp-qu.}} - \delta W^{\text{el}} = U^2 \cdot \delta C - \delta W^{\text{el}} \ . \tag{1.434}$$

Die gewonnene mechanische Arbeit ist gleich der von der Spannungsquelle abgegebenen Energie abzüglich dem Zuwachs an elektrischer Feldenergie des Systems. Aus Gl. 1.434 folgt wegen U = const und mit Gl. 1.356

$$\delta A = F_{\text{pond},s} \cdot \delta s = U^2 \cdot \delta C - \delta W^{\text{el}} = U^2 \frac{\mathrm{d}C}{\mathrm{d}s}\, \delta s - \frac{\mathrm{d}}{\mathrm{d}s}\left(\frac{CU^2}{2}\right) \delta s =$$

$$= U^2 \frac{\mathrm{d}C}{\mathrm{d}s}\, \delta s - \frac{U^2}{2} \cdot \frac{\mathrm{d}C}{\mathrm{d}s}\, \delta s = \frac{U^2}{2} \cdot \frac{\mathrm{d}C}{\mathrm{d}s}\, \delta s \tag{1.435}$$

und daraus für $F_{\text{pond},s}$ das gleiche Resultat wie im Falle konstanter Ladung (Gl. 1.431). Dies war zu erwarten, da die auf einen ruhenden Leiter einwirkende Kraft nicht davon abhängen kann, ob man bei einer gedachten und daher gar nicht durchgeführten (virtuellen) Verschiebung die Ladung oder die Spannung konstant hält.

Im übrigen zeigt sich, daß die im Fall konstanter Spannung von der Spannungsquelle abgegebene Energie je zur Hälfte zur Leistung mechanischer Arbeit und zur Vermehrung der elektrischen Feldenergie aufgewendet wird:

$$(1.433),(1.435) \quad \delta W_{\mathrm{Sp\cdot qu.}} = \delta A + \delta W^{\mathrm{el}} = \frac{U^2}{2}\cdot\frac{\mathrm{d}C}{\mathrm{d}s}\delta s + \frac{U^2}{2}\cdot\frac{\mathrm{d}C}{\mathrm{d}s}\delta s \ . \qquad (1.436)$$

1.3.2.6. Darstellung der Kräfte mit Hilfe von Spannungstensoren

Die besprochenen Ausdrücke für die verschiedenen Kräfte, nämlich die körperfesten Kräfte für mathematische und physikalische Bereichsabgrenzung $\mathbf{F}_{\mathrm{m}}$ und $\mathbf{F}_{\mathrm{ph}}$, sowie die ponderomotorische Kraft $\mathbf{F}_{\mathrm{pond}}$, lassen sich, wie in den vorangegangenen Abschnitten gezeigt wurde, sowohl durch Oberflächenintegrale über (fiktive) Spannungen $\mathbf{p}_{\mathrm{m}}$, $\mathbf{p}_{\mathrm{ph}}$ bzw. $\mathbf{p}_{\mathrm{pond}}$ als auch durch Volumsintegrale über Kraftdichten $\mathbf{f}_{\mathrm{m}}$, $\mathbf{f}_{\mathrm{ph}}$ bzw. $\mathbf{f}_{\mathrm{pond}}$ darstellen. Den Übergang von der einen zur anderen Darstellungsart vermittelt der Gaußsche Intergralsatz. Sehr einfache und elegante mathematische Formen dieser Integrale sowie der zugehörigen Spannungen und Volumskräfte ergeben sich bei Verwendung von Tensoren (2. Stufe). So lassen sich, ähnlich wie in der Elastizitätstheorie, auch im elektromagnetischen Feld die hier auftretenden (fiktiven) Spannungen mit Hilfe von „Spannungstensoren" $\boldsymbol{\Phi}$ in der Gestalt

$$\mathbf{p} = \boldsymbol{\Phi}\cdot\mathbf{n} \qquad (1.437)$$

darstellen. Bringt man etwa den Ausdruck Gl. 1.400 in die Form der Gleichung 1.437, so erhält man

$$\mathbf{p}_{\mathrm{m}} = \epsilon_0\,\mathbf{E}(\mathbf{E}\mathbf{n}) - \frac{1}{2}\epsilon_0\,\mathbf{E}^2\,\mathbf{n} = \{\epsilon_0\,\mathbf{E}\otimes\mathbf{E} - \frac{1}{2}\epsilon_0\,\mathbf{E}^2\,\mathbf{I}\}\mathbf{n} = \boldsymbol{\Phi}^{\mathrm{el}}_{\mathrm{m}}\cdot\mathbf{n}, \qquad (1.438)$$

mit dem für mathematische Bereichsabgrenzung im elektrischen Feld gültigen (symmetrischen) Spannungstensor

$$\boldsymbol{\Phi}^{\mathrm{el}}_{\mathrm{m}} = \widetilde{\boldsymbol{\Phi}}^{\mathrm{el}}_{\mathrm{m}} = \epsilon_0\,\mathbf{E}\otimes\mathbf{E} - \frac{1}{2}\epsilon_0\,\mathbf{E}^2\,\mathbf{I}\,. \qquad (1.439)$$

In Gl. 1.438 bzw. Gl. 1.439 bedeutet $\mathbf{E}\otimes\mathbf{E}$ das allgemeine (dyadische) Produkt des Vektors $\mathbf{E}$ mit sich selbst, $\mathbf{I}$ („Jota") bedeutet den Einstensor /1.10/. Die Multiplikation eines Vektors mit dem (symmetrischen)

Einstensor $\mathbf{I}$ führt bekanntlich auf den Vektor selbst zurück, so daß also wegen

$$\mathbf{I}\cdot\mathbf{n} = \mathbf{n}\cdot\mathbf{I} = \mathbf{n} \tag{1.440}$$

in Gl. 1.438 für

$$-\frac{1}{2}\epsilon_0 \mathbf{E}^2 \mathbf{n} = -\frac{1}{2}\epsilon_0 \mathbf{E}^2 (\mathbf{I}\cdot\mathbf{n}) = (-\frac{1}{2}\epsilon_0 \mathbf{E}^2 \mathbf{I})\mathbf{n} \tag{1.441}$$

gesetzt werden konnte, indem man den Skalar $-\frac{1}{2}\epsilon_0 \mathbf{E}^2$ mit dem Einstensor $\mathbf{I}$ assoziiert. Da der Tensor $\mathbf{\Phi}_m^{el}$ symmetrisch ist, ist er im übrigen mit seinem transponierten Tensor $\widetilde{\mathbf{\Phi}}_m^{el}$ identisch.

Gl. 1.403 läßt sich in analoger Weise in

$$\mathbf{p}_{ph} = \mathbf{E}(\mathbf{D}\mathbf{n}) - \frac{1}{2}\epsilon_0 \mathbf{E}^2 \mathbf{n} = \{\mathbf{E}\otimes\mathbf{D} - \frac{1}{2}\epsilon_0 \mathbf{E}^2 \mathbf{I}\}\mathbf{n} = \mathbf{\Phi}_{ph}^{el}\cdot\mathbf{n}\,, \tag{1.442}$$

mit dem für physikalische Bereichsabgrenzung im elektrischen Feld gültigen (unsymmetrischen) Spannungstensor

$$\mathbf{\Phi}_{ph}^{el} = \mathbf{E}\otimes\mathbf{D} - \frac{1}{2}\epsilon_0 \mathbf{E}^2 \mathbf{I} = \mathbf{E}\otimes\mathbf{D} - \frac{1}{2}(\mathbf{D}\mathbf{E})\mathbf{I} + \frac{1}{2}(\mathbf{P}\mathbf{E})\mathbf{I} \tag{1.443}$$

umformen und schließlich folgt für die Maxwellsche Spannung

$$\text{(1.417)}\quad \mathbf{p}_{pond} = \mathbf{E}(\mathbf{D}\mathbf{n}) - \frac{1}{2}(\mathbf{D}\mathbf{E})\mathbf{n} = \{\mathbf{E}\otimes\mathbf{D} - \frac{1}{2}(\mathbf{D}\mathbf{E})\mathbf{I}\}\mathbf{n} = \mathbf{\Phi}_{pond}^{el}\cdot\mathbf{n}\,, \tag{1.444}$$

mit dem (unsymmetrischen) „Maxwellschen Spannungstensor"

$$\mathbf{\Phi}_{pond}^{el} = \mathbf{E}\otimes\mathbf{D} - \frac{1}{2}(\mathbf{D}\mathbf{E})\mathbf{I}\,. \tag{1.445}$$

Die aus den Spannungen berechenbaren resultierenden Kräfte

$$\mathbf{F} = \oint_A \mathbf{p}\cdot\mathrm{d}A = \oint_A (\mathbf{\Phi}\cdot\mathbf{n})\mathrm{d}A = \oint_A \mathbf{\Phi}\cdot\mathrm{d}\mathbf{A} \tag{1.446}$$

lassen sich also jetzt in einfacher Weise durch Oberflächenintegrale über den jeweiligen Spannungstensor darstellen, die mit Hilfe des Gaußschen Integralsatzes Gl. 1.62 in Volumsintegrale umgeformt werden können:

$$\mathbf{F} = \oint_A \mathbf{p}\cdot\mathrm{d}A = \oint_A \mathbf{\Phi}\cdot\mathrm{d}\mathbf{A} = \oint_A \mathrm{d}\mathbf{A}\cdot\widetilde{\mathbf{\Phi}} = \int_V \mathrm{d}V\cdot\nabla\cdot\widetilde{\mathbf{\Phi}} = \int_V \nabla\cdot\widetilde{\mathbf{\Phi}}\cdot\mathrm{d}V =$$

$$= \int_V \mathbf{f}\cdot\mathrm{d}V\,. \tag{1.447}$$

Die den Kräften zugeordneten Kraftdichten sind somit durch Anwendung des Nabla-Operators auf den betreffenden transponierten Spannungstensor zu berechnen:

$$\mathbf{f} = \nabla \cdot \widetilde{\mathbf{\Phi}} \, . \tag{1.448}$$

Demnach müssen die folgenden Beziehungen bestehen, deren Gültigkeit sich auch leicht nachweisen läßt (/1.6/):

(1.389) $$\mathbf{f}_m = \varrho' \mathbf{E} = \epsilon_0 \mathbf{E}(\nabla \mathbf{E}) = \nabla \cdot \widetilde{\mathbf{\Phi}}^{el}_m = \nabla \{\epsilon_0 \mathbf{E} \otimes \mathbf{E} - \frac{1}{2} \epsilon_0 \mathbf{E}^2 \mathbf{I}\} \, , \tag{1.449}$$

(1.394) $$\mathbf{f}_{ph} = \varrho_{wa} \mathbf{E} + (\mathbf{P} \nabla) \mathbf{E} = \nabla \cdot \widetilde{\mathbf{\Phi}}^{el}_{ph} = \nabla \{\mathbf{D} \otimes \mathbf{E} - \frac{1}{2} (\mathbf{D}\mathbf{E}) \mathbf{I} + \frac{1}{2} (\mathbf{P}\mathbf{E}) \mathbf{I}\} , \tag{1.450}$$

(1.427) $$\mathbf{f}_{pond} = \varrho_{wa} \mathbf{E} + (\mathbf{P} \nabla) \mathbf{E} - \nabla \frac{\mathbf{P}\mathbf{E}}{2} = \nabla \cdot \widetilde{\mathbf{\Phi}}^{el}_{pond} = \nabla \{\mathbf{D} \otimes \mathbf{E} - \frac{1}{2} (\mathbf{D}\mathbf{E}) \mathbf{I}\} . \tag{1.451}$$

Im übrigen gelten auch für den Auftrieb die gleichen Grundsätze wie für die anderen, hier behandelten Kräfte. So folgt wegen Gl. 1.440 aus Gl. 1.414

$$\mathbf{F}_A = \oint_A \mathbf{p}_A \cdot dA = \oint_A -\frac{\mathbf{P}\mathbf{E}}{2} \mathbf{n} \cdot dA = \oint_A \left\{ -\frac{\mathbf{P}\mathbf{E}}{2} \mathbf{I} \right\} \mathbf{n} \cdot dA =$$

$$= \oint_A \mathbf{\Phi}^{el}_A \cdot d\mathbf{A} \, , \tag{1.452}$$

mit dem symmetrischen Tensor

$$\mathbf{\Phi}^{el}_A = \widetilde{\mathbf{\Phi}}^{el}_A = -\frac{\mathbf{P}\mathbf{E}}{2} \mathbf{I} \, . \tag{1.453}$$

Es gilt also, so wie in Gl. 1.437 allgemein dargestellt, auch hier

$$\mathbf{p}_A = \left\{ -\frac{\mathbf{P}\mathbf{E}}{2} \mathbf{I} \right\} \mathbf{n} = \mathbf{\Phi}^{el}_A \cdot \mathbf{n} \, . \tag{1.454}$$

Überwälzen des Auftriebes auf das Volumen des festen Körpers mit Hilfe des Gaußschen Integralsatzes liefert

$$\mathbf{F}_A = \oint_A \mathbf{\Phi}^{el}_A \cdot d\mathbf{A} = \oint_A d\mathbf{A} \cdot \widetilde{\mathbf{\Phi}}^{el}_A = \int_V dV \cdot \nabla \cdot \widetilde{\mathbf{\Phi}}^{el}_A = \int_V \mathbf{f}_A \cdot dV \, , \tag{1.455}$$

und man erhält so eine, den Auftrieb bei Integration über das Volumen richtig wiedergebende (fiktive) Kraftdichte

$$\mathbf{f}_A = \nabla \cdot \widetilde{\mathbf{\Phi}}^{el}_A = \nabla \left\{ -\frac{\mathbf{P}\mathbf{E}}{2} \mathbf{I} \right\} = (\nabla \cdot \mathbf{I}) \left\{ -\frac{\mathbf{P}\mathbf{E}}{2} \right\} = -\nabla \frac{\mathbf{P}\mathbf{E}}{2} = -\operatorname{grad} \frac{\mathbf{P}\mathbf{E}}{2} \tag{1.456}$$

in Übereinstimmung mit der in Gl. 1.426 durchgeführten Rechnung.

Für die mit Hilfe der Spannungstensoren dargestellten Spannungen ergibt sich gemäß Gl. 1.417, Gl. 1.444, Gl. 1.442 und Gl. 1.454

$$\mathbf{p}_{\mathrm{pond}} = \mathbf{p}_{\mathrm{ph}} + \mathbf{p}_{\mathrm{A}} = \mathbf{\Phi}^{\mathrm{el}}_{\mathrm{pond}} \cdot \mathbf{n} = (\mathbf{\Phi}^{\mathrm{el}}_{\mathrm{ph}} + \mathbf{\Phi}^{\mathrm{el}}_{\mathrm{A}})\mathbf{n} \,, \tag{1.457}$$

und damit für die Spannungstensoren selbst der Zusammenhang

$$\mathbf{\Phi}^{\mathrm{el}}_{\mathrm{pond}} = \mathbf{\Phi}^{\mathrm{el}}_{\mathrm{ph}} + \mathbf{\Phi}^{\mathrm{el}}_{\mathrm{A}} \,, \tag{1.458}$$

wie man auch durch direkten Vergleich der Tensoren (Gl. 1.445, Gl. 1.443 und Gl. 1.453) feststellen kann.

1.3.2.7. Drehmomente bei Körpern in polarisierbaren Flüssigkeiten und Gasen. Das ponderomotorische Drehmoment. Symmetrieverhältnisse der Spannungstensoren

Bei der allgemeinen Behandlung des Drehmomentes sei zunächst auf folgende mathematische Eigenheit hingewiesen: Während alle auftretenden Teilkräfte und auch die ponderomotorische Kraft auf Grund des Gaußschen Integralsatzes jeweils aus zwei äquivalenten Formen, nämlich aus einem Oberflächenintegral über Spannungen oder aus einem Volumsintegral über eine Kraftdichte, berechnet werden können,

$$(1.447) \quad \mathbf{F} = \oint_A \mathbf{p} \cdot \mathrm{d}A = \oint_A \mathbf{\Phi} \cdot \mathrm{d}\mathbf{A} = \int_V \nabla \cdot \tilde{\mathbf{\Phi}} \cdot \mathrm{d}V = \int_V \mathbf{f} \cdot \mathrm{d}V \,,$$

gelingt eine derartige einfache Darstellung beim Drehmoment im allgemeinen nicht. Geht man etwa vom Drehmoment einer an der Oberfläche angreifenden (echten oder fiktiven) Spannung aus und wandelt man dieses Oberflächenintegral wieder mit Hilfe des Gaußschen Integralsatzes Gl. 1.62 in ein Volumsintegral um, so erhält man mit **r** als Ortsvektor vom gewählten Pol zum Oberflächen- bzw. Volumselement, an dem die Spannung bzw. die Kraftdichte angreift,

$$\mathbf{T} = \oint_A \mathbf{r} \times \mathbf{p} \cdot \mathrm{d}A = \oint_A \mathbf{r} \times (\mathbf{\Phi} \cdot \mathbf{n}) \mathrm{d}A = \oint_A \mathbf{r} \times (\mathbf{\Phi} \cdot \mathrm{d}\mathbf{A}) = - \oint_A (\mathrm{d}\mathbf{A} \cdot \tilde{\mathbf{\Phi}}) \times \mathbf{r} = - \int_V \mathrm{d}V (\nabla \cdot \tilde{\mathbf{\Phi}}) \times \mathbf{r} =$$

$$= \int_V \{\mathbf{r} \times (\nabla \cdot \tilde{\mathbf{\Phi}}) - (\mathbf{\Phi} \cdot \nabla) \times \mathbf{r}\} \, \mathrm{d}V = \int_V \{\mathbf{r} \times \mathbf{f} - (\mathbf{\Phi} \cdot \nabla) \times \mathbf{r}\} \, \mathrm{d}V \,. \tag{1.459}$$

Beim Volumsintegral ergibt sich also zusätzlich zum Drehmoment der Volumskräfte **f** ein weiterer Summand. Dieser Summand verschwindet allerdings, wenn der betreffende Spannungstensor $\mathbf{\Phi}$ symmetrisch ist (/1.10/, S. 230), so daß dann in diesem Fall wieder das Drehmoment der Spannungen und jenes der äquivalenten Volumskräfte gleich sind. Bei einem unsymmetrischen Spannungstensor aber gilt diese Äquivalenz nicht. Sommerfeld und Bopp (/1.5/) hatten daher angenommen, daß die Spannungstensoren des elektromagnetischen Feldes symmetrisch sein müßten, umso mehr als auch der Spannungstensor der Elastizitätstheorie symmetrisch ist. Solange nun die Materie isotrop ist, sind auch alle bisher behandelten Tensoren symmetrisch: Derjenige für die körperfeste Kraft bei „mathematischer" Bereichsabgrenzung $\mathbf{\Phi}_m^{el}$ (Gl. 1.439) und der Tensor der Auftriebskräfte $\mathbf{\Phi}_A^{el}$ (Gl. 1.453) sind es an sich, der Tensor für die körperfeste Kraft bei „physikalischer" Bereichsabgrenzung $\mathbf{\Phi}_{ph}^{el}$ (Gl. 1.443) und der Maxwellsche Spannungstensor für die ponderomotorische Kraft $\mathbf{\Phi}_{pond}^{el}$ (Gl. 1.445) sind es bei isotroper Materie deshalb, weil die unsymmetrische Dyade $\mathbf{E}\otimes\mathbf{D}$ in diesen beiden Tensoren bei $\mathbf{D} = \epsilon\mathbf{E}$ (ϵ ist ein Skalar!) symmetrisch wird. Bei anisotroper Materie sind aber diese beiden zuletzt genannten Tensoren $\mathbf{\Phi}_{ph}^{el}$ und $\mathbf{\Phi}_{pond}^{el}$ unsymmetrisch. Aus diesem Grunde wurde – zu unrecht, wie sich sofort zeigen wird – die Gültigkeit des unsymmetrischen Maxwellschen Spannungstensors angezweifelt (/1.5/).

Schon bei der Behandlung des Drehmomentes im Abschnitt 1.3.2.3 wurde darauf hingewiesen, daß „physikalisch" begrenzte Volumselemente, die nicht nur für die körperfeste Kraft $\mathbf{F}_{ph}$ sondern vor allem auch für die ponderomotorische Kraft $\mathbf{F}_{pond}$ die Basis bilden (vgl. Abschnitt 1.3.2.4), in sich polarisiert sind. Die Volumskräfte $\mathbf{f}_{ph}$ und $\mathbf{f}_{pond}$ beschreiben also bereits an den Volumselementen angreifende resultierende Kräfte, neben denen noch Kräftepaare wirksam sind, die beim Drehmoment neben dem Moment der Volumskräfte in Erscheinung treten müssen. So ist das auf einen Körper bei „physikalischer" Abgrenzung seiner Volumselemente einwirkende körperfeste Drehmoment

(1.409), (1.450) $$\mathbf{T}_{ph} = \int_V \{\mathbf{r}\times\mathbf{f}_{ph} + \mathbf{P}\times\mathbf{E}\}\, dV =$$

$$= \int_V \{\mathbf{r}\times\nabla\cdot\widetilde{\mathbf{\Phi}}_{ph}^{el} + \mathbf{P}\times\mathbf{E}\}\, dV\,. \tag{1.460}$$

Ist der Körper von einer Flüssigkeit oder einem Gas umgeben, so tritt zum körperfesten Drehmoment noch jenes der Auftriebskräfte

$$\mathbf{T}_A = \oint_A \mathbf{r}\times\mathbf{p}_A \cdot dA = \oint_A \mathbf{r}\times(\mathbf{\Phi}_A^{el}\cdot\mathbf{n})\, dA\,, \tag{1.461}$$

das sich wegen der Symmetrie des Tensors $\mathbf{\Phi}_A^{el}$ (Gl. 1.453) nach Gl. 1.459 unmittelbar, also ohne Zusatzsummanden, in das Drehmoment der auf das Volumen überwälzten Ersatz-Kraftdichte $\mathbf{f}_A$ umwandeln läßt:

$$\mathbf{T}_A = \oint_A \mathbf{r}\times(\mathbf{\Phi}_A^{el}\cdot\mathbf{n})\, dA = \int_V \mathbf{r}\times(\nabla\cdot\widetilde{\mathbf{\Phi}}_A^{el})\, dV = \int_V \mathbf{r}\times\mathbf{f}_A\cdot dV\,, \tag{1.462}$$

so daß das resultierende, ponderomotorische Drehmoment

$$\mathbf{T}_{pond} = \mathbf{T}_{ph} + \mathbf{T}_A = \int_V \{\mathbf{r} \times \mathbf{f}_{ph} + \mathbf{P} \times \mathbf{E}\}\, dV + \oint_A \mathbf{r} \times \mathbf{p}_A \cdot dA =$$

$$= \int_V \{\mathbf{r} \times (\mathbf{f}_{ph} + \mathbf{f}_A) + \mathbf{P} \times \mathbf{E}\}\, dV = \int_V \{\mathbf{r} \times \mathbf{f}_{pond} + \mathbf{P} \times \mathbf{E}\}\, dV =$$

$$= \int_V \{\mathbf{r} \times (\nabla \cdot \tilde{\mathbf{\Phi}}^{el}_{pond}) + \mathbf{P} \times \mathbf{E}\}\, dV \qquad (1.463)$$

lautet.

Versucht man nun die Volumsintegrale Gl. 1.460 und Gl. 1.463 für die Drehmomente $\mathbf{T}_{ph}$ und $\mathbf{T}_{pond}$, die neben dem Moment der (bereits resultierenden) Volumskräfte den Ausdruck $\mathbf{P} \times \mathbf{E}$ für die Momentendichte der Kräftepaare enthalten, in Oberflächenintegrale umzuwandeln, so erweist es sich, daß die Momentendichte $\mathbf{P} \times \mathbf{E}$ der Kräftepaare gerade jenen Zusatzsummanden darstellt, der gemäß Gl. 1.459 notwendig ist, damit diese Umwandlung bei den unsymmetrischen Tensoren $\mathbf{\Phi}^{el}_{ph}$ und $\mathbf{\Phi}^{el}_{pond}$ möglich ist. Es muß sich dabei in beiden Fällen um denselben Zusatzsummanden handeln, weil die unsymmetrischen Anteile der beiden Tensoren durch dieselbe Dyade $\mathbf{E} \otimes \mathbf{D}$ gegeben sind, wobei sich dieser unsymmetrische Anteil auf Grund der Verknüpfungsgleichung der elektrischen Feldvektoren Gl. 1.232 entsprechend

$$\mathbf{E} \otimes \mathbf{D} = \mathbf{E} \otimes \{\mathbf{P} + \epsilon_0 \mathbf{E}\} = \mathbf{E} \otimes \mathbf{P} + \epsilon_0 \mathbf{E} \otimes \mathbf{E} \qquad (1.464)$$

auf die Dyade $\mathbf{E} \otimes \mathbf{P}$ reduzieren läßt. Nur dieser Anteil trägt zum Zusatzsummanden bei der Umwandlung nach Gl. 1.459 bei:

$$-\int_V (\mathbf{\Phi}^{el}_{ph\ bzw.\ pond} \cdot \nabla) \times \mathbf{r} \cdot dV = \int_V - \{(\mathbf{E} \otimes \mathbf{P}) \nabla\} \times \mathbf{r} \cdot dV = \int_V \mathbf{P} \times \mathbf{E} \cdot dV . \qquad (1.465)$$

Der Integrand in Gl. 1.465 ließ sich dabei wie folgt umwandeln,

$$- \{(\mathbf{E} \otimes \mathbf{P}) \nabla\} \times \mathbf{r} = - \mathbf{E} (\mathbf{P} \nabla) \times \mathbf{r} = - \mathbf{E} \times (\mathbf{P} \nabla) \mathbf{r} = - \mathbf{E} \times \{\mathbf{P} (\nabla \otimes \mathbf{r})\} =$$

$$= - \mathbf{E} \times \{\mathbf{P} \cdot \mathbf{I}\} = - \mathbf{E} \times \mathbf{P} = \mathbf{P} \times \mathbf{E} , \qquad (1.466)$$

wenn man berücksichtigt, daß die dyadische Anwendung des Nablavektors auf den Ortsvektor $\mathbf{r}$ den Einstensor $\mathbf{I}$ liefert. Da also das Volumsintegral über die Momentendichte $\mathbf{P} \times \mathbf{E}$ gerade den in Gl. 1.459 auftretenden Zusatzsummanden darstellt, ist es erwiesen, daß sich die Volumsintegrale Gl. 1.460 für das körperfeste Drehmoment $\mathbf{T}_{ph}$ und Gl. 1.463 für das ponderomotorische Drehmoment $\mathbf{T}_{pond}$ in Oberflächenintegrale über die Momente der an der Oberfläche des Körpers angreifenden (fiktiven) Spannungen allein umwandeln lassen:

(1.459), (1.460) $$\mathbf{T}_{ph} = \int_V \{\mathbf{r} \times \mathbf{f}_{ph} + \mathbf{P} \times \mathbf{E}\} dV = \int_V \{\mathbf{r} \times (\nabla \cdot \tilde{\mathbf{\Phi}}_{ph}^{el}) + \mathbf{P} \times \mathbf{E}\} dV =$$

$$= \oint_A \mathbf{r} \times (\mathbf{\Phi}_{ph}^{el} \cdot \mathbf{n})\, dA = \oint_A \mathbf{r} \times \mathbf{p}_{ph} \cdot dA \,, \qquad (1.467)$$

(1.459), (1.463) $$\mathbf{T}_{pond} = \int_V \{\mathbf{r} \times \mathbf{f}_{pond} + \mathbf{P} \times \mathbf{E}\} dV = \int_V \{\mathbf{r} \times (\nabla \cdot \tilde{\mathbf{\Phi}}_{pond}^{el}) + \mathbf{P} \times \mathbf{E}\} dV =$$

$$= \oint_A \mathbf{r} \times (\mathbf{\Phi}_{pond}^{el} \cdot \mathbf{n})\, dA = \oint_A \mathbf{r} \times \mathbf{p}_{pond} \cdot dA \,. \qquad (1.468)$$

Damit ist die Frage der Unsymmetrie des Tensors $\mathbf{\Phi}_{ph}^{el}$ der körperfesten Kräfte sowie des Maxwellschen Spannungstensors $\mathbf{\Phi}_{pond}^{el}$ der ponderomotorischen Kräfte geklärt (s. auch /1.11/): Die aus diesen Tensoren ableitbaren (fiktiven) Spannungen $\mathbf{p}_{ph}$ und $\mathbf{p}_{pond}$ (Gl. 1.442 bzw. Gl. 1.457) geben sowohl die zugehörigen Kräfte als auch die Drehmomente unmittelbar durch die entsprechenden Integrale über die Oberfläche des betrachteten Körpers an (Gl. 1.402 und Gl. 1.467 mit Gl. 1.442, Gl. 1.416 und Gl. 1.468 mit Gl. 1.444). Die Umwandlung der Oberflächenintegrale in Volumsintegrale ergibt bei den Kräften unmittelbar Volumsintegrale über die äquivalenten Volumskräfte (Gl. 1.395 mit Gl. 1.450, Gl. 1.426 mit Gl. 1.451), bei den Drehmomenten treten entsprechend Gl. 1.459 neben den Drehmomenten der Volumskräfte Zusatzglieder auf, die auf den Dipolcharakter der Materie im elektromagnetischen Feld – eine Eigenschaft, die das elastische Kontinuum der Mechanik nicht aufweist – zurückzuführen sind und die die Momentendichte der an den, in sich polarisierten Volumselementen angreifenden Kräftepaare beschreiben (Gl. 1.460 bzw. Gl. 1.463).

Schließlich taucht noch die Frage auf, wieso der Tensor für „mathematische" Abgrenzung der Volumselemente $\mathbf{\Phi}_m^{el}$ (Gl. 1.439) symmetrisch ist, so daß bei der Darstellung des Drehmomentes die Momentendichte $\mathbf{P} \times \mathbf{E}$ im Volumsintegral nicht auftritt. Offensichtlich kann bei der Rechnung mit „mathematisch" begrenzten Volumselementen mit ihrer, über das Volumselement „verschmierten", wahren und Polarisationsladung ein Dipolcharakter derartiger Volumselemente nicht in Erscheinung treten, da sie einen solchen eben nicht besitzen. Trotzdem ist ein mit Polarisationsladungen behafteter Körper natürlich polarisiert. Solange sich der Körper im leeren Raum befindet, wird die Tatsache seiner Polarisiertheit dadurch von der Rechnung erfaßt, daß an jenen Stellen des Körpers (vornehmlich in der dünnen Schicht an seiner Oberfläche, die an den leeren Raum grenzt) starke Überschüsse an Polarisationsladungen in den „mathematisch" begrenzten Volumselementen auftreten. Die Übereinstimmung der Rechnung mit „mathematisch" und mit „physikalisch" begrenzten Volumselementen bei einem Körper, der von leerem Raum umgeben ist, läßt sich ja in einfacher Weise dadurch nachweisen, daß man Kraft und

Drehmoment durch Oberflächenintegrale über Spannungen darstellt und zeigt, daß diese Spannungen an der bereits ganz im leeren Raum verlaufenden Hüllfläche des Körpers wegen der dort gültigen Beziehung $\mathbf{D}_0=\epsilon_0\mathbf{E}_0$ gleich werden (vgl. Gl. 1.406).

Ist der Körper allerdings von anderer Materie umgeben, dann lassen sich bekanntlich „mathematisch" begrenzte Volumselemente wegen der falschen Zuordnung von Dipol(Atom)teilen zu den Materiebereichen nicht ohne weiteres benützen. Man könnte allerdings die in der Grenzfläche fester Körper—umgebende Flüssigkeit liegenden, sich deckenden, aber zu verschiedenen Materiebereichen gehörenden Polarisationsladungsschichten nachträglich trennen und entsprechend berücksichtigen. Man kann so die Rechnung korrigieren – auch das Einführen einer sehr dünnen Schicht leeren Raumes zwischen festem Körper und umgebender Materie bewirkt das gleiche Ergebnis – aber das führt, wie zu erwarten ist, wieder auf die Formeln für „physikalische" Bereichsabgrenzung und damit wieder zu den unsymmetrischen Spannungstensoren (/1.11/, S.470).

1.4. Literatur

/1.1/ Oberdorfer, G.: Das Internationale Maßsystem und die Kritik seines Aufbaues. Leipzig: Fachbuch-Verlag. 1970.

/1.2/ Lagally, M.: Vorlesungen über Vektorrechnung, 5. Aufl. Leipzig: Akademische Verlagsgesellschaft Geest u. Portig K.G. 1956.

/1.3/ Mie, G.: Lehrbuch der Elektrizität und des Magnetismus, 3. Aufl. Stuttgart: Enke-Verlag. 1948.

/1.4/ Hofmann, H.: Zur Frage der Bereichsabgrenzung elektrisch und magnetisch polarisierter Materie. E.u.M. *73* (10), (1956).

/1.5/ Sommerfeld, A., und F. Bopp: Zum Problem der Maxwellschen Spannungen. Ann. Phys. *8* (1/2), (1950).

/1.6/ Hofmann, H.: 6 Arbeiten über Kräfte und Drehmomente im elektromagnetischen Feld. Öst. Ing. Arch. *10* (4), (1956); *11* (1), (2 Arbeiten), (2), (4), (1957); *12* (1/2), (1958).

/1.7/ Hofmann, H.: Die Behandlung von Sprungflächen beim Kraftangriff des stationären elektromagnetischen Feldes an der Materie. Öst. Ing. Arch. *11* (1), (1957).

/1.8/ Hofmann, H.: Kräfte und Feldstärken im elektromagnetischen Feld. E.u.M. *76* (24), (1959).

/1.9/ Maxwell, J.Cl.: Lehrbuch der Elektrizität und des Magnetismus. Deutsche Übersetzung von Weinstein. Berlin: Springer. 1883.

/1.10/ Lohr, E.: Vektor- und Dyadenrechnung für Physiker und Techniker, 2. Aufl. Berlin: W. de Gruyter u. Co. 1950.

/1.11/ Hofmann, H.: Symmetrische und unsymmetrische Spannungstensoren der Elektrodynamik. E.u.M. *79* (19), (1962).

/1.12/ Fasching, G.: Werkstoffe für die Elektrotechnik; Mikrophysik, Struktur, Eigenschaften. Wien-New York: Springer. 1984.

2. Das stationäre elektrische Strömungsfeld

2.1. Grundbegriffe

2.1.1. Stromstärke, Stromdichte

In elektrisch leitfähigen Stoffen, in gewissen Fällen auch im leeren Raum, kommt es bei Bestehen eines elektrischen Feldes auf Grund der auf elektrische Ladungen einwirkenden Kräfte zu Bewegungen von Ladungen, also zu einer elektrischen Strömung, die sich über kleinere oder größere Gebiete, gegebenenfalls auch über den gesamten Raum, ausbreiten kann. Man spricht von einem elektrischen Strömungsfeld. Ein elektrisches Strömungsfeld wird dann „stationär" genannt, wenn alle Größen, die die Strömung charakterisieren und die im folgenden noch näher definiert werden, an jeder Stelle des Raumes zeitlich unveränderlich sind. Wenn ein elektrisches Strömungsfeld stationär sein soll, muß die, die Ladungen treibende elektrische Feldstärke i.a. zeitlich unveränderlich sein, denn sonst würde sich mit den Kräften auf die Ladungen auch deren Bewegung, also die Strömung, mit der Zeit ändern. Ein stationäres elektrisches Strömungsfeld setzt somit ein zeitlich konstantes elektrisches Feld voraus, für das die im Kapitel 1 besprochenen Gesetze der Elektrostatik gelten. Demgemäß ändert sich im stationären elektrischen (Strömungs)Feld die Ladungsverteilung im Raum nicht; die von einer beliebigen Stelle, d.h. von einem Volumselement dV in einem beliebigen Aufpunkt P wegströmende Ladungsmenge muß im selben Moment durch eine gleich große, zuströmende ersetzt werden. Das stationäre elektrische Feld unterscheidet sich vom elektrostatischen Feld im wesentlichen durch die vorhandene Ladungsbewegung und die mit ihr verknüpfte — im statischen Feld fehlende — ständige Energieumwandlung.

Denkt man sich in diesem Strömungsfeld eine beliebige Fläche A (Abb.2.1), die dadurch orientiert sein soll, daß man — willkürlich — einen Richtungssinn ihres Normalenvektors $\mathbf{n}$ festlegt, und mißt man die Ladungssumme

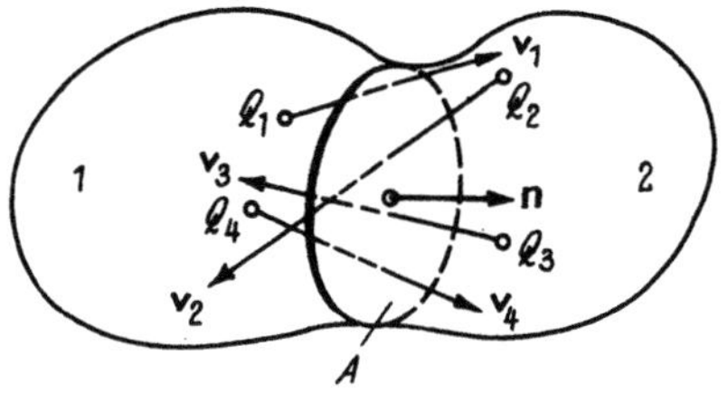

Q_k *el. Ladung des k-ten Ladungsträgers*
v_k *Geschwindigkeit des k-ten Ladungsträgers*

Abb.2.1

$$Q = \sum_k Q_k^* \quad , \tag{2.1}$$

die in dieser Bezugsrichtung **n** in der Zeit t insgesamt durch die Fläche hindurchtritt, unter Berücksichtigung der nachfolgend angegebenen Festlegungen über die Vorzeichen, die den einzelnen Ladungen Q_k^* bei dieser Summenbildung zuzuordnen sind, so wird der Quotient aus dieser Gesamtladung Q und der Zeit t die Stärke des durch diese Fläche, in bezug auf die gewählte Bezugsrichtung **n** durchfließenden Stromes, kurz „elektrische Stromstärke" (Symbol I), genannt:

$$I = \frac{Q}{t} = \frac{\sum_k Q_k^*}{t} \quad . \tag{2.2}$$

Ändert sich dieser Quotient mit der Zeit, wie dies in einem nichtstationären Strömungsfeld der Fall ist (s. Kapitel 4), so tritt an die Stelle des Quotienten der Differentialquotient,

$$I = \frac{dQ}{dt} = \lim_{t \to 0} \frac{\sum_k Q_k^*}{t} \quad . \tag{2.3}$$

Für das einer Ladung Q_k^* bei der Summenbildung in Gl.2.1 (bzw. in Gl.2.2 und in Gl.2.3) zuzuordnende Vorzeichen gilt folgende Festlegung: Denkt man sich zwei beliebige Gebiete 1 und 2, die durch die Fläche A getrennt sind (Abb.2.1), so ist der Betrag $|Q_k|$ einer Ladung bei der Einführung in die Summe $\sum_k Q_k^*$ mit einem positiven Vorzeichen zu versehen, also

$Q_k^* = +|Q_k|$, wenn beim Hindurchtreten dieser Ladung Q_k durch die Trennfläche A jenes Gebiet eine Erhöhung seiner Gesamtladung erfährt, in das der in seinem Richtungssinn willkürlich gewählte Vektor **n** der Flächennormale hineinweist, andernfalls erhält der Betrag $|Q_k|$ ein negatives Vorzeichen, also $Q_k^* = -|Q_k|$. Es sind also positive Ladungen ($Q_k > 0$), die in der gewählten Bezugsrichtung **n**, oder negative Ladungen ($Q_k<0$), die in der zu **n** entgegengesetzten Richtung durch die Fläche A treten, mit positivem Wert in die Summe $Q=\sum_k Q_k^*$ einzusetzen ($Q_k^*=+|Q_k|$); positive, entgegen **n**, oder negative, in Richtung von **n** durch die Fläche A tretende Ladungen gehen in die Summe mit negativem Wert ein ($Q_k^*=-|Q_k|$), wie dies in Abb. 2.2 angedeutet ist.

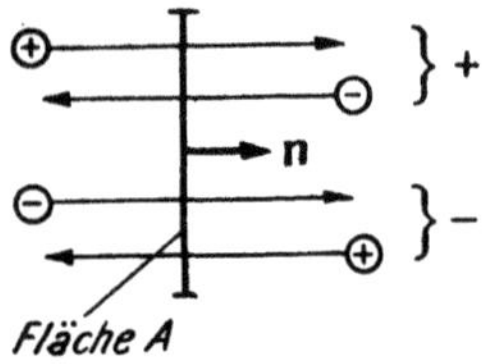

Abb. 2.2

Bei Umkehr der willkürlich gewählten, jedoch für die Vorzeichen der Ladungen Q_k^* maßgebenden Bezugsrichtung **n** wechselt das Vorzeichen der Stromstärke I, da jetzt alle Ladungen Q_k^* mit umgekehrten Vorzeichen in die Rechnung eingehen; **n** ist also auch die Bezugsrichtung der Stromstärke I, wobei ein positiver Wert von I eine resultierende Ladungsbewegung durch die Fläche A bedeutet, so daß das Gebiet in Richtung von **n** einen Zuwachs an (positiver) elektrischer Ladung erhalten würde. Die dadurch festgelegte konventionelle Richtung des elektrischen Stromes stimmt also mit der Bewegungsrichtung positiver Ladungsträger überein, bzw. ist der Bewegungsrichtung negativer Ladung entgegengesetzt orientiert.

In einem metallischen Leiter fließen nur negativ geladene Elektronen, einer elektrischen Stromrichtung in einer bestimmten Richtung entspricht dann immer eine tatsächliche Bewegungsrichtung der Ladungsträger im umgekehrten Sinn. In Elektrolyten und in Halbleitern tragen bewegte Ladungsträger mit Ladungen beider Vorzeichen zum Stromfluß bei. Die Stromstärke I macht also i.a. eine pauschale Aussage über die in der beschriebenen Weise gebildete Gesamtladung, die durch eine betrachtete Fläche, bezogen auf die Zeit, hindurchtritt (Gl. 2.2 bzw. Gl. 2.3).

Da in der Natur elektrische Ladungen nur in diskreter Form als Elementarladungen vorkommen, wird die elektrische Stromstärke als die auf die Zeit t bezogene, durch eine Fläche A hindurchtretende Ladungsmenge Q, mikroskopisch gesehen, stets eine sich zeitlich in sehr vielen, kleinen Sprüngen ändernde Größe sein. Eine exakt stationäre elektrische Strömung gibt es also nicht. Bildet man jedoch zeitliche Mittelwerte, so daß diese mikroskopischen Schwankungen der Stromstärke ausgeglichen werden, so kommt man zur Vorstellung einer Strömung räumlich kontinuierlich verteilter Ladungen (Kontinuumstheorie). Im Quotienten Gl. 2.2 ist die Zeit t, vor allem aber im Differentialquotienten Gl. 2.3 die Zeit $\mathrm{d}t$, immer noch so groß zu denken, daß in dieser Zeit durch die Fläche A eine zu einer Mittelwertsbildung ausreichende Zahl von Ladungsträgern strömt.

Zur Charakterisierung eines elektrischen Strömungsfeldes in jedem Punkt des Raumes (des Leiters) geht man von der Stromstärke I zu der als Vektorgröße definierten „elektrischen Stromdichte **S**" über. Man bildet hiezu zunächst den Quotienten aus Stromstärke I und Fläche A, also die auf die Fläche A bezogene Stromstärke, und geht mit dem Ausmaß der Fläche A gegen null:

$$S_n = \lim_{A \to 0} \frac{I}{A} = \frac{\mathrm{d}I}{\mathrm{d}A} \,. \tag{2.4}$$

Gl. 2.4 legt die Projektion S_n des Stromdichtevektors in Richtung der Flächennormale in der jeweiligen Stellung der Fläche A fest. Drei Projektionen mit Richtungen der Flächennormale, die nicht in einer Ebene liegen, bestimmen den Vektor **S**. Wie immer bei einer Vektorgröße kann man **S** auch so festlegen, daß man sich die Stellung der sehr kleinen Fläche $\mathrm{d}A$ im Aufpunkt P solange variiert denkt, bis man den Maximalwert des Differentialquotienten Gl. 2.4 erhält,

$$S = |\mathbf{S}| = \left(\frac{\mathrm{d}I}{\mathrm{d}A}\right)_{\mathrm{max}} , \tag{2.5}$$

er ist der Betrag S der Stromdichte, die Richtung $\mathbf{n}_{\mathrm{max}}$ der Flächennormale in dieser Stellung der Fläche gibt die Richtung des Stromdichtevektors an, so daß

$$\mathbf{S} = S\mathbf{n}_{\mathrm{max}} = \left(\frac{\mathrm{d}I}{\mathrm{d}A}\right)_{\mathrm{max}} \cdot \mathbf{n}_{\mathrm{max}} \tag{2.6}$$

geschrieben werden kann. Wenn eine Strömung positiver Ladungsträger vorliegt, deren Bewegungsrichtungen beim Durchströmen der sehr kleinen Fläche $\mathrm{d}A$ zueinander parallel sind, so ist diese Richtung die Richtung des Stromdichtevektors **S**.

Die in den Gleichungen Gl. 2.4 bis Gl. 2.6 vorkommenden Differentialquotienten sind wiederum nur makroskopisch gültig, d.h. das sehr kleine Flächenelement $\mathrm{d}A$ ist immer noch so groß zu denken, daß eine zur Mittelwertsbildung hinreichend große Zahl von Ladungsträgern erfaßt wird. Bei der Beschreibung eines elektrischen Strömungsfeldes durch die in jedem Aufpunkt z.B. nach Gl. 2.6 definierte Stromdichte **S** ist also wiederum die bewegte Ladung (makroskopisch) als räumlich kontinuierlich verteilt anzusehen, der diskrete Charakter der strömenden Ladungen tritt nicht mehr in Erscheinung (Kontinuumstheorie).

Von der Stromdichte **S** gelangt man durch Umkehrung, also durch Integration von Gl. 2.4 bzw. Gl. 2.6, zur Stromstärke I zurück. Wegen der Richtungsabhängigkeit von der Stellung des Flächenelementes im Raum wird folgendermaßen vorzugehen sein: Durch ein Flächenelement, das normal zum Stromdichtevektor liegt, so daß sein Normalenvektor **n** und die Stromdichte **S** parallel sind (Abb. 2.3, $\mathrm{d}\mathbf{A} = \mathrm{d}A \cdot \mathbf{n} \uparrow\uparrow \mathbf{S}$), fließt gemäß Gl. 2.5 ein Strom der Stärke $\mathrm{d}I = |\mathbf{S}| \cdot \mathrm{d}A$. Schließen **S** und d**A** einen beliebigen Winkel $\sphericalangle(\mathbf{S}, \mathrm{d}\mathbf{A})$ ein (Abb. 2.4), so ist die Stromstärke durch

$$\mathrm{d}I = |\mathbf{S}| \cdot \mathrm{d}A \cdot \cos(\mathbf{S}, \mathrm{d}\mathbf{A}) = \mathbf{S} \cdot \mathrm{d}\mathbf{A} \quad , \tag{2.7}$$

also durch das skalare Produkt von **S** und d**A** gegeben. Die Stromstärke durch eine beliebige, endlich große Fläche A ist dann (Abb. 2.5)

$$I = \int_A \mathbf{S} \cdot \mathrm{d}\mathbf{A} = \int_A (\mathbf{S}\mathbf{n})\, \mathrm{d}A \quad , \tag{2.8}$$

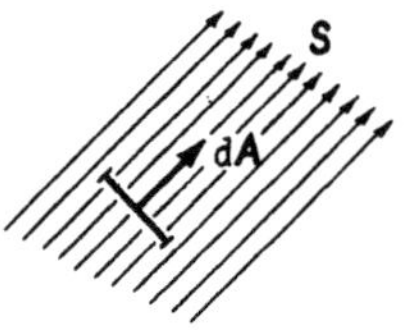

Abb. 2.3

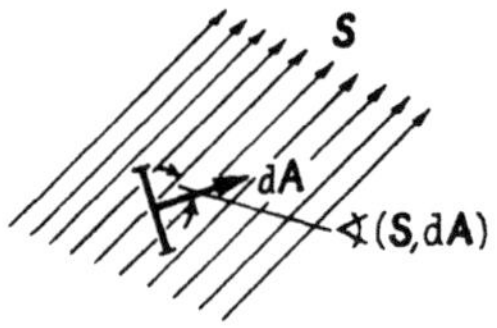

Abb. 2.4

wobei wegen des skalaren Produktes von **S** mit d**A** bzw. mit **n** das Vorzeichen des Skalars I, wie schon früher eingehend erläutert wurde, von der willkürlich gewählten Orientierung der Flächennormale **n**, also der Integrationsrichtung im Flächenintegral (= Bezugsrichtung) abhängt. Die Angabe eines Vorzeichens bei einem Wert der elektrischen Stromstärke hat somit nur dann Sinn, wenn gleichzeitig festgelegt ist, auf welche Bezugsrichtung, d.h. auf welchen Richtungssinn der Flächennormale der gewählten Fläche, man beziehen will. Gemäß Gl. 2.8 ist die Stromstärke I der Vektorfluß der Stromdichte **S** durch die betreffende Fläche A.

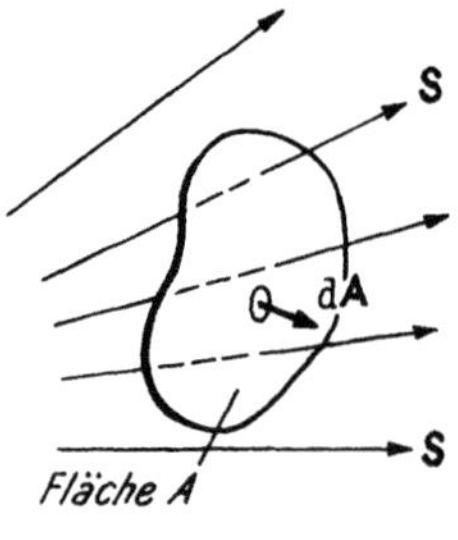

Abb. 2.5

2.1.2. Die Kontinuitätsgleichung der elektrischen Ladung

Denkt man sich ein beliebiges Gebiet V eines leitfähigen Mediums (Abb. 2.6), so ist der durch die geschlossene Hüllfläche A austretende Gesamtstrom $\mathring{I}$ entsprechend Gl. 2.8 der Hüllenfluß über die Stromdichte **S**,

$$\mathring{I} = \oint_A \mathbf{S} \cdot \mathrm{d}\mathbf{A} = -\frac{\mathrm{d}Q}{\mathrm{d}t} \ . \tag{2.9}$$

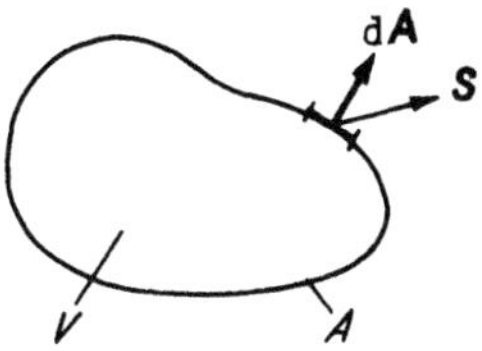

Abb. 2.6

Er muß, da elektrische Ladung einer Polarität allein weder erzeugt werden, noch verschwinden kann, durch die zeitliche Abnahme der im Gebiet V vorhandenen (wahren) elektrischen Gesamtladung Q gespeist sein. (Bei der sogenannten Paarbildung eines Elektrons und eines Positrons /2.1/ entstehen zwei gleich große Ladungen entgegengesetzten Vorzeichens, die Gesamtladung bleibt also auch in einem solchen Fall der „Erzeugung" elektrischer Ladungen unverändert!) Man darf Gl. 2.9 nicht mit der ursprünglich angegebenen Definitionsgleichung für I

$$(2.3) \quad I = \frac{\mathrm{d}Q}{\mathrm{d}t}$$

verwechseln, in Gl. 2.3 hat es sich um die durch eine Fläche hindurch- und in das Gebiet in Richtung des Normalenvektors **n** der Fläche **hineinfließende** Ladung gehandelt, daher tritt dort das umgekehrte Vorzeichen auf wie in Gl. 2.9 für die aus einem Gebiet insgesamt **austretende** Stromstärke.

Man kann Gl. 2.9 mit Hilfe des Gaußschen Integralsatzes in eine differentielle Form bringen: Berücksichtigt man, daß

$$(1.7) \quad Q = \int_V \varrho_{wa} \cdot \mathrm{d}V$$

ist (ϱ_{wa} . . . räumliche wahre Ladungsdichte) und daß die betrachtete Hüllfläche des Gebietes im Raume ruht, es sich also in Gl. 2.9 um die zeitliche Abnahme der Ladung am festgehaltenen Ort des Volumens V handelt, so folgt

$$(2.8),(2.9) \quad \oint_A \mathbf{S} \cdot \mathrm{d}\mathbf{A} = \int_V \operatorname{div} \mathbf{S} \cdot \mathrm{d}V = -\frac{\mathrm{d}Q}{\mathrm{d}t} = -\frac{\mathrm{d}}{\mathrm{d}t} \int_V \varrho_{wa} \cdot \mathrm{d}V =$$

$$= -\int_V \frac{\partial \varrho_{wa}}{\partial t} \mathrm{d}V \ . \tag{2.10}$$

Da es sich hier um eine universell für jedes beliebige Volumen gültige Beziehung handelt, kann man nach Division der Gl. 2.10 durch V mit dem Volumen zur Grenze null gehen,

$$\lim_{V\to 0} \frac{1}{V}\int_V \operatorname{div}\mathbf{S}\cdot dV = \operatorname{div}\mathbf{S} = \lim_{V\to 0} \frac{1}{V}\left\{-\int_V \frac{\partial \varrho_{wa}}{\partial t}\, dV\right\} = -\frac{\partial \varrho_{wa}}{\partial t}\ , \qquad (2.11)$$

und man erhält auf diese Weise mit

$$\operatorname{div}\mathbf{S} = -\frac{\partial \varrho_{wa}}{\partial t} \qquad (2.12)$$

eine Gl. 2.9 äquivalente Aussage in Differentialform, die „Kontinuitätsgleichung der elektrischen Ladung" genannt wird.

In einem stationären, also zeitlich unveränderlichen Strömungsfeld gilt demnach wegen

$$\frac{\partial \varrho_{wa}}{\partial t} = 0 \qquad (2.13)$$

gemäß Gl. 2.12 die Bedingung

$$\operatorname{div}\mathbf{S} = 0\ , \qquad (2.14)$$

bzw. gemäß Gl. 2.10

$$\oint_A \mathbf{S}\cdot d\mathbf{A} = \int_V \operatorname{div}\mathbf{S}\cdot dV = 0\ . \qquad (2.15)$$

Aus der zeitlichen Konstanz der Ladungsverteilung auf den Leitern (Gl. 2.13) folgt also Quellenfreiheit für das stationäre elektrische Strömungsfeld (Gl. 2.14), die elektrischen Stromlinien sind hier stets in sich geschlossen.

Die Definitionsgleichung Gl. 2.2 bzw. Gl. 2.3 für die Stromstärke I liefert den schon im Abschnitt 1.1.1 erwähnten Zusammenhang der Einheiten Ampere, Coulomb und Sekunde (s. Gl. 1.25),

$$[I] = \mathrm{A} = \frac{[Q]}{[t]} = \frac{\mathrm{C}}{\mathrm{s}}\ , \qquad (2.16)$$

aus Gl. 2.4 folgt für die kohärente Einheit der Stromdichte

$$[S] = \frac{[I]}{[A]} = \frac{\mathrm{A}}{\mathrm{m}^2}\ . \qquad (2.17)$$

2.1.3. Der elektrische Strom in metallischen Leitern

Die bedeutendste Gruppe der elektrisch leitfähigen Stoffe stellen die Metalle dar. Ein weiterer fester Leiter ist z.B. Kohle, ferner sind dissoziierte Flüssigkeiten Leiter, ebenso ionisierte Gase und schließlich kann auch ein Ladungstransport im leeren Raum, z.B. in Form bewegter, aus Metallen emittierter Elektronen stattfinden; neuerdings spielen in der Technik Halbleiter eine außerordentlich wichtige Rolle. Im folgenden soll als wichtigster Fall der Leitungsmechanismus in Metallen in sehr vereinfachter Darstellung behandelt werden.

Ein fester metallischer Körper ist kristallin aufgebaut, wobei die einzelnen Kristallite regelmäßige Anordnungen in Form von Atomgittern darstellen. An sich sind solche Kristallite anisotrop, d.h. sie verhalten sich richtungsabhängig: Der Stromtransport geht in verschiedenen Richtungen verschieden leicht vonstatten. Es ist dann i.a. die Bewegungsrichtung der Ladungsträger und damit die Stromdichte **S** nicht parallel zu der einwirkenden elektrischen Feldstärke **E**. Da ein Leiterwerkstoff jedoch i.a. aus sehr vielen, kleinen, regellos gelagerten Kristalliten aufgebaut ist, gleichen sich die richtungsabhängigen Unterschiede meist schon in sehr kleinen Bereichen aus und makroskopisch – also pauschal gesehen – verhält sich in diesem Fall auch der aus Kristalliten aufgebaute metallische Leiter quasi isotrop.

Die in der äußersten Schale der Atome des Kristallgitters befindlichen Elektronen sind nun nicht fest an ein bestimmtes Atom gekettet, sondern sie können sehr leicht ihre Plätze zwischen den Atomen wechseln, wozu es keines wesentlichen Energieaufwandes bedarf. Diese, praktisch frei beweglichen Elektronen („freie Elektronen", auch „Leitungselektronen") verhalten sich so ähnlich wie die in einem Raume frei beweglichen Moleküle eines Gases, man spricht daher auch vom „Elektronengas". Insgesamt heben sich natürlich bei einem metallischen Leiter, dem man keine fremde (wahre) Ladung zugeführt hat, in Summe alle negativen Ladungen der Elektronenhüllen und alle positiven Ladungen der Atomkerne gegenseitig auf. Nur sind eben die freien Elektronen, ihre Zahl liegt etwa in der Größenordnung von einem Elektron je Atom, leicht beweglich, sie werden unter dem Einfluß eines im Leiter bestehenden elektrischen Feldes zu wandern beginnen, u.zw. wegen des negativen Vorzeichens ihrer Ladung in Richtung entgegengesetzt zur Feldstärke. Die freien Elektronen führen außerdem, wie die Moleküle eines Gases, im Metall eine thermische Bewegung durch, wobei sie eine der Temperatur entsprechende kinetische Energie besitzen, so daß bei starker Erhitzung des Metalles Elektronen sogar aus dem Verband des Atomgitters herausgerissen werden und in den leeren Raum austreten können: Glühende Metalle emittieren Elektronen (Glühemission, benützt bei Vakuumröhren). In einem Leiter ohne elektrisches Feld führen zwar die freien Elektronen des Elektronengases diese Wärmebewegung durch, doch ist der im Mittel zurückgelegte Weg (vektoriell summiert, Abb. 2.7) praktisch gleich null; andernfalls würde es ja zu einer merkbaren Verlagerung von Elektronen und somit zu einer Aufladung des Leiters ohne einwirkendes Fremdfeld kommen, was nicht möglich ist, da die elektrostatischen Anziehungskräfte eine makroskopisch in Erscheinung tretende Ladungstrennung nicht zulassen.

Man bezeichnet nun mit l_m die mittlere freie Weglänge, das ist die mittlere Wegstrecke zwischen zwei aufeinanderfolgenden Zusammenstößen eines freien Elektrons mit einem Metallatom,

$$l_m = \frac{1}{n} \sum_{k=1}^{n} l_k \, , \quad n \gg 1 \, . \tag{2.18}$$

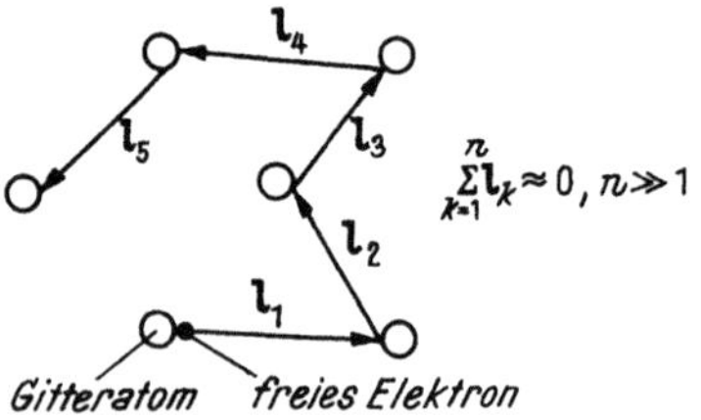

Abb. 2.7

Die von der Wärmebewegung herrührende Geschwindigkeit der Leitungselektronen ist nun sehr groß gegenüber einer eventuellen zusätzlichen Geschwindigkeitskomponente, die durch Beschleunigung der Elektronen auf Grund eines einwirkenden elektrischen Feldes **E** entsteht; man bezeichnet letztere als „Driftgeschwindigkeit". Es gilt also für eine bestimmte Temperatur angenähert

$$t_m = \frac{l_m}{v_m} = \text{const} \, , \tag{2.19}$$

wobei t_m die mittlere Laufzeit der freien Elektronen zwischen zwei aufeinanderfolgenden Zusammenstößen und v_m ihre mittlere thermische Geschwindigkeit ist. t_m und v_m hängen naturgemäß stark von der Temperatur ab, die mittlere freie Weglänge l_m hingegen ist eine nur durch den Kristallaufbau gegebene, also materialabhängige Größe. Während der Zeit t_m zwischen zwei aufeinanderfolgenden Zusammenstößen beschleunigt das elektrische Feld ein freies Elektron in isotropem Material ($\mathbf{a} \uparrow\uparrow \mathbf{F}$) gemäß

$$\text{(1.55)} \quad \mathbf{F} = Q_E \mathbf{E} = -e\mathbf{E} = m_E \mathbf{a} \tag{2.20}$$

($Q_E = -e$ . . . Elektronenladung, e . . . Elementarladung, m_E . . . Elektronenmasse, **a** . . . Beschleunigung, **F** . . . Kraft des Feldes auf das Leitungselektron) bis zu einem Maximalwert an zusätzlicher Driftgeschwindigkeit entgegen der Feldrichtung (die Elektronenladung ist negativ!), wobei sich die Driftgeschwindigkeit über die Geschwindigkeit der Wärmebewegung einseitig überlagert und somit zu einer orientierten elektrischen Strömung führt. In erster Näherung kann man annehmen, daß das Elektron durch den Zusammenprall hinsichtlich der Driftgeschwindigkeit wieder völlig abgebremst und während der nächsten Laufzeit wieder neu beschleunigt wird. Da die das Leitungselektron zwischen zwei Zusammenstößen beschleunigende Fremdfeldstärke (= Makrofeldstärke) **E** entlang der sehr kleinen, mittleren freien Weglänge l_m als konstant angesehen werden darf, ist gemäß Gl. 2.20 auch die Beschleunigung konstant und man erhält als Mittelwert der Driftgeschwindigkeit, die jeweils immer vom Wert null bis zum nächsten Zusammenstoß auf den Wert $\mathbf{a}t_m$ anwächst,

$$\mathbf{v}_D = \frac{1}{2}\mathbf{a}t_m \quad . \qquad (2.21)$$

Man denke sich nun ein mit freien Elektronen der Gesamtzahl dN_E erfülltes (makroskopisches) Volumselement dV, dessen eine Kante parallel zur überlagerten Driftgeschwindigkeit $\mathbf{v}_D$ orientiert sei (Abb. 2.8). In der Zeit dt verschieben sich die Ladungen der Zelle in Richtung von $\mathbf{v}_D$ um den Weg $d\mathbf{s} = \mathbf{v}_D \cdot dt$, so daß durch die normal zur Bewegungsrichtung orientierte, aber im Raum feststehend gedachte Fläche dA insgesamt dN_E Elektronen bzw. eine Gesamtladung von $dN_E(-e)$ hindurchgetreten ist. Bezeichnet man mit

$$n_E = \frac{dN_E}{dV} \qquad (2.22)$$

die Dichte der freien Elektronen (eine vor allem vom Material abhängige Größe), so ist wegen

$$dV = d\mathbf{s} \cdot d\mathbf{A} \qquad (2.23)$$

der (makroskopische) Mittelwert der durch die Fläche dA tretenden Ladung

$$dQ = dN_E(-e) = n_E(-e)dV = n_E(-e)d\mathbf{s} \cdot d\mathbf{A} = n_E(-e)\mathbf{v}_D \cdot dt \cdot d\mathbf{A} \quad . \qquad (2.24)$$

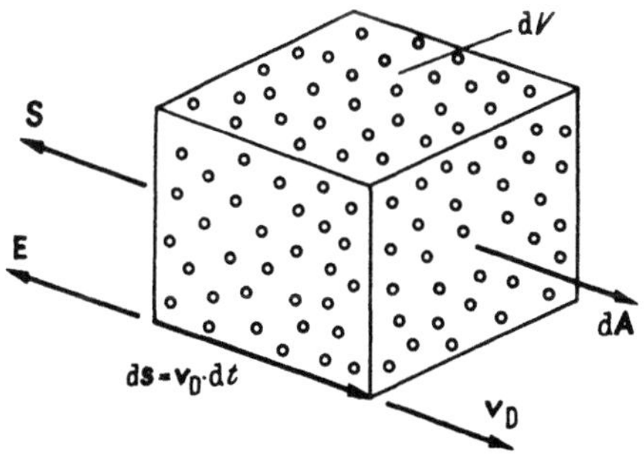

Abb. 2.8

Da die Ladung negativ ist, entspricht dies einer in bezug auf die Richtung der Geschwindigkeit $\mathbf{v}_D$ negativen Stromstärke. Die Stromstärke dI, bezogen auf die durch $\mathbf{v}_D \uparrow\uparrow d\mathbf{A}$ ($\uparrow\downarrow \mathbf{E}$) gegebene Richtung der Elektronengeschwindigkeit, ist makroskopisch, also im Sinne der Kontinuumstheorie,

$$dI = \mathbf{S} \cdot d\mathbf{A} = \frac{dQ}{dt} = -n_E e \mathbf{v}_D \cdot d\mathbf{A} \ . \tag{2.25}$$

Damit ergibt sich eine in der umgekehrten Richtung von $d\mathbf{A}$ bzw. $\mathbf{v}_D$, also in Richtung des elektrischen Feldes $\mathbf{E}$ orientierte Stromdichte $\mathbf{S}$, u.zw. folgt aus Gl. 2.25 unter Benützung von Gl. 2.21, Gl. 2.20 und schließlich Gl. 2.19

$$\mathbf{S} = -n_E e \mathbf{v}_D = \frac{-n_E e \mathbf{a} t_m}{2} = \frac{n_E e^2 l_m}{2 m_E v_m} \mathbf{E} = \gamma \mathbf{E} \ . \tag{2.26}$$

Stromdichte $\mathbf{S}$ und elektrische Feldstärke $\mathbf{E}$ im Leiter sind zueinander proportional. Der skalare Proportionalitätsfaktor

$$\gamma = \frac{n_E e^2 l_m}{2 m_E v_m} \tag{2.27}$$

heißt „elektrische Leitfähigkeit" des betreffenden isotropen Materials und ist wegen der Abhängigkeit der thermischen Geschwindigkeit v_m der Leitungselektronen von der Temperatur selbst temperaturabhängig. Die Konstanten n_E und l_m in Gl. 2.27 sind Materialgrößen, so daß die Leitfähigkeit von Material zu Material stark variiert.

Der Kehrwert

$$\varrho = \frac{1}{\gamma} \tag{2.28}$$

heißt „spezifischer elektrischer Widerstand". Es gilt also gemäß Gl. 2.26 und Gl. 2.28

$$\mathbf{S} = \gamma \mathbf{E} = \frac{1}{\varrho} \mathbf{E} \ , \tag{2.29}$$

oder umgekehrt

$$\mathbf{E} = \frac{1}{\gamma} \mathbf{S} = \varrho \mathbf{S} \ , \tag{2.30}$$

womit (für ein bestimmtes isotropes Material und eine bestimmte Temperatur) elektrische Stromdichte und elektrische Feldstärke in jedem beliebigen Aufpunkt im Inneren des (quasi)isotropen Materials in eindeutiger Weise über eine skalare Proportionalitätskonstante miteinander verknüpft sind.

Bei anisotropem Material (mit Vorzugsrichtungen) liegt die Richtung der durch Einwirken des elektrischen Feldes der Wärmebewegung überlagerten Elektronenbewegung nicht antiparallel zum Feld, sondern sie weicht von dieser Richtung ab, **S** und **E** sind hier nicht mehr parallel zueinander. So wie bei der Dielektrizitätskonstante eines anisotropen Materials (s. Abschnitt 1.2.1) sind dann die elektrische Leitfähigkeit und ihre Reziprokgröße, der spezifische elektrische Widerstand, in Form zueinander reziproker (inverser) Matrizen anzugeben.

Man erkennt, daß die zu einer Zeit, zu der der Aufbau der Atome und der Mechanismus der elektrischen Leitung in Metallen noch völlig unbekannt waren, getroffene Festlegung, die Ladung eines geriebenen Glasstabes sei positiv (s. Abschnitt 1.1.1), unglücklich gewählt war. Elektronen besitzen auf Grund dieser Definition negative Ladung und daher ist die konventionelle Stromrichtung im Metall der Bewegungsrichtung der Leitungselektronen gerade entgegengesetzt orientiert.

Berechnet man für konkrete Leiterwerkstoffe die Leitfähigkeiten nach Gl. 2.27, so weichen die Ergebnisse von den experimentell bestimmten, z. T. sehr wesentlich, ab. Das einfache Modell des Leitungsmechanismus, das hier der Ableitung der Leitfähigkeit zugrunde gelegt wurde, beschreibt also die tatsächlichen Vorgänge der elektrischen Leitung im Metall nur sehr ungenau. (Exaktere Theorien des Leitungsmechanismus siehe die einschlägige Literatur, z.B. /2.2/.)

2.1.4. Stromleitung durch mehrere Ladungsträgerarten und Konvektionsstrom

Im Abschnitt 2.1.3 wurde die Elektronenleitung in isotropen metallischen Körpern besprochen. Dort handelt es sich um eine einzige Art von Ladungsträgern, die sich unter dem Einfluß eines elektrischen Feldes **E** mit der (Drift)Geschwindigkeit $\mathbf{v}_D$ bewegen. In diesem Fall ist die Stromdichte

$$(2.26)\quad \mathbf{S} = -n_E e \mathbf{v}_D = n_E Q_E \mathbf{v}_D = \frac{dN_E}{dV} Q_E \mathbf{v}_D \quad ,$$

($Q_E = -e$ ... Elektronenladung, $n_E = \frac{dN_E}{dV}$ ... Dichte der freien Elektronen).

Nun ist

$$dN_E \cdot Q_E = dQ \tag{2.31}$$

die gesamte im (makroskopischen) Volumselement dV befindliche, mit der Geschwindigkeit $\mathbf{v}_D$ bewegte Ladung, so daß man, wenn man den die Elektronen kennzeichnenden Index E wegläßt, im allgemeinen Fall für die Stromdichte (wahrer) elektrischer Ladung, die sich mit der Geschwindigkeit **v** bewegt,

$$\mathbf{S} = \frac{\mathrm{d}Q}{\mathrm{d}V}\mathbf{v} = \varrho_{\mathrm{wa}}\mathbf{v} \tag{2.32}$$

erhält.

Setzt man diese Beziehung in die Kontinuitätsgleichung Gl. 2.12 ein, so erhält man

$$\operatorname{div} \varrho_{\mathrm{wa}}\mathbf{v} = -\frac{\partial \varrho_{\mathrm{wa}}}{\partial t} \tag{2.33}$$

in Übereinstimmung mit der auf gleichen Voraussetzungen beruhenden Kontinuitätsgleichung der Hydrodynamik (/2.1/).

Gl. 2.32 läßt sich auf jeden beliebigen, mit wahrer Ladung geladenen Körper anwenden, der sich im Raum bewegt. Er repräsentiert ebenfalls in gewissem Sinne einen elektrischen Strom, man spricht von „Konvektionsstrom" zum Unterschied vom Leitungsstrom bewegter Ladungsträger (Elektronen, Ionen usw.) in (ruhenden) leitfähigen Stoffen. Bewegte Ladungsträger im freien Raum in Form von α-Strahlen, β-(Elektronen)Strahlen usw./2.1/ sind in diesem Sinne Konvektionsströme.

Als Beispiel sei die (Konvektions)Stromstärke eines um einen Atomkern kreisenden Elektrons angegeben: Bei einer Umlaufdauer τ des Elektrons tritt durch eine zur Bahn senkrecht stehende Fläche in der Zeit τ einmal die Ladung $Q_E = -e$; ein Bahnelektron stellt also gewissermaßen einen, etwa kreisförmigen Konvektionsstrom mit einem (mittleren) Betrag der Stromstärke

$$|I| = \frac{|Q_E|}{t} = \frac{e}{\tau} \tag{2.34}$$

dar.

In Elektrolyten und in Halbleitern treten gleichzeitig zwei verschiedene Arten von Ladungsträgern, u.zw. positiv und negativ geladene (Kationen und Anionen bzw. Defektelektronen und Elektronen), auf. Hier gilt sinngemäß in Erweiterung von Gl. 2.32, wenn die Ladungsträger der beiden Arten mit den Dichten ϱ_1 und ϱ_2 im Leiter kontinuierlich verteilt gedacht werden und sie sich mit den Geschwindigkeiten $\mathbf{v}_1$ und $\mathbf{v}_2$ bewegen,

$$\mathbf{S} = \mathbf{S}_1 + \mathbf{S}_2 = \varrho_1\mathbf{v}_1 + \varrho_2\mathbf{v}_2 \;; \tag{2.35}$$

die beiden Stromdichten überlagern sich. Man kann Gl. 2.35 für den Fall beliebig vieler, mit verschiedenen Geschwindigkeiten $\mathbf{v}_k$ bewegter diskreter Ladungsträger mit den Ladungen Q_k weiter verallgemeinern. $\varrho_k = \mathrm{d}Q_k/\mathrm{d}V_k$ ist dann die (mikroskopische) Dichte der Ladung eines Ladungsträgers, der sich mit einer, bezüglich seines Volumens V_k konstanten Geschwindigkeit $\mathbf{v}_k$ bewegt. (Von einer Rotation der Ladungsträger sei hier zunächst abgesehen.) Die Stromdichte erhält man dann durch Mittelung über ein makroskopisches Volumen $V\to 0$, in dem sich eine zur Mittelwertsbildung hinreichend große Zahl n einzelner Ladungsträger befindet:

$$\text{(2.35)}\quad \mathbf{S}=\overline{\varrho_1\mathbf{v}_1+\varrho_2\mathbf{v}_2+\ldots}=\overline{\sum_{k=1}^{n}\varrho_k\mathbf{v}_k}=\lim_{V\to 0}\frac{1}{V}\int_V\left\{\frac{dQ_1}{dV_1}\mathbf{v}_1+\frac{dQ_2}{dV_2}\mathbf{v}_2+\ldots\right\}dV=$$

$$=\lim_{V\to 0}\frac{1}{V}\{Q_1\mathbf{v}_1+Q_2\mathbf{v}_2+\ldots\}=\lim_{V\to 0}\frac{1}{V}\sum_{k=1}^{n}Q_k\mathbf{v}_k\ . \qquad (2.36)$$

Man beachte, daß jeder Summand $\varrho_k\mathbf{v}_k=\frac{dQ_k}{dV_k}\mathbf{v}_k$ nur im (mikroskopisch kleinen) Volumen V_k des einzelnen Ladungsträgers von null verschieden ist und daher bei der Integration in Gl. 2.36 über das Volumen V des betrachteten (makroskopischen) Gebietes nur im Teilgebiet V_k einen Beitrag liefert. In dem mikroskopisch kleinen Volumen V_k darf neben $\mathbf{v}_k$ auch ϱ_k konstant angenommen werden, so daß die Integration von $\varrho_k\mathbf{v}_k$ bei jedem Summanden trivialerweise auf $Q_k\mathbf{v}_k$ führt.

2.1.5. Zweidimensionale (flächenhafte) Strömungsfelder

In vielen Fällen liegt eine Stromverteilung in so schmalen Gebieten vor, daß man bei der mathematischen Behandlung zweckmäßigerweise zu flächenhaften Strömungsfeldern übergeht. Der Stromdichtevektor **S** muß in diesem Fall in der leitfähigen Fläche liegen (Abb. 2.9), und es ist die Stromstärke dI durch ein zu dieser Fläche normal orientiertes Flächenelement, dessen Flächenvektor $d\mathbf{A}=\mathbf{n}\cdot dA$ also ebenfalls in der leitfähigen Fläche liegt, durch folgenden Ausdruck gegeben:

$$dI=\mathbf{S}\cdot d\mathbf{A}=\mathbf{Sn}\cdot dA=\mathbf{Sn}b\cdot ds=b\mathbf{Sn}\cdot ds\ . \qquad (2.37)$$

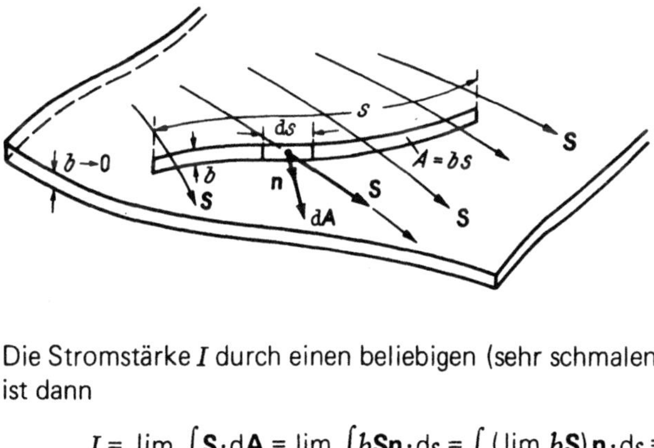

Abb. 2.9

Die Stromstärke I durch einen beliebigen (sehr schmalen) Querschnitt A ist dann

$$I=\lim_{b\to 0}\int_A\mathbf{S}\cdot d\mathbf{A}=\lim_{b\to 0}\int_s b\mathbf{Sn}\cdot ds=\int_s(\lim_{b\to 0}b\mathbf{S})\mathbf{n}\cdot ds=\int_s\boldsymbol{\alpha}\mathbf{n}\cdot ds\ . \qquad (2.38)$$

Man erhält also im zweidimensionalen Strömungsfeld die Stromstärke I durch Integration einer flächenhaft verteilten Stromdichte

$$\boldsymbol{\alpha} = \lim_{b \to 0} b\mathbf{S} \tag{2.39}$$

über die Länge s des sehr schmalen, zu einer Linie entarteten Querschnittes A, wobei der im Integral stehende Einsvektor $\mathbf{n}$ in der Strömungsebene liegt und jeweils normal zur Richtung des betreffenden Linienelementes orientiert ist. (Er gibt wiederum die Bezugsrichtung für I an!)

Flächenhafte Konvektionsströme entstehen z.B. durch Bewegung geladener Flächen, wobei man unter Benützung der Beziehungen Gl. 2.39, Gl. 2.32 und Gl. 1.5 zum Zusammenhang

$$\boldsymbol{\alpha} = \lim_{b \to 0} b\mathbf{S} = \lim_{b \to 0} b\varrho_{\text{wa}}\mathbf{v} = \sigma_{\text{wa}}\mathbf{v} \tag{2.40}$$

gelangt. Bei räumlich verteilten bewegten Ladungen ist also die Stromdichte $\mathbf{S}$ des dreidimensionalen Strömungsfeldes durch das Produkt aus räumlicher Ladungsdichte ϱ_{wa} und Geschwindigkeit $\mathbf{v}$ gegeben (Gl. 2.32), bei flächenhaft verteilten Ladungen die Stromdichte $\boldsymbol{\alpha}$ des zweidimensionalen Strömungsfeldes durch das Produkt aus flächenhafter Ladungsdichte σ_{wa} und Geschwindigkeit $\mathbf{v}$ (Gl. 2.40).

Ein Beispiel für einen flächenhaften Konvektionsstrom wäre ein mit der Winkelgeschwindigkeit ω um seine Achse rotierender, an seiner Mantelfläche gleichmäßig mit flächenhaft verteilter, etwa positiver Ladung der Dichte σ_{wa} behafteter Zylinder (Radius R). Seine flächenhafte Stromdichte ist dem Betrag nach gemäß Gl. 2.40

$$\alpha = |\boldsymbol{\alpha}| = \sigma_{\text{wa}} v = \sigma_{\text{wa}} R\omega \ , \tag{2.41}$$

und die in Richtung der Umfangsgeschwindigkeit positiv gezählte Stromstärke des gesamten, am rotierenden Mantel auftretenden Konvektionsstromes ist wegen der gleichmäßigen Ladungsverteilung einfacherweise durch das Produkt aus dem Betrag α der Stromdichte und der Länge l der Erzeugenden des Zylindermantels, also der Länge des Zylinders, gegeben:

$$I = \int_s \boldsymbol{\alpha}\mathbf{n} \cdot \mathrm{d}s = \int_l \alpha \cdot \mathrm{d}s = \alpha l = \sigma_{\text{wa}} R\omega l \ . \tag{2.42}$$

Berechnet man unmittelbar die Stromstärke I nach Gl. 2.2, so folgt, da in der Umlaufzeit

$$T = \frac{1}{n} = \frac{2\pi}{\omega} \tag{2.43}$$

(n . . . Drehzahl) einmal die gesamte Ladung

$$Q = \sigma_{wa} 2\pi R l \tag{2.44}$$

des Zylinders durch einen feststehend gedachten Querschnitt tritt,

$$I = \frac{Q}{t} = \frac{\sigma_{wa} 2\pi R l}{T} = \sigma_{wa} R \omega l \tag{2.45}$$

in Übereinstimmung mit Gl. 2.42 .

2.2. Das Ohmsche Gesetz

Man denke sich zwei Elektroden in einem leitfähigen, linearen Medium eingebettet (Abb. 2.10), über die mit Hilfe isolierter Drähte Strom zu- bzw. abgeführt wird. (A_1, A_2 ... Flächen, die die Elektroden 1 bzw. 2 einhüllen, unter Aussparung der Querschnitte der Zuleitungsdrähte.) Der spezifische Widerstand des Mediums kann in jedem Aufpunkt P andere Werte besitzen, die Materie kann also inhomogen sein. Hält man die Temperatur konstant, so ist auch der spezifische Widerstand in jedem Aufpunkt des Strömungsfeldes (weitestgehend) eine konstante Größe, d.h. er ist unabhängig von der Stärke des durchfließenden Stromes und der angelegten Spannung und nur abhängig von den Ortskoordinaten:

$$\varrho = \varrho(x, y, z) \quad . \tag{2.46}$$

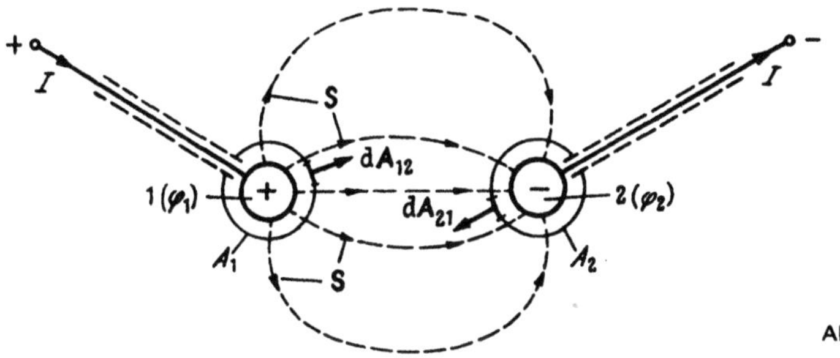

Abb. 2.10

Dann ist die gesamte Konfiguration des elektrischen Feldes **E** und damit des ihm in jedem Aufpunkt proportionalen Strömungsfeldes **S**

(2.29) $\mathbf{S} = \gamma \mathbf{E}$ (2.47a) bzw. (2.30) $\mathbf{E} = \varrho \mathbf{S}$ (2.47b)

unabhängig von der angelegten Spannung, es wird nur an jeder Stelle des Mediums z.B. bei einer höheren, an die Elektroden angelegten Spannung, entsprechend der jetzt überall proportional erhöhten, in ihrer Richtung aber ungeänderten Feldstärke **E** eine im selben Ausmaß proportional erhöhte Stromdichte **S** auftreten. Das heißt aber, da eben voraussetzungsgemäß der Quotient $|\mathbf{E}|/|\mathbf{S}|$ an jeder Stelle des Materials eine Konstante ist und die Richtungen von **E** und **S** an jeder Stelle ungeändert bleiben, daß auch der Quotient aus Spannung und Stromstärke

$$R_{12}=\frac{U_{12}}{I_{12}}=\frac{\varphi_1-\varphi_2}{I_{12}}=\frac{\int_1^2 \mathbf{E}\cdot d\mathbf{s}_{12}}{\int_{A_1} \mathbf{S}\cdot d\mathbf{A}_{12}}=\frac{\int_1^2 \mathbf{E}\cdot d\mathbf{s}_{12}}{\int_{A_1} \gamma\mathbf{E}\cdot d\mathbf{A}_{12}}=\frac{U_{21}}{I_{21}}=\frac{\varphi_2-\varphi_1}{I_{21}}=$$

$$=R_{21}=R \tag{2.48}$$

ungeändert bleibt, also eine für die Anordnung charakteristische Konstante darstellt. Diese Größe wird „Ohmscher Widerstand R" der Anordnung genannt; die durch

$$U_{12}=\int_1^2 \mathbf{E}\cdot d\mathbf{s}_{12}=\int_1^2 \varrho\mathbf{S}\cdot d\mathbf{s}_{12}=I_{12}R \tag{2.49}$$

oder

$$U_{21}=\int_2^1 \mathbf{E}\cdot d\mathbf{s}_{21}=\int_2^1 \varrho\mathbf{S}\cdot d\mathbf{s}_{21}=I_{21}R \tag{2.50}$$

dargestellte Proportionalität zwischen Strom und Spannung heißt „Ohmsches Gesetz". Das Ohmsche Gesetz stellt die Integralform der für jeden Aufpunkt gültigen Proportionalität von Feldstärke und Stromdichte Gl. 2.47b dar, die selbst vielfach „Ohmsches Gesetz in Differentialform" genannt wird. Es gilt auch für lineare, anisotrope Materie, bei der die in Gl. 2.47a und Gl. 2.47b auftretenden Größen ϱ bzw. γ Tensorcharakter besitzen, wobei die Elemente der den jeweiligen Tensor beschreibenden Matrix feldunabhängig sind (s. die Erörterungen am Ende von Abschn. 1.2.1).

Der Ohmsche Widerstand ist als Quotient des Potentialabfalles (der Spannung), bezogen auf eine beliebig angenommene Reihenfolge der Elektroden, und der Stromstärke, bezogen auf die gleiche Reihenfolge der Elektroden, definiert und daher eine stets positive Größe:

$$R=\frac{U_{12}}{I_{12}}=\frac{U_{21}}{I_{21}}=|R| \;. \tag{2.51}$$

Der Kehrwert des Widerstandes heißt elektrischer Leitwert,

$$G=\frac{1}{R}=\frac{1}{|R|}=|G|=\frac{I_{12}}{U_{12}}=\frac{I_{21}}{U_{21}} \;, \tag{2.52}$$

er ist, so wie der Widerstand R, eine stets positive Größe.

Die Einheit des Widerstandes ist

$$[R]=\frac{[U]}{[I]}=\frac{\mathrm{V}}{\mathrm{A}}=\Omega \;, \tag{2.53}$$

sie wird „Ohm" genannt. Die Einheit des Leitwertes

$$[G] = \frac{1}{[R]} = \frac{1}{\Omega} = \frac{\text{A}}{\text{V}} = \text{S} \tag{2.54}$$

heißt „Siemens".

In den meisten Fällen finden elektrische Leiter als Draht, also in der Form eines sehr langen, schlanken Zylinders Anwendung. Beim stationären Strömungsfeld ist im Falle eines homogenen, isotropen, linearen Drahtmaterials die Stromdichte **S** gleichmäßig über den Drahtquerschnitt verteilt, bei Konstanz des Querschnittes längs der Drahtachse ändert sich ferner der Betrag $|\mathbf{S}| = S$ auch in dieser Richtung nicht. Die Richtung von **S** muß parallel zur Drahtachse orientiert sein, so daß sich der Ohmsche Widerstand eines derartigen Drahtes vom Querschnitt A und der Länge l (Abb. 2.11) wie folgt berechnet: Wegen Gl. 2.30 ist bei **S** = const im gesamten Drahtvolumen auch **E** = const, so daß

$$R = \frac{U_{12}}{I_{12}} = \frac{\int_1^2 \mathbf{E}\cdot d\mathbf{s}_{12}}{\int_A \mathbf{S}\cdot d\mathbf{A}_{12}} = \frac{El}{SA} = \frac{El}{\gamma EA} = \frac{l}{\gamma A} = \varrho \frac{l}{A} \tag{2.55}$$

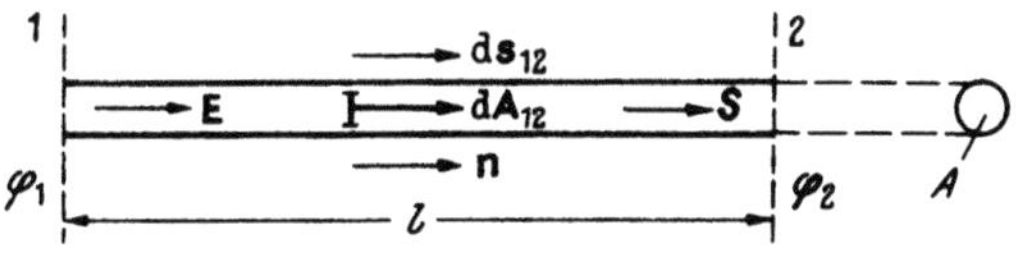

$\mathbf{E} = E_n\mathbf{n} = E\mathbf{n}, \quad \mathbf{S} = S_n\mathbf{n} = S\mathbf{n}$

Abb. 2.11

gilt. Aus Gl. 2.55 läßt sich bei bekannten Abmessungen A und l eines Drahtstückes durch Messung der Spannung U_{12} und der Stromstärke I_{12} der spezifische Widerstand ϱ des Drahtmaterials bestimmen:

$$\varrho = R\frac{A}{l} = \frac{U_{12}}{I_{12}} \cdot \frac{A}{l} \; . \tag{2.56}$$

Die kohärente SI-Einheit des spezifischen Widerstandes ist entsprechend Gl. 2.56

$$[\varrho] = [R]\frac{[A]}{[l]} = \Omega\,\frac{\text{m}^2}{\text{m}} = \Omega\text{m} \; , \tag{2.57}$$

und daher jene der elektrischen Leitfähigkeit

$$[\gamma] = \frac{1}{[\varrho]} = \frac{1}{\Omega\text{m}} = \frac{\text{S}}{\text{m}} \; . \tag{2.58}$$

Da man Drahtlängen meist in m und Drahtquerschnitte in mm² angibt, werden Zahlenwerte des spezifischen Widerstandes vielfach auf diese Einheiten bezogen. Nun gilt für die Einheiten der Zusammenhang

$$\Omega\text{m} = \Omega\frac{\text{m}^2}{\text{m}} = 10^6\,\Omega\frac{\text{mm}^2}{\text{m}} \tag{2.59}$$

oder auch

$$\Omega\frac{\text{mm}^2}{\text{m}} = 10^{-6}\,\Omega\text{m}\ , \tag{2.60}$$

und somit für die Zahlenwerte, also für die Quotienten aus Größe und gewählter Einheit,

$$\varrho_{(\Omega\frac{\text{mm}^2}{\text{m}})} = \frac{\varrho}{\Omega\frac{\text{mm}^2}{\text{m}}} = \frac{\varrho}{10^{-6}\,\Omega\text{m}} = 10^6\frac{\varrho}{\Omega\text{m}} = 10^6\,\varrho_{(\Omega\text{m})}\ . \tag{2.61}$$

In analoger Weise wird häufig für die elektrische Leitfähigkeit anstelle der kohärenten SI-Einheit S/m das dezimale Vielfache

$$\text{S}\frac{\text{m}}{\text{mm}^2} = 10^6\text{S}\frac{\text{m}}{\text{m}^2} = 10^6\frac{\text{S}}{\text{m}} \tag{2.62}$$

benützt. Für die Zahlenwerte gilt dann der Zusammenhang

$$\gamma_{(\text{S}\frac{\text{m}}{\text{mm}^2})} = \frac{\gamma}{\text{S}\frac{\text{m}}{\text{mm}^2}} = \frac{\gamma}{10^6\frac{\text{S}}{\text{m}}} = 10^{-6}\gamma_{(\frac{\text{S}}{\text{m}})}\ . \tag{2.63}$$

Der Werkstoff mit der höchsten Leitfähigkeit ist Silber ($\gamma_{Ag} \approx 62\,\text{S}\frac{\text{m}}{\text{mm}^2}$), als Leitermaterial in der Elektrotechnik am meisten benutzt wird Kupfer ($\gamma_{Cu} \approx 57\,\text{S}\frac{\text{m}}{\text{mm}^2}$), und schließlich wird auch Aluminium wegen der im Hinblick auf seinen niedrigen Herstellungspreis immer noch sehr günstigen Leitfähigkeit ($\gamma_{Al} \approx 35\,\text{S}\frac{\text{m}}{\text{mm}^2}$) häufig eingesetzt. Derart hohe Leitfähigkeiten werden jedoch nur bei höchster Reinheit der Werkstoffe erzielt, so daß diese auf elektrolytischem Wege hergestellt werden müssen. Näheres über die Herstellung und die Eigenschaften von metallischen und anderen Leiterwerkstoffen, insbesondere auch von Legierungen für Sonderzwecke (Leiter mit relativ hohem spezifischem Widerstand für Heizleiter, Drahtwiderstände usw.) siehe die einschlägige Literatur (z.B./2.2/).

2.3. Die Temperaturabhängigkeit des elektrischen Widerstandes

Trägt man den spezifischen Widerstand (eines isotropen Materials) in einem Diagramm über der Temperatur auf (Abb. 2.12), so ergibt sich in weiten Grenzen ein angenähert linearer Verlauf der Kurve. t_a bzw. T_a ist die Bezugstemperatur (Ausgangstemperatur, meist 20°C bzw. 293,15 K), auf die sich die Formel

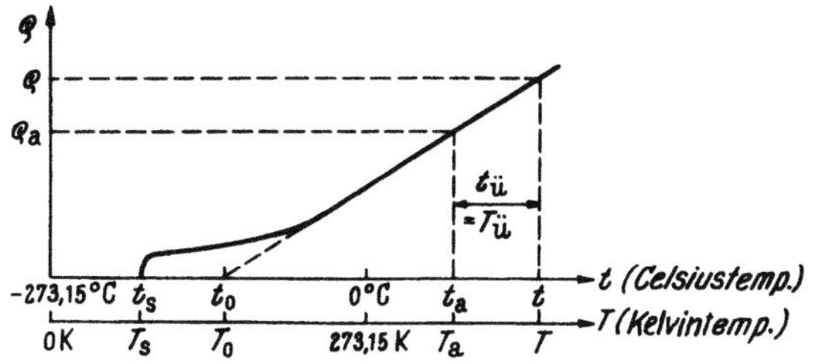

Abb. 2.12

$$\varrho = \varrho_a\{1+\alpha_a(t-t_a)\} = \varrho_a\{1+\alpha_a(T-T_a)\} = \varrho_a\{1+\alpha_a t_ü\} \tag{2.64}$$

bezieht, die den linearen Bereich des Diagramms analytisch darstellt.

$$t_ü = t-t_a = T-T_a \tag{2.65}$$

ist die Übertemperatur, bezogen auf die Ausgangstemperatur. Die Größe α_a heißt Temperaturkoeffizient des betreffenden Stoffes. Sie hängt von der Bezugstemperatur t_a ab.

Zwischen den in Gl. 2.64 und Gl. 2.65 sowie in Abb. 2.12 benützten Größen thermodynamische (Kelvin)Temperatur T und Celsiustemperatur t besteht bekanntlich der Zusammenhang

$$T = t + 273{,}15\ \mathrm{K}\ . \tag{2.66}$$

Die Einheit der Temperatur ist das Kelvin (K). Um Angaben der Celsiustemperatur t, die ja gemäß Gl. 2.66 von gleicher Art wie die Kelvintemperatur T ist und daher in der gleichen Einheit gemessen wird, besonders zu kennzeichnen, nennt man in diesem Fall die Temperatureinheit Kelvin auch Grad Celsius (°C). Bei Angabe einer Temperaturdifferenz, also z.B. der Übertemperatur $t_ü$, verwendet man für die Einheit in erster Linie die Benennung „Kelvin" [früher auch Grad (grd, deg)]. Wenn allerdings eine Differenz zweier Werte der Celsiustemperatur angegeben wird, so kann vorläufig auch statt „Kelvin" die Benennung „Grad Celsius" verwendet werden. Kelvin und Grad Celsius sind also jedenfalls nur verschiedene Benennungen der gleichen Temperatureinheit.

Aus Gl. 2.64 ergibt sich, daß das Einheitenprodukt $[\alpha]\cdot[t_ü] = 1$ sein muß, also ist

$$[\alpha] = \frac{1}{[t]} = \frac{1}{\mathrm{K}} = \frac{1}{°\mathrm{C}} = \mathrm{K}^{-1} = (°\mathrm{C})^{-1}\ . \tag{2.67}$$

Extrapoliert man in Abb. 2.12 linear bis zum Schnitt mit der Abszisse, so erhält man die „kritische Temperatur" t_0 (bzw. T_0). Bei ihr würde der spezifische Widerstand ϱ den Wert null annehmen, wenn sich der Stoff hinsichtlich seines spezifischen Widerstandes vollkommen linear verhielte.

Dieser an sich physikalisch völlig bedeutungslose Temperaturwert ist für jedes Material charakteristisch und gestattet, den Temperaturkoeffizienten α_a in einfacher Weise darzustellen. Aus dem Diagramm folgt

$$\varrho = \varrho_a\{1+\frac{t_ü}{t_a - t_0}\} \ . \qquad (2.68)$$

Also ergibt sich durch Vergleich mit Gl.2.64 ein von der Ausgangstemperatur t_a abhängiger Wert des Temperaturkoeffizienten

$$\alpha_a = \frac{1}{t_a - t_0} \ . \qquad (2.69)$$

Da z.B. bei Kupfer $t_0 = -235°C$ ist, gilt für dieses Material für eine Bezugstemperatur von 20°C

$$\alpha_{20} = \frac{1}{20+235}\,K^{-1} = \frac{1}{255}\,K^{-1} = 0{,}0039\,K^{-1} \ . \qquad (2.70)$$

In Wirklichkeit erreicht der spezifische Widerstand den Wert null nicht bei der kritischen Temperatur t_0 sondern, wenn überhaupt, bei einer viel tieferen, aber doch noch deutlich oberhalb des absoluten Temperaturnullpunktes ($t = -273{,}15°C$) liegenden Temperatur t_s (Sprungtemperatur); der Stoff wird beim Abkühlen bei dieser Temperatur plötzlich widerstandslos (Supraleitung, /2.1/).

Der experimentell ermittelte Zusammenhang von Temperatur und Widerstand eines Drahtes aus einem bestimmten Material (z.B. Platin) kann zur Messung der Temperatur benützt werden (Widerstandsthermometer).

Es gibt spezielle Widerstandslegierungen mit sehr kleinem Temperaturkoeffizienten, z.B. Manganin ($\alpha_{20} = 1.10^{-5}\,K^{-1}$) oder Konstantan ($\alpha_{20} = 5.10^{-6}\,K^{-1}$), die sich daher besonders für Präzisions- und Normalwiderstände eignen. Kohle besitzt einen negativen Temperaturkoeffizienten, der Widerstand nimmt also hier mit steigender Temperatur ab.

2.4. Der Stromübergang an der Grenzfläche zweier leitfähiger Medien

Eine stationäre elektrische Strömung ist quellenfrei,

(2.14) $\mathrm{div}\,\mathbf{S} = 0$,

so daß an Sprungflächen

$$\mathrm{Div}\,\mathbf{S} = S_{2n} - S_{1n} = 0 \qquad (2.71) \text{ bzw. } \qquad S_{2n} = S_{1n} \qquad (2.72)$$

gelten muß. Ferner gilt im stationären Strömungsfeld, das ja ein stationäres, also wirbelfreies elektrisches Feld zur Voraussetzung hat,

(1.86) $\operatorname{Rot}\mathbf{E} = \mathbf{n} \times (\mathbf{E}_{2t} - \mathbf{E}_{1t}) = 0$,

woraus

(1.87) $\mathbf{E}_{2t} = E_{2t}\mathbf{t} = \mathbf{E}_{1t} = E_{1t}\mathbf{t}$

und daher wegen Gl. 2.30

$$\varrho_2 \mathbf{S}_{2t} = \varrho_2 S_{2t} \mathbf{t} = \varrho_1 \mathbf{S}_{1t} = \varrho_1 S_{1t} \mathbf{t} \tag{2.73}$$

folgt. Es ist demnach bei isotropen Medien

$$\frac{S_{2t}}{S_{1t}} = \frac{\varrho_1}{\varrho_2} \; . \tag{2.74}$$

Die elektrischen Strömungslinien werden also an der Grenzfläche zweier isotroper, leitfähiger Medien (Abb. 2.13) so gebrochen, daß für die Tangenten der Neigungswinkel zum Lot auf die Grenzfläche gemäß Gl. 2.72 und Gl. 2.74

$$\frac{\tan\alpha_2}{\tan\alpha_1} = \frac{S_{2t}}{S_{2n}} \cdot \frac{S_{1n}}{S_{1t}} = \frac{\varrho_1}{\varrho_2} \tag{2.75}$$

folgt („Brechungsgesetz der elektrischen Strömungslinien"). Beim Übergang des Stromes von einem Medium mit größerem spezifischem Widerstand zu einem solchen mit kleinerem, wird der Stromdichtevektor **S** vom Lot gebrochen.

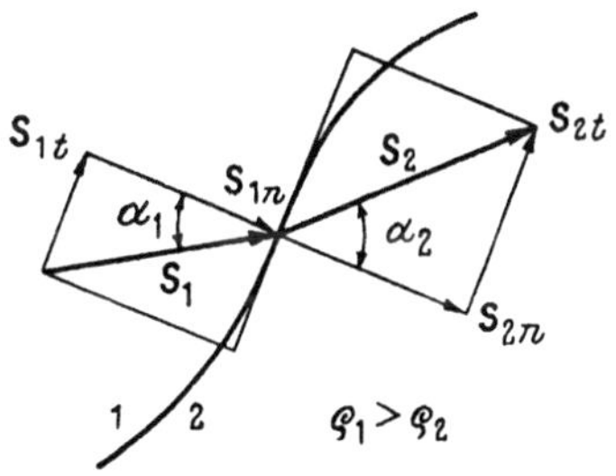

Abb. 2.13

Grenzen ein Isolator (1) und ein Leiter (2) aneinander, so gilt im Isolator wegen $\mathbf{S}_1 = 0$ auch $\mathbf{S}_{1n} = S_{1n}\mathbf{n} = 0$. Nach Gl. 2.72 existiert dann auch im Leiter keine Normalkomponente von $\mathbf{S}_2$ zur Grenzfläche. In einem Leiter muß daher die Stromdichte an der Grenzfläche zum Isolator stets parallel zur Grenzfläche orientiert sein.

2.5. Die Berechnung stationärer Strömungsfelder

2.5.1. Die Kugelelektrode im unendlich ausgedehnten, homogenen, isotropen, linearen Medium

Diesem Fall entspricht hinreichend genau ein kugelförmiger Erder, der entsprechend tief ins Erdreich versenkt und dessen Gegenelektrode sehr weit (für die Rechnung unendlich weit) entfernt ist (Abb. 2.14). Legt man zwischen dem Kugelerder mit dem Radius r_E und der sehr weit entfernten zweiten Elektrode eine konstante elektrische Spannung an, so entsteht im leitfähigen Medium (im Erdreich) ein stationäres, kugelsymmetrisches Strömungsfeld, bzw. ein diesem Feld proportionales stationäres elektrisches Feld

(2.47b) $\mathbf{E} = \varrho \mathbf{S}$.

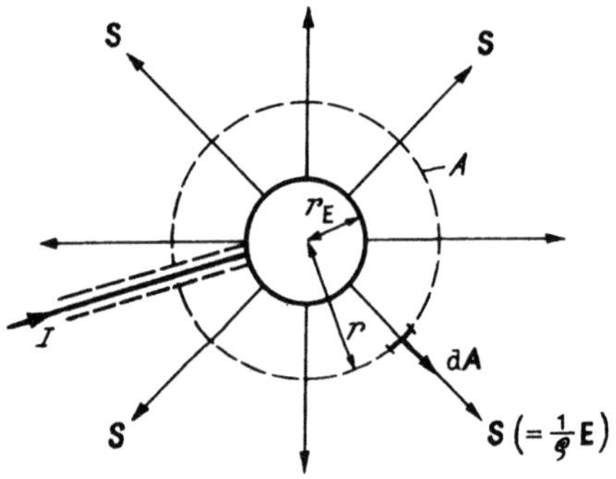

Abb. 2.14

Wegen der Kugelsymmetrie der Anordnung müssen die Beträge des Stromdichtevektors sowie der elektrischen Feldstärke auf einer konzentrischen Hüllfläche um den Kugelerder konstant sein, und es läßt sich in diesem Fall aus der Stromstärke I des vom Erder abfließenden Stromes die Projektion S_r der Stromdichte berechnen. (A ist die Kugelfläche der Elektrode mit Ausnahme des sehr kleinen Flächenstückes, durch das der Strom mit Hilfe einer isolierten Zuleitung zur Kugelfläche geführt wird.) Es ist

$$I = \int_A \mathbf{S} \cdot d\mathbf{A} = \int_A S_r \cdot dA = S_r \int_A dA = S_r A = S_r 4\pi r^2 \quad , \tag{2.76}$$

und daher

$$S_r = \frac{I}{4\pi r^2} \quad , \tag{2.77}$$

bzw.

$$\mathbf{S} = S_r \cdot \operatorname{grad}_A r = \frac{I}{4\pi r^2} \operatorname{grad}_A r \quad . \tag{2.78}$$

Daraus folgt für das elektrische Feld im Erdreich

$$\mathbf{E} = \varrho\mathbf{S} = \frac{\varrho I}{4\pi r^2}\operatorname{grad}_A r \quad . \tag{2.79}$$

Die an den Kugelerder angelegte elektrische Spannung $U_{r_E\infty}$ gegenüber dem unendlich (bzw. sehr) weit entfernten zweiten Erder ist demnach

$$U_{r_E\infty} = \int_{r_E}^{\infty} \mathbf{E}\cdot d\mathbf{s} = \int_{r_E}^{\infty} \frac{\varrho I}{4\pi r^2}\operatorname{grad}_A r\cdot d\mathbf{s} = \int_{r_E}^{\infty} \frac{\varrho I}{4\pi r^2}\,dr = \frac{\varrho I}{4\pi r_E} \quad . \tag{2.80}$$

Der Quotient aus Spannung und Stromstärke wird „Erdübergangswiderstand" oder kurz „Erdungswiderstand" $R_ü$ genannt:

$$R_ü = \frac{U_{r_E\infty}}{I} = \frac{\varrho}{4\pi r_E} \quad . \tag{2.81}$$

Das elektrische Feld hat gemäß Gl. 2.79 dieselbe Form wie das statische Feld eines geladenen, kugelförmigen Leiters (Coulombfeld), es ist, wie jedes zeitlich unveränderliche elektrische Feld, ein wirbelfreies (reines) Quellenfeld. Daraus könnte man schließen, daß auch $\mathbf{S} = \frac{1}{\varrho}\mathbf{E}$ ein wirbelfreies Quellenfeld ist, also $\operatorname{div}\mathbf{S} \neq 0$ gelten müßte, was in Widerspruch zu der in einem stationären Strömungsfeld allgemein gültigen Bedingung

(2.14) $\operatorname{div}\mathbf{S} = 0$

stünde. In der Tat ist aber das Strömungsfeld quellenfrei, der Kugelerder ist keine Quelle von Stromlinien (**S**-Linien), denn diese treten ja über den Zuleitungsdraht in den Erder ein. Das Strömungsfeld **S** ist nur in einem Teilraum, nämlich außerhalb des Volumens des Zuleitungsdrahtes ein Feld von der (angenäherten) Gestalt eines Coulombfeldes, und daher nur dort ein wirbelfreies Feld.

Man erkennt an Gl. 2.79, daß das Strömungsfeld außerhalb des Kugelerders (und außerhalb des Zuleitungsdrahtes), so wie auch das elektrostatische Feld eines kugelförmigen Leiters, unabhängig vom Kugelradius r_E ist. Der Erdungswiderstand $R_ü$ (Gl. 2.81) hingegen hängt vom Kugelradius ab, er ist verkehrt proportional r_E und außerdem dem spezifischen Widerstand ϱ des umgebenden Mediums proportional. Damit der Erdungswiderstand möglichst klein ist, muß also der Radius r_E des Kugelerders möglichst groß und der spezifische Widerstand des Erdreichs möglichst klein sein.

Der hier behandelte Kugelerder führte auf ein kugelsymmetrisches Strömungsfeld (Coulombfeld), bei dem die Strömungslinien ins Unendliche laufen. Die zweite Elektrode müßte also, genau genommen, eine unendlich ferne, konzentrische Kugelfläche sein. Bei einer sehr weit entfernten

Gegenelektrode anderer geometrischer Form ist das Strömungsfeld in der Umgebung des Kugelerders, und auch hier nur angenähert, ein kugelsymmetrisches Feld.

2.5.2. Das kugelsymmetrische Strömungsfeld in mehreren leitfähigen Medien

Denkt man sich beim Kugelerder (Abschnitt 2.5.1) die zweite Elektrode als konzentrische Kugelelektrode mit endlichem Radius, so ändert sich die Konfiguration des Strömungsfeldes im Raum zwischen den Elektroden nicht. Auch wenn man sich den Zwischenraum mit zwei oder mehreren, konzentrisch angeordneten (homogenen, isotropen, linearen) Medien mit verschiedenem spezifischem Widerstand erfüllt denkt (Abb. 2.15), bleibt das Strömungsfeld ungeändert kugelsymmetrisch:

(2.78) $\mathbf{S} = S_r \cdot \mathrm{grad}_A r = \frac{I}{4\pi r^2} \mathrm{grad}_A r$.

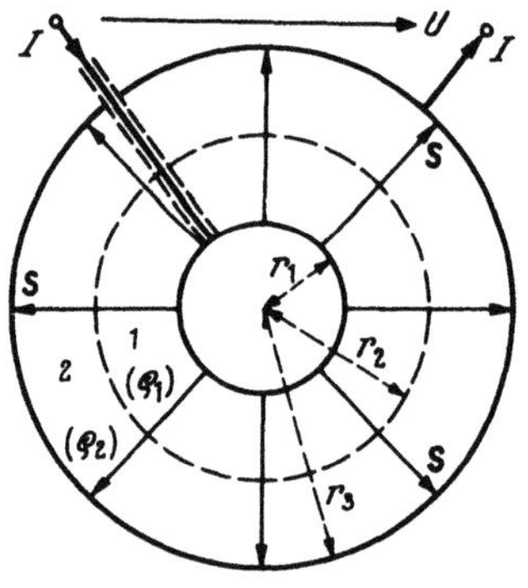

Abb. 2.15

Die normal auf die Grenzfläche der beiden Medien auftreffende Stromdichte **S** durchsetzt diese wegen ihrer Quellenfreiheit stetig:

(2.72) $S_{2r} = S_{1r}$.

Es folgt also für die Stelle $r = r_2$

$$\mathbf{S}_2 = S_{2r} \cdot \mathrm{grad}_A r = \mathbf{S}_1 = S_{1r} \cdot \mathrm{grad}_A r \ , \qquad (2.82)$$

und demnach springt die elektrische Feldstärke **E** an der Grenzfläche ($r = r_2$):

$$\mathbf{E}_2 = \varrho_2 \mathbf{S}_2 = \varrho_2 \mathbf{S}_1 = \frac{\varrho_2}{\varrho_1} \mathbf{E}_1 \ . \qquad (2.83)$$

Der Ohmsche Widerstand R der Anordnung mit zwei Medien ist

$$R = \frac{U}{I} = \frac{1}{I}\left\{\int_{r_1}^{r_2} \mathbf{E}_1 \cdot d\mathbf{s} + \int_{r_2}^{r_3} \mathbf{E}_2 \cdot d\mathbf{s}\right\} = \frac{1}{I}\left\{\int_{r_1}^{r_2} \varrho_1 \mathbf{S} \cdot d\mathbf{s} + \int_{r_2}^{r_3} \varrho_2 \mathbf{S} \cdot d\mathbf{s}\right\} =$$

$$= \frac{1}{I}\left\{\varrho_1 \int_{r_1}^{r_2} \frac{I}{4\pi r^2}\,dr + \varrho_2 \int_{r_2}^{r_3} \frac{I}{4\pi r^2}\,dr\right\} = \frac{\varrho_1}{4\pi}\left\{\frac{1}{r_1} - \frac{1}{r_2}\right\} + \frac{\varrho_2}{4\pi}\left\{\frac{1}{r_2} - \frac{1}{r_3}\right\} =$$

$$= R_1 + R_2 \ . \tag{2.84}$$

Bei mehr als zwei Medien ist die Spannung sinngemäß durch Integration über jede einzelne Materialschicht zu berechnen.

Ersetzt man eines der beiden Gebiete durch ein ideal leitfähiges Medium ($\varrho = 0$), so verschwindet der betreffende Summand in Gl. 2.84. Jeder Summand stellt also den Widerstand der Schicht eines Mediums dar; die Widerstände der hintereinander liegenden, vom gleichen Gesamtstrom der Stärke I durchflossenen Gebiete addieren sich also (s. auch Abschnitt 2.7).

2.5.3. Der Halbkugelerder

Es soll eine Halbkugelelektrode behandelt werden, die an der Oberfläche eines im unteren Halbraum unendlich ausgedehnten, homogenen, isotropen, linearen Mediums (z.B. der Erde) eingebettet ist (Abb. 2.16). Die Stromdichte verteilt sich kugelsymmetrisch, jedoch nur im leitfähigen Medium, also über eine Halbkugel, so daß hier

$$E_r = \varrho S_r = \varrho \frac{I}{2\pi r^2} \tag{2.85}$$

gilt. Es folgt daraus ein Erdungswiderstand

$$R_{\ddot{u}} = \frac{U_{r_E \infty}}{I} = \frac{1}{I}\int_{r_E}^{\infty} E_r \cdot dr = \frac{\varrho}{2\pi}\int_{r_E}^{\infty} \frac{dr}{r^2} = \frac{\varrho}{2\pi r_E} \ . \tag{2.86}$$

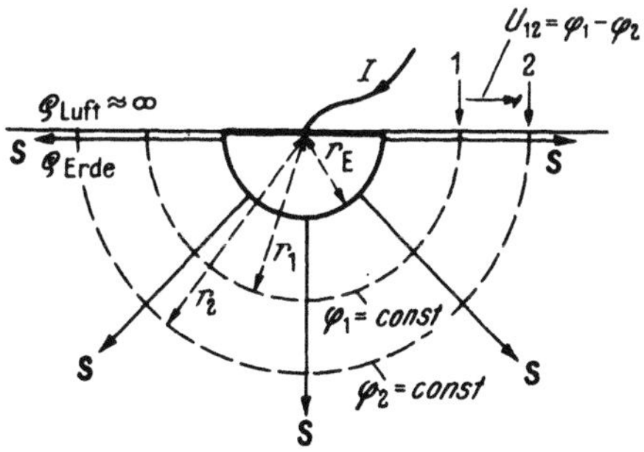

Abb. 2.16

Der Erdungswiderstand ist natürlich doppelt so groß wie im Falle des Kugelerders im beidseitig unendlich ausgedehnten Medium (Gl. 2.81).

Ein wichtiges Problem, insbesonders bei Hochspannungserdern, ist das der Spannungsverteilung in der Umgebung des Erders. Ist nämlich der Erder mit Strom belastet, so tritt an der Oberfläche des Erdreiches eine Potentialverteilung auf, die u.U. Menschen und Tiere gefährden kann. Die „Schrittspannung", d.i. der Potentialunterschied zweier Punkte im Strömungsfeld, die um eine Schrittlänge voneinander entfernt sind, hat in Radialrichtung ihren größten Betrag [s. Abb. 2.16 (Aufriß) und Abb. 2.17 (Grundriß)], es gilt für sie unter Berücksichtigung von Gl. 2.85

$$U_{12} = \int_{r_1}^{r_2} E_r \cdot dr = \frac{\varrho I}{2\pi} \int_{r_1}^{r_2} \frac{dr}{r^2} = \frac{\varrho I}{2\pi}\left(\frac{1}{r_1} - \frac{1}{r_2}\right) = \frac{\varrho I}{2\pi} \cdot \frac{r_2 - r_1}{r_1 r_2} \quad . \tag{2.87}$$

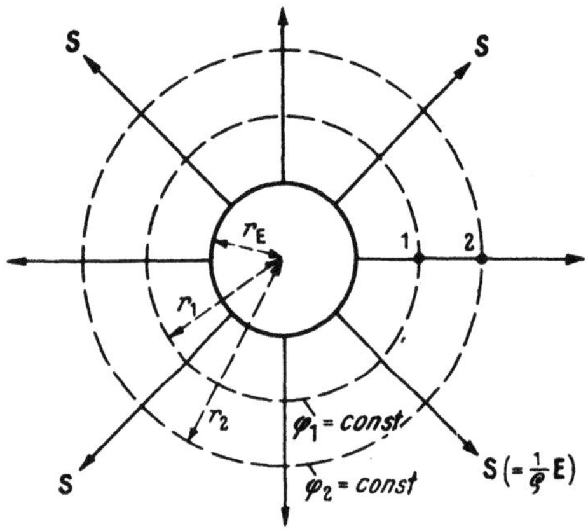

Abb. 2.17

Sie ist umso größer, je näher man an den Erder herankommt und umso höher der spezifische Widerstand ϱ des Erdreiches ist. Für einen Menschen mit einer angenommenen Schrittlänge von 1 m ergibt sich z.B. bei $r_1 = 2$ m, einem spezifischen Widerstand von $\varrho = 10^4\,\Omega$m (trockene Erde) und einem Kurzschluß(Erdschluß)strom von $I = 100$ A

$$U_{12} = \frac{10^4\,\Omega\text{m}}{2\pi} \cdot \frac{1\text{m}}{2\text{m} \cdot 3\text{m}} \cdot 100\,\text{A} = 26\,500\,\text{V} = 26{,}5\,\text{kV} \quad . \tag{2.88}$$

Ein Kurzschlußstrom von 100 A kann aber nur auftreten, wenn eine entsprechend hohe Spannung zur Verfügung steht. Man kann diese Spannung in einfacher Weise berechnen, wenn der zweite Erdschluß sehr weit weg ist. Das Netz muß dann zwischen den Erdschlußstellen die Spannung

$$U_{1\infty} = \int_{r_E}^{\infty} E_r \cdot dr = \int_{r_E}^{\infty} \frac{\varrho I}{2\pi r^2}\, dr = \frac{\varrho I}{2\pi r_E} = R_ü I \tag{2.89}$$

aufbringen. In dem hier behandelten Fall müßte für einen Kurzschlußstrom von 100 A bei einem Erderradius von 75 cm

$$U_{1\infty} = \frac{10^4 \Omega\text{m} \cdot 100\,\text{A}}{2\pi \cdot 0{,}75\,\text{m}} = 212\,000\,\text{V} = 212\,\text{kV} \tag{2.90}$$

sein.

2.5.4. Das Strömungsfeld zweier punktförmiger Elektroden

Bettet man zwei im Verhältnis zu ihrem Abstand sehr kleine Elektroden („punktförmige Elektroden") in einem homogenen, isotropen, linearen Medium ein, so läßt sich folgende Überlegung anstellen: Das stationäre Feld einer einzelnen Kugelelektrode (Gl. 2.79) ist unabhängig von deren Radius (wie das elektrostatische Feld einer isolierten Kugelladung), es kann also von einer im Zentrum der Kugel gelegenen, punktförmigen Elektrode herrührend gedacht werden. Sind nun die beiden betrachteten kugelförmigen Elektroden im Verhältnis zu ihrem Abstand sehr klein, also praktisch punktförmig, so können ihre kugelsymmetrischen Eigenfelder ohne weiteres überlagert werden, eine merkbare gegenseitige Beeinflussung der Feldverteilung der beiden Teilfelder der Elektroden kann nicht auftreten. Das Strömungsfeld ist dann, wie das elektrostatische Feld zweier punktförmiger Ladungen, durch Überlagerung der beiden Coulombfelder zu erhalten (siehe den Aufpunkt P in Abb. 2.18).

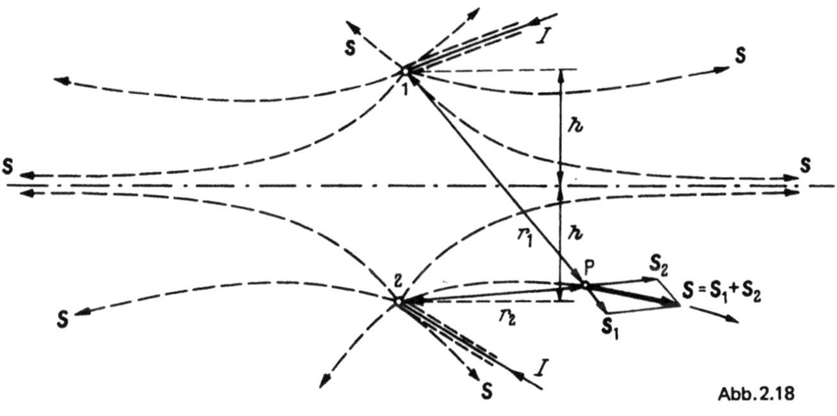

Abb.2.18

Zwei punktförmige Elektroden mit gleich großem, zufließendem und im Unendlichen verschwindendem Strom besitzen ein Strömungsfeld, bei dem Stromlinien entlang der (in Abb. 2.18 strichpunktiert eingezeichneten) Symmetrieebene verlaufen. Dies läßt wieder die Anwendung der Spiegelbildmethode zu (vgl. hiezu Abschnitt 1.1.5): Eine, im Verhältnis zum

Abstand h zur Erdoberfläche kleine Kugelelektrode besitzt ein Strömungsfeld, das dem Strömungsfeld der unteren Halbebene des eben besprochenen Falles zweier punktförmiger Elektroden, die gleichen Strom führen, entspricht. (Wie man sieht, ist die Grenzbedingung, daß die Stromdichte **S** an der Erdoberfläche nur parallel zu dieser fließen kann, erfüllt.) Ihr Feld kann also berechnet werden, indem man einerseits symmetrisch zur Erdoberfläche eine zweite punktförmige Elektrode, der ein gleich großer Strom zugeführt wird, und andererseits den gesamten Raum vom leitfähigen Medium (Erdreich) erfüllt annimmt, wobei dann allerdings nur das Strömungsfeld im unteren Halbraum tatsächlich existiert.

2.5.5. Abschließende Bemerkungen

In den meisten, für die Technik bedeutsamen Fällen, wie in jenen, die in den Abschnitten 2.5.1 bis 2.5.4 behandelt wurden, treten elektrische Strömungsfelder zwischen zwei praktisch ideal gut leitfähigen Elektroden ($\varrho_{\text{Elektrode}} \approx 0$), die dann jeweils im Inneren feldfrei ($\mathbf{E} \approx 0$) und daher Gebiete konstanten Potentials sind, und denen der Strom über sehr dünne, isolierte Leiter zugeführt wird, auf. Dies hat zur Folge, daß das an sich quellenfreie Strömungsfeld **S** in dem (Teil)Raum außerhalb der verschwindend kleinen Drahtvolumen wirbelfrei ist und die beiden Elektroden formal als Quelle bzw. Senke des elektrischen Strömungsfeldes der Stärke $\pm I$ aufgefaßt werden können. In der Tat ergeben sich in dem betrachteten Teilraum außerhalb der Zuleitungsdrähte und der Elektroden Strömungsfelder, die die typische Form von Quellenfeldern besitzen, wie etwa das Coulombfeld bei den kugelsymmetrischen Anordnungen der vorangegangenen Abschnitte. Die Berechnungsmethoden stationärer, elektrischer Strömungsfelder gleichen also jenen elektrostatischer Felder (siehe z.B. auch die Anwendung der Spiegelbildmethode im Abschnitt 2.5.4), so daß hier auf die Behandlung weiterer, z.B. zylindersymmetrischer Fälle verzichtet werden kann.

2.6. Schaltungsarten von Widerständen

Der zwischen zwei Elektroden (Klemmen) A und B auftretende Ohmsche Widerstand wird durch das in Abb.2.19a oder das in Abb.2.19b dargestellte Symbol gekennzeichnet /2.3/, /2.4/.

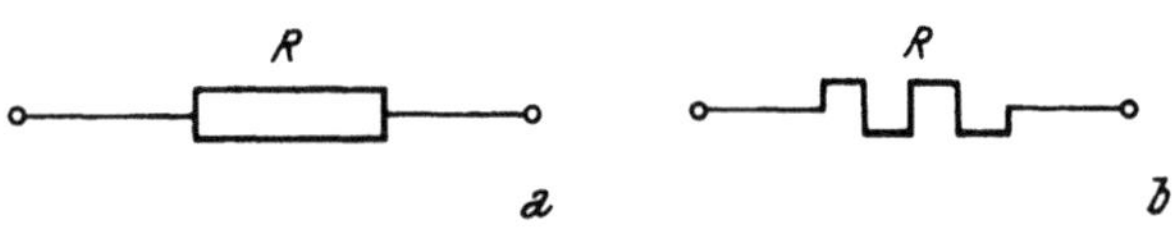

Abb.2.19

Um die leicht zu Irrtümern führende Indexschreibweise, wie U_{AB}, U_{BC}, I_{AB} usw., zu vermeiden, gibt man die betreffende Bezugsrichtung (= Integrationsrichtung im Integral Gl. 1.48 bzw. Gl. 2.8) für Spannung bzw. Stromstärke durch Pfeile beim Schaltelement an, u.zw. zeichnet man den Spannungsbezugspfeil neben das Schaltelement oder zwischen die beiden betreffenden Klemmen, den Strombezugspfeil in den betreffenden Leiter. Statt der Kennzeichnung nach Abb. 2.20a wird also in der Praxis jene nach Abb. 2.20b verwendet.

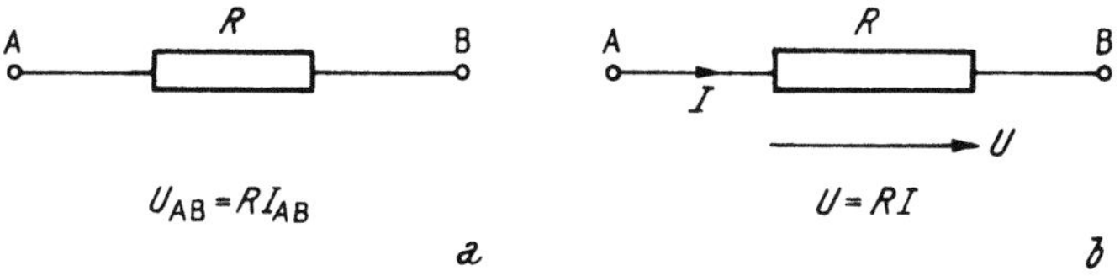

Abb. 2.20

2.6.1. Serienschaltung von Widerständen

Schaltet man zwei Ohmsche Widerstände R_1 und R_2 hintereinander („in Serie", „in Reihe"), so daß zwei Klemmen der Widerstände leitend verbunden sind und die beiden übrigen die Eintritts- bzw. Austrittsstelle des Stromes I darstellen (Abb. 2.21), so entsteht ein neuer Widerstand R. Entsprechend der gewählten Bezugspfeile gilt

$$U_1 = U_{AB} = \int_A^B \mathbf{E} \cdot d\mathbf{s}_{AB} \quad (2.91) \quad \text{und} \quad U_2 = U_{BC} = \int_B^C \mathbf{E} \cdot d\mathbf{s}_{BC} \quad (2.92)$$

sowie

$$I = I_{AB} = \int_{A_1} \mathbf{S} \cdot d\mathbf{A}_{AB} = I_{BC} = \int_{A_2} \mathbf{S} \cdot d\mathbf{A}_{BC} \quad . \tag{2.93}$$

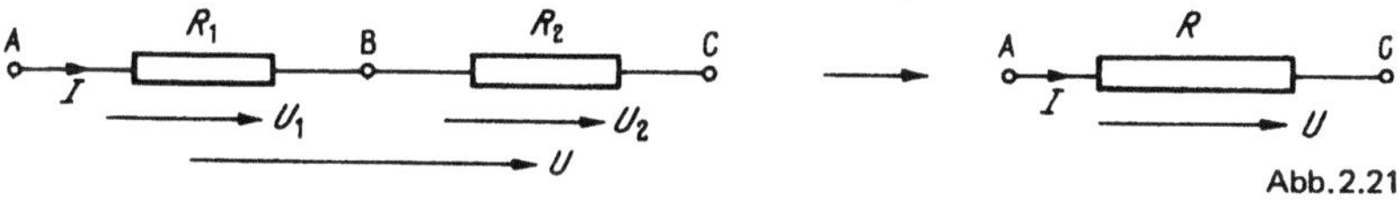

Abb. 2.21

Man kann nun die Serienschaltung von R_1 und R_2 als einen Gesamtwiderstand R zwischen den Elektroden A und C auffassen, wie dies in Abb. 2.21 angedeutet ist, für den

$$R = \frac{U}{I} = \frac{U_{AC}}{I} = \frac{1}{I} \int_A^C \mathbf{E} \cdot d\mathbf{s} = \frac{1}{I} \left\{ \int_A^B \mathbf{E} \cdot d\mathbf{s} + \int_B^C \mathbf{E} \cdot d\mathbf{s} \right\} = \frac{U_{AB}}{I} + \frac{U_{BC}}{I} =$$

$$= \frac{U_1}{I} + \frac{U_2}{I} = R_1 + R_2 \tag{2.94}$$

gilt. Der Gesamtwiderstand R bei Serienschaltung zweier Widerstände ist somit gleich der Summe der beiden Einzelwiderstände. Sind n Widerstände in Serie geschaltet, so gilt sinngemäß

$$R = \frac{U}{I} = \frac{U_1 + U_2 + \ldots + U_n}{I} = R_1 + R_2 + \ldots + R_n = \sum_{k=1}^{n} R_k \quad . \tag{2.95}$$

Rechnet man mit den elektrischen Leitwerten

$$G_k = \frac{1}{R_k} \quad , \tag{2.96}$$

so erhält man für den Gesamtleitwert einer solchen Serienschaltung aus Gl. 2.95

$$\frac{1}{G} = \frac{1}{G_1} + \frac{1}{G_2} + \ldots + \frac{1}{G_n} = \sum_{k=1}^{n} \frac{1}{G_k} \quad . \tag{2.97}$$

Bei 2 Widerständen in Serie gilt für den Leitwert gemäß Gl. 2.97

$$\frac{1}{G} = \frac{1}{G_1} + \frac{1}{G_2} = \frac{G_1 + G_2}{G_1 G_2} \quad , \tag{2.98}$$

es ist also in diesem Fall

$$G = \frac{G_1 G_2}{G_1 + G_2} \quad . \tag{2.99}$$

2.6.2. Parallelschaltung von Widerständen

Bei der Parallelschaltung zweier Widerstände, bei der die beiden Eingangsklemmen und die beiden Ausgangsklemmen leitend verbunden werden (Abb. 2.22), muß sich im stationären, quellenfreien Strömungsfeld der elektrische Strom auf beide parallele Widerstände aufteilen (siehe auch Abschnitt 2.11.1.1),

$$I = I_1 + I_2 \quad . \tag{2.100}$$

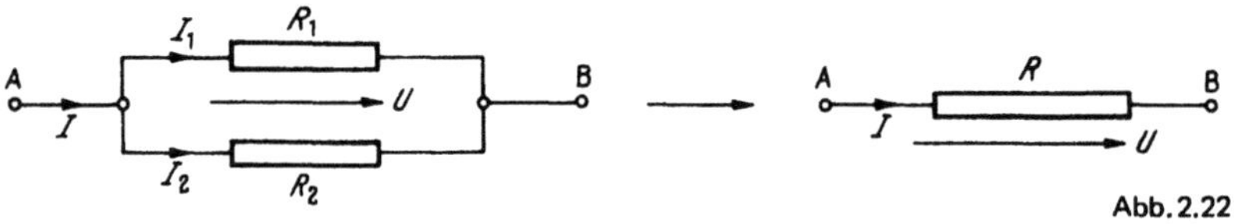

Abb. 2.22

An beiden parallelen Zweigen liegt bei dieser Schaltung dieselbe Spannung $U = U_{AB}$. Will man die Parallelschaltung wieder durch einen äquivalenten Gesamtwiderstand ersetzen, so gilt zunächst

$$I_1 = \frac{U}{R_1} \quad (2.101) \quad \text{und} \qquad I_2 = \frac{U}{R_2} \quad , \tag{2.102}$$

und damit gemäß Gl. 2.100

$$I = I_1 + I_2 = U\left(\frac{1}{R_1} + \frac{1}{R_2}\right) = U(G_1 + G_2) = UG \quad . \tag{2.103}$$

Es folgt aus Gl. 2.103

$$G=\frac{I}{U}=G_1+G_2\ , \tag{2.104}$$

also addieren sich bei der Parallelschaltung zweier Widerstände deren Leitwerte G_1 und G_2 zum Leitwert G des äquivalenten Gesamtwiderstandes. Sind n Widerstände parallel geschaltet, so gilt sinngemäß

$$G=G_1+G_2+\ldots+G_n=\sum_{k=1}^{n} G_k\ . \tag{2.105}$$

Für den Gesamtwiderstand folgt aus Gl. 2.105 die Beziehung

$$\frac{1}{R}=\frac{1}{R_1}+\frac{1}{R_2}+\ldots+\frac{1}{R_n}=\sum_{k=1}^{n}\frac{1}{R_k}\ . \tag{2.106}$$

Für eine Parallelschaltung zweier Widerstände erhält man aus Gl. 2.106 einen Gesamtwiderstand

$$R=\frac{1}{\frac{1}{R_1}+\frac{1}{R_2}}=\frac{R_1R_2}{R_1+R_2}\ . \tag{2.107}$$

Man erkennt, daß sich die Formeln für die Widerstände und Leitwerte von Serien- und Parallelschaltung dual zueinander verhalten, d.h. geht man von den Formeln für Parallelschaltung zu jenen für Serienschaltung über oder umgekehrt (z.B. von Gl. 2.94 zu Gl. 2.104 oder von Gl. 2.99 zu Gl. 2.107), so muß man in ihnen einfach Widerstand R und Leitwert G sowie Stromstärke I und Spannung U miteinander vertauschen.

2.7. Bezugsrichtungen und Richtungsregeln

Im elektrischen Strömungsfeld treten u.a. die beiden folgenden, wichtigen Größen auf: Der von der einen zur anderen Elektrode (Abb. 2.23) fließende elektrische Strom ist durch die elektrische Stromstärke

(2.8) $$I_{AB}=\int_A \mathbf{S}\cdot d\mathbf{A}_{AB} \tag{2.108}$$

gekennzeichnet (A ... Elektrodenoberfläche oder eine die Elektrode einhüllende Fläche, unter Aussparung des Querschnittes der Zuleitung) und die Wirkung des, die Ladungsträger bewegenden elektrischen Feldes $\mathbf{E}$ ist durch die Spannung (Potentialdifferenz)

(1.48) $U_{AB} = \varphi_A - \varphi_B = \int_A^B \mathbf{E} \cdot d\mathbf{s}_{AB}$ (2.109)

charakterisiert.

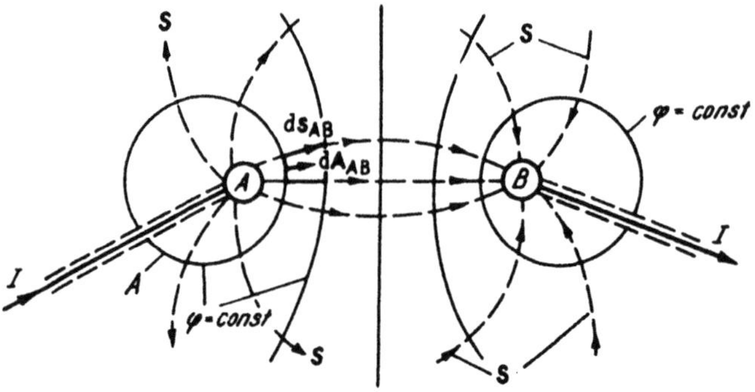

Abb.2.23

Beide Größen, Stromstärke und Spannung, sind Skalare und daher richtungslos. Sie besitzen ein positives oder ein negatives Vorzeichen, je nachdem, ob die beiden, in den Integralen jeweils miteinander skalar multiplizierten Vektorgrößen (**S** und d**A** bzw. **E** und d**s**) überwiegend unter spitzen Winkeln, d.h. etwa gleich, oder aber unter stumpfen Winkeln, d.h. etwa entgegengesetzt zueinander orientiert sind. Dabei ist in den beiden Integralen Gl. 2.108 und Gl. 2.109 jeweils eine Größe, nämlich die vektorielle Feldgröße **S** bzw. **E**, durch die im konkreten Fall vorliegende physikalische Situation gegeben. Diese vektorielle Feldgröße bestimmt im übertragenen Sinne die vorliegende „physikalische Richtung" der betreffenden skalaren Größe elektrische Stromstärke I oder elektrische Spannung U.

In dem in Abb. 2.23 dargestellten Fall besitzt also die (richtungslose, skalare) Stromstärke I definitionsgemäß eine „physikalische Richtung", die von der Elektrode A zur Elektrode B orientiert ist, da **S** (im wesentlichen) diese Richtung besitzt. Ebenso hat hier die elektrische Spannung U eine „physikalische Richtung", die von A nach B orientiert ist, weil **E** (im wesentlichen) diese Richtung besitzt. Da im Ohmschen Widerstand

(2.47b) $\mathbf{E} = \varrho \mathbf{S}$

gilt, also **S** und **E** im isotropen Material parallel sind ($\varrho = |\varrho| > 0$) und im anisotropen jedenfalls einen spitzen Winkel einschließen, sind bei ihm die physikalischen Richtungen von Spannung U und Strom I jedenfalls gleich.

Das Vorzeichen der skalaren Größen I und U hängt sowohl von der Richtung des betreffenden Feldvektors **S** bzw. **E**, als auch von der an sich willkürlich, also frei wählbaren Richtung der vektoriellen Integrationsvariablen d**A** bzw. d**s** ab. Ist in einem konkreten Fall die Feldgröße **S** bzw. **E** im wesentlichen parallel zu der willkürlich gewählten Integrationsrichtung orientiert, wie dies in Abb. 2.23 dargestellt ist, wo $d\mathbf{A} = d\mathbf{A}_{AB}$ und $d\mathbf{s} = d\mathbf{s}_{AB}$ angenommen wurde, und das Feld **S** bzw. **E** ebenfalls von A nach B weist, dann sind die in Richtung von A nach B bestimmten Skalare

(2.108) $I_{AB} = \int_A \mathbf{S} \cdot d\mathbf{A}_{AB}$ und (2.109) $U_{AB} = \int_A^B \mathbf{E} \cdot d\mathbf{s}_{AB}$

positiv. Die willkürlich wählbare Integrationsrichtung hat also die Bedeutung der „Bezugsrichtung", worauf schon hinsichtlich der Stromstärke I im Abschnitt 2.1.1, hinsichtlich der Spannung U im Abschnitt 1.1.3.3 hingewiesen wurde.

Es ergeben sich also folgende einfache Richtungsregeln (s. auch /2.5/):

a) Der Wert der Größe I oder U ist in einer Rechnung dann mit einem positiven Vorzeichen einzuführen, wenn die bekannte physikalische Richtung der betreffenden Größe (also die Richtung des Feldvektors **S** bzw. **E**), mit ihrer festgelegten Bezugsrichtung (der Richtung der vektoriellen Integrationsvariablen $d\mathbf{A}$ bzw. $d\mathbf{s}$) übereinstimmt, andernfalls erhält die Größe ein negatives Vorzeichen.

b) Ergibt sich als Resultat einer Rechnung ein positiver Wert für die Größe I bzw. U, so bedeutet dies, daß die im konkreten Fall vorliegende physikalische Richtung der betreffenden Größe mit der angenommenen Bezugsrichtung übereinstimmt; ergibt sich ein negativer Wert, so ist die physikalische Richtung der gewählten Bezugsrichtung entgegengesetzt orientiert.

c) Bei Umkehr der Bezugsrichtung kehrt sich das Vorzeichen der betreffenden Größe um, da ja eine Umkehr der Integrationsrichtung vorgenommen wird:

$$I_{BA} = \int_A \mathbf{S} \cdot d\mathbf{A}_{BA} = -\int_A \mathbf{S} \cdot d\mathbf{A}_{AB} = -I_{AB} \quad , \qquad (2.110)$$

$$U_{BA} = \int_B^A \mathbf{E} \cdot d\mathbf{s}_{BA} = -\int_A^B \mathbf{E} \cdot d\mathbf{s}_{AB} = -U_{AB} \quad . \qquad (2.111)$$

Da die Schreibweise mit Indizes, die die Bezugsrichtung mit Hilfe der Buchstaben- oder Ziffernkennzeichnung der gewählten Klemmenfolge andeutet, umständlich ist und außerdem leicht zu Verwechslungen führen kann, gibt man die Bezugsrichtungen meist mit Hilfe von Bezugspfeilen im Schaltbild an, wie dies im Abschnitt 2.6 erläutert wurde.

Bei einem Ohmschen Widerstand ergeben sich folgende Varianten der Rechnung: Im Abschnitt 2.2 wurde gezeigt, daß aus der Proportionalität

(2.47b) $\mathbf{E} = \varrho \mathbf{S}$

durch Integration das Ohmsche Gesetz in der Form

$$U_{AB} = RI_{AB} \quad (2.112) \quad \text{oder} \quad U_{BA} = RI_{BA} \quad (2.113)$$

gewonnen werden kann (Gl. 2.49 bzw. Gl. 2.50). Diesen beiden Gleichungen entsprechen die Darstellungen mit Bezugspfeilen nach Abb. 2.24a und 2.24b mit der in beiden Fällen in gleicher Form gültigen Beziehung:

$$U = RI \; . \quad (2.114)$$

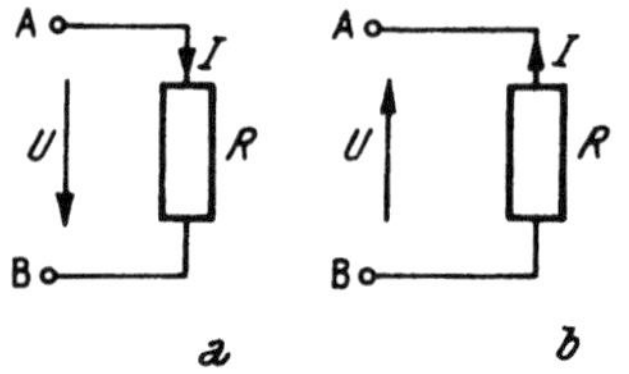

Abb. 2.24

Bei gleichen Bezugsrichtungen von Stromstärke und Spannung (beide Bezugsrichtungen von A nach B oder beide von B nach A orientiert) tritt im Ohmschen Gesetz das normale, positive Vorzeichen auf.

Kehrt man eine der beiden Bezugsrichtungen um, so erhält man

$$U_{AB} = -RI_{BA} \quad (2.115) \quad \text{bzw.} \quad U_{BA} = -RI_{AB} \; . \quad (2.116)$$

Dies entspricht einer Wahl von Bezugspfeilen nach Abb. 2.25a bzw. 2.25b. In diesen beiden Fällen mit einander entgegengesetzten Bezugsrichtungen für I und U gilt also jetzt

$$U = -RI \quad (2.117)$$

mit einem negativen Vorzeichen im Ohmschen Gesetz.

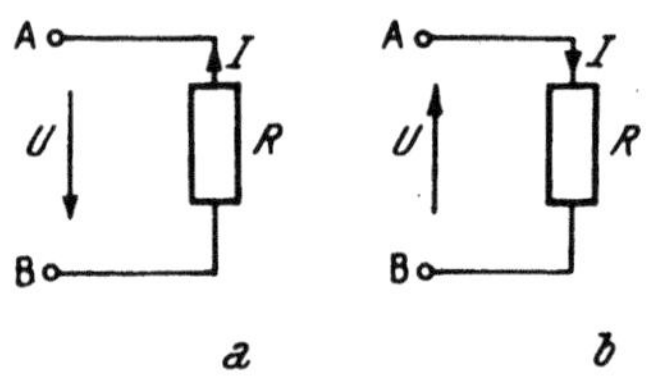

Abb. 2.25

Es muß aber ausdrücklich darauf aufmerksam gemacht werden, daß in Gl. 2.117 nicht etwa der Ohmsche Widerstand R negativ ist; R ist immer positiv, das negative Vorzeichen ist vielmehr auf die hier gewählte Annahme der Bezugsrichtungen zurückzuführen, wonach die auf eine bestimmte Bezugsrichtung bezogene Stromstärke I in Zusammenhang mit der in der umgekehrten Richtung positiv gezählten Spannung U gebracht wird.

Bei einer Serienschaltung zweier Widerstände gilt z.B. entsprechend Abb. 2.26

$$U = U_{AC} = \int_A^C \mathbf{E} \cdot d\mathbf{s} = \int_A^B \mathbf{E} \cdot d\mathbf{s} + \int_B^C \mathbf{E} \cdot d\mathbf{s} = U_{AB} + U_{BC} = U_1 + U_2 =$$

$$= IR_1 + IR_2 = I(R_1 + R_2) \ , \qquad (2.118)$$

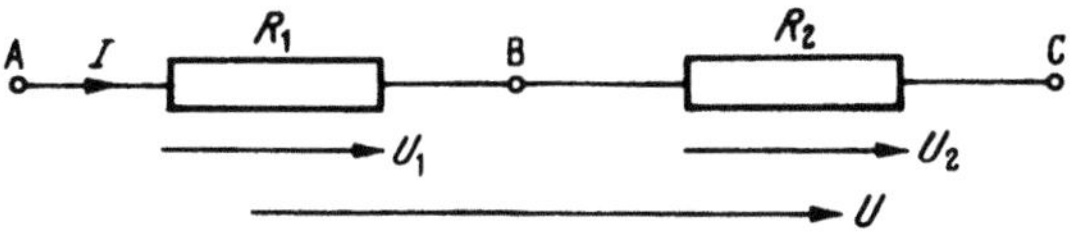

Abb. 2.26

oder entsprechend Abb. 2.27

$$U = U_{CA} = U_{BA} + U_{CB} = -U_1 + U_2 = -IR_1 + (-IR_2) = -I(R_1 + R_2) \ . \qquad (2.119)$$

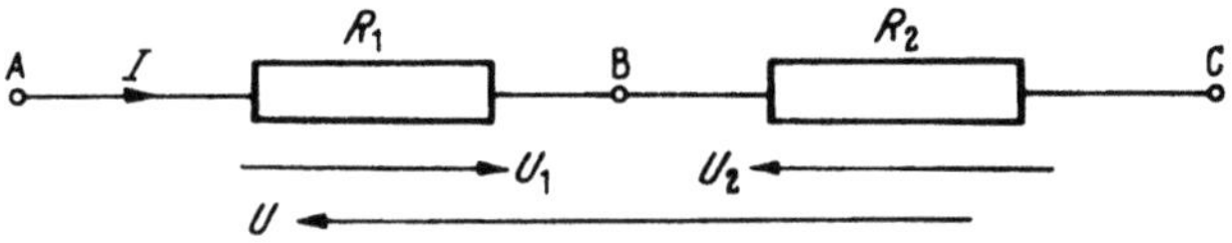

Abb. 2.27

Beim Summieren von Teilspannungen zu einer Gesamtspannung gilt also die folgende Regel: Bildet man in einer bestimmten Richtung aus einzelnen Teilspannungen eine Gesamtspannung, so sind Teilspannungen, deren Bezugspfeil in dieser Richtung orientiert ist, mit positivem Vorzeichen und Teilspannungen, deren Bezugspfeil der gewählten Richtung entgegengesetzt orientiert ist, mit negativem Vorzeichen in die Summe einzusetzen.

Es soll besonders hervorgehoben werden, daß eine Kennzeichnung der gewählten Bezugsrichtungen entweder durch Indizes bei den Größensymbolen U und I, oder aber durch Bezugspfeile in einem Schaltbild unbedingt erforderlich ist. Sind weder Indizes noch Bezugspfeile angegeben, so sind die betreffenden Gleichungen nicht eindeutig und daher unbrauchbar.

Die Bestimmung der physikalischen Richtung einer Größe mit Hilfe eines Meßinstrumentes geschieht auf folgende Weise: Die Klemmen des Instrumentes sind stets in irgendeiner Form, meist mit + und –, gekennzeichnet, so daß der Ausschlag des Zeigers dann nach der positiven Seite der Skala hin erfolgt, wenn die physikalische Richtung der Meßgröße mit der durch die Klemmenfolge + – gekennzeichneten Bezugsrichtung am Meßgerät übereinstimmt. Andernfalls schlägt der Zeiger nach der negativen Seite der Skala hin aus. (Wenn eine solche nicht vorhanden ist, schlägt der Zeiger nach links gegen den Anschlag.)

Hat man z.B. bei der Messung einer Stromstärke die Bezugsrichtung durch Einschalten des Strommessers in den Stromkreis mit einer Klemmenfolge + – in Richtung von A nach B festgelegt, und fließt der Strom tatsächlich in dieser Richtung, so schlägt das Instrument nach der positiven Seite hin aus ($I_{AB}>0$). In Abb. 2.28 wurde die Stromstärke (bzw. **S**, siehe das vergrößert gezeichnete Leiterstück) mit einer physikalischen Richtung von B nach A angenommen, da aber das Instrument $I = I_{AB}$ mißt, schlägt es nach der negativen Seite hin aus. (Der mit I gekennzeichnete Pfeil in Abb. 2.28 kennzeichnet die Bezugsrichtung der Stromstärke.) Die Stromstärke $I = I_{AB}$ ist also negativ, der Strom tritt hier bei der mit – gekennzeichneten Klemme ein und bei der mit + gekennzeichneten wieder aus.

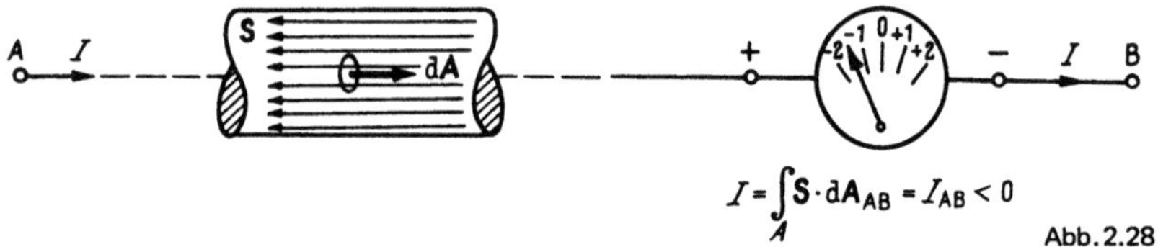

Abb. 2.28

Gleiches gilt für die Spannungsmessung mit einem Voltmeter. Die Bezugsrichtung ist wieder durch die Klemmenfolge + – gegeben. Das Voltmeter in Abb. 2.29 mißt U_{AB}; ist $\varphi_A > \varphi_B$, also $U_{AB} = \varphi_A - \varphi_B > 0$, so schlägt das Instrument nach der positiven Seite der Skala hin aus.

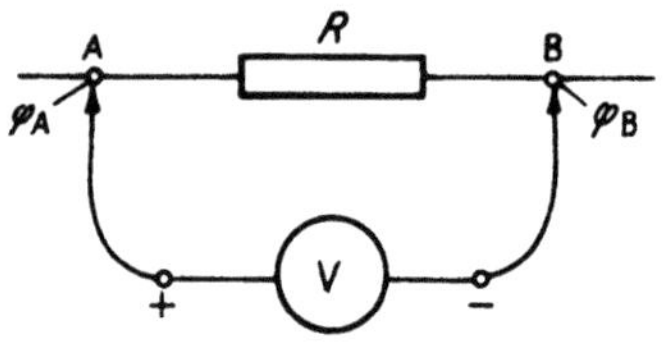

Abb. 2.29

2.8. Die Energieumwandlung im stationären Strömungsfeld

Im stationären Strömungsfeld (ohne „eingeprägte Kräfte", s. Abschn. 2.9) wandern ständig positive elektrische Ladungen von Stellen höheren zu solchen tieferen Potentials oder (und) negative elektrische Ladungen von Stellen tieferen zu solchen höheren Potentials. Das elektrische Feld gibt also Energie ab, es wird elektrische Energie verbraucht. Da im ruhenden Medium keinerlei mechanische Arbeit auftritt und Stoffumwandlungen ausgeschlossen sein sollen, setzt sich die verbrauchte elektrische Energie in Wärme um. Man spricht von „Joulescher Wärme". Nach dem im Abschnitt 2.1.3 verwendeten einfachen Modell des Elektronengases wird beim Aufprallen der durch das elektrische Feld beschleunigten Elektronen an den Atomen an diese Energie abgegeben, und zwar wird eine Erhöhung des kinetischen Energieinhaltes der, Wärmeschwingungen ausführenden Atome bewirkt.

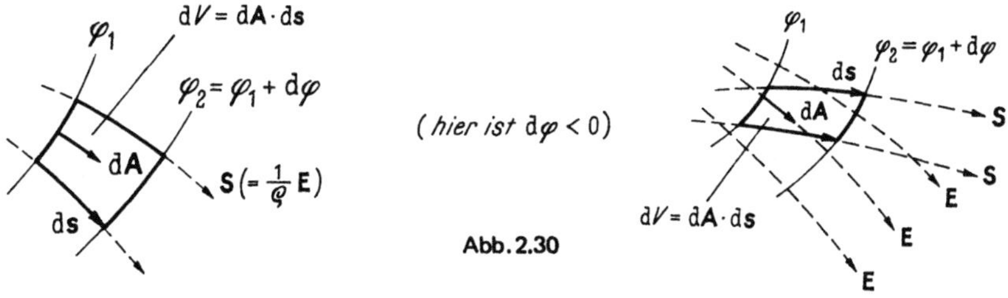

Abb. 2.30

a) isotropes Material ($\mathbf{S}\uparrow\uparrow\mathbf{E}$) b) anisotropes Material ($\mathbf{S}\not\uparrow\uparrow\mathbf{E}$)

Es soll ein Feldröhrenelement dV des elektrischen Strömungsfeldes $\mathbf{S}$ in einem allenfalls anisotropen Material betrachtet werden (Abb. 2.30), durch dessen differentiellen Querschnitt dA, der in einer Äquipotentialfläche liegt, eine (positive) Ladung dQ hindurchtritt. Diese ist entsprechend Gl. 2.3 durch den Ausdruck

$$dQ = dI\cdot dt = \mathbf{S}\cdot d\mathbf{A}\cdot dt \tag{2.120}$$

gegeben. Sie gelangt entlang der Wegstrecke $d\mathbf{s}$ vom Potential φ_1 auf das um $d\varphi$ veränderte Potential $\varphi_2 = \varphi_1 + d\varphi$, das wegen

(1.40) $\mathbf{E} = -\mathrm{grad}\,\varphi$

und daher

$$d\varphi = \varphi_2 - \varphi_1 = \mathrm{grad}\,\varphi\cdot d\mathbf{s} = -\mathbf{E}\cdot d\mathbf{s} = -\,dU \tag{2.121}$$

im vorliegenden Fall um $d\varphi = -\mathbf{E}\cdot d\mathbf{s}$ gegenüber φ_1 kleiner ist. Beim Transport der (positiven) Ladung dQ vom (höheren) Potential φ_1 zum (niedrigeren) Potential φ_2 tritt hier ein, dem Verlust an elektrischer Energie äquivalenter Gewinn an Wärme auf, der gemäß Gl. 1.56 durch

$$dW_{\mathrm{therm}} = dQ(\varphi_1 - \varphi_2) = dQ(-d\varphi) = dQ\cdot dU = dQ\cdot\mathbf{E}\cdot d\mathbf{s} = d\mathbf{F}\cdot d\mathbf{s} =$$
$$= (\mathbf{S}\cdot d\mathbf{A})\,dt\,(\mathbf{E}\cdot d\mathbf{s}) \tag{2.122}$$

gegeben ist. Nun ist $\mathbf{S}\uparrow\uparrow d\mathbf{s}$, so daß sich diese Vektoren in dem Produkt Gl. 2.122 vertauschen lassen (gleiches gilt für $\mathbf{E}$ und $d\mathbf{A}$), und man erhält

$$dW_{\mathrm{therm}} = (\mathbf{ES})(d\mathbf{A}\cdot d\mathbf{s})\,dt = (\mathbf{ES})\,dV\cdot dt\ . \tag{2.123}$$

Die Leistung ist der Differentialquotient der Energie nach der Zeit

$$P = \frac{dW}{dt}\ , \tag{2.124}$$

so daß für die im Volumselement dV umgesetzte (differentielle) Leistung

$$dP_{\mathrm{therm}} = \mathbf{ES}\cdot dV \tag{2.125}$$

folgt. Die auf das Volumen bezogene, in Wärme umgesetzte Leistung (die Leistungsdichte) ist dann i.a. durch das Produkt aus dem elektrischen Feld-

und dem Stromdichtevektor gegeben bzw. bei isotropem Leitermaterial wegen Gl. 2.30 über den skalaren spezifischen Widerstand ϱ dem Quadrat der Stromdichte **S** proportional:

$$p_{\text{therm}} = \frac{dP_{\text{therm}}}{dV} = \mathbf{ES} = \varrho \mathbf{S}^2 \quad . \tag{2.126}$$

Im gesamten Strömungsfeld wird demnach an Leistung umgesetzt:

$$P_{\text{therm}} = \int_V p_{\text{therm}} \cdot dV = \int_V \mathbf{ES} \cdot dV = \int_V (\mathbf{ES})(d\mathbf{A} \cdot d\mathbf{s}) =$$

$$= \int_V (\mathbf{S} \cdot d\mathbf{A})(\mathbf{E} \cdot d\mathbf{s}) \quad . \tag{2.127}$$

Da nun im stationären Strömungsfeld

(2.14) $\text{div}\mathbf{S} = 0$

gilt, ist einerseits der elektrische Stromanteil

$$dI = \mathbf{S} \cdot d\mathbf{A} \tag{2.128}$$

einer Strömungsfeldröhre zwischen den Elektroden konstant, andererseits ist auch der Potentialabfall $dU = \mathbf{E} \cdot d\mathbf{s} = -d\varphi$ zwischen zwei Äquipotentialflächen konstant. Man kann also die Integration über das in Feldröhrenstücke $dV = d\mathbf{A}_{12} \cdot d\mathbf{s}_{12}$ zerlegt gedachte Volumen des Strömungsfeldes (Abb. 2.23) in die beiden voneinander unabhängigen Integrationen über alle Feldröhrenstücke zwischen zwei um $d\mathbf{s}$ voneinander entfernte Äquipotentialflächen und dann über den Weg von einer Elektrode zur anderen entlang einer Feldlinie zerlegen:

(2.127) $$P_{\text{therm}} = \int_V (\mathbf{S} \cdot d\mathbf{A})(\mathbf{E} \cdot d\mathbf{s}) = \int_1^2 \mathbf{E} \cdot d\mathbf{s}_{12} \cdot \int_A \mathbf{S} \cdot d\mathbf{A}_{12} = U_{12} I_{12} \quad . \tag{2.129}$$

Unabhängig von der Gestalt des Strömungsfeldes und der verwendeten Substanz (sie kann auch inhomogen und anisotrop sein) ist die zwischen zwei Elektroden im Strömungsfeld umgesetzte Leistung

$$P_{\text{therm}} = U_{12} I_{12} = I_{12}^2 R = \frac{U_{12}^2}{R} \quad , \tag{2.130}$$

wenn man noch

(2.48) $$R = \frac{U_{12}}{I_{12}} \quad ,$$

also den bei einer bestimmten Spannung und einem bestimmten, sich einstellenden Strom von der Konfiguration des Strömungsfeldes und der Materie im einzelnen nicht mehr abhängenden Widerstand R zwischen den Elektroden 1 und 2 einführt.

Die Einheit der Leistung ist das Watt,

$$[P] = \mathrm{W} = [U]\cdot[I] = \mathrm{VA} = \mathrm{A}^2\Omega = \mathrm{V}^2\Omega^{-1} \; , \tag{2.131}$$

es ist u.a. gleich dem Produkt aus Volt und Ampere.

Es ist wichtig, daß in den aus Strom und Spannung gebildeten Formeln für die im Widerstand R zwischen zwei Elektroden (bzw. beliebigen Äquipotentialflächen) umgesetzte elektrische und in Wärme umgewandelte Leistung die Konfiguration des Strömungsfeldes (bzw. des elektrischen Feldes) explizit nicht mehr in Erscheinung tritt. Der etwa durch Messung der angelegten Spannung U_{12} und des durchfließenden Stromes I_{12} gemäß Gl. 2.48 bestimmte Ohmsche Widerstand beschreibt die Wirkungsweise des zwischen den Elektroden auftretenden Strömungsfeldes pauschal, und zwar auch energetisch, richtig. Zwei verschieden konfigurierte Strömungsfelder mit gleichem Ohmschen Widerstand R haben hinsichtlich des Energieumsatzes in „Joulesche Wärme" gleiche Wirkung.

2.9. Die elektrische Energiequelle

2.9.1. Das galvanische Element

In einem stationären elektrischen Strömungsfeld, wie es in den Abschnitten 2.1 bis 2.8 besprochen wurde, strömen ständig positive elektrische Ladungen, den Feldkräften folgend, bei isotropem Material in Richtung der elektrischen Feldstärke **E** von Stellen höheren Potentials zu solchen niedrigeren Potentials oder (und) negative Ladungen in umgekehrter Richtung. Dabei wird von den Feldkräften an den Ladungen Arbeit geleistet, d.h. es wird elektrische Energie verbraucht, die im Ohmschen Widerstand in „Joulesche Wärme" umgesetzt wird. Da einerseits eine solche, durch die Stromdichte **S** charakterisierte stationäre Strömung quellenfrei ist, die Strömungslinien also in sich geschlossen sind,

(2.14) $\operatorname{div}\mathbf{S} = 0$,

andererseits das stationäre elektrische Feld **E**, so wie das elektrostatische Feld keine Wirbel, also keine geschlossenen Feldlinien, besitzt,

(1.39) $\operatorname{rot}\mathbf{E} = 0$,

muß die Strömung in gewissen Gebieten von Stellen tieferen zu solchen höheren Potentials, also entgegen der elektrischen Feldstärke **E**, orientiert sein. Ladungen bewegen sich nun nicht „freiwillig" entgegen den Feldkräften, es müssen in solchen Gebieten also noch weitere Kräfte vorhanden sein, die diese Bewegung zustandebringen. Dabei muß dann Energie anderer Art in dem Maße verbraucht werden, in dem elektrische Energie durch das Wandern elektrischer Ladungen entgegen den Feldkräften, also durch das Fließen von Strom von niedrigerem zu höherem Potential, gewonnen wird. Eine derartige Einrichtung nennt man eine elektrische Energiequelle.

Die älteste, technisch genutzte elektrische Energiequelle ist das galvanische Element. Bringt man zwei elektrische Leiter mit chemisch unterschiedlicher Oberfläche in innigen Kontakt, so entsteht zwischen den beiden Leitern eine Potentialdifferenz (Kontaktspannung). Im galvanischen Element, das aus zwei verschiedenen Metallen mit einem dazwischen befindlichen wäßrigen Leiter („Elektrolyt") besteht, treten demnach zwei Kontaktspannungen, je eine zwischen einer Metallelektrode und dem Elektrolyten,auf.

Ein Beispiel für ein solches Element ist die Volta-Zelle. Sie wurde von Volta auf Grund einer richtigen Deutung des Froschschenkelversuches von Galvani konstruiert.

Taucht man eine Zinkelektrode in eine leitende Flüssigkeit, z.B. in Wasser, das mit Schwefelsäure angesäuert ist, so „verdampft" Metall in die Flüssigkeit, so wie an einer Grenzfläche Flüssigkeit-Gas Flüssigkeit in die Gasatmosphäre verdampft. Das „Verdampfen" des Metalles wird so lange dauern, bis sich ein Gleichgewichtszustand eingestellt hat, bei dem im zeitlichen Mittel gleich viele Metallteilchen einerseits in Lösung gehen und andererseits an die Metallelektrode zurückgelangen. Die Lösung ist dann mit Metallteilchen gesättigt, so wie der abgeschlossene Raum über einer Flüssigkeit im stationären Zustand mit Dampf des betreffenden Stoffes gesättigt ist.

Die in den Elektrolyten tretenden Metallteilchen sind Ionen, die – entsprechend der chemischen Valenz des Metalles – eine bestimmte Anzahl positiver Elementarladungen tragen. Sie besitzen also einen Überschuß an positiven Kernladungen, wobei die diesem Überschuß entsprechende Zahl negativ geladener Elektronen an der Metallelektrode zurückgeblieben ist. Die somit negativ aufgeladene Metallelektrode zieht nun ihrerseits auf Grund der elektrischen Kräfte die positiv geladenen Metallionen an, so daß neben chemischen auch elektrische Rückholkräfte wirksam sind, die dem Auflösungsbestreben der Metallelektrode entgegenwirken.

Metalle, die leicht in Lösung gehen, nennt man unedle Metalle, bei ihnen wird die Metallelektrode relativ stark negativ gegenüber dem Elektrolyten geladen sein. Edle Metalle gehen schwer in Lösung, die Potentialdifferenz zwischen Metallelektrode und Elektrolyt wird relativ klein sein. Die Voltasche Zelle besitzt als zweite Elektrode eine Kupferelektrode und es stellt sich hier folgende Potentialverteilung ein: Die Flüssigkeit ist durch die

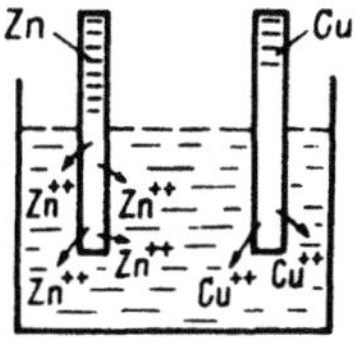

Abb. 2.31

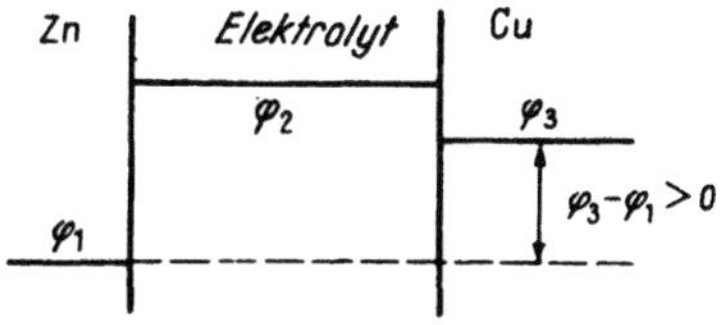

Abb. 2.32

positiven Ionen elektrisch positiv geladen, die Zinkelektrode ist stark, die Kupferelektrode schwach negativ geladen (Abb. 2.31), es besitzt daher, wie in Abb. 2.32 graphisch dargestellt ist, die Zinkelektrode ein stärker und die Kupferelektrode ein schwächer negatives Potential (φ_1 bzw. φ_3) gegenüber dem Potential des Elektrolyten (φ_2). Zwischen den Elektroden tritt somit eine Potentialdifferenz auf, wobei die Kupferelektrode höheres Potential als die Zinkelektrode besitzt; die Kupferelektrode ist demnach der positive Pol, die Zinkelektrode der negative Pol der Voltazelle. Allgemein ist immer die Elektrode aus dem unedleren Metall der negative Pol einer galvanischen Zelle.

Verbindet man nun die Zink- und die Kupferlektrode durch einen Leiter (z.B. einen Draht, Abb. 2.33), so werden sich die Ladungen auszugleichen versuchen: (negative) Elektronen der Zinkelektrode (–Pol) wandern zur Kupferelektrode (+Pol), es fließt also über den Verbindungsdraht elektrischer Strom mit einer konventionellen Stromrichtung von der Kupfer- zur Zinkelektrode. Das Abwandern negativer Elektronen von der Zinkelektrode stört aber jetzt das Gleichgewicht zwischen jenen Zinkionen, die in Lösung gehen, und solchen, die zur Zinkelektrode zurückkehren. Die elektrische Anziehung durch die wegen des Elektronenabflusses schwächer negativ geladene Zinkelektrode ist kleiner geworden, es werden mehr Zinkionen in Lösung gehen. Die elektrische Anziehung der Kupferelektrode, die gegenüber der Flüssigkeit durch das Herstellen einer leitenden Verbindung mit der Zinkelektrode und den dadurch entstandenen Elektronengewinn negativeres Potential annimmt, wird auf die in der Flüssigkeit befindlichen Metallionen in verstärktem Maße wirken, es werden zunächst mehr (positive) Kupferionen an die Kupferelektrode zurückkehren,

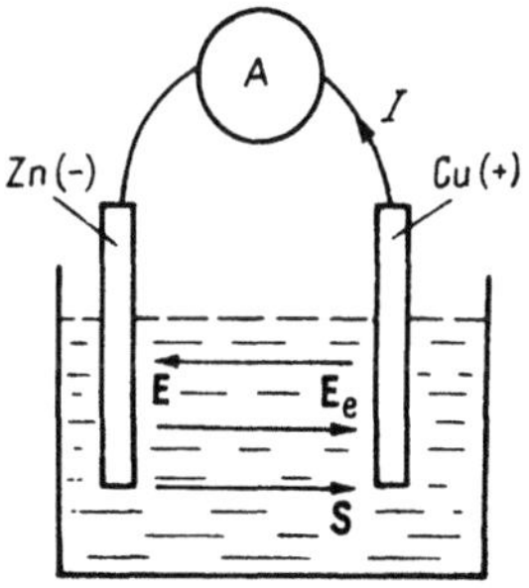

Abb. 2.33

als es im Gleichgewichtszustand der stromlosen Zelle der Fall war, und im weiteren Verlauf werden von der Zinkelektrode in Lösung gegangene (positive) Zinkionen an die Kupferlektrode gelangen, sich dort entladen und sich als Zinkatome an der Oberfläche der Kupferelektrode absetzen. Dies bedeutet, daß im Elektrolyten der Strom von der Zinkelektrode (vom tieferen Potential) zur Kupferelektrode, also entgegen der wirkenden elektrischen Feldstärke zum höheren Potential, fließt (**S**↑↓**E**). Chemische Lösungskräfte sind hier somit die Ursache dieser Ladungsbewegung und solange zwei chemisch verschiedene Metalloberflächen mit dem Elektrolyten in Berührung sind, wird im geschlossenen Kreis elektrischer Strom fließen. Die Zinkelektrode (das unedlere Metall) löst sich dabei langsam auf, die Kupferelektrode wird allmählich mit Zink überzogen. Wenn die gesamte Kupferoberfläche mit Zink beschlagen ist und nun zwei Elektroden mit chemisch gleichartigen Oberflächen und daher gleich großen Potentialdifferenzen gegenüber dem Elektrolyten vorhanden sind, wird der elektrische Strom zu fließen aufhören, da zwischen den beiden Elektroden keine Potentialdifferenz mehr besteht; die Volta-Zelle ist verbraucht.

Näheres über die technischen Ausführungen derartiger elektrischer Energiequellen auf chemischer Basis (elektrische Batterien und Akkumulatoren) siehe die einschlägige Literatur (z.B./2.6/, /2.7/). Abschließend sei darauf hingewiesen, daß es natürlich auch elektrische Energiequellen gibt, bei denen andere Energieformen als chemische in elektrische Energie umgesetzt werden, so z.B. mechanische Energie bei den Generatoren, thermische Energie bei den Thermoelementen u.s.w. .

2.9.2. Die stromlose (leerlaufende) elektrische Energiequelle

In einer elektrischen Energiequelle wirken also Kräfte (in einer galvanischen Zelle sind es chemische Kräfte), die entgegen den Anziehungskräften elektrisch verschieden polarisierter Ladungen eine Trennung derselben herbeiführen. Ist die Energiequelle stromlos, sind ihre Klemmen also offen und nicht durch einen Leiter miteinander verbunden („Leerlauf" der Quelle), so sind die voneinander getrennten, sich elektrisch anziehenden Ladungen makroskopisch gesehen auf Grund der zusätzlich wirkenden, nichtelektrischen Kräfte im Gleichgewicht. (Mikroskopische Bewegungen, vor allem auch Wärmebewegungen, sind natürlich, so wie dies für einen festen Leiter im Abschnitt 2.1.3 erläutert wurde, vorhanden.) Man nennt nun die an den Ladungsträgern angreifenden und diese auseinandertreibenden, nichtelektrischen Kräfte „eingeprägte Kräfte". Im stromlosen Zustand gilt für einen Ladungsträger im Elektrolyten (pauschal, d.h. im zeitlichen und räumlichen Mittel) Gleichgewicht, d.h. wenn man mit **F** die Kraft des elektrischen Feldes und mit $\mathbf{F_e}$ die eingeprägte (nichtelektrische) Kraft auf den Ladungsträger bezeichnet,

$$\mathbf{F} + \mathbf{F_e} = 0 \ , \tag{2.132}$$

oder

$$\mathbf{F_e} = -\mathbf{F} \ . \tag{2.133}$$

Definiert man analog der elektrischen Feldstärke (s. Gl. 1.10) eine „eingeprägte" Feldstärke $\mathbf{E_e}$ als Differentialquotienten aus eingeprägter Kraft $\mathbf{F_e}$ und Ladung Q,

$$\mathbf{E_e} = \frac{d\mathbf{F_e}}{dQ} \ , \tag{2.134}$$

so muß bei stromloser Energiequelle wegen Gl. 2.133 und Gl. 2.134

$$\mathbf{E_e} = -\mathbf{E} \tag{2.135}$$

gelten. $\mathbf{E_e}$ ist somit eine aus nichtelektrischen Kräften abgeleitete „Feldstärke", die positive Ladungen entgegen der elektrischen Feldstärke $\mathbf{E}$, also vom niedrigeren zum höheren Potential, und negative Ladungen in der umgekehrten Richtung zu treiben versucht (Abb. 2.34a).

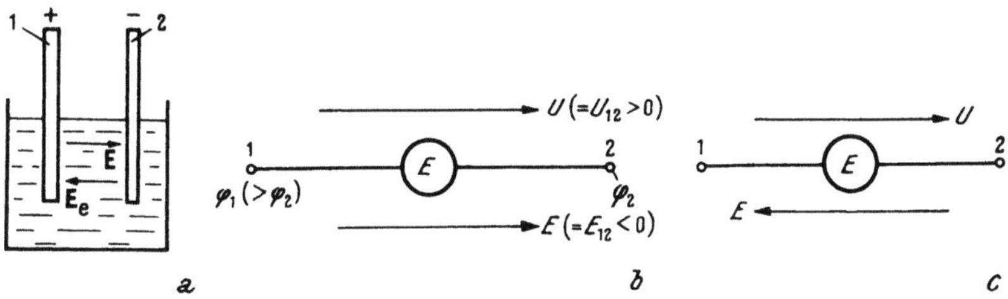

Abb. 2.34

Entsprechend dem Linienintegral über die elektrische Feldstärke,

$$(1.48) \quad U_{12} = \int_1^2 \mathbf{E} \cdot d\mathbf{s} \ ,$$

das man elektrische Spannung nennt, definiert man ein Linienintegral über die eingeprägte Feldstärke

$$E_{12} = \int_1^2 \mathbf{E_e} \cdot d\mathbf{s} \ , \tag{2.136}$$

das „elektromotorische Kraft" der Energiequelle (kurz „EMK") genannt wird. Aus Gl. 2.135 folgt

$$\int_1^2 \mathbf{E_e} \cdot d\mathbf{s} = E_{12} = -\int_1^2 \mathbf{E} \cdot d\mathbf{s} = -U_{12} \ , \tag{2.137}$$

oder im Hinblick auf die Bezugspfeile im Schaltbild der Energiequelle Abb. 2.34b kurz

$$E = -U \quad . \tag{2.138}$$

EMK und Spannung einer leerlaufenden elektrischen Energiequelle sind also einander entgegengesetzt gleich. Ist die Spannung U (genauer **E**) physikalisch von Klemme 1 nach Klemme 2 orientiert ($U_{12}>0$), so ist die EMK (genauer $\mathbf{E}_e$) physikalisch von der Klemme 2 mit dem niedrigeren Potential φ_2 zur Klemme 1 mit dem höheren Potential φ_1 orientiert ($\mathbf{E}_{21}>0$ bzw. $\mathbf{E}_{12}<0$).

Natürlich kann man auch die Bezugsrichtung einer der beiden Spannungsgrößen, U oder E, umkehren, z.B. $E_{21} = -E_{12}$. Mit diesen, einander entgegengesetzten Bezugsrichtungen für Spannung und EMK (Abb. 2.34c) gilt dann

$$E = U \quad , \tag{2.139}$$

denn es ist mit $E = E_{21} = -E_{12}$ und mit $U = U_{12}$ gemeint.

Bei einer galvanischen Zelle ist die EMK keine Konstante, sie hängt von der Temperatur ab, ist aber auch bei konstanter Temperatur eine Funktion der Stärke I des durchfließenden Stromes (Depolarisationserscheinungen u.a.). Auch bei elektrischen Energiequellen anderer Funktionsweise (Generatoren etc.) ist die EMK mehr oder weniger stark von der Stromstärke oder auch anderen Parametern abhängig.

2.9.3. Die stromführende (belastete) elektrische Energiequelle

Wie schon erwähnt, fließt beim Schließen der beiden Klemmen der Energiequelle durch einen Leiter, der einen Widerstand R_a haben soll („Außenwiderstand der Quelle"), Strom über diesen Widerstand und auch durch die Energiequelle. Es liegt ein geschlossener Stromkreis vor (Abb. 2.35).

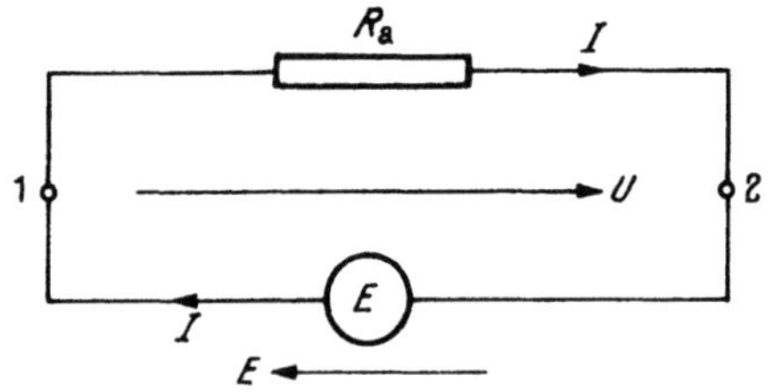

Abb. 2.35

Die im Außenwiderstand R_a in Wärme umgesetzte und daher von der Energiequelle an diesen abgegebene Leistung (Index ab) ist gemäß Gl. 2.130

$$P_{ab} = I^2 R_a \quad . \tag{2.140}$$

Nun wird bei Stromfluß auch im Inneren der Energiequelle Wärme produziert. Diese innere Verlustleistung (Index i) kann in Analogie zu Gl. 2.140 durch

$$P_i = I^2 R_i \tag{2.141}$$

dargestellt werden, wodurch bei jeder beliebigen Stärke I des durch die Energiequelle fließenden Stromes ein „Innenwiderstand R_i" der Quelle definiert werden kann:

$$R_i = \frac{P_i}{I^2} \quad . \tag{2.142}$$

Im allgemeinen ist der so definierte Innenwiderstand keine Konstante, insbesondere bei elektrolytischen Zellen hängt er stark von der Stromstärke I ab. Man kann etwa kalorimetrisch die in Wärme umgesetzte Verlustleistung P_i messen und in Abhängigkeit vom Quadrat der Stromstärke in einem Diagramm auftragen (Abb. 2.36). Der Tangens des Neigungswinkels α ist dann, über einen Maßstabsfaktor k, dem Innenwiderstand R_i proportional:

$$\tan\alpha = k\,\frac{P_i}{I^2} = k R_i \quad . \tag{2.143}$$

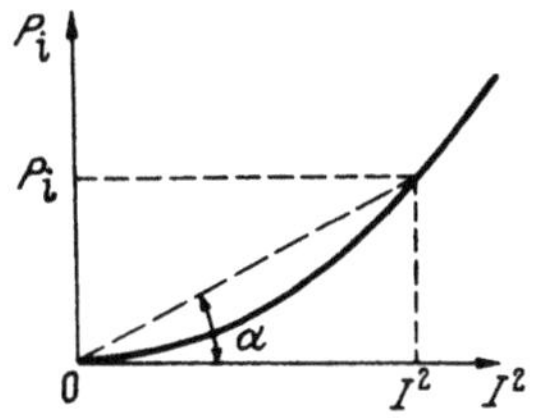

Abb. 2.36

Es soll nun die Leistungsbilanz des gesamten Stromkreises (Abb. 2.35) aufgestellt werden: Die eingeprägten (nichtelektrischen) Kräfte geben im stationären Fall an den Stromkreis folgende „erzeugte" Leistung (Index e) ab:

$$P_e = \frac{dW_e}{dt} = \frac{W_e}{t} = \frac{\int_2^1 \mathbf{F}_e \cdot d\mathbf{s}}{t} = \frac{Q}{t}\int_2^1 \mathbf{E}_e \cdot d\mathbf{s} = I_{21} E_{21} = I E_{21} \; , \tag{2.144}$$

wobei in der Energiequelle $I = I_{21}$ ist (s. Abb. 2.35). Diese gesamte Leistung wird in Wärme umgesetzt, u.zw. zum (i.a. kleineren) Teil bereits als Verlustleistung P_i in der Energiequelle selbst, also entsprechend Gl. 2.141 im Innenwiderstand R_i, und zum (i.a. größeren) Teil als abgegebene Leistung P_{ab} entsprechend Gl. 2.140 im Außenwiderstand (Verbraucher) R_a. [Wenn die Verlustleistung der Energiequelle viel kleiner sein soll als die von der Quelle abgegebene Leistung ($P_i \ll P_{ab}$), so muß also $R_i \ll R_a$ sein.] Es gilt dann die Leistungsbilanz

$$P_e = P_i + P_{ab} = I E_{21} = (R_i + R_a) I^2 = R_i I^2 + U_{12} I \quad . \tag{2.145}$$

Dividiert man Gl. 2.145 durch I, so erhält man

$$E_{21} = U_{12} + IR_i \ , \tag{2.146}$$

oder für die „Klemmenspannung" der Energiequelle

$$U = U_{12} = E_{21} - IR_i = E - IR_i \ , \tag{2.147}$$

wenn man entsprechend Abb. 2.35 beide Spannungsgrößen im Sinne der Bezugsrichtung des Stromes positiv zählt, also (außen am Außenwiderstand R_a) $U = U_{12}$ und (innen in der Energiequelle) $E = E_{21}$. Diese Art der Bezugsrichtungsannahme, bei der die Bezugsrichtungen in Übereinstimmung mit den an sich bekannten physikalischen Richtungen der Größen gewählt wurden, bewirkt, daß alle Größen in der Rechnung positives Vorzeichen haben ($U = U_{12} > 0, E = E_{21} > 0, I > 0$).

Als Ergebnis wurde erhalten, daß bei Stromfluß über die Energiequelle die Klemmenspannung U nicht, wie bei Leerlauf (Gl. 2.139), gleich groß wie die jeweils vorhandene EMK E, sondern daß sie um den „inneren Spannungsabfall IR_i" kleiner als die EMK ist. Dabei ist über die Abhängigkeit oder Unabhängigkeit der EMK von der Stromstärke zunächst nichts vorausgesetzt worden, in

(2.147) $\quad U = E - IR_i$

ist jene EMK einzusetzen, die eben bei der betreffenden Stromstärke I in der Energiequelle tatsächlich wirkt, gleiches gilt für R_i (s. den Text zu Gl. 2.141 und Gl. 2.142).

Eine Energiequelle, bei der der Innenwiderstand R_i oder die EMK oder beide stromabhängig sind, nennt man eine **nichtlineare** Quelle; wenn Innenwiderstand R_i und EMK E einer Energiequelle konstante Größen sind, nennt man die Quelle **linear**. Ist die EMK einer stromdurchflossenen Quelle konstant oder nimmt sie (wie insbesondere bei galvanischen Zellen) mit steigender Stromstärke ab, so wird die Klemmenspannung gemäß Gl. 2.147 jedenfalls kleiner als die Leerlaufspannung U_L (= U bei $I = 0$) sein („nichtkompensierte" oder „unterkompensierte" Quelle, Abb. 2.37). Erreicht man – wie z.B. bei entsprechend geregelten elektrischen Maschinen – daß die EMK gerade im Ausmaß IR_i ansteigt, so bleibt die Klemmenspannung konstant gleich der Leerlaufspannung („kompensiert"). Man kann auch die EMK stärker wachsen lassen als IR_i, dann ist $U > U_L$ („überkompensiert"). Die in Abb. 2.37 dargestellte Abhängigkeit der Klemmenspannung von der Stromstärke nennt man „äußere Kennlinie" der Quelle. Die Leerlaufspannung U_L der Quelle ist dem Betrag nach natürlich der Leerlauf-EMK (bei $I = 0$) gleich, wie dies im Abschnitt 2.9.2 abgeleitet wurde,

(2.137) bzw. (2.139) $\quad U_{L,12} = E_{L,21} \ . \qquad$ (2.148)

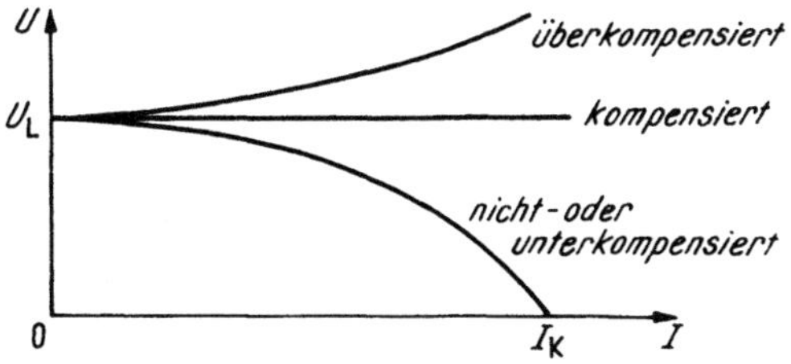

Abb. 2.37

Bei Kurzschluß der Energiequelle ($R_a = 0$) gilt:

$$U = I_K R_a = 0 = E_K - I_K R_{iK} \,, \tag{2.149}$$

also

$$I_K = \frac{E_K}{R_{iK}} \,. \tag{2.150}$$

E_K ist die im Kurzschlußfalle wirkende EMK, I_K ist die „Kurzschlußstromstärke", also jene Stromstärke, die die Quelle abgibt, wenn man ihre Klemmen widerstandslos kurzschließt; R_{iK} ist schließlich der bei der Kurzschlußstromstärke I_K auftretende Innenwiderstand. Vielfach ist die Kurzschlußstromstärke I_K die größte Stromstärke, die eine Quelle abzugeben vermag (z.B. bei galvanischen Zellen), doch gibt es auch Fälle (wie z.B. bei gewissen elektrischen Maschinen), bei denen die maximale Stromstärke nicht bei Kurzschluß sondern bei einem bestimmten Außenwiderstand $R_a > 0$ auftritt.

Welcher Anteil der Klemmenspannungsänderung bei Strombelastung der Quelle auf den Spannungsabfall IR_i am inneren Widerstand R_i (der selbst veränderlich sein kann) oder auf die Änderung der EMK (die ebenfalls stromabhängig sein kann), zurückzuführen ist, kann nur bei genauer Kenntnis der physikalischen Wirkungsweise der Quelle angegeben werden.

Zusammenfassend soll festgestellt werden (vgl. auch /2.5/): Ein Linienintegral über eine elektrische Feldstärke ist eine elektrische Spannungsgröße, und zwar handelt es sich entweder um eine elektrische Spannung,

$$(1.48) \quad U_{12} = \int_1^2 \mathbf{E} \cdot d\mathbf{s} = \varphi_1 - \varphi_2 \,,$$

die im zeitlich unveränderlichen elektrischen Feld (dazu zählen das statische und das stationäre Feld) der Potentialdifferenz, genauer dem Potentialabfall, gleich ist; oder es ist eine elektromotorische Kraft,

$$(2.136) \quad E_{12} = \int_1^2 \mathbf{E}_e \cdot d\mathbf{s} \,,$$

die eine Folge eingeprägter (nichtelektrischer) Kräfte ist. Fließt Strom in einer Quelle, so erzeugt diese dann elektrische Leistung, wenn der Strom

die Richtung der eingeprägten Feldstärke $\mathbf{E_e}$ und damit der wirkenden EMK besitzt ($E_{12}I_{12}=E_{21}I_{21}>0$); andernfalls, wenn der Strom entgegen der EMK der Quelle fließt, wie z.B. bei einer galvanischen Zelle, die aufgeladen wird, nimmt diese elektrische Leistung auf, die in eine andere Form der Leistung (z.B. in chemische) umgewandelt wird ($E_{12}I_{12}=E_{21}I_{21}<0$).
In bezug auf die Klemmenspannung gilt: Fließt in einem Zweipol der Strom in Richtung der Klemmenspannung U, also vom höheren zum tieferen Potential, so nimmt der Zweipol elektrische Leistung auf und wandelt sie in nichtelektrische um (Verbraucher, $U_{12}I_{12}=U_{21}I_{21}>0$); ist die Richtung des Stromes jener der Spannung entgegengesetzt, fließt also der Strom vom niedrigeren zum höheren Potential, so gibt der Zweipol elektrische Leistung ab, die durch Umwandlung nichtelektrischer Leistung in dem Zweipol erzeugt worden sein muß (Erzeuger, $U_{12}I_{12}=U_{21}I_{21}<0$).

Die für eine belastete Quelle gültige Beziehung Gl. 2.147 kann auch durch folgende Überlegung gewonnen werden:

Eine stromführende Energiequelle stellt ein Strömungsgebiet dar, in dem nicht nur Kräfte eines elektrischen Feldes $\mathbf{E}$ sondern auch solche nichtelektrischer Natur, also eingeprägte Kräfte, auf die Ladungsträger wirken. Es wird dann die Stromdichte $\mathbf{S}$ nicht mehr, wie es die im Ohmschen Widerstand gültige Beziehung

(2.47b) $\mathbf{E} = \varrho \mathbf{S}$

ausdrückt, der dort allein vorhandenen elektrischen Feldstärke $\mathbf{E}$ proportional sein, sondern der Summe aus dieser und der eingeprägten Feldstärke $\mathbf{E_e}$:

$$\mathbf{E} + \mathbf{E_e} = \varrho \mathbf{S} \quad . \tag{2.151}$$

Integriert man Gl. 2.151 über das Innere der Energiequelle in der Bezugsrichtung des Stromes von Abb. 2.35 ($I=I_{21}$), also von der Klemme 2 zur Klemme 1, so erhält man mit Gl. 1.48 und Gl. 2.136 und unter Berücksichtigung der Tatsache, daß die Integration der rechten Seite von Gl. 2.151 gemäß Gl. 2.49 auf den (inneren) Ohmschen Spannungsabfall IR_i führt,

$$\int_2^1 \mathbf{E}\cdot d\mathbf{s} + \int_2^1 \mathbf{E_e}\cdot d\mathbf{s} = U_{21} + E_{21} = \int_2^1 \varrho \mathbf{S}\cdot d\mathbf{s} = I_{21}R_i = IR_i \quad . \tag{2.152}$$

Gl. 2.152 wird oftmals auch „erweitertes Ohmsches Gesetz" genannt, bzw. Gl. 2.151 „erweitertes Ohmsches Gesetz in Differentialform".
Bei Umkehrung der Bezugsrichtung von U führt Gl. 2.152 auf die am Beginn dieses Abschnittes aus der Leistungsbilanz gewonnene Beziehung für die Klemmenspannung der Energiequelle:

(2.147) $U_{12} (= -U_{21}) = E_{21} - IR_i$.

2.9.4. Die lineare elektrische Energiequelle

Sind EMK E und Innenwiderstand R_i von der Stromstärke I der Energiequelle unabhängig, so verhält sich die Quelle, wie schon im Abschnitt 2.9.3 erwähnt wurde, linear, ihre äußere Kennlinie $U(I)$ ist eine Gerade (Abb. 2.38). Es gilt unter Berücksichtigung der in Abb. 2.35 gewählten Bezugsrichtungen

$$U(I) = E - IR_i = IR_a \, , \tag{2.153}$$

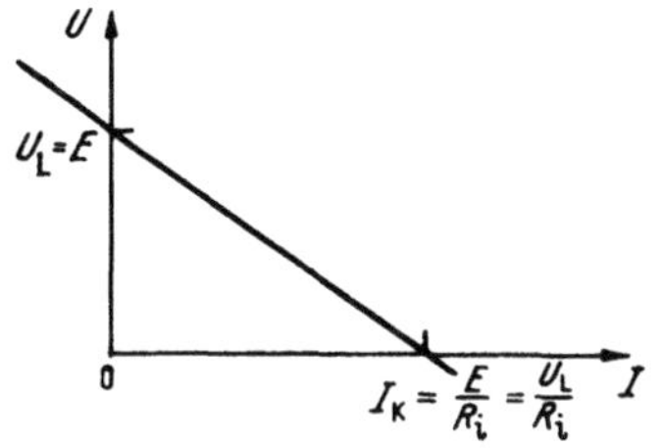

Abb. 2.38

mit E = const und R_i = const. Zwei markante Betriebszustände der Quelle sind der Leerlauf ($R_a = \infty$: $I = 0$, Leerlaufspannung $U_L = E$) und der Kurzschluß ($R_a = 0$: $U = 0$, Kurzschlußstrom $I_K = E/R_i$). Man kann die äußere Kennlinie auch noch über die auf den positiven Koordinatenachsen liegenden Betriebspunkte für Leerlauf und Kurzschluß hinaus verlängern. Der Fall $I < 0$ ($U > U_L$) bedeutet dann Strom entgegen der EMK der Quelle, diese nimmt also elektrische Energie auf und setzt sie in Energie anderer Form um (z.B. ein Akkumulator im Ladezustand). In diesem Fall muß im Außenzweig, der an die betrachtete Quelle E angeschlossen ist, außer dem in Abb. 2.35 eingezeichneten Außenwiderstand R_a eine der EMK der betrachteten Quelle entgegenwirkende EMK von größerem Betrag vorhanden sein, damit $I < 0$ zustandekommen kann. $U < 0$ wiederum bedeutet, daß im Außenzweig eine EMK vorhanden sein muß, deren eingeprägte Kräfte im Sinne des Stromflusses und daher im Sinne der betrachteten EMK wirken und damit die Stromstärke I weiter über die Kurzschlußstromstärke I_K, und damit den inneren Spannungsabfall IR_i der betrachteten Quelle über das Ausmaß ihrer EMK hinaus, erhöhen ($IR_i > I_K R_i = E$). Die in Abb. 2.35 neben R_a im Außenzweig zu denkende EMK bewirkt dann bereits eine Anhebung des Potentials der Klemme 2 gegenüber der Klemme 1.

Auf die beiden ausgezeichneten Betriebszustände Leerlauf und Kurzschluß gehen zwei Ersatzschaltungen für die lineare Zweipolquelle zurück, die im folgenden besprochen werden.

2.9.4.1. Die Ersatzspannungsquelle

Die Darstellung einer linearen Zweipolquelle durch eine Ersatzspannungsquelle entspricht den bisher entwickelten Vorstellungen, wonach der von der (konstanten) EMK der Quelle bewirkte Strom sowohl über den Außenwiderstand R_a als auch über den (konstanten) Innenwiderstand R_i fließt, so daß in der Quelle die innere Verlustleistung P_i dem Quadrat der Stärke I des Laststromes proportional ist,

(2.145) $P_i = R_i I^2$.

Die beiden, vom Laststrom durchflossenen Widerstände liegen also in Serie (Abb. 2.39).

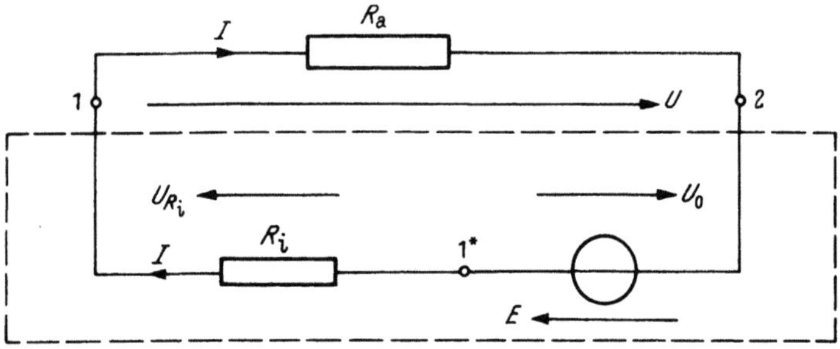

Abb. 2.39

Das in Abb. 2.39 mit E gekennzeichnete Schaltelement stellt jetzt – im Gegensatz zu Abb. 2.35 – eine idealisierte (verlustlose) Quelle mit konstanter EMK E ohne eigenen Innenwiderstand dar, der Innenwiderstand R_i der realen Quelle wird ja in der Ersatzschaltung als eigenes Schaltelement behandelt. (Die reale Quelle mit ihren beiden idealisierten Elementen E und R_i ist in Abb. 2.39 durch einen strichlierten Linienzug abgegrenzt.)

In Abb. 2.39 wurden alle Bezugspfeile so gewählt, daß sie mit den tatsächlich sich einstellenden, physikalischen Richtungen der Größen (wenn eine positive EMK wirkt) übereinstimmen.

Die EMK erzeugt an den Klemmen 1* und 2 der idealisierten widerstandslosen Quelle E (Klemme 1* ist nur gedacht und existiert in Wirklichkeit nicht) gemäß Gl. 2.153 unabhängig von der Stärke I des durchfließenden Stromes eine (gedachte) konstante Potentialdifferenz (Spannung) U_0,

$$U_0 = U_{0,1^*2} = E_{21^*} = E = -E_{1^*2} \quad , \tag{2.154}$$

die „Urspannung" der Quelle genannt wird. Sie ist physikalisch der EMK entgegengesetzt orientiert und dem Betrag nach dieser gleich.

Mit den Bezugsrichtungen nach Abb. 2.39 ergibt sich bei Belastung der Quelle mit einem Außenwiderstand R_a unter Berücksichtigung auch von Gl. 2.154

$$U = IR_a = U_0 - U_{R_i} = U_0 - IR_i = E - IR_i \quad , \tag{2.155}$$

also der in Gl.2.153 angegebene, „äußere Kennlinie" benannte Zusammenhang von Klemmenspannung U und Stromstärke I einer elektrischen Energiequelle, aus dem sich wieder die Bedingungen für Leerlauf ($R_a = \infty, I = 0$)

$$U_L = E = U_o \tag{2.156}$$

und für Kurzschluß ($R_a = 0$, $U = 0$)

$$I_K = \frac{E}{R_i} = \frac{U_L}{R_i} = \frac{U_o}{R_i} \tag{2.157}$$

ableiten lassen.

Nach Gl.2.156 besitzt die Ersatzspannungsquelle eine EMK E bzw. eine Urspannung U_o vom Betrag der Leerlaufspannung der realen Quelle. (Man könnte auch bei nichtlinearen Zweipolquellen $U_o = E_{21^*}$ als Urspannung definieren; diese wäre dann von der Stromstärke I abhängig und daher bei belasteter Quelle — so wie eben die EMK — im Betrag nicht gleich der bei Leerlauf an den Klemmen zu messenden Leerlaufspannung U_L.) Die Ersatzspannungsquelle besitzt ferner einen Innenwiderstand, der, wie aus Gl.2.157 folgt, durch den Quotienten aus Leerlaufspannung U_L und Kurzschlußstrom I_K der realen Quelle gegeben ist:

$$R_i = \frac{U_L}{I_K} \ . \tag{2.158}$$

Man kann den in Abb.2.39 mit E gekennzeichneten Teil der Ersatzspannungsquelle als widerstandslosen Konstantspannungsgenerator auffassen, der eine von der Stärke I des durchfließenden Stromes unabhängige konstante Urspannung U_o (= U_L) erzeugt. Für die vom Außenwiderstand abhängige Stromstärke I des von der Konstantspannungsquelle abgegebenen Stromes ergibt sich gemäß Gl.2.155

$$I = \frac{E}{R_i + R_a} = \frac{U_o}{R_i + R_a} \ . \tag{2.159}$$

2.9.4.2. Die Ersatzstromquelle

Die in Abb.2.40 dargestellte Ersatzstromquelle stellt die zur Ersatzspannungsquelle duale Ersatzschaltung einer linearen Zweipolquelle dar. Sie besteht aus einer, mit I_0 gekennzeichneten, idealisierten (verlustfreien) Stromquelle, die einen konstanten „Urstrom" I_0 abgibt und der selbst für die Rechnung ein unendlich hoher Innenwiderstand zugeordnet wird; parallel zu ihr liegt der innere Widerstand R_i. Die durch die beiden idealisierten Elemente I_0 und R_i ersatzmäßig dargestellte reale Quelle wurde in Abb.2.40 durch einen strichlierten Linienzug abgegrenzt.

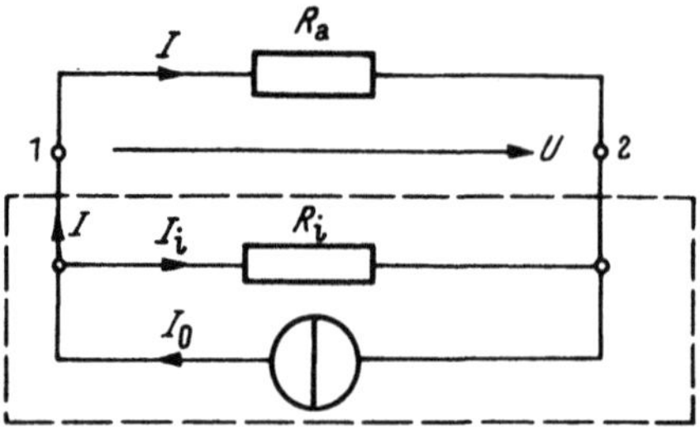

Abb. 2.40

Bei Belastung der Quelle durch einen Außenwiderstand R_a liegen die beiden Widerstände R_a und R_i parallel an derselben Klemmenspannung U. Der Urstrom verteilt sich auf die beiden Zweige, dem Ohmschen Gesetz gemäß verkehrt proportional den zugehörigen Widerständen,

$$I_0 = I_i + I = U\left(\frac{1}{R_i} + \frac{1}{R_a}\right) = \frac{U}{R_i} + I \ . \tag{2.160}$$

Wegen der zur Darstellung einer linearen Quelle notwendigerweise vorauszusetzenden Konstanz der Kenngrößen I_0 und R_i der Ersatzstromquelle ergibt sich aus Gl. 2.160 wiederum eine lineare „äußere Kennlinie" $U(I)$

$$U = IR_a = I_0 R_i - IR_i \ , \tag{2.161}$$

die mit jener der realen Quelle Gl. 2.153 bzw. der Ersatzspannungsquelle Gl. 2.155 identisch wird, wenn der zur idealen Stromquelle I_0 parallel geschaltete Innenwiderstand R_i der gleiche Innenwiderstand ist, wie jener der Ersatzspannungsquelle, der dort in Serie mit der idealen Spannungsquelle E liegt, und wenn die Beziehung

(2.156), (2.161) $$U_L = E = U_0 = R_i I_0 \ , \tag{2.162}$$

also $$I_0 = \frac{E}{R_i} = \frac{U_L}{R_i} = \frac{U_0}{R_i} \tag{2.163}$$

eingehalten wird. Nun gilt für die Ersatzspannungsquelle

(2.157) $$I_K = \frac{E}{R_i} = \frac{U_L}{R_i} = \frac{U_0}{R_i} \ ,$$

es muß also – bei gleichem R_i in beiden Fällen – der Urstrom I_0 der Ersatzstromquelle der Kurzschlußstrom I_K der realen Quelle und natürlich auch ihrer beiden Ersatzschaltungen, nämlich der Ersatzspannungs- und der Ersatzstromquelle, sein:

$$I_0 = I_K \ . \tag{2.164}$$

Wie man an Hand von Abb. 2.40 erkennen kann, fließt bei Kurzschluß der Ersatzstromquelle ($R_a = 0$) der gesamte Urstrom I_0 über den widerstandslosen Außenleiter, da der parallel geschaltete Innenwiderstand R_i wegen $U = 0$ und daher $I_i = \frac{U}{R_i} = 0$ keinen Strom mehr führt; der Urstrom I_0 ist also in der Tat der Kurzschlußstrom der Ersatzstromquelle.

Bei Leerlauf der Ersatzstromquelle ($R_a = \infty$) muß der gesamte Urstrom über den parallelen Innenwiderstand R_i fließen, es gilt in diesem Fall unter Benützung auch von Gl. 2.163

$$U_L = R_i I_0 = R_i I_K \tag{2.165}$$

in Übereinstimmung mit Gl. 2.157.

Die im inneren Widerstand R_i verbrauchte Verlustleistung ist bei der Ersatzstromquelle – im Gegensatz zur Ersatzspannungsquelle – nicht dem Quadrat der Stromstärke I des abgegebenen Laststromes, sondern dem Quadrat der abgegebenen Klemmenspannung U der Quelle proportional:

$$P_i = I_i^2 R_i = \frac{U^2}{R_i} \; . \tag{2.166}$$

Man kann den in Abb. 2.40 mit I_0 gekennzeichneten Teil der Ersatzstromquelle als Konstantstromgenerator mit unendlich hohem Innenwiderstand auffassen, der einen von der Klemmenspannung U unabhängigen Strom der konstanten Stärke $I_0 = I_K$ erzeugt. Für die vom Konstantstromgenerator abgegebene, vom Außenwiderstand R_a abhängige Klemmenspannung U ergibt sich nach Gl. 2.160

$$U = I_i R_i = (I_0 - I) R_i = \left(I_0 - \frac{U}{R_a}\right) R_i \; , \tag{2.167}$$

woraus

$$U = I_0 \frac{R_i R_a}{R_i + R_a} \tag{2.168}$$

folgt.

2.9.4.3. Anwendung und Grenzen der beiden Ersatzschaltungen

Man erkennt aus den bisherigen Ausführungen, daß man nach Messung der Leerlaufspannung U_L und des Kurzschlußstromes I_K an einer linearen Zweipolquelle nach Belieben zu einer der beiden Ersatzschaltungen übergehen kann. Sie sind in ihrem äußeren Strom- und Spannungsverhalten völlig gleichwertig, nicht aber sind sie es hinsichtlich ihrer inneren Verlustleistung P_i, die entsprechend der Ersatzspannungsquelle proportional dem Quadrat des Laststromes I, nach der Ersatzstromquelle aber dem Quadrat der Lastspannung U proportional sein sollte. In der Praxis wird die tatsächliche (z.B. kalorimetrisch meßbare) innere Verlustleistung der realen Quelle oftmals weder bei Darstellung durch eine Ersatzspannungs- noch durch eine Ersatzstromquelle richtig wiedergegeben. Die Ersatzschaltungen lassen sich in solchen Fällen eben nur zur Berechnung der Strom-Spannungsverhältnisse benützen. Hiezu geht man also folgendermaßen vor: An der realen Quelle können Leerlaufspannung U_L und Kurzschlußstromstärke I_K gemessen werden. Die erste Größe ist die EMK E bzw. die Urspannung U_0 der Ersatzspannungsquelle (Gl. 2.156), die zweite Größe ist der Urstrom I_0 der Ersatzstromquelle (Gl. 2.164). Der für beide Ersatzschaltungen gültige Innenwiderstand R_i ist der Quotient aus U_L und I_K (Gl. 2.158 bzw. Gl. 2.163 mit Gl. 2.164).

Will man das tatsächliche Verlustleistungsverhalten einer realen Zweipolquelle durch eine Ersatzquelle möglichst gut darstellen, so muß man i.a. eine aufwendigere Ersatzschaltung – etwa mit Verlustwiderständen in Serien- und in Parallelschaltung – anwenden.

2.10. Leistungsanpassung

Vielfach wird man anstreben, die größtmögliche Leistung aus einer Zweipolquelle zu erhalten, besonders dann, wenn man – wie etwa bei Anwendungen in der Nachrichtentechnik – mit der zur Verfügung gestellten Leistung sparsam umgehen muß. Dies erreicht man durch „Anpassung" des an die Zweipolquelle angeschlossenen Außen- oder Abschlußwiderstandes R_a, womit gemeint ist, daß man einen solchen Wert des Außenwiderstandes wählt, bei dem die maximale Leistung von der Zweipolquelle abgegeben wird. Voraussetzung soll wieder die Linearität der Zweipolquelle sein (E bzw. I_0 und R_i konstant).

Es soll hier die Darstellung einer linearen elektrischen Energiequelle durch eine Ersatzspannungsquelle Verwendung finden. Unter Benützung der in Abb. 2.39 eingetragenen Bezugsrichtungen gilt für den Laststrom I

$$I = \frac{E}{R_i + R_a} \quad . \tag{2.159}$$

Es wird somit die von der Quelle abgegebene und im Abschlußwiderstand R_a verbrauchte elektrische Leistung

$$P_{ab} = I^2 R_a = E^2 \frac{R_a}{(R_i + R_a)^2} \quad . \tag{2.169}$$

Um jenen Außenwiderstand R_a zu finden, bei dem P_{ab} ein Maximum wird, muß man P_{ab} nach R_a differenzieren und den Differentialquotienten null setzen:

$$\frac{dP_{ab}}{dR_a} = E^2 \frac{(R_i + R_a)^2 \cdot 1 - R_a \cdot 2\,(R_i + R_a)}{(R_i + R_a)^4} = 0 \quad . \tag{2.170}$$

Es folgt aus Gl. 2.170 nach Division durch $R_i + R_a$

$$R_a + R_i - 2R_a = 0 \quad (2.171) \quad \text{und somit} \quad R_a = R_i \quad . \tag{2.172}$$

Die Energiequelle gibt die maximale Leistung $P_{ab,max}$ dann ab, wenn der Außenwiderstand R_a gleich dem Innenwiderstand R_i der Quelle ist. Dies bedeutet allerdings, daß bei Anpassung die an den Verbraucher R_a abgegebene Leistung P_{ab} wegen $R_a = R_i$ gleich groß wie die innere Verlustleistung P_i der Zweipolquelle ist,

$$P_{ab,max} = (I^2 R_a)_{Anp.} = (I^2 R_i)_{Anp.} = P_{i,Anp.} \quad , \tag{2.173}$$

und somit nur 50% der insgesamt in der Quelle von der EMK erzeugten Leistung

(2.145) $P_e = EI$

beträgt. Definiert man als Wirkungsgrad der Energiequelle das Verhältnis der von ihr abgegebenen zu der in ihrem Inneren erzeugten Leistung,

$$\eta = \frac{P_{ab}}{P_e} \quad , \tag{2.174}$$

so ergibt sich bei Leistungsanpassung eben

$$\eta_{Anp.} = \left(\frac{UI}{EI}\right)_{Anp.} = \frac{I^2 R_a}{I^2 (R_i + R_a)} = \frac{R_a}{2R_a} = \frac{1}{2} = 50\% \quad . \tag{2.175}$$

Der Wirkungsgrad ist bei Leistungsanpassung also sehr schlecht. Wenn man einen höheren Wirkungsgrad erzielen will, wie dies etwa im Bereiche der Energietechnik unbedingt erforderlich ist, dann muß man $R_a \gg R_i$ wählen. Trägt man die abgegebene Leistung P_{ab} über dem Verhältnis R_a/R_i auf, so erhält man das in Abb. 2.41 dargestellte Diagramm. Da die Kurve für P_{ab} nach dem Maximum relativ flach verläuft, kann man ohne sehr wesentlichen Leistungsverlust den Wirkungsgrad stark verbessern. Für ein Verhältnis $R_a/R_i = 2$, ergibt sich bereits ein Wirkungsgrad von 67% bei einer abgegebenen Leistung von immer noch $P_{ab} = 90\% \cdot P_{ab,max}$.

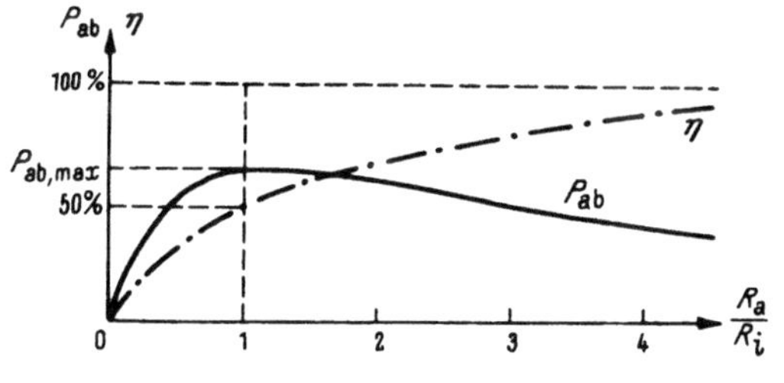

Abb. 2.41

Untersucht man die Anpassung einer Ersatzstromquelle, so ergibt sich, wie sich leicht nachweisen läßt, maximale Leistungsabgabe bei derselben Bedingung $R_a = R_i$. Es gilt daher hier ebenfalls Gleichheit von innerer Verlustleistung P_i und abgegebener Leistung P_a,

$$P_{\mathrm{i,Anp.}} = \left(\frac{U^2}{R_\mathrm{i}}\right)_{\mathrm{Anp.}} = \left(\frac{U^2}{R_\mathrm{a}}\right)_{\mathrm{Anp.}} = P_{\mathrm{ab,max}} \quad , \qquad (2.176)$$

so daß im Falle der Anpassung die i.a. verschiedenen inneren Verlustleistungen von Ersatzspannungs- und Ersatzstromquelle gleich werden (vgl. Gl.2.173).

2.11. Methoden zur Berechnung linearer elektrischer Netzwerke

Ein elektrisches Netzwerk entsteht, wenn man die Klemmen von Zweipolen – das sind die bisher besprochenen Schaltungsglieder mit zwei elektrischen Anschlüssen, also Ohmwiderstände und elektrische Energiequellen („Zweipolquellen") – so miteinander verbindet, daß Ströme fließen können, wozu es natürlich notwendig ist, daß sich zumindest eine elektrische Energiequelle im Netz befindet (Beispiel eines Teiles eines Netzwerkes Abb.2.42). Verbindungsstellen von mehr als 2 Klemmen nennt man „Knoten" des Netzwerkes, zwischen den Knoten liegende Strecken nennt man „Zweige". In einem Zweig können beliebig viele Zweipole in Reihe geschaltet sein. Meist werden dabei die Energiequellen als Ersatzspannungsquellen mit EMK E (Urspannung U_0) und Innenwiderstand R_i in die Rechnung eingeführt, mitunter erweist sich aber auch die Darstellung der Energiequelle als Ersatzstromquelle mit Urstrom I_0 und Innenwiderstand R_i als zweckmäßiger (z. B. bei Schaltungen mit mehreren parallelen Zweigen).

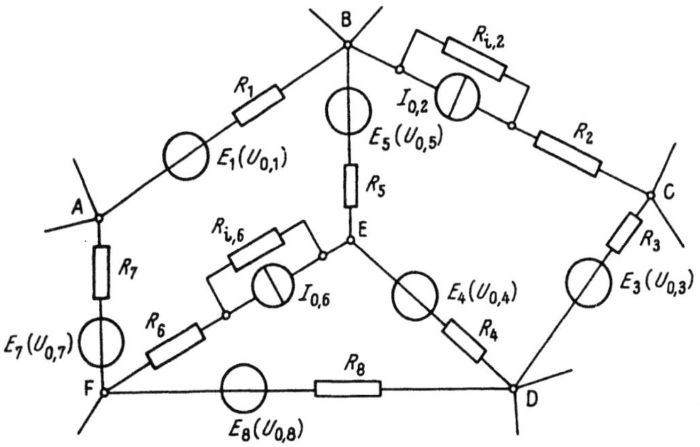

Abb.2.42

Sind die Kenngrößen aller in einem Netzwerk vorhandenen Zweipole, also aller Energiequellen und aller Widerstände, von der Stärke des jeweils durchfließenden Stromes (bzw. von der jeweiligen an den Klemmen anliegenden Spannung) unabhängig (E_k = const, R_k = const), so spricht man von einem „linearen" Netz.

Liegen in einem Zweig mehrere elektromotorische Kräfte oder mehrere Ohmwiderstände in Serie, so kann man diese zu einer EMK bzw. zu einem Ohmwiderstand zusammenfassen. Dabei wird im Falle der Darstellung einer elektrischen Energiequelle durch eine Ersatzspannungsquelle deren Innenwiderstand, der dann in Serie mit den sonst im betreffenden Zweig befindlichen Ohmwiderständen liegt, zu diesen Widerständen addiert. Es kann daher in diesem Fall bei Netzberechnungen jeder Zweig durch eine (resultierende) EMK und einen (resultierenden) Ohmwiderstand dargestellt werden, wie dies etwa in Abb. 2.42 angedeutet ist. (Natürlich gibt es auch Zweige, in denen überhaupt keine elektrischen Energiequellen liegen, in ihnen ist dann eben $E = 0$ bzw. $I_0 = 0$). Wird eine Energiequelle durch eine Ersatzstromquelle dargestellt, so sind ihre Klemmen jedenfalls Knoten, da bei ihnen jeweils zumindest drei Verbindungen zusammentreffen: die Zuleitung zur idealen Urstromquelle I_0, die Zuleitung zum parallel liegenden Innenwiderstand R_i und die Zuleitung zum angeschlossenen Zweipol (s. Abb. 2.40 und Abb. 2.42).

2.11.1. Die Kirchhoffschen Regeln

Im stationären Strömungsfeld gelten die beiden Differentialgleichungen

(2.14) $\operatorname{div}\mathbf{S} = 0$ und (1.39) $\operatorname{rot}\mathbf{E} = 0$

(s. Abschnitt 2.1.1), die bei Integration auf die beiden Kirchhoffschen Regeln führen. Diese gelten auf Grund der Allgemeingültigkeit ihrer Ableitung auch in nichtlinearen Netzen, doch soll im folgenden ihre Anwendung auf lineare Netzwerke beschränkt bleiben.

2.11.1.1. Die erste Kirchhoffsche Regel: Die Knotenregel

Wendet man auf die Beziehung

(2.14) $\operatorname{div}\mathbf{S} = 0$

den Gaußschen Satz an, so folgt bekanntlich

(2.15) $$\int_V \operatorname{div}\mathbf{S}\cdot dV = \oint_A \mathbf{S}\cdot d\mathbf{A} = 0 \; .$$

Der Hüllenfluß der elektrischen Stromdichte, d.i. die Gesamtstromstärke, die durch die geschlossene Hüllfläche eines Gebietes insgesamt austritt, ist null. Es muß ja bei einer stationären Strömung in jedem Augenblick einem beliebigen Volumen gleich viel Ladung zugeführt werden, wie abfließt. Wendet man dieses Ergebnis auf die, einen Knotenpunkt einhüllende Fläche an (Abb. 2.43), so erhält man

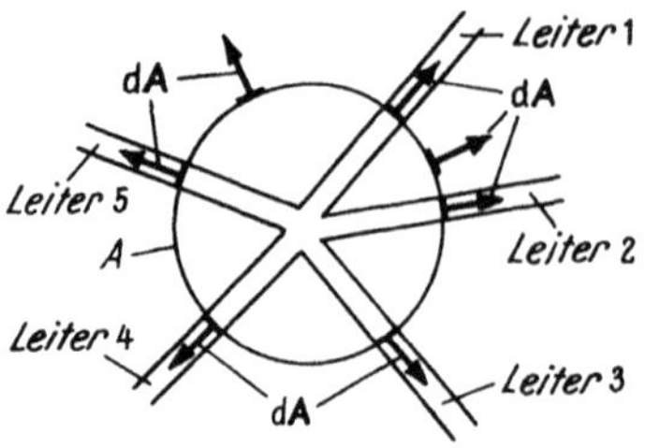

Abb. 2.43

$$\oint_A \mathbf{S}\cdot d\mathbf{A} = \int_{A_1} \mathbf{S}\cdot d\mathbf{A} + \int_{A_2} \mathbf{S}\cdot d\mathbf{A} + \ldots + \int_{A_n} \mathbf{S}\cdot d\mathbf{A} = 0 \ . \tag{2.177}$$

Die Richtungen der Flächenelemente in den einzelnen Teilintegralen, die nur über die Leiterquerschnitte A_k erstreckt werden müssen, da ja nur im Leiter $\mathbf{S} \neq 0$ ist (im Isolator gilt $\mathbf{S} = 0$), sind zunächst vom Knoten weggerichtet, da die Flächenelemente bei einem Hüllenintegral übereinkunftsgemäß nach außen orientiert sind. Das heißt aber, daß zunächst die Bezugsrichtungen für die Ströme vom Knoten wegorientiert sind, also vom Knoten abfließende Ströme positiv gezählt werden:

$$\int_{A_k} \mathbf{S}\cdot d\mathbf{A} = I_{k,\mathrm{ab}} \ . \tag{2.178}$$

Man erhält somit aus Gl. 2.177

$$\sum_k I_{k,\mathrm{ab}} = 0 \ . \tag{2.179}$$

Die Summe aller Ströme eines Knotens ist null, wenn alle Ströme vom Knoten weg positiv gezählt werden. Natürlich gilt auch

$$-\oint_A \mathbf{S}\cdot d\mathbf{A} = \oint_A \mathbf{S}(-d\mathbf{A}) = 0 \ , \tag{2.180}$$

oder

$$\sum_k I_{k,\mathrm{zu}} = 0 \ . \tag{2.181}$$

Wenn man also die Bezugsrichtungen für alle Ströme umkehrt, so daß jetzt alle Ströme dem Knoten zufließend positiv gezählt werden, ist die Summe aller Ströme ebenfalls wieder null.

Schließlich kann man wegen

$$I_{k,\mathrm{zu}} = -I_{k,\mathrm{ab}} \tag{2.182}$$

auch

$$\sum_k I_{k,\mathrm{zu}} = \sum_l I_{l,\mathrm{ab}} \tag{2.183}$$

schreiben, d.h. die Summe aller zum Knoten fließend positiv gezählten Ströme muß gleich der Summe aller vom Knoten abfließend positiv gezählten Ströme sein. Alle drei Beziehungen, Gl. 2.179, Gl. 2.181 und Gl. 2.183, sagen an sich dasselbe aus, es sind drei Varianten der ersten Kirchhoffschen Regel, die auch „Knotenregel" genannt wird. Abb. 2.44 bringt Beispiele für die Anwendung der drei Varianten der Knotenregel.

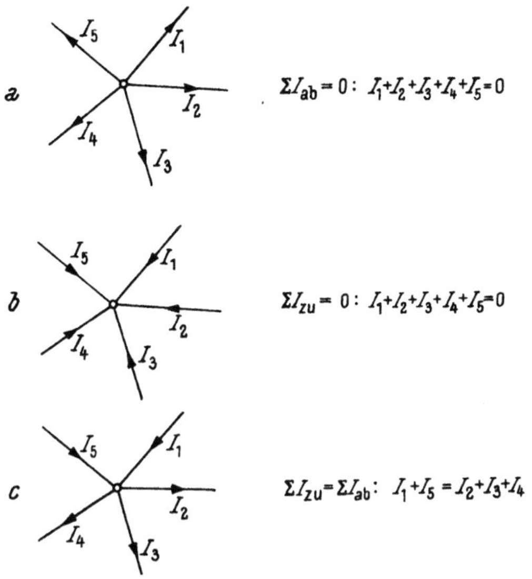

Abb. 2.44

Schließt man bei der Integration

$$(2.177) \qquad \oint_A \mathbf{S}\cdot d\mathbf{A} = 0$$

mehrere Knoten durch eine Hüllfläche A ein, so erkennt man, daß die Knotenregel auch hinsichtlich des gesamten, eingehüllten Gebietes Anwendung finden kann, es gilt für den in Abb. 2.45 dargestellten Fall

$$\sum_k I_{k,\mathrm{zu}} = I_2 + I_4 = \sum_l I_{l,\mathrm{ab}} = I_5 + I_8 \; . \qquad (2.184)$$

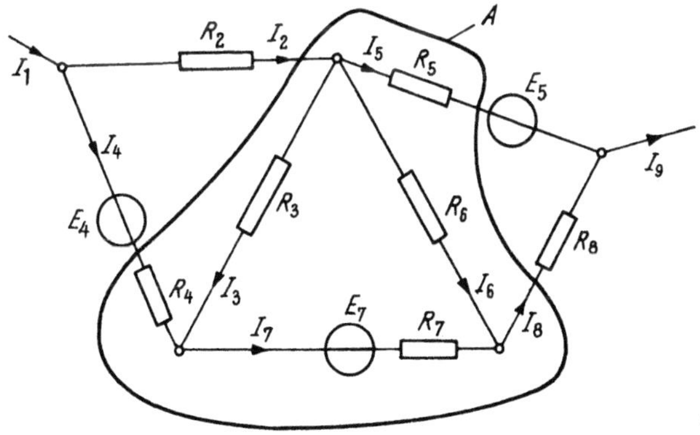

Abb. 2.45

2.11.1.2. Die zweite Kirchhoffsche Regel: Die Maschenregel

Wendet man auf die Beziehung

(1.39) $\mathrm{rot}\,\mathbf{E} = 0$

den Stokesschen Integralsatz an,

$$\int_A \mathrm{rot}\,\mathbf{E}\cdot d\mathbf{A} = \oint_s \mathbf{E}\cdot d\mathbf{s} = 0\,, \tag{2.185}$$

und bildet man dieses Integral in einem Netzwerk entlang eines geschlossenen Leiterzuges (einer „Masche"), so erhält man

$$\oint_s \mathbf{E}\cdot d\mathbf{s} = \int_A^B \mathbf{E}\cdot d\mathbf{s} + \int_B^C \mathbf{E}\cdot d\mathbf{s} + \ldots + \int_X^A \mathbf{E}\cdot d\mathbf{s} =$$

$$= U_{AB} + U_{BC} + \ldots + U_{XA} = 0\;. \tag{2.186}$$

Es ist also die Summe der in einer Masche in einem beliebigen Umlaufsinn positiv gezählten Spannungen null:

$$\sum_k U_k = 0\;. \tag{2.187}$$

Gleichung 2.187 stellt eine Variante der zweiten Kirchhoffschen Regel, der sogenannten „Maschenregel", dar.

Für die in Abb. 2.46 dargestellte Schaltung, bei der die Energiequellen als Ersatzspannungsquellen dargestellt sind und ihre Innenwiderstände gleich mit den jeweiligen Zweigwiderständen zusammengezogen wurden (s. Abschn. 2.11), gilt nach Gl. 2.187 beim Aufsummieren im gewählten Umlaufsinn A–B–C–A zunächst

$$U_{0,1,AB} + U_{R_1,AB} + U_{0,2,BC} + U_{R_2,BC} + U_{0,3,CA} + U_{R_3,CA} = 0\,, \tag{2.188}$$

woraus sich bei Benützung der in der Schaltskizze eingezeichneten Bezugspfeile wegen $U_{0,2,CB} = -\,U_{0,2,BC}$ usw.

$$U_{0,1} + U_{R_1} - U_{0,2} + U_{R_2} - U_{0,3} - U_{R_3} = 0 \tag{2.188a}$$

ergibt.

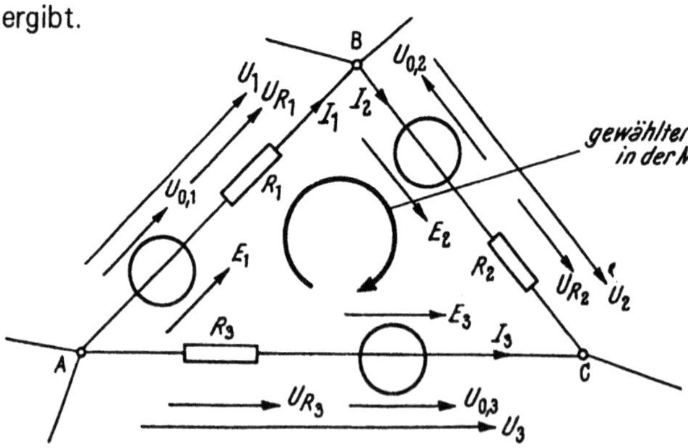

Abb. 2.46

Trennt man in Gl. 2.187 in die Summe aller Urspannungen $U_{0,k}$ und in die Summe aller Ohmschen Spannungsabfälle U_{R_k}, und führt man dann an Stelle der Urspannungen $U_{0,k}$ die in gleicher Richtung positiv gezählten elektromotorischen Kräfte E_k nach Gl. 2.154 und an Stelle der Spannungen U_{R_k} nach Gl. 2.49 die Produkte $I_k R_k$ ein,

$$\sum_k U_k = \sum_k U_{0,k} + \sum_k U_{R_k} = -\sum_k E_k + \sum_k I_k R_k = 0 \ , \qquad (2.189)$$

so folgt also als eine zweite Variante der Kirchhoffschen Maschenregel

$$\sum_k E_k = \sum_k I_k R_k \ . \qquad (2.190)$$

Für Gl. 2.190 ist, in gleicher Weise wie für Gl. 2.187, vorausgesetzt, daß alle richtungsabhängigen Größen (E_k, I_k) im gewählten Umlaufsinn der Masche positiv gezählt werden.

Die Maschenregel in der Form Gl. 2.190, auf die Schaltung Abb. 2.46 angewendet, liefert mit Indexschreibweise beim Summieren in dem im Ersatzschaltbild eingetragenen Umlaufsinn

$$\sum_k E_k = E_{1,\mathrm{AB}} + E_{2,\mathrm{BC}} + E_{3,\mathrm{CA}} = \sum_k I_k R_k =$$

$$= I_{1,\mathrm{AB}} \cdot R_1 + I_{2,\mathrm{BC}} \cdot R_2 + I_{3,\mathrm{CA}} \cdot R_3 \ . \qquad (2.191)$$

Sind für die einzelnen Größen bereits Bezugsrichtungen, etwa Bezugspfeile in einer Ersatzschaltung, gewählt worden, so gilt wieder die Regel, daß beim Summieren Größen, deren Bezugspfeile mit der gewählten Umlaufrichtung übereinstimmen, mit positiven Vorzeichen und Größen, deren Bezugspfeile dem gewählten Umlaufsinn entgegengesetzt orientiert sind, mit negativen Vorzeichen in die Rechnung einzuführen sind.

Unter Benützung der in Abb. 2.46 eingetragenen Bezugspfeile ist dann für diese Schaltung die Maschenregel Gl. 2.190 wie folgt anzuwenden:

$$\sum_k E_k = E_1 + E_2 - E_3 = \sum_k I_k R_k = I_1 R_1 + I_2 R_2 - I_3 R_3 \ . \qquad (2.192)$$

Man erkennt sofort, daß Gl. 2.191 und Gl. 2.192 dasselbe aussagen, es gilt ja $E_{3,\mathrm{CA}} = -E_3$ und $I_{3,\mathrm{CA}} \cdot R_3 = -I_3 R_3$.

Manche Autoren führen auf Grund folgender Überlegung im stromdurchflossenen Ohmwiderstand eine „Gegen-EMK" E_R ein: Die im Ohmwiderstand wirkende, der Stromdichte proportionale Feldstärke

(2.47b) $\mathbf{E} = \varrho \mathbf{S}$

bewirkt das Strömen der Ladungsträger (vgl. Abschnitt 2.1.3), wobei sich im stationären Feld an jeder Stelle (pauschal gesehen) eine Strömung mit zeitlich konstanter (Drift)Geschwindigkeit der Ladungsträger ergibt. Die, die Ladungen auf Grund des elektrischen Feldes antreibenden Kräfte werden (pauschal) durch mechanische Widerstandskräfte aufgebraucht, die, bezogen auf die Ladung, zu einer dem Betrag nach der elektrischen Feldstärke **E** gleich großen (bremsenden) Gegenfeldstärke

$$\mathbf{E}_R = -\mathbf{E} = -\varrho \mathbf{S} \ , \tag{2.193}$$

und somit zu einer „Ohmschen Gegen-EMK"

$$E_{R,\mathrm{AB}} = \int_A^B \mathbf{E}_R \cdot \mathrm{d}\mathbf{s} = -\int_A^B \varrho \mathbf{S} \cdot \mathrm{d}\mathbf{s} = -I_{\mathrm{AB}} R_{\mathrm{AB}} \tag{2.194}$$

führen. Man kann daher einen Ohmschen Spannungsabfall

$$U_{R,\mathrm{AB}} = I_{\mathrm{AB}} R_{\mathrm{AB}} = -E_{R,\mathrm{AB}} \tag{2.195}$$

formal durch eine gleich große Ohmsche Gegen-EMK ersetzen, die das umgekehrte Vorzeichen besitzt, wenn sie in derselben Richtung wie der Ohmsche Spannungsabfall U_R bzw. die Stromstärke I positiv gezählt wird. Führt man in der Maschenregel Gl. 2.190 für jeden der Ohmschen Spannungsabfälle die äquivalente Gegen-EMK ein,

$$\sum_k E_k = \sum_k I_k R_k = -\sum_k E_{R,k} \ , \tag{2.196}$$

und zieht man alle elektromotorischen Kräfte zu einer Summe zusammen, so erhält man eine dritte Variante der Maschenregel,

$$\sum_k E_k = 0 \ , \tag{2.197}$$

wobei in diese Summe jetzt alle elektromotorischen Kräfte einschließlich der gegenelektromotorischen Kräfte der Ohmwiderstände einzusetzen sind. Im weiteren Verlauf soll diese dritte Variante der Maschenregel nicht verwendet werden.

2.11.2. Die Leistungsgrößen und ihre Vorzeichen. Bezugsrichtungssysteme

Im Abschnitt 2.7 wurden bereits Regeln für die Anwendung der Bezugsrichtungen für Strom und Spannung angegeben und im Abschnitt 2.9.2 durch jene für die EMK ergänzt. Richtungsregeln im Hinblick auf die Berechnung elektrischer Netzwerke mit Hilfe der Knoten- und der Maschenregel sind in den Abschnitten 2.11.1.1 und 2.11.1.2 zu finden. Es sollen jetzt noch jene Regeln angegeben werden, die für die Vorzeichen von

Leistungsgrößen gelten. Diese Regeln gehen auf jene für Stromstärke, Spannung und EMK zurück, die besagen, daß die Werte dieser Größen dann mit positivem Vorzeichen in die Rechnung eingehen bzw. aus ihr erhalten werden, wenn ihre physikalischen Richtungen im konkreten Fall mit den gewählten Bezugsrichtungen übereinstimmen, andernfalls besitzen ihre Werte negative Vorzeichen.

Es erhält demnach bei der unbelasteten, linearen Zweipolquelle Abb. 2.47, an deren Klemmen eine (Leerlauf)Spannung vom Betrage 4V gemessen wird, die EMK für die Rechnung ein negatives Vorzeichen; es ist also $E = -4\text{V}$, da bekanntlich die physikalische Richtung der EMK (besser jene der eingeprägten Feldstärke $\mathbf{E_e}$) von der negativen zur positiven Klemme (vom niederen zum höheren Potential) und daher entgegengesetzt zum gewählten Bezugspfeil für E orientiert ist. Die in gleicher Richtung wie die EMK positiv gezählte Klemmenspannung (= Leerlaufspannung) U besitzt hingegen für die Rechnung den Wert +4V, da bekanntlich die Spannung (besser die elektrische Feldstärke $\mathbf{E}$) vom positiven zum negativen Pol (vom höheren zum tieferen Potential) orientiert ist und damit in Übereinstimmung mit dem gewählten Bezugspfeil für U steht. Analoges gilt für die Stromstärke I (s. Abschnitt 2.7).

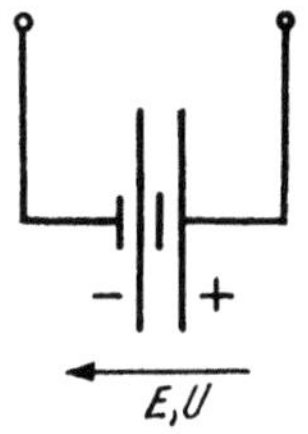

Abb. 2.47

Die Vorzeichen der Leistungsgrößen, die ja Produkte aus einer Spannungsgröße (E oder U) und der Stromstärke I sind, lassen sich aus den Vorzeichenregeln dieser Größen ableiten.

Zählt man Stromstärke und Spannung in gleicher Richtung positiv, was den konkreten physikalischen Richtungen in einem elektrischen Verbraucher (in erster Linie also in einem Ohmwiderstand) entspricht (Verbraucher-Bezugsrichtungssystem), so bedeutet die Leistung $P = UI$ eine im Zweipol in nichtelektrische Energie umgesetzte Leistung, da in diesem Fall bei $P = UI > 0$ eben gleiche physikalische Richtungen von Strom und Spannung vorliegen und daher der Strom vom höheren zum tieferen Potential fließt (vgl. Abschnitt 2.9.3). Man spricht von „zugeführter" oder auch im Zweipol „verbrauchter" elektrischer Leistung (P_{zu}). Ist bei diesen Bezugspfeilannahmen bei einem Zweipol $P = UI < 0$, dann fließen die Ladungen vom tieferen zum höheren Potential und es liegt eine negative zugeführte, demnach also in der Tat eine abgegebene elektrische

Leistung vor. Es handelt sich dabei um den Überschuß der von der EMK im Zweipol tatsächlich erzeugten elektrischen Leistung über die im Zweipol selbst verbrauchte Verlustleistung $I^2 R_i$. Zählt man U und I in entgegengesetzten Richtungen positiv, was den konkreten physikalischen Richtungen in einer (elektrische Energie abgebenden) Zweipolquelle (Erzeuger, aktiver Zweipol) entspricht (Erzeuger-Bezugsrichtungssystem), so ist die Leistung $P = UI$ eine vom Zweipol nach außen abgegebene elektrische Leistung (P_{ab}), negative abgegebene Leistung $P = UI < 0$ ist dementsprechend eine dem Zweipol zugeführte elektrische Leistung.

Zählt man EMK und Stromstärke in gleicher Richtung positiv, was wieder den konkreten physikalischen Richtungen in einem Erzeugerzweipol entspricht (Erzeuger-Bezugsrichtungssystem), so ist $P = EI$ eine von den eingeprägten Kräften bewirkte, also eine „erzeugte" elektrische Leistung (P_e), da bei $P = EI > 0$ der Strom in Richtung der EMK fließt. Ist $P = EI < 0$, so ist diese negative erzeugte Leistung eine an den eingeprägten Kräften des Zweipols verbrauchte elektrische und in andere Energieform umgesetzte Leistung.

Zählt man EMK und Stromstärke in umgekehrten Richtungen positiv, was den konkreten physikalischen Richtungen von Strom und Gegen-EMK eines Verbrauchers (hier eines Ohmwiderstandes) entspricht (Verbraucher-Bezugsrichtungssystem), so bedeutet EI eine an den eingeprägten Kräften verbrauchte elektrische Leistung (P_v); $P = EI < 0$ ist dann eine negative verbrauchte, also von den eingeprägten Kräften erzeugte elektrische Leistung.

Drückt man die in einem Ohmwiderstand in Joulesche Wärme umgesetzte Leistung durch $I^2 R$ aus, so hat diese Größe wegen $I^2 > 0$ und $R > 0$ stets einen positiven Wert.

In der Abb. 2.48 sind die Bezugsrichtungsannahmen an einem aktiven Zweipol (einer Zweipolquelle) im Erzeuger-Bezugsrichtungssystem und an einem angeschlossenen Verbraucher (Ohmwiderstand) im Verbraucher-Bezugsrichtungssystem angegeben, was i.a. die zweckmäßigste Form der Bezugsrichtungswahl darstellt; in Abb. 2.49 sind die Vorzeichenregeln für die Leistungsgrößen tabellarisch zusammengestellt.

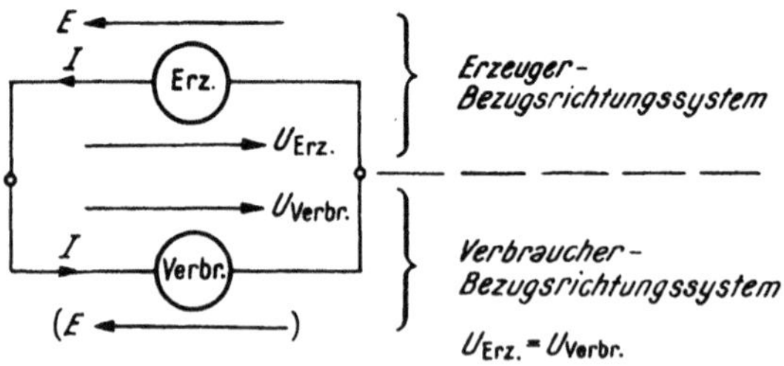

Abb. 2.48

	Erzeuger-Bezugsrichtungssystem	Verbraucher-Bezugsrichtungssystem
Bezugsrichtungsannahmen	$\uparrow I$ $\uparrow E$ $\downarrow U$	$\uparrow I$ $\uparrow U$ $\downarrow E$
Vorzeichen der Spannungsgrößen bei Strom in Bezugsrichtung ($I > 0$)	$E > 0, U > 0$ Zweipol ist Erzeuger	Verbraucher
	$E < 0, U < 0$ Zweipol ist Verbraucher	Erzeuger
Leistung	$EI > 0, UI > 0$ Zweipol ist Erzeuger	Verbraucher
	$EI < 0, UI < 0$ Zweipol ist Verbraucher	Erzeuger

Abb. 2.49

2.11.3. Anwendungsbeispiel

Zwei Akkumulatoren in Gegenschaltung arbeiten auf einen Ohmwiderstand R_a. Die Energiequellen werden bei einer derartigen Serienschaltung zweckmäßigerweise durch Ersatzspannungsquellen dargestellt, so daß man für die Anordnung nach Abb. 2.50 das in Abb. 2.51 wiedergegebene Ersatzschaltbild erhält.

Zur Berechnung der Schaltung wird man zunächst eine Bezugsrichtung für die Stromstärke I wählen, u.zw. tunlichst so, daß sie der voraussichtlichen physikalischen Richtung entspricht, damit die Stromstärke einen positiven Zahlenwert erhält. (Bei der Gegenschaltung zweier Energiequellen wird der Strom bei der positiven Klemme der Quelle mit der höheren EMK (bzw. Urspannung), also der Quelle 1, austreten. Wählt man bei den Energiequellen die Bezugsrichtungen der elektromotorischen Kräfte im gleichen Sinn wie die festgelegte Bezugsrichtung des Stromes und die Bezugsrichtungen für ihre Klemmenspannungen im umgekehrten Sinn,

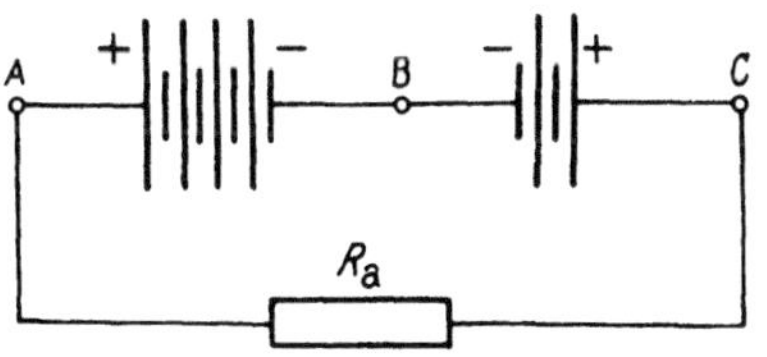

Abb. 2.50

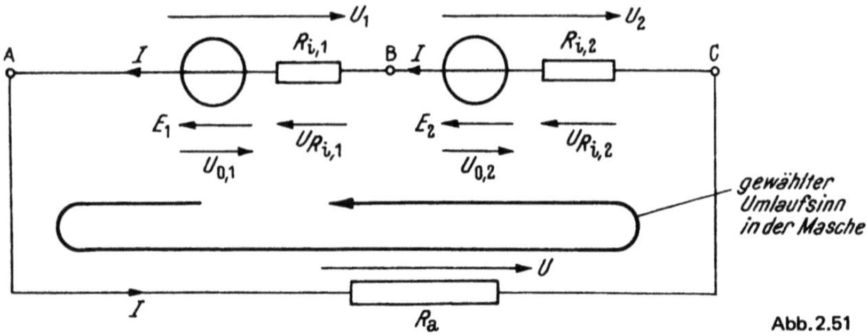

Abb. 2.51

so sind alle Größen positiv, wenn die Energiequellen bei einem positiven Stromwert Leistung abgeben (Erzeuger-Bezugsrichtungssystem, s. Abschnitt 2.11.2). An den Widerständen (auch den Innenwiderständen der Quellen) wird man die Spannungen im gleichen Sinn wie die Stromstärke I (und eine allenfalls verwendete Ohmsche Gegen-EMK E_R im umgekehrten Sinn) positiv zählen. Es sind dann wieder alle Größen an den Verbrauchern bei Strom in der Bezugsrichtung von I positiv (Verbraucher-Bezugsrichtungssystem, s. Abschnitt 2.11.2).

Bei der Rechnung sind zwei Abschnitte zu unterscheiden: Zuerst erfolgt eine allgemeine Behandlung ohne Benützung konkreter Werte für die einzelnen Größen, also unter Verwendung der allgemeinen Größensymbole, und anschließend werden die gegebenen Werte als Produkte Zahlenwert x Einheit in die Rechnung eingeführt.

Da im vorliegenden Fall nur eine einzige Masche vorliegt, ist lediglich die zugehörige Maschengleichung auszuwerten. Man wählt mit Vorteil einen Umlaufsinn in der Masche, der mit dem gewählten Bezugssinn der Stromstärke I übereinstimmt (Abb. 2.51) und erhält aus der Maschenregel Gl. 2.190

$$\sum_k E_k = E_1 + E_2 = \sum_k I_k R_k = IR_{i1} + IR_{i2} + IR_a =$$

$$= I(R_{i1} + R_{i2} + R_a) \quad . \tag{2.198}$$

Hieraus folgt für die Stromstärke

$$I = \frac{E_1 + E_2}{R_{i1} + R_{i2} + R_a} \quad . \tag{2.199}$$

Die Klemmenspannungen an den beiden Akkumulatoren sind unter Berücksichtigung der gewählten Bezugsrichtungen (s. Gl. 2.155)

$$U_1 = E_1 - U_{R_{i1}} = E_1 - IR_{i1} \tag{2.200}$$

und $$U_2 = E_2 - U_{R_{i2}} = E_2 - IR_{i2} \quad , \tag{2.201}$$

die Spannung am Außenwiderstand R_a ist

$$U = IR_a \quad . \tag{2.202}$$

Mit der Berechnung der Stromstärke und der einzelnen Spannungen (Gl.2.199 bis Gl.2.201) ist das Problem allgemein gelöst und es sind nun im zweiten Rechenabschnitt die gegebenen konkreten Werte der Größen einzusetzen; z.B. seien die Widerstände: $R_{i1} = 0{,}4\,\Omega$, $R_{i2} = 0{,}2\,\Omega$, $R_a = 3{,}4\,\Omega$. Bei den elektromotorischen Kräften ist außer dem Betrag auch das der gewählten Bezugsrichtung entsprechende Vorzeichen festzulegen: Wie aus Abb.2.50 hervorgeht, sind die Akkumulatoren so in den Kreis geschaltet, daß die physikalische Richtung der EMK (das ist die Richtung der eingeprägten Feldstärke $\mathbf{E}_e$, die von der im Leerlauf des Akkumulators negativen zu der im Leerlauf positiven Klemme weist) bei Quelle 1 mit dem gewählten Bezugssinn übereinstimmt, bei Quelle 2 hingegen dem Bezugssinn entgegengesetzt orientiert ist. Es besitzt also für die Rechnung E_1 einen positiven Wert, E_2 ist negativ. Wenn z.B. die Werte $E_1 = 16\mathrm{V}$ und $E_2 = -8\mathrm{V}$ angenommen werden, dann folgt aus Gl.2.199 für die Stromstärke

$$I = \frac{16\mathrm{V} - 8\mathrm{V}}{0{,}4\Omega + 0{,}2\Omega + 3{,}4\Omega} = \frac{8\,\mathrm{V}}{4\Omega} = 2\,\mathrm{A} \quad . \tag{2.203}$$

Die Klemmenspannungen der Zweipolquellen und am Außenwiderstand R_a sind dann:

(2.200) $\quad U_1 = 16\mathrm{V} - 2\mathrm{A} \cdot 0{,}4\Omega = 15{,}2\mathrm{V}$, (2.204)

(2.201) $\quad U_2 = -8\mathrm{V} - 2\mathrm{A} \cdot 0{,}2\Omega = -8{,}4\mathrm{V}$, (2.205)

(2.202) $\quad U = 2\mathrm{A} \cdot 3{,}4\Omega = 6{,}8\mathrm{V}$. (2.206)

Zur Rechenkontrolle kann man z.B. Gl.2.187 ausnützen:

$$\sum_k U_k = 0 = U - U_1 - U_2 = 6{,}8\mathrm{V} - 15{,}2\mathrm{V} + 8{,}4\mathrm{V} = 0 \quad . \tag{2.207}$$

Nach Gl.2.205 ist die Klemmenspannung U_2 negativ, sie ist also physikalisch dem angenommenen Bezugssinn entgegengesetzt orientiert und hat die gleiche physikalische Richtung wie der Strom, d.h. der Strom fließt vom höheren zum tieferen Potential. Es wird der Energiequelle 2 Energie zugeführt und zwar solche, die von der Energiequelle 1 abgegeben wird. Der zweite Akkumulator wird also aufgeladen, die ihm zugeführte elektrische Energie wird zum größten Teil in chemische Energie umgewandelt und gespeichert. Ein kleiner Teil wird im Innenwiderstand R_{i2} in Joulesche Wärme umgesetzt.

Benützt man bei der Rechnung die Maschengleichung der Form

$$\sum_k U_k = 0 \ , \tag{2.187}$$

so ergibt sich unter Berücksichtigung der in Abb. 2.51 angenommenen Bezugsrichtungen

$$U + U_{R_{i2}} - U_{02} + U_{R_{i1}} - U_{01} = I(R_a + R_{i2} + R_{i1}) - (U_{02} + U_{01}) = 0 \ , \tag{2.208}$$

und somit für die Stromstärke

$$I = \frac{U_{01} + U_{02}}{R_{i1} + R_{i2} + R_a} \ , \tag{2.209}$$

was mit Gl. 2.199 übereinstimmt, da wegen der entgegengesetzten Bezugsrichtungen von E und U_0 die Beziehung $E = U_0$ gilt. Beim Einsetzen der Werte für die Urspannungen ist zu berücksichtigen, daß eine Urspannung (wie jede Spannung) physikalisch von der positiven zur negativen Klemme der Quelle orientiert ist. Also erhält der Wert U_{01} ein positives und U_{02} ein negatives Vorzeichen; das sind natürlich die gleichen Vorzeichen wie jene der zugehörigen elektromotorischen Kräfte, da ja, wie schon erwähnt, $U_0 = E$ gilt, so daß sich der weitere Rechengang von Gl. 2.209 an nach dem Einsetzen der Werte für die Urspannungen und die Widerstände mit jenem Gl. 2.199 bis Gl. 2.206 deckt.

Für die in den einzelnen Schaltelementen umgesetzten Leistungen ergibt sich: Der erste Akkumulator liefert elektrische Leistung an den Stromkreis, u. zw. erzeugt die EMK E_1 (E_1 und I wurden in gleicher Richtung positiv gezählt, Erzeuger-Bezugsrichtungssystem) eine Leistung

$$P_{e1} = E_1 I = 16\,\text{V} \cdot 2\,\text{A} = 32\,\text{W} \ . \tag{2.210}$$

Im Akkumulator wird aber bereits eine innere Verlustleistung

$$P_{i1} = I^2 R_{i1} = 4\,\text{A}^2 \cdot 0{,}4\,\Omega = 1{,}6\,\text{W} \tag{2.211}$$

in Wärme umgesetzt. Es gibt daher der Akkumulator 1 insgesamt nach außen nur die Leistung

$$P_{ab1} = (32 - 1{,}6)\,\text{W} = 30{,}4\,\text{W} \tag{2.212}$$

ab. Die abgegebene Leistung muß aber auch gleich dem Produkt aus der Stromstärke I und der nach Abb. 2.51 im umgekehrten Sinne zum Bezugssinn des Stromes positiv gezählten Spannung U_1 sein (Erzeuger-Bezugsrichtungssystem):

$$P_{ab1} = U_1 I = 15{,}2\,\text{V} \cdot 2\,\text{A} = 30{,}4\,\text{W} \ . \tag{2.213}$$

Das Resultat ist also in Übereinstimmung mit jenem von Gl.2.212. Beim zweiten Akkumulator ergeben sich folgende Verhältnisse: Die von der EMK erzeugte Leistung ist

$$P_{e2} = E_2 I = -8\,\mathrm{V} \cdot 2\,\mathrm{A} = -16\,\mathrm{W} \quad . \tag{2.214}$$

Die erzeugte Leistung ist negativ, es wird also von den eingeprägten Kräften elektrische Energie verbraucht und in chemische Energie umgesetzt. Die in Joulesche Wärme umgewandelte innere Verlustleistung

$$P_{i2} = I^2 R_{i2} = 4\,\mathrm{A}^2 \cdot 0{,}2\,\Omega = 0{,}8\,\mathrm{W} \tag{2.215}$$

ist jedenfalls verbrauchte Leistung, dem Akkumulator 2 wird also insgesamt die Leistung

$$P_{zu2} = -P_{e2} + P_{i2} = (16 + 0{,}8)\,\mathrm{W} = 16{,}8\,\mathrm{W} \tag{2.216}$$

zugeführt. Wegen der entgegengesetzten Bezugsrichtungen von I und U_2 (Erzeuger-Bezugsrichtungssystem) ist $U_2 I$ eine vom Zweipol abgegebene Leistung und zwar erhält man hiefür

$$P_{ab2} = U_2 I = -8{,}4\,\mathrm{V} \cdot 2\,\mathrm{A} = -16{,}8\,\mathrm{W} \quad . \tag{2.217}$$

Die abgegebene Leistung ist negativ, es handelt sich also in der Tat um eine aufgenommene Leistung, die natürlich mit dem in Gl.2.216 berechneten Wert P_{zu2} übereinstimmt.

Erwähnenswert ist noch, daß der Betrag der Klemmenspannung U einer Energie abgebenden Zweipolquelle (die nicht über den Kurzschlußstrom hinaus betrieben wird) stets kleiner ist als der Betrag ihrer EMK (oder Urspannung), da ja (im Erzeuger-Bezugsrichtungssystem bei durchwegs positiven Größen) $U = E - IR_i$ gilt. Tatsächlich ist

$$|U_1| = 15{,}2\,\mathrm{V} < |E_1| = |U_{01}| = 16\,\mathrm{V} \quad . \tag{2.218}$$

Hingegen muß der Betrag der Klemmenspannung einer Energie aufnehmenden Zweipolquelle, also des Akkumulators 2, der sich im Ladezustand befindet, größer sein als jener der EMK (Urspannung). Er ist um den Betrag des am Innerwiderstand R_i auftretenden „inneren Spannungsabfalles" $U_i = IR_i$ größer. Beim Akkumulator 2 ist auch

$$|U_2| = 8{,}4\,\mathrm{V} > |E_2| = |U_{02}| = 8\,\mathrm{V} \tag{2.219}$$

und

$$|U_2| - |E_2| = |U_2| - |U_{02}| = 0{,}4\,\mathrm{V} = IR_{i2} \quad . \tag{2.220}$$

2.11.4. Vermaschte Netzwerke

2.11.4.1. Die Berechnung mit Hilfe der Knoten- und der Maschenregel

Die beiden Kirchhoffschen Regeln liefern die nötige Zahl voneinander unabhängiger Gleichungen, damit z.B. bei gegebenen elektromotorischen Kräften und Ohmschen Widerständen die unbekannten Zweigströme und die unbekannten Spannungen zwischen den Knoten (bzw. die Knotenpotentiale, bezogen auf einen beliebig wählbaren Potentialnullpunkt) und damit auch alle Spannungen an den Zweipolen des Netzwerkes berechnet werden können.

Zu der Zahl der selbständigen Knoten- und Maschengleichungen ist zu bemerken: Es läßt sich leicht zeigen, daß n Knoten nur $n-1$ voneinander unabhängige Knotengleichungen liefern. Da bei m Zweigen, die zwischen den Knoten liegen, m unbekannte Ströme zu berechnen sind, müssen also insgesamt m voneinander unabhängige Gleichungen existieren. Demnach muß es außer den $n-1$ voneinander unabhängigen Knotengleichungen noch $m-(n-1)$ voneinander unabhängige Maschengleichungen geben. Zur Feststellung, ob eine neue, in Betracht gezogene Knoten- oder Maschengleichung von den bisher aufgestellten Gleichungen unabhängig ist, benützt man die Regel, daß eine Gleichung, in der eine neue, in den bisher benützten Gleichungen nicht vorkommende Größe auftritt, jedenfalls von diesen Gleichungen unabhängig ist.

Es soll nun die Behandlung eines elektrischen Netzwerkes an Hand der Schaltung einer Wheatstonebrücke (Abb. 2.52) erläutert werden. Diese Brücke wird zur Messung von Widerständen verwendet. Es sind 4 Widerstande (3 einstellbare bekannte Widerstände und der zu messende unbe-

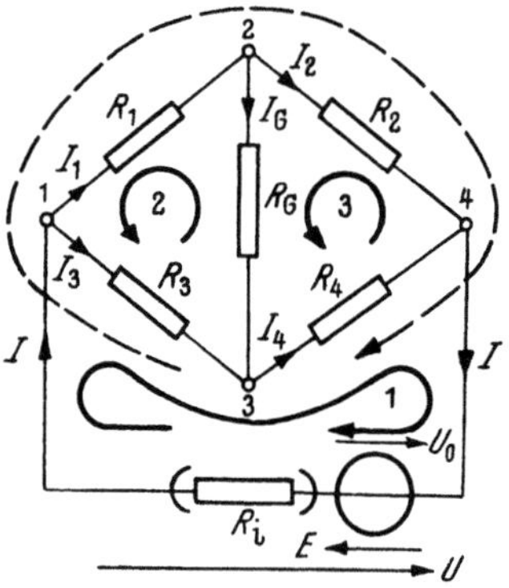

$E = U_0$ ($= U$ bei $R_i = 0$)

U... Klemmenspannung der Zweipolquelle bzw. an der Wheatstone-Brücke

Abb. 2.52

kannte Widerstand) in Ring geschaltet, je zwei gegenüberliegende Klemmen werden miteinander verbunden. Die eine Verbindung erfolgt über ein Galvanometer (d.i. ein hochempfindlicher Strommesser) mit dem Innenwiderstand R_G, die andere über eine Spannungsquelle (EMK E und Innenwiderstand R_i).

Nach Wahl von Bezugsrichtungen für die Stromstärken sowie für die EMK der Energiequelle wird zunächst die Knotenregel angewendet, u.zw. ist hier, da zu- und abfließend positiv gezählte Ströme bei den Knoten vorkommen, die Form

$$(2.183) \quad \sum_k I_{k,\mathrm{zu}} = \sum_l I_{l,\mathrm{ab}}$$

zu benützen. Sie liefert

für Knoten 1: $I = I_1 + I_3$ (2.221), für Knoten 2: $I_1 = I_G + I_2$, (2.222)

für Knoten 3: $I_G + I_3 = I_4$ (2.223), für Knoten 4: $I_4 + I_2 = I$. (2.224)

Von den vier Knotengleichungen ist eine beliebige wegzulassen, da nur drei Gleichungen voneinander unabhängig sind. Daß z.B. die letzte Gleichung aus den ersten drei abzuleiten ist, läßt sich leicht nachweisen; sie enthält im übrigen nur mehr Ströme, die bereits in den drei ersten Gleichungen enthalten sind. Das gleiche gilt aber auch für jede andere der Knotengleichungen.

Ähnlich ist es mit der Maschenregel: Man kann nur eine begrenzte Zahl von Maschengleichungen aufstellen, die voneinander unabhängig sind. Jede Maschengleichung, die wenigstens einen Zweigstrom enthält, der in den anderen, bisher angesetzten Maschengleichungen nicht aufscheint, ist von diesen anderen Gleichungen unabhängig, sie enthält ja eine neue Aussage. Die in der Schaltskizze Abb. 2.52 mit vollen Linien eingetragenen Umläufe kennzeichnen drei voneinander unabhängige Maschen. Der vierte, strichliert eingetragene Umlauf bezeichnet eine Masche, die von den anderen abhängig ist, da sie nur bereits in die Rechnung eingegangene Zweige enthält. Das gleiche gilt für jede andere noch mögliche Masche.

Man erhält also hier noch drei weitere Gleichungen aus der Maschenregel

$$(2.190) \quad \sum_k E_k = \sum_k I_k R_k \ ,$$

wobei man wieder beim Durchlaufen der Maschen in dem willkürlich gewählten Sinn Größen, deren Bezugsrichtung mit dem Umlaufsinn zusammenfällt, positiv und solche, deren Bezugssinn dem Umlaufsinn entgegengesetzt orientiert ist, negativ in die Maschenregel einsetzen muß. Es ergibt sich, wenn man den Innenwiderstand R_i der Spannungsquelle vernachlässigt, was bei einer Wheatstonebrücke praktisch immer erlaubt ist ($R_i \ll R_1, R_2, R_3, R_4$), für Masche 1: $I_3 R_3 + I_4 R_4 = E = U$, (2.225)

für Masche 2: $I_3 R_3 - I_G R_G - I_1 R_1 = 0$, (2.226)

für Masche 3: $I_4 R_4 - I_2 R_2 + I_G R_G = 0$. (2.227)

Aus den 6 Gleichungen, nämlich drei voneinander unabhängigen Knotengleichungen, z.B. Gl. 2.222 bis 2.224, und den drei Maschengleichungen Gl. 2.225 bis Gl. 2.227, lassen sich die 6 unbekannten Stromstärken I, I_1 bis I_4 und I_G berechnen.

Für den Galvanometerstrom ergibt die Rechnung

$$I_G = U \frac{R_2 R_3 - R_1 R_4}{R_1 R_2 R_3 + R_1 R_2 R_4 + R_1 R_3 R_4 + R_2 R_3 R_4 + R_1 R_3 R_G + R_1 R_4 R_G + R_2 R_3 R_G + R_2 R_4 R_G} \quad (2.228)$$

Die Meßmethode mit Hilfe der Wheatstonebrücke besteht darin, daß man 3 Brückenwiderstände veränderlich baut, wobei die eingestellten Widerstandswerte abgelesen werden können. Man verstellt nun diese 3 Widerstände so lange, bis das Galvanometer stromlos ist. Man nennt dies den Zustand der „abgeglichenen Brücke". In diesem Fall gilt wegen $I_G = 0$ gemäß Gl. 2.228

$$R_2 R_3 - R_1 R_4 = 0 \quad (2.229) \quad \text{bzw.} \quad R_2 R_3 = R_1 R_4 \; . \quad (2.230)$$

Das Produkt gegenüberliegender Widerstände ist bei abgeglichener Brücke gleich. Für den unbekannten, etwa im Zweig 4 der Brücke eingeschalteten Widerstand erhält man somit

$$R_4 = \frac{R_2 R_3}{R_1} \; . \quad (2.231)$$

Da hier bei dieser noch sehr einfachen Schaltung 6 Zweige vorliegen, ist ein Gleichungssystem von 6 Gleichungen mit 6 Unbekannten aufzulösen, was eine bereits sehr umfangreiche Arbeit darstellt. Man wird also bemüht sein, durch eine geeignete Vorgangsweise den Rechengang zu vereinfachen.

2.11.4.2. Das Rechnen mit der Maschenregel

Eine wesentliche Arbeitsersparnis erreicht man, wenn man bei der Festlegung der Strom-Bezugsrichtungen gleich die Knotenregel mit einbaut. Dabei wird man so vorgehen, daß sich der zu berechnende Zweigstrom nicht aus mehreren Strömen zusammensetzt, so daß man eben nur eine Unbekannte zu berechnen hat. Der Rechengang verläuft dann bei dem schon im Abschnitt 2.11.4.1 behandelten Beispiel, der Wheatstonebrücke, wie folgt, wobei nur mehr mit der Maschenregel zu rechnen ist (Abb. 2.53): Man setzt zunächst den Bezugspfeil des zu berechnenden Stromes, z.B. des Galvanometerstromes I_G, ein. Dann nimmt man an einem Knoten, der mit diesem Strom (hier I_G) belastet ist, soviel weitere Bezugspfeile für Ströme frei an, daß sich der letzte Strom dieses Knotens nach der Knotenregel zwangsläufig ergibt. Z.B. sei am Knoten 2 der Bezugspfeil von I_1 frei angenommen, so daß für den Zweig mit R_2 der Bezugspfeil für $I_1 - I_G$ (oder jener für $I_G - I_1$) zwangsläufig folgt. Man kann auf diese Weise von Knoten zu Knoten fortschreitend die Knotenregel von Anfang an berücksichtigen, so daß entsprechend um die Zahl $n-1$ der voneinander unabhängigen Knotengleichungen weniger Gleichungen, nämlich nur die voneinander unabhängigen $m-(n-1)$ Maschengleichungen, zu behandeln sind. Nimmt man hier etwa bei Knoten 1 noch den Bezugspfeil für den Speisestrom I der Brücke willkürlich an, so ergibt sich im Zweig mit R_3 der Bezugspfeil für $I - I_1$. Die Knotenregel liefert dann bei Knoten 3 zwangsläufig den Bezugspfeil für $I - I_1 + I_G$ und beim letzten Knoten 4 des Netzwerkes muß die Knotenregel mit allen bereits angenommenen Bezugsrichtungen erfüllt sein, ein Umstand, den man gleich zur Rechenkontrolle benützen kann. Es sind jetzt nur noch 3 Maschengleichungen für die drei unbekannten Ströme I, I_1 und I_G aufzustellen und nach I_G aufzulösen, da dies ja der gesuchte Strom sein sollte.

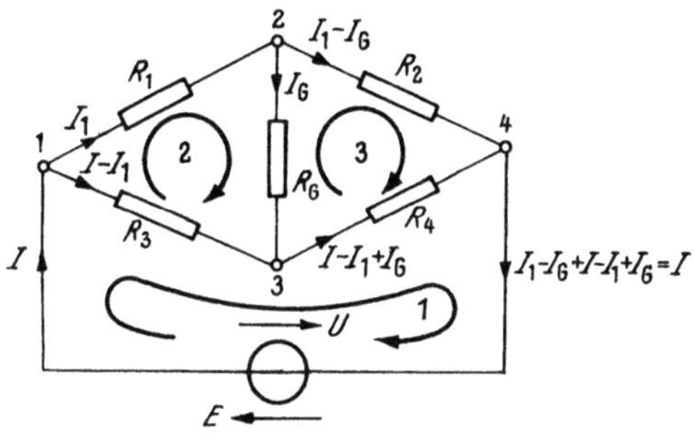

Abb. 2.53

Für die drei beliebig angenommenen und voneinander unabhängigen Maschen 1, 2 und 3 (Abb. 2.53) gilt

$$(I - I_1) R_3 + (I - I_1 + I_G) R_4 = E \; (= U) \quad , \tag{2.232}$$

$$-(I - I_1) R_3 + I_1 R_1 + I_G R_G = 0 \quad , \tag{2.233}$$

$$-I_G R_G + (I_1 - I_G) R_2 - (I - I_1 + I_G) R_4 = 0 \quad . \tag{2.234}$$

Aus diesen drei Maschengleichungen lassen sich die unbekannten Stromstärken I, I_1 und I_G und aus diesen gegebenenfalls die weiteren Zweigströme entsprechend den im Schaltbild eingetragenen, aus der Knotenregel abgeleiteten Beziehungen (z.B. $I_{34} = I - I_1 + I_G$ usw.) berechnen. Für den Galvanometerstrom ergibt sich natürlich wiederum das Resultat Gl. 2.228.

Der Einbau der Knotenregel in das Schaltbild bewirkt also, daß nur mit der Maschenregel gerechnet wird und als Resultate die unbekannten Stromstärken in den Zweigen erhalten werden.

2.11.4.3. Die Methode der Maschenströme (Teilströme)

Unter Maschenströmen (Teilströmen) versteht man fiktive, in den gewählten, voneinander unabhängigen Maschen fließende Ströme, die in jedem Zweig durch Überlagerung den tatsächlichen Zweigstrom liefern.

Im folgenden soll der, der Wheatstone-Brücke zufließende Strom I berechnet werden. Die in Abb. 2.54 eingezeichneten Umläufe deuten sowohl die Maschenströme als auch die, zweckmäßigerweise im gleichen Sinn gewählten Umlaufwege an. In den drei Maschen fließen (unabhängig voneinander) die drei Maschenströme I, I_1 und I_2, so daß sich z.B. der Strom über das Galvanometer in Richtung von Knoten 2 zu Knoten 3 wie folgt aus zwei Teilströmen zusammensetzt:

$$I_G = I_{23} = I_1 - I_2 \quad . \tag{2.235}$$

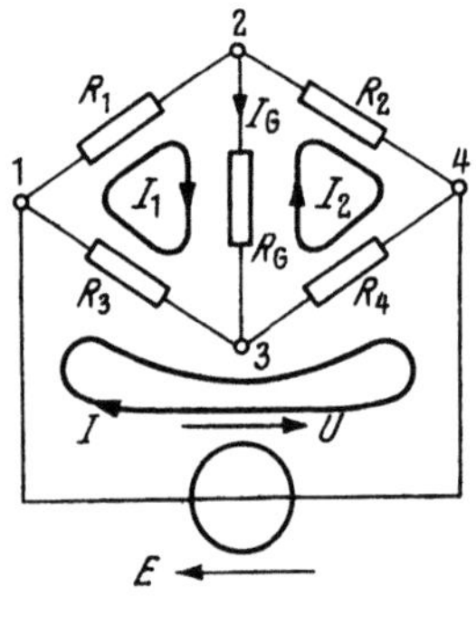

Abb. 2.54

Jeder Maschenstrom bewirkt für sich einen Ohmschen Spannungsabfall, der entsprechend der Maschenregel Gl. 2.190 (oder Gl. 2.187) in Rechnung zu stellen ist. In gleicher Weise wie bei der sehr ähnlichen, im Abschnitt 2.11.4.2 besprochenen Methode wird man natürlich die Maschenströme zweckmäßigerweise so annehmen, daß der gesuchte Strom nur aus einem Maschenstrom besteht, so daß man nur eine Unbekannte berechnen muß.

Für die Masche, die vom Maschenstrom (Speisestrom) I durchflossen ist, ergibt die Maschenregel

$$IR_3 - I_1R_3 + IR_4 - I_2R_4 = E = U \quad , \tag{2.236}$$

für die beiden anderen Maschen gilt in entsprechender Weise

$$I_1R_1 + I_1R_G - I_2R_G + I_1R_3 - IR_3 = 0 \tag{2.237}$$

und

$$I_2R_G - I_1R_G + I_2R_2 + I_2R_4 - IR_4 = 0 \ . \tag{2.238}$$

Für den Speisestrom I der Brücke erhält man aus Gl. 2.236 bis Gl. 2.238 das Resultat

$$I = U\frac{R_1R_2+R_1R_4+R_1R_G+R_2R_3+R_2R_G+R_3R_4+R_3R_G+R_4R_G}{R_1R_2R_3+R_1R_2R_4+R_1R_3R_4+R_2R_3R_4+R_1R_3R_G+R_1R_4R_G+R_2R_3R_G+R_2R_4R_G} \ . \tag{2.239}$$

Die Maschenstrommethode benützt also wiederum nur die Maschenregel.

2.11.4.4. Das Rechnen mit der Knotenregel (Knotenpotentialmethode)

Im Abschnitt 2.9.3 wurde aus der an jeder Stelle im Inneren einer belasteten Energiequelle gültigen Beziehung („erweitertes Ohmsches Gesetz in Differentialform")

(2.151) $\mathbf{E} + \mathbf{E}_e = \varrho \mathbf{S}$

durch Integration von Klemme 2 zu Klemme 1 das „erweiterte Ohmsche Gesetz" für eine stromdurchflossene Energiequelle

(2.152) $U_{21} + E_{21} = I_{21}R_i$

abgeleitet. Befindet sich zwischen den Klemmen 1 und 2 eines Zweiges nicht nur der Innenwiderstand R_i der Quelle sondern insgesamt der Widerstand R, so lautet das „erweiterte Ohmsche Gesetz", bei Integration in Richtung von 1 nach 2,

$$U_{12} + E_{12} = \varphi_1 - \varphi_2 + E_{12} = I_{12}R \ . \tag{2.240}$$

Aus dem erweiterten Ohmschen Gesetz Gl. 2.240 ergibt sich für die Stromstärke in einem Zweig:

$$I_{12} = \frac{U_{12} + E_{12}}{R} = \frac{\varphi_1 - \varphi_2 + E_{12}}{R} \ . \tag{2.241}$$

In gewissen Fällen, vor allem, wenn mehrere parallele Zweige vorliegen, wird es bei der Berechnung eines Netzwerkes vorteilhaft sein, im Gegensatz zum Verfahren nach Abschnitt 2.11.4.2, bei dem nur mit der Maschenregel gerechnet wird, nur mit der Knotenregel zu arbeiten und die Aussagen der Maschenregel mit Hilfe des erweiterten Ohmschen Gesetzes Gl. 2.240 bzw. der daraus gewonnenen Beziehung Gl. 2.241 in die Rechnung einzuführen.

Als Beispiel soll der Parallelbetrieb zweier Energiequellen, die mit einem Widerstandsnetzwerk belastet sind, behandelt werden (Abb. 2.55).

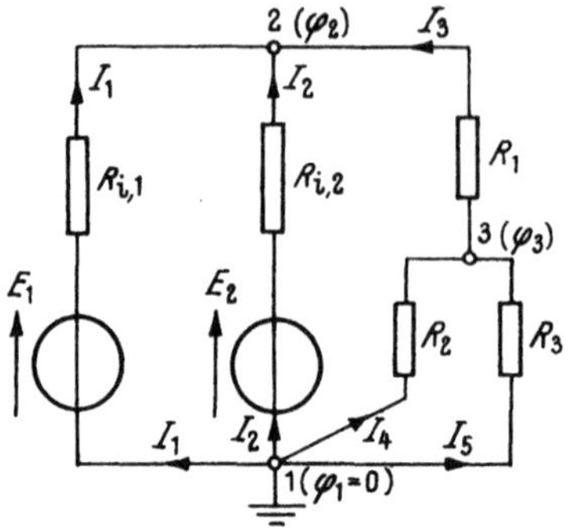

Abb. 2.55

Da drei Knoten vorhanden sind, können zwei voneinander unabhängige Knotengleichungen aufgestellt werden. Es liefert die Knotenregel unter Benützung von Gl. 2.241 für Knoten 2 (die Stromstärken sind hier in Richtung von Knoten 1 zu Knoten 2 positiv gezählt)

$$\sum_k I_{k,\mathrm{zu}} = I_1 + I_2 + I_3 = \frac{\varphi_1 - \varphi_2 + E_1}{R_{i1}} + \frac{\varphi_1 - \varphi_2 + E_2}{R_{i2}} + \frac{\varphi_3 - \varphi_2}{R_1} = 0\,. \quad (2.242)$$

Für Knoten 1 gilt

$$\sum_k I_{k,\mathrm{ab}} = I_1 + I_2 + I_4 + I_5 =$$

$$= \frac{\varphi_1 - \varphi_2 + E_1}{R_{i1}} + \frac{\varphi_1 - \varphi_2 + E_2}{R_{i2}} + \frac{\varphi_1 - \varphi_3}{R_2} + \frac{\varphi_1 - \varphi_3}{R_3} = 0\,. \quad (2.243)$$

Man gelangt so bei gegebenen elektromotorischen Kräften und gegebenen Widerständen zu zwei Gleichungen für die drei unbekannten Potentialdifferenzen $U_{12} = \varphi_1 - \varphi_2$, $U_{13} = \varphi_1 - \varphi_3$ und $U_{32} = \varphi_3 - \varphi_2$ bzw. die drei Potentiale φ_1, φ_2 und φ_3, zu denen als dritte Gleichung noch

$$U_{13} + U_{32} = \varphi_1 - \varphi_3 + \varphi_3 - \varphi_2 = \varphi_1 - \varphi_2 = U_{12} \quad (2.244)$$

hinzukommt. Wählt man $\varphi_1 = 0$, so lassen sich aus den beiden Gleichungen 2.242 und 2.243 die auf das Bezugspotential des Knoten 1 bezogenen Potentiale φ_2 und φ_3 der Knoten 2 und 3 berechnen. Die einzelnen Stromstärken folgen aus den erhaltenen Potentialen (bzw. Potentialdifferenzen) mit Hilfe der aus dem erweiterten Ohmschen Gesetz gewonnenen Beziehung Gl. 2.241.

Beim Rechnen mit der Knotenregel werden, im Gegensatz zum Rechnen mit der Maschenregel (Abschnitt 2.11.4.2), als Resultate die Knotenpotentiale und damit die Spannungen an den Zweigen erhalten.

2.11.4.5. Netzumwandlung

Ein sehr wichtiges Verfahren zur Berechnung linearer Netze stellt die Netzumwandlung dar. Einfachste Netzumwandlungen wurden schon im Abschnitt 2.6 bei der Zusammenfassung hintereinander und parallel geschalteter Widerstände durchgeführt (Abb. 2.56a und b). Man ersetzt also allgemein bei der Netzumwandlung eine Widerstandskombination durch eine andere, für die Rechnung einfachere, die die Strom- und Spannungsverteilung außerhalb des umgewandelten Netzteiles unverändert läßt.

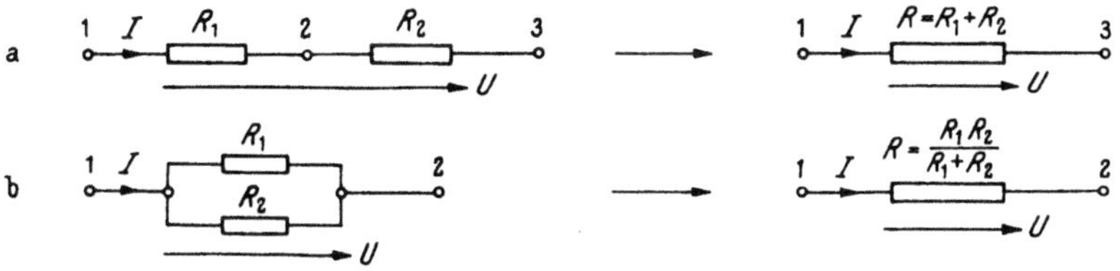

Abb. 2.56

Besonders wichtig ist die Umwandlung von in Stern geschalteten Widerständen in die äquivalente Schaltung des vollständigen Vieleckes (Abb. 2.57). Die äußeren Anschlüsse 1 . . . n bleiben dabei erhalten, der Sternpunkt 0 verschwindet, statt dessen treten Widerstände jeweils zwischen zwei Klemmen auf, wobei alle möglichen Paarverbindungen berücksichtigt werden müssen. Es gilt hiefür folgende Umwandlungsformel, auf deren Ableitung hier verzichtet werden kann:

$$R_{kl} = \frac{R_{k0} R_{l0}}{R_0} \quad , \tag{2.245}$$

mit

$$\frac{1}{R_0} = \frac{1}{R_{10}} + \frac{1}{R_{20}} + \ldots + \frac{1}{R_{n0}} \quad ; \tag{2.246}$$

$\frac{1}{R_0}$ wird Sternleitwert genannt.

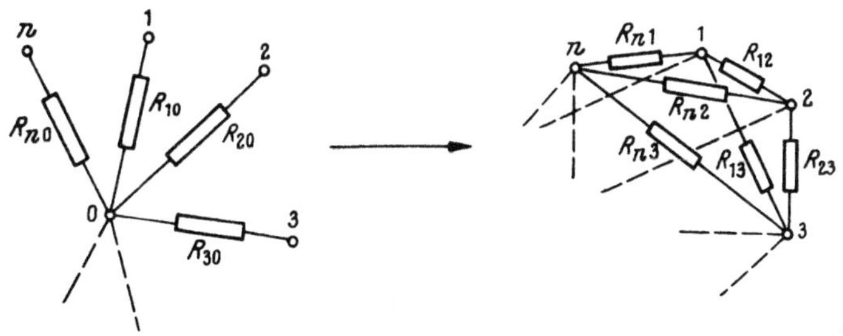

Abb. 2.57

Die Umkehrung, d.h. die Umwandlung eines vollständigen Vieleckes in einen äquivalenten Stern, gelingt allgemein nicht, da das Gleichungssystem bei Angabe der Widerstände aller Paarverbindungen [es gibt $\binom{n}{2}$ solcher Paarverbindungen] i.a. überbestimmt ist. Nur wenn $\binom{n}{2} = n$ ist, ist die Umwandlung für beliebige R_{kl} möglich; das ist der Fall $n = 3$, man spricht in diesem Fall von Dreieck-Stern-Transformation (Abb. 2.58).

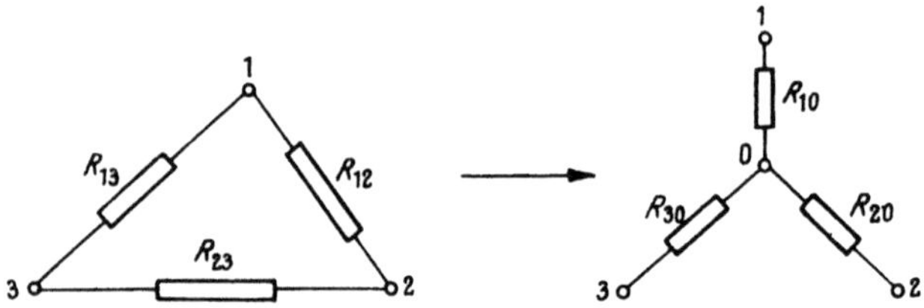

Abb. 2.58

Hier gilt

$$R_{10} = \frac{R_{12}R_{13}}{R_{12}+R_{23}+R_{13}} = \frac{R_{12}R_{13}}{R} , \tag{2.247}$$

$$R_{20} = \frac{R_{12}R_{23}}{R} , \tag{2.248}$$

$$R_{30} = \frac{R_{13}R_{23}}{R} , \tag{2.249}$$

mit dem Dreieckwiderstand

$$R = R_{12} + R_{23} + R_{13} . \tag{2.250}$$

Eine einfache Netzumwandlung findet sich im Abschnitt 2.11.4.7.

2.11.4.6. Das Superpositionsgesetz

Das Superpositionsgesetz (das Überlagerungsgesetz) besagt: Die Stromstärke in einem Zweig eines linearen Netzes mit beliebig vielen elektromotorischen Kräften (bzw. Urspannungen) ergibt sich aus der Summe der Teilstromstärken, die in dem betreffenden Zweig durch jeweils eine der im Netz wirkenden elektromotorischen Kräfte (bzw. Urspannungen) allein – wenn alle übrigen gleich null gesetzt werden – hervorgerufen werden.

In gleicher Weise gilt: Fügt man in einem linearen Netz an irgendeiner Stelle zusätzlich eine EMK (bzw. Urspannung) ein, so kann man die zusätzlich auftretende Stromstärke in einem beliebigen Zweig dadurch berechnen, daß man alle übrigen elektromotorischen Kräfte null setzt und die Teilstromstärke der neuen EMK (bzw. Urspannung) an der betreffenden Stelle bestimmt.

Das nur in linearen Netzwerken (Systemen) gültige Superpositionsgesetz bildet die Basis für die verschiedenartigsten mathematischen Methoden zur Berechnung solcher Netzwerke. Das Prinzip, daß jede einzelne EMK oder auch ein beliebiger Bruchteil einer EMK eine zugehörige (Teil)Stromverteilung bewirkt, die sich einer allfällig vorhandenen Stromverteilung überlagert, kann z.B. dann benützt werden, wenn in einem Netzwerk eine EMK eines Zweiges eine Änderung erfährt oder, was damit gleichbedeutend ist, eine neue EMK in einem Zweig eingeführt wird und man die dadurch hervorgerufene Stromänderung im gesamten Netzwerk berechnen will. Man erhält dann die Stromstärkenänderung bzw. die Zusatzstromstärke, indem man alle elektromotorischen Kräfte null setzt und die Stromverteilung, die die Zusatz-EMK allein im Netzwerk hervorruft, berechnet. Bei den als Ersatzspannungsquellen dargestellten Zweipolquellen sind dann zwar ihre elektromotorischen Kräfte E_k null zu setzen, nicht aber ihre Innenwiderstände $R_{i,k}$, die in der Rechnung nach wie vor berücksichtigt werden müssen.

Das Superpositionsgesetz läßt sich auch benützen, wenn die Zweipolquellen als Ersatzstromquellen dargestellt werden und ein neuer Urstrom eingeführt wird oder eine Änderung eines bereits vorhandenen Urstromes auftritt. Die Zusatzstromstärken bzw. Stromstärkenänderungen in den einzelnen Zweigen werden in diesem Fall wieder so berechnet, daß man alle Urströme $I_{0,k}$ null setzt und die Stromverteilung des Zusatz-Urstromes allein berechnet. Bei den Ersatzstromquellen sind dann, wie im Abschnitt 2.9.4.2 erwähnt wurde, die Zweige mit den idealen Urstromquellen mit unendlich hohem Innenwiderstand anzusehen, die parallel geschalteten Innenwiderstände $R_{i,k}$ sind in der Rechnung zu berücksichtigen.

Wenn z.B. im Netzwerk des Abschnittes 2.11.4.4 (Abb.2.55) die EMK E_1 um ΔE_1 erhöht wird, so läßt sich die zusätzliche Stromverteilung wie folgt bestimmen, wenn man etwa wieder mit der Knotenregel rechnet: Es sind E_1 und E_2 null zu setzen, und es ist nur ΔE_1 zu berücksichtigen. Für Knoten 2 erhält man mit $\varphi_1 = 0$ (Knoten 1 geerdet) und daher auch $\Delta\varphi_1 = 0$

$$\sum_k I_{k,\text{zu}} = \Delta I_1 + \Delta I_2 + \Delta I_3 = \frac{-\Delta\varphi_2 + \Delta E_1}{R_{i1}} + \frac{-\Delta\varphi_2}{R_{i2}} + \frac{\Delta\varphi_3 - \Delta\varphi_2}{R_1} = 0\,, \qquad (2.251)$$

und für Knoten 1

$$\sum_k I_{k,\text{ab}} = \Delta I_1 + \Delta I_2 + \Delta I_4 + \Delta I_5 = \frac{-\Delta\varphi_2 + \Delta E_1}{R_{i1}} + \frac{-\Delta\varphi_2}{R_{i2}} + \frac{-\Delta\varphi_3}{R_2} + \frac{-\Delta\varphi_3}{R_3} = 0\,, \qquad (2.252)$$

woraus sich die Potential- und die Spannungsänderungen

$\Delta\varphi_2 = \Delta U_{21}$ (2.253) und $\Delta\varphi_3 = \Delta U_{31}$, (2.254)

und aus diesen wiederum die Stromstärkenänderungen berechnen lassen.

Bei der Superposition von Spannungen bzw. Stromstärken ist zu beachten, daß die aus Teilströmen oder Teilspannungen berechneten Leistungen keine physikalische Bedeutung besitzen. Ihre Summe stimmt mit der tatsächlichen Leistung nicht überein, da die Leistung dem Quadrat der Stromstärke bzw. dem Quadrat der Spannung proportional ist. Wenn also etwa eine Stromstärke I aus zwei Teilstromstärken I' und I'' zusammengesetzt wird,

$$I = I' + I'' \,, \tag{2.255}$$

so ist die Leistungssumme der Teilströme kleiner als die tatsächliche Leistung des Gesamtstromes I:

$$I'^2 R + I''^2 R = (I'^2 + I''^2)\, R < I^2 R = (I' + I'')^2 R =$$

$$= I'^2 R + I''^2 R + 2 I' I'' R \,. \tag{2.256}$$

Das Superpositionsgesetz ist Basis auch der im Abschnitt 2.11.4.3 besprochenen Methode der Maschenströme sowie des im folgenden Abschnitt 2.11.4.7 behandelten Satzes von der Ersatzspannungsquelle.

2.11.4.7. Die Sätze von der Ersatzspannungs- und der Ersatzstromquelle

Fügt man in einem vermaschten linearen Netzwerk zwischen zwei beliebigen Knoten einen neuen Widerstand R_a ein, so verhält sich das Netz in bezug auf diesen Widerstand wie eine lineare Spannungsquelle mit einer EMK E bzw. mit einer Leerlaufspannung (= Urspannung) U_L (= U_0), die der vor dem Einschalten von R_a zwischen den beiden Knoten bestehenden Spannung gleich ist, und mit einem Innenwiderstand R_i, der dem Widerstand des Netzwerkes zwischen den beiden Knoten, an die R_a angeschlossen wurde, übereinstimmt (Abb. 2.59). Der Strom über den neu angeschalteten Widerstand errechnet sich demnach gemäß Gl. 2.159 (vgl. auch Abb. 2.39) aus

$$I = \frac{E_{21}}{R_i + R_a} = \frac{U_0}{R_i + R_a} = \frac{U_L}{R_i + R_a} \,. \tag{2.257}$$

Wie schon bei der Behandlung der Ersatzspannungsquelle besprochen wurde, kann man $E = U_0 = U_L$ und R_i meßtechnisch durch den Leerlaufversuch ($U_{L,12} = U_{0,12}$, gemessen vor Einschalten von R_a) und den Kurzschlußversuch ($I_{K,12}$, gemessen bei $R_a = 0$) bestimmen ($R_i = U_{L,12}/I_{K,12}$). Meist werden aber $E = U_0 = U_L$ und R_i aus den Daten des Netzwerkes rechnerisch zu ermitteln sein.

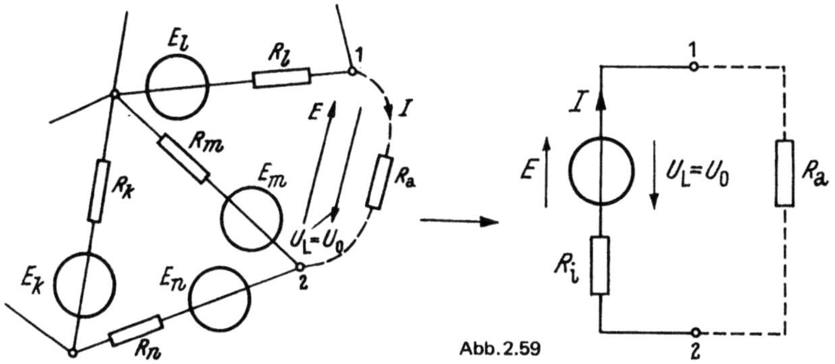

Abb. 2.59

Als Beispiel soll wiederum der Galvanometerstrom einer Wheatstone-Brücke berechnet werden (Abb. 2.60). Hiezu ist also zunächst das Galvanometer noch nicht zwischen Knoten 2 und Knoten 3 eingeschaltet zu denken und die „Leerlaufspannung" $U_{L,23}= U_{0,23}= E_{32}$ zwischen den beiden Knoten zu berechnen:

Es ist bei $I_G = 0$

$$U_{L,23}= U_{13}-U_{12} \,, \tag{2.258}$$

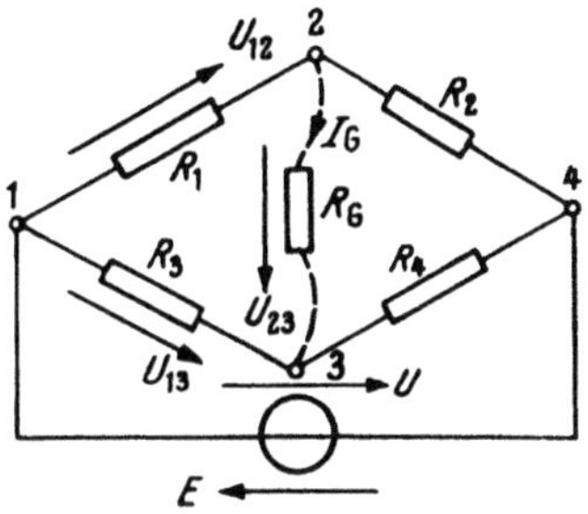

Abb. 2.60

mit den aus dem Ohmschen Gesetz folgenden Spannungen U_{13} und U_{12} vor Einschalten des Galvanometerzweiges

$$\frac{U_{12}}{U}=\frac{R_1}{R_1+R_2} \quad (2.259) \quad \text{bzw.} \quad U_{12}=U\frac{R_1}{R_1+R_2}\,, \tag{2.259a}$$

und

$$\frac{U_{13}}{U}=\frac{R_3}{R_3+R_4} \quad (2.260) \quad \text{bzw.} \quad U_{13}=U\frac{R_3}{R_3+R_4}\,. \tag{2.260a}$$

Führt man die Gleichungen 2.259a und 2.260a in Gl. 2.258 ein, so erhält man

$$E_{32}=U_{L,23}=U\left\{\frac{R_3}{R_3+R_4}-\frac{R_1}{R_1+R_2}\right\}=U\frac{R_2R_3-R_1R_4}{(R_1+R_2)(R_3+R_4)}\,. \tag{2.261}$$

Die Berechnung des Innenwiderstandes der Schaltung in bezug auf die Klemmen 2 und 3 ist insoferne mit Hilfe einer Netzumwandlung durchzuführen, als der Innenwiderstand der Spannungsquelle vernachlässigt wird und daher die Klemmen 1 und 4 als widerstandslos miteinander verbunden gelten können (Abb. 2.61). Damit wird der Widerstand der beiden in Serie liegenden Parallelschaltungen

$$R_i = R_{23} = \frac{R_1 R_2}{R_1+R_2} + \frac{R_3 R_4}{R_3+R_4} = \frac{R_1 R_2 (R_3+R_4) + R_3 R_4 (R_1+R_2)}{(R_1+R_2)(R_3+R_4)} \quad . \tag{2.262}$$

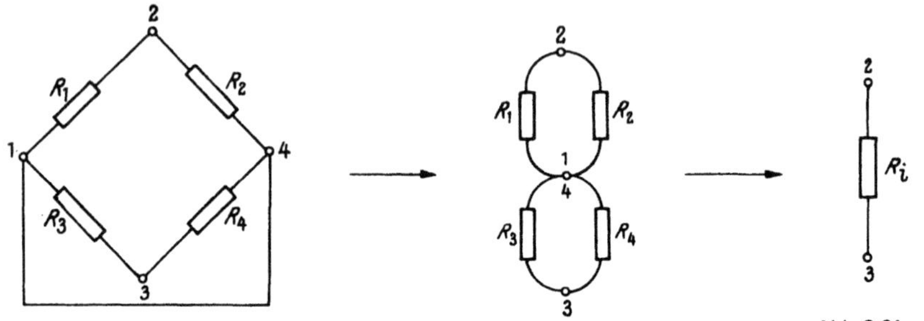

Abb. 2.61

Für den Strom über das zwischen die Klemmen 2 und 3 einzuschaltende Galvanometer folgt entsprechend Gl. 2.257

(2.261), (2.262) $I_G = \frac{E_{32}}{R_i + R_G} = \frac{U_{L,23}}{R_i + R_G} =$

$$= \frac{U(R_2 R_3 - R_1 R_4)}{(R_1+R_2)(R_3+R_4)\left\{R_G + \frac{R_1 R_2 (R_3+R_4) + R_3 R_4 (R_1+R_2)}{(R_1+R_2)(R_3+R_4)}\right\}} =$$

$$= U \frac{R_2 R_3 - R_1 R_4}{R_1 R_2 (R_3+R_4) + R_3 R_4 (R_1+R_2) + R_G (R_1+R_2)(R_3+R_4)} \tag{2.263}$$

in Übereinstimmung mit Gl. 2.228, wenn man berücksichtigt, daß $U=E$ die der EMK gleiche Klemmenspannung der widerstandslos gedachten Spannungsquelle ist.

Da man jede lineare Ersatzspannungsquelle in eine lineare Ersatzstromquelle umwandeln kann (s. Abschnitt 2.9.4.2), kann ein Netzwerk, an das zwischen zwei beliebige seiner Klemmen ein neuer Widerstand angeschaltet wird, bezüglich dieser beiden Klemmen auch als Ersatzstromquelle aufgefaßt werden, dessen Urstrom I_0 dem Strom zwischen diesen beiden Klemmen entspricht, wenn man sie kurzschließt, und dessen Innenwiderstand wiederum der Widerstand des Netzes zwischen diesen beiden Klemmen ist.

2.12. Literatur

/2.1/ Westphal, W.: Physik. Berlin-Göttingen-Heidelberg: Springer.

/2.2/ Fasching, G.: Werkstoffe für die Elektrotechnik; Mikrophysik, Struktur, Eigenschaften. Wien-New York: Springer. 1984.

/2.3/ IEC-Publ.117, Empfohlene graphische Symbole.

/2.4/ DIN-Taschenbuch Nr.7, Schaltzeichen und Schaltpläne. Berlin-Köln-Frankfurt: Beuth-Vertrieb G.m.b.H.

/2.5/ Hofmann, H.: Die elektrischen Spannungsgrößen und die Richtungs- und Vorzeichenregeln in der Elektrotechnik. ÖZE ***10*** (9), (1957).

/2.6/ Stohn, R.: Akkumulatoren und Akkumulatorenanlagen. Berlin: VEB Verlag Technik. 1959.

/2.7/ Huber, R.: Die Trockenbatterie, 2.Aufl. München: Verlag R.Oldenbourg. 1968.

3. Das stationäre magnetische Feld

3.1. Das stationäre magnetische Feld im leeren Raum

3.1.1. Grundbegriffe

Das magnetische Feld ist eine in zweifacher Hinsicht mit bewegten Trägern elektrischer Ladungen verknüpfte Erscheinung:

a) Es tritt bei Bewegung von Trägern elektrischer Ladungen und daher auch im Zusammenhang mit elektrischen Strömen auf;

b) es übt Kräfte auf bewegte Träger elektrischer Ladungen und demnach auch auf elektrische Ströme aus.

Im folgenden wird das zeitlich unveränderliche (stationäre) magnetische Feld im leeren Raum behandelt; es ist in gewissem Sinne dem elektrostatischen Feld im leeren Raum (Abschnitt 1.1) analog, das seinerseits mit ruhenden Trägern elektrischer Ladungen verknüpft ist und durch die auf ruhende Träger elektrischer Ladungen ausgeübte Kraft gemessen bzw. definiert wird.

Um das magnetische Feld mathematisch erfassen zu können, muß man zunächst seine Feldgröße definieren, wobei es die experimentell zu erhaltenden Erfahrungen nahelegen, diese als vektorielle Größe festzulegen. Man definiert sie, analog zum elektrischen Feldvektor, über die Kraft, die im Magnetfeld auf einen bewegten Träger einer elektrischen Ladung ausgeübt wird. Es läßt sich durch Experimente feststellen, daß diese Kraft ihrem Betrag nach sowohl dem Betrag $|Q|$ der Ladung als auch dem Betrag $|\mathbf{v}|$ der Geschwindigkeit des Ladungsträgers proportional ist und daß sie eine Richtung besitzt, die stets auf jener der Geschwindigkeit $\mathbf{v}$ normal steht. Man findet nun an jeder Stelle (an jedem Aufpunkt) des Magnetfeldes eine spezielle Richtung der Geschwindigkeit $\mathbf{v}$ des Ladungsträgers, bei der sich eine maximale Kraft $\mathbf{F}_{max}$ einstellt, und definiert durch

$$|\mathbf{F}_{max}| = |\mathbf{B}| \cdot |Q| \cdot |\mathbf{v}| = |\mathbf{B}| \cdot |Q\mathbf{v}| \tag{3.1}$$

den Proportionalitätsfaktor $|\mathbf{B}|$ zwischen dem Betrag $|\mathbf{F}_{max}|$ und dem Betrag $|Q\mathbf{v}|$ als Betrag des, das Magnetfeld kennzeichnenden Vektors $\mathbf{B}$; er wird „magnetische Induktion" oder auch „magnetische Flußdichte" benannt. Diesem magnetischen Feldvektor $\mathbf{B}$ wird definitionsgemäß eine solche Richtung zugeordnet, daß sie mit $\mathbf{F}_{max}$ und dem Vektor $Q\mathbf{v}$ ein Dreibein bildet, wobei der Richtungssinn willkürlich so festgelegt wird, daß das Dreibein ein Rechtssystem in der Reihenfolge $\mathbf{F}_{max}$, $Q\mathbf{v}$, $\mathbf{B}$ darstellt (Abb.3.1). Diese Festlegung des Richtungssinnes von $\mathbf{B}$ bedeutet, daß das äußere magnetische Erdfeld etwa vom geographischen Südpol zum geographischen Nordpol weist. Gemäß Gl.3.1 kommt es stets auf das Produkt $Q\mathbf{v}$ an, ein Ladungsträger mit der Ladung $-Q$ und der Geschwindigkeit $-\mathbf{v}$ erleidet erfahrungsgemäß die gleiche Kraft wie ein solcher mit der Ladung Q und der Geschwindigkeit $\mathbf{v}$. Es sei vermerkt, daß die angegebene Definition des magnetischen Feldvektors $\mathbf{B}$ exakterweise – wie bei der Definition der elektrischen Feldstärke $\mathbf{E}$ im Abschnitt 1.1.1 – zur Voraussetzung hat, daß die räumlichen Abmessungen des Ladungsträgers sowie auch der Betrag seiner Ladung verschwindend klein sind („Probeladung", vgl. die Erläuterung zu Gl. 1.10).

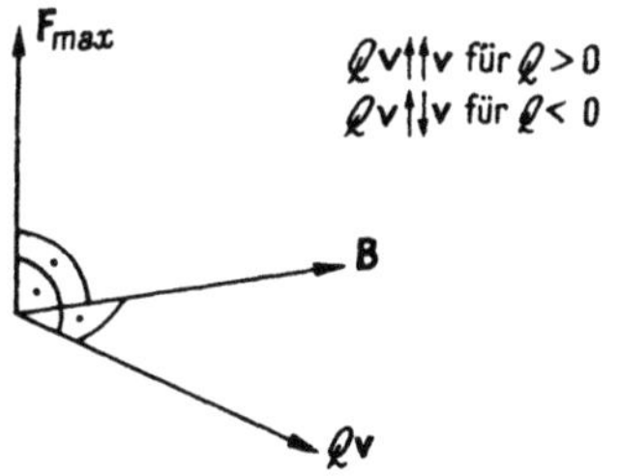

Abb. 3.1

Untersucht man die Abhängigkeit der Kraft auf den im Magnetfeld bewegten Ladungsträger von der Richtung seiner Geschwindigkeit $\mathbf{v}$, so erhält man eine Abnahme des Betrages der Kraft vom Wert $|\mathbf{F}_{max}|$, die durch den Sinus des zwischen $\mathbf{v}$ bzw. $Q\mathbf{v}$ und $\mathbf{B}$ eingeschlossenen Winkels gegeben ist, wenn die Richtung von $\mathbf{v}$ nicht mehr normal auf jener der magnetischen Induktion $\mathbf{B}$ steht:

$$|\mathbf{F}| = |\mathbf{F}_{max}|\cdot\sin\sphericalangle(\mathbf{v},\mathbf{B}) = |\mathbf{F}_{max}|\cdot\sin\sphericalangle(Q\mathbf{v},\mathbf{B}) = |Q\mathbf{v}|\cdot|\mathbf{B}|\cdot\sin\sphericalangle(Q\mathbf{v},\mathbf{B})\ . \quad (3.2)$$

In Gl.3.2 bedeutet $\sphericalangle(\mathbf{v},\mathbf{B})$ bzw. $\sphericalangle(Q\mathbf{v},\mathbf{B})$ den kleineren, von den beiden jeweiligen Vektoren $\mathbf{v}$ und $\mathbf{B}$ bzw. $Q\mathbf{v}$ und $\mathbf{B}$ eingeschlossenen Winkel, es gilt also $0° \leqq \sphericalangle(\mathbf{v},\mathbf{B}) \leqq 180°$ und $0° \leqq \sphericalangle(Q\mathbf{v},\mathbf{B}) \leqq 180°$ sowie $0 \leqq \sin\sphericalangle(\mathbf{v},\mathbf{B}) =$
$= \sin\sphericalangle(Q\mathbf{v},\mathbf{B}) \leqq 1$.

Das Experiment zeigt, daß auch für den Fall $\sphericalangle(\mathbf{v},\mathbf{B}) \neq 90°$ die Kraft $\mathbf{F}$ sowohl auf der Geschwindigkeit $\mathbf{v}$, bzw. auf dem Vektor $Q\mathbf{v}$, als auch auf der Induktion $\mathbf{B}$ normal steht, wobei die drei Vektoren $\mathbf{F}$, $Q\mathbf{v}$ und $\mathbf{B}$

einander in der angegebenen Reihenfolge rechtswendig zugeordnet sind (Abb. 3.2a und b), es läßt sich daher der Zusammenhang zwischen diesen Vektoren auf folgende Weise durch ein Vektorprodukt darstellen:

$$\mathbf{F} = Q\mathbf{v} \times \mathbf{B} \ . \tag{3.3}$$

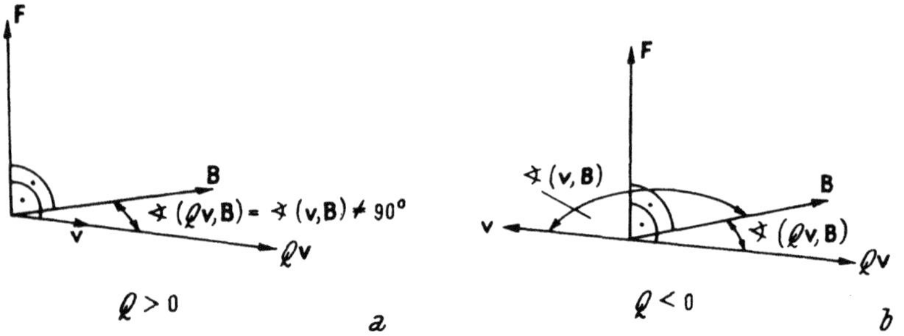

Abb. 3.2

Dieses Gesetz für die Kraft des Magnetfeldes auf einen bewegten Träger einer elektrischen Ladung wurde nach H.A. Lorentz benannt, man spricht von der „Lorentz-Kraft"; es gilt erfahrungsgemäß auch im nichtstationären Feld.

Der magnetische Feldvektor **B** wurde in Analogie zum elektrischen Feldvektor **E** definiert und dabei durch Gl. 3.3 an bekannte mechanische Größen (Kraft **F** und Geschwindigkeit **v**) und die als ebenso bekannt vorausgesetzte elektrische Größe Ladung Q angeschlossen; im Sinne des Größenkalküls ist die magnetische Induktion **B** eine, mit Hilfe eines Erfahrungssatzes (des Gesetzes von der Lorentzkraft, Gl. 3.3) aus den Größen **F**, **v** und Q abgeleitete Größe. Die Einführung einer neuen Grundgröße für den Bereich des Magnetismus erweist sich, solange man ihn ausschließlich als eine Erscheinung bewegter elektrischer Ladungen ansieht, als nicht notwendig. Es ist daher auch eine weitere Proportionalitätskonstante in der Definitionsgleichung 3.3 genauso wenig nötig wie etwa in der analogen, aus Gl. 1.10 folgenden, den elektrischen Feldvektor definierenden Beziehung

(1.10) bzw. (1.55) $$\mathbf{F} = Q\mathbf{E} \ . \tag{3.4}$$

Trotzdem **kann** man natürlich noch eine, allerdings dann von keiner anderen physikalischen Größe abhängende, also stets konstant bleibende Größe, eine sogenannte universelle Konstante, in die Gleichung 3.3 hineinschieben. Damit definiert man dann allerdings eine andere magnetische Feldgröße, die hier im leeren Raum gewissermaßen dasselbe leistet wie die Induktion **B**. Es ist in der Tat üblich, Gl. 3.3 auch in der Form

$$\mathbf{F} = \mu_0 Q\mathbf{v} \times \mathbf{H} = Q\mathbf{v} \times \mu_0 \mathbf{H} \tag{3.5}$$

zu schreiben, und damit, zunächst für den leeren Raum, eine zweite magnetische Feldgröße **H** einzuführen, die hier durch

$$\text{(3.3), (3.5)} \quad \mathbf{B} = \mu_0 \mathbf{H} \tag{3.6}$$

mit der Induktion **B** verknüpft ist. Die universelle Konstante μ_0 wird „magnetische Feldkonstante", „Induktionskonstante" oder auch, aus Gründen, die noch später ersichtlich werden, „Permeabilität des leeren Raumes" genannt; die neue Feldgröße **H** heißt „magnetische Feldstärke" oder auch „magnetische Erregung". Das Vektorfeld **H** hat gemäß Gl. 3.6 im leeren Raum die gleiche Konfiguration wie das Feld **B**, nur hat **H**, wenn man den Betrag der universellen Konstante μ_0 ungleich 1 festlegt, einen anderen Zahlenwert und, wenn man der Konstante μ_0 eine von 1 verschiedene Dimension erteilt, auch eine andere Dimension als **B**. Im Gaußschen cgs-System ist $\mu_{0,\mathrm{Ga}} = 1$ und daher gilt dort im leeren Raum $\mathbf{B}_{\mathrm{Ga}} = \mathbf{H}_{\mathrm{Ga}}$. In dem hier konsequent verwendeten, von Giorgi /3.1/ vorgeschlagenen Größensystem, dem auch die bisher angegebenen Gleichungen 3.1 bis 3.6 zugehörig sind, wurde für die Größe μ_0 der exakte Wert

$$\mu_0 = 4\pi \cdot 10^{-7} \frac{\mathrm{Vs}}{\mathrm{Am}} \tag{3.7}$$

festgelegt, so daß sich folgende kohärente SI-Einheiten für **B** und **H** ergeben: Aus Gl. 3.1 folgt für die Einheit der magnetischen Induktion

$$[B] = \frac{[F]}{[Q]\cdot[v]} = \frac{\mathrm{Ns}}{\mathrm{Cm}} = \frac{\mathrm{Js}}{\mathrm{Cm^2}} = \frac{\mathrm{Ws^2}}{\mathrm{Asm^2}} = \frac{\mathrm{VAs}}{\mathrm{Am^2}} = \frac{\mathrm{Vs}}{\mathrm{m^2}} = \mathrm{T}\,; \tag{3.8}$$

sie führt den Namen Tesla (T). Ferner gilt

$$\text{(3.6), (3.7)} \quad [H] = \frac{[B]}{[\mu_0]} = \frac{\mathrm{Vs}}{\mathrm{m^2}} \cdot \frac{\mathrm{Am}}{\mathrm{Vs}} = \frac{\mathrm{A}}{\mathrm{m}} \left(= \frac{\mathrm{A}}{100\ \mathrm{cm}} = 10^{-2} \frac{\mathrm{A}}{\mathrm{cm}} \right) . \tag{3.9}$$

Die Einheit der magnetischen Feldstärke ist das Ampere je Meter, in der Praxis wird vielfach auch das Ampere je Zentimeter benützt.

Es sei an dieser Stelle ausdrücklich vermerkt, daß die durch Gl. 3.6 gegebene Proportionalität von **B** und **H** über eine universelle Konstante, was gleiche Konfiguration für beide Felder bedeutet, nur im leeren Raum, aber nicht mehr bei Anwesenheit magnetisierbarer Materie, gültig ist.
Im letzteren Fall gilt ein komplizierterer Zusammenhang zwischen **B** und **H** (s. Abschnitt 3.2).

Mit einer bewegten elektrischen Ladung kann man schwer operieren. Einfacher ist es, einen stationären elektrischen Strom (Gleichstrom) zur Messung der Induktion **B** zu verwenden. Denkt man sich einen (sehr kleinen) geschlossenen Stromkreis als Randkurve einer ebenen Fläche und diese Fläche so klein, daß sich in ihr das Magnetfeld nicht mehr merklich ändert („Probeschleife"), so erhält man aus Gl. 3.3 für das auf die Stromschleife ausgeübte mechanische Drehmoment **T** (der Nachweis für die Gültigkeit dieser Beziehung folgt im Abschnitt 3.3.2.1.1)

$$\mathbf{T} = IA\mathbf{n}\times\mathbf{B} = \mathbf{m}\times\mathbf{B} \ . \tag{3.10}$$

Das Produkt aus Stromstärke I und Fläche A ist der Betrag einer, die stromdurchflossene Schleife kennzeichnenden Vektorgröße, die „magnetisches Moment" **m** der Stromschleife genannt wird. Die Richtung des magnetischen Momentes **m** wird durch die Richtung der Flächennormale **n** der von der Stromschleife umfaßten Fläche festgelegt, den Richtungssinn ordnet man dem Umlaufsinn des elektrischen Stromes rechtswendig zu (Abb. 3.3):

$$\mathbf{m} = IA\mathbf{n} = m\mathbf{n} \ . \tag{3.11}$$

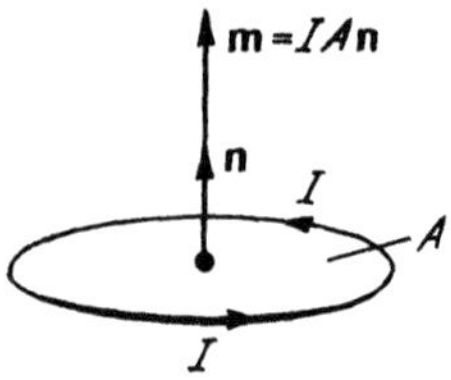

Abb. 3.3

Zur Messung des Drehmomentes kann auch eine (kleine) Röhrenspule („Probespule", Abb. 3.4) verwendet werden, deren magnetisches Moment bei gleichmäßiger Bewicklung, d.h. bei gleichmäßigem „Strombelag" α,

$$\alpha = \frac{NI}{l} \tag{3.12}$$

(N ... Windungszahl der Spule, l ... Länge der Spule) und gleichbleibendem Querschnitt A durch

$$\mathbf{m} = NIA\mathbf{n} = \frac{NI}{l}\,Al\mathbf{n} = \alpha V\mathbf{n} \tag{3.13}$$

(V ... Volumen der Spule) gegeben ist.

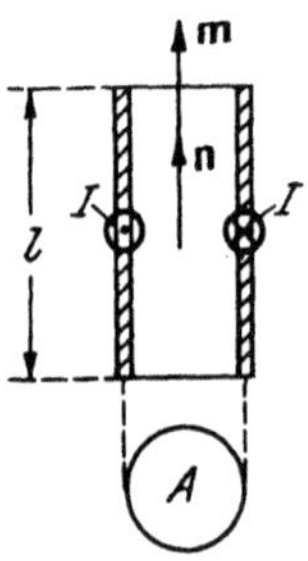

Abb. 3.4

Man kann also das magnetische Feld **B** und damit im leeren Raum auch $\mathbf{H} = \mathbf{B}/\mu_0$ mit Hilfe einer Probeschleife oder einer Probespule ausmessen, indem man diese etwa an jeder Stelle des Raumes in eine solche Lage bringt, daß sie das maximale Drehmoment $\mathbf{T}_{max}$ erfährt; dann folgt aus Gl. 3.10 für den Betrag von **B**

$$|\mathbf{B}| = B = \frac{T_{max}}{m} \quad . \tag{3.14}$$

Die Richtung von **B** steht normal sowohl auf dem magnetischen Moment **m** der Schleife bzw. der Spule als auch auf dem Drehmomentenvektor $\mathbf{T}_{max}$, wobei diese drei Vektoren gemäß Gl. 3.10 in der Reihenfolge $\mathbf{T}_{max}$, **m**, **B** ein Rechtssystem bilden (Abb. 3.5).

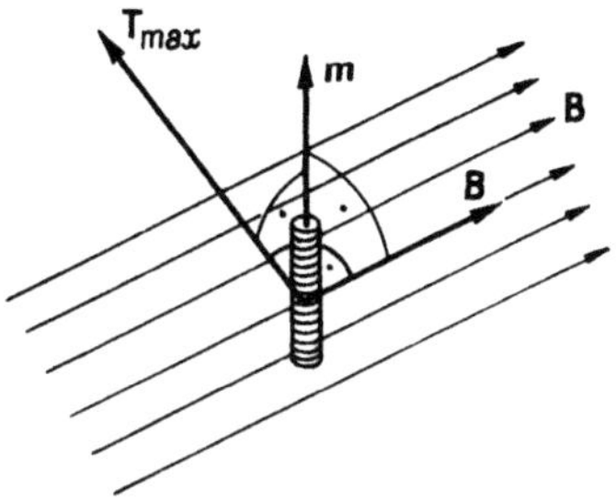

Abb. 3.5

Zur Veranschaulichung des Magnetfeldes zeichnet man, wie bei Vektorfeldern üblich, Feldlinien, so daß die Tangente an sie in jedem Feldpunkt (Aufpunkt) die Richtung des magnetischen Feldes **B** angibt und die Feldliniendichte ein Maß für den Betrag des Feldvektors **B** darstellt. Größere Feldliniendichte deutet höhere Feldstärke an und umgekehrt, u.zw. sind Liniendichte und Betrag der Feldstärke einander proportional. Die Feldlinienbilder Abb. 3.6 und Abb. 3.7 zeigen Magnetfelder, die durch einen unendlich lang gedachten, geradlinigen, stromdurchflossenen Leiter bzw. durch eine gerade, stromdurchflossene Röhrenspule hervorgerufen werden. Es zeigt sich, daß die Feldlinien des Induktionsfeldes **B**, und hier im leeren Raum wegen $\mathbf{H} = \mathbf{B}/\mu_0$ auch jene des gleichartigen Feldes **H**,

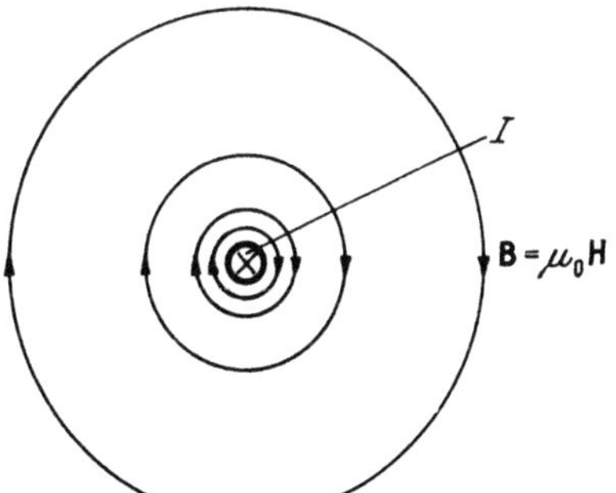

Abb. 3.6

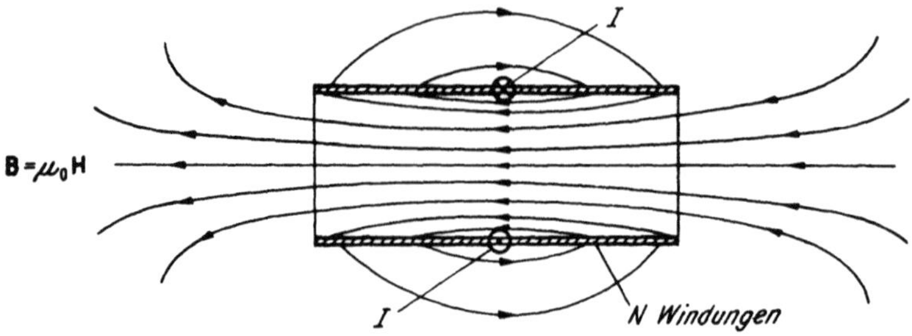

Abb.3.7

immer in sich geschlossen sind, das Feld ist quellenfrei. Es gilt also erfahrungsgemäß, u.zw. für die Induktion **B** ganz allgemein auch bei Anwesenheit magnetisierbarer Materie (s. Abschnitt 3.2) und auch im nichtstationären Feld (s. Kapitel 4)

$$\mathrm{div}\,\mathbf{B} = 0 \quad . \tag{3.15}$$

Gl. 3.15 heißt „IV. Maxwellsche Gleichung".

Aus Gl. 3.6 und Gl. 3.15 folgt

$$\mathrm{div}\,\mathbf{H} = \mathrm{div}\,\frac{\mathbf{B}}{\mu_0} = \frac{1}{\mu_0}\,\mathrm{div}\,\mathbf{B} = 0 \quad . \tag{3.16}$$

Da im leeren Raum gemäß Gl. 3.6 die beiden Felder **B** und **H** gleiche Konfiguration besitzen, ist hier natürlich auch **H** quellenfrei.

Der Vektorfluß der Induktion **B** durch eine Fläche A, also das Flächenintegral

$$\Phi = \int_A \mathbf{B}\cdot\mathrm{d}\mathbf{A} \quad , \tag{3.17}$$

heißt „magnetischer Induktionsfluß" oder auch kurz „magnetischer Fluß". Wegen der Quellenfreiheit der Induktion **B** gilt

$$\mathring{\Phi} = \oint_A \mathbf{B}\cdot\mathrm{d}\mathbf{A} = \int_V \mathrm{div}\,\mathbf{B}\cdot\mathrm{d}V = 0 \quad ; \tag{3.18}$$

der Hüllenfluß $\mathring{\Phi}$ ist im magnetischen Induktionsfeld **B** stets gleich null.

Die Einheit des magnetischen Flusses Φ ist gemäß Gl. 3.17 und Gl. 3.8

$$[\Phi] = [B]\cdot[A] = \mathrm{T\,m^2} = \frac{\mathrm{Vs}}{\mathrm{m^2}}\,\mathrm{m^2} = \mathrm{Vs} = \mathrm{Wb} \quad ; \tag{3.19}$$

sie heißt „Weber" (Wb) und ist gleich der Voltsekunde.

Um das magnetische Induktionsfeld **B** vollständig charakterisieren zu können, muß man auch seine Wirbel kennen, die ja an sich für die Konfiguration dieses quellenfreien Feldes allein maßgebend sind. Sie müssen, ebenso wie die Quellen bzw. die Tatsache der Quellenfreiheit von **B**, durch das Experiment, d.h. aus der Erfahrung, bestimmt werden.

Man geht dabei zunächst vom entsprechenden Integralausdruck, nämlich dem geschlossenen Linienintegral im Felde als Maß für die Wirbelstärke, aus: Es läßt sich experimentell feststellen, daß das Linienintegral von **B** über einen geschlossenen Weg s stets proportional der durch die Fläche, deren Randkurve der gewählte, geschlossene Weg darstellt (Abb. 3.8), hindurchfließenden („hindurchflutenden") Gesamtstromstärke ist:

$$\oint_s \mathbf{B}\cdot d\mathbf{s} = \mu_0 \int_A \mathbf{S}\cdot d\mathbf{A} = \mu_0 \Theta \quad . \tag{3.20}$$

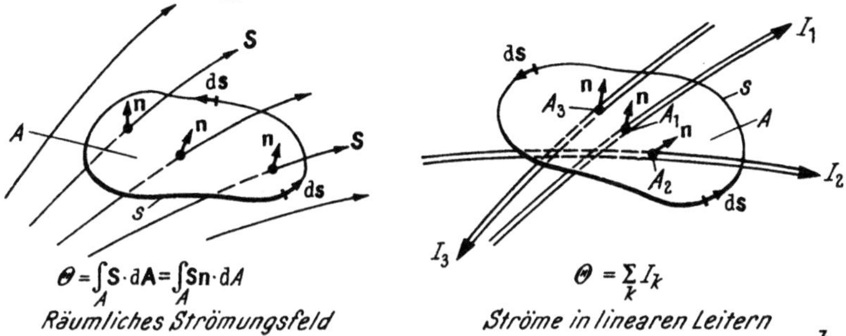

a b

Abb. 3.8

Diese durch die Fläche hindurchfließende Gesamtstromstärke wird „Durchflutung" Θ genannt. Sie ist in einem räumlichen Strömungsfeld (Abb. 3.8a) das Flächenintegral der Stromdichte **S**, bei Strömen in diskreten Leitern (Abb. 3.8b) reduziert sich dieses Integral auf die Integrale über die Leiterquerschnitte, und es ergibt daher die Summe der Stromstärken in den einzelnen Leitern:

$$\Theta = \int_A \mathbf{S}\cdot d\mathbf{A} = \int_{A_1} \mathbf{S}\cdot d\mathbf{A} + \int_{A_2} \mathbf{S}\cdot d\mathbf{A} + \ldots = \sum_k I_k \quad . \tag{3.21}$$

Wie stets bei der elektrischen Stromstärke ist zur Feststellung ihres Vorzeichens die Orientierung der Fläche zu berücksichtigen: Durch die willkürliche Festlegung des Umlaufsinnes für die Randkurve s wird die umfaßte Fläche A orientiert, ihr Normalenvektor **n** ist dem Umlaufsinn rechtswendig zugeordnet. Die Richtung der Flächennormale ist dadurch zum generellen Bezugssinn für die Ströme geworden (s. Abschnitt 2.1.1). Wurden bereits Bezugsrichtungen für die einzelnen Stromstärken gewählt (Abb. 3.8b), so sind in Gl. 3.21 in der Summe $\sum_k I_k$ Ströme, deren Bezugsrichtung in Richtung von **n** orientiert ist, mit positivem, Ströme mit umgekehrter Bezugsrichtung mit negativem Vorzeichen einzusetzen. Werden durch den geschlossenen Weg keine Ströme (Stromlinien) umfaßt, so ist der Wert des Integrals Gl. 3.20 natürlich null.

Der Proportionalitätsfaktor μ_0 in Gl. 3.20 ist zunächst eine experimentell zu bestimmende Größe, da ja einerseits die Induktion **B**, etwa mit einem bewegten Ladungsträger auf Grund des zur Definition benützten Erfahrungssatzes der Lorentzkraft Gl.3.3, aus bereits bekannten Größen, nämlich den mechanischen Größen Kraft **F** und Geschwindigkeit **v**, sowie der ebenfalls bekannten Größe elektrische Ladung Q, festgelegt wurde; andererseits ist die Durchflutung Θ als elektrische Stromstärke eine bereits definierte elektrische Größe. Induktion **B**, Weg s und Durchflutung Θ $(=\sum_k I_k)$ sind somit in bereits festgelegten Einheiten, nämlich in Tesla $\left(T = \frac{\text{Ns}}{\text{Cm}} = \frac{\text{N}}{\text{Am}}\right.$, s. Gl.3.8), bzw. in Meter bzw. in Ampere, zu messen. Man erhält nun für die im Erfahrungssatz Gl.3.20 auftretende Proportionalitätskonstante bei experimenteller Nachprüfung tatsächlich den in Gl.3.7 angegebenen Wert von $\mu_0 = 4\pi \cdot 10^{-7}$ Vs/Am, und zwar deshalb, weil die Stromstärkeeinheit Ampere (bzw. die Ladungseinheit Coulomb = Amperesekunde) so definiert, d.h. so an die Einheiten der mechanischen Größen angeschlossen wurde, daß sich eben gerade dieser exakte Wert für μ_0 ergibt. Mit anderen Worten, die Amperedefinition basiert auf dem mit Gl.3.7 festgelegten Wert der Induktionskonstante μ_0 (s. Abschnitt 3.3.2.1.8).

Gl.3.20 ist der „Durchflutungssatz" für die Induktion **B**; da aber im leeren Raum wegen Gl.3.6

$$\mathbf{H} = \frac{\mathbf{B}}{\mu_0} \tag{3.22}$$

gilt, folgt für **H** der üblicherweise „Durchflutungssatz" genannte Ausdruck

$$\oint_s \mathbf{H} \cdot \mathrm{d}\mathbf{s} = \int_A \mathbf{S} \cdot \mathrm{d}\mathbf{A} = \Theta \quad (=\sum_k I_k) \quad . \tag{3.23}$$

Man sieht, daß dadurch, daß in Gl.3.6 bei der Definition von **H** im leeren Raum die dort willkürlich wählbare Proportionalitätskonstante gerade mit dem in Gl.3.20 auftretenden Wert μ_0 eingeführt wurde, diese Proportionalitätskonstante im Durchflutungssatz für **H** Gl.3.23 herausfällt; das geschlossene Wegintegral über **H** ist gleich und nicht proportional der Durchflutung, wie das bei der Induktion **B** gemäß Gl.3.20 der Fall ist.

Es sei schon hier bemerkt, daß die magnetische Feldstärke **H** im allgemeinen Fall, d.h. wenn auch magnetisierbare Materie anwesend ist (s. Abschnitt 3.2), so definiert wird, daß der Durchflutungssatz für **H** (Gl.3.23) – im Gegensatz zu jenem für **B** (Gl.3.20) – auch dann noch gültig bleibt.

Man kann vom Integralausdruck Gl.3.20, der die Wirbelstärke des Vektorfeldes **B** charakterisiert, zu einem differentiellen Ausdruck gelangen, der in jedem Punkt des Feldes gültig ist. Am einfachsten ist es, das Linienintegral in Gl.3.20 mit Hilfe des Stokesschen Integralsatzes umzuwandeln,

(3.20) $\oint\limits_s \mathbf{B}\cdot d\mathbf{s} = \int\limits_A \operatorname{rot}\mathbf{B}\cdot d\mathbf{A} = \int\limits_A \mu_0 \mathbf{S}\cdot d\mathbf{A}$, (3.24)

wobei das entstandene Flächenintegral über die Rotation von **B** über dieselbe Fläche zu berechnen ist, wie das Flächenintegral über die mit μ_0 multiplizierte Stromdichte **S**. Da Gl. 3.20 und somit Gl. 3.24 erfahrungsgemäß für jede beliebige Fläche gültige Aussagen sind, kann man den Grenzübergang $A \to 0$ durchführen und erhält Gleichheit der Integranden der beiden Flächenintegrale in Gl. 3.24:

$$\operatorname{rot}\mathbf{B} = \mu_0 \mathbf{S} \ . \qquad (3.25)$$

Damit sind die Wirbel der magnetischen Induktion **B** bestimmt, ihre Wirbeldichte ist der Stromdichte **S** proportional. Wegen Gl. 3.6 erhält man im leeren Raum für die Wirbeldichte der magnetischen Feldstärke **H**:

$$\operatorname{rot}\mathbf{H} = \mathbf{S} \ . \qquad (3.26)$$

Gl. 3.26 ist die I. Maxwellsche Gleichung (für den Fall des stationären Feldes). Entsprechend den Durchflutungssätzen Gl. 3.20 und Gl. 3.23, aus denen die Differentialaussagen Gl. 3.25 und Gl. 3.26 über die Wirbel von **B** und **H** gewonnen wurden, besteht wieder Gültigkeit der I. Maxwellschen Gleichung, also der Beziehung für rot **H** (Gl. 3.26), auch im stationären Magnetfeld bei Anwesenheit magnetisierter Materie, nicht aber bleibt die analoge Beziehung für rot **B** (Gl. 3.25) dort unverändert erhalten (Abschnitt 3.2).

Von den räumlichen Wirbeldichten kann man zu flächenhaften übergehen,

$$\operatorname{Rot}\mathbf{B} = \mathbf{n} \times (\mathbf{B}_{2t} - \mathbf{B}_{1t}) = \lim_{b\to 0} b \cdot \operatorname{rot}\mathbf{B} = \mu_0 \cdot \lim_{b\to 0} b\mathbf{S} = \mu_0 \boldsymbol{\alpha} \ , \qquad (3.27)$$

bzw.

$$\operatorname{Rot}\mathbf{H} = \mathbf{n} \times (\mathbf{H}_{2t} - \mathbf{H}_{1t}) = \boldsymbol{\alpha} \ , \qquad (3.28)$$

wobei

(2.39) $\boldsymbol{\alpha} = \lim\limits_{b\to 0} b\mathbf{S}$

die Stromdichte des in der Sprungfläche fließenden (flächenhaften) Stromes bedeutet (s. Abschnitt 2.1.5). Faßt man beispielsweise den in der Wicklung der Spule Abb. 3.7 (oder Abb. 3.4) fließenden Strom als am Mantel der Spule flächenhaft verteilt auf (Abb. 3.9), so ist wegen

$$NI = \lim_{b\to 0} |\mathbf{S}| \cdot b\, l = l \cdot \lim_{b\to 0} |\mathbf{S}| \cdot b = l \cdot |\boldsymbol{\alpha}| \qquad (3.29)$$

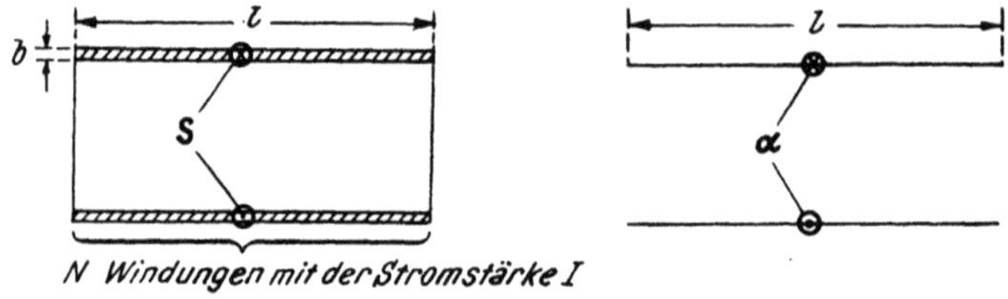

Abb. 3.9

der Betrag der flächenhaften Stromdichte (der „Strombelag")

(3.12) $\alpha = |\boldsymbol{\alpha}| = \frac{NI}{l}$.

Flächenhafte Wirbel bedeuten ein Umknicken der Feldlinien, in der Tat knicken auch die Feldlinien des Magnetfeldes beim Durchsetzen der stromdurchflossenen Drähte einer Spule um (Abb. 3.7).

Damit sind die Beziehungen des Magnetfeldes im leeren Raum aufgestellt. Bei gegebener Stromverteilung, also bekanntem Vektor der elektrischen Stromdichte $\mathbf{S}(x,y,z)$, kann das Magnetfeld $\mathbf{B}(x,y,z)$ [bzw. $\mathbf{H}(x,y,z)$] aus seinen beiden Differentialgleichungen Gl. 3.15 und Gl. 3.25 (bzw. Gl. 3.16 und Gl. 3.26), die die Quellen und Wirbel des Feldes angeben, eindeutig berechnet werden (was allerdings im konkreten Fall mathematisch sehr schwierig ist, wenn es sich nicht um einfache räumliche Anordnungen elektrischer Ströme handelt).

Für eine solche allgemeine Berechnung eines quellenfreien Wirbelfeldes mit beliebiger Wirbelverteilung führt man ein Vektorpotential $\mathbf{A_P}$ ein, das im magnetischen Feld durch

$$\mathbf{B} = \mathrm{rot}\,\mathbf{A_P} \tag{3.30}$$

mit der Induktion $\mathbf{B}$ verknüpft wird. Da durch Gl. 3.30 nur über die Wirbel des Vektorpotentials verfügt wird, kann man die Quellen von $\mathbf{A_P}$ beliebig festlegen. Im stationären Feld wählt man zweckmäßigerweise

$$\mathrm{div}\,\mathbf{A_P} = 0 \ . \tag{3.31}$$

Führt man nämlich Gl. 3.30, die die Bedingung der Quellenfreiheit von $\mathbf{B}$ (Gl. 3.15) befriedigt, in die Beziehung für die Wirbeldichte von $\mathbf{B}$

(3.25) $\mathrm{rot}\,\mathbf{B} = \mu_0 \mathbf{S}$

ein, so folgt

$$\mathrm{rot}\,\mathrm{rot}\,\mathbf{A_P} = \mu_0 \mathbf{S} \ . \tag{3.32}$$

Nun ist

$$\operatorname{rot}\operatorname{rot}\mathbf{A_P} = \nabla \times (\nabla \times \mathbf{A_P}) = \nabla(\nabla \mathbf{A_P}) - \nabla^2 \mathbf{A_P} =$$
$$= \operatorname{grad}\operatorname{div}\mathbf{A_P} - \Delta \mathbf{A_P} = \mu_0 \mathbf{S} \ , \tag{3.33}$$

was wegen der gewählten Bedingung Gl. 3.31 zu der auf ein Vektorfeld erweiterten Poissonschen Differentialgleichung

$$\Delta \mathbf{A_P} = -\mu_0 \mathbf{S} \tag{3.34}$$

führt. (Wenn nicht in kartesischen Koordinaten gerechnet wird, so ist die besondere Bedeutung von $\Delta\mathbf{A_P}$ zu beachten /3.2/.) Die Lösung der Differentialgleichung 3.34 ist das Integral über den gesamten, unendlichen Raum /1.2/

$$\mathbf{A_P} = \mathbf{A_P}(x,y,z) = \int_V \frac{\mu_0 \mathbf{S}(\xi,\eta,\zeta)\,\mathrm{d}\xi\cdot\mathrm{d}\eta\cdot\mathrm{d}\zeta}{4\pi\sqrt{(x-\xi)^2+(y-\eta)^2+(z-\zeta)^2}} =$$
$$= \int_V \frac{\mu_0 \mathbf{S}_\mathrm{Q}\cdot\mathrm{d}V_\mathrm{Q}}{4\pi r_{\mathrm{Q,A}}} = \int_V \frac{\mu_0 \mathbf{S}\cdot\mathrm{d}V}{4\pi r} \ . \tag{3.35}$$

Setzt man das Vektorpotential Gl. 3.35 in Gl. 3.30 ein, so erhält man unter Berücksichtigung, daß die Integration über die Quellenpunktskoordinaten (Index Q), die Differentiation gemäß dem Operator rot hingegen nach den Aufpunktskoordinaten (Index A) durchzuführen ist, und mit Gl. 1.46

$$\mathbf{B} = \operatorname{rot}\mathbf{A_P} = \nabla_\mathrm{A} \times \int_V \frac{\mu_0 \mathbf{S}_\mathrm{Q}}{4\pi r_{\mathrm{Q,A}}}\mathrm{d}V_\mathrm{Q} = -\int_V \left(\frac{\mu_0 \mathbf{S}_\mathrm{Q}}{4\pi} \times \nabla_\mathrm{A}\frac{1}{r_{\mathrm{Q,A}}}\right)\mathrm{d}V_\mathrm{Q} =$$
$$= \int_V \left(\frac{\mu_0 \mathbf{S}}{4\pi r^2} \times \nabla_\mathrm{A} r\right)\mathrm{d}V = \int_V \frac{\mu_0 \mathbf{S} \times \operatorname{grad}_\mathrm{A} r}{4\pi r^2}\,\mathrm{d}V =$$
$$= \int_V \frac{\operatorname{rot}\mathbf{B} \times \operatorname{grad}_\mathrm{A} r}{4\pi r^2}\,\mathrm{d}V \ . \tag{3.36}$$

$\operatorname{grad}_\mathrm{A} r$ ist jener Einsvektor, der vom Volumselement $\mathrm{d}V$, das mit Strom der Dichte **S** erfüllt ist, zum jeweiligen Aufpunkt weist, in dem das Feld **B** berechnet wird (vgl. Abschnitt 1.1, Gl. 1.18).

Spezialisiert man für den technisch wichtigen Fall, daß die Strömung **S** auf ein System von Leitern mit relativ kleinen Querschnitten („lineare Leiter") beschränkt ist, so ergibt sich, da im dünnen Leiter $\mathbf{S}\uparrow\uparrow\mathbf{ds}$ oder $\mathbf{S}\uparrow\downarrow\mathbf{ds}$ gelten muß (Abb. 3.10),

$$\mathbf{S}\cdot\mathrm{d}V = \mathbf{S}(\delta\mathbf{A}_{12}\cdot\mathrm{d}\mathbf{s}_{12}) = (\mathbf{S}\cdot\delta\mathbf{A}_{12})\mathrm{d}\mathbf{s}_{12} = I_{12}\cdot\mathrm{d}\mathbf{s}_{12} \ , \tag{3.37}$$

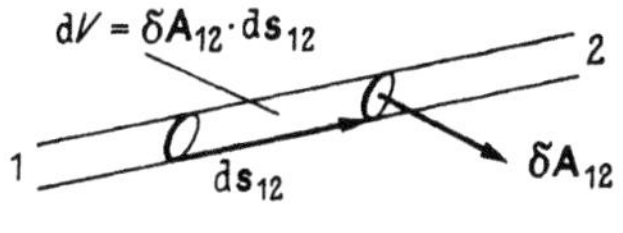

Abb. 3.10

wobei zu beachten ist, daß jetzt die frei gewählte Wegrichtung $d\mathbf{s}_{12}$ entlang des Drahtes auch die Bezugsrichtung für die Stromstärke I des betreffenden Leiterstückes (Zweiges) mit festlegt, da ja wegen $dV = \delta\mathbf{A} \cdot d\mathbf{s} > 0$ der Querschnittsvektor $\delta\mathbf{A}$ parallel zu $d\mathbf{s}$ angenommen werden mußte. Es folgt dann aus Gl. 3.36 und Gl. 3.37 für das Volumsintegral über jene Raumteile, die elektrischen Strom führen ($\mathbf{S} \neq 0$), eine Summe von Linienintegralen über alle linearen Leiterstücke („Zweige", Abb. 3.11):

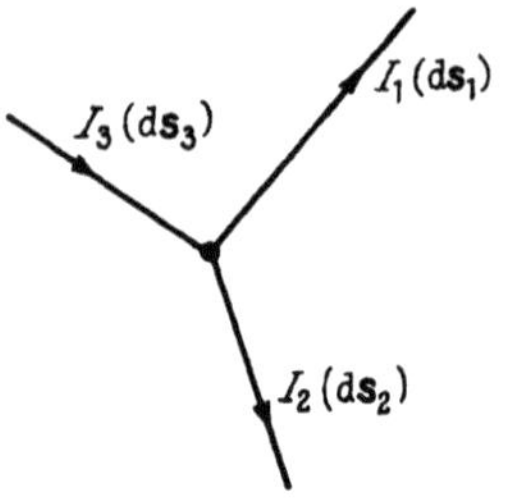

Abb. 3.11

$$\mathbf{B} = \sum_k \mu_0 \int_{s_k} \frac{I_k \cdot d\mathbf{s}_k \times \mathrm{grad}_A\, r}{4\pi r^2} \quad . \tag{3.38}$$

Bei der Integration ist jeweils in Richtung von $d\mathbf{s}$, also im Sinne der für die Ströme der Zweige gewählten Bezugspfeile, zu integrieren. Bei einem einzelnen (in sich geschlossenen!) Stromkreis lautet die entsprechende Beziehung

$$\mathbf{B} = \mu_0 \oint_s \frac{I \cdot d\mathbf{s} \times \mathrm{grad}_A\, r}{4\pi r^2} \quad , \tag{3.39}$$

oder für die magnetische Feldstärke $\mathbf{H}$

$$\mathbf{H} = \frac{\mathbf{B}}{\mu_0} = \oint_s \frac{I \cdot d\mathbf{s} \times \mathrm{grad}_A\, r}{4\pi r^2} \quad . \tag{3.40}$$

Die Beziehungen Gl. 3.36, Gl. 3.38, Gl. 3.39 und Gl. 3.40, die Varianten der allgemeinen Lösung für ein quellenfreies Vektorfeld, nämlich $\mathbf{B}$ bzw. $\mathbf{H}$, darstellen, haben die Gestalt des Biot-Savartschen Gesetzes, wobei dieser Name ursprünglich der letzten Form Gl. 3.40, also jener für $\mathbf{H}$, gegeben wurde.

Jedes Leiterelement $d\mathbf{s}$, das vom Strom I durchflossen ist, trägt gewissermaßen den differentiellen Feldanteil

$$d\mathbf{B} = \mu_0 \frac{I \cdot d\mathbf{s} \times \mathrm{grad}_A\, r}{4\pi r^2} \tag{3.41}$$

bei, und alle Feldbeiträge sind im (festgehaltenen) Aufpunkt durch Integration über sämtliche Leiterelemente aufzusummieren. Es ist aber hier ausdrücklich festzuhalten: Während im elektrostatischen Feld die einzelnen Beiträge

$$(1.30)\quad \mathrm{d}\mathbf{E} = \frac{\mathrm{d}Q}{4\pi\epsilon_0 r^2}\,\mathrm{grad}_A r = \frac{\varrho\cdot\mathrm{d}V}{4\pi\epsilon_0 r^2}\,\mathrm{grad}_A r$$

physikalisch verständlich waren, d.h. die tatsächlichen Feldbeiträge darstellen, die die einzelnen Ladungselemente $\mathrm{d}Q = \varrho\cdot\mathrm{d}V$ im Aufpunkt P bewirken (man könnte sie messen, wenn man sich alle übrigen Ladungen entfernt denkt), haben hier im stationären Magnetfeld die Feldbeiträge $\mathrm{d}\mathbf{B}$ der Leiterelemente $\mathrm{d}\mathbf{s}$ (Stromelemente $\mathbf{S}\cdot\mathrm{d}V = I\cdot\mathrm{d}\mathbf{s}$) für sich allein keine physikalische Bedeutung. Ein einzelnes Stromelement würde, wenn man sich die übrigen Stromelemente wegdenkt, kein stationäres Magnetfeld erzeugen; es ist nämlich beim Stromelement, bei dem der Strom an einem Ende des Elementes beginnt und am anderen Ende verschwindet, die Bedingung der Quellenfreiheit der stationären elektrischen Strömung

$$(2.14)\quad \mathrm{div}\,\mathbf{S} = 0$$

nicht erfüllt, und daher gelten die Ansätze für die Berechnung des Magnetfeldes gar nicht mehr. Daß nämlich ein stationäres magnetisches Feld $\mathbf{B}$ ein stationäres elektrisches Strömungsfeld $\mathbf{S}$ voraussetzt, läßt sich durch Anwendung der Operation div auf Gl. 3.25 zeigen:

$$\mathrm{div}\,\mathrm{rot}\,\mathbf{B} = \nabla(\nabla\times\mathbf{B}) = (\nabla\times\nabla)\mathbf{B} \equiv 0 = \mathrm{div}\,\mu_0\mathbf{S} = \mu_0\cdot\mathrm{div}\,\mathbf{S}\ . \quad (3.42)$$

Im elektrostatischen Feld hingegen war auch für das Feld eines einzelnen Ladungselementes $\mathrm{d}Q$ die Bedingung $\mathrm{rot}\,\mathrm{d}\mathbf{E} = 0$ erfüllt! Beim Magnetfeld hat das Biot-Savartsche Gesetz nur im Falle der Integration über alle Leiter eines stationären elektrischen Strömungsfeldes, also nur in Summe als $\mathbf{B} = \int \mathrm{d}\mathbf{B}$ (bzw. $\mathbf{H} = \int \mathrm{d}\mathbf{H}$), einen physikalischen Sinn. Man muß also bei Anwendung dieses Gesetzes immer ein stationäres Stromsystem zusammensetzen! In diesem Sinne sind auch später immer Feldbeiträge $\mathbf{B}$ (bzw. $\mathbf{H}$) von Leiterstücken zu verstehen (z.B. gerade, endlich lange Leiterstücke, aus denen man dann eine geschlossene Stromschleife zusammensetzen kann, s. Abschnitt 3.1.3.5).

3.1.2. Gegeninduktivität und Selbstinduktivität

Man denke sich einen stationären Stromkreis, der vom stationären Magnetfeld $\mathbf{B}_1$ begleitet ist, wobei die in sich geschlossenen Feldlinien des Induktionsfeldes $\mathbf{B}_1$ wie Glieder einer Kette mit dem Stromkreis „verkettet" und gemäß Gl. 3.25 bzw. Gl. 3.39 die Richtungen der Induktion $\mathbf{B}_1$ und der Stromstärke I_1 jeweils einander rechtswendig zugeordnet sind

(Abb. 3.12). Der Vektorfluß des vom Strom der Schleife 1 herrührenden magnetischen Induktionsfeldes $\mathbf{B}_1$, der eine beliebige andere Fläche A_2 durchsetzt, ist

$$\Phi_{21} = \int_{A_2} \mathbf{B}_1 \cdot \mathrm{d}\mathbf{A}_2 \ . \tag{3.43}$$

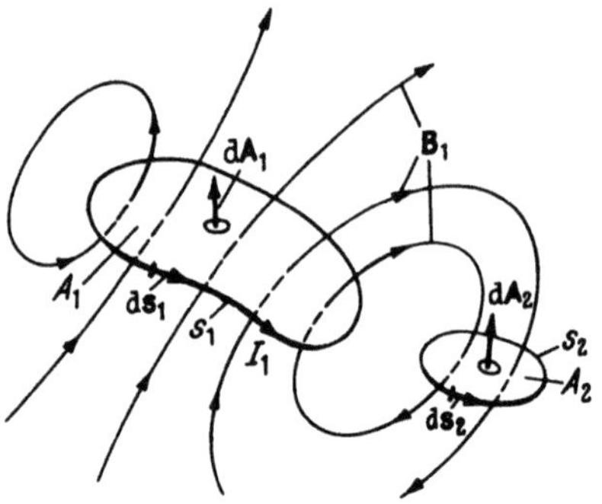

Abb. 3.12

Nun ist gemäß dem Biot-Savartschen Gesetz (für **B**),

$$\text{(3.39)}\quad \mathbf{B}_1 = \mu_0 \oint_{s_1} \frac{I_1 \cdot \mathrm{d}\mathbf{s}_1 \times \mathrm{grad}_A r}{4\pi r^2} = I_1 \oint_{s_1} \mu_0 \frac{\mathrm{d}\mathbf{s}_1 \times \mathrm{grad}_A r}{4\pi r^2} \ , \tag{3.44}$$

die Induktion $\mathbf{B}_1$ an jeder Stelle des Raumes der Stromstärke I_1 proportional, da die geometrische Form der Stromschleife 1 fest vorgegeben ist und daher das, nur mehr geometrische Größen enthaltende Integral in der zweiten Form der Gl. 3.44 von der entlang der Schleife s_1 konstanten Stromstärke I_1 nicht abhängt. Somit muß auch das Flächenintegral von $\mathbf{B}_1$ über eine beliebige Fläche A_2, das ist der magnetische Fluß Φ_{21}, proportional der Stromstärke I_1 sein:

$$\Phi_{21} = \int_{A_2} \mathbf{B}_1 \cdot \mathrm{d}\mathbf{A}_2 = M_{21} I_1 \ . \tag{3.45}$$

Der Proportionalitätsfaktor M_{21} hängt also von der Geometrie des felderzeugenden Stromkreises (von der Form der Randkurve s_1) einerseits und andererseits von der Geometrie der betrachteten Fläche A_2 (bzw. deren Randkurve s_2), die vom Fluß Φ_{21} durchsetzt wird, ab; er heißt „Koeffizient der gegenseitigen Induktion" der beiden Schleifen s_1 und s_2, auch „Gegeninduktionskoeffizient" oder kurz „Gegeninduktivität":

$$M_{21} = \frac{\Phi_{21}}{I_1} \ . \tag{3.46}$$

Dabei läßt sich zeigen, daß man umgekehrt, wenn man einen stationären Strom I_2 entlang der Randkurve s_2 fließen läßt und den Fluß der Induktion $\mathbf{B}_2$ dieses Stromes durch die erste Fläche A_1 (bzw. deren Randkurve s_1) bestimmt,

$$\Phi_{12} = M_{12} I_2 \quad , \tag{3.47}$$

für den Proportionalitätsfaktor M_{12} wiederum den gleichen Wert

$$M_{12} = M_{21} = M \tag{3.48}$$

erhält. Zwischen zwei Randkurven, die jeweils geschlossene, von beliebigen stationären Strömen durchflossene Leiterkreise sein können, gibt es nur eine Gegeninduktivität M. Nun wird mit der Festlegung des Umlaufsinnes ihrer Randkurve eine Fläche orientiert, und zwar so, daß Flächenvektor und Umlaufsinn einander rechtswendig zugeordnet sind; es ergibt sich daher, je nach den an sich willkürlich gewählten Richtungen der beiden Umlaufsinne, entweder ein positives oder aber ein negatives Vorzeichen für die Gegeninduktivität M. In Abb. 3.12 z.B. ist bei $I_1 > 0$ (I_1 positiv, also in Umlaufrichtung $d\mathbf{s}_1$ fließend) wegen der stumpfen Winkel zwischen den Induktionslinien $\mathbf{B}_1$ und den Flächenvektoren $d\mathbf{A}_2$ der magnetische Fluß durch A_2 Gl. 3.43 negativ: $\Phi_{21} < 0$. In

(3.45) $\Phi_{21} = M I_1$

muß also M wegen $\Phi_{21} < 0$ und $I_1 > 0$ negativ sein. Da aber mit der Orientierung der Fläche A_2 der Umlaufsinn von s_2 und damit die Bezugsrichtung von I_2 festliegt, ergibt sich umgekehrt wegen des stumpfen Winkels zwischen $\mathbf{B}_2$ und $d\mathbf{A}_1$ bei positiver Stromstärke I_2 ein ebenfalls negativer Fluß Φ_{12} durch die Fläche A_1 (Abb. 3.13). Auch bei dieser Betrachtung ergibt sich natürlich ein negativer Wert von M.

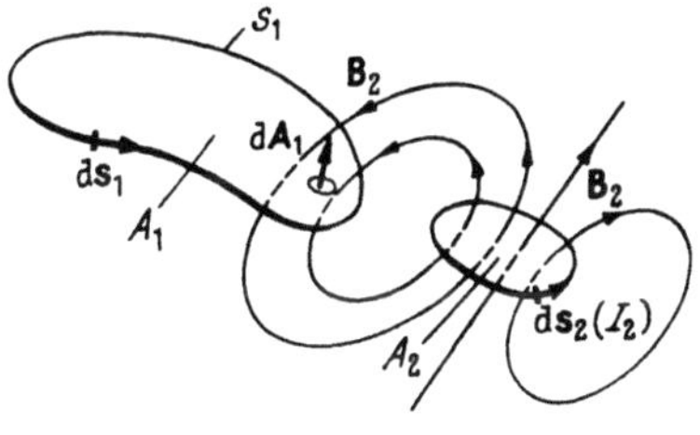

Abb. 3.13

Die Einheit der Gegeninduktivität M ist

$$[M] = \frac{[\Phi]}{[I]} = \frac{\text{Wb}}{\text{A}} = \frac{\text{Vs}}{\text{A}} = \Omega\text{s} = \text{H} \; ; \tag{3.49}$$

sie heißt „Henry" (H) und ist gleich der Ohmsekunde.

Die Gleichheit

(3.48) $M_{12} = M_{21} = M$

läßt sich mit Hilfe des Vektorpotentials nachweisen: Der magnetische Fluß Φ durch eine beliebige Fläche A kann unter Benützung der Definitionsgleichung des Vektorpotentials

(3.30) $\mathbf{B} = \mathrm{rot}\,\mathbf{A}_\mathrm{P}$

und des Stokesschen Integralsatzes aus dem Flächenintegral über die Induktion $\mathbf{B}$ in das Randintegral über das Vektorpotential $\mathbf{A}_\mathrm{P}$ umgewandelt werden:

$$\Phi = \int_A \mathbf{B}\cdot\mathrm{d}\mathbf{A} = \int_A \mathrm{rot}\,\mathbf{A}_\mathrm{P}\cdot\mathrm{d}\mathbf{A} = \oint_s \mathbf{A}_\mathrm{P}\cdot\mathrm{d}\mathbf{s} \quad . \tag{3.50}$$

Im betrachteten Fall des Flusses Φ_{21} durch die Fläche A_2, der vom Strom I_1 herrührt, gilt also

$$\Phi_{21} = \int_{A_2} \mathbf{B}_1\cdot\mathrm{d}\mathbf{A}_2 = \oint_{s_2} \mathbf{A}_{\mathrm{P}_1}\cdot\mathrm{d}\mathbf{s}_2 \quad . \tag{3.51}$$

Nun ist die Lösung für das Vektorpotential das allgemeine Integral der Poissonschen Differentialgleichung für $\mathbf{A}_\mathrm{P}$ (Gl. 3.35), das bei einem linearen Stromkreis wegen Gl. 3.37 die Gestalt

$$\mathbf{A}_{\mathrm{P}_1} = \mu_0 I_1 \oint_{s_1} \frac{\mathrm{d}\mathbf{s}_1}{4\pi r} \tag{3.52}$$

besitzt. Der Gegeninduktionskoeffizient M_{21} ist dann gemäß Gl. 3.46 unter Berücksichtigung von Gl. 3.51 und Gl. 3.52

$$M_{21} = \frac{\Phi_{21}}{I_1} = \frac{1}{I_1}\oint_{s_2} \mathbf{A}_{\mathrm{P}_1}\cdot\mathrm{d}\mathbf{s}_2 = \mu_0 \oint_{s_2}\oint_{s_1} \frac{\mathrm{d}\mathbf{s}_2\cdot\mathrm{d}\mathbf{s}_1}{4\pi r_{12}} \quad , \tag{3.53}$$

wobei $r_{12} = r_{21}$ den Abstand zweier Linienelemente $\mathrm{d}\mathbf{s}_1$ und $\mathrm{d}\mathbf{s}_2$ der beiden Stromkreise bedeutet. Da die Reihenfolge der Integration gleichgültig ist, gilt also

$$M_{21} = \mu_0 \oint_{s_2}\oint_{s_1} \frac{\mathrm{d}\mathbf{s}_2\cdot\mathrm{d}\mathbf{s}_1}{4\pi r_{12}} = \mu_0 \oint_{s_1}\oint_{s_2} \frac{\mathrm{d}\mathbf{s}_1\cdot\mathrm{d}\mathbf{s}_2}{4\pi r_{21}} = M_{12} = M \quad . \tag{3.54}$$

Einen Spezialfall stellt der „Selbstinduktionskoeffizient" L, auch „Selbstinduktivität" oder kurz „Induktivität" genannt, dar. Dieser Koeffizient ist als Proportionalitätsfaktor definiert, der, mit dem Strom I einer Schleife multipliziert, den Fluß durch die eigene Schleife (Abb. 3.14) angibt:

$$\Phi = LI \quad . \tag{3.55}$$

Es ist also

$$L = \frac{\Phi}{I} \quad . \tag{3.56}$$

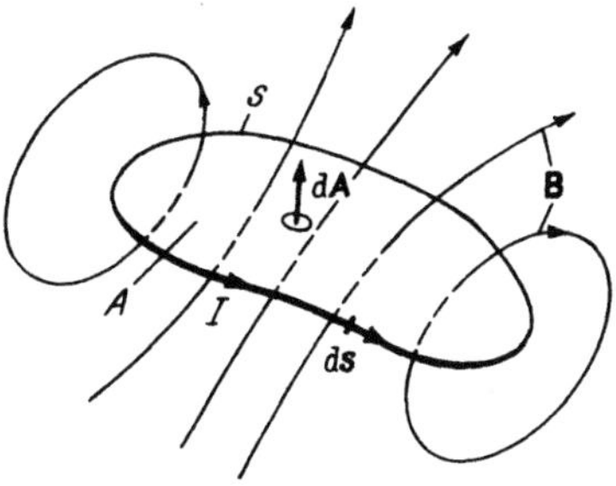

Abb. 3.14

Wegen der rechtswendigen Zuordnung des Flächenvektors d**A** zum Umlaufsinn d**s** und damit zum Bezugssinn für den Strom I und der ebenfalls rechtswendigen Zuordnung des Magnetfeldes zur Stromrichtung muß bei positiver Stromstärke ($I>0$) stets auch ein positiver Fluß Φ auftreten, da die Winkel zwischen **B** und d**A** spitz sind (Abb. 3.14). Der Selbstinduktivitätskoeffizient L ist also stets positiv. Wie bei der Gegeninduktivität M erhält man auch für die Selbstinduktivität L einen Integralausdruck, der nur geometrische Größen enthält, wenn man wieder in Gl. 3.56 für Φ Gl. 3.50 und für das Vektorpotential Gl. 3.52 einführt,

$$L = \mu_0 \oint_s \oint_s \frac{d\mathbf{s} \cdot d\mathbf{s}}{4\pi r} \tag{3.57}$$

(r ... Abstand zweier Linienelemente), wobei zweimal über die Stromschleife zu integrieren ist.

Man erkennt durch Vergleich von Gl. 3.45 mit Gl. 3.55, daß M und L in der gleichen Einheit, nämlich in Henry (s. Gl. 3.49), gemessen werden.

Die Koeffizienten M und L sind im leeren Raum gemäß Gl. 3.54 und Gl. 3.57 rein geometrisch bedingt. Um die Gegeninduktivität zweier Kreise oder die Selbstinduktivität eines Kreises berechnen zu können, müßte man entweder diese Doppelintegrale lösen, wobei sich bei Gl. 3.57 wegen der zweimaligen Integration über dieselbe Kurve s prinzipielle Schwierigkeiten an jenen Stellen ergeben, an denen $r = 0$ wird; oder man berechnet, was mathematisch meist leichter durchzuführen ist, das Magnetfeld **B** und aus ihm den Fluß Φ durch die betreffende Schleife, der dem felderzeugenden Strom proportional sein muß. Der Proportionalitätskoeffizient ist dann eben M bzw. L.

Die Berechnung der Gegen- bzw. der Selbstinduktivität ist jener der Kapazität (s. Abschnitt 1.1.3) analog. Beide Fälle laufen auf eine Feldberechnung hinaus, im Falle der Kapazität ist das der Ladungsanordnung entsprechende elektrostatische Feld, im Falle der Induktivität das der Stromanordnung zugehörige stationäre Magnetfeld zu bestimmen.

3.1.3. Die Berechnung von stationären magnetischen Feldern und von Induktivitäten

Während das elektrostatische Feld **E** (=**D**/ϵ_0 im leeren Raum) ein wirbelfreies Quellenfeld ist, ist das stationäre Magnetfeld **B** (= μ_0**H** im leeren Raum) ein quellenfreies Wirbelfeld, das im allgemeinen Fall mit Hilfe des Vektorpotentials, wie im Abschnitt 3.1.1 erläutert wurde, berechnet werden kann. Neben der auf diese Weise zu erhaltenden, allgemeinen, durch das Biot-Savartsche Gesetz gegebenen Lösung gibt es auch hier – analog zum elektrostatischen Feld (s. Abschnitt 1.1.4) – bei Vorliegen geeigneter Symmetrieverhältnisse einen zweiten, einfacheren Berechnungsweg unter Benützung des Stokesschen Integralsatzes bzw. des aus ihm gewonnenen Durchflutungssatzes. (Der Durchflutungssatz stellt also den dualen Integralausdruck des quellenfreien Magnetfeldes zum Satz vom Hüllenfluß dar, der im wirbelfreien elektrostatischen Feld mit Hilfe des Gaußschen Integralsatzes gewonnen wurde!) Findet man nämlich einen geschlossenen Weg s, für den die Projektion B_s konstant und gleich dem Betrag B ist, so läßt sich B vor das Integral heben:

$$\text{(3.20)}\quad \oint_s \mathbf{B}\cdot \mathrm{d}\mathbf{s} = \oint_s B_s \cdot \mathrm{d}s = \oint_s B\cdot \mathrm{d}s = B\oint_s \mathrm{d}s = Bs = \mu_0 \Theta \quad , \tag{3.58}$$

woraus

$$B = \mu_0 H = \mu_0 \frac{\Theta}{s} \tag{3.59}$$

folgt.

Dividiert man Gl. 3.59 durch μ_0, so erhält man den Betrag der magnetischen Feldstärke H, der sich aber auch auf dem gleichen Weg wie B direkt aus dem Durchflutungssatz für **H** Gl. 3.23 ableiten läßt. Während im Magnetfeld bei Anwesenheit magnetisierbarer Materie der Durchflutungssatz für **H** Gl. 3.23 (im Gegensatz zu jenem für **B** Gl. 3.20) seine Gültigkeit behält (siehe die Bemerkungen im Anschluß an Gl. 3.23) und man daher in diesem Fall zuerst aus ihm die Größe **H** berechnet und dann aus **H** bei bekannten Materialeigenschaften die Größe **B**, wird hier beim Feld im leeren Raum aus prinzipiellen Gründen stets sofort **B** als die das Magnetfeld charakterisierende Größe, aus der auch der Fluß Φ und die Induktivitäten M bzw. L definiert werden, berechnet.

3.1.3.1. Das Magnetfeld eines unendlich langen, geraden Leiters

Bei der Berechnung des Magnetfeldes eines unendlich langen geraden Leiters (Abb. 3.15, ϱ_A ... Zylinderkoordinate, Abstand des Aufpunktes P von der z-Achse) ist wegen der vorliegenden Zylindersymmetrie die im

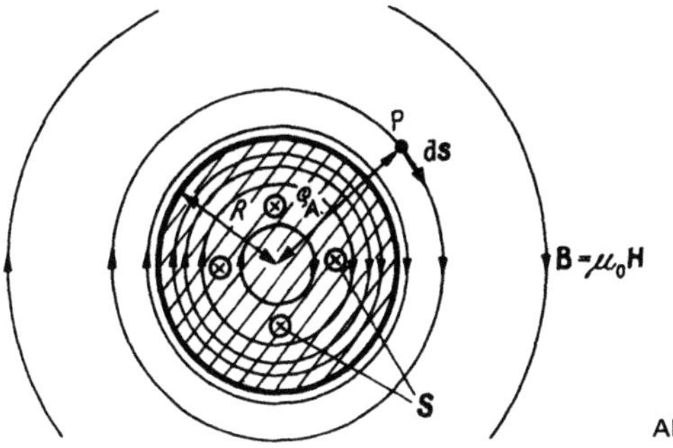

Abb. 3.15

Abschnitt 3.1.3 erwähnte Anwendung des Durchflutungssatzes möglich. Außerhalb des Leiters (Index a) gilt gemäß Gl. 3.20 bzw. Gl. 3.58

$$\oint_s B_a \cdot ds = B_a \oint_s ds = B_a 2\varrho_A \pi = \mu_0 I \quad , \tag{3.60}$$

woraus auf dem kreisförmigen Weg s entlang der Feldlinie

$$B_a = \mu_0 \frac{I}{2\varrho_A \pi} \tag{3.61}$$

folgt.

Innerhalb des Leiters (Index i) gilt zunächst wegen der gleichmäßigen Verteilung der Stromdichte **S** über den Leiterquerschnitt

$$S = |\mathbf{S}| = \frac{I}{R^2 \pi} \tag{3.62}$$

und somit

$$\oint_s B_i \cdot ds = B_i 2\varrho_A \pi = \mu_0 \Theta = \mu_0 S \varrho_A^2 \pi = \mu_0 I \frac{\varrho_A^2}{R^2} \quad , \tag{3.63}$$

woraus

$$B_i = \frac{\mu_0 I}{2\pi R^2} \varrho_A \tag{3.64}$$

zu erhalten ist. Die Abhängigkeit der Größe B von der Zylinderkoordinate ϱ_A zeigt Abb. 3.16 .

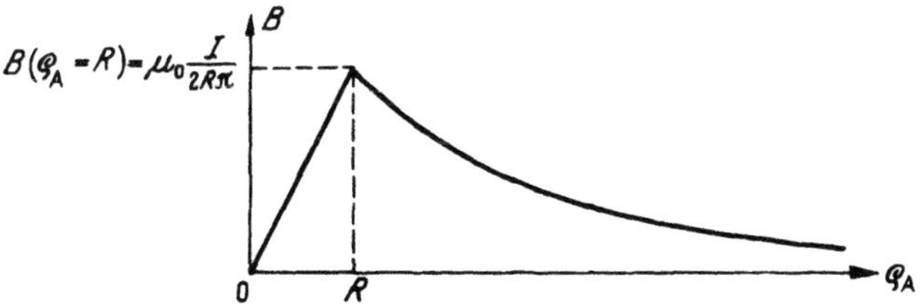

Abb. 3.16

3.1.3.2. Das Magnetfeld in der Achse einer Kreisschleife

Eine Anwendung des Durchflutungssatzes ist in diesem Fall (Abb. 3.17) nicht möglich, da sich kein Weg finden läßt, für den B = const gilt. Es muß daher die allgemeine Lösung für die Induktion im leeren Raum, also das Biot-Savartsche Gesetz für **B**, benützt werden:

$$\text{(3.39)} \quad \mathbf{B} = \mu_0 \oint_s \frac{I \cdot d\mathbf{s} \times \operatorname{grad}_A r}{4\pi r^2} \quad .$$

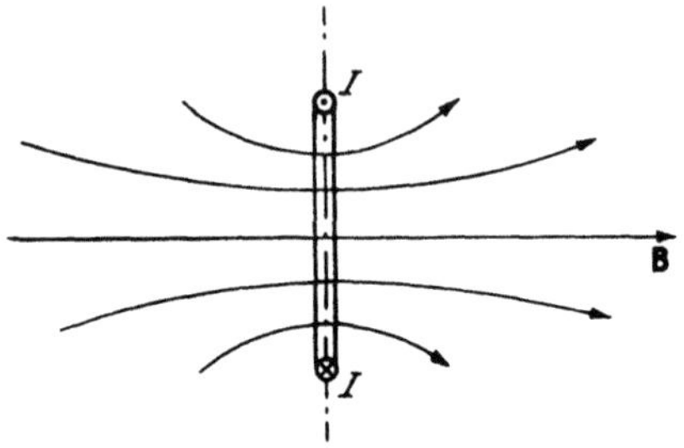

Abb. 3.17

Die einzelnen Beiträge d**B** der Stromelemente $I \cdot d\mathbf{s}$ bilden einen Kegelmantel mit der x-Achse als Achse; alle zur x-Achse normal orientierten Komponenten von d**B** heben sich in Summe weg, daher liegt **B** in Richtung der x-Achse,

$$\mathbf{B} = B_x \mathbf{i} = B \mathbf{i} \quad , \tag{3.65}$$

es muß also nur $d\mathbf{B}_x$ aufsummiert werden (Abb. 3.18). Hier steht $\operatorname{grad}_A r$ stets normal auf $I \cdot d\mathbf{s}$, daher ist

$$dB_x = |d\mathbf{B}| \cdot \cos\psi = \mu_0 \frac{I \cdot ds}{4\pi r^2} \cos\psi \; , \tag{3.66}$$

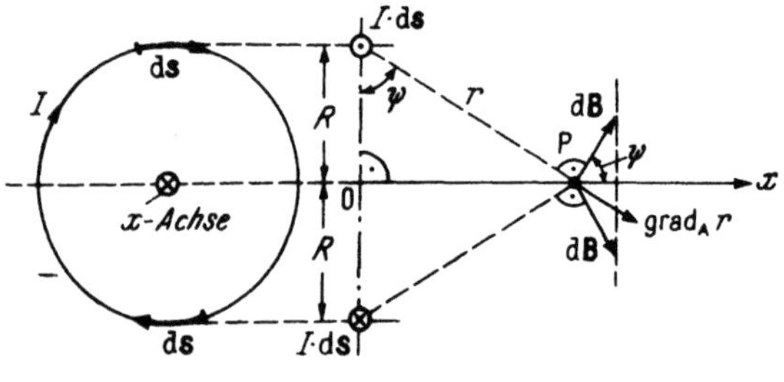

Abb. 3.18

woraus

$$B = B_x = \oint_s \mu_0 \frac{I \cdot ds \cdot \cos\psi}{4\pi r^2} = \mu_0 \frac{IR}{4\pi r^3} 2R\pi = \frac{\mu_0 I R^2}{2r^3} =$$

$$= \mu_0 \frac{IR^2}{2\sqrt{(R^2+x^2)^3}} \tag{3.67}$$

folgt. Im Kreismittelpunkt gilt

$$B\,(x=0) = \mu_0 \frac{I}{2R} \;. \tag{3.68}$$

3.1.3.3. Das Magnetfeld in der Achse einer Zylinderspule

Ein Spulenteil der differentiellen Breite dξ (Abb. 3.19) führt einen Strom der differentiellen Stärke

$$\mathrm{d}I = \alpha \cdot \mathrm{d}\xi = \frac{NI}{l}\,\mathrm{d}\xi \;, \tag{3.69}$$

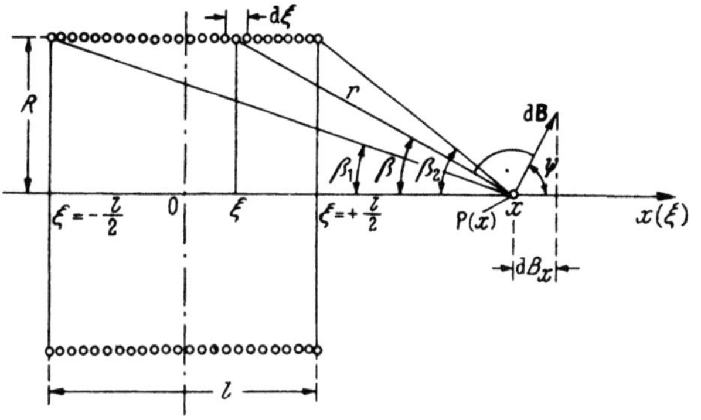

Abb. 3.19

wobei

(3.12) $\alpha = \dfrac{NI}{l}$

der Strombelag der Spule ist. Der differentiell breite Spulenteil gleicht einer Stromschleife mit dem Strom dI. Er bewirkt daher in der Spulenachse einen Feldbeitrag (s. Abschnitt 3.1.3.2, Gl. 3.67, an die Stelle von I und x treten hier die Größen dI bzw. $x-\xi$):

(3.67) $$\mathrm{d}B = \mathrm{d}B_x = \mu_0 \frac{\mathrm{d}I \cdot R^2}{2\sqrt{[R^2+(x-\xi)^2]^3}} = \mu_0 \alpha \frac{R^2 \cdot \mathrm{d}\xi}{2\,[R^2+(x-\xi)^2]^{3/2}} \;. \tag{3.70}$$

Integration über alle Ströme (d.h. über die Länge) der Spule liefert

$$B = B_x = \int\limits_{\xi=-\frac{l}{2}}^{\xi=+\frac{l}{2}} \frac{\mu_0 \alpha}{2} \cdot \frac{R^2}{[R^2+(x-\xi)^2]^{3/2}}\,\mathrm{d}\xi =$$

$$= \frac{\mu_0 \alpha R^2}{2R^3} \int\limits_{-\frac{l}{2}}^{+\frac{l}{2}} \frac{\mathrm{d}\xi}{\left[1+\left(\dfrac{x-\xi}{R}\right)^2\right]^{3/2}} \;. \tag{3.71}$$

Man substituiert zweckmäßigerweise

$$\frac{x-\xi}{R} = \cot\beta \ , \tag{3.72}$$

woraus

$$\xi = x - R\cdot\cot\beta \quad (3.73) \text{ und } \quad d\xi = \frac{R}{\sin^2\beta}\,d\beta \tag{3.74}$$

folgen. Aus Gl. 3.71 erhält man

$$B = \frac{\mu_0\alpha}{2R}\int_{\beta_1}^{\beta_2}\frac{R\cdot d\beta}{\sin^2\beta\,[1+\cot^2\beta]^{3/2}} = \frac{\mu_0\alpha}{2}\int_{\beta_1}^{\beta_2}\sin\beta\cdot d\beta =$$

$$= -\frac{\mu_0\alpha}{2}\cos\beta\,\Big|_{\beta_1}^{\beta_2} = \frac{\mu_0\alpha}{2}(\cos\beta_1 - \cos\beta_2) \ . \tag{3.75}$$

Nun ist

$$\cos\beta_1 = \frac{x+\frac{l}{2}}{\sqrt{R^2+\left(x+\frac{l}{2}\right)^2}} \quad (3.76) \text{ und } \cos\beta_2 = \frac{x-\frac{l}{2}}{\sqrt{R^2+\left(x-\frac{l}{2}\right)^2}}, \tag{3.77}$$

so daß sich schließlich

$$B = \frac{\mu_0\alpha}{2}\left[\frac{x+\frac{l}{2}}{\sqrt{R^2+\left(x+\frac{l}{2}\right)^2}} - \frac{x-\frac{l}{2}}{\sqrt{R^2+\left(x-\frac{l}{2}\right)^2}}\right] \tag{3.78}$$

ergibt.

In der Mitte der Spule ($x=0$) besitzt die Induktion einen Betrag (d ... Diagonale des rechteckigen Spulenaufrisses, s. Abb. 3.20)

$$B = \mu_0\alpha\,\frac{\frac{l}{2}}{\sqrt{R^2+\left(\frac{l}{2}\right)^2}} = \mu_0\frac{NI}{l}\cdot\frac{l}{d} = \mu_0\frac{NI}{d} \ . \tag{3.79}$$

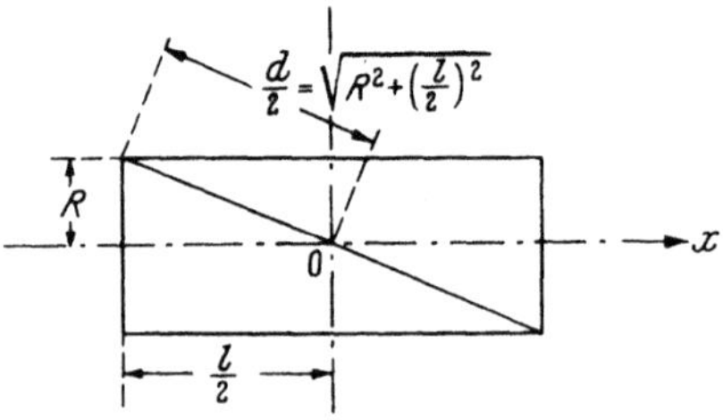

Abb. 3.20

Führt man die Schlankheit s der Spule

$$s = \frac{l}{2R} \tag{3.80}$$

als Verhältnis Länge l zu Durchmesser $2R$ ein, so ergibt sich aus Gl. 3.79

$$B = \mu_0 \alpha \frac{\frac{l}{2R}}{\sqrt{1+\left(\frac{l}{2R}\right)^2}} = \mu_0 \alpha \frac{s}{\sqrt{1+s^2}} \,. \tag{3.81}$$

Eine sehr schlanke (im Verhältnis zu ihrem Durchmesser sehr lange) Spule ($s \gg 1$) besitzt also in ihrem Zentrum eine Induktion, die dem Strombelag α proportional ist

$$B = \mu_0 \alpha = \mu_0 \frac{NI}{l} \,. \tag{3.82}$$

Der Näherungswert Gl. 3.82 ist um den Faktor $\frac{\sqrt{1+s^2}}{s}$ zu groß, bei einer Spule der Schlankheit $s = \frac{l}{2R} = 10$ ist dieser Faktor $\frac{\sqrt{101}}{10} = 1{,}005$, also weicht der Näherungswert $\mu_0 \alpha$ um 5 ‰ = 0,5 % vom wahren Wert ab.

Eine sehr schlanke Spule ($s \to \infty$) besitzt auch in der näheren Umgebung ihres Zentrums eine durch Gl. 3.82 gegebene Induktion. Für Aufpunkte auf ihrer Achse läßt sich das anhand von Gl. 3.78 leicht zeigen, denn für $\frac{l}{2} \gg x$ kann man x gegenüber $\frac{l}{2}$ vernachlässigen, es ergibt sich daher dasselbe Resultat Gl. 3.82, das dort für $x = 0$ (exakt) erhalten wurde. Eine solche Spule großer Schlankheit besitzt aber in ihrem Zentrum auch quer zur Achse ein (praktisch) konstantes, also homogenes Magnetfeld. Dies läßt sich am besten dadurch zeigen, daß man eine lange, gerade Spule als Grenzfall einer ringförmigen Spule (Abschnitt 3.1.3.4) mit unendlich großem Radius des Ringes auffaßt. Man verwendet daher zylinderförmige Spulen, deren Länge im Verhältnis zu ihrem Durchmesser groß ist, um ein Magnetfeld gewünschter Stärke sehr genau realisieren zu können. Da das Feld in der Umgebung der Spulenmitte sehr homogen ist, kommt es auf die genaue Lage des Gerätes zur Messung von B nicht so sehr an, was natürlich meßtechnisch von großer Bedeutung ist. Das Feld kann gemäß Gl. 3.82 aus der Stromstärke I, der Windungszahl N und den geometrischen Abmessungen der Spule (R und l) berechnet werden. Induktionsmeßgeräte, z.B. Hallsonden, werden allgemein mit Hilfe solcher Spulen eingemessen (kalibriert).

3.1.3.4. Das Magnetfeld und die Selbstinduktivität einer Ringspule

Man denke sich eine sehr eng bewickelte, ringförmige Spule auf Holz oder anderem unmagnetischen Material (Abb. 3.21). Die Spulen(Ring)-dicke d sei sehr klein im Verhältnis zum mittleren Ringdurchmesser D. Aus Symmetriegründen müssen die Induktionslinien Kreise sein. Der Durchflutungssatz für **B** ergibt bei Integration entlang einer Feldlinie

$$\text{(3.20)} \quad \oint_s \mathbf{B} \cdot d\mathbf{s} = \mu_0 \Theta = \mu_0 NI = Bl = BD\pi \quad . \tag{3.83}$$

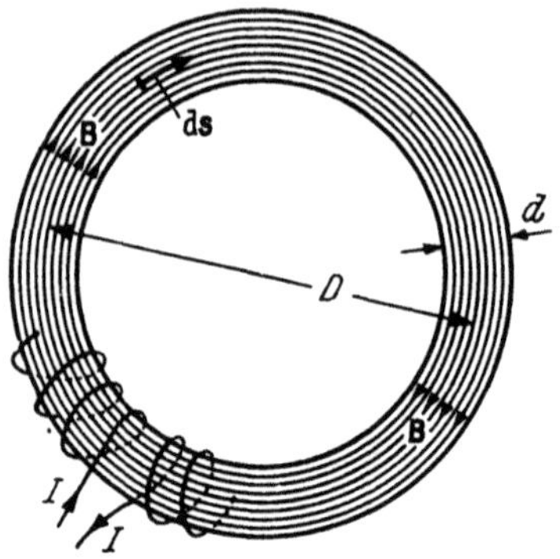

Abb.3.21

D ist zunächst der Durchmesser eines beliebigen kreisförmigen Weges, doch weichen in der sehr dünnen Ringspule die Durchmesser dieser Kreise nur wenig voneinander ab, so daß man Gl. 3.83 mit D als mittlerem Ringdurchmesser bzw. mit l als mittlerem Ringumfang für jeden kreisförmigen Weg im Spuleninneren als annähernd gültig ansehen kann. Dann folgt eine praktisch konstante Größe B,

$$B = \mu_0 \frac{NI}{l} = \mu_0 \alpha = \mu_0 \frac{NI}{D\pi} \quad . \tag{3.84}$$

Man erhält also das gleiche Resultat wie bei der sehr schlanken Zylinderspule (Abschnitt 3.1.3.3), B ist über μ_0 dem Strombelag α der Spule proportional. Genau genommen ist aber die Größe B nicht ganz konstant, an der Innenseite des Ringes ist der Umfang l etwas kleiner, also B etwas größer, als an der Außenseite. Ein exakt homogenes Feld im Ringquerschnitt und somit genaue Gültigkeit von Gl. 3.84 erhält man allerdings für den Fall eines Ringes von unendlich großem Durchmesser; die Ringspule entartet zu einer unendlich langen (und damit unendlich schlanken) geraden Spule.

Der Fluß Φ der Ringspule, der eine Windung der Wicklung durchsetzt, ist

$$\Phi = \int_A \mathbf{B} \cdot d\mathbf{A} = BA = \mu_0 \alpha A = \mu_0 \frac{NI}{l} A \quad , \tag{3.85}$$

(A ... Fläche einer Windung). Nun ist aber der Fluß mit allen N Windungen der Spule „verkettet", d.h. das Induktionsfeld $\mathbf{B}$ durchsetzt alle N Windungen. Die gesamte Stromschleife besitzt also eine Schleifenfläche NA. Man nennt dann den in Gl. 3.85 angegebenen Fluß Φ einer Windungsfläche „Windungsfluß" und bezeichnet zum Unterschied von ihm den mit der gesamten Schleifenfläche NA verketteten, der Stromstärke I über den

Selbstinduktionskoeffizienten L proportionalen Gesamtfluß mit ψ. Es ist also in solchen Fällen die Definitionsgleichung der Selbstinduktivität L Gl. 3.56 in der Form

$$L = \frac{\psi}{I} = \frac{N\Phi}{I} \tag{3.86}$$

zu schreiben. Die Selbstinduktivität L der Ringspule ist dann

$$L = \frac{\psi}{I} = \mu_0 \frac{N^2 A}{l} \quad . \tag{3.87}$$

Sie ist proportional sowohl dem Quadrat der Windungszahl N der Spule als auch dem Spulenquerschnitt A und verkehrt proportional der mittleren Spulenlänge l .

3.1.3.5. Das Magnetfeld eines geraden Leiterstückes und eines aus solchen Leiterstücken zusammengesetzten Stromkreises

Das stationäre magnetische Feld eines einzelnen Leiterstückes hat an sich keine physikalische Bedeutung, worauf schon am Ende vom Abschnitt 3.1.1 verwiesen wurde. Man kann aber im Sinne von Gl. 3.38 die Feldbeiträge $\mathbf{B}_k$ der einzelnen Leiterstücke addieren (superponieren), also

$$\text{(3.38)} \quad \mathbf{B} = \sum_k \mu_0 \int_{s_k} \frac{I_k \cdot \mathrm{d}\mathbf{s}_k \times \mathrm{grad}_A r}{4\pi r^2} = \sum_k \mathbf{B}_k \quad , \tag{3.88}$$

mit

$$\mathbf{B}_k = \mu_0 \int_{s_k} \frac{I_k \cdot \mathrm{d}\mathbf{s}_k \times \mathrm{grad}_A r}{4\pi r^2} \tag{3.89}$$

als Feldbeitrag des k-ten Leiterstückes (Zweiges).

Bei einem geraden Leiterstück (Abb. 3.22) gilt für $\mathrm{d}B = \mathrm{d}B_z$ mit a als Normalabstand des Aufpunktes P von der Leiterachse

$$\mathrm{d}B = \mathrm{d}B_z = \mu_0 \frac{I \cdot \mathrm{d}x \cdot \sin\varphi}{4\pi r^2} = \mu_0 \frac{I \cdot \mathrm{d}x \cdot \cos\beta}{4\pi r^2} \quad . \tag{3.90}$$

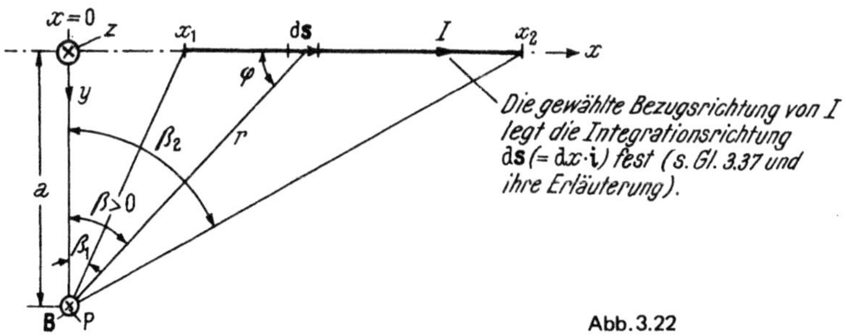

Abb. 3.22

Substituiert man

$$r = \frac{a}{\cos\beta} \quad (3.91) \quad \text{und} \quad x = a \cdot \tan\beta \;, \qquad (3.92)$$

so folgt wegen

$$dx = \frac{a}{\cos^2\beta}\, d\beta \qquad (3.93)$$

für die Induktion

$$B = B_z = \mu_0 \frac{I}{4\pi a} \int_{\beta_1}^{\beta_2} \cos\beta \cdot d\beta \;, \qquad (3.94)$$

und nach Integration

$$B = B_z = \mu_0 \frac{I}{4\pi a} (\sin\beta_2 - \sin\beta_1) \;. \qquad (3.95)$$

Die Induktionslinien des Feldbeitrages **B** sind aus Symmetriegründen Kreislinien mit Mittelpunkten in der durch das Leiterstück bestimmten Geraden, sie sind der Stromrichtung rechtswendig zugeordnet.

Als Beispiel soll die Induktion in der Mitte einer quadratischen Schleife (Abb.3.23) berechnet werden. Die Zuleitungen seien „bifilar" (d.h. unmittelbar nebeneinander) verlegt, so daß sich ihre Magnetfeldanteile wegheben. Da der Strom jeder Quadratseite einen gleich großen Feldbeitrag erzeugt, gilt in Summe

$$B = B_z = 4\mu_0 \frac{I}{4\pi a} [\sin 45° - \sin(-45°)] = \mu_0 \frac{2I}{\pi a} \sin 45° =$$

$$= \mu_0 \frac{\sqrt{2} I}{\pi a} \,. \qquad (3.96)$$

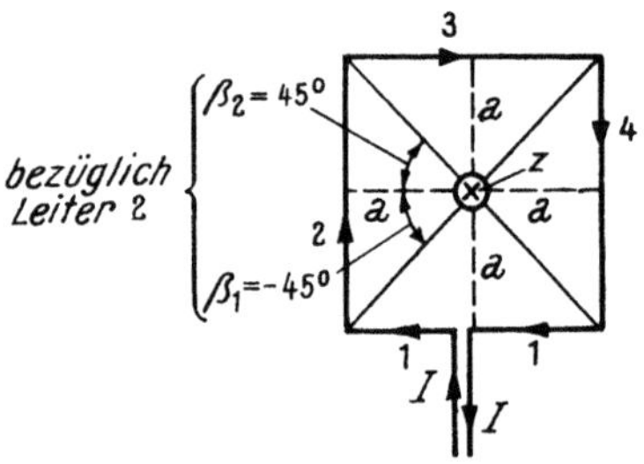

Anm.: Gemäß Abb. 3.22 gilt für Leiterelemente links von der Normale a $x < 0$ und somit nach Gl. 3.92 auch $\beta < 0$.

Abb.3.23

Der Normalabstand a ist hier gleich der halben Länge der Quadratseite.

Untersucht man **B** in einem Aufpunkt, der gemäß Abb. 3.24 in Verlängerung des geraden Leiterstückes 1 liegt, so ist zunächst festzustellen, daß dieses

Leiterstück 1 zum Feld keinen Beitrag leistet. Es gilt in diesem Fall $I \cdot d\mathbf{s} \uparrow\downarrow \mathrm{grad}_A r$ und daher verschwindet das Vektorprodukt $I \cdot d\mathbf{s} \times \mathrm{grad}_A r$ in Gl. 3.89, bzw. wegen $a \to 0$ geht $\beta_2 \to \beta_1$ und in Gl. 3.95 $\frac{1}{a}(\sin\beta_2 - \sin\beta_1) \to 0$. Damit bleiben nur die Beiträge der Quadratseiten 2, 3 und 4, wobei zu beachten ist, daß bei der Anwendung von Gl. 3.95 die Bezugsrichtungsannahmen der Abb. 3.22 zugrunde zu legen sind und daher die Stromstärke von Leitungsstück 4 negativ in die Rechnung einzuführen ist.

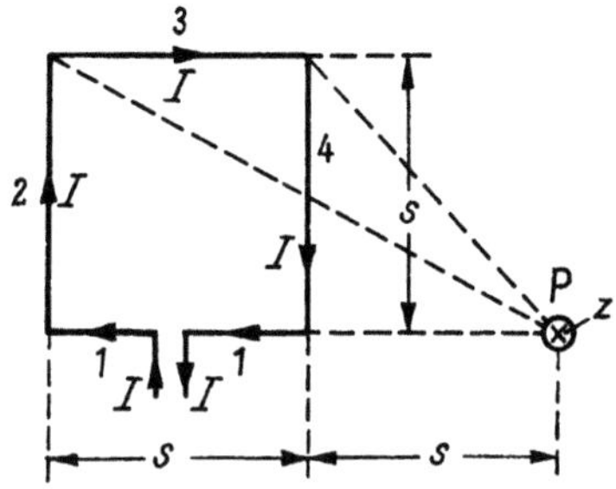

Abb. 3.24

$$B = B_z = B_2 + B_3 + B_4 = \mu_0 \frac{I}{4\pi} \left\{ \frac{\sin\left(\arctan\frac{1}{2}\right) - \sin 0°}{2s} + \right.$$

$$\left. + \frac{\sin(-45°) - \sin(-\arctan 2)}{s} - \frac{\sin 45° - \sin 0°}{s} \right\} =$$

$$= -0{,}296 \frac{\mu_0 I}{4\pi s} \quad . \tag{3.97}$$

Der bei $I > 0$ negative Wert von B bedeutet, daß das Feld **B** der in Abb. 3.24 im Aufpunkt eingetragenen Richtung der z-Achse entgegengesetzt orientiert ist.

Schließlich soll noch ein dreidimensionales Problem behandelt werden (Abb. 3.25). Der Aufpunkt P, in dem die Induktion **B** berechnet werden soll, liege im Eckpunkt eines Würfels. Der vom Leiterstück 1 herrührende Induktionsbeitrag ist

$$B_1 = \mu_0 \frac{I}{4\pi a} (\sin 45° - \sin 0°) = \mu_0 \frac{I}{4\sqrt{2}\pi a} \quad . \tag{3.98}$$

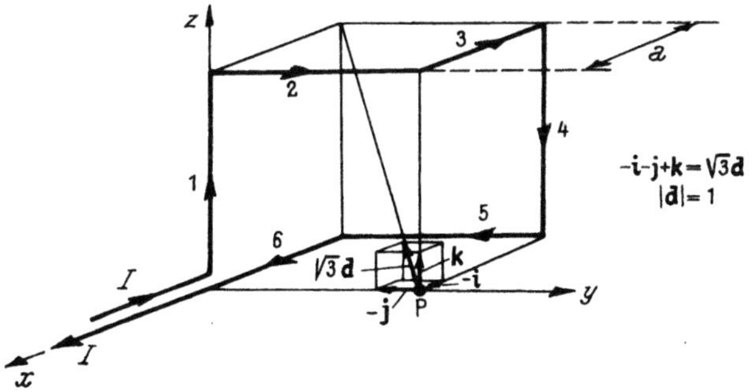

Abb. 3.25

Da das Teilfeld $\mathbf{B}_1$ kreisförmige Feldlinien mit Mittelpunkten in der durch das Leiterstück 1 festgelegten Geraden bei rechtswendiger Zuordnung zum Strom in diesem Leiterstück besitzt, ist $\mathbf{B}_1$ im Aufpunkt P in der negativen x-Richtung (also in Richtung des Einsvektors $-\mathbf{i}$) orientiert:

$$\mathbf{B}_1 = B_1(-\mathbf{i}) \; . \tag{3.99}$$

Man erkennt, daß auch alle anderen Leiterstücke in P Feldbeiträge leisten, die dem Betrag B_1 gleich sind,

$$|\mathbf{B}_1| = B_1 = |\mathbf{B}_2| = B_2 = \ldots = |\mathbf{B}_k| = B_k = \mu_0 \frac{I}{4\sqrt{2}\pi a} \; . \tag{3.100}$$

Die Richtungen dieser Teilinduktionen ergeben sich wie folgt:

$$\mathbf{B}_2 = B_k(-\mathbf{i}) \; , \tag{3.101}$$

$$\mathbf{B}_3 = B_k(-\mathbf{j}) \; , \tag{3.102}$$

$$\mathbf{B}_4 = B_k(-\mathbf{j}) \; , \tag{3.103}$$

$$\mathbf{B}_5 = B_k\mathbf{k} \tag{3.104}$$

und

$$\mathbf{B}_6 = B_k\mathbf{k} \; . \tag{3.105}$$

Die Vektorsumme der Teilfelder $\mathbf{B}_k$ ist

$$\mathbf{B} = \sum_{k=1}^{6} \mathbf{B}_k = 2B_k(-\mathbf{i}-\mathbf{j}+\mathbf{k}) = \mu_0 \frac{\sqrt{3}I}{2\sqrt{2}\pi a}\mathbf{d} \; , \tag{3.106}$$

mit dem Einsvektor in Richtung der Raumdiagonale

$$\mathbf{d} = \frac{1}{\sqrt{3}}(-\mathbf{i}-\mathbf{j}+\mathbf{k}) \; . \tag{3.107}$$

Der Normalabstand a ist hier gleich der Länge der Würfelkante.

In entsprechender Weise kann man alle räumlichen Probleme mit aus geraden Stücken zusammengesetzten Leiterschleifen behandeln. Es handelt sich im Prinzip nur um jeweils anders geartete geometrische Probleme.

3.1.3.6. Die (äußere) Selbstinduktivität einer Doppelleitung

Für die Rechnung seien die beiden parallelen, geraden, zylindrischen Drähte unendlich lang, ihre Radien R seien sehr klein gegenüber ihrem Achsenabstand a (Abb. 3.26). Die Stromstärken seien in beiden Leitern gleich groß, die Stromrichtungen einander entgegengesetzt („Hin- und Rückleitung").

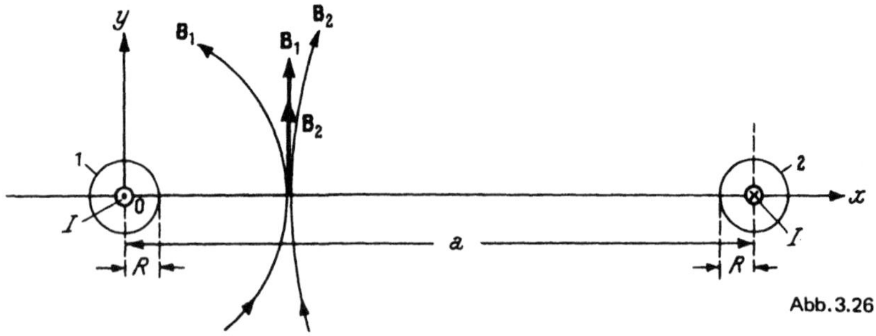

Abb. 3.26

Zur Berechnung des von einem stationären Strom hervorgerufenen Magnetfeldes superponiert man die beiden Teilfelder von Hin- und Rückleitung, die jeweils kreisförmige Feldlinien mit Mittelpunkten in der zugehörigen Leiterachse besitzen:

$$\mathbf{B} = \mathbf{B}_1 + \mathbf{B}_2 \quad . \tag{3.108}$$

Die Induktionslinien beider Teilfelder durchsetzen die Ebene, in der die beiden Leiter liegen, senkrecht, die beiden Induktionen $\mathbf{B}_1$ und $\mathbf{B}_2$ sind dort parallel zueinander; es addieren sich also ihre Beträge,

$$B = B_1 + B_2 \quad . \tag{3.109}$$

Bei der Berechnung der Selbstinduktivität der Doppelleitung soll zunächst nur das Magnetfeld außerhalb der Leiter Berücksichtigung finden („äußere Selbstinduktivität"). Das Magnetfeld im Leiterinneren bewirkt einen weiteren geringen Beitrag zur Selbstinduktivität des Stromkreises, der jedoch erst später (Abschnitt 3.3.1.3.1) berechnet werden soll. Wegen der Symmetrie der Anordnung muß der Fluß durch die Schleife der Doppelleitung dem doppelten Wert jenes Flusses gleich sein, der von einem Leiter allein herrührt. Das Induktionsfeld eines (unendlich lang gedachten) Leiters, etwa des Leiters 1, ist außerhalb desselben gemäß Gl. 3.61 (wobei hier x statt ϱ_A zu schreiben ist)

$$B_1 = \frac{\mu_0 I}{2\pi x} \quad . \tag{3.110}$$

Daher gilt, wenn man den mit beiden Leitern verketteten Fluß in ihrer Ebene berechnet, also über Flächenelemente $\mathrm{d}A = l \cdot \mathrm{d}x$, und somit über x von R bis $a - R \approx a$ integriert:

$$\Phi = 2 \int_A \mathbf{B}_1 \cdot \mathrm{d}\mathbf{A} = 2 \int_R^a B_1 l \cdot \mathrm{d}x = 2 \frac{\mu_0 I l}{2\pi} \int_R^a \frac{\mathrm{d}x}{x} =$$

$$= \mu_0 \frac{Il}{\pi} \ln \frac{a}{R} = LI \quad . \tag{3.111}$$

Die (äußere) Selbstinduktivität der Doppelleitung ist demnach

$$L = \frac{\Phi}{I} = \mu_0 \frac{l}{\pi} \ln \frac{a}{R} \quad . \tag{3.112}$$

Wäre die Länge l der Doppelleitung tatsächlich unendlich groß, so wäre nach Gl. 3.112 auch die Induktivität L unendlich. In Wirklichkeit kann die Doppelleitung natürlich nur eine endliche Länge besitzen, was bedeutet, daß die berechneten Feldverhältnisse in der Nähe der Leitungsenden nicht mehr gegeben sind. Damit ist auch der berechnete Induktivitätswert umso weniger genau, je kürzer die Leitung (im Verhältnis zum Leiterachsenabstand a) ist.

Man bezieht zweckmäßigerweise den Induktivitätswert auf die Leitungslänge,

$$L' = \frac{L}{l} = \frac{\mu_0}{\pi} \ln \frac{a}{R} \quad ; \tag{3.113}$$

dieser Quotient aus Induktivität L und Länge l wird „Induktivitätsbelag" der Leitung genannt.

3.1.3.7. Die Gegeninduktivität zweier paralleler Doppelleitungen

Der Strom I im Leiter 1 der einen Doppelleitung bewirkt in der Schleife 3–4 der anderen Doppelleitung (Abb. 3.27) einen Fluß

$$\Phi_{34,1} = \int_{A_{34}} \mathbf{B}_1 \cdot \mathrm{d}\mathbf{A} = \int_{r_{13}}^{r_{14}} B_1 l \cdot \mathrm{d}r = \mu_0 \frac{Il}{2\pi} \int_{r_{13}}^{r_{14}} \frac{\mathrm{d}r}{r} = \frac{\mu_0 Il}{2\pi} \ln \frac{r_{14}}{r_{13}} \,. \tag{3.114}$$

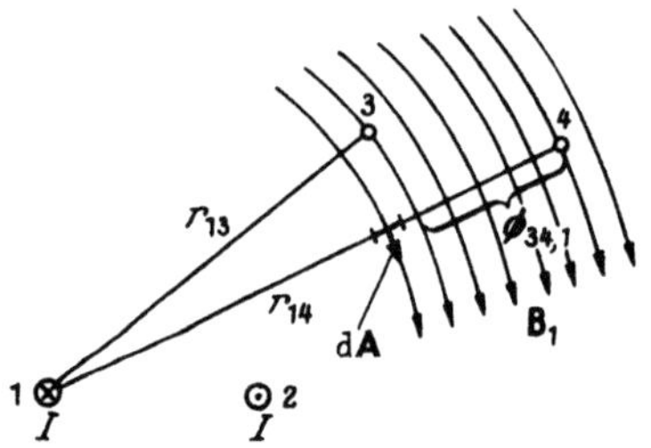

Abb. 3.27

Der Rückstrom I im Leiter 2 bewirkt in der Schleife 3–4 einen Fluß

$$\Phi_{34,2} = \mu_0 \frac{-Il}{2\pi} \cdot \int_{r_{23}}^{r_{24}} \frac{\mathrm{d}r}{r} = -\frac{\mu_0 Il}{2\pi} \ln \frac{r_{24}}{r_{23}} = \frac{\mu_0 Il}{2\pi} \ln \frac{r_{23}}{r_{24}} \quad . \tag{3.115}$$

Der gesamte, von der Doppelleitung 1–2 in der Doppelleitung 3–4 hervorgerufene Fluß ist demnach

$$\Phi_{34} = \Phi_{34,1} + \Phi_{34,2} = \frac{\mu_0 Il}{2\pi} \ln \frac{r_{14} r_{23}}{r_{13} r_{24}} = MI \quad . \tag{3.116}$$

Es folgt aus Gl. 3.116 ein Koeffizient der gegenseitigen Induktion

$$M = \frac{\mu_0 l}{2\pi} \ln \frac{r_{14} r_{23}}{r_{13} r_{24}} \tag{3.117}$$

und ein Gegeninduktivitätsbelag

$$M' = \frac{M}{l} = \frac{\mu_0}{2\pi} \ln \frac{r_{14} r_{23}}{r_{13} r_{24}} \quad . \tag{3.118}$$

3.1.3.8. Bemerkungen zur Verwendung der Größen B und H

Bei der Berechnung des Magnetfeldes eines stationären elektrischen Strömungsfeldes wurde stets die für das Magnetfeld charakteristische Feldgröße **B**, die Induktion (Flußdichte), bevorzugt.

In der Literatur wird oftmals an Stelle von **B** zunächst **H** berechnet und dann erst durch Multiplikation mit μ_0 gemäß

(3.6) $\mathbf{B} = \mu_0 \mathbf{H}$

zu **B** übergegangen. Im leeren Raum sind nun **B** und **H** gleichartige Felder, die sich wegen $\mu_0 \neq 1$ (μ_0 ... Skalar) nur um einen, an jeder Stelle des Raumes gleichen Proportionalitätsfaktor unterscheiden. Daß meist immer noch **H** bevorzugt wird, obwohl man dann doch in der Praxis den aus **B** gebildeten magnetischen Fluß

(3.17) $\Phi = \int_A \mathbf{B} \cdot d\mathbf{A}$

benötigt, hat zunächst historische Gründe, da – wie man später bei der Behandlung magnetisierter Materie noch genauer sehen wird – früher **H** für die Feldstärke des Magnetfeldes angesehen wurde und auch heute noch so, nämlich „magnetische Feldstärke", benannt ist. Ein zweiter, praktischer Grund ist der schon im Abschnitt 3.1.3 erwähnte, daß **H** im allgemeinen Fall, d.h. wenn auch magnetisierte Materie vorhanden ist (s. Abschnitt 3.2), so definiert ist, daß die I. Maxwellsche Gleichung für das stationäre Feld

(3.26) $\operatorname{rot} \mathbf{H} = \mathbf{S}$

und der aus ihr mit Hilfe des Stokesschen Satzes zu gewinnende, meist den Ausgangspunkt bei der Berechnung stationärer magnetischer Felder bildende Durchflutungssatz (für **H**)

(3.23) $\oint_s \mathbf{H} \cdot d\mathbf{s} = \int_A \mathbf{S} \cdot d\mathbf{A} = \Theta \; (= \sum_k I_k)$

ihre Gültigkeit beibehalten. **B** läßt sich bei Anwesenheit magnetisierbarer Materie praktisch nur auf dem Umweg über **H** berechnen.

Im elektrischen Feld liegen analoge Verhältnisse vor; hier ist die elektrische Verschiebung **D** so definiert, daß bei Anwesenheit polarisierbarer Materie die III. Maxwellsche Gleichung

(1.233) bzw. (1.68) $\operatorname{div} \mathbf{D} = \varrho_{wa}$

und der aus ihr mit Hilfe des Gaußschen Integralsatzes zu gewinnende, für die Berechnung elektrostatischer Felder sehr wichtige Satz vom elektrischen Hüllenfluß

(1.70) $\psi^{el} = \oint_A \mathbf{D} \cdot d\mathbf{A} = \int_V \varrho_{wa} \cdot dV \; (= \sum_k Q_{wa,k})$

ihre Gültigkeit behalten. Die Feldstärke **E** kann bei Anwesenheit polarisierbarer Materie praktisch nur auf dem Umweg über **D** berechnet werden.

Man erkennt den schon erwähnten Dualismus von **E** und **B**, ein ebensolcher besteht zwischen **D** und **H**.

3.2. Das stationäre magnetische Feld bei Anwesenheit magnetisierbarer Materie

3.2.1. Grundbegriffe

Wenn in einem Magnetfeld magnetisierbare Materie vorhanden ist, so wird es durch diese beeinflußt, so wie auch das elektrische Feld durch polarisierbare Materie beeinflußt wird. Man kann nun das resultierende, sich endgültig einstellende Magnetfeld wieder durch Überlagerung zweier Teilfelder darstellen: Das eine Teilfeld ist jenes, das die Leitungsströme allein in ihrer augenblicklichen Verteilung, also bei Abwesenheit der magnetisierbaren Materie, im leeren Raum bewirken. Die Größen dieses Teilfeldes, das als Feld im leeren Raum ein quellenfreies Wirbelfeld ist und das im Abschnitt 3.1 behandelt wurde, sollen im folgenden mit dem Index „L" („Leitungsströme") besonders gekennzeichnet werden. Denkt man sich nun die magnetisierbare Materie bei gleich bleibender Verteilung der Leitungsströme ins Feld gebracht, so magnetisiert sie sich und erzeugt ein Zusatzfeld der Materie (Index „Mat"), das sich dem ursprünglichen Feld der Leitungsströme überlagert. Es setzt sich also jetzt das Gesamtfeld **B** gemäß

$$\mathbf{B} = \mathbf{B}_L + \mathbf{B}_{Mat} \tag{3.119}$$

und in entsprechender Weise auch das Vektorfeld **H** gemäß

$$\mathbf{H} = \mathbf{H}_L + \mathbf{H}_{Mat} \tag{3.120}$$

aus diesen Teilfeldern zusammen.

Um nun das Zusatzfeld der Materie allein untersuchen zu können, denke man sich den Magnetisierungszustand der Materie festgehalten, also gewissermaßen „eingefroren", und dann das Feld der Leitungsströme, etwa durch Abschaltung derselben, beseitigt. Es bleibt dann das Feld der Materie, die jetzt permanent magnetisiert ist, allein zurück. Der Ausgangspunkt der Betrachtungen des Zusatzfeldes der Materie wird also ein permanent magnetisiertes Materiestück sein, am einfachsten ein gleichmäßig (homogen) magnetisiertes Parallelepiped („Magnetstab"). Es wird sich zeigen, daß man das mit dem Magnetstab, i.a. das mit magnetisierter Materie, verknüpfte Magnetfeld auf zweierlei Arten deuten kann. Dies führt zu zwei, zumindest im Rahmen der Kontinuumstheorie, also im Makrobereich, gleichberechtigten Theorien des Magnetismus der Materie, die „Elementarstromtheorie" und „Mengentheorie" des Magnetismus genannt werden sollen. Die Elementarstromtheorie als Wirbelfeldtheorie der magnetisierten Materie baut auf den Vorstellungen der Elektronentheorie von H.A. Lorentz /3.3/ auf und ist ihr makroskopisches oder auch kontinuumstheoretisches Abbild, die Mengentheorie als Quellenfeldtheorie der magnetisierten Materie stellt ein Analogon zum Verhalten der elektrisch polarisierten Materie dar.

3.2.1.1. Die Elementarstromtheorie des Magnetismus

Es ist eine Erfahrungstatsache – die sich z.B. durch Ausmessen des Magnetfeldes über das Drehmoment auf eine Probespule (s. Abschnitt 3.1.1) erweisen läßt – daß ein homogen magnetisierter Magnetstab ein Magnetfeld hervorruft, das völlig jenem einer geometrisch gleichgeformten Röhrenspule von konstantem Leitungsstrombelag gleicht (Abb. 3.28). Nur ist man beim Magnetstab natürlich nicht in der Lage, den Verlauf des Magnetfeldes im Inneren des Stabes zu verfolgen, das heißt etwa mit einer Probespule auszumessen. Es liegt aber zunächst nahe, das Feld in gleicher Weise wie bei der Röhrenspule ins Innere des Stabes fortzusetzen, was allerdings zu der Vorstellung zwingen würde, daß beim Magnetstab an derselben Stelle wie bei der Röhrenspule, also an der Mantelfläche des Stabes, Ströme fließen. In der Tat gibt es diese Ströme in der Materie, es sind die schon von Ampere angenommenen molekularen Elementarströme, die entsprechend den Vorstellungen des Rutherford-Bohrschen Atommodells durch die um die Atomkerne umlaufenden und um ihre eigene Achse ro-

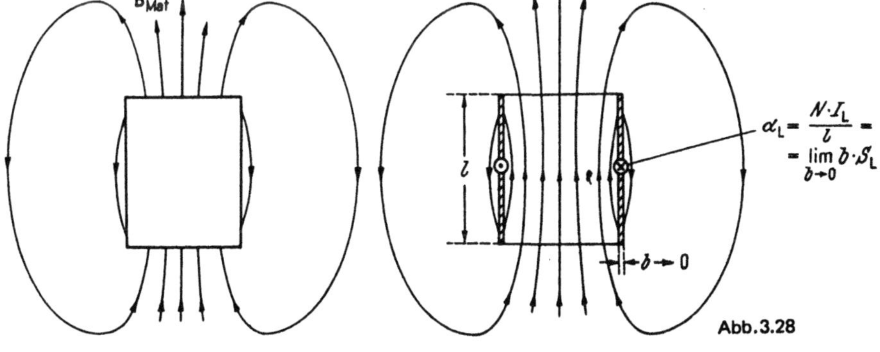

Abb. 3.28

tierenden Elektronen repräsentiert werden. Denkt man diese elementaren Kreisströme kontinuierlich aneinandergereiht (Abb. 3.29), so erkennt man, daß sie sich im Inneren der gleichmäßig (homogen) magnetisierten Materie gegenseitig kompensieren, an der Mantelfläche des Magneten hingegen wird ein Elementarstrom I_E, bzw. auf die Länge l des Stabes bezogen ein Elementarstrombelag

$$\alpha_E = \frac{I_E}{l} \quad , \tag{3.121}$$

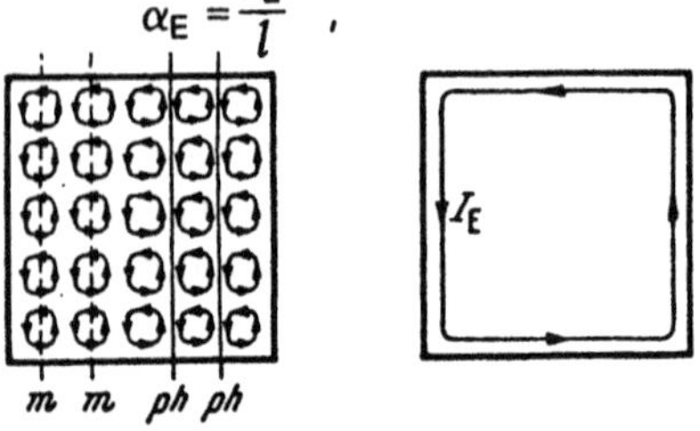

Abb. 3.29

frei. Es können also in der Tat Röhrenspule und gleichgeformter Magnetstab als äquivalent angesehen werden, es liegt gleiche Stromverteilung vor und daher besteht im gesamten Raum, also auch im Inneren des Magneten, das gleiche Magnetfeld **B** (Abb. 3.30). Bei einem inhomogen magnetisierten Körper kompensieren sich die Elementarströme im Inneren benachbarter („mathematisch" begrenzter) Volumenselemente nicht mehr, es treten dort dann räumlich verteilte Elementarströme der Dichte $\mathbf{S}_E$ auf (s. Abb. 3.85). Die Bewegung der an ein Atom gebundenen, Elementarströme bildenden Elektronen bedeutet ebenso eine elektrische Strömung wie etwa die Bewegung der einen Leitungsstrom bildenden, von Atom zu Atom weiterwandernden Leitungselektronen in einem Metall; sie ist daher in gleicher Weise von einem Magnetfeld begleitet. Es gelten also für das Feld $\mathbf{B}_{Mat}$ die analogen mathematischen Beziehungen wie für $\mathbf{B}_L$, das sind die Integralbeziehungen

(3.18) $\oint_A \mathbf{B}_{Mat} \cdot d\mathbf{A} = 0$ (3.122) und (3.20) $\oint_s \mathbf{B}_{Mat} \cdot d\mathbf{s} = \mu_0 \Theta_E$, (3.123)

bzw. die entsprechenden Differentialgleichungen

(3.15) $\operatorname{div} \mathbf{B}_{Mat} = 0$ (3.124) und (3.25) $\operatorname{rot} \mathbf{B}_{Mat} = \mu_0 \mathbf{S}_E$. (3.125)

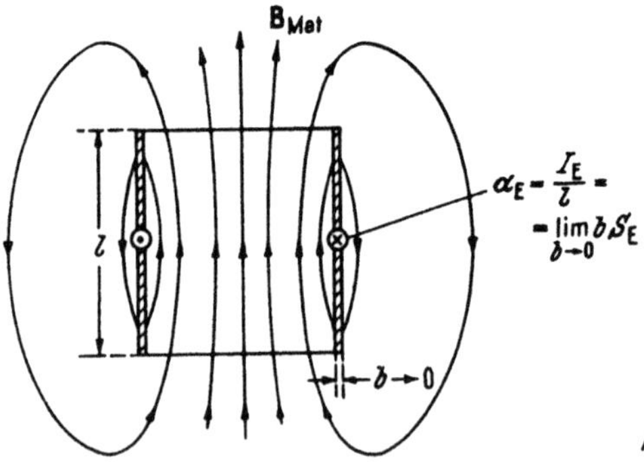

Abb. 3.30

$\mathbf{S}_E$ ist die Stromdichte räumlich verteilter Elementarströme; geht man mit $b \to 0$, also zu flächenhaft an Grenzflächen magnetisierter Materie verteilten Elementarströmen über, so gilt gemäß Gl. 2.39

$$\boldsymbol{\alpha}_E = \lim_{b \to 0} b\mathbf{S}_E \tag{3.126}$$

und somit

$$\operatorname{Rot}\mathbf{B}_{Mat} = \lim_{b \to 0} b \cdot \operatorname{rot}\mathbf{B}_{Mat} = \mu_0 \cdot \lim_{b \to 0} b\mathbf{S}_E = \mu_0 \boldsymbol{\alpha}_E \quad . \tag{3.127}$$

Es soll an dieser Stelle ausdrücklich bemerkt werden, daß der Vektor $\mathbf{H}_{Mat}$ in der Materie nicht wie im leeren Raum in der Form $\mathbf{B}_{Mat}/\mu_0$ definiert wird; er soll erst später festgelegt werden.

Zur Kennzeichnung des magnetischen Zustandes der Materie greift man auf die schon bekannte Größe „magnetisches Moment" zurück. Es ist eine Erfahrungstatsache, daß man bei Teilung eines Magnetstabes immer wieder neue, kleinere Magnetstäbe erhält, so daß man sich den Magnetstab im Rahmen der Kontinuumsvorstellung der Materie aus differentiell kleinen Elementarmagneten aufgebaut denken kann, die kleinen Röhrenspulen äquivalent sind und die am Mantel einen Elementarstrom $\mathrm{d}I_E = \alpha_E \cdot \mathrm{d}l$ führen (Abb. 3.31). Ihr magnetisches Moment ist gemäß Gl. 3.11

$$\mathrm{d}\mathbf{m}_E = \mathrm{d}I_E \cdot \mathrm{d}A \cdot \mathbf{n} = \alpha_E \cdot \mathrm{d}l \cdot \mathrm{d}A \cdot \mathbf{n} = \alpha_E \cdot \mathrm{d}V \cdot \mathbf{n} \quad . \tag{3.128}$$

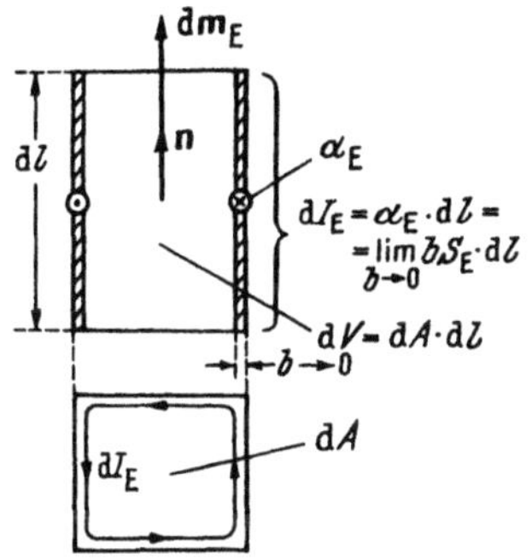

Abb. 3.31

Das auf das Volumen des Elementarmagneten bezogene magnetische Moment der magnetisierten Materie

$$\mathbf{M} = \frac{\mathrm{d}\mathbf{m}_E}{\mathrm{d}V} = \alpha_E \mathbf{n} = \lim_{V \to 0} \frac{1}{V} \sum_k \mathbf{m}_k \tag{3.129}$$

wird „Magnetisierung" genannt. Es ist, mikroskopisch gesehen, durch die einzelnen elementaren magnetischen Momente $\mathbf{m}_k$ der Elektronenbahnen und der Rotationen (der „Spins") der Elektronen bestimmt. Die Magnetisierung $\mathbf{M}$ gibt also den magnetischen Zustand der Materie in jedem Volumselement, das heißt in jedem Punkt innerhalb der Materie, an. Außerhalb, im leeren Raum, ist natürlich $\mathbf{M}_0 = 0$, da ja hier keine Elementarströme vorhanden sind. Es ist begreiflich, daß man den magnetischen Zustand der Materie durch eine Vektorgröße kennzeichnen muß, da nicht nur die Stärke sondern auch die Richtung des magnetischen Momentes jedes Volumselementes maßgebend ist.

Nach Gl. 3.129 haben Magnetisierung **M** und Strombelag α_E gleiche Dimension, sie ist im übrigen, wenn man z.B. mit Gl. 3.28 vergleicht, auch die Dimension der magnetischen Feldstärke **H**. Alle drei Größen werden in der „gleichen" Einheit (s. Gl. 3.9)

$$[M] = [\alpha_E] = [H] = \frac{\mathrm{A}}{\mathrm{m}} \tag{3.130}$$

gemessen.

In einem homogen magnetisierten, also aus gleichartig magnetisierten Elementarmagneten aufgebauten Magnetstab hat die Magnetisierung **M** an jeder Stelle gleichen Betrag und gleiche Richtung, das Vektorfeld **M** ist in diesem Fall homogen (Abb. 3.32). Die Feldlinien von **M** entspringen an der unteren Deckfläche, dort liegen also die (flächenhaften) Quellen dieses Feldes; an der oberen Deckfläche verschwinden die Feldlinien von **M** wieder, dort liegen die (flächenhaften) Senken. Man erkennt an Abb. 3.32 die bekannte Eigenschaft eines Vektorfeldes, daß an jenen Stellen, an denen in einer sehr dünnen Schicht (flächenhaft) Quellen oder Senken vorhanden sind, ein Sprung der Normalkomponente bzw. der Normalprojektion des betreffenden Vektors zu dieser Fläche auftritt. (Hier springt an den beiden Deckflächen die Normalkomponente der Magnetisierung vom Wert 0 auf den Wert **M** bzw. vom Wert **M** auf 0.) Schließlich erkennt man, daß in der Mantelfläche des Magneten ein Sprung der Tangentialkomponente vom Wert **M** zum Wert 0 auftritt; in der sehr dünnen Mantelzone des Magneten — dort also, wo der Elementarstrom fließt — liegen (flächenhafte) Wirbel des Vektors **M**. Das Umlaufintegral über den in Abb. 3.32 eingezeichneten geschlossenen Weg s liefert unter Berücksichtigung, daß gemäß Gl. 3.129 der Betrag $|\mathbf{M}|$ durch den Elementarstrombelag α_E gegeben ist,

$$\oint_s \mathbf{M} \cdot d\mathbf{s} = |\mathbf{M}| \cdot l - |\mathbf{M}_0| \cdot l = |\mathbf{M}| \cdot l = \alpha_E \, l \ . \tag{3.131}$$

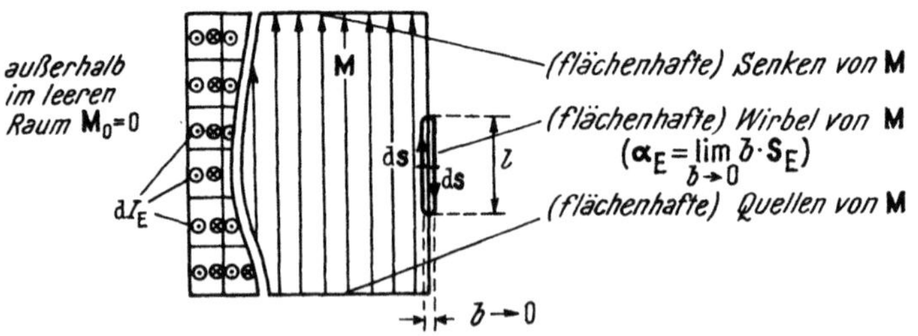

Abb. 3.32

Nun folgt unter Benützung des Stokesschen Integralsatzes

$$\oint_s \mathbf{M}\cdot d\mathbf{s} = \int_A \operatorname{rot}\mathbf{M}\cdot d\mathbf{A} = \alpha_E l = \Theta_E = \int_A \mathbf{S}_E\cdot d\mathbf{A} \quad , \tag{3.132}$$

mit Θ_E als der vom Weg s umfaßten Durchflutung an Elementarströmen. Es gilt also auch für die Magnetisierung eine Art Durchflutungssatz, aus dem wegen seiner experimentell nachweisbaren universellen Gültigkeit die Gleichheit der Integranden, also die Differentialgleichung

$$\operatorname{rot}\mathbf{M} = \mathbf{S}_E \quad , \tag{3.133}$$

bzw. für flächenhafte Elementarstromverteilungen

$$\operatorname{Rot}\mathbf{M} = \boldsymbol{\alpha}_E \tag{3.134}$$

gefolgert werden kann. Während bei den Wirbeln von **M** ein Zusammenhang mit den Elementarströmen existiert (Gl. 3.133 bzw. Gl. 3.134), kann für die Quellen und Senken von **M** keine Beziehung mit den Elementarströmen hergestellt werden, die Quellen bzw. Senken sind ausschließlich geometrisch bedingt, an ihren Stellen grenzt der Magnetstab an den leeren Raum.

Im Falle der gleichzeitigen Anwesenheit von Leitungsströmen und magnetisierter Materie ergeben sich für das Gesamtfeld **B** folgende Differentialgleichungen: Aus Gl. 3.119 folgt einerseits mit Gl. 3.15 und Gl. 3.124

$$\operatorname{div}\mathbf{B} = \operatorname{div}\mathbf{B}_L + \operatorname{div}\mathbf{B}_{Mat} = 0 \quad . \tag{3.135}$$

Die im Abschnitt 3.1 angegebene, IV. Maxwellsche Gleichung benannte Beziehung Gl. 3.15 für die Quellenfreiheit des magnetischen Feldes **B** bleibt auch bei Anwesenheit magnetisierter Materie erhalten. Für die Wirbeldichte des quellenfreien Induktionsfeldes **B** erhält man andererseits mit Gl. 3.25, Gl. 3.125 und Gl. 3.133

$$\operatorname{rot}\mathbf{B} = \operatorname{rot}\mathbf{B}_L + \operatorname{rot}\mathbf{B}_{Mat} = \mu_0(\mathbf{S}_L + \mathbf{S}_E) = \mu_0\mathbf{S}' = \mu_0(\mathbf{S}_L + \operatorname{rot}\mathbf{M}) \quad ; \tag{3.136}$$

sie ist der resultierenden Dichte aller elektrischen Ströme, die in Analogie zur resultierenden „freien" elektrischen Ladungsdichte ϱ' (Abschnitt 1.2) auch „freie" Stromdichte **S'** genannt wird, über die universelle Konstante μ_0 proportional.

Aus der Differentialgleichung 3.136 erhält man einerseits mit Hilfe des Stokesschen Integralsatzes den Durchflutungssatz für **B** bei Anwesenheit magnetisierbarer Materie, der jetzt

$$\oint_s \mathbf{B}\cdot d\mathbf{s} = \int_A \operatorname{rot}\mathbf{B}\cdot d\mathbf{A} = \int_A \mu_0(\mathbf{S}_L + \mathbf{S}_E)\, d\mathbf{A} = \int_A \mu_0\mathbf{S}'\cdot d\mathbf{A} =$$

$$= \mu_0(\Theta_L + \Theta_E) = \mu_0\Theta' \tag{3.137}$$

lautet, andererseits gemäß Gl. 3.36 und unter Berücksichtigung von Gl. 3.136 das allgemeine Integral des quellenfreien Feldes

$$\mathbf{B} = \int_V \frac{\operatorname{rot}\mathbf{B} \times \operatorname{grad}_A r}{4\pi r^2}\, dV = \mu_0 \int_V \frac{\mathbf{S}' \times \operatorname{grad}_A r}{4\pi r^2}\, dV =$$

$$= \mu_0 \int_V \frac{(\mathbf{S}_L + \operatorname{rot}\mathbf{M}) \times \operatorname{grad}_A r}{4\pi r^2}\, dV \ . \tag{3.138}$$

Zusammenfassend sei festgestellt: Vom bisher bezogenen Standpunkt aus gesehen, daß das Magnetfeld ausschließlich eine Erscheinung bewegter Elektrizität, also elektrischer Ströme ist, und demnach das Magnetfeld der Materie von Elementarströmen hervorgerufen wird („Elementarstromtheorie"), besitzt die Induktion **B** in Analogie zur elektrischen Feldstärke **E** die Bedeutung des magnetischen Feldvektors, während der Magnetisierungsvektor **M** – in Analogie zum elektrischen Polarisationsvektor **P** – den Magnetisierungszustand der Materie beschreibt. (Manche Autoren nennen die Größe **B** sogar schon „magnetische Feldstärke", doch ist eine derartige Umbenennung problematisch, da dieser Name seit jeher für die Größe **H** gebräuchlich war.) Kennt man die Verteilung der Leitungsströme, also $\mathbf{S}_L(x,y,z)$, und den Magnetisierungszustand der Materie, also $\mathbf{M}(x,y,z)$, der gemäß Gl. 3.133 die Verteilung der Elementarströme, also $\mathbf{S}_E(x,y,z)$, bestimmt, so kann man das zugehörige Magnetfeld **B** aus seinen Differentialgleichungen 3.135 und 3.136, bzw. aus deren allgemeiner Lösung Gl. 3.138, berechnen. Allerdings lassen sich die an die Materie gebundenen Elementarströme, im Gegensatz zu den Leitungsströmen, meßtechnisch nicht direkt erfassen, ihre Verteilung müßte immer erst gemäß Gl. 3.133 über die Magnetisierung **M**, die aber selbst in den meisten Fällen auch nicht unmittelbar erfaßt werden kann, ermittelt werden. So wichtig und verständlich also die für die Anwesenheit magnetisierter Materie erweiterten Differentialgleichungen 3.135 und 3.136 für das von Leitungs- **und** Elementarströmen hervorgerufene Magnetfeld **B** in physikalischer Hinsicht sind, so wenig praktische Bedeutung zur Berechnung von Magnetfeldern haben sie und die aus ihnen zu gewinnenden Integralbeziehungen Gl. 3.137 und Gl. 3.138. Vielmehr wird das Magnetfeld **B** meist über die Größe **H**, die im folgenden noch allgemein definiert werden soll, berechnet.

Aus Gl. 3.125 und Gl. 3.133 folgt

$$\operatorname{rot}\mathbf{B}_{\mathrm{Mat}} = \mu_0 \mathbf{S}_E = \mu_0 \cdot \operatorname{rot}\mathbf{M} \tag{3.139}$$

und somit

$$\operatorname{rot}\left(\frac{\mathbf{B}_{\mathrm{Mat}}}{\mu_0} - \mathbf{M}\right) = 0 \ . \tag{3.140}$$

Es liegt nahe, für den Klammerausdruck, der einen wirbelfreien Vektor darstellt, eine Abkürzung einzuführen, und man definiert durch ihn die magnetische Feldstärke der magnetisierten Materie

$$\mathbf{H}_{Mat} = \frac{\mathbf{B}_{Mat}}{\mu_0} - \mathbf{M} \ . \qquad (3.141)$$

Fügt man die allein von den Leitungsströmen (also ohne Materie im leeren Raum) herrührende magnetische Feldstärke

$$(3.22) \quad \mathbf{H}_L = \frac{\mathbf{B}_L}{\mu_0} \qquad (3.142)$$

hinzu, so erhält man für das Gesamtfeld **H** die allgemein gültige Definition

$$(3.120),(3.119) \quad \mathbf{H} = \mathbf{H}_L + \mathbf{H}_{Mat} = \frac{\mathbf{B}_L}{\mu_0} + \frac{\mathbf{B}_{Mat}}{\mu_0} - \mathbf{M} = \frac{\mathbf{B}}{\mu_0} - \mathbf{M} \ . \qquad (3.143)$$

Diese Beziehung gilt natürlich auch im leeren Raum, da dort wegen $\mathbf{M}_0 = 0$ wieder $\mathbf{H} = \frac{\mathbf{B}}{\mu_0}$, also Gl. 3.22, erfüllt ist.

Als lineare Kombination (Gl. 3.143) von zwei Vektoren mit völlig unterschiedlicher Bedeutung, nämlich dem das Magnetfeld kennzeichnenden Induktionsvektor **B** und dem, den Magnetisierungszustand der Materie beschreibenden Magnetisierungsvektor **M**, hat die magnetische Feldstärke **H** von dem bisher bezogenen Standpunkt aus nicht die geringste physikalische Bedeutung, wie dies auch bei der elektrischen Verschiebung $\mathbf{D} = \epsilon_0 \mathbf{E} + \mathbf{P}$ der Fall war (Abschnitt 1.2).

Bildet man in Gl. 3.143 einerseits die Divergenz, andererseits die Rotation von **H** und berücksichtigt man dabei, daß sowohl die Induktion **B** als auch die magnetische Feldstärke $\mathbf{H}_L$ quellenfrei sind (Gl. 3.135 bzw. Gl. 3.16), das Feld $\mathbf{H}_{Mat}$ der Materie hingegen gemäß Gl. 3.140 und Gl. 3.141 wirbelfrei ist,

$$\mathrm{rot}\, \mathbf{H}_{Mat} = \mathrm{rot} \left(\frac{\mathbf{B}_{Mat}}{\mu_0} - \mathbf{M} \right) = 0 \ , \qquad (3.144)$$

so erhält man die folgenden Differentialgleichungen für **H**:

$$(3.120),(3.16),(3.141),(3.135) \quad \mathrm{div}\, \mathbf{H} = \mathrm{div}\, \mathbf{H}_L + \mathrm{div}\, \mathbf{H}_{Mat} = -\mathrm{div}\, \mathbf{M} \ , \qquad (3.145)$$

$$(3.120),(3.26),(3.144) \quad \mathrm{rot}\, \mathbf{H} = \mathrm{rot}\, \mathbf{H}_L + \mathrm{rot}\, \mathbf{H}_{Mat} = \mathbf{S}_L \ . \qquad (3.146)$$

Es sei an dieser Stelle ausdrücklich festgehalten, daß die Bedingung für die Wirbeldichte von **H** Gl. 3.146, es ist dies die I. Maxwellsche Gleichung des stationären Feldes, wegen der Wirbelfreiheit von $\mathbf{H}_{Mat}$ auch bei Anwesenheit von Materie gegenüber jener im leeren Raum Gl. 3.26 ungeändert geblieben ist. Demnach gilt aber auch das zugehörige Integralgesetz, der

Durchflutungssatz für **H**, in ungeänderter Form, worauf schon in den Abschnitten 3.1.1 und 3.1.3.8 verwiesen wurde:

$$(3.23)\quad \oint_s \mathbf{H}\cdot d\mathbf{s} = \int_A \mathbf{S}_L\cdot d\mathbf{A} = \Theta_L \left(= \sum_k I_{L,k}\right) \; .$$

Es tritt in diesem Gesetz nur die (meßbare) Durchflutung der Leitungsströme auf. Es erhält damit die physikalisch unanschauliche Größe **H** eine große Bedeutung als Rechengröße, insbesondere bei technischen Problemen.

Mit Hilfe der aus der Definitionsgleichung für **H** (Gl. 3.143) zu gewinnenden Verknüpfungsbeziehung der magnetischen Vektoren

$$\mathbf{B} = \mu_0 \mathbf{H} + \mu_0 \mathbf{M} = \mu_0 (\mathbf{H}+\mathbf{M}) \tag{3.147}$$

kann man vom physikalisch bedeutsamen Vektorpaar **B** und **M** auch auf ein anderes Paar übergehen. In der technischen Praxis wird das Magnetfeld durch das Vektorpaar **B** und **H** beschrieben, aus dem sich umgekehrt natürlich wieder **M** berechnen läßt.

Zu klären wäre noch, welchen Verlauf das Feld **H** im Inneren des Magnetstabes besitzt. Entsprechend der Verknüpfungsgleichung 3.147 läßt sich **H** in jedem Feldpunkt aus **B** und **M** bestimmen, wie das in Abb. 3.33 für den Aufpunkt P auf geometrischem Wege durchgeführt ist. Man erhält so das in Abb. 3.34 dargestellte Feldbild. Da es sich hier um ein (permanent) magnetisiertes Materiestück bei Abwesenheit von Leitungsströmen handelt, ist $\mathbf{H}_{Mat} = \mathbf{H}$ bzw. $\mathbf{B}_{Mat} = \mathbf{B}$. $\mathbf{H} = \mathbf{H}_{Mat}$ hat Quellen, wo die Magnetisierung **M** Senken hat (Gl. 3.145), also an der oberen Deckfläche, bzw. Senken, wo **M** Quellen hat, also an der unteren Deckfläche. Da $\mathbf{H} = \mathbf{H}_{Mat}$ wirbelfrei ist (Gl. 3.146), ist die magnetische Feldstärke des Magnetstabes das Feld zweier gleichmäßig mit Quellen bzw. Senken belegter Flächen. Außerhalb des Stabes im leeren Raum hat **H** natürlich dieselbe Konfiguration wie **B** ($= \mu_0 \mathbf{H}$), innerhalb sind **B** und **H** etwa entgegengesetzt, **B** und **M** etwa gleich orientiert.

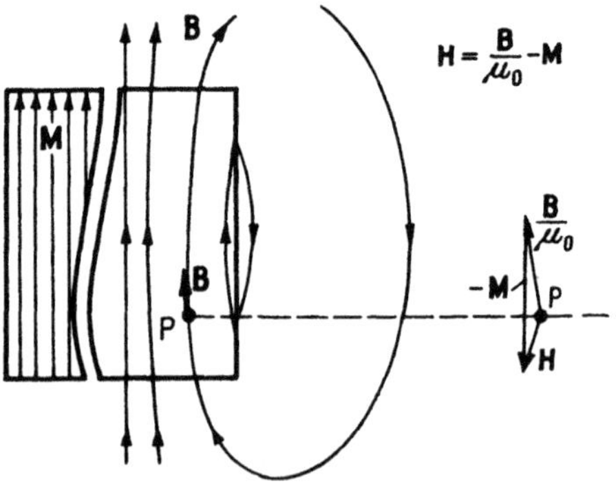

Abb. 3.33

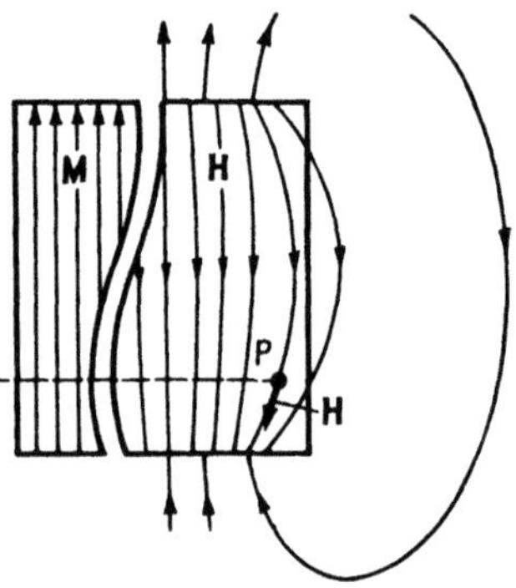

Abb. 3.34

3.2.1.2. Die Mengentheorie des Magnetismus

Das in Abb. 3.34 dargestellte Feldbild der magnetischen Feldstärke **H** eines Stabmagneten ist völlig gleichartig dem von elektrischen Polarisationsladungen herrührenden elektrischen Feld **E** eines elektrisch homogen polarisierten Körpers gleicher Form (Abschnitt 1.2.2). Es liegt also nahe, einen Magnetstab, wenigstens phänomenologisch im Rahmen der Kontinuumstheorie, als Dipol aufzufassen und sein Feld nicht auf Elementarströme an der Mantelfläche sondern auf magnetische Polarisationsladungen (oder auch magnetische „Mengen") an den Deckflächen, die man auch Magnetpole nennt, zurückzuführen. Da beide möglichen Darstellungsformen auf ein gleichartiges Feld im Außenraum führen und man, wie schon erwähnt, das Feld im Inneren des Körpers direkt nicht messen kann, besteht diese Möglichkeit durchaus, und es wäre dann der magnetischen Feldstärke **H**, von diesem Standpunkt aus gesehen, der Charakter der Feldstärke des magnetischen Feldes zuzuschreiben. Diese, zum elektrostatischen Feld völlig analoge Darstellungsform ist die historisch ältere und hat auch zur Namensgebung „magnetische Feldstärke" für **H** geführt. Man spricht dann auch statt vom stationären Magnetfeld magnetisierender Elementarströme vom „magnetostatischen Feld", nämlich dem Feld ruhender Magnetmengen. An die Stelle des Magnetisierungsvektors **M** der Elementarstromvorstellung tritt jetzt der den magnetischen Zustand der Materie beschreibende, zur elektrischen Polarisation **P** analoge Vektor der magnetischen Polarisation **J** als das auf das Volumen bezogene magnetische Dipolmoment.

Ein Elementarmagnet vom Volumen dV (Abb. 3.35) wird also im Rahmen der magnetischen Mengentheorie analog einem Volumselement elektrisch polarisierter Materie (s. Abschnitt 1.2) durch seine magnetischen Polarisationsmengen (Polarisationsladungen, Polstärken) $\pm|dQ_p^m| = \pm|dP|$ gekennzeichnet, die ein magnetisches Dipolmoment

$$d\mathbf{j} = |dQ_p^m| \cdot dl \cdot \mathbf{n} = |dP| \cdot dl \cdot \mathbf{n} = |\sigma_p^m| \cdot dA \cdot dl \cdot \mathbf{n} = |\sigma_p^m| \cdot dV \cdot \mathbf{n} \qquad (3.148)$$

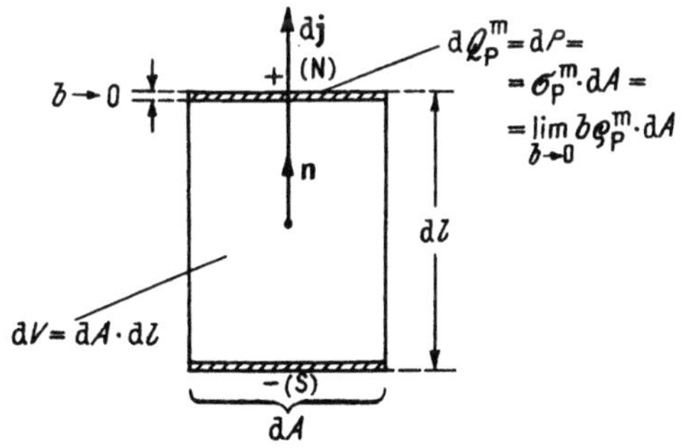

Abb. 3.35

repräsentieren (vgl. Gl. 1.219). Dabei hat man jene Magnetmenge (jenen Pol) willkürlich mit dem positiven Vorzeichen gekennzeichnet, die bei drehbarer Lagerung des Magneten etwa zum geographischen Nordpol der Erde weist; sie wird auch als „Nordpol" des Magneten bezeichnet. Bezieht man das Dipolmoment auf das Volumen der Elementarzelle, so erhält man die magnetische Polarisation

$$\mathbf{J} = \frac{\mathrm{d}\mathbf{j}}{\mathrm{d}V} = |\sigma_\mathrm{P}^\mathrm{m}| \cdot \mathbf{n} \quad , \tag{3.149}$$

deren Betrag also durch den Betrag der Flächenladungsdichte der magnetischen Mengen $\sigma_\mathrm{P}^\mathrm{m}$ an den Enden des Dipols gegeben ist (vgl. Gl. 1.220). Ein homogen magnetisierter Magnetstab setzt sich aus gleich stark polarisierten Elementarmagneten zusammen, so daß sich immer die aneinanderstoßenden Pole benachbarter Volumselemente wegen ihrer entgegengesetzten Vorzeichen kompensieren. Beim homogen magnetisierten Magnetstab treten daher nur an den Deckflächen Magnetmengen (Magnetpole) in Erscheinung (Abb. 3.36, vgl. Abb. 1.48). Denkt man sich einen Magnetpol oder einen Teil des Polgebietes durch eine Hüllfläche eingeschlossen und bildet man das Hüllenintegral über $\mathbf{J}$ (in Abb. 3.36 über einen Teil des positiven Polgebietes, also des „Nordpoles"), wobei die Hüllfläche eine „mathematische" Begrenzungsfläche sein muß (vgl. Abb. 1.51),

$$\begin{aligned}\oint_A \mathbf{J} \cdot \mathrm{d}\mathbf{A} &= \int_V \operatorname{div} \mathbf{J} \cdot \mathrm{d}V = -|\mathbf{J}| \cdot A + |\mathbf{J}_0| \cdot A = -|\mathbf{J}| \cdot A = \\ &= -|\sigma_\mathrm{P}^\mathrm{m}| \cdot A = -\sigma_\mathrm{P}^\mathrm{m} A = -Q_\mathrm{P}^\mathrm{m} = -P = -\int_V \varrho_\mathrm{P}^\mathrm{m} \cdot \mathrm{d}V \quad ,\end{aligned} \tag{3.150}$$

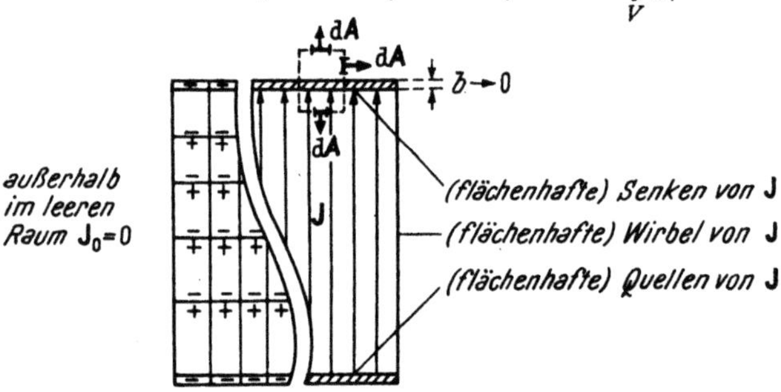

Abb. 3.36

so erhält man Gleichheit zwischen dem Hüllenintegral von $\mathbf{J}$ und dem negativen Wert der eingeschlossenen magnetischen Polarisationsmenge Q_P^m (= Polstärke P), weil ja im leeren Raum

$$\mathbf{J}_0 = 0 \tag{3.151}$$

gilt und die Mantelfläche dieses, z.B. zylindrisch gedachten Volumens keinen Beitrag leistet, da dort im Inneren des Magneten $\mathrm{d}\mathbf{A}$ auf $\mathbf{J}$ normal steht. Die Beziehung Gl. 3.150 ist entsprechend der Definition von $\mathbf{J}$ universell gültig, so daß man nach Grenzübergang zum unendlich kleinen eingeschlossenen Gebiet (Volumselement) die Differentialgleichung

$$\operatorname{div} \mathbf{J} = -\overset{\text{m}}{\varrho}_{\text{P}} \tag{3.152}$$

mit $\overset{\text{m}}{\varrho}_{\text{P}}$ als räumlich verteilter magnetischer Polarisationsladungsdichte erhält (vgl. Gl. 1.224). Die magnetische Polarisation **J** hat Quellen beim negativen Pol (Südpol), dort entspringt dieses Vektorfeld, und es verläuft zum positiven Pol (Nordpol), wo seine Senken liegen. Es gleicht also in seiner Konfiguration völlig dem Vektorfeld **M** aus Abschnitt 3.2.1.1. Dies bedeutet, daß **J** entweder gleich oder über eine universelle Konstante proportional **M** sein muß (siehe die spätere Gl. 3.162).

Nun ist diese Betrachtungsweise davon ausgegangen, daß die magnetischen Mengen analog den elektrischen Polarisationsladungen (s. Abschnitt 1.2) die Quellen des wirbelfreien magnetischen Materiefeldes $\mathbf{H}_{\text{Mat}}$ sind, was mathematisch formuliert mit Gl. 3.152

$$\operatorname{div} \mathbf{H}_{\text{Mat}} = \frac{1}{\mu_0} \overset{\text{m}}{\varrho}_{\text{P}} = -\frac{1}{\mu_0} \operatorname{div} \mathbf{J} \ , \tag{3.153}$$

$$\operatorname{rot} \mathbf{H}_{\text{Mat}} = 0 \ , \tag{3.154}$$

lautet.

In dem international verwendeten Maßsystem führt man in Gl. 3.153 die universelle Konstante μ_0 ein, so daß völlige Analogie zu den entsprechenden Beziehungen des wirbelfreien elektrostatischen Feldes eines polarisierten Mediums

(1.225) $$\operatorname{div} \mathbf{E}_{\text{Mat}} = \frac{1}{\epsilon_0} \overset{\text{el}}{\varrho}_{\text{P}} \ ,$$

(1.226) $$\operatorname{rot} \mathbf{E}_{\text{Mat}} = 0 \ ,$$

gegeben ist; über μ_0 ist jetzt mit Gl. 3.153 die Größe $\overset{\text{m}}{\varrho}_{\text{P}}$ und die Größe **J** in ganz bestimmter Weise an $\mathbf{H}_{\text{Mat}}$ angeschlossen worden. Auf einen Magnetpol, der ja die Gesamtheit der magnetischen Mengen eines Polgebietes darstellt und wegen Gl. 3.153 durch das μ_0-fache Hüllenintegral der Größe $\mathbf{H}_{\text{Mat}}$ über das Polgebiet gegeben ist,

$$\overset{\text{m}}{Q}_{\text{P}} = P = \int_V \overset{\text{m}}{\varrho}_{\text{P}} \cdot \mathrm{d}V = \mu_0 \int_V \operatorname{div} \mathbf{H}_{\text{Mat}} \cdot \mathrm{d}V = \mu_0 \oint_A \mathbf{H}_{\text{Mat}} \cdot \mathrm{d}\mathbf{A} =$$

$$= \oint_A \mu_0 \mathbf{H}_{\text{Mat}} \cdot \mathrm{d}\mathbf{A} \ , \tag{3.155}$$

wirkt dann (wenn er als punktförmig angesehen werden darf, $V \to 0$) in einem magnetischen (Fremd)Feld **H** (nicht **B**!) eine Kraft **F**, die durch das Produkt

$$\mathbf{F} = \overset{\text{m}}{Q}_{\text{P}} \mathbf{H} = P\mathbf{H} \tag{3.156}$$

ohne weiteren Proportionalitätsfaktor ausgedrückt werden muß, so wie dies im elektrischen Feld gemäß Gl. 1.10 bzw. Gl. 1.55 der Fall ist.

Damit wurden also in völliger Analogie zum elektrostatischen Feld elektrisch polarisierter Materie die beiden bedeutsamen Vektoren $\mathbf{H}_{\mathrm{Mat}}$ und $\mathbf{J}$ erhalten. Das Feld $\mathbf{H}_{\mathrm{Mat}}$ oder, wenn auch Leitungsströme vorhanden sind das Gesamtfeld $\mathbf{H}$, beschreibt das magnetische Feld und die magnetische Polarisation $\mathbf{J}$ den magnetischen Zustand der Materie. Kennt man letzteren, so hat man Quellen und Wirbel von $\mathbf{J}$ gegeben. Die Quellen von $\mathbf{J}$ stehen im Zusammenhang mit den magnetischen Mengen oder Polen (Gl. 3.152), während die Wirbel von $\mathbf{J}$ an der Mantelfläche des Magnetstabes (entsprechend dem Sprung der Tangentialkomponente dieses Vektors) rein geometrisch bedingt sind, es findet hier der Übergang von Materie zum leeren Raum statt (vgl. Abschnitt 1.2). Das jetzt ausschließlich von Quellen (Magnetmengen, Polen) hervorgerufene, wirbelfreie „magnetostatische" Feld $\mathbf{H}_{\mathrm{Mat}}$ der Materie läßt sich somit bei bekanntem magnetischem Polarisationszustand der Materie aus seinen beiden Differentialgleichungen Gl. 3.153 und Gl. 3.154 berechnen.

Für das im allgemeinen Fall von Leitungsströmen und magnetisierter Materie hervorgerufene Magnetfeld gilt bei Überlagerung der beiden Teilfelder (Gl. 3.120) wegen der Quellenfreiheit von $\mathbf{H}_{\mathrm{L}}$ (Gl. 3.16) und der Wirbelfreiheit von $\mathbf{H}_{\mathrm{Mat}}$ (Gl. 3.154) und unter Berücksichtigung von Gl. 3.153 und Gl. 3.26

$$\operatorname{div}\mathbf{H} = \operatorname{div}\mathbf{H}_{\mathrm{L}} + \operatorname{div}\mathbf{H}_{\mathrm{Mat}} = \operatorname{div}\mathbf{H}_{\mathrm{Mat}} = \frac{1}{\mu_0}\overset{\mathrm{m}}{\varrho}_{\mathrm{P}} = -\frac{1}{\mu_0}\operatorname{div}\mathbf{J} \;, \qquad (3.157)$$

$$\operatorname{rot}\mathbf{H} = \operatorname{rot}\mathbf{H}_{\mathrm{L}} + \operatorname{rot}\mathbf{H}_{\mathrm{Mat}} = \operatorname{rot}\mathbf{H}_{\mathrm{L}} = \mathbf{S}_{\mathrm{L}} \;. \qquad (3.158)$$

Da die Quellendichte des Gesamtfeldes $\mathbf{H}$ und jene des Teilfeldes $\mathbf{H}_{\mathrm{Mat}}$ wegen der Quellenfreiheit von $\mathbf{H}_{\mathrm{L}}$ der Leitungsströme gleich sind, gilt für die Polstärke P (= Polarisationsmenge $\overset{\mathrm{m}}{Q}_{\mathrm{P}}$)

$$P = \overset{\mathrm{m}}{Q}_{\mathrm{P}} = \int_V \overset{\mathrm{m}}{\varrho}_{\mathrm{P}} \cdot \mathrm{d}V = \int_V \mu_0 \cdot \operatorname{div}\mathbf{H}_{\mathrm{Mat}} \cdot \mathrm{d}V = \int_V \mu_0 \cdot \operatorname{div}\mathbf{H} \cdot \mathrm{d}V =$$

$$= \oint_A \mu_0 \mathbf{H} \cdot \mathrm{d}\mathbf{A} \;. \qquad (3.159)$$

Die Polstärke ist also nicht nur durch das Hüllenintegral über $\mu_0 \mathbf{H}_{\mathrm{Mat}}$ (Gl. 3.155), sondern auch durch das Hüllenintegral über $\mu_0 \mathbf{H}$, also die μ_0-fache Gesamtfeldstärke $\mathbf{H}$, gegeben. Eine ausführliche Besprechung der Größe Polstärke folgt im Abschnitt 3.2.1.4 .

Aus Gl. 3.157 folgt

$$\operatorname{div}(\mu_0 \mathbf{H} + \mathbf{J}) = 0 \;. \qquad (3.160)$$

Es liegt wieder nahe, für den Klammerausdruck eine Abkürzung einzuführen. Es handelt sich dabei um einen stets quellenfreien Vektor, der im Rahmen der Mengentheorie allerdings als lineare Kombination aus Feldstärke **H** und Polarisationsvektor **J** keinerlei physikalische Bedeutung hat. Dieser Vektor läßt sich mit der quellenfreien Induktion **B** identifizieren

$$\mathbf{B} = \mu_0 \mathbf{H} + \mathbf{J} \quad , \tag{3.161}$$

(„Verknüpfungsbeziehung" zwischen **B**, **H** und **J**), wobei als Zusammenhang zwischen der Magnetisierung **M** der Elementarstromtheorie und der dieser Größe gleichbedeutenden magnetischen Polarisation **J** der Magnetmengentheorie (vgl. die Bemerkungen nach Gl. 3.152) die Beziehung

$$\mathbf{J} = \mu_0 \mathbf{M} \tag{3.162}$$

folgt, da ja einerseits Gl. 3.147 und andererseits Gl. 3.161 erfüllt sein muß:

$$\mathbf{B} = \mu_0 \mathbf{H} + \mathbf{J} = \mu_0 \mathbf{H} + \mu_0 \mathbf{M} \quad . \tag{3.163}$$

Damit gelten, wie man sich leicht überzeugen kann, wieder alle Gleichungen für **B** in der früher dargestellten Weise der Elementarstromtheorie und die formale Übereinstimmung der beiden Vorstellungen des Magnetismus ist vollkommen: Gl. 3.160 und Gl. 3.161 führen wieder auf

(3.135) $\quad \operatorname{div} \mathbf{B} = 0 \quad ,$

die Anwendung der Operation Rotation auf Gl. 3.163 führt mit den Gleichungen 3.153 und 3.162 wieder auf Gl. 3.136

$$\operatorname{rot} \mathbf{B} = \mu_0 \cdot \operatorname{rot} \mathbf{H} + \operatorname{rot} \mathbf{J} = \mu_0 (\mathbf{S}_L + \operatorname{rot} \mathbf{M}) \quad . \tag{3.164}$$

Aus der Verknüpfungsbeziehung Gl. 3.161 folgt, daß die magnetische Induktion **B** und die magnetische Polarisation **J** in der „gleichen" Einheit, nämlich in $\frac{\mathrm{Vs}}{\mathrm{m}^2} = \mathrm{T}$ (s. Gl. 3.8), gemessen werden.

3.2.1.3. Bemerkungen zu den beiden Theorien des Magnetismus

Die Äquivalenz der äußeren Magnetfelder eines am Mantel eines Parallelepipeds fließenden, gleichmäßig verteilten Stromes und eines magnetischen Dipols gleicher geometrischer Gestalt mit gleichmäßig verteilten Polbelegungen an den Deckflächen ist aus der Theorie der Vektorfelder als „Äquivalenz von Wirbelring und Doppelschicht" bekannt. Diese Gleichartigkeit der Felder ist nun nicht nur auf den besprochenen Fall des homogen magnetisierten bzw. polarisierten Parallelepipeds beschränkt, sondern sie gilt für jede beliebige Aneinanderreihung von Dipolen bzw. in sich geschlossenen Elementarströmen, also für jeden beliebigen magnetischen Zustand der Materie $\mathbf{M}(x,y,z) = \frac{1}{\mu_0}\mathbf{J}(x,y,z)$. Ihm entspricht eine Elementarstromverteilung nach

(3.133), (3.162) $$\mathbf{S}_E(x,y,z) = \operatorname{rot}\mathbf{M} \left(= \frac{1}{\mu_0}\operatorname{rot}\mathbf{J}\right) , \tag{3.165}$$

oder eine äquivalente magnetische Mengen(Ladungs)verteilung nach

(3.152), (3.162) $$\varrho_P^m(x,y,z) = -\operatorname{div}\mathbf{J} \; (= -\mu_0 \cdot \operatorname{div}\mathbf{M}) \; . \tag{3.166}$$

Außerhalb der Materie (im leeren Raum) ist in jedem Fall die Konfiguration der Felder **B** und **H** gleich, dort gilt immer

(3.6) $$\mathbf{B} = \mu_0 \mathbf{H} \; .$$

Die Äquivalenz der Felder der Elementarstrom- und der entsprechenden magnetischen Mengenverteilung ist an sich ein rein mathematisches Problem und führt eben dazu, daß man zwei gänzlich verschiedene Vorstellungen vom stationären Magnetfeld haben kann, ohne makroskopisch, also im Bereich der Kontinuumstheorie, mit der physikalischen Wirklichkeit in Widerspruch zu kommen. Man kann sich also entscheiden, ob man bei bekannter Leitungsstromverteilung $\mathbf{S}_L$ und bekanntem magnetischem Zustand der Materie $\mathbf{M} = \frac{\mathbf{J}}{\mu_0}$ die eine oder die andere Vorstellung des Magnetismus verwenden will. Es ergibt einerseits Gl. 3.165 die Verteilung der Elementarströme, andererseits Gl. 3.166 die Verteilung der magnetischen Polarisationsmengen. Mitunter ist es sogar vorteilhaft, beide Anschauungen nebeneinander zu verwenden, solange man sie nicht miteinander vermischt; die Elementarstromtheorie führt auf das Feld **B**, die Mengentheorie auf das Feld **H**, wobei natürlich die beiden Felder im Inneren magnetisierbarer Materie gemäß Gl. 3.163 verschiedene Konfiguration besitzen.

Sinnwidrige Vermengungen beider Theorien sind in der Tat öfters vorgekommen. So hat beispielsweise A. Sommerfeld /3.4/ den Kraftansatz

$$\mathbf{F} = \frac{1}{\mu_0} Q_P^m \mathbf{B} = \frac{1}{\mu_0} P\mathbf{B} = P'\mathbf{B} \; , \tag{3.167}$$

bzw.

$$\mathbf{f} = \frac{d\mathbf{F}}{dV} = \frac{1}{\mu_0}\varrho_P^m \mathbf{B} = \operatorname{div}\mathbf{H}\cdot\mathbf{B} \; , \tag{3.168}$$

vorgeschlagen, also zur Berechnung der Kraft die magnetische Menge (Polstärke) als Größe der Mengentheorie mit der Feldstärke **B** der Elementarstromtheorie, nach der es gar keine magnetischen Mengen gibt, multipliziert. Allerdings hat Sommerfeld selbst erkannt, daß dieser Ansatz zu keinem richtigen Resultat führt und er hat ihn auch später wieder aufgegeben /3.5/, doch ist dies leider in seinen Vorlesungen über Elektrodynamik

/3.4/ nicht mehr berücksichtigt worden. Magnetmengen haben im Rahmen der Elementarstromtheorie keinen Platz und ebenso haben Elementarströme im Rahmen der Mengentheorie des Magnetismus keinen Sinn. Auch die Analogie der magnetischen Vektoren zu jenen des elektrischen Feldes hängt natürlich von der gewählten Hypothese ab; in Abb. 3.37 sind die analogen Vektoren einander gegenübergestellt.

	Theorie	*Feldvektor*	*Polarisations-(Materie)vektor*	*Rechengröße*
El. Feld	*nur Mengentheorie*	**E**	**P**	**D** $(=\varepsilon_0 \mathbf{E}+\mathbf{P})$
Magnetisches Feld	*Elementarstromtheorie*	**B**	**M** $(=\frac{\mathbf{J}}{\mu_0})$	**H** $(=\frac{\mathbf{B}}{\mu_0}-\mathbf{M})$
	Mengentheorie	**H**	**J** $(=\mu_0 \mathbf{M})$	**B** $(=\mu_0 \mathbf{H}+\mathbf{J})$

Abb. 3.37

Physikalisch gesehen ist auf Grund der Kenntnisse, die man heute vom Aufbau der Materie besitzt, die Elementarstromtheorie, die hier zuerst behandelt wurde und die den Magnetismus als rein elektrische Erscheinung deutet, vorzuziehen. Magnetmengen konnten jedenfalls bisher noch nie einwandfrei nachgewiesen werden. Sie sind daher vorläufig als Größen anzusehen, die aus Zweckmäßigkeitsgründen und nicht zuletzt auf Grund der historischen Entwicklung und der formalen Übereinstimmung mit den Verhältnissen elektrisch polarisierter Körper verwendet wurden. Im Sinne der Elementarstromtheorie ist das zeitlich unveränderliche Magnetfeld magnetisierter Materie ein stationäres Feld: es fließen Elementarströme, es ist also Ladungsbewegung vorhanden. Das Magnetfeld, hier das Vektorfeld **B**, ist als Feld, das ausschließlich von Strömen hervorgerufen wird, ein reines (quellenfreies) Wirbelfeld (Gl. 3.135), seine Wirbeldichte ist durch die resultierende („freie") Stromdichte bestimmt (Gl. 3.136). Im Sinne der Mengentheorie ist das zeitlich unveränderliche Magnetfeld magnetisierter Materie ein statisches Feld ruhender Magnetmengen. Man spricht daher in diesem Sinne auch von „Magnetostatik". Bei Anwesenheit auch von Leitungsströmen hat das Magnetfeld, hier das Vektorfeld **H**, Quellen und Wirbel. Die Quellendichte ist durch die Dichte der magnetischen (Polarisations)Mengen (Gl. 3.157), die Wirbeldichte durch die Leitungsstromdichte (Gl. 3.158) bestimmt.

An dieser Stelle sei vermerkt, daß der elektrischen Beziehung

(1.233) $\operatorname{div}\mathbf{D} = \varrho_{wa}^{el}$

im Sinne der Mengentheorie des Magnetismus wegen der Analogie von **D** und **B** (Abb. 3.37) die Gleichung

(3.135) $\operatorname{div}\mathbf{B}\ (= \varrho_{wa}^{m}) = 0$ (3.169)

gegenüberzustellen ist. Die Quellenfreiheit von **B** drückt hier den physikalischen Tatbestand aus, daß es keine wahren, d.h. isolierbaren Magnetmengen gibt. Auch im Sinne der Mengentheorie treten (erfahrungsgemäß!) immer nur an die Materie gebundene magnetische Polarisationsmengen in Form von Dipolen auf.

Schließlich soll noch einmal besonders hervorgehoben werden, wie die Differentialgleichungen der beiden Theorien des Magnetismus mit den nach Maxwell benannten Gleichungen zusammenhängen, bzw. wie sie aus diesen deduziert werden können. Für das (stationäre) Magnetfeld benötigt man die I. und die IV. Maxwellsche Gleichung:

(3.146) bzw. (3.158) $$\mathrm{rot}\,\mathbf{H} = \mathbf{S}_L \ , \qquad (3.170)$$

(3.135) $$\mathrm{div}\,\mathbf{B} = 0 \ . \qquad (3.171)$$

Ferner gilt die Verknüpfungsbeziehung

(3.163) $$\mathbf{B} = \mu_0 \mathbf{H} + \mu_0 \mathbf{M} = \mu_0 \mathbf{H} + \mathbf{J} \ . \qquad (3.172)$$

Die Feldgleichungen der Elementarstromtheorie, also die Differentialgleichungen 3.135 und 3.136 für das Feld **B**, ergeben sich einerseits direkt als IV. Maxwellsche Gleichung

(3.171) $$\mathrm{div}\,\mathbf{B} = 0$$

und andererseits durch Einführen der I. Maxwellschen Gleichung 3.170 in die mit Hilfe der Verknüpfungsgleichung 3.172 zu gewinnende Beziehung für die Wirbeldichte von **B**

$$\mathrm{rot}\,\mathbf{B} = \mu_0 \cdot \mathrm{rot}\,\mathbf{H} + \mu_0 \cdot \mathrm{rot}\,\mathbf{M} = \mu_0 \mathbf{S}_L + \mu_0 \cdot \mathrm{rot}\,\mathbf{M} = \mu_0 (\mathbf{S}_L + \mathbf{S}_E) = = \mu_0 \mathbf{S}' \ , \qquad (3.173)$$

wobei die Wirbeldichte von **M** als Elementarstromdichte gedeutet wird:

(3.133) bzw. (3.165) $$\mathrm{rot}\,\mathbf{M} = \mathbf{S}_E \ .$$

Die Feldgleichungen der magnetischen Mengentheorie, also die Differentialgleichungen 3.157 und 3.158 für **H**, ergeben sich wie folgt: Die Verknüpfungsgleichung 3.172 in die IV. Maxwellsche Gleichung 3.171 eingesetzt

$$\mathrm{div}\,\mathbf{B} = \mu_0 \cdot \mathrm{div}\,\mathbf{H} + \mathrm{div}\,\mathbf{J} = 0 \qquad (3.174)$$

liefert die Quellendichte von **H**,

(3.157) $$\mathrm{div}\,\mathbf{H} = -\frac{1}{\mu_0}\,\mathrm{div}\,\mathbf{J} = \frac{1}{\mu_0}\,\varrho_P^m \ ,$$

wobei die Quellendichte von **J** als (negative) magnetische Polarisationsladungsdichte gedeutet wird:

(3.152) bzw. (3.166) $\mathrm{div}\,\mathbf{J} = -\varrho_P^m$.

Die I. Maxwellsche Gleichung

(3.170) $\mathrm{rot}\,\mathbf{H} = \mathbf{S}_L$

gibt direkt die Wirbeldichte von **H** an.

Die Behandlung und Deutung des elektromagnetischen Feldes kann also einerseits mit **E** als elektrischem und **B** als magnetischem Feldvektor als **E** - **B** -Theorie, oder, wenn man noch die zugehörigen Materialvektoren **P** und **M** nennt, als **E**-**P**-**B**-**M**-Theorie erfolgen, die entsprechend den Vorstellungen der Elektronentheorie nur (ruhende oder bewegte) elektrische Mengen(Ladungen) kennt und im Makrobereich magnetisierter Materie „Elementarstromtheorie" genannt wurde; andererseits ist im Bereich des Makrofeldes auch die **E**-**H**-Theorie mit **E** als elektrischem und **H** als magnetischem Feldvektor, bzw. unter Einschluß der zugehörigen Materialvektoren **P** und **J** die **E**-**P**-**H**-**J**-Theorie, zulässig, die sowohl elektrische als auch magnetische Mengen(Ladungen) postuliert und im Bereich magnetisierter Materie „magnetische Mengentheorie" genannt wurde. Die Maxwellsche Theorie des elektromagnetischen Feldes, deren Basis die vier „Maxwellschen Gleichungen" bilden und die im stationären Feld

(3.170) $\mathrm{rot}\,\mathbf{H} = \mathbf{S}_L$,

(1.229) $\mathrm{rot}\,\mathbf{E} = 0$,

(1.233) $\mathrm{div}\,\mathbf{D} = \varrho_{wa}^{el}$,

(3.171) $\mathrm{div}\,\mathbf{B} = 0$

lauten, ist dann als **D**-**E**-**B**-**H**-Theorie zu bezeichnen. Den Übergang zwischen diesen Darstellungen des elektromagnetischen Feldes bilden die Verknüpfungsbeziehungen

(1.232) $\mathbf{D} = \epsilon_0 \mathbf{E} + \mathbf{P}$,

(3.172) $\mathbf{B} = \mu_0 \mathbf{H} + \mu_0 \mathbf{M} = \mu_0 \mathbf{H} + \mathbf{J}$.

3.2.1.4. Magnetischer Fluß und Polstärke

Auf die beiden Größen magnetischer Fluß Φ und magnetische Polstärke P (= magnetische Menge Q_P^m) soll noch besonders eingegangen werden, weil sie vielfach miteinander verwechselt oder ungerechtfertigter Weise miteinander gleichgesetzt werden. Der magnetische Fluß Φ wurde als Flächenintegral über die Induktion $\mathbf{B}$ eingeführt,

$$(3.17)\quad \Phi = \int_A \mathbf{B} \cdot d\mathbf{A} \ ,$$

wobei es wesentlich ist, daß es sich beim Fluß etwa eines Magnetstabes nicht um das Integral über eine geschlossene Hüllfläche handeln kann, da ja der Hüllenfluß im quellenfreien Induktionsfeld $\mathbf{B}$ stets null sein muß:

$$(3.18)\quad \mathring{\Phi} = \oint_A \mathbf{B} \cdot d\mathbf{A} = \int_V \operatorname{div} \mathbf{B} \cdot dV = 0 \ .$$

Die Größe des Induktionsflusses hängt naturgemäß von der Festlegung der betreffenden Fläche, über die integriert werden soll, ab, der Fluß ist also zunächst keine, einem Magnetstab eindeutig zuzuordnende Größe. So kann man etwa über die Stirnfläche (Polfläche) des Magneten (Abb. 3.38) integrieren

$$\Phi_{\mathrm{Pol}} = \int_{A_1} \mathbf{B} \cdot d\mathbf{A}_1 \ , \tag{3.175}$$

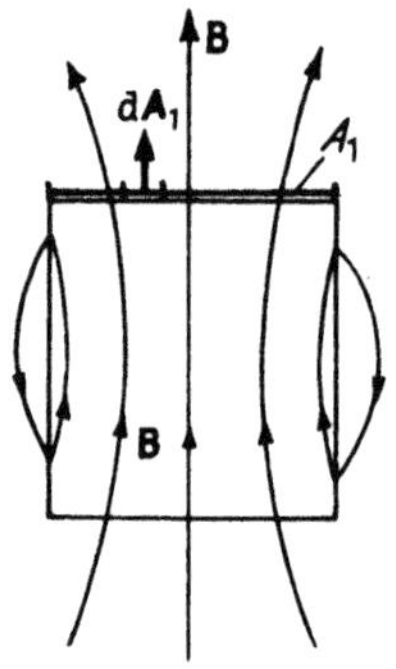

Abb. 3.38

und man erhält einen kleineren Fluß Φ_{Pol} gegenüber jenem, der die bis zur neutralen Zone in der Mitte des Magneten verlaufende Fläche A_2 (Polfläche + Fläche der oberen Mantelhälfte) durchsetzt (Abb. 3.39). Der Fluß

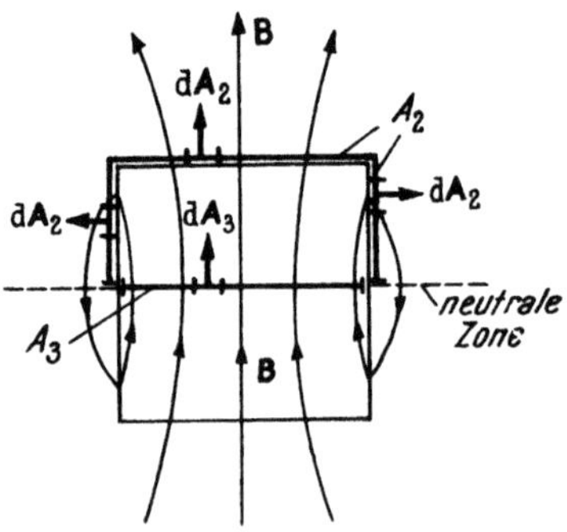

Abb. 3.39

durch diese Fläche A_2 ist, wie man leicht erkennen kann, der größte, der am Magnetstab auftritt, und er ist dem Fluß gleich, der im Inneren des Magneten durch die Fläche A_3 in der neutralen Zone fließt (Abb. 3.39):

$$\Phi_{max} = \Phi = \int_{A_2} \mathbf{B} \cdot d\mathbf{A}_2 = \int_{A_3} \mathbf{B} \cdot d\mathbf{A}_3 \quad . \tag{3.176}$$

Alle in der neutralen Zone durch die Fläche A_3 in die obere Hälfte des Magnetvolumens eintretenden Induktionslinien müssen ja wegen der Quellenfreiheit von **B** wieder aus diesem Volumen austreten. Im allgemeinen bezeichnet man diesen Maximalfluß als den Fluß Φ des Magneten schlechthin.

Man kann die einzelnen Flüsse mit Hilfe einer über den Magneten geschobenen Induktionswicklung (Drahtwicklung) messen, indem man diese von der betreffenden Stelle rasch abzieht und an eine feldfreie Stelle bringt. Der in diesem Fall auftretende Ausschlag an einem, an die Induktionsspule angeschlossenen ballistischen Galvanometer oder an einem Fluxmeter (Kriechgalvanometer) gibt den Betrag des Flusses an, der vorher die Induktionsspule durchsetzt hatte. Wie im Kapitel 4 über das zeitlich veränderliche Feld noch näher ausgeführt werden wird, entsteht nämlich in einer Drahtschleife bei Änderung des durch sie hindurchtretenden (mit ihr „verketteten") magnetischen Flusses ein elektrischer Spannungsstoß, der der Flußänderung proportional ist. Beim Abziehen der Spule bis an eine feldfreie Stelle ist daher der Betrag dieser Flußänderung gleich dem vorher mit der Spule verkettet gewesenen Fluß. Bei Verschiebung der Spule von der neutralen Zone bis an die Polfläche wird als Flußänderung der an der einen Hälfte der Mantelfläche austretende „Streufluß" Φ_σ angezeigt,

$$\Phi_\sigma = \Phi - \Phi_{Pol} \quad . \tag{3.177}$$

Die magnetische Polstärke P ist als Gesamtheit der im Polgebiet befindlichen magnetischen Polarisationsmengen Q_p^m gemäß Gl. 3.159 durch das, das betrachtete Polgebiet einschließende, μ_0-fache Hüllenintegral über **H** oder, was dasselbe bedeutet, durch das Hüllenintegral über $\mu_0 \mathbf{H}$ gegeben (Abb. 3.40):

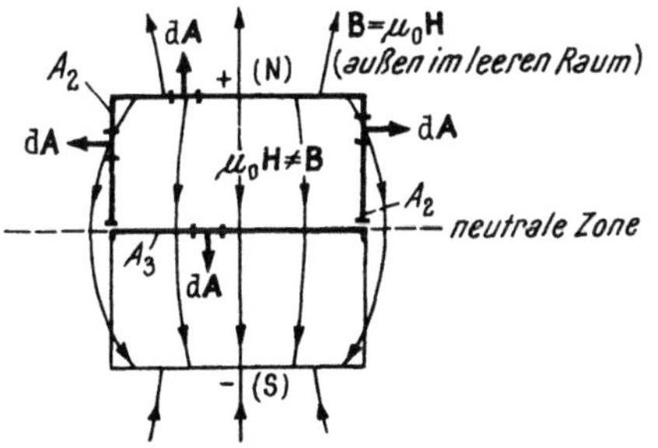

Abb. 3.40

(3.159) $P = Q_P^m = \int_V \varrho_P^m \cdot dV = \int_V \operatorname{div} \mu_0 \mathbf{H} \cdot dV = \oint_A \mu_0 \mathbf{H} \cdot d\mathbf{A}$.

Nun ist aber im (leeren) Außenraum

(3.6) $\mu_0 \mathbf{H} = \mathbf{B}$,

so daß sich die Polstärke $P = Q_P^m$ aus einem Integral von $\mu_0 \mathbf{H} = \mathbf{B}$ über die Außenfläche A_2 und einem Integral von $\mu_0 \mathbf{H} \neq \mathbf{B}$ im Inneren über die Fläche A_3 in der neutralen Zone zusammensetzt (Abb. 3.40):

$$P = Q_P^m = \oint_A \mu_0 \mathbf{H} \cdot d\mathbf{A} = \int_{A_2} \mu_0 \mathbf{H} \cdot d\mathbf{A} + \int_{A_3} \mu_0 \mathbf{H} \cdot d\mathbf{A} =$$

$$= \int_{A_2} \mathbf{B} \cdot d\mathbf{A} + \int_{A_3} \mu_0 \mathbf{H} \cdot d\mathbf{A} = \Phi + \int_{A_3} \mu_0 \mathbf{H} \cdot d\mathbf{A} \ . \qquad (3.178)$$

Das erste Integral ist aber gerade der (Maximal)Fluß Φ des Magneten, und da auch das zweite Integral immer einen positiven Wert liefert ($\mathbf{H}$ bzw. $\mu_0 \mathbf{H}$ verläuft abwärts und auch der Flächenvektor der Innenfläche weist hier wegen der geschlossenen Hüllfläche nach abwärts) ist die Polstärke eines Magneten stets größer als sein (Maximal)Fluß! Die Differenz zwischen beiden, das Flächenintegral von $\mu_0 \mathbf{H}$ im Inneren des Magneten, ist umso größer, je kürzer und breiter der Magnetstab ist, weil dann relativ viele $\mathbf{H}$- bzw. $\mu_0 \mathbf{H}$-Linien im Inneren des Magneten vorhanden sind, die aus seinem Volumen nicht austreten und somit zu diesem Integral einen Beitrag leisten (s. Abb. 3.40).

Man erkennt an Gl. 3.178, daß Polstärke und Induktionsfluß gleiche Dimension haben und daher in der „gleichen" Einheit gemessen werden, was aber natürlich nicht besagt, daß etwa Polstärke und Fluß gleiche physikalische Größen seien:

(3.19) $[P] = [Q_P^m] = [\Phi] = \mathrm{Vs} = \mathrm{Wb}$. (3.179)

Es läßt sich auch die Polstärke experimentell messen, indem man etwa den Magnetstab im leeren Raum in ein homogenes Fremdfeld $\mathbf{H}_f$ bringt und das auf ihn ausgeübte Drehmoment bestimmt. Da das Eigenfeld des Dipols, den der Magnetstab repräsentiert, auf ihn selbst keine resultierende Kraft und kein resultierendes Drehmoment ausüben kann, ist die Kraft auf einen Magnetpol

$$\mathbf{F} = P\mathbf{H}_f \ (= Q_P^m \mathbf{H}_f) \ , \qquad (3.180)$$

und daher wirkt ein Drehmoment auf den Dipol (vgl. die Ableitung der analogen Beziehung im elektrischen Feld Gl. 1.382 im Abschnitt 1.3.2.2):

$$\mathbf{T} = \mathbf{l} \times \mathbf{F} = \mathbf{l} \times |P| \cdot \mathbf{H}_f = |P| \cdot \mathbf{l} \times \mathbf{H}_f = \mathbf{j} \times \mathbf{H}_f = \mathbf{J}V \times \mathbf{H}_f \ . \qquad (3.181)$$

(**l** weist von der negativen zur positiven Magnetmenge, also vom Süd- zum Nordpol.) Dabei ist hier beim homogen magnetisierten Stab das Dipolmoment der magnetischen Polarisationsmengen (Pole) gemäß Gl. 3.149 durch

$$\mathbf{j} = |P| \cdot \mathbf{l} = \mathbf{J} V \tag{3.182}$$

gegeben. Man erkennt im übrigen, daß auch die Elementarstromtheorie dasselbe Drehmoment liefert, da ja im leeren Raum für das Fremdfeld

(3.6) $$\mathbf{B}_f = \mu_0 \mathbf{H}_f \tag{3.183}$$

gilt und man daher unter Berücksichtigung von Gl. 3.162 und Gl. 3.129

(3.181) $$\mathbf{T} = \mathbf{J} V \times \mathbf{H}_f = \frac{\mathbf{J}}{\mu_0} V \times \mathbf{B}_f = \mathbf{M} V \times \mathbf{B}_f = \mathbf{m}_E \times \mathbf{B}_f \ , \tag{3.184}$$

mit $\mathbf{m}_E$ als magnetischem Moment der Elementarströme des Magneten in Übereinstimmung mit der eingangs bei einer stromdurchflossenen Spule (Schleife) erwähnten Gleichung 3.10 erhält.

Stellt man den Dipol senkrecht zum Fremdfeld, so mißt man das maximale Drehmoment vom Betrag T_{max}. Man erhält aus Gl. 3.181

$$T_{max} = |P| \cdot l H_f \tag{3.185}$$

und daraus für den Betrag der Polstärke

$$|P| = \frac{T_{max}}{l H_f} \ , \tag{3.186}$$

für den Betrag j des Dipolmomentes

$$j = |P| \cdot l = \frac{T_{max}}{H_f} \tag{3.187}$$

und für den Betrag J der magnetischen Polarisation (des homogen magnetisierten Stabes)

$$J \ (= \mu_0 M) = \frac{j}{V} = \frac{T_{max}}{H_f V} \ . \tag{3.188}$$

Das beschriebene Meßverfahren zur Bestimmung der Polstärke bzw. der Polarisation eines Magnetstabes setzt allerdings voraus, daß diese Größen durch Einwirkung des Fremdfeldes keine Änderung erfahren, es sich also um einen ideal permanenten Magneten handelt. Andernfalls muß das einwirkende Feld außerordentlich schwach, genau genommen differentiell klein sein, so daß an die Stelle der Größen $\mathbf{H}_f$, $\mathbf{F}$ und $\mathbf{T}$ ihre Differentiale $d\mathbf{H}_f$, $d\mathbf{F}$ und $d\mathbf{T}$ treten. In den Gleichungen 3.186, 3.187 und 3.188 ist dann jeweils der Quotient T_{max}/H_f durch den Differentialquotienten $\frac{dT_{max}}{dH_f}$ zu ersetzen.

Auf diese beschriebenen Weisen lassen sich also der (Maximal)Fluß Φ und die Polstärke $P = Q_P^m$ eines Magneten messen und es soll nochmals besonders darauf aufmerksam gemacht werden, daß Polstärke und magnetischer Fluß keinesfalls miteinander identifiziert werden dürfen.

Nur bei einem sehr langen, dünnen Magnetstab, mit dessen Dicke d man unter Beibehaltung der Polstärke P (also der dort befindlichen magnetischen Polarisationsmenge Q_P^m) zur Grenze null übergeht (Abb. 3.41), werden die Beträge von Polstärke und magnetischem Fluß gleich: Von den beiden Teilen des Hüllenintegrals von $\mu_0 \mathbf{H}$ über den Außen- und den Innenraum strebt nämlich der zweite Teil gegen null, wenn die Dicke d des Stabes unendlich klein wird. Es wird ja innen über $\mu_0 \mathbf{H}$ und nicht über $\mathbf{B}$ integriert und $\mu_0 \mathbf{H}$ bleibt mit kleiner werdender Dicke des Stabes bei gleichbleibender Polstärke stets endlich ($\mathbf{B}$ hingegen wächst im Inneren gegen unendlich, da ja der gesamte, nach außen austretende Fluß innen zugeführt werden muß). Es ist also

$$(3.178) \qquad \lim_{d\to 0} P = \lim_{d\to 0} Q_P^m = \lim_{d\to 0} \oint_A \mu_0 \mathbf{H}\cdot d\mathbf{A} =$$

$$= \lim_{d\to 0} \int_{A_{\text{außen}}} \mathbf{B}\cdot d\mathbf{A} + \lim_{d\to 0} \int_{A_{\text{innen}}} \mu_0 \mathbf{H}\cdot d\mathbf{A} = \lim_{d\to 0} \Phi \ . \qquad (3.189)$$

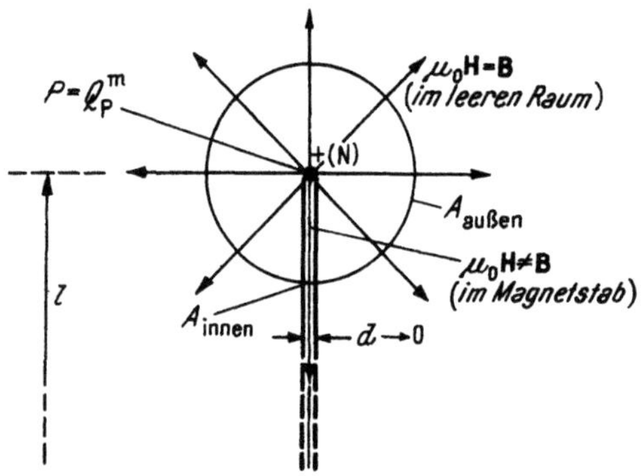

Abb. 3.41

Der dünne, lange Magnetstab hat historische Bedeutung, da er gewissermaßen eine einzelne (isolierte) Magnetmenge, also einen einzelnen Pol, repräsentiert. Da der andere Pol des Stabes sehr weit weg ist, entsteht in der Umgebung des betrachteten Poles ein Feld $\mathbf{H}$ vom Coulombtypus (Abb. 3.42):

$$\mathbf{H}_1 = \frac{P_1}{4\pi\mu_0 r^2}\,\mathrm{grad}_A r = \frac{Q_{P1}^m}{4\pi\mu_0 r^2}\,\mathrm{grad}_A r \ . \qquad (3.190)$$

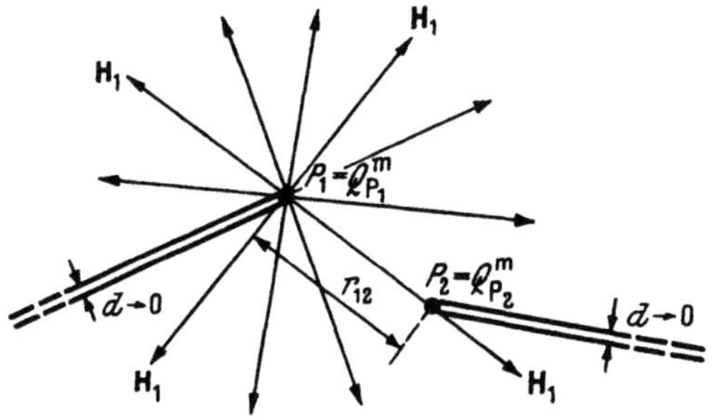

Abb. 3.42

Auf einen zweiten Pol der Stärke $P_2 = Q^m_{P2}$ eines ebenfalls sehr dünnen, langen Magnetstabes wirkt daher die Kraft

$$\mathbf{F}_{21} = P_2 \mathbf{H}_1 = Q^m_{P2} \mathbf{H}_1 = \frac{P_1 P_2}{4\pi\mu_0 r^2} \operatorname{grad}_2 r = \frac{Q^m_{P1} Q^m_{P2}}{4\pi\mu_0 r^2} \operatorname{grad}_2 r \ . \qquad (3.191)$$

Es ergibt sich ein „Coulombsches Gesetz der Magnetpole" (vgl. Gl. 1.13).

Im allgemeinen Fall sind also $P = Q^m_P$ und Φ verschieden, $P = Q^m_P$ kann bei extrem kurzen Magneten ein Vielfaches von Φ werden, weil die überwiegende Zahl der **H**- bzw. μ_0**H**-Linien im Inneren des Magneten verläuft (Abb. 3.43). Hält man die Polstärke $P = Q^m_P$ konstant und läßt man die Länge l des Magneten, also den Abstand der beiden Pole, kleiner werden, so wird auch Φ immer kleiner, mit $l \to 0$ geht $\Phi \to 0$, da eine Doppelschicht mit endlich großen Dipolladungen und einem Abstand $l = 0$ kein äußeres Feld $\mathbf{B} = \mu_0 \mathbf{H}$ und damit keinen Fluß Φ besitzt.

Es gilt somit allgemein

$$0 \leqq \Phi \leqq P = Q^m_P \qquad \text{bei} \qquad 0 \leqq \frac{l}{d} \leqq \infty \ , \qquad (3.192)$$

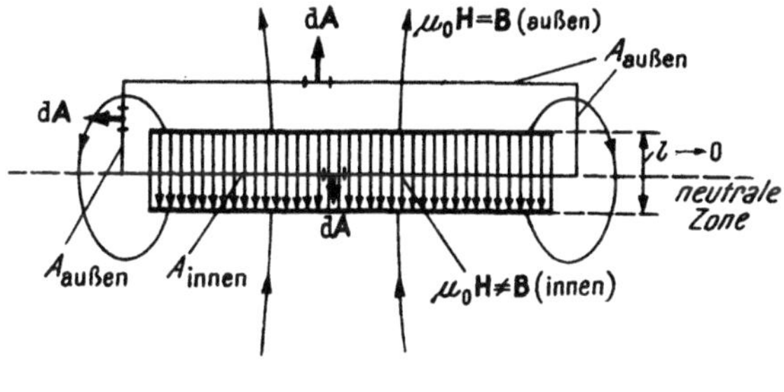

Abb. 3.43

wobei die Extremwerte 0 und $P = Q^m_P$ des Flusses Φ dann auftreten, wenn bei festgehaltener Polstärke $P = Q^m_P$ die Schlankheit des Magneten (das ist das Verhältnis seiner Länge l zu seiner Dicke d) gegen null (dicker, unendlich kurzer Stab), bzw. gegen unendlich geht (dünner, unendlich langer Stab).

3.2.2. Die atomistischen Grundlagen des Magnetismus

Den Menschen war der Magnetismus lange Zeit durch die Kraftwirkungen permanentmagnetischer Materie (Magneteisenstein) bekannt. Er wurde daher zuerst in völliger Analogie zu den Erscheinungen elektrisch polarisierter Körper verstanden und es ist also die im Abschnitt 3.2.1.2 besprochene „Mengentheorie des Magnetismus", mit dem von Polen (Mengen, Ladungen) als Quellen herrührenden magnetischen Feld **H**, die historisch ältere Theorie des Magnetismus. Erst mit der Entdeckung der magnetischen Erscheinungen des elektrischen Stromes (also der bewegten Elektrizität) durch Oersted (1820) ergab sich die Möglichkeit einer andersartigen Interpretation. Da man die völlig identischen, experimentell nicht unterscheidbaren Magnetfelder magnetisierter Materie und elektrischer Ströme nicht auf zwei völlig verschiedene Ursachen, nämlich auf magnetische Mengen einerseits und auf elektrische Ströme andererseits, zurückführen wollte, mußte man zur Hypothese greifen, daß in der magnetisierten Materie ebenfalls elektrische Ströme fließen. Diese zunächst hypothetischen „Ampereschen Molekularströme" (1822) erwiesen sich später mit fortschreitender Erforschung des atomaren Aufbaues der Materie bzw. des Aufbaues der Atome als tatsächlich existent, solange man geneigt ist, dem heute allgemein verwendeten Modell eines Atomes, dem Rutherford-Bohrschen Atommodell, überhaupt Realität zuzuschreiben. Unter dieser Voraussetzung repräsentieren sich die Molekular- oder Elementarströme als die in Keplerbahnen ohne Energieverlust um die Atomkerne kreisenden und um ihre eigene Achse rotierenden Elektronen. Die letztere Erscheinung nennt man bekanntlich den „Elektronenspin". Die magnetisierte Materie erscheint jetzt als eine bestimmte Anordnung bewegter Elektronen im leeren Raum und die Differentialgleichungen im Mikrobereich der Materie sind die im leeren Raum gültigen Differentialgleichungen des elektromagnetischen Feldes. Dies war der Ausgangspunkt der Betrachtungen von H.A. Lorentz, der mit seiner „Elektronentheorie" (1896, /3.3/) unter anderem zeigen konnte, daß man bei Übergang vom Mikrobereich der Materie zum magnetischen Makrofeld unter diesen Annahmen zum magnetischen Feld **B** gelangt (s. Abschnitt 4.4.1.2). Die neuere Makrotheorie des Magnetismus der Materie ist also die im Abschnitt 3.2.1.1 behandelte, „Elementarstromtheorie" genannte Darstellung mit ihrem ausschließlich von elektrischen Strömen herrührenden, quellenfreien Magnetfeld **B**.

Auch die Elektronentheorie hat ihre Grenzen, da sie immer noch eine Kontinuumstheorie des Mikrobereiches ist. Diese Grenzen liegen in der Quantenhaftigkeit des physikalischen Geschehens begründet, die mit klassischen Methoden und Modellvorstellungen (wie eben auch mit dem Rutherford-Bohrschen Atommodell) nicht mehr exakt beschreibbar ist.

3.2.2.1. Bahn- und Spinmoment

Entsprechend dem Rutherford-Bohrschen Atommodell und seinen beiden Bewegungsformen eines Elektrons im Atom gibt es zwei verschiedene magnetische Momente, das „Bahnmoment" und das „Spinmoment". Ersteres rührt von der Bewegung des Elektrons um den Kern, letzteres von seiner Rotation her, wenn an dieser Modellvorstellung festgehalten werden soll. Innerhalb eines Atoms können sich alle magnetischen Momente gegenseitig kompensieren, dann erscheint das Atom nach außen hin unmagnetisiert. Überwiegen die Momente einer bestimmten Richtung, dann ist das betreffende Atom von Haus aus magnetisiert. Körper, die aus unmagnetisierten Atomen bestehen, sind — ohne Beeinflussung durch ein magnetisches Fremdfeld — natürlich auch makroskopisch unmagnetisiert; Körper, die aus Atomen mit einem resultierenden magnetischen Moment bestehen, sind dann pauschal unmagnetisiert, wenn die magnetischen Momente ihrer Atome so verteilt sind, daß sie sich in relativ kleinen Materiebereichen gegenseitig kompensieren; ist dies jedoch nicht der Fall, so ist auch der Körper selbst makroskopisch magnetisiert. Die Vorstellung von den beiden Bewegungsformen des Elektrons im Atom führt nun nicht nur zu einem jeweils zugehörigen magnetischen Moment sondern auch, da das Elektron träge Masse besitzt, zu einem mechanischen Drehimpuls (Impulsmoment) sowohl der Bahnbewegung als auch des Spins.

3.2.2.1.1. ***Das Bahnmoment.*** Das magnetische Moment eines stationären, ebenen Stromkreises ist

(3.11) $\mathbf{m} = IA\mathbf{n} = m\mathbf{n}$.

Nun läuft das Elektron in Keplerbahnen (Kreis-, Ellipsenbahnen) um den Atomkern, wobei in jedem Punkt der Bahn je Umlaufdauer τ einmal seine Ladung vom Betrag $|Q_E| = e = 1{,}602 \cdot 10^{-19}$C (Elementarladung) hindurchgeht; der Bahnbewegung entspricht also eine (mittlere) Stromstärke vom Betrag

(2.2) $$I = \frac{e}{\tau} \; . \tag{3.193}$$

Der Betrag des magnetischen Momentes eines Elektrons auf Grund seiner Umlaufbahn, das „Bahnmoment", ist also mit A als Bahnfläche

$$m_{\text{Bahn}} = \frac{e}{\tau} A \; . \tag{3.194}$$

Da das Elektron auch träge Masse besitzt, hat es wegen der Bewegung auf seiner Umlaufbahn auch einen mechanischen Drehimpuls, der als Vektorgröße durch

$$\mathbf{b}_{\text{Bahn}} = \mathbf{r} \times m_E \mathbf{v} \; , \tag{3.195}$$

mit einem Betrag

$$b_{\text{Bahn}} = r m_E v \cdot \sin(\mathbf{r}, \mathbf{v}) \tag{3.196}$$

gegeben ist (Abb. 3.44). Die Flächengeschwindigkeit ist nun auf jeder beliebig geformten Keplerbahn konstant,

$$\frac{dA}{dt} = \frac{A}{\tau} = \frac{\frac{1}{2} r \cdot ds \cdot \sin(\mathbf{r}, d\mathbf{s})}{dt} = \frac{r v \cdot \sin(\mathbf{r}, \mathbf{v})}{2} , \tag{3.197}$$

es besitzt daher das Elektron auf seiner Umlaufbahn einen konstanten mechanischen Drehimpuls

$$(3.196), (3.197) \quad b_{\text{Bahn}} = m_E r v \cdot \sin(\mathbf{r}, \mathbf{v}) = 2 m_E \frac{dA}{dt} = 2 m_E \frac{A}{\tau} . \tag{3.198}$$

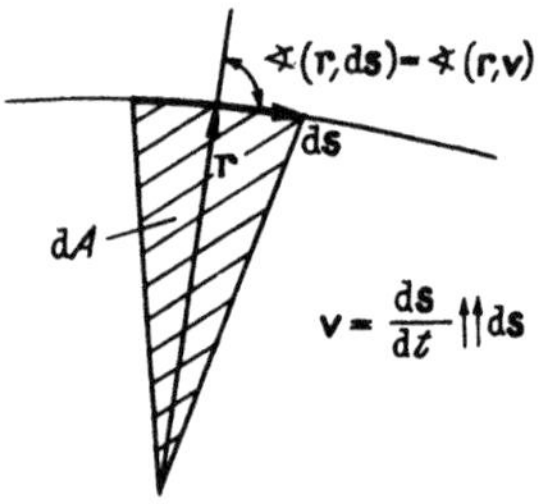

Abb. 3.44

Damit ergibt sich der folgende Zusammenhang zwischen den Beträgen von magnetischem Bahnmoment und Drehimpuls

$$(3.194), (3.198) \quad m_{\text{Bahn}} = e \frac{A}{\tau} = \frac{e}{2 m_E} b_{\text{Bahn}} . \tag{3.199}$$

In Vektorform gilt

$$\mathbf{m}_{\text{Bahn}} = - \frac{e}{2 m_E} \mathbf{b}_{\text{Bahn}} ; \tag{3.200}$$

$\mathbf{m}_{\text{Bahn}}$ und $\mathbf{b}_{\text{Bahn}}$ besitzen entgegengesetzte Richtung, da wegen des negativen Vorzeichens der Elektronenladung $Q_E = -e$ das äquivalente Stromelement $I \cdot d\mathbf{s}$ in der entgegengesetzten Richtung der Elektronengeschwindigkeit $\mathbf{v}$ orientiert ist (Abb. 3.45).

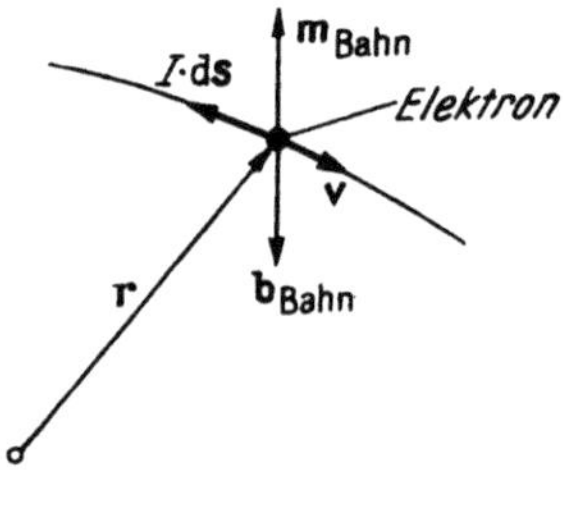

Abb. 3.45

Man erkennt, daß auch ein ganzes Atom, ja ein ganzer makroskopischer Körper, einen resultierenden (inneren) Drehimpuls besitzen muß, wenn er ein resultierendes magnetisches Moment besitzt. Ändert man sein magnetisches Moment, so ändert man damit auch seinen inneren mechanischen Drehimpuls. Dieses Ergebnis ist einer direkten experimentellen Überprüfung zugänglich, und es haben entsprechende Versuche (z.B. der Einstein-de Haas-Versuch, s. Abschnitt 3.2.2.1.3) die Richtigkeit der Voraussetzungen, nämlich die Existenz elementarer Kreisströme mit Massentransport, erwiesen.

Die Quantentheorie postuliert nun, daß ein mechanischer Drehimpuls nur als ganzzahliges Vielfaches vom Wert

$$\hbar = \frac{h}{2\pi} \tag{3.201}$$

(h . . . Plancksches Wirkungsquant) auftreten kann. Demnach müßte auch das magnetische Bahnmoment gequantelt sein und es darf nur als ganzzahliges Vielfaches eines „Momentenquants" auftreten, das „Bohrsches Magneton" genannt wird und dessen Betrag m_B nach Gl. 3.199 und Gl. 3.201

$$m_B = \frac{e}{2m_E} \cdot \frac{h}{2\pi} = \frac{e}{2m_E}\hbar \tag{3.202}$$

sein muß. Vielfach wird dieses elementare magnetische Moment auch als Dipolmoment j_B im Sinne der Mengentheorie angegeben, wobei dann wegen der Beziehung der Momentendichten

$$(3.162) \quad \mathbf{J} = \frac{d\mathbf{j}}{dV} = \mu_0 \mathbf{M} = \mu_0 \frac{d\mathbf{m}}{dV} \tag{3.203}$$

für die Momente selbst in gleicher Weise

$$\mathbf{j} = \mu_0 \mathbf{m} \tag{3.204}$$

und daher für das Bohrsche Magneton als Dipolmoment der Betrag

$$j_B = \mu_0 m_B = \frac{\mu_0 e h}{4\pi m_E} = \frac{\mu_0 e \hbar}{2m_E} \tag{3.205}$$

folgt. Setzt man hier die Werte $e = 1{,}602 \cdot 10^{-19}\,\mathrm{C} = 1{,}602 \cdot 10^{-19}\,\mathrm{As}$, $h = 6{,}625 \cdot 10^{-34}\,\mathrm{Js}$ bzw. $\hbar = 1{,}0544 \cdot 10^{-34}\,\mathrm{Js}$, $m_E = 9{,}108 \cdot 10^{-31}\,\mathrm{kg}$ und $\mu_0 = 4\pi \cdot 10^{-7}\,\mathrm{Vs/Am} = 4\pi \cdot 10^{-7}\,\mathrm{J/A^2m}$ ein, so erhält man einerseits

$$m_B = 0{,}928 \cdot 10^{-23}\,\mathrm{Am^2}\ , \tag{3.206}$$

andererseits

$$j_B = \mu_0 m_B = 4\pi \cdot 10^{-7} \frac{\mathrm{Vs}}{\mathrm{Am}} \cdot 0{,}928 \cdot 10^{-23}\,\mathrm{Am^2} =$$
$$= 1{,}165 \cdot 10^{-29}\,\mathrm{Wb \cdot m}\ . \tag{3.207}$$

3.2.2.1.2. ***Das Spinmoment.*** Außer dem Bahnmoment besitzt jedes Elektron noch ein von der Eigenrotation herrührendes „Spinmoment", da ja ein um seine Achse rotierendes Elektron, gleichgültig ob man sich die Elektronenladung gleichmäßig über ein Kugelvolumen, eine Kugeloberfläche oder anders verteilt denkt, wieder eine Art von Kreisstrom repräsentiert, der ein magnetisches Moment besitzt. Es erweist sich experimentell, daß das Spinmoment gerade einem Bohrschen Magneton gleich ist. Hingegen ist der mechanische Drehimpuls der Eigenrotation, wie aus der Quantentheorie folgt,

$$b_{\mathrm{Spin}} = \frac{1}{2}\hbar = \frac{h}{4\pi} \quad , \tag{3.208}$$

so daß wegen

$$m_{\mathrm{Spin}} = m_{\mathrm{B}} = \frac{e}{2m_{\mathrm{E}}}\hbar \tag{3.209}$$

[nach genaueren Messungen ist $m_{\mathrm{Spin}} = (1 + 0{,}114\,\%)\,m_{\mathrm{B}}$] die Beziehung

$$m_{\mathrm{Spin}} = \frac{e}{2m_{\mathrm{E}}}\hbar = \frac{e}{m_{\mathrm{E}}}\,b_{\mathrm{Spin}} \tag{3.210}$$

folgt. m_{Spin} ist im Verhältnis zu b_{Spin} doppelt so groß, wie dies bei m_{Bahn} und b_{Bahn} der Fall ist („magnetomechanische Anomalie"):

$$(3.210),(3.199) \quad \frac{m_{\mathrm{Spin}}}{b_{\mathrm{Spin}}} = \frac{e}{m_{\mathrm{E}}} = 2\,\frac{m_{\mathrm{Bahn}}}{b_{\mathrm{Bahn}}} \quad . \tag{3.211}$$

3.2.2.1.3. ***Der Einstein-de Haas-Effekt.*** Wenn man einen anfänglich unmagnetisierten, ruhenden Körper, der also kein resultierendes magnetisches Moment und daher auch keinen resultierenden Drehimpuls seiner Elektronen besitzt, durch ein äußeres Feld magnetisiert, so erhält er damit nach dem vorher Gesagten einen resultierenden Drehimpuls seiner Elektronen. Da jedoch kein Drehimpuls äußerer Kräfte wirksam war und vorher, im ruhenden und unmagnetisierten Zustand der Gesamtdrehimpuls null war, muß der Körper nach der Magnetisierung einen makroskopisch wahrnehmbaren Drehimpuls besitzen, der dem inneren Drehimpuls der Elektronen gegengleich ist, da der Gesamtdrehimpuls bekanntlich dem Erhaltungssatz unterliegt und daher im betrachteten Fall auch nach der Magnetisierung gleich null sein muß.

Tatsächlich konnten Einstein und de Haas diesen Effekt nachweisen. Hängt man einen zunächst unmagnetisierten, zylindrischen Eisenstab in eine Spule (Abb. 3.46a) und magnetisiert man ihn durch einen Spulenstrom $I\,(>0)$, so erhält er durch die Ausrichtung seiner Elementarströme ein magnetisches Moment $\mathbf{m}$, das dem magnetisierenden Spulenstrom rechtswendig zugeordnet ist, d.h. der Elementarstrom I_E am Mantel des magnetisierten Stabes fließt in gleicher Richtung wie der Spulenstrom I (Abb. 3.46b). Da die Elementarströme durch die Bewegung von negativ geladenen Elektronen gegeben sind, ist die Geschwindigkeit $\mathbf{v}_E$ und damit der Impuls $m_E \mathbf{v}_E$ der Elektronen der physikalischen Richtung des Elementarstromes I_E entgegengesetzt orientiert (Abb. 3.46c). Es entsteht also ein der ausgerichteten Elektronenbewegung rechtswendig zugeordneter innerer Drehimpuls $\mathbf{b}_E$ (Abb. 3.46c). Zur Erhaltung des Gesamtdrehimpulses, der vor der Magnetisierung des ruhenden Stabes den Wert null hatte, muß sich eine, z.B. über einen Galvanometerspiegel (Abb. 3.46a) wahrnehmbare Rotation einstellen, so daß der mit ihr verknüpfte Drehimpuls $\mathbf{b}_{Stab}$ dem gleichzeitig entstandenen inneren Drehimpuls der Elektronen $\mathbf{b}_E$ gegengleich ist (Abb. 3.46d). Der Stab beginnt in demselben Drehsinn zu rotieren (Umfanggeschwindigkeit $\mathbf{v}_{Stab}$, Abb. 3.46d), in dem ihn der Strom I der Spule umfließt (vgl. Abb. 3.46a oder b).

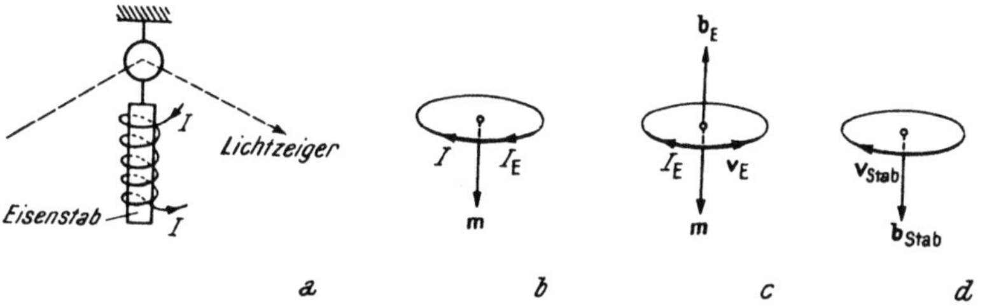

Abb. 3.46

Eine Umkehrung des Einstein-de Haas-Versuches, bei dem durch Magnetisierung Rotation erzeugt wird, liegt beim Barnett-Versuch vor, bei dem durch Rotation Magnetisierung eines Eisenstabes hervorgerufen wird. Man nennt solche Effekte „gyromagnetische Effekte".

3.2.2.2. Der Diamagnetismus

Die Atome diamagnetischer Materie haben ohne Einwirkung eines Fremdfeldes kein eigenes, resultierendes magnetisches Moment, die magnetischen Momente aller Elektronen eines Atoms heben sich gegenseitig auf. Läßt man nun ein magnetisches Fremdfeld $\mathbf{B}_f$ auf diamagnetische Materie einwirken, so zeigt die Erfahrung, daß in der Materie eine Magnetisierung $\mathbf{M}$ hervorgerufen wird, die dem Fremdfeld $\mathbf{B}_f$ entgegengesetzt orientiert ist.

Am einfachsten zu überblicken sind die Verhältnisse bei einem Materiestück von der Form eines Ellipsoides, da sich ein solches in einem homogenen Fremdfeld selbst homogen magnetisiert. Überlagert man dem Fremdfeld $\mathbf{B}_f$ (Abb. 3.47a) das (bei homogener Magnetisierung im Inneren des Ellipsoides ebenfalls homogene) Eigenfeld $\mathbf{B}_{Mat}$ des diamagnetischen Materiestückes (Abb. 3.47b), so ergibt sich ein im Inneren des Materials gegenüber dem ursprünglichen Fremdfeld geschwächtes Gesamtfeld **B** (Abb. 3.47c). Das Magnetfeld **B** wird aus diamagnetischer Materie verdrängt.

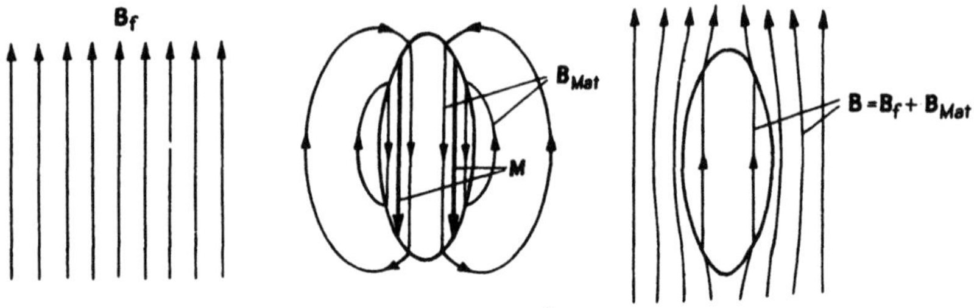

Abb. 3.47

Anders verhält es sich mit dem Vektorfeld **H**. Die dem ursprünglichen Fremdfeld $\mathbf{H}_f = \mathbf{B}_f/\mu_0$, das im leeren Raum den gleichen Verlauf nimmt wie $\mathbf{B}_f$ (Abb. 3.48a), entgegengesetzt orientierte (homogene) Magnetisierung des Ellipsoides bewirkt an dessen Enden Magnetpole, so daß ein (im Inneren homogenes) Zusatzfeld $\mathbf{H}_{Mat}$ entsteht, das dem ursprünglichen Fremdfeld $\mathbf{H}_f$ gleichsinnig orientiert ist (Abb. 3.48b). Die magnetische Feldstärke **H** wird also im Inneren des diamagnetischen Ellipsoides verstärkt (Abb. 3.48c).

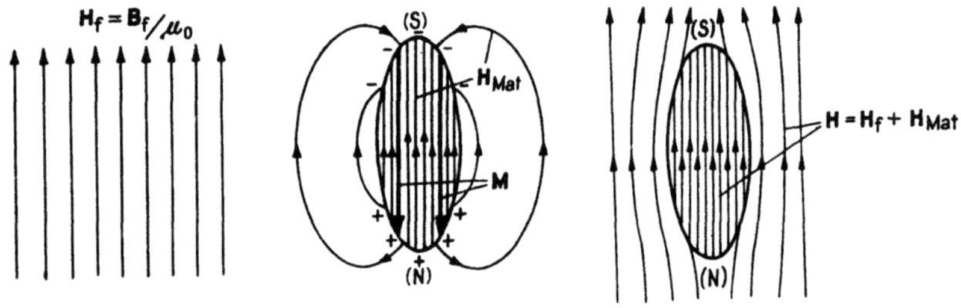

Abb. 3.48

Die dem Fremdfeld $\mathbf{B}_f = \mu_0 \mathbf{H}_f$ entgegengesetzt orientierte Magnetisierung **M** kommt auf folgende Weise zustande: Wie im Kapitel 4 über das zeitlich veränderliche elektromagnetische Feld noch näher ausgeführt wird, bewirkt eine zeitliche Änderung des Magnetfeldes am Ort einer Elektronenbahn ein elektrisches Wirbelfeld $\mathbf{E}_w$, das dem Anwachsen der magnetischen Induktion $\partial \mathbf{B}/\partial t$ linkswendig zugeordnet ist (Abb. 3.49):

$$\text{(4.35)} \quad \operatorname{rot} \mathbf{E}_w = -\frac{\partial \mathbf{B}}{\partial t} \,. \tag{3.212}$$

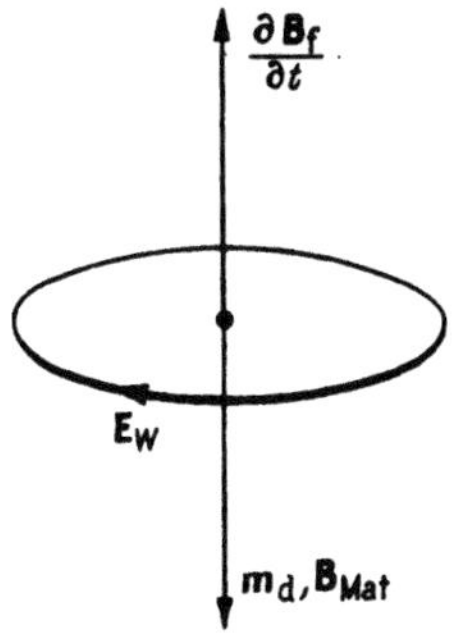

Abb. 3.49

Dieses elektrische Wirbelfeld besteht, so lange die magnetische Induktion $\mathbf{B}_f$ anwächst, es ist aber verschwunden, so bald die Induktion $\mathbf{B}_f$ einen Endwert erreicht hat, der sich nicht mehr ändert ($\partial |\mathbf{B}_f| / \partial t = 0$). Während der Zeit des Anwachsens der Induktion $\mathbf{B}_f$ hat das elektrische Wirbelfeld die Bahn-Elektronen eines Atoms beschleunigt, so daß sich den Elektronenbahnen zusätzlich Elektronenbewegungen überlagern (Präzession der Elektronenbahnen). Diese sind elektrischen Strömen äquivalent, die im Sinne von $\mathbf{E}_w$ kreisen. Das zusätzliche diamagnetische Moment $\mathbf{m}_d$ eines Bahnelektrons und damit das zusätzliche Magnetfeld $\mathbf{B}_{Mat}$ des Atoms sind der im Sinne von $\mathbf{E}_w$ orientierten Zusatzstromstärke rechtswendig zugeordnet und daher dem Fremdfeld $\mathbf{B}_f$ entgegengesetzt orientiert.

Solange sich der erreichte Endwert $\mathbf{B}_f$ nicht ändert, bleiben die zusätzlichen Elektronenbewegungen bestehen. Verschwindet das Fremdfeld $\mathbf{B}_f$ ($\partial |\mathbf{B}_f| / \partial t < 0$), so tritt der umgekehrte Vorgang auf: Das neuerdings entstehende elektrische Wirbelfeld hat jetzt die umgekehrte Richtung und verzögert die zusätzlichen Elektronenbewegungen bis sie bei $\mathbf{B}_f = 0$ verschwunden sind und damit der ursprüngliche Zustand wieder hergestellt ist. Der diamagnetische Effekt tritt natürlich nicht nur bei der Bahnbewegung auf, er müßte auch den Elektronenspin beeinflussen; diese Beeinflussung ist jedoch im Verhältnis zu jener der Elektronenbahn verschwindend klein und daher bedeutungslos.

Die Erscheinung des Diamagnetismus muß bei jedem Atom auftreten, das heißt, auch bei solchen, die schon ohne Einwirkung eines Fremdfeldes ein permanentes (überschüssiges) Moment besitzen, wie dies bei para- und ferromagnetischer Materie der Fall ist. Das diamagnetische Moment eines präzedierenden Elektrons ist aber viel kleiner als sein Bahn- oder sein Spinmoment, so daß der diamagnetische Effekt bei para- oder ferromagnetischer Materie von den unkompensierten Bahn- und Spinmomenten bei weitem überdeckt wird.

3.2.2.3. Der Paramagnetismus

Bei paramagnetischem Material haben die einzelnen Atome bereits ein resultierendes (permanentes) magnetisches Moment. Durch regellose Lage, vor allem aber durch die Wärmebewegung, heben sich ohne Einwirkung eines äußeren Feldes die magnetischen Momente der einzelnen Atome makroskopisch auf, was allerdings zur Voraussetzung hat, daß die Wärmebewegung so stark ist, daß keine merkbare magnetische Wechselwirkung zwischen den einzelnen Atomen zustande kommt. Da also die Energie der Wärmebewegung bei paramagnetischen Stoffen stets groß gegenüber der Energie ihrer atomaren magnetischen Momente in einem beeinflussenden Magnetfeld ist, wird bei ihnen die Ausrichtung der einzelnen Momente durch ein Magnetfeld, die makroskopisch zu einer **in** Feldrichtung gerichteten Magnetisierung führt, stets nur gering bleiben. Man ist von der Sättigung — also dem Zustand, in dem alle atomaren Momente parallel orientiert sind — weit entfernt. Die Ausrichtung wird überdies mit steigender Temperatur geringer werden, es besteht eine starke Abhängigkeit der Magnetisierung von der Temperatur.

Eine Magnetisierung **in** Richtung des Fremdfeldes führt, umgekehrt wie bei diamagnetischer Materie, zu einer Verstärkung des Magnetfeldes **B** im Inneren eines paramagnetischen Materiestückes und zu einer Schwächung der magnetischen Feldstärke **H**, wie sich an Hand der Abb. 3.47 und 3.48 leicht verstehen läßt, wenn man dort die Richtung von **M** umkehrt.

3.2.2.4. Der Ferromagnetismus

Im Gegensatz zu den paramagnetischen Stoffen ist bei den ferromagnetischen die Wechselwirkung der elementaren Dipole (der Spins) sehr groß, genauer gesagt, die Wechselwirkung ist auch bei normalen Temperaturen sehr groß. Es richten sich bei ferromagnetischer Wechselwirkung die elementaren Dipole von selbst zueinander parallel aus, man spricht von „spontaner Magnetisierung" $\mathbf{M}_s$ (Magnetisierung ohne Fremdfeldeinwirkung). Das Material ist in Bereichen spontaner Magnetisierung fast bis zur Sättigung magnetisiert. Vollkommene Sättigung tritt nur beim absoluten Temperatur-Nullpunkt $t = -273{,}15°C$ auf, bei höherer Temperatur wird der Ordnungszustand der spontanen Magnetisierung durch die Wärmebewegung mehr oder weniger gestört. Bei einer bestimmten Temperatur t_C, der „Curie-Temperatur", zerfällt der Ordnungszustand der spontanen Magnetisierung überhaupt; der Stoff verhält sich oberhalb der Curie-Temperatur paramagnetisch.

Ein entmagnetisierter ferromagnetischer Körper besitzt keine pauschale Magnetisierung. Dies ist so zu verstehen, daß er aus spontan magnetisierten Bereichen besteht, die einerseits so groß sind, daß sie eine große Zahl von Atomen umfassen, andererseits aber wieder so klein, daß sich die verschieden orientierten Magnetisierungen der einzelnen Bereiche im pauschal unmagnetischen Zustand des Materials, über größere Gebiete betrachtet, gegenseitig kompensieren. Man nennt diese Bereiche spontaner Magnetisierung „Domänen" oder auch „Weißsche Bezirke".

Zur befriedigenden Erklärung des Verhaltens der ferromagnetischen Stoffe muß man die Quantentheorie heranziehen. Die ferromagnetischen Eigenschaften hängen nämlich wesentlich mit der Kristallstruktur zusammen, und die Verhältnisse in Kristallen sind nur mit Hilfe der Quantentheorie genauer erfaßbar. Es erweist sich, daß für die spontane Magnetisierung meist nur die Spinmomente von Bedeutung sind, bei Änderung des Magnetisierungszustandes verändern sich also die Spinrichtungen. Abb. 3.50 zeigt ein Beispiel für eine Domänenverteilung eines pauschal unmagnetisierten Stoffes (Mittelwert $\overline{\mathbf{M}} = 0$).

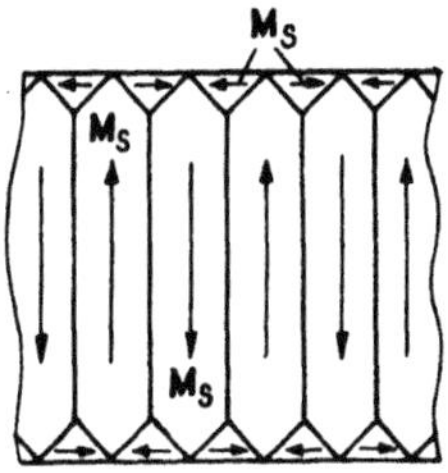

Abb. 3.50

Die Grenzen zwischen einzelnen Domänen werden „Blochwände" genannt; in ihnen drehen sich die Spinrichtungen allmählich von der Richtung der Magnetisierung der einen Domäne zur Richtung der Magnetisierung der anderen, benachbarten. Die Blochwände haben eine gewisse endliche Dicke, da ein plötzlicher Übergang der Magnetisierungsrichtung, gegebenenfalls um 180°, von einem Atom zum benachbarten, wegen des hierzu erforderlichen zu großen Energiebedarfs, nicht möglich ist. Bei Eisen gibt es normalerweise 90°- und 180°-Wände (Abb. 3.50), da Eisenkristalle Würfelstruktur haben und die Richtungen der spontanen Magnetisierung, also die Vorzugsrichtungen der Magnetisierung, mit den Würfelkanten zusammenfallen. Hier liegt beispielsweise die (nicht scharf abgrenzbare) Wanddicke von 90°-Wänden in der Größenordnung von etwa 150 Gitterabständen ($\approx 0{,}5 \cdot 10^{-5}$ cm). Die Richtungen der Vorzugslagen der Magnetisierung werden ferner durch mechanische Spannungen und andere Parameter, wie Art des Herstellungsprozesses, Glüh- und Abkühlbehandlung, Walzverfahren bei Blechen usw. beeinflußt. Abb. 3.51 zeigt schematisch die Spinrichtungen in einer 180°-Blochwand. In der Blochwand liegen die Spinrichtungen schräg, in ihrer Mitte sogar normal zur Vertikalebene, so daß in dieser, wenn sie etwa eine Begrenzungsfläche

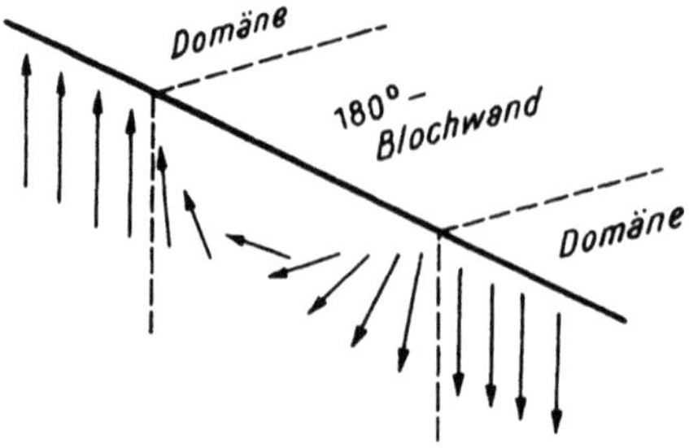

Abb. 3.51

des Materials ist, ein Sprung der Normalkomponente der Magnetisierung **M** bzw. der magnetischen Polarisation $\mathbf{J} = \mu_0 \mathbf{M}$ auftritt. Es werden also überall dort, wo Blochwände die Materialoberfläche erreichen, „magnetische Mengen" frei, die ein Streufeld zur Folge haben, das die Kontur der Blochwand markiert. In Abb. 3.51 werden, da die Pfeilspitzen Nordpole der durch elementare Dipole symbolisierten Spins bedeuten sollen, an der Vorderfläche positive Magnetmengen (Nordpole) frei. Mit einer, der bekannten Anwendung von Eisenfeilspänen ähnlichen, jedoch sehr verfeinerten Methode, nämlich durch Aufbringen einer Suspension ferromagnetischer Teilchen auf die entsprechend vorbereitete, meist elektrolytisch polierte Materialoberfläche, kann man diese oberflächlichen Grenzlinien benachbarter Domänen unter dem Mikroskop sichtbar machen. Diese Linien werden „Bitterstreifen" genannt, sie entstehen durch Anhäufung der Pulverteilchen an den Stellen der magnetischen Streufelder („Pulvermustermethode", /3.6/).

Das Herstellen bzw. die Veränderung einer pauschal wirksamen Magnetisierung kann im wesentlichen auf zwei Arten erfolgen, wobei natürlich stets ein beeinflussendes Feld vorhanden sein muß: durch Blochwandverschiebungen und durch Drehprozesse.

Bei Wandverschiebungen klappen Spinmomente, die unter einem stumpfen Winkel zum einwirkenden magnetisierenden Feld orientiert sind, in eine solche Vorzugsrichtung um, die eine günstigere Lage, das heißt einen möglichst kleinen Winkel zur beeinflussenden Feldrichtung, besitzt. Dies geschieht in der Form, daß sich solche Domänen, deren Spinrichtung eine günstige Lage zur beeinflussenden Feldrichtung aufweist, auf Kosten benachbarter Domänen mit ungünstiger Spinrichtung vergrößern. Die Grenzen zwischen solchen Bereichen, die Blochwände, wandern. Das Wandern der Blochwände kann wiederum mit Hilfe der Bitterstreifenmethode oder besser mit Hilfe des magnetooptischen Kerreffektes /3.7/ sichtbar gemacht, ja sogar gefilmt werden.

Die Verlagerung der Blochwände bei Einwirkung eines Feldes wird durch Störungen in der Kristallstruktur, wie z.B. durch Einschlüsse von Fremdkörpern u.a.m., behindert. Die Blochwände bleiben an solchen Störstellen „hängen“; zum Überwinden einer Störstelle ist eine größere Energie nötig als zum Verschieben einer Blochwand im ungestörten Kristallbereich. Bei sehr kleinen Feldänderungen können keine Störstellen überschritten werden, die Blochwände bauchen sich nur aus. Die makroskopische Magnetisierungsänderung wird daher relativ klein sein und beim Rückgängigmachen der Feldänderung wieder verschwinden. Der Magnetisierungsvorgang bei sehr kleinen, z.B. überlagerten Wechselfeldänderungen ist somit „reversibel“.

Bei stärkeren Feldänderungen werden auch Störstellen überwunden und es wird jetzt, da das Weiterwandern einer Blochwand von einer Störstelle zur nächsten nur einen sehr kleinen Energieaufwand benötigt, eine relativ große Magnetisierungsänderung die Folge sein. Bei Rückgängigmachen der Feldänderung wird diese Magnetisierungsänderung nicht mehr völlig verschwinden, da die Blochwände an den Störstellen hängen bleiben; es handelt sich in diesem Fall also um „irreversible“ Magnetisierungsänderungen, die den wesentlichen Grund für eine Erscheinung darstellen, die Hysterese genannt wird und die im folgenden noch näher besprochen werden soll. Das Weiterwandern der Blochwände von einer Störstelle zur nächsten geht, wie gesagt, wegen des geringen Energiebedarfes sehr rasch, also sprunghaft vor sich, und man kann diese sehr raschen Magnetisierungsänderungen mikroskopischer Bereiche durch Anbringen einer geeigneten Induktionswicklung, die über einen Verstärker an einen Oszillographen oder einen Lautsprecher angeschlossen ist, sichtbar bzw. hörbar machen. Diese ruckartigen Magnetisierungsänderungen werden „Barkhausensprünge“ genannt.

Sind durch Einwirken eines entsprechend hohen Feldes alle verfügbaren Spins in die jeweilige, der Richtung des beeinflussenden Feldes nächstgelegene Vorzugsrichtung geklappt, so werden bei weiterer Erhöhung des Feldes die Spins allmählich aus der Vorzugsrichtung heraus in die Richtung des beeinflussenden Feldes drehen, wozu relativ viel Energie benötigt wird. Man befindet sich im Bereich der Sättigung, die dann völlig erreicht ist, wenn alle Spins parallel zum äußeren Feld orientiert sind. Vermindert man das Feld, so drehen die Spins um ein der Feldänderung entsprechendes Maß wieder zurück; diese Drehungen sind also reversible Vorgänge. Beseitigt man das beeinflussende Feld völlig, so drehen die Spins zur nächstgelegenen Vorzugsrichtung zurück, die i.a. nicht jene Richtung darstellt, die die Spins vor der Magnetisierung, also im pauschal unmagnetischen Zustand besessen haben. Der Körper bleibt also magnetisiert, die verbleibende Magnetisierung M_r bzw. Polarisation $J_r = \mu_0 M_r$ wird remanente Magnetisierung bzw. remanente Polarisation, die verbleibende Induktion B_r wird kurz Remanenz genannt. Zur völligen Entmagnetisierung müßten ja wiederum Barkhausensprünge auftreten, wofür jedoch zunächst beim Abschalten des Feldes keine Energie zur Verfügung steht. Erst ein

Feld in der umgekehrten Richtung kann die (pauschale) remanente Magnetisierung wieder beseitigen.

Ein idealer (ungestörter) Einkristall bliebe also, wenn man von seinen Randzonen absieht, nach Abschalten des Fremdfeldes mit dem Sättigungswert in Vorzugsrichtung magnetisiert. In einem polykristallinen Material sind jedoch die Vorzugsrichtungen der einzelnen Kristallite verschieden orientiert. In einem auch pauschal anisotropen Material überwiegen eine oder mehrere Richtungen, in einem quasi isotropen Material sind die Vorzugsrichtungen der Kristallite gleichmäßig über alle Richtungen im Raum verteilt. Es läßt sich für den letzteren Fall der Wert der Remanenz leicht abschätzen, er ist, wenn J_s die Sättigungspolarisation bedeutet:

$$B_r = J_r = \mu_0 M_r = J_s \cdot \overline{\cos\vartheta} = \mu_0 M_s \cdot \overline{\cos\vartheta} \quad , \tag{3.213}$$

wobei $\overline{\cos\vartheta}$ den räumlichen Mittelwert über alle Winkel ϑ zwischen den Vorzugsrichtungen der Kristallite und der Richtung des beeinflussenden Feldes darstellt ($0 \leqq \vartheta \leqq 90°$). Bei quasi-isotropem Material, also bei gleichmäßigem Auftreten aller Winkel zwischen 0° und 90°, ist

$$\overline{\cos\vartheta} = 0{,}5 \tag{3.214}$$

und somit wird hier

$$B_r = J_r = \mu_0 M_r = \frac{J_s}{2} = \frac{\mu_0 M_s}{2} \tag{3.215}$$

in guter Übereinstimmung mit der bei vielen ferromagnetischen Materialien gewonnen Erfahrung.

Man sieht, daß man durch theoretische Untersuchung der im Festkörper stattfindenden Prozesse zu Aussagen über das Materialverhalten gelangen kann. Die Weißsche Domänentheorie in der heute durch weitere Zusätze verbesserten Form hat sich experimentell sehr gut bestätigen lassen und beschreibt in befriedigender Form die Erscheinungen des Ferromagnetismus.

3.2.2.5. Antiferromagnetismus, Ferrimagnetismus

Bei ferromagnetischen Stoffen bewirken die Austauschkräfte eine Parallelstellung der magnetischen Momente benachbarter Atome des Kristallgitters und damit sind die Domänen spontan magnetisiert. Es gibt nun Stoffe, bei denen die Wechselwirkung so geartet ist, daß das magnetische Moment eines Atoms eine Richtung einnimmt, die antiparallel zu jener aller seiner Nachbaratome ist. Man faßt dann alle Atome mit einer gemeinsamen Richtung ihrer magnetischen Momente zu einem „Untergitter" zusammen, das selbst wegen der Parallelität seiner einzelnen Momente ferromagnetischen Charakter besitzt. Sind nun die Untergitter untereinander gleichwertig, so ist die resultierende Magnetisierung gleich null, da sich ja die Magnetisierungen der Untergitter gegenseitig kompensieren. Ein solcher Stoff heißt antiferromagnetisch.

Ein äußeres Feld wird hier nur eine relativ schwache resultierende Magnetisierung hervorrufen, der Stoff verhält sich ähnlich einem paramagnetischen. Allerdings ist der Temperaturgang der Materialeigenschaften anders als bei einem paramagnetischen Stoff. Eine antiferromagnetische Substanz besitzt z.B. wie eine ferromagnetische eine Curie-Temperatur, bei der die Kopplung innerhalb der Untergitter plötzlich verschwindet und bei der der Stoff dann in einen echt paramagnetischen übergeht. Antiferromagnetische Substanzen sind z.B. MnF_2, FeF_2, MnO, MnS, FeO.

Sind jedoch die Untergitter nicht gleichwertig, d.h. kommt ihnen kein gleich großer Betrag an Magnetisierung zu, so ist die resultierende Magnetisierung ungleich null; der Stoff besitzt eine spontane Magnetisierung seiner Domänen; er wird in diesem Fall ferrimagnetisch genannt. Ferrimagnetismus ist also gewissermaßen unkompensierter Antiferromagnetismus. Ferrimagnetische Stoffe, deren bekannteste Vertreter die Ferrite sind, sind demnach in ihrem Verhalten ähnlich den ferromagnetischen Substanzen. Technisch haben die Ferrite vor allem deshalb eine so große Bedeutung erlangt, weil sie einen um viele Zehnerpotenzen höheren spezifischen elektrischen Widerstand besitzen als die aus reinen Metallen zusammengesetzten Ferromagnetika und daher bei ihnen eine verlustreiche Wirbelstrombildung in magnetischen Wechselfeldern weitestgehend vermieden wird.

3.2.3. Eigenschaften magnetisierbarer Stoffe

Die magnetischen Erscheinungen hängen sehr wesentlich mit der Kristallstruktur der betreffenden Werkstoffe zusammen. Viele technisch verwendete Stoffe sind polykristallin, so daß sich bei regelloser Lage der Kristallite die Einflüsse der Vorzugsrichtungen bereits in relativ kleinen Bereichen gegenseitig ausgleichen. Das Material kann dann pauschal als (quasi) isotrop angesehen werden.

Bei (quasi)isotropem Material tritt Magnetisierung bzw. magnetische Polarisation in Feldrichtung auf, es sind dann gemäß

(3.163) $$\mathbf{B} = \mu_0 \mathbf{H} + \mathbf{J} = \mu_0 (\mathbf{H} + \mathbf{M}) \tag{3.216}$$

alle magnetischen Vektoren parallel zueinander (vgl. Abschnitt 1.2.1). In diesem Fall kann man sie durch skalare, das betreffende Material charakterisierende Größen miteinander verknüpfen. Der meist benützte Zusammenhang, nämlich jener zwischen Induktion **B** und Feldstärke **H**, läßt sich dann durch die Proportionalität

$$\mathbf{B} = \mu \mathbf{H} = \mu_r \mu_0 \mathbf{H} \tag{3.217}$$

darstellen. μ ist die „(totale) Permeabilität" des Materials. Man spaltet sie in das Produkt aus der „Permeabilität des leeren Raumes" μ_0 (auch „Induktionskonstante" oder „magnetische Feldkonstante" genannt; letztere Benennung geht auf ihre fundamentale, im Abschnitt 3.1.1 besprochene Bedeutung als magnetische Feldgröße zurück) und der „Permeabilitätszahl" μ_r, auch „relative Permeabilität" genannt. Diese Größe gibt an, um wieviel mal größer die Permeabilität eines Materials gegenüber jener des leeren Raumes ist, sie ist demnach eine dimensionslose Größe. Aus Gl. 3.216 und Gl. 3.217 folgt auch

$$\mathbf{M} = \frac{\mathbf{J}}{\mu_0} = \frac{\mu - \mu_0}{\mu_0} \mathbf{H} = (\mu_r - 1)\, \mathbf{H} = \varkappa \mathbf{H} \ , \tag{3.218}$$

also Proportionalität zwischen **M** bzw. **J** und **H**. Der Proportionalitätsfaktor

$$\varkappa = \mu_r - 1 \tag{3.219}$$

heißt magnetische Suszeptibilität; er ist, da **M** und **H** gleiche Dimension besitzen, dimensionslos. In Tafelwerken findet sich vielfach noch die nichtrationale Größe des cgs-Systems

$$\varkappa_{cgs} = \frac{\varkappa}{4\pi} = \frac{\mu_r - 1}{4\pi} \ . \tag{3.220}$$

Wegen der Parallelität der magnetischen Vektoren in isotroper Materie gelten die Gleichungen 3.216 bis 3.218 auch für die Projektionen der betreffenden Größen

$$B = \mu_0 H + J = \mu_0 (H + M) \ , \tag{3.221}$$

$$B = \mu H = \mu_r \mu_0 H \ , \tag{3.222}$$

$$M = \varkappa H \quad (3.223) \qquad \text{bzw.} \qquad J = \mu_0 \varkappa H \ . \tag{3.224}$$

Permeabilität μ, bzw. Permeabilitätszahl μ_r, und Suszeptibilität $\varkappa$ sind bei ferromagnetischen Stoffen stets Funktionen der Feldgrößen, nur bei dia- und paramagnetischer Materie kann man sie in weiten Grenzen als feldunabhängig ansehen; in diesen letzten beiden Fällen weicht überdies die Permeabilitätszahl μ_r nur wenig vom Wert 1 ab, sie ist bei diamagnetischen

Materialien etwas kleiner, bei paramagnetischen etwas größer als 1. Demgemäß ist die dem Betrag nach sehr kleine Suszeptibilität $\varkappa$ bei diamagnetischem Material negativ (**M** bzw. **J** ist **B** und **H** entgegengesetzt orientiert!), bei paramagnetischem ist sie positiv.

Um das Verhalten eines (quasi)isotropen ferromagnetischen Stoffes festzuhalten, gibt man im allgemeinen die Abhängigkeit der Induktion **B** von der Feldstärke **H** an, aus der sich mit Hilfe der Verknüpfungsbeziehung Gl. 3.221 auch der Zusammenhang von **M** bzw. $\mathbf{J} = \mu_0 \mathbf{M}$ und **H** ableiten läßt. In Diagrammen sind B, H und $J = \mu_0 M$ meist die Projektionen der Vektoren auf jene Richtung von **B** (oder **H**), die sich beim erstmaligen Magnetisieren einstellt. Daß heute immer noch die Feldgrößen in Abhängigkeit von der „magnetischen Feldstärke" **H** der Mengentheorie untersucht und dargestellt werden (s. Gl. 3.222 bis Gl. 3.224), obwohl der magnetische Zustand der Materie durch die Elektronenbewegungen, also im Sinne der Elektronentheorie bzw. der Elementarstromtheorie mit ihrem Feldvektor **B**, erklärt wird, hat nicht zuletzt historische Gründe, siehe Abschnitt 3.2.2 und Abschnitt 3.2.1.2. Die in graphischer Form dargestellten Zusammenhänge werden unter der Benennung „Magnetisierungslinien" zusammengefaßt. Es ergeben sich die in Abb. 3.52 prinzipiell dargestellten nichtlinearen Verhältnisse, die völlig den im Abschnitt 1.2.1 besprochenen von Elektreten entsprechen. [Eine Erläuterung der praktischen Meßanordnung zur Bestimmung der Zusammenhänge $B(H)$ s. Abschnitt 3.2.4.1.] Die vom unmagnetisierten Zustand ausgehende „Neukurve" geht bei Magnetisierung bis in die Sättigung ($H \geqq H_s$, $J = \mu_0 M = J_s = \mu_0 M_s$) und anschließender Verminderung der Feldstärke H in die „äußerste Hysterese" mit ihren charakteristischen Werten Remanenz $B_r = J_r = \mu_0 M_r$ und Koerzitivfeldstärke ${}_B H_c$ bzw. ${}_J H_c$ über. [Die Kurve $J(H)$ bzw. $\mu_0 M(H)$ erhält man durch „Scherung" der Kurve $B(H)$ an der Geraden $\mu_0 H(H)$, d.h. entsprechend $J = \mu_0 M = B - \mu_0 H$ durch Subtraktion des Wertes $\mu_0 H$ vom jeweiligen Wert B, vgl. Abschnitt 1.2.1.] Völlige Entmagnetisierung tritt

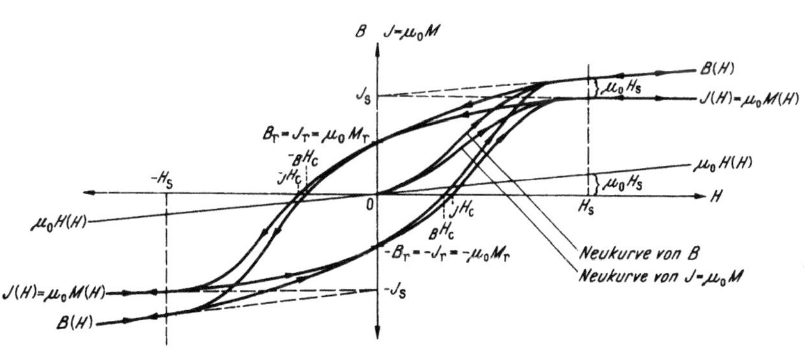

Abb. 3.52

bei der Koerzitivfeldstärke der Polarisation (bzw. der Magnetisierung) $_JH_c$ auf, die sich jedoch meist kaum vom Wert $_BH_c$ unterscheidet, so daß man in der Praxis einfach von einer Koerzitivfeldstärke H_c spricht. Die Koerzitivfeldstärke ist insoferne von besonderer Bedeutung, als sie den Wert der „Gegenfeldstärke" angibt, der zur völligen Entmagnetisierung eines bis in die Sättigung aufmagnetisierten Materials nötig ist. Leicht entmagnetisierbare Stoffe (H_c etwa kleiner als 10 A/cm) nennt man „weichmagnetisch", sie haben eine schmale Hystereseschleife; schwer entmagnetisierbare Stoffe (H_c etwa größer als 50 A/cm), die sich also für Dauermagnete eignen, besitzen eine breite Hystereseschleife, sie werden „hartmagnetisch" genannt.

Bei Magnetisierungszyklen, bei denen nicht bis in die Sättigung magnetisiert wird, ergeben sich kleinere, innerhalb der „äußersten Hystereseschleife" liegende Schleifen (Abb. 3.53). Verbindet man die durch die Spitzenwerte $\hat{B}$ und $\hat{H}$ festgelegten Umkehrpunkte der eingeschriebenen Schleifen, so ergibt sich ein von der Neukurve (Abb. 3.52) nur wenig abweichender Zusammenhang $\hat{B} = \hat{B}(\hat{H})$, der auch Kommutierungskurve genannt (Abb. 3.53) und in der technischen Praxis vielfach als „mittlere" Magnetisierungslinie zur groben Charakterisierung des betreffenden Materials benützt wird.

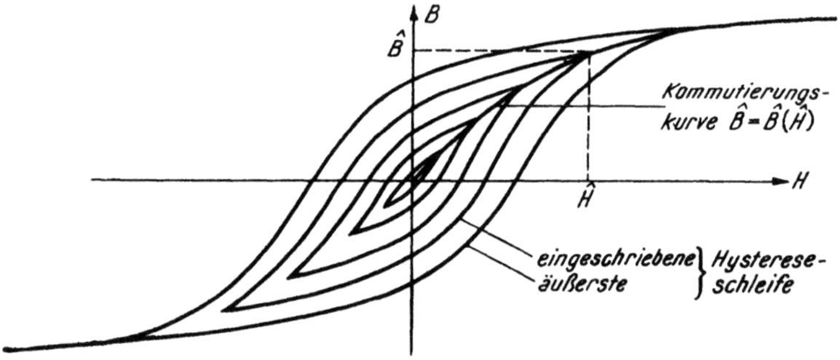

Abb. 3.53

Eine weitere, durch die Wandverschiebungen leicht erklärbare Erscheinung ist der in Wirklichkeit nicht glatte, sondern treppenartige Verlauf der Hystereseschleife in ihren steilen Bereichen. Erhöht man nämlich langsam das Feld H, so verschieben sich die Blochwände nur geringfügig und reversibel oder sie bauchen sich, an Störstellen hängend, aus; die Magnetisierungs- und damit die Induktionsänderung wird klein sein. Man nennt nun das an der betreffenden Stelle der Magnetisierungslinie bei sehr kleinen H-Änderungen auftretende Verhältnis (Abb. 3.54)

$$\lim_{\Delta H \to 0} \frac{\Delta B}{\Delta H} = \mu_{rev} = k \cdot \tan\alpha \qquad (3.225)$$

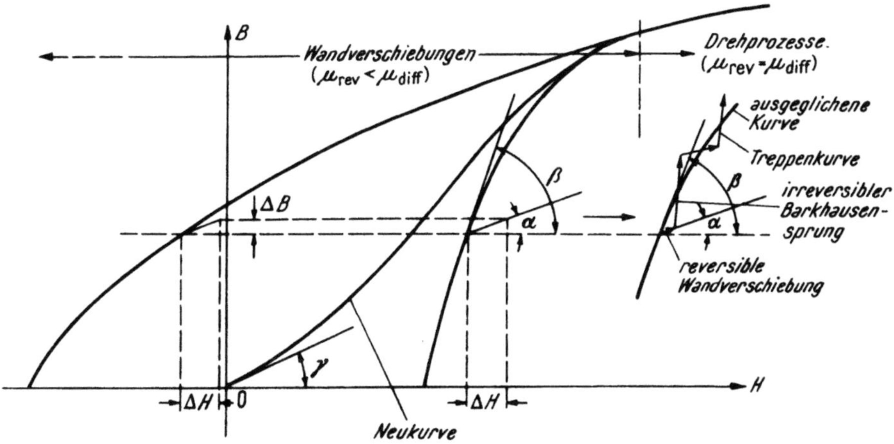

Abb. 3.54

(k ... Maßstabsfaktor), die „reversible Permeabilität". Sie ist in der Praxis von Bedeutung, wenn man einem bestimmten, konstanten („Gleich")-Feld H ein sehr schwaches Wechselfeld überlagert. Bei einer stärkeren H-Änderung treten (irreversible) Barkhausensprünge, die größere Magnetisierungs- und damit Induktionsänderungen zur Folge haben, auf (Abb. 3.54), so daß bei stetiger Steigerung des Betrages von H (gilt auch für negative H-Werte am abfallenden Ast der Hystereseschleife) eine treppenartige Hysteresekurve zustandekommt. In der Praxis wird meist nur die gemittelte (ausgeglichene) Hystereseschleife benützt. Der Differentialquotient (Abb. 3.54)

$$\frac{\mathrm{d}B}{\mathrm{d}H} = \mu_{\mathrm{diff}} = k \cdot \tan\beta \tag{3.226}$$

der ausgeglichenen Kurve wird „differentielle Permeabilität" genannt. Sie ist in steilen Kurvenbereichen stets größer als die reversible Permeabilität, da sie auch irreversible Barkhausensprünge miterfaßt, in der Sättigung werden μ_{rev} und μ_{diff} gleich, da dort nur mehr reversible Drehprozesse stattfinden (eindeutiger Kurvenbereich ohne Schleife).

Eine weitere wichtige Permeabilitätsgröße ist die reversible Permeabilität im Ursprung der Neukurve

$$\left.\frac{\mathrm{d}B}{\mathrm{d}H}\right|_{B=0,\,H=0} = \mu_{\mathrm{a}} = k \cdot \tan\gamma\ , \tag{3.227}$$

sie wird „Anfangspermeabilität" genannt.

Es soll schließlich erwähnt werden, daß die ursprünglich als Permeabilität schlechthin eingeführte Größe

(3.217) bzw. (3.222) $$\mu = \frac{B}{H} = \mu_{\text{tot}} \qquad (3.228)$$

auch „totale Permeabilität" genannt wird. So wie auch alle anderen Permeabilitätsgrößen (ausgenommen μ_a) nimmt sie an jeder Stelle der Hystereseschleife andere Werte an. Ihr Betrag wird umso kleiner, je weiter man in die Sättigung kommt. Sie ist in den beiden Remanenzpunkten unendlich groß und besitzt an den Stellen der Koerzitivfeldstärke den Wert null, ihre Zahlenwerte sind im 1. und 3. Quadranten der Schleife positiv, im 2. und 4. Quadranten negativ. Bei nicht magnetisierbarem Material ($\varkappa = \mu_r - 1 = 0$, $\mu_r = 1$) wird $\mu = \mu_0$; solches Material, sowie auch der leere Raum, besitzen demnach eine (totale) Permeabilität vom Wert μ_0; in diesem Sinne trägt μ_0 auch den Namen „Permeabilität des leeren Raumes".

Das Auftreten spontan magnetisierter Bereiche (Domänen) bei ferromagnetischen Stoffen erklärt befriedigend ihre wichtigsten Eigenschaften, wie sie etwa durch die Magnetisierungslinien mit ihrer Hysterese beschrieben werden:

a) Sehr große Permeabilität im Verhältnis zu anderen Stoffen.

b) Die Magnetisierung kann einen Grenzwert, die Sättigungsmagnetisierung, nicht überschreiten, wobei dieser Grenzwert bereits bei technisch erreichbaren Feldstärken auftritt.

c) Gekrümmte Form der Magnetisierungslinien mit steilen Bereichen (Wandverschiebungen) und flachen „Sättigungsbereichen" (reversible Drehprozesse).

d) Auftreten von Hysterese (wegen irreversibler Barkhausensprünge), mit den charakteristischen Größen Remanenz und Koerzitivfeldstärke.

e) Verschwinden der ferromagnetischen Erscheinungen oberhalb der Curie-Temperatur (wegen des Zerfalls der Domänenstruktur).

Verhält sich ein Stoff pauschal anisotrop, wie z.B. ein Einkristall oder polykristallines Material mit ausgerichteter Lage der Kristallite, so sind die magnetischen Vektoren **B**, **H** und $\mathbf{J} = \mu_0 \mathbf{M}$ nicht mehr parallel zueinander. Die Materialgrößen μ und $\varkappa$ sind dann durch Matrizen darzustellen (vgl. Abschnitt 1.2.1), die bei einem sich linear verhaltenden Kristall symmetrische Tensoren 2. Stufe beschreiben.
Schließlich sei angeführt, daß in gleicher Weise wie bei ferroelektrischen (Abschnitt 1.2.1) auch bei ferromagnetischen Stoffen magnetoelastische Effekte auftreten: So bewirkt Magnetisierung Längen- und Volumsänderungen der Körper („Magnetostriktion"), umgekehrt ist eine durch mechanische Spannungen erzwungene Gestaltsänderung eines ferromagnetischen Körpers mit einer gleichzeitig auftretenden Magnetisierung verknüpft („inverser Magnetostriktionseffekt").

Spezialiteratur über Ferromagnetismus siehe /3.8/ bis /3.11/.

3.2.4. Der mit homogener, isotroper, linearer Materie erfüllte Feldraum

Wenn der gesamte Raum, in dem sich ein Magnetfeld ausbreitet, mit homogenem, isotropem, linearem Material erfüllt ist, dessen Materialgröße μ (bzw. $\varkappa$) also von der Stärke des Feldes und damit von den Ortskoordinaten unabhängig ist [$\mu\,(x,y,z)$ = const], gelten für die magnetische Induktion **B** die Differentialgleichungen

(3.135) $\operatorname{div}\mathbf{B} = 0$, (3.229)

(3.136), (3.217), (3.158) $\operatorname{rot}\mathbf{B} = \mu_0\mathbf{S}' = \mu_0(\mathbf{S}_L + \mathbf{S}_E) = \operatorname{rot}\mu\mathbf{H} =$

$= \mu\cdot\operatorname{rot}\mathbf{H} = \mu\mathbf{S}_L$. (3.230)

Die Verteilung des Feldes **B**, und damit auch jene von

(3.217) $\mathbf{H} = \dfrac{\mathbf{B}}{\mu}$, (3.231)

ist bei gegebener, konstanter Permeabilität μ ausschließlich durch die Verteilung $\mathbf{S}_L(x,y,z)$ der (einer Messung zugänglichen) Leitungsströme festgelegt. Vergleicht man die Differentialgleichungen für **B** Gl. 3.229 und Gl. 3.230 mit jenen des leeren Raumes Gl. 3.15 und Gl. 3.25 (**S** im leeren Raum ist identisch mit der Leitungsstromdichte $\mathbf{S}_L$), so ist lediglich an die Stelle von μ_0 des leeren Raumes die (örtlich konstante) Größe μ des Materials getreten. So wie im analogen Falle des elektrischen Feldes (Abschnitt 1.2.4) gelten also auch hier dieselben Beziehungen wie im leeren Raum, es muß nur jetzt μ_0 durch μ ersetzt werden. Es lautet dann der Durchflutungssatz für **B**

(3.20) $\oint\limits_s \mathbf{B}\cdot d\mathbf{s} = \mu\Theta_L \; (= \mu\sum\limits_k I_{L,k})$ (3.232)

und das Biot-Savartsche Gesetz für **B**, wenn etwa ein geschlossener Stromkreis betrachtet wird,

(3.39) $\mathbf{B} = \mu\oint\limits_s \dfrac{I_L\cdot d\mathbf{s} \times \operatorname{grad}_A r}{4\pi r^2}$. (3.233)

Wird also bei gleichbleibender Leitungsstromverteilung $\mathbf{S}_L(x,y,z)$ der zunächst leere Raum (Induktion $\mathbf{B}_L$) mit einem homogenen, isotropen, linearen Medium (μ = const) ausgefüllt, so wächst **B** auf das μ_r-fache Ausmaß an:

(3.233) $\mathbf{B} = \mu\oint\limits_s \dfrac{I_L\cdot d\mathbf{s} \times \operatorname{grad}_A r}{4\pi r^2} = \mu_r\mu_0\oint\limits_s \dfrac{I_L\cdot d\mathbf{s} \times \operatorname{grad}_A r}{4\pi r^2} = \mu_r\mathbf{B}_L$. (3.234)

Für das Feld **H** ergeben sich folgende Bedingungen: Aus Gl. 3.229 und Gl. 3.231 erhält man für die Quellendichte von **H** wegen der Konstanz von μ

$$\operatorname{div}\mathbf{H} = \frac{1}{\mu}\operatorname{div}\mathbf{B} = 0 \; ; \tag{3.235}$$

die Wirbeldichte dieses Vektorfeldes ist wie immer durch die auch bei beliebiger Materieverteilung gültige I. Maxwellsche Gleichung Gl. 3.146 gegeben:

$$\operatorname{rot}\mathbf{H} = \mathbf{S}_\mathrm{L} \; . \tag{3.236}$$

Für die magnetische Feldstärke **H** gelten also die gleichen Differentialgleichungen wie im leeren Raum, die Materialgröße μ kommt in den Gleichungen 3.235 und 3.236 nicht vor. Die Größe **H** ist hier in diesem Spezialfall, trotz Anwesenheit von Materie, quellenfrei, und sie ist allein durch die Leitungsstromverteilung $\mathbf{S}_\mathrm{L}(x,y,z)$ festgelegt, unabhängig davon, ob und mit welcher Materie (μ = const) der Feldraum erfüllt ist. Damit gilt in ungeänderter Form nicht nur der Durchflutungssatz für **H**

(3.23) bzw. (3.232), (3.231) $$\oint_s \mathbf{H}\cdot d\mathbf{s} = \Theta_\mathrm{L} (= \sum_k I_{\mathrm{L},k}) \; , \tag{3.237}$$

der ja als zugehöriges Integralgesetz der universell gültigen I. Maxwellschen Gleichung Gl. 3.158 bzw. Gl. 3.236 immer gültig sein muß, sondern es bleibt auch das Biot-Savartsche Gesetz für **H** als allgemeine Lösung der Differentialgleichungen für **H** (Gl. 3.235 und Gl. 3.236) in homogener, isotroper, linearer Materie (aber nur hier!) ungeändert und unabhängig vom Wert der (konstanten) Permeabilität μ:

(3.40) bzw. (3.233), (3.231) $$\mathbf{H} \left(= \frac{\mathbf{B}}{\mu}\right) = \oint_s \frac{I_\mathrm{L}\cdot d\mathbf{s} \times \operatorname{grad}_A r}{4\pi r^2} \; . \tag{3.238}$$

Aus Gl. 3.136 und Gl. 3.230 folgt

$$\operatorname{rot}\mathbf{B} = \operatorname{rot}\mathbf{B}_\mathrm{L} + \operatorname{rot}\mathbf{B}_\mathrm{Mat} = \mu_0(\mathbf{S}_\mathrm{L} + \mathbf{S}_\mathrm{E}) = \mu_0\mathbf{S}' = \mu\mathbf{S}_\mathrm{L} = \mu_r\,\mu_0\,\mathbf{S}_\mathrm{L} \tag{3.239}$$

und somit in dem hier behandelten Fall

$$\mathbf{S}' = \mathbf{S}_\mathrm{L} + \mathbf{S}_\mathrm{E} = \mu_r\mathbf{S}_\mathrm{L} \; ; \tag{3.240}$$

die resultierende, freie Stromdichte **S'** ist bei Anwesenheit von Materie um den μ_r-fachen Betrag größer als die vorhandene Leitungsstromdichte $\mathbf{S}_\mathrm{L}$.
Gl. 3.239 bzw. Gl. 3.240 besagt, daß an jeder Stelle, an der Leitungsstrom der Dichte $\mathbf{S}_\mathrm{L}$ fließt, gleichzeitig Elementarstrom der Dichte

$$\mathbf{S}_\mathrm{E} = \mathbf{S}' - \mathbf{S}_\mathrm{L} = (\mu_r - 1)\,\mathbf{S}_\mathrm{L} = \varkappa\mathbf{S}_\mathrm{L} \; , \tag{3.241}$$

also im $\varkappa$-fachen Ausmaß der Leitungsstromdichte $\mathbf{S}_\mathrm{L}$, in Erscheinung treten muß.

Schließlich muß wegen der hier gegebenen Quellenfreiheit von **H** (Gl. 3.235) und der stets gültigen Quellenfreiheit von **B** (Gl. 3.229) auch der Magnetisierungsvektor **M**, bzw. der Vektor der magnetischen Polarisation $\mathbf{J} = \mu_0 \mathbf{M}$, quellenfrei sein:

$$\text{(3.152), (3.162)} \quad \operatorname{div} \mathbf{J} = \mu_0 \cdot \operatorname{div} \mathbf{M} = \operatorname{div} \mathbf{B} - \mu_0 \cdot \operatorname{div} \mathbf{H} = -\overset{m}{\varrho}_P = 0 \ . \qquad (3.242)$$

Es treten also jetzt bei Anwesenheit von magnetisierbarer Materie zwar Elementarströme (Gl. 3.241), jedoch nirgends magnetische Mengen (Pole) in Erscheinung (Gl. 3.242). Auch der hier quellenfreie Materievektor $\mathbf{M} = \frac{\mathbf{J}}{\mu_0}$ (Gl. 3.242) ist bereits durch die (meßbaren!) Leitungsströme bestimmt, seine Wirbeldichte ist wegen Gl. 3.241

$$\text{(3.133)} \quad \operatorname{rot} \mathbf{M} = \frac{1}{\mu_0} \operatorname{rot} \mathbf{J} = \mathbf{S}_E = \varkappa \mathbf{S}_L \ . \qquad (3.243)$$

Betrachtet man die Zusatzfelder $\mathbf{B}_{Mat}$ und $\mathbf{H}_{Mat}$ der magnetisierten Materie, so gilt jedenfalls

$$\text{(3.124)} \quad \operatorname{div} \mathbf{B}_{Mat} = 0 \ ,$$

ferner folgt aus Gl. 3.125 und Gl. 3.241

$$\operatorname{rot} \mathbf{B}_{Mat} = \mu_0 \mathbf{S}_E = \mu_0 \varkappa \mathbf{S}_L \ . \qquad (3.244)$$

Vergleicht man mit den Differentialgleichungen für das Teilfeld $\mathbf{B}_L$ (der Leitungsströme) im leeren Raum Gl. 3.15 und Gl. 3.25 ($\mathbf{S} = \mathbf{S}_L$), so ergibt sich analog zu Gl. 3.241

$$\mathbf{B}_{Mat} = \varkappa \mathbf{B}_L \ . \qquad (3.245)$$

Das Zusatzfeld der magnetisierten Materie $\mathbf{B}_{Mat}$ ist um den Faktor $\varkappa$ größer als der Feldanteil $\mathbf{B}_L$ der Leitungsströme.

Hinsichtlich $\mathbf{H}_{Mat}$ ergibt sich folgendes Resultat: Da die Differentialgleichungen für das Feld $\mathbf{H}_L$ der Leitungsströme einerseits (Gl. 3.16 und Gl. 3.26) und für das Gesamtfeld

$$\text{(3.120)} \quad \mathbf{H} = \mathbf{H}_L + \mathbf{H}_{Mat}$$

andererseits (Gl. 3.235 und Gl. 3.236) gleich sind, muß also

$$\mathbf{H}_L = \mathbf{H} = \mathbf{H}_L + \mathbf{H}_{Mat} \qquad (3.246)$$

gelten, das heißt es muß

$$\mathbf{H}_{Mat} = 0 \qquad (3.247)$$

sein. In dem hier behandelten Spezialfall des völlig mit homogener, isotroper, linearer Materie ausgefüllten Feldraumes tritt, obwohl das Material magnetisiert (polarisiert) ist, bei der magnetischen Feldstärke **H** kein Zusatzfeld $\mathbf{H}_{Mat}$ der Materie auf, so wie dies auch beim elektrischen Feld in homogener, isotroper, linearer Materie mit $\mathbf{D}_{Mat}$ der Fall ist (s. Gl. 1.282).

Im Zusammenhang mit dem Vorangegangenen muß folgende wichtige Feststellung gemacht werden: Während die Größen relative Permeabilität μ_r und Suszeptibilität $\varkappa$ als Proportionalitätsfaktoren zwischen B und $\mu_0 H$ (Gl. 3.217) bzw. M und H (Gl. 3.218) für isotropes Material universell gültig, d.h. für jede beliebige Material- und Feldanordnung gültig, definiert sind, gelten sie als Proportionalitätsfaktoren zwischen Induktion B mit Material und Induktion B_L ohne Material (Gl. 3.234), bzw. zwischen Induktion des Zusatzfeldes B_{Mat} der Materie und Induktion B_L ohne Materie (Gl. 3.245), ausschließlich für den hier behandelten Fall des vollkommen mit homogener, isotroper, linearer Materie erfüllten Feldraumes. Denkt man sich nämlich in ein von Leitungsströmen im leeren Raum erzeugtes Magnetfeld magnetisierbare Materie in beliebiger Verteilung (also inhomogene Materie oder mehrere homogene Stoffe, zu denen auch der leere Raum zählt) gebracht, so gelten zwar nach wie vor die beiden ersteren Proportionalitäten Gl. 3.217 und Gl. 3.218, nicht aber mehr die beiden letzteren Gl. 3.234 und Gl. 3.245. Durch beliebig verteilte Materie entstehen nämlich solche Zusatzfelder, daß weder zwischen ihnen bzw. zwischen den resultierenden Feldern einerseits und den ursprünglichen Feldern im leeren Raum andererseits irgendwelche Proportionalitäten hergestellt werden können.

Das Übersehen dieser Tatsache kann zu folgendem falschen Schluß führen: Im Falle des vollkommen mit homogener, isotroper, linearer Materie erfüllten Feldraumes folgt bei gleichbleibender Leitungsstromverteilung $\mathbf{S}_L$ wegen der unveränderten Feldstärke $\mathbf{H} = \mathbf{H}_L$ (Gl. 3.246) aus der Verknüpfungsbeziehung Gl. 3.161

$$\mathbf{B} = \mu_0 \mathbf{H} + \mathbf{J} = \mu_0 \mathbf{H}_L + \mathbf{J} = \mathbf{B}_L + \mathbf{J} \quad . \qquad (3.248)$$

Vergleicht man mit der stets gültigen Beziehung

$$(3.119) \qquad \mathbf{B} = \mathbf{B}_L + \mathbf{B}_{Mat} \quad ,$$

so erkennt man, daß beim Magnetfeld in homogener, isotroper, linearer Materie (aber nur hier!) $\mathbf{J} = \mathbf{B}_{Mat}$ ist, also in diesem Spezialfall gewissermaßen **zufällig** Gleichheit zwischen der hier quellenfreien magnetischen Polarisation **J** und der Zusatzinduktion $\mathbf{B}_{Mat}$ der Materie besteht. Bei beliebiger Materieverteilung besteht diese Gleichheit aber nicht, was man schon daran erkennen kann, daß ja im allgemeinen die magnetische Polarisation Quellen hat

$$(3.157) \qquad \operatorname{div} \mathbf{J} = -\varrho_P^m = -\mu_0 \cdot \operatorname{div} \mathbf{H} = -\operatorname{div} \mu_0 \mathbf{H} \quad , \qquad (3.249)$$

hingegen ist natürlich die Induktion $\mathbf{B}_{Mat}$ ein stets quellenfreier Vektor

$$\text{(3.124)} \quad \operatorname{div} \mathbf{B}_{Mat} = 0 \ .$$

Es ist somit ausgesprochen falsch, die magnetische Polarisation etwa als „zusätzliche" oder „innere Induktion der Materie" zu bezeichnen, leider ist auf Grund dieses Trugschlusses sogar eine internationale Normung /3.12/, nämlich die Festlegung des Symbols $\mathbf{B}_i$ für die magnetische Polarisation $\mathbf{J}$, zustandegekommen. In gleicher Weise bedeutet in der Verknüpfungsbeziehung Gl. 3.161

$$\text{(3.161), (3.120)} \quad \mathbf{B} = \mu_0 \mathbf{H} + \mathbf{J} = \mu_0 (\mathbf{H}_L + \mathbf{H}_{Mat}) + \mathbf{J} = \mathbf{B}_L + \mu_0 \mathbf{H}_{Mat} + \mathbf{J} \qquad (3.250)$$

der Ausdruck $\mu_0 \mathbf{H}$ keineswegs etwa die Induktion $\mathbf{B}_L = \mu_0 \mathbf{H}_L$ (in der Literatur meist mit $\mathbf{B}_0 = \mu_0 \mathbf{H}_0$ bezeichnet), die im betreffenden Aufpunkt bei Abwesenheit magnetisierbarer Materie im leeren Raum vorhanden wäre, und $\mathbf{J}$ die durch die Materie hervorgerufene zusätzliche Induktion $\mathbf{B}_{Mat}$. Die Größe $\mu_0 \mathbf{H}$ besitzt zwar die Dimension einer Induktion, sie ist aber im übrigen die mit μ_0 multiplizierte Feldstärke $\mathbf{H}$ in der magnetisierten Materie im betreffenden Aufpunkt und daher gemäß Gl. 3.250 der um $\mu_0 \mathbf{H}_{Mat}$ **vermehrte** Ausdruck $\mu_0 \mathbf{H}_L = \mathbf{B}_L (= \mu_0 \mathbf{H}_0 = \mathbf{B}_0)$. Ein ähnlicher Trugschluß liegt vor, wenn man die Magnetisierung $\mathbf{M}$ als innere magnetische Feldstärke des Materials bezeichnet; für sie wurde leider international auch das Symbol $\mathbf{H}_i$ festgelegt /3.12/.

Auf analoge Fehlinterpretationen im Zusammenhang mit dem elektrischen Polarisationsvektor wurde im Abschnitt 1.2.4.2 hingewiesen.

3.2.4.1. Der homogene Magnetkreis

Ein technisch besonders wichtiger Spezialfall des vollkommen von homogener, isotroper, linearer Materie (μ = const) erfüllten magnetischen Feldraumes ist der homogene Magnetkreis.

Man denke sich eine ringförmige, sehr eng und gleichmäßig bewickelte Spule mit zunächst leerem Innenraum, bei der das Verhältnis Spulen(Ring)dicke d zu mittlerem Ringdurchmesser D sehr klein ist (Abb. 3.55). Fließt in den Windungen der Spule elektrischer Leitungsstrom der Stärke I_L, so entsteht praktisch nur in dem von der Spule eingeschlossenen Raum ein im Kreis umlaufendes, über den Spulenquerschnitt angenähert gleichmäßig verteiltes (nur von Leitungsströmen erzeugtes) Magnetfeld. Es folgt aus dem Durchflutungssatz für $\mathbf{H} = \mathbf{H}_L$ in diesem Fall des leeren Feldraumes, wenn man den Weg s entlang einer Feldlinie von $\mathbf{H}$ in der Mitte der Spule im Kreis herum wählt, so daß stets $\mathbf{ds} \uparrow\uparrow \mathbf{H}_L$ ist,

$$\text{(3.23)} \quad \oint_s \mathbf{H}_L \cdot \mathbf{ds} = \oint_s H_L \cdot ds = H_L l = \Theta_L = N I_L \ , \qquad (3.251)$$

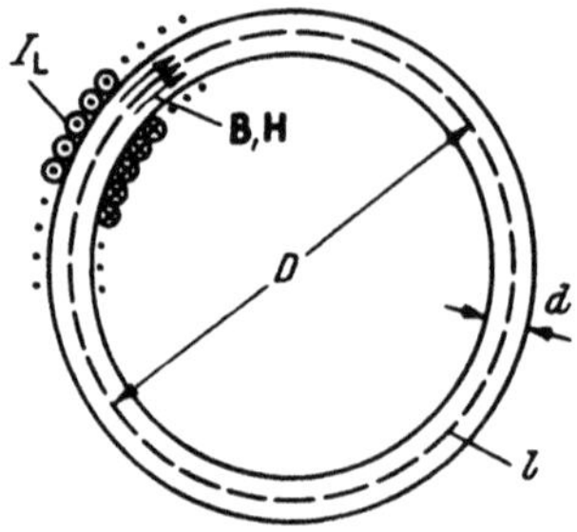

Abb. 3.55

mit $l = D\pi$ als (mittlerem) Ringumfang und N als Windungszahl der Spule. Aus Gl. 3.251 erhält man

$$H_L = \frac{NI_L}{l} = \alpha_L \ , \tag{3.252}$$

also in diesem Spezialfall Gleichheit von Strombelag α_L der Spule und Projektion H_L der magnetischen Feldstärke auf die Richtung des kreisförmigen Weges. Genau genommen ist die Feldstärke am äußeren Rand der Ringspule wegen des dort größeren Kreisumfanges etwas kleiner als am inneren Rand, doch kann dieser Unterschied bei $d \ll D$ vernachlässigt und H_L als konstant im Spulenquerschnitt angesehen werden. Ist D nicht hinreichend groß genug gegenüber d, folgt aus dem Durchflutungssatz

$$H_L = H_L(\varrho_A) = \frac{NI}{2\pi\varrho_A} \ , \tag{3.253}$$

mit ϱ_A als Radius des betreffenden kreisförmigen Weges (der kreisförmigen Feldlinie von $\mathbf{H}_L$).

Für B_L gilt, da es sich ja zunächst um ein Feld im leeren Raum handelt,

$$B_L = \mu_0 H_L = \frac{\mu_0 N I_L}{l} = \mu_0 \alpha_L \ . \tag{3.254}$$

Man hätte hier beim leeren Feldraum auch vom Durchflutungssatz für **B** Gl. 3.20 ausgehen können und wäre auf diese Weise direkt zum Resultat Gl. 3.254 gekommen, wie dies im Abschnitt 3.1.3.4 durchgeführt wurde, aus dem dann $\mathbf{H} = \mathbf{H}_L$ berechnet werden kann. Da jedoch nach Anfüllen des Feldraumes mit magnetisierbarer Materie der Durchflutungssatz für **H**, nicht aber jener für **B**, ungeändert bleibt, empfiehlt es sich stets bei praktischen Berechnungen von Magnetkreisen – vor allem von inhomogenen – vom Durchflutungssatz für **H** auszugehen (s. auch Abschnitt 3.1.3.8).

Bringt man jetzt homogenes, isotropes, lineares Material in das Spuleninnere, so ergibt sich, da die Werte der magnetischen Vektoren wegen der Symmetrie der Anordnung entlang des Ringes nach wie vor konstant sind, eine völlig gleiche Auswertung des Durchflutungssatzes für **H** wie vorher bei Gl. 3.251, es gilt jetzt auch bei Anwesenheit magnetisierbarer Materie

(3.252) $H = \frac{NI_\mathrm{L}}{l} = \alpha_\mathrm{L}$. (3.255)

Wegen Gl. 3.252 und Gl. 3.255 bleibt das Gesamtfeld **H** der Leitungsströme und der magnetisierbaren Materie, wie bereits im Abschnitt 3.2.4 allgemein für den mit homogener, isotroper, linearer Materie erfüllten Feldraum nachgewiesen wurde, gegenüber dem Feld der Leitungsströme $\mathbf{H}_\mathrm{L}$ ungeändert

(3.246) $\mathbf{H}(=\mathbf{H}_\mathrm{L}+\mathbf{H}_\mathrm{Mat}) = \mathbf{H}_\mathrm{L}$.

Ein Zusatzfeld $\mathbf{H}_\mathrm{Mat}$ der Materie tritt in diesem Spezialfall nicht auf

(3.247) $\mathbf{H}_\mathrm{Mat} = 0$.

Dies ist hier leicht einzusehen, da die gleich stark polarisierten Elementarmagnete im Eisenring so aneinandergereiht sind, daß sich ihre Pole, also die Quellen von $\mathbf{H}_\mathrm{Mat}$ und gleichzeitig auch von **H** (Gl. 3.157), gegenseitig kompensieren (Abb. 3.56; hier bewährt sich also die Betrachtung im Sinne der magnetischen Mengentheorie, die auf das Feld **H** führt). Das jedenfalls wirbelfreie Zusatzfeld $\mathbf{H}_\mathrm{Mat}$ ist hier also auch quellenfrei, es existiert in diesem Fall somit nicht.

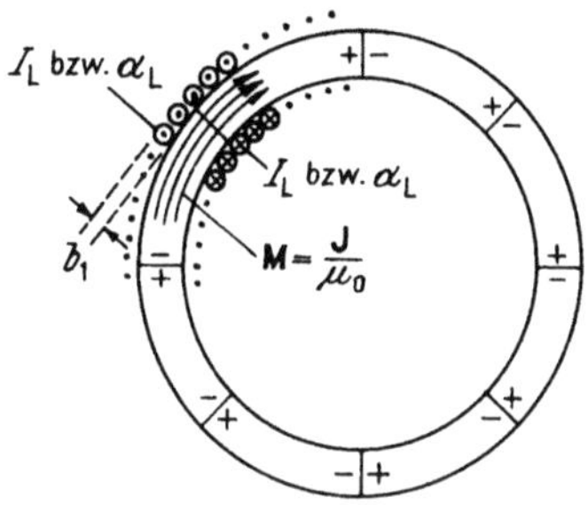

Abb. 3.56

Für die magnetische Induktion im Ring mit Eisen ergibt sich bei unverändertem Leitungsstrom I_L und daher bei gleichem $\mathbf{H} = \mathbf{H}_\mathrm{L}$ wie im leeren Raum

$$B = B_\mathrm{L} + B_\mathrm{Mat} = \mu H = \mu_\mathrm{r}\mu_0 H = \mu_\mathrm{r}\mu_0 H_\mathrm{L} = \mu_\mathrm{r} B_\mathrm{L} \, , \qquad (3.256)$$

also ein um den Faktor der relativen Permeabilität μ_r größerer Wert als vorher im leeren Raum, wie schon allgemein für den mit homogener, isotroper, linearer Materie erfüllten Feldraum mit Gl. 3.234 gezeigt wurde.

Die Erhöhung des Induktionsfeldes gegenüber jenem im leeren Raum wird verständlich, wenn man bedenkt, daß mit der Magnetisierung des Materials an der Mantelfläche des Eisenkörpers ein Sprung der Tangentialkomponente des Magnetisierungsvektors **M** auftritt, der Wirbel dieses Vektors kennzeichnet, die ihrerseits entsprechend Gl. 3.134 einen (flächenhaften) Belag $\boldsymbol{\alpha}_E$ an Elementarströmen angeben. Gemäß Gl. 3.241 ist die Verteilung der Elementarströme gleichartig wie jene der Leitungsströme, sie fließen ja ebenfalls an der Mantelfläche des Eisenkörpers (Abb. 3.57), ihr Ausmaß ist um den Faktor $\varkappa$ höher als jenes der Leitungsströme. Damit entsteht ein Zusatzfeld B_{Mat} gleicher Konfiguration und Richtung wie jener des ursprünglichen Induktionsfeldes B_L, das resultierende Gesamtfeld B ist also größer geworden.

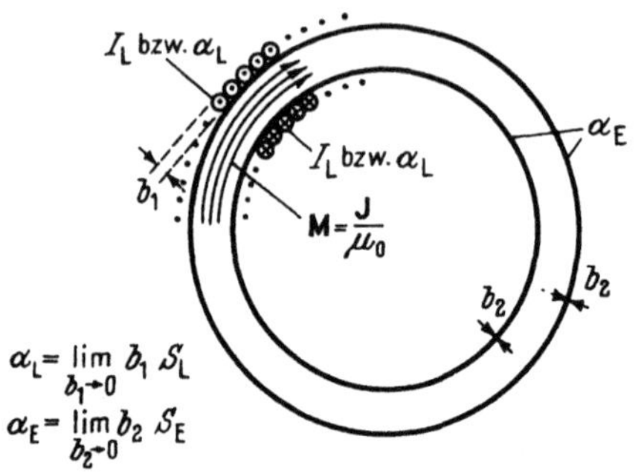

Abb. 3.57

Durch den Querschnitt des Eisenringes, und damit durch jede einzelne Windung der Spule, tritt ein magnetischer Fluß Φ, der hier sehr einfach zu berechnen ist, da die Induktion die Querschnittsfläche an jeder Stelle senkrecht durchsetzt; Induktion **B** und Flächenvektor d**A** sind parallel. Schließlich ist die Induktion im Querschnitt praktisch konstant, also folgt

$$\Phi = \int_A \mathbf{B} \cdot \mathrm{d}\mathbf{A} = \int_A B \cdot \mathrm{d}A = BA \quad . \tag{3.257}$$

Die Induktivität der Eisenspule ist gemäß Gl. 3.86, unter Berücksichtigung von Gl. 3.255 und Gl. 3.257,

$$L = \frac{\psi}{I_L} = \frac{N\Phi}{I_L} = \frac{BN^2A}{Hl} = \frac{\mu N^2 A}{l} = \mu_r \frac{\mu_0 N^2 A}{l} \quad . \tag{3.258}$$

Sie ist um den Faktor μ_r der relativen Permeabilität größer als die Induktivität einer Spule gleicher geometrischer Abmessungen, die von einem nichtmagnetisierbaren Material ($\mu = \mu_0$ bzw. $\mu_r = 1$), z.B. von Luft, erfüllt ist (s. Abschnitt 3.1.3.4, Gl. 3.85). In analoger Weise war die Kapazität eines mit einem elektrisch polarisierbaren Medium erfüllten Kondensators um den Faktor ϵ_r größer als die Kapazität eines Luftkondensators gleicher geometrischer Abmessungen (s. Abschnitt 1.2.4).

Eine derartige Ringanordnung eignet sich in vorzüglicher und einfacher Weise zur Bestimmung der Zusammenhänge zwischen B und H bzw. zwischen M (oder $J = \mu_0 M$) und H. Man kann $B = \Phi/A$ (s. Gl. 3.257) mit einer über den Ring gewickelten Induktionsmeßspule, H durch den Strombelag

$$\alpha_L = \frac{NI_L}{l} = H \tag{3.255}$$

der Leitungsströme der Spule und schließlich M bzw. J aus B und H mit Hilfe der Verknüpfungsgleichung 3.221 bestimmen.

Die große Bedeutung des homogenen Magnetkreises für Materialuntersuchungen liegt nicht nur an der bei ihm gegebenen Möglichkeit, ein magnetisierbares Material einem Magnetfeld von praktisch ortsunabhängigem, also konstantem Betrag auszusetzen, sondern es ist auch die Tatsache, daß das im Material auftretende Feld H wegen der Abwesenheit eines Eigenfeldes H_{Mat} der magnetisierten Materie nur durch das einwirkende Fremdfeld $H_L = B_L/\mu_0$ der Leitungsströme gegeben ist, für die Prüfung des Verhaltens von Stoffen im magnetisierenden Fremdfeld außerordentlich wichtig. Im übrigen sind beim (dünnen) ferromagnetischen Ring aus Symmetriegründen auch bei einem nichtlinearen (homogenen, isotropen) Material die Feldbeträge B und H im ganzen Ring örtlich konstant. Damit ist auch die jetzt feldabhängige Permeabilität μ ortsunabhängig und es können nach wie vor H aus dem Durchflutungssatz gemäß Gl. 3.255 und B aus dem Fluß im Ring gemäß Gl. 3.257 bestimmt werden. Die homogene Ringanordnung eignet sich also auch zur Aufnahme der Magnetisierungslinie $B = B(H)$ bei nichtlinearem Material. Analoges gilt für die Bestimmung des Zusammenhanges $D = D(E)$ im Plattenkondensator (Abschnitt 1.2.1). Abschließend sei erwähnt, daß das Magnetfeld umso besser auf das von der Spule eingeschlossene Volumen beschränkt bleibt, umso dichter und gleichmäßiger die Bewicklung des magnetisierbaren Ringes ist. Bringt man etwa die Wicklung konzentriert an einer Stelle des Ringes auf, so ist das magnetisierende, von den Leitungsströmen herrührende Fremdfeld $\mathbf{B}_L = \mu_0 \mathbf{H}_L$ in bezug auf den Ring nicht mehr symmetrisch (Abb. 3.58). Das Gesamtfeld $\mathbf{B} = \mathbf{B}_L + \mathbf{B}_{Mat}$ der Leitungsströme und des magnetisierten Ringes tritt jetzt zu einem gewissen, i.a. geringen Teil aus dem Ringvolumen aus (Abb. 3.59), man spricht von „Streuung".

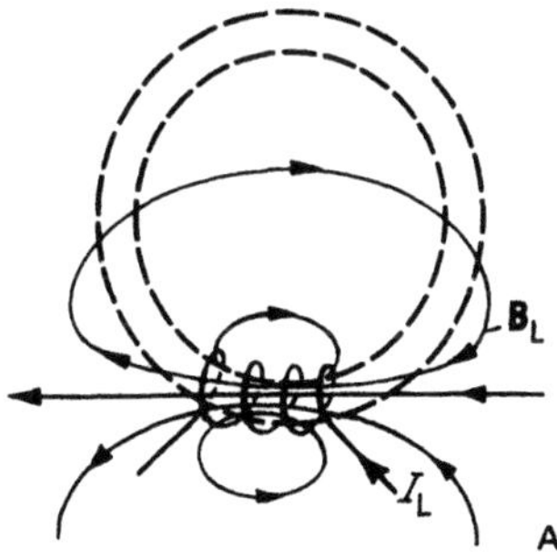

Abb. 3.58

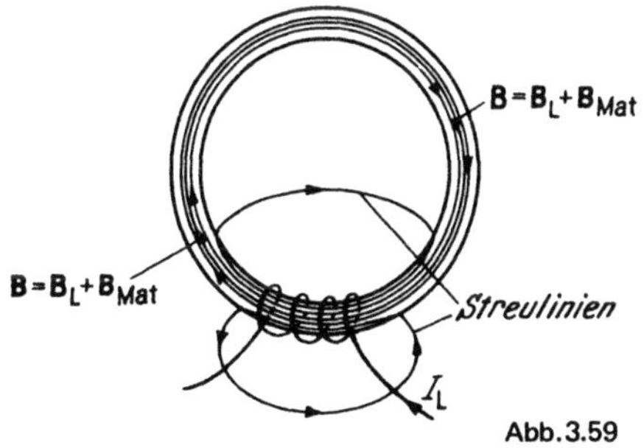

Abb. 3.59

3.2.4.2. Magnetomotorische Kraft, magnetische Spannung, magnetischer Widerstand und Leitwert

Zwischen dem Fluß Φ je Windung, also dem im Kernquerschnitt A „fließenden" Fluß, und der Durchflutung Θ_L besteht bei isotropem Material der folgende Zusammenhang

(3.257), (3.255) $$\Phi = BA = \mu HA = NI_L \frac{\mu A}{l} = \Theta_L \frac{\mu A}{l} , \tag{3.259}$$

woraus

$$\Theta_L = F_m = Hl = U_m = \Phi \frac{l}{\mu A} = \Phi R_m \tag{3.260}$$

folgt. In Analogie zu elektrischen Kreisen führt man eine der Durchflutung im Betrag gleiche Größe

$$F_m = \Theta_L = NI_L \tag{3.261}$$

ein, die den Namen „magnetomotorische Kraft (MMK)" trägt und gewissermaßen die Ursache für den über den magnetischen Kreis „fließenden" Fluß darstellt. Ferner nennt man in Analogie zur elektrischen Spannung Gl. 1.48

$$U_m = \int_s \mathbf{H} \cdot \mathrm{d}\mathbf{s} \tag{3.262}$$

„magnetische Spannung". Im vorliegenden Fall ist gemäß Gl. 3.260 die den Fluß treibende MMK F_m der am „magnetischen Widerstand" R_m

$$R_m = \frac{l}{\mu A} \tag{3.263}$$

abfallenden magnetischen Spannung $U_m = Hl$ gleich, die ihrerseits in Analogie zum Ohmschen Gesetz Gl. 2.49 durch das Produkt aus Fluß und magnetischem Widerstand gegeben ist:

$$U_m = \Phi R_m \ . \tag{3.264}$$

Der Kehrwert des magnetischen Widerstandes heißt magnetischer Leitwert des Kreises,

$$\Lambda = \frac{1}{R_m} = \mu \frac{A}{l} \ . \tag{3.265}$$

Vergleicht man die Beziehung für den magnetischen Leitwert eines homogenen, röhrenförmigen, streuungsfreien Magnetkreises Gl. 3.265 mit jener für den elektrischen Leitwert eines homogenen zylindrischen Materials,

(2.52), (2.55) $$G = \frac{1}{R} = \frac{1}{\varrho} \cdot \frac{A}{l} = \gamma \frac{A}{l} , \tag{3.266}$$

so erkennt man, daß die der elektrischen Leitfähigkeit γ analoge Bedeutung der magnetischen Leitfähigkeit der Permeabilität μ zuzusprechen ist. Im Falle des elektrischen Strömungsfeldes besitzt der leere Raum praktisch keine Leitfähigkeit ($\gamma_0 = 0$), magnetische Leitfähigkeit kommt hingegen dem leeren Raum zu, da $\mu_0 \neq 0$ ist; der leere Raum ist in der Lage, ein Magnetfeld „fortzuleiten" (s.z.B. Ringspule ohne Kern, Abschnitt 3.1.3.4). Je größer allerdings die Permeabilität eines anwesenden magnetisierbaren Materials im Verhältnis zu μ_0 ist, um so weniger Feldlinien werden aus diesem Material austreten und sich als Streulinien über den leeren Raum schließen (s. Abb. 3.59).

Zwischen der Induktivität L einer Ringspule mit magnetisierbarem Kern einerseits und dem magnetischen Widerstand R_m bzw. dem magnetischen Leitwert Λ des Kernes andererseits gilt gemäß Gl. 3.258 und Gl. 3.263 bzw. Gl. 3.265 der folgende Zusammenhang:

$$L = \frac{\mu N^2 A}{l} = \frac{N^2}{R_\mathrm{m}} = N^2 \Lambda \quad . \tag{3.267}$$

Die Einheit des magnetischen Widerstandes ist

$$[R_\mathrm{m}] = \frac{[\Theta_\mathrm{L}]}{[\Phi]} = \frac{\mathrm{A}}{\mathrm{Vs}} = \frac{1}{\mathrm{H}} = \mathrm{H}^{-1} \quad , \tag{3.268}$$

jene des magnetischen Leitwertes

$$[\Lambda] = \frac{1}{[R_\mathrm{m}]} = \mathrm{H} \quad . \tag{3.269}$$

Wie aus Gl. 3.260 zu ersehen ist, haben die neu eingeführten Größen MMK F_m und magnetische Spannung U_m die gleiche Dimension wie die Durchflutung Θ_L (= NI_L) bzw. wie die elektrische Stromstärke I_L; sie werden demnach in der Einheit Ampere gemessen.

3.2.5. Der mit inhomogener, isotroper Materie erfüllte Feldraum

In den meisten Fällen breitet sich das Magnetfeld in inhomogener Materie aus, vor allem kommen in technisch wichtigen Fällen mehrere aneinandergrenzende Gebiete mit jeweils verschiedenen, homogenen Stoffen vor (inhomogener Magnetkreis). Zu diesen Stoffen zählt in magnetischer Hinsicht auch der leere Raum, der ja das Magnetfeld „fortzuleiten" vermag und dem ebenfalls ein, der jeweiligen Konfiguration entsprechender magnetischer Widerstand zuzuordnen ist.

Eine exakte Berechnung inhomogener Magnetkreise ist mit einfachen mathematischen Hilfsmitteln nicht mehr durchzuführen. Hiefür sind folgende Gründe maßgebend:

a) Die magnetische Leitfähigkeit des leeren Raumes bewirkt, daß praktisch immer Streuung vorhanden ist, d.h. das Magnetfeld tritt zu einem gewissen Grade aus jenem Gebiet, auf das man es zu beschränken wünscht und das man eben „Magnetkreis" nennt, in den umgebenden, meist leeren Raum aus.

b) Auch bei Vernachlässigung der Streuung, was im Falle sehr hoher Permeabilität der den magnetischen Kreis bildenden Stoffe gegenüber jener des umgebenden leeren Raumes (μ_0) möglich ist, wird die Rechnung durch die meist vorhandene Nichtlinearität des Materials $\mu = \mu(H)$ außerordentlich erschwert.

c) In der technischen Praxis verwendete magnetische Kreise besitzen meist komplizierte geometrische Formen.

Es ist daher nur möglich, Näherungsrechnungen mit Mittelwerten der Feldgrößen in den einzelnen Strecken des magnetischen Kreises durchzuführen, in die man ihn, in einer seinem Aufbau entsprechenden Weise, teilt.

Betreibt man den Eisenkreis mit einer von Leitungsstrom durchflossenen Wicklung, so spricht man von einem Elektromagneten oder einem elektromagnetischen Kreis. Hier soll der entstehende Fluß im magnetischen Kreis in eindeutigem Zusammenhang mit dem Leitungsstrom der Wicklung stehen, d.h. man muß weichmagnetisches Material mit vernachlässigbarer (also sehr schmaler) Hystereseschleife und damit vernachlässigbarer Koerzitivfeldstärke verwenden. Drosselspulen, wie sie in der Wechselstromtechnik Verwendung finden, haben meist keinen erwünschten Luftspalt, doch treten immer unbeabsichtigte kleine Luftspalte an den Stoßstellen der Schenkel des Eisenkreises auf. Für andere technische Zwecke, wie etwa bei Meßgeräten, Relais usw., ist wiederum der Luftspalt ein wesentliches Bauelement der betreffenden Anordnung. Auch zur Linearisierung eines Eisenkreises, d.h. zu einer Abschwächung der Krümmung der Magnetisierungslinie des Materials, kann man absichtlich Luftspalte einfügen, die eine Streckung und damit die gewünschte „Begradigung" der Kennlinie des Kreises bewirken (s. Abschnitt 3.2.5.2.1).

Betreibt man den Eisenkreis nach einmaliger Aufmagnetisierung mit Hilfe seiner in hartmagnetischen Teilen des Kreises zurückbleibenden Magnetisierung, so spricht man von einem Dauermagnetkreis.

3.2.5.1. Grenzflächen zwischen isotropen magnetisierbaren Medien

Wegen der Quellenfreiheit der Induktion **B** gilt an der Grenzfläche zwischen zwei magnetisierbaren Stoffen (Abb. 3.60)

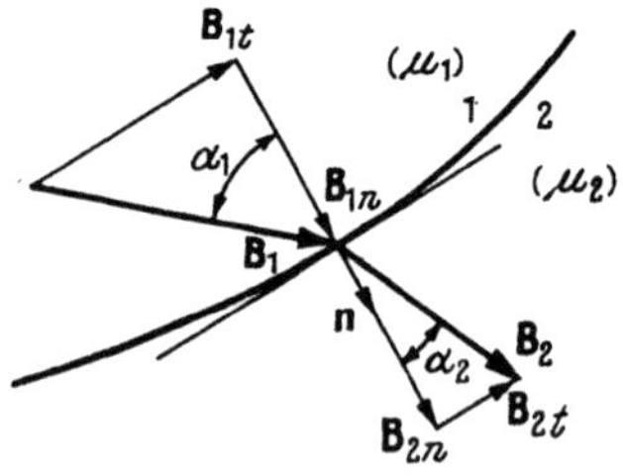

Abb. 3.60

$$\mathrm{Div}\,\mathbf{B} = B_{2n} - B_{1n} = 0 \ , \tag{3.270}$$

also Stetigkeit der Normalprojektion dieser Größe,

$$B_{2n} = B_{1n} \ . \tag{3.271}$$

Andererseits gilt an Grenzflächen, in denen kein flächenhafter Leitungsstrom fließt ($\boldsymbol{\alpha} = 0$), wegen Gl. 3.28

$$\mathrm{Rot}\,\mathbf{H} = \mathbf{n} \times (\mathbf{H}_{2t} - \mathbf{H}_{1t}) = \mathbf{n} \times (H_{2t} - H_{1t})\mathbf{t} = 0 \ , \tag{3.272}$$

also Stetigkeit der Tangentialprojektion von **H**,

$$H_{2t} = H_{1t} \ . \tag{3.273}$$

Aus der in isotroper Materie gültigen Beziehung

(3.217) $\mathbf{B} = \mu \mathbf{H}$

folgen die Gleichungen

$B_{2t} = \mu_2 H_{2t}$ (3.274) und $B_{1t} = \mu_1 H_{1t}$, (3.275)

aus denen sich als „Brechungsgesetz" der magnetischen Feldlinien

$$\frac{\tan \alpha_2}{\tan \alpha_1} = \frac{B_{2t}}{B_{2n}} \cdot \frac{B_{1n}}{B_{1t}} = \frac{\mu_2 H_{2t}}{\mu_1 H_{1t}} = \frac{\mu_2}{\mu_1} = \frac{\mu_{r2}}{\mu_{r1}} \tag{3.276}$$

ergibt. Beim Übergang von einem Medium mit größerer Permeabilität zu einem anderen mit kleinerer werden die Feldlinien zum Lot gebrochen. Feldlinien an Grenzflächen zwischen hochpermeablen Stoffen (wie Eisen) einerseits und Luft andererseits ($\mu_{Fe} \gg \mu_0$) können im hochpermeablen Stoff fast parallel zur Grenzfläche verlaufen und verlassen diesen trotzdem fast normal zu ihr (Abb. 3.61).

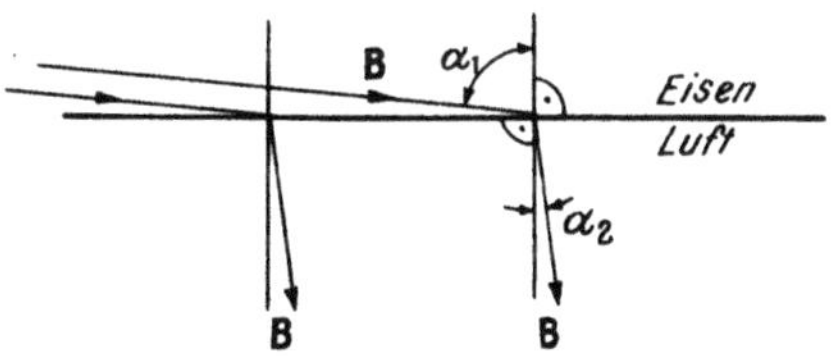

Abb. 3.61

Über das Brechungsgesetz der magnetischen Feldlinien bei anisotroper Materie siehe /3.13/.

In gleicher Weise wie bei den Größen **D** und **E** des elektrischen Feldes läßt sich wegen der Quellenfreiheit von **B** bzw. der Wirbelfreiheit von **H** an Sprungflächen zeigen, daß in Materie **B** im „Querschlitz" und **H** im „Längskanal" gemessen werden (vgl. Abschnitt 1.2.5.2).

3.2.5.2. Der inhomogene weichmagnetische Kreis

In Abb. 3.62 ist ein aus vier Teilstrecken gebildeter magnetischer Kreis dargestellt. Die einzelnen Strecken können verschiedene geometrische Abmessungen aufweisen und aus verschiedenen weichmagnetischen Stoffen, gegebenenfalls aber auch aus Luft, bestehen. Wird der Kreis mit Hilfe einer vom Strom I durchflossenen Wicklung, von der in Abb. 3.62 eine Windung angedeutet ist, magnetisiert, so bildet sich ein Magnetfeld aus, dessen Berechnung wieder auf der IV. und der I. Maxwellschen Gleichung

(3.135) $\operatorname{div}\mathbf{B} = 0$ und (3.146) $\operatorname{rot}\mathbf{H} = \mathbf{S}_L$

fußt. Der Zusammenhang zwischen den beiden, in Gl. 3.135 und Gl. 3.146 auftretenden magnetischen Feldgrößen **B** und **H** ist für jedes Material charakteristisch und bei einem linearen, isotropen Stoff gemäß Gl. 3.217 durch die feldunabhängige (konstante) Permeabilität μ, bei nichtlinearem, weichmagnetischem Material durch die hier annähernd eindeutige (hysteresefreie) Magnetisierungslinie $B = B(H)$ gegeben, aus der der Quotient $\frac{B}{H} = \mu$ beim jeweiligen Induktionswert B bzw. Feldstärkewert H entnommen werden kann.

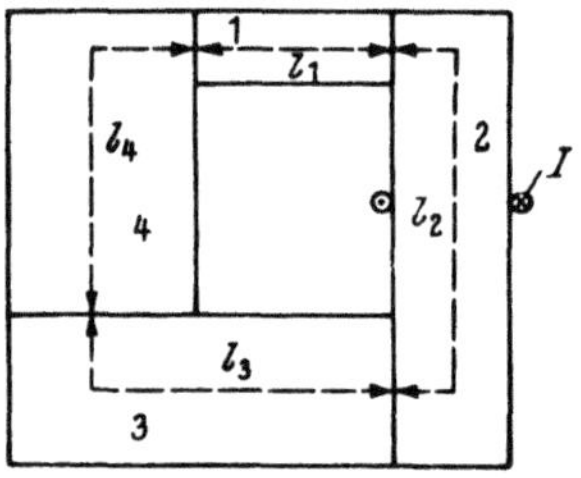

Abb. 3.62

Darf man die Streuung vernachlässigen und daher annehmen, daß das Magnetfeld auf das Volumen des Magnetkreises beschränkt bleibt, so bildet dieses eine Feldröhre der Induktion **B**, die wegen der Quellenfreiheit dieser Größe (Gl. 3.135) einen konstanten Fluß führt. Ist die Streuung nicht zu vernachlässigen, so muß man mit den Mittelwerten des Flusses in den einzelnen Abschnitten rechnen.

Wie schon öfters erwähnt wurde, ist die fundamentale Beziehung bei der praktischen Berechnung des Magnetkreises der aus der I. Maxwellschen Gleichung 3.146 folgende Durchflutungssatz für **H** (s. Abschnitt 3.1.3.8)

(3.23) $\oint\limits_s \mathbf{H}\cdot d\mathbf{s} = \Theta = NI$,

($\Theta = \Theta_L$ . . . Durchflutung der Leitungsströme, $I = I_L$ . . . Stromstärke des Leitungsstromes, N . . . Windungszahl der Wicklung), der auf den Magnetkreis Abb. 3.62 angewendet

$$\oint_s \mathbf{H} \cdot d\mathbf{s} = H_1 l_1 + H_2 l_2 + H_3 l_3 + H_4 l_4 = \Theta = NI \quad , \tag{3.277}$$

oder allgemein bei n Teilstrecken

$$\oint_s \mathbf{H} \cdot d\mathbf{s} = \sum_{k=1}^{n} H_k l_k = \Theta = NI \tag{3.278}$$

liefert. H_k und l_k sind die Mittelwerte der auf den gewählten Weg projizierten magnetischen Feldstärke sowie der Weglänge (Feldlinienlänge) im betreffenden Abschnitt. Der Mittelwert der Projektion B der Induktion ist

$$B_k = \frac{\Phi_k}{A_k} = \mu_k H_k \quad , \tag{3.279}$$

mit Φ_k als mittlerem Fluß und A_k als mittlerem Querschnitt. Im Falle der Streuungslosigkeit ist $\Phi_1 = \Phi_2 = \ldots = \Phi_k = \Phi =$ const in jedem Abschnitt. Muß hingegen die Streuung berücksichtigt werden, so bezieht man zweckmäßigerweise die Flüsse Φ_k der einzelnen Teilstrecken auf den Fluß jener Strecke, die für das betreffende Problem am wichtigsten ist („Nutzfluß" Φ_{N}):

$$\Phi_k = \frac{\Phi_{\mathrm{N}}}{\sigma_k} \quad ; \tag{3.280}$$

σ heißt Streugrad. Ist der Nutzfluß der kleinste Fluß im Kreis, wie das meist der Fall ist, so sind alle Streugrade σ_k kleiner als 1.

Aus Gl. 3.279 folgt (gegebenenfalls mit Gl. 3.280) die Beziehung

$$H_k = \frac{\Phi_k}{\mu_k A_k} \left(= \frac{\Phi_{\mathrm{N}}}{\sigma_k \mu_k A_k} \right) \quad , \tag{3.281}$$

die, in Gl. 3.278 eingesetzt, auf

$$\sum_{k=1}^{n} \frac{\Phi_k}{\mu_k A_k} l_k = \Theta = NI \tag{3.282}$$

führt. Nun ist gemäß Gl. 3.263

$$\frac{l_k}{\mu_k A_k} = R_{\mathrm{m},k} \tag{3.283}$$

der magnetische Widerstand des betreffenden Teilstückes, so daß in Analogie zum II. Kirchhoffschen Gesetz eine Maschenregel für magnetische Kreise (und auch für verzweigte magnetische Netzwerke)

$$F_{\mathrm{m}} = \Theta = NI = \sum_{k=1}^{n} \Phi_k R_{\mathrm{m},k} = \sum_{k=1}^{n} H_k l_k = \sum_{k=1}^{n} U_{\mathrm{m},k} \tag{3.284}$$

folgt. Die MMK F_m oder, wenn mehrere Wicklungen auf den Kreis aufgebracht sind, die Summe aller magnetomotorischen Kräfte des Kreises, ist der Summe der an den Widerständen $R_{m,k}$ auftretenden magnetischen Spannungen $\Phi_k R_{m,k} = H_k l_k = U_{m,k}$ gleich. Im Falle eines streuungslosen Kreises ($\Phi_k = \Phi_N = \Phi$) vereinfacht sich Gl. 3.284 zu

$$F_m = \Theta = NI = \Phi \sum_{k=1}^{n} R_{m,k} = \Phi R_m \quad , \tag{3.285}$$

mit

$$R_m = \sum_{k=1}^{n} R_{m,k} \quad . \tag{3.286}$$

Bei reiner Serienschaltung magnetischer Widerstände sind alle Widerstände vom gleichen Fluß Φ durchflossen und es ist hier, wie im analogen elektrischen Fall, der Gesamtwiderstand R_m gleich der Summe der in Serie liegenden magnetischen Widerstände.

Die Induktivität L einer auf dem inhomogenen Magnetkreis aufgebrachten Spule ist bei Vernachlässigung der Streuung gemäß Gl. 3.87 und unter Berücksichtigung von Gl. 3.285

$$L = \frac{\psi}{I} = \frac{N\Phi}{I} = \frac{N^2}{R_m} = \frac{N^2}{\sum\limits_{k=1}^{n} R_{m,k}} = \frac{N^2}{\frac{l_1}{\mu_1 A_1} + \frac{l_2}{\mu_2 A_2} + \ldots + \frac{l_n}{\mu_n A_n}} \quad . \tag{3.287}$$

3.2.5.2.1. ***Der weichmagnetische Kreis mit Luftspalt.*** Bei einem weichmagnetischen Kreis, z.B. aus Eisen, der einen Luftspalt besitzt, wie dies schematisch in Abb. 3.63 dargestellt ist (Index a ... außen im Luftspalt, Index i ... innen im Eisen), tritt, vor allem in der Nähe des Luftspaltes, Streuung auf. Der im Luftspaltquerschnitt A_a zur Verfügung stehende Nutzfluß $\Phi_N = \Phi_a$ ist gemäß Gl. 3.280 nur mehr ein Bruchteil σ des (mittleren) Flusses im Eisen (σ ... Streugrad bei einem einzelnen Magnetkreis; gekoppelte Magnetkreise mit Streuung s. Abschn. 4.3.8.2),

$$\Phi_N = \Phi_a = \sigma \Phi_i \quad . \tag{3.288}$$

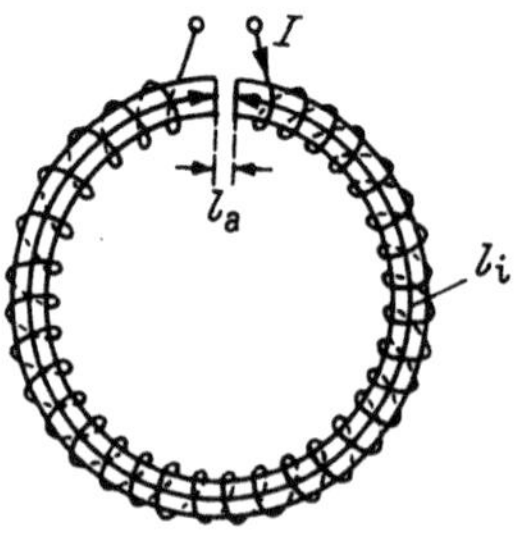

Abb. 3.63

Ist der Luftspalt relativ schmal ($l_a \ll l_i$), so kann man die Streuung bei entsprechend hoher Permeabilität des Eisens vernachlässigen ($\sigma \approx 1$), was zunächst vorausgesetzt sein soll. In diesem Fall fließt der magnetische Fluß, wie Wasser in einer Röhre, durch den aus dem Eisenteil und dem Luftspalt zusammengesetzten magnetischen Kreis.

Die Induktion **B** bzw. ihre Normalprojektion $B_n = B$ auf die in Abb. 3.63 im Uhrzeigersinn orientierte Flächennormale der Grenzfläche Eisen-Luftspalt kann wegen der Quellenfreiheit dieses Vektors nicht springen:

$$(3.271) \quad B_{2n} = B_a = B_{1n} = B_i = \mu_0 H_a = \mu H_i \quad . \qquad (3.289)$$

Demnach springt die Projektion H der magnetischen Feldstärke, es gilt nach Gl. 3.289

$$H_a = \frac{\mu}{\mu_0} H_i = \mu_r H_i \quad ; \qquad (3.290)$$

im Luftspalt ist die magnetische Feldstärke im Ausmaß der relativen Permeabilität des Eisens größer als im Eisen.

Da die Streuung zunächst vernachlässigt werden soll ($\sigma \approx 1$), folgt aus Gl. 3.288 $\Phi_a \approx \Phi_i = \Phi$ und damit bei dem hier konstant angenommenen Querschnitt des magnetischen Kreises ($A_a = A_i = A$) unter Berücksichtigung von Gl. 3.289 $B_i = B_a = B = \text{const}$. Der (konstante) Fluß Φ berechnet sich aus Gl. 3.284

$$\Theta = NI = \Phi R_m = \Phi (R_{m,i} + R_{m,a}) \quad , \qquad (3.291)$$

mit den magnetischen Widerständen

$$R_{m,i} = \frac{l_i}{\mu A_i} \qquad (3.292) \quad \text{und} \quad R_{m,a} = \frac{l_a}{\mu_0 A_a} \quad . \qquad (3.293)$$

Es sollen noch die Feldverhältnisse näher besprochen und mit jenen des magnetischen Kreises ohne Luftspalt verglichen werden. Da gemäß Gl. 3.290 die Feldstärke $\mathbf{H}_a$ im Luftspalt μ_r-mal größer ist als im Eisen, ergibt sich an der linken Grenzfläche Eisen-Luftspalt von Abb. 3.64 in

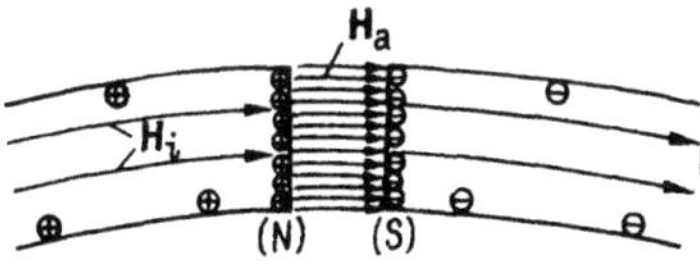

Abb. 3.64

Feldrichtung ein Anwachsen vom niedrigen Wert $\mathbf{H}_i$ zum hohen Wert $\mathbf{H}_a$, dort liegen also Quellen von $\mathbf{H}$; die linke Polfläche ist somit ein Nordpol, die rechte ein Südpol. Betrachtet man wieder das Feld der Leitungsströme (ohne Materie) und das Zusatzfeld $\mathbf{H}_{Mat}$ der Materie getrennt, so gilt folgende einfache Überlegung: Dem quellenfreien Wirbelfeld $\mathbf{H}_L$ der Lei-

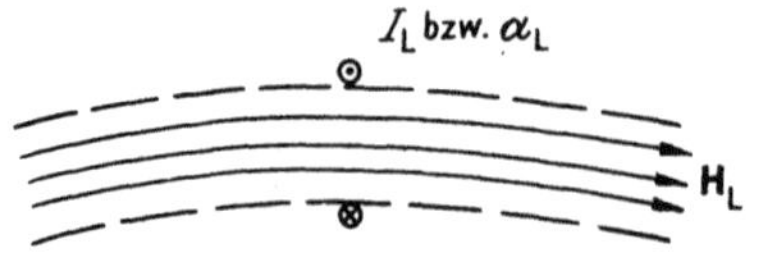

Abb. 3.65

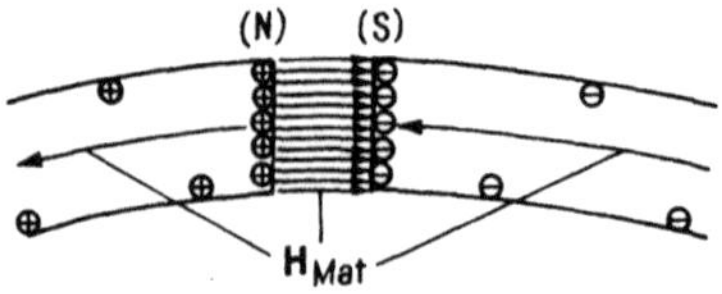

Abb. 3.66

tungsströme (Abb. 3.65) überlagert sich das wirbelfreie Quellenfeld $\mathbf{H}_{Mat}$ der magnetisierten Materie, das im wesentlichen das Feld einer Doppelschicht ist (Abb. 3.66); genau genommen ist die Verteilung der Quellen von $\mathbf{H}$, also der „magnetischen Mengen", komplizierter und zwar so, daß eben ein Verlauf des Magnetfeldes praktisch nur im magnetisch sehr gut leitfähigen Eisen und über den Luftspalt erzwungen wird. Das Zusatzfeld $\mathbf{H}_{Mat}$ schwächt somit das ursprüngliche Feld $\mathbf{H}_L$ der Leitungsströme in jenem Teil des magnetischen Kreises, der von Eisen erfüllt ist. Im Luftspalt wird das ursprüngliche Feld der Leitungsströme $\mathbf{B}_L = \mu_0 \mathbf{H}_L$ durch das Zusatzfeld $\mathbf{B}_{Mat} = \mu_0 \mathbf{H}_{Mat}$ außerordentlich verstärkt und damit ist eine wesentlich höhere Induktion $\mathbf{B}_a = \mathbf{B}_L + \mathbf{B}_{Mat}$ vorhanden als dies ohne Eisen der Fall wäre ($\mathbf{B}_L$); diese „verstärkende" Wirkung des Eisens wird ja eben technisch ausgenützt.

Vergleicht man hingegen den Eisenkreis mit Luftspalt mit einem Eisenkreis gleicher Abmessungen, jedoch ohne Luftspalt (Abschnitt 3.2.4.1), so ist die Projektion H der Feldstärke $\mathbf{H}$ im Kreis ohne Luftspalt gleich dem Strombelag NI/l und daher gleich der Projektion H_L der Feldstärke $\mathbf{H}_L$ im Kreis ohne Eisen (vgl. Gl. 3.252 und Gl. 3.255). Das Einfügen eines Luftspaltes in einen homogenen Eisenkreis bewirkt also bezüglich der Feldstärke $\mathbf{H}$ bei gleichem Strombelag NI/l den gleichen Effekt, wie wenn man in eine leere Spule ($\mathbf{H} = \mathbf{H}_L$) einen Eisenkörper mit Luftspalt einbringt: die Feldstärke $\mathbf{H}$ im Eisen wird durch das Zusatzfeld der Polflächen, in beiden Fällen im gleichen Ausmaß, geschwächt. Wegen des verminderten $\mathbf{H}$ im Eisen muß auch die Induktion $\mathbf{B}$ im Eisen kleiner sein als im homogenen Eisenkreis bei gleichem Strombelag NI/l. Das Einfügen eines Luftspaltes in einen homogenen Kreis bewirkt also eine Herabsetzung der Werte sowohl von $\mathbf{B}$ als auch von $\mathbf{H}$ und $\mathbf{J} = \mu_0 \mathbf{M} = \mathbf{B} - \mu_0 \mathbf{H}$ im Eisen, man spricht von „entmagnetisierender" Wirkung des Luftspaltes (bzw. der Polflächen). Man beschreibt diesen Sachverhalt auf folgende Weise durch Einführung eines „Entmagnetisierungsfaktors" N_E:

Die Größe H_i, also die Projektion von $\mathbf{H}$ auf den gewählten Umlaufweg, ist im Eisen beim homogenen Kreis ohne Luftspalt (im folgenden durch den Index „o.L." gekennzeichnet) gemäß dem Durchflutungssatz für $\mathbf{H}$ durch

$$\text{(3.252), (3.255)} \qquad H_{i\,(o.L.)} = \frac{NI}{l} = \alpha_L = H_L \qquad (3.294)$$

gegeben; sie ist der Größe $H_L = B_L/\mu_0$, also der Projektion des „erregenden Fremdfeldes", das von Leitungsströmen im materialfreien Raum des Kreises hervorgerufen wird, gleich. Die Größe H_i im Eisen mit Luftspalt (Index „m.L.") läßt sich dann nach Gl. 3.278 mit Gl. 3.294 bei festgehaltenem Strombelag $\alpha_L = NI/l$ wie folgt darstellen:

$$H_{i\,(m.L.)} \cdot l_i + H_a l_a = NI = H_{i\,(o.L.)} \cdot l \ . \qquad (3.295)$$

Nun folgte aus der Quellenfreiheit der Induktion die Beziehung Gl. 3.289, die unter Verwendung der Verknüpfungsbeziehung für die Projektionen von **B**, **H** und **M**

(3.221) $B = \mu_0 H + \mu_0 M$

(wobei natürlich im Luftspalt $M_a = 0$ gilt) den Zusammenhang

$$B_{i\,(m.L.)} = \mu_0 H_{i\,(m.L.)} + \mu_0 M_{i\,(m.L.)} = B_a = \mu_0 H_a \qquad (3.296)$$

und damit die Beziehung

$$H_a = H_{i\,(m.L.)} + M_{i\,(m.L.)} \qquad (3.297)$$

liefert. Eliminiert man H_a aus Gl. 3.295 mit Hilfe von Gl. 3.297, so ergibt sich mit

$$l = l_a + l_i \qquad (3.298)$$

in einfacher Weise die Beziehung

$$H_{i\,(m.L.)} = H_{i\,(o.L.)} - M_{i\,(m.L.)} \frac{l_a}{l} = H_{i\,(o.L.)} - M_{i\,(m.L.)} \cdot N_E =$$
$$= \frac{NI}{l} - N_E M_{i\,(m.L.)} \ , \qquad (3.299)$$

in der

$$N_E = \frac{l_a}{l} \qquad (3.300)$$

„Entmagnetisierungsfaktor" genannt wird. Das Feld **H** im Eisen wird also bei Vorhandensein eines Luftspaltes gegenüber jenem im homogenen Eisenkreis ohne Luftspalt $\mathbf{H}_{i\,(o.L.)}$ oder überhaupt ohne Materie $\mathbf{H}_L$ („erregendes Fremdfeld") um einen Betrag geschwächt, der einem Bruchteil der Magnetisierung $\mathbf{M}_{i\,(m.L.)}$ im Eisen (bei vorhandenem Luftspalt) gleich ist. Die Bruchzahl selbst ist definitionsgemäß der Entmagnetisierungsfaktor N_E; er ist eine rein geometrische Größe und hier in diesem Fall dem Verhältnis der Luftspaltlänge l_a zur Gesamtlänge l des magnetischen Kreises gleich.

Zur Erzielung eines bestimmten Induktionswertes B_i im Eisen ist entsprechend der Magnetisierungslinie des Materials ein bestimmter Wert H_i

im Eisen nötig. Im allgemeinen wird die Magnetisierungslinie im magnetischen Kreis ohne Luftspalt gemessen,

$$B_{i\,(o.L.)} = f(H_{i\,(o.L.)}) \; , \tag{3.301}$$

doch muß natürlich auch bei Vorhandensein eines Luftspaltes der Zusammenhang zwischen $B_{i\,(m.L.)}$ und $H_{i\,(m.L.)}$ im Material durch dieselbe Magnetisierungslinie, also durch dieselbe Funktion f, gegeben sein:

$$B_{i\,(m.L.)} = f(H_{i\,(m.L.)}) \; . \tag{3.302}$$

Während man die Induktion in beiden Fällen mit einer Induktionswicklung messen kann, läßt sich der Wert H nur beim Kreis ohne Luftspalt in einfacher Weise aus dem aufgebrachten Leitungsstrombelag bestimmen, da er diesem gemäß Gl. 3.294 gleich ist:

(3.294) $$H_{i\,(o.L.)} = \alpha_L = \frac{NI}{l} \; .$$

Ist ein Luftspalt vorhanden, so muß wegen der Schwächung von H gemäß Gl. 3.299 ein gegenüber dem ursprünglichen Wert $H_{i\,(o.L.)} = NI/l = \alpha_L$ um den Betrag $M_{i\,(m.L.)} \cdot N_E$ größerer Strombelag $NI/l + N_E M_{i\,(m.L.)}$ aufgebracht werden, damit wieder die gleiche Feldstärke **H** und damit die gleiche Induktion **B** im Eisen erzielt wird wie ohne Luftspalt beim Wert NI/l. Trägt man also $B_{i\,(m.L.)}$ nicht über dem zugehörigen Wert $H_{i\,(m.L.)}$ (das wäre ja die normale Magnetisierungslinie) sondern über dem Strombelag $\alpha_L = NI/l$ des Kreises mit Luftspalt auf (also über einer Größe $H_{i\,(o.L.)} = NI/l$, die ohne Luftspalt im homogenen Kreis beim Strombelag NI/l vorhanden wäre), so wird die Magnetisierungslinie gestreckt, sie wird flacher. Man spricht wieder von Scherung der Magnetisierungslinie, die hier durch den Luftspalt verursacht wird, u.zw. durch seine entmagnetisierende Wirkung.

In Abb. 3.67 ist die Konstruktion der gescherten Magnetisierungslinie

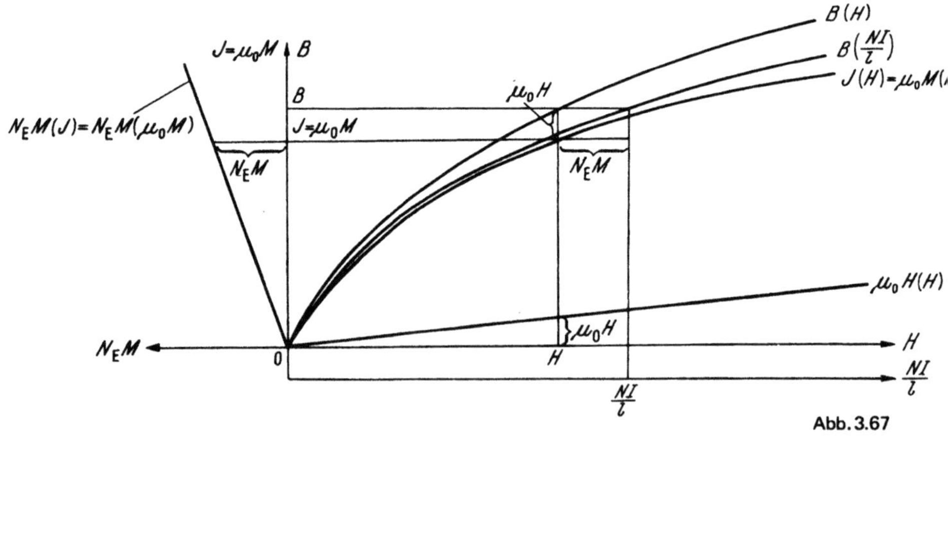

Abb. 3.67

$B_{i(m.L.)} = B_{i(m.L.)}\left(\frac{NI}{l}\right) = B_{i(m.L.)}(H_{i(o.L.)})$ dargestellt. Von der ungescherten (normalen) Magnetisierungslinie $B_{i(m.L.)} = B_{i(m.L.)}(H_{i(m.L.)})$ bzw. $B_{i(o.L.)} = B_{i(o.L.)}(H_{i(o.L.)})$ oder kurz $B(H)$ gelangt man zunächst durch Scherung über die Gerade $\mu_0 H(H)$ zur Funktion $J(H) = \mu_0 M(H) = B(H) - \mu_0 H(H)$ (vgl. Abschnitt 1.2.1). Trägt man, dem gegebenen Entmagnetisierungsfaktor $N_E = l_a/l$ entsprechend, im linken Teil des Diagramms die Gerade $N_E M\ (\mu_0 M) = N_E M(J)$ ein, so kann man bei einem bestimmten Wert $H = H_{i(m.L.)}$ im Eisen bei vorhandenem Luftspalt den zugehörigen Wert $\mu_0 M = J$ aufsuchen und als Abstand des zugehörigen Punktes auf der Geraden $N_E M\,(\mu_0 M)$ von der Ordinate den Betrag $N_E M$ finden. Er gibt, zu H addiert, jenen Wert des Strombelages NI/l, den man benötigt, um den Wert $B = B_{i(m.L.)}$ im Eisenkreis mit Luftspalt zu erhalten. Trägt man jeweils diese Werte von $B = B_{i(m.L.)}$ über den neuen Abszissenwerten NI/l auf, so ergibt sich eine flachere (gescherte) Magnetisierungslinie

$$B\left(\frac{NI}{l}\right) = B_{i(m.L.)}\left(\frac{NI}{l}\right) .$$

Durch das Einfügen eines Luftspaltes in einen homogenen Magnetkreis geht also die Magnetisierungslinie $B(H)$, bzw. wegen $B = \Phi/A$ die ihr analoge Funktion $\Phi(H)$, in eine flachere Kurve $B\,(NI/l)$ bzw. $\Phi\,(NI/l)$ über. Diese Scherung bedingt zwar eine Verflachung der Magnetisierungslinie aber gleichzeitig durch die Streckung eine Verminderung der Nichtlinearität. Durch Einfügen eines Luftspaltes kann also ein ferromagnetischer Kreis bis zu einem gewissen Grade linearisiert werden.

Da in der Praxis beim Zusammensetzen magnetischer Kreise an den Stoßstellen der einzelnen Teile immer kleine Luftspalte auftreten, wird die Magnetisierungslinie, die man an dem betreffenden Kreis messen kann, stets flacher als die ideale Magnetisierungslinie des völlig homogenen Materials sein. Wie schon erwähnt, kann man im Gegensatz zur Induktion **B** die tatsächliche Feldstärke **H** im Eisen des Kreises mit Luftspalt in der Praxis gar nicht messen, sondern nur den Strombelag

$$(3.294) \qquad \alpha_L = \frac{NI}{l} = H_{i(o.L.)} \quad ;$$

der also der Projektion $H_{i(o.L.)}$ einer Feldstärke gleich ist, die vorhanden wäre, wäre der Kreis völlig homogen. Im Sinne der Bezugnahme auf den Wert $H_{i(o.L.)} = NI/l$ dieser fiktiven Feldstärke in einem äquivalenten, d.h. die gleiche Abhängigkeit $B = B\,(NI/l)$ aufweisenden, jedoch homogenen Magnetkreis – sie wird häufig auch „Kernfeldstärke" des gegebenen Eisenkreises genannt – ist die gescherte Magnetisierungslinie $B = B\,(NI/l)$ die nicht nur vom Material sondern auch von der Bauart des Eisenkreises abhängige, für ihn charakteristische Kennlinie und der Quotient

$\frac{B}{H_{i\,(\text{o.L.})}} = \frac{B}{\alpha_L} = \frac{B}{NI/l}$ eine (pauschale) „Kernpermeabilität". Bei variablem Querschnitt ist B entlang des Kreises nicht konstant, bei Streuungslosigkeit ist es aber der Fluß Φ, dessen Abhängigkeit $\Phi(NI/l)$ bzw. $\Phi(I)$ dann als Kennlinie des Kreises Verwendung findet.

3.2.5.2.2. ***Berechnungsbeispiel für einen weichmagnetischen Kreis mit Luftspalt.*** Im allgemeinen liegt das Problem meist so, daß man eine gewünschte Fluß- oder Induktionsgröße im Kreis, gegebenenfalls im Luftspalt, durch die Konstruktion verifizieren muß; sie stellt dann den Ausgangspunkt der Berechnungen dar. So hängt bei Wechselstromdrosseln mit dem Fluß die Spannung an der Drossel zusammen, beim Hubmagneten ist die Hubkraft, bei Meßgeräten und elektrischen Maschinen die (Lorentz) Kraft auf die stromdurchflossene, drehbare Spule (Wicklung) eine Funktion der magnetischen Induktion usw.

Es soll ein aus gestanzten Blechen aufgebauter weichmagnetischer Kreis mit Luftspalt (Abb. 3.68) auf Grund folgender Angaben berechnet wer-

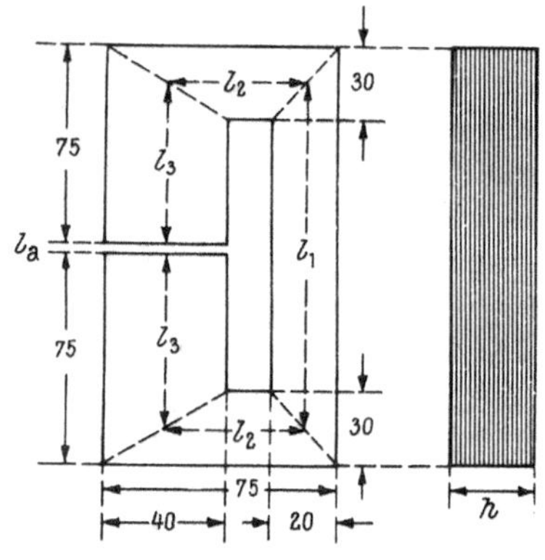

Abb. 3.68

den: Gewünschte Luftspaltinduktion $B_a = 0{,}8\,\text{T}$, Luftspaltlänge $l_a = 3\,\text{mm}$, Blechpakethöhe $h = 25\,\text{mm}$, Eisenfüllfaktor (berücksichtigt die Lackschicht der Bleche und unvermeidliche Zwischenräume zwischen den Blechen) $k_f = 0{,}95 = 95\,\%$, Streugrade (geschätzt) $\sigma_1 = \frac{\Phi_a}{\Phi_1} = 0{,}8$; $\sigma_2 = \frac{\Phi_a}{\Phi_2} = 0{,}85$; $\sigma_3 = \frac{\Phi_a}{\Phi_3} = 0{,}9$. Die weiteren Abmessungen können Abb. 3.68 entnommen werden (Maße in mm), die Magnetisierungslinie des verwendeten Blechmaterials ist in Abb. 3.69 dargestellt.

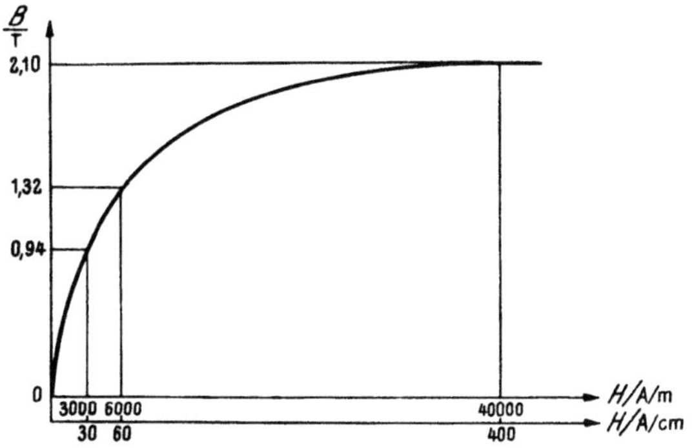

Abb. 3.69

Im ersten Schritt berechnet man die (mittleren) Flußgrößen der einzelnen Abschnitte:

$$\Phi_a = B_a A_a = 0{,}8\,\mathrm{T}\cdot 40\cdot 10^{-3}\mathrm{m}\cdot 25\cdot 10^{-3}\,\mathrm{m} = 0{,}8\cdot 10^{-3}\,\mathrm{T}\cdot\mathrm{m}^2 = 0{,}8\cdot 10^{-3}\,\mathrm{Wb},$$

$$\Phi_1 = \frac{\Phi_a}{\sigma_1} = \frac{0{,}8\cdot 10^{-3}\,\mathrm{Wb}}{0{,}8} = 10^{-3}\,\mathrm{Wb}, \Phi_2 = \frac{\Phi_a}{\sigma_2} = \frac{0{,}8\cdot 10^{-3}\,\mathrm{Wb}}{0{,}85} = 0{,}94\cdot 10^{-3}\,\mathrm{Wb},$$

$$\Phi_3 = \frac{\Phi_a}{\sigma_3} = \frac{0{,}8\cdot 10^{-3}\,\mathrm{Wb}}{0{,}9} = 0{,}89\cdot 10^{-3}\,\mathrm{Wb}\ .$$

Bezeichnet man mit A_k die aus den Abmessungen zu berechnenden geometrischen Querschnitte, so sind die wirksamen Eisenquerschnitte, die den betreffenden magnetischen Fluß führen, durch das Produkt aus Eisenfüllfaktor k_f und geometrischem Querschnitt A_k gegeben. Man erhält dann die (mittleren) Induktionen aus den Flüssen wie folgt:

$$B_1 = \frac{\Phi_1}{k_f A_1} = \frac{10^{-3}\,\mathrm{Wb}}{0{,}95\cdot 5\cdot 10^{-4}\,\mathrm{m}^2} = 2{,}1\,\frac{\mathrm{Wb}}{\mathrm{m}^2} = 2{,}1\,\mathrm{T}\ ,$$

$$B_2 = \frac{\Phi_2}{k_f A_2} = \frac{0{,}94\cdot 10^{-3}\,\mathrm{Wb}}{0{,}95\cdot 7{,}5\cdot 10^{-4}\,\mathrm{m}^2} = 1{,}32\,\mathrm{T}\ ,$$

$$B_3 = \frac{\Phi_3}{k_f A_3} = \frac{0{,}89\cdot 10^{-3}\,\mathrm{Wb}}{0{,}95\cdot 10^{-3}\,\mathrm{m}^2} = 0{,}94\,\mathrm{T}\ .$$

Aus den Induktionswerten ergeben sich die zugehörigen Feldstärkewerte, u.zw. im Luftspalt über μ_0, im Eisen über die Magnetisierungslinie Abb. 3.69:

$$H_a = \frac{B_a}{\mu_0} = \frac{0{,}8\,\mathrm{T}}{4\pi\cdot 10^{-7}\,\frac{\mathrm{Vs}}{\mathrm{Am}}} = \frac{10^7\,\frac{\mathrm{Vs}}{\mathrm{m}^2}}{5\pi\,\frac{\mathrm{Vs}}{\mathrm{Am}}} = 63{,}7\cdot 10^4\,\mathrm{A/m}\ ,$$

$$H_1 = 40000\,\mathrm{A/m},\ H_2 = 6000\,\mathrm{A/m},\ H_3 = 3000\,\mathrm{A/m}\ .$$

Somit treten an den einzelnen Teilstrecken des Kreises die folgenden magnetischen Spannungen auf:

$$U_{m,a} = H_a l_a = 63{,}7 \cdot 10^4 \frac{\text{A}}{\text{m}} \cdot 3 \cdot 10^{-3}\,\text{m} = 1911\ \text{A} \ ,$$

$$U_{m1} = H_1 l_1 = 4 \cdot 10^4 \frac{\text{A}}{\text{m}} \cdot 123 \cdot 10^{-3}\,\text{m} = 4920\ \text{A} \ ,$$

$$U_{m2} = H_2 l_2 = 0{,}6 \cdot 10^4 \frac{\text{A}}{\text{m}} \cdot 45 \cdot 10^{-3}\,\text{m} = 270\ \text{A} \ ,$$

$$U_{m3} = H_3 l_3 = 0{,}3 \cdot 10^4 \frac{\text{A}}{\text{m}} \cdot 60 \cdot 10^{-3}\,\text{m} = 180\ \text{A} \ .$$

Nach Gl.3.284 ist die Summe aller magnetischer Spannungen im Kreis der Durchflutung Θ gleich:

$$\Theta = NI = U_{m,a} + U_{m1} + 2U_{m2} + 2U_{m3} = (1911+4920+540+360)\ \text{A} =$$

$$= 7731\ \text{A} \ .$$

Diese Durchflutung ist mit Hilfe einer stromdurchflossenen Wicklung von entsprechender Windungszahl N und Stromstärke I aufzubringen. Da nur das Produkt NI maßgebend ist, kann man die Größen N und I so wählen, daß die Konstruktion einer Neben(Optimierungs)bedingung genügt. Meist wird ein Minimum an Joulescher Verlustwärme in der Magnetisierungswicklung angestrebt. (Näheres siehe die einschlägige Spezialliteratur, z.B. /3.14/.)

Man sieht, daß die magnetische Spannung $U_{m,a}$ am Luftspalt trotz der geringen Länge des Luftspaltes (3 mm) sehr hoch ist, dieser beansprucht also einen erheblichen Anteil der aufzubringenden Durchflutung. Bei geeigneter Auslegung des Kreises und Verwendung von hochwertigem weichmagnetischem Material ist die magnetische Spannung an den Eisenwegen gegenüber jener am Luftspalt nur gering, unter Umständen ist sie überhaupt zu vernachlässigen, so daß man in erster Näherung den gesamten Durchflutungsbedarf der magnetischen Spannung am Luftspalt gleich setzen darf. Bei dem hier behandelten Beispiel ist allerdings die Spannung U_{m1} am Teil 1 sogar höher als die Spannung am Luftspalt, was darauf zurückzuführen ist, daß dieser Teil wegen seines sehr klein gewählten Querschnittes bis weit in den Sättigungsbereich des Eisens magnetisiert ist (was man in der Praxis natürlich vermeiden wird).

Wesentlich komplizierter wird die Berechnung, wenn bei vorgegebener Durchflutung Θ die sich einstellenden Flüsse in den einzelnen Teilen des Kreises, insbesondere der Nutzfluß Φ_a im Luftspalt, berechnet werden sollen. In diesem Fall ist es am zweckmäßigsten, das Beispiel in gleicher Weise, wie es hier behandelt wurde, zunächst unter Annahme eines Nutzflußwertes Φ_a zu rechnen und entsprechend der Abweichung der sich aus dieser Rechnung ergebenden Durchflutung gegenüber dem vorgegebenen Betrag durch Korrekturen des angenommenen Wertes von Φ_a den Sollwert von Θ zu erreichen (Iterationsverfahren).

3.2.5.3. Der Dauermagnetkreis

Unter Dauermagnetkreis versteht man einen magnetischen Kreis, der i.a. aus einem Dauermagnetwerkstück (kurz aus einem „Magneten") und aus einem weichmagnetischen Schlußjoch besteht. In den Kreis sind ein oder auch mehrere Luftspalte eingefügt, die den für den betreffenden technischen Zweck nötigen Nutzfluß führen (Abb. 3.70). Mitunter besteht auch der gesamte Eisenweg aus Dauermagnetwerkstoff (Abb. 3.71).

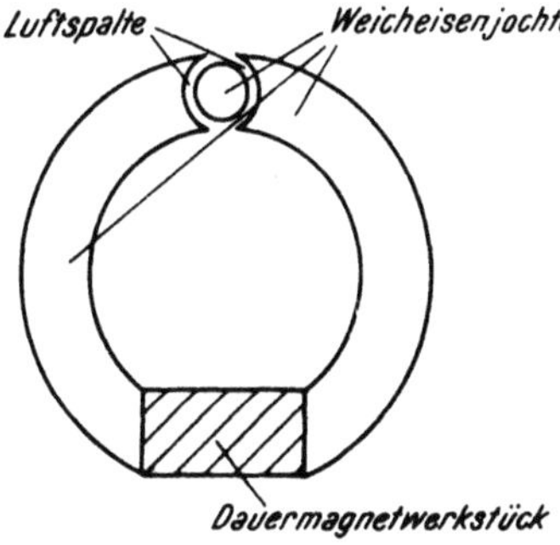

Abb. 3.70

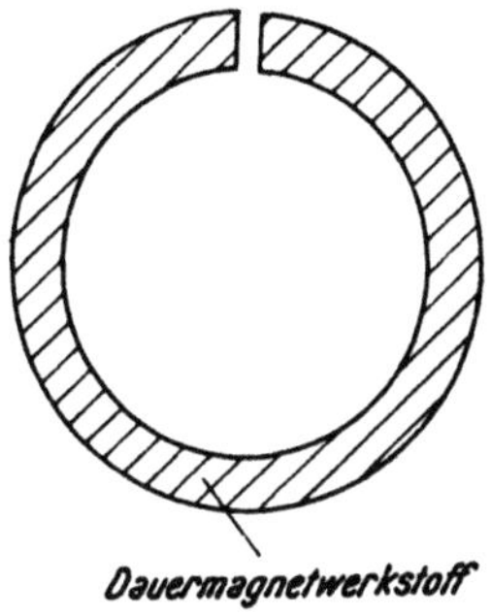

Abb. 3.71

Bei Dauermagnetkreisen kann die Streuung keinesfalls unberücksichtigt bleiben, sie ist hier wesentlich größer als bei Weicheisenkreisen. Dies vor allem deshalb, weil das Dauermagnetwerkstück selbst eine sehr niedrige Permeabilität besitzt (siehe Abschnitt 3.2.5.3.3) und die Streuung, wie bereits erwähnt, vom Verhältnis des magnetischen Leitwertes des Eisenweges zu jenem der Luft, also vom Verhältnis der Permeabilitäten, abhängt. Die Streuung kann wieder durch Einführung von Streugraden berücksichtigt werden, die den im Luftspalt vorhandenen Nutzfluß $\Phi_N = \Phi_a$ auf die Flüsse in den jeweiligen Teilen des Eisenkreises beziehen (über die Abschätzung der Streugrade siehe die Spezialliteratur, z.B. /3.15/):

$$\Phi_a = \sigma_J \Phi_J = \sigma \Phi \quad , \tag{3.303}$$

(Index a . . . außen im Luftspalt, Index J . . . im Weicheisenjoch, kein Index . . . im Magneten). Alle Größen sind natürlich Mittelwerte der betreffenden Teilstrecken des magnetischen Kreises, da die Felder in den Teilstrecken nicht homogen sind; dies ist nicht nur wegen der Streuung der Fall, es haben meist auch die Weicheisenjoche und die Weicheisenpolschuhe veränderliche Querschnitte; so verjüngt sich häufig der Querschnitt vom Magneten zum Luftspalt, um die Induktion im Luftspalt gegenüber jener des Magneten zu erhöhen.

Man stelle sich nun vor, daß der zusammengebaute Magnetkreis mit Luftspalt durch einen sehr großen Stromstoß in einer Erregerwicklung (die dann nicht mehr benötigt wird) einmal bis weit in die Sättigung aufmagnetisiert wurde, so daß sich der Arbeitspunkt des Dauermagnetwerkstückes auf seiner äußersten Hysterese befinden muß. Die Hysterese der Weicheisenteile des Kreises, wie des Schlußjoches und allfälliger Polschuhe, kann praktisch immer vernachlässigt werden. Aus dem Durchflutungssatz für **H** Gl. 3.23 folgt wegen der Abwesenheit von Leitungsströmen nach dem Ende des Magnetisierungs-Stromstoßes

$$\oint_s \mathbf{H}\cdot d\mathbf{s} = H_a l_a + H_J l_J + H l = U_{m,a} + U_{m,J} + U_m = 0 \quad . \tag{3.304}$$

Das Weicheisenjoch ist nun so zu bemessen, daß es sich an keiner Stelle in der Sättigung befindet, seine Permeabilität (seine magnetische Leitfähigkeit) ist daher sehr groß und man kann in guter erster Näherung die magnetische Spannung des Joches (und allfälliger Polschuhe)

$$U_{m,J} = H_J l_J \ll H_a l_a \tag{3.305}$$

vernachlässigen. Für genaue Rechnungen kann man den Weicheisenweg in Form einer scheinbaren Luftspaltvergrößerung berücksichtigen. Sein Fluß ist

$$\Phi_J = B_J A_J = \frac{\Phi_a}{\sigma_J} = \frac{B_a A_a}{\sigma_J} \quad , \tag{3.306}$$

und seine Spannung

$$U_{m,J} = H_J l_J = \frac{B_J}{\mu_J} l_J = \frac{B_a A_a l_J}{\sigma_J A_J \mu_J} = H_a l_a \frac{A_a \mu_0 l_J}{A_J \mu_J l_a \sigma_J} = H_a l_a \nu \quad . \tag{3.307}$$

Sie führt, auf die Feldstärke H_a des Luftspaltes bezogen, zu einer scheinbaren Vergrößerung desselben um

$$\nu l_a = \frac{A_a \mu_0 l_J}{A_J \mu_J \sigma_J} \; (\ll l_a) \quad . \tag{3.308}$$

In der Folge kann man sich stets an Stelle der wirklichen (geometrischen) Luftspaltlänge l_a die entsprechend der Spannung an den Weicheisenteilen scheinbar vergrößerte Luftspaltlänge

$$l'_a = l_a (1 + \nu) \approx l_a \tag{3.309}$$

verwendet denken. Es folgt dann aus dem Durchflutungssatz gemäß Gl. 3.304, 3.307 und 3.309

$$Hl = -H_a l'_a \approx -H_a l_a \quad , \tag{3.310}$$

ferner aus Gl. 3.303

$$\sigma BA = B_a A_a \quad , \tag{3.311}$$

und schließlich muß im Luftspalt

$$B_a = \mu_0 H_a \tag{3.312}$$

gelten. Die drei Gleichungen 3.310 bis 3.312 sind die Grundgleichungen des Dauermagnetkreises, aus denen er sich berechnen läßt.

Nach Gl. 3.304 beziehen sich die Vorzeichen der Projektionen H_a, H_J und H auf die im Umlaufintegral gewählte Wegrichtung. Die gleiche Bezugsrichtung ist dann wegen des positiven Vorzeichens in Gl. 3.307, Gl. 3.311 und Gl. 3.312 auch für die Projektionen B_a, B_J und B gültig. Denkt man sich nun in der Anordnung Abb. 3.72 diese Bezugsrichtung für die Projektionen der Vektoren **B** und **H**, also die Richtung des Umlaufintegrales im Durchflutungssatz Gl. 3.304, im Uhrzeigersinn angenommen, und wählt man die konkreten (physikalischen) Verhältnisse so, daß die Induktion **B** ebenfalls im Uhrzeigersinn orientiert ist, so ist also überall im Kreis $B > 0$. Es ergibt sich dann als Folge von Gl. 3.312, wonach im Luftspalt $\mathbf{B}_a$ und $\mathbf{H}_a$ parallel sein müssen (gleiches gilt im Weicheisenjoch), daß die Projektion H_a in Luft (sowie H_J im Joch) ebenfalls positiv ist, und da schließlich alle geometrischen Größen (Längen l, Querschnitte A) positiv sind, muß nach Gl. 3.310 die Projektion H im Magneten negativ sein, dort ist also der Vektor **H** der Induktion **B** entgegengesetzt orientiert (Abb. 3.72; dieser Umstand wurde ja schon im Abschnitt 3.2.1 bei der Behandlung der Feldbilder eines dauermagnetischen Stabes eingehendst erörtert). Es muß somit die Induktion im Magneten nach Ende des Magnetisierungs-Stromstoßes von der Sättigung her auf dem absteigenden Ast der äußersten Hysterese wieder soweit absinken, daß die Feldstärke H negativ wird (2. Quadrant des B-H-Diagramms) und die daher ebenfalls negative Spannung Hl des Magneten den Spannungsbedarf $H_a l_a$ des (den Weicheisenteil gegebenenfalls mitberücksichtigenden, vergrößerten) Luftspaltes l_a deckt. Der für den Dauermagneten wichtige, im 2. Quadranten liegen-

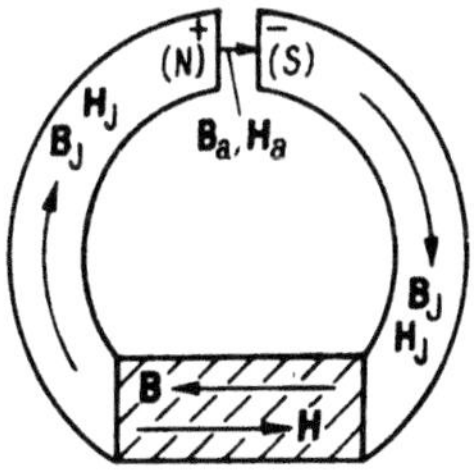

Abb. 3.72

de Teil der Hystereseschleife wird auch „Entmagnetisierungslinie" genannt (Abb.3.73).

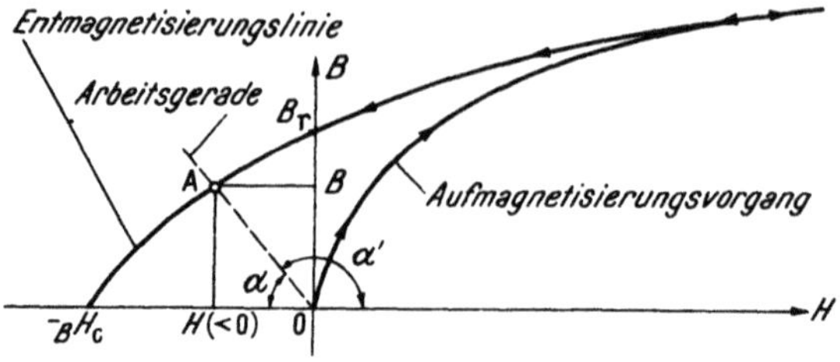

Abb.3.73

Die Lage des sich einstellenden Arbeitspunktes A ergibt sich in einfacher Weise aus den Grundgleichungen 3.310 und 3.312 des Dauermagnetkreises, die einen Zusammenhang zwischen B und H im Magneten liefern: Aus Gl.3.311 und Gl.3.312 erhält man

$$B = B_a \frac{A_a}{\sigma A} = \mu_0 H_a \frac{A_a}{\sigma A} \tag{3.313}$$

und schließlich, wenn man H_a aus Gl.3.310 einführt,

$$B = -\frac{\mu_0 A_a l}{\sigma A l_a} H \; . \tag{3.314}$$

Dies ist die Gleichung einer Geraden im B-H-Diagramm (Abb.3.73), die die Magnetisierungslinie im Arbeitspunkt A schneidet. Der Arbeitspunkt muß sich also wegen der Bedingung Gl.3.314 an dieser Stelle der Entmagnetisierungslinie einstellen. Die Steigung der „Arbeitsgeraden", wie diese Gerade genannt wird, ist durch

$$\tan\alpha' = -\tan\alpha = -k\,\frac{\mu_0 A_a l}{\sigma A l_a} \tag{3.315}$$

(k ... Maßstabsfaktor) gegeben, woraus also

$$\tan\alpha = k\,\frac{\mu_0 A_a l}{\sigma A l_a} \tag{3.316}$$

folgt.

In den drei Grundgleichungen des Dauermagnetkreises Gl.3.310 bis Gl.3.312 sind folgende Größen durch die Zielsetzung der Konstruktion vorgegeben: Die Luftspaltinduktion B_a sowie die Luftspaltabmessungen A_a und l_a, ferner der (geschätzte) Streugrad σ, und schließlich ist die universelle Konstante μ_0 bekannt. Es bleiben somit zunächst die 5 zu berechnenden Größen H_a, B, H, A, l, neben der Luftspalterregung H_a also die Größen des Dauermagnetwerkstückes. Zwischen B und H besteht jedoch der durch die (Ent)Magnetisierungslinie des betreffenden Materials gegebene Zusammenhang, so daß vier Beziehungen für fünf Variable vorliegen. Dies bedeutet, daß man, da $H_a = B_a/\mu_0$ durch die vorgegebene Luftspaltinduktion B_a festgelegt ist, von den vier Größen des Dauermagnetwerkstückes eine Größe beliebig wählen kann: Entsprechend Gl. 3.313 ist die Realisierung einer bestimmten Luftspaltinduktion B_a bei vorgegebenem Luftspaltquerschnitt A_a und Streugrad σ mit beliebigen Induktionswerten B im Dauermagnetstück möglich, je nachdem wie groß man den Querschnitt A wählt: Bei großem Querschnitt A genügt eine kleine Induktion B im Magneten und umgekehrt. Die an sich willkürliche Wahl z.B. des Magnetquerschnittes liefert also erst eindeutig eine zugehörige Induktion B im Magneten. Aus Gl. 3.314 erhält man dann, da sich ja aus der Magnetisierungslinie des betreffenden Materials der zu B gehörende Wert der Feldstärke H ergibt und die übrigen Größen A_a und l_a, also die Luftspaltabmessungen sowie der Streugrad, durch die Konstruktionsbedingungen festliegen, zwangsläufig die zweite Konstruktionsgröße des Dauermagneten, nämlich seine Länge l. Erst aus der beliebigen Annahme eines Magnetquerschnittes A folgt also eindeutig die Magnetlänge l. Es läßt sich natürlich zeigen, daß auch die beliebige Wahl einer anderen Magnetgröße (B, H oder l) in gleicher Weise zu einer eindeutigen Lösung des Problems führt.

Dieser Freiheitsgrad in der Konstruktion eines Dauermagnetkreises, der also bedingt, daß das gewünschte Ziel auf verschiedenen Wegen, nämlich mit verschiedenem Schlankheitsverhältnis $\frac{l}{A}$ des Magneten, erreicht werden kann, läßt die Möglichkeit einer Optimierung der Konstruktion zu.

3.2.5.3.1. ***Die Optimierung eines Dauermagnetkreises.*** Wie schon erwähnt, sind im allgemeinen die Luftspaltabmessungen und die im Luftspalt zur Verfügung zu stellende Induktion durch das zu lösende technische Problem vorgegeben. Man wird nun trachten, den Dauermagnetkreis so zu bemessen, daß man mit einem möglichst kleinen Magnetvolumen auskommt, also die wirtschaftlich günstigste Lösung anstreben. Um die Größen des Kreises in Abhängigkeit vom Magnetstahlvolumen zu erhalten, berechnet man die Luftspaltinduktion einmal aus Gl. 3.311

$$B_a = \sigma \frac{A}{A_a} B \ , \qquad (3.317)$$

und einmal aus Gl. 3.312 mit Gl. 3.310

$$B_a = \mu_0 H_a = -\mu_0 \frac{l}{l_a} H = \mu_0 \frac{l}{l_a} |H| \ . \qquad (3.318)$$

Multipliziert man Gl. 3.317 mit Gl. 3.318 und zieht man daraus die Wurzel, so erhält man

$$B_a = \sqrt{\sigma\mu_0 \frac{Al}{A_a l_a} B \cdot |H|} = \sqrt{\sigma\mu_0 \frac{V}{V_a} |BH|} \,. \tag{3.319}$$

Es ergibt sich also bei gegebenen Abmessungen des Magnetkreises ein größtmöglicher Induktionswert B_a im Luftspalt, wenn der Arbeitspunkt auf der Entmagnetisierungslinie an jene Stelle zu liegen kommt, an der der größtmögliche Betrag des Produktes $B \cdot |H| = |BH|$ im Magneten auftritt. Oder aber es ergibt sich bei vorgegebenem Wert der Luftspaltinduktion B_a an der Stelle $|BH|_{max}$ ein Minimum für das benötigte Magnetstahlvolumen V,

$$V_{min} = \frac{B_a^2 V_a}{\sigma\mu_0} \cdot \frac{1}{|BH|_{max}} \,. \tag{3.320}$$

Da die Einheit des Produktes BH

$$[BH] = [B] \cdot [H] = \mathrm{T}\,\frac{\mathrm{A}}{\mathrm{m}} = \frac{\mathrm{Vs}}{\mathrm{m}^2} \cdot \frac{\mathrm{A}}{\mathrm{m}} = \frac{\mathrm{Ws}}{\mathrm{m}^3} = \frac{\mathrm{J}}{\mathrm{m}^3} \tag{3.321}$$

ist, nennt man $|BH|$ (nicht sehr glücklich) auch „Energiedichteprodukt". Das maximale „Energiedichteprodukt" eines Magnetstahles $|BH|_{max}$ wird „Güteziffer" des betreffenden Magnetwerkstoffes genannt.

Die Einhaltung der Optimierungsbedingung Gl. 3.320 erfordert für den speziellen Arbeitspunkt A_{opt} eine ganz bestimmte Neigung der Arbeitsgeraden,

$$\text{(3.316), (3.314)} \quad \tan\alpha_{opt} = k\,\frac{\mu_0 A_a}{\sigma l_a} \left(\frac{l}{A}\right)_{opt} = k\,\frac{B_{opt}}{|H|_{opt}} \tag{3.322}$$

(k ... Maßstabsfaktor) und damit die Einhaltung ganz bestimmter Maßverhältnisse für das Magnetwerkstück, nämlich ein Schlankheitsverhältnis

$$\left(\frac{l}{A}\right)_{opt} = \frac{\sigma l_a}{\mu_0 A_a} \cdot \frac{B_{opt}}{|H|_{opt}} = \frac{1}{k} \cdot \frac{\sigma l_a}{\mu_0 A_a} \tan\alpha_{opt} \,. \tag{3.323}$$

Der erste Schritt bei der Konstruktion eines Dauermagnetkreises ist also immer die Bestimmung des optimalen Arbeitspunktes auf der Entmagnetisierungslinie des betreffenden Werkstoffes. Man trägt sich hiezu, wie in Abb. 3.74 gezeigt ist, rechts von der Entmagnetisierungslinie den Betrag $|BH|$ über B auf und überträgt den dem Maximalwert $|BH|_{max}$ entsprechenden Wert B_{opt} in die Entmagnetisierungslinie, aus der sich das zugehörige H_{opt} ergibt. Es erweist sich, daß zur Auffindung des optimalen Arbeitspunktes folgende Näherungskonstruktion in praktisch allen Fällen ausreicht: Man bildet über der Remanenz B_r und der negativen Koerzitivfeldstärke $-{}_BH_c$ das Rechteck und verbindet den so gefundenen Eckpunkt des Rechteckes mit dem Koordinatenursprung. Diese Gerade ist bereits mit sehr guter Näherung die optimale Arbeitsgerade.

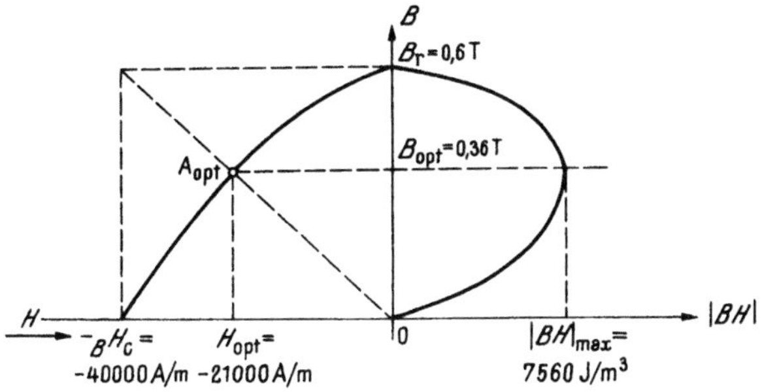

Abb. 3.74

Mit Hilfe des gefundenen optimalen Arbeitspunktes ergibt sich nach Gl. 3.323 die optimale Schlankheit des Magneten und damit liegen alle Größen des Magnetkreises eindeutig fest.

Moderne, hochqualifizierte Magnetmaterialien (z.B. AlNiCo) erfordern wegen ihrer breiten Hysterese und daher relativ flach verlaufenden Entmagnetisierungslinie eine gedrungene Bauweise, α_{opt} und damit gemäß Gl. 3.323 das Schlankheitsverhältnis $(l/A)_{opt}$ sind hier verhältnismäßig klein. Billigere, heute aber noch immer verwendete Walzstähle haben relativ schmale Hystereseschleifen und daher erheblich steilere Entmagnetisierungslinien. Solche Stähle erfordern wegen des großen α_{opt} ein wesentlich größeres Schlankheitsverhältnis, die Magnetwerkstücke sind also lang und dünn. Die flachere Entmagnetisierungslinie eines hochqualifizierten Materials ist auch im Hinblick auf die Stabilität des Magnetkreises von großem Vorteil, da hier eine Veränderung des Feldstärkewertes H, etwa hervorgerufen durch ein Fremdfeld, keine so große B-Änderung bewirkt wie bei einer steil verlaufenden Entmagnetisierungskurve.

Die praktische Berechnung der Abmessungen l und A des Magneten erfolgt nach Auffindung der optimalen Betriebswerte (B_{opt} und H_{opt}) des betreffenden Materials direkt aus den Grundgleichungen 3.310 bis 3.312. Die Länge l des Magneten erhält man aus

$$(3.310), (3.312) \quad l = -\frac{H_a l_a}{H_{opt}} = \frac{B_a l_a}{\mu_0 \cdot |H|_{opt}} \quad , \qquad (3.324)$$

den Magnetquerschnitt A aus

$$(3.311) \quad A = \frac{B_a A_a}{\sigma B_{opt}} \quad . \qquad (3.325)$$

3.2.5.3.2. *Berechnungsbeispiel für einen Dauermagnetkreis.* Es soll ein Dauermagnetkreis für ein Meßgerät konstruiert werden (etwa wie in Abb. 3.70 dargestellt), der in einem (Gesamt) Luftspalt der Abmessungen $A_a = 4\,\text{cm}^2 = 4 \cdot 10^{-4}\,\text{m}^2$ und $l_a = 2 \times 1\,\text{mm} = 2 \cdot 10^{-3}\,\text{m}$ ein Magnetfeld der (mittleren) Induktion $B_a = 0{,}4\,\text{T}$ zur Verfügung stellt. Das in Frage kommende Magnetmaterial besitze die in Abb. 3.74 dargestellte Entmagnetisierungslinie. Der Streugrad werde mit $\sigma = 0{,}4$ geschätzt und die magnetische Spannung am Weicheisenjoch in erster Näherung vernachlässigt.

Aus Gl. 3.324 erhält man die Länge des Magneten, wenn man der Entmagnetisierungslinie Abb. 3.74 den optimalen Betriebswert $H_{\mathrm{opt}} = -21\,000$ A/m entnimmt:

$$(3.324)\quad l = \frac{B_a l_a}{\mu_0 \cdot |H|_{\mathrm{opt}}} = \frac{0{,}4\,\mathrm{T}\cdot 2\cdot 10^{-3}\,\mathrm{m}}{4\pi\cdot 10^{-7}\frac{\mathrm{Vs}}{\mathrm{Am}}\cdot 21\,000\frac{\mathrm{A}}{\mathrm{m}}} = 0{,}03\,\mathrm{m} = 3\,\mathrm{cm}\ .$$

Aus Gl. 3.325 erhält man mit dem zweiten Betriebswert $B_{\mathrm{opt}} = 0{,}36$ T den Magnetquerschnitt A:

$$(3.325)\quad A = \frac{B_a A_a}{\sigma B_{\mathrm{opt}}} = \frac{0{,}4\,\mathrm{T}\cdot 4\cdot 10^{-4}\,\mathrm{m}^2}{0{,}4\cdot 0{,}36\,\mathrm{T}} = 11{,}1\cdot 10^{-4}\,\mathrm{m}^2 = 11{,}1\,\mathrm{cm}^2\ .$$

Der Querschnitt des Magneten muß natürlich größer sein als jener des Luftspaltes, wenn man im Luftspalt eine höhere Induktion erzielen will als im Magneten, dem optimalen Betriebswert B_{opt} gemäß, vorhanden ist. Eine weitere Querschnittserhöhung des Magneten bedingt noch der durch die Streuung verursachte Flußverlust. Das Weicheisenjoch muß sich also vom Magneten zum Luftspalt stark verjüngen.

3.2.5.3.3. *Remanente und permanente Magnete. Stabilisierung.*

Beim Dauermagnetkreis im Abschnitt 3.2.5.3 war vorausgesetzt worden, daß der **zusammengebaute** Kreis aufmagnetisiert wird, so daß sich nach Ende des magnetisierenden Stromstoßes der entsprechende Arbeitspunkt A_1, der möglichst A_{opt} sein soll, auf der Entmagnetisierungslinie einstellt (Abb. 3.75). Nun ist der Magnet in diesem Zustand keineswegs sehr beständig. Er kann durch Fremdfelder mehr oder weniger beeinflußt werden, wobei jede größere Änderung ΔH wegen der irreversiblen Magnetisierungsänderungen (vgl. Abschnitt 3.2.3 und 3.2.2.4) eine bleibende Änderung

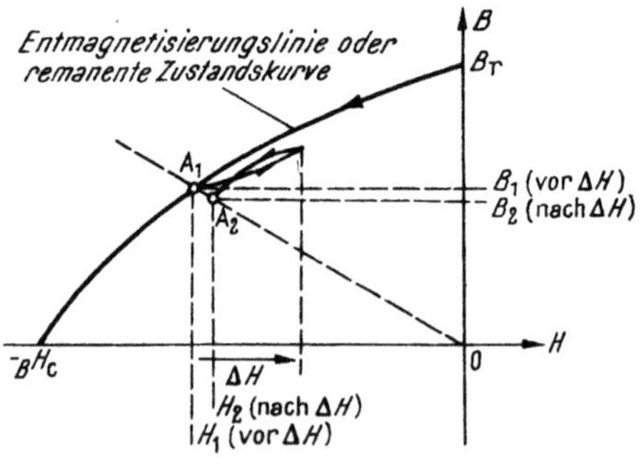

Abb. 3.75

des Arbeitspunktes hervorruft. Denkt man sich eine positive Änderung $\Delta H > 0$, so bewegt sich der Arbeitspunkt auf einer neuen Zustandskurve weiter, und er gelangt nach Verschwinden der Änderung ΔH nicht mehr an die alte Stelle zurück (Abb. 3.75), sondern es stellt sich auf der Arbeitsgeraden ein neuer Arbeitspunkt A_2 ein. Ein derartiger nicht stabiler Magnet wird „remanenter Magnet" genannt. Die Entmagnetisierungslinie heißt daher auch „remanente Zustandskurve". In vielen Fällen genügt es, daß man einen einmalig aufmagnetisierten, remanenten Magneten verwendet, z.B. wenn der Eisenkreis gegen Fremdfelder magnetisch geschirmt ist (was vorwiegend bei Meßinstrumenten in Frage kommt). Mögliche Zustandsänderungen bleiben dann immer kleiner als die zulässige einkalkulierte Unbeständigkeit des Arbeitspunktes.

Eine Verlagerung des Arbeitspunktes tritt aber auch bei jeder geometrischen Veränderung des magnetischen Kreises auf. Besonders deutlich wird dies, wenn man sich nur den Magneten selbst aufmagnetisiert und erst nachher das System (den Magnetkreis) zusammengebaut denkt. Nach Ende des Magnetisierungs-Stromstoßes geht die Induktion B auf einen, dem Arbeitspunkt A_1 entsprechenden Wert B_1 zurück (Abb. 3.76), der

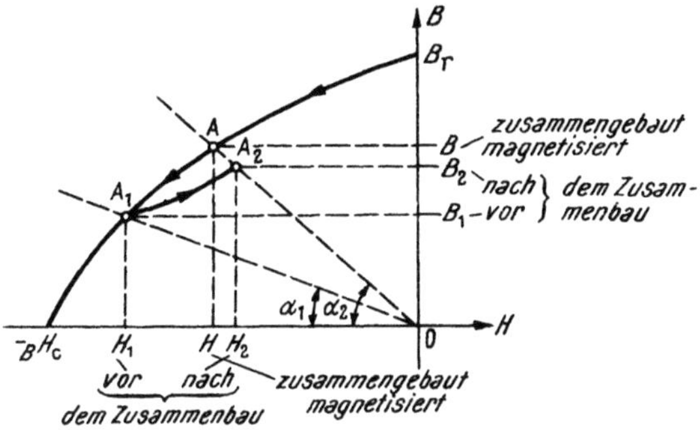

Abb. 3.76

relativ niedrig ist, da ohne Eisenjoch eine große magnetische Spannung $H_a l_a$ über den langen Luftweg l_a auftritt. Die am Dauermagneten auftretende Spannung Hl muß daher einen großen Betrag besitzen (Gl. 3.310). Wegen des großen Wertes von l_a ist nach Gl. 3.316 $\tan\alpha$ sehr klein, die zugehörige Arbeitsgerade beim Magneten ohne Schlußjoch verläuft sehr flach, A_1 liegt sehr tief. Durch den Zusammenbau wird der vom Magneten aufzubringende Spannungsbetrag wegen des jetzt kleineren Luftweges und des daher höheren magnetischen Leitwertes des Kreises vermindert. Der Arbeitspunkt kehrt aber nicht auf der äußersten Hystereseschleife zurück, sondern er bewegt sich auf einer neuen, flacher gegen die Abszisse geneigten Kurve bis er A_2 erreicht, wo sich das neue Spannungsgleichgewicht

(3.310) $\quad Hl = -H_a l_a$

entsprechend der Abmessung l_a des zusammengebauten Magnetkreises einstellt. Wäre der Magnetkreis bereits vor der Aufmagnetisierung zusammengebaut gewesen, so hätte sich sofort der höhere, auf der remanenten Zustandskurve liegende Arbeitspunkt A eingestellt, der natürlich bei gegebenen Abmessungen des zusammengebauten Magnetkreises auf derselben Arbeitsgeraden liegen muß wie A_2. Aufmagnetisieren des zusammengebauten Kreises ist also günstiger, da dadurch höhere Induktionswerte erzielt werden.

Man erkennt, daß nicht nur Fremdfelder, sondern auch geometrische Änderungen des Magnetkreises bleibende Verlagerungen des Arbeitspunktes hervorrufen können. Eine solche geometrische Veränderung des Magnetkreises liegt auch vor, wenn man beispielsweise durch Annäherung eines Weicheisenstückes an den Luftspalt einen magnetischen Nebenschluß herstellt, so daß wieder wegen des jetzt erhöhten Leitwertes des Kreises eine Verlagerung des Arbeitspunktes eintritt. Ein Stabmagnet ohne Joch, auch „Magnet mit offenen Enden" genannt, wird natürlich immer durch äußere Felder oder durch Annäherung an Eisenteile, also beim Arbeiten mit dem Magneten, Zustandsänderungen erfahren. Dies würde jedesmal eine bleibende Veränderung des Arbeitspunktes des Magneten bewirken, was für die Anwendung natürlich unbrauchbar wäre. Es zeigt sich nun, daß fortgesetzte Verlagerungen des Arbeitspunktes mit der Zeit dazu führen, daß der Magnet in einen stabilen Zustand gelangt, in dem selbst größere Zustandsänderungen reversibel sind. Der Magnetstab, bzw. der in einem magnetischen Kreis eingebaute Magnet, ist „stabilisiert" worden. Man nennt ihn jetzt einen „permanenten" Magneten, zum Unterschied vom unstabilisierten, „remanenten" Magneten. Wie aus dem Gesagten hervorgeht, kann die Stabilisierung entweder durch Aufbringen eines Wechselfeldes oder aber durch periodische Änderung der Geometrie des Kreises, z.B. durch abwechselndes Öffnen und Schließen des Luftspaltes mit Hilfe eines Weicheisenstückes, erfolgen. Es zeigt sich, daß ein derartiger periodischer Vorgang im stabilisierten Zustand des Magneten eine Folge von Zustandspunkten ergibt, die eine lanzettartige Schleife im B-H-Diagramm (Abb. 3.77) bildet. Diese wird „permanentmagnetische

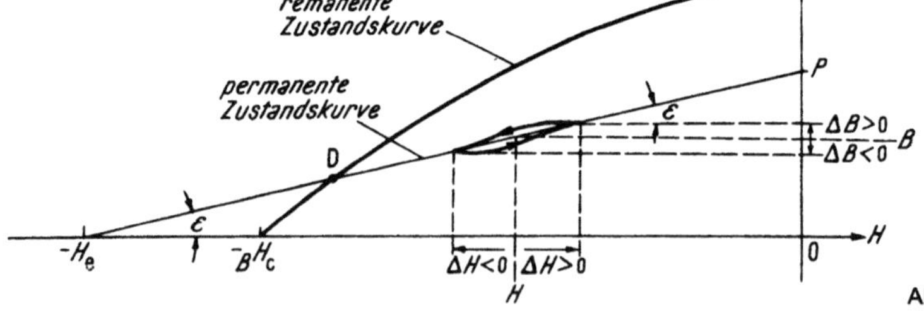

Abb. 3.77

Zustandskurve" genannt. Meist genügt es als Näherung die, die Endpunkte der lanzettartigen Schleife verbindende, also durch die Permanenz P und den Punkt D hindurchgehende Gerade als permanentmagnetische Kurve zu verwenden.

Ohne fremdes Feld kann der Arbeitspunkt A äußerstenfalls auf der B-Achse liegen. Dies tritt ein, wenn man sich den Magneten durch ein unendlich gut magnetisch leitendes Joch kurzgeschlossen denkt. Dann nämlich tritt keine magnetische Spannung entlang des Joches auf ($U_{m,J}=0$) und da kein Luftspalt vorhanden ist, muß wegen $U_{m,a}=H_a l_a=0$ und $l \neq 0$ der Wert H der magnetischen Feldstärke im Magneten nach Gl. 3.310 null sein. Bei diesem idealen „Kurzschluß" des Magneten liegt dann der Zustandpunkt auf der B-Achse (Abb. 3.77). Dieser größtmöglichste, allerdings nur theoretisch erreichbare Induktionswert P heißt „Permanenz". Andererseits kann der Arbeitspunkt A ohne fremde Feldstärke äußerstenfalls auf der äußersten Hysterese, also auf der remanenten Zustandskurve im Punkt D, liegen. Die Gerade zwischen D und P heißt „vollständige, permanente Zustandskurve". Ihre Gleichung lautet

$$B = P + \mu_P H \quad . \tag{3.326}$$

Die Steigung $\tan\epsilon$ der permanenten Zustandskurve

$$\tan\epsilon = k\mu_P = k\,\frac{\Delta B}{\Delta H} = k\,\frac{P}{H_e} \tag{3.327}$$

ist über den Maßstabsfaktor k der „permanenten Permeabilität" μ_P des betreffenden Magnetmaterials proportional. Die über D hinaus verlängerte permanente Zustandsgerade schneidet die Abszisse beim Wert $H = -H_e$. Die (positive) Größe H_e, für die aus Gl. 3.327

$$H_e = \frac{P}{\mu_P} \tag{3.328}$$

folgt, wird „eingeprägte magnetische Feldstärke" genannt. Die Gleichung der permanenten Zustandsgeraden Gl. 3.326 kann dann unter Verwendung der Beziehung Gl. 3.328 auch in der folgenden Form angeschrieben werden:

$$B = \mu_P (H + H_e) \quad . \tag{3.329}$$

Die eingeprägte magnetische Feldstärke $\mathbf{H}_e$ ist eine fiktive magnetische Feldstärke des stabilisierten Dauermagneten, die umgekehrtes Vorzeichen und einen größeren Betrag als die tatsächlich vorhandene Feldstärke $\mathbf{H}$ des Dauermagneten besitzt. Der fiktive Vektor $\mathbf{H}_e$ ist also dem Vektor $\mathbf{H}$ im Magneten entgegengesetzt, dem Vektor $\mathbf{B}$ hingegen gleich orientiert. Die Einführung der eingeprägten Feldstärke $\mathbf{H}_e$ erfolgt wieder in Analogie zur eingeprägten elektrischen Feldstärke $\mathbf{E}_e$ (etwa zur eingeprägten elektrischen Feldstärke in einem Akkumulator, s. Abschnitt 2.9.2). Die eingeprägte magnetische Feldstärke wäre die negative, im stabilisierten Magneten vorhandene Feldstärke, wenn er von keinem magnetischen Fluß durchflossen wäre ($\Phi = 0$ bzw. $B = 0$) und sich dabei bis zum Zustand $B = 0$ linear verhielte. Ein solcher „Leerlauf" des Magnetkreises kann aber wegen der endlichen magnetischen Leitfähigkeit der Luft von selbst niemals auftreten. Man kann den magnetischen Fluß bzw. die Induktion allerdings mit Hilfe einer fremden, zusätzlichen Feldstärke auf den Wert 0 bringen, dann aber bewegt sich der Zustandspunkt gar nicht auf der permanenten Zustandsgeraden bis zum Wert $H = -H_e$, sondern bekanntlich vom Punkt D in Abb. 3.77 auf der äußersten Hysterese weiter bis zum Wert $H = -{}_BH_c$.

Im folgenden soll nun gezeigt werden, daß sich ein stabilisierter Magnet wegen seiner praktisch linearen (permanenten) Zustandskurve wie eine lineare magnetische Spannungsquelle verhält. Dies bedeutet, daß sich ein stabilisierter Dauermagnetkreis in gleicher Weise wie ein linearer elektrischer Kreis behandeln läßt (vgl. Abschnitt 2.11.2 und Abschnitt 2.9.4), wenn man den magnetischen Widerstand der Weicheisenteile vernachlässigen oder ihn angenähert als konstant annehmen darf.

Abb. 3.78 zeigt nochmals schematisch den dauermagnetischen Kreis mit den eingezeichneten physikalischen Richtungen der Vektorgrößen. Man führt nun neben der magnetischen Spannung

$$U_m = \int_s \mathbf{H} \cdot d\mathbf{s} \tag{3.262}$$

in Analogie zur elektrischen Spannungsquelle und zum Weicheisenkreis wieder eine magnetomotorische Kraft (MMK) F_m ein, die jetzt beim Dauermagneten durch das Linienintegral über die eingeprägte Feldstärke $\mathbf{H}_e$ definiert wird:

$$F_m = \int_s \mathbf{H}_e \cdot d\mathbf{s} \quad . \tag{3.330}$$

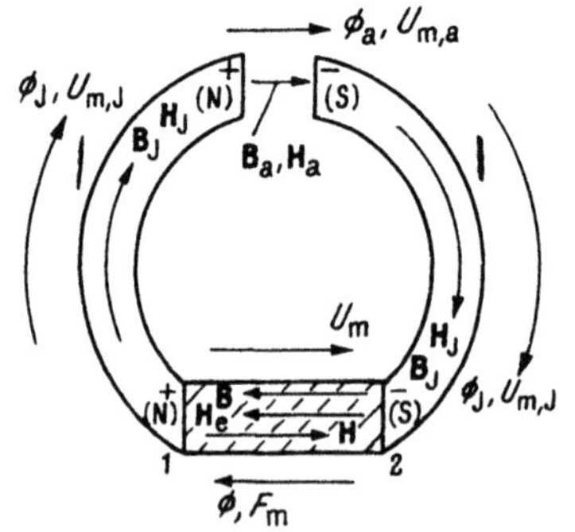

Abb. 3.78

Diese MMK treibt also gewissermaßen den Fluß Φ in Richtung von $\mathbf{H}_e$ über den magnetischen Kreis, so wie beim Weicheisenkreis die dort der Durchflutung gleiche MMK (s. Abschnitt 3.2.4.2). Da sich die Vorzeichen der bisher in der Rechnung benützten Projektionen der Vektorgrößen auf den im Magnetkreis Abb. 3.78 im Uhrzeigersinn umlaufenden Weg, im Magneten also auf die Richtung von 2 nach 1, beziehen (s. Gl. 3.310 bis Gl. 3.312 und den Text des dort folgenden Absatzes) ist die Spannung am Magneten

$$U_{m,21} = \int_2^1 \mathbf{H} \cdot d\mathbf{s}_{21} = Hl < 0 \text{ (wegen } H < 0) \quad , \tag{3.331}$$

die MMK

$$F_{m,21} = \int_2^1 \mathbf{H}_e \cdot d\mathbf{s} = H_e l > 0 \text{ (wegen } H_e > 0) \quad , \tag{3.332}$$

und der Fluß im Magneten

$$\Phi_{21} = \int_A \mathbf{B} \cdot d\mathbf{A}_{21} > 0 \text{ (wegen } \mathbf{B} \uparrow\uparrow d\mathbf{A}_{21}) \quad . \tag{3.333}$$

Für die magnetischen Spannungsgrößen U_m und F_m haben – so wie bei den elektrischen Spannungsgrößen U und E – die gewählten Richtungen der Linienelemente d**s**, also die Integrationsrichtungen in Gl. 3.262 und Gl. 3.330, die Bedeutung der Bezugsrichtung; beim magnetischen Fluß Φ tritt – wie bei der elektrischen Stromstärke I – die willkürlich gewählte Richtung des Flächenelementes d**A** im Flächenintegral Gl. 3.333 als Bezugsrichtung auf (vgl. Abschnitt 2.7).

Aus Gl. 3.329 folgt dann für das Magnetwerkstück

$$\begin{aligned} \Phi = BA &= \int_A \mathbf{B} \cdot d\mathbf{A}_{21} = \Phi_{21} = \frac{\mu_P A}{l} (H_e l + Hl) = \\ &= \frac{1}{R_{m,i}} \left(\int_2^1 \mathbf{H}_e \cdot d\mathbf{s} + \int_2^1 \mathbf{H} \cdot d\mathbf{s} \right) = \frac{1}{R_{m,i}} (F_{m,21} + U_{m,21}) = \\ &= \frac{1}{R_{m,i}} (F_{m,21} - U_{m,12}) \quad , \end{aligned} \tag{3.334}$$

und damit unter Bezugnahme auf die in Abb. 3.78 eingetragenen Bezugspfeile für Φ, U_m und F_m ($U_m = U_{m,12}$, $F_m = F_{m,21}$, $\Phi = \Phi_{21}$), die einem (magnetischen) Erzeuger-Bezugsrichtungssystem entsprechen (s. Abschnitt 2.11.2),

$$U_m = F_m - \Phi R_{m,i} \quad . \tag{3.335}$$

Die „Klemmenspannung" U_m der magnetischen Spannungsquelle ist also durch die Differenz von MMK F_m und „innerem Spannungsabfall" $\Phi R_{m,i}$ gegeben, wobei im inneren magnetischen Widerstand des Magneten

$$R_{m,i} = \frac{l}{\mu_P A} \tag{3.336}$$

als wirksame Permeabilität die permanente Permeabilität μ_P auftritt. Für den Außenkreis („Verbraucher") gilt im Hinblick auf die in Abb. 3.78 eingetragenen Bezugsrichtungen für die Größen am Joch und Luftspalt, die einem (magnetischen) Verbraucherbezugsrichtungssystem entsprechen (s. Abschnitt 2.11.2),

$$U_m = \int_1^2 \mathbf{H} \cdot d\mathbf{s} = H_J l_J + H_a l_a = \frac{B_J A_J l_J}{\mu_J A_J} + \frac{B_a A_a l_a}{\mu_0 A_a} =$$

$$= \Phi_J \frac{l_J}{\mu_J A_J} + \Phi_a \frac{l_a}{\mu_0 A_a} = \Phi_J R_{m,J} + \Phi_a R_{m,a} \; . \tag{3.337}$$

Die „Klemmenspannung" der magnetischen Spannungsquelle (des Magneten) ist also gleich der Summe der an den einzelnen Teilstrecken des Außenkreises auftretenden Spannungen, die ihrerseits Produkte aus dem betreffenden Fluß und dem betreffenden magnetischen Widerstand sind.

Weitere Einzelheiten über Dauermagnete siehe die Spezialliteratur (z.B. /3.15/).

3.2.5.4. Ersatzschaltungen für magnetische Kreise. Magnetische Netzwerke

Die Einführung der den entsprechenden elektrischen Größen analogen Größen magnetomotorische Kraft, magnetische Spannung und magnetischer Widerstand ermöglicht, magnetische Kreise, ja auch vermaschte magnetische Netzwerke, mathematisch in der gleichen Weise zu behandeln, wie elektrische Kreise bzw. Netzwerke. Wie bei diesen haben solche Berechnungsmethoden (s. Abschnitt 2.11.4) vorwiegend dann Bedeutung, wenn es sich um (angenähert) lineare Kreise handelt, wie etwa bei stabilisierten Dauermagnetkreisen. Im Prinzip gelten allerdings die beiden im folgenden besprochenen, auf den Maxwellschen Gleichungen fußenden und den Kirchhoffschen Regeln analogen, grundlegenden Beziehungen auch für nichtlineare magnetische Kreise; nur treten in solchen Fällen natürlich ähnliche mathematische Schwierigkeiten auf wie bei der Behandlung nichtlinearer elektrischer Netzwerke (s. /3.16/). Da nun einerseits magnetische Kreise praktisch immer nichtlinear sind und eine lineare Behandlung daher meist nur eine relativ grobe Annäherung darstellt, andererseits vermaschte magnetische Netzwerke größeren Umfanges in der Praxis kaum auftreten, besitzt die anschließend kurz angedeutete Berechnungsmethode mit Hilfe einer Ersatzschaltung eine wesentlich geringere Bedeutung als etwa bei elektrischen Netzwerken.

Im Prinzip gelten also wieder zwei, den beiden Kirchhoffschen Regeln (s. Abschnitt 2.11.1) analoge Gesetze, eine „Knotenregel" (die nur bei vermaschten Netzwerken benötigt wird) und eine „Maschenregel".

Die Basis für die Knotenregel bildet – so wie im elektrischen Fall die Quellenfreiheit der Stromdichte **S** (siehe Abschnitt 2.11.1.1) – hier die Quellenfreiheit der Induktion **B** (Gl. 3.135). Das Hüllenintegral der Induktion **B** über eine, eine Verzweigungsstelle des magnetischen Flusses einhüllende Fläche liefert, in Analogie zur Knotenregel Gl. 2.179 für elektrische Verzweigungsstellen,

$$(3.18)\quad \oint_A \mathbf{B}\cdot d\mathbf{A} \;\left(= \int_V \operatorname{div}\mathbf{B}\cdot dV\right) = \sum_k \Phi_{k,\mathrm{ab}} = 0 \;, \qquad (3.338)$$

wobei die hinsichtlich der Bezugsrichtungen für die Stromstärke I im Abschnitt 2.11.1.1 besprochenen Prinzipien hier gleichermaßen für den magnetischen Fluß Φ Gültigkeit haben.

Die Maschenregel fußt auf der Bedingung für die Wirbeldichte von **H**, also auf der I. Maxwellschen Gleichung Gl. 3.236, die bei Integration entlang eines geschlossenen Weges zum Durchflutungssatz für **H** (Gl. 3.237) führt. Sowohl für Weicheisen- als auch für Dauermagnetkreise folgt aus dem Durchflutungssatz eine Maschenregel, die, erweitert auf den Fall, daß im Zuge der Masche mehrere magnetomotorische Kräfte auftreten, entsprechend Gl. 3.284 einerseits bzw. Gl. 3.304 mit Gl. 3.335 andererseits wie folgt lautet:

$$\sum_k F_{\mathrm{m},k} = \sum_k \Phi_k R_{\mathrm{m},k} \;. \qquad (3.339)$$

Gl. 3.339 besitzt die gleiche Gestalt wie die Kirchhoffsche Maschenregel Gl. 2.190.

Ein einzelner (streuungsloser) Magnetkreis, etwa der Weicheisenkreis Abb. 3.62, läßt sich dann mit Hilfe einer Ersatzschaltung, wie sie in Abb. 3.79 dargestellt ist, berechnen. Jeder Magnetkreis ist genau genommen bereits ein vermaschtes magnetisches Netzwerk, da immer Streuung vorhanden ist, also Streuflüsse über Luft zwischen den magnetisierbaren Teilen des Kreises auftreten. Besonders starke Streuflüsse treten bei Dauermagnetkreisen auf, so daß die Anordnung Abb. 3.78 etwa an Hand des in Abb. 3.80 dar-

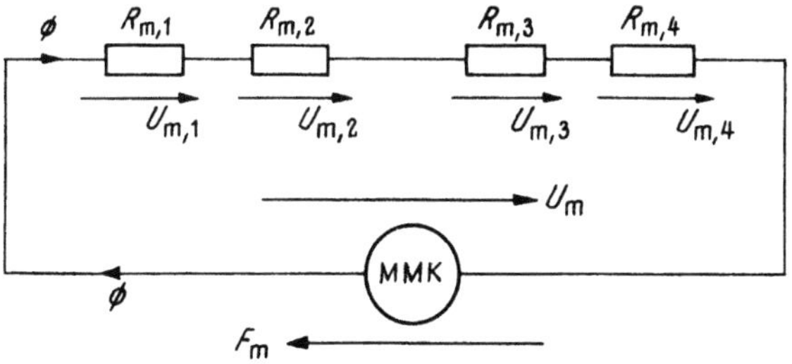

Abb. 3.79

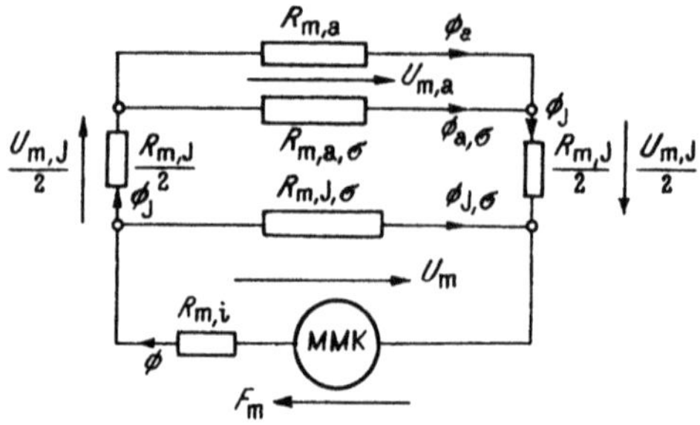

Abb. 3.80

gestellten Ersatzschaltbildes zu berechnen wäre. ($R_{m,J,\sigma}$ berücksichtigt den vorwiegend zwischen den Jochteilen sich schließenden Streufluß $\Phi_{J,\sigma}$, $R_{m,a,\sigma}$ den in der Umgebung des Luftspaltes auftretenden Streufluß $\Phi_{a,\sigma}$.) Zur Abschätzung der den Luftstrecken zukommenden magnetischen Streuwiderstände $R_{m,\sigma}$ finden sich für typische Bauformen von Magnetkreisen Berechnungsunterlagen in der Literatur (s. z.B. /3.17/).

3.3. Energie und Kräfte im stationären magnetischen Feld

3.3.1. Die Energie im stationären magnetischen Feld

Der Ausdruck für die magnetische Energie läßt sich erst im Zusammenhang mit dem allgemeinen, nichtstationären Feld verstehen. Er soll daher vorläufig aus Analogiebetrachtungen zum elektrischen Feld gewonnen werden; der Nachweis für seine Gültigkeit wird im Kapitel 4 nachgetragen.

Im elektrischen Feld wurde für die Energiedichte der Ausdruck

$$w^{el} = \frac{dW^{el}}{dV} = \frac{1}{2}\mathbf{DE} \qquad (1.362)$$

erhalten und es ist zu erwarten, daß wegen der Analogie der elektrischen und magnetischen Feldvektoren (s. Abschnitt 3.2.1.3), wonach einerseits dem Feldvektor **E** nach der Elementarstromtheorie der Feldvektor **B**, nach der Mengentheorie der Feldvektor **H** zugeordnet werden muß, andererseits der physikalisch unanschaulichen Rechengröße **D** nach der Elementarstromtheorie der Vektor **H**, nach der Mengentheorie der Vektor **B** entspricht, im Magnetfeld der analoge Ausdruck für die magnetische Energiedichte nach beiden Theorien

$$w^{m} = \frac{dW^{m}}{dV} = \frac{1}{2}\mathbf{HB} \qquad (3.340)$$

sein wird. Dies erweist sich in der Tat und es gilt diese Energiedichte nicht nur für das stationäre, sondern – wie w^{el} im elektrischen Feld – auch ganz allgemein für das nichtstationäre Feld sowie ebenso in inhomogener und anisotroper Materie, allerdings muß sich das Material linear verhalten (vgl. Abschnitt 4.4.2). Die Tatsache, daß der Ausdruck Gl. 3.340 bei Dauermagneten nicht sinnvoll verwendet werden kann – ihre (totale) Permeabilität ist nicht feldunabhängig – läßt sich leicht beweisen, da man bei seiner Integration über den gesamten Raum, d.h. also über den leeren Raum außerhalb der Materie **und** über das Innere der dauermagnetischen Materie, zu einer Gesamtenergie vom Betrag null gelangt: Im Feld magnetisierter Materie (also ohne Leitungsströme) bestehen bekanntlich die Beziehungen

(3.144) bzw. (3.154) $\quad \mathrm{rot}\,\mathbf{H}_{\mathrm{Mat}} = 0$

und

(3.124) $\quad \mathrm{div}\,\mathbf{B}_{\mathrm{Mat}} = 0$.

Nun gilt nach einem allgemeinen Satz der Theorie der Vektorfelder, daß das über den gesamten unendlichen Raum erstreckte Volumsintegral des skalaren Produktes eines reinen Quellen- und eines reinen Wirbelvektors null sein muß, so daß also

$$\frac{1}{2}\int_V \mathbf{H}_{\mathrm{Mat}}\cdot\mathbf{B}_{\mathrm{Mat}}\cdot \mathrm{d}V = 0 \tag{3.341}$$

ist. (Analoges gilt für ein elektrisches Feld ohne „wahre" elektrische Ladungen, also ein von Elektreten hervorgerufenes reines Materiefeld.) In linearer Materie (Permeabilität feldunabhängig), die also nur dann magnetisiert ist, wenn durch Leitungsströme ein magnetisierendes Feld hervorgerufen wird, gilt jedenfalls der Ausdruck Gl. 3.340 für die magnetische Energiedichte ohne weitere Einschränkung.

3.3.1.1. Die magnetische Energie einer Stromschleife

Um die magnetische Energie einer in linearer, gegebenfalls inhomogener und anisotroper Materie eingebetteten Stromschleife vom Volumsintegral über die Energiedichte

$$W^{\mathrm{m}} = \int_V w^{\mathrm{m}}\cdot \mathrm{d}V = \int_V \frac{1}{2}\mathbf{H}\mathbf{B}\cdot \mathrm{d}V \tag{3.342}$$

in einen Ausdruck überzuführen, der die den Stromkreis kennzeichnenden Größen enthält, soll als Volumselement das Stück einer Feldröhre der

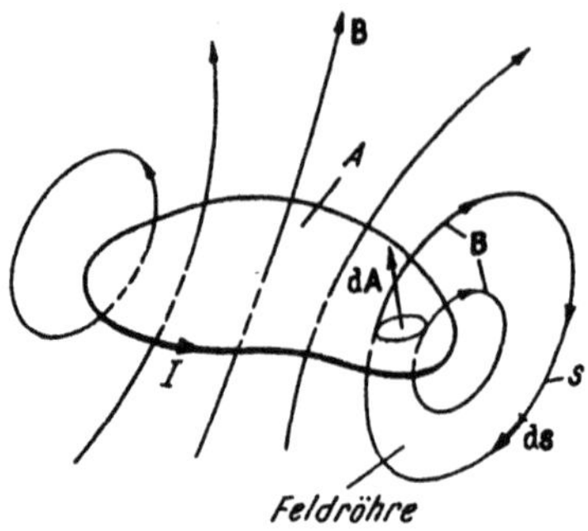

Abb. 3.81

magnetischen Induktion **B** gewählt werden (Abb. 3.81; vgl. auch Abschnitt 1.3.1). Man erfaßt bei der Integration in Gl. 3.342 jedenfalls alle Volumselemente des unendlichen Raumes, wenn man zuerst über alle Volumselemente einer (im Wirbelfeld in sich geschlossenen) Feldröhre summiert, also entlang einer Feldlinie integriert, und dann das Integral über alle Feldröhren, also über die Fläche der stromdurchflossenen Schleife bildet. Da einerseits der magnetische Fluß $d\Phi = \mathbf{B}\cdot d\mathbf{A}$ einer Feldröhre wegen der Quellenfreiheit von **B** einen unveränderlichen Wert besitzt und andererseits für jede geschlossene Feldröhre entsprechend dem Durchflutungssatz Gl. 3.237

$$\oint_s \mathbf{H}\cdot d\mathbf{s} = I = \text{const} \tag{3.343}$$

ist, kann man Gl. 3.342 in zwei voneinander unabhängige Integrale trennen, und man erhält unter Berücksichtigung, daß entlang einer Feldröhre $\mathbf{B}\uparrow\uparrow d\mathbf{s}$ gilt (Abb. 3.81),

$$W^{m} = \int_V \frac{1}{2}\mathbf{HB}\cdot dV = \frac{1}{2}\int_V (\mathbf{HB})(d\mathbf{A}\cdot d\mathbf{s}) = \frac{1}{2}\int_V (\mathbf{H}\cdot d\mathbf{s})(\mathbf{B}\cdot d\mathbf{A}) =$$
$$= \frac{1}{2}\oint_s \mathbf{H}\cdot d\mathbf{s}\cdot \int_A \mathbf{B}\cdot d\mathbf{A} = \frac{1}{2} I\Phi \ . \tag{3.344}$$

Wegen

(3.55) $\Phi = LI$

kann man die magnetische Energie in drei Formen darstellen:

$$W^{m} = \frac{\Phi I}{2} = \frac{LI^2}{2} = \frac{\Phi^2}{2L} \ . \tag{3.345}$$

Das Ergebnis ist zur elektrischen Energie Gl. 1.356 dual: Im Magnetfeld tritt an die Stelle der elektrischen Ladung Q^{el} der magnetische Fluß Φ, an die Stelle der elektrischen Spannung U die Stromstärke I und an die Stelle der Kapazität C die Induktivität L.

3.3.1.2. Die magnetische Energie zweier miteinander verketteter Stromschleifen

Bei zwei, in linearer, gegebenenfalls inhomogener und anisotroper Materie eingebetteten Stromkreisen (Abb. 3.82) zerlegt man zur Berechnung ihrer magnetischen Energie das von den Strömen in den Schleifen herrührende Magnetfeld in die beiden Teilfelder der einzelnen Schleifen, so daß man für die magnetische Energie den Ausdruck

$$W^m = \frac{1}{2}\int_V \mathbf{HB}\cdot dV = \frac{1}{2}\int_V (\mathbf{H}_1+\mathbf{H}_2)(\mathbf{B}_1+\mathbf{B}_2)dV = \frac{1}{2}\int_V (\mathbf{H}_1\mathbf{B}_1+\mathbf{H}_2\mathbf{B}_2+$$
$$+\mathbf{H}_2\mathbf{B}_1+\mathbf{H}_1\mathbf{B}_2)dV = \frac{L_1 I_1^2}{2}+\frac{L_2 I_2^2}{2}+\frac{1}{2}\int_V \mathbf{H}_2\mathbf{B}_1\cdot dV+\frac{1}{2}\int_V \mathbf{H}_1\mathbf{B}_2\cdot dV \tag{3.346}$$

erhält. Die magnetische Energie der beiden Stromkreise ist also nicht einfach die Summe der Energien jedes Kreises für sich allein, sondern es treten noch zwei weitere Glieder wegen der gegenseitigen Verkettung der beiden Kreise auf. Zunächst soll das erste dieser beiden Glieder weiter umgeformt werden. Man zerlegt hiezu den Raum wieder in Feldröhren, u.zw. in solche von $\mathbf{B}_1$, so daß wie folgt umgewandelt werden kann ($d\mathbf{s}_1 \uparrow\uparrow \mathbf{B}_1$):

$$\frac{1}{2}\int_V \mathbf{H}_2\mathbf{B}_1\cdot dV = \frac{1}{2}\int_V (\mathbf{H}_2\mathbf{B}_1)(d\mathbf{A}_1\cdot d\mathbf{s}_1) = \frac{1}{2}\int_V (\mathbf{H}_2\cdot d\mathbf{s}_1)(\mathbf{B}_1\cdot d\mathbf{A}_1). \tag{3.347}$$

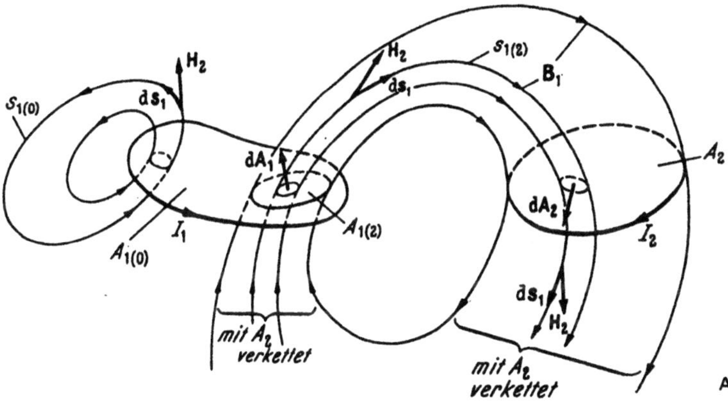

Abb. 3.82

Dieses Integral kann nun wieder in zwei voneinander unabhängige Integrale zerlegt werden. Dabei liefert die Integration über $\mathbf{H}_2$ entlang des Weges s_1 einer Feldröhre von $\mathbf{B}_1$ nur dann einen Wert, nämlich I_2, wenn der Weg s_1 mit dem Stromkreis 2 verkettet ist [$s_1 = s_{1(2)}$], andernfalls [$s_1 = s_{1(0)}$] ist dieser Wert nach dem Durchflutungssatz gleich null! Man kann also den Ausdruck Gl. 3.347 in zwei Teile zerlegen,

$$\frac{1}{2}\int_V \mathbf{H}_2\mathbf{B}_1\cdot\mathrm{d}V=\frac{1}{2}\oint_{s_{1(2)}}\mathbf{H}_2\cdot\mathrm{d}\mathbf{s}_1\cdot\int_{A_{1(2)}}\mathbf{B}_1\cdot\mathrm{d}\mathbf{A}_1+\frac{1}{2}\oint_{s_{1(0)}}\mathbf{H}_2\cdot\mathrm{d}\mathbf{s}_1\cdot\int_{A_{1(0)}}\mathbf{B}_1\cdot\mathrm{d}\mathbf{A}_1\,, \tag{3.348}$$

wobei $A_{1(2)}$ jener Teil der Schleifenfläche von A_1 sein soll, der von $\mathbf{B}_1$-Feldröhren durchsetzt ist, die mit Schleife 2 verkettet sind, und $A_{1(0)}$ der Rest der Fläche von A_1, der $\mathbf{B}_1$-Feldröhren führt, die die Fläche A_2 nicht durchsetzen. Während also der zweite Summand in Gl. 3.348 verschwindet,

$$\frac{1}{2}\oint_{s_{1(0)}}\mathbf{H}_2\cdot\mathrm{d}\mathbf{s}_1\cdot\int_{A_{1(0)}}\mathbf{B}_1\cdot\mathrm{d}\mathbf{A}_1=0, \tag{3.349}$$

da das Wegintegral über $\mathbf{H}_2$ entlang des Weges $s_{1(0)}$ einer mit dem Stromkreis 2 nicht verketteten Feldröhre von $\mathbf{B}_1$ nach dem Durchflutungssatz den Wert null besitzt, ist im ersten Summand von Gl. 3.348 das Wegintegral über $\mathbf{H}_2$ entlang eines mit dem Stromkreis 2 verketteten Weges $s_{1(2)}$ konstant gleich I_2, also folgt aus Gl. 3.348

$$\frac{1}{2}\int_V \mathbf{H}_2\mathbf{B}_1\cdot\mathrm{d}V=\frac{1}{2}\,I_2\int_{A_{1(2)}}\mathbf{B}_1\cdot\mathrm{d}\mathbf{A}_1=\frac{1}{2}I_2\Phi_{21}=\frac{1}{2}I_2MI_1=\frac{1}{2}MI_1I_2\;. \tag{3.350}$$

Das Flächenintegral von $\mathbf{B}_1$ über jenen Teil dieses Feldes, der mit dem Stromkreis 2 verkettet ist, ist wegen der Wahl der Richtung des Flächenvektors $\mathrm{d}\mathbf{A}_2$ in Richtung von $\mathbf{B}_1$ gleich dem positiven Fluß $\Phi_{21}=\int_{A_2}\mathbf{B}_1\cdot\mathrm{d}\mathbf{A}_2$ in der Schleife 2, der von der Schleife 1 herrührt. Dieser Fluß ist also über den in diesem Fall positiven Gegeninduktionskoeffizienten M der Stromstärke I_1 proportional. Die hier im Sinne von $\mathbf{B}_1$ angenommene Richtung des Flächenvektors $\mathrm{d}\mathbf{A}_2$ orientiert nun zwangsläufig den Umlaufsinn der Schleife 2 und legt damit die Bezugsrichtung von I_2, rechtswendig zu $\mathrm{d}\mathbf{A}_2$, fest (Abb. 3.82). Dies war für die Anwendung des Durchflutungssatzes in Gl. 3.348 von Bedeutung und hat zu einem positiven Vorzeichen bei I_2 in Gl. 3.350 geführt ($\oint_{s_{1(2)}}\mathbf{H}_2\cdot\mathrm{d}\mathbf{s}_1=+I_2\,!$). Da das letzte Integral in Gl. 3.346 über eine analoge Überlegung (man integriert jetzt über Feldröhren von $\mathbf{B}_2$) auf den gleichen Wert $\frac{1}{2}MI_1I_2$ (Gl. 3.350) führt, erhält man aus Gl. 3.346 für die Gesamtenergie

$$W^{\mathrm{m}}=\frac{L_1I_1^2}{2}+\frac{L_2I_2^2}{2}+MI_1I_2\;. \tag{3.351}$$

Die Gesamtenergie ist größer als die Summe der beiden Einzelenergien jedes Kreises für sich selbst, wenn das Produkt MI_1I_2 positiv ist. In diesem Fall verstärken sich die beiden, etwa gleichsinnig orientierten Teilfelder $\mathbf{B}_1$ und $\mathbf{B}_2$. Ist das Produkt MI_1I_2 negativ, dann ist die Gesamtenergie kleiner als die Summe der beiden Teilenergien jedes Stromkreises; in diesem Fall schwächen sich die beiden Teilfelder $\mathbf{B}_1$ und $\mathbf{B}_2$ gegenseitig.

3.3.1.3. Die Berechnung von Induktivitäten mit Hilfe der magnetischen Energie

Die Beziehung

$$W^{m} = \frac{LI^2}{2} \quad (3.345)$$

bietet die Möglichkeit, über die magnetische Energie eines Stromkreises, die dem Quadrat der Stromstärke I proportional sein muß, die Selbstinduktivität L der betreffenden Schleife zu ermitteln.

3.3.1.3.1. ***Die innere Induktivität eines unendlich langen, geraden Leiters.*** Bei der Berechnung der Induktivität einer im leeren Raum befindlichen Doppelleitung im Abschnitt 3.1.3.6 wurde nur das außerhalb der Leitung auftretende magnetische Feld in Rechnung gesetzt, also die „äußere Induktivität" der Doppelleitung

$$L_a = \mu_0 \frac{l}{\pi} \ln \frac{a}{R} \quad (3.112)$$

ermittelt. Die Bestimmung der „inneren Induktivität" ist mit Hilfe des magnetischen Flusses ($\Phi = LI$) ein relativ kompliziertes Problem wegen der Frage der Verkettung des Flusses mit den einzelnen Stromfäden des Leiters. Hier bewährt sich die Berechnung der Induktivität über den Energieinhalt des Magnetfeldes im Leitervolumen. Im Inneren des Leiters (Abb.3.83) gilt nach dem Durchflutungssatz, wenn Leitermaterial und umgebende Materie homogen und isotrop sind, aus Symmetriegründen

$$(3.237) \quad \oint_s \mathbf{H} \cdot d\mathbf{s} = H\, 2\varrho_A \pi = \Theta = \frac{I}{R^2\pi} \varrho_A{}^2 \pi = \frac{I}{R^2} \varrho_A{}^2 \quad (3.352)$$

und somit

$$H = \frac{I}{2R^2\pi} \varrho_A \ . \quad (3.353)$$

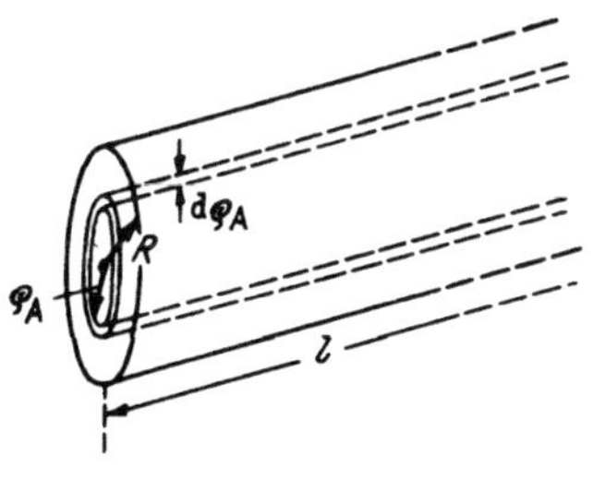

Abb.3.83

Wegen der Zylindersymmetrie ist H entlang eines schmalen kreisförmigen Ringes vom Radius ϱ_A im Leiterquerschnitt konstant, man wird also bei der Integration der Energiedichte über das Leitervolumen als Volumselement eine „Rohrwand" vom Radius ϱ_A, der Dicke $d\varrho_A$ und der Länge l des Leiters wählen (Abb. 3.83):

$$dV = 2\varrho_A\pi\cdot d\varrho_A\cdot l \ . \qquad (3.354)$$

Es folgt dann für die magnetische Energie im Leiterinneren, wenn sich das Leitermaterial auch linear verhält (s. Abschn. 3.3.1),

$$W_i^m = \int_V \frac{1}{2}\mu H^2\cdot dV = \int_0^R \frac{1}{2}\mu \frac{I^2}{4R^4\pi^2}\varrho_A{}^2 2\varrho_A\pi l\cdot d\varrho_A =$$

$$= \frac{\mu I^2 l}{4\pi R^4}\int_0^R \varrho_A{}^3\cdot d\varrho_A = \frac{\mu I^2 l}{4\pi R^4}\cdot\frac{R^4}{4} = \frac{\mu I^2 l}{16\pi} = L_i\frac{I^2}{2} \ . \qquad (3.355)$$

Durch Vergleich mit $L_i\frac{I^2}{2}$ folgt für die innere Induktivität (**eines** Leiters einer Doppelleitung)

$$L_i = \frac{\mu l}{8\pi} \qquad (3.356)$$

mit μ als Permeabilität des Leitermaterials, bzw. ein Induktivitätsbelag

$$L_i' = \frac{L_i}{l} = \frac{\mu}{8\pi} \ . \qquad (3.357)$$

Die innere Induktivität ist vom Leiterradius R unabhängig.

Für eine Doppelleitung ergibt sich der doppelte Wert (für Hin- und Rückleitung). Befindet sich die Doppelleitung in Luft und besitzt sie nichtmagnetisches Leitermaterial ($\mu = \mu_0$), so folgt nach Gl. 3.113 und Gl. 3.357 ein Gesamtinduktivitätsbelag für inneres und äußeres Feld:

$$L' = \frac{L}{l} = L_a' + L_i' = \frac{\mu_0}{\pi}\left(\frac{1}{4} + \ln\frac{a}{R}\right) \ . \qquad (3.358)$$

3.3.1.3.2. ***Die Induktivität eines Koaxialkabels.*** Es treten hier 3 Bereiche auf (Abb. 3.84): Der innerste Bereich 1 wird durch den einen homogenen Leiter, der Mittelbereich 2 durch die homogene Isolation und der äußerste Bereich 3 durch den homogenen Rückleiter gebildet. Alle Werkstoffe seien isotrop und linear. Für den Innenleiter (Bereich 1) gilt ein Induktivitätsanteil gemäß Gl. 3.356

$$L_1 = \frac{\mu_1 l}{8\pi} \ . \qquad (3.359)$$

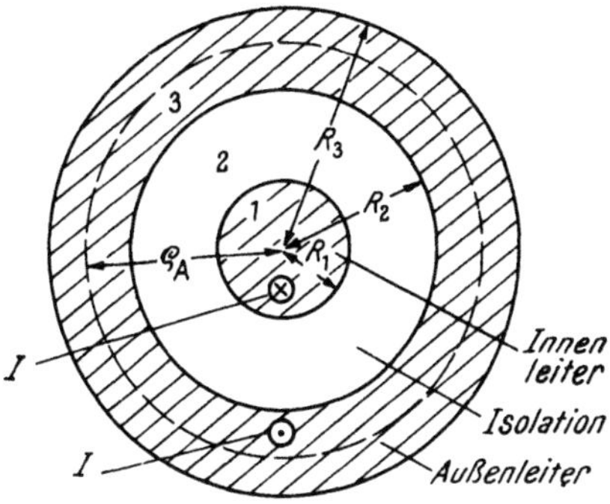

Abb. 3.84

Im Isolierstoff (Bereich 2) ist der Wert H_2 nach dem Durchflutungssatz

$$H_2 = \frac{I}{2\pi\varrho_A} \quad . \tag{3.360}$$

Daraus folgt

$$W_2^m = \int_{R_1}^{R_2} \frac{1}{2}\mu_2 H_2^2 \cdot \mathrm{d}V = \int_{R_1}^{R_2} \frac{\mu_2 I^2}{4\pi^2 2\varrho_A^2} 2\varrho_A \pi l \cdot \mathrm{d}\varrho_A =$$

$$= \frac{\mu_2 I^2 l}{4\pi} \ln \frac{R_2}{R_1} = L_2 \frac{I^2}{2} \tag{3.361}$$

und somit

$$L_2 = \frac{\mu_2 l}{2\pi} \ln \frac{R_2}{R_1} \quad . \tag{3.362}$$

Im Volumen des Außenleiters (Bereich 3) gilt unter Berücksichtigung, daß von einem kreisförmigen Weg entlang einer Feldlinie der gesamte Strom I des Innenleiters aber nur ein Teil des zurückfließenden Stromes I des Außenleiters umfaßt wird,

$$\oint_s \mathbf{H} \cdot \mathrm{d}\mathbf{s} = H_3 2\varrho_A \pi = \Theta = I - I \frac{(\varrho_A^2 - R_2^2)\pi}{(R_3^2 - R_2^2)\pi} \quad . \tag{3.363}$$

Es ist also

$$H_3 = \frac{I}{2\pi\varrho_A}\left(1 - \frac{\varrho_A^2 - R_2^2}{R_3^2 - R_2^2}\right) = \frac{I}{2\pi\varrho_A} \cdot \frac{R_3^2 - \varrho_A^2}{R_3^2 - R_2^2} \quad , \tag{3.364}$$

und damit wird

$$W_3^{\mathrm{m}} = \int_V \frac{\mu_3 H_3^2}{2} \mathrm{d}V = \int_{R_2}^{R_3} \frac{\mu_3 I^2 (R_3^2 - \varrho_\mathrm{A}^2)^2}{8\pi^2 \varrho_\mathrm{A}^2 (R_3^2 - R_2^2)^2} 2\pi \varrho_\mathrm{A} l \cdot \mathrm{d}\varrho_\mathrm{A} =$$

$$= \frac{\mu_3 I^2 l}{4\pi (R_3^2 - R_2^2)^2} \int_{R_2}^{R_3} \frac{(R_3^2 - \varrho_\mathrm{A}^2)^2}{\varrho_\mathrm{A}} \mathrm{d}\varrho_\mathrm{A} =$$

$$= \frac{\mu_3 I^2 l}{4\pi (R_3^2 - R_2^2)^2} \int_{R_2}^{R_3} \frac{R_3^4 - 2R_3^2 \varrho_\mathrm{A}^2 + \varrho_\mathrm{A}^4}{\varrho_\mathrm{A}} \mathrm{d}\varrho_\mathrm{A} =$$

$$= \frac{\mu_3 I^2 l}{4\pi (R_3^2 - R_2^2)^2} \left[R_3^4 \ln \frac{R_3}{R_2} - 2R_3^2 \frac{R_3^2 - R_2^2}{2} + \frac{R_3^4 - R_2^4}{4} \right] =$$

$$= L_3 \frac{I^2}{2} \quad . \tag{3.365}$$

Hieraus folgt

$$L_3 = \frac{\mu_3 l}{2\pi (R_3^2 - R_2^2)} \left[\frac{R_3^4}{R_3^2 - R_2^2} \ln \frac{R_3}{R_2} - R_3^2 + \frac{R_3^2 + R_2^2}{4} \right] =$$

$$= \frac{\mu_3 l}{2\pi (R_3^2 - R_2^2)} \left[\frac{R_3^4}{R_3^2 - R_2^2} \ln \frac{R_3}{R_2} - \frac{3R_3^2 - R_2^2}{4} \right] \quad . \tag{3.366}$$

Die Gesamtinduktivität des Koaxialkabels ist dann

$$L = L_1 + L_2 + L_3 \quad . \tag{3.367}$$

3.3.2. Kraft und Drehmoment im stationären Magnetfeld

Wie bereits im Abschnitt 1.3.2 über Kraft und Drehmoment im elektrischen Feld ausführlich besprochen wurde, muß man zwischen den direkt am Körper, also hier im Magnetfeld an den Strömen und nach der magnetischen Mengentheorie allenfalls an den magnetischen Mengen (Polen) angreifenden „körperfesten" und den resultierenden, einen Körper bewegenden „ponderomotorischen" Kräften unterscheiden, wobei letztere i.a. auch Kräfte umgebender Materie (im Schwerfeld „Auftrieb" genannt) beinhalten. Die ponderomotorischen Kräfte können entweder unmittelbar mit Hilfe des Prinzips der virtuellen Verschiebung (Maxwell /1.9/) oder aber, wie dies vom Autor erstmalig durchgeführt wurde /1.6/, /1.8/, durch

Aufsummieren der körperfesten und der von der umgebenden Materie ausgeübten Kräfte abgeleitet werden. Bei der praktischen Anwendung in der Technik kommen fast ausschließlich Kräfte auf Körper im leeren Raum in Frage, so daß dann die Kraft, mit der das Feld direkt am Körper angreift, und die ponderomotorische Kraft mangels Kräften umgebender Materie gleich sind.

Bei den Berechnungen in den folgenden Abschnitten werden wiederum praktisch sprunghafte Änderungen der Materialwerte an Grenzflächen zwischen verschiedenen Körpern und auch zum leeren Raum mathematisch als steile, jedoch stetige Veränderungen dieser Werte in sehr schmalen Gebieten angesehen (siehe die ausführlicheren Erörterungen im Abschnitt 1.3.2). Bezüglich der Benützung der „Gesamtfelder" **B** und **H** beim Kraftangriff an Volumselementen siehe die Erörterungen am Ende von Abschn. 1.3.2.1.

3.3.2.1. Kraft und Drehmoment auf Körper im leeren Raum

3.3.2.1.1. *Kraft und Drehmoment auf eine starre Leiterschleife.*

Ausgangspunkt der Berechnung der Kräfte auf stromdurchflossene Leiter ist die Lorentzkraft auf einen punktförmigen, mit der Geschwindigkeit **v** bewegten Träger einer elektrischen Ladung Q (im ruhenden Leiter kann es sich nur um eine wahre Ladung handeln):

(3.3) $\mathbf{F} = Q\mathbf{v} \times \mathbf{B}$.

Diese Beziehung diente zur Definition des magnetischen Feldvektors **B** (Abschnitt 3.1.1). Man gelangt von ihr zu einer Kraftdichte

$$\mathbf{f} = \frac{d\mathbf{F}}{dV} = \frac{dQ}{dV}\mathbf{v} \times \mathbf{B} = \varrho\mathbf{v} \times \mathbf{B} = \mathbf{S} \times \mathbf{B} \ , \qquad (3.368)$$

wenn man den durch Gl. 2.32 gegebenen Zusammenhang zwischen elektrischer Ladungsdichte ϱ, deren zugehöriger Geschwindigkeit **v** und der die Ladungsbewegung beschreibenden Stromdichte **S** berücksichtigt. (Im Falle bewegter wahrer Ladung in einem ruhenden, leitfähigen Körper handelt es sich um die Leitungsstromdichte.)

Im folgenden soll die resultierende Kraft berechnet werden, mit der das Magnetfeld auf eine starre, stromdurchflossene, sehr dünne Leiterschleife einwirkt. Im Hinblick auf die Tatsache, daß in einem Leiter von sehr kleinem Querschnitt δA die Stromdichte **S** parallel zur Leiterachse sein muß ($\mathbf{S}\uparrow\uparrow d\mathbf{s}$ oder allenfalls $\mathbf{S}\uparrow\downarrow d\mathbf{s}$), ergibt sich

$$\mathbf{F} = \int_V \mathbf{f}\cdot dV = \int_V (\mathbf{S}\times\mathbf{B})\, dV = \int_V (\mathbf{S}\times\mathbf{B})(d\mathbf{s}\cdot d\mathbf{A}) =$$

$$= \int_V (d\mathbf{s}\times\mathbf{B})(\mathbf{S}\cdot d\mathbf{A}) \ . \qquad (3.369)$$

Nun ist in dem sehr kleinen Querschnitt δA des dünnen Leiters das Magnetfeld $\mathbf{B}$ quer zur Leiterachse praktisch konstant, so daß man im Integral Gl. 3.369 zunächst über den Querschnitt δA integrieren kann, wobei das Flächenintegral der Stromdichte die Stromstärke I im Leiter ergibt:

$$\mathbf{F} = \int_V (\mathrm{d}\mathbf{s} \times \mathbf{B})(\mathbf{S} \cdot \mathrm{d}\mathbf{A}) = \oint_s \left\{ \int_{\delta A} \mathbf{S} \cdot \mathrm{d}\mathbf{A} \right\} (\mathrm{d}\mathbf{s} \times \mathbf{B}) = \oint_s I \cdot \mathrm{d}\mathbf{s} \times \mathbf{B} \ . \qquad (3.370)$$

An jedem Leiterelement $\mathrm{d}\mathbf{s}$, das einen Strom der Stärke I führt, greift also die Lorentzkraft

$$\mathrm{d}\mathbf{F} = I \cdot \mathrm{d}\mathbf{s} \times \mathbf{B} \qquad (3.371)$$

an.

Betrachtet man einen stationären Strom, so ist die Stromstärke I konstant und man kann in diesem Fall Gl. 3.370 mit Hilfe des Stokesschen Integralsatzes, den man am besten in der Form einer Operatorenregel anwendet (/1.2/, S. 152),

$$\oint_s \mathrm{d}\mathbf{s} \ldots = \int_A \mathrm{d}\mathbf{A} \times \nabla \ldots \ , \qquad (3.372)$$

wie folgt umformen:

$$\mathbf{F} = \oint_s I \cdot \mathrm{d}\mathbf{s} \times \mathbf{B} = I \oint_s \mathrm{d}\mathbf{s} \times \mathbf{B} = I \int_A (\mathrm{d}\mathbf{A} \times \nabla) \times \mathbf{B} =$$

$$= I \left\{ \int_A \nabla (\mathbf{B} \cdot \mathrm{d}\mathbf{A}) - \int_A (\nabla \mathbf{B}) \mathrm{d}\mathbf{A} \right\} \ , \qquad (3.373)$$

mit A als der vom Stromkreis umfaßten Fläche. Nun ist aber die magnetische Induktion quellenfrei,

$$(3.135) \qquad \operatorname{div} \mathbf{B} = \nabla \mathbf{B} = 0 \ ,$$

so daß man aus Gl. 3.373 schließlich

$$\mathbf{F} = I \int_A \nabla (\mathbf{B} \cdot \mathrm{d}\mathbf{A}) \qquad (3.374)$$

erhält. $\mathrm{d}\mathbf{A}$ ist dem durch $\mathrm{d}\mathbf{s}$ festgelegten Umlaufsinn und damit der Bezugsrichtung der Stromstärke I rechtswendig zugeordnet.

An dieser Stelle sei darauf verwiesen, daß an jedem Längenelement eines dünnen, stromdurchflossenen Leiters eine Kraft entsprechend Gl. 3.371 angreift, für die die am Ort des Leiterelementes vorhandene Induktion $\mathbf{B}$ maßgebend ist. Diese setzt sich aus der Induktion $\mathbf{B}_f$ aller fremden, felderzeugenden Ströme und der Induktion $\mathbf{B}_e$ des eigenen Stromkreises zusammen. Integriert man über die Schleife, so muß das Integral über die vom eigenen Kreis herrührenden Teilkräfte null sein, da das Eigenfeld auf den Kreis selbst keine resultierende, ihn bewegende Kraft bewirken

kann. In Gl. 3.370 bzw. Gl. 3.374 kann man daher anstelle der Gesamtinduktion **B** auch die Induktion $\mathbf{B}_f$ des Fremdfeldes allein einsetzen (vgl. Abschnitt 1.3.2.1).
Gemäß Gl. 3.374 wirkt auf eine starre Stromschleife nur in einem räumlich veränderlichen, also inhomogenen Magnetfeld eine resultierende Kraft, und zwar bei $\mathbf{B}\cdot d\mathbf{A} > 0$ in Richtung wachsender Induktion **B**, oder auch, da $\mathbf{B}\cdot d\mathbf{A}$ den magnetischen Fluß $d\Phi$ bedeutet, der ein Flächenelement der vom Strom I umrandeten Fläche durchsetzt, in jener Richtung, in der sich der mit der Stromschleife verkettete magnetische Fluß maximal vergrößern würde. **In einem homogenen magnetischen (Fremd)Feld hingegen erleidet ein starrer Stromkreis keine resultierende Kraft.**
Handelt es sich um einen stationären Strom in einer Schleife von differentiell kleiner Schleifenfläche dA, so wirkt auf diese Schleife, bei Einführung ihres (differentiellen) magnetischen Momentes,

(3.11) $$d\mathbf{m} = I\cdot dA\cdot\mathbf{n} = I\cdot d\mathbf{A}\ , \tag{3.375}$$

nach Gl. 3.374 eine (differentielle) Kraft

$$d\mathbf{F} = I\nabla(\mathbf{B}\cdot d\mathbf{A}) = \nabla(\mathbf{B}I_c\cdot d\mathbf{A}) = \nabla(\mathbf{B}\cdot d\mathbf{m}_c)\ . \tag{3.376}$$

Dabei ist zu berücksichtigen, daß die Stromstärke I und damit das magnetische Moment $d\mathbf{m}$ in bezug auf Nabla konstante Größen sind, was durch den Index c gekennzeichnet ist. Bei der Umwandlung der allgemein gültigen Beziehung Gl. 3.370 in Gl. 3.374 war ja die Anwendung des Stokesschen Integralsatzes nur deshalb in der angegebenen Weise möglich, weil die Stromstärke I als Konstante vor das Integral gezogen werden konnte. Gl. 3.376 drückt also die Kraft auf eine sehr kleine Stromschleife mit örtlich konstanter Stromstärke und damit konstantem magnetischem Moment aus, die in ein, im Bereich der Schleife inhomogenes Feld **B** eingebettet ist.
Im Zusammenhang mit Gl. 3.376 und insbesondere im Hinblick auf die folgenden Berechnungen sei nochmals auf die Konvention verwiesen, daß stets alle hinter Nabla stehenden Größen, ungeachtet etwaiger Klammern, zu differenzieren sind, wenn sie nicht durch den Index c als gegenüber Nabla konstante Größen besonders gekennzeichnet sind. Klammern dienen bei der Schreibweise mit Nabla nur zur Kennzeichnung, welche Multiplikation zuerst ausgeführt werden soll und zur Zusammenfassung von mehreren Summanden.

Integriert man Gl. 3.376 über eine Fläche A, so gelangt man wieder zur Kraft auf eine endlich große Schleife Gl. 3.374 zurück. Gl. 3.374 läßt sich von diesem Gesichtspunkt aus so deuten, daß man den Strom in der Randkurve s der Fläche A, also im (dünnen) Leiter, als eine kontinuierliche Aneinanderreihung stationärer, in sich geschlossener Stromkreise differentieller Größe, die alle den gleichen Strom I führen, auffassen kann. Die Ströme, und daher die Kräfte auf sie, heben sich im Inneren der Fläche gegenseitig weg und es tritt nur der Strom der Randkurve in Erscheinung. Natürlich hat hier bei einer Leiterschleife im leeren Raum diese Zerlegung, die der mathematischen Umformung des Linienintegrales Gl. 3.370 in das Flächenintegral Gl. 3.374 entspricht, keinen physikalischen Hintergrund. Bei magnetisierter Materie hingegen tritt eine derartige kontinuierliche Aneinanderreihung stationärer Kreisströme (Elementarströme) tatsächlich auf (s. Abschnitt 3.2.1.1, Abb. 3.29, und den folgenden Abschnitt 3.3.2.1.2).

Zur Berechnung des Drehmomentes **T**, das ein Magnetfeld auf eine vom konstanten Strom der Stärke I durchflossene Leiterschleife ausübt, ist die Summe der Drehmomente der auf die einzelnen Leiterlemente d**s** ausgeübten Kräfte d**F** (Gl. 3.371) zu bilden (**r** . . . Ortsvektor zum Leiterelement vom gewählten Pol als Bezugspunkt):

$$\mathbf{T} = \oint_s \mathbf{r} \times \mathrm{d}\mathbf{F} = \oint_s \mathbf{r} \times (I \cdot \mathrm{d}\mathbf{s} \times \mathbf{B}) = -I \oint_s (\mathrm{d}\mathbf{s} \times \mathbf{B}) \times \mathbf{r} \quad . \tag{3.377}$$

Das Randintegral Gl. 3.377 läßt sich wieder mit Hilfe des Stokesschen Integralsatzes Gl. 3.372 in ein Flächenintegral über die berandete Fläche umwandeln:

$$\mathbf{T} = -I \oint_s (\mathrm{d}\mathbf{s} \times \mathbf{B}) \times \mathbf{r} = -I \int_A [(\mathrm{d}\mathbf{A} \times \nabla) \times \mathbf{B}] \times \mathbf{r} \quad . \tag{3.378}$$

Entwickelt man die Vektorprodukte unter Beachtung, daß der Differentialoperator Nabla sowohl auf **B** als auch auf **r** anzuwenden ist, so folgt unter Berücksichtigung der Produktregel der Differentialrechnung

$$\begin{aligned} \mathbf{T} &= -I \int_A \nabla (\mathbf{B} \cdot \mathrm{d}\mathbf{A}) \times \mathbf{r} + I \int_A \mathrm{d}\mathbf{A} (\nabla \mathbf{B}) \times \mathbf{r} = \\ &= I \int_A \mathbf{r} \times \nabla (\mathbf{B} \cdot \mathrm{d}\mathbf{A}) - I \int_A (\mathbf{B} \cdot \mathrm{d}\mathbf{A}) (\nabla \times \mathbf{r}) - I \int_A \mathbf{r} \times (\nabla \mathbf{B})\, \mathrm{d}\mathbf{A} + \\ &+ I \int_A \mathrm{d}\mathbf{A} (\mathbf{B} \nabla) \times \mathbf{r} \quad . \end{aligned} \tag{3.379}$$

Wegen

(3.135) $\operatorname{div} \mathbf{B} = \nabla \mathbf{B} = 0$

und

$$\operatorname{rot} \mathbf{r} = \nabla \times \mathbf{r} = \begin{vmatrix} \mathbf{i} & \mathbf{j} & \mathbf{k} \\ \partial/\partial x & \partial/\partial y & \partial/\partial z \\ x-\xi & y-\eta & z-\zeta \end{vmatrix} = 0 \tag{3.380}$$

(x, y, z . . . Koordinaten des Aufpunktes, ξ, η, ζ . . . feste Koordinaten des Pols) fallen zwei Summanden in Gl. 3.379 weg, und es ergibt sich weiterhin

$$\mathbf{T} = I\int_A \mathbf{r}\times\nabla(\mathbf{B}\cdot\mathrm{d}\mathbf{A}) + I\int_A \mathrm{d}\mathbf{A}(\mathbf{B}\nabla)\times\mathbf{r} =$$
$$= \int_A \mathbf{r}\times I\nabla(\mathbf{B}\cdot\mathrm{d}\mathbf{A}) + \int_A I\cdot\mathrm{d}\mathbf{A}\times(\mathbf{B}\nabla)\mathbf{r} \quad . \tag{3.381}$$

Nun ist

$$(\mathbf{B}\nabla)\mathbf{r} = \left(B_x\frac{\partial}{\partial x} + B_y\frac{\partial}{\partial y} + B_z\frac{\partial}{\partial z}\right)[(x-\xi)\mathbf{i} + (y-\eta)\mathbf{j} + (z-\zeta)\mathbf{k}] =$$
$$= B_x\mathbf{i} + B_y\mathbf{j} + B_z\mathbf{k} = \mathbf{B} \quad , \tag{3.382}$$

so daß schließlich aus Gl. 3.381 unter Berücksichtigung von Gl. 3.375 und Gl. 3.376

$$\mathbf{T} = \int_A \mathbf{r}\times I\nabla(\mathbf{B}\cdot\mathrm{d}\mathbf{A}) + \int_A I\cdot\mathrm{d}\mathbf{A}\times\mathbf{B} = \int_A \mathbf{r}\times\mathrm{d}\mathbf{F} + \int_A \mathrm{d}\mathbf{m}\times\mathbf{B} \tag{3.383}$$

folgt.

Eine Leiterschleife, die eine differentiell kleine Fläche umfaßt, erleidet nach Gl. 3.383 ein Drehmoment

$$\mathrm{d}\mathbf{T} = \mathbf{r}\times I\nabla(\mathbf{B}\cdot\mathrm{d}\mathbf{A}) + I\cdot\mathrm{d}\mathbf{A}\times\mathbf{B} = \mathbf{r}\times\mathrm{d}\mathbf{F} + \mathrm{d}\mathbf{m}\times\mathbf{B} \quad , \tag{3.384}$$

das sich aus dem vom Drehpol abhängigen Drehmoment der an der Leiterschleife (dem Flächenelement) angreifenden resultierenden Kraft d**F** und einem vom Drehpol unabhängigen Drehmoment, also dem Moment eines Kräftepaares, zusammensetzt.

In einem homogenen Feld tritt nach Gl. 3.374 keine resultierende, an einer Leiterschleife angreifende Kraft auf, und es verschwindet auch in Gl. 3.383 der erste Summand, also das Moment der gleichsam an den Flächenelementen der Schleife angreifenden resultierenden Kräfte. Es tritt lediglich ein vom Drehpol unabhängiges Drehmoment auf,

$$(3.383) \qquad \mathbf{T} = \int_A \mathrm{d}\mathbf{m}\times\mathbf{B} = \left\{\int_A \mathrm{d}\mathbf{m}\right\}\times\mathbf{B} = \mathbf{m}\times\mathbf{B} \quad , \tag{3.385}$$

das durch das Vektorprodukt aus magnetischem Moment

$$\mathbf{m} = \int_A \mathrm{d}\mathbf{m} = \int_A I\mathbf{n}\cdot\mathrm{d}A = \int_A I\cdot\mathrm{d}\mathbf{A} \tag{3.386}$$

der Schleife und der magnetischen Feldgröße **B** gegeben ist (vgl. das Drehmoment auf einen elektrischen Dipol, Abschnitt 1.3.2.2, und insbesondere die Gleichungen 1.387 und 1.382).

3.3.2.1.2. ***Kraft und Drehmoment auf magnetisierte und von Leitungsströmen durchflossene Körper im leeren Raum nach der Elementarstromtheorie.*** Nach der Elementarstromtheorie des Magnetismus (siehe Abschnitt 3.2.1.1), dem makroskopischen Abbild der Elektronentheorie, stellt ein magnetisierter Körper eine, dem Magnetisierungszustand entsprechende Anordnung von im leeren Raum fließenden, atomaren Elementarströmen (Elektronenbahn und -spin, s. Abschnitt 3.2.2) dar. Dementsprechend ist zur Berechnung der Kraft des Magnetfeldes an einem solchen Körper wieder von der Lorentzkraft auszugehen, die an den Elementarströmen in gleicher Weise wie an den im Körper fließenden Leitungsströmen angreift. Es ist also die Kraftdichte Gl. 3.368 im Sinne der Elementarstromtheorie (Index E) auf Leitungs- und Elementarstromdichte, also auf die resultierende freie Stromdichte $\mathbf{S}'$ zu erweitern, so daß man mit Gl. 3.136

$$\mathbf{f}_{E,m} = (\mathbf{S}_L + \mathbf{S}_E) \times \mathbf{B} = \mathbf{S}' \times \mathbf{B} = \frac{1}{\mu_0} \operatorname{rot} \mathbf{B} \times \mathbf{B} \tag{3.387}$$

als körperfeste Kraftdichte auf einen von Leitungs- und Elementarströmen durchflossenen (magnetisierten) Körper erhält. Die resultierende, im Volumen des Körpers vom Magnetfeld unmittelbar ausgeübte Kraft wäre dann

$$\mathbf{F}_{E,m} = \int_V \mathbf{f}_{E,m} \cdot dV = \int_V (\mathbf{S}_L + \mathbf{S}_E) \times \mathbf{B} \cdot dV = \frac{1}{\mu_0} \int_V \operatorname{rot} \mathbf{B} \times \mathbf{B} \cdot dV \ . \tag{3.388}$$

Der Index „m" bei $\mathbf{f}_{E,m}$ in Gl. 3.387 und bei $\mathbf{F}_{E,m}$ in Gl. 3.388 soll wieder darauf hinweisen, daß die in Rechnung gesetzte räumliche Elementarstromdichte $\mathbf{S}_E$ dadurch zustandekommt, daß man die Volumselemente eines Körpers „mathematisch" begrenzt, so daß stets in sich geschlossene Elementarströme, also Atome, auseinandergeschnitten werden (Abb. 3.85, vgl. auch Abschnitt 1.3.2.3). Da hier aber über das gesamte Volumen des im leeren Raum befindlichen Körpers integriert wird, erfaßt man auf diese Weise jedenfalls zur Gänze alle zu ihm gehörenden Elementarströme.

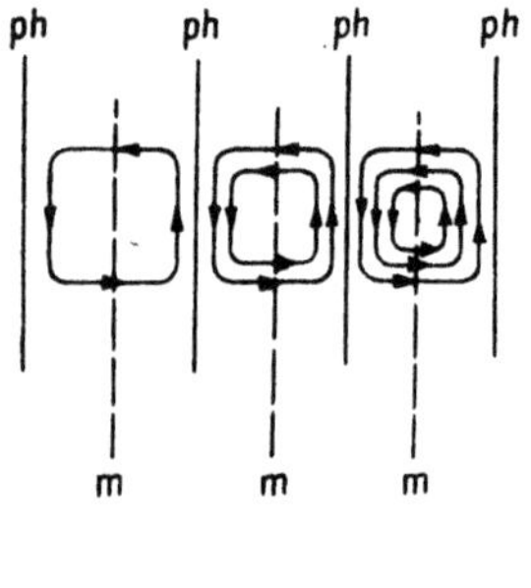

Abb. 3.85

Man kann aber auch alle Elementarströme eines Körpers dadurch richtig erfassen, daß man die Volumselemente „physikalisch" begrenzt (Index „ph"), also so, daß immer ganze, in sich geschlossene Elementarströme, also nur ganze Atome, erfaßt werden (Abb. 3.85). Jedes Volumselement ist dann ein kleiner Elementarmagnet, wie dies im Abschnitt 3.2.1.1 eingehendst erläutert wurde (vgl. auch Abb. 3.31), mit einem magnetischen Moment nach Gl. 3.128 und Gl. 3.129

$$\mathbf{dm}_E = dI_E \cdot dA \cdot \mathbf{n} = \mathbf{M} \cdot dV \ . \tag{3.389}$$

Auf einen derartigen, durch einen Kreisstrom repräsentierten Elementarmagnet wirkt eine Kraft nach Gl. 3.376 und mit Gl. 3.389

$$d\mathbf{F} = \nabla(\mathbf{B} \cdot \mathbf{dm}_{E,c}) = \nabla(\mathbf{B}\mathbf{M}_c)\, dV \ . \tag{3.390}$$

Gl. 3.376 wurde zwar für einen sehr dünnen Leiter abgeleitet, der eine differentiell kleine Fläche umfaßt, gilt aber in gleicher Weise, wenn man sich die Stromstärke gleichmäßig auf den Mantel der Volumszelle dV verteilt denkt. Auf ein von Leitungsströmen durchflossenes und entsprechend seinem Elementarstrom magnetisiertes „physikalisch" begrenztes Volumselement wirkt dann nach Gl. 3.368 und Gl. 3.390 eine Kraft

$$\begin{aligned} d\mathbf{F}_{E,ph} &= \mathbf{S}_L \times \mathbf{B} \cdot dV + \nabla(\mathbf{B}\mathbf{M}_c)\, dV = [\mathbf{S}_L \times \mathbf{B} + \nabla(\mathbf{M}_c\mathbf{B})]\, dV = \\ &= \mathbf{f}_{E,ph} \cdot dV \ , \end{aligned} \tag{3.391}$$

bzw. eine Kraftdichte

$$\mathbf{f}_{E,ph} = \mathbf{S}_L \times \mathbf{B} + \nabla(\mathbf{M}_c\mathbf{B}) = \mathrm{rot}\,\mathbf{H} \times \mathbf{B} + \nabla(\mathbf{M}_c\mathbf{B}) \ . \tag{3.392}$$

Die Gesamtkraft auf einen von Leitungsströmen durchflossenen, magnetisierten Körper berechnet sich demnach bei „physikalischer" Abgrenzung seiner Volumselemente aus dem Integral

$$\begin{aligned} \mathbf{F}_{E,ph} &= \int_V \mathbf{f}_{E,ph} \cdot dV = \int_V [\mathbf{S}_L \times \mathbf{B} + \nabla(\mathbf{M}_c\mathbf{B})]\, dV = \\ &= \int_V [\mathrm{rot}\,\mathbf{H} \times \mathbf{B} + \nabla(\mathbf{M}_c\mathbf{B})]\, dV \ . \end{aligned} \tag{3.393}$$

In den letzten Formen von Gl. 3.392 und Gl. 3.393 wurde die I. Maxwellsche Gleichung (Gl. 3.146) berücksichtigt.

Die resultierenden Kräfte sowohl bei „mathematischer" als auch bei „physikalischer" Bereichsabgrenzung $\mathbf{F}_{E,m}$ bzw. $\mathbf{F}_{E,ph}$ lassen sich wieder, so wie dies auch im elektrischen Feld der Fall ist (Abschnitt 1.3.2.3), mit Hilfe des Gaußschen Integralsatzes, der in Operatorenform

$$(1.62) \quad \int_V dV \cdot \nabla \ldots = \oint_A d\mathbf{A} \ldots$$

lautet, in Oberflächenintegrale über (fiktive) Spannungen umwandeln.

Hiezu formt man für $\mathbf{F}_{E,m}$ zunächst den Integraden $\mathbf{f}_{E,m}$ (Gl. 3.387) um:

$$\mathbf{f}_{E,m} = \frac{1}{\mu_0} \operatorname{rot} \mathbf{B} \times \mathbf{B} = \frac{1}{\mu_0} (\nabla \times \mathbf{B}) \times \mathbf{B}_c = \frac{1}{\mu_0} (\mathbf{B}\nabla) \mathbf{B} - \frac{1}{\mu_0} \nabla (\mathbf{B}\mathbf{B}_c) \quad . \tag{3.394}$$

Nun ist einerseits

$$\nabla (\mathbf{B}\mathbf{B}_c) = \frac{1}{2} \{\nabla (\mathbf{B}\mathbf{B}_c) + \nabla (\mathbf{B}_c\mathbf{B})\} = \frac{1}{2} \nabla \mathbf{B}^2 \quad , \tag{3.395}$$

und andererseits kann man wegen der Quellenfreiheit von $\mathbf{B}$ zu Gl. 3.394 den Ausdruck $\frac{1}{\mu_0}\mathbf{B}(\nabla\mathbf{B})$ hinzufügen, so daß

$$\mathbf{f}_{E,m} = \frac{1}{\mu_0} \{\mathbf{B}(\nabla\mathbf{B}) + (\mathbf{B}\nabla)\mathbf{B} - \frac{1}{2}\nabla\mathbf{B}^2\} = \frac{1}{\mu_0}(\nabla\mathbf{B})\mathbf{B} - \frac{1}{2\mu_0}\nabla\mathbf{B}^2 \tag{3.396}$$

erhalten wird. Mit dem oben angegebenen Gaußschen Satz Gl. 1.62 folgt aus Gl. 3.396 für die resultierende Kraft

$$\mathbf{F}_{E,m} = \int_V \mathbf{f}_{E,m} \cdot dV = \frac{1}{\mu_0} \int_V dV (\nabla\mathbf{B})\mathbf{B} - \frac{1}{2\mu_0} \int_V dV \cdot \nabla\mathbf{B}^2 =$$

$$= \frac{1}{\mu_0} \oint_A (d\mathbf{A} \cdot \mathbf{B})\mathbf{B} - \frac{1}{2\mu_0} \oint_A d\mathbf{A} \cdot \mathbf{B}^2 = \oint_A \frac{1}{\mu_0} \{(\mathbf{B}\mathbf{n})\mathbf{B} - \frac{1}{2}\mathbf{B}^2\mathbf{n}\}\, dA =$$

$$= \oint_A \mathbf{p}_{E,m} \cdot dA \quad , \tag{3.397}$$

mit

$$\mathbf{p}_{E,m} = \frac{1}{\mu_0} (\mathbf{B}\mathbf{n})\mathbf{B} - \frac{1}{2\mu_0} \mathbf{B}^2\mathbf{n} \quad . \tag{3.398}$$

Der Ausdruck Gl. 3.397 ist jenem im elektrischen Feld Gl. 1.399 analog, der die Kraft auf alle elektrischen Ladungen eines Körpers (das sind die wahren und die Polarisationsladungen) und somit die Kraft auf die „freien" Ladungen darstellt. Es ist jetzt nur an die Stelle der elektrischen Feldstärke $\mathbf{E}$ der Feldvektor $\mathbf{B}$ des Magnetfeldes im Sinne der Elementarstromtheorie getreten. Im hier verwendeten Giorgischen Maßsystem treten noch die in diesem Zusammenhang bedeutungslosen universellen Konstanten ϵ_0 bzw. μ_0 auf, u.zw. aus dimensionellen Gründen in Gl. 1.399 ϵ_0 im Zähler, in Gl. 3.397 μ_0 im Nenner.

Wieder, wie im Abschnitt 1.3.2.3, ist es möglich, die tatsächlich im Volumen des Körpers an seinen Leitungs- und Elementarströmen angreifenden körperfesten Volumskräfte $\mathbf{f}_{E,m}$ mit Hilfe des Gaußschen Integralsatzes auf die Oberfläche zu „überwälzen", so daß sich die resultierende Kraft $\mathbf{F}_{E,m}$ als Oberflächenintegral über die fiktiven Spannungen $\mathbf{p}_{E,m}$ (Gl. 3.398) darstellen läßt.

Zur Überführung von $\mathbf{F}_{E,ph}$ (Gl. 3.393) in ein Oberflächenintegral wird man, so wie vorhin bei $\mathbf{f}_{E,m}$, versuchen, den Integranden $\mathbf{f}_{E,ph}$ in eine Form zu bringen, in der jeweils Nabla auf Ausdrücke anzuwenden ist, in denen alle Größen zu differenzieren sind. Dann läßt sich wiederum die resultierende Kraft mit Hilfe des Gaußschen Integralsatzes aus einem Volumsintegral über eine Kraftdichte in ein Oberflächenintegral über (fiktive) Spannungen umwandeln. In der Tat gelingt diese Umformung, wenn man wegen der Quellenfreiheit von **B** den Ausdruck

$$\mathbf{H}\cdot\mathrm{div}\,\mathbf{B} = \mathbf{H}\,(\nabla\mathbf{B}) = 0 \tag{3.399}$$

zu Gl. 3.392 addiert:

$$\begin{aligned}\mathbf{f}_{E,ph} &= \mathbf{H}\,(\nabla\mathbf{B}) + \mathrm{rot}\,\mathbf{H}\times\mathbf{B} + \nabla\,(\mathbf{M}_c\mathbf{B}) = \mathbf{H}\,(\nabla\mathbf{B}) + (\nabla\times\mathbf{H})\times\mathbf{B}_c + \nabla\,(\mathbf{M}_c\mathbf{B}) = \\ &= \mathbf{H}\,(\nabla\mathbf{B}) + (\mathbf{B}\nabla)\,\mathbf{H} - \nabla\,(\mathbf{H}\mathbf{B}_c) + \nabla\,(\mathbf{M}_c\mathbf{B}) = \\ &= (\nabla\mathbf{B})\,\mathbf{H} - \nabla\,(\mathbf{H}\mathbf{B}_c) + \nabla\,(\mathbf{M}_c\mathbf{B}).\end{aligned} \tag{3.400}$$

Die beiden letzten Summanden von Gl. 3.400 müssen noch umgeformt werden, da Nabla auf $\mathbf{B}_c$ und $\mathbf{M}_c$ nicht anzuwenden ist. Mit der Verknüpfungsbeziehung Gl. 3.147 erhält man für diese beiden Glieder

$$\begin{aligned}-\nabla(\mathbf{H}\mathbf{B}_c) + \nabla(\mathbf{M}_c\mathbf{B}) &= -\frac{1}{2}\nabla(\mathbf{H}\mathbf{B}_c) - \frac{1}{2}\nabla(\mathbf{H}\mathbf{B}_c) + \frac{1}{2}\nabla(\mathbf{M}_c\mathbf{B}) + \frac{1}{2}\nabla(\mathbf{M}_c\mathbf{B}) = \\ &= -\nabla\frac{1}{2}\left[\mathbf{B}_c\left(\frac{\mathbf{B}}{\mu_0} - \mathbf{M}\right)\right] - \nabla\frac{1}{2}(\mathbf{B}_c\mathbf{H}) + \nabla\frac{1}{2}\left[\left(\frac{\mathbf{B}_c}{\mu_0} - \mathbf{H}_c\right)\mathbf{B}\right] + \nabla\frac{1}{2}(\mathbf{M}_c\mathbf{B}) = \\ &= -\nabla\frac{1}{2}(\mathbf{B}\mathbf{H}) + \nabla\frac{1}{2}(\mathbf{M}\mathbf{B})\ .\end{aligned} \tag{3.401}$$

Mit Gl. 3.401 erhält man aus Gl. 3.400 für $\mathbf{f}_{E,ph}$

$$\mathbf{f}_{E,ph} = (\nabla\mathbf{B})\,\mathbf{H} - \nabla\frac{1}{2}(\mathbf{B}\mathbf{H}) + \nabla\frac{1}{2}(\mathbf{M}\mathbf{B})\ , \tag{3.402}$$

wobei jetzt in jedem Summanden Nabla auf alle hinter ihm stehenden Ortsfunktionen anzuwenden ist. Es läßt sich daher die resultierende Kraft auf einen physikalisch begrenzten, also aus ganzen Elementarströmen bzw. Atomen bestehenden Materiebereich mit Hilfe des Gaußschen Integralsatzes aus dem Volumsintegral über die Kraftdichte $\mathbf{f}_{E,ph}$ (Gl. 3.402) in ein Oberflächenintegral umformen,

$$\begin{aligned}\mathbf{F}_{E,ph} &= \int_V \mathbf{f}_{E,ph}\cdot dV = \int_V dV\,(\nabla\mathbf{B})\,\mathbf{H} - \int_V dV\cdot\nabla\frac{1}{2}(\mathbf{B}\mathbf{H}) + \int_V dV\cdot\nabla\frac{1}{2}(\mathbf{M}\mathbf{B}) = \\ &= \oint_A \left\{(\mathbf{B}\mathbf{n})\,\mathbf{H} - \frac{1}{2}(\mathbf{B}\mathbf{H})\,\mathbf{n} + \frac{1}{2}(\mathbf{M}\mathbf{B})\,\mathbf{n}\right\} dA = \oint_A \mathbf{p}_{E,ph}\cdot dA\ ,\end{aligned} \tag{3.403}$$

in dem (fiktive) Spannungen der Gestalt

$$\mathbf{p}_{E,ph} = (\mathbf{Bn})\,\mathbf{H} - \frac{1}{2}(\mathbf{BH})\,\mathbf{n} + \frac{1}{2}(\mathbf{MB})\,\mathbf{n} \tag{3.404}$$

auftreten. Vergleicht man die (fiktiven) Spannungen $\mathbf{p}_{E,ph}$ (Gl. 3.404) und $\mathbf{p}_{E,m}$ (Gl. 3.398), so zeigt sich, daß die Integration dieser Spannungen über die, einen Körper im leeren Raum einhüllende Oberfläche, wegen der dort gültigen Beziehungen

(3.6) $\mathbf{B}_0 = \mu_0 \mathbf{H}_0$ (3.405) und (3.162), (3.151) $\mathbf{M}_0 = 0$ (3.406)

in beiden Fällen zum gleichen Resultat führt, was zu erwarten ist:

$$\mathbf{F}_{E,ph,0} = \oint_A \mathbf{p}_{E,ph,0} \cdot \mathrm{d}A = \oint_A \left\{(\mathbf{B}_0\mathbf{n})\,\mathbf{H}_0 - \frac{1}{2}(\mathbf{B}_0\mathbf{H}_0)\,\mathbf{n} + \frac{1}{2}(\mathbf{M}_0\mathbf{B}_0)\,\mathbf{n}\right\} \mathrm{d}A =$$

$$= \oint_A \left\{(\mathbf{B}_0\mathbf{n})\frac{1}{\mu_0}\mathbf{B}_0 - \frac{1}{2\mu_0}\mathbf{B}_0^2\,\mathbf{n}\right\} \mathrm{d}A = \oint_A \mathbf{p}_{E,m,0} \cdot \mathrm{d}A =$$

$$= \mathbf{F}_{E,m,0} \,. \tag{3.407}$$

Trotz der verschiedenartigen Zuteilung der Elementarstromteile zu den (makroskopischen) Volumselementen (s. Abb. 3.85), die für die beiden Formen der Kraftdichten (Volumskräfte) $\mathbf{f}_{E,m}$ und $\mathbf{f}_{E,ph}$ bzw. der (fiktiven) Spannungen (Oberflächenkräfte) $\mathbf{p}_{E,m}$ und $\mathbf{p}_{E,ph}$ maßgebend ist, muß man bei der Integration über einen Körper, der vom leeren Raum umgeben ist und dessen gesamte Leitungs- und Elementarströme bei der Integration erfaßt werden, natürlich das gleiche Resultat erhalten.

Das Drehmoment auf einen magnetisierten und von Leitungsströmen durchflossenen Körper lautet bei „mathematischer" Bereichsabgrenzung gemäß Gl. 3.387 mit $\mathbf{r}$ als dem vom Pol zum Volumselement $\mathrm{d}V$ der Materie weisenden Radiusvektor

$$\mathbf{T}_{E,m} = \int_V \mathbf{r} \times \mathrm{d}\mathbf{F}_{E,m} = \int_V \mathbf{r} \times \mathbf{f}_{E,m} \cdot \mathrm{d}V = \int_V \mathbf{r} \times \{(\mathbf{S}_L + \mathbf{S}_E) \times \mathbf{B}\}\,\mathrm{d}V =$$

$$= \int_V \mathbf{r} \times \frac{1}{\mu_0}(\mathrm{rot}\,\mathbf{B} \times \mathbf{B})\,\mathrm{d}V \,. \tag{3.408}$$

„Mathematisch" begrenzte Volumselemente mit ihrer überschüssigen Elementarstromdichte $\mathbf{S}_E$ (s. Abb. 3.85) sind – im Gegensatz zu „physikalisch" begrenzten – in sich nicht magnetisiert, d.h. sie stellen keine Elementarmagnete dar. Das resultierende Drehmoment ist in diesem Fall einfacherweise durch die Summe der Drehmomente der an den Volumselementen angreifenden Kräfte $\mathrm{d}\mathbf{F}_{E,m} = \mathbf{f}_{E,m} \cdot \mathrm{d}V$ gegeben.

„Physikalisch" begrenzte Volumselemente beinhalten nur ganze Elementarströme (Atome). Sie sind daher in sich magnetisiert, d.h. sie stellen differentiell kleine Magnete, also Elementarmagnete, dar, an denen neben der resultierenden Kraft $d\mathbf{F}_{E,ph} = \mathbf{f}_{E,ph} \cdot dV$ noch ein Kräftepaar angreift. Das Drehmoment setzt sich demnach aus den Drehmomenten der an den Volumselementen angreifenden resultierenden Kräfte und den Drehmomenten der Kräftepaare zusammen. Das Drehmoment auf einen Kreisstrom differentiellen Ausmaßes wurde mit Gl. 3.384 berechnet und es ergibt, auf ein von Leitungsstrom durchflossenes und von einem Elementarstrom umkreistes Volumselement der Materie erweitert, die Beziehung

$$d\mathbf{T}_{E,ph} = \mathbf{r} \times d\mathbf{F}_{E,ph} + d\mathbf{m}_E \times \mathbf{B} = \mathbf{r} \times \mathbf{f}_{E,ph} \cdot dV + d\mathbf{m}_E \times \mathbf{B} \quad . \qquad (3.409)$$

Berücksichtigt man Gl. 3.392 und Gl. 3.389, so folgt aus Gl. 3.409 für das resultierende Drehmoment auf einen magnetisierten und von Leitungsstrom durchflossenen Körper bei „physikalischer" Begrenzung seiner Volumselemente

$$\mathbf{T}_{E,ph} = \int_V \mathbf{r} \times \mathbf{f}_{E,ph} \cdot dV + \int_V \mathbf{M} \times \mathbf{B} \cdot dV = \int_V \mathbf{r} \times \{\mathbf{S}_L \times \mathbf{B} + \nabla(\mathbf{M}_c \mathbf{B})\} dV + \int_V \mathbf{M} \times \mathbf{B} \cdot dV =$$

$$= \int_V \mathbf{r} \times \{\mathrm{rot}\,\mathbf{H} \times \mathbf{B} + \nabla(\mathbf{M}_c \mathbf{B})\}\, dV + \int_V \mathbf{M} \times \mathbf{B} \cdot dV \quad . \qquad (3.410)$$

Es läßt sich die Übereinstimmung der beiden Integrale Gl. 3.408 und Gl. 3.410 für den Fall des im leeren Raum befindlichen Körpers – so wie bei den resultierenden Kräften – durch Umwandlung in Oberflächenintegrale nachweisen, doch sei hier auf diesen Nachweis verzichtet, da dieses Problem im Abschnitt 3.3.2.5 über das Drehmoment auf einen Körper, der von anderer Materie umgeben ist, noch ausführlich behandelt wird.

3.3.2.1.3. ***Kraft- und Drehmoment auf magnetisierte und von Leitungsströmen durchflossene Körper im leeren Raum nach der Mengentheorie.*** Stellt man sich auf den Standpunkt der Mengentheorie (Index M), so gibt es keine Elementarströme, sondern an ihrer Stelle sind die magnetischen Mengen Ursache des Magnetfeldes magnetisierter Materie und neben den Leitungsströmen die Angriffspunkte der körperfesten Kräfte des Magnetfeldes. Dabei ist zu beachten, daß jetzt der Vektor **H** die Bedeutung der Feldstärke des Magnetfeldes besitzt und daher bei „mathematischer" Bereichsabgrenzung der Volumselemente der Materie (tiefgestellter Index m) für die Kraftdichte $\mathbf{f}_{M,m}$ auf die überschüssigen Magnetmengen der Dichte

$$(3.157) \qquad \varrho_P{}^m = \mu_0 \cdot \mathrm{div}\,\mathbf{H} \qquad (3.411)$$

und auf die Leitungsströme der Dichte

$$(3.170) \quad \mathbf{S}_L = \mathrm{rot}\,\mathbf{H} \tag{3.412}$$

der Ansatz

$$\mathbf{f}_{M,m} = \varrho_P{}^m\,\mathbf{H} + \mu_0 \mathbf{S}_L \times \mathbf{H} = \mu_0 \mathbf{H}\cdot \mathrm{div}\,\mathbf{H} + \mu_0\cdot \mathrm{rot}\,\mathbf{H} \times \mathbf{H} =$$

$$= \mu_0 \{\mathbf{H}(\nabla \mathbf{H}) - \mathbf{H} \times (\nabla \times \mathbf{H})\} \tag{3.413}$$

gelten muß. Im zweiten Summanden von Gl. 3.413, der die Lorentz-Kraft auf die Leitungsströme angibt, tritt entsprechend Gl. 3.5 die universelle Konstante μ_0 auf.

Wieder läßt sich diese Kraftdichte in eine Form bringen, in der Nabla auf einen Ausdruck anzuwenden ist, dessen Feldgrößen alle zu differenzieren sind:

$$(3.413) \quad \mathbf{f}_{M,m} = \mu_0 \mathbf{H}(\nabla \mathbf{H}) - \mu_0 \nabla(\mathbf{H}\mathbf{H}_c) + \mu_0 (\mathbf{H}\nabla)\,\mathbf{H} = \mu_0 (\nabla \mathbf{H})\mathbf{H} - \mu_0 \nabla(\mathbf{H}\mathbf{H}_c) =$$

$$= \mu_0 (\nabla \mathbf{H})\,\mathbf{H} - \frac{1}{2}\mu_0 \nabla \mathbf{H}^2 \quad . \tag{3.414}$$

Die resultierende Kraft auf einen Körper ist demnach

$$\mathbf{F}_{M,m} = \int_V \mathbf{f}_{M,m}\cdot dV = \int_V \{(\nabla \mathbf{H})\,\mu_0 \mathbf{H} - \nabla \frac{1}{2}\mu_0 \mathbf{H}^2\}\,dV =$$

$$= \int_V dV (\nabla \mathbf{H})\,\mu_0 \mathbf{H} - \int_V dV\cdot \nabla \frac{1}{2}\mu_0 \mathbf{H}^2 \quad . \tag{3.415}$$

Dieser Ausdruck ist Gl. 1.398 des elektrostatischen Feldes völlig analog, an die Stelle von ϵ_0 tritt hier μ_0, an die Stelle der elektrischen Feldstärke **E** die magnetische Feldstärke **H** (vgl. die im Abschnitt 3.2.1.3 besprochenen Analogien zwischen dem elektrischen Feld und den beiden Theorien des Magnetfeldes).

Gl. 3.415 läßt sich wieder mit Hilfe des Gaußschen Integralsatzes Gl. 1.62 in ein Oberflächenintegral umwandeln:

$$\mathbf{F}_{M,m} = \int_V \mathbf{f}_{M,m}\cdot dV = \int_V (dV\cdot\nabla \mathbf{H})\,\mu_0 \mathbf{H} - \int_V dV\cdot \nabla \frac{1}{2}\mu_0 \mathbf{H}^2 =$$

$$= \oint_A (d\mathbf{A}\cdot\mathbf{H})\,\mu_0 \mathbf{H} - \oint_A d\mathbf{A}\cdot \frac{1}{2}\mu_0 \mathbf{H}^2 = \oint_A \{(\mathbf{H}\mathbf{n})\,\mu_0 \mathbf{H} - \frac{1}{2}\mu_0 \mathbf{H}^2 \mathbf{n}\}\,dA =$$

$$= \oint_A \mathbf{p}_{M,m}\cdot dA \quad . \tag{3.416}$$

Die (fiktiven) Spannungen

$$\mathbf{p}_{M,m} = \mu_0 (\mathbf{H}\mathbf{n})\,\mathbf{H} - \frac{1}{2}\mu_0 \mathbf{H}^2 \mathbf{n} \tag{3.417}$$

besitzen natürlich die gleiche Gestalt wie jene im elektrischen Feld (Gl. 1.400).

Wieder ergibt sich bei dieser Darstellungsweise der Mangel, daß bei der Zuteilung der magnetischen Polarisationsmengen zu den Volumselementen atomare Dipole zerschnitten werden. Grenzt man von Anfang an die Volumselemente so ab, daß jedes Volumselement ein ganzer Dipol ist, so ist als Kraftdichte auf magnetisch polarisierte Materie analog zu Gl. 1.392

$$\mathbf{f} = \frac{d\mathbf{F}}{dV} = (\mathbf{J}\nabla)\,\mathbf{H} \tag{3.418}$$

anzusetzen, und es folgt, zusammen mit der Lorentz-Kraftdichte auf die Leitungsströme, unter Berücksichtigung der I. Maxwellschen Gleichung (Gl. 3.170),

$$\begin{aligned}\mathbf{f}_{M,ph} &= \mu_0 \mathbf{S}_L \times \mathbf{H} + (\mathbf{J}\nabla)\,\mathbf{H} = \mu_0 \cdot \mathrm{rot}\,\mathbf{H} \times \mathbf{H} + (\mathbf{J}\nabla)\,\mathbf{H} = \\ &= \mu_0 (\nabla \times \mathbf{H}) \times \mathbf{H}_c + (\mathbf{J}\nabla)\,\mathbf{H} \quad .\end{aligned} \tag{3.419}$$

Umformung in die Gestalt „Nabla, angewendet auf zu differenzierende Feldgrößen", ergibt unter Berücksichtigung der Quellenfreiheit von **B**

$$\begin{aligned}\mathbf{f}_{M,ph} &= \mu_0 (\mathbf{H}\nabla)\,\mathbf{H} - \mu_0 \nabla (\mathbf{H}\mathbf{H}_c) + \{(\mathbf{B} - \mu_0 \mathbf{H})\,\nabla\}\,\mathbf{H} = \\ &= -\mu_0 \frac{1}{2} \nabla \mathbf{H}^2 + (\mathbf{B}\nabla)\,\mathbf{H} = (\mathbf{B}\nabla)\,\mathbf{H} + \mathbf{H}\,(\nabla\mathbf{B}) - \frac{1}{2}\mu_0 \nabla \mathbf{H}^2 = \\ &= (\nabla\mathbf{B})\,\mathbf{H} - \nabla \frac{1}{2}\mu_0 \mathbf{H}^2 \quad .\end{aligned} \tag{3.420}$$

Die resultierende Kraft wird demnach

$$\begin{aligned}\mathbf{F}_{M,ph} &= \int_V \mathbf{f}_{M,ph} \cdot dV = \int_V \{(\nabla\mathbf{B})\,\mathbf{H} - \nabla \frac{1}{2}\mu_0 \mathbf{H}^2\}\, dV = \\ &= \int_V (dV \cdot \nabla\mathbf{B})\,\mathbf{H} - \int_V dV \cdot \nabla \frac{1}{2}\mu_0 \mathbf{H}^2 \quad ,\end{aligned} \tag{3.421}$$

in völliger Analogie zu Gl. 1.401. Anwendung des Gaußschen Integralsatzes liefert

$$\begin{aligned}\mathbf{F}_{M,ph} &= \int_V \mathbf{f}_{M,ph} \cdot dV = \int_V (dV \cdot \nabla\mathbf{B})\,\mathbf{H} - \int_V dV \cdot \nabla \frac{1}{2}\mu_0 \mathbf{H}^2 = \\ &= \oint_A (d\mathbf{A} \cdot \mathbf{B})\,\mathbf{H} - \oint_A d\mathbf{A} \cdot \frac{1}{2}\mu_0 \mathbf{H}^2 = \oint_A \{(\mathbf{B}\mathbf{n})\,\mathbf{H} - \frac{1}{2}\mu_0 \mathbf{H}^2 \mathbf{n}\}\, dA = \\ &= \oint_A \mathbf{p}_{M,ph} \cdot dA \quad ,\end{aligned} \tag{3.422}$$

mit den (fiktiven) Spannungen

$$\mathbf{p}_{M,ph} = (\mathbf{B}\mathbf{n})\,\mathbf{H} - \frac{1}{2}\mu_0 \mathbf{H}^2 \mathbf{n} = (\mathbf{B}\mathbf{n})\,\mathbf{H} - \frac{1}{2}(\mathbf{B}\mathbf{H})\,\mathbf{n} + \frac{1}{2}(\mathbf{J}\mathbf{H})\,\mathbf{n} \quad , \qquad (3.423)$$

(vgl. Gl. 1.403).

Bei einem Körper ohne umgebende Materie verläuft die ihn völlig einhüllende Oberfläche im leeren Raum und es müssen die Resultate für die Kraft nach Gl. 3.416 und Gl. 3.422 übereinstimmen. Dies läßt sich wegen der im leeren Raum gültigen Bedingung

(3.405) $\mathbf{B}_0 = \mu_0 \mathbf{H}_0$

leicht nachweisen:

$$\mathbf{F}_{M,ph,0} = \oint_A \mathbf{p}_{M,ph,0} \cdot dA = \oint_A \{(\mathbf{B}_0\mathbf{n})\,\mathbf{H}_0 - \frac{1}{2}\mu_0 \mathbf{H}_0^2 \mathbf{n}\}\, dA =$$

$$= \oint_A \{\mu_0 (\mathbf{H}_0\mathbf{n})\,\mathbf{H}_0 - \frac{1}{2}\mu_0 \mathbf{H}_0{}^2 \mathbf{n}\}\, dA = \oint_A \mathbf{p}_{M,m,0} \cdot dA =$$

$$= \mathbf{F}_{M,m,0} \quad . \qquad (3.424)$$

Die andersartige Zuteilung der magnetischen Polarisationsmengen zu den Volumselementen bei den Volumsintegralen von $\mathbf{F}_{M,m}$ (Gl. 3.415) und $\mathbf{F}_{M,ph}$ (Gl. 3.421) darf natürlich beim Körper im leeren Raum keinesfalls zu verschiedenen Resultaten führen.

Das Drehmoment auf einen magnetisierten und von Leitungsströmen durchflossenen Körper lautet im Rahmen der Mengentheorie bei „mathematischer" Bereichsabgrenzung gemäß Gl. 3.413

$$\mathbf{T}_{M,m} = \int_V \mathbf{r} \times d\mathbf{F}_{M,m} = \int_V \mathbf{r} \times \mathbf{f}_{M,m} \cdot dV = \int_V \mathbf{r} \times (\varrho_P{}^m \mathbf{H} + \mu_0 \mathbf{S}_L \times \mathbf{H})\, dV =$$

$$= \int_V \mathbf{r} \times \{\mu_0 \mathbf{H} \cdot \operatorname{div} \mathbf{H} + \mu_0 \cdot \operatorname{rot} \mathbf{H} \times \mathbf{H}\}\, dV \quad . \qquad (3.425)$$

Bei „physikalisch" begrenzten, in sich magnetisch polarisierten Volumselementen tritt wieder neben dem Drehmoment der resultierenden Kraft $d\mathbf{F}_{M,ph} = \mathbf{f}_{M,ph} \cdot dV$ auf das Volumselement noch das Drehmoment eines Kräftepaares auf. Letzteres lautet, analog zum letzten Summanden von Gl. 1.408 des elektrischen Feldes, wenn man dort die elektrische Polarisation **P** durch die magnetische Polarisation **J** und die elektrische Feldstärke **E** durch die magnetische Feldstärke **H** ersetzt,

$$d\mathbf{T} = \mathbf{J} \cdot dV \times \mathbf{H} \quad . \qquad (3.426)$$

Damit ist das Drehmoment auf ein Volumselement unter Benützung auch von Gl. 3.413 insgesamt durch

$$\begin{aligned} d\mathbf{T}_{M,ph} &= \mathbf{r} \times \mathbf{f}_{M,ph} \cdot dV + \mathbf{J} \cdot dV \times \mathbf{H} = \\ &= \mathbf{r} \times \{(\mathbf{J}\nabla)\,\mathbf{H} + \mu_0 \mathbf{S}_L \times \mathbf{H}\}\, dV + \mathbf{J} \times \mathbf{H} \cdot dV \;, \end{aligned} \tag{3.427}$$

und das resultierende Drehmoment auf einen endlich großen Körper durch

$$\begin{aligned} \mathbf{T}_{M,ph} &= \int_V \mathbf{r} \times \mathbf{f}_{M,ph} \cdot dV + \int_V \mathbf{J} \times \mathbf{H} \cdot dV = \\ &= \int_V \mathbf{r} \times \{(\mathbf{J}\nabla)\,\mathbf{H} + \mu_0 \mathbf{S}_L \times \mathbf{H}\}\, dV + \int_V \mathbf{J} \times \mathbf{H} \cdot dV = \\ &= \int_V \mathbf{r} \times \{(\mathbf{J}\nabla)\,\mathbf{H} + \mu_0 \cdot \operatorname{rot} \mathbf{H} \times \mathbf{H}\}\, dV + \int_V \mathbf{J} \times \mathbf{H} \cdot dV \end{aligned} \tag{3.428}$$

gegeben.

3.3.2.1.4. ***Übereinstimmung der Kräfte auf Körper im leeren Raum nach der Elementarstromtheorie und nach der Mengentheorie.*** Es ist noch zu zeigen, daß die beiden Theorien des Magnetismus zu gleichen Resultaten für die resultierende Kraft gelangen. Es genügt, etwa die Kräfte für „physikalische" Bereichsabgrenzung miteinander zu vergleichen, da der Nachweis der Übereinstimmung der Resultate der beiden Begrenzungsarten für den Fall des Körpers im leeren Raum für jede der beiden Theorien bereits erbracht wurde. Wieder gilt an der Außenseite der den Körper im leeren Raum einhüllenden Oberfläche

$$(3.405)\quad \mathbf{B}_0 = \mu_0 \mathbf{H}_0 \quad \text{und } (3.162), (3.406) \quad \mathbf{J}_0 = \mu_0 \mathbf{M}_0 = 0 \;, \tag{3.429}$$

und daher wird

$$\begin{aligned} \mathbf{F}_{E,ph,0} &= \oint_A \{(\mathbf{B}_0 \mathbf{n})\,\mathbf{H}_0 - \frac{1}{2}(\mathbf{B}_0 \mathbf{H}_0)\,\mathbf{n} + \frac{1}{2}(\mathbf{M}_0 \mathbf{B}_0)\,\mathbf{n}\}\, dA = \\ &= \oint_A \{(\mathbf{B}_0 \mathbf{n})\,\mathbf{H}_0 - \frac{1}{2}\mu_0 \mathbf{H}_0^2 \mathbf{n}\}\, dA = \mathbf{F}_{M,ph,0} \;, \end{aligned} \tag{3.430}$$

was zu beweisen war.

Messungen der Kräfte auf magnetisierte und allenfalls von Leitungsströmen durchflossene Körper im leeren Raum gestatten jedenfalls keine Unterscheidung der beiden Theorien des Magnetismus.

3.3.2.1.5. ***Die bewegte elektrische Ladung im homogenen Magnetfeld.*** Bewegt sich der Träger einer elektrischen Ladung in einem homogenen Magnetfeld (Abb. 3.86), so wird, da die Lorentz-Kraft

Abb. 3.86

(3.3) $\mathbf{F} = Q\mathbf{v}\times\mathbf{B}$

stets normal zur Geschwindigkeit $\mathbf{v}$ und damit normal zum Weg orientiert ist, der Ladungsträger keine Energie aus dem Magnetfeld aufnehmen:

$$\mathrm{d}W = \mathbf{F}\cdot\mathrm{d}\mathbf{s} = \mathbf{F}\mathbf{v}\cdot\mathrm{d}t = Q(\mathbf{v}\times\mathbf{B})\,\mathbf{v}\cdot\mathrm{d}t = Q(\mathbf{v}\times\mathbf{v})\,\mathbf{B}\cdot\mathrm{d}t = 0\ . \qquad (3.431)$$

Die kinetische Energie des Ladungsträgers $W_{\mathrm{kin}} = \frac{1}{2}mv^2$ bleibt daher konstant und damit auch der Betrag v seiner Geschwindigkeit. Zerlegt man die Geschwindigkeit $\mathbf{v}$ in die Komponenten $\mathbf{v}_t \uparrow\uparrow \mathbf{B}$ und $\mathbf{v}_n \perp \mathbf{B}$, so erkennt man, daß in der Richtung von $\mathbf{B}$ keine Beschleunigung auftreten kann, da gemäß Gl. 3.3 in dieser Richtung keine Kraft auftritt ($\mathbf{F}\perp Q\mathbf{v}$, $\mathbf{F}\perp\mathbf{B}$); diese Geschwindigkeitskomponente bleibt sowohl nach Betrag als auch nach Richtung ungeändert. Da nun $v = |\mathbf{v}|$ und $v_t = |\mathbf{v}_t|$ konstant bleiben, muß auch $v_n = |\mathbf{v}_n| = \sqrt{v^2 - v_t^2}$ konstant sein. Obwohl also die Beträge v, v_t und v_n konstant sind, tritt trotzdem eine Beschleunigung $\mathbf{a}$, und zwar in Richtung der, sowohl zu $\mathbf{v}$ als auch zu $\mathbf{B}$ normal orientierten Kraft auf:

$$\mathbf{a} = \frac{\mathbf{F}}{m} = \frac{Q\mathbf{v}\times\mathbf{B}}{m} = \frac{Q}{m}\mathbf{v}_n\times\mathbf{B}\ . \qquad (3.432)$$

Diese Zentripetalbeschleunigung besitzt einen Betrag, der wegen der konstanten Beträge Q, m, v_n und B selbst konstant ist:

$$a = \frac{Q}{m}v_n B\ . \qquad (3.433)$$

Der Ladungsträger beschreibt also eine Schraubenlinie, deren Projektion auf die Ebene normal zu $\mathbf{B}$ ein Kreis ist (Abb. 3.87).

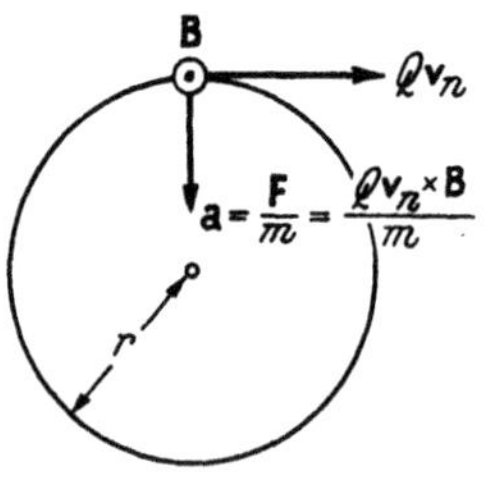

Abb. 3.87

Die Zentripetalbeschleunigung auf einer Kreisbahn ist nun

$$a = \frac{v_n^2}{r} \tag{3.434}$$

(hier ist nur die Geschwindigkeitskomponente v_n von Bedeutung), woraus für den Radius der Kreisbahn

$$r = \frac{v_n^2}{a} = \frac{m}{Q} \cdot \frac{v_n}{B} , \tag{3.435}$$

für die Umlaufzeit

$$\tau = \frac{2\pi r}{v_n} = 2\pi \frac{m}{Q} \cdot \frac{1}{B} , \tag{3.436}$$

für die Umlauffrequenz

$$f = \frac{1}{\tau} = \frac{1}{2\pi} \cdot \frac{Q}{m} B \tag{3.437}$$

und für die Winkelgeschwindigkeit

$$\omega = 2\pi f = \frac{2\pi}{\tau} = \frac{Q}{m} B \tag{3.438}$$

folgt. Umlaufzeit, Umlauffrequenz und Winkelgeschwindigkeit sind nur von der spezifischen Ladung Q/m und der Induktion B abhängig, nicht aber von der Geschwindigkeit v des Ladungsträgers. Dies ist insbesondere für das Zyklotron (s. Abschnitt 3.3.2.1.6) wichtig. Die Ganghöhe der Schraubenbahn

$$h = v_t \tau = 2\pi \frac{m}{Q} \cdot \frac{v_t}{B} \tag{3.439}$$

ist außer von der spezifischen Ladung und der Induktion nur von der Geschwindigkeitskomponente parallel, nicht aber von jener normal zum Feld abhängig.

Durch geeignete Formgebung des Magnetfeldes (also mit Hilfe eines inhomogenen Feldes) kann eine Bündelung divergierender Elektronenbahnen erzielt werden. Wenn z.B. der Betrag B in Feldrichtung zunimmt, dann wird der Krümmungsradius entlang der Schraubenbahn kleiner, divergierende Elektronenbahnen werden auf konvergierende, immer enger werdende Schraubenbahnen gebracht („Elektronenlinse").

3.3.2.1.6. ***Das Zyklotron (Der Ionenbeschleuniger).*** Das Zyklotron dient der Beschleunigung von Ionen und besteht im wesentlichen aus zwei an Wechselspannung liegenden, halbkreisförmigen, hohlen Metalldosen

(„Duanten"), die normal zu ihrer Ebene von einem homogenen Magnetfeld durchsetzt werden (Abb. 3.88). Treten z.B. aus der Ionenquelle positive Ionen aus, so werden sie zunächst durch ein elektrisches Feld in Richtung zu der auf negativem Potential befindlichen, also etwa zur rechten Metalldose beschleunigt. Der Innenraum der Dose befindet sich praktisch auf konstantem Potential, er ist daher ein vom elektrischen Feld freier Raum ($\varphi \approx$ const, $\mathbf{E} \approx 0$), und die Ionen werden hier durch das normal zur Dose orientierte Magnetfeld auf eine Kreisbahn abgelenkt; treten sie aus der rechten Dose aus, so werden sie neuerdings durch das inzwischen in seiner Richtung kommutierte elektrische Feld zur linken Dose hin beschleunigt; die Beschleunigung $\mathbf{a}$ ist dabei der elektrischen Feldstärke proportional:

$$\mathbf{a} = \frac{\mathbf{F}}{m} = \frac{Q\mathbf{E}}{m} = \frac{Q}{m}\mathbf{E} \ . \tag{3.440}$$

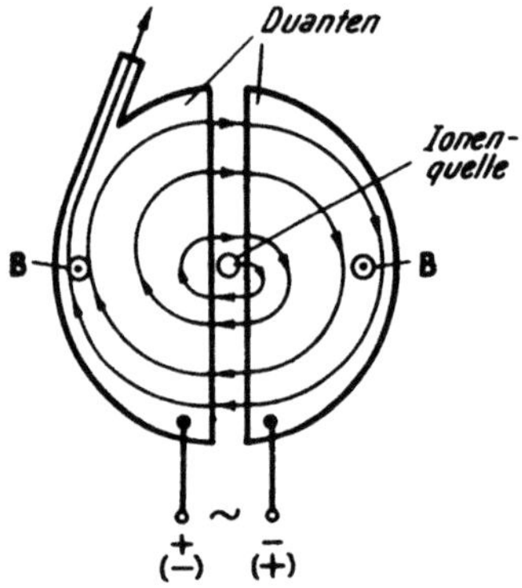

Abb. 3.88

Es vergrößern sich damit die normal zur Induktion orientierte Geschwindigkeit $\mathbf{v} = \mathbf{v}_n$ sowie der Kreisradius r der Bahn

(3.435) $r = \frac{m}{Q} \cdot \frac{v_n}{B}$

laufend, bis die Ionen das Zyklotron durch ein Fenster in tangentialer Richtung verlassen. Die Frequenzen des elektrischen Wechselfeldes und damit der Wechselspannung zwischen den Duanten einerseits und des Ionenumlaufs andererseits müssen gleich sein, sie sind im übrigen wegen

(3.437) $f = \frac{1}{2\pi} \cdot \frac{Q}{m} B$

konstant und von der Geschwindigkeit der Ionen unabhängig.

3.3.2.1.7. ***Die Kraft auf einen Ankerstab einer elektrischen Maschine.*** Bei einer rotierenden elektrischen Maschine befinden sich stromdurchflossene Leiter (Ankerstäbe) in einem Magnetfeld (Abb. 3.89), auf die somit Kräfte ausgeübt werden, und zwar auf jedes Längenelement $d\mathbf{s}$ eines Leiters die Lorentz-Kraft

(3.371) $d\mathbf{F} = I \cdot d\mathbf{s} \times \mathbf{B}$.

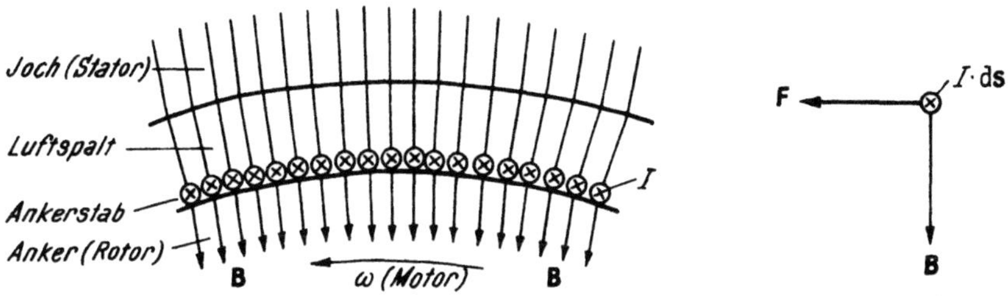

Abb. 3.89

Ist die Induktion **B** über die Länge l des Ankerstabes konstant, so gilt, da $d\mathbf{s} \perp \mathbf{B}$ ist,

$$F = |\mathbf{F}| = |I \int_l d\mathbf{s} \times \mathbf{B}| = |I \int_l B \cdot dl| = IBl \ . \tag{3.441}$$

Beim Betrieb der elektrischen Maschine als Motor wird sich der Anker auf Grund der an seinen Stäben angreifenden Kräfte drehen.

3.3.2.1.8. ***Die Kraft zwischen zwei parallelen, geraden, sehr langen Leitern. Die Ampere-Definition.*** Für die Induktion B_1, die im leeren Raum an der Stelle des sehr dünnen Leiters 2 vorhanden ist und die vom Leiter 1 herrührt (Abb. 3.90), folgt aus dem Durchflutungssatz

(3.61) $$B_1 = \mu_0 \frac{I_1}{2\pi \varrho_{12}} \ , \tag{3.442}$$

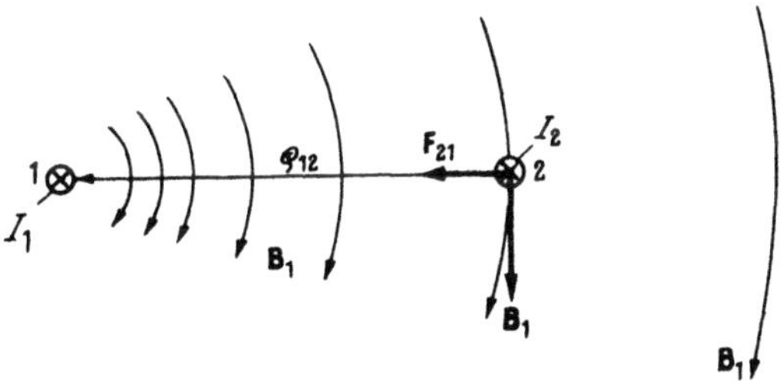

Abb. 3.90

so daß man für die Kraft auf den Leiter 2, die vom Feld des Leiters 1 herrührt,

$$\mathbf{F}_{21} = F_{21} \cdot \mathbf{F}_{21}^0 = I_2 \int_l d\mathbf{s} \times \mathbf{B}_1 = I_2 l B_1 \cdot \mathbf{F}_{21}^0 = \mu_0 \frac{I_1 I_2}{2\pi \varrho_{12}} l \cdot \mathbf{F}_{21}^0 \tag{3.443}$$

erhält (l ... Länge des sehr langen Leiters, $\mathbf{F}_{21}^0$ ... Einsvektor in Richtung von $\mathbf{F}_{21}$). Parallele, von gleichgerichteten Strömen durchflossene Leiter ziehen sich also an, entgegengesetzt orientierte Ströme stoßen sich ab. Die Projektion F_{21}/l der auf die Länge bezogenen Kraft in Richtung von $\mathbf{F}_{21}^0$ ist

$$\frac{F_{21}}{l} = \mu_0 \frac{I_1 I_2}{2\pi \varrho_{12}} \quad . \tag{3.444}$$

Fließt in zwei Drähten, die einen Abstand von 1 m besitzen, jeweils ein Strom der Stärke 1 A, so wirkt auf sie eine auf die Länge l der Leitung bezogene Kraft

$$\frac{F_{21}}{l} = 4\pi \cdot 10^{-7} \frac{\mathrm{Vs}}{\mathrm{Am}} \cdot \frac{1\,\mathrm{A}^2}{2\pi \cdot 1\,\mathrm{m}} = 2 \cdot 10^{-7} \frac{\mathrm{N}}{\mathrm{m}} \quad . \tag{3.445}$$

Dieses Ergebnis wird zur Definition der Stromstärkeeinheit Ampere benützt: Danach ist 1 A die Stärke jener Ströme, die in zwei unendlich langen (sehr langen), geraden, sehr dünnen, parallelen, im leeren Raum befindlichen Leitern fließend bewirken würden, daß die Leiter mit einer Kraft von $2 \cdot 10^{-7}$ N je Meter Leitungslänge aufeinander einwirken. Man erkennt, daß die Definition der Stromstärkeeinheit Ampere letztlich auf der willkürlichen Festlegung des Zahlenwertes der magnetischen Feldkonstanten

$$(3.7) \qquad \mu_0 = 4\pi \cdot 10^{-7} \frac{\mathrm{Vs}}{\mathrm{Am}} \text{ (exakt)}$$

beruht.

3.3.2.2. Kräfte auf Körper in magnetisierbaren Flüssigkeiten. Die ponderomotorische Kraft

Wenn sich ein Körper in einer permeablen Flüssigkeit befindet, so wird er außer den körperfesten Kräften (Index „kf"), mit denen das Magnetfeld nach der Elementarstromtheorie an seinen Strömen, u.zw. den Leitungs- und den Elementarströmen, bzw. nach der Mengentheorie an seinen Leitungsströmen und an seinen magnetischen Mengen (Polen), direkt angreift, auf Grund des Spannungszustandes der umgebenden Flüssigkeit Druckkräften auf seine Oberfläche ausgesetzt sein, die man im übertragenen Sinn Auftriebskräfte (Index „A") nennen kann (vgl. Abschnitt 1.3.2.4). Die resultierende, den Körper bewegende Kraft – sie wird auch „ponderomotorische" Kraft (Index „pond") genannt – ist somit

$$(1.410) \qquad \mathbf{F}_{\mathrm{pond}} = \mathbf{F}_{\mathrm{kf}} + \mathbf{F}_{\mathrm{A}} = \int_V \mathbf{f}_{\mathrm{kf}} \cdot \mathrm{d}V + \oint_A \mathbf{p}_{\mathrm{A}} \cdot \mathrm{d}A \quad .$$

Es muß sich also die ponderomotorische Kraft als Summe dieser beiden physikalisch verständlichen und voneinander verschiedenen Teilkräfte berechnen lassen /1.8/.

Nun gibt es im Magnetfeld zwei Möglichkeiten der Berechnung der ponderomotorischen Kraft, je nachdem von welcher Theorie man ausgeht. Von den beiden, sowohl bei der Elementarstrom- als auch bei der Mengentheorie im Abschnitt 3.3.2.1.2 bzw. 3.3.2.1.3 besprochenen Formen der körperfesten Kraft eignet sich jeweils nur die Form für „physikalische" Bereichsabgrenzung $\mathbf{F}_{E,ph}$ bzw. $\mathbf{F}_{M,ph}$, da bei den Formen für „mathematische" Bereichsabgrenzung die Volumselemente so abgegrenzt zu denken sind, daß Kräfte auf die Überschüsse an Elementarströmen bzw. an magnetischen Mengen berechnet werden, was naturgemäß an der Grenzfläche zwischen festem Körper und umgebender Flüssigkeit zu einer unrichtigen Trennung der Materiebereiche führt (s. Abb. 3.85). Maßgebend sind also die an „physikalisch" begrenzten Volumselementen, die nur ganze Atome enthalten, angreifenden Volumskräfte

(3.392) $\mathbf{f}_{E,ph} = \mathbf{S}_L \times \mathbf{B} + \nabla(\mathbf{M}_c\mathbf{B})$ bzw. (3.419) $\mathbf{f}_{M,ph} = \mu_0 \mathbf{S}_L \times \mathbf{H} + (\mathbf{J}\nabla)\mathbf{H}$.

Die Berechnung der ponderomotorischen Kraft ist praktisch nur in jenem Fall möglich, bei dem die umgebende, permeable Flüssigkeit homogen ist ($\mu = \text{const}$ bzw. $\varkappa = \text{const}$) und keine Leitungsströme führt ($\mathbf{S}_L = 0$), da sonst noch weitere, chemische Kräfte in Rechnung gestellt werden müßten. In einer solchen Flüssigkeit bewirkt das magnetische Feld Volumskräfte, die nach der Elementarstromtheorie durch

(3.392), (3.217), (3.218)
$$\mathbf{f}_{E,ph} = \nabla(\mathbf{M}_c\mathbf{B}) = \frac{\varkappa}{\mu}\nabla(\mathbf{B}_c\mathbf{B}) = \frac{\varkappa}{\mu}\nabla\frac{1}{2}\mathbf{B}^2 = \nabla\frac{1}{2}(\mathbf{M}\mathbf{B}) = \text{grad}\,\frac{1}{2}\mathbf{M}\mathbf{B} = \text{grad}\, p_E \qquad (3.446)$$

gegeben sind.

Nach der Mengentheorie sind diese Volumskräfte

(3.419), (3.218)
$$\mathbf{f}_{M,ph} = (\mathbf{J}\nabla)\mathbf{H} = \mu_0\varkappa(\mathbf{H}\nabla)\mathbf{H} = \mu_0\varkappa\{-\mathbf{H}\times(\nabla\times\mathbf{H}) + \nabla(\mathbf{H}\mathbf{H}_c)\} \quad . \qquad (3.447)$$

Nun gilt in der leitungsstromfreien Flüssigkeit

(3.412)
$$\mathbf{S}_L = \text{rot}\,\mathbf{H} = \nabla\times\mathbf{H} = 0 \quad , \qquad (3.448)$$

so daß sich aus Gl. 3.447 wegen $\varkappa = \text{const}$

$$\mathbf{f}_{M,ph} = \mu_0\varkappa\nabla(\mathbf{H}\mathbf{H}_c) = \mu_0\varkappa\nabla\frac{1}{2}\mathbf{H}^2 = \nabla\frac{1}{2}(\mathbf{J}\mathbf{H}) = \text{grad}\,\frac{1}{2}\mathbf{J}\mathbf{H} = \text{grad}\, p_M \qquad (3.449)$$

ergibt.

Nach den Gesetzen der Hydrostatik lassen sich die Volumskräfte in der homogenen Flüssigkeit – wie in Gl. 3.446 bzw. in Gl. 3.449 angegeben – als Gradient eines hydrostatischen Druckes p_E bzw. p_M darstellen. Im Rahmen der Elementarstromtheorie erhält man diesen Druck durch Integration von Gl. 3.446:

$$p_E = \frac{1}{2}\mathbf{MB} \ . \tag{3.450}$$

Für die Mengentheorie ergibt sich durch Integration von Gl. 3.449

$$p_M = \frac{1}{2}\mathbf{JH} \ . \tag{3.451}$$

In beiden Fällen ist der hydrostatische Druck, in gleicher Weise wie auch im elektrischen Feld (s. Gl. 1.413), durch das halbe Produkt aus Materievektor **M** bzw. **J** und Feldvektor **B** bzw. **H** gegeben. Eine vom Ort unabhängige Integrationskonstante tritt in Gl. 3.450 bzw. in Gl. 3.451 nicht auf, da der vom Magnetfeld herrührende hydrostatische Druck an feldfreien Stellen ($\mathbf{B} = 0$ bzw. $\mathbf{H} = 0$) den Wert null haben muß. Der Betrag des hydrostatischen Druckes Gl. 3.450 bzw. Gl. 3.451 ist im übrigen gleich dem Betrag jenes Anteiles an Energiedichte, der beim Magnetisieren der permeablen Flüssigkeit mit dieser ausgetauscht wurde (s. Abschnitt 4.4.2).

Berücksichtigt man, daß der hydrostatische Druck Druckspannungen senkrecht auf die Oberfläche des Körpers, also in Richtung des negativen Normalenvektors $-\mathbf{n}$, ausübt, der „Auftrieb" also durch

$$\mathbf{F}_A = \oint_A p\,(-\mathbf{n})\,\mathrm{d}A = \oint_A (-p)\,\mathrm{d}\mathbf{A} = \oint_A (-p\mathbf{n})\,\mathrm{d}A = \oint_A \mathbf{p}_A \cdot \mathrm{d}A \tag{3.452}$$

gegeben ist, so erhält man als ponderomotorische Kraft nach der Elementarstromtheorie

(3.393), (3.452), (3.450)
$$\mathbf{F}_{\mathrm{pond,E}} = \mathbf{F}_{\mathrm{E,ph}} + \mathbf{F}_{\mathrm{A,E}} = \int_V \mathbf{f}_{\mathrm{E,ph}} \cdot \mathrm{d}V + \oint_A \mathbf{p}_{\mathrm{A,E}} \cdot \mathrm{d}A =$$
$$= \int_V \{\mathbf{S}_L \times \mathbf{B} + \nabla(\mathbf{M}_c\mathbf{B})\}\,\mathrm{d}V - \oint_A \frac{1}{2}(\mathbf{MB})\,\mathbf{n} \cdot \mathrm{d}A \ , \tag{3.453}$$

und nach der Mengentheorie

(3.419), (3.452), (3.451)
$$\mathbf{F}_{\mathrm{pond,M}} = \mathbf{F}_{\mathrm{M,ph}} + \mathbf{F}_{\mathrm{A,M}} = \int_V \mathbf{f}_{\mathrm{M,ph}} \cdot \mathrm{d}V + \oint_A \mathbf{p}_{\mathrm{A,M}} \cdot \mathrm{d}A =$$
$$= \int_V \{\mu_0 \mathbf{S}_L \times \mathbf{H} + (\mathbf{J}\nabla)\,\mathbf{H}\}\,\mathrm{d}V - \oint_A \frac{1}{2}(\mathbf{JH})\,\mathbf{n} \cdot \mathrm{d}A \ . \tag{3.454}$$

Nun lassen sich einerseits die körperfesten Volumskräfte mit Hilfe des Gaußschen Integralsatzes auf die Oberfläche überwälzen, wie dies in den Abschnitten 3.3.2.1.2 und 3.3.2.1.3 gezeigt wurde; mit den Auftriebsspannungen zusammengezogen ergeben sie (fiktive) ponderomotorische Spannungen $\mathbf{p}_{pond}$, die, über die Oberfläche integriert, unmittelbar die ponderomotorische Kraft $\mathbf{F}_{pond}$ liefern. Andererseits kann man die Auftriebskräfte aus dem Oberflächenintegral in ein Volumsintegral umwandeln und diesen Anteil (fiktiver) Volumskräfte mit den körperfesten Volumskräften zu (fiktiven) ponderomotorischen Volumskräften $\mathbf{f}_{pond}$ zusammenfügen. Diese führen dann wiederum, über das Volumen integriert, unmittelbar zur ponderomotorischen Kraft $\mathbf{F}_{pond}$ auf den Körper.

Man erhält also einerseits mit Hilfe von Gl. 3.404 aus Gl. 3.453

$$\mathbf{F}_{pond,E} = \mathbf{F}_{E,ph} + \mathbf{F}_{A,E} = \oint_A \{(\mathbf{Bn})\mathbf{H} - \frac{1}{2}(\mathbf{BH})\mathbf{n} + \frac{1}{2}(\mathbf{MB})\mathbf{n}\} \mathrm{d}A - \oint_A \frac{1}{2}(\mathbf{MB})\mathbf{n} \cdot \mathrm{d}A =$$

$$= \oint_A \{(\mathbf{Bn})\mathbf{H} - \frac{1}{2}(\mathbf{BH})\mathbf{n}\} \, \mathrm{d}A = \oint_A \mathbf{p}_{pond} \cdot \mathrm{d}A \quad , \qquad (3.455)$$

mit den (fiktiven) „Maxwellschen ponderomotorischen Spannungen“

$$\mathbf{p}_{pond} = (\mathbf{Bn})\mathbf{H} - \frac{1}{2}(\mathbf{BH})\mathbf{n} \quad , \qquad (3.456)$$

und ebenso führt Gl. 3.454 mit Hilfe von Gl. 3.422 und Gl. 3.423 auf

$$\mathbf{F}_{pond,M} = \mathbf{F}_{M,ph} + \mathbf{F}_{A,M} = \oint_A \{(\mathbf{Bn})\mathbf{H} - \frac{1}{2}(\mathbf{BH})\mathbf{n} + \frac{1}{2}(\mathbf{JH})\mathbf{n}\} \mathrm{d}A - \oint_A \frac{1}{2}(\mathbf{JH})\mathbf{n} \cdot \mathrm{d}A =$$

$$= \oint_A \{(\mathbf{Bn})\mathbf{H} - \frac{1}{2}(\mathbf{BH})\mathbf{n}\} \mathrm{d}A = \oint_A \mathbf{p}_{pond} \cdot \mathrm{d}A = \mathbf{F}_{pond,E} \quad , \qquad (3.457)$$

also auf den gleichen Ausdruck für die ponderomotorische Kraft $\mathbf{F}_{pond}$ (Gl. 3.455) bzw. auf die gleichen ponderomotorischen Spannungen $\mathbf{p}_{pond}$ (Gl. 3.456). Die allein meßbare ponderomotorische Kraft erweist sich also wieder als unabhängig von der Theorie des Magnetismus, die der Berechnung zugrunde gelegt wurde.

Betrachtet man einen Körper im leeren Raum, so muß die ponderomotorische Kraft mangels Auftriebskräften der körperfesten Kraft allein gleich sein. Dies ist sofort einzusehen, wenn man Gl. 3.455 bzw. Gl. 3.457 mit Gl. 3.397 und Gl. 3.403 der Elementarstromtheorie bzw. mit Gl. 3.416 und Gl. 3.422 der Mengentheorie vergleicht und berücksichtigt, daß an der Außenseite der Oberfläche des Körpers im leeren Raum

(3.405) $\mathbf{B}_0 = \mu_0 \mathbf{H}_0$ und (3.429) $\mathbf{J}_0 = \mu_0 \mathbf{M}_0 = 0$

gilt.

Die ponderomotorische Kraft $\mathbf{F}_{pond}$ läßt sich aber, wie schon erwähnt, auch in die Gestalt eines Volumsintegrals bringen. Geht man etwa von

Gl. 3.455 aus, so erhält man mit Hilfe des Gaußschen Integralsatzes Gl. 1.62

$$\mathbf{F}_{\text{pond}} = \oint_A \mathbf{p}_{\text{pond}} \cdot dA = \oint_A (d\mathbf{A} \cdot \mathbf{B})\mathbf{H} - \oint_A d\mathbf{A} \cdot \frac{1}{2}(\mathbf{BH}) =$$

$$= \int_V \{(\nabla \mathbf{B})\mathbf{H} - \nabla \frac{1}{2}(\mathbf{BH})\}\, dV = \int_V \mathbf{f}_{\text{pond}} \cdot dV \ , \qquad (3.458)$$

mit

$$\mathbf{f}_{\text{pond}} = (\nabla \mathbf{B})\mathbf{H} - \nabla \frac{1}{2}(\mathbf{BH}) \ . \qquad (3.459)$$

Man kommt so zu (fiktiven) ponderomotorischen Volumskräften („Maxwellsche ponderomotorische Volumskräfte"), die bei isotroper Materie wegen

(3.217) $\mathbf{B} = \mu \mathbf{H}$

in folgende Gestalt umgeformt werden können, wenn man die I. und die IV. Maxwellsche Gleichung (Gl. 3.146 und Gl. 3.135) berücksichtigt:

$$\mathbf{f}_{\text{pond}} = (\nabla \mathbf{B})\mathbf{H} - \frac{1}{2}\nabla(\mathbf{BH}) = \mathbf{H}(\nabla \mathbf{B}) + (\mathbf{B}\nabla)\mathbf{H} - \frac{1}{2}\nabla \mu \mathbf{H}^2 =$$

$$= (\nabla \times \mathbf{H}) \times \mathbf{B}_c + \nabla(\mathbf{HB}_c) - \frac{1}{2}\mu \nabla \mathbf{H}^2 - \frac{1}{2}\mathbf{H}^2 \nabla \mu =$$

$$= \text{rot}\,\mathbf{H} \times \mathbf{B} + \mu \nabla(\mathbf{HH}_c) - \mu \nabla(\mathbf{HH}_c) - \frac{1}{2}\mathbf{H}^2 \cdot \text{grad}\,\mu =$$

$$= \mathbf{S}_L \times \mathbf{B} - \frac{1}{2}\mathbf{H}^2 \cdot \text{grad}\,\mu \ . \qquad (3.460)$$

Im Sinne dieser (fiktiven) Kraftdichte werden also gewissermaßen bewegende Kräfte auf die Leitungsströme der Dichte $\mathbf{S}_L$ und auf jene Bezirke eines Körpers ausgeübt, in denen eine örtliche Änderung der Permeabilität μ auftritt.

Es wurde schon eingangs im Abschnitt 3.2.2 erwähnt, daß Maxwell – im Gegensatz zu dem hier vom Autor beschrittenen Weg – die nach ihm benannten ponderomotorischen Volumskräfte $\mathbf{f}_{\text{pond}}$ bzw. die ponderomotorischen Spannungen $\mathbf{p}_{\text{pond}}$ im elektromagnetischen Feld auf direktem Wege über das Prinzip der virtuellen Verschiebung abgeleitet hat /1.9/.

3.3.2.3. Das Prinzip der virtuellen Verschiebung. Die Kraft auf den Anker eines Hubmagneten

Wie am Ende des vorangegangenen Abschnittes erwähnt wurde, kann man die auf einen Körper einwirkende ponderomotorische Kraft unmittelbar mit Hilfe des Prinzips der virtuellen Verschiebung berechnen. Maxwell gelangte auf diese Weise zu den ponderomotorischen Volumskräften für isotrope Materie Gl. 3.460 bzw. zu den ponderomotorischen Spannungen Gl. 3.456. Es soll hier auf eine allgemeine Ableitung der ponderomotorischen Kräfte aus dem Prinzip der virtuellen Verschiebung verzichtet und im folgenden nur eine einfache Anwendung zur Berechnung der Kraft auf den Anker eines Hubmagneten besprochen werden.

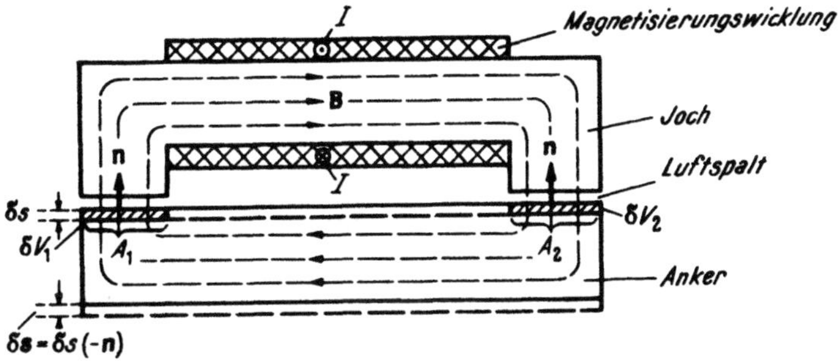

Abb. 3.91

Denkt man sich den Anker des Hubmagneten (Abb. 3.91) um einen sehr kleinen Weg $\delta\mathbf{s} = \delta s(-\mathbf{n})$ vom Magnetjoch wegbewegt und dabei gleichzeitig die Stromstärke I in der Magnetisierungswicklung, etwa mit Hilfe eines veränderbaren Widerstandes, so nachgeregelt, daß die Induktion **B** und damit der Fluß Φ im Magnetkreis (zeitlich) konstant bleiben, so tritt in der Spule keine Induktionswirkung (s. Abschnitt 4.3.3) und damit kein Energieaustausch des Magnetkreises mit der Stromquelle auf. Die beim Abheben des Ankers gegen die Anziehungskraft aufgewendete mechanische Arbeit $-\delta A$ dient in diesem Fall zur Gänze der Erhöhung der magnetischen Feldenergie. Vernachlässigt man die Streuung des Magnetfeldes, so tritt in den beiden sehr kleinen Luftspalten mit den gleich großen Querschnittsflächen A_1 und $A_2 = A_1$ ein praktisch homogenes und wegen der Symmetrie der Anordnung gleich starkes Feld $B = \mu_0 H$ auf. Man erhält in diesem Fall unter Benützung der für die Energiedichte des magnetischen Feldes gültigen Beziehung Gl. 3.340

$$-\delta A = -\mathbf{F}_{\text{pond}} \cdot \delta\mathbf{s} = -\mathbf{F}_{\text{pond}} (-\mathbf{n})\, \delta s = F_{\text{pond},n} \cdot \delta s = \delta W^{\text{m}} = w^{\text{m}} \cdot \delta V =$$

$$= w^{\text{m}} (\delta V_1 + \delta V_2) = w^{\text{m}} (A_1 + A_2)\, \delta s = \frac{1}{2} B_0 H_0 A_{\text{A}} \cdot \delta s \qquad (3.461)$$

mit der wirksamen Ankerfläche $A_{\text{A}} = A_1 + A_2$. Ein Zuwachs an Feldenergie ergibt sich bei der Vergrößerung des Luftspaltes um δs nur durch die dort im zusätzlichen Luftspaltvolumen $\delta V = \delta V_1 + \delta V_2 = A_{\text{A}} \cdot \delta s$ gespeicherte Energie. Sie stellt deshalb allein die Änderung der magnetischen Gesamtenergie dar, weil durch das Konstanthalten des magnetischen Flusses Φ und damit der Größen B und H während des (virtuellen) Verschiebungsvorganges die Energiedichte w^{m} in den übrigen Teilen des Magnetkreises unverändert bleibt. Aus Gl. 3.461 folgt, da bei der Bewegung des Ankers in Richtung von $-\mathbf{n}$ der maximale Energiezuwachs auftritt,

$$\mathbf{F}_{\text{pond}} = F_{\text{pond},n} \cdot \mathbf{n} = \frac{1}{2} B_0 H_0 A_{\text{A}} \mathbf{n} = w^{m} A_{\text{A}} \mathbf{n} \quad . \tag{3.462}$$

So wie im elektrostatischen Feld bei geladenen Leitern im leeren Raum (s. Abschnitt 1.3.2.4, Gl. 1.425) wirkt auch im Magnetfeld auf eine Oberfläche, auf der die Feldlinien senkrecht stehen, eine (scheinbare) Zugspannung vom Betrag der Energiedichte des Feldes.

Berechnet man die Hubkraft des Elektromagneten mit Hilfe der in den vorangegangenen Abschnitten dargelegten Prinzipien, so ist zunächst folgendes festzustellen:

Für die Kraft auf den Anker eines Hubmagneten ist es wesentlich, daß sich immer ein sehr kleiner Luftspalt einstellen wird. Ohne Luftspalt ist nämlich die Hubkraft außerordentlich klein und der Anker hebt sich sofort geringfügig ab. Man kann nun diese Kraft auf den Anker am einfachsten aus den über seine Oberfläche zu integrierenden (fiktiven) Spannungen berechnen. Dabei ist es gleichgültig, ob man von den Maxwellschen ponderomotorischen Spannungen

(3.456) $\quad \mathbf{p}_{\text{pond}} = (\mathbf{Bn})\mathbf{H} - \frac{1}{2}(\mathbf{BH})\mathbf{n} \quad ,$

den Spannungen nach einer der beiden Begrenzungsarten im Sinne der Elementarstromtheorie

(3.398) $\quad \mathbf{p}_{\text{E,m}} = \frac{1}{\mu_0}(\mathbf{Bn})\mathbf{B} - \frac{1}{2\mu_0}\mathbf{B}^2\mathbf{n} \quad ,$

(3.404) $\quad \mathbf{p}_{\text{E,ph}} = (\mathbf{Bn})\mathbf{H} - \frac{1}{2}(\mathbf{BH})\mathbf{n} + \frac{1}{2}(\mathbf{MB})\mathbf{n} \quad ,$

oder im Sinne der Mengentheorie

(3.417) $\quad \mathbf{p}_{\text{M,m}} = \mu_0(\mathbf{Hn})\mathbf{H} - \frac{1}{2}\mu_0\mathbf{H}^2\mathbf{n} \quad ,$

(3.423) $\quad \mathbf{p}_{\text{M,ph}} = (\mathbf{Bn})\mathbf{H} - \frac{1}{2}(\mathbf{BH})\mathbf{n} + \frac{1}{2}(\mathbf{JH})\mathbf{n}$

ausgeht, da sie bei einem Körper, der — so wie eben hier der Anker mit dem sehr kleinen Luftspalt — zur Gänze von leerem Raum umgeben ist, alle das gleiche Resultat ergeben müssen (s. Abschnitt 3.3.2.1.4 und Abschnitt 3.3.2.2). Dies ist wegen der an der Außenseite des Ankers im leeren Raum gültigen Beziehungen

(3.405) $\quad \mathbf{B}_0 = \mu_0 \mathbf{H}_0 \qquad$ und (3.429) $\quad \mathbf{J}_0 = \mu_0 \mathbf{M}_0 = 0$

der Fall, alle Spannungen liefern

$$\mathbf{F}_{\text{pond}} = \mathbf{F}_{\text{kf}} = \oint_A \{(\mathbf{B}_0\mathbf{n})\mathbf{H}_0 - \frac{1}{2}(\mathbf{B}_0\mathbf{H}_0)\mathbf{n}\}\,\mathrm{d}A \ . \tag{3.463}$$

Vernachlässigt man wieder die Streuung, so tritt das magnetische Feld nur an den beiden, den Jochflächen gegenüberliegenden Teilen der Ankeroberfläche A_1 und $A_2 = A_1$ in den Anker ein bzw. aus dem Anker aus. Sieht man, so wie bei der Rechnung vorher, das Feld im Luftspalt als homogen an, so gilt wegen $\mathbf{B}_0 \uparrow\uparrow \mathbf{H}_0 \uparrow\uparrow \mathbf{n}$ bzw. $\uparrow\downarrow \mathbf{n}$

$$\mathbf{F}_{\text{pond}} = \mathbf{F}_{\text{kf}} = \int_{A_\text{A}} \{(\mathbf{B}_0\mathbf{H}_0)\mathbf{n} - \frac{1}{2}(\mathbf{B}_0\mathbf{H}_0)\mathbf{n}\}\,\mathrm{d}A = \int_{A_\text{A}} \frac{1}{2}(\mathbf{B}_0\mathbf{H}_0)\mathbf{n}\cdot\mathrm{d}A =$$
$$= \frac{B_0 H_0}{2} A_\text{A}\mathbf{n} = w^\text{m} A_\text{A}\mathbf{n} \ , \tag{3.464}$$

in Übereinstimmung mit Gl. 3.462.

3.3.2.4. Darstellung der Kräfte mit Hilfe von Spannungstensoren. Vergleich der verschiedenen Spannungstensoren des elektrischen und des magnetischen Feldes

Im Abschnitt 1.3.2.6 wurde die Darstellung der Kräfte des elektrischen Feldes mit Hilfe von Spannungstensoren eingehendst besprochen. Im magnetischen Feld ergeben sich die gleichen Verhältnisse: Die z.T. fiktiven Spannungen lassen sich als Produkt eines Spannungstensors $\mathbf{\Phi}$ und dem Normalenvektor $\mathbf{n}$ (der betrachteten Fläche) darstellen,

(1.437) $\mathbf{p} = \mathbf{\Phi}\cdot\mathbf{n}$;

die teilweise ebenfalls fiktiven Volumskräfte haben die Form eines Produktes des Nabla-Operators mit dem betreffenden (transponierten) Spannungstensor

(1.448) $\mathbf{f} = \nabla\cdot\widetilde{\mathbf{\Phi}}$.

Die Umwandlung der Volumskräfte in die äquivalenten Oberflächenkräfte gelingt also in jedem Fall mit Hilfe des Gaußschen Integralsatzes Gl. 1.62

$$\mathbf{F} = \int_V \mathbf{f}\cdot\mathrm{d}V = \int_V \nabla\cdot\widetilde{\mathbf{\Phi}}\cdot\mathrm{d}V = \oint_V \mathbf{n}\cdot\widetilde{\mathbf{\Phi}}\cdot\mathrm{d}A = \oint_A \mathbf{\Phi}\cdot\mathbf{n}\cdot\mathrm{d}A = \oint_A \mathbf{p}\cdot\mathrm{d}A \ . \tag{3.465}$$

An Hand von Gl. 3.465 kann man durch Vergleich mit den in den vorangegangenen Abschnitten angegebenen Beziehungen für die verschiedenen Kräfte die einzelnen Spannungstensoren bestimmen. So erhält man im

Rahmen der Elementarstromtheorie folgende Spannungstensoren: Die körperfesten Kräfte bei „mathematischer" Bereichsabgrenzung beschreibt

$$\text{(1.437), (3.398)} \qquad \mathbf{\Phi}^{m}_{E,m} = \widetilde{\mathbf{\Phi}}^{m}_{E,m} = \frac{1}{\mu_0}\mathbf{B}\otimes\mathbf{B} - \frac{1}{2\mu_0}\mathbf{B}^2\mathbf{I} \qquad (3.466)$$

mit **B**⊗**B** als dyadischem Produkt von **B** mit **B** und mit **I** („Jota") als Einstensor. Die körperfesten Kräfte bei physikalischer Bereichsabgrenzung gibt

$$\text{(1.437), (3.404)} \qquad \mathbf{\Phi}^{m}_{E,ph} = \mathbf{H}\otimes\mathbf{B} - \frac{1}{2}(\mathbf{BH})\mathbf{I} + \frac{1}{2}(\mathbf{MB})\mathbf{I}\,, \qquad (3.467)$$

und die Auftriebskräfte

$$\text{(1.437), (3.452), (3.450)} \qquad \mathbf{\Phi}^{m}_{A,E} = \widetilde{\mathbf{\Phi}}^{m}_{A,E} = -\frac{1}{2}(\mathbf{MB})\mathbf{I} \qquad (3.468)$$

an. Die analogen Tensoren lauten im Bereich der Mengentheorie

$$\text{(1.437), (3.417)} \qquad \mathbf{\Phi}^{m}_{M,m} = \widetilde{\mathbf{\Phi}}^{m}_{M,m} = \mu_0\mathbf{H}\otimes\mathbf{H} - \frac{1}{2}\mu_2\mathbf{H}^2\mathbf{I}\,, \qquad (3.469)$$

$$\text{(1.437), (3.423)} \qquad \mathbf{\Phi}^{m}_{M,ph} = \mathbf{H}\otimes\mathbf{B} - \frac{1}{2}(\mathbf{BH})\mathbf{I} + \frac{1}{2}(\mathbf{JH})\mathbf{I}\,, \qquad (3.470)$$

$$\text{(1.437), (3.452), (3.451)} \qquad \mathbf{\Phi}^{m}_{A,M} = \widetilde{\mathbf{\Phi}}^{m}_{A,M} = -\frac{1}{2}(\mathbf{JH})\mathbf{I}\,. \qquad (3.471)$$

Der Maxwellsche Spannungstensor des magnetischen Feldes lautet:

$$\text{(1.437), (3.456)} \qquad \mathbf{\Phi}^{m}_{pond} = \mathbf{H}\otimes\mathbf{B} - \frac{1}{2}(\mathbf{BH})\mathbf{I}\,. \qquad (3.472)$$

Betrachtet man außer diesen Tensoren noch jene des elektrischen Feldes,

$$\text{(1.439)} \qquad \mathbf{\Phi}^{el}_{m} = \widetilde{\mathbf{\Phi}}^{el}_{m} = \epsilon_0\mathbf{E}\otimes\mathbf{E} - \frac{1}{2}\epsilon_0\mathbf{E}^2\mathbf{I}\,,$$

$$\text{(1.443)} \qquad \mathbf{\Phi}^{el}_{ph} = \mathbf{E}\otimes\mathbf{D} - \frac{1}{2}(\mathbf{DE})\mathbf{I} + \frac{1}{2}(\mathbf{PE})\mathbf{I}\,,$$

$$\text{(1.453)} \qquad \mathbf{\Phi}^{el}_{A} = \widetilde{\mathbf{\Phi}}^{el}_{A} = -\frac{1}{2}(\mathbf{PE})\mathbf{I}\,,$$

$$\text{(1.445)} \qquad \mathbf{\Phi}^{el}_{pond} = \mathbf{E}\otimes\mathbf{D} - \frac{1}{2}(\mathbf{DE})\mathbf{I}\,,$$

so lassen sich für die Spannungstensoren des elektromagnetischen Feldes die folgenden Übereinstimmungen feststellen, obwohl die Ansätze für die Kräfte im elektrischen Feld sowie im magnetischen Feld nach der Elementarstromtheorie und nach der Mengentheorie völlig verschieden sind:

Die Tensoren für die körperfesten Kräfte bei „mathematischer" Bereichsabgrenzung (Gl. 1.439, Gl. 3.466, Gl. 3.469) haben – abgesehen von der Stellung der universellen Konstanten ϵ_0 und μ_0, die durch das benützte Maßsystem bedingt ist – die gleiche Gestalt und sind ausschließlich aus dem betreffenden Feldvektor **E** bzw. **B** bzw. **H** aufgebaut. Dies hängt mit der Tatsache zusammen, daß hier die in den einzelnen Volumselementen auftretenden Überschüsse der betreffenden Ladungen und Ströme in die Rechnung eingehen („freie" Ladungen und Ströme), die selbst wieder die Quellen bzw. die Wirbel der betreffenden Felder darstellen.

Auch die Tensoren für die körperfesten Kräfte bei „physikalischer" Bereichsabgrenzung (Gl. 1.443, Gl. 3.467, Gl. 3.470) sind einander analog: Sie besitzen neben den beiden ersten Summanden, die jeweils mit dem Maxwellschen Spannungstensor (Gl. 1.445 bzw. Gl. 3.472) identisch sind, einen Summanden, dessen Betrag durch das halbe Produkt aus dem jeweiligen Feldstärke- und dem Polarisations- bzw. Magnetisierungsvektor gegeben ist. Dieser Summand ist, abgesehen vom umgekehrten Vorzeichen, dem Tensor der Auftriebskräfte (Gl. 1.453, Gl. 3.468, Gl. 3.471) gleich; es handelt sich dabei um einen symmetrischen Tensor. Bei Körpern, die von polarisierbarer bzw. magnetisierbarer Flüssigkeit umgeben sind, kompensieren sich die Tensoren der Auftriebskräfte und die dritten Summanden der Tensoren für die körperfesten Kräfte bei „physikalischer" Bereichsabgrenzung, so daß man zur Beschreibung der Resultierenden aller Kräfte den Maxwellschen Spannungstensor erhält:

$$(1.458) \qquad \boldsymbol{\Phi}_{pond} = \boldsymbol{\Phi}_{E,ph} + \boldsymbol{\Phi}_{A,E} = \boldsymbol{\Phi}_{M,ph} + \boldsymbol{\Phi}_{A,M} \quad . \qquad (3.473)$$

Die Tensoren für die körperfesten Kräfte bei „mathematischer" Bereichsabgrenzung sind symmetrisch, jene für „physikalische" Bereichsabgrenzung sowie die Maxwellschen Spannungstensoren der ponderomotorischen Kräfte sind unsymmetrisch. Die Notwendigkeit der Unsymmetrie der zuletzt genannten Tensoren wurde für den Fall des elektrischen Feldes im Abschnitt 1.3.2.7 ausführlich behandelt; es gelten die dort angeführten Gründe in gleicher Weise auch für die Verhältnisse im magnetischen Feld.

3.3.2.5. Drehmomente bei Körpern in magnetisierbaren Flüssigkeiten. Das ponderomotorische Drehmoment

Das Problem des an einem Körper angreifenden Drehmomentes wurde bereits beim elektrischen Feld in voller Allgemeinheit behandelt (Abschnitt 1.3.2.7). Im magnetischen Feld gelten die gleichen grundsätzlichen Prinzipien: Im allgemeinen Fall des von anderer Materie umgebenen Körpers eignen sich nur die an „physikalisch" begrenzten, also in sich magnetisierten Volumselementen angreifenden Kräfte zur Berechnung des Drehmomentes. Da die an den „physikalisch" begrenzten Volumselementen angreifenden Volumskräfte bereits resultierende Kräfte darstellen, tritt bei der Berechnung des Drehmomentes zum Drehmoment der Volumskräfte noch ein vom Drehpol unabhängiges Moment eines Kräftepaares.

Geht man von der Elementarstromtheorie aus, so ist das an einem Körper angreifende, körperfeste Drehmoment bei „physikalischer" Abgrenzung seiner Volumselemente

(3.410), (3.467)
$$\mathbf{T}_{E,ph} = \int_V (\mathbf{r} \times \mathbf{f}_{E,ph} + \mathbf{M} \times \mathbf{B})\, dV =$$
$$= \int_V \{\mathbf{r} \times (\nabla \cdot \tilde{\boldsymbol{\Phi}}^{m}_{E,ph}) + \mathbf{M} \times \mathbf{B}\}\, dV \,. \tag{3.474}$$

Nach der Mengentheorie ergibt sich

(3.428), (3.470)
$$\mathbf{T}_{M,ph} = \int_V (\mathbf{r} \times \mathbf{f}_{M,ph} + \mathbf{J} \times \mathbf{H})\, dV =$$
$$= \int_V \{\mathbf{r} \times (\nabla \cdot \tilde{\boldsymbol{\Phi}}^{m}_{M,ph}) + \mathbf{J} \times \mathbf{H}\}\, dV \,. \tag{3.475}$$

Die in den Beziehungen Gl. 3.474 und Gl. 3.475 auftretenden zweiten Summanden besitzen gerade eine solche Form, daß die, unsymmetrische Tensoren enthaltenden Volumsintegrale in Oberflächenintegrale über die Drehmomente der entsprechenden (fiktiven) Spannungen umgewandelt werden können, so wie das im elektrischen Feld der Fall ist (Gl. 1.467):

$$\mathbf{T}_{E,ph} = \int_V \{\mathbf{r} \times (\nabla \cdot \tilde{\boldsymbol{\Phi}}^{m}_{E,ph}) + \mathbf{M} \times \mathbf{B}\}\, dV = \oint_A \mathbf{r} \times (\boldsymbol{\Phi}^{m}_{E,ph} \cdot \mathbf{n})\, dA =$$
$$= \oint_A \mathbf{r} \times \mathbf{p}_{E,ph} \cdot dA \,, \tag{3.476}$$

$$\mathbf{T}_{M,ph} = \int_V \{\mathbf{r} \times (\nabla \cdot \tilde{\boldsymbol{\Phi}}^{m}_{M,ph}) + \mathbf{J} \times \mathbf{H}\}\, dV = \oint_A \mathbf{r} \times (\boldsymbol{\Phi}^{m}_{M,ph} \cdot \mathbf{n})\, dA =$$
$$= \oint_A \mathbf{r} \times \mathbf{p}_{M,ph} \cdot dA \,. \tag{3.477}$$

Bei einem von magnetisierbarer Flüssigkeit umgebenen Körper tritt zum Drehmoment der körperfesten Kräfte noch das Drehmoment der Auftriebskräfte:

$$\mathbf{T}_{A} = \oint_A \mathbf{r} \times \mathbf{p}_{A} \cdot dA = \oint_A \mathbf{r} \times (\boldsymbol{\Phi}^{m}_{A} \cdot \mathbf{n})\, dA \,. \tag{3.478}$$

Berücksichtigt man die Beziehung Gl. 3.473, so erhält man für das ponderomotorische Drehmoment nach der Elementarstromtheorie

$$\text{(3.476), (3.478)} \quad \mathbf{T}_{\text{pond}} = \mathbf{T}_{\text{E,ph}} + \mathbf{T}_{\text{A,E}} = \oint_A \mathbf{r} \times \{(\mathbf{\Phi}^{m}_{\text{E,ph}} + \mathbf{\Phi}^{m}_{\text{A,E}})\mathbf{n}\}\, \mathrm{d}A =$$

$$= \oint_A \mathbf{r} \times (\mathbf{\Phi}^{m}_{\text{pond}} \cdot \mathbf{n})\, \mathrm{d}A = \oint_A \mathbf{r} \times \mathbf{p}_{\text{pond}} \cdot \mathrm{d}A\,, \qquad (3.479)$$

und auch die Mengentheorie liefert das gleiche Resultat:

$$\text{(3.477), (3.478)} \quad \mathbf{T}_{\text{pond}} = \mathbf{T}_{\text{M,ph}} + \mathbf{T}_{\text{A,M}} = \oint_A \mathbf{r} \times \{(\mathbf{\Phi}^{m}_{\text{M,ph}} + \mathbf{\Phi}^{m}_{\text{A,M}})\mathbf{n}\}\, \mathrm{d}A =$$

$$= \oint_A \mathbf{r} \times (\mathbf{\Phi}^{m}_{\text{pond}} \cdot \mathbf{n})\, \mathrm{d}A = \oint_A \mathbf{r} \times \mathbf{p}_{\text{pond}} \cdot \mathrm{d}A\,. \qquad (3.480)$$

Man erkennt an Gl. 3.479 bzw. an Gl. 3.480, daß die Maxwellschen Spannungen $\mathbf{p}_{\text{pond}}$ unmittelbar das ponderomotorische Drehmoment liefern, die ponderomotorischen Volumskräfte $\mathbf{f}_{\text{pond}}$ führen demnach wegen der Unsymmetrie des Maxwellschen Spannungstensors Gl. 3.459 allein nicht auf das richtige Drehmoment (s. Gl. 1.459 und die nachfolgenden Erläuterungen).

Da schließlich bei einem gänzlich von leerem Raum umgebenen Körper wegen Gl. 3.405 und Gl. 3.429 alle Tensoren des magnetischen Feldes an der Außenseite des Körpers gleich sind, führen in diesem Fall alle Drehmomente auf dasselbe Ergebnis, wie zu erwarten ist.

3.4. Literatur

/3.1/ Giorgi, G.: Atti Ass. elettrotec. Ital. *5*, 402 (1901).

/3.2/ Moon P., und D.E. Spencer: Field Theory Handbook, 2. Aufl. Berlin-Heidelberg-New York: Springer. 1971.

/3.3/ Lorentz, H.A.: Versuch einer Theorie der elektrischen und optischen Erscheinungen in bewegten Körpern. Leiden: 1895.

/3.4/ Sommerfeld, A.: Vorlesungen über theoretische Physik, Bd. III: Elektrodynamik. Wiesbaden: Dieterichsche Verlagsbuchhandlung.

/3.5/ Sommerfeld, A., und F. Bopp: Zum Problem der Maxwellschen Spannungen. Ann. Phys. *8* (1/2), (1950).

/3.6/ Carey, R., und E.D. Isaac: Magnetic domains. London: English Universities Press. 1966.

/3.7/ Kranz, J., und A. Hubert: Die Möglichkeiten der Kerrtechnik zur Beobachtung magnetischer Bereiche. Z.f.ang. Phys. *15* (3), 220-232 (1963).

/3.8/ Kneller, E.: Ferromagnetismus. Berlin-Göttingen-Heidelberg: Springer. 1962.

/3.9/ Becker, R., und W. Döring: Ferromagnetismus. Berlin: Springer. 1939.

/3.10/ Bozorth, R.M.: Ferromagnetism. New York: Van Nostrand. 1951.

/3.11/ Fasching, G.: Werkstoffe für die Elektrotechnik; Mikrophysik, Struktur, Eig schaften. Wien-New York: Springer. 1984.

/3.12/ ISO-Recommendation R 31, Part V, Nov. 1965.

/3.13/ Fasching, G.M., F. Gibler und H. Hofmann: Zum Brechungsgesetz der magnetischen Feldvektoren in nichtlinearen und anisotropen Substanzen. E.u.M. ***83*** (6), (1966).

/3.14/ Kallenbach, E.: Der Gleichstrommagnet. Leipzig: Akademische Verlagsgesellschaft Geest und Portig. 1969.

/3.15/ Schuler, K., und K. Brinkmann: Dauermagnete, Werkstoffe und Anwendungen. Berlin-Heidelberg-New York: Springer. 1970.

/3.16/ Philippow, E.: Nichtlineare Elektrotechnik. Leipzig: Akademische Verlagsgesellschaft Geest und Portig.

/3.17/ Philippow, E.: Taschenbuch Elektrotechnik, Band I, Grundlagen. Berlin: Verlag Technik.

4. Das nichtstationäre elektromagnetische Feld

4.1. Die Wechselwirkungen zwischen elektrischem und magnetischem Feld

Ein zeitlich veränderliches elektrisches Feld ist erfahrungsgemäß mit einem Magnetfeld verknüpft, und umgekehrt ist ein zeitlich veränderliches Magnetfeld von einem elektrischen Feld begleitet. Es treten also im allgemeinen nichtstationären Feld nur elektrisches und magnetisches Feld gemeinsam auf; man spricht aus diesem Grund vom „elektromagnetischen Feld".

4.1.1. Die I. Maxwellsche Gleichung. Verschiebungs- und Polarisationsstrom

Im Abschnitt 2.1.2 wurde aus dem Erhaltungssatz der elektrischen Ladung ihre Kontinuitätsgleichung

$$\text{(2.12)} \quad \operatorname{div} \mathbf{S}_L = -\frac{\partial \varrho_{wa}}{\partial t} \tag{4.1}$$

abgeleitet ($\mathbf{S}_L$ . . . Leitungsstromdichte, d.i. die Dichte des durch die frei beweglichen „wahren" Ladungen hervorgerufenen Leitungsstromes). Ist $\frac{\partial \varrho_{wa}}{\partial t} \neq 0$, ändert sich also die Ladungsverteilung mit der Zeit, so ändert sich gemäß Gl. 1.228 auch die Verteilung des elektrischen Feldes, das Feld ist nicht stationär. Im nichtstationären Feld ist demnach gemäß Gl. 4.1 die Leitungsstromdichte $\mathbf{S}_L$ i.a. nicht mehr quellenfrei. Damit kann auch die I. Maxwellsche Gleichung des stationären Feldes

$$\text{(3.158)} \quad \operatorname{rot} \mathbf{H} = \mathbf{S}_L \tag{4.2}$$

i.a. nicht mehr gelten, da sie bei Anwendung der Operation div auf

$$\operatorname{div} \mathbf{S}_L = \operatorname{div} \operatorname{rot} \mathbf{H} = \nabla (\nabla \times \mathbf{H}) = (\nabla \times \nabla)\, \mathbf{H} \equiv 0 \tag{4.3}$$

führt, was mit Gl. 4.1 in Widerspruch steht. Ersetzt man in Gl. 4.1 die Ladungsdichte ϱ_{wa} entsprechend der III. Maxwellschen Gleichung

$$\text{(1.233)} \quad \operatorname{div} \mathbf{D} = \varrho_{wa} \quad , \tag{4.4}$$

die erfahrungsgemäß auch im nichtstationären Feld gültig ist, durch die Divergenz von **D**, so gelangt man zu

$$\operatorname{div} \mathbf{S}_L = -\frac{\partial}{\partial t} \operatorname{div} \mathbf{D} = -\operatorname{div} \frac{\partial \mathbf{D}}{\partial t} \tag{4.5}$$

und somit zu

$$\operatorname{div} (\mathbf{S}_L + \frac{\partial \mathbf{D}}{\partial t}) = 0 \quad . \tag{4.6}$$

Im nichtstationären Feld ist also nicht die Leitungsstromdichte $\mathbf{S}_L$, sondern die Summe aus $\mathbf{S}_L$ und der zeitlichen Änderung von **D** ein quellenfreies Vektorfeld. Maxwell hat auf Grund dieser Tatsache den später durch die Erfahrung bestätigten Schluß gezogen, daß in Gl. 4.2 an die Stelle von $\mathbf{S}_L$ eben jene Summe $\mathbf{S}_L + \partial \mathbf{D}/\partial t$ zu setzen ist:

$$\operatorname{rot} \mathbf{H} = \mathbf{S}_L + \frac{\partial \mathbf{D}}{\partial t} \quad . \tag{4.7}$$

Gl. 4.7 ist die für den allgemeinen Fall des nichtstationären Feldes gültige I. Maxwellsche Gleichung. Der Summand $\partial \mathbf{D}/\partial t$ besitzt die Dimension einer Stromdichte, er wird „Verschiebungsstromdichte" genannt:

$$\mathbf{S}_V = \frac{\partial \mathbf{D}}{\partial t} \quad . \tag{4.8}$$

Gemäß Gl. 4.6 ergänzt die Verschiebungsstromdichte $\mathbf{S}_V$ die Leitungsstromdichte $\mathbf{S}_L$ zu einem quellenfreien Vektor. Im Prinzip würde jeder weitere Summand auf der rechten Seite von Gl. 4.7, soferne er ein quellenfreies Feld darstellt, die Identität div rot $\mathbf{H} \equiv 0$ und damit die aus der Kontinuitätsgleichung gewonnene Beziehung Gl. 4.6 erfüllen, doch ist Gl. 4.7 in der angegebenen Form in Übereinstimmung mit der experimentellen Erfahrung. Gl. 4.7 läßt sich z.B. durch die Existenz der elektromagnetischen Wellen belegen. Das (alleinige) Auftreten des Summanden der Verschiebungsstromdichte $\partial \mathbf{D}/\partial t$ in dieser Gleichung ist nämlich Voraussetzung dafür, daß aus den Differentialgleichungen des nichtstationären Feldes die Wellengleichung folgt (s. Abschnitt 4.4). Ohne Verschiebungsstromdichte in der I. Maxwellschen Gleichung Gl. 4.7 gäbe es keine Wellengleichung!

Die aus der Kontinuitätsgleichung Gl. 4.1 folgende Beziehung Gl. 4.6 besagt ferner: An jenen Stellen des Raumes, an denen die Leitungsstromdichte $\mathbf{S}_L$ Senken hat, hat die Verschiebungsstromdichte $\mathbf{S}_V$ Quellen und umgekehrt,

(4.7) $-\operatorname{div}\mathbf{S}_L = \operatorname{div}\frac{\partial \mathbf{D}}{\partial t} = \operatorname{div}\mathbf{S}_V$. (4.9)

(Dies bedeutet nicht etwa, daß die Vektoren $-\mathbf{S}_L$ und $\mathbf{S}_V = \partial\mathbf{D}/\partial t$ gleich sind; nur ihre Quellen, nicht aber ihre Wirbel stimmen überein!). Wo also Leitungsstromdichte $\mathbf{S}_L$ verschwindet, entsteht Verschiebungsstromdichte $\mathbf{S}_V$. Letztere setzt gewissermaßen die Leitungsstromdichte fort, die Summe beider ist ein in sich geschlossenes (quellenfreies) Vektorfeld (Gl. 4.6).

Ein einfaches Beispiel hiefür stellt der im Zuge einer Leitung liegende (Platten)Kondensator dar (Abb. 4.1). Fließt im linken Leiter elektrischer Leitungsstrom in der angegebenen Richtung (also von links nach rechts), so entsteht an der Oberfläche der linken Platte 1 des zunächst ungeladen angenommenen Kondensators eine positive Ladung. Im gleichen Ausmaß wird positive Ladung von der rechten Platte 2 abtransportiert, diese Platte behält (an ihrer Oberfläche) eine negative Ladung. Im Dielektrikum wächst daher die elektrische Verschiebung $\mathbf{D}$ entsprechend der zeitlichen Änderung der Kondensatorladung an, es existiert eine Verschiebungsstromdichte $\mathbf{S}_V = \partial\mathbf{D}/\partial t$ im Dielektrikum. Diese entspringt in der Grenzfläche zwischen Kondensatorplatte 1 und Dielektrikum, also in jener Fläche, in der die Leitungsstromdichte $\mathbf{S}_L$ endet; $\mathbf{S}_V$ verschwindet andererseits an der Oberfläche der Platte 2, dort entsteht wiederum Leitungsstromdichte, es fließt Leitungsstrom im rechten Leiter weiter.

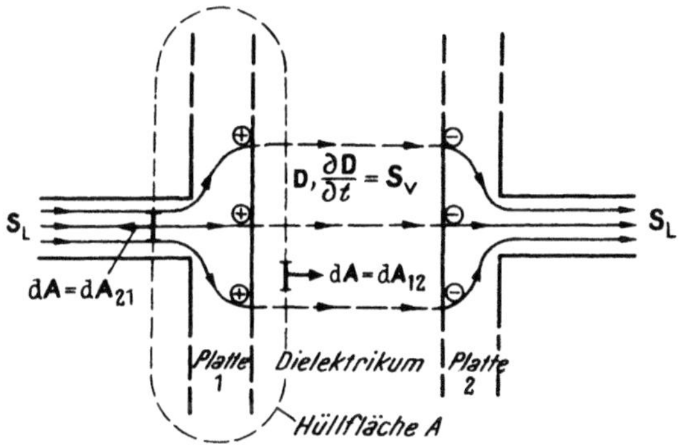

Abb. 4.1

Analog zur Leitungsstromstärke

(2.8) $i_L = \int_{A_{\text{Leiter}}} \mathbf{S}_L \cdot d\mathbf{A}$ (4.10)

(eine zeitlich veränderliche Stromstärke wird üblicherweise durch den Kleinbuchstaben i gekennzeichnet) definiert man auch die Stromstärke des Verschiebungsstromes durch das Flächenintegral über die Verschiebungsstromdichte

$$i_V = \int_A \mathbf{S}_V \cdot d\mathbf{A} = \int_A \frac{\partial \mathbf{D}}{\partial t} d\mathbf{A} = \frac{d}{dt} \int_A \mathbf{D} \cdot d\mathbf{A} = \frac{d\psi^{el}}{dt} \quad , \tag{4.11}$$

wobei wegen der im Raum ruhenden Integrationsfläche A bei der Vertauschung von Differentiation und Integration vom partiellen zum gewöhnlichen Differentialoperator übergegangen werden konnte. In Gl. 4.11 wurde ferner für das Flächenintegral der elektrischen Verschiebung die im Abschnitt 1.1.1 festgelegte Größe „elektrischer Verschiebungsfluß"

(1.66) $$\psi^{el} = \int_A \mathbf{D} \cdot d\mathbf{A} \tag{4.12}$$

eingeführt. Gl. 4.11 besagt, daß der durch eine beliebige Fläche im Raum hindurchströmende Verschiebungsstrom i_V gleich der zeitlichen Änderung des durch diese Fläche hindurchtretenden Verschiebungsflusses ψ^{el} ist. Die beiden Größen Verschiebungsstrom(stärke) i_V und Verschiebungsfluß ψ^{el} sind also streng auseinanderzuhalten, der Verschiebungsstrom ist die zeitliche Ableitung des Verschiebungsflusses! Im stationären Feld treten demnach zwar Verschiebungsflüsse, aber, da diese zeitlich unveränderlich sind, keine Verschiebungsströme auf.

Betrachtet man einen elektrischen Leiter, z.B. die linke Kondensatorplatte 1 in Abb. 4.1, so ist nach dem Satz vom elektrischen Hüllenfluß

(1.67) $$\oint_A \mathbf{D} \cdot d\mathbf{A} = \mathring{\psi}^{el} = Q \quad , \tag{4.13}$$

der mit Hilfe des Gaußschen Integralsatzes aus der auch im nichtstationären Feld gültigen III. Maxwellschen Gleichung Gl. 4.4 zu gewinnen ist, der gesamte, von der Elektrode 1 ausgehende elektrische Fluß $\mathring{\psi}_1^{el}$ der auf ihr befindlichen, zeitlich veränderlichen (wahren) Ladung Q_1 gleich. Aus Gl. 4.9 folgt für eine, die Elektrode 1 einhüllende Fläche A unter Berücksichtigung von Gl. 4.13 (A_{Leiter} ... Leiterquerschnitt)

$$-\int_V \operatorname{div} \mathbf{S}_L \cdot dV = -\oint_{A_1} \mathbf{S}_L \cdot d\mathbf{A} = -\int_{A_{Leiter}} \mathbf{S}_L \cdot d\mathbf{A}_{21} = \int_{A_{Leiter}} \mathbf{S}_L \cdot d\mathbf{A}_{12} = i_{L,12} =$$

$$= \int_V \operatorname{div} \frac{\partial \mathbf{D}}{\partial t} dV = \oint_{A_1} \frac{\partial \mathbf{D}}{\partial t} d\mathbf{A} = \frac{d}{dt} \oint_{A_1} \mathbf{D} \cdot d\mathbf{A} = \frac{d\mathring{\psi}_1^{el}}{dt} = \frac{dQ_1}{dt} \quad . \tag{4.14}$$

Man gelangt so zu der für einen Kondensator fundamentalen Gleichung

$$i_{L,12} = \frac{dQ_1}{dt} \quad . \tag{4.15}$$

Die Stärke $i_{L,12}$ des bei der Platte 1 des Kondensators eintretenden und daher bei der Elektrode 2 austretenden Leitungsstromes ist gleich dem zeitlichen Zuwachs der auf der Elektrode 1 befindlichen (wahren) Ladung Q_1. Dieser Leitungsstrom der Stärke $i_{L,12}$ ist im Kondensator unterbrochen, er wird durch den gleich großen und, wenn man vom geringen Streufeld außerhalb des Kondensators absieht, von der Plattenfläche A_{1D} aus praktisch nur über das Dielektrikum „fließenden" Verschiebungsstrom der Stärke $i_{V,12}$ fortgesetzt (A_{1D} . . . Grenzfläche zwischen Platte 1 und Dielektrikum):

$$(4.14)\quad i_{L,12} = \frac{dQ_1}{dt} = \frac{d\mathring{\psi}_1^{el}}{dt} = \frac{d}{dt}\oint_{A_1} \mathbf{D}\cdot d\mathbf{A} = \oint_{A_1} \frac{\partial \mathbf{D}}{\partial t} d\mathbf{A} = \int_{A_{1D}} \frac{\partial \mathbf{D}}{\partial t} d\mathbf{A}_{12} =$$

$$= \int_{A_{1D}} \mathbf{S}_V \cdot d\mathbf{A}_{12} = i_{V,12} \quad . \tag{4.16}$$

Man beachtet in der Praxis bei einem Kondensator diese Unterbrechung des Leitungsstromes und seine Fortsetzung durch den gleich großen Verschiebungsstrom im Dielektrikum nicht, man sagt einfach, es fließe über den Kondensator ein Strom der Stärke

$$(4.14),(4.16)\quad i_{12} = \frac{dQ_1}{dt} \quad . \tag{4.17}$$

Diese Vorstellung von der Fortsetzung des Leitungsstromes durch den Verschiebungsstrom hat nicht nur formalen Charakter; es zeigt sich ja, daß der Verschiebungsstrom in gleicher Weise wie der Leitungsstrom zur Erzeugung des Magnetfeldes mit beiträgt, wie dies durch die I. Maxwellsche Gleichung Gl. 4.7 ausgedrückt wird.

Mit der Erweiterung der I. Maxwellschen Gleichung im nichtstationären Feld durch die Verschiebungsstromdichte $\partial\mathbf{D}/\partial t$ tritt eine analoge Erweiterung der Beziehung für die Wirbeldichte der magnetischen Induktion **B** auf. Aus der Verknüpfungsbeziehung

$$(3.147)\quad \mathbf{B} = \mu_0 \mathbf{H} + \mu_0 \mathbf{M}$$

folgt mit Gl. 4.7, Gl. 4.8 und Gl. 3.133

$$\operatorname{rot}\mathbf{B} = \mu_0 \operatorname{rot}\mathbf{H} + \mu_0 \operatorname{rot}\mathbf{M} = \mu_0\left(\mathbf{S}_L + \frac{\partial \mathbf{D}}{\partial t} + \operatorname{rot}\mathbf{M}\right) =$$

$$= \mu_0(\mathbf{S}_L + \mathbf{S}_V + \mathbf{S}_E) \quad . \tag{4.18}$$

Die Wirbeldichte des magnetischen Feldvektors **B** der Elementarstromtheorie ist über μ_0 der Summe aller Stromdichten, das sind die Leitungsstromdichte $\mathbf{S}_L$, die Verschiebungsstromdichte $\mathbf{S}_V = \partial\mathbf{D}/\partial t$ und die Elementarstromdichte der Materie $\mathbf{S}_E = \operatorname{rot}\mathbf{M}$, proportional.

Es ist verständlich, daß in der I. Maxwellschen Gleichung Gl. 4.7, die die Wirbel des magnetischen Feldvektors **H** der magnetischen Mengentheorie angibt, nur die Leitungs- und die Verschiebungsstromdichte auftreten, da es nach der Mengentheorie keine magnetisierenden Elementarströme der Materie gibt.

Der Verschiebungsstrom der Dichte

$$\text{(4.8)} \quad \mathbf{S}_V = \frac{\partial \mathbf{D}}{\partial t}$$

besteht nun aus zwei Anteilen, von denen einer ebenfalls einen Strom im üblichen Sinne – also eine Bewegung elektrischer Ladung – darstellt. Zerlegt man **D** entsprechend der Verknüpfungsgleichung

$$\text{(1.232)} \quad \mathbf{D} = \epsilon_0 \mathbf{E} + \mathbf{P} \qquad (4.19)$$

so erhält man für die Verschiebungsstromdichte

$$\text{(4.8)} \quad \mathbf{S}_V = \frac{\partial \mathbf{D}}{\partial t} = \epsilon_0 \frac{\partial \mathbf{E}}{\partial t} + \frac{\partial \mathbf{P}}{\partial t} = \epsilon_0 \frac{\partial \mathbf{E}}{\partial t} + \mathbf{S}_P \ . \qquad (4.20)$$

Der zweite Anteil

$$\mathbf{S}_P = \frac{\partial \mathbf{P}}{\partial t} \qquad (4.21)$$

heißt Dichte des (elektrischen) Polarisationsstromes oder kurz (elektrische) Polarisationsstromdichte. An jeder Stelle der Materie, an der sich die elektrische Polarisation **P** zeitlich ändert, bewegen sich ja elektrische Polarisationsladungen, so daß also tatsächlich eine elektrische Strömung im ursprünglichen Sinne vorhanden ist.

Daß der Ausdruck Gl.4.21 tatsächlich eine Stromdichte darstellt, läßt sich wie folgt nachweisen: Die elektrische Polarisation **P** war durch

$$\text{(1.217)} \quad \mathbf{P} = \frac{d\mathbf{p}}{dV} = \lim_{V \to 0} \frac{1}{V} \sum_{k=1}^{n} \mathbf{p}_k$$

(n . . . Anzahl der Dipole im Volumen V), also durch das auf das („physikalisch begrenzte") Volumen bezogene elektrische Dipolmoment polarisierter Materie, definiert. Nun gilt gemäß Abb. 4.2 für ein einzelnes elementares Dipolmoment

$$\mathbf{p}_k = |Q_{P,k}| \cdot \mathbf{l}_k = |Q_{P,k}| (\mathbf{r}'_k - \mathbf{r}''_k) = |Q_{P,k}| \cdot \mathbf{r}'_k - |Q_{P,k}| \cdot \mathbf{r}''_k$$
$$= Q'_{P,k} \cdot \mathbf{r}'_k + Q''_{P,k} \cdot \mathbf{r}''_k \ . \qquad (4.22)$$

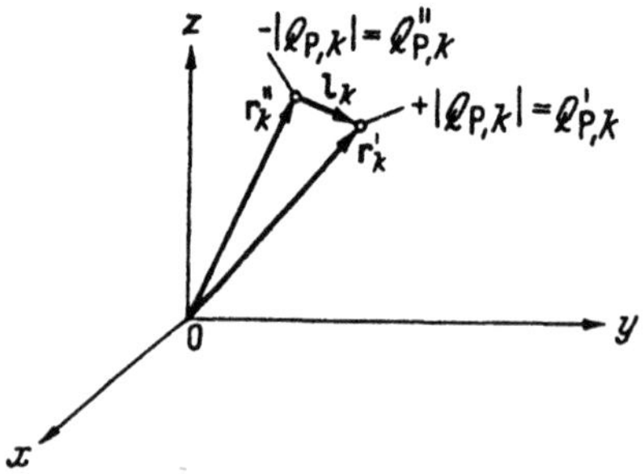

Abb.4.2

Das Dipolmoment $\mathbf{p}_k$ läßt sich also als Summe der beiden Produkte von Polarisationsladung und zugehörigem Ortsvektor (bezüglich eines beliebig angenommenen Bezugspunktes) darstellen. Der Polarisationsvektor $\mathbf{P}$ ist dann auch

$$\mathbf{P} = \lim_{V\to 0} \frac{1}{V} \sum_{k=1}^{n} \mathbf{p}_k = \lim_{V\to 0} \frac{1}{V} \sum_{k=1}^{n} (Q'_{P,k} \cdot \mathbf{r}'_k + Q''_{P,k} \cdot \mathbf{r}''_k) =$$

$$= \lim_{V\to 0} \frac{1}{V} \sum_{l=1}^{2n} Q_{P,l} \cdot \mathbf{r}_l \quad , \tag{4.23}$$

also das auf das Volumen bezogene, über alle (das sind $2n$) Polarisationsladungen dieses („physikalisch begrenzten") Gebietes summierte Produkt von Polarisationsladung und jeweiligem Ortsvektor.

Denkt man sich eine Veränderung des Dipolmomentes $\mathbf{p}_k$ durch eine Lageänderung, z.B. durch Auseinander- oder Zueinanderverschieben der beiden, dem Betrag nach konstant bleibenden Polarisationsladungen $Q'_{P,k}$ und $Q''_{P,k}$ („Verschiebungspolarisation") oder durch Drehen bereits vorhandener molekularer Dipole („Orientierungspolarisation", s. Abschn. 1.2 zustandegekommen, so gilt

$$\overset{(4.22)}{} \quad \frac{d\mathbf{p}_k}{dt} = Q'_{P,k} \frac{d\mathbf{r}'_k}{dt} + Q''_{P,k} \frac{d\mathbf{r}''_k}{dt} = Q'_{P,k} \cdot \mathbf{v}'_k + Q''_{P,k} \cdot \mathbf{v}''_k \quad , \tag{4.24}$$

wobei

$$\mathbf{v}_k = \frac{d\mathbf{r}_k}{dt} \tag{4.25}$$

die Geschwindigkeit der jeweiligen Polarisationsladung bedeutet. Die zeitliche Änderung von $\mathbf{P}$ am festgehaltenen Ort eines Volumselementes ist dann

$$\overset{(4.23)}{} \quad \frac{\partial \mathbf{P}}{\partial t} = \frac{\partial}{\partial t} \lim_{V\to 0} \frac{1}{V} \sum_{k=1}^{n} \mathbf{p}_k = \lim_{V\to 0} \frac{1}{V} \sum_{k=1}^{n} \frac{d\mathbf{p}_k}{dt} =$$

$$= \lim_{V\to 0} \frac{1}{V} \sum_{l=1}^{2n} Q_{P,l} \cdot \mathbf{v}_l = \mathbf{S}_P \quad . \tag{4.26}$$

Sie ist als die auf das Volumen bezogene Summe der Produkte von Ladung und Geschwindigkeit aller Polarisationsladungen des Gebietes V nach Gl. 2.36 tatsächlich eine Stromdichte.

Der andere Bestandteil der Verschiebungsstromdichte Gl. 4.20

$$\epsilon_0 \frac{\partial \mathbf{E}}{\partial t} = \frac{\partial}{\partial t} \epsilon_0 \mathbf{E} \tag{4.27}$$

ist keinesfalls als Stromdichte bewegter elektrischer Ladungen zu deuten. Er bedeutet vielmehr eine Verkettung des elektrischen und des magnetischen Feldes und ist durch die zeitliche Änderung der elektrischen Feldstärke **E** – und zwar jener, die am betreffenden Aufpunkt innerhalb der dort vorhandenen Materie gerade existiert – gegeben. **E** ist also nicht etwa die Feldstärke bzw. $\epsilon_0 \mathbf{E}$ die Verschiebung im leeren Raum an der Stelle des Aufpunktes, wenn dort keine Materie vorhanden wäre, sondern es ist die dort **in** der Materie tatsächlich vorhandene Feldstärke, bzw. $\epsilon_0 \mathbf{E}$ das Produkt von ϵ_0 und dieser Feldstärke, für das nach der Verknüpfungsbeziehung Gl. 4.19

$$\epsilon_0 \mathbf{E} = \mathbf{D} - \mathbf{P} \tag{4.28}$$

gilt.

Es läßt sich also wegen Gl. 4.20 die Wirbeldichte von **B** (Gl. 4.18) in der Form

$$\begin{aligned} \operatorname{rot}\mathbf{B} &= \mu_0 (\mathbf{S}_L + \mathbf{S}_E + \mathbf{S}_P) + \epsilon_0 \mu_0 \frac{\partial \mathbf{E}}{\partial t} = \\ &= \mu_0 \left(\mathbf{S}_L + \operatorname{rot}\mathbf{M} + \frac{\partial \mathbf{P}}{\partial t} + \epsilon_0 \frac{\partial \mathbf{E}}{\partial t}\right) \end{aligned} \tag{4.29}$$

und jene von **H** (Gl. 4.7) in der Form

$$\operatorname{rot}\mathbf{H} = \mathbf{S}_L + \mathbf{S}_P + \epsilon_0 \frac{\partial \mathbf{E}}{\partial t} = \mathbf{S}_L + \frac{\partial \mathbf{P}}{\partial t} + \epsilon_0 \frac{\partial \mathbf{E}}{\partial t} \tag{4.30}$$

anschreiben, wobei in den Beziehungen Gl. 4.29 und Gl. 4.30 neben den physikalisch verständlichen, durch bewegte Elektrizität gegebenen Stromdichten des Leitungs-, des Polarisations- und bei **B** auch noch des Magnetisierungsstromes (Elementarstromes) eine weitere „Stromdichte" $\epsilon_0 \partial \mathbf{E}/\partial t$ auftritt, die die anderen Stromdichten zu einem quellenfreien Vektor ergänzt. Im leeren Raum ($\mathbf{S}_L = 0$, $\mathbf{P} = 0$, $\mathbf{M} = 0$) ist diese „Stromdichte" allein vorhanden, sie ist für die Ausbreitung elektrischer Wellen von grundlegender Bedeutung.

4.1.2. Die II. Maxwellsche Gleichung. Die Induktion in ruhenden Körpern

Wie im Abschnitt 4.1.1 besprochen wurde, gibt eine zeitliche Änderung des elektrischen Feldes zu Wirbeln des Magnetfeldes Anlaß. Die Erfahrung lehrt nun, daß auch umgekehrt eine zeitliche Änderung des magnetischen Feldes ein elektrisches Wirbelfeld bewirkt, wobei der folgende Zusammenhang besteht: Bildet man das Umlaufintegral der elektrischen Feldstärke **E** über einen beliebigen geschlossenen Weg s (Abb. 4.3), so ist dieses gleich der zeitlichen Abnahme des magnetischen Flusses Φ, der mit diesem geschlossenen Weg s verkettet ist:

$$\oint_s \mathbf{E} \cdot \mathrm{d}\mathbf{s} = -\frac{\mathrm{d}\Phi}{\mathrm{d}t} = -\frac{\mathrm{d}}{\mathrm{d}t} \int_A \mathbf{B} \cdot \mathrm{d}\mathbf{A} \ . \tag{4.31}$$

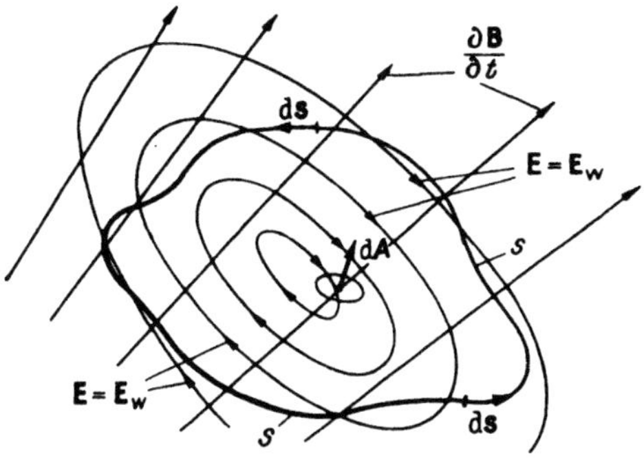

Abb. 4.3

Dabei ist die Richtung der Flächennormale **n**, bzw. des Flächenelementes $d\mathbf{A} = dA \cdot \mathbf{n}$ (= Bezugsrichtung von $\Phi = \int_A \mathbf{B} \cdot d\mathbf{A}$) der von der Randkurve s umfaßten Fläche A, definitionsgemäß dem durch die Richtung von d**s** festgelegten Umlaufsinn der Randkurve rechtswendig zuzuordnen (Abb. 4.3).

Vertauscht man in Gl. 4.31 die Differentiation nach der Zeit mit der Integration über die im Raume festgehaltene Fläche, so folgt unter Benützung des Stokesschen Integralsatzes Gl. 3.372

$$\oint_s \mathbf{E} \cdot d\mathbf{s} = \int_A \operatorname{rot} \mathbf{E} \cdot d\mathbf{A} = -\frac{d}{dt} \int_A \mathbf{B} \cdot d\mathbf{A} = -\int_A \frac{\partial \mathbf{B}}{\partial t} d\mathbf{A} \ . \tag{4.32}$$

Da Gl. 4.32 erfahrungsgemäß einen universellen, d.h. für jede beliebige Fläche A gültigen Zusammenhang darstellt, folgt aus ihr die Differentialgleichung

$$\operatorname{rot} \mathbf{E} = -\frac{\partial \mathbf{B}}{\partial t} \ . \tag{4.33}$$

Diese Beziehung wird II. Maxwellsche Gleichung genannt.

Im zeitlich veränderlichen Feld besitzt also die elektrische Feldstärke Wirbel, deren Dichte durch die zeitliche Abnahme der magnetischen Induktion am betreffenden Ort (durch den „magnetischen Schwund") gegeben ist. (Im zeitlich unveränderlichen Feld ist die elektrische Feldstärke wirbelfrei, „elektrostatisches Feld" Kapitel 1, „stationäres elektrisches Strömungsfeld" Kapitel 2).

In Abb. 4.3 ist das durch die zeitliche Änderung des magnetischen Feldes ($\partial \mathbf{B}/\partial t$) bewirkte elektrische Wirbelfeld $\mathbf{E} = \mathbf{E}_W$ mit seinen in sich geschlossenen Feldlinien angedeutet. Der Richtungssinn der Feldlinien von $\mathbf{E}_W$ und jener des Vektors $\partial \mathbf{B}/\partial t$ sind nach Gl. 4.33 einander linkswendig zugeordnet. Befinden sich im Raum weder elektrische Ladungen noch polarisierbare oder leitfähige Körper, die vom elektrischen Wirbelfeld $\mathbf{E}_W$ beeinflußt werden können, so ist in diesem Fall das elektrische Feld quellenfrei; es ist also ein reines Wirbelfeld $\mathbf{E}_W$, für das die Differentialgleichungen

$$\text{(1.228)} \qquad \operatorname{div} \mathbf{E}_W = 0 \ , \tag{4.34}$$

$$\text{(4.33)} \qquad \operatorname{rot} \mathbf{E}_W = -\frac{\partial \mathbf{B}}{\partial t} \tag{4.35}$$

gelten.

Praktisch befinden sich nun immer zumindest leitfähige Stoffe im Raum, da ja das Magnetfeld entweder durch magnetisierte (metallische) Werkstücke oder aber durch stromdurchflossene Leiter hervorgerufen werden muß. Das vom „magnetischen Schwund" herrührende elektrische (Wirbel)-Feld $\mathbf{E}_W$ beeinflußt nun – ebenso wie dies bei der Influenz durch ein von elektrischen Ladungen herrührendes elektrisches Quellenfeld $\mathbf{E}_Q$ der Fall ist (s. Abschnitt 1.1.2.1) – leitfähige, aber auch elektrisch polarisierbare Stoffe in der Weise, daß deren frei bewegliche wahre Ladungen bzw. deren gleichsam elastisch gebundene Polarisationsladungen verschoben werden. Diese der Influenz völlig gleichartige Beeinflussung durch ein elektrisches Wirbelfeld wird „Induktion" genannt. (Neben der hier besprochenen Induktion in ruhenden Körpern, die man im besonderen durch die Benennung „Ruhinduktion" kennzeichnet, gibt es noch eine, auf die Lorentz-Kraft zurückgehende Induktion in bewegten Körpern. Diese zweite Art der Induktion wird „Bewegungsinduktion" genannt und im Abschnitt 4.3.2 näher behandelt.) Durch Induktion beeinflußte Leiter werden im folgenden auch kurz „induzierte Leiter" genannt.

Die Induktion hat also zur Folge, daß wegen der durch sie bewirkten Ladungsverschiebungen in Leitern und polarisierbaren Medien außer dem induzierenden elektrischen Wirbelfeld $\mathbf{E}_W$ ein von den verschobenen elektrischen Ladungen herrührendes elektrisches Quellenfeld $\mathbf{E}_Q$ auftritt, das, dem Wirbelfeld $\mathbf{E}_W$ überlagert, ein elektrisches Gesamtfeld

$$\mathbf{E} = \mathbf{E}_Q + \mathbf{E}_W \tag{4.36}$$

ergibt. In leitfähigen Körpern, die von eingeprägten Kräften (s. Abschnitt 2.9) frei sind, müssen die Ladungsverschiebungen und das mit ihnen verknüpfte Quellenfeld $\mathbf{E}_Q$ so geartet sein, daß das resultierende Feld $\mathbf{E}$ der Bedingung für eine elektrische Strömung in einem Leiter ohne eingeprägte Kräfte („Ohmsches Gesetz in Differentialform")

$$\text{(4.36), (2.47b)} \qquad \mathbf{E} = \mathbf{E}_Q + \mathbf{E}_W = \varrho \mathbf{S}_L \tag{4.37}$$

genügt; oder anders ausgedrückt, die Leitungsstromdichte muß der resultierenden Feldstärke proportional sein,

$$\text{(2.47a)} \qquad \mathbf{S}_L = \gamma \mathbf{E} = \gamma\,(\mathbf{E}_Q + \mathbf{E}_W)\ . \tag{4.38}$$

In einem polarisierbaren Dielektrikum muß eine Polarisation **P** auftreten, die ebenfalls der resultierenden Feldstärke proportional ist:

$$\text{(1.236), (4.36)} \qquad \mathbf{P} = \epsilon_0 \chi \mathbf{E} = \epsilon_0 \chi (\mathbf{E}_Q + \mathbf{E}_W) \ . \qquad (4.39)$$

Induktion und Influenz (Abschnitt 1.1.2.1) sind insoferne gleichartige Erscheinungen, als in beiden Fällen in leitfähigen und in polarisierbaren Körpern durch elektrische (Fremd)Felder Ladungsverschiebungen bewirkt werden. Sie unterscheiden sich jedoch dadurch, daß das beeinflussende (Fremd)Feld bei der Influenz von elektrischen Ladungen herrührt, also ein elektrisches Quellenfeld ist, während die Induktion auf ein, durch zeitliche Änderung des Magnetfeldes bewirktes elektrisches Wirbelfeld zurückgeht. Dies bedingt, daß im Falle eines induzierenden elektrischen Wirbelfeldes in einem leitfähigen Körper frei bewegliche Ladungsträger u.U. Kräfte in der Weise erleiden, daß Ladungsbewegungen in geschlossenen Bahnen auftreten können. Diese induzierten, in sich geschlossenen elektrischen Strömungen werden, wenn sie in dreidimensional oder annähernd zweidimensional (also blechartig) ausgedehnten leitfähigen Körpern auftreten, „Wirbelströme" genannt. Je nach der geometrischen Form der leitfähigen Körper und ihrer Lage im induzierenden Wirbelfeld werden i.a. aber – wie dies im Zusammenhang mit Gl. 4.36 bis Gl. 4.38 bereits angedeutet wurde – immer auch mehr oder weniger starke, zu Aufladungen an den Grenzflächen dieser Körper führende Ladungsverschiebungen auftreten. Dieser, überschüssige Ladungen herstellende, wirbelfreie Anteil der elektrischen Strömung $\mathbf{S}_L$ beginnt bzw. endet demgemäß bei diesen Ladungen; man spricht in diesen Fällen von „Ladeströmen" der Leiter. Diese Ladeströme werden aber nicht allein durch den induzierenden Wirbelfeldanteil $\mathbf{E}_W$ des elektrischen Feldes sondern gemäß

$$\text{(4.38)} \quad \mathbf{S}_L = \gamma \, (\mathbf{E}_Q + \mathbf{E}_W)$$

in gleicher Weise auch durch den von Ladungen herrührenden (zeitlich veränderlichen) influenzierenden Quellenfeldanteil $\mathbf{E}_Q$ bewirkt. Im zeitlich veränderlichen Feld tritt also i.a. mit der Induktion stets gleichzeitig auch Influenz auf.

Im Gegensatz zu jenem Anteil der elektrischen Strömung $\mathbf{S}_L$, der in sich geschlossen, also quellenfrei ist, bedeuten die im nichtstationären Feld auftretenden Ladeströme einen Strömungsanteil, der Senken (bzw. Quellen) hat, die gemäß

$$\text{(4.9), (4.1)} \quad -\operatorname{div}\mathbf{S}_L = \operatorname{div}\frac{\partial \mathbf{D}}{\partial t} = \operatorname{div}\mathbf{S}_V = \frac{\partial \varrho_{wa}}{\partial t} \qquad (4.40)$$

die zeitliche Änderung der an der betreffenden Stelle des Leiters befindlichen (wahren) Ladungsmenge bestimmen. Diese Stellen sind, wie Gl. 4.40

zeigt, gleichzeitig Quellen (bzw. Senken) elektrischer Verschiebungsströme, da ja die Ladungsänderungen zeitliche Änderungen der elektrischen Verschiebung **D** bedingen. Diese zwischen den Leitern auftretenden und die Ladungsströme der Leiter im Isolator fortsetzenden Verschiebungsströme bedeuten, daß Kapazität nicht nur etwa zwischen den Elektroden von Kondensatoren, sondern in elektrischen Netzen grundsätzlich zwischen jedem Leiterelement und jedem beliebigen anderen besteht.

4.2. Der Begriff der Quasistationarität

Der Ladestrom in einem dünnen Leiter, also in einem Draht, ist als jener Anteil des Leitungsstromes, der zu Aufladungen des Drahtes führt, naturgemäß entlang dieses Leiters nicht konstant. Damit ist aber bei einem elektrischen Netzwerk im nichtstationären Feld auch in unverzweigten Leiterstücken die elektrische Stromstärke prinzipiell an jeder Stelle verschieden.

In der Praxis wird man mit einem größeren Einfluß der sonst sehr kleinen Ladeströme **in** bzw. der Verschiebungsströme **zwischen** den Leitern z.B. dann rechnen müssen, wenn unverzweigte Leiter räumlich so ausgedehnt sind, daß aus diesem Grund große Ladekapazitäten zwischen ihnen, und somit große gespeicherte Ladungsmengen, zustandekommen. Dies trifft z.B. bei elektrischen Leitungen zu, deren Länge im Verhältnis zum Abstand ihrer Einzelleiter sehr groß ist. In Abb. 4.4 ist ein Stück einer (langen) elektrischen Doppelleitung dargestellt, bei der die Stromstärke $i = \int_A \mathbf{S}_\mathrm{L} \cdot \mathrm{d}\mathbf{A}$ eine Funktion der Koordinate x, also des Abstandes der Meßstelle vom Beginn der Leitung, ist.

Sind nun in einem elektrischen Netzwerk die Ladeströme im Verhältnis zu den in sich geschlossenen, quellenfreien Stromanteilen gering, so daß

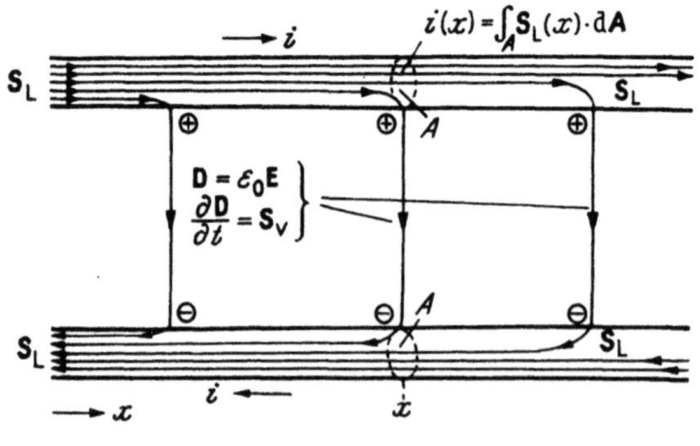

Abb. 4.4

man sie vernachlässigen kann, so ist bei einer solchen, praktisch quellenfreien Strömung wie bei stationären (Gleich)Strömen die Stromstärke in einem unverzweigten Leiter zu einem betrachteten Zeitpunkt an jeder Stelle als gleich groß, also als örtlich konstant, anzusehen. Man spricht dann in diesem Spezialfall einer zeitlich veränderlichen Strömung von einem „quasistationären" Strom.

Vernachlässigung der Ladestromanteile bedeutet gleichermaßen Vernachlässigung der diese Ladestromanteile fortsetzenden Verschiebungsströme gegenüber den quellenfreien (in sich geschlossenen) Leitungsstromanteilen. Kann man also einen konkreten Fall „quasistationär" behandeln, so bedeutet dies, daß man in der I. Maxwellschen Gleichung

(4.7), (4.8) $$\operatorname{rot}\mathbf{H} = \mathbf{S}_L + \frac{\partial \mathbf{D}}{\partial t} = \mathbf{S}_L + \mathbf{S}_V \tag{4.41}$$

die Verschiebungsstromdichte $\mathbf{S}_V = \partial\mathbf{D}/\partial t$ gegenüber der Leitungsstromdichte $\mathbf{S}_L$, und damit die magnetischen Wirkungen der Verschiebungsstromdichte, vernachlässigen darf. Es gilt dann (aber nur dann!) auch im nichtstationären Feld die für das stationäre Feld gültige Form der I. Maxwellschen Gleichung

(3.146) bzw. (4.2) $$\operatorname{rot}\mathbf{H} = \mathbf{S}_L$$

und der aus dieser Gleichung folgende Durchflutungssatz

(3.23) $$\oint_s \mathbf{H}\cdot d\mathbf{s} = \Theta_L = \sum_k I_{L,k} \quad .$$

Die Frage, wann man die Verschiebungs- bzw. die Ladeströme vernachlässigen und daher einen Fall quasistationär behandeln kann, hängt nicht allein von der räumlichen Ausdehnung, also von der gegenseitigen Kapazität der Leiter ab. Vielmehr ist auch die Schnelligkeit der Feldänderungen maßgebend, da ja die Verschiebungsstromdichte $\mathbf{S}_V$ durch die zeitliche Änderung $\partial\mathbf{D}/\partial t$ der elektrischen Verschiebung gegeben ist. Auch bei rasch veränderlichen Feldern (z.B. bei Wechselfeldern hoher Frequenz) wird man daher eine quasistationäre Behandlung vielfach nicht mehr durchführen können. In der Literatur werden aus diesem Grunde das „quasistationäre" und das „nichtquasistationäre Feld" auch „zeitlich langsam veränderliches Feld" (Abschnitt 4.3) bzw. „zeitlich rasch veränderliches Feld" (Abschnitt 4.4) genannt.

Zur Berechnung nichtquasistationärer Felder muß man also die Maxwellschen Gleichungen ohne Vernachlässigung der Verschiebungsstromdichte $\partial\mathbf{D}/\partial t$ integrieren, was i.a. mathematisch sehr kompliziert ist. Man kann sich in der Praxis oftmals dadurch helfen, daß man solche Fälle durch Anwendung geeigneter Ersatzschaltungen in quasistationär behandelbare

Netzwerke überführt. In Abb. 4.5 ist gezeigt, wie die entlang der elektrischen Doppelleitung von Abb. 4.4 kontinuierlich verteilte Kapazität zwischen beiden Leitern abschnittsweise durch konzentrierte Kapazitäten (Kondensatoren) ersetzt wird. Durch diese Ersatzkondensatoren werden die in Wirklichkeit kontinuierlich verteilten Verschiebungsströme abschnittsweise konzentriert in Rechnung gesetzt, in den unverzweigten Stücken der Leitung zwischen den Ersatzkondensatoren und in den Zuleitungen zu diesen ist dann die jeweilige Stromstärke örtlich konstant; die Ersatzschaltung Abb. 4.5 stellt also ein quasistationär behandelbares Netzwerk dar.

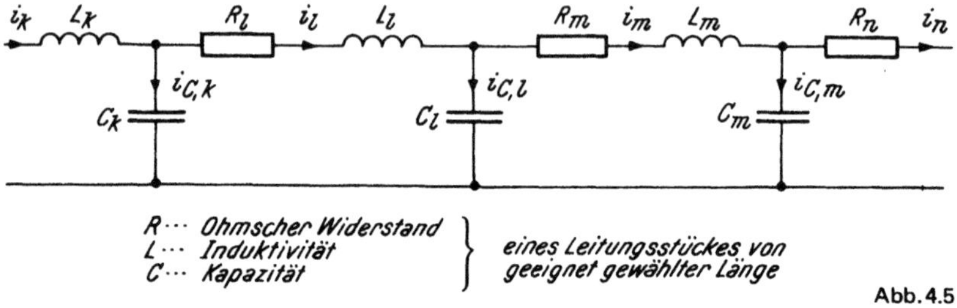

Abb. 4.5

Die getrennte Betrachtung des von elektrischen Ladungen herrührenden wirbelfreien (reinen) Quellenfeldes $\mathbf{E}_Q$ und des mit der zeitlichen Änderung des Magnetfeldes verknüpften quellenfreien (reinen) Wirbelfeldes $\mathbf{E}_W$, also von Influenz und Induktion, trägt praktisch nur im Bereich des zeitlich langsam veränderlichen („quasistationären") elektrischen Feldes zu einem besseren Verständnis der physikalischen Vorgänge bei. Bei zeitlich schnell veränderlichen elektromagnetischen Vorgängen hingegen bringt eine Zerlegung des elektrischen Feldes **E** in diese beiden Anteile wegen der außerordentlich starken Wechselwirkung zwischen elektrischem und magnetischem Feld keine verständnismäßigen Vorteile, hier wird i.a. allein das elektrische Gesamtfeld **E** betrachtet.

4.3. Das quasistationäre elektromagnetische Feld

4.3.1. Die Ruhinduktion in Leiterschleifen

4.3.1.1. Die offene (stromlose, leerlaufende) Leiterschleife

Befindet sich eine offene Leiterschleife (Abb. 4.6) in einem zeitlich langsam veränderlichen Magnetfeld und somit in einem von diesem herrührenden elektrischen Wirbelfeld $\mathbf{E}_W$, für das die Differentialgleichungen Gl. 4.34 und Gl. 4.35 gelten, so werden sich in diesem Draht keine in sich

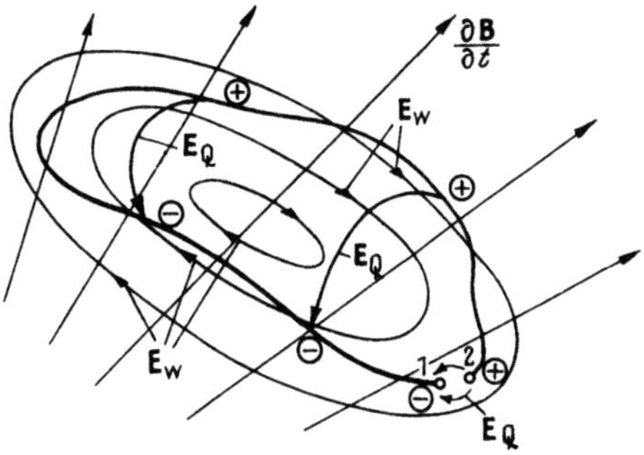

Abb.4.6

geschlossenen Ströme ausbilden können, da er einerseits ein praktisch eindimensionales Gebilde darstellt und es sich ja andererseits um eine offene Schleife handeln soll. Das induzierende elektrische (Wirbel)Feld wird zwar die frei beweglichen Ladungsträger des Leiters verschieben und somit eine Aufladung desselben bewirken; die zu dieser Aufladung nötigen Ladeströme sind jedoch im Falle der Quasistationarität vernachlässigbar klein, so daß man den Leiter als stromlos und somit als feldfrei ansehen kann:

$$\text{(4.38)} \quad \mathbf{S}_L = \gamma \mathbf{E} = \gamma \, (\mathbf{E}_Q + \mathbf{E}_W) = 0 \, . \tag{4.42}$$

Es gilt demnach im offenen Leiter

$$\mathbf{E}_Q = -\mathbf{E}_W \ , \tag{4.43}$$

d.h. die Aufladung muß derart erfolgen, daß das von ihr herrührende elektrische Quellenfeld $\mathbf{E}_Q$ das induzierende elektrische Wirbelfeld $\mathbf{E}_W$ an jeder Stelle im Leiter kompensiert. Es herrscht ein Zustand, der dem einer stromlosen (leerlaufenden) elektrischen Energiequelle mit eingeprägter EMK, z.B. einer galvanischen Zelle (Abschnitt 2.9.2), völlig analog ist: Die vom magnetischen Schwund $-\partial\mathbf{B}/\partial t$ herrührende induzierende elektrische Wirbelfeldstärke $\mathbf{E}_W$ als Ursache der Ladungsverschiebung hat die gleiche Bedeutung wie die, die Ladungen in einer galvanischen Zelle verschiebende eingeprägte Feldstärke $\mathbf{E}_e$; das Quellenfeld $\mathbf{E}_Q$ der verschobenen Ladungen bewirkt wiederum Potentialunterschiede der einzelnen Leiterstellen, insbesondere der beiden Klemmen des offenen Leiters.

Man nennt nun das vom Weg, also von der Lage des Drahtes abhängige Linienintegral der die Ladungsverschiebungen bewirkenden elektrischen Wirbelfeldstärke $\mathbf{E}_W$ wieder „elektromotorische Kraft" (EMK), u.zw. im hier vorliegenden Fall des im Raume ruhenden Leiters „ruhinduzierte EMK":

$$e_{i,12} = \int_1^2 \mathbf{E}_W \cdot d\mathbf{s} \ . \tag{4.44}$$

Das vom Weg unabhängige Linienintegral im elektrischen Quellenfeld $\mathbf{E}_Q$ der verschobenen Ladungen ist die elektrische Potentialdifferenz

$$v_{12} = \int_1^2 \mathbf{E}_Q \cdot d\mathbf{s} = -\int_1^2 \operatorname{grad} \varphi \cdot d\mathbf{s} = -\int_1^2 d\varphi = \varphi_1 - \varphi_2 \quad . \tag{4.45}$$

Während im zeitlich unveränderlichen (statischen bzw. stationären) Feld wegen der Abwesenheit eines elektrischen Wirbelfeldanteiles $\mathbf{E}_W$ das elektrische (Gesamt)Feld $\mathbf{E}$ ein reines Quellenfeld $\mathbf{E}_Q$ ist und daher dort die elektrische Spannung u als Linienintegral der elektrischen (Gesamt)Feldstärke mit der Potentialdifferenz Gl. 4.45 identisch ist (s. Gl. 1.48 bzw. Gl. 2.109), trifft das im zeitlich veränderlichen Feld nicht mehr zu. Hier ist die elektrische Spannung

$$u_{12} = \int_1^2 \mathbf{E} \cdot d\mathbf{s} = \int_1^2 \mathbf{E}_Q \cdot d\mathbf{s} + \int_1^2 \mathbf{E}_W \cdot d\mathbf{s} = v_{12} + e_{i,12} \tag{4.46}$$

gleich der Summe aus der Potentialdifferenz, die man jetzt zweckmäßigerweise mit einem eigenen Symbol, nämlich v, kennzeichnet, zuzüglich der am betreffenden Weg induzierten EMK e_i.

Beim offenen Leiter (Abb. 4.6) gilt gemäß Gl. 4.43 bei Integration über den Leiter von der Klemme 1 zur Klemme 2

$$e_{i,12} = \int_1^2 \mathbf{E}_W \cdot d\mathbf{s} = -\int_1^2 \mathbf{E}_Q \cdot d\mathbf{s} = \int_2^1 \mathbf{E}_Q \cdot d\mathbf{s} = v_{21} = \varphi_2 - \varphi_1 \quad ; \tag{4.47}$$

es sind also hier im „Leerlauf" der Schleife die Beträge von EMK e_i im Leiter und Potentialdifferenz v gleich (vgl. Abschnitt 2.9.2).

Im Gegensatz zum stationären Feld der galvanischen Zelle läßt sich im nichtstationären Feld die Potentialdifferenz der Klemmen der Leiterschleife mit einem Voltmeter prinzipiell nicht exakt messen. Im einfachsten Fall ist ein Voltmeter ein Strommesser (für sehr kleine Ströme), dessen Skala mit Hilfe des bekannten (sehr hohen) Innenwiderstandes R_i des Meßinstrumentes wegen der Proportionalität von Stromdichte $\mathbf{S}_L$ und elektrischer (Gesamt)Feldstärke $\mathbf{E}$ (Gl. 4.42) in Spannungseinheiten kalibriert ist. (Für Voltmeter anderer Konstruktionen gelten gleiche Überlegungen.) Das Voltmeter (Voltmeterzweig ... Index V) mißt also die elektrische Spannung

$$u_{21,V} = i_{21,V} \cdot R_i = \int_2^1 \varrho \mathbf{S}_L \cdot d\mathbf{s}_V = \int_2^1 \mathbf{E} \cdot d\mathbf{s}_V = \int_2^1 \mathbf{E}_Q \cdot d\mathbf{s}_V + \int_2^1 \mathbf{E}_W \cdot d\mathbf{s}_V =$$

$$= v_{21} + e_{i,21,V} \quad , \tag{4.48}$$

das ist im zeitlich veränderlichen Feld die Summe aus der vom Weg unabhängigen Potentialdifferenz v_{21} der Klemmen und der vom Weg, hier also von der Lage der Voltmeterzuleitungen abhängigen, im Voltmeterzweig induzierten EMK $e_{i,21,V}$. Jedes der drei in Abb.4.7 dargestellten Voltmeter wird einen anderen Wert anzeigen, da in den Voltmeterzweigen jeweils andere, zur Potentialdifferenz hinzutretende induzierende elektromotorische Kräfte wirken. Wie die EMK e_i ist auch die elektrische Spannung u (Gl.4.46) im nichtstationären Feld eine, i.a. vom Weg abhängige Größe, da sie hier immer einen Anteil an induzierter EMK enthält.

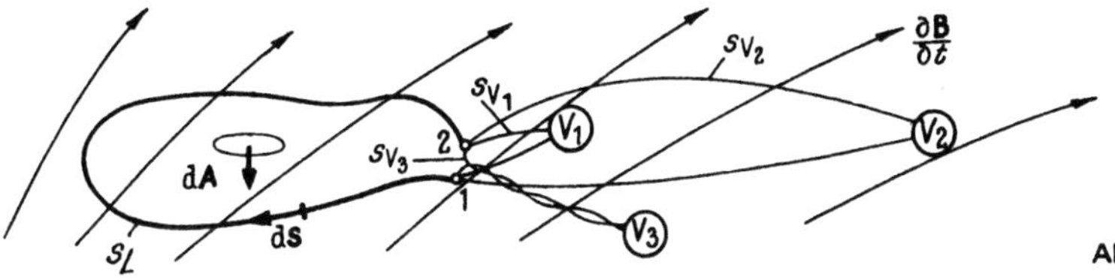

Abb.4.7

In der technischen Praxis gilt aber zumeist, daß die Klemmen von Leiterschleifen im Vergleich zu den Längen der Schleifen nahe beieinander liegen. Dann ist die auf dem kürzesten Weg zwischen den Klemmen auftretende EMK i.a. sehr klein gegenüber der Potentialdifferenz der Klemmen ($e_{i,21,V} \ll v_{21}$), und die mit einem Voltmeter auf diesem kürzesten Weg zwischen den Klemmen gemessene Spannung $u_{21,V}$ wird der Potentialdifferenz der Klemmen v_{21} nahezu gleich sein:

$$u_{21,V} = \int_2^1 \mathbf{E} \cdot d\mathbf{s}_V = v_{21} + e_{i,21,V} \approx v_{21} \quad . \tag{4.49}$$

In Abb.4.7 trifft dies für das Voltmeter V_3 zu, bei dem sich wegen der Verdrillung (bifilaren Verlegung) der Zuleitungen die im Voltmeterzweig induzierten elektromotorischen Kräfte bis auf jenen Rest, der durch die direkte Überbrückung der beiden Klemmen 1 und 2 entsteht, gegenseitig aufheben. Die beiden anderen Voltmeter V_1 und V_2 in Abb.4.7 werden entsprechend der Lage ihrer Zuleitungen und der in ihnen induzierten elektromotorischen Kräfte andere Spannungen anzeigen als das Voltmeter V_3, die u.U. von der Potentialdifferenz zwischen den Klemmen stark abweichen können. Somit kann in der technischen Praxis an die Stelle der zwischen zwei Klemmen eindeutigen, vom Wege unabhängigen, aber direkt nicht meßbaren Potentialdifferenz v die mit einem Voltmeter am kürzesten Wege zwischen den Klemmen gemessene elektrische „Klemmenspannung" u treten. In der Folge ist stets in diesem Sinne die Klemmenspannung eines elektrischen Zweipoles aufzufassen. (Im statischen und im stationären elektrischen Feld sind, wie schon vorhin erwähnt wurde, wegen der Wirbelfreiheit des elektrischen Feldes **E** Potentialdifferenz v und Spannung u exakt gleich.)

Schließlich sei bemerkt, daß durch den Anschluß eines Voltmeters an die Klemmen der offenen Schleife diese an sich zu einer geschlossenen Schleife ergänzt wird, in der jetzt elektrischer Strom fließt. Da ein Voltmeter jedoch einen sehr hohen Innenwiderstand R_i besitzt, kann man den sehr kleinen Belastungsstrom der Schleife vernachlässigen und die für eine offene Schleife (Schleife im „Leerlauf") gültige Beziehung Gl. 4.47, also Gleichheit der Beträge von induzierter EMK und Potentialdifferenz (bzw. „Klemmenspannung", s. Gl. 4.49), nach wie vor als erfüllt ansehen.

Für den durch Leiterschleife (Index L) und Voltmeterzweig (Index V) festgelegten, geschlossenen Weg kann man eine „elektrische Umlaufspannung $\mathring{u}$" bilden:

$$\mathring{u} = \oint_s \mathbf{E} \cdot \mathrm{d}\mathbf{s} = \int_1^2 \mathbf{E} \cdot \mathrm{d}\mathbf{s}_L + \int_2^1 \mathbf{E} \cdot \mathrm{d}\mathbf{s}_V \quad . \tag{4.50}$$

In der (praktisch) stromlosen Leiterschleife ($\mathbf{S}_L = 0$) gilt aber gemäß Gl. 4.42 $\mathbf{E} = 0$, so daß das erste Integral im letzten Term von Gl. 4.50, d.i. die elektrische Spannung entlang der stromlosen Schleife, verschwindet; induzierender Feldstärkenanteil $\mathbf{E}_W$ und Quellenfeldanteil $\mathbf{E}_Q$ der verschobenen Ladungen kompensieren sich ja an jeder Stelle des Leiterinneren (Gl. 4.42 bzw. Gl. 4.43). Entlang des stromlosen Leiters besteht zwischen seinen Klemmen keine Spannung, wohl aber nach Gl. 4.47 eine entsprechend hohe Potentialdifferenz!

Aus Gl. 4.50 folgt

$$\mathring{u} = \oint_s \mathbf{E} \cdot \mathrm{d}\mathbf{s} = \int_2^1 \mathbf{E} \cdot \mathrm{d}\mathbf{s}_V = u_{21,V} \quad , \tag{4.51}$$

d.h. die mit einem Voltmeter meßbare Spannung an der leerlaufenden Schleife ist gleich der Umlaufspannung auf dem geschlossenen Weg von der Klemme 1 zur Klemme 2 über die Leiterschleife und von der Klemme 2 zur Klemme 1 über den Voltmeterzweig. Nun verschwindet einerseits das geschlossene Umlaufintegral im (wirbelfreien) Quellenfeldanteil $\mathbf{E}_Q$ (vgl. die für das stationäre elektrische Feld $\mathbf{E} = \mathbf{E}_Q$ gültige Beziehung Gl. 2.186), so daß

$$\mathring{u} = \oint_s \mathbf{E} \cdot \mathrm{d}\mathbf{s} = \oint_s (\mathbf{E}_Q + \mathbf{E}_W)\, \mathrm{d}\mathbf{s} = \oint_s \mathbf{E}_W \cdot \mathrm{d}\mathbf{s} = \mathring{e}_i \tag{4.52}$$

gilt, es muß also die Umlaufspannung $\mathring{u}$ stets denselben Wert besitzen wie die am selben, geschlossenen Weg induzierte EMK $\mathring{e}_i$. Andererseits ist nach Gl. 4.31 die Umlaufspannung aus der Änderung des mit dem geschlossenen Weg verketteten magnetischen Flusses berechenbar,

$$(4.31) \quad \mathring{u} = \mathring{e}_i = \oint_s \mathbf{E} \cdot \mathrm{d}\mathbf{s} = -\frac{\mathrm{d}\Phi}{\mathrm{d}t} \quad , \tag{4.53}$$

so daß bei der leerlaufenden Schleife die gemessene Spannung zwischen den Klemmen auf die Änderung des magnetischen Flusses, der mit der geschlossenen Schleife Leiter-Voltmeterzweig verkettet ist, zurückgeführt werden kann:

$$(4.51),(4.53) \quad u_{21,\mathrm{V}} = \overset{\circ}{u} = \overset{\circ}{e}_\mathrm{i} = -\frac{\mathrm{d}\Phi}{\mathrm{d}t} \; (= -u_{12,\mathrm{V}}) \; . \qquad (4.54)$$

Gl. 4.53 bzw. Gl. 4.54 hat die Gestalt des Faradayschen Induktionsgesetzes, das in seiner allgemeinen Form auch für im Raum bewegte, geschlossene Wege (Schleifen) Gültigkeit besitzt (s. Abschnitt 4.3.3). Die Beziehung Gl. 4.53 – und damit auch Gl. 4.54 – kann man durch Integration der II. Maxwellschen Gleichung Gl. 4.33 mit Hilfe des Stokesschen Integralsatzes gewinnen:

$$(4.33) \quad \overset{\circ}{u} = \overset{\circ}{e}_\mathrm{i} = \oint_s \mathbf{E}\cdot\mathrm{d}\mathbf{s} = \int_A \mathrm{rot}\,\mathbf{E}\cdot\mathrm{d}\mathbf{A} = -\int_A \frac{\partial \mathbf{B}}{\partial t}\,\mathrm{d}\mathbf{A} = -\frac{\mathrm{d}}{\mathrm{d}t}\int_A \mathbf{B}\cdot\mathrm{d}\mathbf{A} =$$
$$= -\frac{\mathrm{d}\Phi}{\mathrm{d}t} \; . \qquad (4.55)$$

Das negative Vorzeichen in diesen Gleichungen setzt also rechtswendige Zuordnung von Umlaufsinn der Randkurve (= Bezugsrichtung der Spannungsgrößen u und e) und Orientierung des Flächenvektors $\mathrm{d}\mathbf{A}$ der umrandeten, vom magnetischen Fluß Φ durchsetzten Fläche (= Bezugsrichtung des magnetischen Flusses Φ, siehe die Erläuterungen im Anschluß an Gl. 3.333 und an Gl. 4.31) voraus. Umkehr einer Bezugs- und damit einer Integrationsrichtung bedeutet jeweils Vorzeichenwechsel, wie dies etwa in Gl. 4.54 bei der Klemmenspannung u_V angedeutet ist. In der Folge wird, um Verwechslungen der Klemmenspannung und der Umlaufspannung zu vermeiden, auf die Benützung der Umlaufspannung weitestgehend verzichtet und die ihr gleiche (in der geschlossenen Schleife) induzierte EMK verwendet.

Die auf eine geschlossene Schleife Bezug nehmenden Größen $\overset{\circ}{u}$ und $\overset{\circ}{e}_\mathrm{i}$, und daher wegen Gl. 4.54 auch die mit einem Voltmeter zwischen den Klemmen gemessene Spannung $u_{21,\mathrm{V}}$, sind von der Lage der Voltmeterzuleitungen mehr oder weniger stark abhängig. Man kommt zu eindeutigen Werten, wenn man die (offene) Leiterschleife stets am kürzesten Weg zwischen ihren Klemmen zu einem geschlossenen Kreis ergänzt, also die Voltmeterzuleitungen, wie bei V_3 in Abb. 4.7, verdrillt; $u_{21,\mathrm{V}}$ soll in der Folge stets diese, mit der Benennung „Klemmenspannung" gekennzeichnete Spannung sein.

Da eine offene Leiterschleife keinen geschlossenen Weg definiert (es kann ihr daher auch genau genommen kein magnetischer Fluß zugeordnet werden), ist die tatsächlich im Leiter induzierte EMK

$$e_{\mathrm{i},12} = \int_1^2 \mathbf{E}_\mathrm{W}\cdot\mathrm{d}\mathbf{s}_\mathrm{L} = \oint_s \mathbf{E}_\mathrm{W}\cdot\mathrm{d}\mathbf{s} - \int_2^1 \mathbf{E}_\mathrm{W}\cdot\mathrm{d}\mathbf{s}_\mathrm{V} = \overset{\circ}{e}_\mathrm{i} - e_{\mathrm{i},21,\mathrm{V}} =$$
$$= -\frac{\mathrm{d}\Phi}{\mathrm{d}t} - e_{\mathrm{i},21,\mathrm{V}} \qquad (4.56)$$

etwas kleiner als die im geschlossenen Kreis Leiterschleife-Voltmeterzweig induzierte EMK $\mathring{e}_i$ (bzw. die Umlaufspannung $\mathring{u}$), die man aus der zeitlichen Abnahme des mit dem geschlossenen Weg verketteten magnetischen Flusses Φ berechnen kann; u.zw. ist sie um den Wert der geringen, zwischen den nahe beieinanderliegenden Klemmen im Voltmeterzweig induzierten EMK $e_{i,21,V}$ kleiner. In der Praxis kann man diese Differenz vernachlässigen und für die in der offenen Schleife induzierte EMK

$$e_{i,12} \approx \mathring{e}_i = -\frac{d\Phi}{dt} \tag{4.57}$$

setzen, wobei es sich um die gleiche Vernachlässigung handelt, wie wenn man anstelle der Potentialdifferenz v_{21} die mit dem Voltmeter gemessene Klemmenspannung $u_{21,V}$ benützt, die ebenso um die im Voltmeterzweig induzierte EMK zu groß ist (s. Gl. 4.49).

Beim offenen Leiter kann also in der Praxis an die Stelle der (nicht exakt meßbaren) Potentialdifferenz v_{21} die (mit dem Voltmeter bestimmbare) Klemmenspannung $u_{21,V}$ (Gl. 4.49) und an die Stelle der im Leiter zwischen seinen Klemmen 1 und 2 induzierten EMK $e_{i,12}$ die in der, durch die kürzeste Verbindung der Klemmen zu einer geschlossenen Kurve ergänzten Leiterschleife induzierten EMK $\mathring{e}_i$ treten, die sich ihrerseits aus der Änderung des magnetischen Flusses dieser geschlossenen Schleife berechnen läßt (Gl. 4.57):

(4.53), (4.54), (4.47)
$$u_{21,V} \, (= -u_{12,V}) = \mathring{u} = \mathring{e}_i = -\frac{d\Phi}{dt} \approx e_{i,12} = v_{21} \, (= -v_{12}) \; . \tag{4.58}$$

Bei technischen Anwendungen ist vielfach das Magnetfeld und damit das Wirbelgebiet des elektrischen Feldes auf einen begrenzten Raum, z.B. einen (annähernd streuungsfreien) magnetischen Kreis konzentriert. Dann ist der (mehrfach zusammenhängende) elektrische Feldraum außerhalb des Wirbelgebietes wirbelfrei. Ist etwa das Magnetfeld und damit das Wirbelgebiet von **E**, wie in Abb. 4.8 dargestellt, auf ein röhrenförmiges

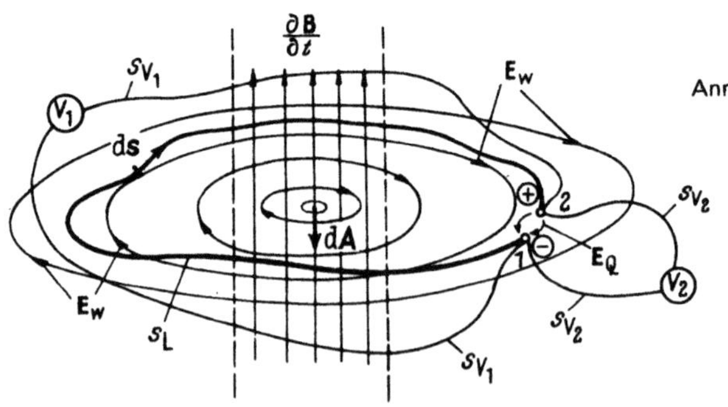

Anm.: Hier ist $\frac{d\Phi}{dt} < 0$, also gemäß Gl. 4.58 $e_{i,12} > 0$ und $v_{21} > 0$.

Abb. 4.8

Volumen begrenzt, so gibt es im wirbelfreien Raum zwei Werte des Linienintegrals der Feldstärke **E** zwischen den beiden Klemmen, je nachdem wie der gewählte Weg das Magnetfeld umfaßt. Wie schon im Zusammenhang mit Gl. 4.50 erwähnt wurde, ist das Linienintegral von **E** entlang des stromlosen ($\mathbf{S}_L = 0$) und daher feldfreien Leiters ($\mathbf{E} = \varrho \mathbf{S}_L = 0$) gleich null:

$$u_{12,L} = \int_1^2 \mathbf{E} \cdot d\mathbf{s}_L = 0 \ . \qquad (4.59)$$

Damit verschwindet aber jetzt im wirbelfreien Gebiet auch auf jedem anderen Weg zwischen 1 und 2, der das zeitlich veränderliche Magnetfeld (=Wirbelgebiet von **E**) auf der gleichen Seite wie die Leiterschleife umfaßt, z.B. also über den Zweig des Voltmeters V_1, die Spannung; das Voltmeter V_1 schlägt nicht aus.

Die Klemmenspannung der Schleife, also die Spannung am kürzesten Weg zwischen den Klemmen 1 und 2, ist hingegen von null verschieden, und zwar gemäß Gl. 4.58 der im geschlossenen Kreis induzierten EMK $\mathring{e}_i$ gleich; Quellenfeld $\mathbf{E}_Q$ und Wirbelfeld $\mathbf{E}_W$ verstärken sich dort. Im Gegensatz zu dem vorhin im Zusammenhang mit Abb. 4.7 beschriebenen Fall des nicht konzentrierten Magnetfeldes (im technischen Fall also eines Magnetkreises mit merkbarer Streuung) wird hier jetzt die Klemmenspannung wegen der Wirbelfreiheit des elektrischen Feldes im Raum außerhalb des streuungsfreien Magnetkreises von einem Voltmeter bei jeder beliebigen Lage seiner Zuleitungen richtig angezeigt, wenn diese nur im selben Sinn das Magnetfeld umlaufen wie der kürzeste Weg zwischen den beiden Klemmen, so wie dies z.B. für den Zweig des (sehr hochohmigen) Voltmeters V_2 in Abb. 4.8 zutrifft.

Bei praktischen Anwendungen winden sich Leiterschleifen meist mehrmals um das vom Magnetfeld und damit von den Wirbeln des elektrischen Feldes erfüllte Gebiet herum. Man nennt eine solche Schleife „Spule" (s. Abschnitt 4.3.6.3). Bei der Berechnung der induzierten EMK e_i (Gl. 4.53) ist dann eben zu berücksichtigen, daß die Feldlinien des magnetischen Induktionsfeldes mehrmals mit der Spule verkettet sind, d.h. sie durchsetzen die wendelförmige Spulenfläche mehrmals. Bei N-maligem Umlauf um das Wirbelgebiet ist die auf einem solchen Weg (z.B. in einer Spule mit N Windungen) auftretende EMK N-mal so groß wie in einer Windung, also in einer Schleife, die das Wirbelgebiet nur einmal umfaßt.

4.3.1.2. Die geschlossene (stromführende, belastete) Leiterschleife

In einer geschlossenen Schleife, die sich in einem zeitlich (langsam) veränderlichen Magnetfeld und daher in einem elektrischen Wirbelfeld befindet, wird i.a. elektrischer Strom fließen, wobei wegen des zeitlich langsam veränderlichen (quasistationären) Feldes die Stromstärke an jeder Stelle der Schleife als gleich groß angesehen werden kann (s. Abschnitt 4.2). Es gilt in einer solchen Schleife wegen der Proportionalität von Stromdichte $\mathbf{S}_L$ und Feldstärke $\mathbf{E}$ im Leiter Gl. 4.37, woraus nach Integration über die Länge s des Leiters nach Gl. 2.49

$$\oint_s \mathbf{E}\cdot d\mathbf{s} = \oint_s \varrho \mathbf{S}_L \cdot d\mathbf{s} = iR \tag{4.60}$$

folgt, nach Gl. 4.31 und Gl. 4.52 die Beziehung

$$\oint_s \mathbf{E}\cdot d\mathbf{s} = \oint_s \mathbf{E}_W \cdot d\mathbf{s} = \mathring{e}_i = -\frac{d\Phi}{dt} = \oint_s \varrho \mathbf{S}_L \cdot d\mathbf{s} = iR \ . \tag{4.61}$$

Die in der geschlossenen (gewissermaßen im Kurzschluß befindlichen) Schleife induzierte EMK, die sich aus der zeitlichen Abnahme des mit dieser Schleife verketteten magnetischen Flusses berechnen läßt, ist gleich dem eigenen (inneren) Ohmschen Spannungsabfall iR (vgl. Abschnitt 2.9.3, Gl. 2.149 bzw. Gl. 2.150).

Vielfach wird in der technischen Praxis die geschlossene Schleife aus Zweckmäßigkeitsgründen unterteilt (Abb. 4.9), wobei die beiden Teile

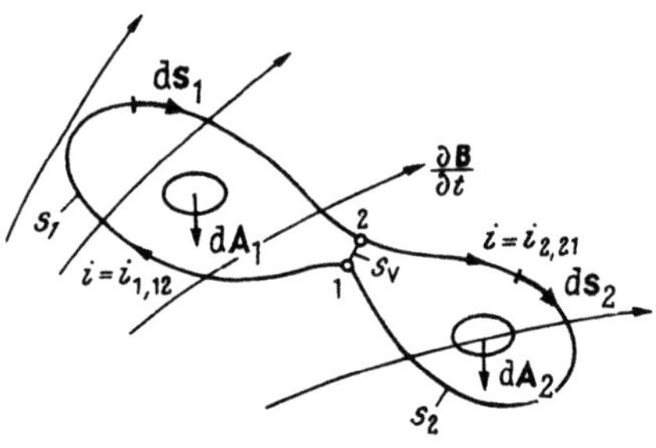

Abb. 4.9

über nahe beieinanderliegende Klemmen verbunden sind. Jeder Teil stellt für sich keine geschlossene Schleife dar, doch kann man durch Ergänzung über den kürzesten Weg zwischen den Klemmen (s_V), zumindest gedanklich, zwei geschlossene Kreise herstellen. Meist wird der eine Kreis, z.B. Kreis 1, mit einem großen magnetischen Fluß verkettet sein, so daß in ihm eine große EMK induziert wird, und er wird tunlichst einen kleinen (Innen)-Widerstand R_1 besitzen. Teil 1 ist dann ein aktiver elektrischer Zweipol, der an den Teil 2, der mit einem kleinen magnetischen (Streu)Fluß verkettet sein und einen relativ hohen Widerstand besitzen soll, elektrische Energie abgibt, wie noch später im Abschnitt 4.3.1.3 näher erläutert wird. Zweipol 2 ist dann (überwiegend) ein Verbraucher elektrischer Energie. Jetzt gilt nach Gl. 4.61 unter Berücksichtigung der Tatsache, daß das geschlossene Linienintegral im Quellenfeld $\mathbf{E}_Q$ verschwindet,

$$\oint_s \mathbf{E}\cdot d\mathbf{s} = \oint_s \mathbf{E}_Q\cdot d\mathbf{s} + \oint_s \mathbf{E}_W\cdot d\mathbf{s} = \mathring{e}_i = e_{i\,1,12} + e_{i\,2,21} = \oint_s \varrho \mathbf{S}_L\cdot d\mathbf{s} =$$

$$= i\,(R_1+R_2) \quad . \tag{4.62}$$

Für einen einzelnen Teil, z.B. für den mit Teil 2 „belasteten" Teil 1, folgt:

$$\int_1^2 \mathbf{E}\cdot d\mathbf{s}_1 = \int_1^2 \mathbf{E}_Q\cdot d\mathbf{s}_1 + \int_1^2 \mathbf{E}_W\cdot d\mathbf{s}_1 = v_{12} + e_{i\,1,12} = -v_{21} + e_{i\,1,12} =$$

$$= \int_1^2 \varrho \mathbf{S}_L\cdot d\mathbf{s} = i_{1,12}\cdot R_1 \tag{4.63}$$

oder

$$v_{21} = e_{i\,1,12} - i_{1,12}\cdot R_1 \quad . \tag{4.64}$$

Die Potentialdifferenz der Klemmen ist der im Leiter induzierten EMK, abzüglich des eigenen Ohmschen Spannungsabfalles, gleich. Diese Beziehung ist wieder völlig gleichartig jener des stationären Strömungsfeldes Gl. 2.147.

Bei der praktischen Rechnung mit Zweipolen wird man an Stelle der (nicht direkt meßbaren) Potentialdifferenz v_{21} mit der nahezu gleich großen Klemmenspannung $u_{21,V}$, also mit der mit einem Voltmeter am kürzesten Weg zwischen den Klemmen gemessenen elektrischen Spannung, und an Stelle der im Leiterteil 1 zwischen den Klemmen 1 und 2 induzierten EMK $e_{i\,1,12}$ mit der nahezu gleich großen, in der durch Überbrückung der Klemmen geschlossen gedachten Schleife 1 induzierten EMK $\mathring{e}_{i\,1}$ arbeiten, die dann aus dem magnetischen Fluß ermittelt werden kann, der mit dieser „geschlossenen" Schleife verkettet ist. An die Stelle der physikalisch verständlichen Gl. 4.64 tritt dann mit $i = i_{1,12}$ im Leiter 1 die Beziehung

$$u_{21,V} = \int_2^1 \mathbf{E}\cdot d\mathbf{s}_V = \oint_s \mathbf{E}\cdot d\mathbf{s} - \int_1^2 \mathbf{E}\cdot d\mathbf{s}_1 = \mathring{e}_{i\,1} - \int_1^2 \varrho \mathbf{S}_L\cdot d\mathbf{s}_1 =$$

$$= \mathring{e}_{i\,1} - i_{1,12}\cdot R_1 = -\frac{d\Phi_1}{dt} - i_{1,12}\cdot R_1 \quad . \tag{4.65}$$

In der Praxis wird wegen $u_{21,V} \approx v_{21}$ und $\mathring{e}_{i\,1} \approx e_{i\,1,12}$ Gl. 4.64 bzw. Gl. 4.65 wie folgt angeschrieben:

$$u_{21,V} = e_{i\,1,12} - i_{1,12}\cdot R_1 = -\frac{d\Phi_1}{dt} - i_{1,12}\cdot R_1 \quad . \tag{4.66}$$

Mit der Klemmenspannung $u_{21,V}$ bzw. $u_{12,V} = -u_{21,V}$, die am kürzesten Weg zwischen den Klemmen der Schleife zu bestimmen ist, darf keinesfalls die Spannung zwischen den Klemmen verwechselt werden, die man entlang eines Leiters (oder in seinem Inneren) erhält. Diese ist z.B. entlang des Leiters 1

$$u_{12,L} = \int_1^2 \mathbf{E} \cdot d\mathbf{s}_1 = \int_1^2 \varrho \mathbf{S}_L \cdot d\mathbf{s}_1 = i_{1,12} \cdot R_1 \quad . \tag{4.67}$$

Ein an die Klemmen der Schleife angeschlossenes Voltmeter, dessen Zuleitungen entlang der Leiterschleife ausgelegt werden, mißt nur den inneren Ohmschen Spannungsabfall der Schleife (bei einer stromlosen Schleife zeigt das Voltmeter daher den Wert null an, s. Gl. 4.59).

Bei der stromdurchflossenen Schleife ist besonders darauf hinzuweisen, daß für die Induktion, also für das induzierende Wirbelfeld $\mathbf{E}_W$, das resultierende Magnetfeld **B** maßgebend ist, das von Strömen fremder Leiterkreise aber auch vom Strom der eigenen, induzierten Schleife herrührt. In vielen Fällen ist es (bei linearem Material im Feldraum) zweckmäßig, das resultierende Magnetfeld **B** und ebenso das induzierende Wirbelfeld $\mathbf{E}_W$ in die von den einzelnen fremden Stromkreisen herrührenden Feldanteile und in das betreffende Eigenfeld zu trennen. Jedem Feldanteil von **B** bzw. $\mathbf{E}_W$ entspricht dann eine eigene elektromotorische Kraft. Die vom Magnetfeld des eigenen Stromes herrührende EMK wird dann „selbstinduzierte EMK", die vom Teilfeld eines fremden Stromkreises herrührende EMK „gegeninduzierte EMK" genannt. (Eine ausführliche Darstellung s. Abschnitte 4.3.6.3 und 4.3.8.)

4.3.1.3. Die elektrische Leistung bei induzierten Leiterschleifen

Wie im Abschnitt 4.3.1.2 erläutert wurde, wirkt in induzierten Leitern, die von eingeprägten Kräften frei sind, die elektrische (Gesamt) Feldstärke **E** auf die Ladungsträger ein, so daß eine ihr proportionale Stromdichte auftritt:

(4.37) $\mathbf{E} = \varrho \mathbf{S}_L \quad .$

Diese Beziehung ergibt im dünnen Leiter (oder entlang seiner Oberfläche) zwischen zwei Klemmen 1 und 2 integriert eine elektrische Spannung, die den Ohmschen Spannungsabfall iR repräsentiert:

(4.67) $u_{12,L} = i_{1,12} \cdot R_1 \quad .$

Die (Gesamt) Feldstärke **E** besteht jedoch aus zwei Komponenten von sehr unterschiedlicher Bedeutung: Die vom magnetischen Schwund herrührende Wirbelfeldstärke $\mathbf{E}_W$ stellt die Ursache der Ladungsverschiebungen dar, und sie überträgt an die Ladungen elektrische Leistung, die aus dem Magnetfeld entnommen ist (erzeugte elektrische Leistung P_e). Ein einzelner Ladungsträger erhält vom Makrofeld $\mathbf{E}_W$ die Leistung

$$P_k = \frac{dW_k}{dt} = \frac{\mathbf{F}_k \cdot d\mathbf{s}_k}{dt} = \mathbf{F}_k \mathbf{v}_k = Q_k \mathbf{E}_W \mathbf{v}_k \quad . \tag{4.68}$$

Die erzeugte Leistungsdichte p_e, d.i. die auf das Volumen bezogene Leistung

$$p_e = \frac{dP_e}{dV} = \lim_{V \to 0} \frac{1}{V} \sum_{k=1}^{n} P_k \quad , \tag{4.69}$$

ist dann wegen Gl. 2.36 in formaler Übereinstimmung mit Gl. 2.126

$$p_e = \lim_{V \to 0} \frac{1}{V} \sum_{k=1}^{n} Q_k \mathbf{E}_W \mathbf{v}_k = \mathbf{E}_W \cdot \lim_{V \to 0} \frac{1}{V} \sum_{k=1}^{n} Q_k \mathbf{v}_k = \mathbf{E}_W \mathbf{S}_L \quad , \tag{4.70}$$

also das Produkt aus Feldstärke $\mathbf{E}_W$ und (Leitungs)Stromdichte $\mathbf{S}_L$. Integriert man über das Leitervolumen, z.B. des Leiters 1, so erhält man wieder wegen $\mathbf{S}_L \uparrow\uparrow d\mathbf{s}$ oder $\mathbf{S}_L \uparrow\downarrow d\mathbf{s}$ und $\mathbf{S}_L \cdot d\mathbf{A}_{12} = \text{const}$ (wegen $\operatorname{div} \mathbf{S}_L = 0$)

$$P_{e,1} = \int_{V_1} p_e \cdot dV = \int_{V_1} (\mathbf{E}_W \mathbf{S}_L)(d\mathbf{A}_{12} \cdot d\mathbf{s}_{12}) = \int_1^2 \mathbf{E}_W \cdot d\mathbf{s}_{12} \cdot \int_{A_1} \mathbf{S}_L \cdot d\mathbf{A}_{12} =$$

$$= e_{i\,1,12} \cdot i_{1,12} \tag{4.71}$$

in Übereinstimmung mit der für eine eingeprägte EMK gültigen Gl. 2.144. (Bei Gl. 2.144 wurde in der Energiequelle die Stromstärke in Richtung von der Klemme 2 zur Klemme 1 positiv gezählt!)

Die treibenden Kräfte des Wirbelfeldes $\mathbf{E}_W$ und die damit „erzeugte" elektrische Leistung bewirken ein Fließen des elektrischen Stromes über den elektrischen Widerstand des Leiters und – wenn es sich um einen aktiven Zweipol handelt – entgegen den Kräften des durch Aufladung entstandenen Quellenfeldes $\mathbf{E}_Q$ von niederem zu höherem Potential, wie dies auch bei einem galvanischen Element mit eingeprägter EMK der Fall ist. In einer Schleife, die überwiegend Verbraucher elektrischer Leistung ist, fließt demnach der elektrische Strom in Richtung der von den Aufladungen herrührenden Quellenfeldstärke $\mathbf{E}_Q$ von höherem zu niedrigerem Potential. Multipliziert man Gl. 4.64 mit der Stromstärke $i_{1,12}$ so erhält man

$$P_{ab,1} = v_{21} \cdot i_{1,12} = e_{i\,1,12} \cdot i_{1,12} - i_{1,12}^{2} \cdot R_1 = P_{e,1} - i_{1,12}^{2} \cdot R_1 \quad . \tag{4.72}$$

Die beiden Glieder im dritten und vierten Term von Gl. 4.72 bedeuten die im Leiter 1 von der induzierten EMK erzeugte elektrische Leistung (Gl. 4.71) abzüglich der in ihm verbrauchten Jouleschen Wärmeleistung (siehe Gl. 2.130). Das Produkt aus Potentialdifferenz v_{21} und Stromstärke $i_{1,12}$ stellt also die vom Zweipol 1 nach außen abgegebene elektrische Leistung $P_{ab,1}$ dar; oder umgekehrt, es ist das Produkt $v_{12} \cdot i_{1,12} = -v_{21} \cdot i_{1,12}$ die dem Zweipol zugeführte Leistung, also der Überschuß seiner in Joulesche Wärme umgesetzten über die von seiner induzierten EMK erzeugten Leistung,

$$P_{zu,1} = v_{12} \cdot i_{1,12} = i_{1,12}^{2} \cdot R_1 - e_{i\,1,12} \cdot i_{1,12} \quad . \tag{4.73}$$

In der Praxis wird wieder die Potentialdifferenz durch die Klemmenspannung und die im Leiter zwischen seinen Klemmen induzierte EMK durch die EMK des durch Überbrückung der Klemmen zu einer geschlossenen Schleife ergänzten Leiters ersetzt, so daß an Stelle von Gl.4.73, etwa durch Multiplikation von Gl.4.66 mit der Stromstärke $i_{1,12}$ und Übergang von $u_{21,\mathrm{V}}$ zu $u_{12,\mathrm{V}} = -u_{21,\mathrm{V}}$,

$$P_{\mathrm{zu},1} \approx u_{12,\mathrm{V}} \cdot i_{1,12} = i_{1,12}{}^{2} \cdot R_1 - \overset{\circ}{e}_{\mathrm{i}\,1} \cdot i_{1,12} = i_{1,12}{}^{2} \cdot R_1 + \frac{\mathrm{d}\Phi_1}{\mathrm{d}t}\, i_{1,12} \qquad (4.74)$$

erhalten wird.

4.3.1.4. Die Kurzschlußschleife

Ein aus /4.1/ entnommenes Beispiel soll abschließend einen Fall demonstrieren, in dem der Unterschied zwischen Potentialdifferenz und Spannung sehr wesentlich ist:

Eine kreisförmige Kurzschlußschleife mit örtlich konstanten Werten des Querschnittes und des spezifischen Widerstandes befinde sich auf einem (sehr langen) zylinderförmigen Eisenkern (Abb.4.10). Bei zeitlicher Änderung der Induktion $\mathbf{B}$ im Eisenkern (außerhalb des Kernes sei $\partial \mathbf{B}/\partial t = 0$) entsteht ein elektrisches Wirbelfeld, dessen Feldlinien aus Symmetriegründen konzentrische Kreise sind. Eine solche Wirbellinie fällt mit dem kreisförmigen Leiter zusammen. Da im Leiter keine eingeprägten Kräfte vorhanden sein sollen, gilt $\mathbf{E}_e = 0$; wegen der Symmetrie der Anordnung kann es auch an keiner Stelle der Kurzschlußwindung zu Aufladungen kommen, es entsteht daher ebenfalls kein Quellenfeld $\mathbf{E}_Q$, und wegen $\mathbf{E}_Q = 0$ gibt es auch keine Potentialunterschiede zwischen beliebigen Punkten 1 und 2 der Schleife: Die ganze Windung befindet sich, obwohl Strom fließt, auf gleichem Potential, also

$$v_{12} = 0 \ . \qquad (4.75)$$

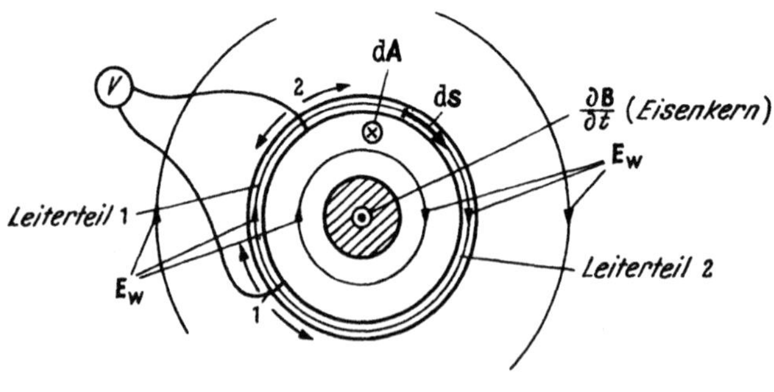

Abb.4.10

Gl. 4.37 reduziert sich hier zu

$$\mathbf{E}_W = \varrho \mathbf{S}_L \quad , \tag{4.76}$$

bzw. Gl. 4.63 für beliebige Punkte 1 und 2 der Windung zu

$$e_{i\,1,12} = i_{1,12} \cdot R_1 \quad . \tag{4.77}$$

Die zwischen zwei Punkten 1 und 2 induzierte EMK wird also hier in demselben Leiterteil sofort zur Gänze durch den Ohmschen Spannungsabfall verbraucht. Leistungsmäßig bedeutet dies, daß die in jedem (beliebig langen) Leiterstück von der EMK erzeugte Leistung $P_{e,1} = e_{i\,1,12} \cdot i_{1,12}$ in ihm selbst sofort in Joulesche Wärmeleistung $i_{1,12}{}^2 \cdot R_1$ umgesetzt wird, so daß die einzelnen Teile des Ringes untereinander keinerlei elektrische Leistung austauschen. Die Leistungsgleichung 4.73 liefert auch in diesem Fall, da zwischen beliebigen Punkten 1 und 2 keine Potentialdifferenz besteht,

$$P_{zu,1} = -P_{ab,1} = v_{12} \cdot i_{1,12} = 0 \quad . \tag{4.78}$$

Schließt man hingegen ein (verlustloses) Voltmeter an 1 und 2 an (Abb. 4.10), so wird man zwischen diesen Punkten – obwohl sie sich auf gleichem Potential befinden – eine Spannung messen. Sie verhält sich zu der im gesamten Ring induzierten Spannung so wie die zwischen den beiden Punkten auf der Voltmeterseite liegende Länge des Leiters zu seiner Gesamtlänge. Man kann also vom Spannungswert null, wenn man die beiden Punkte 1 und 2 zusammenfallen läßt und die Voltmeterschleife den Magnetschenkel nicht umfaßt, bis zur gesamten Umlaufspannung, wenn die beiden Punkte auseinanderwandern bis sie auf der anderen Seite wieder zusammenkommen, alle beliebigen Spannungswerte messen, obwohl sich alle Punkte der Schleife auf gleichem Potential befinden. Die Spannung $u_{12,V}$ kann hier keinesfalls in die Leistungsgleichung eingeführt werden, um an die Stelle der Potentialdifferenz zu treten, denn die von einem beliebigen Leiterteil an den Rest der Schleife abgegebene Leistung ist ja null, während $u_{12,V} \cdot i_{1,12} = i_{1,12}{}^2 \cdot R_1$ ungleich null ist und hier die Joulesche Wärmeleistung des Teiles 1 angibt.

Teilt man die Kurzschlußwicklung in zwei beliebige, z.B. in zwei gleich lange Teile 1 und 2, wobei jetzt der Widerstand der beiden Teile verschieden sein soll, so treten Aufladungen auf (Abb. 4.11). Für die folgende Rechnung sei in der linken Leiterhälfte 1 ein kleinerer Widerstand als in der rechten Hälfte vorausgesetzt ($R_1 < R_2$). Da die Stromstärke $i = i_{1,12} = i_{2,21}$ im Ring konstant sein muß, muß nach Gl. 4.64

$$v_{21} = e_{i\,1,12} - iR_1 = \frac{\mathring{e}_i}{2} - iR_1 \quad , \tag{4.79}$$

$$v_{12} = e_{i\,2,21} - iR_2 = \frac{\mathring{e}_i}{2} - iR_2 \tag{4.80}$$

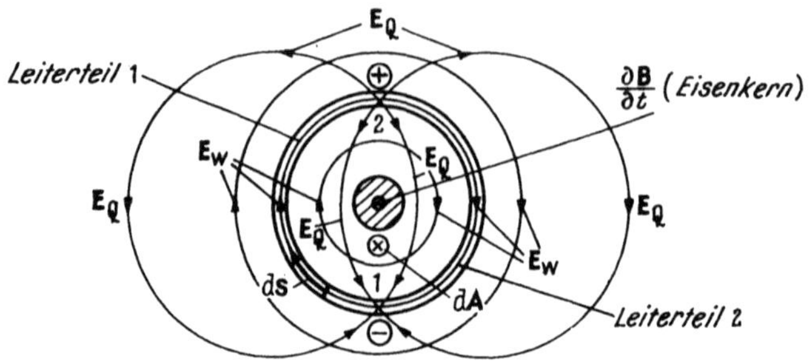

Abb.4.11

gelten, wenn man berücksichtigt, daß die in den beiden gleichlangen Teilen induzierten elektromotorischen Kräfte gleich groß sind ($e_{i\,1,12} = e_{i\,2,21} = \mathring{e}_i/2$). Ihre Größe ist von der zeitlichen Änderung von **B** abhängig und kann hier als bekannt vorausgesetzt werden. Man kann dann aus Gl. 4.79 und Gl. 4.80 sowohl die Stromstärke als auch die zwischen den beiden Punkten 1 und 2 auftretende Potentialdifferenz berechnen, und zwar erhält man bei Addition von Gl. 4.79 und Gl. 4.80 wegen $v_{21} = -v_{12}$

$$i = i_{1,12} = i_{2,21} = \frac{\mathring{e}_i}{R_1 + R_2} , \tag{4.81}$$

bei Subtraktion der Gl. 4.79 von Gl. 4.80 und Division der Differenz durch 2

$$v_{12} = i \frac{R_1 - R_2}{2} < 0 \text{ (da } R_1 < R_2\text{)} , \tag{4.82}$$

(für $R_1 = R_2$ ist wie vorher $v_{12} = 0$). Punkt 2 befindet sich also auf höherem Potential als Punkt 1, in 2 überwiegen die positiven Ladungsträger. Das entstandene Quellenfeld $\mathbf{E}_Q$ wirkt im niederohmigen Teil 1 dem induzierenden Wirbelfeld $\mathbf{E}_W$ entgegen und bewirkt eine kleinere resultierende Feldstärke $\mathbf{E} = \mathbf{E}_Q + \mathbf{E}_W$ als im hochohmigen Teil 2, wo die Quellenfeldstärke $\mathbf{E}_Q$ der Ladungen und die vom magnetischen Schwund herrührende Wirbelfeldstärke $\mathbf{E}_W$ einander verstärken. Dadurch ist eben die Bedingung erfüllt, daß im ganzen geschlossenen Leiterkreis, also sowohl im niederohmigen als auch im hochohmigen Teil, die Stromstärke konstant ist. Das niederohmige Leiterstück wird zum Erzeuger elektrischer Leistung, das hochohmige zum Verbraucher. Die dem hochohmigen Teil zugeführte (und daher vom niederohmigen Teil abgegebene) Leistung wird wieder richtig durch den Ausdruck

$$P_{zu,2} = P_{ab,1} = v_{21} \cdot i > 0 \tag{4.83}$$

dargestellt (vgl. Gl. 4.72 und Gl. 4.73), während die Spannung u_{21} nach wie vor keine praktische Bedeutung in diesem Zusammenhang besitzt.

Abschließend soll noch erwähnt werden, daß analog der im Inneren eines Leiters zwischen seinen Klemmen induzierten EMK, die also ausschließlich aus dem vom magnetischen Schwund herrührenden elektrischen Wirbelfeld $\mathbf{E}_W$, nicht aber aus dem elektrischen Gesamtfeld $\mathbf{E} = \varrho \mathbf{S}_L$ des Leiterinneren berechnet werden darf, die Kapazität eines Kondensators ebenfalls nur aus dem von seinen eigenen Ladungen herrührenden elektrischen Quellenfeld $\mathbf{E}_Q$ und nicht etwa aus dem Gesamtfeld $\mathbf{E}$ berechnet werden muß. Es gilt also im allgemeinen Fall $C = \frac{Q_1}{v_{12}} = \frac{Q_1}{\varphi_1 - \varphi_2}$ und nicht etwa $C = \frac{Q_1}{u_{12}}$! Diese Tatsache spielt so lange keine Rolle, solange $v_{12} \approx u_{12}$ ist, sie wird aber wieder dort wesentlich, wo diese Bedingung nicht mehr erfüllt ist, wie etwa bei verschiedenen Anordnungen elektrischer Leitungen. Man unterscheidet demgemäß bei Problemen der gegenseitigen Beeinflussung elektrischer Leitungen auch wesentlich zwischen der vom Wirbelfeld $\mathbf{E}_W$ induzierten (Längs)EMK, die somit nur vom Schwund des Magnetfeldes der Leiterströme hervorgerufen wird, und der vom Quellenfeld $\mathbf{E}_Q$ der Ladungen der Leiter, also von der gegenseitigen Leiterkapazität herrührenden Influenz-EMK.

4.3.2. Die Bewegungsinduktion

Eine zweite Form der Beeinflussung elektrischer Leiter durch ein Magnetfeld, also eine zweite Form der Induktion, stellt die Bewegungsinduktion dar. Man versteht darunter das Auftreten einer induzierten EMK in einem Leiter, der sich im Magnetfeld bewegt. Sie wird „induzierte EMK der Bewegung" genannt und steht in engem Zusammenhang mit der induzierten EMK der Ruhe (s. Abschnitt 4.3.3).

Bewegt man einen Körper in einem vom Magnetfeld erfüllten Raum, so wirkt auf die im Körper befindlichen elektrischen Ladungen die Lorentz-Kraft

(3.3) $\mathbf{F} = Q\mathbf{v} \times \mathbf{B}$.

Sind die Ladungen nur begrenzt (elastisch) verschiebbar, wie beim Isolator, so wird sich der Körper dielektrisch polarisieren, solange man ihn im Magnetfeld bewegt; sind die Ladungen im Körper frei beweglich, wie beim Leiter, so werden sie sich, den Kräften folgend, in ihm fortbewegen. Bezieht man die Kraft auf die zugehörige Ladung, bildet man also den Quotienten aus Kraft und Ladung,

$$\mathbf{E}_b = \frac{\mathbf{F}}{Q} = \mathbf{v} \times \mathbf{B} \quad , \tag{4.84}$$

so erhält man eine, einer elektrischen Feldstärke entsprechende Größe $\mathbf{E}_b$, die in jedem, im Magnetfeld bewegten Körper wirksam ist, seine Ladungen antreibt, und deren Linienintegral zwischen zwei Punkten (meist sind es zwei Klemmen eines Leiters) „induzierte EMK der Bewegung" heißt:

$$e_{ib,12} = \int_1^2 \mathbf{E}_b \cdot d\mathbf{s} = \int_1^2 (\mathbf{v} \times \mathbf{B})\, d\mathbf{s} \ . \tag{4.85}$$

Die bekannteste technische Anwendung der Bewegungsinduktion ist die rotierende elektrische Maschine. In jedem Ankerstab der Länge l einer solchen Maschine (Abb. 4.12) tritt eine bewegungsinduzierte EMK auf. Dreht man den Anker im angegebenen Drehsinn mit der Winkelgeschwindigkeit ω, so wird in ihm eine bewegungsinduzierte Feldstärke $\mathbf{E}_b$ bzw. eine bewegungsinduzierte EMK e_{ib} im eingezeichneten Sinne entstehen, die bei Schließen des Stromkreises, z.B. über einen äußeren Lastwiderstand R_a, einen Strom in derselben Richtung zur Folge haben wird (Generatorbetrieb der Maschine). Die Lorentzkraft auf den fließenden Strom der Stärke i ist

(3.371) $$\mathbf{F} = i \int_0^l d\mathbf{s} \times \mathbf{B} = i\mathbf{l} \times \mathbf{B} \ , \tag{4.86}$$

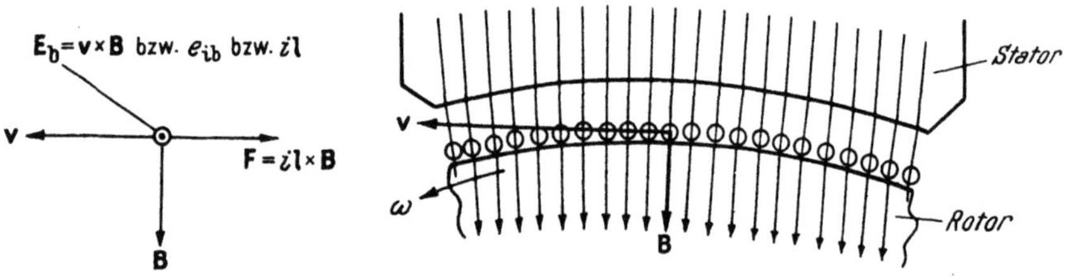

Abb. 4.12

wenn man die Induktion $\mathbf{B}$ entlang der Ankerstablänge l als konstant ansehen kann und mit $\mathbf{l}$ den Vektor der Ankerstablänge, der in Richtung der Stromstärke i orientiert ist, bezeichnet. Die Lorentzkraft wirkt der Richtung der Geschwindigkeit $\mathbf{v}$ entgegen, sie muß also durch eine entsprechende mechanische Antriebskraft überwunden werden, damit eine Bewegung im angegebenen Sinn zustande kommt.

Will man jedoch, daß sich die Maschine von selbst im angegebenen Sinn der Winkelgeschwindigkeit ω dreht (Motorbetrieb der Maschine), dann muß also $\mathbf{F}$ in der Richtung von $\mathbf{v}$ wirken; der Strom muß in diesem Fall in der umgekehrten Richtung, d.h. entgegen der physikalischen Richtung der EMK, fließen. Dies wird nur dann der Fall sein, wenn man eine äußere Klemmenspannung (Potentialdifferenz) an die Klemmen der Maschine und damit an die Enden der Ankerstäbe legt, so daß sie der EMK der Bewegung entgegengesetzt wirkt und im Betrag etwas größer (u.zw. um den inneren Spannungsabfall iR_i der Maschine größer) ist, als der Betrag der EMK. Eine rotierende elektrische Maschine kann also i.a. als Motor oder als Generator betrieben werden.

4.3.3. Die allgemeine Form des Induktionsgesetzes

Im allgemeinen können Ruh- und Bewegungsinduktion gleichzeitig auftreten, wenn sich nämlich sowohl das magnetische Feld im Raum zeitlich ändert $\left(\frac{\partial \mathbf{B}}{\partial t} \neq 0\right)$, als auch die Leiterschleife bewegt oder ihre Form ändert, sich also zumindest Teile der Schleife bewegen (Abb. 4.13). Es addieren sich dann beide Effekte, d.h. es wirken beide induzierenden Feldstärken $\mathbf{E}_W$ und $\mathbf{E}_b$ gleichzeitig.

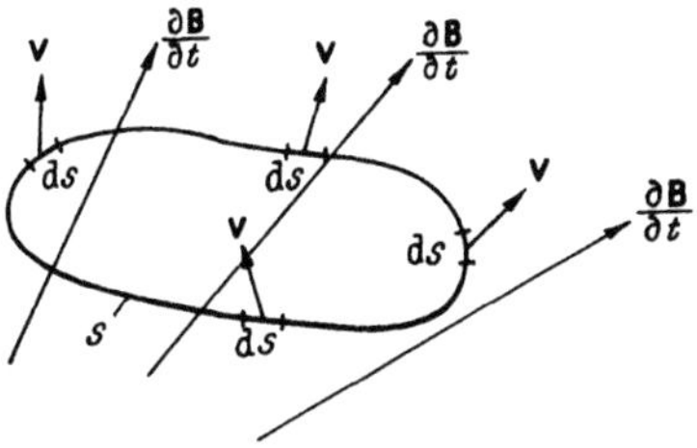

Abb. 4.13

Die gesamte induzierte EMK in einer geschlossenen Schleife ist dann

$$\mathring{e} = \mathring{e}_i + \mathring{e}_{ib} = \oint_s (\mathbf{E}_W + \mathbf{E}_b)\,d\mathbf{s} = \int_A \operatorname{rot} \mathbf{E} \cdot d\mathbf{A} + \oint_s (\mathbf{v} \times \mathbf{B})\,d\mathbf{s} =$$
$$= -\int_A \frac{\partial \mathbf{B}}{\partial t} d\mathbf{A} + \oint_s (\mathbf{v} \times \mathbf{B})\,d\mathbf{s} = -\frac{\partial}{\partial t} \int_A \mathbf{B} \cdot d\mathbf{A} + \oint_s (\mathbf{v} \times \mathbf{B})\,d\mathbf{s} =$$
$$= -\frac{\partial \Phi}{\partial t} + \oint_s (\mathbf{v} \times \mathbf{B})\,d\mathbf{s} \;. \tag{4.87}$$

Der erste Summand, die ruhinduzierte EMK, rührt vom magnetischen Schwund der Schleife in ihrer augenblicklichen Form, also am festgehaltenen Ort her, der zweite von der mit der Geschwindigkeit $\mathbf{v}$, die für jedes Längenelement $d\mathbf{s}$ der Schleife eine andere, also örtlich variabel sein kann, erfolgenden Form- und Lageänderung der Schleife. In Gl. 4.87 muß bei der zeitlichen Änderung des Flusses der partielle Differentialquotient geschrieben werden, da es sich hier um die Flußänderung am festgehaltenen Ort der sich i.a. bewegenden Schleife handelt. (In den Abschnitten 4.2 und 4.3.1 wurde die im Raum ruhende Schleife behandelt, bei der natürlich $\partial\Phi/\partial t$ und $d\Phi/dt$ identisch sind.)

Die Summe der beiden Teilwirkungen, also die resultierende induzierte EMK $\mathring{e}$, läßt sich durch die gesamte (totale) Änderung $d\Phi/dt$ des magnetischen Flusses darstellen, der mit der Schleife verkettet ist, wenn sich diese in einem zeitlich veränderlichen Magnetfeld befindet, sich außerdem bewegt und allenfalls ihre Form ändert,

$$\mathring{e} = \mathring{e}_i + \mathring{e}_{ib} = -\frac{\partial \Phi}{\partial t} + \oint_s (\mathbf{v} \times \mathbf{B})\,d\mathbf{s} = -\frac{d\Phi}{dt} \;, \tag{4.88}$$

wie im folgenden nachgewiesen werden soll. Gl.4.88 ist das Faradaysche Induktionsgesetz für bewegte, sich in ihrer Form ändernde und in einem zeitlich veränderlichen Magnetfeld befindliche, geschlossene Leiterschleifen. Es bedeutet, daß die auf beliebige Weise zustande gekommene Änderung des gesamten, mit der geschlossenen Schleife verketteten Flusses für die induzierte EMK maßgebend ist. Im allgemeinen ist ein Teil auf Ruhinduktion, ein anderer auf Bewegungsinduktion zurückzuführen.

Wieder läßt sich diese Formel näherungsweise auch auf eine „fast" geschlossene Schleife anwenden, wenn ihre Klemmen sehr nahe beieinander liegen (s. Gl.4.57): $e_{12} \approx \mathring{e}$. Man ergänzt, wie schon erläutert, am kürzesten Weg zwischen den beiden Klemmen zu einer gedachten, geschlossenen Schleife, die dann einen mit ihr verketteten Fluß Φ definiert.

Es soll nun der Nachweis für die Richtigkeit der Beziehung

$$(4.88) \quad -\frac{d\Phi}{dt} = -\frac{\partial \Phi}{\partial t} + \oint_s (\mathbf{v} \times \mathbf{B})\, d\mathbf{s} \qquad (4.89)$$

erbracht werden. Die Schleife s soll sich also bewegen und ihre Form ändern, so daß jedem ihrer Längenelemente $d\mathbf{s}$ eine (i.a. andere) Geschwindigkeit $\mathbf{v}$ zukommt (Abb.4.14). Die gesamte zeitliche Änderung von Φ durch die bewegte Schleife ist die Differenz zwischen dem Fluß $\Phi(t+dt)$ durch die Schleife s_2 zur Zeit $t+dt$ und dem ursprünglichen Fluß $\Phi(t)$ durch die Schleife s_1 in ihrer ursprünglichen Form und Lage zur Zeit t:

$$\frac{d\Phi}{dt} = \frac{d}{dt}\int_A \mathbf{B} \cdot d\mathbf{A} = \frac{\int_{A_2} \mathbf{B}(t+dt) \cdot d\mathbf{A}_2 - \int_{A_1} \mathbf{B}(t) \cdot d\mathbf{A}_1}{dt} \quad . \qquad (4.90)$$

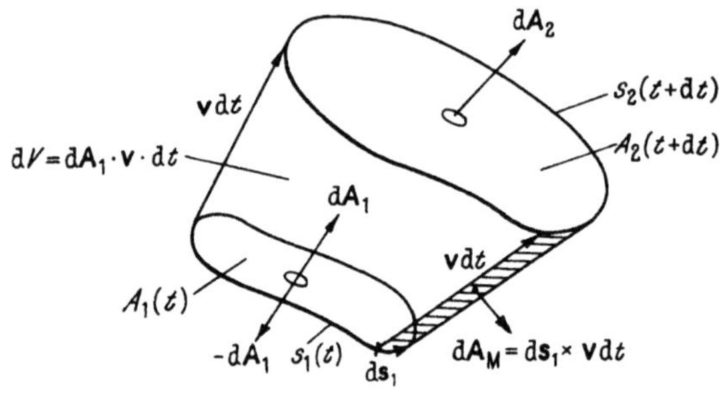

Abb.4.14

Es wird nun zur Zeit $t+dt$ der Gaußsche Integralsatz auf das in Abb.4.14 dargestellte Volumen angewendet, das die beiden Schleifenflächen A_1 und A_2 und die Mantelfläche A_M, die durch die Vektorenschar $\mathbf{v} \cdot dt$ gebildet wird, einhüllen. (Die Ableitung gilt für jedes beliebige Vektorfeld $\mathbf{B}$, nicht etwa nur für die magnetische Induktion!)

$$\oint_A \mathbf{B}(t+\mathrm{d}t)\cdot\mathrm{d}\mathbf{A} = \int_{A_2} \mathbf{B}(t+\mathrm{d}t)\cdot\mathrm{d}\mathbf{A}_2 + \int_{A_1} \mathbf{B}(t+\mathrm{d}t)\cdot(-\mathrm{d}\mathbf{A}_1) + \int_{A_M} \mathbf{B}(t+\mathrm{d}t)\cdot\mathrm{d}\mathbf{A}_M =$$

$$= \int_V \mathrm{div}\,\mathbf{B}(t+\mathrm{d}t)\cdot\mathrm{d}V \ . \tag{4.91}$$

Aus Gl. 4.91 folgt

$$\int_{A_2} \mathbf{B}(t+\mathrm{d}t)\cdot\mathrm{d}\mathbf{A}_2 - \int_{A_1} \mathbf{B}(t+\mathrm{d}t)\cdot\mathrm{d}\mathbf{A}_1 + \oint_{s_1} \mathbf{B}(t+\mathrm{d}t)\cdot(\mathrm{d}\mathbf{s}_1 \times \mathbf{v})\,\mathrm{d}t =$$

$$= \int_{A_1} \mathrm{div}\,\mathbf{B}(t+\mathrm{d}t)\cdot(\mathrm{d}\mathbf{A}_1\mathbf{v})\,\mathrm{d}t \ . \tag{4.92}$$

Nun gilt für festgehaltene Aufpunkte

$$\mathbf{B}(t+\mathrm{d}t) = \mathbf{B}(t) + \mathrm{d}\mathbf{B} = \mathbf{B}(t) + \frac{\partial \mathbf{B}}{\partial t}\mathrm{d}t \ , \tag{4.93}$$

so daß man in Gl. 4.92 das 2. Integral über A_1 zur Zeit $t+\mathrm{d}t$ auf die Zeit t reduzieren kann,

$$\int_{A_1} \mathbf{B}(t+\mathrm{d}t)\cdot\mathrm{d}\mathbf{A}_1 = \int_{A_1} \mathbf{B}(t)\cdot\mathrm{d}\mathbf{A}_1 + \int_{A_1} \frac{\partial \mathbf{B}}{\partial t}\mathrm{d}t\cdot\mathrm{d}\mathbf{A}_1 \ . \tag{4.94}$$

Man erhält somit

$$\int_{A_2} \mathbf{B}(t+\mathrm{d}t)\cdot\mathrm{d}\mathbf{A}_2 - \int_{A_1} \mathbf{B}(t)\cdot\mathrm{d}\mathbf{A}_1 - \int_{A_1} \frac{\partial \mathbf{B}}{\partial t}\mathrm{d}t\cdot\mathrm{d}\mathbf{A}_1 + \oint_s \mathrm{d}\mathbf{s}_1(\mathbf{v}\times\mathbf{B})\,\mathrm{d}t =$$

$$= \int_{A_1} \mathbf{v}\cdot\mathrm{div}\,\mathbf{B}\cdot\mathrm{d}t\cdot\mathrm{d}\mathbf{A}_1 \ , \tag{4.95}$$

und als totale Änderung des mit der Schleife verketteten Flusses

$$\mathrm{d}\Phi = \Phi_2(t+\mathrm{d}t) - \Phi_1(t) = \int_{A_2} \mathbf{B}(t+\mathrm{d}t)\cdot\mathrm{d}\mathbf{A}_2 - \int_{A_1} \mathbf{B}(t)\cdot\mathrm{d}\mathbf{A}_1 =$$

$$= \int_{A_1} \frac{\partial \mathbf{B}}{\partial t}\mathrm{d}\mathbf{A}_1\cdot\mathrm{d}t - \oint_s (\mathbf{v}\times\mathbf{B})\,\mathrm{d}\mathbf{s}_1\cdot\mathrm{d}t + \int_{A_1} \mathbf{v}\cdot\mathrm{div}\,\mathbf{B}\cdot\mathrm{d}\mathbf{A}_1\cdot\mathrm{d}t \ , \tag{4.96}$$

woraus

$$\frac{\mathrm{d}\Phi}{\mathrm{d}t} = \int_{A_1} \frac{\partial \mathbf{B}}{\partial t}\mathrm{d}\mathbf{A}_1 - \oint_s (\mathbf{v}\times\mathbf{B})\,\mathrm{d}\mathbf{s}_1 + \int_{A_1} \mathbf{v}\cdot\mathrm{div}\,\mathbf{B}\cdot\mathrm{d}\mathbf{A}_1 =$$

$$= \frac{\partial \Phi}{\partial t} - \oint_s (\mathbf{v}\times\mathbf{B})\,\mathrm{d}\mathbf{s} + \int_A \mathbf{v}\cdot\mathrm{div}\,\mathbf{B}\cdot\mathrm{d}\mathbf{A} \tag{4.97}$$

folgt (der Index 1 kann jetzt wegfallen). Der erste Summand von Gl. 4.97 bedeutet diejenige Änderung des Vektorflusses, die durch die zeitliche Änderung des Feldvektors **B** am festgehaltenen Ort gegeben ist, der zweite die Flußänderung wegen der Bewegung der Randkurve der Fläche (Bewegung und Formänderung der Schleife) und der dritte die Flußänderung, die durch das Überstreichen von Quellen von **B** durch die bewegte und ihre Form ändernde Schleifenfläche gegeben ist.

Ist **B** ein quellenfreies Feld, wie dies bei der magnetischen Induktion der Fall ist, so folgt aus Gl. 4.97 das Faradaysche Induktionsgesetz

$$(4.88) \quad -\frac{\mathrm{d}\Phi}{\mathrm{d}t} = -\frac{\partial \Phi}{\partial t} + \oint_s (\mathbf{v} \times \mathbf{B})\, \mathrm{d}\mathbf{s} = \mathring{e}_\mathrm{i} + \mathring{e}_\mathrm{ib} = \mathring{e} \; .$$

Das Faradaysche Induktionsgesetz besagt also, daß es bei der Erscheinung der Induktion an sich nicht darauf ankommt, weshalb sich der mit einer Schleife verkettete magnetische Fluß Φ ändert; es ist gleichgültig, ob durch zeitliche Änderung des magnetischen Feldes, wodurch im ganzen Raum ein elektrisches Wirbelfeld entsteht (Ruhinduktion), oder ob durch die, bei der Bewegung der Schleife oder einzelner ihrer Teile in einem Magnetfeld auf die beweglichen Ladungsträger des Leiters ausgeübte Lorentzkraft eine Induktionswirkung stattfindet (Bewegungsinduktion). Es ist nur immer zu bedenken, daß $\mathrm{d}\Phi/\mathrm{d}t$ durch einen dieser beiden Fälle gegeben sein muß, es muß also im Leiter zumindest entweder ein elektrisches Wirbelfeld $\mathbf{E}_\mathrm{W}$ (wegen $\partial \mathbf{B}/\partial t$) oder die der Lorentzkraft entsprechende Größe $\mathbf{E}_\mathrm{b} = \mathbf{v} \times \mathbf{B}$ wirken.

Ein Fall, in dem **scheinbar** eine Änderung $\mathrm{d}\Phi/\mathrm{d}t$ vorliegt und doch keine Induktion stattfindet, wäre z.B. der in Abb. 4.15 dargestellte. Die, über Kontakte geschlossene Leiterschleife umfasse zunächst den Dauermagneten; sein magnetischer Fluß ist also mit der Schleife verkettet (Abb. 4.15a). Zieht man die Schleife so ab, daß die Kontakte am Magnetstab, der ja elektrisch leitend ist, gleiten (Abb. 4.15b), so ist ständig eine geschlossene Leiterschleife vorhanden, die zuletzt mit keinem magnetischen Fluß mehr verkettet ist (Abb. 4.15c). Trotzdem zeigt das Instrument während des ganzen Vorganges keinen Ausschlag, es hat keine Induktion

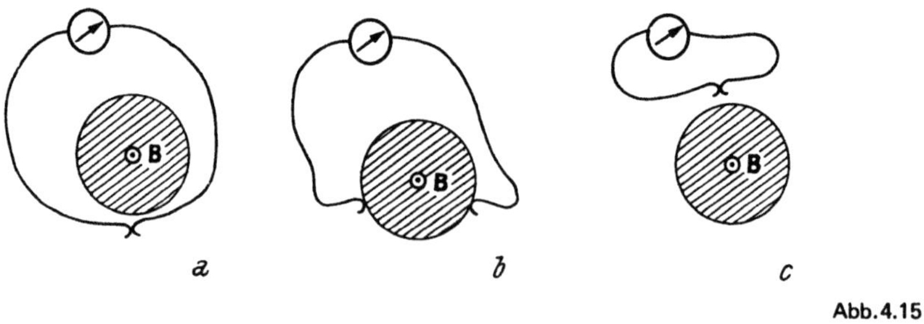

Abb. 4.15

stattgefunden: Es ist ja im gesamten Raum $\partial\mathbf{B}/\partial t = 0$, da der Magnet ruht und somit **B** in jedem Aufpunkt zeitlich konstant bleibt. Also ist kein ruhinduzierendes elektrisches Wirbelfeld vorhanden. Es bewegt sich aber auch nirgends ein Leiter im Magnetfeld, da außerhalb des Magneten (es handle sich um einen geschlossenen magnetischen Kreis ohne Streufeld) überall $\mathbf{B} = 0$ gilt, also der Raum, in dem der Leiter bewegt wird, frei vom Magnetfeld ist. Es liegen daher die Voraussetzungen der Ableitung des allgemeinen Induktionsgesetzes Gl. 4.88 nicht vor.

Abschließend sei folgendes bemerkt: Die Aufteilung der Induktion in Ruh- und Bewegungsinduktion hängt offensichtlich vom Standpunkt des Beobachters ab. Bewegt sich etwa eine Schleife im Feld eines (vom Standpunkt des Beobachters aus gesehen) ruhenden Magneten, so tritt nur Bewegungsinduktion auf (Abb. 4.16a). Bewegt sich der Beobachter mit der Schleife, so ruht diese von seinem Standpunkt aus und es bewegt sich der Magnet (Abb. 4.16b). Damit tritt aber im Koordinatensystem des Beobachters eine zeitliche Änderung $\partial\mathbf{B}/\partial t$ und damit ein Wirbelfeld $\mathbf{E}_W$ auf, also Ruhinduktion.

Eine verständliche Begründung für das Zusammenwirken von Ruh- und Bewegungsinduktion kann erst im Rahmen der relativistischen Elektrodynamik gegeben werden.

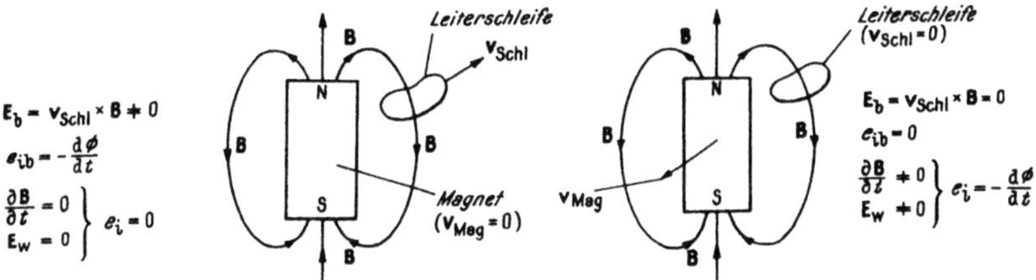

Abb. 4.16

4.3.4. Das erweiterte Ohmsche Gesetz und die elektrische Leistung bei Zweipolen mit eingeprägten und induzierten elektromotorischen Kräften

Bei Zweipolen, wie elektrische Einrichtungen mit zwei von außen zugänglichen Anschlußklemmen genannt werden, treten im quasistationären Fall wegen der Induktion im Leiter im erweiterten Ohmschen Gesetz gegenüber der im stationären Feld gültigen Form Gl. 2.151 weitere Glieder auf. Im Leiter ist jetzt die Stromdichte der Summe aller einwirkenden Feldstärkegrößen proportional, im allgemeinsten Fall also

(2.151), (4.37), (4.84) $$\mathbf{E} + \mathbf{E}_b + \mathbf{E}_e = \mathbf{E}_Q + \mathbf{E}_W + \mathbf{E}_b + \mathbf{E}_e = \varrho \mathbf{S}_L \quad . \tag{4.98}$$

Integriert man über den Leiter von Klemme 1 zu Klemme 2, so erhält man

$$\int_1^2 \mathbf{E}_Q \cdot d\mathbf{s} + \int_1^2 \mathbf{E}_W \cdot d\mathbf{s} + \int_1^2 \mathbf{E}_b \cdot d\mathbf{s} + \int_1^2 \mathbf{E}_e \cdot d\mathbf{s} = \int_1^2 \varrho \mathbf{S}_L \cdot d\mathbf{s} \quad , \tag{4.99}$$

also

$$v_{12} + e_{i,12} + e_{ib,12} + e_{e,12} = i_{12} \cdot R \quad . \tag{4.100}$$

Gl. 4.100 stellt das „erweiterte Ohmsche Gesetz" in seiner allgemeinsten Form dar. Für die Potentialdifferenz v_{21} der Klemmen bzw. die ihr nahezu gleiche Klemmenspannung $u_{21,V}$ des Zweipols folgt aus Gl. 4.100

$$v_{21} = -v_{12} = e_{i,12} + e_{ib,12} + e_{e,12} - i_{12} \cdot R \approx u_{21,V} \quad . \tag{4.101}$$

Die vom Zweipol abgegebene Leistung erhält man durch Multiplikation der Gl. 4.101 mit i_{12} (vgl. Gl. 4.72):

$$P_{ab} = v_{21} \cdot i_{12} = -v_{12} \cdot i_{12} =$$
$$= e_{i,12} \cdot i_{12} + e_{ib,12} \cdot i_{12} + e_{e,12} \cdot i_{12} - i_{12}^2 \cdot R \approx u_{21,V} \cdot i_{12} \quad ; \tag{4.102}$$

die dem Zweipol zugeführte Leistung ist demnach

$$P_{zu} = -v_{21} \cdot i_{12} = v_{12} \cdot i_{12} =$$
$$= i_{12}^2 \cdot R - e_{i,12} \cdot i_{12} - e_{ib,12} \cdot i_{12} - e_{e,12} \cdot i_{12} \approx u_{12,V} \cdot i_{12} \quad , \tag{4.103}$$

also das Produkt aus Potentialdifferenz (bzw. Klemmenspannung) und der auf die gleiche Bezugsrichtung bezogenen Stromstärke (vgl. Gl. 4.73 bzw. Gl. 4.74).

4.3.5. Konzentrierte Schaltelemente. Ideale Zweipole

Unter einem „konzentrierten Schaltelement" wird ein Zweipol verstanden, der eine im Vergleich zum gesamten Netzwerk relativ geringe räumliche Ausdehnung besitzt, wobei dies insbesondere auch für die Felder gelten soll, die für die physikalische Wirkungsweise des Zweipols von Bedeutung sind. So ist das elektrische Quellenfeld $\mathbf{E}_Q$ der Ladungen eines Kondensators praktisch auf die schmale Schicht des Dielektrikums zwischen seinen beiden Elektroden begrenzt, bei einer Spule ist das mit ihr verkettete Magnetfeld $\mathbf{B}$ meist auf einen ferromagnetischen Kreis konzentriert; in einem Ohmwiderstand bleibt das elektrische Strömungsfeld $\mathbf{S}_L$ im wesentlichen auf das Innere des leitfähigen Mediums beschränkt. Natürlich treten die Felder bis zu einem gewissen Grad auch außerhalb des „konzentrierten" Zweipols auf, doch bleibt diese „Streuung" in den meisten technischen Fällen vernachlässigbar. Allerdings ist das elektrische Feld außerhalb der Zweipole insoferne von Bedeutung, als ja das Linienintegral von **E** auf dem kürzesten Weg zwischen den Klemmen des Zweipols dessen Klemmenspannung u_V darstellt. Trotzdem soll aber das elektrische Feld außerhalb der konzentrierten Schaltelemente so schwach sein, daß bei seiner zeitlichen Änderung eben nur eine gegenüber der Leitungsstromdichte $\mathbf{S}_L$ vernachlässigbare Verschiebungsstromdichte $\partial \mathbf{D}/\partial t$ zustandekommt (quasistationärer Vorgang, s. Abschnitt 4.2).

In der Praxis wirken nun in einem konzentrierten Schaltelement mehrere elektromotorische Kräfte gleichzeitig. Das Schaltelement wirkt nie ausschließlich als Ohmwiderstand mit seinem elektrischen Strömungsfeld oder nur als Kapazität mit seinem elektrischen Quellenfeld oder als Leiterschleife (Spule), für deren Wirkungsweise wieder das mit ihr verkettete Magnetfeld von Bedeutung ist. In Wirklichkeit besitzt jedes konzentrierte Schaltelement alle drei Eigenschaften, nämlich Kapazität zwischen den auf verschiedenem Potential befindlichen Leiterteilen, Induktivität durch die unumgängliche Schleife des Stromkreises bzw. das unumgängliche Magnetfeld, von dem der Strom im Leiter begleitet ist, und Ohmwiderstand des leitenden Mediums. Meist überwiegt aber eine Eigenschaft so stark, daß man die beiden anderen vernachlässigen kann; wo dies jedoch nicht mehr erlaubt ist, muß man konkrete Schaltelemente durch eine Ersatzschaltung idealisierter Schaltelemente mit voraussetzungsgemäß nur einer der drei Eigenschaften („idealer Zweipol") zusammensetzen.

So wird man bei einem auf einen Isolierkörper aufgewickelten Widerstandsdraht (Abb. 4.17) in erster Linie auf den relativ hohen Ohmschen Widerstand Wert legen. Nun entsteht aber, wenn der Widerstand von Strom durchflossen ist, ein magnetisches Feld, die Drahtwindungen der Leiterschleife sind mit einem magnetischen Fluß verkettet, also besitzt der Widerstand auch (Selbst)Induktivität, und schließlich befinden sich bei Stromfluß die einzelnen Stellen der Drahtwendel auf verschiedenem Potential; zwischen den Klemmen (Drahtenden) tritt ja eine Potentialdifferenz auf. Daher bildet sich ein elektrisches Quellenfeld zwischen den Längenelementen des Drahtes aus, diese besitzen also gegenseitig Kapazität.

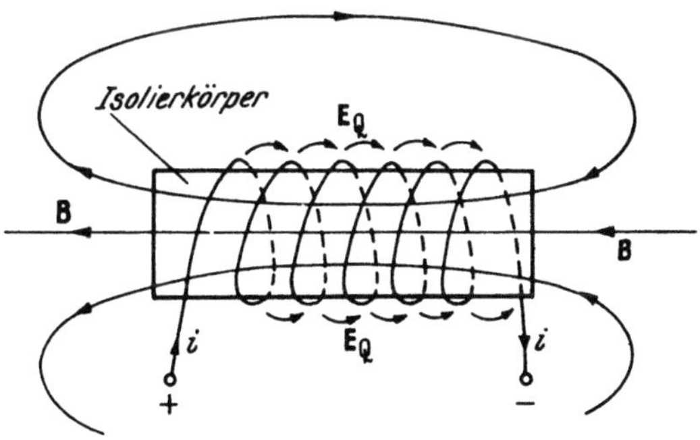

Abb. 4.17

Bei nicht zu raschen Feldänderungen werden bei einem Drahtwiderstand die kapazitiven und induktiven Einflüsse in erster Näherung vernachlässigbar sein. Wenn dies aber nicht mehr zulässig ist, muß man – wie eingangs erwähnt wurde – eine Ersatzschaltung aus idealisierten Schaltelementen aufbauen, deren Gesamtwirkung der Wirkung des konkreten Widerstandes in elektrischer (und magnetischer) Hinsicht möglichst nahe kommt.

Es ist also zwischen konkreten Zweipolen eines Netzwerkes und „idealen Zweipolen" zu unterscheiden, wobei letztere so idealisiert werden, daß in ihnen definitionsgemäß nur eine einzige EMK (oder Gegen-EMK) wirksam ist. Konkrete Schaltelemente oder aus solchen aufgebaute Netzwerke lassen sich in Form von Ersatzschaltungen durch eine geeignete Kombination von idealen Zweipolen nachbilden und so einer Berechnung zugänglich machen (Netzwerktheorie).

Beim idealen Zweipol mit seiner einzigen EMK (bzw. Gegen-EMK) muß nach Gl. 4.101 für die (der Potentialdifferenz nahezu gleiche) Klemmenspannung

$$u_{21} = e_{12} \quad (4.104) \quad \text{bzw.} \quad u_{12} = -e_{12} \quad (4.105)$$

gelten.

4.3.6. Die Beziehungen zwischen der Stromstärke und den Spannungsgrößen in idealen Zweipolen

Wenn in der Folge von der Spannung u eines Zweipols gesprochen wird, so ist stets die, an die Stelle der Potentialdifferenz v der Klemmen tretende, über die kürzeste Strecke zwischen den Klemmen zu bestimmende Klemmenspannung u_V gemeint (s. Abschnitt 4.3.1.1).

4.3.6.1. Der Ohmsche Widerstand

In einem (kapazitäts- und induktivitätsfreien) Ohmschen Widerstand gilt bei gleicher Bezugsrichtung von Stromstärke und (Klemmen)Spannung bzw. Ohmscher Gegen-EMK (s. Abschnitt 2.7 und Abschnitt 2.11.2)

(2.49) bzw. (2.112) $$u_{12} = i_{12} \cdot R \ , \quad (4.106)$$

(2.194) $$e_{12} = -i_{12} \cdot R \ , \quad (4.107)$$

und demnach, wie bei jedem idealen Zweipol (s. Gl. 4.105),

(2.195) $$u_{12} = -e_{12} \ . \quad (4.108)$$

In Abb. 4.18 sind diese Beziehungen unter Benützung von Bezugspfeilen dargestellt, wobei dann die, die Bezugsrichtung kennzeichnenden Indizes bei den Größen wegfallen können. Jeder Wechsel der Bezugsrichtung bei einer der zeitabhängigen Größen $\boldsymbol{i}, \boldsymbol{u}$ oder $\boldsymbol{e}$ hat jeweils einen Vorzeichenwechsel zur Folge (s. Abschnitt 2.7).

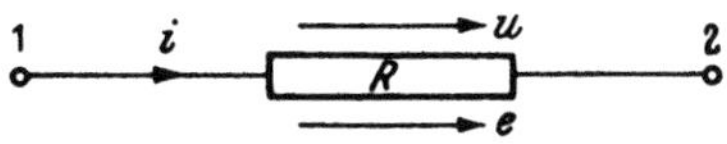

$u = iR$
$e = -iR$
$u = -e$

Abb. 4.18

4.3.6.2. Der Kondensator

Der Zusammenhang zwischen Ladung und (Klemmen)Spannung bei einem (widerstands- und induktivitätsfreien) Kondensator lautet

(1.97) $Q_1 = Cu_{12}$, (4.109)

woraus wegen Gl. 4.17

$$i_{12} = \frac{dQ_1}{dt} = C\frac{du_{12}}{dt} \tag{4.110}$$

folgt. Abb. 4.19 stellt diesen Sachverhalt mit Hilfe von Bezugspfeilen, bzw. bei der Ladung Q_1 mit Hilfe der üblichen Kennzeichnung der Bezugselektrode durch das Symbol +, dar.

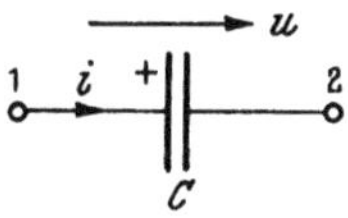

$Q = Cu$
$i = \frac{dQ}{dt} = C\frac{du}{dt}$.

Abb. 4.19

Vielfach wird analog der Vorgangsweise beim Ohmwiderstand eine Gegen-EMK des Kondensators definiert,

(4.105) $e_{12} = -u_{12}$, (4.111)

so daß man aus Gl. 4.109

$$Q_1 = -Ce_{12} \tag{4.112}$$

und aus Gl. 4.110

$$i_{12} = \frac{dQ_1}{dt} = -C\frac{de_{12}}{dt} \tag{4.113}$$

erhält, was in Abb. 4.20 wieder mit Hilfe von Bezugspfeilen ausgedrückt ist. Jeder Wechsel einer Bezugsrichtung bzw. bei der Ladung der Bezugselektrode (Bezugsklemme) hat wieder einen Vorzeichenwechsel zur Folge.

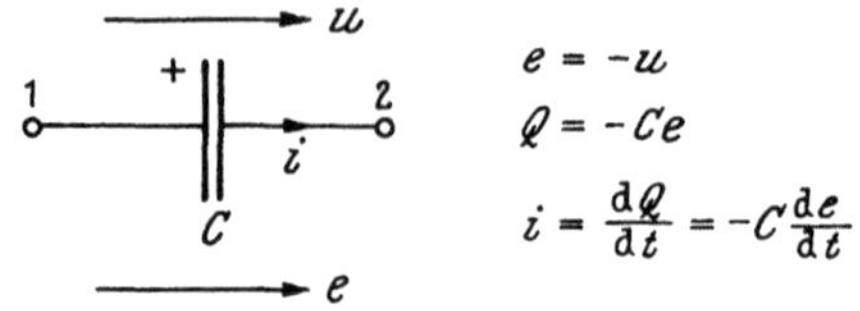

Abb.4.20

Integriert man Gl.4.110 nach der Zeit, so erhält man

$$\int_0^t i_{12}\cdot \mathrm{d}t = \int_0^t \frac{\mathrm{d}Q_1}{\mathrm{d}t}\,\mathrm{d}t = \int_{Q_1(0)}^{Q_1(t)} \mathrm{d}Q_1 = Q_1(t) - Q_1(0) \;, \tag{4.114}$$

also

$$Q_1(t) = Q_1(0) + \int_0^t i_{12}\cdot \mathrm{d}t \;. \tag{4.115}$$

Gl.4.115 besagt, daß die Ladung $Q_1(t)$ zu einer beliebigen Zeit t gleich der Anfangsladung $Q_1(0)$ zur Zeit $t = 0$ ist, vermehrt um den durch das Integral von 0 bis t dargestellten Ladungszuwachs in dieser Zeitspanne. (Ein positiver Strom in der Bezugsrichtung 1–2 erhöht die Ladung der Elektrode 1, i_{12} ist „Ladestrom" bezüglich Elektrode 1.) Aus Gl.4.109 erhält man mit Gl.4.115 die Kondensatorspannung (und unter Berücksichtigung von Gl.4.111 die Kondensator-EMK) als Funktion der Stromstärke:

$$u_{12}(=-e_{12}) = \frac{1}{C}Q_1(0) + \frac{1}{C}\int_0^t i_{12}\cdot \mathrm{d}t = u_{12}(0) + \frac{1}{C}\int_0^t i_{12}\cdot \mathrm{d}t \;. \tag{4.116}$$

Sie ist gleich der Anfangsspannung $u_{12}(0)$, vermehrt um den Spannungszuwachs durch die Aufladung in der Zeit zwischen $t = 0$ und der beliebigen Zeit t.

4.3.6.3. Die Spule

Jede stromdurchflossene Spule ist von einem Magnetfeld begleitet, das mit der Spule verkettet ist. Ändert sich die Stromstärke mit der Zeit t, so ändert sich auch die magnetische Induktion im Raum ($\partial \mathbf{B}/\partial t \neq 0$) und das eigene Magnetfeld der Spule induziert in ihr selbst eine elektromotorische Kraft („Selbstinduktion", s. Abschnitt 4.3.1.2).

Es werde zunächst eine rechtsgängige (wie eine Rechtsschraube gewendelte) Spule betrachtet; sie wird meist auf einem ferromagnetischen Spulenkörper (z.B. einem Eisenring) aufgewickelt sein (Abb.4.21). Da das Magnetfeld der Stromrichtung rechtswendig zugeordnet ist, besitzt die Induktion **B** in bezug auf den magnetischen Kreis die gleiche Richtung wie die der Stromrichtung zugeordnete Klemmenfolge. Der mit Hilfe eines in der gleichen Richtung orientierten Flächenelementes der Spulenfläche (bzw.

der Querschnittsfläche des Magnetkreises) $d\mathbf{A}_{12}$ gebildete, „mit der gesamten Spulenfläche verkettete" Fluß ψ_{12} (die Richtung von $d\mathbf{A}$ ist Bezugsrichtung für den Fluß, s. Gl. 3.333 und die zugehörige Erläuterung)

$$\psi_{12} = \int_A \mathbf{B} \cdot d\mathbf{A}_{12} \tag{4.117}$$

ist in diesem Fall positiv; er ist der Stromstärke i_{12} proportional

$$(3.86) \quad \psi_{12} = L i_{12} \ . \tag{4.118}$$

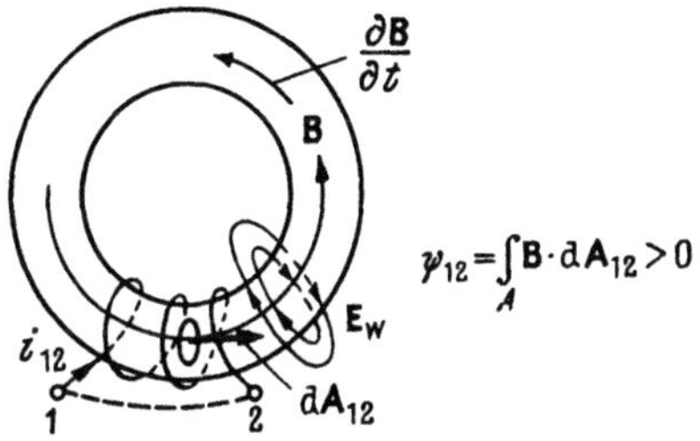

Abb. 4.21

Die an sich offene Schleife ist dabei wieder über die kürzeste Strecke zwischen ihren Klemmen zu einer geschlossenen Schleife ergänzt zu denken. In Gl. 4.117 und Gl. 4.118 wurde für den mit der gesamten Spulenfläche verketteten Fluß das Symbol ψ benützt (s. Abschnitt 3.1.3.4), da man bei einem (weitestgehend) streuungsfreien Magnetkreis mit Φ den Fluß je Windung (N... Windungszahl) bezeichnet,

$$(3.86) \quad \Phi_{12} = \frac{\psi_{12}}{N} = \frac{L}{N} i_{12} \ . \tag{4.119}$$

Bei einer linksgängigen Spule (Abb. 4.22) ist der Fluß, der auf die durch die Stromrichtung festgelegte Klemmenfolge bezogen ist, negativ. Es gilt daher bei einer solchen „Linksspule"

$$\psi_{12} = -L i_{12} \ ; \tag{4.120}$$

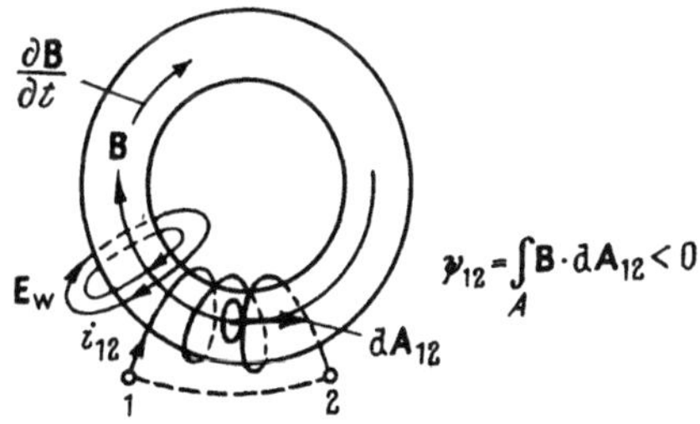

Abb. 4.22

(der Selbstinduktionskoeffizient L ist selbst, so wie der Ohmwiderstand R und die Kapazität C, eine stets positive Größe!) Man ist übereingekommen, in Schaltbildern stets „Rechtsspulen" zu zeichnen, d.h. alle Symbole bedeuten rechtsgängige Spulen. Liegt im konkreten Fall eine Linksspule vor, so wird im Ersatzschaltbild eine Rechtsspule mit vertauschten Klemmen gezeichnet. Dann gilt immer positives Vorzeichen bei der Proportionalität von Fluß und Stromstärke, also die Beziehung Gl. 4.118, wenn ψ und i auf die gleiche Bezugsrichtung bezogen werden. Man erkennt diesen Sachverhalt an Abb. 4.23, in der eine Linksspule mit vertauschten Klemmen gezeichnet ist, die damit in ihrer Wirkung gewissermaßen zu einer Rechtsspule geworden ist. Bei positiver Stromstärke i_{12} entsteht ein positiver, auf die Richtung der Klemmenfolge 1–2 bezogener Fluß ψ_{12}.

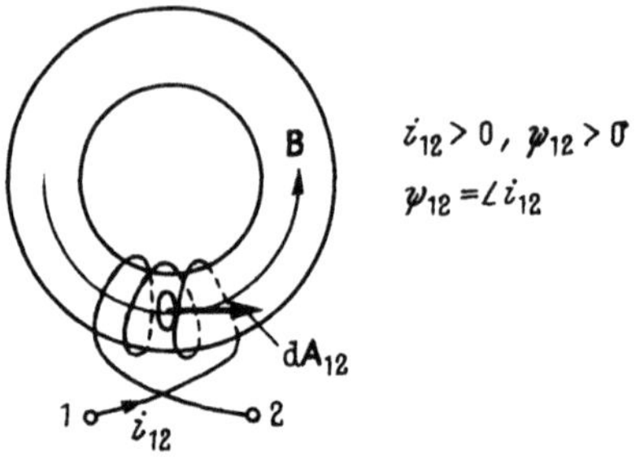

Abb. 4.23

Bei zeitlicher Änderung des mit der Spule verketteten magnetischen Flusses wird in dieser eine elektromotorische Kraft induziert. Die induzierte EMK wirkt in jeder beliebig geformten Drahtschleife, also in einer Rechtsspule gleichermaßen wie in einer Linksspule, so, daß die entstehende Stromänderung verzögert wird (Lenzsche Regel). Die induzierte EMK wirkt somit beim Anwachsen der Stromstärke dieser entgegen, bei einem Absinken der Stromstärke ist die EMK in der Richtung des Stromes orientiert. In Abb. 4.21 und Abb. 4.22 ist jeweils die beim Anwachsen der Stromstärke i und damit der magnetischen Induktion $\mathbf{B}$ $(\partial|\mathbf{B}|/\partial t > 0)$ entstehende elektrische Wirbelfeldstärke $\mathbf{E}_W$ eingetragen. Ihre Richtung, die „physikalische Richtung" der induzierten EMK e_i, ist in der Tat der Stromrichtung entgegengesetzt.

Bei der Rechtsspule (Abb. 4.21) gilt mit Gl. 4.118

$$e_{12} = \int_1^2 \mathbf{E}_W \cdot \mathrm{d}\mathbf{s} \approx \oint_s \mathbf{E}_W \cdot \mathrm{d}\mathbf{s} = -\frac{\mathrm{d}\psi_{12}}{\mathrm{d}t} = -L\frac{\mathrm{d}i_{12}}{\mathrm{d}t}, \tag{4.121}$$

bei der Linksspule mit Gl. 4.120

$$e_{12} = \int_1^2 \mathbf{E}_W \cdot \mathrm{d}\mathbf{s} \approx \oint_s \mathbf{E}_W \cdot \mathrm{d}\mathbf{s} = -\frac{\mathrm{d}\psi_{21}}{\mathrm{d}t} = \frac{\mathrm{d}\psi_{12}}{\mathrm{d}t} = -L\frac{\mathrm{d}i_{12}}{\mathrm{d}t}. \tag{4.122}$$

In beiden Fällen tritt jedenfalls das negative Vorzeichen in jener Form des Induktionsgesetzes auf, in der die induzierte EMK, z.B. e_{12}, mit der auf den gleichen Bezugssinn bezogenen Stromstärke i_{12} in Zusammenhang gebracht wird. In jener Form des Induktionsgesetzes, die die EMK als Funktion des auf die gleiche Bezugsrichtung bezogenen magnetischen Flusses angibt, tritt bei Rechtsspulen das negative, bei Linksspulen das positive Vorzeichen auf.

Im idealen Schaltelement Spule tritt wegen der angenommenen unendlich guten Leitfähigkeit des Drahtes kein innerer Ohmscher Spannungsabfall auf, es gilt gemäß Gl.4.105 für die Klemmenspannung einer Rechtsspule wegen Gl.4.121

$$u_{12} = -e_{12} = \frac{\mathrm{d}\psi_{12}}{\mathrm{d}t} = L\frac{\mathrm{d}i_{12}}{\mathrm{d}t}\ , \tag{4.123}$$

für die Klemmenspannung einer Linksspule wegen Gl.4.122

$$u_{12} = -e_{12} = -\frac{\mathrm{d}\psi_{12}}{\mathrm{d}t} = L\frac{\mathrm{d}i_{12}}{\mathrm{d}t}\ . \tag{4.124}$$

Ist aus der Klemmenspannung die Stromstärke zu berechnen, so erhält man durch Integration von Gl.4.123 bzw. Gl.4.124 zunächst

$$\int_0^t u_{12}\cdot\mathrm{d}t = L\int_0^t \frac{\mathrm{d}i_{12}}{\mathrm{d}t}\,\mathrm{d}t = L\int_{i_{12}(0)}^{i_{12}(t)} \mathrm{d}i_{12} = L\,[i_{12}(t) - i_{12}(0)] \tag{4.125}$$

und daraus

$$i_{12}(t) = i_{12}(0) + \frac{1}{L}\int_0^t u_{12}\cdot\mathrm{d}t\ . \tag{4.126}$$

Die Anfangsbedingung $i_{12}(0)$ kann man durch den Fluß $\psi_{12}(0)$ ausdrücken, für die Rechtsspule erhält man mit Gl.4.118

$$i_{12}(t) = \frac{1}{L}\left[\psi_{12}(0) + \int_0^t u_{12}\cdot\mathrm{d}t\right]\ ; \tag{4.127}$$

bei der Linksspule tritt anstelle des positiven Vorzeichens bei $\psi_{12}(0)$ in Gl.4.127 ein negatives Vorzeichen auf. Der Fluß in einer Rechtsspule (oder in einer Linksspule nach Vertauschung ihrer Klemmen) ist demnach

$$\psi_{12}(t) = L\,i_{12}(t) = \psi_{12}(0) + \int_0^t u_{12}\cdot\mathrm{d}t\ ; \tag{4.128}$$

er ist gleich dem zur Zeit $t = 0$ vorhandenen Anfangwert $\psi_{12}(0)$, vermehrt um den durch das Spannungszeitintegral gegebenen, zwischen der Zeit $t = 0$ und der Zeit t auftretenden Flußzuwachs.

In Abb.4.24 ist der für eine Rechtsspule (oder für eine Linksspule mit vertauschten Klemmen) durch die Beziehung Gl.4.118, Gl.4.121 und Gl.4.123 gekennzeichnete Sachverhalt in Form eines Ersatzschaltbildes mit eingetragenen Bezugsrichtungen unter Benützung des genormten Symboles für eine Spule /4.2/ dargestellt.

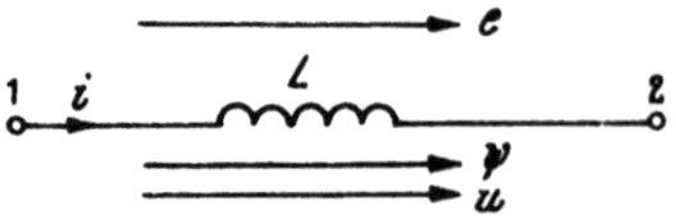

$$\psi = Li$$
$$e = -\frac{d\psi}{dt} = -L\frac{di}{dt}$$
$$u = -e = \frac{d\psi}{dt} = L\frac{di}{dt}$$

Abb. 4.24

4.3.6.4. Zusammenstellung der Beziehungen zwischen der Stromstärke und den Spannungsgrößen bei idealen Zweipolen

Bei gleicher Bezugsrichtung für zwei in Zusammenhang gebrachte Größen und bei Berücksichtigung, daß bei der Proportionalität $Q = Cu$ beim Kondensator mit Q die Ladung jener Elektrode gemeint ist, von der die Bezugsrichtung von u wegweist, ergeben sich in allen drei Fällen der idealisierten Schaltelemente Ohmwiderstand, Kondensator und Spule bei der Darstellung der Klemmenspannung u als Funktion der Stromstärke i positive, bei Darstellung der EMK e als Funktion von i negative Vorzeichen (Abb. 4.25).

Berücksichtigt man ferner, daß in Ersatzschaltbildern nur Rechtsspulen gezeichnet werden, so gelten für die Stromstärken der idealen Zweipole als Funktionen der Klemmenspannung u bzw. der EMK e die in Abb. 4.26 dargestellten Beziehungen.

Schaltelement	Spannung	EMK
R	$u_R = i_R R$	$e_R = -i_R R$
C	$u_C = \frac{1}{C}\left[\int_0^t i_C \cdot dt + Q(0)\right]$	$e_C = -\frac{1}{C}\left[\int_0^t i_C \cdot dt + Q(0)\right]$
L	$u_L = L\frac{di_L}{dt}$	$e_L = -L\frac{di_L}{dt}$

Abb. 4.25

Schaltelement	mit Spannung	mit EMK
R	$i_R = \frac{u_R}{R}$	$i_R = -\frac{e_R}{R}$
C	$i_C = C\frac{du_C}{dt}$	$i_C = -C\frac{de_C}{dt}$
L	$i_L = \frac{1}{L}\left[\int_0^t u_L \cdot dt + \psi(0)\right]$	$i_L = -\frac{1}{L}\left[\int_0^t e_L \cdot dt - \psi(0)\right]$

Abb. 4.26

Man erkennt einen Dualismus von Kapazität und Induktivität. Ihre Beziehungen in Abb. 4.25 und Abb. 4.26 sind von gleicher Gestalt, man kann sie durch Austausch der miteinander korrespondierenden Größen (C ○—● L, $u_C = -e_C$ ○—● i_L, $u_L = -e_L$ ○—● i_C, Q ○—● ψ) ineinander überführen. Eine Ausnahme bildet allerdings das negative Vorzeichen der Anfangsbedingung $\psi(0)$ bei der aus der induzierten EMK berechneten Stromstärke i_L in einer Spule, da bei der analogen Anfangsbedingung $Q(0)$ bei der Berechnung der EMK des Kondensators ein positives Vorzeichen steht.

4.3.7. Die elektrische Leistung eines idealen Zweipols

Nach Gl. 4.103 ist die dem Zweipol zugeführte Leistung durch das Produkt aus Potentialdifferenz und Stromstärke – beide Größen auf dieselbe Richtung bezogen – gegeben. In diesem Produkt ersetzt man wieder die Potentialdifferenz durch die annähernd gleich große Klemmenspannung, so daß also die Beziehung in der Form

$$P_{\text{zu}} = u_{12} \cdot i_{12} \tag{4.129}$$

angeschrieben wird.

Die von einer EMK erzeugte und daher beim idealen Zweipol zur Gänze nach außen abgegebene Leistung ist nach Gl. 4.71 durch das Produkt aus EMK und Stromstärke, beide Größen wieder auf die gleiche Klemmenfolge bezogen, gegeben,

$$P_{\text{e}} = P_{\text{ab}} = e_{12} \cdot i_{12} \quad . \tag{4.130}$$

Die erzeugte Leistung muß beim idealen Zweipol, der nur eine EMK besitzt, den negativen Wert der zugeführten Leistung besitzen. Wegen Gl. 4.105 gilt in der Tat

$$P_{\text{e}} = P_{\text{ab}} = e_{12} \cdot i_{12} = -u_{12} \cdot i_{12} = -P_{\text{zu}} \quad . \tag{4.131}$$

Für den Ohmschen Widerstand folgt aus Gl. 4.129 unter Berücksichtigung von Gl. 4.106

$$P_{\text{zu}} = u_{12} \cdot i_{12} = i_{12}^2 \cdot R \quad . \tag{4.132}$$

Die dem Ohmschen Widerstand zugeführte Leistung ist stets positiv ($i_{12}^2 > 0$, $R > 0$), es handelt sich um die in Wärme umgesetzte Joulesche Wärmeleistung $i_{12}^2 \cdot R$ (siehe Gl. 2.130). Die von der Gegen-EMK „erzeugte" und vom Ohmwiderstand „abgegebene" Leistung

$$P_{\text{e}} = P_{\text{ab}} = e_{12} \cdot i_{12} = -i_{12}^2 \cdot R \tag{4.133}$$

ist natürlich stets negativ.

Beim Kondensator folgt aus Gl. 4.129 wegen Gl. 4.110 und Gl. 1.356

$$P_{zu} = u_{12} \cdot i_{12} = C u_{12} \frac{du_{12}}{dt} = \frac{d}{dt} C \frac{u_{12}^2}{2} = \frac{dW^{el}}{dt} . \tag{4.134}$$

Die zugeführte Leistung bedeutet den auf die Zeit bezogenen Zuwachs an gespeicherter elektrischer Energie W^{el}. Sind die physikalischen Richtungen von Klemmenspannung u_{12} und Stromstärke i_{12} gleich ($u_{12} > 0$, $i_{12} > 0$ oder $u_{12} < 0$, $i_{12} < 0$), dann ist die zugeführte Leistung positiv, der Kondensator nimmt in diesem Fall Energie auf; er befindet sich ja bei gleicher Richtung von Spannung und Stromstärke im Aufladezustand. Sind die physikalischen Richtungen von u und i einander entgegengesetzt (z.B. $u_{12} > 0$, $i_{12} < 0$), so ist die zugeführte Leistung negativ, der Kondensator gibt elektrische Leistung ab. Es verringert sich in diesem Fall seine gespeicherte elektrische Energie, der Kondensator befindet sich im Entladezustand.

Für eine Spule folgt aus Gl. 4.129 wegen Gl. 4.124 und Gl. 3.345

$$P_{zu} = u_{12} \cdot i_{12} = L \frac{di_{12}}{dt} i_{12} = \frac{d}{dt} L \frac{i_{12}^2}{2} = \frac{dW^m}{dt} . \tag{4.135}$$

Analog dem Kondensator dient hier die zugeführte Leistung der Erhöhung der in der Spule (im Magnetkreis) gespeicherten magnetischen Energie W^m. Es sei hier besonders vermerkt, daß bei den Beziehungen Gl. 4.134 und Gl. 4.135 Konstanz der Größen C und L vorausgesetzt war. Insbesondere bei ferromagnetischen Kreisen ist die Unabhängigkeit der Induktivität L, für die die Permeabilität des ferromagnetischen Materials eine wesentliche Rolle spielt (s. Abschnitt 3.2.4.1, Gl. 3.258, bzw. Abschnitt 3.2.5.2, Gl. 3.287), von der Stromstärke nicht gegeben. In diesem Fall gilt der Ausdruck Gl. 3.345 für die magnetische Energie nicht mehr, d.h. bei der Integration nach der Stromstärke in Gl. 4.135 müßte der Zusammenhang zwischen Induktivität und Stromstärke, also die Funktion $L(i)$, bekannt sein.

4.3.8. Magnetisch gekoppelte Kreise

Bei magnetisch gekoppelten, linearen Kreisen tritt in jeder Spule (Schleife) eine selbstinduzierte EMK des vom eigenen Strom herrührenden Flußanteiles auf, sowie eine weitere, gegeninduzierte EMK jenes Flußanteiles, der vom Strom des anderen, mit dem betrachteten Kreis gekoppelten Stromkreises verursacht wird.

In dem in Abb. 4.27 dargestellten Fall gilt z.B. für die selbstinduzierten Spannungen der beiden Spulen gemäß Gl. 4.123 und Gl. 4.124

$$u_{L1,12} = L_1 \frac{di_{1,12}}{dt} \; (= -e_{L1,12}) \; , \tag{4.136}$$

$$u_{L2,34} = L_2 \frac{di_{2,34}}{dt} \; (= -e_{L2,34}) \; . \tag{4.137}$$

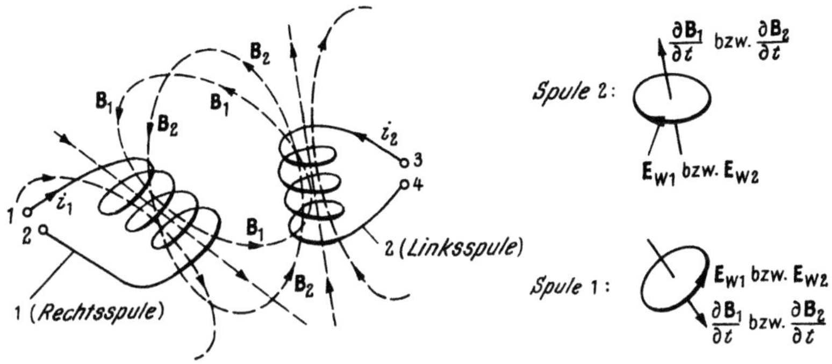

Abb. 4.27

Für die Klemmenspannung, ausgedrückt durch Selbstinduktionskoeffizienten und Stromstärke, gilt bei gleichen Bezugsrichtungen für beide Größen positives Vorzeichen sowohl bei Rechts- als auch bei Linksspule.

Im vorliegenden Fall zeigt sich, daß bei positiver Stromänderung von $i_1 = i_{1,12}$ und damit bei einem Anwachsen von $\mathbf{B}_1$ ($\partial |\mathbf{B}_1| / \partial t > 0$), ein elektrisches Wirbelfeld $\mathbf{E}_{W1}$ entsteht, das wegen seiner linkswendigen Zuordnung zu $\partial \mathbf{B}_1 / \partial t$ (s. Gl. 4.35) eine weitere induzierte EMK im zweiten Stromkreis erzeugt, die physikalisch von der Klemme 4 zur Klemme 3 orientiert ist, also gilt hier

$$\int_4^3 \mathbf{E}_{W1} \cdot d\mathbf{s} = e_{M2,43} = u_{M2,34} = +M \frac{di_{1,12}}{dt} \; . \tag{4.138}$$

Umgekehrt gilt für die Spule 2, daß ein Ansteigen ihrer Stromstärke $i_2 = i_{2,34}$ bzw. der Induktion $\mathbf{B}_2$ ein elektrisches Wirbelfeld $\mathbf{E}_{W2}$ erzeugt, so daß eine EMK in der Spule 1 hervorgerufen wird, die von 2 nach 1 orientiert ist:

$$\int_2^1 \mathbf{E}_{W2} \cdot d\mathbf{s} = e_{M1,21} = u_{M1,12} = +M \frac{di_{2,34}}{dt} \; . \tag{4.139}$$

Man erhält also hier die beiden gegeninduzierten Spannungen

$u_{M1,12} = +M \dfrac{di_{2,34}}{dt}$ (4.140) und $u_{M2,34} = +M \dfrac{di_{1,12}}{dt}$. (4.141)

Die Gesamtspannungen an den (widerstandslos gedachten) Spulen sind dann

$$u_{1,12} = u_{L1,12} + u_{M1,12} = L_1 \frac{di_{1,12}}{dt} + M \frac{di_{2,34}}{dt} , \tag{4.142}$$

$$u_{2,34} = u_{L2,34} + u_{M2,34} = L_2 \frac{di_{2,34}}{dt} + M \frac{di_{1,12}}{dt} . \tag{4.143}$$

Schon im Abschnitt 3.1.2 wurde gezeigt, daß der Gegeninduktionskoeffizient M (Gl. 3.54) auch negative Werte annehmen kann. In der technischen Praxis wird jedoch meist so vorgegangen – und dies soll in der Folge auch hier geschehen – daß man M (so wie R, L und C) positiv definiert ($M = |M|$) und das zugehörige Vorzeichen in der betreffenden Gleichung bei M explizit anschreibt. Dieses Vorzeichen hängt im konkreten Fall von der räumlichen Lage der Stromkreise, bei Spulen insbesondere auch vom Wickelsinn (Rechts- oder Linksspule), sowie ferner von den gewählten Bezugsrichtungen der Strom und Spannungsgrößen ab, die miteinander in Zusammenhang gebracht werden. Eine allgemein gültige Regel, welches Vorzeichen jeweils zu setzen ist, kann zunächst nicht angegeben werden; dieses müßte rechnerisch aus den gegebenen Feldverhältnissen oder experimentell durch Messung der gegeninduzierten Spannung mit einem Oszillographen bestimmt werden. In den meisten technischen Fällen befinden sich allerdings die Spulen auf Eisenkernen, die den Fluß gut gebündelt durch die Spulen führen oder die Spulen befinden sich übereinander, so daß man den Flußverlauf in einfacher Weise verfolgen kann.

Das genormte Schaltsymbol /4.2/ zweier magnetisch gekoppelter Spulen (Abb. 4.28c) soll zwei auf demselben Kern übereinander gewickelte Rechtsspulen bedeuten, die also in gleicher Richtung vom Fluß durchflutet werden. Sie sind nur seitlich auseinandergeschoben gezeichnet*. Man muß also beachten, daß zwei Spulen der in Abb. 4.28a dargestellten Art durch eine im Symbol Abb. 4.28c wiedergegebene Klemmenanordnung zu kennzeichnen sind, wie man sich durch Verschieben der 2. Spule auf den Schenkel der 1. Spule leicht überzeugen kann (Abb. 4.28b). Es sei besonders darauf auf-

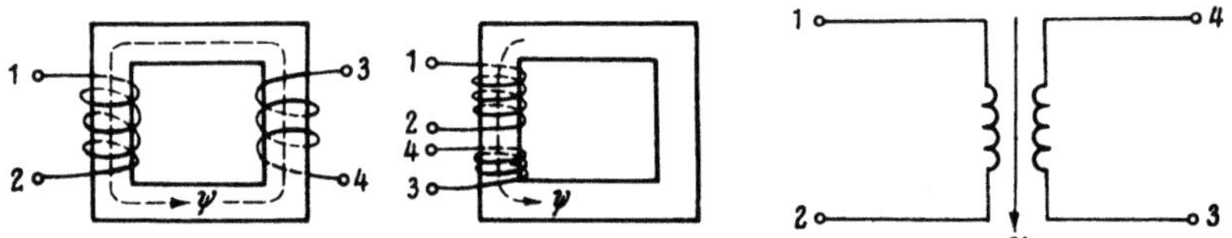

Klemme 3 oben, Klemme 4 unten — a

Klemme 4 oben, Klemme 3 unten — b

Klemme 4 oben, Klemme 3 unten — c

Abb. 4.28

* Kann man in einem Schaltbild gekoppelte Spulen nicht nebeneinander zeichnen, so sind im Sinne des magnetischen Kreises gleich liegende Spuleneingänge (in Abb. 4.28c z.B. 1 und 4) beim Spulensymbol mit einem Punkt zu kennzeichnen, z.B.

merksam gemacht, daß bei der konkreten Anordnung der Spulen nach Abb. 4.28a die Klemme 3 oben, die Klemme 4 unten angenommen wurde; nach Verschieben dieser zweiten Spule entsprechend Abb. 4.28b und daher auch im Ersatzschaltbild Abb. 4.28c ist Klemme 3 unten und Klemme 4 oben einzutragen! Wählt man nun bei zwei gekoppelten Rechtsspulen (Linksspulen sind im Ersatzschaltbild übereinkunftsgemäß als Rechtsspulen mit vertauschten Klemmen zu zeichnen) die den Bezugssinn der Größen festlegende Klemmenfolge im Sinne einer gemeinsamen Richtung im magnetischen Kreis, so sind in den Beziehungen für die gegeninduzierten Spannungen, also bei M, positive Vorzeichen zu setzen.

In dem in Abb. 4.29a dargestellten Fall geht man zunächst von der Linksspule zur äquivalenten Rechtsspule durch Vertauschung der Klemmen 3 und 4 über (Abb. 4.29b). Die Darstellung durch das genormte Symbol zeigt dann Abb. 4.29c, wobei alle Bezugspfeile von oben nach unten, d.h. bezogen auf den gemeinsamen magnetischen Kreis im Sinne der Klemmenfolge 1–2 bzw. 3–4, angenommen wurden. Demnach gelten hier die folgenden Gleichungen:

$$u_1 = u_{L1} + u_{M1} = L_1 \frac{di_1}{dt} + M \frac{di_2}{dt} , \qquad (4.144)$$

$$u_2 = u_{L2} + u_{M2} = L_2 \frac{di_2}{dt} + M \frac{di_1}{dt} . \qquad (4.145)$$

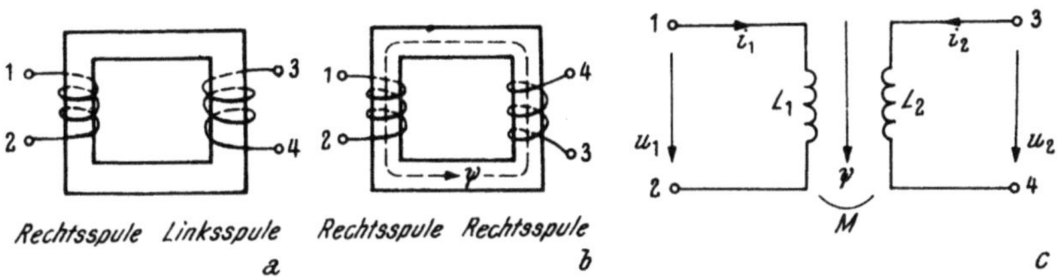

Abb. 4.29

Es kann jedoch bei vermaschten Netzen vorkommen, daß die Bezugspfeile bei zwei gekoppelten Spulen auf Grund bestimmter Gesichtspunkte nicht alle in der gleichen Richtung, bezogen auf den gemeinsamen magnetischen Kreis, gewählt wurden. In Abb. 4.30 ist ein Ersatzschaltbild mit entgegengesetzt angenommenen Bezugsrichtungen von i_1 und i_2 dargestellt. Bei der Spule 1 haben u_1 und i_1 gleiche Bezugsrichtungen, also gilt

$$u_{L1} = L_1 \frac{di_1}{dt} . \qquad (4.146)$$

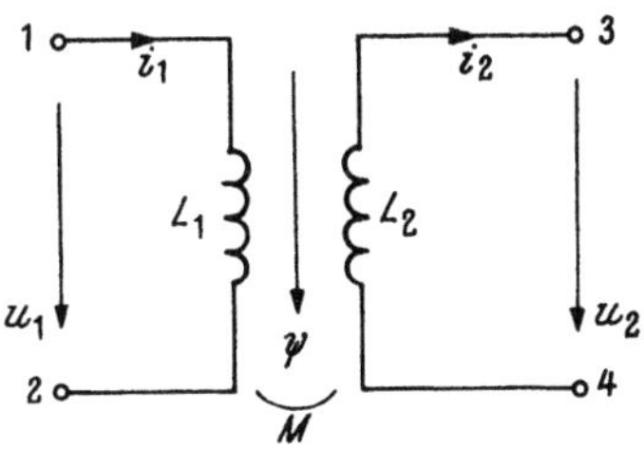

Abb. 4.30

Bei der Spule 2 haben u_2 und i_2 entgegengesetzte Bezugsrichtungen, also gilt

$$u_{L2} = -L_2 \frac{\mathrm{d}i_2}{\mathrm{d}t} \quad . \tag{4.147}$$

Der Bezugspfeil des Stromes i_2 hat im Vergleich zum Bezugspfeil der Klemmenspannung u_1 umgekehrte Richtung, daher ist das Vorzeichen bei M bei der vom Strom i_2 in der Spule 1 gegeninduzierten Spannung negativ zu setzen:

$$u_{M1} = -M \frac{\mathrm{d}i_2}{\mathrm{d}t} \quad . \tag{4.148}$$

Hingegen haben die Bezugspfeile für i_1 und u_2 gleiche Richtung in bezug auf den gemeinsamen magnetischen Kreis, es gilt daher für die gegeninduzierte Spannung im Zweig 2

$$u_{M2} = +M \frac{\mathrm{d}i_1}{\mathrm{d}t} \quad . \tag{4.149}$$

Hier lauten somit die Gleichungen für die Klemmenspannungen der beiden Spulen

$$u_1 = u_{L1} + u_{M1} = L_1 \frac{\mathrm{d}i_1}{\mathrm{d}t} - M \frac{\mathrm{d}i_2}{\mathrm{d}t} \quad , \tag{4.150}$$

$$u_2 = u_{L2} + u_{M2} = -L_2 \frac{\mathrm{d}i_2}{\mathrm{d}t} + M \frac{\mathrm{d}i_1}{\mathrm{d}t} \quad . \tag{4.151}$$

Man kann auch folgendermaßen vorgehen: Man wählt für die selbst- und die gegeninduzierten Teilspannungen eigene Bezugspfeile, wobei der Bezugspfeil für eine gegeninduzierte Spannung so im Schaltbild eingetragen wird, daß man den Bezugspfeil des beeinflussenden Stromes in Richtung des gemeinsamen magnetischen Kreises in die andere Spule verschiebt. Dann ist bei der betreffenden gegeninduzierten Spannung ein positives Vorzeichen zu setzen. Bei dem in Abb. 4.31 dargestellten Fall besitzen

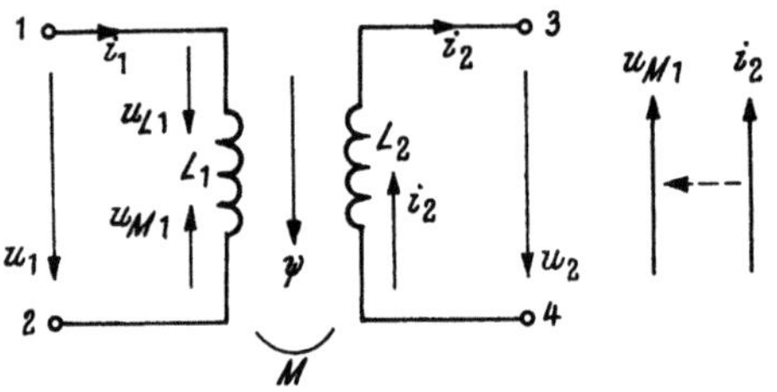

Abb. 4.31

wegen der gleichsinnigen Annahme der Bezugsrichtungen von u_{M1} und i_2 die beiden Teilspannungen u_{L1} und u_{M1} verschiedene Bezugsrichtungen, bei der Summenbildung gilt jetzt unter Berücksichtigung von

$$u_{M1} = +M \frac{\mathrm{d}i_2}{\mathrm{d}t} \tag{4.152}$$

für die Klemmenspannung der Wicklung 1

$$u_1 = u_{L1} - u_{M1} = L_1 \frac{di_1}{dt} - M \frac{di_2}{dt} \quad . \tag{4.153}$$

Bei der gegeninduzierten Spannung ist in Gl. 4.152 ein positives Vorzeichen zu setzen, da ihr Bezugssinn in der gleichen Richtung wie jener des zugehörigen (beeinflussenden) Stromes gewählt wurde. Unter Benützung dieser Regel zur Festsetzung des Bezugspfeiles einer gegeninduzierten Spannung durch Verschieben des Bezugspfeiles des beeinflussenden Stromes in Richtung des gemeinsamen magnetischen Kreises kann man also im Hinblick auf das Vorzeichen eine gegeninduzierte und eine selbstinduzierte Spannung gleichartig behandeln.

Wählt man einen gemeinsamen Flußbezugspfeil, so gilt für das Beispiel Abb. 4.31 (ψ_{11} bedeutet den Fluß in Wicklung 1, der vom Strom in der Wicklung 1 herrührt, ψ_{12} ist demnach der Fluß in der Wicklung 1, der von i_2 herrührt, usw.):

$$\psi_{11} = L_1 i_1 \quad , \tag{4.154}$$

$$\psi_{22} = -L_2 i_2 \quad , \tag{4.155}$$

$$\psi_{12} = -M i_2 \quad , \tag{4.156}$$

$$\psi_{21} = M i_1 \quad . \tag{4.157}$$

Die Teilflüsse setzen sich in den beiden Wicklungen wie folgt zu den Gesamtflüssen ψ_1 und ψ_2 zusammen:

$$\psi_1 = \psi_{11} + \psi_{12} = L_1 i_1 - M i_2 \quad , \tag{4.158}$$

$$\psi_2 = \psi_{22} + \psi_{21} = -L_2 i_2 + M i_1 \quad . \tag{4.159}$$

Für die Klemmenspannungen gilt dann unter Berücksichtigung, daß sie die gleichen Bezugsrichtungen wie die Flüsse besitzen:

$$u_1 = + \frac{d\psi_1}{dt} = L_1 \frac{di_1}{dt} - M \frac{di_2}{dt} \quad , \tag{4.160}$$

$$u_2 = + \frac{d\psi_2}{dt} = -L_2 \frac{di_2}{dt} + M \frac{di_1}{dt} \quad . \tag{4.161}$$

Man kann natürlich auch für die einzelnen Teilflüsse verschiedene Bezugsrichtungen wählen, was dann beim Aufsummieren entsprechend zu

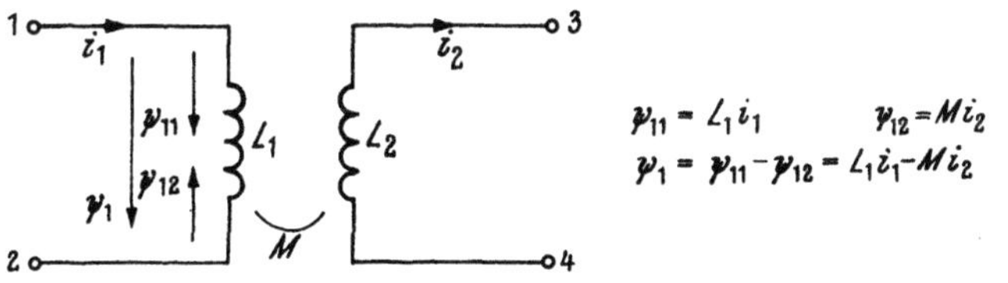

Abb. 4.32

berücksichtigen ist. In Abb. 4.32 ist ein derartiger Fall dargestellt, wobei wegen der jeweils gleichen Bezugsrichtung von Teilfluß und zugehöriger Stromstärke in den Proportionalitäten dieser Größen positive Vorzeichen zu setzen sind.

4.3.8.1. Magnetisch gekoppelte Kreise ohne Streuung

Ist das magnetische Feld im wesentlichen auf einen ferromagnetischen Kreis konzentriert, so wird es gebündelt durch alle Windungen der Spulen geführt, jede Windung einer Wicklung ist mit dem gleichen Windungsfluß Φ (Fluß je Windung = Fluß im Eisenquerschnitt, s. Gl. 4.119 sowie die zugehörigen Erläuterungen) verkettet. Dem in Abb. 4.33a dargestellten streuungslosen magnetischen Kreis mit zwei Wicklungen (Windungszahlen N_1 und N_2) entspricht das Ersatzschaltbild Abb. 4.33b. Da alle Bezugspfeile in gleicher Richtung gewählt wurden, treten in den Beziehungen zwischen Flüssen und Stromstärken bzw. zwischen Spannungen und Stromstärken nur positive Vorzeichen auf.

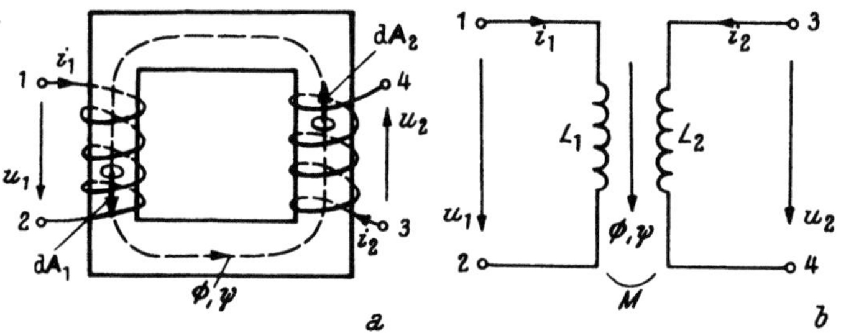

Abb. 4.33

Der mit der Wicklung 1 insgesamt verkettete Fluß ψ_1 ist

$$\psi_1 = N_1 \Phi_1 = \psi_{11} + \psi_{12} = N_1 \Phi_{11} + N_1 \Phi_{12} = L_1 i_1 + M i_2 \quad , \tag{4.162}$$

so daß für den Windungsfluß (Fluß je Windung)

$$\Phi_1 = \Phi_{11} + \Phi_{12} = \frac{L_1}{N_1} i_1 + \frac{M}{N_1} i_2 \tag{4.163}$$

gilt. In gleicher Weise ist

$$\Phi_2 = \Phi_{22} + \Phi_{21} = \frac{L_2}{N_2} i_2 + \frac{M}{N_2} i_1 \quad . \tag{4.164}$$

Nun gilt

$$\Phi_{11} = \int_{A_1} \mathbf{B}_1 \cdot d\mathbf{A}_1 \quad , \tag{4.165}$$

wobei A_1 der Querschnitt einer Windung der Spule 1 und damit der Querschnitt des ferromagnetischen Kreises ist. Da zunächst die Streuung vernachlässigt werden soll, durchsetzen alle Induktionslinien $\mathbf{B}_1$ sämtliche Windungen der Spule 2. Dann ist

$$\Phi_{11} = \int_{A_1} \mathbf{B}_1 \cdot d\mathbf{A}_1 = \int_{A_2} \mathbf{B}_1 \cdot d\mathbf{A}_2 = \Phi_{21} \quad , \tag{4.166}$$

mit A_2 als Windungsquerschnitt der Spule 2, der wieder dem Querschnitt des Magnetkreises gleich ist. Aus Gl. 4.166, Gl. 4.163 und Gl. 4.164 folgt

$$\Phi_{11} = \frac{L_1}{N_1} i_1 = \Phi_{21} = \frac{M}{N_2} i_1 \quad , \tag{4.167}$$

also

$$\frac{L_1}{N_1} = \frac{M}{N_2} \quad (4.168) \quad \text{bzw.} \quad M = L_1 \frac{N_2}{N_1} \quad . \tag{4.169}$$

Ebenso ist bei streuungsloser Kopplung der beiden Wicklungen

$$\Phi_{22} = \Phi_{12} = \frac{L_2}{N_2} i_2 = \frac{M}{N_1} i_2 \quad , \tag{4.170}$$

also

$$M = L_2 \frac{N_1}{N_2} \quad , \tag{4.171}$$

so daß aus Gl. 4.169 und Gl. 4.171

$$M^2 = L_1 L_2 \quad (4.172) \quad \text{bzw.} \quad M = \sqrt{L_1 L_2} \tag{4.173}$$

und

$$\frac{L_1}{L_2} = \frac{N_1^2}{N_2^2} \tag{4.174}$$

folgt. Schon im Abschnitt 3.2.4.1 wurde gezeigt, daß die Selbstinduktivität einer Spule, bei der alle Windungen mit sämtlichen Feldlinien des Induktionsfeldes **B** verkettet sind und bei der somit alle Windungen vom gesamten Fluß des Kreises durchflossen werden, proportional dem Quadrat der Windungszahl N ist.

4.3.8.2. Magnetisch gekoppelte Kreise mit Streuung

Tritt Streuung auf, so kann man beim Eisenkreis meist wie folgt schematisieren (Abb. 4.34): Man trennt bei jeder Spule in zwei Feldanteile (bzw. Flußanteile), wobei diejenigen Induktionslinien, die mit der anderen Spule verkettet sind, den Hauptfluß ψ_H und jene Induktionslinien, die

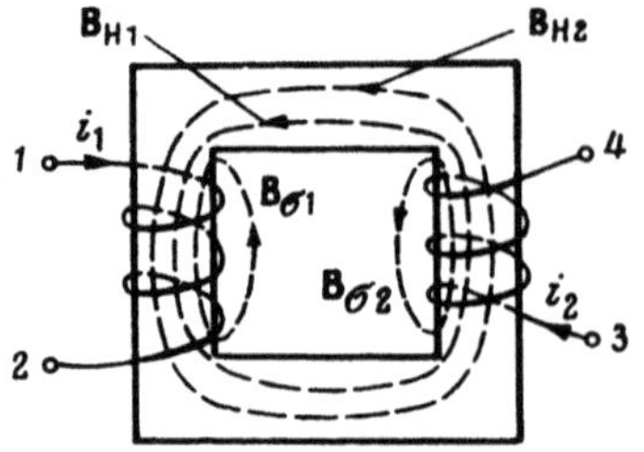

Abb.4.34

mit der anderen Spule nicht verkettet sind, den Streufluß ψ_σ bilden. Dividiert man die mit den Wicklungen verketteten Flüsse ψ durch die Windungszahlen der betreffenden Wicklungen, so erhält man Mittelwerte der Windungsflüsse Φ, die mit den tatsächlich im Magnetkreis vorhandenen Flüssen umso besser übereinstimmen, je eher die in Abb.4.34 dargestellten Verhältnisse zutreffen, daß alle zu einem Hauptfluß beitragenden Induktionslinien mit allen Windungen beider Spulen, und alle zu einem Streufluß beitragenden Feldlinien nur mit einer Spule, hier aber wieder mit allen Windungen derselben, verkettet sind. Es wird demnach gesetzt:

$$\psi_{H1} = \int_{N_1 A_1} \mathbf{B}_{H1} \cdot d\mathbf{A}_1 = N_1 \Phi_{H1} \quad (4.175), \quad \text{also } \Phi_{H1} = \frac{\psi_{H1}}{N_1}, \quad (4.176)$$

und

$$\psi_{\sigma 1} = \int_{N_1 A_1} \mathbf{B}_{\sigma 1} \cdot d\mathbf{A}_1 = N_1 \Phi_{\sigma 1} \quad (4.177), \quad \text{also } \Phi_{\sigma 1} = \frac{\psi_{\sigma 1}}{N_1}. \quad (4.178)$$

Der vom Strom i_1 herrührende Fluß in der eigenen Wicklung 1 ist dann

$$\psi_{11} = \psi_{H1} + \psi_{\sigma 1} = N_1 (\Phi_{H1} + \Phi_{\sigma 1}) = N_1 \Phi_{11} = L_1 i_1 , \quad (4.179)$$

so daß auch der Windungsfluß aus den betreffenden Teilflüssen zusammengesetzt werden kann:

$$\Phi_{11} = \Phi_{H1} + \Phi_{\sigma 1} = \frac{L_1}{N_1} i_1 . \quad (4.180)$$

Der Gesamtfluß in Wicklung 1 ist

$$\psi_1 = \psi_{11} + \psi_{12} = L_1 i_1 + M i_2 = \psi_{H1} + \psi_{\sigma 1} + \psi_{12} , \quad (4.181)$$

mit

$$\psi_{12} = \int_{N_1 A_1} \mathbf{B}_2 \cdot d\mathbf{A}_1 \quad (4.182)$$

als dem vom Strom i_2 (bzw. dem Feld $\mathbf{B}_2$) in der Spule 1 hervorgerufenen Fluß. Für den Gesamtwindungsfluß der Wicklung 1 gilt

$$\Phi_1 = \frac{\psi_1}{N_1} = \Phi_{11} + \Phi_{12} = \frac{L_1}{N_1} i_1 + \frac{M}{N_1} i_2 = \Phi_{H1} + \Phi_{\sigma 1} + \Phi_{12} . \quad (4.183)$$

In gleicher Weise gilt

$$\psi_2 = \psi_{22} + \psi_{21} = L_2 i_2 + M i_1 = \psi_{H2} + \psi_{\sigma 2} + \psi_{21} \quad , \tag{4.184}$$

mit dem Mittelwert pro Windung

$$\Phi_2 = \frac{\psi_2}{N_2} = \Phi_{22} + \Phi_{21} = \frac{L_2}{N_2} i_2 + \frac{M}{N_2} i_1 = \Phi_{H2} + \Phi_{\sigma 2} + \Phi_{21} \quad . \tag{4.185}$$

Zwischen ψ_{21} und ψ_{H1} bzw. zwischen den Mittelwerten Φ_{21} und Φ_{H1}, und demgemäß zwischen ψ_{12} und ψ_{H2} bzw. Φ_{12} und Φ_{H2} läßt sich solange keine einfache Beziehung herstellen, solange man nicht annehmen darf, daß die mit beiden Spulen verketteten Induktionslinien mit allen Windungen beider Spulen verkettet sind, wie dies in Abb. 4.34 dargestellt ist. Bei einem Eisenkreis kann man jedoch mit großer Genauigkeit annehmen, daß Induktionslinien, die mit beiden Spulen verkettet sind, nur im Eisen verlaufen und daher eine Feldröhre bilden, die alle Windungen beider Spulen durchsetzt. Dann durchsetzt also der Hauptfluß (je Windung der Spule 1) Φ_{H1} sämtliche Windungen der Spule 2 und er ist gleich dem Fluß Φ_{21}, d.i. der Fluß je Windung in der Wicklung 2, der vom Strom der Wicklung 1 herrührt:

$$\Phi_{H1} = \Phi_{21} \quad . \tag{4.186}$$

In diesem Fall gilt dann auch

$$\Phi_{H2} = \Phi_{12} \quad . \tag{4.187}$$

Führt man, der Zerlegung der Flüsse entsprechend, Induktivitätsgrößen L_H („Hauptinduktivität") und L_σ („Streuinduktivität") als Quotienten der betreffenden Flüsse ψ_H bzw. ψ_σ und der Stromstärke i ein, so gilt

(4.179) $$\psi_{11} = \psi_{H1} + \psi_{\sigma 1} = L_1 i_1 = L_{H1} i_1 + L_{\sigma 1} i_1 \quad , \tag{4.188}$$

und

$$\psi_{22} = \psi_{H2} + \psi_{\sigma 2} = L_2 i_2 = L_{H2} i_2 + L_{\sigma 2} i_2 \quad , \tag{4.189}$$

und somit eine entsprechende Zerlegung der Induktivitätsgrößen

$$L_1 = L_{H1} + L_{\sigma 1} \qquad (4.190), \text{ mit } \quad L_1 = \frac{\psi_{11}}{i_1} = \frac{N_1 \Phi_{11}}{i_1} \quad , \tag{4.191}$$

$$L_{H1} = \frac{\psi_{H1}}{i_1} = \frac{N_1 \Phi_{H1}}{i_1} \qquad (4.192) \text{ und } \quad L_{\sigma 1} = \frac{\psi_{\sigma 1}}{i_1} = \frac{N_1 \Phi_{\sigma 1}}{i_1} \quad , \tag{4.193}$$

bzw.

$$L_2 = L_{H2} + L_{\sigma 2} \qquad (4.194), \text{ mit } \quad L_2 = \frac{\psi_{22}}{i_2} = \frac{N_2 \Phi_{22}}{i_2} \quad , \tag{4.195}$$

$$L_{H2} = \frac{\psi_{H2}}{i_2} = \frac{N_2 \Phi_{H2}}{i_2} \qquad (4.196) \text{ und } \quad L_{\sigma 2} = \frac{\psi_{\sigma 2}}{i_2} = \frac{N_2 \Phi_{\sigma 2}}{i_2} \quad . \tag{4.197}$$

Aus den Windungshauptflüssen Φ_H erhält man einen Zusammenhang zwischen den Hauptinduktionskoeffizienten L_H und der Gegeninduktivität M. Es ist ja nach Gl. 4.187 und Gl. 4.196

$$\Phi_{12} = \frac{\psi_{12}}{N_1} = \frac{Mi_2}{N_1} = \Phi_{H2} = \frac{L_{H2} i_2}{N_2} \quad . \tag{4.198}$$

Also ist

$$M = L_{H2} \frac{N_1}{N_2} \quad . \tag{4.199}$$

Analog folgt aus

$$\Phi_{21} = \frac{\psi_{21}}{N_2} = \frac{Mi_1}{N_2} = \Phi_{H1} = \frac{L_{H1} i_1}{N_1} \tag{4.200}$$

die Beziehung

$$M = L_{H1} \frac{N_2}{N_1} \quad , \tag{4.201}$$

so daß schließlich

$$M^2 = L_{H1} L_{H2} \quad (4.202) \text{ bzw. } \quad M = \sqrt{L_{H1} L_{H2}} \tag{4.203}$$

erhalten wird. Bei gekoppelten Spulen mit Streuung gelten die gleichen Beziehungen zwischen der Gegeninduktivität M und den Hauptinduktivitäten L_H, wie sie bei streuungsloser Kopplung für die Gegeninduktivität M und die (Gesamt)Induktivitäten L gegolten haben (Gl. 4.172 bzw. Gl. 4.173). Dort ist ja auch wegen des Fehlens von Streufeldern $L_H = L$. Da bei Streuung $L_H = L - L_\sigma < L$ sein muß, muß immer $M^2 < L_1 L_2$ bzw. $M < \sqrt{L_1 L_2}$ sein. Je geringer die Streuung, umso mehr nähern sich die Haupt- den Gesamtinduktivitäten und umso mehr nähert sich der Wert von M dem für streuungslose Verkettung gültigen Wert

(4.173) $\quad M = \sqrt{L_1 L_2} \quad .$

Als Maß für die Streuung wird ein „Streugrad" σ der beiden gekoppelten Kreise

$$\sigma = \frac{L_1 L_2 - M^2}{L_1 L_2} = 1 - \frac{M^2}{L_1 L_2} \tag{4.204}$$

definiert, er ist bei vollkommener (streuungsloser) Kopplung wegen $M^2 = L_1 L_2$ gleich null. Sind zwei Spulen überhaupt nicht gekoppelt, so ist wegen $M = 0$ der Streugrad $\sigma = 1$. (Bei Einzel-Magnetkreisen wird eine andere Definition des Streugrades benützt, s. Abschn. 3.2.5.2 und Abschn. 3.2.5.3.)

Ein Maß für die Stärke der Kopplung ist der „Kopplungsgrad"

$$k = \sqrt{1-\sigma} = \frac{M}{\sqrt{L_1 L_2}} \quad . \tag{4.205}$$

Er ist bei streuungsloser Kopplung gleich 1 ($\sigma = 0, M = \sqrt{L_1 L_2}$), bei ungekoppelten Spulen ist er gleich null ($\sigma = 1, M = 0$).

Schließlich gelten die Zusammenhänge

$$M = k\sqrt{L_1 L_2} \quad (4.206) \text{ und } \quad \sigma = 1 - k^2 \quad . \tag{4.207}$$

In der Energietechnik wird mit hochpermeablen Eisenkreisen gearbeitet, bei denen die Streuung gering ist, es ist also $L_\sigma \ll L_H$ und daher $L = L_H + L_\sigma \approx L_H$. Man definiert dann mitunter für jede Spule einen Streugrad durch

$$\sigma_1 = \frac{L_{\sigma 1}}{L_1} = \frac{\Phi_{\sigma 1}}{\Phi_{11}} \quad (4.208) \text{ und } \quad \sigma_2 = \frac{L_{\sigma 2}}{L_2} = \frac{\Phi_{\sigma 2}}{\Phi_{22}} \quad . \tag{4.209}$$

In diesem Fall folgt für den Gesamtstreugrad σ nach Gl. 4.204, Gl. 4.190, Gl. 4.194 und Gl. 4.202

$$\sigma = \frac{L_1 L_2 - M^2}{L_1 L_2} = \frac{(L_{H1} + L_{\sigma 1})(L_{H2} + L_{\sigma 2}) - L_{H1} L_{H2}}{L_1 L_2} =$$

$$= \frac{L_{H2} L_{\sigma 1} + L_{H1} L_{\sigma 2} + L_{\sigma 1} L_{\sigma 2}}{L_1 L_2} \approx \frac{L_{\sigma 1}}{L_1} + \frac{L_{\sigma 2}}{L_2} = \sigma_1 + \sigma_2 \quad . \tag{4.210}$$

Der Gesamtstreugrad σ ist hier gleich der Summe der Streugrade σ_1 und σ_2 der beiden Wicklungen.

4.3.9. Serien- und Parallelschaltung von Spulen

4.3.9.1. Spulen ohne Kopplung

4.3.9.1.1. ***Serienschaltung von Spulen ohne Kopplung.*** Für zwei ideale, also widerstandslose und kapazitätsfreie Spulen, die in Serie (in Reihe) geschaltet sind, gilt unter Berücksichtigung der in Abb. 4.35 eingetragenen Bezugspfeile

$$u = u_1 + u_2 = L_1 \frac{di}{dt} + L_2 \frac{di}{dt} = (L_1 + L_2)\frac{di}{dt} = L\frac{di}{dt} \quad . \tag{4.211}$$

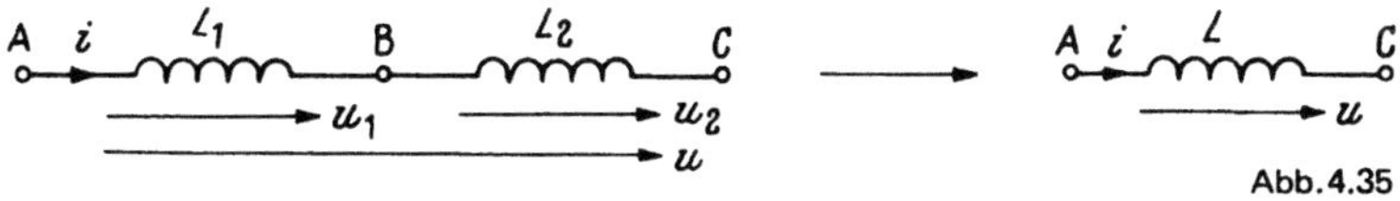

Abb. 4.35

Die beiden Spulen lassen sich also durch einen Zweipol mit der Gesamtinduktivität

$$L = L_1 + L_2 \tag{4.212}$$

ersetzen, wie dies in Abb. 4.35 angedeutet ist, wobei sich (wie bei Ohmwiderständen, s. Gl. 2.95) die Induktivitäten addieren. Allgemein gilt für eine Serienschaltung von n (idealen) Spulen

$$L = \sum_{k=1}^{n} L_k \quad . \tag{4.213}$$

4.3.9.1.2. ***Parallelschaltung von Spulen ohne Kopplung.*** Für zwei (ideale) Spulen, die parallel geschaltet sind, gilt unter Berücksichtigung der in Abb. 4.36 eingetragenen Bezugspfeile

$$u = L_1 \frac{\mathrm{d}i_1}{\mathrm{d}t} = L_2 \frac{\mathrm{d}i_2}{\mathrm{d}t} \tag{4.214}$$

und

$$i = i_1 + i_2 \quad . \tag{4.215}$$

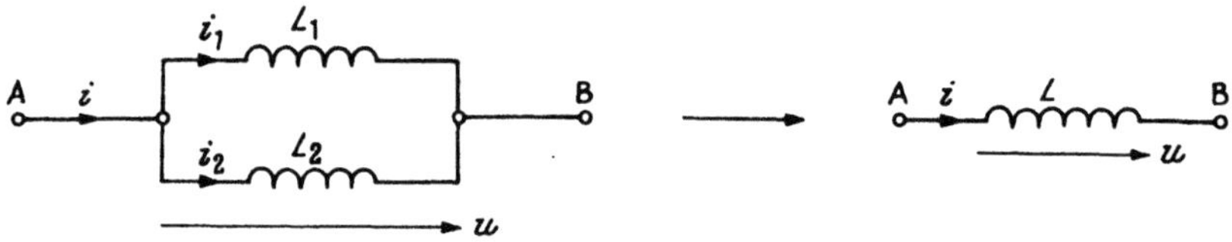

Abb. 4.36

Differentiation von Gl. 4.215 liefert

$$\frac{\mathrm{d}i}{\mathrm{d}t} = \frac{\mathrm{d}i_1}{\mathrm{d}t} + \frac{\mathrm{d}i_2}{\mathrm{d}t} \quad . \tag{4.216}$$

Führt man Gl. 4.216 in Gl. 4.214 ein, so erhält man

$$u = L_1 \frac{\mathrm{d}i_1}{\mathrm{d}t} = L_1 \left(\frac{\mathrm{d}i}{\mathrm{d}t} - \frac{\mathrm{d}i_2}{\mathrm{d}t} \right) = L_1 \left(\frac{\mathrm{d}i}{\mathrm{d}t} - \frac{u}{L_2} \right) \quad , \tag{4.217}$$

woraus nach einfacher Umformung

$$u = \frac{L_1 L_2}{L_1 + L_2} \cdot \frac{\mathrm{d}i}{\mathrm{d}t} = L \frac{\mathrm{d}i}{\mathrm{d}t} \tag{4.218}$$

folgt. Für die Gesamtinduktivität des Ersatzzweipols der Parallelschaltung (s. Abb. 4.36) erhält man demnach (analog wie bei Ohmschen Widerständen, s. Gl. 2.107)

$$L = \frac{L_1 L_2}{L_1 + L_2} \quad (4.219) \quad \text{oder} \quad \frac{1}{L} = \frac{1}{L_1} + \frac{1}{L_2} \; . \tag{4.220}$$

Für n parallel geschaltete (ungekoppelte) Spulen gilt (analog zu Gl. 2.106)

$$\frac{1}{L} = \sum_{k=1}^{n} \frac{1}{L_k} \; . \tag{4.221}$$

4.3.9.2. Spulen mit gegenseitiger Kopplung

4.3.9.2.1. ***Serienschaltung von Spulen mit Kopplung.*** Schaltet man die beiden gekoppelten Spulen so in Reihe, daß der Strom beide Spulen im selben Sinn bezüglich des gemeinsamen Bezugspfeiles durchfließt (Abb. 4.37), so verstärken sich die Flüsse der beiden Spulen. In diesem Fall gilt

$$u = u_{L1} + u_{M1} + u_{L2} + u_{M2} = L_1 \frac{di}{dt} + M \frac{di}{dt} + L_2 \frac{di}{dt} + M \frac{di}{dt} =$$

$$= (L_1 + L_2 + 2M) \frac{di}{dt} = L \frac{di}{dt} \; . \tag{4.222}$$

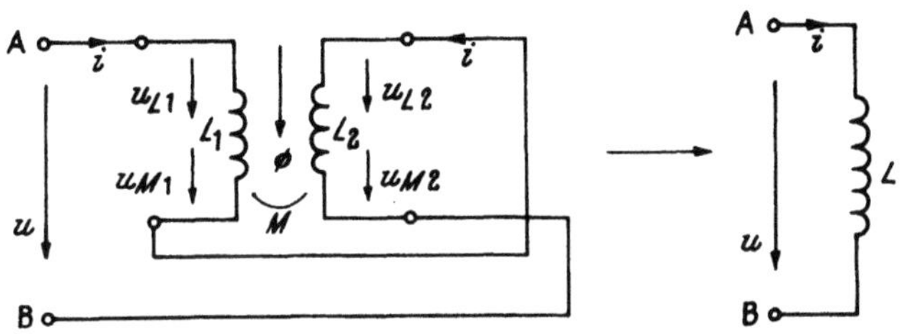

Abb. 4.37

Die Gesamtinduktivität der Anordnung ist also

$$L = L_1 + L_2 + 2M \; . \tag{4.223}$$

Schaltet man die Spulen so, daß sich ihre Flüsse gegenseitig schwächen (Abb. 4.38), so gilt

$$u = u_{L1} + u_{M1} + u_{L2} + u_{M2} = L_1 \frac{di}{dt} - M \frac{di}{dt} + L_2 \frac{di}{dt} - M \frac{di}{dt} =$$

$$= (L_1 + L_2 - 2M) \frac{di}{dt} = L \frac{di}{dt} \; . \tag{4.224}$$

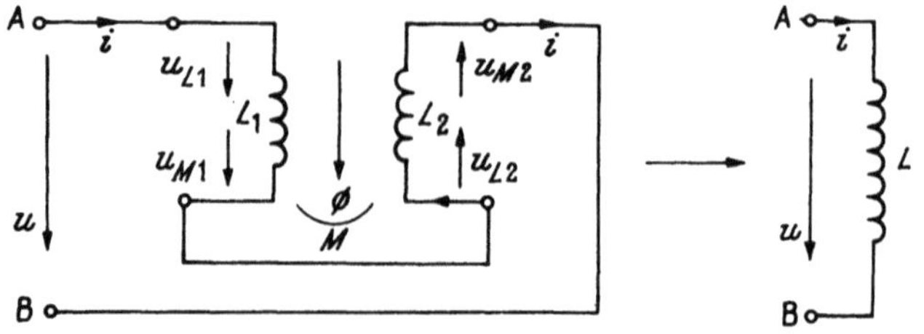

Abb. 4.38

Die Gesamtinduktivität ist in diesem Fall

$$L = L_1 + L_2 - 2M \;; \tag{4.225}$$

sie ist natürlich kleiner als die Induktivität bei Flußverstärkung (Gl. 4.223).

4.3.9.2.2. ***Parallelschaltung von Spulen mit Kopplung.*** Bei einer Parallelschaltung mit gleicher physikalischer Richtung der beiden Spulenflüsse (also bei Flußverstärkung, Abb. 4.39) gilt, wenn $M^2 < L_1 L_2$ ist:*

$$u = u_1 = u_2 = L_1 \frac{di_1}{dt} + M \frac{di_2}{dt} = L_2 \frac{di_2}{dt} + M \frac{di_1}{dt} \tag{4.226}$$

und

$i = i_1 + i_2$ (4.227) bzw. $\dfrac{di}{dt} = \dfrac{di_1}{dt} + \dfrac{di_2}{dt}$. (4.228)

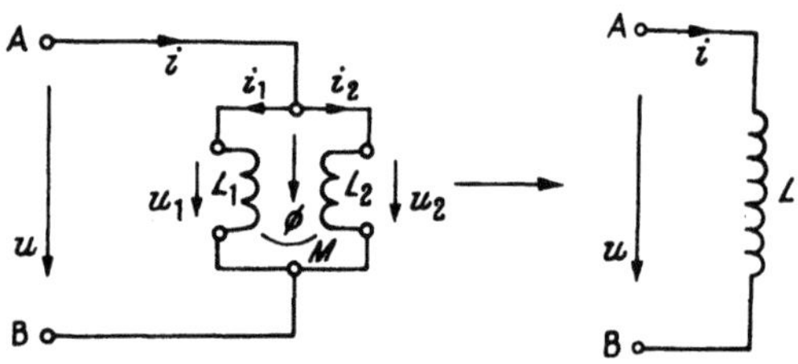

Abb. 4.39

Aus Gl. 4.226 und Gl. 4.228 folgt

$$u = L_1 \frac{di_1}{dt} + M \frac{di}{dt} - M \frac{di_1}{dt} = L_2 \frac{di}{dt} - L_2 \frac{di_1}{dt} + M \frac{di_1}{dt} \; . \tag{4.229}$$

Faßt man die Glieder mit $\dfrac{di_1}{dt}$ und $\dfrac{di}{dt}$ zusammen, so erhält man

$$\frac{di_1}{dt}(L_1 - 2M + L_2) = \frac{di}{dt}(L_2 - M) \tag{4.230}$$

bzw.

$$\frac{di_1}{dt} = \frac{di}{dt} \cdot \frac{L_2 - M}{L_1 + L_2 - 2M} \; . \tag{4.231}$$

---

* Für den nicht realisierbaren Fall streuungsloser Kopplung ($M^2 = L_1 L_2$) führen die Gln. 4.226 auf einen Widerspruch, ausgenommen bei $L_1 = L_2 = M$.

Gl. 4.229 und Gl. 4.231 ergeben

$$u = \left(L_1 \frac{L_2 - M}{L_1 + L_2 - 2M} + M - M \frac{L_2 - M}{L_1 + L_2 - 2M} \right) \frac{di}{dt} = L \frac{di}{dt} \ . \qquad (4.232)$$

Die Gesamtinduktivität der Anordnung ist somit

$$L = \frac{L_1 L_2 - ML_1 + ML_1 + ML_2 - 2M^2 - ML_2 + M^2}{L_1 + L_2 - 2M} =$$

$$= \frac{L_1 L_2 - M^2}{L_1 + L_2 - 2M} \ . \qquad (4.233)$$

Für eine Parallelschaltung mit gegenseitiger Flußschwächung findet man auf analoge Weise

$$L = \frac{L_1 L_2 - M^2}{L_1 + L_2 + 2M} \ . \qquad (4.234)$$

Diese Induktivität ist natürlich kleiner als die Induktivität im Falle der Flußverstärkung (Gl. 4.233).

4.3.9.2.3. ***Bifilare Verlegung von Drähten.*** Wickelt man ein Drahtpaar bifilar, so daß die (sehr dünnen) Drähte unmittelbar nebeneinander liegen (Abb. 4.40), so liegen zwei Stromkreise vor, die weitestgehend streuungslos miteinander verkettet sind. Es gilt in diesem Fall unter Berücksichtigung von

(4.172) $M^2 = L_1 L_2$

die Beziehung für die gleich großen Selbstinduktivitäten (s. Anm. zu Gl. 4.226)

$$L_1 = L_2 = M \ . \qquad (4.235)$$

Abb. 4.40

Sowohl bei Serien- als auch bei Parallelschaltung tritt daher für den Fall der Feldschwächung völlige Auslöschung des Magnetfeldes auf, die Gesamtinduktivität hat in beiden Fällen den Wert null:

(4.225), (4.235) $L = L_1 + L_2 - 2M = 0$, (4.236)

(4.234), (4.235) $L = \dfrac{L_1 L_2 - M^2}{L_1 + L_2 + 2M} = 0$. (4.237)

Induktionsfreie Drahtwiderstände oder induktionsfreie Zuleitungen werden also bifilar ausgeführt und so geschaltet, daß sich die Magnetfelder der Ströme gegenseitig löschen. Allerdings gilt in der Praxis, daß ein Draht natürlich nicht unendlich dünn und daher die Kopplung auch bei bifilar verlegten Drahtpaaren nicht vollkommen sein kann. Ferner ergibt die immer vorhandene innere Induktivität eines Drahtes

(3.356) $L_\mathrm{i} = \dfrac{\mu l}{8\pi}$

einen nicht zu vermeidenden Induktivitätsbeitrag.

4.3.10. Die Berechnung quasistationärer Vorgänge in linearen elektrischen Netzwerken

4.3.10.1. Die Kirchhoffschen Regeln

In einem elektrischen Netzwerk gelten auch bei quasistationären Vorgängen die beiden Kirchhoffschen Regeln, so wie dies im stationären Strömungsfeld (Abschnitt 2.11.1) der Fall ist. Nach wie vor kann in einem Knoten keine Ladung gespeichert werden, es gilt also für das sehr kleine Volumen eines Leiterknotens

(4.1) $\operatorname{div}\mathbf{S}_\mathrm{L} = -\dfrac{\partial \varrho_\mathrm{wa}}{\partial t} = 0$ (4.238)

in Übereinstimmung mit Gl. 2.14 des stationären Strömungsfeldes. Man kann Gl. 4.238 auch aus der I. Maxwellschen Gleichung

(4.41) $\operatorname{rot}\mathbf{H} = \mathbf{S}_\mathrm{L} + \dfrac{\partial \mathbf{D}}{\partial t} = \mathbf{S}_\mathrm{L} + \mathbf{S}_\mathrm{V}$

ableiten, indem man die für quasistationäre Vorgänge charakteristische Vernachlässigung der Verschiebungsstromdichte $\mathbf{S}_\mathrm{V}$ gegenüber der Leitungsstromdichte $\mathbf{S}_\mathrm{L}$ durchführt, so daß die I. Maxwellsche Gleichung die im stationären Feld gültige Form

(4.2) $\operatorname{rot}\mathbf{H} = \mathbf{S}_\mathrm{L}$

behält. Die Anwendung der Operation div auf Gl. 4.2 führt eben auf Gl. 4.238. Durch Integration von Gl. 4.238 über eine, einen Knoten oder aber auch einen beliebigen Teil eines Netzwerkes einhüllende Fläche ergibt sich wie im Abschnitt 2.11.1.1. die Kirchoffsche Knotenregel:

(2.179) $\sum\limits_k I_{k,\mathrm{ab}} = 0$ (4.239) bzw. (2.181) $\sum\limits_k I_{k,\mathrm{zu}} = 0$ (4.240)

bzw. (2.183) $\sum\limits_k I_{k,\mathrm{zu}} = \sum\limits_l I_{l,\mathrm{ab}}$. (4.241)

Ferner muß wegen

$$\oint_s \mathbf{E}_Q \cdot d\mathbf{s} = -\oint_s \operatorname{grad}\varphi \cdot d\mathbf{s} = -\oint_s d\varphi = 0 \qquad (4.242)$$

die Beziehung

$$\int_1^2 \mathbf{E}_Q \cdot d\mathbf{s} + \int_2^3 \mathbf{E}_Q \cdot d\mathbf{s} + \ldots + \int_n^1 \mathbf{E}_Q \cdot d\mathbf{s} = \sum_{k=1}^{n} v_k = 0 \qquad (4.243)$$

gelten, d.h. die für eine geschlossene Masche eines Netzwerkes gebildete Summe der Potentialdifferenzen im Quellenfeld der Ladungen des Netzwerkes muß null sein. Dies ist wieder eine Variante der II. Kirchhoffschen Regel, also der Maschenregel (s. Abschnitt 2.11.1.2), wobei in der Praxis an Stelle der Potentialdifferenzen v_k die (mit dem Voltmeter meßbaren) Klemmenspannungen u_k der Zweipole in Gl. 4.243 verwendet werden dürfen, wenn es sich um konzentrierte Schaltelemente handelt, bei denen außerhalb ihres (relativ kleinen) Volumens keine merkbaren Felder auftreten (s. Abschnitt 4.3.5):

$$\sum_k u_k = 0 \ . \qquad (4.244)$$

Setzt man in Gl. 4.243 bzw. in Gl. 4.244 die Beziehung für die Potentialdifferenz v bzw. für die Klemmenspannung u von Zweipolen Gl. 4.101 ein, so erhält man als weitere Variante der II. Kirchhoffschen Regel

$$\sum_k e_{i,k} + \sum_k e_{ib,k} + \sum_k e_{e,k} = \sum_k e_k = \sum_k i_k R_k \ , \qquad (4.245)$$

wobei hier in $\sum_k e_k$ über alle ruh- und bewegungsinduzierten sowie alle eingeprägten elektromotorischen Kräfte zu summieren ist.

Führt man schließlich noch entsprechend Gl. 2.194 Ohmsche gegenelektromotorische Kräfte ein

$$e_{R,k} = -i_k R_k \ , \qquad (4.246)$$

so liefert Gl. 4.245 mit Gl. 4.246

$$\sum_k e_{i,k} + \sum_k e_{ib,k} + \sum_k e_{e,k} + \sum_k e_{R,k} = \sum_k e_k = 0 \ . \qquad (4.247)$$

In dieser Variante der Maschenregel Gl. 4.247 ist bei $\sum_k e_k$ über alle elektromotorischen Kräfte einschließlich der gegenelektromotorischen Kräfte der Ohmwiderstände im Zuge der Masche zu summieren.

Die beiden Kirchhoffschen Regeln liefern wiederum eine hinreichende Zahl voneinander unabhängiger Gleichungen zur Berechnung der Strom-

und Spannungsverteilung im Netzwerk. An sich gelten die Kirchhoffschen Regeln auch für nichtlineare Netzwerke. Im folgenden sollen jedoch nur lineare, zeitinvariante Netze betrachtet werden, worunter zu verstehen ist, daß die Netzparameter, also die Ohmschen Widerstände R_k, die Kapazitäten C_k, die Induktivitäten L_k und die Gegeninduktivitäten M_k, zeitlich konstante Größen sind. Dies bedingt, daß die genannten Größen auch von den (zeitlich veränderlichen) Stromstärken und Spannungsgrößen nicht abhängen dürfen; eine Annahme, die bei den Ohmschen Widerständen und den Kapazitäten relativ gut erfüllt ist, bei den Induktivitäten und Gegeninduktivitäten wegen des nichtlinearen Verhaltens der in den überwiegenden Fällen benützten ferromagnetischen Kreise nur eine grobe Annäherung darstellt.

4.3.10.2. Das Integro-Differentialgleichungssystem

Bei der nach den Kirchhoffschen Regeln erfolgenden Aufstellung der Gleichungen, die das Netzwerk beschreiben, können wieder jene Methoden herangezogen werden, die im Zusammenhang mit der Berechnung stationärer Stromverteilungen in linearen Netzwerken im Abschnitt 2.11.4 besprochen wurden. Rechnet man mit der Knoten- und der Maschenregel (s. Abschnitt 2.11.4.1), so ist die Zahl der anzusetzenden, voneinander unabhängigen Gleichungen durch die Zahl der Zweigströme, die gleich der Zahl der voneinander unabhängigen Maschen und Knoten ist, gegeben. Baut man die Knotenregel in das Ersatzschaltbild des Netzwerkes ein (s. Abschnitt 2.11.4.2) oder benützt man die Methode der Maschenströme (s. Abschnitt 2.11.4.3), so reduziert sich die Anzahl der Gleichungen auf die Zahl der voneinander unabhängigen Maschen des Netzwerkes. Schließlich kann auch nur mit der Knotenregel, also mit den Potentialen (s. Abschnitt 2.11.4.4), gerechnet werden; in diesem Fall sind so viele Knotengleichungen von der Form des erweiterten Ohmschen Gesetzes Gl. 4.100 anzusetzen, als das Netzwerk voneinander unabhängige Knoten aufweist, zu denen jetzt allerdings alle Verbindungsstellen der idealen Zweipole gerechnet werden müssen. Eine allenfalls auftretende EMK eines Kondensators wird dabei wie eine „eingeprägte" EMK behandelt (s. Gl. 4.111 bzw. Gl. 4.116).

Da in den Formeln für die Spannungsgrößen bzw. für die Stromstärken bei idealen Zweipolen (Abschnitt 4.3.6) und bei magnetisch gekoppelten Kreisen (Abschnitt 4.3.8) Differentialquotienten und Integrale nach der Zeit auftreten, ergibt sich für das Netzwerk ein System von Integro-Differentialgleichungen, das man allerdings durch entsprechende Differentiation nach der Zeit in ein System reiner Differentialgleichungen umformen kann, wobei durch die Differentiation die allenfalls bei den Integralen auftretenden, von der Zeit unabhängigen Anfangsbedingungen (s. Abb. 4.25 und Abb. 4.26) wieder verschwinden.

Das Gleichungssystem wird so geordnet, daß die unbekannten Funktionen und deren Ableitungen auf den linken Seiten, die vorgegebenen, das Netzwerk erregenden Größen und deren Ableitungen auf den rechten Seiten der Gleichungen angeschrieben werden. Diese letzteren Ausdrücke auf den rechten Seiten der Gleichungen werden bekanntlich „Störungsfunktionen" genannt.

Im folgenden sei als Beispiel ein Netzwerk nach Abb. 4.41 betrachtet, bei dem eine elektrische Energiequelle auf einen Stromkreis arbeitet, der mit einem zweiten Kreis magnetisch verkettet ist. Die Wirkung der Engergiequelle mit ihrer EMK e und allenfalls vorhandener innerer Widerstände, Induktivitäten und Kapazitäten sei einfacherweise durch die an ihren Klemmen A und B auftretende Klemmenspannung $u_1(t)$ repräsentiert. Es gelten nun für dieses Netzwerk die beiden Maschengleichungen der Form Gl. 4.244

$$u_R + u_{L1} + u_{M1} - u_1 = 0 \tag{4.248}$$

und

$$u_{L2} + u_{M2} + u_C = 0 \ . \tag{4.249}$$

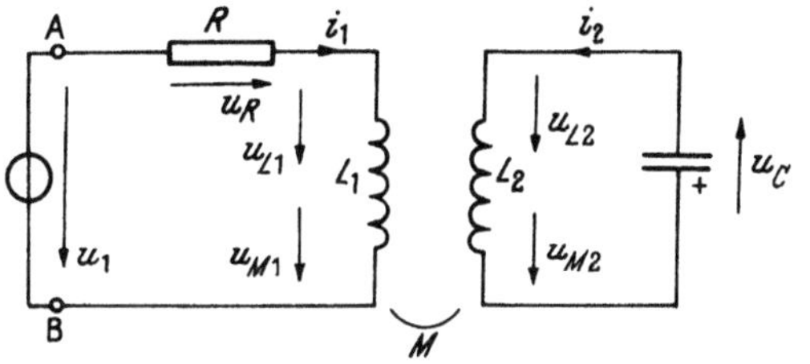

Abb. 4.41

(Knotengleichungen gibt es hier nicht.) Da die an das Netzwerk angelegte Klemmenspannung $u_1(t)$ als Funktion der Zeit vorgegeben sei, wird diese Größe auf die rechte Seite von Gl. 4.248 geschoben. Es ergibt sich dann im Hinblick darauf, daß alle Bezugspfeile im gleichen Sinn in bezug auf den gemeinsamen magnetischen Kreis gewählt wurden, unter Berücksichtigung der in Abb. 4.25 angegebenen Beziehungen bzw. von Gl. 4.152 und Gl. 4.145, das Integro-Differentialgleichungssystem

$$R i_1 + L_1 \frac{di_1}{dt} + M \frac{di_2}{dt} = u_1 \ , \tag{4.250}$$

$$L_2 \frac{di_2}{dt} + \frac{1}{C} \int_0^t i_2 \cdot dt + \frac{1}{C} Q(0) + M \frac{di_1}{dt} = 0 \ . \tag{4.251}$$

Dieses System läßt sich durch einmalige Differentiation von Gl. 4.251 nach der Zeit in das folgende System von Differentialgleichungen überführen,

$$R i_1 + L_1 \frac{\mathrm{d}i_1}{\mathrm{d}t} + M \frac{\mathrm{d}i_2}{\mathrm{d}t} = u_1 \ , \tag{4.252}$$

$$L_2 \frac{\mathrm{d}^2 i_2}{\mathrm{d}t^2} + \frac{1}{C} i_2 + M \frac{\mathrm{d}^2 i_1}{\mathrm{d}t^2} = 0 \ , \tag{4.253}$$

wobei durch die Differentiation das Glied mit der Anfangsbedingung verschwunden ist.

Es handelt sich hier, so wie stets bei linearen, zeitinvarianten Netzwerken, um ein System von gewöhnlichen, linearen Differentialgleichungen mit konstanten Koeffizienten. Gl. 4.252 ist eine Differentialgleichung 1. Ordnung, Gl. 4.253 eine solche 2. Ordnung.

Nun läßt sich zeigen, daß sich jedes solche „simultane" Differentialgleichungssystem, bei dem in den einzelnen Gleichungen jeweils mehrere unbekannte Funktionen und (oder) Ableitungen von unbekannten Funktionen vorkommen, in ein System von Differentialgleichungen entsprechend höherer Ordnungen umformen läßt, bei dem die unbekannten Funktionen getrennt sind, d.h. jede dieser Differentialgleichungen ist dann eine Differentialgleichung für nur eine der unbekannten Funktionen. Die Berechnung („Integration") von Simultansystemen derartiger Differentialgleichungen läßt sich also stets auf das Problem der Integration von Differentialgleichungen mit jeweils nur einer unbekannten Funktion zurückführen.

Wenn in dem hier behandelten Beispiel etwa die Stromstärke i_1 zu berechnen wäre, so geht man folgendermaßen vor, um die Stromstärke i_2 aus dem Simultansystem Gl. 4.252 und Gl. 4.253 zu eliminieren: Aus Gl. 4.252 erhält man die erste Ableitung von i_2 nach der Zeit,

$$\frac{\mathrm{d}i_2}{\mathrm{d}t} = \frac{u_1}{M} - \frac{R}{M} i_1 - \frac{L_1}{M} \cdot \frac{\mathrm{d}i_1}{\mathrm{d}t} \ . \tag{4.254}$$

Da in Gl. 4.253 die Funktion i_2 auftritt, während Gl. 4.254 den Differentialquotienten $\mathrm{d}i_2/\mathrm{d}t$ angibt, muß man Gl. 4.253 einmal differenzieren,

$$L_2 \frac{\mathrm{d}^3 i_2}{\mathrm{d}t^3} + \frac{1}{C} \cdot \frac{\mathrm{d}i_2}{\mathrm{d}t} + M \frac{\mathrm{d}^3 i_1}{\mathrm{d}t^3} = 0 \ . \tag{4.255}$$

Man benötigt nun noch die 3. Ableitung von i_2. Diese erhält man durch zweimalige Differentiation von Gl. 4.254:

$$\frac{\mathrm{d}^3 i_2}{\mathrm{d}t^3} = \frac{1}{M} \cdot \frac{\mathrm{d}^2 u_1}{\mathrm{d}t^2} - \frac{R}{M} \cdot \frac{\mathrm{d}^2 i_1}{\mathrm{d}t^2} - \frac{L_1}{M} \cdot \frac{\mathrm{d}^3 i_1}{\mathrm{d}t^3} \ . \tag{4.256}$$

Führt man die Ausdrücke Gl. 4.254 und Gl. 4.256 in Gl. 4.255 ein, so ergibt sich schließlich

$$\frac{L_2}{M}\cdot\frac{\mathrm{d}^2 u_1}{\mathrm{d}t^2}-\frac{RL_2}{M}\cdot\frac{\mathrm{d}^2 i_1}{\mathrm{d}t^2}-\frac{L_1L_2}{M}\cdot\frac{\mathrm{d}^3 i_1}{\mathrm{d}t^3}+\frac{1}{CM}u_1-\frac{R}{CM}i_1-$$
$$-\frac{L_1}{CM}\cdot\frac{\mathrm{d}i_1}{\mathrm{d}t}+M\frac{\mathrm{d}^3 i_1}{\mathrm{d}t^3}=0\;, \qquad (4.257)$$

woraus nach entsprechender Ordnung und Verschiebung der Glieder mit der vorgegebenen Funktion $u_1(t)$ und ihren Ableitungen auf die rechte Seite sowie nach Multiplikation mit $-\frac{M}{L_1L_2-M^2}$ die folgende Differentialgleichung 3. Ordnung für $i_1(t)$ folgt:

$$\frac{\mathrm{d}^3 i_1}{\mathrm{d}t^3}+\frac{RL_2}{L_1L_2-M^2}\cdot\frac{\mathrm{d}^2 i_1}{\mathrm{d}t^2}+\frac{L_1}{C(L_1L_2-M^2)}\cdot\frac{\mathrm{d}i_1}{\mathrm{d}t}+\frac{R}{C(L_1L_2-M^2)}i_1=$$
$$=\frac{L_2}{L_1L_2-M^2}\cdot\frac{\mathrm{d}^2 u_1}{\mathrm{d}t^2}+\frac{1}{C(L_1L_2-M^2)}u_1\;. \qquad (4.258)$$

Diese Differentialgleichung ist „inhomogen", womit gemeint ist, daß sie zumindest ein von null verschiedenes Störungsglied besitzt (hier sind es zwei Störungsglieder mit der vorgegebenen Spannung u_1 und deren 2. Ableitung).

In analoger Weise läßt sich aus dem simultanen System der Differentialgleichungen Gl. 4.252 und Gl. 4.253 die Differentialgleichung für i_2 separieren, so daß man mit dieser Gleichung und mit Gl. 4.258 anstelle des Simultansystems ein Differentialgleichungssystem erhalten hat, bei dem in jeder Gleichung nur mehr eine der unbekannten Funktionen (hier i_1 und i_2) auftritt.

4.3.10.3. Die Integration einer linearen Differentialgleichung mit konstanten Koeffizienten

Im Abschnitt 4.3.10.2 wurde gezeigt, daß sich das aus den Kirchhoffschen Regeln ergebende simultane Differentialgleichungssystem separieren, d.h. in ein System von Differentialgleichungen mit jeweils nur einer unbekannten Funktion umformen läßt. Bei der Berechnung quasistationärer Vorgänge in elektrischen Netzwerken handelt es sich also in mathematischer Hinsicht um die Lösung („Integration") von linearen Differentialgleichungen mit konstanten Koeffizienten.

Bei der Integration einer solchen Differentialgleichung, etwa der Gleichung 4.258 für i_1, kann man bekanntlich folgendermaßen vorgehen: Man sucht zunächst die allgemeine Lösung der, der inhomogenen Gleichung zugeordneten homogenen Gleichung. Man erhält diese homogene Gleichung dadurch, daß man die Störungsfunktion der inhomogenen Gleichung null setzt. In dem hier behandelten Fall der Gl. 4.258 lautet die zugeordnete homogene Differentialgleichung

$$\frac{\mathrm{d}^3 i_1}{\mathrm{d}t^3} + \frac{RL_2}{L_1L_2-M^2} \cdot \frac{\mathrm{d}^2 i_1}{\mathrm{d}t^2} + \frac{L_1}{C(L_1L_2-M^2)} \cdot \frac{\mathrm{d}i_1}{\mathrm{d}t} + \frac{R}{C(L_1L_2-M^2)} i_1 = 0 \ . \quad (4.259)$$

Eine solche lineare homogene Differentialgleichung mit konstanten Koeffizienten wird stets durch eine Lösung (ein „Integral") von der Gestalt der e-Funktion befriedigt:

$$i_\mathrm{h} = H\mathrm{e}^{ht} \ , \quad (4.260)$$

(Index h . . . homogene Differentialgleichung). Setzt man den Ansatz Gl. 4.260 in Gl. 4.259 ein, so erhält man die Identität

$$H\mathrm{e}^{ht}\left(h^3 + \frac{RL_2}{L_1L_2-M^2} h^2 + \frac{L_1}{C(L_1L_2-M^2)} h + \frac{R}{C(L_1L_2-M^2)}\right) \equiv 0 \ . \quad (4.261)$$

Da diese Beziehung für jeden beliebigen Wert von t gelten soll, muß der Klammerausdruck null sein:

$$h^3 + \frac{RL_2}{L_1L_2-M^2} h^2 + \frac{L_1}{C(L_1L_2-M^2)} h + \frac{R}{C(L_1L_2-M^2)} = 0 \ . \quad (4.262)$$

Man nennt diese Beziehung, aus der Werte von h berechnet werden können, die zu Lösungen von der Gestalt Gl. 4.260 der homogenen Gleichung führen, die „charakteristische Gleichung". Ihr Grad und damit die Anzahl ihrer Lösungen stimmen mit der Ordnung der Differentialgleichung überein. Hier ergibt die Lösung der charakteristischen Gleichung drei Werte (drei „Wurzeln") h_1, h_2 und h_3, so daß das allgemeine Integral der homogenen Gleichung durch die Linearkombination

$$i_\mathrm{h} = H_1\mathrm{e}^{h_1t} + H_2\mathrm{e}^{h_2t} + H_3\mathrm{e}^{h_3t} \quad (4.263)$$

gegeben ist. (Der Fall mehrfacher Wurzeln der charakteristischen Gleichung wird im Abschnitt 4.3.11.3.1 behandelt.)

Da die Koeffizienten der charakteristischen Gleichung (hier der Gl. 4.262) stets reell sind, sind ihre Wurzeln h_k entweder alle reell oder es treten auch Paare konjugiert komplexer Wurzeln auf. In Netzwerken, die nur aus passiven Zweipolen aufgebaut sind, müssen die reellen Wurzeln negativ sein, so daß sie gedämpfte e-Funktionen bestimmen, bzw. die konjugiert komplexen Wurzeln müssen negative Realteile haben, so daß sich gedämpfte sinusförmige Schwingungen ergeben, wie noch gezeigt werden soll. Treten etwa neben einem reellen (und negativen) Wert h_1 konjugiert komplexe Werte h_2 und h_3 auf, so müssen auch die zugehörigen Konstanten H_2 und H_3 konjugiert komplex sein, damit eine reelle Lösung i_h erhalten wird; man wird also im Falle

$$h_2 = \alpha + j\omega_d \ , \quad (4.264) \qquad h_3 = \alpha - j\omega_d \ , \quad (4.265)$$

etwa folgendermaßen ansetzen:

$$H_2 = \frac{A - jB}{2} \ , \quad (4.266) \qquad H_3 = \frac{A + jB}{2} \ . \quad (4.267)$$

A und B sind neue Integrationskonstante, für j gilt

$$j = \sqrt{-1} \ . \quad (4.268)$$

Unter Berücksichtigung der Eulerschen Formel

$$e^{jx} = \cos x + j \cdot \sin x \ , \quad (4.269)$$

die die Zusammenhänge

$$\cos x = \frac{1}{2}(e^{jx} + e^{-jx}) = \operatorname{Re} e^{jx} \quad (4.270)$$

und

$$\sin x = \frac{1}{2j}(e^{jx} - e^{-jx}) = \operatorname{Im} e^{jx} \quad (4.271)$$

liefert, erhält man aus Gl. 4.263 mit Gl. 4.264 bis Gl. 4.267 und unter Berücksichtigung der Beziehungen Gl. 4.270 und Gl. 4.271, wenn dort $x = \omega_d t$ substituiert wird, folgende Lösung der homogenen Differentialgleichung:

$$i_h = H_1 e^{h_1 t} + \frac{A - jB}{2} e^{(\alpha + j\omega_d)t} + \frac{A + jB}{2} e^{(\alpha - j\omega_d)t} =$$

$$= H_1 e^{h_1 t} + A e^{\alpha t} \cdot \cos \omega_d t + B e^{\alpha t} \cdot \sin \omega_d t \ . \quad (4.272)$$

Bei den (gedämpften) Schwingungen in Gl. 4.272 ($\operatorname{Re} h_2 = \operatorname{Re} h_3 = \alpha < 0$!) bedeutet ω_d die Eigen-Kreisfrequenz des an die elektrische Energiequelle angeschlossenen Netzwerkes (Zweipols), die mit seiner Eigen-Frequenz f_d bzw. mit deren Kehrwert, der Periodendauer $T_{P,d}$ der Eigenschwingung, wie folgt zusammenhängt:

$$\omega_d = 2\pi f_d = \frac{2\pi}{T_{P,d}} \ . \quad (4.273)$$

Da die homogene Differentialgleichung die Störungsfunktion und damit die erregenden Größen des Netzwerkes nicht enthält, ist ihre Lösung nur durch die Netzeigenschaften selbst bestimmt. Aus diesem Grund wurden die Größen Kreisfrequenz ω_d, Frequenz f_d und Periodendauer $T_{P,d}$ durch das Wort „Eigen" (und beim betreffenden Symbol durch den Index d) besonders gekennzeichnet.

Die in der allgemeinen Lösung Gl. 4.263 bzw. Gl. 4.272 der homogenen Gleichung auftretenden Konstanten H_1 sowie H_2 und H_3 bzw. A und B sind Integrationskonstante, die erst später, wenn das allgemeine Integral der inhomogenen Differentialgleichung gefunden ist, durch Anpassung dieser Lösung an die Anfangsbedingungen ermittelt werden können.

Hat man also die Lösung der homogenen Differentialgleichung gefunden, so ist der nächste Schritt das Aufsuchen einer Lösung, die die inhomogene Gleichung befriedigt. Eine solche Lösung wird „partikuläres Integral" genannt und kann natürlich erst dann ermittelt werden, wenn der zeitliche Verlauf der Störungsfunktion konkret vorgegeben ist. Bezeichnet man dieses partikuläre Integral mit i_p (Index p . . . partikuläres Integral), so läßt sich zeigen, daß die allgemeine Lösung (das „allgemeine Integral") der inhomogenen Differentialgleichung durch die Summe aus der allgemeinen Lösung der homogenen Gleichung und einem partikulären Integral der inhomogenen Gleichung gegeben ist:

$$i = i_h + i_p \quad . \tag{4.274}$$

Die Lösung i_h der homogenen Gleichung liefert, in die linke Seite der inhomogenen Differentialgleichung eingeführt, den Wert null. Sie kann daher zu einem partikulären Integral i_p, das für sich allein die inhomogene Gleichung befriedigt, hinzugefügt werden, ohne die zu erfüllende Bedingung zu stören, daß die allgemeine Lösung $i = i_h + i_p$ wiederum die inhomogene Differentialgleichung befriedigen, also auf die Störungsfunktion dieser Gleichung führen muß.

Die Methode, wie ein partikuläres Integral der inhomogenen Gleichung gefunden werden kann, hängt sehr von der Gestalt der Störungsfunktion ab. Zunächst ist ganz allgemein festzuhalten, daß bei linearen Differentialgleichungen das „Superpositionsgesetz" gilt. Besteht etwa die Störungsfunktion aus mehreren Summanden, so kann je ein partikuläres Integral für jeden der einzelnen Summanden allein (wenn man also jeweils alle anderen null setzt) gesucht werden. Die Summe dieser einzelnen Integrale ist dann das partikuläre Integral der inhomogenen Differentialgleichung.

Das Auffinden eines partikulären Integrals ist in jenen Fällen sehr einfach, bei denen die Störungsglieder die Gestalt von e-Funktionen besitzen, was bei technischen Problemen vielfach zutrifft. Dabei ist auch eine zeitunabhängige Konstante als Grenzwert einer gedämpften (oder entdämpften) e-Funktion mit einer gegen null gehenden Dämpfungskonstanten anzusehen. Ebenso lassen sich stationäre oder gedämpfte (entdämpfte) Schwingungen von zeitlich sinusförmigem Verlauf mit Hilfe der Eulerschen Formel Gl. 4.269 durch e-Funktionen darstellen (vgl. die Umformung von Gl. 4.263 in Gl. 4.272). In diesen Fällen ist das partikuläre Integral wiederum eine e-Funktion oder eine Linearkombination von e-Funktionen mit den gleichen (gegebenenfalls auch komplexen) Exponenten, wie sie die e-Funktionen der Störungsglieder aufweisen; es besitzt also die Gestalt

$$i_p = \sum_{k=1}^{n} P_k e^{p_k t} \quad . \tag{4.275}$$

Da das partikuläre Integral i_p für sich allein die inhomogene Differentialgleichung befriedigen muß, erhält man die Konstanten P_k durch unmittelbares Einführen des Ansatzes Gl. 4.275 in die inhomogene Differentialgleichung, bei dem hier behandelten Beispiel also in Gl. 4.258.

Die Zusammensetzung der allgemeinen Lösung der inhomogenen Differentialgleichung aus der allgemeinen Lösung der homogenen Differentialgleichung und dem partikulären Integral der inhomogenen Gleichung läßt sich in jenen Fällen einfach deuten, in denen die erregenden Größen des Netzes und damit die Störungsglieder stationär sind, worunter zeitlich konstante oder periodisch veränderliche Funktionen konstanter Amplitude verstanden werden. Wegen der reellen Koeffizienten der Differentialgleichung kann die „charakteristische Gleichung" (s. Gl. 4.262) nur reelle oder konjugiert komplexe Werte h_k für die Exponenten jener e-Funktionen liefern, die die Lösung der homogenen Differentialgleichung bilden. Bei stabilen Systemen, wie etwa bei Netzwerken, die nur aus passiven Zweipolen aufgebaut sind, müssen, wie schon erwähnt wurde, die reellen Wurzeln bzw. die Realteile komplexer Wurzeln der charakteristischen Gleichung negativ sein, so daß es sich bei der Lösung der homogenen Gleichung um zeitlich abklingende Funktionen handelt. Der Einfluß dieses Anteiles der allgemeinen Lösung verschwindet also mit der Zeit und es bleibt bei stationären Störungsfunktionen nach hinreichend langer Dauer nur mehr das ebenfalls stationäre partikuläre Integral der inhomogenen Gleichung bestehen. Man nennt in solchen Fällen den von der homogenen Gleichung herrührenden Anteil (i_h) der allgemeinen Lösung auch das „Ausgleichsglied" oder den „flüchtigen Vorgang", das partikuläre Integral (i_p) das „stationäre Glied" oder auch den „stationären" oder „eingeschwungenen Vorgang", da sich dieser Zustand in vielen Fällen über einen, durch das Ausgleichsglied beschriebenen gedämpften Schwingungsvorgang einstellt. (Dies ist der Fall, wenn konjugiert komplexe Wurzeln der charakteristischen Gleichung auftreten, s. Gl. 4.272).

4.3.10.4. Die Anfangsbedingungen

Die allgemeine Lösung der inhomogenen Differentialgleichung enthält zunächst, von der Lösung der homogenen Gleichung her, eine mit der Ordnung der Differentialgleichung übereinstimmende Zahl von unbekannten Integrationskonstanten (s. Gl. 4.263). Diese werden durch Anpassung der allgemeinen Lösung der inhomogenen Gleichung an Anfangsbedingungen, die durch den Zustand des Systems zu Beginn des betrachteten Vorganges gegeben sind, bestimmt.

In elektrischen Netzen sind diese Anfangsbedingungen durch den Energiezustand zu jenem Zeitpunkt bestimmt, von dem an also der Vorgang betrachtet wird. Man definiert diesen Zeitpunkt zweckmäßigerweise als den Nullpunkt der Zeitzählung ($t=0$). Meist wird es sich um den Zeitpunkt eines Schaltvorganges handeln. Kennzeichnet man den Zeitpunkt unmittelbar vor dem Schaltvorgang mit $t=0_-$ und jenen unmittelbar nach dem (theoretisch unendlich rasch erfolgenden) Schaltvorgang mit $t=0_+$, so folgt aus der Tatsache, daß zu einer endlich großen Änderung eines Energiezustandes stets ein endlich großes Zeitintervall benötigt wird, Gleichheit der in den Schaltelementen gespeicherten Energien zu den Zeiten $t=0_-$ und $t=0_+$, also unmittelbar vor und nach dem Schaltvorgang. (Um eine endlich große Energieänderung in einer unendlich kleinen Zeitspanne, also sprunghaft, hervorrufen zu können, wäre eine Energiequelle mit unendlich hoher Leistung $P=\mathrm{d}W/\mathrm{d}t$ nötig!) Da die Differentialgleichung den Zustand des Netzes nach dem Schaltvorgang beschreibt, gilt ihre Lösung für Zeiten $t>0$ bzw. $t \geqq 0_+$.

Im Ohmschen Widerstand wird keine elektromagnetische Energie gespeichert, Stromstärke und Klemmenspannung sind einander nach dem Ohmschen Gesetz Gl. 4.106 direkt proportional. Eine Spannungsänderung ist daher unmittelbar mit einer gleichartigen Stromänderung verknüpft und umgekehrt.

Im Kondensator ist die elektrische Energie

(1.356) $$W^{el} = \frac{Q^2}{2C} = \frac{Cu_C^2}{2} \tag{4.276}$$

gespeichert. Gleichheit der Energiewerte unmittelbar vor und nach einem Schaltvorgang bedeutet, daß sich die elektrische Ladung $Q=Cu_C$ und damit die elektrische Spannung u_C des Kondensators nicht sprunghaft ändern können; diese Größen bleiben im ersten Moment nach dem Schaltvorgang ungeändert:

$$Q(0_+) = Q(0_-) \; , \tag{4.277}$$

$$u_C(0_+) = u_C(0_-) \; . \tag{4.278}$$

Wird der mit einer Spule verkettete Fluß durch ψ gekennzeichnet, so ist die im Magnetkreis gespeicherte magnetische Energie durch

$$W^{m} = \frac{\psi^2}{2L} = \frac{L i_L{}^2}{2} \qquad (3.345) \qquad (4.279)$$

gegeben. Bei der Spule sind also die Werte des verketteten Flusses ψ und der Stromstärke i_L unmittelbar nach einem (sehr raschen) Schaltvorgang gleich jenen unmittelbar vor dem Schaltvorgang:

$$\psi(0_+) = \psi(0_-) \ , \qquad (4.280)$$

$$i_L(0_+) = i_L(0_-) \ . \qquad (4.281)$$

4.3.11. Die Berechnung einiger einfacher Stromkreise

Wie im Abschnitt 4.3.10.2 gezeigt wurde, läßt sich die Behandlung vermaschter Netzwerke stets auf die Integration von Differentialgleichungen mit nur einer unbekannten Funktion reduzieren. Es genügt daher im folgenden, sich auf einfache, unverzweigte Stromkreise zu beschränken, bei denen die einzige auftretende Gleichung – es ist die Maschengleichung des Kreises – eine derartige gewöhnliche lineare Differentialgleichung mit konstanten Koeffizienten ist.

4.3.11.1. Serienschaltung Ohmwiderstand-Kondensator

Bei der Serienschaltung eines Ohmschen Widerstandes mit einem Kondensator (Abb. 4.42) ergibt sich nach den in Abb. 4.25 angegebenen, für gleiche Bezugsrichtungen von Stromstärke und Spannungsgrößen geltenden Beziehungen die Integralgleichung

$$u(t) = u_R + u_C = i R + \frac{1}{C}\int_{0_+}^{t} i \cdot \mathrm{d}t + \frac{1}{C} Q(0_+) \ . \qquad (4.282)$$

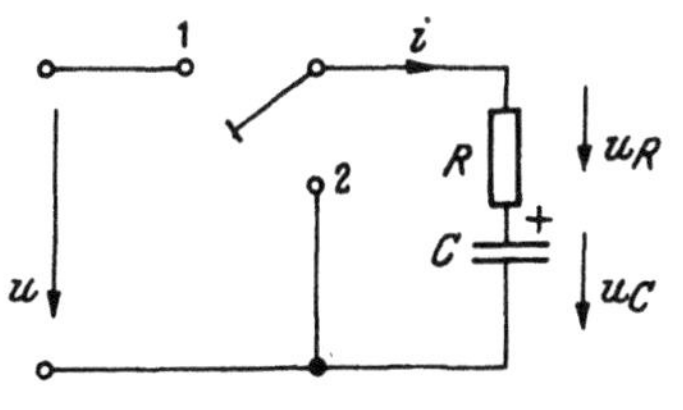

Abb. 4.42

Einmalige Differentiation und Division durch R führen diese Gleichung in die Differentialgleichung 1. Ordnung

$$\frac{di}{dt} + \frac{1}{RC} i = \frac{1}{R} \cdot \frac{du}{dt} \tag{4.283}$$

über.

4.3.11.1.1. ***Anschalten einer Gleichspannung.*** Wird zur Zeit $t = 0$ an die Schaltung Gleichspannung vom Wert U angelegt (Schalter in Abb. 4.42 auf Klemme 1),

$$u(t) = U = \text{const}, \ (t > 0) \ , \tag{4.284}$$

so gilt für alle Zeiten $t > 0$ (und nur solche Zeiten nach dem Anschalten der Spannung interessieren)

$$\frac{du}{dt} = 0 \tag{4.285}$$

und somit nach Gl. 4.283 die Differentialgleichung

$$\frac{di}{dt} + \frac{1}{RC} i = 0 \ . \tag{4.286}$$

Den Stromverlauf bei dem an Gleichspannung angeschalteten Kondensator mit Vorwiderstand beschreibt also eine homogene Differentialgleichung, so daß die allgemeine Lösung bereits durch den Ansatz Gl. 4.260 für das Integral der homogenen Gleichung

$$i = i_h = He^{ht} \tag{4.287}$$

gegeben ist.

Der Ansatz Gl. 4.287, in die Differentialgleichung Gl. 4.286 eingesetzt, liefert die charakteristische Gleichung

$$h + \frac{1}{RC} = 0 \tag{4.288}$$

und damit

$$h = -\frac{1}{RC} \ , \tag{4.289}$$

so daß die allgemeine Lösung

$$i = i_h = H e^{-\frac{t}{RC}} = H e^{-\frac{t}{T}} = i(0_+) \cdot e^{-\frac{t}{T}} \tag{4.290}$$

lautet, wobei man

$$T = RC \tag{4.291}$$

die Zeitkonstante des RC-Zweiges nennt.

Die Integrationskonstante $H = i(0_+)$ in der allgemeinen Lösung Gl. 4.290 wird durch Anpassung an die Anfangsbedingung bestimmt: War etwa der Kondensator vor Anlegen der Spannung U ungeladen, so gilt nach Gl. 4.277

$$Q(0_+) = Q(0_-) = C u_C(0_+) = 0 \quad . \tag{4.292}$$

Nun folgt unter Berücksichtigung von Gl. 4.292 aus Gl. 4.282

$$u(0_+) = U = u_R(0_+) + u_C(0_+) = i(0_+) \cdot R \quad , \tag{4.293}$$

woraus

$$i(0_+) = \frac{u(0_+)}{R} = \frac{U}{R} \tag{4.294}$$

als Anfangsbedingung für die Stromstärke i folgt. Da der Kondensator zur Zeit $t = 0_-$ ungeladen war, besitzt er zunächst keine Spannung und daher ist unmittelbar nach dem Anschalten der Gleichspannung U der Strom ausschließlich durch den Widerstand R begrenzt; die Klemmenspannung U fällt im ersten Moment zur Gänze am Ohmwiderstand ab. (Ist der Ohmsche Widerstand R sehr klein, so tritt ein hoher Stromstoß auf; man wird daher i.a. einen entsprechend großen „Ladewiderstand" vorschalten!). Damit wird der „Ladestrom" des Kondensators

$$i = i(0_+) \cdot e^{-\frac{t}{RC}} = \frac{U}{R} e^{-\frac{t}{RC}} = \frac{U}{R} e^{-\frac{t}{T}} \quad . \tag{4.295}$$

Die Stromstärke i konvergiert gegen den Wert null (Abb. 4.43), der Kondensator ist, genau genommen, erst nach unendlich langer Zeit aufgeladen. Die Zeitkonstante T ist maßgebend dafür, wie rasch sich der Strom i seinem Endwert $i(\infty) = 0$ nähert. Sie ist die Subtangente der e-Kurve, d.i. die Differenz der Abszissenwerte eines beliebigen Punktes der Kurve (z.B. bei $t = 0$) und des Schnittpunktes der Tangente der Kurve in diesem Punkt mit der Abszissenachse (Abb. 4.43). Nach einer Zeit $t = T$ von der Dauer der Zeitkonstanten besitzt die Stromstärke den Wert

$$i = i(0_+) \cdot e^{-1} = \frac{i(0_+)}{2{,}718} = 0{,}368\, i(0_+) = 36{,}8\%\, i(0_+) \quad , \tag{4.296}$$

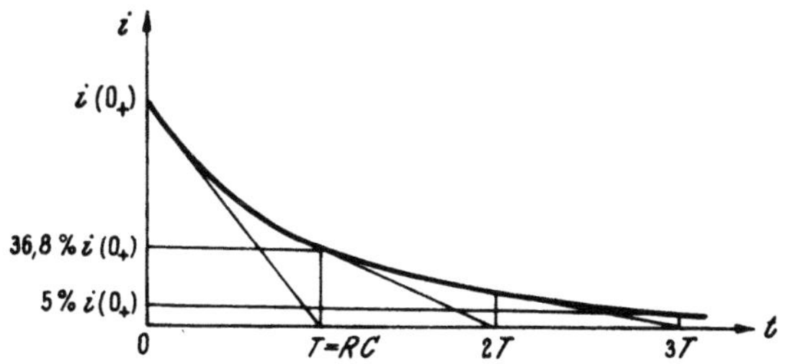

Abb. 4.43

nach $t = 3T$ ist

$$i = i(0_+) \cdot e^{-3} = 0{,}05\, i(0_+) = 5\%\, i(0_+) \quad . \tag{4.297}$$

Nach einer Zeitdauer von $3T$ ist also der Endwert [hier $i(\infty) = 0$] bis auf 5% des ursprünglichen Wertes angenähert. Da die Zeitkonstante T gemäß Gl. 4.291 durch das Produkt aus R und C gegeben ist, dauert der Aufladevorgang umso länger, je größer R bzw. C ist. Dies ist verständlich, da einerseits ein großer Vorwiderstand R einen kleinen Ladestrom bedingt, andererseits ein Kondensator mit großer Kapazität viel Ladung aufzunehmen vermag.

Mit Hilfe der Stromstärke i kann man die Teilspannungen am Ohmwiderstand (u_R) und am Kondensator (u_C) berechnen:

$$u_R = i R = U e^{-\frac{t}{RC}} , \tag{4.298}$$

$$u_C = U - u_R = U(1 - e^{-\frac{t}{RC}}) \quad . \tag{4.299}$$

Nach unendlich langer Zeit liegt die volle Gleichspannung U am Kondensator, der Ohmwiderstand ist dann (wegen $i = 0$) spannungslos.

4.3.11.1.2. *Der Energieumsatz beim Laden eines Kondensators.*

An den RC-Zweipol wird in jedem Moment ein „Momentanwert" an Leistung

$$(4.103) \qquad P(t) = u(t) \cdot i(t) \tag{4.300}$$

übertragen. Die vom Zweipol beim vollen Ladevorgang insgesamt aufgenommene Energie ist demnach unter Berücksichtigung von Gl. 4.284 und Gl. 4.295

$$W = \int_0^\infty P(t) \cdot dt = \int_0^\infty u i \cdot dt = \frac{U^2}{R} \int_0^\infty e^{-\frac{t}{RC}} \cdot dt =$$

$$= -CU^2 e^{-\frac{t}{RC}} \Bigg|_0^\infty = CU^2 \quad . \tag{4.301}$$

Im Kondensator ist davon ein Betrag

$$(1.356) \qquad W^{el} = \frac{1}{2} C U^2$$

an elektrischer Energie gespeichert, so daß im Ohmwiderstand

$$W_{therm} = W - W^{el} = CU^2 - \frac{1}{2} CU^2 = \frac{1}{2} CU^2 \left(= \int_0^\infty i^2 R \cdot dt\right) \quad , \tag{4.302}$$

also ein gleich großer Betrag $\frac{1}{2}CU^2$, in Joulesche Verlustwärme umgesetzt wurde. Die Aufteilung der an den Zweipol gelieferten Energie je zur Hälfte auf gespeicherte Feldenergie im Kondensator und Joulesche Wärme im Ohmwiderstand gilt nur für den vollen Aufladezustand ($t = \infty$), nicht aber schon während des Ladevorganges, wie man sich leicht überzeugen kann.

4.3.11.1.3. ***Entladen eines Kondensators.*** Schließt man nach Aufladung des Kondensators den RC-Zweig kurz (der Schalter in Abb. 4.42 wird also auf Klemme 2 umgelegt), so gilt, wenn die Umschaltzeit wieder mit $t = 0$ bezeichnet wird, wegen $u(t) = 0$ für $t > 0$

(4.282) $$iR + \frac{1}{C}\int_{0_+}^{t} i \cdot \mathrm{d}t + \frac{1}{C}Q(0_+) = 0 \ . \qquad (4.303)$$

Differenziert man nach der Zeit t, um in eine Differentialgleichung überzuführen, und dividiert man durch R, so erhält man, wie früher beim Ladevorgang, die homogene Differentialgleichung

(4.286) $$\frac{\mathrm{d}i}{\mathrm{d}t} + \frac{1}{RC}i = 0 \qquad (4.304)$$

mit der allgemeinen Lösung (für $t > 0$)

(4.290) $$i = H\mathrm{e}^{-\frac{t}{RC}} = i(0_+) \cdot \mathrm{e}^{-\frac{t}{T}} \ . \qquad (4.305)$$

Zur Zeit $t = 0_+$ gilt nach Gl. 4.303

$$u_R(0_+) + u_C(0_+) = i(0_+) \cdot R + \frac{1}{C}Q(0_+) = 0 \ , \qquad (4.306)$$

woraus

$$i(0_+) = -\frac{u_C(0_+)}{R} = -\frac{Q(0_+)}{RC} \qquad (4.307)$$

folgt. Die zur Umschaltzeit am Kondensator vorhandene Ladung muß vorgegeben oder zumindest berechenbar sein. War der Zweig z.B. vor dem Kurzschließen hinreichend (theoretisch unendlich) lang an Gleichspannung U geschaltet, so gilt für die Anfangsladung

$$Q(0_+) = Cu(0_+) = Cu(0_-) = CU \ , \qquad (4.308)$$

(s. Gl. 4.299 und die anschließende Erläuterung). Aus Gl. 4.305 folgt mit den Anfangsbedingungen Gl. 4.307 und Gl. 4.308

$$i = -\frac{Q(0_+)}{RC}\mathrm{e}^{-\frac{t}{T}} = -\frac{U}{R}\mathrm{e}^{-\frac{t}{T}} \ . \qquad (4.309)$$

Der nach einer e-Funktion abklingende Entladestrom ist negativ, er fließt in entgegengesetzter Richtung zu dem in Abb. 4.42 angegebenen Bezugspfeil und damit in umgekehrter Richtung wie der (positive) Ladestrom.

4.3.11.1.4. ***Anschalten einer nach einer e-Funktion abklingenden Spannung.*** Es soll die Klemmenspannung den zeitlichen Verlauf

$$u(t) = u(0_+) \cdot e^{-\frac{t}{\tau}} = Ue^{-\frac{t}{\tau}}, \quad (t > 0) \tag{4.310}$$

besitzen. Die Zeitkonstante τ der abklingenden Klemmenspannung sei beliebig, jedoch ungleich der (Eigen)Zeitkonstante $T = RC$ des RC-Zweipols.

Es gilt in diesem Fall nach Gl. 4.282 und Gl. 4.310 die Integralgleichung

$$iR + \frac{1}{C}\int_{0_+}^{t} i \cdot dt + \frac{1}{C}Q(0_+) = Ue^{-\frac{t}{\tau}} , \tag{4.311}$$

die nach einmaliger Differentiation und nach Division durch R in die inhomogene Differentialgleichung

$$\frac{di}{dt} + \frac{1}{RC}i = -\frac{1}{R\tau}Ue^{-\frac{t}{\tau}} \tag{4.312}$$

übergeht.

Zunächst ist die Lösung der zugehörigen homogenen Differentialgleichung zu suchen; sie besitzt die Form der Gl. 4.260 und wurde bereits mit Gl. 4.290 erhalten,

$$i_h = He^{-\frac{t}{RC}} = He^{-\frac{t}{T}} , \tag{4.313}$$

wobei hier allerdings die Integrationskonstante H nicht, wie bei Gl. 4.290, als Anfangswert $i(0_+)$ gedeutet werden darf, da jetzt die allgemeine Lösung noch das partikuläre Integral enthält und die Integrationskonstante H erst durch Anpassung der allgemeinen Lösung an die Anfangsbedingung gefunden werden kann. [Im Abschnitt 4.3.11.1.1 hingegen war die Differentialgleichung des Systems selbst homogen und daher war Gl. 4.290 bereits die allgemeine Lösung, so daß dort $H = i(0_+)$ bedeutete.]

Da nun die Störungsfunktion der Differentialgleichung Gl. 4.312 die Gestalt einer e-Funktion besitzt, ist für das partikuläre Integral gemäß Gl. 4.275 eine e-Funktion der gleichen Gestalt, d.h. mit gleicher Zeitkonstante τ, anzusetzen:

$$i_p = Pe^{-\frac{t}{\tau}} . \tag{4.314}$$

Das partikuläre Integral Gl. 4.314 muß für sich allein die inhomogene Differentialgleichung Gl. 4.312 befriedigen, so daß man durch Einsetzen in diese Differentialgleichung eine Bedingung für die Konstante P erhält:

$$P\left(-\frac{1}{\tau}\right)\mathrm{e}^{-\frac{t}{\tau}} + \frac{1}{RC}P\mathrm{e}^{-\frac{t}{\tau}} \equiv -\frac{1}{R\tau}U\mathrm{e}^{-\frac{t}{\tau}} \ . \tag{4.315}$$

Aus Gl. 4.315 folgt mit $RC = T$

$$P\left(-\frac{1}{\tau}+\frac{1}{T}\right) = -\frac{U}{R\tau} \tag{4.316}$$

und damit

$$P = \frac{U}{R}\cdot\frac{T}{T-\tau} \ , \tag{4.317}$$

so daß das partikuläre Integral

$$i_\mathrm{p} = \frac{U}{R}\cdot\frac{T}{T-\tau}\mathrm{e}^{-\frac{t}{\tau}} \tag{4.318}$$

und die allgemeine Lösung

$$i = i_\mathrm{h} + i_\mathrm{p} = H\mathrm{e}^{-\frac{t}{T}} + \frac{U}{R}\cdot\frac{T}{T-\tau}\mathrm{e}^{-\frac{t}{\tau}} \tag{4.319}$$

lautet.

Die allgemeine Lösung Gl. 4.319 ist jetzt an die Anfangsbedingungen anzupassen, wobei im Falle des ursprünglich ungeladenen Kondensators wieder die von Gl. 4.292 auf Gl. 4.294 führenden Überlegungen gelten müssen und daher

$$(4.294) \quad i(0_+) = \frac{u(0_+)}{R} = \frac{U}{R} \tag{4.320}$$

erhalten wird. [Hier gilt nach Gl. 4.310 ebenfalls $u(0_+) = U$.] Führt man Gl. 4.320 in Gl. 4.319 ein, so erhält man für die Integrationskonstante H die folgende Bedingung

$$i(0_+) = H + \frac{U}{R}\cdot\frac{T}{T-\tau} = \frac{U}{R} \ , \tag{4.321}$$

woraus

$$H = -\frac{U}{R}\cdot\frac{\tau}{T-\tau} \tag{4.322}$$

folgt. Damit wird die der vorgegebenen Anfangsbedingung (Kondensator vor Anschalten der Klemmenspannung ungeladen) entsprechende spezielle Lösung

$$(4.319),(4.322) \quad i = \frac{U}{R(T-\tau)}\left[T\mathrm{e}^{-\frac{t}{\tau}} - \tau\mathrm{e}^{-\frac{t}{T}}\right] \ . \tag{4.323}$$

Die Lösung Gl. 4.323 kann offensichtlich nicht gelten, wenn die Zeitkonstante τ der Störungsfunktion, also der dem Zweipol aufgedrückten Klemmenspannung $u(t)$ Gl. 4.310, zufällig den gleichen Wert besitzt wie die Zeitkonstante T des RC-Zweipols, also die Beziehung $\tau = T$ gilt. In diesem Spezialfall ist in den Ansatz Gl. 4.314 für das partikuläre Integral noch der Faktor t mit aufzunehmen, also $i_p = Pt\,e^{-\frac{t}{\tau}} = Pt\,e^{-\frac{t}{T}}$.

In Abb. 4.44 ist der durch Gl. 4.323 gegebene Stromverlauf für den Fall, daß die Zeitkonstante T des RC-Zweipols kleiner ist als die Zeitkonstante τ der Klemmenspannung, graphisch dargestellt. Die Stromstärke ist bis zum Zeitpunkt t_1 positiv, dann ist sie negativ; der Kondensator wird also zunächst geladen, vom Zeitpunkt t_1 an entlädt er sich wieder. Das Zeitintegral der Stromstärke von $t=0$ bis $t=t_1$ (diesem Zeitintegral entspricht die schraffierte Fläche oberhalb der t-Achse in Abb. 4.44) gibt die maximale Ladung an, die der Kondensator aufnimmt und von der Zeit t_1 an wieder abgibt. Da aufgenommene und wieder abgegebene Ladung gleich sein müssen, muß

$$\int_0^{t_1} i \cdot dt = -\int_{t_1}^{\infty} i \cdot dt \tag{4.324}$$

gelten.

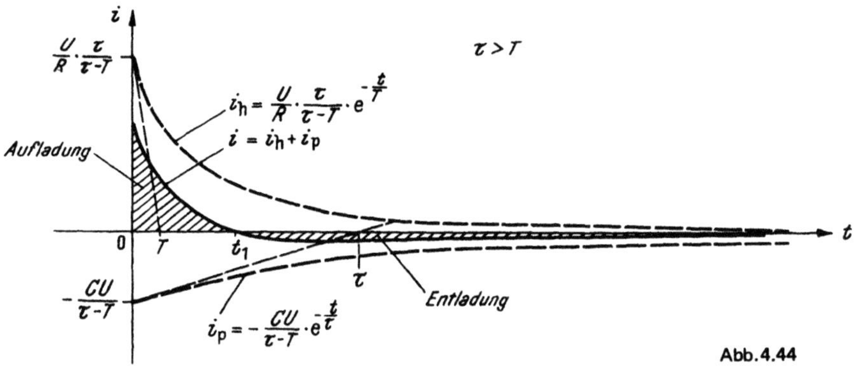

Abb. 4.44

4.3.11.1.5. *Anschalten einer sinusförmigen Wechselspannung.*

Es soll an den RC-Kreis zur Zeit $t=0$ eine zeitlich sinusförmig verlaufende Wechselspannung gleichbleibender Amplitude angelegt werden (Abb. 4.45):

$$u(t) = \hat{u}\cdot\cos(\omega t + \varphi_u) = \hat{u}\cdot\cos\omega\left(t + \frac{\varphi_u}{\omega}\right) = \hat{u}\cdot\sin(\omega t + \psi_u) =$$

$$= \hat{u}\cdot\sin\omega\left(t + \frac{\psi_u}{\omega}\right),\ (t > 0) \quad . \tag{4.325}$$

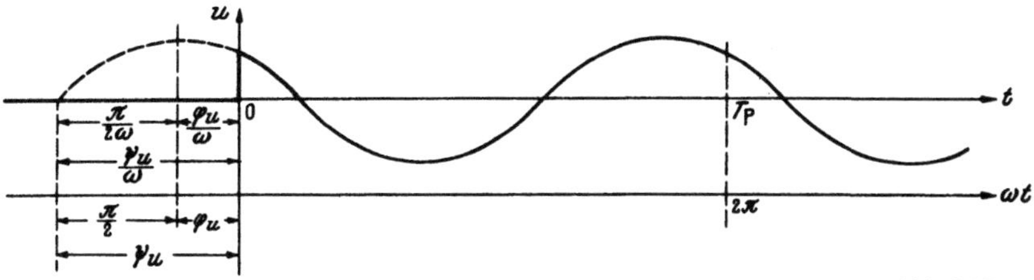

Abb. 4.45

In Gl. 4.325 bedeutet

$$\omega = 2\pi f = \frac{2\pi}{T_P} \quad , \tag{4.326}$$

im Gegensatz zur Eigenkreisfrequenz ω_d des *RC*-Zweipols Gl. 4.273, die Kreisfrequenz der dem Zweipol aufgedrückten (ihn „erregenden") Wechselspannung, φ_u ist der „Nullphasenwinkel" oder kurz die „Nullphase" der Wechselspannung, wenn diese durch eine Cosinusfuktion dargestellt wird, bzw. ψ_u der Nullphasenwinkel bei Darstellung der Spannung mit Hilfe einer Sinusfunktion.

Nachdem das Integral der homogenen Differentialgleichung bereits mit

(4.313) $\quad i_h = H e^{-\frac{t}{T}}$

gefunden wurde, besteht das Problem jetzt nur mehr in der Auffindung eines partikulären Integrals der inhomogenen Differentialgleichung. Eine häufig benützte Möglichkeit hiezu bietet die Verwendung komplexer Größen.

Es läßt sich in Gl. 4.325 die Cosinusfunktion gemäß Gl. 4.270 als Realteil bzw. die Sinusfunktion gemäß Gl. 4.271 als Imaginärteil einer komplexen e-Funktion darstellen (es ist in Gl. 4.270 $x = \omega t + \varphi_u$ bzw. in Gl. 4.271 $x = \omega t + \psi_u$ zu substituieren), so daß man eine zeitlich sinusförmige Wechselspannung als Real- oder auch als Imaginärteil einer entsprechenden zeitabhängigen „komplexen Spannung" $\underline{u}(t)$ auffassen kann:

(4.325), (4.270) $\quad u(t) = \hat{u} \cdot \cos(\omega t + \varphi_u) = \mathrm{Re}\, \hat{u}\, e^{j(\omega t + \varphi_u)} = \mathrm{Re}\, \hat{u}\, e^{j\varphi_u} \cdot e^{j\omega t} =$

$$= \mathrm{Re}\, \underline{\hat{U}} e^{j\omega t} = \mathrm{Re}\, \underline{u}(t) \quad , \tag{4.327}$$

bzw.

(4.325), (4.271) $\quad u(t) = \hat{u} \cdot \sin(\omega t + \psi_u) = \mathrm{Im}\, \hat{u}\, e^{j(\omega t + \psi_u)} = \mathrm{Im}\, \hat{u}\, e^{j\psi_u} \cdot e^{j\omega t} =$

$$= \mathrm{Im}\, \underline{\hat{U}}' e^{j\omega t} = \mathrm{Im}\, \underline{u}'(t) \quad . \tag{4.328}$$

Benützt man die Cosinusfunktion zur Darstellung der Wechselspannung, so ist also die zeitabhängige komplexe Spannung

$$\underline{u}(t) = \underline{\hat{U}}\mathrm{e}^{\mathrm{j}\omega t} = \hat{u}\mathrm{e}^{\mathrm{j}\varphi_u} \cdot \mathrm{e}^{\mathrm{j}\omega t} , \tag{4.329}$$

sie besitzt eine „komplexe Amplitude"

$$\underline{\hat{U}} = \hat{u}\mathrm{e}^{\mathrm{j}\varphi_u} . \tag{4.330}$$

Bei Verwendung der Sinusfunktion ist eine zeitabhängige komplexe Spannung mit anderer Nullphase ψ_u zu benützen,

$$\underline{u}'(t) = \underline{\hat{U}}'\mathrm{e}^{\mathrm{j}\omega t} = \hat{u}\mathrm{e}^{\mathrm{j}\psi_u} \cdot \mathrm{e}^{\mathrm{j}\omega t} , \tag{4.331}$$

die die komplexe Amplitude

$$\underline{\hat{U}}' = \hat{u}\mathrm{e}^{\mathrm{j}\psi_u} \tag{4.332}$$

besitzt. Die beiden Nullphasen der Cosinus- und der Sinusdarstellung differieren bekanntlich um einen Winkel von $\pi/2$ (Abb. 4.45):

$$\psi_u = \varphi_u + \frac{\pi}{2} . \tag{4.333}$$

Da die Cosinusdarstellung wegen der Realteilbildung etwas einfacher zu handhaben ist, wird sie in der Literatur bevorzugt angewendet und sie soll auch hier weiterhin benützt werden. In diesem Fall ist dann die Störungsfunktion der Realteil einer komplexen e-Funktion, und es muß daher — wie bereits im Abschnitt 4.3.10.3 im Zusammenhang mit Gl. 4.275 ganz allgemein erläutert wurde — auch der Ansatz für das partikuläre Integral die Gestalt des Realteiles einer komplexen e-Funktion besitzen, und zwar mit gleichem Faktor bei der unabhängigen Variablen t im Exponenten, was natürlich nichts anderes bedeutet, als daß es sich beim partikulären Integral der Stromstärke ebenfalls um eine sinusförmige Wechselgröße, u.zw. mit der gleichen Kreisfrequenz ω wie jener der Wechselspannung, handeln muß:

$$i_\mathrm{p}(t) = \mathrm{Re}\,\underline{i}(t) = \mathrm{Re}\,\hat{i}\,\mathrm{e}^{\mathrm{j}\varphi_i} \cdot \mathrm{e}^{\mathrm{j}\omega t} = \mathrm{Re}\,\underline{\hat{I}}\mathrm{e}^{\mathrm{j}\omega t} = \hat{i} \cdot \cos(\omega t + \varphi_i) . \tag{4.334}$$

Führt man jetzt sowohl die Störungsfunktion Gl. 4.327 als auch den Ansatz für das partikuläre Integral Gl. 4.334 in ihren komplexen Formen in die Differentialgleichung Gl. 4.283 ein, so erhält man die Identität

$$\frac{\mathrm{d}}{\mathrm{d}t}\mathrm{Re}\,\underline{\hat{I}}\mathrm{e}^{\mathrm{j}\omega t} + \frac{1}{RC}\,\mathrm{Re}\,\underline{\hat{I}}\mathrm{e}^{\mathrm{j}\omega t} \equiv \frac{1}{R} \cdot \frac{\mathrm{d}}{\mathrm{d}t}\mathrm{Re}\,\underline{\hat{U}}\mathrm{e}^{\mathrm{j}\omega t} . \tag{4.335}$$

Nach Vertauschung von Differentiation und Realteilbildung bei jedem Summanden und anschließender Durchführung der Differentiation erhält man

$$\mathrm{Re}\left(\mathrm{j}\omega+\frac{1}{RC}\right)\ \underline{\hat{I}}\,\mathrm{e}^{\mathrm{j}\omega t}\equiv\mathrm{Re}\frac{1}{R}\mathrm{j}\omega\underline{\hat{U}}\,\mathrm{e}^{\mathrm{j}\omega t} \tag{4.336}$$

bzw.

$$\mathrm{Re}\left[\left(\mathrm{j}\omega+\frac{1}{RC}\right)\underline{\hat{I}}-\frac{1}{R}\mathrm{j}\omega\underline{\hat{U}}\right]\mathrm{e}^{\mathrm{j}\omega t}\equiv 0\ . \tag{4.337}$$

Wenn der Realteil der komplexen Funktion in Gl. 4.337 für jeden beliebigen Wert der unabhängigen Variablen t null sein soll, so muß der Klammerausdruck null sein:

$$\left(\mathrm{j}\omega+\frac{1}{RC}\right)\underline{\hat{I}}-\frac{1}{R}\mathrm{j}\omega\underline{\hat{U}}=0\ . \tag{4.338}$$

Aus Gl. 4.338 folgt für die gesuchte komplexe Amplitude $\underline{\hat{I}}$

$$\underline{\hat{I}}=\hat{i}\,\mathrm{e}^{\mathrm{j}\varphi_i}=\frac{\mathrm{j}\omega}{R\,(\mathrm{j}\omega+\frac{1}{RC}\ )}\ \underline{\hat{U}}=\frac{\underline{\hat{U}}}{R+\frac{1}{\mathrm{j}\omega C}}=\frac{\underline{\hat{U}}}{\underline{Z}}\ , \tag{4.339}$$

mit

$$\underline{Z}=R+\frac{1}{\mathrm{j}\omega C}=R-\mathrm{j}\,\frac{1}{\omega C}=|\underline{Z}|\,\mathrm{e}^{\mathrm{j}\varphi}=$$

$$=\sqrt{R^2+\frac{1}{\omega^2C^2}}\cdot\mathrm{e}^{-\mathrm{j}\cdot\arctan\frac{1}{\omega RC}}\ . \tag{4.340}$$

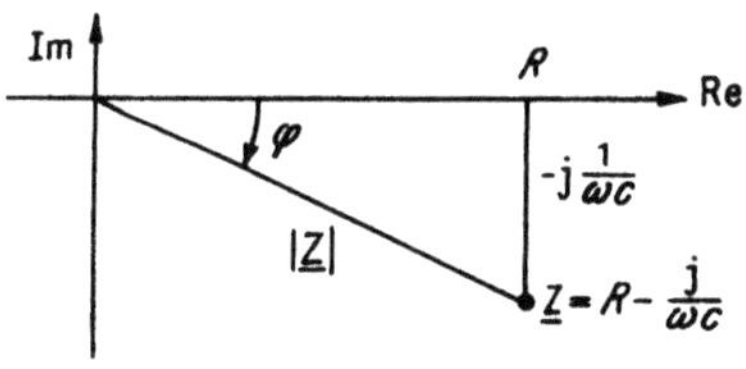

Abb. 4.46

Die Zusammenhänge von Gl. 4.340 sind in Abb. 4.46 in der komplexen Ebene graphisch dargestellt. Es ergibt sich somit aus Gl. 4.339, Gl. 4.340 und Gl. 4.330

$$\underline{\hat{I}}=\hat{i}\,\mathrm{e}^{\mathrm{j}\varphi_i}=\frac{\underline{\hat{U}}}{\underline{Z}}=\frac{\hat{u}\,\mathrm{e}^{\mathrm{j}\varphi_u}}{\sqrt{R^2+\frac{1}{\omega^2C^2}}\cdot\mathrm{e}^{\mathrm{j}\varphi}}=\frac{\hat{u}}{\sqrt{R^2+\frac{1}{\omega^2C^2}}}\,\mathrm{e}^{\mathrm{j}(\varphi_u-\varphi)}, \tag{4.341}$$

woraus

$$\hat{i}=\frac{\hat{u}}{\sqrt{R^2+\frac{1}{\omega^2C^2}}}=\frac{\hat{u}}{|\underline{Z}|} \tag{4.342}$$

und

$$\varphi_i = \varphi_u - \varphi = \varphi_u + \arctan\frac{1}{\omega RC} \tag{4.343}$$

folgt. Damit lautet das partikuläre Integral Gl. 4.334

$$i_\mathrm{p}(t) = \hat{i}\cdot\cos(\omega t + \varphi_i) =$$

$$= \frac{\hat{u}}{\sqrt{R^2 + \frac{1}{\omega^2 C^2}}}\cos\left(\omega t + \varphi_u + \arctan\frac{1}{\omega RC}\right) \tag{4.344}$$

und das allgemeine Integral der inhomogenen Differentialgleichung

(4.313), (4.344) $\quad i(t) = i_\mathrm{h} + i_\mathrm{p} =$

$$= H\mathrm{e}^{-\frac{t}{T}} + \frac{\hat{u}}{\sqrt{R^2 + \frac{1}{\omega^2 C^2}}}\cos\left(\omega t + \varphi_u + \arctan\frac{1}{\omega RC}\right). \tag{4.345}$$

Diese allgemeine Lösung ist noch an die Anfangsbedingung anzupassen, die für den Fall des anfangs ungeladenen Kondensators entsprechend Gl. 4.294, hier unter Berücksichtigung von Gl. 4.325,

$$i(0_+) = \frac{u(0_+)}{R} = \frac{\hat{u}\cdot\cos\varphi_u}{R} \tag{4.346}$$

lautet. Aus Gl. 4.345 und Gl. 4.346 folgt als Bedingung für die Integrationskonstante H

$$i(0_+) = \frac{\hat{u}\cdot\cos\varphi_u}{R} = H + \frac{\hat{u}}{\sqrt{R^2 + \frac{1}{\omega^2 C^2}}}\cos\left(\varphi_u + \arctan\frac{1}{\omega RC}\right), \tag{4.347}$$

woraus man

$$H = \hat{u}\left[\frac{\cos\varphi_u}{R} - \frac{\cos\left(\varphi_u + \arctan\frac{1}{\omega RC}\right)}{\sqrt{R^2 + \frac{1}{\omega^2 C^2}}}\right] \tag{4.348}$$

gewinnt. Die spezielle Lösung des Problems ergibt sich schließlich aus Gl. 4.345 mit Gl. 4.348:

$$i(t) = \hat{u}\left[\frac{\cos\varphi_u}{R} - \frac{\cos\left(\varphi_u + \arctan\frac{1}{\omega RC}\right)}{\sqrt{R^2 + \frac{1}{\omega^2 C^2}}}\right]\mathrm{e}^{-\frac{t}{T}} +$$

$$+ \frac{\hat{u}}{\sqrt{R^2 + \frac{1}{\omega^2 C^2}}}\cos\left(\omega t + \varphi_u + \arctan\frac{1}{\omega RC}\right). \tag{4.349}$$

Die Lösung bedeutet, daß sich über den stationären, durch das partikuläre Integral i_p gegebenen Wechselstrom ein Ausgleichsstrom von der Form einer gedämpften e-Funktion überlagert, der also mit wachsender Zeit allmählich verschwindet („flüchtiger Vorgang"). Nach (theoretisch unendlich) langer Zeit, praktisch etwa nach einer Zeit von 3 Zeitkonstanten (s. Gl. 4.297; z.B. ist bei $R = 10^{-2}\ \Omega$ und $C = 1\mu$F der Wert $3T = 3\cdot10^{-5}$ s), bleibt nur der eingeschwungene Zustand bestehen, der den alleinigen Untersuchungsgegenstand des Gebietes der sogenannten „Wechselstromtechnik" darstellt und der hier durch folgende Gegebenheiten charakterisiert ist: Nach Gl. 4.342 berechnet sich die Amplitude des Wechselstromes als Quotient aus der Spannungsamplitude und dem Betrag der komplexen Größe $\underline{Z}$:

$$(4.342)\qquad \hat{i} = \frac{\hat{u}}{|\underline{Z}|} = \frac{\hat{u}}{\sqrt{R^2 + \dfrac{1}{\omega^2 C^2}}} \,.$$

In Analogie zum Ohmschen Gesetz der Gleichstromtechnik nennt man in der Wechselstromtechnik

$$|\underline{Z}| = \frac{\hat{u}}{\hat{i}} = \sqrt{R^2 + \frac{1}{\omega^2 C^2}} \qquad (4.350)$$

den Betrag des Scheinwiderstandes des RC-Zweipols. Der komplexe Scheinwiderstand $\underline{Z}$ selbst ist gemäß Gl. 4.339 durch den Quotienten der komplexen Amplituden $\hat{\underline{U}}$ und $\hat{\underline{I}}$ gegeben, wobei aus Gl. 4.340

$$\underline{Z} = \frac{\hat{\underline{U}}}{\hat{\underline{I}}} = \frac{\hat{u}\,e^{j\varphi_u}}{\hat{i}\,e^{j\varphi_i}} = \frac{\hat{u}}{\hat{i}}\,e^{j(\varphi_u - \varphi_i)} = |\underline{Z}|\,e^{j\varphi} =$$

$$= \sqrt{R^2 + \frac{1}{\omega^2 C^2}} \cdot e^{-j\cdot\arctan\frac{1}{\omega RC}} \qquad (4.351)$$

folgt. Er bestimmt mit seinem Argument

$$\varphi = -\arctan\frac{1}{\omega RC} = \varphi_u - \varphi_i \qquad (4.352)$$

die Differenz der Nullphasen (die „Phasenverschiebung") zwischen Wechselspannung und (eingeschwungenem) Wechselstrom. Hier beim RC-Zweipol ist $\varphi < 0$, d.h. die Nullphase des Wechselstromes ist größer als jene der Wechselspannung; der Wechselstrom eilt also der Wechselspannung in der Phase um φ (zeitlich um φ/ω) voraus. In Abb. 4.47 ist der zeitliche Verlauf der angeschalteten Spannung $u(t)$ (Gl. 4.325) sowie jener des durch Anschalten dieser Spannung bewirkten Stromes (Gl. 4.349) für den Fall dargestellt, daß die Nullphase φ_u der Spannung den Wert null besitzt, die Spannung also gerade im Augenblick ihres Maximums angeschaltet wird.

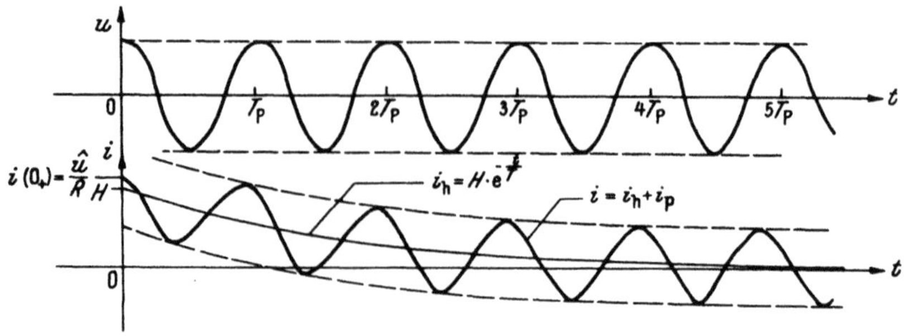

Abb. 4.47

Wie erwähnt, beschäftigt sich das Spezialgebiet der Wechselstromtechnik mit der Berechnung „eingeschwungener zeitlich sinusförmig verlaufender Zustände" von elektrischen Netzwerken. Dabei bewährt sich die Benützung komplexer Größen für Spannung, Strom, Widerstand etc., da sich auf diese Weise (eingeschwungene) Wechselstromvorgänge in methodisch gleicher Art behandeln lassen wie Gleichstromvorgänge. Hinsichtlich weiterer Einzelheiten wird auf die einschlägige elektrotechnische Literatur verwiesen (s. z.B./4.3/).

4.3.11.1.6. ***Anschalten einer gedämpften sinusförmigen Wechselspannung.*** Besitzt die an den RC-Zweipol geschaltete Spannung den zeitlichen Verlauf

$$u(t) = \hat{u}e^{at} \cdot \cos(\omega t + \varphi_u) = \mathrm{Re}\,\hat{u}e^{at} \cdot e^{j(\omega t + \varphi_u)} =$$

$$= \mathrm{Re}\,\hat{u}e^{j\varphi_u} \cdot e^{(a+j\omega)t} = \mathrm{Re}\,\underline{\hat{U}}e^{(a+j\omega)t}, \quad (t > 0) \ , \qquad (4.353)$$

so bedeutet der Fall $a > 0$ ein exponentielles Ansteigen (eine Entdämpfung) der Amplitude, der Fall $a < 0$ ein exponentielles Abklingen (eine Dämpfung) der Amplitude der Spannung. In Abb. 4.48 ist eine exponentiell abklingende, zur Zeit $t = 0$ eingeschaltete Wechselspannung graphisch dargestellt.

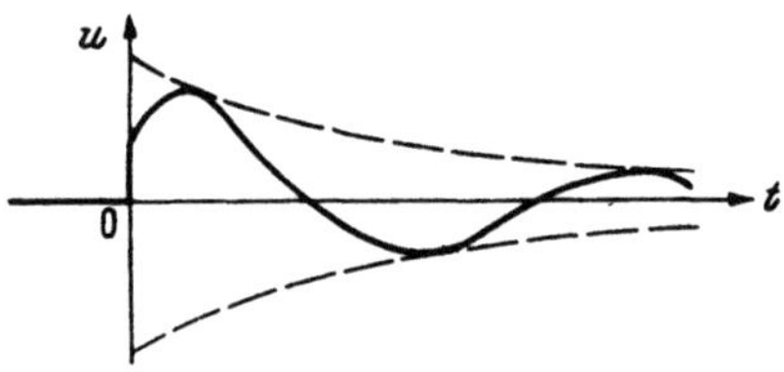

Abb. 4.48

Man kann in diesem Fall wieder so vorgehen, wie im Abschnitt 4.3.11.1.5 bei einer stationären (ungedämpften) Wechselspannung. Es tritt jetzt nur anstelle des imaginären, zeitabhängigen Exponenten $j\omega t$ der komplexe, zeitabhängige Exponent $(a+j\omega)t$. (Der Klammerausdruck $a+j\omega$ wird vielfach nicht sehr glücklich „komplexe Frequenz" genannt.) Die allgemeine Lösung besitzt dementsprechend ein zeitlich entdämpftes bzw. gedämpftes partikuläres Integral.

4.3.11.2. Serienschaltung Ohmwiderstand-Spule

Unter Berücksichtigung der in Abb. 4.49 eingetragenen Bezugspfeile gilt nach den in Abb. 4.25 angegebenen Beziehungen für den RL-Zweipol die folgende Differentialgleichung 1. Ordnung

$$u_R + u_L = Ri + L\frac{di}{dt} = u(t) \quad , \tag{4.354}$$

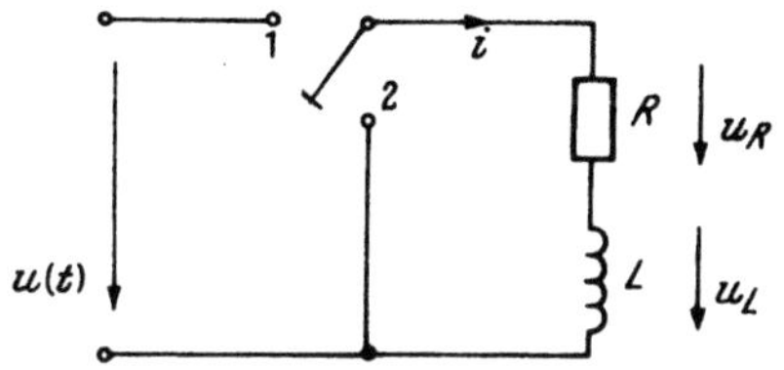

Abb. 4.49

die nach Division durch L in

$$\frac{di}{dt} + \frac{R}{L}i = \frac{1}{L}u(t) \tag{4.355}$$

übergeht.

4.3.11.2.1. ***Anschalten einer Gleichspannung.*** Wird zur Zeit $t=0$ Gleichspannung vom Wert U angeschaltet (Schalter in Abb. 4.49 auf Klemme 1), so folgt aus Gl. 4.355 für den Zeitbereich $t>0$

$$\frac{di}{dt} + \frac{R}{L}i = \frac{U}{L} \quad . \tag{4.356}$$

Der erste Schritt bei der Lösung der Differentialgleichung Gl. 4.356 ist wieder die Lösung der homogenen Gleichung

$$\frac{di}{dt} + \frac{R}{L}i = 0 \quad . \tag{4.357}$$

Der Ansatz

(4.260) $\quad i_h = H\,e^{ht}$

führt jetzt, in die homogene Differentialgleichung Gl. 4.357 eingesetzt, auf die charakteristische Gleichung

$$h + \frac{R}{L} = 0 \ , \tag{4.358}$$

woraus

$$h = -\frac{R}{L} \tag{4.359}$$

und somit

$$i_h = H e^{-\frac{R}{L}t} = H e^{-\frac{t}{T}} \ , \tag{4.360}$$

mit

$$T = \frac{L}{R} \tag{4.361}$$

als Zeitkonstante des RL-Zweipols, folgt.

Da die Störungsfunktion eine Konstante (eine ungedämpfte e-Funktion) ist, muß das partikuläre Integral wiederum eine Konstante (eine ungedämpfte e-Funktion) sein:

$$i_p = P \ . \tag{4.362}$$

Der Ansatz Gl. 4.361, in die inhomogene Differentialgleichung Gl. 4.356 eingeführt, liefert die folgende Bedingung für $P (= i_p)$:

$$\frac{R}{L} P = \frac{1}{L} U \tag{4.363}$$

und somit

$$P = i_p = \frac{U}{R} \ . \tag{4.364}$$

Die allgemeine Lösung der Differentialgleichung ist dann wegen Gl. 4.360 und Gl. 4.364

$$i = i_h + i_p = H e^{-\frac{R}{L}t} + \frac{U}{R} = H e^{-\frac{t}{T}} + \frac{U}{R} \ . \tag{4.365}$$

Setzt man voraus, daß der Zweig vor dem Zuschalten der Gleichspannung abgeschaltet, also stromlos war, so gilt nach Gl. 4.281 die Anfangsbedingung

$$i(0_+) = 0 \ . \tag{4.366}$$

Diese Anfangsbedingung führt, in die allgemeine Lösung Gl. 4.365 eingesetzt, auf folgende Bedingung für die Integrationskonstante H:

$$i(0_+) = H + \frac{U}{R} = 0 \ . \tag{4.367}$$

Hieraus folgt

$$H = -\frac{U}{R} \quad , \tag{4.368}$$

und die spezielle Lösung des Problems lautet daher

(4.365), (4.368) $$i = \frac{U}{R}\left(1 - e^{-\frac{R}{L}t}\right) = \frac{U}{R}\left(1 - e^{-\frac{t}{T}}\right) \ . \tag{4.369}$$

Die Stromstärke i konvergiert vom Wert null gegen den stationären Endwert (Gleichstrom) U/R, der nur mehr durch den Ohmschen Widerstand begrenzt ist (Abb. 4.50). Unmittelbar nach dem Anschalten der Gleichspannung liegt diese zur Gänze an der Spule, da am stromlosen Ohmwiderstand kein Spannungsabfall auftritt. Nach unendlich langer Zeit liegt die gesamte Gleichspannung am Ohmwiderstand, da an den Klemmen der Spule bei zeitlich unveränderlichem (Gleich)Strom ($\mathrm{d}i/\mathrm{d}t = 0$) keine Spannung auftritt.

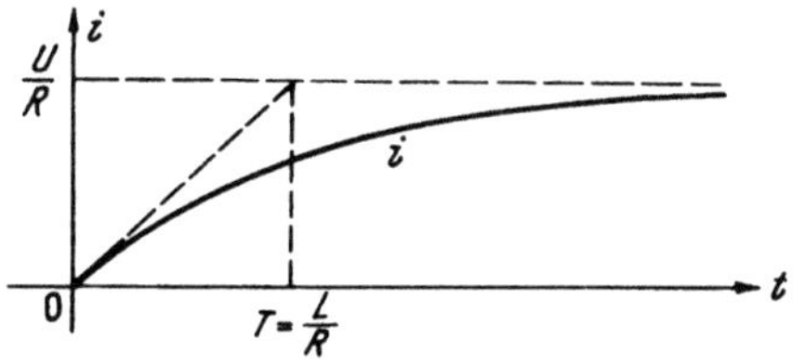

Abb. 4.50

4.3.11.2.2. ***Abschalten der Spule.*** Legt man den Schalter in Abb. 4.49 sehr rasch von Klemme 1 auf Klemme 2 um, so wird der im RL-Zweig fließende Strom (mit Hilfe eines sich ausbildenden Lichtbogens) auf den Kurzschlußzweig umgelenkt. Vernachlässigt man die Schaltzeit und damit den Einfluß des Lichtbogenwiderstandes, so gilt die in Gl. 4.281 angegebene Anfangsbedingung

$$i(0_-) = i(0_+) \ . \tag{4.370}$$

Der äußere Kurzschluß bedeutet, daß die Klemmenspannung $u(t)$ den Wert null besitzt und der Vorgang daher jetzt nach Gl. 4.355 durch die homogene Differentialgleichung

(4.357) $$\frac{\mathrm{d}i}{\mathrm{d}t} + \frac{R}{L}i = 0 \quad .$$

mit der Lösung

(4.360) $$i = i_\mathrm{h} = H\mathrm{e}^{-\frac{R}{L}t} = H\mathrm{e}^{-\frac{t}{T}} \tag{4.371}$$

beschrieben wird. Da Gl. 4.371 bereits die allgemeine Lösung dieses Problems darstellt, ist diese an die Anfangsbedingung Gl. 4.370 anzupassen, woraus einfacherweise

$$i(0_+) = H \tag{4.372}$$

und daher

$$i = i(0_+)\cdot \mathrm{e}^{-\frac{R}{L}t} = i(0_+)\cdot \mathrm{e}^{-\frac{t}{T}} \tag{4.373}$$

folgt. Der Strom klingt nach dem Abschalten nach einer e-Funktion ab. War etwa der RL-Zweig vor dem Abschalten unendlich lange an Gleichspannung geschaltet, so ist $i(0_+)$ dem Wert $i(\infty) = U/R$ von Gl. 4.369 gleich, so daß in diesem Fall die Abschaltstromstärke durch

$$i = \frac{U}{R}\,\mathrm{e}^{-\frac{R}{L}t} = \frac{U}{R}\,\mathrm{e}^{-\frac{t}{T}} \tag{4.374}$$

gegeben ist.

4.3.11.2.3. ***Anschalten einer Spannung vom Verlauf einer e-Funktion.*** Besitzt die zugeschaltete Spannung, also die Störungsfunktion, die Gestalt einer e-Funktion, wozu auch stationäre, entdämpfte oder gedämpfte sinusförmige Schwingungen zählen, so werden diese Probleme in analoger Weise wie beim RC-Zweipol (Abschnitt 4.3.11.1.4 bis 4.3.11.1.6) behandelt.

4.3.11.3. Serienschaltung Ohmwiderstand-Kondensator-Spule (Thomsonscher Schwingungskreis)

In Abb. 4.51 ist das Ersatzschaltbild des Thomsonschen Schwingungskreises dargestellt. Die aufgedrückte Klemmenspannung ist hier gleich der Summe der Spannungen an den drei Schaltungselementen R, C und L. Mit Hilfe der Beziehungen von Abb. 4.25 erhält man

$$u(t) = u_R + u_C + u_L = iR + \frac{1}{C}\int_{0_+}^{t} i\cdot \mathrm{d}t + \frac{1}{C}Q(0_+) + L\frac{\mathrm{d}i}{\mathrm{d}t}\,. \tag{4.375}$$

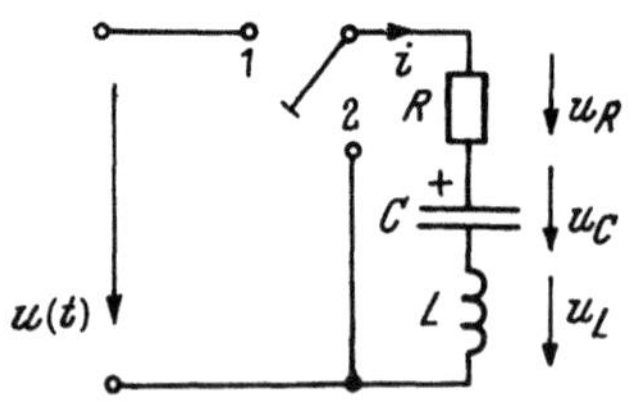

Abb. 4.51

Einmalige Differentiation und Division durch L ergeben die Differentialgleichung 2. Ordnung

$$\frac{d^2 i}{dt^2} + \frac{R}{L} \cdot \frac{di}{dt} + \frac{1}{LC} i = \frac{1}{L} \cdot \frac{du}{dt} \quad . \tag{4.376}$$

4.3.11.3.1. ***Anschalten einer Gleichspannung.*** Wird an die Schaltung zur Zeit $t=0$ eine Gleichspannung vom Wert U angelegt, so gilt im ganzen Zeitbereich $t>0$ die Beziehung

$$\frac{du}{dt} = 0 \quad . \tag{4.377}$$

Führt man Gl. 4.377 in die Differentialgleichung 4.376 ein, so erhält man die homogene Gleichung

$$\frac{d^2 i}{dt^2} + \frac{R}{L} \cdot \frac{di}{dt} + \frac{1}{LC} i = 0 \tag{4.378}$$

zur Beschreibung dieses Falles. Die Lösung des Problems ist also allein durch das Integral einer homogenen Differentialgleichung gegeben, sie muß daher die Gestalt einer e-Funktion besitzen:

(4.260) $$i = i_h = H e^{ht} \quad . \tag{4.379}$$

Setzt man diesen Ansatz in Gl. 4.378 ein, so führt dies auf die folgende charakteristische Gleichung:

$$h^2 + \frac{R}{L} h + \frac{1}{LC} = 0 \quad . \tag{4.380}$$

Die beiden Wurzeln dieser Gleichung sind

$$h_{1,2} = -\frac{R}{2L} \pm \sqrt{\frac{R^2}{4L^2} - \frac{1}{LC}} \quad , \tag{4.381}$$

und es lautet somit die allgemeine Lösung der (homogenen) Differentialgleichung, wenn beide Wurzeln voneinander verschieden sind, also keine Doppelwurzel auftritt,

$$i = i_h = H_1 e^{h_1 t} + H_2 e^{h_2 t} \quad . \tag{4.382}$$

Bei einer Differentialgleichung 2. Ordnung ist die charakteristische Gleichung quadratisch mit zwei Wurzeln, die allgemeine Lösung besteht also aus zwei Summanden und es sind daher auch zwei Integrationskonstanten (H_1 und H_2) zu bestimmen. Zu diesem Zweck müssen als Anfangsbedingungen der Wert der gesuchten Funktion selbst sowie ihre 1. Ableitung zum Zeitpunkt $t=0_+$ bekannt sein.

Da sich im Kreis eine Spule mit Induktivität befindet, kann sich die Stromstärke durch das Umschalten nicht unstetig ändern (s. Abschnitt 4.3.10.4). Vor dem Anschalten der Spannung war aber die Schaltung stromlos, so daß auch unmittelbar nach Einlegen des Schalters in Abb. 4.51 auf Klemme 1

$$i(0_+) = 0 \tag{4.383}$$

sein muß. Ferner gilt im Falle des ursprünglich ungeladenen Kondensators

$$u_C(0_+) = 0 \tag{4.384}$$

(s. Abschnitt 4.3.10.4) und somit nach Gl. 4.375

$$u(0_+) = u_R(0_+) + u_C(0_+) + u_L(0_+) = i(0_+) \cdot R + u_C(0_+) + L \left.\frac{\mathrm{d}i}{\mathrm{d}t}\right|_{t=0_+} = \\ = L \left.\frac{\mathrm{d}i}{\mathrm{d}t}\right|_{t=0_+} \quad . \tag{4.385}$$

Unmittelbar nach dem Einschalten liegt die gesamte Anfangsspannung $u(0_+)$, hier also die Gleichspannung U, an der Spule,

$$u(0_+) = U = L \left.\frac{\mathrm{d}i}{\mathrm{d}t}\right|_{t=0_+} , \tag{4.386}$$

woraus sich für die erste Ableitung von i zur Zeit $t = 0_+$

$$\left.\frac{\mathrm{d}i}{\mathrm{d}t}\right|_{t=0_+} = \frac{u(0_+)}{L} = \frac{U}{L} \tag{4.387}$$

ergibt.

Je nach den Größenverhältnissen der Konstanten R, C und L in der Beziehung für die beiden Wurzeln der charakteristischen Gleichung

$$(4.381) \qquad h_{1,2} = -\frac{R}{2L} \pm \sqrt{\frac{R^2}{4L^2} - \frac{1}{LC}}$$

sind drei Fälle zu unterscheiden:

(1) Der Kriechfall:

Der Kriechfall tritt auf, wenn die Bedingung

$$\frac{R^2}{4L^2} > \frac{1}{LC} \tag{4.388}$$

erfüllt ist. Dann sind die beiden Wurzeln h_1 und h_2 reell und negativ, die allgemeine Lösung

$$(4.382) \qquad i = i_h = H_1 e^{h_1 t} + H_2 e^{h_2 t}$$

besteht also aus zwei gedämpften e-Funktionen.

Paßt man diese Lösung an die beiden Anfangsbedingungen Gl. 4.383 und Gl. 4.387 an, so erhält man zwei Gleichungen für die beiden Integrationskonstanten H_1 und H_2:

(4.382), (4.383) $$H_1 + H_2 = 0 \quad , \tag{4.389}$$

(4.382), (4.387) $$h_1 H_1 + h_2 H_2 = \frac{U}{L} \quad . \tag{4.390}$$

Die Auflösung der beiden Gleichungen liefert

$$H_1 = \frac{U}{L(h_1 - h_2)} \; , \quad (4.391) \qquad\qquad H_2 = -\frac{U}{L(h_1 - h_2)} \; , \quad (4.392)$$

somit ergibt sich als spezielle Lösung des Problems

(4.382), (4.391), (4.392) $$i = \frac{U}{L(h_1 - h_2)} \left(e^{h_1 t} - e^{h_2 t} \right) \; , \tag{4.393}$$

mit den beiden Werten $h_{1,2}$ nach Gl. 4.381. Die graphische Darstellung dieser Lösung zeigt Abb. 4.52. Die Stromstärke konvergiert langsam gegen den Wert null („Kriechfall").

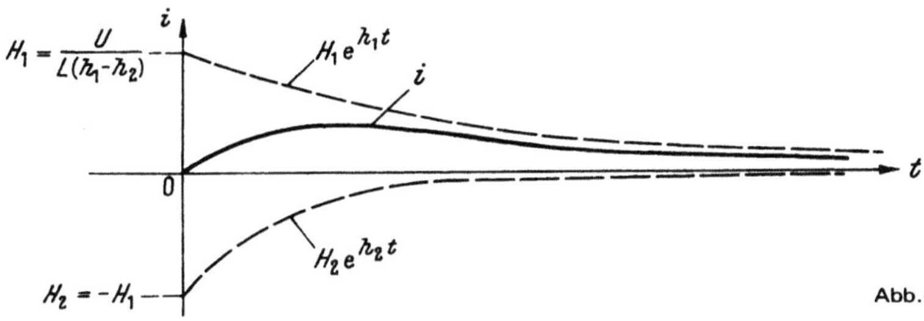

Abb. 4.52

(2) Der aperiodische Grenzfall:

Dieser Fall tritt bei der Bedingung

$$\frac{R^2}{4L^2} = \frac{1}{LC} \tag{4.394}$$

auf. Die charakteristische Gleichung liefert in diesem Fall nach Gl. 4.381 eine Doppelwurzel

$$h_{1,2} = h = -\frac{R}{2L} \quad . \tag{4.395}$$

Nach der Theorie der linearen Differentialgleichungen mit konstanten Koeffizienten lautet in diesem Fall der Ansatz für die allgemeine Lösung der homogenen Differentialgleichung

$$i = (A+Bt)\,e^{ht} = (A+Bt)\,e^{-\frac{R}{2L}t} . \tag{4.396}$$

Die Anpassung an die Anfangsbedingungen Gl. 4.383 und Gl. 4.387 liefert wieder zwei Gleichungen für A und B:

(4.383) $$A = 0 \tag{4.397}$$

und

(4.387) $$Bt\left(-\frac{R}{2L}\right)e^{-\frac{R}{2L}t}\bigg|_{t=0_+} + Be^{-\frac{R}{2L}t}\bigg|_{t=0_+} = \frac{U}{L} , \tag{4.398}$$

also

$$B = \frac{U}{L} . \tag{4.399}$$

Damit wird die spezielle Lösung

$$i = \frac{U}{L}\,t\,e^{-\frac{R}{2L}t} \quad ; \tag{4.400}$$

sie ist in Abb. 4.53 graphisch dargestellt. Die Stromstärke konvergiert nach einem relativ starken Stromstoß sehr rasch, aber ohne in den negativen Bereich überzuschwingen, gegen den Wert null („aperiodischer Grenzfall").

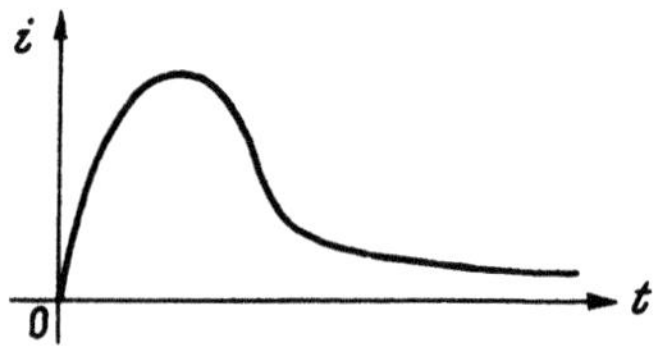

Abb. 4.53

Eine geringe Vergrößerung des Wertes von $1/LC$ gegenüber dem Wert von $R^2/4L^2$ bewirkt bereits, daß der Wurzelausdruck in Gl. 4.381 imaginär wird, es stellt sich

(3) der Schwingfall

mit der Bedingung

$$\frac{R^2}{4L^2} < \frac{1}{LC} \tag{4.401}$$

ein. Die Wurzeln der charakteristischen Gleichung lauten jetzt

(4.381) $$h_{1,2} = -\frac{R}{2L} \pm j\sqrt{\frac{1}{LC} - \frac{R^2}{4L^2}} = \alpha \pm j\omega_d , \tag{4.402}$$

sie sind konjugiert komplex. In den Lösungsansatz Gl. 4.382 eingeführt, ergibt dies, wie in der Umformung Gl. 4.264 bis Gl. 4.272 gezeigt wurde, eine gedämpfte Schwingung

$$i = i_{\mathrm{h}} = A\mathrm{e}^{\alpha t}\cdot\cos\omega_{\mathrm{d}}t + B\mathrm{e}^{\alpha t}\cdot\sin\omega_{\mathrm{d}}t\ , \tag{4.403}$$

mit der Dämpfungskonstante $\alpha < 0$ und der Eigenkreisfrequenz des gedämpften Schwingungskreises ω_{d} nach Gl. 4.402

$$\alpha = -\frac{R}{2L}\ , \quad (4.404) \qquad \omega_{\mathrm{d}} = \sqrt{\frac{1}{LC} - \frac{R^2}{4L^2}}\ . \tag{4.405}$$

Die Anpassung der allgemeinen Lösung Gl. 4.403 an die Anfangsbedingungen Gl. 4.383 und Gl. 4.387 ergibt:

$$A = 0 \quad (4.406) \text{ und } \quad \left.\frac{\mathrm{d}i}{\mathrm{d}t}\right|_{t=0_+} = \frac{U}{L} = A\alpha + B\omega_{\mathrm{d}}\ , \tag{4.407}$$

also

$$B = \frac{U}{\omega_{\mathrm{d}}L}\ . \tag{4.408}$$

Aus Gl. 4.403 folgt mit Gl. 4.406 und Gl. 4.408 und unter Berücksichtigung von Gl. 4.404 und Gl. 4.405 die spezielle Lösung

$$i = \frac{U}{\omega_{\mathrm{d}}L}\mathrm{e}^{\alpha t}\cdot\sin\omega_{\mathrm{d}}t = \frac{U}{\sqrt{\frac{L}{C} - \frac{R^2}{4}}}\mathrm{e}^{-\frac{R}{2L}t}\cdot\sin\sqrt{\frac{1}{LC} - \frac{R^2}{4L^2}}\cdot t\ . \tag{4.409}$$

Diese Lösung ist in Abb. 4.54 graphisch dargestellt. Die Stromstärke konvergiert schwingend gegen den Wert null („Schwingfall").

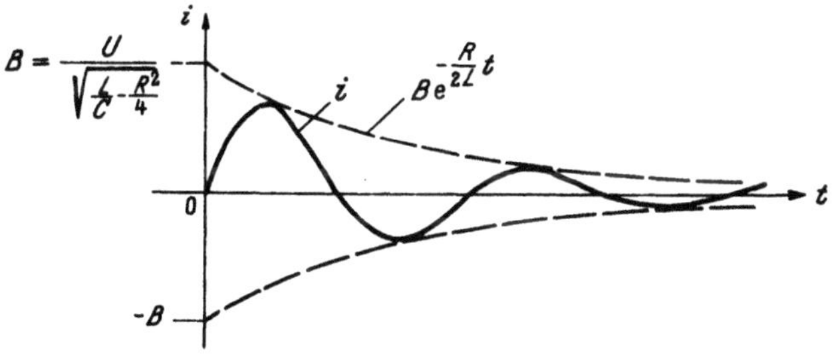

Abb. 4.54

4.3.11.3.2. ***Anschalten einer Spannung vom Verlauf einer e-Funktion.*** Wenn die angelegte Spannung den zeitlichen Verlauf einer e-Funktion nimmt oder im speziellen eine ungedämpfte oder gedämpfte sinusförmige Zeitfunktion ist, so ergibt zunächst die Lösung der homogenen Gleichung ein Ausgleichsglied i_h, das entsprechend der drei möglichen Fälle eine e-Funktion (Kriechfall), die Kombination einer e-Funktion mit einer, mit t multiplizierten e-Funktion (Grenzfall), oder eine abklingende Sinusfunktion sein kann (Schwingfall), was im Abschnitt 4.3.11.3.1 eingehend diskutiert wurde. Hiezu tritt dann noch das partikuläre Integral i_p der inhomogenen Differentialgleichung. Ist die Störungsfunktion eine e-Funktion mit reellem Exponenten oder eine Konstante, dann ist das partikuläre Integral selbst ebenfalls eine gleichartige e-Funktion bzw. eine Konstante. Ist die Störungsfunktion eine nach einer e-Funktion an- oder abklingende sinusförmige Größe, dann ist auch das partikuläre Integral eine nach einer e-Funktion an- oder abklingende sinusförmige Größe. Ein Spezialfall ist die sinusförmige Störungsfunktion mit zeitlich konstanter Amplitude, hier ist das partikuläre Integral ebenfalls eine sinusförmige Funktion konstanter Amplitude. Wenn also z.B. eine sinusförmige Klemmenspannung seit (theoretisch unendlich) langer Zeit eingeschaltet und daher das Ausgleichsglied i_h abgeklungen ist (eingeschwungener Zustand), dann sind Strom- und Spannungsgrößen rein sinusförmige Zeitfunktionen. Dieser Fall wird wieder speziell in der Wechselstromtechnik behandelt.

Abschließend sei erwähnt, daß mit der Laplace-Transformation ein besonders geeignetes mathematisches Verfahren zur Berechnung von simultanen Systemen von linearen Differentialgleichungen mit konstanten Koeffizienten zur Verfügung steht, das insbesondere bei umfangreicheren, vermaschten Netzwerken große Vorteile bietet. Es muß jedoch hier auf eine Behandlung dieser Methode verzichtet und auf die einschlägige Literatur verwiesen werden (z.B. /4.4/).

4.4. Das zeitlich rasch veränderliche elektromagnetische Feld

4.4.1. Die Differentialgleichungen des elektromagnetischen Feldes

4.4.1.1. Die Maxwellsche Theorie

J. Cl. Maxwell hat die für das zeitlich rasch veränderliche elektromagnetische Feld gültigen Differentialgleichungen für ruhende Medien in folgender Form zusammengestellt:

(4.7), (2.32) $\operatorname{rot} \mathbf{H} = \mathbf{S}_L + \frac{\partial \mathbf{D}}{\partial t}$, (4.410)

(4.33) $\operatorname{rot} \mathbf{E} = -\frac{\partial \mathbf{B}}{\partial t}$, (4.411)

(1.233) $\operatorname{div} \mathbf{D} = \varrho_{wa}^{el}$, (4.412)

(3.135) $\operatorname{div} \mathbf{B} = 0$. (4.413)

Diese vier Differentialgleichungen werden seither in der angegebenen Reihenfolge als I. bis IV. Maxwellsche Gleichung bezeichnet. Setzt man die Glieder mit den partiellen Ableitungen nach der Zeit null, so erhält man die Gleichungen für das stationäre Feld (Kap. 1, 2 und 3), vernachlässigt man lediglich die Verschiebungsstromdichte $\partial \mathbf{D}/\partial t$, so ergeben sich die Beziehungen für das quasistationäre Feld (Abschnitt 4.3).

Die vier Maxwellschen Gleichungen des nichtstationären Feldes Gl. 4.410 bis Gl. 4.413 enthalten neben den vier Vektoren **E**, **D**, **B** und **H** des elektromagnetischen Feldes lediglich die im Prinzip meßbaren Größen Leitungsstromdichte $\mathbf{S}_L$ und (wahre) elektrische Ladungsdichte ϱ_{wa}^{el}. Diese vier Gleichungen reichen jedoch zur Bestimmung der genannten 4 Feldvektoren bei vorgegebener Ladungs- und Stromverteilung (ϱ_{wa}^{el}, $\mathbf{S}_L$) allein nicht aus, da je Vektorfeld 2 Differentialgleichungen, nämlich die Quellen- und die Wirbeldichte (Divergenz und Rotation), insgesamt also 8 Differentialgleichungen, gegeben sein müßten. Es müssen daher noch weitere Zusammenhänge bekannt sein, wobei in der Maxwellschen Feldtheorie Verknüpfungsbeziehungen jeweils zwischen den beiden elektrischen Feldvektoren **D** und **E** und den beiden magnetischen Feldgrößen **B** und **H** benützt werden:

(1.237) $\mathbf{D} = \epsilon \mathbf{E}$, (4.414)

(3.217) $\mathbf{B} = \mu \mathbf{H}$. (4.415)

Die Dielektrizitätskonstante ϵ und die Permeabilität μ sind Materialgrößen, die sich jedoch befriedigend nur in linearen Medien — ϵ und μ sind dann feldunabhängige Ortsfunktionen — benützen lassen.

Schließlich können aber auch Ladungs- und Leitungsstromverteilung nicht unabhängig voneinander angenommen werden, da einerseits mit der Ladungsverteilung die Konfiguration des elektrischen Feldes zusammenhängt, in leitfähigen Stoffen aber andererseits die Stromdichte $\mathbf{S}_L$ eine Funktion der jeweils vorhandenen elektrischen Feldstärke **E** ist. Es gilt also noch ein weiterer, durch die Eigenschaften leitfähiger Materie gegebener Zusammenhang

(2.29), (2.28) $\mathbf{S}_L = \gamma \mathbf{E} = \frac{1}{\varrho}\mathbf{E}$, (4.416)

wenn die Leiter von eingeprägten Kräften frei sind, bzw.

(2.151), (2.28) $\mathbf{S}_L = \gamma(\mathbf{E}+\mathbf{E}_e) = \frac{1}{\varrho}(\mathbf{E}+\mathbf{E}_e)$, (4.417)

wenn eingeprägte Kräfte wirken. (Bewegungsinduzierte Kräfte, s. Abschnitt 4.3.2, bleiben hier außer Betracht, da die Beziehungen auf ruhende Materie beschränkt sein sollen.) Für den spezifischen elektrischen Widerstand ϱ bzw. seinen Reziprokwert, die elektrische Leitfähigkeit

(2.28) $\gamma = \frac{1}{\varrho}$, (4.418)

gelten die gleichen Einschränkungen, die vorhin im Zusammenhang mit den Materialgrößen ϵ und μ erwähnt wurden (s. vor allem auch die Erläuterungen im Anschluß an Gl. 2.30).

Die angegebenen Beziehungen Gl. 4.410 bis Gl. 4.416 bzw. Gl. 4.417 reichen im Prinzip aus, um bei vorgegebenen Materialgrößen ϵ, μ und γ sowie etwa bei bekannter Ladungsverteilung ϱ_{wa}^{el} (und allenfalls vorgegebener, eingeprägter Feldstärke $\mathbf{E}_e$) die Vektorfelder **E**, **D**, **B**, **H** und $\mathbf{S}_L$ zu berechnen.

In der Maxwellschen Feldtheorie wird auf die Struktur der Materie an sich nicht eingegangen, der Schwerpunkt der Betrachtungen ist das Feld. Das elektrische und das magnetische Feld sind im leeren Raum jeweils durch einen Vektor zu beschreiben, da hier wegen

(1.64) $\mathbf{D} = \epsilon_0 \mathbf{E}$ (4.419)

und

(3.6) $\mathbf{B} = \mu_0 \mathbf{H}$ (4.420)

die einander über universelle Konstanten (ϵ_0, μ_0) proportionalen Felder **D** und **E** bzw. **B** und **H** physikalisch gleichbedeutend sind. (Im alten Gaußschen cgs-System gilt im leeren Raum wegen $\epsilon_{0,Ga} = 1$ und $\mu_{0,Ga} = 1$ überhaupt Gleichheit jeweils beider Vektoren: $\mathbf{D}_{Ga} = \mathbf{E}_{Ga}$ bzw. $\mathbf{B}_{Ga} = \mathbf{H}_{Ga}$.) Innerhalb von Materie stellen die beiden Vektoren **D** und **E** bzw. **B** und **H** jeweils zwei „Varianten" des betreffenden Feldes dar, die man durch Messung im Querschlitz (**D** und **B**) bzw. im Längskanal (**E** und **H**) erhält (s. Abschnitt 1.2.5.2 bzw. Abschnitt 3.2.5.1). Die als Kontinuum aufgefaßte Materie beeinflußt wohl die Felder, es wird jedoch im Sinne der Maxwellschen Feldtheorie auf die näheren, in der Mikrostruktur der Materie gelegenen Gründe dieser Beeinflussung, die pauschal durch Materialwerte (ϵ, μ und γ) beschrieben wird, nicht eingegangen.

4.4.1.2. Die Lorentzsche Elektronentheorie. Übergang vom Mikro- zum Makrobereich (Elementarstromtheorie)

H.A. Lorentz hat mit seiner „Elektronentheorie" /4.5/, zumindest im Prinzip, einen Einbau der Struktur der Materie in die Theorie des elektromagnetischen Feldes versucht. Denkt man etwa an das Rutherford-Bohrsche Atommodell, so stellt die Materie, elektromagnetisch gesehen, nichts anderes als eine gewisse Anordnung von elektrischen Elementarladungen (positive Protonen, negative Elektronen) im leeren Raum dar. Nimmt man also an, daß die Maxwellschen Gleichungen auch im Mikrobereich der Materie Gültigkeit besitzen, so gelten dort also die Gleichungen des leeren Raumes. Eine Unterscheidung der einzelnen Ladungsarten (wahre Ladungen, Polarisationsladungen) oder der einzelnen Stromarten (Leitungsstrom, Polarisationsstrom, Elementarstrom) fällt zunächst weg, jede Elementarladung ist eine elektrische Ladung, jede Bewegung einer elektrischen Elementarladung bedeutet eine elektrische Strömung. Es ist evident, daß das elektromagnetische Feld im atomaren Mikrobereich, wenn man etwa nur an die dem Atommodell entsprechenden ungeheuer raschen Bewegungen der Elektronen um die Atomkerne denkt, ein örtlich und zeitlich sehr stark veränderliches Feld sein muß, auch wenn makroskopisch nur geringe oder gar keine Veränderungen der Feldgrößen bemerkbar sind.

Bildet man nun die räumlichen und zeitlichen Mittelwerte über die Größen des atomaren Mikrobereiches /4.6/, /4.7/, so muß man zu den Größen des Makrofeldes gelangen. Bei dieser Mittelwertsbildung sind die Volumen, über die gemittelt wird, zwar makroskopisch so klein zu denken, daß sie Volumselemente im Sinne der Infinitesimalrechnung sind, mikroskopisch sind sie jedoch so groß vorzustellen, daß sie eine für eine Mittelwertsbildung hinreichend große Zahl von Elementarladungen erfassen. In analoger Weise sind die Zeiträume, über die gemittelt wird, zwar im Sinne der Makrotheorie infinitesimal klein, sie sind jedoch immer noch so groß – etwa im Vergleich zur Umlaufdauer eines Elektrons auf seiner Bahn um den Atomkern – anzunehmen, daß eine Mittelwertsbildung sinnvoll ist. Derartige Mittelwertsbildungen wurden z.B. anläßlich der Definitionen der Makrogröße elektrische Ladung Q (s. Gl. 1.2) und der Materialvektoren $\mathbf{P}$ und $\mathbf{M}$ (s. Gl. 1.217 bzw. Gl. 3.129) sowie der Definitionen der Leitungsstromdichte $\mathbf{S}_L$ und der Polarisationsstromdichte $\mathbf{S}_P^{el}$ (s. Gl. 2.36 bzw. Gl. 4.26) durchgeführt.

Kennzeichnet man die Größen des Mikrobereiches durch Kleinbuchstaben oder durch den Index „mi", so lauten die aus den Maxwellschen Gleichungen Gl. 4.410 bis Gl. 4.413 gewonnenen, für den Mikrobereich gültigen Gleichungen der Elektronentheorie unter Berücksichtigung der im leeren Raum bestehenden Zusammenhänge Gl. 4.419 und Gl. 4.420 und nach Multiplikation von Gl. 4.410 mit μ_0 und Gl. 4.412 mit $^1/_{\epsilon_0}$

(4.410) $\operatorname{rot}\mathbf{b} = \mu_0 \mathbf{s} + \epsilon_0\mu_0 \frac{\partial \mathbf{e}}{dt} = \mu_0 \overset{\text{el}}{\varrho}_{\text{mi}} \mathbf{v} + \epsilon_0\mu_0 \frac{\partial \mathbf{e}}{\partial t}$, (4.421)

(4.411) $\operatorname{rot}\mathbf{e} = -\frac{\partial \mathbf{b}}{\partial t}$, (4.422)

(4.412) $\operatorname{div}\mathbf{e} = \frac{1}{\epsilon_0} \overset{\text{el}}{\varrho}_{\text{mi}}$, (4.423)

(4.413) $\operatorname{div}\mathbf{b} = 0$. (4.424)

Bildet man bei den einzelnen Gliedern dieser Gleichungen die Mittelwerte und vertauscht man die Mittelwertsbildungen mit den Differentiationen nach den Ortskoordinaten und nach der Zeit (z.B. $\overline{\operatorname{rot}\mathbf{b}} = \operatorname{rot}\overline{\mathbf{b}}$ usw.), so erhält man

(4.421) $\operatorname{rot}\overline{\mathbf{b}} = \mu_0 \overline{\mathbf{s}} + \epsilon_0\mu_0 \frac{\partial \overline{\mathbf{e}}}{\partial t} = \mu_0 \overline{\overset{\text{el}}{\varrho}_{\text{mi}} \mathbf{v}} + \epsilon_0\mu_0 \frac{\partial \overline{\mathbf{e}}}{\partial t}$, (4.425)

(4.422) $\operatorname{rot}\overline{\mathbf{e}} = -\frac{\partial \overline{\mathbf{b}}}{\partial t}$, (4.426)

(4.423) $\operatorname{div}\overline{\mathbf{e}} = \frac{1}{\epsilon_0} \overline{\overset{\text{el}}{\varrho}_{\text{mi}}}$, (4.427)

(4.424) $\operatorname{div}\overline{\mathbf{b}} = 0$. (4.428)

Der Mittelwert $\overline{\overset{\text{el}}{\varrho}_{\text{mi}}}$ der mikroskopischen elektrischen Ladungsdichte muß die im Abschnitt 1.2 eingeführte resultierende („freie") Ladungsdichte ϱ'^{el} sein:

(1.228) $\overline{\overset{\text{el}}{\varrho}_{\text{mi}}} = \varrho'^{\text{el}} = \overset{\text{el}}{\varrho}_{\text{wa}} + \overset{\text{el}}{\varrho}_{\text{P}} = \overset{\text{el}}{\varrho}_{\text{wa}} - \operatorname{div}\mathbf{P}$. (4.429)

Der Mittelwert $\overline{\mathbf{s}} = \overline{\overset{\text{el}}{\varrho}_{\text{mi}} \mathbf{v}}$ der mikroskopischen Stromdichte muß die resultierende Stromdichte aller möglichen Arten von Ladungsbewegungen sein; hiezu zählen die durch die Bewegungen wahrer elektrischer Ladungen bewirkten Leitungsströme der Dichte

(2.32) $\mathbf{S}_{\text{L}} = \overset{\text{el}}{\varrho}_{\text{wa}} \mathbf{v}$, (4.430)

die durch die Bewegungen der an die Atome gebundenen Elektronen (Elektronenbahn, Elektronenspin, s. Abschnitt 3.2.2) bewirkten Elementarströme der Dichte

(3.133) $\mathbf{S}_{\text{E}} = \operatorname{rot}\mathbf{M}$, (4.431)

und schließlich die bei zeitlicher Änderung des elektrischen Polarisationszustandes durch Verschiebung von Polarisationsladungen zustandekommenden (elektrischen) Polarisationsströme der Dichte

(4.26) $\mathbf{S}_{\text{P}}^{\text{el}} = \frac{\partial \mathbf{P}}{\partial t}$. (4.432)

Somit muß

$$\bar{\mathbf{s}} = \mathbf{S}_L + \mathbf{S}_E + \mathbf{S}_P^{el} = \mathbf{S}_L + \operatorname{rot}\mathbf{M} + \frac{\partial \mathbf{P}}{\partial t} \tag{4.433}$$

gelten. Führt man Gl. 4.429 und Gl. 4.433 in das Gleichungssystem Gl. 4.425 bis Gl. 4.428 ein, so erhält man

$$(4.425) \quad \operatorname{rot}\bar{\mathbf{b}} = \mu_0(\mathbf{S}_L + \mathbf{S}_E + \mathbf{S}_P^{el}) + \epsilon_0\mu_0 \frac{\partial \bar{\mathbf{e}}}{\partial t} =$$

$$= \mu_0(\mathbf{S}_L + \operatorname{rot}\mathbf{M} + \frac{\partial \mathbf{P}}{\partial t}) + \epsilon_0\mu_0 \frac{\partial \bar{\mathbf{e}}}{\partial t} \ , \tag{4.434}$$

$$(4.426) \quad \operatorname{rot}\bar{\mathbf{e}} = -\frac{\partial \bar{\mathbf{b}}}{\partial t} \ , \tag{4.435}$$

$$(4.427) \quad \operatorname{div}\bar{\mathbf{e}} = \frac{1}{\epsilon_0} \varrho'^{el} = \frac{1}{\epsilon_0}(\varrho_{wa}^{el} + \varrho_P^{el}) = \frac{1}{\epsilon_0}(\varrho_{wa}^{el} - \operatorname{div}\mathbf{P}) \ , \tag{4.436}$$

$$(4.428) \quad \operatorname{div}\bar{\mathbf{b}} = 0 \ . \tag{4.437}$$

Dieses Gleichungssystem läßt sich in das System der Maxwellschen Gleichungen (Gl. 4.410 bis Gl. 4.413) überführen, wenn man den Mittelwert $\bar{\mathbf{e}}$ des mikroskopischen elektrischen Feldvektors mit der Makrogröße „elektrische Feldstärke **E**" identifiziert,

$$\bar{\mathbf{e}} = \mathbf{E} \ , \tag{4.438}$$

und ebenso den Mittelwert $\bar{\mathbf{b}}$ des mikroskopischen magnetischen Feldvektors mit der Makrogröße „magnetische Induktion **B**":

$$\bar{\mathbf{b}} = \mathbf{B} \ . \tag{4.439}$$

Das entstandene, für den Makrobereich gültige Gleichungssystem

$$(4.434),(4.438),(4.439) \quad \operatorname{rot}\mathbf{B} = \mu_0(\mathbf{S}_L + \mathbf{S}_E + \mathbf{S}_P^{el}) + \epsilon_0\mu_0 \frac{\partial \mathbf{E}}{\partial t} =$$

$$= \mu_0(\mathbf{S}_L + \operatorname{rot}\mathbf{M} + \frac{\partial \mathbf{P}}{\partial t}) + \epsilon_0\mu_0 \frac{\partial \mathbf{E}}{\partial t} \ , \tag{4.440}$$

$$(4.435),(4.438),(4.439) \quad \operatorname{rot}\mathbf{E} = -\frac{\partial \mathbf{B}}{\partial t} \ , \tag{4.441}$$

$$(4.436),(4.438) \quad \operatorname{div}\mathbf{E} = \frac{1}{\epsilon_0} \varrho'^{el} = \frac{1}{\epsilon_0}(\varrho_{wa}^{el} + \varrho_P^{el}) = \frac{1}{\epsilon_0}(\varrho_{wa}^{el} - \operatorname{div}\mathbf{P}) \ , \tag{4.442}$$

$$(4.437),(4.439) \quad \operatorname{div}\mathbf{B} = 0 \ , \tag{4.443}$$

gibt die Differentialgleichungen für die beiden Vektoren **E** und **B** an, die vom Standpunkt einer Deutung des Magnetismus als rein elektrische Erscheinung, nämlich als Folge bewegter Elektrizität, die Bedeutung der

Feldvektoren des elektrischen und des magnetischen Feldes besitzen (s. Abschnitt 3.2.1.1 und Abschnitt 3.2.1.3). Dieser Standpunkt der „Elementarstromtheorie" genannten Deutungsmöglichkeit des Magnetismus ist aber gerade die Basis der Elektronentheorie von H.A. Lorentz, und das Gleichungssystem Gl. 4.440 bis Gl. 4.443 stellt gewissermaßen das makroskopische Abbild der für den Mikrobereich gültigen Gleichungen der Elektronentheorie Gl. 4.421 bis Gl. 4.424 dar: Die Quellen des elektrischen Feldvektors sind durch die (resultierende) elektrische Ladungsdichte (Gl. 4.423 bzw. Gl. 4.442), seine Wirbel durch die zeitliche Abnahme des magnetischen Feldvektors (Gl. 4.422 bzw. Gl. 4.441) bestimmt; das magnetische Feld ist quellenfrei (Gl. 4.424 bzw. Gl. 4.443), seine Wirbel sind durch die (resultierende) Stromdichte und die zeitliche Änderung des elektrischen Feldvektors festgelegt (Gl. 4.421 bzw. Gl. 4.440).

Die Übereinstimmung der Differentialgleichungen der Elementarstromtheorie mit jenen der Maxwellschen Theorie läßt sich leicht nachweisen, wenn man berücksichtigt, daß zwischen den drei elektrischen Vektoren die Verknüpfungsbeziehung

(1.232) $$\mathbf{D} = \epsilon_0 \mathbf{E} + \mathbf{P} \ , \qquad (4.444)$$

und zwischen den drei magnetischen Vektoren die Verknüpfungsbeziehung

(3.147) $$\mathbf{B} = \mu_0 \mathbf{H} + \mu_0 \mathbf{M} \qquad (4.445)$$

besteht. Gl. 4.441 und Gl. 4.443 sind bereits identisch mit der II. und der IV. Maxwellschen Gleichung (Gl. 4.411 bzw. Gl. 4.413). Führt man die Verknüpfungsbeziehung Gl. 4.445 in Gl. 4.440 ein, so erhält man in einfacher Weise die I. Maxwellsche Gleichung Gl. 4.410, und führt man mit Hilfe von Gl. 4.444 die elektrische Verschiebung **D** in Gl. 4.442 ein, so erhält man die III. Maxwellsche Gleichung Gl. 4.412.

Abschließend sei bemerkt, daß die Elektronentheorie ebenfalls eine Kontinuumstheorie, allerdings eine solche für den Mikrobereich der Materie, ist. Unter der elektrischen Ladungsdichte ϱ_{mi}^{el} zum Beispiel ist die Dichte der elektrischen Ladung zu verstehen, mit der der Raum, den ein elementarer Ladungsträger (z.B. ein Elektron) einnimmt, erfüllt zu denken ist.

4.4.1.3. Die Feldgleichungen vom Standpunkt der magnetischen Mengentheorie

Im Gegensatz zur Elektronentheorie, die nur elektrische Ladungen kennt, kann man postulieren, daß der Magnetismus der Materie von magnetischen Mengen (Ladungen, Polen) herrührt. Diese „magnetische Mengentheorie" wurde im Rahmen des zeitlich unveränderlichen Magnetfeldes bereits ausführlich behandelt (s. Abschnitt 3.2.1.2). Auch im Rahmen dieser Theorie kann man von Gleichungen, die für den Mikrobereich gelten, durch Mittelwertsbildung zu den Gleichungen des Makrofeldes übergehen, wie dies in /4.7/ durchgeführt wurde. Für die beiden Feldvektoren **E** und **H** dieser Theorie erhält man folgendes Gleichungssystem, das sich mit Hilfe der Verknüpfungsgleichungen

(4.444) $\mathbf{D} = \epsilon_0 \mathbf{E} + \mathbf{P}$

und

(3.161) $\mathbf{B} = \mu_0 \mathbf{H} + \mathbf{J}$ (4.446)

in die Maxwellschen Gleichungen Gl. 4.410 bis Gl. 4.413 überführen oder, umgekehrt, natürlich auch aus diesen ableiten läßt:

(4.410), (4.444), (4.432) $$\operatorname{rot}\mathbf{H} = \mathbf{S}_L + \mathbf{S}_P^{el} + \epsilon_0 \frac{\partial \mathbf{E}}{\partial t} = \mathbf{S}_L + \frac{\partial \mathbf{P}}{\partial t} + \epsilon_0 \frac{\partial \mathbf{E}}{\partial t} \quad , \qquad (4.447)$$

(4.411), (4.446) $$\operatorname{rot}\mathbf{E} = -\mathbf{S}_P^{m} - \mu_0 \frac{\partial \mathbf{H}}{\partial t} = -\frac{\partial \mathbf{J}}{\partial t} - \mu_0 \frac{\partial \mathbf{H}}{\partial t} \quad , \qquad (4.448)$$

(4.412), (4.444), (4.429) $$\operatorname{div}\mathbf{E} = \frac{1}{\epsilon_0} \varrho'^{el} = \frac{1}{\epsilon_0}(\varrho_{wa}^{el} + \varrho_P^{el}) =$$
$$= \frac{1}{\epsilon_0}(\varrho_{wa}^{el} - \operatorname{div}\mathbf{P}) \quad , \qquad (4.449)$$

(4.413), (4.446), (3.152) $$\operatorname{div}\mathbf{H} = \frac{1}{\mu_0} \varrho_P^{m} = -\frac{1}{\mu_0} \operatorname{div}\mathbf{J} \quad . \qquad (4.450)$$

Wieder sind die Quellen des elektrischen Feldes durch die Verteilung der elektrischen Ladungen bestimmt (Gl. 4.449), seine Wirbel werden durch die zeitliche Abnahme des Magnetfeldes **H** und die (negative) magnetische Polarisationsstromdichte

$$\mathbf{S}_P^{m} = \frac{\partial \mathbf{J}}{\partial t} \qquad (4.451)$$

festgelegt, die nach dieser Theorie in Analogie zur elektrischen Polarisationsstromdichte $\mathbf{S}_P^{el}$ (Gl. 4.432) wegen der Verschiebung magnetischer Polarisationsmengen bei zeitlicher Veränderung des magnetischen Polarisationszustandes auftritt. Für die Quellen des magnetischen Feldes sind die magnetischen Mengen maßgebend (Gl. 4.450; erfahrungsgemäß gibt es nur magnetische Polarisationsladungen, aber keine wahren Magnetmengen), seine Wirbel sind durch die resultierende elektrische Stromdichte (hier gibt es natürlich keine Elementarstromdichte $\mathbf{S}_E$!) und durch die zeitliche Änderung des elektrischen Feldes bestimmt.

4.4.2. Der Energiesatz der Elektrodynamik

Durch geeignete Umformungen kann man aus den Feldgleichungen Ausdrücke gewinnen, die sich mit Hilfe des Prinzips von der Erhaltung der Energie deuten lassen. In der Literatur wird dabei üblicherweise von den Maxwellschen Gleichungen ausgegangen:

Multipliziert man die I. Maxwellsche Gleichung Gl. 4.410 mit **E** und die II. Maxwellsche Gleichung Gl. 4.411 mit **H** und bildet man die Differenz der beiden Ausdrücke, so erhält man

$$\mathbf{E}\mathbf{S}_L + \mathbf{E}\frac{\partial \mathbf{D}}{\partial t} + \mathbf{H}\frac{\partial \mathbf{B}}{\partial t} = \mathbf{E}\cdot \mathrm{rot}\,\mathbf{H} - \mathbf{H}\cdot \mathrm{rot}\,\mathbf{E} = \mathbf{E}(\nabla \times \mathbf{H}) - \mathbf{H}(\nabla \times \mathbf{E}) =$$
$$= -\nabla(\mathbf{E}\times\mathbf{H}) = -\nabla \mathbf{S}_{Pg} = -\mathrm{div}\,\mathbf{S}_{Pg} \;, \qquad (4.452)$$

mit dem „Poyntingschen Vektor"

$$\mathbf{S}_{Pg} = \mathbf{E}\times\mathbf{H} \;. \qquad (4.453)$$

Integriert man die Differentialgleichung Gl. 4.452 über das Volumen eines betrachteten Gebietes und wendet man den Gaußschen Integralsatz an, so ergibt sich

$$-\int_V \mathrm{div}\,\mathbf{S}_{Pg}\cdot \mathrm{d}V = -\oint_A \mathbf{S}_{Pg}\cdot \mathrm{d}\mathbf{A} = \int_V \mathbf{E}\mathbf{S}_L\cdot \mathrm{d}V + \int_V \mathbf{E}\frac{\partial \mathbf{D}}{\partial t}\mathrm{d}V + \int_V \mathbf{H}\frac{\partial \mathbf{B}}{\partial t}\mathrm{d}V \;. \qquad (4.454)$$

Eine Überprüfung der Dimensionen der Integranden in Gl. 4.454 läßt vermuten – und die nachfolgenden Untersuchungen bestätigen diese Vermutung – daß bei den Volumsintegralen über Leistungsdichten

$$p = \frac{\partial P}{\partial V} = \frac{\partial}{\partial V}\frac{\partial W}{\partial t} = \frac{\partial}{\partial t}\frac{\partial W}{\partial V} = \frac{\partial w}{\partial t} \qquad (4.455)$$

integriert wird. Es bedeuten also diese Volumsintegrale Leistungen,

$$P = \int_V p\cdot \mathrm{d}V = \int_V \frac{\partial w}{\partial t}\mathrm{d}V \;. \qquad (4.456)$$

Beim Oberflächenintegral in Gl. 4.454 wird über eine Energiestromdichte, eben den Poyntingschen Vektor, integriert; der Poyntingsche Vektor ist also dem Betrag nach eine auf die Fläche A und die Zeit t bezogene Energie W oder auch eine auf die Fläche A bezogene Leistung P.

Das erste Volumsintegral nach dem zweiten Gleichheitszeichen in Gl. 4.454 wurde für ein von eingeprägten elektrischen Kräften freies elektrisches Strömungsfeld bereits im Abschnitt 2.8 behandelt. In diesem Fall bedeutet dieses Integral die im betreffenden Volumen in Joulesche Wärme umgesetzte Leistung:

$$(2.126),(2.127) \quad \int_V \mathbf{E}\mathbf{S}_\mathrm{L}\cdot \mathrm{d}V = \int_V \varrho \mathbf{S}_\mathrm{L}^2 \cdot \mathrm{d}V = \int_V p_\mathrm{therm} \cdot \mathrm{d}V = P_\mathrm{therm} \quad . \qquad (4.457)$$

Erweitert man auf Strömungsfelder, bei denen auch eingeprägte (nichtelektrische) Kräfte auf die Ladungsträger einwirken und demgemäß die Beziehung

$$(2.151) \quad \mathbf{E} + \mathbf{E}_\mathrm{e} = \varrho \mathbf{S}_\mathrm{L} \qquad (4.458)$$

gilt, so gibt dieses Volumsintegral den Überschuß der in Joulesche Wärme umgesetzten, über die von den eingeprägten Kräften im betrachteten Volumen erzeugte Leistung an (vgl. Abschnitt 2.9.3):

$$\int_V \mathbf{E}\mathbf{S}_\mathrm{L}\cdot \mathrm{d}V = \int_V (\varrho \mathbf{S}_\mathrm{L}^2 - \mathbf{E}_\mathrm{e}\mathbf{S}_\mathrm{L})\, \mathrm{d}V = \int_V (p_\mathrm{therm} - p_\mathrm{e})\, \mathrm{d}V = P_\mathrm{therm} - P_\mathrm{e} \ . \qquad (4.459)$$

Das zweite und das dritte Volumsintegral nach dem zweiten Gleichheitszeichen in Gl. 4.454 lassen sich zunächst für den Fall isotroper, sich linear verhaltender Materie leicht als jene Leistungsanteile deuten, die der Erhöhung der im betrachteten Volumen gespeicherten elektrischen und magnetischen Energie dienen. Gilt nämlich

$$(1.237) \quad \mathbf{D} = \epsilon \mathbf{E} \ , \qquad (4.460)$$

wobei ϵ feldunabhängig ist, bzw.

$$(3.217) \quad \mathbf{B} = \mu \mathbf{H} \qquad (4.461)$$

mit feldunabhängigem μ (lineares Material), so erhält man unter Berücksichtigung der in diesen Fällen gültigen Beziehungen für die Dichten der elektrischen und der magnetischen Energie

$$(1.362) \quad w^\mathrm{el} = \frac{1}{2}\mathbf{D}\mathbf{E} \ , \qquad (4.462)$$

bzw.

$$(3.340) \quad w^\mathrm{m} = \frac{1}{2}\mathbf{B}\mathbf{H} \ , \qquad (4.463)$$

für das zweite Volumsintegral in Gl. 4.454

$$\int_V \mathbf{E}\frac{\partial \mathbf{D}}{\partial t}\mathrm{d}V = \int_V \epsilon \mathbf{E}\frac{\partial \mathbf{E}}{\partial t}\mathrm{d}V = \int_V \epsilon \frac{\partial}{\partial t}\frac{1}{2}\mathbf{E}^2\cdot \mathrm{d}V = \int_V \frac{\partial}{\partial t}\frac{1}{2}\mathbf{D}\mathbf{E}\cdot \mathrm{d}V =$$
$$= \int_V \frac{\partial w^\mathrm{el}}{\partial t}\mathrm{d}V = \int_V p^\mathrm{el}\cdot \mathrm{d}V = \frac{\mathrm{d}}{\mathrm{d}t}\int_V w^\mathrm{el}\cdot \mathrm{d}V =$$
$$= \frac{\mathrm{d}W^\mathrm{el}}{\mathrm{d}t} = P^\mathrm{el} \qquad (4.464)$$

und für das dritte Volumsintegral in Gl. 4.454

$$\int_V \mathbf{H}\frac{\partial \mathbf{B}}{\partial t}\mathrm{d}V = \int_V \frac{1}{\mu}\mathbf{B}\frac{\partial \mathbf{B}}{\partial t}\mathrm{d}V = \int_V \frac{1}{\mu}\frac{\partial}{\partial t}\frac{1}{2}\mathbf{B}^2\cdot\mathrm{d}V = \int_V \frac{\partial}{\partial t}\frac{1}{2}\mathbf{B}\mathbf{H}\cdot\mathrm{d}V =$$
$$= \int_V \frac{\partial w^{\mathrm{m}}}{\partial t}\mathrm{d}V = \int_V p^{\mathrm{m}}\cdot\mathrm{d}V = \frac{\mathrm{d}}{\mathrm{d}t}\int_V w^{\mathrm{m}}\cdot\mathrm{d}V =$$
$$= \frac{\mathrm{d}W^{\mathrm{m}}}{\mathrm{d}t} = P^{\mathrm{m}} \quad . \tag{4.465}$$

Damit ergibt sich aus Gl. 4.454 mit Gl. 4.459, Gl. 4.464 und Gl. 4.465

$$-\oint_A \mathbf{S}_{\mathrm{Pg}}\cdot\mathrm{d}\mathbf{A} = \int_V (\varrho\mathbf{S}_{\mathrm{L}}^2 - \mathbf{E}_{\mathrm{e}}\mathbf{S}_{\mathrm{L}})\mathrm{d}V + \int_V \mathbf{E}\frac{\partial \mathbf{D}}{\partial t}\mathrm{d}V + \int_V \mathbf{H}\frac{\partial \mathbf{B}}{\partial t}\mathrm{d}V =$$
$$= P_{\mathrm{therm}} + P^{\mathrm{el}} + P^{\mathrm{m}} - P_{\mathrm{e}} \quad . \tag{4.466}$$

Im Hinblick auf den Satz von der Erhaltung der Energie ist Gl. 4.466 wie folgt zu interpretieren:

Die rechte Seite der Gleichung stellt den im betrachteten Gebiet auftretenden Überschuß der in Joulesche Wärme umgewandelten Leistung P_{therm} und der, der Erhöhung der gespeicherten elektrischen und magnetischen Energie dienenden Leistungsanteile P^{el} und P^{m} über die Leistung P_{e} dar, die von den eingeprägten Kräften im Volumen erzeugt wird. Dieser Leistungsüberschuß muß dem Gebiet von außen zugeführt werden. Das negative Oberflächenintegral auf der linken Seite von Gl. 4.466 stellt somit den in das Gebiet durch seine geschlossene Oberfläche einströmenden Leistungsfluß, also die auf die Zeit bezogene, einströmende Energie — den Energiestrom — dar.

Damit erscheint gerechtfertigt, daß der Poyntingsche Vektor — mit gewissen Einschränkungen, auf die später noch näher eingegangen werden soll — als Vektor der elektromagnetischen Energiestromdichte gedeutet wird.

Gl. 4.466 stellt den Poyntingschen Satz in Integralform dar, während die Differentialform dieses Satzes durch Gl. 4.452 und, wenn auch eingeprägte Kräfte wirken, durch

(4.452), (4.458)
$$-\mathrm{div}\,\mathbf{S}_{\mathrm{Pg}} = -\mathrm{div}(\mathbf{E}\times\mathbf{H}) = \varrho\mathbf{S}_{\mathrm{L}}^2 + \mathbf{E}\frac{\partial \mathbf{D}}{\partial t} + \mathbf{H}\frac{\partial \mathbf{B}}{\partial t} - \mathbf{E}_{\mathrm{e}}\mathbf{S}_{\mathrm{L}} =$$
$$= p_{\mathrm{therm}} + p^{\mathrm{el}} + p^{\mathrm{m}} - p_{\mathrm{e}} \tag{4.467}$$

gegeben ist. Wie schon eingangs festgestellt wurde, stellen die einzelnen Summanden von Gl. 4.467 Leistungsdichten dar, und die entsprechende Deutung dieser Differentialform des Poyntingschen Energiesatzes lautet demnach:

An jenen Stellen des Raumes, an denen Senken des Energiestromdichtevektors $\mathbf{S}_{Pg}$ existieren, tritt ein Überschuß an Leistungsdichte erzeugter Joulescher Wärme und an Leistungsdichte, die der Erhöhung der elektrischen und der magnetischen Energiedichte dient, über die von den eingeprägten Kräften abgegebene Leistungsdichte auf.

Nimmt man nun an, daß die Maxwellschen Gleichungen und damit der Poyntingsche Satz ihre Gültigkeit auch bei anisotropem und sich nichtlinear verhaltendem Material behalten — was sich bisher in der Tat erwiesen hat —, so gewinnt man für die zeitlichen Änderungen der elektrischen und der magnetischen Energiedichte gegenüber den in Gl. 4.464 und Gl. 4.465 benützten Ausdrücken für isotropes, sich linear verhaltendes Material nach Gl. 4.467 die allgemein gültigen Ausdrücke

$$p^{\mathrm{el}} = \frac{\partial w^{\mathrm{el}}}{\partial t} = \mathbf{E}\frac{\partial \mathbf{D}}{\partial t} \tag{4.468}$$

und

$$p^{\mathrm{m}} = \frac{\partial w^{\mathrm{m}}}{\partial t} = \mathbf{H}\frac{\partial \mathbf{B}}{\partial t} \quad . \tag{4.469}$$

Gl. 4.468 läßt sich mit Hilfe der Verknüpfungsbeziehung der elektrischen Feldvektoren

(4.444) $\mathbf{D} = \epsilon_0 \mathbf{E} + \mathbf{P}$

und unter Benützung von Gl. 4.432 noch näher deuten:

$$p^{\mathrm{el}} = \frac{\partial w^{\mathrm{el}}}{\partial t} = \mathbf{E}\frac{\partial}{\partial t}\epsilon_0\mathbf{E} + \mathbf{E}\frac{\partial \mathbf{P}}{\partial t} = \frac{\partial}{\partial t}\frac{1}{2}\epsilon_0\mathbf{E}^2 + \mathbf{E}\mathbf{S}_{\mathrm{P}}^{\mathrm{el}} = p_{\mathrm{E}}^{\mathrm{el}} + p_{\mathrm{P}}^{\mathrm{el}} =$$

$$= \frac{\partial w_{\mathrm{E}}^{\mathrm{el}}}{\partial t} + \frac{\partial w_{\mathrm{P}}^{\mathrm{el}}}{\partial t} \quad . \tag{4.470}$$

Der erste der beiden Summanden in Gl. 4.470

$$p_{\mathrm{E}}^{\mathrm{el}} = \frac{\partial w_{\mathrm{E}}^{\mathrm{el}}}{\partial t} = \frac{\partial}{\partial t}\frac{1}{2}\epsilon_0\mathbf{E}^2 \tag{4.471}$$

stellt eine Leistungsdichte dar, die der Erhöhung der allein im elektrischen Feld (aller Ladungen, also dem Feld der wahren und der Polarisationsladungen!) gespeicherten reinen Feldenergie dient. Der zweite Summand bedeutet eine Leistungsdichte der Polarisationsströme, die vor allem eine Erhöhung der in der Materie gespeicherten „elastischen" Energie, aber gegebenenfalls auch Wärmeverluste bei der Bewegung von Polarisationsladungen gegen ihre Bindungskräfte, bewirkt:

$$p_{\mathrm{P}}^{\mathrm{el}} = \frac{\partial w_{\mathrm{P}}^{\mathrm{el}}}{\partial t} = \mathbf{E}\mathbf{S}_{\mathrm{P}}^{\mathrm{el}} = \mathbf{E}\frac{\partial \mathbf{P}}{\partial t} \quad . \tag{4.472}$$

Die in die Materie übergegangene Energiedichte $w_{\mathrm{P}}^{\mathrm{el}}$ läßt sich für den Fall isotroper, sich linear verhaltender Materie leicht berechnen: Nach Gl. 4.472 ist mit Gl. 1.236 (χ feldunabhängig)

$$p_{\mathrm{P}}^{\mathrm{el}} = \frac{\partial w_{\mathrm{P}}^{\mathrm{el}}}{\partial t} = \mathbf{E}\frac{\partial \mathbf{P}}{\partial t} = \epsilon_0 \chi \mathbf{E}\frac{\partial \mathbf{E}}{\partial t} = \epsilon_0 \chi \frac{\partial}{\partial t}\frac{1}{2}\mathbf{E}^2 = \frac{\partial}{\partial t}\epsilon_0 \chi \frac{1}{2}\mathbf{E}^2 =$$

$$= \frac{\partial}{\partial t}\frac{1}{2}\mathbf{PE} \ , \tag{4.473}$$

so daß

$$w_{\mathrm{P}}^{\mathrm{el}} = \frac{1}{2}\mathbf{PE} \tag{4.474}$$

folgt, da bei $\mathbf{P} = 0$ verständlicherweise auch $w_{\mathrm{P}}^{\mathrm{el}} = 0$ sein soll.

Verhält sich das Material zwar nichtlinear, ist aber der Zusammenhang zwischen **P** und **E** eindeutig, wobei die Materie im feldfreien Raum auch entpolarisiert sein soll ($t = 0$: $\mathbf{E} = 0$, $\mathbf{P} = 0$), so gilt für die in der Materie gespeicherte Energiedichte:

$$w_{\mathrm{P}}^{\mathrm{el}} = \int_0^t p_{\mathrm{P}}^{\mathrm{el}} \cdot \mathrm{d}t = \int_0^t \mathbf{E}\frac{\partial \mathbf{P}}{\partial t}\mathrm{d}t = \int_0^P \mathbf{E}\cdot \mathrm{d}\mathbf{P} = -\int_P^0 \mathbf{E}\cdot\mathrm{d}\mathbf{P} \ . \tag{4.475}$$

Beim Entpolarisieren ($|\mathbf{P}|\Downarrow$) wird wieder der gleich große Betrag $w_{\mathrm{P}}^{\mathrm{el}}$ an Energiedichte frei, der beim Polarisieren ($|\mathbf{P}|\uparrow$) an die Materie geliefert wurde.

Ist jedoch der Zusammenhang zwischen **P** und **E** mehrdeutig, wie das beim Auftreten von Hysterese (s. Abschnitt 1.2.1) der Fall ist, so wird beim Entpolarisieren nicht wieder die gesamte, an die Materie gelieferte Energiedichte frei (s. Abschnitt 4.4.2.1).

Eine gleichartige Deutung der magnetischen Anteile der Leistungs- bzw. der Energiedichte ergibt sich, wenn man den Standpunkt der magnetischen Mengentheorie (s. Abschnitt 3.2.1.2) einnimmt: Mit Hilfe der Verknüpfungsbeziehung der magnetischen Feldvektoren

(4.446) $\mathbf{B} = \mu_0 \mathbf{H} + \mathbf{J}$

und unter Verwendung von Gl. 4.451 erhält man aus Gl. 4.469

$$p^{\mathrm{m}} = \frac{\partial w^{\mathrm{m}}}{\partial t} = \mu_0 \mathbf{H}\frac{\partial \mathbf{H}}{\partial t} + \mathbf{H}\frac{\partial \mathbf{J}}{\partial t} = \frac{\partial}{\partial t}\frac{1}{2}\mu_0 \mathbf{H}^2 + \mathbf{H}\mathbf{S}_{\mathrm{P}}^{\mathrm{m}} = p_{\mathrm{H}}^{\mathrm{m}} + p_{\mathrm{P}}^{\mathrm{m}} =$$

$$= \frac{\partial w_{\mathrm{H}}^{\mathrm{m}}}{\partial t} + \frac{\partial w_{\mathrm{P}}^{\mathrm{m}}}{\partial t} \ . \tag{4.476}$$

Es treten also wieder die beiden Leistungsdichteanteile auf, die der Erhöhung der reinen Feldenergiedichte (hier mit der magnetischen Feldstärke **H**) dienen

$$p_{\mathrm{H}}^{\mathrm{m}} = \frac{\partial w_{\mathrm{H}}^{\mathrm{m}}}{\partial t} = \frac{\partial}{\partial t} \frac{1}{2} \mu_0 \mathbf{H}^2 \tag{4.477}$$

und die durch das Fließen eines magnetischen Polarisationsstromes in Form bewegter magnetischer Mengen Leistung an die magnetisch polarisierbare Materie übertragen:

$$p_{\mathrm{P}}^{\mathrm{m}} = \frac{\partial w_{\mathrm{P}}^{\mathrm{m}}}{\partial t} = \mathbf{H}\mathbf{S}_{\mathrm{P}}^{\mathrm{m}} = \mathbf{H}\frac{\partial \mathbf{J}}{\partial t} \quad . \tag{4.478}$$

Man kann natürlich den, der magnetischen Mengentheorie entsprechenden Energiesatz (besser wäre Leistungssatz), dessen Differentialform aus Gl. 4.467 mit Hilfe von Gl. 4.470 und Gl. 4.476 zu gewinnen ist,

$$-\operatorname{div}\mathbf{S}_{\mathrm{Pg}} = -\operatorname{div}(\mathbf{E}\times\mathbf{H}) = \varrho\mathbf{S}_{\mathrm{L}}^2 - \mathbf{E}_{\mathrm{e}}\mathbf{S}_{\mathrm{L}} + \frac{\partial}{\partial t}\frac{1}{2}\epsilon_0\mathbf{E}^2 + \mathbf{E}\mathbf{S}_{\mathrm{P}}^{\mathrm{el}} + \frac{\partial}{\partial t}\frac{1}{2}\mu_0\mathbf{H}^2 + \mathbf{H}\mathbf{S}_{\mathrm{P}}^{\mathrm{m}} \tag{4.479}$$

auch unmittelbar aus den im Sinne dieser Theorie umgeformten Maxwellgleichungen Gl. 4.447 bis Gl. 4.450 ableiten.

Die Leistungsdichte der magnetischen Ströme Gl. 4.478 führt bei linearem Material auf einen zu Gl. 4.474 analogen Ausdruck für die, vom Standpunkt der magnetischen Mengentheorie aus gesehen in der Materie gespeicherte Energiedichte:

$$w_{\mathrm{P}}^{\mathrm{m}} = \frac{1}{2}\mathbf{J}\mathbf{H} \quad . \tag{4.480}$$

Nach den Prinzipien der Elementarstromtheorie (s. Abschnitt 3.2.1.1) mit dem magnetischen Feldvektor **B** muß die reine Feldenergiedichte des Magnefeldes

$$w_{\mathrm{B}}^{\mathrm{m}} = \frac{1}{2\mu_0}\mathbf{B}^2 \tag{4.481}$$

bzw. die zugehörige Leistungsdichte

$$p_{\mathrm{B}}^{\mathrm{m}} = \frac{\partial w_{\mathrm{B}}^{\mathrm{m}}}{\partial t} = \frac{1}{\mu_0}\mathbf{B}\frac{\partial \mathbf{B}}{\partial t} \tag{4.482}$$

sein. Die Zerlegung der magnetischen Leistungsdichte p^{m} im Energiesatz Gl. 4.467

$$p^{\mathrm{m}} = \mathbf{H}\frac{\partial \mathbf{B}}{\partial t} = p_{\mathrm{B}}^{\mathrm{m}} + p_{\mathrm{E}}^{\mathrm{m}} \tag{4.483}$$

in die beiden Anteile des Feldes **B** aller Ströme (also der Leitungs-, der Polarisations- und der Elementarströme) und der Materie (hier die „mechanische" Leistungsdichte der Elementarströme, s. Gl. 4.490 und die anschließende Erläuterung) liefert demnach unter Berücksichtigung von Gl. 4.481 mit Hilfe der Verknüpfungsbeziehung

(4.445) $\mathbf{B} = \mu_0 \mathbf{H} + \mu_0 \mathbf{M}$

den Ausdruck

$$p^{\mathrm{m}} = \mathbf{H}\frac{\partial \mathbf{B}}{\partial t} = \left(\frac{1}{\mu_0}\mathbf{B} - \mathbf{M}\right)\frac{\partial \mathbf{B}}{\partial t} = \frac{\partial}{\partial t}\frac{1}{2\mu_0}\mathbf{B}^2 - \mathbf{M}\frac{\partial \mathbf{B}}{\partial t} = p_{\mathbf{B}}^{\mathrm{m}} + p_{\mathrm{E}}^{\mathrm{m}} = \\ = \frac{\partial w_{\mathbf{B}}^{\mathrm{m}}}{\partial t} + \frac{\partial w_{\mathrm{E}}^{\mathrm{m}}}{\partial t} \qquad (4.484)$$

und damit folgende differentielle Form des Energiesatzes

(4.467), (4.470), (4.484)
$$-\operatorname{div}\mathbf{S}_{\mathrm{Pg}} = -\operatorname{div}(\mathbf{E}\times\mathbf{H}) = \varrho \mathbf{S}_{\mathrm{L}}^2 - \mathbf{E}_{\mathrm{e}}\mathbf{S}_{\mathrm{L}} + \frac{\partial}{\partial t}\frac{1}{2}\epsilon_0 \mathbf{E}^2 + \\ + \mathbf{E}\frac{\partial \mathbf{P}}{\partial t} + \frac{\partial}{\partial t}\frac{1}{2\mu_0}\mathbf{B}^2 - \mathbf{M}\frac{\partial \mathbf{B}}{\partial t} \; . \qquad (4.485)$$

Die Beziehung

$$p_{\mathrm{E}}^{\mathrm{m}} = \frac{\partial w_{\mathrm{E}}^{\mathrm{m}}}{\partial t} = -\mathbf{M}\frac{\partial \mathbf{B}}{\partial t} \qquad (4.486)$$

besagt, daß in jenen Fällen, in denen ein Körper in Richtung der zeitlich erfolgenden Zunahme von **B** magnetisiert ist (also beim „Aufmagnetisieren", $\mathbf{M}\uparrow\uparrow\frac{\partial \mathbf{B}}{\partial t}$), die Materie (u.zw. ihre Elementarströme) wegen des negativen Vorzeichens in Gl. 4.486 Energie freisetzt. Bei isotropem, sich linear verhaltendem Material, bei dem

(3.218), (3.217) $\quad \mathbf{M} = \varkappa \mathbf{H} = \dfrac{\varkappa}{\mu}\mathbf{B} \qquad (4.487)$

($\varkappa$ und μ feldunabhängige Skalare) gilt, ist diese Leistungsdichte

$$p_{\mathrm{E}}^{\mathrm{m}} = -\mathbf{M}\frac{\partial \mathbf{B}}{\partial t} = -\frac{\varkappa}{\mu}\mathbf{B}\frac{\partial \mathbf{B}}{\partial t} = -\frac{\varkappa}{2\mu}\frac{\partial}{\partial t}\mathbf{B}^2 = -\frac{\partial}{\partial t}\frac{1}{2}\mathbf{M}\mathbf{B} = \frac{\partial w_{\mathrm{E}}^{\mathrm{m}}}{\partial t} \; , \qquad (4.488)$$

und die zugehörige Energiedichte

$$w_{\mathrm{E}}^{\mathrm{m}} = -\frac{1}{2}\mathbf{M}\mathbf{B} \; , \qquad (4.489)$$

so daß die magnetische (Gesamt) Energiedichte

$$w^{\mathrm{m}} = \frac{1}{2}\mathbf{B}\mathbf{H} = w_{\mathbf{B}}^{\mathrm{m}} + w_{\mathrm{E}}^{\mathrm{m}} = \frac{1}{2\mu_0}\mathbf{B}^2 - \frac{1}{2}\mathbf{M}\mathbf{B} \; , \qquad (4.490)$$

die von außen dem Volumen zugeführt wurde, kleiner ist als die Erhöhung der reinen Feldenergiedichte. Der Differenzbetrag $\frac{1}{2}\mathbf{MB}$ wird von der Materie beim Aufmagnetisieren geliefert.

Die Frage, wieso nach der Elementarstromtheorie beim Aufmagnetisieren ($\mathbf{M}\uparrow\uparrow\frac{\partial \mathbf{B}}{\partial t}$) nach Gl. 4.486 von der Materie Leistung abgegeben wird, während die Materie im elektrischen Feld und im magnetischen Feld nach der Mengentheorie beim Aufpolarisieren ($\mathbf{P}\uparrow\uparrow\frac{\partial \mathbf{E}}{\partial t}$ bzw. $\mathbf{J}\uparrow\uparrow\frac{\partial \mathbf{H}}{\partial t}$) nach Gl. 4.472 bzw. Gl. 4.478 Leistung aufnimmt, kann wieder nur mit Hilfe einer Modellvorstellung vom Aufbau der Materie verstanden werden: Beim Aufmagnetisieren ($\mathbf{M}\uparrow\uparrow\frac{\partial \mathbf{B}}{\partial t}$) wird nach der II. Maxwellschen Gleichung

(4.411) bzw. (4.441) $\quad \operatorname{rot}\mathbf{E} = -\frac{\partial \mathbf{B}}{\partial t}$

ein elektrisches Wirbelfeld erzeugt, das der Richtung der Elementarströme entgegengesetzt orientiert ist (Lenzsche Regel, s. Abschnitt 4.3.6.3, bzw. diamagnetischer Effekt, s. Abschnitt 3.2.2.2) und daher zu einer Bremsung der Elektronenbewegung führt. Damit ist eine Verminderung der kinetischen Energie der Elektronen verbunden, so daß also Energie frei wird (in gleicher Weise wie beim Entpolarisieren im elektrischen Fall bzw. im magnetischen Fall nach der Theorie magnetischer Mengen, wo in beiden Fällen die gespeicherte „elastische" Energie vermindert wird). Mit Hilfe der II. Maxwellschen Gleichung Gl. 4.411 bzw. Gl. 4.441 kann der Ausdruck für die Leistungsdichte $p_{\mathrm{E}}^{\mathrm{m}}$ auch wie folgt angegeben werden:

(4.486) $$p_{\mathrm{E}}^{\mathrm{m}} = \frac{\partial w_{\mathrm{E}}^{\mathrm{m}}}{\partial t} = -\mathbf{M}\frac{\partial \mathbf{B}}{\partial t} = \mathbf{M}\cdot\operatorname{rot}\mathbf{E} \quad . \qquad (4.491)$$

Es soll ausdrücklich hervorgehoben werden, daß die beiden Theorien des Magnetismus, Mengentheorie und Elementarstromtheorie, zu einer verschiedenartigen Aufteilung der zum Magnetisieren der Materie aufzuwendenden Gesamtleistungsdichte

(4.469), (4.476), (4.484) $$p^{\mathrm{m}} = \frac{\partial w^{\mathrm{m}}}{\partial t} = \mathbf{H}\frac{\partial \mathbf{B}}{\partial t} = p_{\mathrm{H}}^{\mathrm{m}} + p_{\mathrm{P}}^{\mathrm{m}} = \frac{\partial}{\partial t}\frac{1}{2}\mu_0\mathbf{H}^2 + \mathbf{H}\frac{\partial \mathbf{J}}{\partial t} =$$

$$= p_{\mathrm{B}}^{\mathrm{m}} + p_{\mathrm{E}}^{\mathrm{m}} = \frac{\partial}{\partial t}\frac{1}{2\mu_0}\mathbf{B}^2 - \mathbf{M}\frac{\partial \mathbf{B}}{\partial t} \qquad (4.492)$$

gelangen, die in der Verschiedenheit der beiden Modellvorstellungen begründet ist. Es ist bedauerlich, daß heute noch in der Literatur, obwohl in den meisten Fällen bei theoretischen Untersuchungen des magnetischen Verhaltens der Materie, insbesondere bei ferromagnetischen Werkstoffen, die Materialeigenschaften aus dem Verhalten der Elektronen (Elektronenbahn, Elektronenspin usw.), also nach den Vorstellungen der Elektronen- bzw. der Elementarstromtheorie, deduziert werden, diese Betrachtungsweise fälschlicherweise mit den Ergebnissen der magnetischen Mengentheorie, vor allem hinsichtlich der ihr eigenen Art der Aufteilung der magnetischen Energie in reine Feldenergie und in Energie, die in der Materie gespeichert ist, vermengt wird (s.z.B./3.8/).

Es sei vermerkt, daß man bei formal gleicher Art der Ableitung des Energiesatzes, wie dies zu Anfang dieses Abschnittes unter Zugrundelegung des von Maxwell angegebenen Gleichungssystems (Gl.4.410 bis Gl.4.413) geschehen ist, aus der, der Elementarstromtheorie entsprechenden Form der Feldgleichungen (Gl.4.440 bis Gl.4.443) zu einem Poyntingvektor der Gestalt

$$\mathbf{S}_{Pg,E} = \frac{1}{\mu_0} \mathbf{E} \times \mathbf{B} \tag{4.493}$$

gelangt, der sich ebenfalls deuten läßt. Es läßt sich jedoch zeigen, daß auch im Rahmen der Elementarstromtheorie für die zwischen Materiebereichen, die nur aus ganzen Atomen bestehen, ausgetauschte Energie wieder der sowohl aus den Maxwellschen Gleichungen als auch den Feldgleichungen im Sinne der magnetischen Mengentheorie folgende Energiestromdichtevektor

$$(4.453) \qquad \mathbf{S}_{Pg} = \mathbf{E} \times \mathbf{H}$$

maßgebend und daher die in diesem Abschnitt vorgenommene Deutung des aus den Maxwellschen Gleichungen gewonnenen Energiesatzes Gl.4.467 im Sinne der Elementarstromtheorie (s. Gl.4.486) durchaus zulässig und sinnvoll ist. Eine ausführliche Darstellung dieses Sachverhaltes findet sich in /4.8/. Analoge Zusammenhänge ergeben sich für den Impuls des elektromagnetischen Feldes /4.9/.

Als einfaches Beispiel soll die Energieströmung im Falle eines stationären elektrischen Stromes, der über einen Ohmschen Widerstand fließt, besprochen werden. In Abb.4.55 sind die Feldverteilungen schematisch dargestellt. Das Vektorfeld $\mathbf{S}_{Pg}$ quillt aus der Zweipolquelle (dem Erzeuger) heraus und verschwindet im Ohmschen Widerstand (im Verbraucher), wo sich die elektromagnetische Energie in Energie anderer Form, nämlich in Joulesche Wärme, umsetzt.

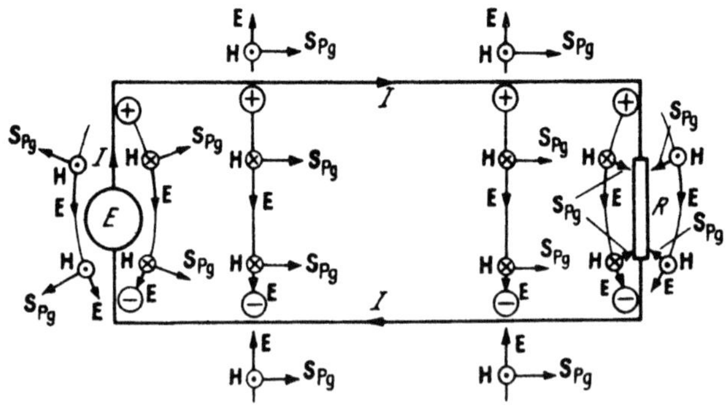

Abb.4.55

Beim Poyntingschen Vektor treten gewisse Schwierigkeiten auf. Sind gleichzeitig ein elektrostatisches Feld (rot $\mathbf{E} = 0$) und ein magnetisches Feld permanenter Magnete (ein „magnetostatisches Feld", rot $\mathbf{H} = 0$) vorhanden, so ist $\mathbf{S}_{Pg}$ ein quellenfreies Vektorfeld, wie sich leicht zeigen läßt:

(4.452) $$\operatorname{div} \mathbf{S}_{Pg} = \nabla(\mathbf{E} \times \mathbf{H}) = \mathbf{H} \cdot \operatorname{rot} \mathbf{E} - \mathbf{E} \cdot \operatorname{rot} \mathbf{H} = 0 \ . \tag{4.494}$$

Der Poyntingsche Vektor beschreibt hier als reines Wirbelfeld eine in sich geschlossene, stationäre Energieströmung, die physikalisch unverständlich ist. Nun wurde im Energiesatz nur über die Quellen (bzw. Senken) von $\mathbf{S}_{Pg}$ verfügt, jeder andere Vektor mit den gleichen Quellen, der sich von $\mathbf{S}_{Pg}$ um ein reines Wirbelfeld unterscheidet, könnte daher mit gleicher Berechtigung als elektromagnetischer Energiestromdichtevektor definiert werden, z.B.

$$\mathbf{S}'_{Pg} = \mathbf{S}_{Pg} + \operatorname{rot} \mathbf{V} = \mathbf{E} \times \mathbf{H} + \operatorname{rot} \mathbf{V} \ , \tag{4.495}$$

wobei $\mathbf{V}$ ein ganz beliebiges Vektorfeld sein kann. Das Vektorfeld $\mathbf{V}$ könnte z.B. gerade so gewählt werden, daß das quellenfreie Feld $\mathbf{S}_{Pg} = \mathbf{E} \times \mathbf{H}$ im erwähnten Fall des Feldes ruhender permanenter Magnete und ruhender elektrischer Ladungen wegkompensiert und somit keine Energieströmung vorgetäuscht würde. Über derartige, erweiterte Festlegungen eines elektromagnetischen Energiestromdichtevektors ist viel geschrieben worden, ohne daß man zu einem befriedigenden Ergebnis gelangt wäre. Man verwendet daher i.a. weiterhin den ursprünglichen, in Gl. 4.453 angegebenen Poyntingschen Vektor.

4.4.2.1. Die Energieverluste beim Umpolarisieren und Ummagnetisieren

Die Leistungsdichte im elektrischen Feld ist im allgemeinen Fall durch

(4.468) $$p^{el} = \frac{\partial w^{el}}{\partial t} = \mathbf{E} \frac{\partial \mathbf{D}}{\partial t}$$

gegeben. Es folgt daraus für den Zuwachs $\Delta w^{el} = w_2^{el} - w_1^{el}$ an elektrischer Energiedichte in einer Zeitspanne $\Delta t = t_2 - t_1$

$$\Delta w^{el} = w_2^{el} - w_1^{el} = \int_{w_1^{el}}^{w_2^{el}} \mathrm{d}w^{el} = \int_{t_1}^{t_2} \frac{\partial w^{el}}{\partial t} \mathrm{d}t = \int_{t_1}^{t_2} p^{el} \cdot \mathrm{d}t = \int_{t_1}^{t_2} \mathbf{E} \frac{\partial \mathbf{D}}{\partial t} \mathrm{d}t =$$

$$= \int_{D_1}^{D_2} \mathbf{E} \cdot \mathrm{d}\mathbf{D} \ . \tag{4.496}$$

Dieser Zuwachs besteht aus einem, in reine Feldenergie umgewandelten und einem in die Materie übergehenden Anteil, wie sich mit Hilfe der Verknüpfungsbeziehung

(4.444) $$\mathbf{D} = \epsilon_0 \mathbf{E} + \mathbf{P}$$

leicht zeigen läßt (vgl. auch Abschnitt 4.4.2, Gl. 4.468 und Gl. 4.470 bis Gl. 4.475):

$$\Delta w^{el} = \int_{D_1}^{D_2} \mathbf{E} \cdot d\mathbf{D} = \int_{E_1}^{E_2} \epsilon_0 \mathbf{E} \cdot d\mathbf{E} + \int_{P_1}^{P_2} \mathbf{E} \cdot d\mathbf{P} = \Delta w_E^{el} + \Delta w_P^{el} . \quad (4.497)$$

Bei der graphischen Darstellung des Zusammenhanges $D = D(E)$ der Projektionen von **D** und **E** in Richtung des Feldes **E** beim erstmaligen Polarisieren eines quasiisotropen Materials (**D**↑↑**E** oder **D**↑↓**E**) entspricht einer Energiedichtedifferenz

$$(4.497) \quad \Delta w^{el} = \int_{D_1}^{D_2} \mathbf{E} \cdot d\mathbf{D} = \int_{D_1}^{D_2} E \cdot dD \quad (4.498)$$

bei einer Änderung zwischen den Werten D_1 und D_2 (bzw. E_1 und E_2) die schraffierte Fläche in Abb. 4.56. Ist bei einem solchen Material der Zu-

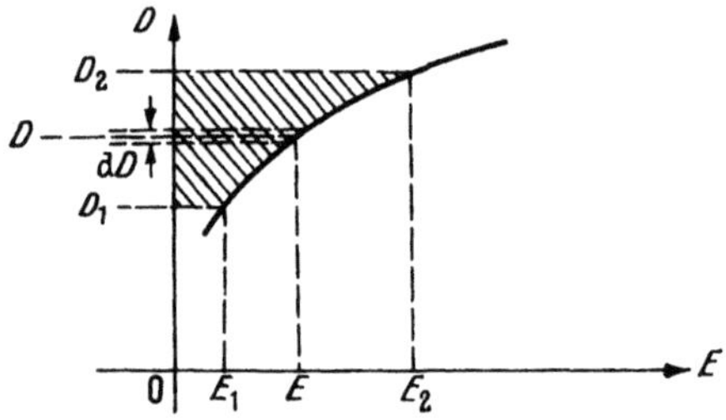

Abb. 4.56

sammenhang $D = D(E)$ eindeutig, das heißt, es gilt beim Auf- und Entpolarisieren der gleiche funktionelle Zusammenhang zwischen diesen Größen, so wird beim Entpolarisieren die gleiche Energie frei, die zum Polarisieren aufgewendet werden mußte:

$$\int_{D_1}^{D_2} E \cdot dD = - \int_{D_2}^{D_1} E \cdot dD . \quad (4.499)$$

Der Polarisationsvorgang und der damit zusammenhängende Energieumsatz sind reversibel.

Bei vielen quasiisotropen Werkstoffen treten jedoch beim Auf- und beim Entpolarisieren deutliche Unterschiede des Zusammenhanges $D = D(E)$ auf, man spricht von Hysterese (s. Abschnitt 1.2.1, hinsichtlich der analogen Verhältnisse bei magnetisierbaren Werkstoffen siehe Abschnitt 3.2.3). In diesem Fall gilt dann

$$\int_{D_1}^{D_2} E \cdot dD \neq - \int_{D_2}^{D_1} E \cdot dD , \quad (4.500)$$

und zwar wird beim Entpolarisieren stets weniger elektrische Energie frei als beim Polarisieren aufgewendet wurde. Die Energiedifferenz ist im Verlaufe der Änderung des Polarisationszustandes z.T. in Wärme umgesetzt worden („Hystereseverluste", s.a. den letzten Absatz dieses Abschnittes).

Wechselt etwa die elektrische Feldstärke im Material periodisch zwischen den Werten $\pm E_{max}$ (Abb.4.57), so wird, z.B. beim Aufpolarisieren vom

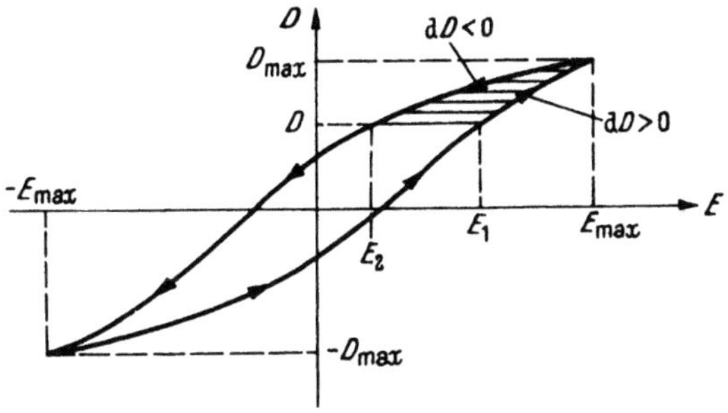

Abb. 4.57

Wert E_1 bis E_{max} und Rückpolarisieren bis E_2, so daß wieder der gleiche Wert D erreicht wird, ein Energiedichteverlust

$$\Delta w^{el} = \int_{D}^{D_{max}} E \cdot dD + \int_{D_{max}}^{D} E \cdot dD > 0 \tag{4.501}$$

auftreten, der der schraffierten Fläche in Abb. 4.57 entspricht. Bei einem vollen Umpolarisierungszyklus (z.B. von $E = -E_{max}$ über $E = 0$ bis $E = +E_{max}$ und wieder zurück bis $E = -E_{max}$) wird elektrische Energiedichte verlorengegangen und zur Gänze in Wärme umgesetzt worden sein, die jener Fläche entspricht, die von der Hystereseschleife umfaßt wird. Man nennt diese, bei einem vollen Umpolarisierungszyklus auftretenden, auf das Volumen bezogenen Energieverluste Hystereseverluste:

$$V_H^{el} = \oint E \cdot dD \ . \tag{4.502}$$

Auch wenn irreversible Polarisationsvorgänge auftreten, also bei Hysterese, ist der Umsatz jenes Energieanteiles, der in reiner Feldenergie gespeichert wird,

$$\text{(4.497)} \quad \Delta w_E^{el} = \int_{E_1}^{E_2} \epsilon_0 E \cdot dE = \frac{\epsilon_0}{2} (E_2^2 - E_1^2) \ , \tag{4.503}$$

immer reversibel, so daß bei solchen Polarisationsänderungen, bei denen am Ende die gleiche elektrische Feldstärke vorhanden ist wie am Beginn des Vorganges, reine Feldenergie insgesamt weder gewonnen noch verbraucht wurde. Dies trifft insbesondere für einen vollen Polarisationszyklus zu, so daß wegen

$$\oint \epsilon_0 E \cdot dE = 0 \tag{4.504}$$

die Hystereseverluste Gl. 4.502 auch durch

$$V_H^{el} = \oint E \cdot dD = \oint \epsilon_0 E \cdot dE + \oint E \cdot dP = \oint E \cdot dP \qquad (4.505)$$

gegeben sein müssen. Das letzte Integral in Gl. 4.505 ist in der graphischen Darstellung die von der Hystereseschleife im $P(E)$-Diagramm umfaßte Fläche; der Flächeninhalt dieser Schleife ist also gleich jenem der Hystereseschleife im $D(E)$-Diagramm.

Da bei jedem vollen Polarisationszyklus, also bei jedem vollen Durchlauf der Hystereseschleife, Energiedichte im Ausmaß V_H^{el} in Wärme umgesetzt wird, ist die erzeugte Verlustwärme der Frequenz der elektrischen Feldstärke direkt proportional. Man kann das Auftreten der Hystereseverluste technisch u.a. zur Erwärmung von Werkstücken verwenden, wobei eben der Effekt umso größer ist, je höher die verwendete Frequenz ist (Hochfrequenzheizung). Das Material erwärmt sich dabei in seinem Inneren.

Man erkennt auf Grund eines Vergleiches von Gl. 4.468 und Gl. 4.469, daß sich gewisse, für das elektrische Feld besprochene Beziehungen – so Gl. 4.496 und Gl. 4.498 bis Gl. 4.502 und die Diagramme Abb. 4.56 und Abb. 4.57 – in einfacher Weise auf das magnetische Feld übertragen lassen, indem man die Größe **D** gegen **B** und die Größe **E** gegen **H** austauscht. Unter anderem tritt auch die hier für das elektrische Feld besprochene Erscheinung der Wärmeerzeugung durch Hysterese in gleicher Weise bei magnetisierbarem Material im magnetischen Wechselfeld auf, wobei die magnetischen Hystereseverluste eine ungleich größere wirtschaftliche Bedeutung besitzen als die elektrischen (Transformatorenbau u.a.). Für geschlossene Magnetisierungszyklen beispielsweise gilt bei quasiisotropem Material die zu Gl. 4.502 analoge Beziehung für die magnetischen Hystereseverluste

$$V_H^m = \oint H \cdot dB \ . \qquad (4.506)$$

Je nachdem, ob man im Sinne der Elementarstromtheorie

$$(4.481) \qquad w_B^m = \frac{1}{2\mu_0} \mathbf{B}^2 = \frac{1}{2\mu_0} B^2 = \int_0^B \frac{1}{\mu_0} B \cdot dB \ , \qquad (4.507)$$

oder im Sinne der magnetischen Mengentheorie

$$(4.477) \qquad w_H^m = \frac{1}{2} \mu_0 \mathbf{H}^2 = \frac{1}{2} \mu_0 H^2 = \int_0^H \mu_0 H \cdot dH \qquad (4.508)$$

als reine Feldenergiedichte ansieht, wird man unter Benützung der Verknüpfungsgleichung

$$(3.172) \qquad \mathbf{B} = \mu_0 \mathbf{H} + \mathbf{J} = \mu_0 \mathbf{H} + \mu_0 \mathbf{M} \qquad (4.509)$$

die Beziehung Gl. 4.506 anders umformen. Im Sinne der Elementarstromtheorie sind die Hystereseverluste bei einem vollen Zyklus auch

(4.506) $$V_H^m = \oint H \cdot dB = \oint \frac{1}{\mu_0} B \cdot dB - \oint M \cdot dB = -\oint M \cdot dB \ , \qquad (4.510)$$

im Sinne der Mengentheorie erhält man einen, dem Betrag nach natürlich mit Gl. 4.510 übereinstimmenden Wert

(4.506) $$V_H^m = \oint H \cdot dB = \oint \mu_0 H \cdot dH + \oint H \cdot dJ = \oint H \cdot dJ \ , \qquad (4.511)$$

der begreiflicherweise die analoge Gestalt aufweist wie der betreffende Ausdruck Gl. 4.505 des elektrischen Feldes.

Das zunächst unerwartete negative Vorzeichen beim letzten Ausdruck in Gl. 4.510 rührt davon her, daß beim Aufmagnetisieren von den Elementarströmen (bzw. den Elektronen) Energie abgegeben wird, allerdings weniger als sie beim Entmagnetisieren wieder aufnehmen (vgl. Abschnitt 4.4.2, Gl. 4.485 bis Gl. 4.492), so daß also stets $-\oint M \cdot dB > 0$ ist.

Aus der Form der Materialkurven [$D = D(E)$, $P = P(E)$ bzw. $B = B(H)$, $J = J(H)$ oder $M = M(B)$] läßt sich nur schließen, wieviel Energie i.a. bei Polarisations- bzw. Magnetisierungsänderungen insgesamt umgesetzt wird, nicht aber wieviel von dem an die Materie übertragenen Anteil in ihr reversibel gespeichert und wieviel (irreversibel) in Wärme umgesetzt wird. Man kann den letzteren Anteil allenfalls über die Erwärmung des Materials meßtechnisch erfassen. Bei einem geschlossenen Polarisations- bzw. Magnetisierungszyklus allerdings läßt sich die Hysteresewärme aus der Hystereseschleife bestimmen, da in diesem Fall der Umsatz an Feldenergie insgesamt den Wert null ausmacht, wie dies vorhin gezeigt wurde.

4.4.3. Die Wellengleichung für den leeren Raum und für den homogenen, isotropen, linearen Isolator

Eine der wichtigsten Folgerungen der für das nichtstationäre Feld gültigen Differentialgleichungen ist das Auftreten elektromagnetischer Wellen. Will man direkt zu den diesbezüglichen Differentialgleichungen für **E** bzw. für **B** gelangen, so geht man am besten von der, der Elementarstromtheorie gemäßen Form der Feldgleichungen (Gl. 4.440 bis Gl. 4.443) aus. Diese Gleichungen lauten, für den leeren Raum spezialisiert, wegen
$\mathbf{S}_L = 0$, $\varrho_{wa}^{el} = 0$, $\mathbf{P} = 0$ und $\mathbf{M} = 0$

(4.440) $$\operatorname{rot} \mathbf{B} = \epsilon_0 \mu_0 \frac{\partial \mathbf{E}}{\partial t} \ , \qquad (4.512)$$

(4.441) $$\operatorname{rot} \mathbf{E} = -\frac{\partial \mathbf{B}}{\partial t} \ , \qquad (4.513)$$

(4.442) $$\operatorname{div} \mathbf{E} = 0 \ , \qquad (4.514)$$

(4.443) $$\operatorname{div} \mathbf{B} = 0 \ . \qquad (4.515)$$

Es ergeben sich natürlich auch aus den anderen Formen der vier Feldgleichungen, also aus den Maxwellschen Gleichungen (Gl. 4.410 bis Gl. 4.413) oder den Gleichungen der Mengentheorie (Gl. 4.447 bis Gl. 4.450), dieselben Beziehungen Gl. 4.512 bis Gl. 4.515, wenn man die für den leeren Raum gültigen Zusammenhänge

(4.419) $\mathbf{D} = \epsilon_0 \mathbf{E}$ und (4.420) $\mathbf{B} = \mu_0 \mathbf{H}$

berücksichtigt.

Man kann nun aus dem Simultansystem partieller Differentialgleichungen Gl. 4.512 bis 4.515 etwa den Vektor **B** eliminieren, indem man auf Gl. 4.513 die Operation rot anwendet und dann in die so gewonnene Beziehung Gl. 4.512 einführt:

$$\operatorname{rot}\operatorname{rot}\mathbf{E} = \nabla \times (\nabla \times \mathbf{E}) = -\operatorname{rot}\frac{\partial \mathbf{B}}{\partial t} = -\frac{\partial}{\partial t}\operatorname{rot}\mathbf{B} = -\frac{\partial}{\partial t}\epsilon_0\mu_0\frac{\partial \mathbf{E}}{\partial t} = $$
$$= -\epsilon_0\mu_0\frac{\partial^2 \mathbf{E}}{\partial t^2} \quad . \qquad (4.516)$$

Entwickelt man das doppelte Vektorprodukt und berücksichtigt man Gl. 4.514, so erhält man

$$\nabla(\nabla\mathbf{E}) - \nabla^2\mathbf{E} = \operatorname{grad}\operatorname{div}\mathbf{E} - \Delta\mathbf{E} = -\Delta\mathbf{E} = -\epsilon_0\mu_0\frac{\partial^2 \mathbf{E}}{\partial t^2} \quad , \qquad (4.517)$$

oder

$$\Delta\mathbf{E} - \epsilon_0\mu_0\frac{\partial^2 \mathbf{E}}{\partial t^2} = \frac{\partial^2 \mathbf{E}}{\partial x^2} + \frac{\partial^2 \mathbf{E}}{\partial y^2} + \frac{\partial^2 \mathbf{E}}{\partial z^2} - \epsilon_0\mu_0\frac{\partial^2 \mathbf{E}}{\partial t^2} = 0 \quad . \qquad (4.518)$$

Gl. 4.518 besitzt die Gestalt der aus der Mechanik des elastischen Kontinuums her bekannten Wellengleichung, wobei der Kehrwert des Faktors beim Glied mit der zweiten Ableitung nach der Zeit die Bedeutung des Quadrates der Ausbreitungsgeschwindigkeit der Wellenerscheinung besitzt. Demnach ist also

$$c_0 = \frac{1}{\sqrt{\epsilon_0\mu_0}} \qquad (4.519)$$

die Ausbreitungsgeschwindigkeit der elektromagnetischen Wellenerscheinung im leeren Raum. Sie wird auch „Lichtgeschwindigkeit im leeren Raum" genannt, da es sich bei der Ausbreitung des sichtbaren Lichtes ebenfalls um eine elektromagnetische Wellenerscheinung handelt und die Ausbreitungsgeschwindigkeit experimentell zunächst mit sichtbarem Licht gemessen wurde. Der heute exakt festgelegte und damit die Längeneinheit Meter mitbestimmende Wert für die Lichtgeschwindigkeit im leeren Raum beträgt (Gl. 1.22)

$$c_0 = 2{,}997\,924\,58 \cdot 10^8 \text{ m/s} \; , \qquad (4.520)$$

er liegt bekanntlich sehr nahe dem Wert $3 \cdot 10^8$ m/s. Durch die Wellengleichung ist nachträglich der schon früher benützte Zusammenhang zwischen ϵ_0, μ_0 und c_0 (s. z.B. Gl. 1.20) nachgewiesen worden.

Eliminiert man aus den vier Feldgleichungen Gl. 4.512 bis Gl. 4.515 in analoger Weise wie vorhin die Größe **E**, so gelangt man zur Wellengleichung (gleicher Gestalt) für **B**:

$$\Delta \mathbf{B} - \frac{1}{c_0{}^2} \cdot \frac{\partial^2 \mathbf{B}}{\partial t^2} = 0 \ . \tag{4.521}$$

Die Ausbreitung des elektrischen und des magnetischen Feldes erfolgt also im leeren Raum nach dem gleichen Gesetz.

Schon im Abschnitt 1.2.4 und im Abschnitt 3.2.4 wurde erwähnt, daß bei Feldern in homogenen, isotropen und sich linear verhaltenden Medien – das heißt ϵ und μ sind orts- und jetzt auch zeitunabhängige Konstanten – dieselben Beziehungen wie für den leeren Raum gelten, es muß nur ϵ_0 durch $\epsilon = \epsilon_r \epsilon_0$ und μ_0 durch $\mu = \mu_r \mu_0$ ersetzt werden. Dies bedeutet, daß in einem homogenen, isotropen, ladungs- und stromfreien, linearen Medium die Wellengleichung, z.B. jene für **E**, in der Form

$$\Delta \mathbf{E} - \epsilon\mu \frac{\partial^2 \mathbf{E}}{\partial t^2} = \Delta \mathbf{E} - \frac{1}{c^2} \cdot \frac{\partial^2 \mathbf{E}}{\partial t^2} = 0 \tag{4.522}$$

(und in gleicher Form jene für **D**, **P**, **B**, **H**, **M** oder **J**) gelten muß, so daß die Ausbreitungsgeschwindigkeit

$$\text{(4.522), (4.519)} \quad c = \frac{1}{\sqrt{\epsilon\mu}} = \frac{1}{\sqrt{\epsilon_r \mu_r} \cdot \sqrt{\epsilon_0 \mu_0}} = \frac{c_0}{\sqrt{\epsilon_r \mu_r}} \tag{4.523}$$

in einem solchen Medium um den Bruchteil $\frac{1}{\sqrt{\epsilon_r \mu_r}}$ kleiner als im leeren Raum ist. Natürlich läßt sich die Wellengleichung Gl. 4.522 für ein homogenes, isotropes, lineares Medium, in gleicher Weise wie jene für den leeren Raum, aus den Feldgleichungen ableiten, es müssen nur die beiden Beziehungen

$$\text{(4.414)} \quad \mathbf{D} = \epsilon \mathbf{E} \qquad \text{und} \qquad \text{(4.415)} \quad \mathbf{B} = \mu \mathbf{H}$$

mit ϵ und μ als orts- und zeitunabhängigen Konstanten berücksichtigt werden.

Schließlich sei erwähnt, daß man, insbesondere im Bereich der Relativitätstheorie, die Variable „Zeit" (t) formal gleichartig wie eine Ortskoordinate behandelt, indem man sie mit Hilfe der Beziehung

$$u = \mathrm{j} c_0 t \ , \qquad \mathrm{j} = \sqrt{-1} \tag{4.524}$$

in eine Größe u der Dimension Länge überführt. Es gilt dann für Gl. 4.518

$$\Delta \mathbf{E} - \frac{1}{c_0^2} \cdot \frac{\partial^2 \mathbf{E}}{\partial t^2} = \frac{\partial^2 \mathbf{E}}{\partial x^2} + \frac{\partial^2 \mathbf{E}}{\partial y^2} + \frac{\partial^2 \mathbf{E}}{\partial z^2} + \frac{\partial^2 \mathbf{E}}{\partial u^2} = \Box \mathbf{E} = 0 \ . \tag{4.525}$$

Der Operator

$$\Box = \frac{\partial^2}{\partial x^2} + \frac{\partial^2}{\partial y^2} + \frac{\partial^2}{\partial z^2} + \frac{\partial^2}{\partial u^2} = \frac{\partial^2}{\partial x^2} + \frac{\partial^2}{\partial y^2} + \frac{\partial^2}{\partial z^2} - \frac{1}{c_0^2} \frac{\partial^2}{\partial t^2} \tag{4.526}$$

wird vierdimensionaler Laplacescher Operator genannt.

4.4.4. Das elektromagnetische Feld einer beliebigen Ladungs-, Strom- und Materialverteilung. Die elektrodynamischen Potentiale

Bei einer beliebigen Verteilung von wahren elektrischen Ladungen, elektrischen Leitungsströmen und elektrisch polarisierbarem und magnetisierbarem Material lassen sich die Feldgleichungen – zumindest im Prinzip – auswerten, wenn man das Materialverhalten durch die Anordnung der elektrischen Polarisationsladungen und der Polarisationsströme sowie ferner im Sinne der Elementarstromtheorie durch die Verteilung der Elementarströme, oder aber im Sinne der magnetischen Mengentheorie durch die Konfiguration der magnetischen (Polarisations) Ladungen, beschreibt.

Im Sinne der Elementarstromtheorie müßten somit die Verteilungen aller Ladungen und Ströme, also die Größen $\varrho_{\text{wa}}^{\text{el}}$, $\varrho_{\text{P}}^{\text{el}} = -\operatorname{div}\mathbf{P}$, $\mathbf{S}_{\text{L}}$, $\mathbf{S}_{\text{E}} = \operatorname{rot}\mathbf{M}$ und $\mathbf{S}_{\text{P}}^{\text{el}} = \partial\mathbf{P}/\partial t$, in Abhängigkeit von Ort und Zeit vorgegeben sein. Dann kann man wieder, wie dies im Abschnitt 4.4.3 für den leeren Raum und für das homogene Medium durchgeführt wurde, Differentialgleichungen herleiten, die jeweils nur die Feldgröße **E** oder die Feldgröße **B** enthalten.

Schreibt man zunächst das Gleichungssystem Gl. 4.440 bis Gl. 4.443 so an, daß die Ausdrücke mit den Feldvektoren **E** und **B** auf den linken, die Ausdrücke mit den vorhin aufgezählten, vorgegebenen Größen auf den rechten Seiten der Gleichungen stehen, so erhält man

(4.440) $$\operatorname{rot}\mathbf{B} - \epsilon_0\mu_0 \frac{\partial \mathbf{E}}{\partial t} = \mu_0 (\mathbf{S}_{\text{L}} + \mathbf{S}_{\text{E}} + \mathbf{S}_{\text{P}}^{\text{el}}) = \mu_0 \mathbf{S}_{\text{ges}} , \tag{4.527}$$

(4.441) $$\operatorname{rot}\mathbf{E} + \frac{\partial \mathbf{B}}{\partial t} = 0 \ , \tag{4.528}$$

(4.442) $$\operatorname{div}\mathbf{E} = \frac{1}{\epsilon_0} (\varrho_{\text{wa}}^{\text{el}} + \varrho_{\text{P}}^{\text{el}}) = \frac{1}{\epsilon_0} \varrho'^{\text{el}} \ , \tag{4.529}$$

(4.443) $$\operatorname{div}\mathbf{B} = 0 \ . \tag{4.530}$$

Der Einfachheit halber werde die Summe aller (elektrischer) Stromdichten zur Gesamtstromdichte $\mathbf{S}_{\text{ges}}$ zusammengefaßt, die „gesamte" (resultierende) elektrische Ladungsdichte ist bekanntlich die freie Ladungsdichte ϱ'^{el}. Handelt es sich um eine Ladungs- und Stromverteilung in leitfähigen, jedoch unpolarisierbaren und unmagnetisierbaren Körpern, so reduziert sich die Gesamtstromdichte $\mathbf{S}_{ges}$ auf die Leitungsstromdichte $\mathbf{S}_L$ und die freie Ladungsdichte ϱ'^{el} auf die Dichte ϱ^{el}_{wa} der wahren Ladungen.

Differenziert man zwecks Separierung von **E** zunächst Gl. 4.527 einmal nach der Zeit, so erhält man

$$\frac{\partial}{\partial t}\operatorname{rot}\mathbf{B} = \epsilon_0\mu_0\frac{\partial^2\mathbf{E}}{\partial t^2} + \mu_0\frac{\partial\mathbf{S}_{ges}}{\partial t} \quad . \tag{4.531}$$

Wendet man ferner auf Gl. 4.528 die Operation rot an,

$$\operatorname{rot}\operatorname{rot}\mathbf{E} + \operatorname{rot}\frac{\partial\mathbf{B}}{\partial t} = \nabla\times(\nabla\times\mathbf{E}) + \frac{\partial}{\partial t}\operatorname{rot}\mathbf{B} =$$

$$= \operatorname{grad}\operatorname{div}\mathbf{E} - \Delta\mathbf{E} + \frac{\partial}{\partial t}\operatorname{rot}\mathbf{B} = 0 \quad , \tag{4.532}$$

und führt man schließlich Gl. 4.529 und Gl. 4.531 in Gl. 4.532 ein, so erhält man

$$\frac{1}{\epsilon_0}\operatorname{grad}\varrho'^{el} - \Delta\mathbf{E} + \epsilon_0\mu_0\frac{\partial^2\mathbf{E}}{\partial t^2} + \mu_0\frac{\partial\mathbf{S}_{ges}}{\partial t} = 0 \quad , \tag{4.533}$$

oder umgeformt und unter Berücksichtigung von Gl. 4.519 und Gl. 4.526

$$\Delta\mathbf{E} - \epsilon_0\mu_0\frac{\partial^2\mathbf{E}}{\partial t^2} = \Delta\mathbf{E} - \frac{1}{c_0{}^2}\cdot\frac{\partial^2\mathbf{E}}{\partial t^2} = \Box\mathbf{E} =$$

$$= \frac{1}{\epsilon_0}\operatorname{grad}\varrho'^{el} + \mu_0\frac{\partial\mathbf{S}_{ges}}{\partial t} \quad . \tag{4.534}$$

Es gilt also für die elektrische Feldstärke eine inhomogene Wellengleichung. Eine ebenfalls inhomogene Wellengleichung erhält man für **B**, wenn man auf Gl. 4.527 die Operation rot anwendet und dann Gl. 4.528 und Gl. 4.530 in die so gewonnene Beziehung einführt:

$$\operatorname{rot}\operatorname{rot}\mathbf{B} - \epsilon_0\mu_0\frac{\partial}{\partial t}\operatorname{rot}\mathbf{E} = \operatorname{grad}\operatorname{div}\mathbf{B} - \Delta\mathbf{B} + \epsilon_0\mu_0\frac{\partial^2\mathbf{B}}{\partial t^2} = -\Delta\mathbf{B} + \frac{1}{c_0{}^2}\cdot\frac{\partial^2\mathbf{B}}{\partial t^2} =$$

$$= -\Box\mathbf{B} = \mu_0\cdot\operatorname{rot}\mathbf{S}_{ges} \quad . \tag{4.535}$$

Multiplikation der Gl. 4.535 mit −1 ergibt

$$\Delta\mathbf{B} - \epsilon_0\mu_0\frac{\partial^2\mathbf{B}}{\partial t^2} = \Delta\mathbf{B} - \frac{1}{c_0{}^2}\cdot\frac{\partial^2\mathbf{B}}{\partial t^2} = \Box\mathbf{B} = -\mu_0\cdot\operatorname{rot}\mathbf{S}_{ges} \quad . \tag{4.536}$$

Für den leeren Raum ($\varrho'^{el} = 0$, $\mathbf{S}_{ges} = 0$) gehen die Beziehungen Gl. 4.534 und Gl. 4.536 in die homogenen Wellengleichungen Gl. 4.518 und Gl. 4.521 über.

Die inhomogene Wellengleichung für **H** kann man in analoger Weise aus dem Gleichungssystem Gl. 4.447 bis Gl. 4.450 der magnetischen Mengentheorie gewinnen.

Man führt auch im nichtstationären Feld ein skalares und ein Vektorpotential ein („elektrodynamische Potentiale"), wobei im Hinblick auf die IV. Maxwellsche Gleichung

(4.413) bzw. (4.443) $\operatorname{div}\mathbf{B} = 0$,

wie im stationären Feld, der Ansatz

(3.30) $$\mathbf{B} = \operatorname{rot}\mathbf{A}_P \qquad (4.537)$$

gemacht wird. Aus der II. Maxwellschen Gleichung Gl. 4.411 bzw. Gl. 4.441 folgt mit Gl. 4.537

$$\operatorname{rot}\mathbf{E} = -\frac{\partial \mathbf{B}}{\partial t} = -\frac{\partial}{\partial t}\operatorname{rot}\mathbf{A}_P = -\operatorname{rot}\frac{\partial \mathbf{A}_P}{\partial t} \qquad (4.538)$$

und somit

$$\operatorname{rot}\left(\mathbf{E} + \frac{\partial \mathbf{A}_P}{\partial t}\right) = 0 \ . \qquad (4.539)$$

Wegen der Wirbelfreiheit des Klammerausdruckes in Gl. 4.539 kann dieser als (negativer) Gradient eines skalaren Potentials dargestellt werden,

$$\mathbf{E} + \frac{\partial \mathbf{A}_P}{\partial t} = -\operatorname{grad}\varphi \ , \qquad (4.540)$$

so daß die elektrische Feldstärke durch den Ausdruck

$$\mathbf{E} = -\operatorname{grad}\varphi - \frac{\partial \mathbf{A}_P}{\partial t} \qquad (4.541)$$

gegeben ist.

Im stationären und im quasistationären Feld wird das Vektorpotential zweckmäßigerweise quellenfrei angesetzt:

(3.31) $\operatorname{div}\mathbf{A}_P = 0$.

(Bekanntlich ist die Quellendichte des Vektorpotentials frei wählbar, da im Ansatz Gl. 4.537 nur über die Wirbeldichte von $\mathbf{A}_P$ verfügt wurde.) Damit bedeuten im quasistationären Feld in der auch dort gültigen Gl. 4.541 die beiden Anteile der elektrischen Feldstärke ihren Quellen- und ihren Wirbelfeldanteil:

$$\mathbf{E}_Q = -\operatorname{grad}\varphi \ , \qquad (4.542) \qquad\qquad \mathbf{E}_W = -\frac{\partial \mathbf{A}_P}{\partial t} \ . \qquad (4.543)$$

Hier hingegen, im zeitlich rasch veränderlichen Feld, setzt man mit H.A. Lorentz zur Erzielung möglichst einfacher Beziehungen für die Potentiale als Quellendichte des Vektorpotentials

$$\operatorname{div} \mathbf{A_P} = -\epsilon_0 \mu_0 \frac{\partial \varphi}{\partial t} = -\frac{1}{c_0^2} \cdot \frac{\partial \varphi}{\partial t} \tag{4.544}$$

an („Lorentz-Konvention"). In diesem Fall ist die Quellendichte des elektrischen Feldes

(4.541), (4.544), (4.529) $\operatorname{div} \mathbf{E} = -\operatorname{div} \operatorname{grad} \varphi - \frac{\partial}{\partial t} \operatorname{div} \mathbf{A_P} = -\Delta\varphi + \epsilon_0 \mu_0 \frac{\partial^2 \varphi}{\partial t^2} =$

$$= \frac{1}{\epsilon_0} \varrho'^{el} \; ; \tag{4.545}$$

es gilt also

$$\Delta\varphi - \frac{1}{c_0^2} \cdot \frac{\partial^2 \varphi}{\partial t^2} = \Box \varphi = -\frac{1}{\epsilon_0} \varrho'^{el} \; . \tag{4.546}$$

Das skalare Potential φ genügt einer inhomogenen Wellengleichung mit einer, der freien Ladungsdichte ϱ'^{el} proportionalen Inhomogenität.

Auch für das Vektorpotential $\mathbf{A_P}$ gilt eine ähnliche inhomogene Wellengleichung: Führt man den Ansatz Gl. 4.537 in Gl. 4.535 bzw. Gl. 4.527 ein, so erhält man mit Gl. 4.544

$$\begin{aligned} \operatorname{rot} \mathbf{B} &= \operatorname{rot} \operatorname{rot} \mathbf{A_P} = \operatorname{grad} \operatorname{div} \mathbf{A_P} - \Delta \mathbf{A_P} = \operatorname{grad} \left(-\epsilon_0 \mu_0 \frac{\partial \varphi}{\partial t} \right) - \Delta \mathbf{A_P} = \\ &= -\epsilon_0 \mu_0 \frac{\partial}{\partial t} \operatorname{grad} \varphi - \Delta \mathbf{A_P} = \mu_0 (\mathbf{S_L} + \mathbf{S_E} + \mathbf{S_P^{el}}) + \epsilon_0 \mu_0 \frac{\partial \mathbf{E}}{\partial t} = \\ &= \mu_0 \mathbf{S_{ges}} + \epsilon_0 \mu_0 \frac{\partial \mathbf{E}}{\partial t} \; . \end{aligned} \tag{4.547}$$

Multipliziert man Gl. 4.547 mit −1, so erhält man unter Berücksichtigung von Gl. 4.540

$$\begin{aligned} \Delta \mathbf{A_P} + \epsilon_0 \mu_0 \frac{\partial}{\partial t} (\operatorname{grad} \varphi + \mathbf{E}) &= \Delta \mathbf{A_P} - \frac{1}{c_0^2} \cdot \frac{\partial^2 \mathbf{A_P}}{\partial t^2} = \\ &= \Box \mathbf{A_P} = -\mu_0 \mathbf{S_{ges}} \; . \end{aligned} \tag{4.548}$$

Im zeitlich unveränderlichen Feld gehen die inhomogenen Wellengleichungen für das skalare Potential (Gl. 4.546) und das Vektorpotential (Gl. 4.548) in die entsprechenden Poissonschen Gleichungen über, wobei die in Gl. 4.548 auftretende Gesamtstromdichte $\mathbf{S_{ges}} = \mathbf{S_L} + \mathbf{S_E} + \mathbf{S_P^{el}}$ der freien Stromdichte $\mathbf{S'} = \mathbf{S_L} + \mathbf{S_E}$ (s. Gl. 3.136) gleich sein muß, da die Polarisationsstromdichte $\mathbf{S_P^{el}} = \partial \mathbf{P}/\partial t$ im stationären Feld wegfällt:

(4.546) $\Delta\varphi = -\frac{1}{\epsilon_0}\,\varrho'^{el} = -\frac{1}{\epsilon_0}\,(\varrho^{el}_{wa} + \varrho^{el}_{P})$, (4.549)

(4.548) $\Delta\mathbf{A}_P = -\mu_0\,\mathbf{S}_{ges} = -\mu_0\,(\mathbf{S}_L + \mathbf{S}_E) = -\mu_0\,\mathbf{S}'$. (4.550)

Es handelt sich um die zu den Beziehungen des leeren Raumes Gl. 1.43 und Gl. 3.34 analogen Gleichungen, in denen nur wegen der Anwesenheit polarisierbarer Materie, entsprechend der dann gültigen Quellendichte von **E** (Gl. 1.228), anstelle der wahren Ladungsdichte $\varrho = \varrho^{el}_{wa}$ die freie Ladungsdichte ϱ'^{el} und, entsprechend der bei Anwesenheit magnetisierbarer Materie gültigen Wirbeldichte von **B** (Gl. 3.136), anstelle der Leitungsstromdichte $\mathbf{S} = \mathbf{S}_L$ die freie Stromdichte $\mathbf{S}'$ auftritt. Die Lösungen dieser, für das stationäre Feld gültigen Poissonschen Gleichungen Gl. 4.549 und Gl. 4.550 sind dann gemäß Gl. 1.44 und Gl. 3.35 [x, y, z ... Aufpunktskoordinaten (A), ξ, η, ζ ... Quellpunktskoordinaten (Q)]

$$\varphi = \varphi(x,y,z) = \int\limits_V \frac{\varrho'^{el}_Q \cdot dV_Q}{4\pi\epsilon_0 r_{Q,A}} = \int\limits_V \frac{\varrho'^{el}(\xi,\eta,\zeta)\cdot d\xi\cdot d\eta\cdot d\zeta}{4\pi\epsilon_0 r} , \tag{4.551}$$

$$\mathbf{A}_P = \mathbf{A}_P(x,y,z) = \int\limits_V \frac{\mu_0\,\mathbf{S}'_Q \cdot dV_Q}{4\pi r_{Q,A}} = \int\limits_V \frac{\mu_0\,\mathbf{S}'(\xi,\eta,\zeta)\cdot d\xi\cdot d\eta\cdot d\zeta}{4\pi r} , \tag{4.552}$$

mit

(1.16) $r = r_{Q,A} = \sqrt{(x-\xi)^2 + (y-\eta)^2 + (z-\zeta)^2}$. (4.553)

Die Integrale der für das skalare und das Vektorpotential gültigen inhomogenen Wellengleichungen Gl. 4.546 und Gl. 4.548 des nichtstationären Feldes haben eine ganz ähnliche Gestalt wie die Lösungen Gl. 4.551 und Gl. 4.552 der Poissonschen Gleichungen, wobei hinsichtlich des mathematischen Nachweises wieder auf die einschlägige Literatur (s. z.B./3.4/) verwiesen werden soll,

$$\varphi = \varphi(x,y,z,t) = \int\limits_V \frac{\varrho'^{el}(\xi,\eta,\zeta,t-\frac{r}{c_0})}{4\pi\epsilon_0 r}\,dV , \tag{4.554}$$

$$\mathbf{A}_P = \mathbf{A}_P(x,y,z,t) = \int\limits_V \frac{\mu_0\,\mathbf{S}_{ges}(\xi,\eta,\zeta,t-\frac{r}{c_0})}{4\pi r}\,dV , \tag{4.555}$$

mit r gemäß Gl. 4.553 und mit $dV = d\xi\cdot d\eta\cdot d\zeta$.

Die Beziehungen Gl. 4.554 und Gl. 4.555 besagen, daß die elektrodynamischen Potentiale in einem Aufpunkt $P(x,y,z)$ zur Zeit t durch die Ladungs- und Stromverteilungen der Quellpunkte zu jenen Zeiten $t - r/c_0$ bestimmt sind, die um die (Lauf)Zeit $\Delta t = r/c_0$ zurückliegen, die die elektromagnetische Welle benötigt, um vom betreffenden Quellpunkt zum Aufpunkt zu gelangen. Es werden daher die elektrodynamischen Potentiale φ und $\mathbf{A}_P$ vielfach „retardierte Potentiale" genannt. Man kann sagen, daß hinsichtlich der Potentiale die Wirkung des Ladungs- oder Stromelementes ($\varrho'^{el} \cdot dV$ bzw. $\mathbf{S}_{ges} \cdot dV$) eines Quellpunktes im Aufpunkt, der vom Quellpunkt den Abstand r besitzt, erst zu einer, um die Zeitdifferenz $\Delta t = r/c_0$ späteren Zeit vorhanden ist („eintrifft"), die der Laufzeit einer elektromagnetischen Welle (im leeren Raum) vom Quell- zum Aufpunkt entspricht. In diesem Sinne ist ein im gesamten unendlichen Raum zeitlich unveränderliches (statisches, stationäres) elektromagnetisches Feld ein Feld, dessen Quellen- und Wirbelverteilung seit bereits unendlich langer Zeit unverändert ist. War noch vor einer endlich großen Zeit eine andere Quellen- und Wirbelverteilung vorhanden, so ist das Feld noch nicht im ganzen Raum stationär, es laufen noch „elektromagnetische Wellen".

Hervorzuheben ist, daß sich gemäß Gl. 4.554 und Gl. 4.555 auch bei Vorhandensein polarisierbarer und magnetisierbarer Materie die Wirkung jedes Ladungs- oder Stromelementes mit der Lichtgeschwindigkeit c_0 des leeren Raumes fortpflanzt. Dies ist verständlich, da im Sinne etwa der Elektronentheorie bzw. ihres makroskopischen Abbildes, der Elementarstromtheorie, Materie elektromagnetisch eine Anordnung elektrischer Ladungen (nach der Mengentheorie zusätzlich auch magnetischer Mengen) im leeren Raume ist. Trotzdem ergibt die Rechnung, daß sich eine elektromagnetische Welle in homogener, isotroper, linearer Materie mit einer um den Faktor $\frac{1}{\sqrt{\epsilon_r \mu_r}}$ kleineren Geschwindigkeit c ausbreitet als im leeren Raum (siehe Abschnitt 4.4.3, Gl. 4.523). Auch für homogene, isotrope, lineare Materie mit wahren Ladungen und Leitungsströmen ergeben sich nämlich zu Gl. 4.546 bzw. Gl. 4.548 analoge inhomogene Wellengleichungen, in denen statt c_0 die Ausbreitungsgeschwindigkeit c auftritt. Dies ist darauf zurückzuführen, daß man im Falle solcher Materie den Einfluß derselben dadurch berücksichtigen kann, daß man im Gleichungsschema Gl. 4.440 bis Gl. 4.443 alle Glieder mit den Materialvektoren **P** und **M** wegläßt und dafür anstelle von ϵ_0 die Größe ϵ und anstelle von μ_0 die Größe μ setzt (vgl. etwa auch Abschnitt 1.2.4 und Abschnitt 3.2.4):

(4.440) $$\operatorname{rot}\mathbf{B} = \mu\mathbf{S}_L + \epsilon\mu\frac{\partial\mathbf{E}}{\partial t}\,, \tag{4.556}$$

(4.441) $$\operatorname{rot}\mathbf{E} = -\frac{\partial\mathbf{B}}{\partial t}\,, \tag{4.557}$$

(4.442) $$\operatorname{div}\mathbf{E} = \frac{1}{\epsilon}\varrho_{wa}^{el}\,, \tag{4.558}$$

(4.443) $$\operatorname{div}\mathbf{B} = 0\,. \tag{4.559}$$

Dies sind in der Tat die Feldgleichungen für **E** und **B**, wenn ϵ und μ örtlich und zeitlich konstante Größen sind, wie sich bei Berücksichtigung von

(4.414) $\mathbf{D} = \epsilon \mathbf{E}$ und (4.415) $\mathbf{B} = \mu \mathbf{H}$

in einfacher Weise nachweisen läßt. Dann aber müssen im Spezialfall homogener, isotroper, linearer Materie neben den allgemein gültigen Beziehungen für die elektrodynamischen Potentiale Gl. 4.554 und Gl. 4.555, in denen die Lichtgeschwindigkeit c_0 des leeren Raumes als Ausbreitungsgeschwindigkeit der Wirkungen aller Ladungs- und Stromelemente auftritt, gleichzeitig die folgenden Beziehungen

$$\varphi(x,y,z,t) = \int_V \frac{\overset{\text{el}}{\varrho}_{\text{wa}}(\xi,\eta,\zeta,t-\frac{r}{c})}{4\pi\epsilon r}\,\mathrm{d}V \quad , \tag{4.560}$$

$$\mathbf{A}_{\mathrm{P}}(x,y,z,t) = \int_V \frac{\mu \mathbf{S}_{\mathrm{L}}(\xi,\eta,\zeta,t-\frac{r}{c})}{4\pi r}\,\mathrm{d}V \tag{4.561}$$

gelten, in denen die Potentiale bei bekannten, konstanten Werten ϵ und μ auf die Verteilung der wahren Ladungen und der Leitungsströme allein zurückgeführt werden, wobei jetzt eine kleinere Ausbreitungsgeschwindigkeit $c = \frac{c_0}{\sqrt{\epsilon_r \mu_r}}$ bzw. eine größere Laufzeit $\frac{r}{c} = \sqrt{\epsilon_r \mu_r} \cdot \frac{r}{c_0}$ maßgebend ist.

Dieses zunächst paradox anmutende Ergebnis ist wie folgt zu interpretieren: Die Materie ist elektromagnetisch gesehen eine Anordnung elementarer, ruhender oder bewegter elektrischer Ladungen im leeren Raum. Die Wirkung jeder einzelnen Elementarladung, gleichgültig zu welcher Art Ladung oder Strom sie beiträgt (wahre Ladung, Polarisationsladung, Leitungs-, Elementar- oder Polarisationsstrom), pflanzt sich als „Elementarwelle" unabhängig von den Wirkungen der übrigen Ladungen und Ströme, daher also sowohl im völlig leeren Raum als auch „in der Materie", mit der Lichtgeschwindigkeit c_0 des leeren Raumes fort. Im Spezialfall homogener, isotroper, linearer Materie kann man allerdings auch mit etwas anders definierten Potentialen rechnen (so tritt jetzt in der Lorentz-Konvention Gl. 4.544 c statt c_0 auf, so daß eine andere Verfügung über die Quellendichte von $\mathbf{A}_{\mathrm{P}}$ getroffen wurde. Sie sind nur auf die „wahren" Ladungen und die Leitungsströme allein zurückgeführt; es ergeben sich jedoch aus diesen Potentialen dieselben Feldgrößen **E** und **B**. Die neben den konstanten Werten von ϵ und μ allein in die Rechnung eingehenden „Wirkungen" der wahren Ladungen und der Leitungsströme auf diese Potentiale breiten sich mit der kleineren Geschwindigkeit c aus.

4.4.5. Die Integration der Feldgleichungen

Bei beliebiger Verteilung von Ladungen, Strömen und von polarisierbarer und magnetisierbarer Materie sind zur Berechnung des elektromagnetischen Feldes die inhomogenen Wellengleichungen für **E** und **B** (Gl. 4.534

und Gl. 4.536) zu integrieren. Man kann auch zunächst, wie im Abschnitt 4.4.4 gezeigt wurde, die inhomogenen Wellengleichungen der elektrodynamischen Potentiale φ und $\mathbf{A}_P$

(4.546) $\Delta\varphi - \frac{1}{c_0^2}\cdot\frac{\partial^2\varphi}{\partial t^2} = -\frac{1}{\epsilon_0}\varrho'^{el}$ und (4.548) $\Delta\mathbf{A}_P - \frac{1}{c_0^2}\cdot\frac{\partial^2\mathbf{A}_P}{\partial t^2} = -\mu_0\mathbf{S}_{ges}$

integrieren, wobei deren allgemeine Integrale durch

(4.554) $\varphi = \int\limits_V \frac{\varrho'^{el}(\xi,\eta,\zeta,t-\frac{r}{c_0})}{4\pi\epsilon_0 r}\,dV$ bzw. (4.555) $\mathbf{A}_P = \int\limits_V \frac{\mu_0\mathbf{S}_{ges}(\xi,\eta,\zeta,t-\frac{r}{c_0})}{4\pi r}\,dV$

gegeben sind, und dann aus den Potentialen die Feldvektoren **E** und **B** gemäß

(4.541) $\mathbf{E} = -\operatorname{grad}\varphi - \frac{\partial\mathbf{A}_P}{\partial t}$ und (4.537) $\mathbf{B} = \operatorname{rot}\mathbf{A}_P$

ableiten.

Im homogenen, isotropen, linearen Medium kann man, wie im Abschnitt 4.4.4 ausführlich dargestellt wurde, auch mit gleichgebauten Beziehungen rechnen, in denen an die Stelle von ϱ'^{el}, $\mathbf{S}_{ges}$, ϵ_0, μ_0 und c_0 die Größen ϱ_{wa}^{el}, $\mathbf{S}_L$, ϵ, μ und c treten. So gelten beispielsweise für die (etwas anders definierten) Potentiale die Beziehungen

$$\Delta\varphi - \frac{1}{c^2}\cdot\frac{\partial^2\varphi}{\partial t^2} = -\frac{1}{\epsilon}\varrho_{wa}^{el} \quad (4.562) \text{ und } \Delta\mathbf{A}_P - \frac{1}{c^2}\cdot\frac{\partial^2\mathbf{A}_P}{\partial t^2} = -\mu\mathbf{S}_L\,. \quad (4.563)$$

Im homogenen, isotropen, linearen Isolator verschwinden schließlich die Inhomogenitäten dieser Wellengleichungen (nicht aber jene der gleichzeitig gültigen Wellengleichung mit c_0 Gl. 4.548, da dort wegen $\mathbf{S}_P = \partial\mathbf{P}/\partial t \neq 0$ auch $\mathbf{S}_{ges} \neq 0$ ist). Es gelten dann für alle Feldgrößen ($\mathbf{E},\mathbf{D},\mathbf{P},\mathbf{B},\mathbf{H},\mathbf{J} = \mu_0\mathbf{M},\varphi,\mathbf{A}_P$) homogene Wellengleichungen mit der Ausbreitungsgeschwindigkeit c, woraus folgt, daß sich in diesem Falle die physikalisch bedeutsamen, resultierenden Makrofelder **E** und **B** mit der Lichtgeschwindigkeit c im Medium ausbreiten.

4.4.5.1. Die ebene Welle im homogenen, isotropen, linearen Isolator

Sind, bei entsprechender Orientierung eines kartesischen Koordinatensystems, die Größen des elektromagnetischen Feldes, außer von der Zeit t, nur von einer Ortskoordinate, z.B. von x, abhängig, so spricht man von einer „ebenen Welle". Im homogenen, isotropen, linearen Isolator (es kann sich auch um den leeren Raum handeln) gilt dann die eindimensionale, wegen der Ladungs- und Stromfreiheit homogene Wellengleichung, die für die Potentiale

(4.562) $\frac{\partial^2\varphi}{\partial x^2} - \frac{1}{c^2}\cdot\frac{\partial^2\varphi}{\partial t^2} = 0$ (4.564) bzw. (4.563) $\frac{\partial^2\mathbf{A}_P}{\partial x^2} - \frac{1}{c^2}\cdot\frac{\partial^2\mathbf{A}_P}{\partial t^2} = 0$ (4.565)

lautet. (Im leeren Raum gilt $\epsilon = \epsilon_0$ und $\mu = \mu_0$, also $c = c_0$.) Die eindimensionale, homogene Wellengleichung wird von jeder beliebigen Funktion des Argumentes $x-ct$ oder $x+ct$, für die Potentiale also von

$$\varphi(x,t) = \varphi_1(x-ct) + \varphi_2(x+ct) \quad , \tag{4.566}$$

$$\mathbf{A_P} = \mathbf{A_{P_1}}(x-ct) + \mathbf{A_{P_2}}(x+ct) \tag{4.567}$$

befriedigt, wie sich sehr leicht durch Einsetzen dieser allgemeinen Lösungen in die Wellengleichungen Gl. 4.564 und Gl. 4.565 überprüfen läßt.

Der erste Summand der allgemeinen Lösung Gl. 4.566 bzw. Gl. 4.567 bedeutet eine, in positiver x-Richtung mit der Geschwindigkeit c fortschreitende, ungedämpfte Welle, womit gemeint ist, daß der Funktionswert $\varphi_1(x-ct)$ bzw. $\mathbf{A_{P_1}}(x-ct)$ an einer beliebigen Stelle x zu einer beliebigen Zeit t mit der Geschwindigkeit c in Richtung der positiven x-Achse fortwandert, so daß er zu einer späteren Zeit $t+\Delta t$ an der Stelle $x+\Delta x = x+c\cdot\Delta t$ auftritt. In der Tat gilt bei $\Delta x = c\cdot\Delta t$ beispielsweise

$$\varphi_1[x+\Delta x - c(t+\Delta t)] \equiv \varphi_1(x-ct) \quad . \tag{4.568}$$

Der zweite Summand in Gl. 4.566 bzw. Gl. 4.567 bedeutet demgemäß eine in Richtung der negativen x-Achse fortschreitende Welle, es gilt für $\Delta x = (-c)\,\Delta t$

$$\varphi_2[x+\Delta x + c(t+\Delta t)] \equiv \varphi_2(x+ct) \quad . \tag{4.569}$$

Existiert also etwa zur Zeit $t = 0$ eine von der Ortskoordinate x abhängige Feldverteilung („Anfangsbedingung")

$$\varphi(x,0) = \varphi_1(x) + \varphi_2(x) \quad , \tag{4.570}$$

so verschiebt sich gemäß Gl. 4.568 die gesamte Feldverteilung φ_1, ohne ihre Konfiguration zu ändern, mit gleichbleibender Geschwindigkeit c in Richtung der positiven und in gleicher Weise die Feldverteilung φ_2 in Richtung der negativen x-Achse („vor-" bzw. „rücklaufende Welle"). Gleiches gilt für $\mathbf{A_P}$, aber auch für alle übrigen Feldgrößen, wie **E**, **B**, usw.

Denkt man sich eine einzelne Energiequelle im unendlich ausgedehnten homogenen, isotropen, linearen Isolator, die eine elektromagnetische Welle aussendet, und betrachtet man einen Aufpunkt, der sich hinreichend weit von dieser Quelle entfernt befindet, so gibt es einerseits keine (zur Quelle) rücklaufende Welle, und andererseits ist die vorlaufende Welle hinreichend genau eindimensional, d.h. nur von der (sehr großen) Entfernung x von der Quelle und von der Zeit t nach Gl. 4.566 bzw. Gl. 4.567 abhängig, wie sich zeigen läßt.

Aus dem Ansatz Gl. 4.566 bzw. Gl. 4.567 folgt hier, da nur eine vorlaufende Welle (φ_1, $\mathbf{A_{P_1}}$) auftritt,

$$\frac{\partial\varphi}{\partial x} = -\frac{1}{c}\cdot\frac{\partial\varphi}{\partial t} \quad (4.571) \quad \text{bzw.} \quad \frac{\partial\mathbf{A_P}}{\partial x} = -\frac{1}{c}\cdot\frac{\partial\mathbf{A_P}}{\partial t} \quad ; \tag{4.572}$$

die partiellen Ableitungen von φ und $\mathbf{A_P}$ nach y und z verschwinden natürlich bei der ebenen Welle. Mit Hilfe der Lorentz-Konvention Gl. 4.544, die hier bei der ebenen Welle im homogenen, isotropen, linearen Isolator mit c statt c_0

$$\frac{\partial A_{Px}}{\partial x} + \frac{1}{c^2} \cdot \frac{\partial \varphi}{\partial t} = 0 \tag{4.573}$$

lautet, ergibt sich unter Berücksichtigung von Gl. 4.572 und Gl. 4.571

$$\frac{\partial A_{Px}}{\partial x} = -\frac{1}{c} \cdot \frac{\partial A_{Px}}{\partial t} = -\frac{1}{c^2} \cdot \frac{\partial \varphi}{\partial t} = \frac{1}{c} \cdot \frac{\partial \varphi}{\partial x}, \tag{4.574}$$

$$\frac{\partial A_{Py}}{\partial x} = -\frac{1}{c} \cdot \frac{\partial A_{Py}}{\partial t}, \quad (4.575) \qquad \frac{\partial A_{Pz}}{\partial x} = -\frac{1}{c} \cdot \frac{\partial A_{Pz}}{\partial t}. \quad (4.576)$$

Die Feldvektoren **E** und **B** erhält man aus den Potentialen mit Hilfe der Beziehungen Gl. 4.537 und Gl. 4.541 ($\partial/\partial y = 0$, $\partial/\partial z = 0$):

$$\mathbf{B} = B_x \mathbf{i} + B_y \mathbf{j} + B_z \mathbf{k} = \operatorname{rot} \mathbf{A_P} = -\frac{\partial A_{Pz}}{\partial x} \mathbf{j} + \frac{\partial A_{Py}}{\partial x} \mathbf{k}, \tag{4.577}$$

$$\mathbf{E} = -\operatorname{grad} \varphi - \frac{\partial \mathbf{A_P}}{\partial t} = -\frac{\partial \varphi}{\partial x} \mathbf{i} - \frac{\partial}{\partial t}(A_{Px} \mathbf{i} + A_{Py} \mathbf{j} + A_{Pz} \mathbf{k}). \tag{4.578}$$

Es ergibt sich unter Berücksichtigung der Zusammenhänge Gl. 4.573 bis Gl. 4.576

$$B_x = 0, \; B_y = -\frac{\partial A_{Pz}}{\partial x} = \frac{1}{c} \cdot \frac{\partial A_{Pz}}{\partial t}, \; B_z = \frac{\partial A_{Py}}{\partial x} = -\frac{1}{c} \cdot \frac{\partial A_{Py}}{\partial t}, \tag{4.579}$$

$$E_x = -\frac{\partial \varphi}{\partial x} - \frac{\partial A_{Px}}{\partial t} = 0, \; E_y = -\frac{\partial A_{Py}}{\partial t} = cB_z, \; E_z = -\frac{\partial A_{Pz}}{\partial t} = -cB_y. \tag{4.580}$$

In der Richtung x des Fortschreitens der Welle treten keine Komponenten von **E** und **B** bzw. $\partial \mathbf{E}/\partial t$ und $\partial \mathbf{B}/\partial t$ auf. Diese Vektoren stehen senkrecht auf der Fortpflanzungsrichtung, die Welle ist also „transversal". Da ferner, wie mit Hilfe von Gl. 4.579 und Gl. 4.580 leicht nachzuweisen ist,

$$\mathbf{EB} = E_x B_x + E_y B_y + E_z B_z = 0 \tag{4.581}$$

ist, stehen elektrischer und magnetischer Feldvektor aufeinander normal. Schließlich muß

$$B = |\mathbf{B}| = \sqrt{B_y^2 + B_z^2} = \frac{1}{c}\sqrt{E_y^2 + E_z^2} = \frac{1}{c}|\mathbf{E}| = \frac{1}{c}E \tag{4.582}$$

gelten.

Für den Energiestromdichtevektor (Poynting-Vektor) gilt hier wegen $\mathbf{E} \perp \mathbf{i}$, $\mathbf{B} \perp \mathbf{i}$ und $\mathbf{E} \perp \mathbf{B}$

$$(4.453) \quad \mathbf{S_{Pg}} = \mathbf{E} \times \mathbf{H} = \frac{1}{\mu} \mathbf{E} \times \mathbf{B} = \frac{1}{\mu} EB\mathbf{i}. \tag{4.583}$$

Er ist in Richtung $\mathbf{i}$ des Fortschreitens der Welle orientiert und besitzt einen Betrag von

$$S_{Pg} = |\mathbf{S}_{Pg}| = \frac{1}{\mu} EB = \frac{c}{\mu} B^2 = cBH = \frac{1}{\mu c} E^2 = cDE = c\left(\frac{DE}{2} + \frac{BH}{2}\right) =$$

$$= c\,(w^{el} + w^{m}) \;, \qquad (4.584)$$

wenn man die Zusammenhänge Gl. 4.523, Gl. 4.414, Gl. 4.415, Gl. 4.462 und Gl. 4.463 berücksichtigt. Gl. 4.584 kann so gedeutet werden, daß elektromagnetische Energie im Ausmaß der Summe aus elektrischer und magnetischer Feldenergie mit der Geschwindigkeit c in Fortpflanzungsrichtung der Welle durch den Raum strömt.

4.4.5.2. Der zeitlich veränderliche elektrische Dipol (Hertzscher Dipol)

Man denke sich im leeren Raum einen elektrischen Dipol mit sehr kleinem Ladungsabstand l, der in Richtung der z-Achse orientiert sein und sich im Ursprung des Koordinatensystems befinden soll (s. Abb. 1.7).
Eine Ladungsänderung des Dipols kann durch Transport von Ladung von einem Ende des Dipols entlang der kurzen Wegstrecke l in Richtung der z-Achse zum anderen Ende erfolgen. In diesem Fall fließt also Strom zwischen den Enden des Dipols, dessen Stärke $i = i_{12}$ in folgendem Zusammenhang mit der Dipolladung $Q = Q_2$ steht:

(4.17) $$i = \frac{\partial Q(r,t)}{\partial t} = \dot{Q}. \qquad (4.585)$$

Damit ergibt sich zwischen der Projektion des Dipolmomentes in Richtung der z-Achse

(1.72) $$p = Ql \qquad (4.586)$$

und der in z-Richtung positiv gezählten Stromstärke i die Beziehung

$$\frac{\partial p(r,t)}{\partial t} = \dot{p} = \frac{\partial Q}{\partial t}\, l = il. \qquad (4.587)$$

Man nennt eine derartige Anordnung, die etwa durch eine kurze, gerade Antenne (Dipolantenne) realisiert wird, nach Heinrich Hertz einen „Hertzschen Dipol". Sie stellt gleichzeitig eine Realisierung eines „Stromelementes" dar, das bereits im stationären Feld aus formalen Gründen eingeführt wurde, dort aber nur mathematische aber keine physikalische Bedeutung besitzt (s. Abschnitt 3.1.1).

Die elektrodynamischen Potentiale folgen für den Hertzschen Dipol an sich aus Gl. 4.554 und Gl. 4.555, wobei im vorliegenden Fall nur „wahre"

Ladungen und Leitungsstrom vorhanden sind. Bei der Berechnung des Skalarpotentials der beiden, um die sehr kleine Strecke l getrennten Dipolladungen Q_2 und Q_1 mit Hilfe von Gl. 4.554 ist bei der Retardierung zu beachten, daß die beiden Aufpunktsabstände r_2 und r_1 verschiedenes Ausmaß besitzen (s. Abb. 1.7). Da beim Hertzschen Dipol die beiden Dipolladungen zeitlich veränderlich sind, summieren sich am Ort des Aufpunktes P zur Zeit t zwei Teilpotentiale, die von Ladungen herrühren, die nicht den gleichen Betrag besitzen $[|Q_2(t-\frac{r_2}{c_0})| \neq |Q_1(t-\frac{r_1}{c_0})|]$. Bezeichnet man mit Q die am Quellpunkt (am Ort des Dipols) vorhandene Ladung Q_2 zur „mittleren" retardierten Zeit $t-\frac{r}{c_0}$, wobei r der „mittlere" Abstand der beiden Ladungen und damit jener des Dipols zum Aufpunkt bedeutet, und mit $p(t-\frac{r}{c_0}) = Q(t-\frac{r}{c_0})\cdot l$, so folgt für sehr kleines l ($\rightarrow 0$) aus den Gln. 4.554 und 4.585 bis 4.587 unter Berücksichtigung von $r_2 \approx r_1 \rightarrow r$, $r_1 - r_2 \rightarrow l\cdot\cos\vartheta$ und $\Delta t = \frac{r_1-r_2}{c_0} = l\cdot\cos\vartheta/c_0 \rightarrow \mathrm{d}t$

$$\varphi = \frac{1}{4\pi\epsilon_0}\left[\frac{Q_2(t-\frac{r_2}{c_0})}{r_2} + \frac{Q_1(t-\frac{r_1}{c_0})}{r_1}\right] = \frac{1}{4\pi\epsilon_0}\left[\frac{Q(t-\frac{r}{c_0})}{r_2} + \frac{\frac{\partial Q}{\partial t}\cdot\frac{1}{2}\mathrm{d}t}{r_2} - \left(\frac{Q(t-\frac{r}{c_0})}{r_1} + \frac{\frac{\partial Q}{\partial t}(-\frac{1}{2}\mathrm{d}t)}{r_1}\right)\right] = \frac{1}{4\pi\epsilon_0}\left[\frac{Q(t-\frac{r}{c_0})\,l\cdot\cos\vartheta}{r^2} + \frac{\partial Q}{\partial t}\,\frac{l\cdot\cos\vartheta}{c_0 r}\right] =$$

$$= \frac{1}{4\pi\epsilon_0}\left[\frac{p(t-\frac{r}{c_0})\cos\vartheta}{r^2} + \frac{p'(t-\frac{r}{c_0})\cos\vartheta}{c_0\cdot r}\right].^{*} \qquad (4.588)$$

Für das Vektorpotential, das bei dem in der z-Achse liegenden Stromelement $i\cdot l$ nur eine z-Komponente besitzt, folgt aus Gl. 4.555 unter Benützung der Gln. 3.37 und 4.585

$$\mathbf{A}_{\mathrm{P}} = A_{\mathrm{P}z}\mathbf{k} = \mu_0\,\frac{i(t-\frac{r}{c_0})\cdot l}{4\pi r}\,\mathbf{k}\,. \qquad (4.589)$$

Nach Gl. 4.587 gilt

$$i(t-\frac{r}{c_0})\cdot l = \frac{\partial p(t-\frac{r}{c_0})}{\partial t} = \dot{p}(t-\frac{r}{c_0}) = \frac{\mathrm{d}p(t-\frac{r}{c_0})}{\mathrm{d}(t-\frac{r}{c_0})} = p'(t-\frac{r}{c_0}), \qquad (4.590)$$

und somit wird auch

$$\mathbf{A}_{\mathrm{P}} = A_{\mathrm{P}z}\mathbf{k} = \mu_0 l\,\frac{i(t-\frac{r}{c_0})}{4\pi r}\,\mathbf{k} = \mu_0\,\frac{p'(t-\frac{r}{c_0})}{4\pi r}\,\mathbf{k}\,. \qquad (4.591)$$

---

* Hier und im folgenden bedeutet der den Größen Q, i, p und deren Ableitungen beigefügte Klammerausdruck $(t-\frac{r}{c_0})$, daß es sich um die betreffende Größe zur Zeit $t-\frac{r}{c_0}$ handelt.

Aus den Potentialen lassen sich dann gemäß Gl.4.537 und Gl.4.541 die Feldvektoren **B** und **E** berechnen. So gilt für das Magnetfeld

$$\text{(4.537)}\qquad \mathbf{B} = \operatorname{rot}\mathbf{A}_\mathrm{P} = \frac{\partial A_{\mathrm{P}z}}{\partial y}\mathbf{i} - \frac{\partial A_{\mathrm{P}z}}{\partial x}\mathbf{j} = B_x\mathbf{i} + B_y\mathbf{j} \ . \qquad (4.592)$$

Der magnetische Feldvektor **B** besitzt also keine z-Komponente, er steht daher überall senkrecht auf der Richtung von z. Sein Betrag ist

$$B = \sqrt{B_x{}^2 + B_y{}^2} = \sqrt{\left(\frac{\partial A_{\mathrm{P}z}}{\partial r}\cdot\frac{y}{r}\right)^2 + \left(\frac{\partial A_{\mathrm{P}z}}{\partial r}\cdot\frac{x}{r}\right)^2} = \left|\frac{\partial A_{\mathrm{P}z}}{\partial r}\right| \cdot \sqrt{\frac{x^2+y^2}{r^2}} =$$

$$= \left|\frac{\partial A_{\mathrm{P}z}}{\partial r}\sin\vartheta\right| \ . \qquad (4.593)$$

Nach Gl.4.591 ist

$$\frac{\partial A_{\mathrm{P}z}}{\partial r} = \frac{\mu_0\left[rp''\cdot\left(-\frac{1}{c_0}\right) - p'\right]}{4\pi r^2} \ , \qquad (4.594)$$

so daß

$$B = \left|\frac{\partial A_{\mathrm{P}z}}{\partial r}\sin\vartheta\right| = \left|\frac{\mu_0}{4\pi}\left(\frac{p'}{r^2} + \frac{p''}{c_0 r}\right)\sin\vartheta\right| \qquad (4.595)$$

gelten muß. Der Betrag B besteht aus zwei Termen, von denen einer verkehrt proportional zu r^2, der andere verkehrt proportional zu r ist. Der erste Term überwiegt also für sehr kleine Abstände r („Nahzone"), er nimmt aber mit wachsendem r wesentlich rascher ab als der zweite Term, der für große Abstände r („Fernzone") allein von Bedeutung ist. Der erste Term beschreibt demnach im wesentlichen das Feld in der „Nahzone", der zweite Term das Feld in der „Fernzone".

In der Nahzone (NZ) gilt nach Gl.4.595

$$B_\mathrm{NZ} = \left|\frac{\mu_0 p'\left(t-\frac{r}{c_0}\right)}{4\pi r^2}\sin\vartheta\right| = \left|\frac{\mu_0 i\left(t-\frac{r}{c_0}\right)\cdot l\cdot\sin\vartheta}{4\pi r^2}\right| \ , \qquad (4.596)$$

also ein Ausdruck, der formal mit dem Biot-Savartschen Gesetz Gl.3.41 für ein „stationäres Stromelement" übereinstimmt, nur ist hier bei p' und i die Laufzeit r/c_0 zu berücksichtigen, die allerdings in der Nahzone wenig Rolle spielt.

In der Fernzone (FZ) überwiegt der zweite Term in Gl.4.595, der, nicht wie der erste Term, der Stromstärke i, sondern der zeitlichen Änderung $i' = di/dt$ der Stromstärke proportional ist:

$$B_\mathrm{FZ} = \left|\frac{\mu_0 p''\left(t-\frac{r}{c_0}\right)\cdot\sin\vartheta}{4\pi c_0 r}\right| = \left|\frac{\mu_0 i'\left(t-\frac{r}{c_0}\right)\cdot l\cdot\sin\vartheta}{4\pi c_0 r}\right| \ . \qquad (4.597)$$

Das Feld **B** wird also in der Fernzone umso stärker sein, je rascher sich der Strom des Dipols (bzw. in der Antenne) zeitlich ändert.

Für die elektrische Feldstärke

$$(4.541),(4.588),(4.591)\quad \mathbf{E} = -\operatorname{grad}\varphi - \frac{\partial \mathbf{A}_P}{\partial t} =$$

$$= -\nabla \frac{p(t-\frac{r}{c_0})\cdot\cos\vartheta}{4\pi\epsilon_0 r^2} - \nabla\frac{p'(t-\frac{r}{c_0})\cos\vartheta}{4\pi\epsilon_0 c_0 r} - \frac{\partial}{\partial t}\frac{\mu_0 p'(t-\frac{r}{c_0})}{4\pi r}\mathbf{k} \qquad (4.598)$$

ergeben sich ebenfalls Terme, die verschiedenen Potenzen von $1/r$ proportional sind. In der Nahzone berechnet sich das elektrische Feld wieder im wesentlichen aus dem ersten Term nach dem letzten Gleichheitszeichen von Gl. 4.598, der formal mit dem Feld eines zeitlich unveränderlichen Dipols übereinstimmt (s. Gl. 1.76 bzw. Gl. 1.75), nur tritt hier wieder die – in der Nahzone an sich unbedeutende – Laufzeit r/c_0 bei der Größe p auf.

In der Fernzone läßt sich das Feld $\mathbf{E}_{FZ}$ mit Hilfe folgender Überlegung leicht herleiten: Betrachtet man die elektromagnetische Welle innerhalb eines kleinen räumlichen Winkels und in großer Entfernung vom Dipol, so muß dort die Welle praktisch eben sein. Dann gilt nach Abschnitt 4.4.5.1, daß **E** und **B** sowohl zueinander als auch zur Fortschreitrichtung $\mathbf{r}^\circ = \operatorname{grad} r$ der Welle normal orientiert sind und ihre Beträge nach Gl. 4.582 hier im leeren Raum ($c = c_0$) in folgendem Zusammenhang stehen:

$$E_{FZ} = c_0 B_{FZ} = \left|\frac{\mu_0 p''(t-\frac{r}{c_0})\cdot\sin\vartheta}{4\pi r}\right| = \left|\frac{\mu_0 i'(t-\frac{r}{c_0})\cdot l\cdot\sin\vartheta}{4\pi r}\right| . \qquad (4.599)$$

Der Poynting-Vektor besitzt in der Fernzone den Betrag

$$(4.584)\quad S_{Pg} = E_{FZ}H_{FZ} = \frac{c_0}{\mu_0}B_{FZ}^2 = \frac{\mu_0}{c_0}\left[\frac{p''(t-\frac{r}{c_0})\cdot\sin\vartheta}{4\pi r}\right]^2 , \qquad (4.600)$$

woraus sich erkennen läßt, daß in Richtung des Dipols (der Antenne) keine Energie, hingegen quer zum Dipol in der Symmetrieebene die maximale Energie abgestrahlt wird.

Die häufigste praktische Anwendung findet der „harmonische Oszillator", d.i. ein Hertzscher Dipol, dessen Dipolmoment sich zeitlich sinusförmig ändert:

$$p(t) = \hat{p}\cdot\cos\omega t . \qquad (4.601)$$

Da auch p' und p'' zeitlich sinusförmig veränderliche Größen sind, gilt diese Form der Zeitabhängigkeit auch für alle Feldgrößen (z.B. **B**, **E**, φ, $\mathbf{A}_P$), sowie ferner für die Stromstärke des Dipols (Stromelementes)

$$(4.587)\quad i(t) = \frac{1}{l}p' = -\frac{\omega}{l}\hat{p}\cdot\sin\omega t = -\hat{i}\cdot\sin\omega t = -I_{eff}\sqrt{2}\cdot\sin\omega t , \qquad (4.602)$$

wobei

$$I_{\text{eff}} = \sqrt{\frac{1}{T_{\text{P}}} \int_0^{T_{\text{P}}} i^2 \cdot \mathrm{d}t} = \frac{\hat{i}}{\sqrt{2}} \tag{4.603}$$

den bei sinusförmigen Wechselströmen üblicherweise benützten „Effektivwert" der Stromstärke und

$$T_{\text{P}} = \frac{1}{f} = \frac{2\pi}{\omega} \tag{4.604}$$

die Periodendauer der Sinusschwingung bedeutet (vgl. Abschnitt 4.3.11.1.5, Gl. 4.326).

Auch der Poynting-Vektor nimmt einen zeitlich sinusförmigen Verlauf, in der Fernzone gilt für seinen Betrag nach Gl. 4.600 und Gl. 4.602

$$\begin{aligned} S_{\text{Pg}} &= \frac{\mu_0}{c_0} \left[\frac{p''(t-\frac{r}{c_0}) \cdot \sin\vartheta}{4\pi r} \right]^2 = \frac{\mu_0}{c_0} \left[\frac{l i'(t-\frac{r}{c_0}) \cdot \sin\vartheta}{4\pi r} \right]^2 = \\ &= \frac{\mu_0}{c_0} \left[\frac{-l I_{\text{eff}} \sqrt{2}\, \omega \cdot \cos\omega\, (t-\frac{r}{c_0}) \cdot \sin\vartheta}{4\pi r} \right]^2 = \\ &= \frac{\mu_0 l^2 I_{\text{eff}}^{\,2}\, \omega^2 \cdot \sin^2\vartheta}{8\pi^2 c_0 r^2} \left[\frac{1+\cos 2\omega (t-\frac{r}{c_0})}{2} \right] \quad . \end{aligned} \tag{4.605}$$

Der zeitliche Mittelwert von S_{Pg} ist demnach

$$\bar{S}_{\text{Pg}} = \frac{\mu_0 l^2 I_{\text{eff}}^{\,2}\, \omega^2 \cdot \sin^2\vartheta}{16\pi^2 c_0 r^2} \quad . \tag{4.606}$$

Da mangels eines im leeren Raum auftretenden Energieverlustes die gesamte vom Dipol abgegebene Leistung P durch eine ihn einhüllende Oberfläche hindurchtreten muß, läßt sich diese Leistung durch Integration des Poynting-Vektors, z.B. über eine Kugeloberfläche mit hinreichend großem Radius r (Fernzone), berechnen. Wegen Gl. 4.605 und $\mathbf{S}_{\text{Pg}} \uparrow\uparrow \mathrm{d}\mathbf{A}$ ergibt sich

$$\begin{aligned} P &= \oint_A \mathbf{S}_{\text{Pg}} \cdot \mathrm{d}\mathbf{A} = \oint_A S_{\text{Pg}} \cdot \mathrm{d}A = \int_0^{\pi} S_{\text{Pg}} 2r\pi \cdot \sin\vartheta \cdot r \cdot \mathrm{d}\vartheta = \\ &= \frac{\mu_0 l^2 I_{\text{eff}}^{\,2}\, \omega^2}{8\pi c_0} \int_0^{\pi} \sin^3\vartheta \cdot \mathrm{d}\vartheta = \frac{\mu_0 l^2 \omega^2}{6\pi c_0} I_{\text{eff}}^{\,2} = R_{\text{S}} I_{\text{eff}}^{\,2} \quad . \end{aligned} \tag{4.607}$$

Wie beim Leistungsverbrauch in einem Ohmwiderstand (Joulesche Wärmeverluste, s. Gl. 2.130) ergibt sich durch die Abstrahlung ein Leistungsverbrauch des Dipols (der Dipolantenne), der dem Quadrat des Effektivwertes der Stromstärke im Dipol proportional ist. Der Proportionalitätsfaktor hat also eine analoge Bedeutung wie ein Ohmwiderstand, er wird Strahlungswiderstand R_{S} des Hertzschen Dipols (der Dipolantenne) genannt. Aus Gl. 4.607 folgt für den Strahlungswiderstand, wenn man die Wellenlänge λ der Schwingung einführt,

$$\lambda = \frac{c_0}{f} = \frac{2\pi c_0}{\omega} , \tag{4.608}$$

und schließlich noch Gl. 4.519 berücksichtigt:

$$R_S = \frac{\mu_0 l^2 \omega^2}{6\pi c_0} = \frac{2\pi}{3} \sqrt{\frac{\mu_0}{\epsilon_0}} \left(\frac{l}{\lambda}\right)^2 . \tag{4.609}$$

Der Strahlungswiderstand ist also nur vom Verhältnis Dipollänge l zu Wellenlänge λ der Schwingung abhängig.

Die Integration der Feldgleichungen des nichtstationären Feldes für die vielfältigen speziellen Anordnungen von Ladungen und Strömen (also Strahlungsquellen) sowie von isolierenden oder leitfähigen, polarisierbaren oder magnetisierbaren Körpern ist Gegenstand entsprechender Fachgebiete der Physik und der Elektrotechnik. So beschäftigen sich Optik und Hochfrequenztechnik mit der Ausbreitung elektromagnetischer Wellen im leeren Raum und in isolierenden Stoffen oder etwa entlang von Hohlleitern, die Niederfrequenztechnik, aber auch die elektrische Energietechnik, mit Wellenerscheinungen entlang von Leitungen oder auch mit dem Eindringen des elektromagnetischen Feldes in das Innere leitfähiger Körper (Skin-Effekt etc.). Die eingehende Behandlung solcher Fälle findet sich in der umfangreichen Spezialliteratur dieser Fachgebiete.

4.5. Literatur

/4.1/ Hofmann, H.: Die elektrischen Spannungsgrößen und die Richtungs- und Vorzeichenregeln in der Elektrotechnik. ÖZE ***10*** (9), (1957).

/4.2/ IEC - Publ. 117, Empfohlene graphische Symbole.

/4.3/ Weyh, U., und H. Benzinger: Die Grundlagen der Wechselstromlehre. München-Wien: R. Oldenbourg Verlag. 1967.

/4.4/ Hofmann, H.: Die Laplace-Transformation und ihre Anwendung in der Elektrotechnik und Regelungstechnik. ÖZE ***15*** (2), (3), (4), (7), (1962).

/4.5/ Lorentz, H.A.: Versuch einer Theorie der elektrischen und optischen Erscheinungen in bewegten Körpern. Leiden: 1895.

/4.6/ Schaefer, C.: Einführung in die theoretische Physik, Bd. III/1. Berlin-Leipzig: Walter de Gruyter u. Co. 1932.

/4.7/ Hofmann, H.: Über die Deutung der Maxwellschen Gleichungen mit Hilfe elektrischer und magnetischer Mengen. Acta Phys. Austr. ***11*** (2), 241 (1957).

/4.8/ Hofmann, H.: Energiesätze im elektromagnetischen Feld. E.u.M. ***80*** (7), 153 (1963).

/4.9/ Hofmann, H.: Über den Kraftangriff des allgemeinen nichtstationären elektromagnetischen Feldes an der Materie. Öst. Ing. Arch. ***11*** (2), (1967).

Sachverzeichnis

GPSR Compliance

The European Union's (EU) General Product Safety Regulation (GPSR) is a set of rules that requires consumer products to be safe and our obligations to ensure this.

If you have any concerns about our products, you can contact us on ProductSafety@springernature.com

In case Publisher is established outside the EU, the EU authorized representative is:

Springer Nature Customer Service Center GmbH
Europaplatz 3
69115 Heidelberg, Germany

Batch number: 10607212

Printed by Printforce, the Netherlands